普通高等教育"十一五"国家级规划教材

大学物理教程

（第3版）

陈信义　主编

清华大学出版社
北　京

内容简介

本书包括12章，分别讲述质点力学，刚体力学，狭义相对论，静电场，静电场中的导体和电介质，稳恒电流和稳恒磁场，电磁感应、麦克斯韦方程组和平面电磁波，气体动理论，热力学基础，振动和波动，波动光学和量子物理基础等方面的内容。

本书的内容紧紧围绕大学物理课程的基本要求，难度适中，物理概念清晰，论述深入浅出。书中概念的引入明确而完整，并有少量的理论扩展和技术应用，力求简明而不简单，深入而不深奥。本书可作为一般工程技术类专业和经济管理类专业的大学物理教材。

图书在版编目(CIP)数据

大学物理教程/陈信义主编. —3版. —北京：清华大学出版社，2021.1(2023.3重印)
ISBN 978-7-302-56569-7

Ⅰ. ①大… Ⅱ. ①陈… Ⅲ. ①物理学－高等学校－教材 Ⅳ. ①O4

中国版本图书馆CIP数据核字(2020)第187224号

责任编辑：朱红莲
封面设计：傅瑞学
责任校对：赵丽敏
责任印制：丛怀宇

出版发行：清华大学出版社
网　　址：http://www.tup.com.cn，http://www.wqbook.com
地　　址：北京清华大学学研大厦A座　　**邮　　编**：100084
社 总 机：010-83470000　　**邮　　购**：010-62786544
投稿与读者服务：010-62776969，c-service@tup.tsinghua.edu.cn
质量反馈：010-62772015，zhiliang@tup.tsinghua.edu.cn
印 装 者：三河市人民印务有限公司
经　　销：全国新华书店
开　　本：185mm×260mm　　**印　　张**：34　　**字　　数**：822千字
版　　次：2005年8月第1版　2021年1月第3版　　**印　　次**：2023年3月第5次印刷
定　　价：86.00元

产品编号：079540-03

前　言

物理学是研究物质、能量和它们的相互作用的学科，它是一项国际事业，对人类未来的进步起着关键的作用。物理学代表着一套获得知识、组织知识和运用知识的有效步骤和方法，把这套方法运用到什么问题上，这问题就变成了物理学问题。

物理学是自然科学和技术科学的理论基础，而基础科学研究日益成为全球科技创新的核心动力。对于建设创新型国家，从源头上提升原始创新能力，知其然也知其所以然，彻底摆脱"引进、落后，再引进、再落后"的怪圈，物理学教育具有深远的基础性意义。

物理学可划分为经典物理学和近代物理学。经典物理学是物理学的基础，它包括牛顿力学、热学、电磁学、几何光学和波动光学。近代物理学的两个理论基础是相对论和量子力学，相对论分狭义相对论和广义相对论，狭义相对论不能处理引力问题，而严格表达时间、空间和引力的理论是广义相对论。

量子力学研究微观粒子的运动规律。根据量子力学和相对论所建立的场的理论是量子场论(QFT，quantum field theory)，它是微观现象的物理学基本理论，广泛应用于粒子物理、核物理和凝聚态物理。量子场论发展历史最长和最成熟的分支是量子电动力学(QED，quantum electrodynamics)，它主要研究电磁场与带电粒子相互作用的基本过程。

自然界有两个基本常量：

$$c = 299792458\,\mathrm{m \cdot s^{-1}} \quad \text{(真空中的光速)}$$

$$h = 6.62607015 \times 10^{-34}\,\mathrm{J \cdot s} \quad \text{(普朗克常量)}$$

光速 c 是物体运动速度的极限，普朗克常量 h 则是量子效应的尺度。作为一种概念性的判据，在实际问题中相比之下 $c \to \infty$ 是低速，$h \to 0$ 是宏观。

实践是检验真理的唯一标准。物理学理论是建立在大量实验事实的基础上，各种物理系统的动力学方程和定律都是普遍意义下的基本假设，如牛顿力学中的万有引力定律，热学中的热力学定律，电磁学中的麦克斯韦方程组和量子力学中的薛定谔方程等。从根本上说，这些方程和定律一般都来自实验现象启发下的创造性的直觉，而不是直接按逻辑法则推导得到。它们是不是真理，是否正确地反映客观实际，只能靠实验事实来检验。相信和理解这些已被大量实验事实所证实的结果，并应用它们去分析和解决问题(做习题和参加科研训练)，才能为后继课程的学习和科技创新打好基础。

现象是物理学的根源，通过观察现象来学习物理是一条有效的学习途径。有些现象，如刚体的进动，对于初学者来说仅从公式出发是很难形成清晰的物理图像的。面向实际问题时，想象力往往比抽象的数学公式更为重要。编者建议使用本教材的物理教师，即便是在课时紧、教学内容多的情况下，宁可少讲一点理论也要为学生多做一些物理演示实验。

物理学中的任何理论、定律和公式的真伪是非、成立条件和适用范围等最终都要以定量结果与实验数据相比较才能确定，因此在学习过程中必须重视各种物理量的合理取值以及对这些物理量之间关系的定量描述。

本书采用国际单位制(法文缩写为 SI)，其基本单位是，长度：m(米)，质量：kg(千克)，时间：s(秒)，电流：A(安[培])，热力学温度：K(开[尔文])，物质的量：mol(摩[尔])，发光强度：cd(坎[德拉])，其他单位均由上述七个基本单位导出。国际单位制及其法文缩写于1960年在第11届国际计量大会(CGPM)上通过。

2018年第26届国际计量大会决定用普朗克常量、电子电量、玻耳兹曼常量和阿伏伽德罗常量分别重新定义质量(kg)、电流(A)、热力学温度(K)和物质的量(mol)，这次变更后七个基本单位全部用物理常量定义，不再依赖于实体。新国际单位制于2019年5月20日世界计量日起正式生效。

本书第1版和第2版分别于2005年和2008年出版，参加第1版编写的有陈信义(清华大学)、韩宝亮(东北电力大学)、唐洪学(吉林大学)、李蕴才(河南大学)和李家强(清华大学)。编者的初衷，是为工程技术类专业和经济管理类专业的大学本科生提供一套难度合适、深入浅出、篇幅不大、易教易学的大学物理教材。对于一般程度的工科学生，全书内容可以用100学时讲完。如果学时较少，例如80学时左右，则可省略其中带"*"的选学部分不讲。适当裁减后，也可用于面向经济管理类专业70学时左右的大学物理课程。

这次修订保留原书的风格和结构，对第2版的部分内容作了修改和补充，大部分补充内容都打"*"号。遵照使用本书的广大教师的建议，在原有习题的基础上增加了150多道习题。整个修订工作由陈信义完成。

清华大学李列明教授审阅了修订后的书稿，提出了许多修改意见。戴松涛教授对修订提出了许多建议，审阅了部分修订内容并核对了全书习题的答案。楼宇庆教授为本书提供了他在黑洞方面的最新研究成果。编者对他们的支持和帮助表示诚挚的谢意。本书编写和修订参考了许多现有的教材和书刊，这里难于一一指明，在此一并致谢。由于水平所限，修订后仍不免有疏漏和错误，恳请批评指正。

本书编者衷心感谢前辈物理学家为揭示自然界的奥秘所做出的不懈努力，并预祝本书读者在勤奋的学习过程中体验学习的愉快。

编　者

2020年1月于清华园

目　录

第1章 质点力学

1687年(清康熙二十六年),在前人研究成果的基础上,英国物理学家牛顿(I. Newton)出版了科学史上最伟大的一部著作——《自然哲学的数学原理》,提出了关于质点在弱引力场中低速机械运动的三条定律和万有引力定律,建立了牛顿力学,实现了物理学史上第一次大综合。

牛顿力学是物理学和天文学以及许多工程学的基础,它得到了物理实验和天文观测的广泛支持,其中的概念、原理和研究方法,在物理学的其他分支学科中常常被直接引用。特别是近代物理学中的一些基本概念,往往是在牛顿力学理论框架下的更新和延拓,正所谓"旧瓶装新酒"。

在不涉及转动和形变的许多力学问题中,可以不考虑物体的形状和尺寸大小对结果的影响,把物体看作是有质量而无大小的对象,这种模型化的物体称为质点。如在研究地球围绕太阳公转时,由于地球半径远小于地球与太阳之间的距离,可以把地球当成质点。但在研究地球自转或地震现象时,地球就不能看成质点。物体中任意两点的连线始终保持平行的运动,称为平动。物体作平动时,其内部各点的运动状况完全相同,可以把物体当成质点。对于转动和形变,虽然不能把整个物体看成质点,但可以设想把物体分割成许多微小的质元来研究,而这些质元就是质点。

质点只是一个物理模型,实际上是不存在的。物理模型是认识世界的"眼睛",物理学离不开模型,作为一种基本的研究方法,质点模型在牛顿力学中所起的作用是不可替代的。把物体当成质点来处理的力学,称为质点力学。需要指出,光子也是一种点状对象,但其静止质量等于零,不能用质点力学描述。

通常把力学分为运动学、动力学和静力学。运动学主要是描述物体的运动状态,而不涉及引起运动和改变运动状态的原因;动力学则研究在力的作用下物体的运动状态是如何变化的,其理论基础是牛顿运动定律;静力学研究物体在相互作用下的平衡问题。

本章讲质点力学。

1.1 牛顿力学的时空观

1.1.1 时间和空间

在物理学中,时间是一个令人困惑的概念。通常用时间来表示物质运动过程的持续性和顺序,可以采用某种周期性运动过程,如用钟的指针旋转的圈数来计量时间。原子能级跃迁时,辐射或吸收的电磁波的频率和周期与原子的微观结构精确地相对应,所以极为稳定,利用这一特征可以制成性能优良的原子钟。1967年第13届国际计量大会决定把秒定义为：s(秒)是与静止于海平面的^{133}Cs(铯)原子基态的两个超精细能级之间跃迁辐射的9192631770个周期所持续的时间。

空间反映物质运动的广延性，在三维空间里物体的位置用三个独立的坐标来确定。空间中两点间的距离称为长度，长度可以用尺来量度。1983年第17届国际计量大会决定把米定义为：m(米)是光在真空中在(1/299792458)秒时间内所经路程的长度。形象地说，时空可以用一系列钟和尺的标度来表示。

物质的运动与时空的性质紧密相关，对时空性质的认识一直是物理学中的一个基本问题，可分为牛顿力学、狭义相对论和广义相对论阶段。狭义相对论和广义相对论是由美籍犹太裔物理学家爱因斯坦(A. Einstein)分别于1905年和1916年建立的。

在没有引力或引力很弱的区域，时空是"平直"的：静止于不同地点的两个相同的钟走得一样快，静止于不同地点的两把相同的尺一样长，即时间坐标和长度坐标处处均匀。牛顿力学和狭义相对论认为时空是平直的，因此仅适用于远离各大星体、引力足够弱的区域。我们生活在弱引力场中，时空平直似乎是一个习以为常的概念。

严格表达时间、空间和引力的理论是广义相对论，按广义相对论，引力使时空"弯曲"：在没有引力的地方观测，静止于引力强的地点的钟变慢，尺缩短，引力越强，钟慢尺缩越显著。从大的范围看，由于各处引力不同，时间坐标和长度坐标不再均匀，所张成的时空就变弯曲了。牛顿力学中的万有引力定律是严格的引力理论的弱场近似。

1.1.2 参考系和坐标系

物体的运动是指它的位置随时间的变化，而位置总是相对其他物体而言，因此描述物体的运动必须选定一个参考物体或一个物体群。与被选定的参考物体相固连的整个延伸空间，称为参考系。所谓参考系的运动，是指所选定的参考物体和所固连的整个延伸空间的运动。

在运动学中参考系可以任意选取，但参考系不同对同一物体运动的描述可能不同，这称为运动的相对性。在社会生活中也存在参考系，不同的人对同一事物的看法可能不同，持不同的意见。

物体最简单的运动状态是静止，而任何物体相对光子都不可能静止，因此光子不能作参考系①，只有那些静质量不等于零的实际物体才能选作参考系。

为了用数值表示物体的位置，还需要在参考物体上建立一个坐标系。图1.1.1表示的是直角坐标系，或称笛卡儿(descartes)直角坐标系，坐标原点O固连于某一参考物体上；图中$\boldsymbol{i}$、$\boldsymbol{j}$和$\boldsymbol{k}$为沿三个坐标轴方向的单位矢量，它们互相垂直，方向保持不变，长度恒为1，因此是常矢量。本书用黑体字

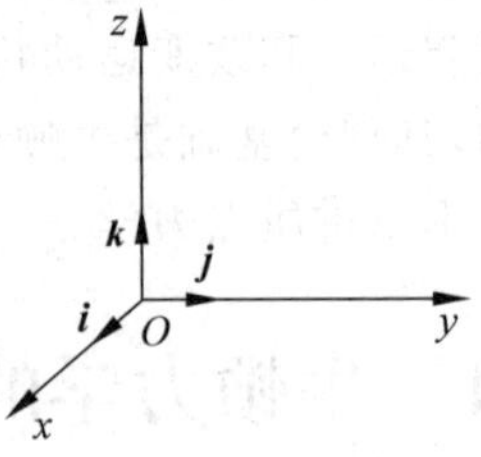

图1.1.1 直角坐标系

① 单个光子和作有规运动(如沿同一方向运动)的光子群不能作参考物体，但作无规运动的光子群的质心的位置可选作参考点。

母表示矢量，如 $\boldsymbol{A}$、$\boldsymbol{B}$，手写时则应在字母上面加箭头，写成 $\vec{A}$、$\vec{B}$。

常用的坐标系还有自然坐标系、平面极坐标系和球面坐标系，它们的坐标轴单位矢量的长度恒为1，但方向可以变化，因此不是常矢量。

1.1.3　绝对时空观和伽利略变换

在速度远小于光速 c 的情况下，可以认为时间和空间互相独立，时间和长度的量度与测量它们的参考系的运动无关。这种对时空的认识称为绝对时空观。

在数学上如何表达时空观？如图 1.1.2 所示，设参考系 S' 相对 S 沿 $x'(x)$ 轴方向以速度 u 作匀速直线运动，而 $y'(z')$ 轴与 $y(z)$ 轴始终保持平行。为了表示时间，设想在 S' 系和 S 系中的所有地点放置一系列时钟，以表示该地点的时间，并校准这些钟，让它们在各自参考系中同步运行。当坐标原点 O' 和 O 重合时，把所有钟置零，取该时刻为共同的时间零点。

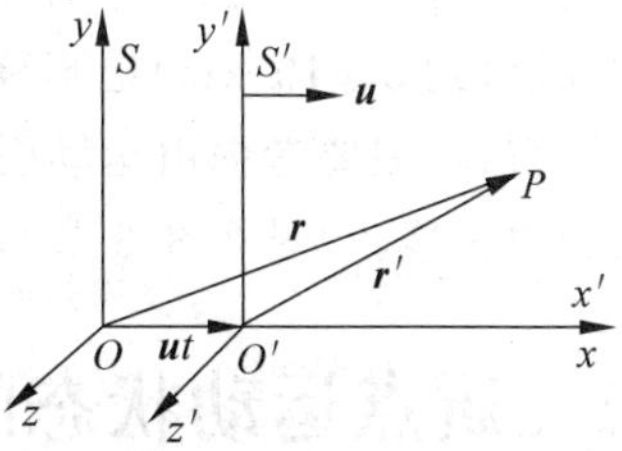

图 1.1.2　伽利略变换

在低速($u \ll c$)情况下，实验表明 S' 系和 S 系中所有地点的钟走得一样快，即 $t'=t$，且有矢量合成关系 $\boldsymbol{r}'=\boldsymbol{r}-\boldsymbol{u}t$，因此

$$
\begin{aligned}
x' &= x - ut \\
y' &= y \\
z' &= z \\
t' &= t
\end{aligned}
$$

此即伽利略变换，为纪念意大利物理学家伽利略(G. Galilei)而命名，它是对绝对时空观的数学表达。伽利略变换是线性变换，只包含坐标和时间的一次项。因 $t'=t$，故伽利略变换只是对三维空间(x,y,z)的变换。

为检验绝对时空观的适用范围，如图 1.1.3(a)所示，在以速度 u 相对地面行驶的火车上放一个钟。在火车上观测，钟的秒针转一个格的时间为 1s。设想在地面上沿火车运动方向放置一系列同步运行的钟，在地面上观测，这些钟的秒针转一个格也是 1s。让火车上的钟(动钟)依次与地面上的钟(静钟)相遇，相互比较时间。现在问：在地面上观测，火车上的钟(动钟)的秒针转一个格的时间是几秒？这是在问时间的量度与参考系运动的关系。

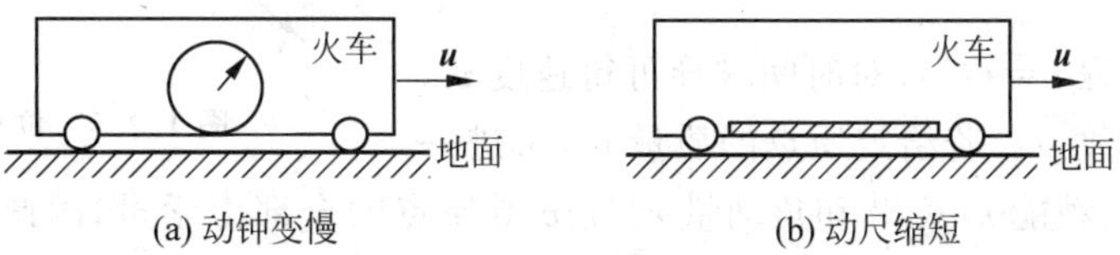

图 1.1.3　动钟变慢和动尺缩短

若在火车上沿火车运动方向放一把尺，如图 1.1.3(b)所示，在火车上测量，尺(静尺)长为 1m，现在问：在地面上测量，火车上的尺(动尺)长是多少？这是在问长度的量度与参考系运动的关系。

设 $u=0.80c$，这种假想的高速火车称为爱因斯坦火车，狭义相对论的计算结果是：在地面上观测，动钟秒针转一个格是 1.67s，比静钟(1s)多用 0.67s，说明动钟比静钟慢 0.67s，这种现象称为“动钟变慢”；在地面上测量，动尺的长度为0.60m，比静尺(1m)短0.40m，称为“动尺缩短”(见3.2节)。

钟慢尺缩现象只有在速度接近光速时才会明显地表现出来，通常交通工具的速度远小于光速，即使火车以第三宇宙速度$16.7\times10^3\,\text{m}\cdot\text{s}^{-1}$行驶，动钟也仅比静钟慢$1.5\times10^{-9}$s($1.5$ns，$1\text{ns}=10^{-9}$s)，动尺也仅比静尺短$1.5\times10^{-9}$m($1.5$nm，$1\text{nm}=10^{-9}$m)，在日常生活和一般工程技术中不必考虑如此微小的差异。

但是在北斗卫星导航系统中必须考虑相对论修正。以系统中地球静止轨道卫星上的钟(卫星钟)为例，虽然卫星钟围绕地心的运动速率(约$3\times10^3\,\text{m}\cdot\text{s}^{-1}$)不算很快，离赤道海平面的高度(约$3\times10^4$km)也不算很高，但系统对时间测量精度的要求高达ns量级，因此对卫星钟而言，不但要考虑由运动引起的狭义相对论修正(见3.2.2节)，还要考虑由引力引起的广义相对论修正(见3.8.3节)，否则随着误差的积累卫星导航系统很快就会变得毫无用途。

1.2 质点运动状态的描述

给定质点的全部力学量的一组取值，就给定了质点的一个运动状态。

1.2.1 位置矢量和轨道

如图1.2.1所示，一质点在t时刻运动到P点，质点的位置可以用由O点引向P点的矢量$\boldsymbol{r}$来表示，矢量$\boldsymbol{r}$称为质点的位置矢量，简称位矢。说一个质点的位矢时，必须指明是从哪一点引向该质点的。除了有大小和方向之外，矢量的重要特征是满足平行四边形加法法则。

位矢的大小和方向都可能随时间变化，通常写成

$$\boldsymbol{r}=\boldsymbol{r}(t) \tag{1.2.1}$$

在质点运动过程中，位矢$\boldsymbol{r}$的末端所形成的曲线称为轨道，或轨迹，式(1.2.1)是以时间t为参量的轨道方程，或称运动函数。在直角坐标系中，运动函数为

$$x=x(t),\quad y=y(t),\quad z=z(t) \tag{1.2.2}$$

把其中的时间t消去，所得曲线方程就是直角坐标系中的轨道方程。

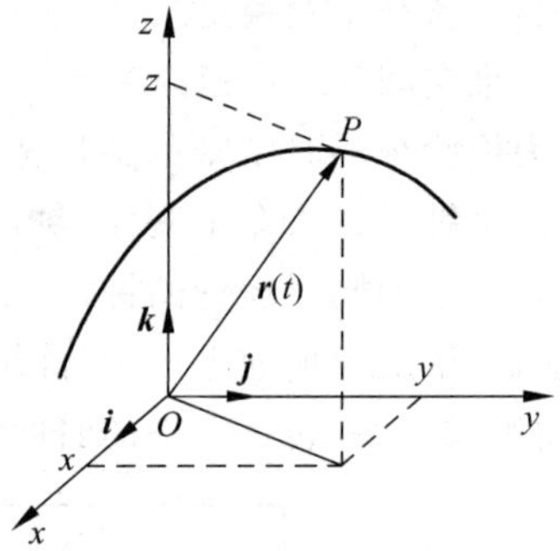

图1.2.1 位矢和轨道

给定轨道方程$\boldsymbol{r}=\boldsymbol{r}(t)$，对时间求导可得速度$\boldsymbol{v}$，再求导可得加速度$\boldsymbol{a}$。若给定质点的质量$m$，可进一步求出动量$m\boldsymbol{v}$、动能$mv^2/2$和角动量$\boldsymbol{r}\times m\boldsymbol{v}$等质点的全部力学量，因此质点的运动状态可以用轨道方程来描述。在气体动理论中，通常用坐标和动量作为独立变量来描述分子的运动状态。

轨道是一个经典概念，存在轨道的条件是粒子在同一方向上的坐标和动量能同时取确定值，或者说能同时被测准。经典粒子和微观粒子的根本区别在于其运动是否存在轨道，同样是电子，在阴极射线管中电子的运动存在轨道，表现出牛顿力学的规律，而对于原子中的电子，轨道的概念完全失去意义，要用量子力学来处理。

1.2.2 速度和加速度

1. 位移和路程

在一段时间内运动质点位矢的增量，称为质点在这段时间内的位移。如图 1.2.2 所示，t 时刻质点位于 P 点，其位矢为 $\boldsymbol{r}(t)$，经过 Δt 时间后运动到 P' 点，位矢变成 $\boldsymbol{r}(t+\Delta t)$，则在 Δt 时间内质点的位移为

$$\Delta \boldsymbol{r} = \boldsymbol{r}(t+\Delta t) - \boldsymbol{r}(t)$$

位移是一个方向从 P 点指向 P' 点的矢量，其大小 $|\Delta \boldsymbol{r}|$ 等于线段 PP' 的长度。一般地说 $|\Delta \boldsymbol{r}| \neq \Delta r$，因为 $\Delta r = r(t+\Delta t) - r(t)$ 只是位矢的长度的增量。

在图 1.2.2 中，Δs 代表质点沿轨道从 P 点运动到 P' 点所经过的路程，一般地说 $|\Delta \boldsymbol{r}| \neq \Delta s$，但当 Δt 趋于零时，$\lim\limits_{\Delta t \to 0} |\Delta \boldsymbol{r}| = \lim\limits_{\Delta t \to 0} \Delta s$，即

$$|\mathrm{d}\boldsymbol{r}| = \mathrm{d}s$$

其中的 $\mathrm{d}\boldsymbol{r}$ 称为元位移。这表明：元位移的大小等于质点在无穷小时间内所经过的路程。当 Δt 趋于零时 P' 点趋近 P 点，则元位移 $\mathrm{d}\boldsymbol{r}$ 的方向沿轨道上 P 点的切线并指向质点运动的前方。注意，一般地说 $|\mathrm{d}\boldsymbol{r}| \neq \mathrm{d}r$。

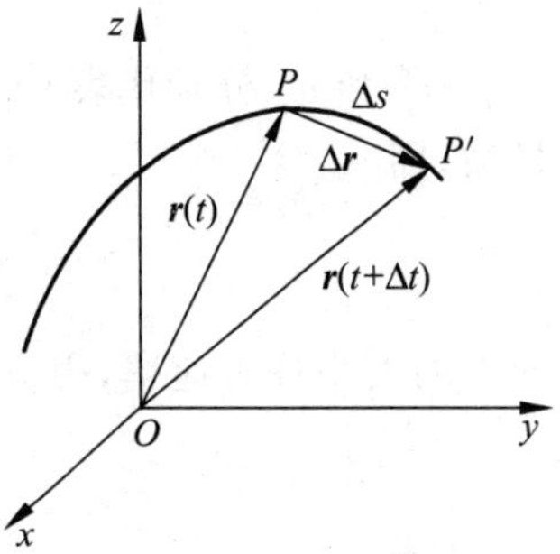

图 1.2.2　位移和路程

例 1.2.1　如图 1.2.3 所示，质点沿轨道 L 从 A 点运动到 B 点，用 $\boldsymbol{r}$ 代表由 O 点引向质点的位矢，r 代表 $\boldsymbol{r}$ 的长度。下列各式代表什么？

(1) $\left|\int_A^B \mathrm{d}\boldsymbol{r}\right|$，(2) $\int_A^B |\mathrm{d}\boldsymbol{r}|$，(3) $\int_A^B \mathrm{d}r$

解　(1) $\left|\int_A^B \mathrm{d}\boldsymbol{r}\right| = |\boldsymbol{r}_B - \boldsymbol{r}_A|$，等于质点位移的大小，即 B 点与 A 点的距离。

(2) $\int_A^B |\mathrm{d}\boldsymbol{r}| = \int_A^B \mathrm{d}s$，等于质点运动的路程，即轨道 L 的长度。

(3) $\int_A^B \mathrm{d}r = r_B - r_A$，等于 B 点和 A 点到 O 点的距离之差。

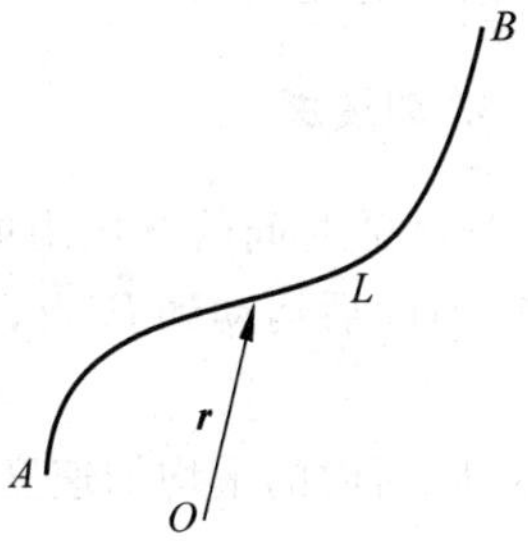

图 1.2.3　例 1.2.1 图

2. 速度和速率

质点运动的快慢和方向用速度来描述。如图 1.2.4 所示，质点从 P 点到 P' 点的位移 $\Delta \boldsymbol{r}$ 与发生位移所经时间 Δt 之比，称为质点在 Δt 时间内的平均速度，用 $\bar{\boldsymbol{v}}$ 表示，即

$$\bar{\boldsymbol{v}} = \frac{\Delta \boldsymbol{r}}{\Delta t}$$

平均速度是一个矢量，其方向与位移 $\Delta \boldsymbol{r}$ 的方向相同，大小等于 $|\Delta \boldsymbol{r}|/\Delta t$，它只能粗略地反映质点在 Δt 时间内运动的快慢和方向。

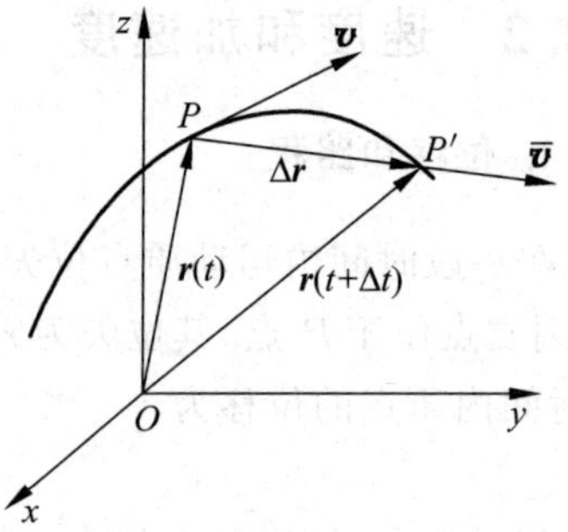

图 1.2.4 平均速度和瞬时速度

当 Δt 趋于零时平均速度 $\bar{\boldsymbol{v}}$ 的极限$\boldsymbol{v}$,称为质点 t 时刻(在 P 点)的瞬时速度,简称速度,即

$$\boldsymbol{v}=\lim_{\Delta t\to 0}\bar{\boldsymbol{v}}=\lim_{\Delta t\to 0}\frac{\Delta \boldsymbol{r}}{\Delta t}=\frac{\mathrm{d}\boldsymbol{r}}{\mathrm{d}t}$$

速度是一个矢量,它等于质点位矢对时间的一阶导数,方向与元位移 $\mathrm{d}\boldsymbol{r}$ 的方向相同,沿轨道上 P 点的切线方向并指向质点运动的前方。速度精确地描述了质点在 t 时刻运动的快慢和方向。说一个质点的速度时,必须指明是相对哪个参考系而言的。

速度矢量在直角坐标系中的分量式为

$$\boldsymbol{v}=v_x\boldsymbol{i}+v_y\boldsymbol{j}+v_z\boldsymbol{k}$$

其中,v_x、v_y 和 v_z 分别代表 t 时刻速度沿 x、y 和 z 轴方向的分量,等于相应坐标对时间的一阶导数,即

$$v_x=\frac{\mathrm{d}x}{\mathrm{d}t},\quad v_y=\frac{\mathrm{d}y}{\mathrm{d}t},\quad v_z=\frac{\mathrm{d}z}{\mathrm{d}t}$$

速度的大小称为速率,用 v 表示,它等于路程 s 对时间的一阶导数,即

$$v=|\boldsymbol{v}|=\frac{|\mathrm{d}\boldsymbol{r}|}{\mathrm{d}t}=\frac{\mathrm{d}s}{\mathrm{d}t}$$

式中用到了 $|\mathrm{d}\boldsymbol{r}|=\mathrm{d}s$。

速率与速度分量的关系为

$$v=|\boldsymbol{v}|=\sqrt{v_x^2+v_y^2+v_z^2}$$

在不致引起混淆的情况下,可以把速率称作速度。

3. 加速度

速度随时间的变化用加速度来描述。如图 1.2.5 所示,质点在 P 点的速度为$\boldsymbol{v}(t)$,经过 Δt 时间后运动到 P'点,速度变成$\boldsymbol{v}(t+\Delta t)$,则速度矢量的增量为

$$\Delta\boldsymbol{v}=\boldsymbol{v}(t+\Delta t)-\boldsymbol{v}(t)$$

在 Δt 时间内的平均加速度为

$$\bar{\boldsymbol{a}}=\frac{\Delta\boldsymbol{v}}{\Delta t}$$

平均加速度只能粗略地反映质点在 Δt 时间内运动速度的变化。

当 Δt 趋于零时平均加速度 $\bar{\boldsymbol{a}}$ 的极限 $\boldsymbol{a}$,称为质点 t 时刻(在 P 点)的瞬时加速度,简称加速度,即

$$\boldsymbol{a}=\lim_{\Delta t\to 0}\bar{\boldsymbol{a}}=\lim_{\Delta t\to 0}\frac{\Delta\boldsymbol{v}}{\Delta t}=\frac{\mathrm{d}\boldsymbol{v}}{\mathrm{d}t}=\frac{\mathrm{d}^2\boldsymbol{r}}{\mathrm{d}t^2}$$

加速度是一个矢量,它等于速度矢量对时间的一阶导数,或质点位矢对时间的二阶导数。说一个质点的加速度时,也必须指明是相对哪个参考系而言的。

加速度矢量在直角坐标系中的分量式为

$$a_x=\frac{\mathrm{d}v_x}{\mathrm{d}t}=\frac{\mathrm{d}^2x}{\mathrm{d}t^2},\quad a_y=\frac{\mathrm{d}v_y}{\mathrm{d}t}=\frac{\mathrm{d}^2y}{\mathrm{d}t^2},\quad a_z=\frac{\mathrm{d}v_z}{\mathrm{d}t}=\frac{\mathrm{d}^2z}{\mathrm{d}t^2}$$

加速度分量等于相应速度分量对时间的一阶导数，或等于相应坐标对时间的二阶导数。加速度的大小为

$$a=|\boldsymbol{a}|=\sqrt{a_x^2+a_y^2+a_z^2}$$

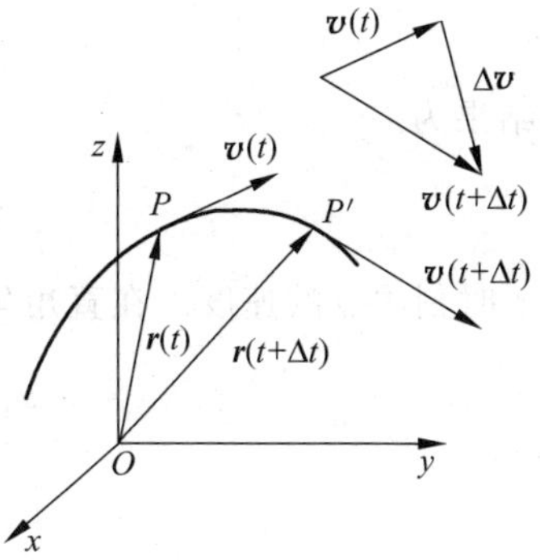

图 1.2.5 加速度

用 $\boldsymbol{e}_{\mathrm{t}}$ 代表沿轨道切线方向并指向质点运动前方的单位矢量，称为切向单位矢量，其长度恒为1，但方向可能随时间变化，把速度写成

$$\boldsymbol{v}=v\boldsymbol{e}_{\mathrm{t}}$$

于是加速度为

$$\boldsymbol{a}=\frac{\mathrm{d}\boldsymbol{v}}{\mathrm{d}t}=\frac{\mathrm{d}v}{\mathrm{d}t}\boldsymbol{e}_{\mathrm{t}}+v\frac{\mathrm{d}\boldsymbol{e}_{\mathrm{t}}}{\mathrm{d}t}$$

其中，$\mathrm{d}v/\mathrm{d}t$ 为速度的大小随时间的变化率，而 $\mathrm{d}\boldsymbol{e}_{\mathrm{t}}/\mathrm{d}t$ 为切向单位矢量随时间的变化率，它表示速度的方向随时间的变化，因此加速度既表示速度大小的变化，又反映速度方向的变化。

例 1.2.2 如图1.2.6所示，在岸边离水面高度为 h 处用柔软的细绳经定滑轮 A 拉船靠岸，收绳的速率恒为 v_0。不考虑水流的速度，求船行至距岸边 x 远处的速度和加速度。

解 在水面沿垂直于岸边的方向建立 x 轴，把岸边取为坐标原点。设船行至距岸边 x 远处船到定滑轮 A 的绳长为 l，则收绳的速率为

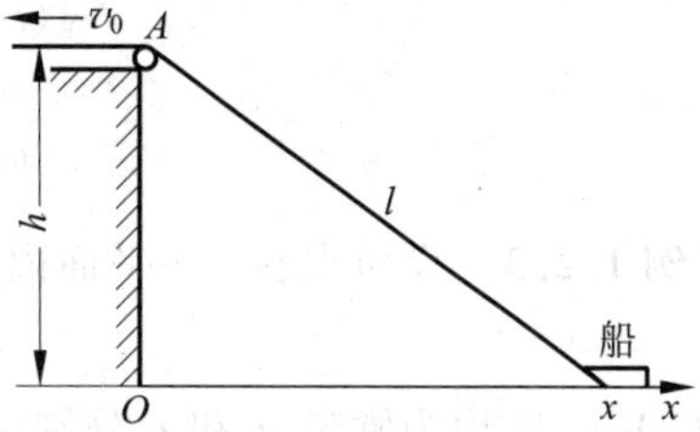

图 1.2.6 例 1.2.2 图

$$v_0=-\frac{\mathrm{d}l}{\mathrm{d}t}$$

式中负号保证 v_0 取正值。由图1.2.6可知

$$x=\sqrt{l^2-h^2}$$

船行至距岸边 x 远处的速度为

$$v=\frac{\mathrm{d}x}{\mathrm{d}t}=\frac{l}{\sqrt{l^2-h^2}}\frac{\mathrm{d}l}{\mathrm{d}t}=-v_0\sqrt{1+\frac{h^2}{x^2}}$$

速度取负值表示船向岸边靠近。显然 v 不是 v_0 沿水面的投影，这是因为绳的端点（船头）并不是沿绳的方向，而是沿水面运动。船的加速度为

$$a=\frac{\mathrm{d}v}{\mathrm{d}t}=\frac{\mathrm{d}v}{\mathrm{d}x}\frac{\mathrm{d}x}{\mathrm{d}t}=v\frac{\mathrm{d}v}{\mathrm{d}x}=vv_0\frac{h^2}{x^3\sqrt{1+h^2/x^2}}=-\frac{h^2v_0^2}{x^3}$$

船向岸边作变加速运动。

1.2.3 用积分求速度和位矢

已知加速度与时间的函数关系 $\boldsymbol{a}=\boldsymbol{a}(t)$ 和初速度 $\boldsymbol{v}(0)$，可用积分求 t 时刻质点的速度。按加速度的定义，有

$$\mathrm{d}\boldsymbol{v}=\boldsymbol{a}(t)\mathrm{d}t$$

把上式积分，注意时间从0变到 t，速度从 $\boldsymbol{v}(0)$ 变到 $\boldsymbol{v}(t)$，即

$$\int_{\boldsymbol{v}(0)}^{\boldsymbol{v}(t)} \mathrm{d}\boldsymbol{v} = \int_0^t \boldsymbol{a}(t)\mathrm{d}t$$

积分结果为

$$\boldsymbol{v}(t) = \boldsymbol{v}(0) + \int_0^t \boldsymbol{a}(t)\mathrm{d}t$$

此即 t 时刻质点的速度。在直角坐标系中速度的分量为

$$v_x(t) = v_x(0) + \int_0^t a_x(t)\mathrm{d}t$$

$$v_y(t) = v_y(0) + \int_0^t a_y(t)\mathrm{d}t$$

$$v_z(t) = v_z(0) + \int_0^t a_z(t)\mathrm{d}t$$

已知速度与时间的函数关系 $\boldsymbol{v} = \boldsymbol{v}(t)$ 和质点的初位矢 $\boldsymbol{r}(0)$,t 时刻质点的位矢为

$$\boldsymbol{r}(t) = \boldsymbol{r}(0) + \int_0^t \boldsymbol{v}(t)\mathrm{d}t$$

质点的坐标为

$$x(t) = x(0) + \int_0^t v_x(t)\mathrm{d}t$$

$$y(t) = y(0) + \int_0^t v_y(t)\mathrm{d}t$$

$$z(t) = z(0) + \int_0^t v_z(t)\mathrm{d}t$$

例 1.2.3 设质点在 xy 平面内运动,加速度与时间的函数关系为

$$\boldsymbol{a}(t) = At\boldsymbol{i} + Bt^2\boldsymbol{j}$$

其中,A 和 B 均为常量,$\boldsymbol{i}$ 和 $\boldsymbol{j}$ 分别为 x 轴和 y 轴单位矢量。设初始时刻质点静止于(x_0, y_0)点,求任意时刻质点的速度和位矢。

解 加速度的分量为

$$a_x(t) = At, \quad a_y(t) = Bt^2$$

积分可得

$$v_x(t) = v_x(0) + \int_0^t a_x(t)\mathrm{d}t = 0 + A\int_0^t t\,\mathrm{d}t = \frac{1}{2}At^2$$

$$v_y(t) = v_y(0) + \int_0^t a_y(t)\mathrm{d}t = 0 + B\int_0^t t^2\,\mathrm{d}t = \frac{1}{3}Bt^3$$

因此,任意时刻质点的速度为

$$\boldsymbol{v}(t) = \frac{1}{2}At^2\boldsymbol{i} + \frac{1}{3}Bt^3\boldsymbol{j}$$

对速度分量积分可得

$$x(t) = x(0) + \int_0^t v_x(t)\mathrm{d}t = x_0 + \frac{1}{2}A\int_0^t t^2\,\mathrm{d}t = x_0 + \frac{1}{6}At^3$$

$$y(t) = y(0) + \int_0^t v_y(t)\mathrm{d}t = y_0 + \frac{1}{3}B\int_0^t t^3\,\mathrm{d}t = y_0 + \frac{1}{12}Bt^4$$

任意时刻质点的位矢为

$$\boldsymbol{r}(t)=\left(x_0+\frac{1}{6}At^3\right)\boldsymbol{i}+\left(y_0+\frac{1}{12}Bt^4\right)\boldsymbol{j}$$

例 1.2.4　设质点沿 x 轴方向运动，速度为 $v=Ax$，其中 A 为一正常量。设初始时刻质点的坐标为 x_0，且 $x_0>0$。求 t 时刻质点的坐标。

解　没给定速度与时间的函数关系，不能直接用积分求坐标。按速度的定义，有

$$v=\frac{\mathrm{d}x}{\mathrm{d}t}=Ax$$

其分离变量形式为

$$\frac{\mathrm{d}x}{x}=A\,\mathrm{d}t$$

把上式积分，注意时间从 0 变到 t，坐标从 x_0 变到 x，即

$$\int_{x_0}^{x}\frac{\mathrm{d}x}{x}=A\int_0^t\mathrm{d}t$$

积分结果为 $\ln(x/x_0)=At$，因此 t 时刻质点的坐标为

$$x=x_0\mathrm{e}^{At}$$

坐标随时间按指数规律增大。

1.2.4　匀变速直线运动和抛体运动

1. 匀变速直线运动

设质点沿 x 轴方向作匀变速直线运动，加速度恒为 a，初始时刻的速度和坐标分别为 v_0 和 x_0，则 t 时刻质点的速度和坐标分别为

$$v=v_0+\int_0^t a\,\mathrm{d}t=v_0+at$$

$$x=x_0+\int_0^t v(t)\mathrm{d}t=x_0+\int_0^t(v_0+at)\mathrm{d}t=x_0+v_0t+\frac{1}{2}at^2$$

把式 $\mathrm{d}v=a\,\mathrm{d}t$ 的两边乘以 v，得 $v\mathrm{d}v=av\mathrm{d}t=a\,\mathrm{d}x$，作积分，注意坐标从 x_0 变到 x，速度从 v_0 变到 v，即 $\int_{v_0}^{v}v\mathrm{d}v=a\int_{x_0}^{x}\mathrm{d}x$，积分结果为

$$v^2-v_0^2=2a(x-x_0)$$

这也是一个常用公式。

2. 抛体运动

如图 1.2.7 所示，在地面附近不太大的范围内，把物体以初速度 $\boldsymbol{v}_0$ 沿与 x 轴成 θ 角的方向抛出。忽略空气阻力，抛体沿水平方向作匀速直线运动，沿竖直方向作匀变速直线运动，速度分量为

$$v_x=v_0\cos\theta$$

$$v_y=v_0\sin\theta-gt \qquad (1.2.3)$$

抛体的运动函数为

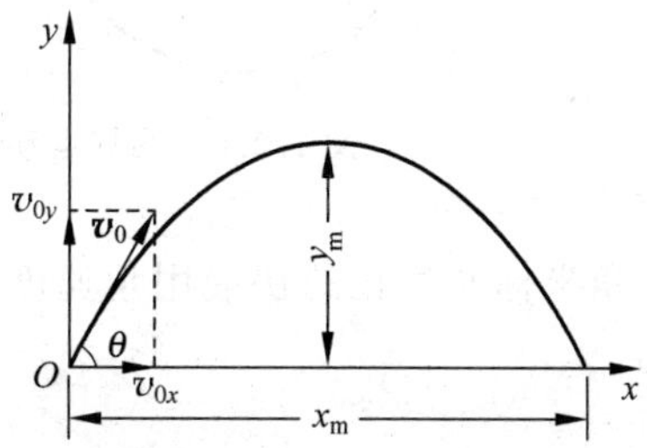

图 1.2.7　抛体运动

$$x = v_{0x}t = (v_0\cos\theta)t \tag{1.2.4}$$

$$y = v_{0y}t - \frac{1}{2}gt^2 = (v_0\sin\theta)t - \frac{1}{2}gt^2 \tag{1.2.5}$$

消去时间 t,得

$$y = (\tan\theta)x - \frac{g}{2(v_0\cos\theta)^2}x^2$$

此即抛体轨道方程,抛体沿抛物线运动。

用 t_m、y_m 和 x_m 分别代表抛体到达最高点的时间、射高和射程。把 $v_y=0$ 代入式(1.2.3),得

$$t_m = \frac{v_0}{g}\sin\theta$$

把 $t=t_m$ 代入式(1.2.5),得

$$y_m = \frac{v_0^2}{2g}\sin^2\theta$$

对于给定的 v_0,当 $\theta=\pi/2$ 时,射高取最大值 $v_0^2/(2g)$。

把 $t=2t_m$ 代入式(1.2.4),得

$$x_m = 2v_{0x}t_m = \frac{2v_0^2}{g}\cos\theta\sin\theta = \frac{v_0^2}{g}\sin2\theta$$

当 $\theta=\pi/4$ 时 $x_m=v_0^2/g$,射程最大。

1.2.5 圆周运动 法向加速度和切向加速度

1. 圆周运动 角速度 角加速度

如图 1.2.8 所示,一质点围绕 O 点沿逆时针方向以速度 v 作半径为 r 的圆周运动,把质点处于 A 点的时刻取为时间零点,弧长 s 为质点在 t 时间内经过的路程,半径 r 围绕 O 点转过的角度 θ 称为角坐标,它与路程 s 的关系为

$$s = r\theta$$

角坐标的单位是 rad 或 1。

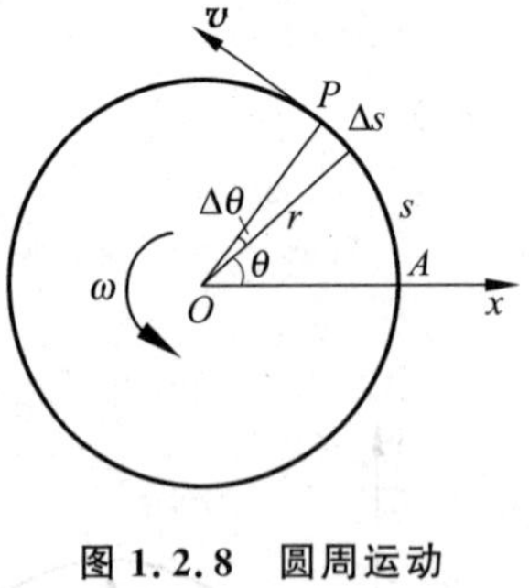

图 1.2.8 圆周运动

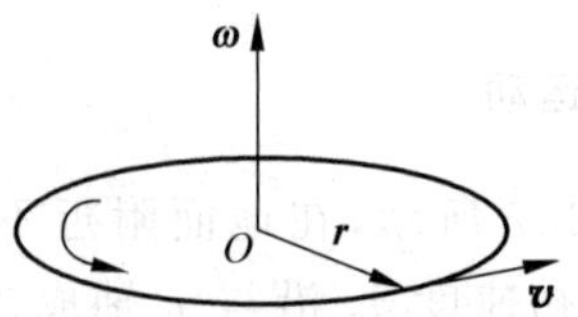

图 1.2.9 速度与角速度

角坐标 θ 变化的快慢用角速度来描述。如图 1.2.9 所示,角速度 $\boldsymbol{\omega}$ 是一个矢量,其大小为

$$\omega = \frac{d\theta}{dt}$$

方向用右手螺旋定则判定：当右手四指沿 $\boldsymbol{r}$ 的旋转方向弯曲时，伸直大拇指的指向就是角速度 $\boldsymbol{\omega}$ 的方向。按此约定，质点逆时针旋转时，$\boldsymbol{\omega}$ 向上；顺时针旋转时，$\boldsymbol{\omega}$ 向下。角速度的单位是 $\mathrm{rad\cdot s^{-1}}$ 或 $\mathrm{s^{-1}}$。

把路程 $s=r\theta$ 对时间求导，注意到 r 不随时间变化，可得

$$v=\frac{\mathrm{d}s}{\mathrm{d}t}=r\frac{\mathrm{d}\theta}{\mathrm{d}t}=r\omega$$

上式可写成

$$\boldsymbol{v}=\boldsymbol{\omega}\times\boldsymbol{r}$$

按矢量积的定义，$\boldsymbol{v}$ 的方向用右手螺旋定则判定：当右手四指由 $\boldsymbol{\omega}$ 经小于 π 角转向 $\boldsymbol{r}$ 时，伸直大拇指的指向就是速度 $\boldsymbol{v}$ 的方向。

圆周运动角速度 ω 变化的快慢用角加速度 β 来描述，即

$$\beta=\frac{\mathrm{d}\omega}{\mathrm{d}t}=\frac{\mathrm{d}^2\theta}{\mathrm{d}t^2}$$

角加速度的单位是 $\mathrm{rad\cdot s^{-2}}$ 或 $\mathrm{s^{-2}}$。

2. 自然坐标系

质点作圆周运动时轨道已知。为分析问题方便，如图 1.2.10 所示，从质点所在位置 P 点出发作两个互相垂直的单位矢量，一个是切向单位矢量 $\boldsymbol{e}_\mathrm{t}$，另一个沿半径指向圆心 O 点，叫作法向单位矢量，用 $\boldsymbol{e}_\mathrm{n}$ 表示。由单位矢量 $\boldsymbol{e}_\mathrm{t}$ 和 $\boldsymbol{e}_\mathrm{n}$ 构成的正交坐标系，称为自然坐标系。虽然 $\boldsymbol{e}_\mathrm{t}$ 和 $\boldsymbol{e}_\mathrm{n}$ 的长度恒为 1，但它们的方向随着质点的运动而变化，因此不是常矢量。

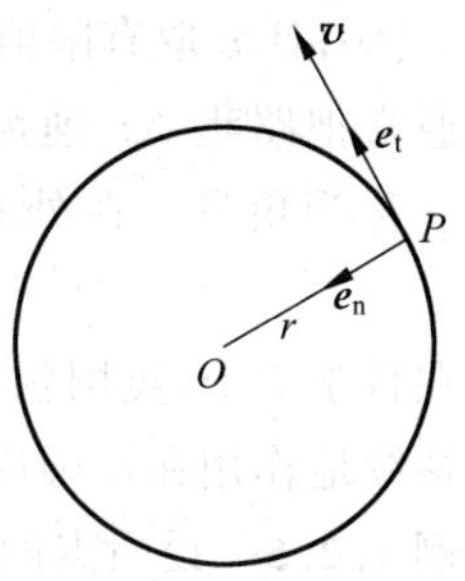

图 1.2.10 自然坐标系

3. 法向加速度和切向加速度

如图 1.2.11 所示，在自然坐标系中，质点圆周运动的加速度可分解为

$$\boldsymbol{a}=a_\mathrm{n}\boldsymbol{e}_\mathrm{n}+a_\mathrm{t}\boldsymbol{e}_\mathrm{t}$$

其中，a_n 和 a_t 分别称为法向加速度和切向加速度。

用 v 代表速率，速度可写成

$$\boldsymbol{v}=v\boldsymbol{e}_\mathrm{t}$$

对时间求导，得

$$\boldsymbol{a}=\frac{\mathrm{d}(v\boldsymbol{e}_\mathrm{t})}{\mathrm{d}t}=\frac{\mathrm{d}v}{\mathrm{d}t}\boldsymbol{e}_\mathrm{t}+v\frac{\mathrm{d}\boldsymbol{e}_\mathrm{t}}{\mathrm{d}t}\qquad(1.2.6)$$

式中，$\mathrm{d}\boldsymbol{e}_\mathrm{t}/\mathrm{d}t$ 的大小等于角速度 ω，方向沿半径指向圆心，即

$$\frac{\mathrm{d}\boldsymbol{e}_\mathrm{t}}{\mathrm{d}t}=\omega\boldsymbol{e}_\mathrm{n}\qquad(1.2.7)$$

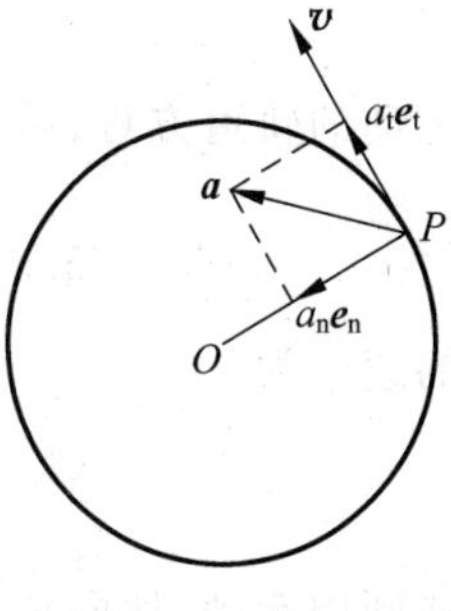

图 1.2.11 法向加速度和切向加速度

如图 1.2.12 所示，在 Δt 时间内质点从 P_1 点运动到 P_2 点，切向单位矢量由 $\boldsymbol{e}_{\mathrm{t}1}$ 变成 $\boldsymbol{e}_{\mathrm{t}2}$，增量为 $\Delta\boldsymbol{e}_\mathrm{t}=\boldsymbol{e}_{\mathrm{t}2}-\boldsymbol{e}_{\mathrm{t}1}$；角坐标的变化为 $\Delta\theta$，称为角位移，当 Δt 趋于零时 $\Delta\theta$ 趋于零，因

此增量 $\Delta \boldsymbol{e}_t$ 的方向趋于沿半径指向圆心 O,即趋于 $\boldsymbol{e}_n$ 的方向,大小趋于 $|\boldsymbol{e}_t|\mathrm{d}\theta$,而 $|\boldsymbol{e}_t|=1$,则有

$$\mathrm{d}\boldsymbol{e}_t = |\boldsymbol{e}_t|\,\mathrm{d}\theta\boldsymbol{e}_n = \mathrm{d}\theta\boldsymbol{e}_n$$

把上式两边除以 $\mathrm{d}t$,注意到 $\omega=\mathrm{d}\theta/\mathrm{d}t$,即得式(1.2.7)。

把式(1.2.7)代入式(1.2.6),可得

$$\boldsymbol{a} = v\omega\boldsymbol{e}_n + \frac{\mathrm{d}v}{\mathrm{d}t}\boldsymbol{e}_t$$

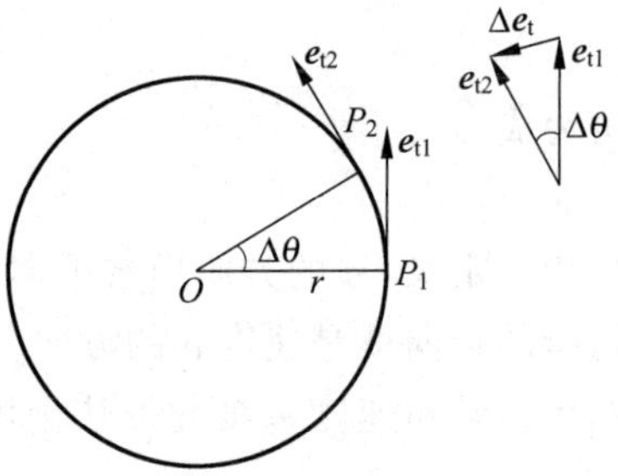

图 1.2.12 切向单位矢量的变化

因此

$$a_n = v\omega = \omega^2 r = \frac{v^2}{r} \quad (\text{法向加速度})$$

$$a_t = \frac{\mathrm{d}v}{\mathrm{d}t} = r\beta \quad (\text{切向加速度})$$

可以看出,法向加速度由速度方向的变化引起,而切向加速度由速度大小的变化引起。

圆周运动加速度的大小为

$$a = \sqrt{a_n^2 + a_t^2}$$

只要 $v \neq 0$,且 r 取有限值,加速度 a 就不等于零。

通常把路程 Δs、速度 v、加速度 a_t 和 a_n 称为线量,而把角位移 $\Delta\theta$、角速度 ω 和角加速度 β 称为角量。在处理质点圆周运动和刚体转动问题中,要经常用到线量与角量的关系。

在科学史上,英国物理学家胡克(R. Hooke)第一个正确地论述了圆周运动,指出有某种力持续地作用在作圆周运动的物体上,使之保持闭合的路径。

例 1.2.5 设质点的运动函数为

$$x = 2\cos\left(\frac{\pi}{3}t\right), \quad y = 2\sin\left(\frac{\pi}{3}t\right)$$

其中,x 和 y 是以 m 为单位的坐标的数值,t 是以 s 为单位的时间的数值。求质点运动的轨道方程、速度和加速度、角速度和角加速度。

解 消去运动函数中的时间 t,得

$$x^2 + y^2 = 2^2$$

此即质点运动的轨道方程,质点作半径为 $r=2\mathrm{m}$ 的圆周运动。把运动函数对时间求导,得

$$v_x = \frac{\mathrm{d}x}{\mathrm{d}t} = -\frac{2\pi}{3}\sin\left(\frac{\pi}{3}t\right), \quad v_y = \frac{\mathrm{d}y}{\mathrm{d}t} = \frac{2\pi}{3}\cos\left(\frac{\pi}{3}t\right)$$

因此质点的速度为

$$v = \sqrt{v_x^2 + v_y^2} = \frac{2\pi}{3}$$

质点作匀速圆周运动,切向加速度为 $a_t=0$,法向加速度为

$$a_n = \frac{v^2}{r} = \frac{4\pi^2}{9\times 2} = \frac{2\pi^2}{9}$$

质点的角速度为

$$\omega = \frac{v}{r} = \frac{2\pi}{3 \times 2} = \frac{\pi}{3}$$

角加速度为 $\beta = \mathrm{d}\omega/\mathrm{d}t = 0$。

4. 自然坐标系中的平面曲线运动

如图 1.2.13 所示，在质点的平面曲线运动轨道上任取三点，它们决定一个圆，当两侧的点无限靠近中间的 P 点时，这个圆所趋近的极限圆，称为曲线在 P 点的曲率圆(密切圆)，其半径 ρ 称为曲率半径。这样，质点的曲线轨道就可以看成由无穷多个曲率圆组成，按圆周运动的结论，在自然坐标系中质点在 P 点的加速度可分解为

$$\boldsymbol{a} = \frac{v^2}{\rho}\boldsymbol{e}_{\mathrm{n}} + \frac{\mathrm{d}v}{\mathrm{d}t}\boldsymbol{e}_{\mathrm{t}}$$

其中，v 代表质点在 P 点的速度。

例 1.2.6　如图 1.2.14 所示，一物体以初速度 v_0 沿与 x 轴成 θ 角的方向被抛出。忽略空气阻力，求抛体轨道在最高点的曲率半径。

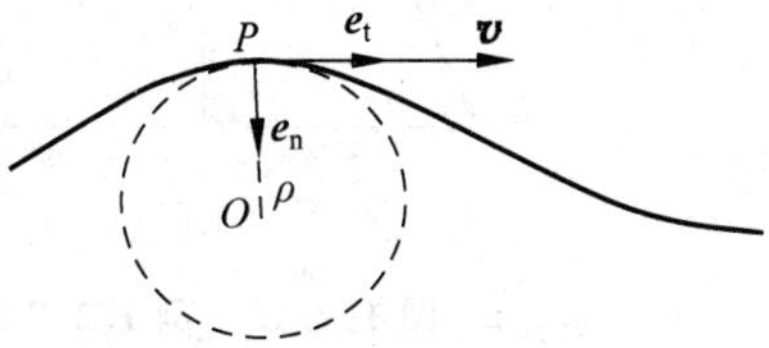

图 1.2.13　平面曲线运动

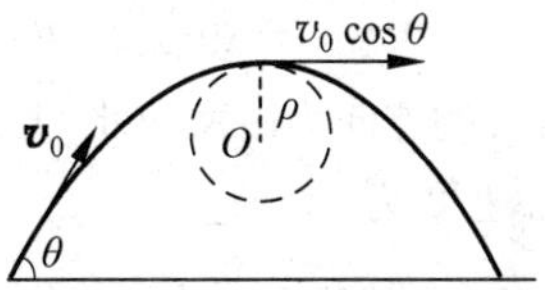

图 1.2.14　例 1.2.6 图

解　忽略空气阻力，抛体在轨道最高点的切向速度为 $v_0\cos\theta$，用 ρ 代表轨道在该点的曲率半径，则

$$g = \frac{v_0^2\cos^2\theta}{\rho}$$

因此曲率半径为

$$\rho = \frac{v_0^2\cos^2\theta}{g}$$

1.2.6　运动的相对性

在不同参考系中，同一质点的运动速度和加速度可能不同，当 S'系相对 S 系低速($u \ll c$)运动时，利用伽利略变换可得

$$v'_x = v_x - u$$
$$v'_y = v_y$$
$$v'_z = v_z$$

此即速度的伽利略变换，其矢量形式为

$$\boldsymbol{v} = \boldsymbol{v}' + \boldsymbol{u}$$

对时间求导可知，加速度的变换为

$$\boldsymbol{a} = \boldsymbol{a}' + \boldsymbol{a}_0$$

式中，$\boldsymbol{a}$ 和 $\boldsymbol{a}'$分别为质点在 S 系和 S'系中的加速度，$\boldsymbol{a}_0$ 为 S'系相对 S 系的加速度。若 S'系

相对 S 系作匀速直线运动，即 $\boldsymbol{a}_0=0$，则有

$$\boldsymbol{a}=\boldsymbol{a}'$$

这说明：同一质点在两个相对作匀速直线运动的参考系中的加速度是相同的。

对于 A、B 和 C 三个运动质点，把跟随 C 和 B 平动的参考系分别当成 S 系和 S' 系，速度和加速度的变换可表示为

$$\boldsymbol{v}_{AC}=\boldsymbol{v}_{AB}+\boldsymbol{v}_{BC}$$

$$\boldsymbol{a}_{AC}=\boldsymbol{a}_{AB}+\boldsymbol{a}_{BC}$$

式中的角标表示两个质点的相对运动关系，如 $\boldsymbol{v}_{AC}$($\boldsymbol{a}_{AC}$)代表 A 相对 C 的速度(加速度)等。

例 1.2.7 河水向东流，流速为 $10\mathrm{km\cdot h^{-1}}$。船相对河水向北偏西 30°航行，航速为 $20\mathrm{km\cdot h^{-1}}$。此时风向西刮，风速为 $10\mathrm{km\cdot h^{-1}}$。求在船上观察烟囱冒出的烟的飘向和速度。

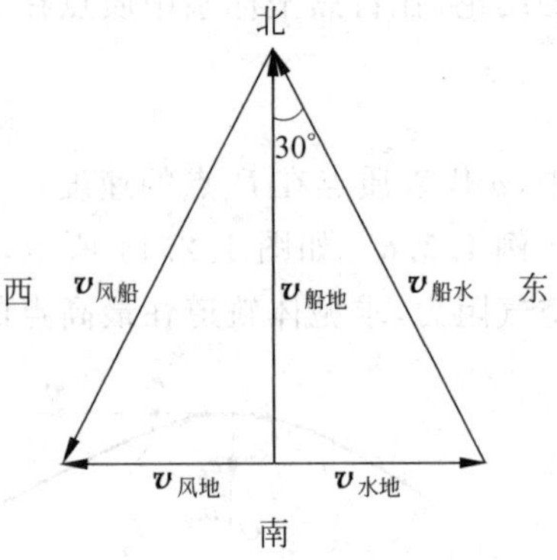

图 1.2.15 例 1.2.7 图

解 图 1.2.15 表示几个速度之间的关系。在船上观察，烟的飘向就是风相对船的运动方向，速度记为 $\boldsymbol{v}_{风船}$。按速度变换，船相对地的速度为

$$\boldsymbol{v}_{船地}=\boldsymbol{v}_{船水}+\boldsymbol{v}_{水地}$$

由此求出 $\boldsymbol{v}_{船地}$ 的方向为由南向北，大小为 $10\sqrt{3}\mathrm{km\cdot h^{-1}}$。风相对船的速度为

$$\boldsymbol{v}_{风船}=\boldsymbol{v}_{风地}-\boldsymbol{v}_{船地}$$

方向为向南偏西 30°，大小为 $20\mathrm{km\cdot h^{-1}}$，此即在船上观察烟的飘向和速度。

例 1.2.8 一列火车在水平地面上作加速直线运动，某时刻的加速度为 $\boldsymbol{a}_0$，这时从车厢天花板上掉下一个螺帽。求此时螺帽相对火车的加速度。

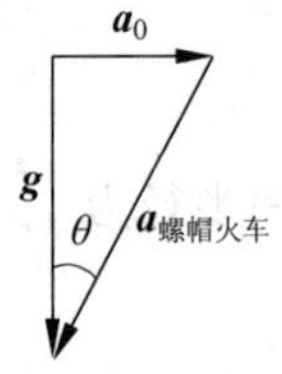

图 1.2.16 例 1.2.8 图

解 如图 1.2.16 所示，螺帽相对地面的加速度是重力加速度，即 $\boldsymbol{a}_{螺帽地面}=\boldsymbol{g}$，地面相对火车的加速度为 $\boldsymbol{a}_{地面火车}=-\boldsymbol{a}_0$，按加速度变换，螺帽相对火车的加速度为

$$\boldsymbol{a}_{螺帽火车}=\boldsymbol{a}_{螺帽地面}+\boldsymbol{a}_{地面火车}=\boldsymbol{g}-\boldsymbol{a}_0$$

其大小为

$$a_{螺帽火车}=\sqrt{g^2+a_0^2}$$

方向沿火车运动的斜后下方，与竖直向下方向的夹角为

$$\theta=\arctan\left(\frac{a_0}{g}\right)$$

1.3 牛顿运动定律和万有引力定律

牛顿力学的理论基础是牛顿运动三定律和万有引力定律，下面提到的物体均指质点。

1.3.1 牛顿运动定律

1. 牛顿第一定律 惯性

牛顿第一定律(惯性定律)：任何物体都保持静止或匀速直线运动的状态，除非其他物

体的作用迫使它改变这种状态。

静止或匀速直线运动，统称为惯性运动。物体保持惯性运动状态的性质，称为惯性。

2. 牛顿第二定律　动量

牛顿第二定律：物体运动量的变化与所施加的力成正比，并沿力的作用线的方向发生。

什么是与力相联系的运动量？牛顿的定义是"运动的度量，可由速度和物质的量共同求出"，即质量和速度的乘积 $m\boldsymbol{v}$。轮船靠岸时速度虽小，但其质量很大，可以撞坏坚固的码头；子弹质量虽小，但其速度极高，能将钢板击穿；更重要的是，与力相联系的运动量应该具有方向，因此牛顿的定义是正确的。关于运动量是 $m\boldsymbol{v}$ 还是 mv^2，在 17—18 世纪曾发生过旷日持久的争论。

物体的质量与运动速度的乘积，称为动量，用 $\boldsymbol{p}$ 表示，即

$$\boldsymbol{p}=m\boldsymbol{v}$$

动量是一个矢量，其方向沿物体的运动方向，大小等于质量与速率的乘积。动量中包含速度，因此动量与参考系有关。动量的单位是 $\mathrm{kg\cdot m\cdot s^{-1}}$ 或 $\mathrm{J\cdot s\cdot m^{-1}}$。

当物体同时受多个力作用时，这些力的矢量和称为该物体所受合力，即

$$\boldsymbol{f}=\sum_i \boldsymbol{f}_i=\boldsymbol{f}_1+\boldsymbol{f}_2+\cdots$$

实验表明：对于物体的运动而言，合力的作用与这几个力同时作用的效果是一样的。这称为力的叠加原理。

引入动量，牛顿第二定律可写成

$$\boldsymbol{f}=\frac{\mathrm{d}\boldsymbol{p}}{\mathrm{d}t} \tag{1.3.1}$$

这表明：物体所受合力等于物体的动量随时间的变化率。可见力的作用是改变质点的动量。

动量是物理学中的一个基本物理量，其应用范围远远超出牛顿力学。光子的运动虽然不能用牛顿力学来描述，但光子具有动量，光子的动量为

$$p=mc=\frac{h\nu}{c}$$

其中，m 和 ν 分别为光子的质量和频率，c 为真空中的光速。

实验表明，在低速情况下物体的质量是一个与物体的运动速度无关的恒量，这时方程(1.3.1)可写成

$$\boldsymbol{f}=m\frac{\mathrm{d}\boldsymbol{v}}{\mathrm{d}t}=m\frac{\mathrm{d}^2\boldsymbol{r}}{\mathrm{d}t^2}=m\boldsymbol{a}$$

此即熟知的牛顿方程，其中 $\boldsymbol{a}$ 为物体的加速度。牛顿方程表达力对物体的瞬时作用。

牛顿方程是一个矢量等式，在直角坐标系中的分量式为

$$f_x=\frac{\mathrm{d}p_x}{\mathrm{d}t},\quad f_y=\frac{\mathrm{d}p_y}{\mathrm{d}t},\quad f_z=\frac{\mathrm{d}p_z}{\mathrm{d}t}$$

或

$$f_x=ma_x,\quad f_y=ma_y,\quad f_z=ma_z$$

对于圆周运动，牛顿方程沿法向和沿切向的分量式为

$$f_n = ma_n(\text{法向}), \quad f_t = ma_t(\text{切向})$$

可以看出,在同样的力的作用下,物体的质量越大,加速度就越小,运动速度就越不容易改变,因此牛顿方程中的质量表示物体惯性的大小,称为惯性质量。

质量的单位是kg(千克),在新国际单位制中是对应普朗克常量为 $h=6.62607015\times10^{-34}\,\text{kg}\cdot\text{m}^2\cdot\text{s}$ 时的质量。

牛顿方程涉及力、质量和加速度之间的定量关系,这要求对这三个物理量作定量的量度。加速度已经用运动学定义,剩下的就是质量和力的量度问题。奥地利物理学家马赫(E. Mach)首先提出,用惯性量度质量,用质量与加速度的乘积量度力,这样一来牛顿方程就是对力的定义。

* 3. 运动具有独立性的条件

一个运动可以分解成不同方向的运动,若一个方向的运动不受其他方向运动的影响,则称运动具有独立性。以直角坐标系为例,运动具有独立性的条件是:牛顿方程为线性微分方程,即在方程中关于位矢 $\boldsymbol{r}$ 及其各阶导数都是一次的,这时牛顿方程沿 x,y,z 方向的分量式互相独立。

以抛体运动为例。若空气阻力与抛体速度成正比,即 $\boldsymbol{f}=-\gamma\mathrm{d}\boldsymbol{r}/\mathrm{d}t$,牛顿方程为

$$m\boldsymbol{g}-\gamma\frac{\mathrm{d}\boldsymbol{r}}{\mathrm{d}t}=m\frac{\mathrm{d}^2\boldsymbol{r}}{\mathrm{d}t^2}$$

方程中 $\boldsymbol{r}$ 的一阶和二阶导数都是一次的,因此是线性方程,沿 x(水平)和 y(竖直)方向的分量式分别为

$$-\gamma\frac{\mathrm{d}x}{\mathrm{d}t}=m\frac{\mathrm{d}^2x}{\mathrm{d}t^2} \qquad (\text{水平方向})$$

$$-mg-\gamma\frac{\mathrm{d}y}{\mathrm{d}t}=m\frac{\mathrm{d}^2y}{\mathrm{d}t^2} \qquad (\text{竖直方向})$$

两式彼此独立,因此抛体沿两个方向的运动彼此独立。

若空气阻力与速度平方成正比,即 $\boldsymbol{f}=-\gamma(\mathrm{d}\boldsymbol{r}/\mathrm{d}t)^2\boldsymbol{e}_t$,其中 $\boldsymbol{e}_t$ 代表沿轨道切线方向并指向抛体运动前方的单位矢量,牛顿方程为

$$m\boldsymbol{g}-\gamma\left(\frac{\mathrm{d}\boldsymbol{r}}{\mathrm{d}t}\right)^2\boldsymbol{e}_t=m\frac{\mathrm{d}^2\boldsymbol{r}}{\mathrm{d}t^2}$$

方程中包括 $\boldsymbol{r}$ 的一阶导数的二次方,因此是非线性方程。抛体在 x 方向的受力为

$$-\gamma\left(\frac{\mathrm{d}\boldsymbol{r}}{\mathrm{d}t}\right)^2\cos\theta=-\gamma\sqrt{\left(\frac{\mathrm{d}x}{\mathrm{d}t}\right)^2+\left(\frac{\mathrm{d}y}{\mathrm{d}t}\right)^2}\frac{\mathrm{d}x}{\mathrm{d}t}$$

其中,θ 为抛体的速度与 x 轴的夹角,$\cos\theta=v_x/v$。牛顿方程沿 x 方向的分量式为

$$-\gamma\sqrt{\left(\frac{\mathrm{d}x}{\mathrm{d}t}\right)^2+\left(\frac{\mathrm{d}y}{\mathrm{d}t}\right)^2}\frac{\mathrm{d}x}{\mathrm{d}t}=m\frac{\mathrm{d}^2x}{\mathrm{d}t^2} \qquad (\text{水平方向})$$

沿 y 方向的分量式为

$$-mg-\gamma\sqrt{\left(\frac{\mathrm{d}x}{\mathrm{d}t}\right)^2+\left(\frac{\mathrm{d}y}{\mathrm{d}t}\right)^2}\frac{\mathrm{d}y}{\mathrm{d}t}=m\frac{\mathrm{d}^2y}{\mathrm{d}t^2} \qquad (\text{竖直方向})$$

两式彼此不独立,x 分量式中包括 y 方向的速度,y 分量式中包括 x 方向的速度,因此抛体

沿两个方向的运动彼此不独立。

4. 自然界中的各种力

物体所受重力等于地球对物体的万有引力与地球自转所引起的惯性离心力(见 1.4.3 节)的合力,通常忽略重力和地球引力的差别,把重力近似地写成

$$\boldsymbol{f}=m\boldsymbol{g}$$

其中,m 和 $\boldsymbol{g}$ 分别为物体的质量和物体所在处的重力加速度。

按胡克(Hooke)定律,弹簧的弹性力为

$$f=-kx$$

其中,k 称为弹簧的劲度系数,x 代表弹簧的伸长,负号表示弹力的方向总是与弹簧的伸长方向相反。

弹簧的劲度系数与弹簧的匝数、直径、线径和材料等因素有关,在其他条件一定时,弹簧越长,单位长度的匝数越多,劲度系数就越小。两个劲度系数分别为 k_1 和 k_2 的弹簧串联后,用 k 代表串联弹簧的等效劲度系数,则有

$$\frac{1}{k}=\frac{1}{k_1}+\frac{1}{k_2}\quad(\text{串联})$$

设串联后的弹簧受力为 f,伸长为 x,则力 f 将同时加在弹簧 k_1 和 k_2 上,二者的伸长分别为 $x_1=f/k_1$ 和 $x_2=f/k_2$,而 $x=x_1+x_2$,因此

$$\frac{1}{k}=\frac{x}{f}=\frac{x_1}{f}+\frac{x_2}{f}=\frac{1}{k_1}+\frac{1}{k_2}$$

两个劲度系数分别为 k_1 和 k_2 的弹簧并联后,等效劲度系数为

$$k=k_1+k_2\quad(\text{并联})$$

弹簧串并联后的等效劲度系数如同电容串并联后的等效电容(见 5.2.4 节)。

摩擦可分为静摩擦、滑动摩擦和滚动摩擦(见 2.2.2 节)。静摩擦力的方向沿两物体接触面的公切线,并与两物体相对滑动趋势方向相反;静摩擦力 f 的大小可在一定范围内变化,最大静摩擦力 f_m 与正压力 N 成正比,而与接触面的大小无关,即

$$f_m=\mu N,\quad f\leqslant f_m$$

其中,μ 称为静摩擦系数,由实验确定。滑动摩擦力也与正压力成正比,比例系数称为滑动摩擦系数,它小于静摩擦系数。

物体的受力有主动和被动之分,主动力的大小和方向不受作用在物体上的其他力的影响而处于主动地位,如重力、弹簧的弹性力、静电力和洛伦兹力等。主动力的方向一般可通过力的分析来确定。

物体之间的压力、摩擦力和绳内的张力(即绳内横截面两侧之间的弹性力)等就不同了,它们的大小和方向常常取决于主动力的大小和方向,以及物体的运动状态,从而处于被动地位,被称为被动力。被动力的方向可任意设定,若解出为正值,说明实际方向与设定方向相同;解出为负值,与设定方向相反。

自然界中各种不同种类的力可归结为四种基本相互作用(表 1.3.1):强相互作用、电磁力、弱相互作用和引力,它们的强度依次减小,引力是自然界中强度最弱的相互作用。强相互作用和弱相互作用是短程力,电磁力和引力是长程力。所谓力程,是指超过这一距离,力

的作用就消失了。强相互作用和弱相互作用分别是维系原子核的结构和引起β衰变及其他不稳定粒子衰变的微观力。电磁力和引力是宏观力,弹性力和摩擦力都来源于电磁力。

表 1.3.1 四种相互作用的比较

相互作用	相对强度	力程/m	性质
强相互作用	1	10^{-15}	微观
电磁力	10^{-2}	∞	宏观
弱相互作用	10^{-10}	$<10^{-17}$	微观
引力	10^{-40}	∞	宏观

5. 质点动量守恒定律

若$\boldsymbol{f}=0$,则由$\boldsymbol{f}=\mathrm{d}\boldsymbol{p}/\mathrm{d}t$可知

$$\boldsymbol{p}=\text{常矢量}$$

此即质点动量守恒定律:若质点不受力,或所受合力等于零,则质点动量的大小和方向保持不变。也可以说成:自由粒子的动量的大小和方向保持不变。

动量是$\boldsymbol{f}=0$时与物体平动相联系的守恒量,因此也叫线动量。后面将会看到,与转动相联系的守恒量是角动量。

动量守恒定律是一个矢量关系,只要在某个方向上不受力,或所受合力等于零,质点沿该方向的动量就守恒。如抛体受重力作用,动量不守恒,但重力的水平分量等于零,抛体沿水平方向动量守恒。

守恒定律的意义在于:若一个物理量守恒,则不必知道过程的细节就可以断定该物理量在任意时刻的取值都等于其初始值,这为分析和研究一些复杂物理过程提供了方便。

6. 牛顿第三定律 超距作用假设

牛顿第三定律:对于每一个作用,总有一个大小相等方向相反的反作用。或者说,两个物体之间的相互作用总是大小相等、方向相反。

当两个物体互相接触,或虽不接触但都静止时,牛顿第三定律严格成立。对于互不接触的两个运动物体,牛顿第三定律隐含着超距作用(action at a distance)假设:相隔一定距离的两个物体之间的相互作用是直接、瞬时的,不需要任何媒介传递,也不需要任何传递时间,或者说力的传递速度为无限大。若物体的运动速度接近力的传播速度,由于"延迟"效应,作用力和反作用力可能不相等。

相互作用的传递速度一般较大,如引力是通过引力波传递,电磁力是通过光子传递,它们都是以光速传递。在牛顿力学中物体运动速度远低于光速,对互不接触的两个运动物体来说完全可以忽略延迟效应。但在强电磁作用下带电粒子的运动速度可以接近光速,这时必须考虑延迟效应。

1.3.2 惯性系 伽利略相对性原理

1. 惯性系

在运动学中参考系可以任选,但在动力学中却出了问题。例如,在向前加速行驶的火车

上观测，放在光滑水平桌面上的物体在水平方向上虽然不受力，但却向后加速运动；火车转弯时物体还会被甩出，这说明在火车参考系中牛顿第一和第二定律不成立。

在力学中，把惯性定律在其中成立的参考系，即不受力的物体在其中作惯性运动的参考系，定义为惯性系。相对一个惯性系作惯性运动的其他参考系一定是惯性系，一旦确认了一个惯性系，就可以将其作为参照，以判定其他参考系是否是惯性系。

只有在惯性系中牛顿第一和第二定律才成立，因此方程 $\boldsymbol{f}=\mathrm{d}\boldsymbol{p}/\mathrm{d}t$ 或 $\boldsymbol{f}=m\boldsymbol{a}$ 中的 $\boldsymbol{p}$ 和 $\boldsymbol{a}$，只能是惯性系中的动量和加速度。质点动量守恒定律应表述为：在惯性系中，若质点不受力，或所受合力等于零，则质点动量的大小和方向保持不变。

然而，用惯性定律来定义惯性系陷入了逻辑循环：惯性定律要求“不受力”，而“不受力”的判据是惯性定律，这一困难源于引力。引力无处不在，自然界中没有不受力的物体，因此物理学中根本不存在真正严格的惯性系。我们只能在远离星体的太空中没有引力的地方，或在自由降落的无自转的小升降机内近似地建立惯性系。

牛顿为了说明自己理论的自洽性，设想宇宙中心是绝对静止的，认为与宇宙中心固连的整个延伸空间，即所谓的“绝对空间”是严格的惯性系。尽管我们现在知道宇宙没有中心，也不存在绝对空间，但在那个时代，牛顿提出绝对空间的概念仍不失为“一位具有最高思维能力和创造力的人所能发现的唯一道路”。虽然引力给惯性系的定义带来困难，但作为惯性系中的力学，牛顿力学的理论体系自身还是自洽的。

非惯性系是指那些惯性定律不成立的参考系。在非惯性系中，牛顿第一和第二定律不成立，但牛顿第三定律仍然成立，因为作用和反作用之间的关系与参考系无关。

相对惯性系作变速运动的其他参考系一定是非惯性系，若把地面看成惯性系，那么加速行驶的火车就是一个非惯性系。由于转动产生加速度，相对惯性系转动的参考系也一定是非惯性系，如转弯的火车和旋转的圆盘。

2. 力学中的近似惯性系

马赫认为，判断一个实际参考系与惯性系接近的程度，取决于在多大的精度上可以观测到该参考系的加速度效应，若一个参考系相对宇宙全部物质分布的平均加速度等于零，就可以把它近似地看成惯性系。力学中常用以下四种近似惯性系。

(1) FK4 系：以选定的天空中均匀分布的 1535 颗恒星的平均静止位形为基准，是目前最精确的实际惯性系，常用于天体测量。

(2) 日心-恒星参考系：原点固定在太阳中心，坐标轴指向确定的远方恒星。虽然我们无法测量太阳相对整个宇宙的加速度，但天文学观测结果表明，太阳围绕银河系中心公转的法向加速度仅为 $2\times10^{-10}\,\mathrm{m\cdot s^{-2}}$，因此是一个比较精确的惯性系，常用于研究行星等天体的运动。

(3) 地心-恒星参考系：原点固定在地心，坐标轴指向恒星。地球围绕太阳公转的法向加速度为 $6\times10^{-3}\,\mathrm{m\cdot s^{-2}}$，是一个较好的惯性系，常用于研究人造地球卫星的运动。地心参考系是一个平动参考系，其坐标轴指向确定的恒星，不随地球自转。

(4) 地面参考系(实验室参考系)：以地面上的静止物体作为参考物体，随地球自转。赤道处的法向加速度为 $3.4\times10^{-2}\,\mathrm{m\cdot s^{-2}}$，对于一般工程技术问题来说这一微小的加速度可以忽略，地面参考系常用于研究地面附近的物体运动。

3. 伽利略相对性原理和伽利略变换协变对称性

1632年伽利略提出"惯性系平等"的相对性思想,可表述为:对于描述力学定律来说,所有惯性系都是平等的。或者说,在惯性系内部用力学实验不能确定该参考系作匀速直线运动的速度。这称为伽利略相对性原理,由于仅对力学而言,又叫力学相对性原理。

这里所说的平等,是指在不同惯性系中观测,"合力等于动量随时间的变化率"这一力学规律不变。在不同惯性系中,同一物体的动量可能不同,但动量的变化率一定等于物体所受合力。

伽利略相对性原理还可以表述为:牛顿方程具有伽利略变换协变对称性,从惯性系 S 到 S',在伽利略变换下牛顿方程的数学形式保持不变。协变即协同变化,在伽利略变换下方程中的各个量可以变化,但它们之间的关系不变。

以一维运动为例。用 S 和 S' 代表两个惯性系,S' 系相对 S 系以速度 u 作匀速直线运动。设在 S 系中有一质量为 m,受力为 f 的物体,其时空坐标为(x,t),牛顿方程为

$$f=m\frac{\mathrm{d}^2x}{\mathrm{d}t^2} \tag{1.3.2}$$

用 m'、f' 和(x',t')分别代表该物体在 S' 系中的质量、受力和时空坐标,从 S 系到 S' 系对方程(1.3.2)作伽利略变换。牛顿力学默认质量和力与参考系无关,即 $m'=m$,$f'=f$,而

$$\frac{\mathrm{d}^2x}{\mathrm{d}t^2}=\frac{\mathrm{d}^2(x'+ut)}{\mathrm{d}t'^2}=\frac{\mathrm{d}^2x'}{\mathrm{d}t'^2}$$

因此,在 S' 系中该物体的牛顿方程为

$$f'=m'\frac{\mathrm{d}^2x'}{\mathrm{d}t'^2}$$

其数学形式与 S 系中的牛顿方程(1.3.2)完全相同。

伽利略相对性原理为牛顿第一和第二定律的提出奠定了基础,在经典力学建立的过程中,伽利略是牛顿的先驱。伽利略1642年逝世,翌年牛顿出生。

1905年,爱因斯坦把伽利略相对性原理推广为狭义相对性原理:对于描述物理定律(包括力学定律)来说,所有惯性参考系都是平等的,不存在特殊的绝对惯性系。1916年又进一步提出"所有参考系都是平等的"广义相对性原理,彻底消除了惯性系的特殊地位。

相对性原理或协变对称性是自然界最深层次的对称性,它"凌驾"于所有具体的物理定律之上,是一个"管定律"的原理,各种物理系统的动力学方程都必须服从相应的协变对称性:牛顿方程在伽利略变换下协变,高速运动物体的动力学方程和麦克斯韦方程组在洛伦兹变换下协变。作为物理学的主旋律,相对性原理体现了最高层次的物理学之美。

洛伦兹变换是荷兰物理学家洛伦兹(H. A. Lorentz)于1904年导出的适用于高速领域的时空变换公式(见3.1.2节)。

1.3.3 用牛顿方程解题

牛顿方程是一个二阶微分方程,下面所举例题都有解析解,而实际问题大多没有解析解,只能采用数值解法。

例 1.3.1 一物体从高空由静止开始下落,在速度不是很大的情况下空气阻力与物体

的速度成正比,求 t 时刻物体的下落速度。

解 取地面为参考系,沿竖直向下方向建立 z 轴,把物体开始下落处取为坐标原点,把开始下落时刻取为时间零点。用 m 代表物体的质量,物体所受空气阻力为 $f=-\gamma v$,其中 γ 为一正常量。牛顿方程为

$$mg-\gamma v=m\frac{\mathrm{d}v}{\mathrm{d}t}$$

其分离变量形式为

$$\frac{\mathrm{d}(v-mg/\gamma)}{v-mg/\gamma}=-\frac{\gamma}{m}\mathrm{d}t$$

把上式积分,注意当 $t=0$ 时 $v=0$,即

$$\int_0^v\frac{\mathrm{d}(v-mg/\gamma)}{v-mg/\gamma}=-\frac{\gamma}{m}\int_0^t\mathrm{d}t$$

积分结果为

$$\ln\left(\frac{v-mg/\gamma}{-mg/\gamma}\right)=-\frac{\gamma t}{m}$$

因此,t 时刻物体的下落速度为

$$v=\frac{mg}{\gamma}\left(1-\mathrm{e}^{-\frac{\gamma}{m}t}\right)$$

下落速度由静止开始逐渐增大,当 $t\to\infty$ 时,$v\to mg/\gamma$(称为终极速度),这时阻力与重力相平衡,物体匀速下落。实际上,只要 $t\gg m/\gamma$ 就可以认为达到终极速度。

这与自由落体运动不同,自由落体的速度与时间成正比,若没有空气阻力,从 2000m 高空自由下落的雨滴到达地面的速度高达 $200\mathrm{m}\cdot\mathrm{s}^{-1}$,对地面上的生物来说,一场暴雨就是一次毁灭性的打击,可见空气阻力为我们的生存环境提供了保证。

例 1.3.2 如图 1.3.1(a)所示,把拉船的绳子绕在树干上几圈就可以用很小的力拉住船。树干可以看成半径为 R 的圆柱,设绕在圆柱上的那段绳长为 L,绳子与树干之间的静摩擦系数为 μ,船对绳子的拉力为 T_0,求达到平衡时绳另一端的最小拉力 T_L。

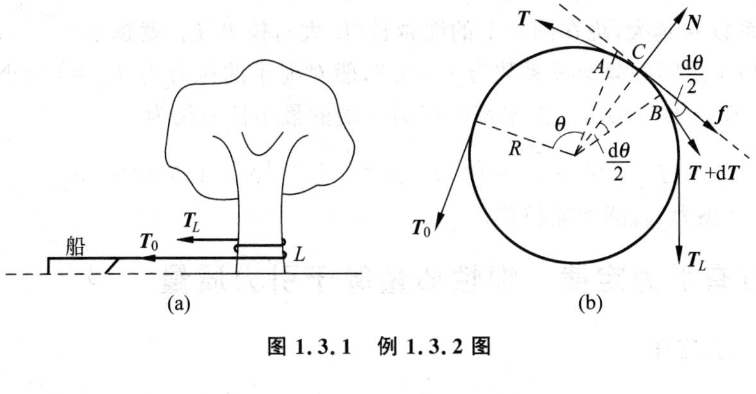

图 1.3.1 例 1.3.2 图

解 这是一个静力学平衡问题。由于存在摩擦,绕在圆柱上的绳子各处张力可能不同,设想把绳子分割成许多无穷小的小段(称为微元),建立微元受力平衡的微分方程,再通过积分求解。这种解法称为微元法,可用来求解一些连续体的物理问题。

图 1.3.1(b)表示一小段绳 AB 的受力情形,$\boldsymbol{N}$ 为圆柱面对 AB 上各点压力的合力,$\boldsymbol{f}$

为作用在AB上各点的静摩擦力的合力,表达压力和摩擦力时可以把AB当成质点C,$\boldsymbol{N}$沿半径向外,$\boldsymbol{f}$沿圆周的切线,指向θ角增大的方向,这是因为一旦摩擦力消失,AB将沿θ角减小的方向滑动。

AB所受张力为两侧绳子作用在A端和B端张力的合力。张力是角度θ的函数,而B端对应的角度比A端大$\mathrm{d}\theta$,因此用$\boldsymbol{T}$和$\boldsymbol{T}+\mathrm{d}\boldsymbol{T}$分别代表两侧绳子作用在$A$端和$B$端的张力。沿过$C$点的切线方向和径向,$AB$的受力平衡方程为

$$(T+\mathrm{d}T)\cos\left(\frac{\mathrm{d}\theta}{2}\right)+f=T\cos\left(\frac{\mathrm{d}\theta}{2}\right)\quad(\text{切向})$$

$$N=(2T+\mathrm{d}T)\sin\left(\frac{\mathrm{d}\theta}{2}\right)\quad(\text{径向})$$

把$\cos(\mathrm{d}\theta/2)\approx1$和$\sin(\mathrm{d}\theta/2)\approx\mathrm{d}\theta/2$代入,略去二阶无穷小量$\mathrm{d}T\mathrm{d}\theta$,得

$$\mathrm{d}T+f=0$$

$$N=T\mathrm{d}\theta$$

达到平衡时绳与树干之间无滑动,要求$f\leqslant f_\mathrm{m}$,其中$f_\mathrm{m}=\mu N$为最大静摩擦力,因求最小拉力,故取$f=\mu N$,得$\mathrm{d}T+\mu N=0$,把$N=T\mathrm{d}\theta$代入,可得

$$\frac{\mathrm{d}T}{T}=-\mu\mathrm{d}\theta$$

把上式积分,注意当$\theta=0$时$T=T_0$,$\theta=\Theta$时$T=T_L$,其中$\Theta=L/R$代表绕在圆柱上的绳所对应的总圆心角,积分为

$$\int_{T_0}^{T_L}\frac{\mathrm{d}T}{T}=-\mu\int_0^{\Theta}\mathrm{d}\theta$$

积分结果为

$$\ln\left(\frac{T_L}{T_0}\right)=-\mu\Theta=-\frac{\mu L}{R}$$

因此,绳另一端的最小拉力为

$$T_L=T_0\mathrm{e}^{-\frac{\mu L}{R}}$$

可见静摩擦系数μ越大,绕在圆柱上的绳越长(L大),拉力T_L就越小。

设绳与树干之间的静摩擦系数为$\mu=0.5$,船对绳子的拉力为$T_0=1000\mathrm{N}$,若绳子在树干上绕 5 圈,即$L/R=10\pi$,达到平衡时绳另一端的最小拉力仅为

$$T_L=T_0\mathrm{e}^{-\frac{\mu L}{R}}=1000\times\mathrm{e}^{-0.5\times10\times3.14}\mathrm{N}=1.5\times10^{-4}\mathrm{N}$$

这时靠“缠绕摩擦力”就能把船拉住。

1.3.4 万有引力定律 惯性质量等于引力质量

1. 万有引力定律

德国天文学家开普勒(J. Kepler)在他的老师丹麦天文学家第谷(B. Tycho)对太阳系行星轨道的长期观测结果的基础上,用了近二十年时间,总结出行星运动所遵循的开普勒定律。

(1) 轨道定律:行星沿椭圆轨道围绕太阳运动,太阳位于椭圆的一个焦点上;

(2) 面积定律：行星相对太阳的位矢在相等的时间内扫过相等的面积(在近日点转得快，在远日点转得慢)；

(3) 周期定律：行星围绕太阳运动周期 T 的平方与其椭圆轨道半长轴 a 的立方成正比，即

$$\frac{a^3}{T^2}=\text{常量}$$

开普勒定律先后发表于 1609 年和 1619 年。在此基础上，牛顿于 1686 年提出万有引力定律：任何两个物体之间都存在互相吸引的作用力，力的方向沿两物体的连线，力的大小与两物体的质量乘积成正比，与它们之间距离的平方成反比。

如图 1.3.2 所示，质量为 m_1 的质点对质量为 m_2 的质点的万有引力为

$$\boldsymbol{f}=-\frac{Gm_1m_2}{r^2}\hat{\boldsymbol{r}} \tag{1.3.3}$$

万有引力是一种与距离平方成反比的长程力。式中，r 为两质点之间的距离，$\hat{\boldsymbol{r}}$ 为从 m_1 到 m_2 方向的单位矢量，G 称为万有引力常量，是一个与物体无关的普适常量，需要用实验来确定。

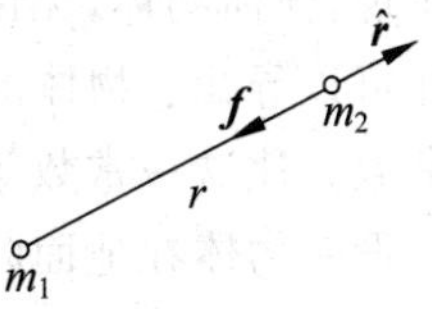

图 1.3.2　万有引力

1798 年，英国物理学家卡文迪什(H. Cavendish)用扭秤实验测出 $G=6.754\times10^{-11}\,\mathrm{N\cdot m^2\cdot kg^{-2}}$，后来不断有人进行越来越精密的测量，1988 年的推荐值为

$$G=6.673(10)\times10^{-11}\,\mathrm{N\cdot m^2\cdot kg^{-2}}$$

2018 年，我国科学家团队从两个独立的测量实验中获得的 G 值为

$$G=6.674184\times10^{-11}\,\mathrm{N\cdot m^2\cdot kg^{-2}}$$

每个测量的不确定性仅为百万分之十一。

从式(1.3.3)可以看出，在距离相同的情况下，物体的质量越大，吸引其他物体或被其他物体吸引的能力就越大，因此把万有引力定律中的物体质量称作引力质量。

万有引力定律正确地表达了弱引力情况下物体的引力相互作用，揭示了天体运行的基本规律，在现代航空航天技术中，如人造地球卫星和各种飞行器和航天器的轨道与姿态问题、登月问题以及行星际飞行问题的研究都是以万有引力为基础。在不致引起混淆的情况下，万有引力可简称为引力。

例 1.3.3　按圆轨道计算，求地球静止轨道卫星围绕地心的运动速率和离赤道海平面的高度。

解　地球静止轨道卫星与地面的相对位置始终保持不变。用 v 和 h 分别代表卫星围绕地心的运动速率和离赤道海平面的高度，按牛顿第二定律和万有引力定律，有

$$\frac{mv^2}{R+h}=\frac{GMm}{(R+h)^2}$$

其中，M 和 m 分别为地球和卫星的质量，R 为地球的半径。用 T 代表地球自转周期，$v=2\pi(R+h)/T$，则卫星与地心的距离为

$$R+h=\left(\frac{GMT^2}{4\pi^2}\right)^{-3}$$

代入数据：$G=6.674\times10^{-11}\,\mathrm{N\cdot m^2\cdot kg^{-2}}$，$M=5.974\times10^{24}\,\mathrm{kg}$，$R=6.378\times10^{6}\,\mathrm{m}$，地球自转周期为 23 小时 56 分 4 秒，$T=8.6164\times10^{4}\,\mathrm{s}$，得

$$R+h=\left(\frac{GMT^2}{4\pi^2}\right)^{-3}=\left(\frac{6.674\times10^{-11}\times5.974\times10^{24}\times8.6164^2\times10^{8}}{4\pi^2}\right)^{-3}\mathrm{m}=4.217\times10^{7}\,\mathrm{m}$$

因此，卫星围绕地心的运动速率为

$$v=\frac{2\pi(R+h)}{T}=\frac{2\pi\times4.217\times10^{7}}{8.6164\times10^{4}}\mathrm{m\cdot s^{-1}}=3.075\times10^{3}\,\mathrm{m\cdot s^{-1}}$$

卫星离赤道海平面的高度为

$$h=(4.2168\times10^{7}-6.378\times10^{6})\,\mathrm{m}=3.579\times10^{7}\,\mathrm{m}$$

2. 惯性质量等于引力质量

惯性质量和引力质量反映物质的两种完全不同的属性，是两个毫无关系的概念。但实验发现，任何物体，无论其质量大小和材料如何，在同一地点都以相同的加速度自由下落。由此可以导出：物体的惯性质量和引力质量的比值，是一个与物体质量的大小和材料无关的常数。让这一常数等于1，就规定了惯性质量等于引力质量。

设一物体在地面附近自由下落，用 m_i 和 m_g 分别代表它的惯性质量和引力质量，按牛顿第二定律和万有引力定律，有

$$m_i g=\frac{GMm_g}{R^2}$$

因此，惯性质量与引力质量的比值为

$$\frac{m_i}{m_g}=\frac{GM}{gR^2}$$

其中，M 和 R 分别为地球的质量和半径，g 为该地点的重力加速度，G 为待定的万有引力常量。由于同一地点任何物体的重力加速度都相同，比值 $GM/(gR^2)$ 是一个与物体质量的大小和材料无关的常数。通过 G 的取值让 $GM/(gR^2)=1$，就规定了 $m_i=m_g$。

实际上，在测量 G 的实验中已经规定了惯性质量等于引力质量。地面附近的重力加速度为

$$g=\frac{GM}{R^2}$$

这是一个常用的公式。

为验证惯性质量等于引力质量，当年牛顿用重量相同但材料不同的各种小球做成的单摆，做了一系列单摆实验，精度为 10^{-3}。19 世纪匈牙利物理学家厄缶(B. R. V. Eötvos)用扭秤做实验，精度达到 10^{-8}。到 20 世纪 70 年代初，狄克(R. H. Dicke)等人进一步改进厄缶实验，把精度提高到 10^{-11}。

惯性质量等于引力质量是一个精确成立的实验事实，也是爱因斯坦创立广义相对论的一个基本出发点，因此一切与广义相对论有关的观测结果都可以看成是对这两种质量相等的验证，物理学对这两种质量不加区分而统称为质量。

1.4　惯性力　两体问题和潮汐现象

在力学中只要引入某种虚拟的力，并与真实力合在一起作为物体所受合力，就能在非惯性系中沿用牛顿第二定律求解力学问题。这种引入的虚拟力，称为惯性力。引入惯性力可以把两体问题约化成一体问题，并能解释潮汐现象。

1.4.1　平移惯性力

参考系作平动，是指固定在该参考系上的任一直线在运动过程中始终保持平行。相对某一惯性系作变速平动的参考系，叫作平动非惯性系。

设平动非惯性系 S' 相对惯性系 S 的加速度为 $\boldsymbol{a}_0$，按加速度变换，有

$$\boldsymbol{a}=\boldsymbol{a}'+\boldsymbol{a}_0$$

其中，$\boldsymbol{a}$ 和 $\boldsymbol{a}'$ 分别为物体在 S 系和 S' 系中的加速度。物体在 S 系中的牛顿方程为

$$\boldsymbol{f}=m\boldsymbol{a}$$

则在 S' 系中，有 $\boldsymbol{f}=m(\boldsymbol{a}'+\boldsymbol{a}_0)$，整理为

$$\boldsymbol{f}-m\boldsymbol{a}_0=m\boldsymbol{a}' \tag{1.4.1}$$

由于 $m\boldsymbol{a}_0$ 具有力的量纲，若把 $\boldsymbol{f}-m\boldsymbol{a}_0$ 看成是物体所受合力，式(1.4.1)就相当于是平动非惯性系 S' 中的牛顿方程，所引入的力

$$\boldsymbol{F}_{\mathrm{I}}=-m\boldsymbol{a}_0$$

称为平移惯性力，其大小等于物体的质量乘以参考系的平动加速度，方向与参考系加速度的方向相反。平移惯性力由参考系的加速运动引起，而不是物体之间的相互作用，因此是一种虚拟的力。

平移惯性力是一种均匀力场，其大小和方向与物体的位置无关，在空间上均匀分布。这与引力不同，物体所受引力的大小和方向在较大范围内与物体的位置有关。

在产生加速度上，惯性力与真实力具有相同的效果。惯性力也可以做功，也有冲量、力矩和角冲量等。只要把惯性力当成真实力，力学中的定理和定律都可以推广到非惯性系，这为我们在非惯性系中求解力学问题带来了方便。

以上分析表明：平动非惯性系与惯性系并无本质区别，只要引入惯性力，“合力等于动量随时间的变化率”这一力学定律在非惯性系中仍然成立。可见惯性系未必占有优势地位，对于描述力学定律来说，非惯性系和惯性系是平等的。

在实验室范围内，惯性力没有具体的施力物体，也不存在反作用力，确实是虚拟的力。但是在宇宙的尺度上，马赫认为惯性力起源于相对宇宙全部物质分布的加速度，是物质相互作用的结果。这种认为惯性力与引力有着相同或相近物理根源的思想，后来被爱因斯坦总结为马赫原理，对广义相对论的建立起到了重要作用。

例 1.4.1　如图 1.4.1(a)所示，火车以恒定加速度 $\boldsymbol{a}_0$ 相对地面行驶，车中用柔软轻绳悬挂一小球并达到平衡。求悬线与竖直方向的夹角 θ。

解　火车是平动非惯性系。如图 1.4.1(b)所示，在火车参考系中，小球除了受重力 $m\boldsymbol{g}$ 和悬线张力 $\boldsymbol{T}$ 的作用之外，还要受平移惯性力 $-m\boldsymbol{a}_0$ 的作用，并达到平衡，牛顿方程为

$$m\boldsymbol{g}+\boldsymbol{T}-m\boldsymbol{a}_0=0$$

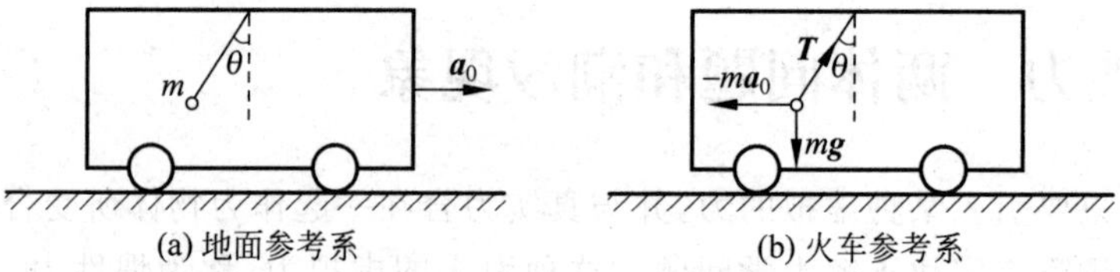

图 1.4.1　例 1.4.1 图

沿水平向右和竖直向下方向的分量式分别为

$$T\sin\theta - ma_0 = 0$$

$$T\cos\theta - mg = 0$$

可解出

$$\theta = \arctan\left(\frac{a_0}{g}\right)$$

通过角度 θ,可以测量火车的加速度 $\boldsymbol{a}_0$。

广泛应用于工程技术的加速度传感器,就是通过质量块所受惯性力来测量物体的加速度。

例 1.4.2　如图 1.4.2(a)所示,用长度为 l_1 的柔软轻绳悬挂一个质量为 m_1 的小球,在 m_1 的下面用长度为 l_2 的柔软轻绳悬挂另一个质量为 m_2 的小球。打击小球 m_1 使之获得水平速度 v_0,求打击瞬间两绳中的张力。

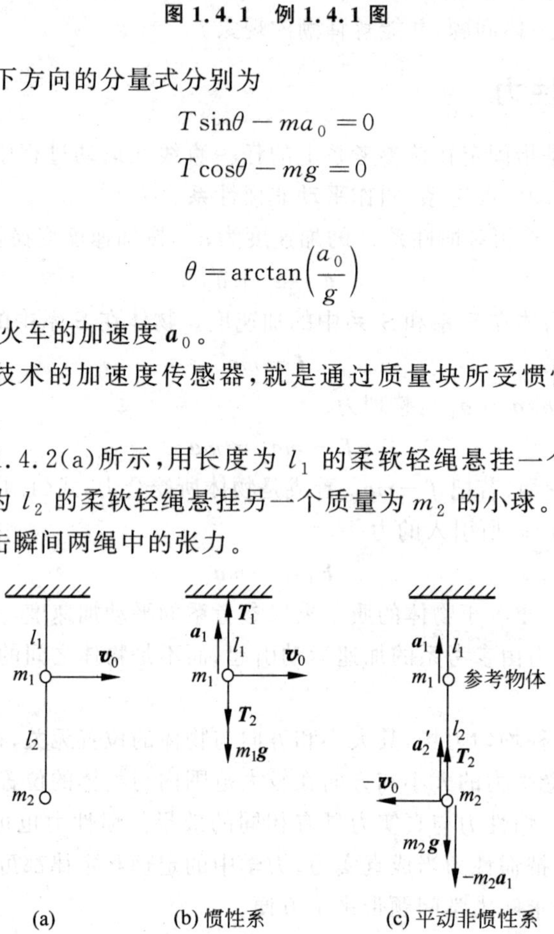

图 1.4.2　例 1.4.2 图

解　如图 1.4.2(b)所示,在惯性系(地面参考系)中,小球 m_1 的牛顿方程为

$$T_1 - T_2 - m_1 g = m_1 a_1 = m_1 \frac{v_0^2}{l_1} \qquad ①$$

其中,T_1 和 T_2 分别为上下两段绳中的张力,$a_1 = v_0^2/l_1$ 为 m_1 的加速度,沿竖直向上方向。如图 1.4.2(c)所示,在以小球 m_1 为参考物体的平动非惯性系中,小球 m_2 的牛顿方程为

$$T_2 - m_2 g - m_2 a_1 = m_2 a_2'$$

其中,$-m_2 a_1$ 为作用在 m_2 上的平移惯性力,$a_2' = v_0^2/l_2$ 为 m_2 的加速度。把上式写成

$$T_2 - m_2 g - m_2 \frac{v_0^2}{l_1} = m_2 \frac{v_0^2}{l_2} \qquad ②$$

由式①和②可得

$$T_1=(m_1+m_2)\left(g+\frac{v_0^2}{l_1}\right)+m_2\frac{v_0^2}{l_2}$$

$$T_2=m_2\left(g+\frac{v_0^2}{l_1}+\frac{v_0^2}{l_2}\right)$$

当 $v_0=0$ 时，两球静止，$T_1=(m_1+m_2)g$，$T_2=m_2g$。

*1.4.2 两体问题和潮汐现象

1. 两体问题

两个物体在相互作用下的相对运动问题，称为两体问题。如地球—太阳、月球—地球和电子—质子(氢原子)等系统。引入惯性力可以把两体问题约化成一体问题，把一个物体选为参考物体，另一物体的运动相当于一个质量为约化质量的等效质点的运动。

图 1.4.3 表示两个质量分别为 m_1 和 m_2 的质点，$\boldsymbol{f}$ 为 m_1 对 m_2 的作用力，$\boldsymbol{r}$ 为 m_2 相对 m_1 的位矢。按牛顿第三定律，m_1 受力为 $-\boldsymbol{f}$，相对惯性系有加速度 $-\boldsymbol{f}/m_1$，因此以 m_1 为参考物体的参考系是一个平动非惯性系，在 m_1 参考系中，m_2 所受平移惯性力为 $m_2\boldsymbol{f}/m_1$，牛顿方程为

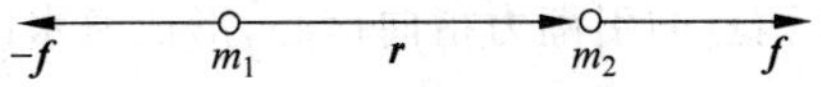

图 1.4.3 两体问题

$$\boldsymbol{f}+m_2\frac{\boldsymbol{f}}{m_1}=m_2\frac{\mathrm{d}^2\boldsymbol{r}}{\mathrm{d}t^2}$$

整理为

$$\boldsymbol{f}=\frac{m_1m_2}{m_1+m_2}\frac{\mathrm{d}^2\boldsymbol{r}}{\mathrm{d}t^2}=\mu\frac{\mathrm{d}^2\boldsymbol{r}}{\mathrm{d}t^2} \tag{1.4.2}$$

其中

$$\mu=\frac{m_1m_2}{m_1+m_2}$$

称为约化质量，这样就把 m_2 相对 m_1 运动的两体问题约化成质量为约化质量 μ 的等效质点的一体问题，式(1.4.2)就是等效质点的牛顿方程，等效质点的速度和加速度分别为 m_2 相对 m_1 的速度和加速度。

引入约化质量 μ 体现了惯性力的效应，只要用 μ 代替 m_2，就可以在以 m_1 为参考物体的平动非惯性系中沿用牛顿第二定律。若 $m_1\gg m_2$，则 $\mu\approx m_2$，可以忽略惯性力效应，如人造地球卫星—地球系统，由于 $m_{地球}\gg m_{卫星}$，可以把地球看成惯性系。

三体和三体以上的多体问题不能严格地约化成一体问题，可采用单粒子近似：假定多体系统中的各个粒子都独立地在一个平均场中运动，若能找到这个平均场，就能把多体问题近似地简化为一个粒子在平均场中的运动。如处理多电子原子问题时，可以假设原子中的电子受到的来自原子核以及其他电子的库仑力，等价于一个平均电荷分布的静电场对该电子的作用力。

2. 潮汐现象

潮汐(tide)是海水周期性涨落的现象，主要成因是月球的引力作用，“涛之起也，随月盛

衰”。若只考虑月球对海水的引力，地球背离月球处的海水应该形成低谷，而实际上是高峰，这是由于在月球的引力场中地球是一个非惯性系，除引力之外还要考虑惯性力对海水的作用。

设想地表完全被海水覆盖，忽略地球的自转和海水相对地面的运动，在地心参考系中讨论海水的受力。地心系是一个平动非惯性系，其加速度源于月球和太阳的引力。在地心系中，海水受引力和平移惯性力的共同作用，二者的合力才是引起潮汐的力——引潮力。

图1.4.4表示在月球引力作用下潮汐的形成。在图1.4.4(a)中，$\boldsymbol{f}_A$、$\boldsymbol{f}_B$、$\boldsymbol{f}_C$ 和 $\boldsymbol{f}_D$ 分别代表地球表面 A、B、C 和 D 各地海水质元所受月球的引力，由于地球太大了，不同地点海水所受引力的大小和方向都不相同。而作用在各地海水质元的平移惯性力 $\boldsymbol{F}_\text{I}$ 的大小和方向都相同，其大小等于把海水质元放在地心所受月球的引力，即

$$F_\text{I}=\Delta m a_0=\Delta m\,\frac{1}{M_{地}}\,\frac{GM_{地}\,M_{月}}{r_{地月}^2}=\frac{G\Delta m M_{月}}{r_{地月}^2}$$

因此，$F_\text{I}>f_B$，$F_\text{I}<f_A$，作用在 A、B 两点的引潮力背离地心，形成海水的高峰，而作用在 C、D 两点的引潮力指向地心，形成海水的低谷，引潮力的分布如图1.4.4(b)所示。随着地球的自转，一个地方的海水一昼夜涨落两次。

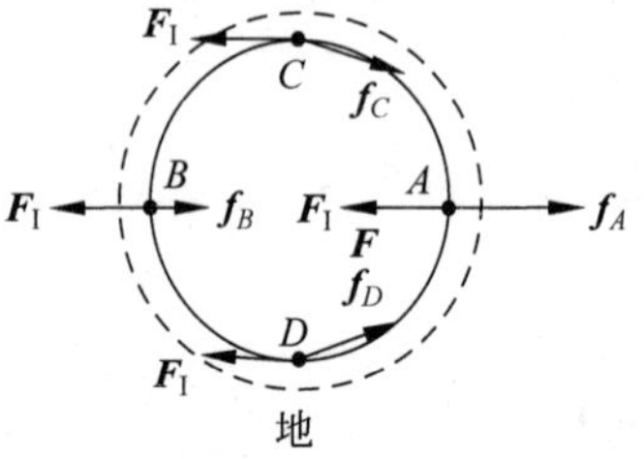

(a) 引力和平移惯性力

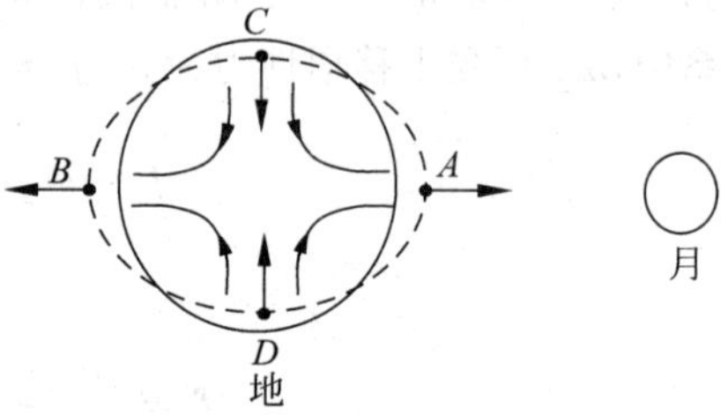

(b) 引潮力的分布

图1.4.4 潮汐的形成

计算表明：引潮力与月球的质量成正比，与地月距离的三次方成反比。把月球质量换成太阳质量，地月距离换成地日距离，太阳的引潮力还不到月球引潮力的一半，因此潮汐主要来自月球的作用。

引潮力对固体也有作用，若伴星轨道小到某一临界半径之内，会被主星的引潮力撕成碎片。地震虽然是地球内部运动的一种力学过程，但是当震源系统岩石中的应力达到临界状态时，月球和太阳对地球的引潮力在一定条件下会引起震源系统突变而发生地震。采矿诱发的地震称为矿震，月球的引潮力是矿震(尤其是煤矿矿震)发生的诱导因素之一。

利用潮汐水位差的势能可以发电。我国大陆海岸线长，岛屿众多，潮汐能资源十分丰富，潮汐发电具有广阔的前景。

1.4.3 惯性离心力

如图1.4.5所示，在一个围绕垂直轴以角速度 ω 匀速转动的光滑圆盘上，用弹簧拉着一个质量为 m 的物体，设物体相对圆盘静止。在地面(惯性系)上观察，物体作半径为 r 的匀速圆周运动，加速度的大小为 $\omega^2 r$，方向指向圆心 O 点。按牛顿第二定律，弹簧对物体的拉力为

$$\boldsymbol{f}=-m\omega^2\boldsymbol{r} \tag{1.4.3}$$

它是作用在物体上的真实力。

但是在转动的圆盘(非惯性系)上观察,虽然物体受弹簧的拉力,但物体静止,加速度为零,牛顿方程不再成立。假设有一个惯性力 $\boldsymbol{F}_\mathrm{I}$ 作用在物体上,它和弹簧拉力 $\boldsymbol{f}$ 的合力为零,即

$$\boldsymbol{f}+\boldsymbol{F}_\mathrm{I}=0 \tag{1.4.4}$$

则在圆盘参考系中牛顿方程在形式上也成立。把式(1.4.3)代入式(1.4.4),得

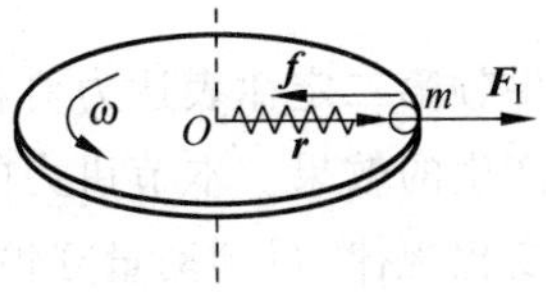

图 1.4.5　惯性离心力

$$\boldsymbol{F}_\mathrm{I}=m\omega^2\boldsymbol{r}$$

按上式引入的惯性力 $\boldsymbol{F}_\mathrm{I}$,叫作惯性离心力,其大小等于 $m\omega^2 r$,方向背离圆心沿半径向外,是一种有心力(见 1.8.1 节)。注意,惯性离心力没有具体的施力物体,也不存在反作用力,弹簧的拉力 $\boldsymbol{f}$ 不是 $\boldsymbol{F}_\mathrm{I}$ 的反作用力。

重量是物体所受重力的量度,在数值上等于地球引力与地球自转所引起的惯性离心力的合力。地面的不同纬度处的自转半径不同,相应的惯性离心力也不同,因此物体的重量就不同,同一物体在赤道处重量最小,在两极处重量最大。惯性离心力效应被广泛用于科研和工业生产中的离心分离技术。

上面是物体相对圆盘静止的情况,当物体相对转动圆盘运动时还会引起另一种惯性力——科里奥利(Coriolis)力,这里就不介绍了。

*1.4.4　达朗贝尔原理

达朗贝尔原理是求解约束系统动力学问题的一个普遍原理,由法国数学家和物理学家达朗贝尔(J. le R. d'Alembert)于 1743 年提出,可表述为:在惯性参考系中,设一个由 n 个质点所组成的非自由的系统中,质量为 m_i 的质点在主动力 $\boldsymbol{f}_i$ 和约束力 $\boldsymbol{f}_{\mathrm{N}i}$ 的作用下获得加速度 $\boldsymbol{a}_i$,若对质点加上"惯性力"$\boldsymbol{F}_{\mathrm{I}i}=-m_i\boldsymbol{a}_i$,则该质点处于静力学平衡,即

$$\boldsymbol{f}_i+\boldsymbol{f}_{\mathrm{N}i}+\boldsymbol{F}_{\mathrm{I}i}=0,\quad i=1,2,\cdots,n \tag{1.4.5}$$

在数学上,达朗贝尔原理只是牛顿第二定律的移项,但通过加惯性力的方法把动力学问题转化为静力学平衡问题(动静法),因此达朗贝尔原理在工程技术中获得广泛的应用。

在概念上,达朗贝尔所引入的惯性力 $\boldsymbol{F}_{\mathrm{I}i}=-m_i\boldsymbol{a}_i$ 不同于非惯性系中的惯性力,其中 $\boldsymbol{a}_i$ 是质点在主动力和约束力的作用下获得的加速度,并不是非惯性系整体的加速度,有的作者把这种惯性力称作达朗贝尔惯性力。这种惯性力最早是由开普勒提出的,他认为这是物体给予企图改变它的运动状态的其他物体的"阻力",实际上就是在动力学中由于参考系是非惯性系所引入的惯性力。

用达朗贝尔原理求解上面的例 1.4.1。按式(1.4.5),静力学平衡方程为

$$m\boldsymbol{g}+\boldsymbol{T}-m\boldsymbol{a}=0$$

其中,$\boldsymbol{a}$ 是小球在重力 $m\boldsymbol{g}$(主动力)和悬线张力 $\boldsymbol{T}$(约束力)的作用下获得的加速度,而 $-m\boldsymbol{a}$ 就是小球给予企图改变它的运动状态的悬线的"阻力"。由于小球相对火车静止,$\boldsymbol{a}$ 等于火车相对地面的加速度 $\boldsymbol{a}_0$,因此小球对悬线的"阻力"$-m\boldsymbol{a}$ 就是在火车这一非惯性系中引入的惯性力 $-m\boldsymbol{a}_0$。

1.5 动量变化定理和动量守恒

牛顿第二定律表达力对物体的瞬时作用,但有时还要考虑力的时间积累和力的空间积累所产生的效果。本节讲力的时间积累效果,引入冲量的概念,从牛顿第二定律出发导出动量的变化规律,得到动量守恒的条件。在1.7节讲力的空间积累所产生的效果。

1.5.1 冲量 质点动量变化定理

1. 冲量

力在一段时间内的积累作用,称为冲量。力 $\boldsymbol{f}$ 在 $\mathrm{d}t$ 时间内的冲量定义为

$$\mathrm{d}\boldsymbol{I}=\boldsymbol{f}\,\mathrm{d}t$$

在 t_1 到 t_2 时间内的冲量为

$$\boldsymbol{I}=\int_{t_1}^{t_2}\boldsymbol{f}\,\mathrm{d}t$$

冲量的单位是 N·s。

2. 质点动量变化定理

把牛顿第二定律写成

$$\boldsymbol{f}\,\mathrm{d}t=\mathrm{d}\boldsymbol{p}$$

此即质点动量变化定理,其积分形式为

$$\int_{t_1}^{t_2}\boldsymbol{f}\,\mathrm{d}t=\boldsymbol{p}_2-\boldsymbol{p}_1 \tag{1.5.1}$$

其中,$\boldsymbol{p}_1$ 和 $\boldsymbol{p}_2$ 分别为 t_1 和 t_2 时刻质点的动量。上式表明:在惯性系中,质点在一段时间内所受合力的冲量,等于在这段时间内质点动量的增量。力的时间积累效果是改变质点的动量。

这意味着,无论力随时间如何变化,也不管力作用时间长短,只要冲量相同就会产生同样的动量增量。

按式(1.5.1),若冲量 $\boldsymbol{I}=0$,则 $\boldsymbol{p}_1=\boldsymbol{p}_2$,质点的初末态动量相等。但这并不意味着质点的动量一定守恒,守恒是指任意时刻的动量都等于初始时刻的动量,这要求每一瞬间合力为零,而一段时间内冲量为零,合力未必一定为零。

在上面推导中用到了牛顿第二定律,因此动量变化定理只适用于惯性系。在非惯性系中,只要考虑惯性力的冲量,动量变化定理仍然成立。

在有些过程(如碰撞)中,作用力随时间急剧变化。按(1.5.1)式,过程中的平均力为

$$\bar{\boldsymbol{f}}=\frac{\int_{t_1}^{t_2}\boldsymbol{f}\,\mathrm{d}t}{t_2-t_1}=\frac{\boldsymbol{p}_2-\boldsymbol{p}_1}{t_2-t_1}$$

它等于动量的增量除以力的作用时间。

例 1.5.1 如图1.5.1所示,一圆锥摆的摆球在水平面内以速率 v 作匀速圆周运动,圆周的半径为 R,摆球的质量为 m。求在摆球绕行半周过程中绳对摆球张力的冲量的大小。

解 对摆球应用质点动量变化定理,有

$$\boldsymbol{I}_T+\boldsymbol{I}_{mg}=\Delta\boldsymbol{p}$$

$\boldsymbol{I}_T$ 和 $\boldsymbol{I}_{mg}$ 分别代表张力 $\boldsymbol{T}$ 和重力 $m\boldsymbol{g}$ 的冲量，$\Delta\boldsymbol{p}$ 为摆球动量的增量。摆球绕行半周，其动量的增量为

$$\Delta\boldsymbol{p}=-2m\boldsymbol{v}$$

摆球绕行半周的时间为 $t=\pi R/v$，而重力是恒力，因此绳对摆球张力的冲量为

$$\boldsymbol{I}_T=\Delta\boldsymbol{p}-\boldsymbol{I}_{mg}=-2m\boldsymbol{v}-m\boldsymbol{g}\frac{\pi R}{v}$$

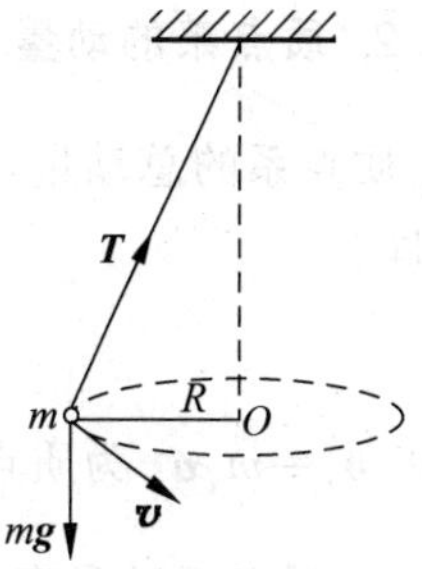

图 1.5.1　例 1.5.1 图

其大小为

$$I_T=\frac{m}{v}\sqrt{4v^4+\pi^2g^2R^2}$$

1.5.2　质点系动量变化定理

1. 质点系

由若干相互作用的质点所组成的系统，称为质点系。如一定质量的气体分子就是一个质点系。在图 1.5.2 表示的质点系中，m_i 和 m_j 分别代表编号为 i 和 j 的两个质点的质量，它们相对某一参考系中固定点 O 的位矢分别为 $\boldsymbol{r}_i$ 和 $\boldsymbol{r}_j$。

质点系中各质点之间的相互作用力，称为内力。在图 1.5.2 中，$\boldsymbol{f}_{ij}$ 为质点 m_j 对 m_i 的作用力，$\boldsymbol{f}_{ji}$ 为 m_i 对 m_j 的作用力。按牛顿第三定律，$\boldsymbol{f}_{ij}+\boldsymbol{f}_{ji}=0$，而内力总是成对出现，因此质点系中所有内力的矢量和等于零，即

$$\sum_{i,j(i\neq j)}\boldsymbol{f}_{ij}=\boldsymbol{f}_{12}+\boldsymbol{f}_{21}+\cdots+\boldsymbol{f}_{23}+\boldsymbol{f}_{32}+\cdots=0$$

这是内力特有的性质。

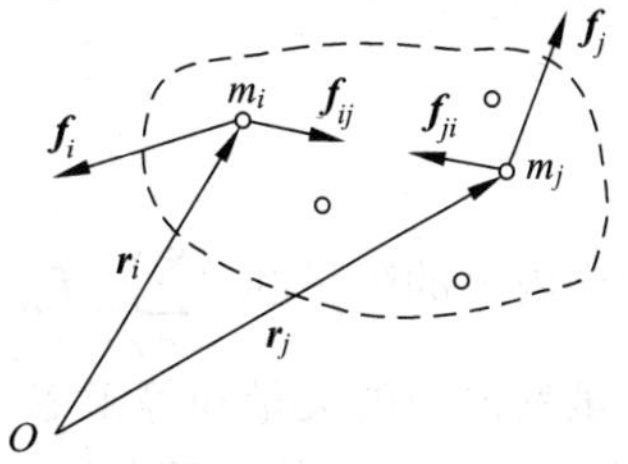

图 1.5.2　质点系

质点系以外的物体或场(如重力场)对系统内质点的作用力，叫作外力。图 1.5.2 中 $\boldsymbol{f}_i$ 和 $\boldsymbol{f}_j$ 分别代表作用在质点 m_i 和 m_j 上的外力，系统内所有质点所受外力的矢量和为

$$\boldsymbol{F}_{外}=\sum_i\boldsymbol{f}_i=\boldsymbol{f}_1+\boldsymbol{f}_2+\cdots$$

外力通常作用在不同的质点上，就质点系的一般运动，如质点系的转动而言，显然不能把所有外力等效为一个合力，但对于质点系以动量的变化为特征的整体运动，可以把 $\boldsymbol{F}_{外}$ 看成是合力。

对于质点系来说，一定要区分内力和外力。一个不受任何外力作用的质点系，称为孤立系统，或闭合系统。

在质点系动力学中，原则上可以用隔离体法列出各个质点的牛顿方程，然后联立求解。但如果质点数目较多，联立求解大量的方程将变得十分困难，况且内力往往是未知量，这更增加了问题的复杂性。下面从牛顿第二定律出发，利用质点系内力矢量和等于零这一性质，导出质点系总动量的变化规律。

2. 质点系的动量

质点系的总动量,即系统中所有质点的动量的矢量和,称为该质点系的动量,用 $\boldsymbol{P}$ 表示,即

$$\boldsymbol{P}=\sum_i \boldsymbol{p}_i=\sum_i m_i \boldsymbol{v}_i$$

其中,$\boldsymbol{p}_i=m_i\boldsymbol{v}_i$ 为质点 m_i 的动量。

3. 质点系动量变化定理

在惯性系中,质点系所受外力的矢量和等于系统动量随时间的变化率,即

$$\boldsymbol{F}_{外}=\frac{\mathrm{d}\boldsymbol{P}}{\mathrm{d}t}$$

此即质点系动量变化定理,它表达质点系以动量的变化为特征的整体运动。

证明:如图 1.5.2 所示,系统中质点 m_i 服从的牛顿第二定律为

$$\boldsymbol{f}_i+\sum_{j(j\neq i)}\boldsymbol{f}_{ij}=\frac{\mathrm{d}\boldsymbol{p}_i}{\mathrm{d}t}$$

对质点编号 i 求和,得

$$\sum_i \boldsymbol{f}_i+\sum_{i,j(j\neq i)}\boldsymbol{f}_{ij}=\frac{\mathrm{d}}{\mathrm{d}t}\Big(\sum_i \boldsymbol{p}_i\Big)$$

即

$$\boldsymbol{F}_{外}+\sum_{i,j(j\neq i)}\boldsymbol{f}_{ij}=\frac{\mathrm{d}\boldsymbol{P}}{\mathrm{d}t}$$

注意到内力的矢量和 $\sum\limits_{i,j(j\neq i)}\boldsymbol{f}_{ij}=0$,即证。

虽然内力的矢量和等于零,不影响质点系的总动量,但系统中各质点通过内力互相联系,内力可以改变各个质点的动量,“牵一发而动全身”。例如,两个物体之间的摩擦力不影响系统的总动量,但可以改变各个物体的动量。

按 $\boldsymbol{F}_{外}\,\mathrm{d}t=\mathrm{d}\boldsymbol{P}$,质点系动量变化定理的积分形式为

$$\int_{t_1}^{t_2}\boldsymbol{F}_{外}\,\mathrm{d}t=\boldsymbol{P}_2-\boldsymbol{P}_1$$

其中,$\boldsymbol{P}_1$ 和 $\boldsymbol{P}_2$ 分别为 t_1 和 t_2 时刻质点系的动量。上式表明:在惯性系中,质点系在一段时间内所受外力冲量的矢量和,等于在这段时间内系统动量的增量。

例 1.5.2 一质量为 2.0kg 的物体沿倾角为 30°的斜面下滑,下滑的加速度为 $3.0\mathrm{m}\cdot\mathrm{s}^{-2}$。若此时置于水平桌面上的斜面体相对桌面静止,求桌面对斜面体的静摩擦力。

解 把物体和斜面体选作质点系,桌面对斜面体的静摩擦力就是系统在水平方向上所受外力的矢量和。按质点系动量变化定理,静摩擦力为

$$F=\frac{\mathrm{d}P}{\mathrm{d}t}=\frac{\mathrm{d}}{\mathrm{d}t}(mv\cos30^\circ)=ma\cos30^\circ=2.0\times3.0\times\frac{\sqrt{3}}{2}\mathrm{N}=3\sqrt{3}\,\mathrm{N}$$

若用隔离体法求解,会变得很繁琐。

用质点系动量变化定理可以求解一些经典的变质量问题,即在运动过程中系统不断与外界交换质量,而不是质量随速度变化的相对论情况。在选取质点系时必须保证所包括的

质点在过程中没有增减,即保持系统的质量(组成)不变,否则可能改变内力和外力的定义而导致错误。一般处理此类问题的动力学方程是密舍尔斯基(Mischelski)方程,这里就不介绍了。

例 1.5.3 把一根均匀的柔软细绳悬吊起来,下端刚好触及地面,然后自静止释放,让绳自由下落。已知单位长度绳的质量为 λ,忽略空气阻力,求绳下落长度为 z 时绳对地面的压力。

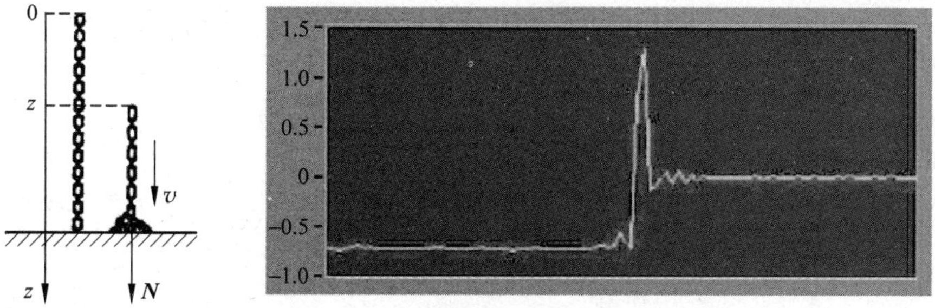

(a)

(b) 实验结果(路峻岭等.大学物理, 2011, 2: 5-8.)

图 1.5.3 例 1.5.3 图

解 这是一个连续体的物理问题。如图 1.5.3(a)所示,沿竖直向下方向建立 z 轴,坐标原点与释放前绳的上端对齐,设 t 时刻已有长度为 z 的绳落地,其质量为 $m=\lambda z$,经过 $\mathrm{d}t$ 时间又有质量为 $\mathrm{d}m=\lambda\mathrm{d}z$ 的一小段绳落地,落地前 $\mathrm{d}m$ 的速度为

$$v=\frac{\mathrm{d}z}{\mathrm{d}t}=\sqrt{2gz}$$

把 m 和 $\mathrm{d}m$ 选作质点系,系统 t 时刻的动量为 $v\mathrm{d}m$,而 $t+\mathrm{d}t$ 时刻的动量为 0。由于细绳柔软,可忽略未落地绳对 $\mathrm{d}m$ 的拉力,因此系统只受重力和地面的作用力。用 N 代表绳下落长度为 z 时绳对地面压力的大小,在 t 到 $t+\mathrm{d}t$ 过程中对系统应用质点系动量变化定理,有

$$(mg+g\mathrm{d}m-N)\mathrm{d}t=0-v\mathrm{d}m$$

略去二阶无穷小量 $g\mathrm{d}m\mathrm{d}t$,绳对地面的压力为

$$N=mg+v\frac{\mathrm{d}m}{\mathrm{d}t}=\lambda zg+\lambda v^2=3\lambda zg$$

等于已落地绳重力的 3 倍,其中 λzg 为已落地绳的重力,$2\lambda zg$ 为 $\mathrm{d}m$ 落地时动量的变化所产生的对地面的冲击力。

清华大学物理演示实验室用一根柔软的细铁链代替柔软细绳,用压力传感器测量下落铁链对地面的压力,验证了上述结论,实验结果如图 1.5.3(b)所示。图中横坐标为时间,纵坐标为压力的标度;左边水平线表示铁链下落前压力的零点位置,标度为 -0.75,右边的水平线表示铁链的重力,标度为 0,说明铁链的重力为 0.75;脉冲曲线表示铁链下落过程中压力的变化情况,脉冲峰值就是铁链全部下落时对地面的冲击力,其标度为 1.5,为落地铁链重力 0.75 的 2 倍,对地面的压力为 $1.5+0.75=2.25$,正好等于落地铁链重力的 3 倍。

本题也可以把整条绳选作质点系,应用质心运动定理求解(见例 1.6.2),或对质元 $\mathrm{d}m$ 按质点动量变化定理求解(习题 1.29)。

例 1.5.4 设雨滴开始自由下落时的质量为 m_0,下落过程中单位时间凝聚在雨滴上的水汽质量为常量 λ,水汽凝聚前静止并忽略黏性力和空气阻力。求雨滴经时间 t 下落的速度和距离。

解 沿竖直向下方向建立 z 轴,雨滴从坐标原点开始下落,t 时刻雨滴的质量为 $m_0+\lambda t$,经过 $\mathrm{d}t$ 时间又有质量为 $\lambda\,\mathrm{d}t$ 的水汽凝聚在雨滴上。把 $m_0+\lambda t$ 和 $\lambda\,\mathrm{d}t$ 选作质点系,用 v 和 $v+\mathrm{d}v$ 分别代表 t 和 $t+\mathrm{d}t$ 时刻系统的速度。系统只受重力作用,在 t 到 $t+\mathrm{d}t$ 过程中对系统应用质点系动量变化定理,有

$$(m_0+\lambda t+\lambda\,\mathrm{d}t)g\,\mathrm{d}t=(m_0+\lambda t+\lambda\,\mathrm{d}t)(v+\mathrm{d}v)-(m_0+\lambda t)v$$

略去二阶无穷小量 $\lambda g\,\mathrm{d}t\,\mathrm{d}t$ 和 $\lambda\,\mathrm{d}t\,\mathrm{d}v$,并整理为

$$(m_0 g+\lambda g t)\mathrm{d}t=m_0\mathrm{d}v+\lambda\,\mathrm{d}(vt)$$

把上式积分,注意当 $t=0$ 时,$v=0$,即

$$\int_0^t(m_0 g+\lambda g t)\mathrm{d}t=\int_0^v m_0\mathrm{d}v+\int_0^{vt}\lambda\,\mathrm{d}(vt)$$

积分结果为

$$m_0 g t+\frac{1}{2}\lambda g t^2=m_0 v+\lambda v t$$

因此,经时间 t 雨滴下落的速度为

$$v=\frac{m_0 t+\lambda t^2/2}{m_0+\lambda t}g$$

雨滴下落的距离为

$$z=\int_0^t v\,\mathrm{d}t=\int_0^t\left(\frac{m_0 t+\lambda t^2/2}{m_0+\lambda t}g\right)\mathrm{d}t=\int_0^t\left(\frac{1}{2}t+\frac{m_0}{2\lambda}-\frac{m_0^2}{2\lambda}\frac{1}{m_0+\lambda t}\right)g\,\mathrm{d}t$$

$$=\frac{1}{2}g\left[\frac{1}{2}t^2+\frac{m_0}{\lambda}t-\left(\frac{m_0}{\lambda}\right)^2\ln\left(1+\frac{\lambda}{m_0}t\right)\right]$$

1.5.3 动量守恒定律

若 $\boldsymbol{F}_{外}=0$,则由 $\boldsymbol{F}_{外}=\mathrm{d}\boldsymbol{P}/\mathrm{d}t$ 可知

$$\boldsymbol{P}=\text{常矢量}$$

这表明:在惯性系中,若质点系不受外力,或所受外力的矢量和等于零,则系统动量的大小和方向保持不变。这称为动量守恒定律。实际上,只要在某个方向上不受外力,或所受外力之和等于零,质点系沿该方向的动量就守恒。

若质点系所受外力远小于内力,且过程经历时间很短,外力引起系统总动量的变化比内力引起各质点动量的变化要小得多,就可以认为系统的动量守恒。如在碰撞和爆炸过程中,一般可以忽略重力和摩擦力等外力,按动量守恒处理。

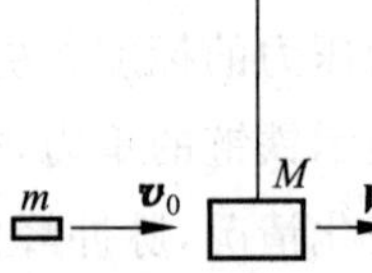

图 1.5.4 例 1.5.5 图

例 1.5.5 如图 1.5.4 所示,一质量为 m 的子弹以速度 v_0 水平射入一个用柔软轻绳悬挂的质量为 M 的物体,并留在物体中。设子弹从射入物体到停在其中所经时间极短,求子弹刚停在物体中时物体的速度。

解 把子弹和物体选作质点系,用 V 代表子弹刚停在物体中时物体的速度。由于子弹

从射入到停止所经时间极短，可以认为在此过程中物体仍处于原平衡位置，在水平方向上系统不受外力，系统的动量守恒，有

$$mv_0=(M+m)V$$

可得

$$V=\frac{m}{M+m}v_0$$

当 $M\to\infty$ 时 $V\to 0$。

*1.5.4　火箭水平推进速度

如图 1.5.5 所示，火箭燃料的燃烧气体相对火箭以恒定速度 u 喷出，在反冲力的推动下火箭水平加速飞行，质量逐渐减少。设 t 时刻火箭的质量为 m，速度为 v，$t+\mathrm{d}t$ 时刻火箭的质量减少到 $m+\mathrm{d}m$，速度增大到 $v+\mathrm{d}v$，因此 $\mathrm{d}t$ 时间内喷出的燃烧气体的质量为 $-\mathrm{d}m$。

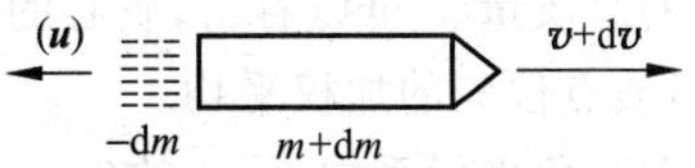

图 1.5.5　火箭水平飞行

把 m 和 $-\mathrm{d}m$ 选作质点系，由于气体高速喷出，气体和火箭之间的内力很大，可以忽略作为外力的空气阻力，认为系统在水平方向上动量守恒，有

$$mv=(m+\mathrm{d}m)(v+\mathrm{d}v)+(-\mathrm{d}m)(v+\mathrm{d}v-u)$$

略去二阶无穷小量 $\mathrm{d}m\mathrm{d}v$，得 $m\mathrm{d}v+u\mathrm{d}m=0$，即

$$\mathrm{d}v=-u\frac{\mathrm{d}m}{m}\tag{1.5.2}$$

此即决定火箭水平运动的微分方程。设火箭速度为 v_0 时的质量为 m_0，速度为 v 时的质量为 m，把式(1.5.2)积分，即

$$\int_{v_0}^{v}\mathrm{d}v=-u\int_{m_0}^{m}\frac{\mathrm{d}m}{m}$$

因此，火箭的水平推进速度为

$$v=v_0+u\ln\frac{m_0}{m}$$

可以看出，增大燃烧气体的喷射速度 u 和质量比 m_0/m 可以提高火箭的速度。

实际上，u 的提高有一定的极限，对于单级火箭来说大幅度地提高 m_0/m 也不可能。通常采用由若干单级火箭串联的多级火箭(一般是三级)方案，当前一级火箭的燃料完全燃烧后，其壳体自动脱落，后一级火箭开始点火，这样可以有效地增大 m_0/m，提高火箭的推进速度。

1.6　质心　质心动量变化定理　质心参考系

前面我们平等地看待质点系中的每一个质点。能不能找到一个特殊点，把质点系的全部质量集中在该点上，用这一假想质点的运动来表达质点系以动量的变化为特征的整体运动。这一特殊点，就是质点系的质心。

1.6.1　质心

质点系的质量中心，简称质心。图 1.6.1 表示一个跳水运动员离开跳板后身体姿态的

变化情形,虽然他的身体弯曲旋转不断作出各种复杂动作,但其质心运动的轨迹是一条抛物线,代表了运动员整体运动的特征。

图 1.6.1　运动员质心的运动轨迹

1. 质心的位置和速度

如图 1.6.2 所示,相对某一固定点 O,质点系的质心 C 的位矢定义为

$$\boldsymbol{r}_C=\frac{\sum_i m_i\boldsymbol{r}_i}{\sum_i m_i}=\frac{\sum_i m_i\boldsymbol{r}_i}{M} \tag{1.6.1}$$

其中,$\boldsymbol{r}_i$ 代表质点 m_i 相对 O 点的位矢,$M=\sum_i m_i$ 为质点系的总质量。可以看出,质心的位矢是以 m_i/M 为权重,对质点位矢的加权平均。

在直角坐标系中,质心的坐标为

$$x_C=\frac{\sum_i m_i x_i}{M},\quad y_C=\frac{\sum_i m_i y_i}{M},\quad z_C=\frac{\sum_i m_i z_i}{M}$$

质心的位置只依赖于系统的质量分布,与坐标系的选择无关。

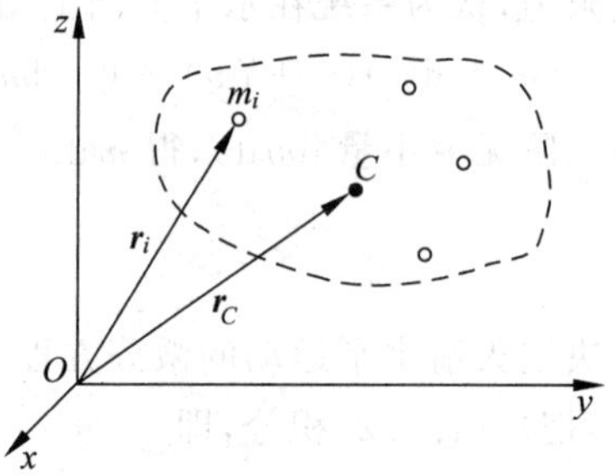

图 1.6.2　质点系的质心

由两个质点组成的质点系的质心位于两质点的连线上,并有如下杠杆关系

$$m_1l_1=m_2l_2$$

其中,m_1 和 m_2 分别为两质点的质量,l_1 和 l_2 分别为两质点与质心的距离。

对于一个质量连续分布的物体,假想把物体分割成许多体积元 $\mathrm{d}V$,则其质心的位矢为

$$\boldsymbol{r}_C=\frac{\int_V\rho(\boldsymbol{r})\boldsymbol{r}\mathrm{d}V}{\int_V\rho(\boldsymbol{r})\mathrm{d}V}=\frac{\int_V\rho(\boldsymbol{r})\boldsymbol{r}\mathrm{d}V}{M}$$

式中,$\boldsymbol{r}$ 为 $\mathrm{d}V$ 相对 O 点的位矢,$\rho(\boldsymbol{r})$ 为物体的质量密度。若求出了一个物体各个部分的质心,只要把每一部分看成是位于各自质心的质点,再按式(1.6.1)就可以求出整个物体的质心。

把式(1.6.1)对时间求导,可得质心的速度,即

$$\boldsymbol{v}_C=\frac{\mathrm{d}\boldsymbol{r}_C}{\mathrm{d}t}=\frac{\sum_i m_i\boldsymbol{v}_i}{M} \tag{1.6.2}$$

其中,$\boldsymbol{v}_i$ 代表质点 m_i 的速度。质心的速度是对质点速度的加权平均。

例 1.6.1　在氢原子中,电子与原子核(质子)的平均距离为玻尔(Bohr)半径 $a_0=0.529\times10^{-10}\,\mathrm{m}$,求氢原子质心的位置。已知质子和电子的质量分别为 $m_\mathrm{p}=1.67\times10^{-27}\,\mathrm{kg}$ 和 $m_\mathrm{e}=9.11\times10^{-31}\,\mathrm{kg}$。

解 把质子的位置取为坐标原点，则氢原子质心的坐标为

$$x_C=\frac{m_p\times 0+m_e a_0}{m_p+m_e}=\frac{9.11\times10^{-31}\times5.29\times10^{-11}}{1.67\times10^{-27}+9.11\times10^{-31}}\text{m}=2.88\times10^{-14}\text{m}$$

约为玻尔半径的千分之一，可见氢原子的质心离原子核很近。

2. 质心的动量等于质点系的动量

按式(1.6.2)，质心的动量为

$$M\boldsymbol{v}_C=\sum_i m_i\boldsymbol{v}_i$$

而$\sum_i m_i\boldsymbol{v}_i$就是质点系的总动量$\boldsymbol{P}$，因此

$$M\boldsymbol{v}_C=\boldsymbol{P}$$

这表明：在任何参考系中，质心的动量等于质点系的动量。

注意，质心的动量是指质点系的质量全部集中在质心所在处时，质心这个“质点”的动量，尽管质心处未必真的有质点。这是质心的特殊性质，对于质心以外的任何其他点，即使集中了质点系的全部质量，该“质点”的动量也不会等于质点系的动量。

1.6.2 质心动量变化定理

质点系动量变化定理为

$$\boldsymbol{F}_{外}=\frac{\mathrm{d}\boldsymbol{P}}{\mathrm{d}t}$$

由于$\boldsymbol{P}$等于质心的动量，而$\boldsymbol{F}_{外}$可看成是作用在质心上的合力，则上式表达了质心这一“质点”的动量变化规律，称为质心动量变化定理，或质心运动定理，通常写成

$$\boldsymbol{F}_{外}=M\boldsymbol{a}_C \tag{1.6.3}$$

其中，$\boldsymbol{a}_C=\mathrm{d}\boldsymbol{v}_C/\mathrm{d}t$为质心的加速度。

式(1.6.3)表明：质点系质心的运动相当于一个质点的运动，该质点的质量等于整个质点系的质量，所受合力等于质点系所受外力的矢量和，内力不影响质心的运动。

实际上，式(1.6.3)就是质心这一“质点”所服从的牛顿方程，它表达了质点系以动量的变化为特征的整体运动。在图1.6.1中跳水运动员虽然不断作出各种复杂动作，但他所受合力是重力，因此质心沿抛物线运动。

例1.6.2 按质心运动定理重解例1.5.3。如图1.6.3所示，把一根均匀的柔软细绳悬吊起来，下端刚好触及地面，然后自静止释放，让绳自由下落。已知单位长度绳的质量为λ，忽略空气阻力。求绳下落长度为z时绳对地面的压力。

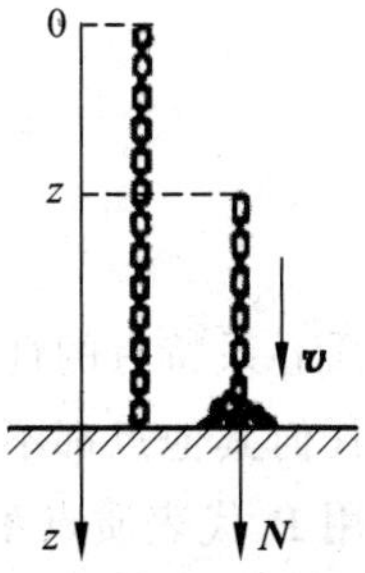

图1.6.3 例1.6.2图

解 把整根绳选作质点系。设绳的总长为l，绳的总质量为λl，绳下落长度为z时系统质心的坐标为

$$z_C=\frac{\lambda zl+\lambda(l-z)[z+(l-z)/2]}{\lambda l}=z-\frac{z^2}{2l}+\frac{l}{2}$$

质心的速度为

$$v_C=\frac{dz_C}{dt}=\frac{dz}{dt}-\frac{z}{l}\frac{dz}{dt}$$

质心的加速度为

$$a_C=\frac{dv_C}{dt}=\frac{d^2z}{dt^2}-\frac{1}{l}\left(\frac{dz}{dt}\right)^2-\frac{z}{l}\frac{d^2z}{dt^2}=\left(1-\frac{3z}{l}\right)g$$

式中用到了 $dz/dt=\sqrt{2gz}$ 和 $d^2z/dt^2=g$。用 N 代表绳下落 z 时对地面压力的大小，对整根绳应用质心运动定理，有

$$\lambda lg-N=\lambda l\left(1-\frac{3z}{l}\right)g$$

得 $N=3\lambda zg$，与前面结果一致。

例 1.6.3 按质心运动定理重解例 1.5.5。如图 1.6.4 所示，一质量为 m 的子弹以速度 v_0 水平射入一个用柔软轻绳悬挂的质量为 M 的物体，并留在物体中。设子弹从射入物体到停在其中所经时间极短，求子弹刚停在物体中时物体的速度。

解 在水平方向上子弹—物体系统不受外力，按质心运动定理，质心的速度不变，而子弹刚停在物体中时物体的速度 V 等于系统质心的速度，即

$$V=\frac{mv_0+M\times 0}{m+M}=\frac{m}{m+M}v_0$$

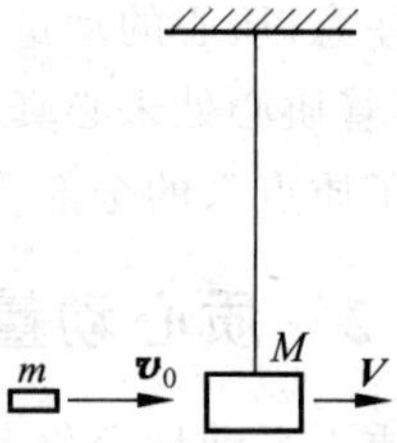

图 1.6.4 例 1.6.3 图

结果与前面一致。

1.6.3 质心参考系

以质心为参考点所建立的相对惯性系平动的参考系，叫作质心参考系，简称质心系。在力学中，质心系占有重要的地位。

1. 质心系是零动量系

用带撇的量代表质心系中的量，在质心系中观察，质心的位矢 $\boldsymbol{r}'_C=0$，质心的速度 $\boldsymbol{v}'_C=0$，即

$$\boldsymbol{r}'_C=\frac{\sum_i m_i\boldsymbol{r}'_i}{M}=0,\quad \boldsymbol{v}'_C=\frac{\sum_i m_i\boldsymbol{v}'_i}{M}=0$$

可得

$$\sum_i m_i\boldsymbol{r}'_i=0,\quad \sum_i m_i\boldsymbol{v}'_i=0$$

这是质心系特有的性质，式中 $\boldsymbol{r}'_i$ 和 $\boldsymbol{v}'_i$ 分别代表质点 m_i 在质心系中的位矢和速度。质心以外的任何其他点都不具备上述性质。

用 $\boldsymbol{P}'$ 代表质点系在质心系中的动量，则有

$$\boldsymbol{P}'=\sum_i m_i\boldsymbol{v}'_i=0$$

这表明：质心系是零动量系。无论质点系如何运动，在质心系中观察，各个质点要么离开质

心向外散去，要么向质心汇聚，以保证质点系的动量恒为零。

2. 质心系和惯性系是两个不同的概念

若作用在质点系上的外力的矢量和 $\boldsymbol{F}_{外}=0$，则质心的加速度等于零，质心系是惯性系；若 $\boldsymbol{F}_{外}\neq 0$，质心系就是非惯性系。当质心系是非惯性系时，质点系中的质点受惯性力的作用。

忽略其他星体的作用，月球—地球系统的质心系是惯性系，严格地说应该是月球和地球围绕它们的公共质心旋转，但通常总是近似地说成月球围绕地球旋转。

用 M 和 m 分别代表地球和月球的质量，V' 和 v' 分别代表地球和月球的质心系速度。质心系是零动量系，因此在质心系中地球和月球动量的大小相等，即

$$MV'=mv'$$

而地球和月球围绕公共质心转动动能的比值仅为

$$\frac{E'_{\mathrm{k}M}}{E'_{\mathrm{k}m}}=\frac{MV'^2/2}{mv'^2/2}=\frac{m}{M}=\frac{7.35\times 10^{22}}{5.98\times 10^{24}}=1.2\times 10^{-2}$$

因此可以忽略地球的转动动能，说成月球围绕地球旋转，但不能忽略地球的动量。

1.7　功和动能变化定理　科尼希定理

本节讲力的空间积累所产生的效果，引入功和动能的概念，从牛顿第二定律出发导出动能的变化规律，并将质点系的动能按质心作分解。

1.7.1　功

如图 1.7.1 所示，设受力为 $\boldsymbol{f}$ 的质点沿路径 L 从 a 点移动到 b 点，把 L 分割成许多元位移 $\mathrm{d}\boldsymbol{l}$，我们把力 $\boldsymbol{f}$ 与元位移 $\mathrm{d}\boldsymbol{l}$ 的标量积，定义为力 $\boldsymbol{f}$ 沿 $\mathrm{d}\boldsymbol{l}$ 所做的元功，即

$$\mathrm{d}A=\boldsymbol{f}\cdot\mathrm{d}\boldsymbol{l}=f\cos\theta\,|\,\mathrm{d}\boldsymbol{l}\,|$$

其中，θ 为 $\boldsymbol{f}$ 与 $\mathrm{d}\boldsymbol{l}$ 的夹角。

对 $\mathrm{d}A$ 积分，就得到力 $\boldsymbol{f}$ 沿路径 L 从 a 点到 b 点所做的功，即

$$A=\int\mathrm{d}A=\int_{a(L)}^{b}\boldsymbol{f}\cdot\mathrm{d}\boldsymbol{l}\qquad(1.7.1)$$

这表明：功是力沿受力质点所移动的路径的曲线积分，一般与积分路径有关。但后面将会看到，计算保守力做功的曲线积分与路径无关，可简化为定积分。

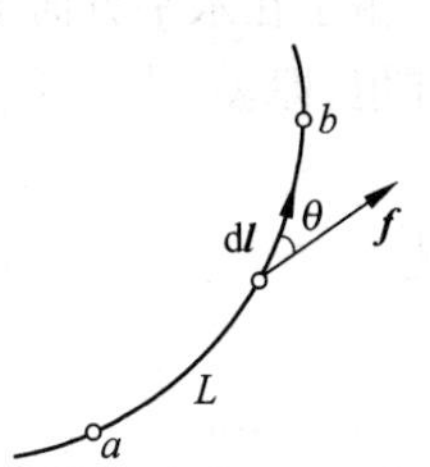

图 1.7.1　力所做的功

功是一个标量，有正负。元功 $\mathrm{d}A$ 的正负取决于 $\boldsymbol{f}$ 与 $\mathrm{d}\boldsymbol{l}$ 的夹角 θ：$\theta<90°$时，力做正功；$\theta>90°$时，力做负功，或者说克服力做功；$\theta=90°$时，$\boldsymbol{f}$ 垂直于 $\mathrm{d}\boldsymbol{l}$，力不做功。

按式(1.7.1)，合力 $\boldsymbol{f}=\sum\limits_i\boldsymbol{f}_i$ 做的功为

$$A=\int_{a(L)}^{b}\boldsymbol{f}\cdot\mathrm{d}\boldsymbol{l}=\sum_i\int_{a(L)}^{b}\boldsymbol{f}_i\cdot\mathrm{d}\boldsymbol{l}=\sum_i A_i$$

合力做功等于作用在质点上的各个力做功之和。

1.7.2 质点动能变化定理

在惯性系中,在质点运动过程中,合力对质点所做的功等于质点动能的增量,即

$$dA = dE_k \tag{1.7.2}$$

此即质点动能变化定理。力的空间积累效果是改变质点的动能,体现了功是对能量变化的一种量度。在非惯性系中,只要考虑惯性力做功,动能变化定理仍然成立。

证明:用 $\boldsymbol{f}$ 代表作用在质量为 m 的质点上的合力,牛顿第二定律为

$$\boldsymbol{f} = m\frac{d\boldsymbol{v}}{dt}$$

因 $d\boldsymbol{l} = \boldsymbol{v}dt$,故合力 $\boldsymbol{f}$ 对质点 m 所做元功为

$$dA = \boldsymbol{f}\cdot d\boldsymbol{l} = m\frac{d\boldsymbol{v}}{dt}\cdot\boldsymbol{v}dt = m\boldsymbol{v}\cdot d\boldsymbol{v} = mv\,dv = d\left(\frac{1}{2}mv^2\right)$$

用 $E_k = mv^2/2$ 代表质点的动能,即得式(1.7.2)。

上面推导中用到 $\boldsymbol{v}\cdot d\boldsymbol{v} = v\,dv$,证明如下

$$\boldsymbol{v}\cdot d\boldsymbol{v} = \frac{1}{2}d(\boldsymbol{v}\cdot\boldsymbol{v}) = \frac{1}{2}dv^2 = v\,dv$$

作为一般性结论,矢量 $\boldsymbol{A}$ 与 $d\boldsymbol{A}$ 的标量积等于 $A\,dA$,即 $\boldsymbol{A}\cdot d\boldsymbol{A} = A\,dA$。

按 $dA = dE_k$,质点动能变化定理的积分形式为

$$A = E_{kb} - E_{ka}$$

其中,A 代表从 a 点到 b 点合力对质点做的功,E_{ka} 和 E_{kb} 分别为质点经过 a 点和 b 点时的动能。

例 1.7.1 如图 1.7.2 所示,质量为 M 的木块静止于光滑水平面上,一个质量为 m 的子弹以速度 v_0 水平射入木块后留在木块中,并与木块一起运动。求:(1)木块对子弹的摩擦力所做的功;(2)子弹对木块的摩擦力所做的功。

解 用 V 代表子弹射入木块并与木块一起运动的速度。由于在水平方向上子弹—木块系统不受外力,系统的动量守恒,即

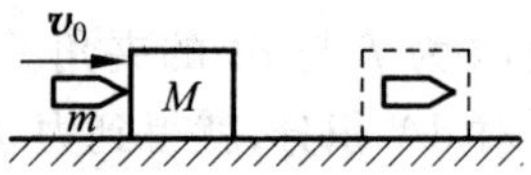

图 1.7.2 例 1.7.1 图

$$mv_0 = (M+m)V$$

因此

$$V = \frac{m}{M+m}v_0$$

(1) 按质点动能变化定理,木块对子弹的摩擦力所做的功等于子弹动能的增量,即

$$A_1 = \frac{1}{2}mV^2 - \frac{1}{2}mv_0^2 = -\frac{M(M+2m)}{(M+m)^2}\left(\frac{1}{2}mv_0^2\right)$$

木块对子弹做负功。

(2) 子弹对木块的摩擦力所做的功为

$$A_2 = \frac{1}{2}MV^2 - 0 = \frac{Mm}{(M+m)^2}\left(\frac{1}{2}mv_0^2\right)$$

子弹对木块做正功。虽然上述两摩擦力大小相等,但子弹和木块的位移不同,所以 $A_1 \neq A_2$。

1.7.3　质点系动能变化定理

在惯性系中，在质点系运动过程中，所有外力和所有内力对质点系中质点做功之和，等于该质点系总动能（所有质点动能之和）的增量，即

$$A_{外}+A_{内}=E_{\mathrm{k}}-E_{\mathrm{k}0} \tag{1.7.3}$$

此即质点系动能变化定理。

在质点系运动过程中，系统中质点 m_i 服从的动能变化定理可写成

$$A_{i外}+A_{i内}=E_{i\mathrm{k}}-E_{i\mathrm{k}0}$$

对质点编号 i 求和，即得式(1.7.3)。

可以证明，当质心参考系是非惯性系时，惯性力做功之和等于零，质点系动能变化定理在质心系中仍然成立。

我们知道，内力的矢量和等于零，不影响系统的总动量，但内力做功能改变系统的总动能，这是因为两质点间可能有相对位移，使得作用力和反作用力做功之和不等于零。例如作为内力，两物体间的摩擦力对系统的总动量没有影响，但摩擦力做功减小了系统的总动能。

尽管做功可能与参考系有关，动能也依赖于参考系的选择，但在任何参考系中，做功等于动能增量这一关系不变，动能变化定理对任何参考系都成立。

1.7.4　质点系的动能按质心的分解——科尼希定理

质点系的动能，等于质点系随质心运动的动能（质心动能）E_C 与质点系的质心系动能（内动能）E'_{k}之和，即

$$E_{\mathrm{k}}=E_C+E'_{\mathrm{k}} \tag{1.7.4}$$

其中

$$E_C=\frac{1}{2}Mv_C^2,\quad E'_{\mathrm{k}}=\frac{1}{2}\sum_i m_i v'^2_i$$

式(1.7.4)称为科尼希(König)定理，它表示质点系的动能按质心的分解。不难看出，在一般情况下质点系的动能不等于质心的动能，而质点系的动量总是等于质心的动量。

证明：如图1.7.3所示，$\boldsymbol{r}_i$ 和 $\boldsymbol{r}'_i$分别为质点 m_i 相对某一固定点 O 和相对质心 C 的位矢，$\boldsymbol{v}_i$ 和 $\boldsymbol{v}'_i$ 分别为 m_i 在 $Oxyz$ 系和在质心系中的速度，$\boldsymbol{r}_C$ 为质心 C 相对 O 点的位矢，$\boldsymbol{v}_C$ 为质心 C 在 $Oxyz$ 系中的速度，有如下矢量合成关系

$$\boldsymbol{r}_i=\boldsymbol{r}_C+\boldsymbol{r}'_i$$

$$\boldsymbol{v}_i=\boldsymbol{v}_C+\boldsymbol{v}'_i$$

质点系在 $Oxyz$ 系中的动能为

$$E_{\mathrm{k}}=\frac{1}{2}\sum_i m_i v_i^2$$

把 $\boldsymbol{v}_i=\boldsymbol{v}_C+\boldsymbol{v}'_i$ 代入上式，得

$$E_{\mathrm{k}}=\frac{1}{2}\sum_i m_i(\boldsymbol{v}_C+\boldsymbol{v}'_i)^2=\frac{1}{2}\sum_i m_i v_C^2+\frac{1}{2}\sum_i m_i v'^2_i+\sum_i m_i\boldsymbol{v}_C\cdot\boldsymbol{v}'_i$$

$$=\frac{1}{2}Mv_C^2+\frac{1}{2}\sum_i m_i v'^2_i+\sum_i m_i\boldsymbol{v}_C\cdot\boldsymbol{v}'_i \tag{1.7.5}$$

式中，$\frac{1}{2}Mv_C^2$ 为质心在 $Oxyz$ 系中的动能 E_C；$\frac{1}{2}\sum_i m_i v'^2_i$ 为质点系的质心系动能 E'_k；

$\sum_i m_i \boldsymbol{v}_C \cdot \boldsymbol{v}'_i$ 是一个交叉项，按质心系的性质，$\sum_i m_i \boldsymbol{v}'_i = 0$，因此

$$\sum_i m_i \boldsymbol{v}_C \cdot \boldsymbol{v}'_i = \boldsymbol{v}_C \cdot \sum_i m_i \boldsymbol{v}'_i = 0$$

于是式(1.7.5)可简化为

$$E_k = E_C + E'_k$$

即证。

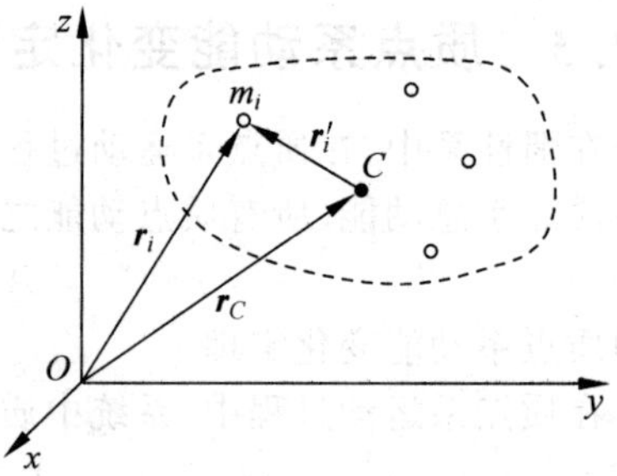

图 1.7.3 科尼希定理的证明

*例 1.7.2 证明：在两体问题中，两体质心系动能(内动能)等于质量为约化质量的等效质点的动能，即

$$E'_k = \frac{1}{2}\mu v^2$$

式中，v 为两体的相对速度。因此，两体质心系机械能可表示为

$$E' = \frac{1}{2}\mu v^2 + U(r)$$

其中，$U(r)$代表系统的势能，它与参考系无关。

解 按质心系的性质，$m_1 \boldsymbol{v}'_1 + m_2 \boldsymbol{v}'_2 = 0$，可得

$$2\,\boldsymbol{v}'_1 \cdot \boldsymbol{v}'_2 = -\left(\frac{m_1}{m_2} v_1'^2 + \frac{m_2}{m_1} v_2'^2\right)$$

而 $\boldsymbol{v} = \boldsymbol{v}'_2 - \boldsymbol{v}'_1$，因此

$$\begin{aligned}\frac{1}{2}\mu v^2 &= \frac{1}{2}\mu(\boldsymbol{v}'_2 - \boldsymbol{v}'_1)^2 = \frac{1}{2}\mu(v_1'^2 + v_2'^2 - 2\boldsymbol{v}'_1 \cdot \boldsymbol{v}'_2) \\ &= \frac{1}{2}\frac{m_1 m_2}{m_1 + m_2}\left(v_1'^2 + v_2'^2 + \frac{m_1}{m_2} v_1'^2 + \frac{m_2}{m_1} v_2'^2\right) \\ &= \frac{1}{2} m_1 v_1'^2 + \frac{1}{2} m_2 v_2'^2 = E'_k\end{aligned}$$

即证。

1.8 保守力和势能

做功一般与积分路径有关，但保守力做功与路径无关，据此可以定义系统的一个状态量——势能，用势能可以从能量的角度来描述保守力场。所谓状态量，是指那些只取决于系统所处的状态，而与到达该状态的具体过程无关的物理量。

1.8.1 保守力的定义 有心力是保守力

1. 保守力的定义

自然界中有些力，如太阳对行星(如地球)的引力、弹簧对物体的弹性力和静止点电荷之间的库仑力等，这些力做功与受力质点所移动的路径无关，只取决于受力质点空间位置的变化，这种力称为保守力，所形成的矢量场称为保守力场。

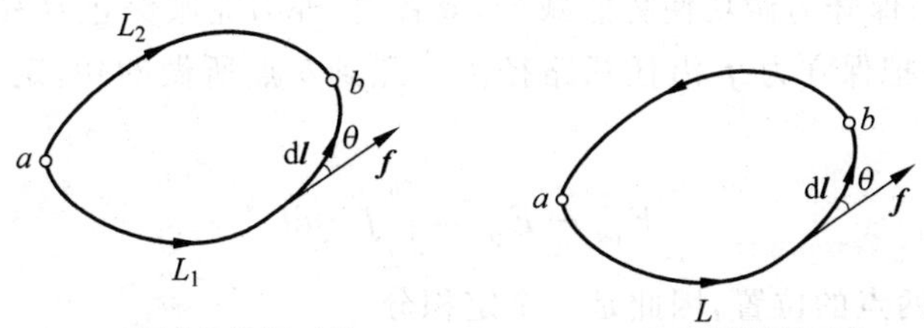

(a) 积分与路径无关　　(b) 环流恒等于零

图 1.8.1　保守力的定义

如图 1.8.1(a)所示,L_1 和 L_2 为从 a 点到 b 点的任意两条路径,保守力 $\boldsymbol{f}$ 做功与路径无关,可表示为

$$\int_{a(L_1)}^{b} \boldsymbol{f} \cdot \mathrm{d}\boldsymbol{l} = \int_{a(L_2)}^{b} \boldsymbol{f} \cdot \mathrm{d}\boldsymbol{l} \tag{1.8.1}$$

矢量沿闭合回路的曲线积分,称为该矢量沿该闭合回路的环流(circulation)。如图 1.8.1(b)所示,设 L 为任一闭合回路,保守力做功与路径无关也可以说成保守力沿任一闭合回路的环流恒等于零,即

$$\oint_L \boldsymbol{f} \cdot \mathrm{d}\boldsymbol{l} = 0 \tag{1.8.2}$$

这称为环路定理。式(1.8.1)和(1.8.2)可以互相导出,做功与路径无关和环路定理是对保守力的两种等价的定义。

做功与路径有关的力,如摩擦力,称为非保守力。沿闭合回路一周做负功的非保守力,称为耗散力,滑动摩擦力和流体中的黏性力都是耗散力。

2. 有心力是保守力

若一个力的方向始终朝向或背离某一固定点,这种力叫有心力,该固定点称为该力的力心。引力和库仑力都是有心力,力心分别是施力的质点和点电荷。一般而言,有心力的大小仅与受力质点到力心的距离 r 有关,方向沿力心与受力质点的连线,可表示为

$$\boldsymbol{f} = f(r)\hat{\boldsymbol{r}}$$

其中,$\hat{\boldsymbol{r}} = \boldsymbol{r}/r$ 代表从力心到受力质点方向的单位矢量。

如图 1.8.2 所示,以 O 点为力心的有心力 $\boldsymbol{f} = f(r)\hat{\boldsymbol{r}}$ 沿任一闭合回路 L 的环流为

$$\oint_L \boldsymbol{f} \cdot \mathrm{d}\boldsymbol{l} = \oint_L \boldsymbol{f} \cdot \mathrm{d}\boldsymbol{r} = \oint_L f(r)\hat{\boldsymbol{r}} \cdot \mathrm{d}\boldsymbol{r}$$

其中,$\hat{\boldsymbol{r}} \cdot \mathrm{d}\boldsymbol{r} = \boldsymbol{r} \cdot \mathrm{d}\boldsymbol{r}/r = r\mathrm{d}r/r = \mathrm{d}r$,代入上式,得

$$\oint_L \boldsymbol{f} \cdot \mathrm{d}\boldsymbol{l} = \oint_L f(r)\mathrm{d}r = 0$$

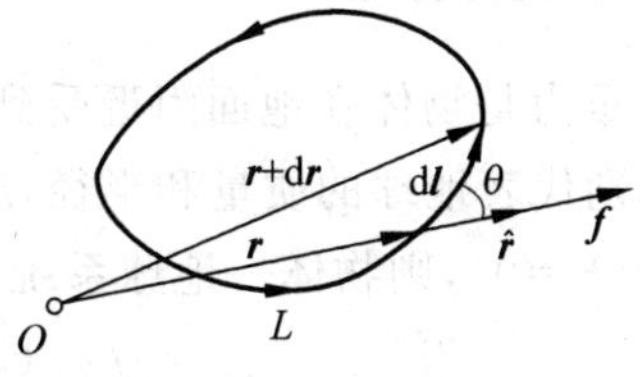

图 1.8.2　有心力是保守力

因此有心力是保守力。

1.8.2　势能——从能量的角度描述保守力场

既然保守力做功与路径无关,只取决于受力质点空间位置的变化,就可以引入一个只与空间位置有关的状态量,用它的差值来表示保守力所做的功,这一状态量称为保守力场的势

能,或位能,并规定:保守力做功使势能减少,或者说,外力克服保守力做功使势能增加。

在保守力场中,把保守力 $\boldsymbol{f}$ 沿任意路径由 a 点到 b 点所做的功,定义为 a、b 两点之间的势能差,即

$$E_{pa}-E_{pb}=\int_a^b \boldsymbol{f}\cdot d\boldsymbol{l} \tag{1.8.3}$$

积分只取决于 a、b 两点的位置,因此是一个定积分。

但式(1.8.3)只定义了势能的差值,要确定某点的势能还要选定势能的零点或参考点。若把 b 点选为势能零点,令 $E_{pb}=0$,则 a 点的势能为

$$E_{pa}=\int_a^{\text{势能零点}} \boldsymbol{f}\cdot d\boldsymbol{l}$$

这表明:保守力场中某点的势能,等于保守力沿任意路径由该点到势能零点所做的功。改变势能零点,势能的值将随之变化,但两点之间的势能差与势能零点的选择无关。

由于能量的概念及能量守恒和转化定律的普遍性,通常用势能从能量的角度来描述保守力场,如在电磁学中用电势描述静电场(见 4.4.2 节)。

1. 引力势能

对于引力场,通常把势能零点选在两质点相距无穷远($r\to\infty$),则引力势能为

$$E_p=\int_r^\infty\left(-\frac{Gm_1m_2}{r^2}\right)dr=-\frac{Gm_1m_2}{r}$$

图 1.8.3 中的曲线叫作引力势能曲线,表示 E_p 与 r 之间的关系。引力势能属于两个质点所组成的系统。

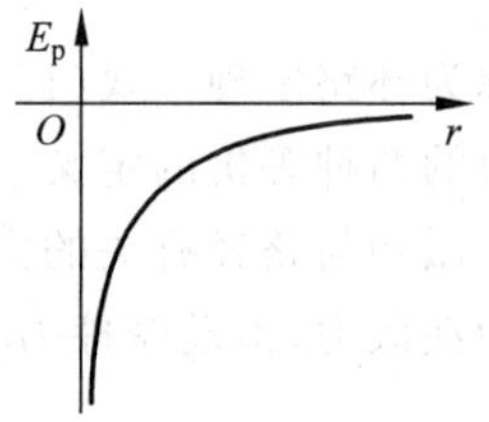

图 1.8.3 引力势能曲线

两个质点的距离从 r_a 变到 r_b,引力做功等于引力势能的减少,即

$$A=E_{pa}-E_{pb}=\left(-\frac{Gm_1m_2}{r_a}\right)-\left(-\frac{Gm_1m_2}{r_b}\right)=\frac{Gm_1m_2}{r_b}-\frac{Gm_1m_2}{r_a}$$

它与势能零点的选择无关。

2. 重力势能

重力是物体在地面附近受到的地球引力,重力势能就是地面附近的引力势能。用 M 和 R 分别代表地球的质量和半径,h 代表质量为 m 的物体距地面的高度,把势能零点选在地面处($h=0$),则物体—地球系统的引力势能为

$$E_p=\left(-\frac{GMm}{R+h}\right)-\left(-\frac{GMm}{R}\right)=GMm\,\frac{h}{R(R+h)}$$

因 $h\ll R$,$R(R+h)\approx R^2$,而 $g=GM/R^2$,则有

$$E_p=mgh$$

此即熟知的重力势能公式。重力势能本来属于物体—地球系统,但在地面上通常说成是物体的重力势能。

3. 弹性势能

如图1.8.4所示，物体沿弹簧长度方向在光滑水平面上运动。弹簧处于自然长度时物体处于O点，所受合力为零。把O点取为坐标原点，沿弹簧长度方向建立x轴。按胡克定律，弹簧的弹性力为

$$f=-kx$$

其中，k为弹簧的劲度系数，x为弹簧的伸长，负号表示力的方向总是指向平衡位置。

把O点($x=0$)选为势能零点，则弹簧的弹性势能为

$$E_{\mathrm{p}}=\int_x^0 f\,\mathrm{d}x=-\int_x^0 kx\,\mathrm{d}x=\frac{1}{2}kx^2$$

图1.8.5中的曲线叫作弹性势能曲线，表示E_{p}与x的关系。

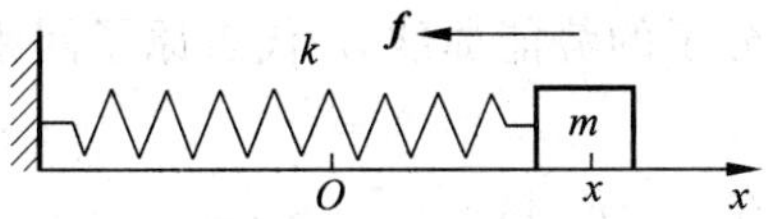

图1.8.4　弹性势能

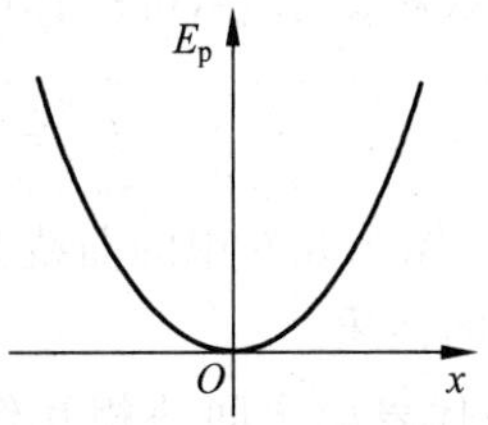

图1.8.5　弹性势能曲线

弹簧的弹性势能属于整个弹簧。一根弹簧可以看成由许多线度很小的部分(质元)组成，弹性势能就是这些质元相互作用能的总和。

4. 质点系的势能

质点系中所有保守内力的势能之和，称为该质点系的势能，它属于整个系统。若把其中各个质点都相距无穷远的状态选为势能零点，则对于以引力为主的质点系，其势能小于零；以斥力为主的质点系，势能大于零。

1.8.3　由势能函数求保守力

保守力$\boldsymbol{f}$沿元位移$\mathrm{d}\boldsymbol{l}$所做元功为$f_l\mathrm{d}l$，其中f_l代表力$\boldsymbol{f}$沿$\mathrm{d}\boldsymbol{l}$方向的分量。保守力做功等于势能的减少，因此

$$f_l\mathrm{d}l=-\mathrm{d}E_{\mathrm{p}}$$

考虑到势能E_{p}可能是多元函数，一般写成

$$f_l=-\frac{\partial E_{\mathrm{p}}}{\partial l}$$

这表明：保守力沿某一方向的分量，等于与此保守力相应的势能函数沿该方向的空间变化率(方向导数)的负值，保守力指向势能减少的方向。

在直角坐标系中，保守力的三个分量为

$$f_x=-\frac{\partial E_{\mathrm{p}}}{\partial x},\quad f_y=-\frac{\partial E_{\mathrm{p}}}{\partial y},\quad f_z=-\frac{\partial E_{\mathrm{p}}}{\partial z}$$

引入矢量微分算符

$$\nabla = \boldsymbol{i}\frac{\partial}{\partial x} + \boldsymbol{j}\frac{\partial}{\partial y} + \boldsymbol{k}\frac{\partial}{\partial z}$$

可将以上三个分量式合并为

$$\boldsymbol{f} = -\nabla E_{\mathrm{p}} \tag{1.8.4}$$

这表明：保守力等于相应势能函数梯度的负值。势能是标量而保守力为矢量，先求势能再按式(1.8.4)计算保守力要比直接求保守力更容易。

例 1.8.1 由引力势能函数和弹性势能函数求引力和弹性力。

解 把引力势能函数对 r 求导，可得引力为

$$f = f_r = -\frac{\partial E_{\mathrm{p}}}{\partial r} = -\frac{\mathrm{d}}{\mathrm{d}r}\left(-\frac{Gm_1m_2}{r}\right) = -\frac{Gm_1m_2}{r^2}$$

把弹性势能函数对 x 求导，可得弹性力为

$$f = f_x = -\frac{\partial E_{\mathrm{p}}}{\partial x} = -\frac{\mathrm{d}}{\mathrm{d}x}\left(\frac{1}{2}kx^2\right) = -kx$$

例 1.8.2 图 1.8.6 中的曲线为双原子分子的势能曲线，r 代表原子间距，试分析原子间相互作用力的性质。

解 用 f 代表原子间的相互作用力。在 $r>r_0$ 区域，有

$$f = -\frac{\partial E_{\mathrm{p}}}{\partial r} < 0$$

两原子相吸。在 $r<r_0$ 区域，有

$$f = -\frac{\partial E_{\mathrm{p}}}{\partial r} > 0$$

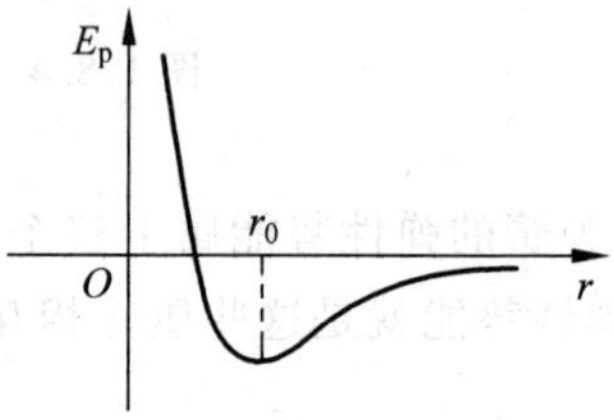

图 1.8.6 双原子分子的势能曲线

两原子相斥，阻止它们继续靠近，这等效于原子自身占有一定的体积。当 $r=r_0$ 时，有

$$f = -\frac{\partial E_{\mathrm{p}}}{\partial r} = 0$$

且当偏离 r_0 时，引力或斥力使两原子回到 r_0 位置，因此 r_0 为两个原子的稳定平衡距离。

1.9 机械能变化定理和机械能守恒定律

作为物质的一种基本属性，能量以多种不同的形式存在，可分为机械能、热能、电磁能、化学能、辐射能及核能等。这些不同形式的能量之间可以通过物理效应和化学反应而互相转化，而且孤立系统的能量守恒。能量的转化和守恒，为我们了解各种过程之间的联系构筑了一座“桥梁”。在力学中，物体所具有的动能和势能之和，称为机械能。

功是对能量变化的一种量度，本节从动能变化定理和保守力做功的特点出发，导出机械能的变化规律，得到机械能守恒的条件。

1.9.1 机械能变化定理

把内力做功之和 $A_{内}$ 写成保守内力做功 $A_{保内}$ 和非保守内力做功 $A_{非保内}$ 之和，并用 E_{k}

和 E_p 分别代表质点系的动能和势能，则质点系动能变化定理可表示为

$$A_{外}+A_{保内}+A_{非保内}=E_k-E_{k0}$$

保守力做功等于系统势能的减少，因此 $A_{保内}=E_{p0}-E_p$，代入上式，得

$$A_{外}+A_{非保内}=(E_k+E_p)-(E_{k0}+E_{p0})$$

用 $E_0=E_{k0}+E_{p0}$ 和 $E=E_k+E_p$ 分别代表质点系的初末态机械能，上式可写成

$$A_{外}+A_{非保内}=E-E_0 \tag{1.9.1}$$

这表明：在惯性系中，在质点系运动过程中，外力做功和非保守内力做功之和，等于系统机械能的增量。这称为机械能变化定理，或功能原理。

没有非保守内力的系统，或在运动过程中所有非保守内力都不做功的系统，叫作保守系统。对于保守系统，$A_{非保内}=0$，式(1.9.1)成为

$$A_{外}=E-E_0 \quad (保守系统)$$

这是对机械能变化定理的另一种表述：保守系统机械能的增量，等于外力对它所做的功。

当质心参考系是非惯性系时，机械能变化定理在质心系中仍然成立。

1.9.2 理想流体(干水)的流动和伯努利方程

理想流体是指不可压缩(质量密度 ρ 为常量)、无黏性的液体和气体。当流体内部各流体层之间有相对滑动时，会产生阻碍这种相对滑动的力，流体的这种性质叫作黏性。一般情况下液体不可压缩，流速较低时流动的气体也可认为不可压缩，但流体的黏性一般不能忽略。通常把实际流体称作"湿水(wet water)"，而把理想流体叫作"干水(dry water)"。这里讨论"干水"的流动，在后面8.7.3节简单介绍"湿水"的性质。

流体流动时，流体中各点质元流速的大小和方向一般都随时间变化，但在一定条件下可以认为各点流速不随时间变化，这种流动称为定常(稳恒)流动。

伯努利方程给出了重力场中理想流体在定常流动中的压强、高度和流速之间的关系，它可由机械能变化定理导出。

通常用流线来形象地描绘流体的流动，流线各点的切线方向与该点流体的运动方向一致。在流体内部由一束流线所形成的管称为流管，定常流动中流管的形状不随时间变化，流体被限制在固定的流管内流动。

如图1.9.1所示，在定常流动的理想流体中任取一个细流管，其中有一段流体 t 时刻处于 A_1A_2 位置，经过 Δt 时间到达 B_1B_2 位置。由于流体不可压缩，这相当于一小段流体从 A_1B_1 运动到 A_2B_2，其横截面的面积从 ΔS_1 变到 ΔS_2，流速从 v_1 变到 v_2，高度从 h_1 变到 h_2，但体积不变，即

$$\Delta S_1 v_1 \Delta t=\Delta S_2 v_2 \Delta t=\Delta V$$

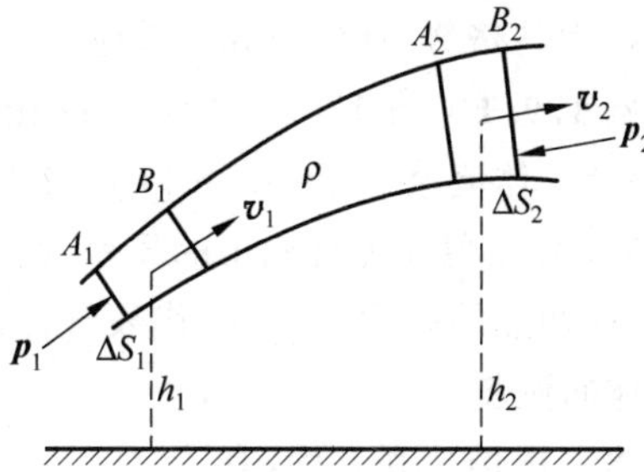

图1.9.1 伯努利方程的推导

在上述过程中，压强 $\boldsymbol{p}_1$ 做正功，$\boldsymbol{p}_2$ 做负功，外力所做总功为

$$A_{外}=p_1\Delta S_1 v_1\Delta t-p_2\Delta S_2 v_2\Delta t=(p_1-p_2)\Delta V$$

用 ρ 代表流体的质量密度，按机械能变化定理，有

$$(p_1-p_2)\Delta V=\left(\frac{1}{2}\rho\Delta Vv_2^2+\rho\Delta Vgh_2\right)-\left(\frac{1}{2}\rho\Delta Vv_1^2+\rho\Delta Vgh_1\right)$$

约去 ΔV,并整理为

$$p_1+\rho gh_1+\frac{1}{2}\rho v_1^2=p_2+\rho gh_2+\frac{1}{2}\rho v_2^2=\text{常量}$$

此即伯努利方程,它表明:当理想流体(干水)在重力作用下作定常流动时,流体内部同一细流管中各点的压强与单位体积流体的势能、动能之和等于常量。伯努利方程由瑞士科学家伯努利(D. Bernoulli)于1738年由实验和推理首先得出。

对于实际流体(湿水)的定常流动,伯努利方程应改写成

$$p_1+\rho gh_1+\frac{1}{2}\rho v_1^2=p_2+\rho gh_2+\frac{1}{2}\rho v_2^2+w_{12}$$

修正项 w_{12} 代表由黏性力做功所引起的机械能的损耗,为克服损耗,即使实际流体在水平均匀管道中作定常流动也需要有压强差。

流体在粗细不均匀的水平流管中流动时,管细处流速大,管粗处流速小。按伯努利方程,管细处压强小,管粗处压强大,这是水流抽气机、喷雾器和内燃机中汽化器所利用的工作原理。

在足球比赛中,运动员踢出的"香蕉球"会在空中沿弧线飞行。图1.9.2(a)表示足球只平动,不转动;图(b)表示足球只转动,不平动;图(c)表示运动员踢足球的侧面,让球在空气中向前运动的同时还不停地转动,这时由于黏性,足球周围的空气会被带着一起旋转,旋转的空气与迎面来的气流叠加,在随足球平动的参考系中,一侧空气的流速增大,压强减小,另一侧流速减小,压强增大,于是足球受到一个指向空气流速增大一侧的横向力 $\boldsymbol{f}$,足球向这一侧转弯成为"香蕉球"。

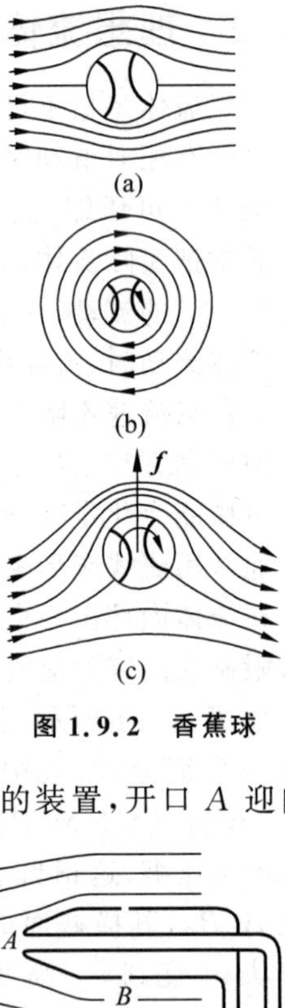

图1.9.2 香蕉球

当一个绕自身对称轴旋转的物体在流体中运动时,若物体转轴方向与物体平动方向不一致,就会产生一个与物体转轴方向和平动方向均垂直的横向力,使物体运动轨迹发生偏转,这一现象称为马格努斯(Magnus)效应。

例1.9.1 图1.9.3表示的皮托(Pitot)管是一种测气体流速的装置,开口 A 迎向气流,该处气体流速 $v_A=0$;开口 B 在侧壁,v_B 近似为待测流速;U形管压差计测得的压差为 $\Delta p=p_A-p_B$。忽略 A、B 两点的高度差,用 ρ 代表气体的质量密度,求待测气体的流速。

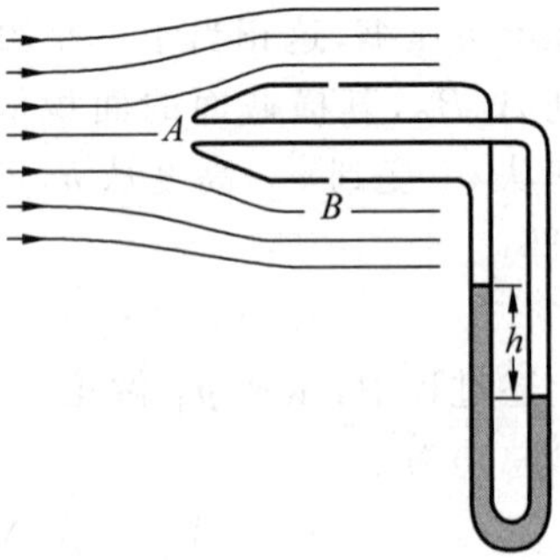

图1.9.3 皮托管

解 按伯努利方程,有

$$p_A=p_B+\frac{1}{2}\rho v^2$$

因此,待测气体的流速为

$$v=\sqrt{\frac{2\Delta p}{\rho}}$$

利用皮托管原理可以测量飞机相对大气的速度。

1.9.3　机械能守恒定律

若质点系在运动过程中只有保守内力做功，而外力的功和非保守内力的功等于零，即 $A_{外}=0, A_{非保内}=0$，则由式(1.9.1)可知

$$E = E_0 = 常量$$

或者说，若外力不做功，则保守系统的机械能保持不变。这称为机械能守恒定律。

在机械能守恒的过程中，机械能不会转化成其他形式的能量，只能在动能和势能之间转换，此消彼长，但总能量不变。随着科学技术的发展，人们对能量的认识远远超出机械能的范畴，普遍的能量转化和守恒定律也早已成为自然界中的一条最基本的规律，而机械能守恒只是它的一个特例。

例 1.9.2　如图 1.9.4 所示，弹簧的一端固定在墙上，另一端系一物体，让物体沿弹簧长度方向在光滑水平面上振动，另有一个小车沿弹簧方向作匀速直线运动。对于物体—弹簧系统，下列说法正确的是(AB)。

A. 在地面上看，系统的机械能守恒

B. 在小车上看，系统的机械能不守恒

C. 在小车上看，系统的机械能守恒

D. 在小车上看，机械能变化定理不成立

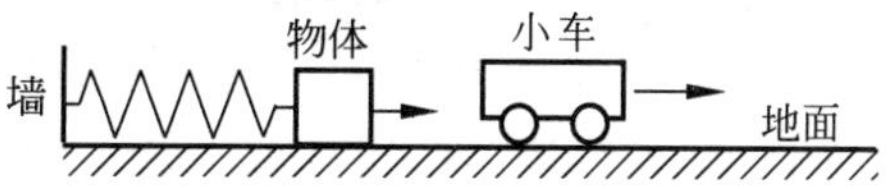

图 1.9.4　例 1.9.2 图

解　正确的说法是 A 和 B。墙虽然对弹簧有作用力，但在地面上看该力不做功，系统的机械能守恒，A 正确。而在小车上看，墙对弹簧的力做功，系统的机械能不守恒，B 正确，C 错误。机械能变化定理在任何惯性系中都成立，D 错误。

此例告诉我们，外力是否做功与参考系的选择有关，即使有外力作用，适当选择参考系让外力不做功，系统的机械能也可以守恒，因此系统的机械能在某一惯性系中守恒，而在其他惯性系中可能不守恒。但机械能变化定理，即做功等于机械能的增量这一关系在任何惯性系中都成立。

例 1.9.3　两个相距无穷远的质点最初静止，引力使得它们开始接近，设这两个质点的质量分别为 M 和 m，求它们相距 d 时的相对速度。

解　用 V 和 v 分别代表相距 d 时质点 M 和 m 的速率，两质点系统的动量守恒，有

$$MV = mv$$

按机械能也守恒，有

$$\frac{1}{2}MV^2 + \frac{1}{2}mv^2 - \frac{GMm}{d} = 0$$

由以上两式可得

$$V = m\sqrt{\frac{2G}{d(M+m)}}, \quad v = M\sqrt{\frac{2G}{d(M+m)}}$$

因两质点相向运动，故相对速度为

$$v_r = V + v = \sqrt{\frac{2G(M+m)}{d}}$$

* **按两体问题求解**

系统机械能守恒,而质心静止不动,因此两体内动能与势能之和守恒,即

$$\frac{1}{2}\mu v_r^2 - \frac{GMm}{d} = 0$$

把约化质量 $\mu = \frac{Mm}{M+m}$ 代入,得

$$v_r = \sqrt{\frac{2G(M+m)}{d}}$$

此即相对速度。

例 1.9.4 如图 1.9.5 所示,在光滑水平面上有三个质量都为 m 的滑块,其中 B 和 C 用一根处于自然长度的轻质弹簧相连并处于静止状态,弹簧的劲度系数为 k。今滑块 A 以速度 v_0 撞击 B 并与 B 粘在一起。求:(1)撞击并粘在一起时 A 和 B 的共同运动速度;(2)弹簧的最大压缩长度。

解 (1) 用 V_0 代表撞击并粘在一起时 A 和 B 的共同运动速度,此时刻弹簧尚无形变,AB 系统的动量守恒,有

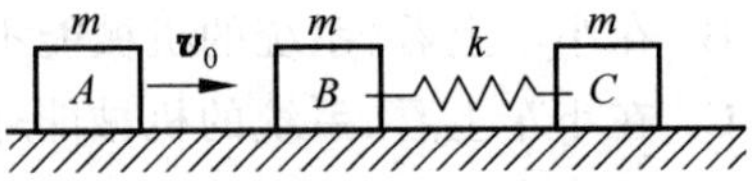

图 1.9.5 例 1.9.4 图

$$mv_0 = 2mV_0$$

得

$$V_0 = \frac{v_0}{2}$$

(2) 用 V 代表撞击后 A 和 B 的共同运动速度,V_C 代表 C 的速度,Δx 代表弹簧的压缩长度。因 AB—C—弹簧系统的动量和机械能都守恒,故

$$2mV_0 = 2mV + mV_C$$

$$mV_0^2 = mV^2 + \frac{1}{2}mV_C^2 + \frac{1}{2}k\Delta x^2$$

可得弹簧的势能为

$$\frac{1}{2}k\Delta x^2 = m\left(V_0^2 - V^2 - \frac{1}{2}V_C^2\right) = m(4V_0V - 3V^2 - V_0^2)$$

求弹簧势能的极大值,令

$$\frac{d}{dV}\left(\frac{1}{2}k\Delta x^2\right) = 2m(2V_0 - 3V) = 0$$

得 $V = 2V_0/3$,且

$$\frac{d^2}{dV^2}\left(\frac{1}{2}k\Delta x^2\right) = -6m < 0$$

因此,当 $V = 2V_0/3$ 时弹簧被最大压缩,最大压缩长度为

$$\Delta x_m = \sqrt{\frac{2m(4V_0V - 3V^2 - V_0^2)}{k}} = \sqrt{\frac{2m}{3k}}V_0 = \sqrt{\frac{m}{6k}}v_0$$

这时 C 的速度为

$$V_C=2(V_0-V)=2\left(V_0-\frac{2V_0}{3}\right)=\frac{2V_0}{3}=V$$

说明当 A 和 B 粘在一起并相对 C 静止时，弹簧被最大压缩。

1.9.4 三种宇宙速度 黑洞和类星体

1. 三种宇宙速度

第一宇宙速度为 $v_1=7.9\times10^3\,\text{m}\cdot\text{s}^{-1}$，用这一速度抛射的物体将成为一颗环绕地球表面作匀速圆周运动的人造地球卫星。第二宇宙速度为 $v_2=11.2\times10^3\,\text{m}\cdot\text{s}^{-1}$，是物体逃脱地球引力成为太阳系中一颗人造行星时，在地面上的最小发射速度，又叫逃逸速度。第三宇宙速度为 $v_3=16.7\times10^3\,\text{m}\cdot\text{s}^{-1}$，是物体逃脱太阳的引力成为银河系中一颗人造行星时，在地面上的最小发射速度。

第一宇宙速度 v_1 可用牛顿定律求出。用 m、M 和 R 分别代表物体质量、地球质量和地球半径，则有

$$\frac{GMm}{R^2}=\frac{mv_1^2}{R},\quad v_1=\sqrt{\frac{GM}{R}}=\sqrt{Rg}$$

代入 R 和 g 的数据，得

$$v_1=\sqrt{6.4\times10^6\times9.8}\,\text{m}\cdot\text{s}^{-1}=7.9\times10^3\,\text{m}\cdot\text{s}^{-1}$$

此即地球的第一宇宙速度。

第二宇宙速度 v_2 用机械能守恒定律计算。对于物体—地球系统，忽略其他星体的作用，在物体飞离地球的过程中只有地球的引力做功，因此系统的机械能守恒。物体逃脱地球引力时引力势能为零，若在地面上以最小发射速度 v_2 发射，物体逃脱地球引力时动能也为零，按机械能守恒定律，有

$$\frac{1}{2}mv_2^2+\left(-\frac{GMm}{R}\right)=0$$

式中左边第一项是物体地面发射动能，第二项是物体地面引力势能。由此可得

$$v_2=\sqrt{\frac{2GM}{R}}=\sqrt{2Rg}=\sqrt{2}\,v_1=11.2\times10^3\,\text{m}\cdot\text{s}^{-1}$$

此即地球的第二宇宙速度(也叫逃逸速度)。

下面求第三宇宙速度 v_3。太阳的第二宇宙速度，即处于地球表面的物体逃脱太阳引力所需速度为

$$V_2=\sqrt{\frac{2GM_{\text{日}}}{r_{\text{日}-\text{地}}}}=\sqrt{\frac{M_{\text{日}}/M_{\text{地}}}{r_{\text{日}-\text{地}}/R_{\text{地}}}}\sqrt{\frac{2GM_{\text{地}}}{R_{\text{地}}}}=\sqrt{\frac{M_{\text{日}}/M_{\text{地}}}{r_{\text{日}-\text{地}}/R_{\text{地}}}}\,v_2$$

代入数据 $M_{\text{日}}/M_{\text{地}}=332\times10^3$、$r_{\text{日}-\text{地}}/R_{\text{地}}=234\times10^2$ 和 $v_2=11.2\times10^3\,\text{m}\cdot\text{s}^{-1}$，得

$$V_2=\sqrt{\frac{332\times10^3}{234\times10^2}}\times11.2\times10^3\,\text{m}\cdot\text{s}^{-1}=42.2\times10^3\,\text{m}\cdot\text{s}^{-1}$$

而地球绕太阳公转的平均速度为

$$\bar{V}_1=\sqrt{\frac{GM_{\text{日}}}{r_{\text{日}-\text{地}}}}=\sqrt{\frac{6.67\times10^{-11}\times1.99\times10^{30}}{1.50\times10^{11}}}\,\text{m}\cdot\text{s}^{-1}=29.8\times10^3\,\text{m}\cdot\text{s}^{-1}$$

减去这一速度,得

$$V'_2=V_2-\bar{V}_1=(42.2\times10^3-29.8\times10^3)\text{m}\cdot\text{s}^{-1}=12.4\times10^3\text{m}\cdot\text{s}^{-1}$$

因 v_3 是地面上的最小发射速度,则有

$$\frac{1}{2}mv_3^2+\left(-\frac{GM_{地}m}{R_{地}}\right)=\frac{1}{2}mV'^2_2+0$$

而

$$\frac{1}{2}mv_2^2+\left(-\frac{GM_{地}m}{R_{地}}\right)=0$$

可得 $v_3^2=v_2^2+V'^2_2$,因此第三宇宙速度为

$$v_3=\sqrt{v_2^2+V'^2_2}=\sqrt{11.2^2+12.4^2}\times10^3\text{m}\cdot\text{s}^{-1}=16.7\times10^3\text{m}\cdot\text{s}^{-1}$$

2. 黑洞和类星体

星体的逃逸速度与该星体的半径 R 和质量 M 有关。早在1798年,法国数学家和天体物理学家拉普拉斯(P. S. M. Laplace)就预言,若星体的半径很小,质量很大,致使逃逸速度超过光速,即 $\sqrt{2GM/R}>c$,则该星体即使发光,引力也会吸住光,远处的观察者根本接收不到该星体发出的任何信息,他把这种星体叫作"暗星"。1967年,美国物理学家惠勒(J. A. Wheeler)把这种星体形象地称为黑洞(black hole)。黑洞是爱因斯坦的广义相对论所预言的一种特殊天体。

令 $\sqrt{2GM/R}=c$,得

$$R_C=\frac{2GM}{c^2} \tag{1.9.2}$$

R_C 称为星体的引力半径。把一个质量足够大的星体半径 r 压缩到 $r\leqslant R_C$ 就能形成黑洞,因此 R_C 也叫黑洞半径,或视界。对于地球和太阳的质量,R_C 分别等于0.9cm和3km。

实际上,能够形成黑洞的星体的质量不能小于1.44倍太阳质量,这称为钱德拉塞卡(S. Chandrasekhar)极限。地球和太阳的质量都不够大,即使被压缩到 $r\leqslant R_C$ 也不能变成黑洞。

黑洞附近的引力极强,牛顿力学早已失效,只有用广义相对论才能准确地描述。有趣的是广义相对论的结果,即史瓦西(Schwarzschild)引力半径公式(见3.8.3节)却恰好与牛顿力学的结果式(1.9.2)完全相同。

例1.9.5 宇宙的质量按 10^{53}kg 估算,宇宙半径为多少光年?

解 把宇宙当成球体,用宇宙的引力半径代表宇宙半径,有

$$R_C=\frac{2GM}{c^2}=\frac{2\times6.67\times10^{-11}\times10^{53}}{9\times10^{16}}\text{m}=1.48\times10^{26}\text{m}$$

若以光年(l. y.)为长度单位,则宇宙的引力半径约为160亿光年,即

$$R_C=\frac{1.48\times10^{26}\text{m}}{9.5\times10^{15}\text{m/l. y.}}=1.6\times10^{10}\text{l. y.}$$

目前公认的宇宙半径约为138亿光年。

黑洞是怎样形成的?大量星际原子和分子在引力作用下形成原始恒星后,继续发生引

力收缩使其密度和温度不断升高，当其中心区温度达到 $10^6 \sim 10^7$ K 时就会发生核聚变反应，原子和离子的剧烈热运动所产生的热排斥效应与引力达到平衡后形成恒星。但随着恒星中心区核燃料的燃烧减少，它的温度将逐渐下降，热排斥效应逐渐减弱，在引力的压缩下恒星核开始塌缩，足够大质量的恒星在演化的后期，可通过超新星爆发形成黑洞。寻找和测定宇宙中的各类黑洞及其分布，是当前天体物理学中的一个研究热点。

图 1.9.6 是 2019 年 4 月 10 日北京时间晚 9 时许，包括中国在内，全球多地天文学家同步公布的人类史上首张黑洞照片。该黑洞位于室女座一个巨椭圆星系 M87 的中心，距离地球 5500 万光年，质量约为太阳的 65 亿倍。它的核心区域存在一个阴影，周围环绕一个新月状光环。

图 1.9.6 黑洞照片

黑洞不发光，几乎不能直接被观测到。但宇宙中的黑洞不都是孤立的，若黑洞周围存在物质分布，黑洞就会以极强的引力不断地吞噬（吸积）这些物质，它们在快速落向黑洞的过程中释放能量而引发强电磁辐射。图 1.9.6 中的新月状光环，实际上是黑洞吞噬周围物质所释放的毫米波段电磁辐射强度的分布。

根据天文观测和天体物理学的分析，类星体的中心就存在巨大的黑洞，它不断吞噬周围的物质发出极强的电磁辐射。类星体是 20 世纪 60 年代初被发现的，因其“类似恒星”而得名，实际上类星体是银河系外能量巨大的遥远星系中心的猛烈活动核，它们是宇宙中最耀眼的天体系统。

几十年的观测研究表明，星系中心普遍存在百万到几十亿太阳质量的超大质量黑洞，银河系中心就是一个四百多万太阳质量的超大质量黑洞。按照黑洞吸积盘理论，物质吸积率远远不够快，在宇宙特别是早期宇宙中来不及形成超大质量黑洞。为此提出了小质量黑洞不断并合形成大质量黑洞的图像，但国际上有若干“脉冲星时间监测阵列”在连续地观测，却一直没有发现频繁的黑洞并合所形成的随机引力波涟漪，可见该图像有一定的缺失之处。那么一般在星系中心和早期宇宙中超大质量的黑洞是如何形成的？更具挑战性的是，宇宙包括早期宇宙中是否还能形成比超大质量黑洞的质量更大的绝超质量黑洞？

2015 年 3 月 3 日，北京大学新闻发布会宣布：以中国天文学家为主的科研团队发现了一颗距离地球 128 亿光年、430 万亿倍太阳光度、中心黑洞质量约为 120 亿个太阳质量的超亮类星体，这是目前观测到的遥远宇宙中光度最强、中心黑洞质量最大的类星体。这一发现直接挑战了传统的宇宙早期黑洞形成与演化的理论及相应的天体物理图像。

2015 年 5 月 21 日，清华大学楼宇庆教授以“绝超质量黑洞惊艳童年宇宙——理论预言到观测证据”为题，向清华师生阐释了 2013 年 12 月 20 日他们在英国《皇家天文学会月刊》发表的前瞻性理论预言：足够庞大的物质库在自引力作用下的广义多方准球对称径向流体动力塌缩，能够非常快速有效地在宇宙包括早期宇宙中形成百万到几十亿个太阳质量的超大质量黑洞，乃至百亿到超过几万亿个太阳质量的绝超质量黑洞。这两大类黑洞可存在于 X 射线源、伽马射线源、类星体和超亮红外星系或极亮红外星系之中。而在近几年观测发现的暗物质质量绝对主导的极为暗淡光弱的超稀疏椭圆星系中心，很有可能隐藏着超大和绝超质量暗物质黑洞。目前该理论模型又分别推广为自引力作用下的广义多方准球对称磁流体和相对论型流体的动力径向塌缩。

楼宇庆教授强调,2015年3月3日报道的120亿个太阳质量的黑洞位于该理论预言的绝超质量黑洞的质量低端,而2015年6月发现的极亮红外星系中的数十亿个太阳质量的黑洞,则位于该理论预言的超大质量黑洞的质量高端。2015年3月3日,楼宇庆教授应邀在澳洲的西澳大利亚大学以“宇宙中的绝超质量黑洞”为题作学术报告时,会议主持人看着手机说现在新闻媒体正在报道您要找的这个大家伙。

楼宇庆教授表示,现有的和研制中的先进望远镜设备有能力发现更多的这两大类黑洞及其周边的原子氢和暗物质等,这将对认识宇宙特别是早期宇宙中的物质和暗物质的分块成团分布和动力结构,星系、星系团和黑洞的形成演化,以及引力波源、中微子源、磁场源、超高能宇宙射线源、暗物质源和宇宙中的强电磁波暴源(如伽马射线暴和快速射电暴)等具有空前的冲击力和影响力。

1.10 角动量变化定理和角动量守恒

在某些运动过程中,如地球围绕太阳公转时,地球的动量不守恒而地球相对太阳的角动量守恒,据此可以解释开普勒第二定律等观测结果。

本节定义角动量,引入力矩和角冲量的概念,从牛顿第二定律出发导出角动量的变化规律,得到角动量守恒的条件。

1.10.1 质点的角动量

如图1.10.1所示,设一个质点的动量为 $\boldsymbol{p}=m\boldsymbol{v}$,相对某点 O 的位矢为 $\boldsymbol{r}$,我们把位矢与动量的矢量积 $\boldsymbol{r}\times\boldsymbol{p}$,定义为质点相对 O 点的角动量,或动量矩,用 $\boldsymbol{l}$ 表示,即

$$\boldsymbol{l}=\boldsymbol{r}\times\boldsymbol{p}=\boldsymbol{r}\times m\boldsymbol{v}$$

角动量是一个矢量,其方向用右手螺旋定则判定:当右手四指由 $\boldsymbol{r}$ 经小于 π 角转向 $\boldsymbol{p}$ 时,伸直大拇指的指向就是角动量 $\boldsymbol{l}$ 的方向。角动量的大小为

$$l=rp\sin\theta=mrv\sin\theta$$

其中,θ 为 $\boldsymbol{r}$ 与 $\boldsymbol{p}$(速度 $\boldsymbol{v}$)的夹角。角动量的单位是 $\mathrm{kg\cdot m^2\cdot s^{-1}}$ 或 $\mathrm{J\cdot s}$,和普朗克常量 h 的单位相同。

角动量垂直于由 $\boldsymbol{r}$ 和 $\boldsymbol{p}$ 所组成的平面,大小等于以 $\boldsymbol{r}$ 和 $\boldsymbol{p}$ 为邻边的平行四边形的面积。注意,说一个质点的角动量时,必须指明是相对哪个参考点而言。

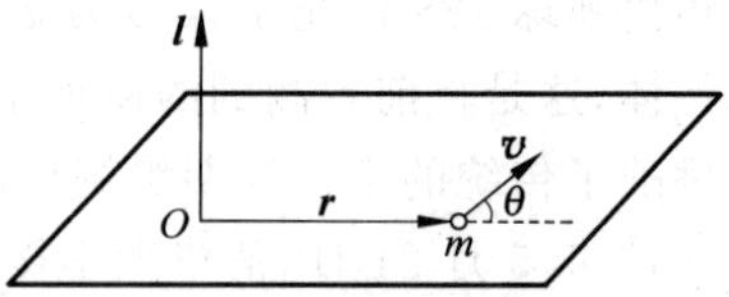

图1.10.1 质点角动量的定义

图1.10.2表示一个以角速度 ω 绕 O 点作圆周运动的质点,它相对 O 点的角动量 $\boldsymbol{l}$ 垂直于圆周平面向上,大小为

$$l=mrv=mr^2\omega$$

若把过 O 点并垂直于圆周平面的直线当成转轴,$\boldsymbol{l}$ 就是质点绕该轴的角动量。

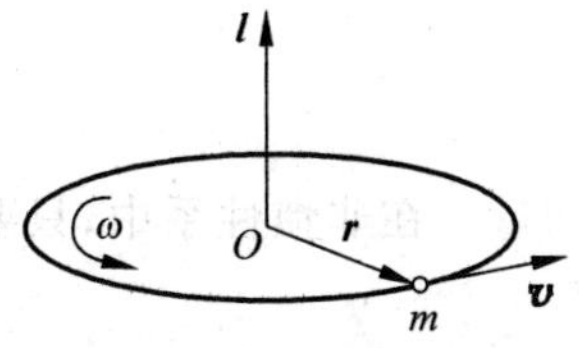

图 1.10.2　圆周运动质点的角动量

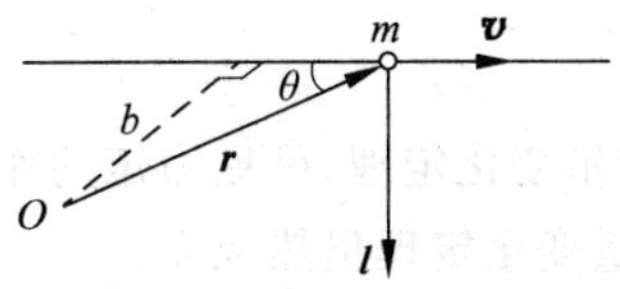

图 1.10.3　直线运动质点的角动量

图 1.10.3 表示一个作直线运动的质点，它相对 O 点的角动量 $\boldsymbol{l}$ 垂直于由 $\boldsymbol{r}$ 和 $\boldsymbol{v}$ 组成的平面向下，大小为

$$l = mrv\sin\theta = mbv$$

其中，b 为 O 点与轨道直线的距离。

1.10.2　力矩　角动量变化定理　质点角动量守恒定律

力的作用是改变动量，而改变角动量的是力矩。

1. 力矩

如图 1.10.4 所示，设力 $\boldsymbol{f}$ 的作用点 P 相对某点 O 的位矢为 $\boldsymbol{r}$，我们把力的作用点的位矢与力的矢量积 $\boldsymbol{r}\times\boldsymbol{f}$，定义为力 $\boldsymbol{f}$ 对 O 点的力矩，用 $\boldsymbol{M}$ 表示，即

$$\boldsymbol{M} = \boldsymbol{r}\times\boldsymbol{f}$$

力矩是一个矢量，其方向用右手螺旋定则判定：当右手四指由 $\boldsymbol{r}$ 经小于 π 角转向 $\boldsymbol{f}$ 时，伸直大拇指的指向就是力矩 $\boldsymbol{M}$ 的方向。力矩的大小为

$$M = rf\sin\varphi$$

其中，φ 为 $\boldsymbol{r}$ 与 $\boldsymbol{f}$ 的夹角。力矩的单位是 m · N。虽然与功的单位相同，但力矩和功是两个完全不同的物理量。

说一个力的力矩时，必须指明是对哪个参考点而言。有心力对力心的力矩等于零，这是因为有心力的作用点相对力心的位矢与力共线。

两个相等的反向平行力，称为力偶。如图 1.10.5 所示，O 点为一任选参考点，力偶 $(\boldsymbol{f},-\boldsymbol{f})$ 对 O 点的合力矩为

$$\boldsymbol{M}_{力偶} = \boldsymbol{r}_+\times\boldsymbol{f} - \boldsymbol{r}_-\times\boldsymbol{f} = (\boldsymbol{r}_+ - \boldsymbol{r}_-)\times\boldsymbol{f}$$

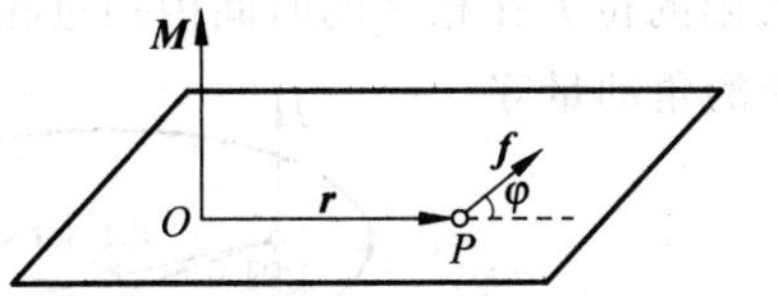

图 1.10.4　力矩的定义

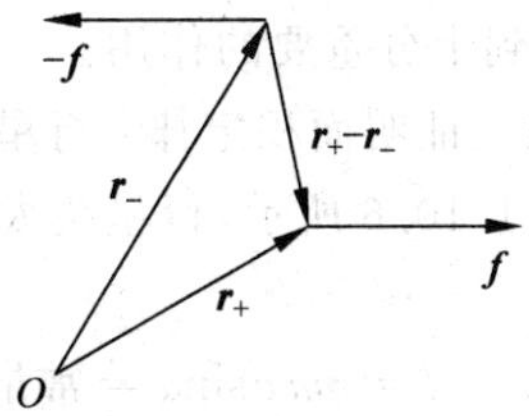

图 1.10.5　力偶的合力矩

因 $\boldsymbol{r}_+ - \boldsymbol{r}_-$ 只取决于两力作用点的相对位置，而与 O 点的位置无关，则力偶的合力矩 $\boldsymbol{M}_{力偶}$ 与参考点的选择无关。

2. 质点角动量变化定理

相对惯性系中任一固定点，质点所受合力矩等于质点角动量随时间的变化率，即

$$\boldsymbol{M}=\frac{\mathrm{d}\boldsymbol{l}}{\mathrm{d}t} \tag{1.10.1}$$

此即质点角动量变化定理,可见力矩的作用是改变角动量。在非惯性系中,只要考虑惯性力的力矩,角动量变化定理仍然成立。

证明:设 O 点是惯性系中的一个固定点,$\boldsymbol{r}$ 为质点相对 O 点的位矢,因 $\boldsymbol{l}=\boldsymbol{r}\times\boldsymbol{p}$,故

$$\frac{\mathrm{d}\boldsymbol{l}}{\mathrm{d}t}=\boldsymbol{r}\times\frac{\mathrm{d}\boldsymbol{p}}{\mathrm{d}t}+\frac{\mathrm{d}\boldsymbol{r}}{\mathrm{d}t}\times\boldsymbol{p}$$

按牛顿第二定律,$\mathrm{d}\boldsymbol{p}/\mathrm{d}t=\boldsymbol{f}$,$\boldsymbol{r}\times\mathrm{d}\boldsymbol{p}/\mathrm{d}t=\boldsymbol{r}\times\boldsymbol{f}=\boldsymbol{M}$,而 $\mathrm{d}\boldsymbol{r}/\mathrm{d}t\times\boldsymbol{p}=0$,即证。

把式(1.10.1)写成

$$\boldsymbol{M}\mathrm{d}t=\mathrm{d}\boldsymbol{l}$$

其中,$\boldsymbol{M}\mathrm{d}t$ 为在 $\mathrm{d}t$ 时间内作用在质点上的合力矩 $\boldsymbol{M}$ 的冲量,称为角冲量或冲量矩。按上式,质点角动量变化定理的积分形式为

$$\int_{t_1}^{t_2}\boldsymbol{M}\mathrm{d}t=\boldsymbol{l}_2-\boldsymbol{l}_1$$

其中,积分$\int_{t_1}^{t_2}\boldsymbol{M}\mathrm{d}t$ 称为 t_1 到 t_2 时间内作用在质点上的角冲量,$\boldsymbol{l}_1$ 和 $\boldsymbol{l}_2$ 分别为 t_1 和 t_2 时刻质点的角动量。这表明:相对惯性系中任一固定点,质点在一段时间内所受外力的角冲量等于在这段时间内质点角动量的增量。力矩的时间积累效果是改变质点的角动量。

这意味着,无论力矩随时间如何变化,也不管作用时间长短,只要角冲量相同就会产生同样的角动量增量。但应注意,角冲量等于零并不意味着质点的角动量一定守恒。

3. 质点角动量守恒定律

若 $\boldsymbol{M}=0$,则由 $\boldsymbol{M}=\mathrm{d}\boldsymbol{l}/\mathrm{d}t$ 可知

$$\boldsymbol{l}=\text{常矢量}$$

这表明:若质点相对惯性系中某一固定点所受合力矩等于零,则质点相对该点的角动量的大小和方向保持不变。这称为质点角动量守恒定律,可见角动量是 $\boldsymbol{M}=0$ 时与转动相联系的守恒量。

由于有心力对力心的力矩等于零,在有心力场中运动的质点相对力心的角动量守恒。行星相对太阳的角动量守恒,原子中的电子相对原子核的角动量守恒。在微观物理现象中,角动量守恒起到十分重要的作用。

例 1.10.1 证明面积定律:行星相对太阳的位矢在相等的时间内扫过相等的面积。

解 如图 1.10.6 所示,行星绕太阳运动的角动量守恒,因此

$$l=rmv\sin\alpha=\text{常量}$$

设行星相对太阳的位矢 $\boldsymbol{r}$ 在 $\mathrm{d}t$ 时间内扫过 $\mathrm{d}A$ 面积,则面速度为

$$\frac{\mathrm{d}A}{\mathrm{d}t}=\frac{1}{2}r\frac{|\mathrm{d}\boldsymbol{r}|}{\mathrm{d}t}\sin\alpha=\frac{1}{2}rv\sin\alpha=\frac{l}{2m}=\text{常量}$$

即证。

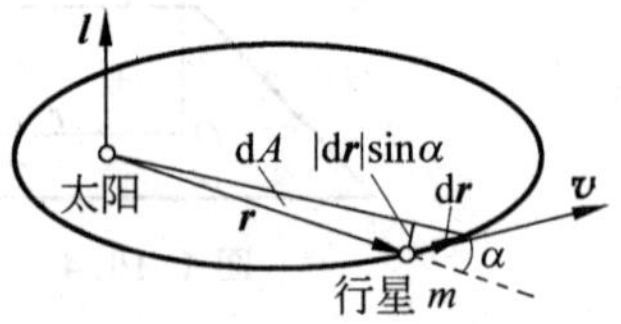

图 1.10.6 例 1.10.1 图

1.10.3　质点系角动量变化定理　角动量守恒定律

1. 质点系的角动量

质点系的总角动量，即系统中所有质点相对 O 点的角动量的矢量和，称为该质点系相对 O 点的角动量，用 $\boldsymbol{L}$ 表示，即

$$\boldsymbol{L}=\sum_i \boldsymbol{l}_i=\sum_i \boldsymbol{r}_i\times m_i\boldsymbol{v}_i$$

式中，$\boldsymbol{l}_i=\boldsymbol{r}_i\times m_i\boldsymbol{v}_i$ 为质点 m_i 相对 O 点的角动量，如图 1.10.7 所示。

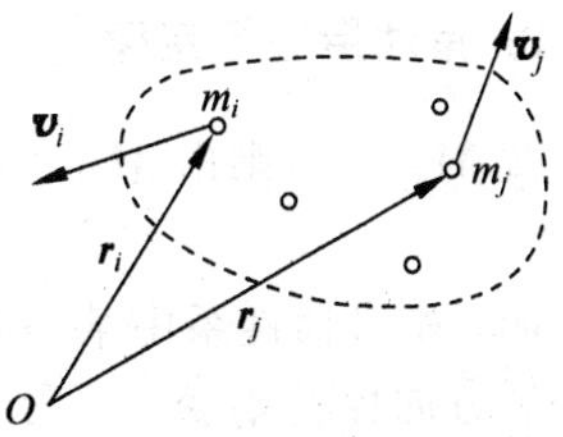

图 1.10.7　质点系的角动量

2. 质点系角动量变化定理

相对惯性系中任一固定点，质点系所受外力矩的矢量和等于系统角动量随时间的变化率，即

$$\boldsymbol{M}_{外}=\frac{\mathrm{d}\boldsymbol{L}}{\mathrm{d}t}$$

此即质点系角动量变化定理，它表达质点系以角动量的变化为特征的整体运动。

证明：如图 1.10.8 所示，系统中质点 m_i 服从的角动量变化定理为

$$\boldsymbol{M}_i=\frac{\mathrm{d}\boldsymbol{l}_i}{\mathrm{d}t} \qquad (1.10.2)$$

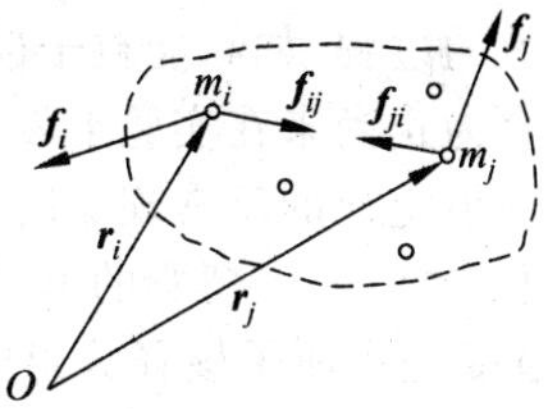

图 1.10.8　角动量变化定理的证明

式中的 $\boldsymbol{M}_i$ 为 m_i 所受合力矩，即

$$\boldsymbol{M}_i=\boldsymbol{r}_i\times\Big(\boldsymbol{f}_i+\sum_{j(j\neq i)}\boldsymbol{f}_{ij}\Big)=\boldsymbol{r}_i\times\boldsymbol{f}_i+\sum_{j(j\neq i)}\boldsymbol{r}_i\times\boldsymbol{f}_{ij}$$

式(1.10.2)可写成

$$\boldsymbol{r}_i\times\boldsymbol{f}_i+\sum_{j(j\neq i)}\boldsymbol{r}_i\times\boldsymbol{f}_{ij}=\frac{\mathrm{d}\boldsymbol{l}_i}{\mathrm{d}t}$$

对质点编号 i 求和，得

$$\sum_i\boldsymbol{r}_i\times\boldsymbol{f}_i+\sum_{i,j(j\neq i)}\boldsymbol{r}_i\times\boldsymbol{f}_{ij}=\frac{\mathrm{d}}{\mathrm{d}t}\sum_i\boldsymbol{l}_i=\frac{\mathrm{d}\boldsymbol{L}}{\mathrm{d}t}$$

即

$$\boldsymbol{M}_{外}+\sum_{i,j(j\neq i)}\boldsymbol{r}_i\times\boldsymbol{f}_{ij}=\frac{\mathrm{d}\boldsymbol{L}}{\mathrm{d}t}$$

式中的 $\sum\limits_{i,j(j\neq i)}\boldsymbol{r}_i\times\boldsymbol{f}_{ij}$ 为质点系内力矩的矢量和，它等于零，即证。

为什么 $\sum\limits_{i,j(j\neq i)}\boldsymbol{r}_i\times\boldsymbol{f}_{ij}=0$？内力总是成对出现，而任意一对内力力矩的矢量和等于零。以图 1.10.8 中的一对内力 $\boldsymbol{f}_{ij}$ 和 $\boldsymbol{f}_{ji}$ 为例，因 $\boldsymbol{f}_{ij}+\boldsymbol{f}_{ji}=0$，故

$$\boldsymbol{r}_i\times\boldsymbol{f}_{ij}+\boldsymbol{r}_j\times\boldsymbol{f}_{ji}=(\boldsymbol{r}_i-\boldsymbol{r}_j)\times\boldsymbol{f}_{ij}$$

而 $\boldsymbol{r}_i-\boldsymbol{r}_j$ 与 $\boldsymbol{f}_{ij}$ 共线，因此

$$\boldsymbol{r}_i\times\boldsymbol{f}_{ij}+\boldsymbol{r}_j\times\boldsymbol{f}_{ji}=0$$

质点系内力矩的矢量和等于零,不影响质点系的总角动量,但内力矩可以改变系统中各个质点的角动量。

按 $\boldsymbol{M}_{外}\,\mathrm{d}t=\mathrm{d}\boldsymbol{L}$,质点系角动量变化定理的积分形式为

$$\int_{t_1}^{t_2}\boldsymbol{M}_{外}\,\mathrm{d}t=\boldsymbol{L}_2-\boldsymbol{L}_1$$

上式表明:在惯性系中,质点系在一段时间内所受外力的角冲量的矢量和,等于在这段时间内系统角动量的增量。

可以证明,当质心参考系是非惯性系时,惯性力对质心力矩的矢量和等于零,质点系角动量变化定理在质心系中仍然成立。

3. 角动量守恒定律

若 $\boldsymbol{M}_{外}=0$,则由 $\boldsymbol{M}_{外}=\mathrm{d}\boldsymbol{L}/\mathrm{d}t$ 可知

$$\boldsymbol{L}=常矢量$$

这表明:相对惯性系中某一固定点,若质点系所受外力矩的矢量和等于零,则系统角动量的大小和方向保持不变。这称为质点系角动量守恒定律。

至此,我们在牛顿力学的层次上得到了动量守恒、能量守恒和角动量守恒这三个守恒定律,但它们的适用范围远远超出了牛顿力学,是跨越物理学各个领域的普遍适用的法则。实验表明:对于一个不受外界影响的粒子系统所经历的任意过程,包括那些牛顿力学失效或部分失效的过程,如高能粒子碰撞、裂变和衰变等过程,都遵守这三个守恒定律。

迄今为止尚未在实验上发现任何违背这些守恒定律的例外。在科学史上,每当出现违反这些守恒定律的反常现象时,物理学家总是提出新的假设来补救,结果也总是以有新的发现而胜利告终,一个精彩的例子是在 β 衰变中发现中微子的过程。

β 衰变是指原子核释放出电子(或正电子)的过程,但实验发现释放出的电子能量竟小于原子核初态和末态的能量差,难道在 β 衰变中能量不守恒了?

丹麦物理学家 N. 玻尔(N. Bohr)1930 年在一次讲座中说"没有理由坚持在 β 衰变中能量一定守恒",但遭到当时年仅 30 岁的美国物理学家泡利(W. Pauli)的反对。泡利坚信能量守恒,他在 1930 年 12 月提出中微子假说,认为 β 衰变中原子核还释放出另一个中性的、质量非常微小的粒子,后来称为中微子,β 衰变中失踪的能量被中微子带走了。1956 年在实验上证实了中微子的存在。

例 1.10.2 如图 1.10.9 所示,在光滑水平面上有一劲度系数为 k 的轻质弹簧,两端各系一质量为 m 的小球,开始时弹簧处于自然长度 l_0,两个小球静止。今同时打击两个小球,让它们沿垂直于弹簧轴线方向获得等值反向的初速度 v_0。若在以后的运动过程中弹簧的最大长度为 $2l_0$,求初速度 v_0。

解 把弹簧和两个小球选作系统。在水平面上系统不受外力,对水平面上任一固定点,系统的角动量守恒,而两球连线中点 C 始终静止,因此系统相对 C 点角动量守恒。在打击两球的瞬间,系统相对 C 点的角动量为

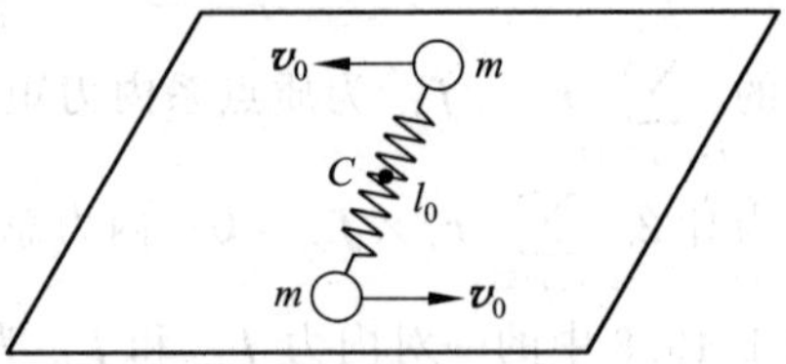

图 1.10.9 例 1.10.2 图

$$L_0=\frac{l_0}{2}mv_0+\frac{l_0}{2}mv_0=l_0mv_0$$

弹簧达到最大长度 $2l_0$ 时,小球只能沿垂直于弹簧轴线方向运动,用 v 代表小球的速度,这

时系统相对 C 点的角动量为

$$L=\frac{2l_0}{2}mv+\frac{2l_0}{2}mv=2l_0mv$$

由角动量守恒，$L_0=L$，得 $v=v_0/2$。系统的机械能守恒，有

$$\frac{1}{2}mv_0^2+\frac{1}{2}mv_0^2=\frac{1}{2}mv^2+\frac{1}{2}mv^2+\frac{1}{2}k(2l_0-l_0)^2$$

把 $v=v_0/2$ 代入上式，可得

$$v_0=\sqrt{\frac{2k}{3m}}l_0$$

*1.10.4　质点系的角动量按质心的分解

质点系相对某一固定点的角动量，等于质心相对该点的角动量（"轨道"角动量）$\boldsymbol{L}_C$ 与质点系相对质心的角动量（"自旋"角动量）$\boldsymbol{L}'$ 的矢量和，即

$$\boldsymbol{L}=\boldsymbol{L}_C+\boldsymbol{L}'$$

其中

$$\boldsymbol{L}_C=\boldsymbol{r}_C\times M\boldsymbol{v}_C,\quad \boldsymbol{L}'=\sum_i m_i\boldsymbol{r}'_i\times\boldsymbol{v}'_i$$

证明：$\boldsymbol{L}=\sum\limits_i m_i\boldsymbol{r}_i\times\boldsymbol{v}_i=\sum\limits_i m_i[(\boldsymbol{r}_C+\boldsymbol{r}'_i)\times(\boldsymbol{v}_C+\boldsymbol{v}'_i)]$

$$=\boldsymbol{r}_C\times\sum_i m_i\boldsymbol{v}_C+\boldsymbol{r}_C\times\Big(\sum_i m_i\boldsymbol{v}'_i\Big)+\Big(\sum_i m_i\boldsymbol{r}'_i\Big)\times\boldsymbol{v}_C+\sum_i m_i\boldsymbol{r}'_i\times\boldsymbol{v}'_i$$

按质心系的性质，$\sum\limits_i m_i\boldsymbol{v}'_i=0$，$\sum\limits_i m_i\boldsymbol{r}'_i=0$，代入上式，得

$$\boldsymbol{L}=\boldsymbol{r}_C\times\sum_i m_i\boldsymbol{v}_C+\sum_i m_i\boldsymbol{r}'_i\times\boldsymbol{v}'_i=\boldsymbol{r}_C\times M\boldsymbol{v}_C+\boldsymbol{L}'$$

即证。

***例 1.10.3**　证明：在两体问题中，两体质心系角动量等于质量为约化质量的等效质点的角动量，即

$$\boldsymbol{L}'=\mu\boldsymbol{r}\times\boldsymbol{v}$$

式中，$\boldsymbol{r}$ 和 $\boldsymbol{v}$ 分别为两体的相对位矢和相对速度。因此，两体角动量可表示为

$$\boldsymbol{L}=\boldsymbol{r}_C\times(m_1+m_2)\boldsymbol{v}_C+\mu\boldsymbol{r}\times\boldsymbol{v}$$

解　如图 1.10.10 所示，$\boldsymbol{r}=\boldsymbol{r}'_2-\boldsymbol{r}'_1$，$\boldsymbol{v}=\boldsymbol{v}'_2-\boldsymbol{v}'_1$，且 $m_1\boldsymbol{v}'_1+m_2\boldsymbol{v}'_2=0$，可得

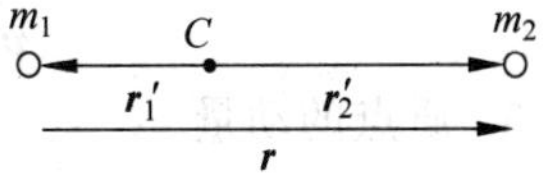

图 1.10.10　例 1.10.3 图

$$\boldsymbol{v}'_2=\frac{m_1}{m_1+m_2}\boldsymbol{v}$$

因此，两体质心系角动量为

$$\begin{aligned}\boldsymbol{L}'&=m_1\boldsymbol{r}'_1\times\boldsymbol{v}'_1+m_2\boldsymbol{r}'_2\times\boldsymbol{v}'_2=m_1\boldsymbol{r}'_1\times\boldsymbol{v}'_1+m_2(\boldsymbol{r}+\boldsymbol{r}'_1)\times\boldsymbol{v}'_2\\&=\boldsymbol{r}'_1\times(m_1\boldsymbol{v}'_1+m_2\boldsymbol{v}'_2)+m_2\boldsymbol{r}\times\boldsymbol{v}'_2=m_2\boldsymbol{r}\times\boldsymbol{v}'_2\\&=\boldsymbol{r}\times\frac{m_1m_2}{m_1+m_2}\boldsymbol{v}=\mu\boldsymbol{r}\times\boldsymbol{v}\end{aligned}$$

即证。

本章提要

1. 伽利略变换

$$x' = x - ut$$
$$y' = y$$
$$z' = z$$
$$t' = t$$

2. 轨道方程

$$\boldsymbol{r} = \boldsymbol{r}(t)$$

速度

$$\boldsymbol{v} = \frac{\mathrm{d}\boldsymbol{r}}{\mathrm{d}t}$$

加速度

$$\boldsymbol{a} = \frac{\mathrm{d}\boldsymbol{v}}{\mathrm{d}t} = \frac{\mathrm{d}^2\boldsymbol{r}}{\mathrm{d}t^2}$$

$$\boldsymbol{v}(t) = \boldsymbol{v}(0) + \int_0^t \boldsymbol{a}(t)\mathrm{d}t, \quad \boldsymbol{r}(t) = \boldsymbol{r}(0) + \int_0^t \boldsymbol{v}(t)\mathrm{d}t$$

3. 匀变速直线运动

$$v = v_0 + at, \quad x = x_0 + v_0 t + \frac{1}{2}at^2, \quad v^2 - v_0^2 = 2a(x - x_0)$$

抛体运动

$$x = (v_0\cos\theta)t, \quad y = (v_0\sin\theta)t - \frac{1}{2}gt^2$$

圆周运动

$$\omega = \frac{\mathrm{d}\theta}{\mathrm{d}t} = \frac{v}{r}, \quad \beta = \frac{\mathrm{d}\omega}{\mathrm{d}t} = \frac{\mathrm{d}^2\theta}{\mathrm{d}t^2}$$

$$a_{\mathrm{n}} = \omega^2 r = \frac{v^2}{r} \ \text{(法向)}, \quad a_{\mathrm{t}} = \frac{\mathrm{d}v}{\mathrm{d}t} = r\beta \ \text{(切向)}$$

4. 运动的相对性

$$\boldsymbol{v}_{AC} = \boldsymbol{v}_{AB} + \boldsymbol{v}_{BC}, \quad \boldsymbol{a}_{AC} = \boldsymbol{a}_{AB} + \boldsymbol{a}_{BC}$$

5. 质点的动量

$$\boldsymbol{p} = m\boldsymbol{v}$$

牛顿方程

$$\boldsymbol{f} = \frac{\mathrm{d}\boldsymbol{p}}{\mathrm{d}t}, \quad \boldsymbol{f} = m\boldsymbol{a}$$

质点动量守恒定律：若 $\boldsymbol{f}=0$,则 $\boldsymbol{p}=$常矢量。

6. 万有引力定律

$$\boldsymbol{f} = -\frac{Gm_1m_2}{r^2}\hat{\boldsymbol{r}}$$

7. 惯性质量等于引力质量

$$m_{\mathrm{i}}=m_{\mathrm{g}}$$

8. 平移惯性力是一种均匀力场

$$\boldsymbol{F}_{\mathrm{I}}=-m\boldsymbol{a}_0$$

惯性离心力

$$\boldsymbol{F}_{\mathrm{I}}=m\omega^2\boldsymbol{r}$$

* 两体问题

$$\boldsymbol{f}=\mu\boldsymbol{a},\quad \mu=\frac{m_1m_2}{m_1+m_2}\quad\text{（约化质量）}$$

* 达朗贝尔原理

$$\boldsymbol{f}_i+\boldsymbol{f}_{\mathrm{N}i}+\boldsymbol{F}_{\mathrm{I}i}=0,\quad \boldsymbol{F}_{\mathrm{I}i}=-m_i\boldsymbol{a}_i,\quad i=1,2,\cdots,n$$

9. 冲量

$$\mathrm{d}\boldsymbol{I}=\boldsymbol{f}\,\mathrm{d}t$$

质点系的动量

$$\boldsymbol{P}=\sum_i\boldsymbol{p}_i=\sum_i m_i\boldsymbol{v}_i$$

质点系动量变化定理

$$\boldsymbol{F}_{\text{外}}=\frac{\mathrm{d}\boldsymbol{P}}{\mathrm{d}t},\quad \boldsymbol{I}=\int_{t_1}^{t_2}\boldsymbol{F}_{\text{外}}\,\mathrm{d}t=\boldsymbol{P}_2-\boldsymbol{P}_1$$

质点系动量守恒定律：若 $\boldsymbol{F}_{\text{外}}=0$，则 $\boldsymbol{P}=$常矢量。

* 火箭水平推进速度

$$v=v_0+u\ln\frac{m_0}{m}$$

10. 质心的动量等于质点系的动量

$$M\boldsymbol{v}_C=\boldsymbol{P}$$

质心动量变化定理（质心运动定理）

$$\boldsymbol{F}_{\text{外}}=M\boldsymbol{a}_C$$

质心系是零动量系

$$\sum_i m_i\boldsymbol{r}'_i=0,\quad \sum_i m_i\boldsymbol{v}'_i=0$$

11. 动能变化定理

$$\mathrm{d}A=\mathrm{d}E_{\mathrm{k}}\quad\text{（质点）},\quad A_{\text{外}}+A_{\text{内}}=E_{\mathrm{k}}-E_{\mathrm{k}0}\quad\text{（质点系）}$$

科尼希定理（动能按质心的分解）

$$E_{\mathrm{k}}=E_C+E'_{\mathrm{k}}$$

12. 保守力的定义

$$\int_{a(L_1)}^{b}\boldsymbol{f}\cdot\mathrm{d}\boldsymbol{l}=\int_{a(L_2)}^{b}\boldsymbol{f}\cdot\mathrm{d}\boldsymbol{l},\quad \oint_L\boldsymbol{f}\cdot\mathrm{d}\boldsymbol{l}=0$$

有心力是保守力

$$\boldsymbol{f}=f(r)\hat{\boldsymbol{r}},\quad \oint_L\boldsymbol{f}\cdot\mathrm{d}\boldsymbol{l}=0$$

势能

$$E_{pa}-E_{pb}=\int_a^b \boldsymbol{f}\cdot d\boldsymbol{l},\quad E_{pa}=\int_a^{\text{势能零点}} \boldsymbol{f}\cdot d\boldsymbol{l}$$

引力势能

$$E_p=-\frac{Gm_1m_2}{r}\quad (\text{零点为 } r\rightarrow\infty)$$

重力势能

$$E_p=mgh\quad (\text{零点为 } h=0)$$

弹性势能

$$E_p=\frac{1}{2}kx^2\quad (\text{零点为 } x=0)$$

由势能函数求保守力

$$\boldsymbol{f}=-\nabla E_p$$

13. 机械能变化定理

$$A_{\text{外}}+A_{\text{非保内}}=E-E_0$$

伯努利方程

$$p_1+\rho gh_1+\frac{1}{2}\rho v_1^2=p_2+\rho gh_2+\frac{1}{2}\rho v_2^2=\text{常量}\quad (\text{干水})$$

$$p_1+\rho gh_1+\frac{1}{2}\rho v_1^2=p_2+\rho gh_2+\frac{1}{2}\rho v_2^2+w_{12}\quad (\text{湿水})$$

机械能守恒定律：若 $A_{\text{外}}=0$、$A_{\text{非保内}}=0$，则 $E=E_0=$常量。

三种宇宙速度

$v_1=7.9\times10^3\,\mathrm{m\cdot s^{-1}}$， $v_2=11.2\times10^3\,\mathrm{m\cdot s^{-1}}$， $v_3=16.7\times10^3\,\mathrm{m\cdot s^{-1}}$

星体的引力半径

$$R_C=\frac{2GM}{c^2}$$

14. 质点的角动量

$$\boldsymbol{l}=\boldsymbol{r}\times\boldsymbol{p}=\boldsymbol{r}\times m\boldsymbol{v}$$

力矩

$$\boldsymbol{M}=\boldsymbol{r}\times\boldsymbol{f}$$

质点角动量变化定理

$$\boldsymbol{M}=\frac{d\boldsymbol{l}}{dt},\quad \int_{t_1}^{t_2}\boldsymbol{M}dt=\boldsymbol{l}_2-\boldsymbol{l}_1$$

质点角动量守恒定律：若 $\boldsymbol{M}=0$，则 $\boldsymbol{l}=$常矢量。

质点系的角动量

$$\boldsymbol{L}=\sum_i\boldsymbol{l}_i=\sum_i\boldsymbol{r}_i\times m_i\boldsymbol{v}_i$$

质点系角动量变化定理

$$\boldsymbol{M}_{\text{外}}=\frac{d\boldsymbol{L}}{dt},\quad \int_{t_1}^{t_2}\boldsymbol{M}_{\text{外}}\,dt=\boldsymbol{L}_2-\boldsymbol{L}_1$$

质点系角动量守恒定律：若 $\boldsymbol{M}_{外}=0$，则 $\boldsymbol{L}=$ 常矢量。

* 角动量按质心的分解

$$\boldsymbol{L}=\boldsymbol{r}_C\times M\boldsymbol{v}_C+\boldsymbol{L}'$$

习题

1.1　质点的运动函数为

$$x=2t$$
$$y=4t^2+5$$

式中的量均采用 SI 单位。求：(1)质点运动的轨道方程；(2)$t_1=1\text{s}$ 和 $t_2=2\text{s}$ 时，质点的位置、速度和加速度。

1.2　一架进行投弹训练的飞机以 $100\text{m}\cdot\text{s}^{-1}$ 的速度，沿离地面 100m 高的水平直线飞行。驾驶员投弹，问：(1)炸弹将在飞机下前方多远的地点击中目标？(2)驾驶员看目标的视线与水平线成何角度？

1.3　一质点由静止开始沿直线运动，初始时刻的加速度为 a_0，以后加速度均匀增加，每经过时间 τ 增加 a_0。求经过时间 t 后该质点的速度和运动路程。

1.4　跳水运动员沿竖直方向入水，接触水面时速度为 v_0，入水后加速度为 $a=-kv^2$，其中 k 为一正常量，v 为速度。求入水后运动员的速度随时间的变化规律。

1.5　某汽车发动机以 $500\text{r}\cdot\text{min}^{-1}$ 的初角速度开始加速转动，在 5s 内角速度增大到 $3000\text{r}\cdot\text{min}^{-1}$，设角加速度恒定。(1)以 $\text{rad}\cdot\text{s}^{-1}$ 为单位，初角速度和末角速度各是多少？(2)角加速度是多少？(3)在 5s 加速的时间内，发动机转过多少圈？

1.6　某电动机启动后转速随时间的变化关系为

$$\omega=\omega_0(1-\mathrm{e}^{-\frac{t}{\tau}})$$

式中，$\omega_0=9.0\text{rad}\cdot\text{s}^{-1}$，$\tau=2.0\text{s}$。求：(1)$t=6.0\text{s}$ 时的转速；(2)角加速度随时间的变化规律；(3)启动后 6.0s 内转过的圈数。

1.7　一小孩用 1.20m 长的绳子系一石块，使它在离地面 1.80m 的高处作水平圆周运动，在某一时刻绳被拉断，石块沿水平方向飞出，落在 9.10m 远的地上。求石块在作圆周运动时的向心加速度。

1.8　离心机以每秒 1000 转的转速高速转动，离转轴 10cm 远的分子的向心加速度是重力加速度的几倍？

1.9　按玻尔的氢原子模型，氢原子处于基态时它的电子围绕原子核作圆周运动。电子的速度为 $2.2\times10^6\text{m}\cdot\text{s}^{-1}$，离核的距离为 $0.53\times10^{-10}\text{m}$。求电子绕核运动的频率和向心加速度。

1.10　一质点在半径为 0.10m 的圆周上运动，其角位置为 $\theta=2+4t^3$(SI 单位)。求：(1)$t=2.0\text{s}$ 时，质点的法向加速度和切向加速度；(2)切向加速度的大小恰好等于总加速度大小的一半时的角位置；(3)法向加速度和切向加速度的大小相等时的时间。

1.11　如图所示，在竖直平面内从地面上的 O 点把质点 1 和 2 同时斜上抛，初速度的大小分别为 $v_1=10\text{m}\cdot\text{s}^{-1}$ 和 $v_2=20\text{m}\cdot\text{s}^{-1}$，方向与地面的夹角分别为 40°和 80°。取上

抛时刻为时间零点($t=0$),求 $t=1\mathrm{s}$ 时两质点间的距离。

1.12 在相对地面静止的坐标系中,设有 A、B 两船均以速率 $2\mathrm{m}\cdot\mathrm{s}^{-1}$ 匀速行驶,A 船沿 x 轴正向,B 船沿 y 轴正向。今在 A 船上设置与静止坐标系方向相同的坐标系(x、y 方向的单位矢量用 $\boldsymbol{i}$、$\boldsymbol{j}$ 表示),求 B 船在 A 船上的坐标系中的速度。

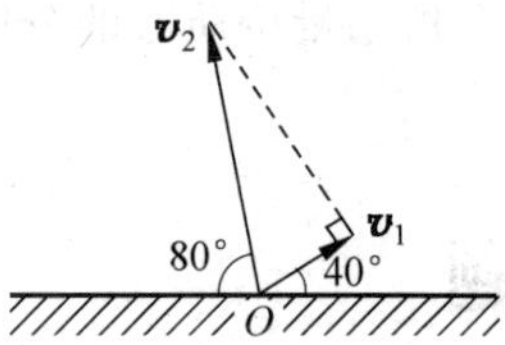

习题 1.11 图

1.13 如图所示,在以 $3\mathrm{m}\cdot\mathrm{s}^{-1}$ 的速度向东航行的 A 船上看,B 船以 $4\mathrm{m}\cdot\mathrm{s}^{-1}$ 的速度从北面驶向 A 船。在湖岸上看,B 船的速度如何?

1.14 电梯以 $1.22\mathrm{m}\cdot\mathrm{s}^{-2}$ 的加速度上升,当速度为 $v_0=2.44\mathrm{m}\cdot\mathrm{s}^{-1}$ 时,有一松动的螺钉从电梯的天花板落下,天花板与电梯底板的距离为 $h=2.74\mathrm{m}$。求:(1)螺钉从电梯天花板落到底板所需时间;(2)螺钉相对地面下降的距离。

1.15 如图所示,一柔软轻绳跨过一光滑的定滑轮,一端挂一质量为 M 的物体,另一端被人用双手拉着,人的质量为 $m=M/2$。若人相对绳以加速度 a_0 向上爬,求人相对地面的加速度。

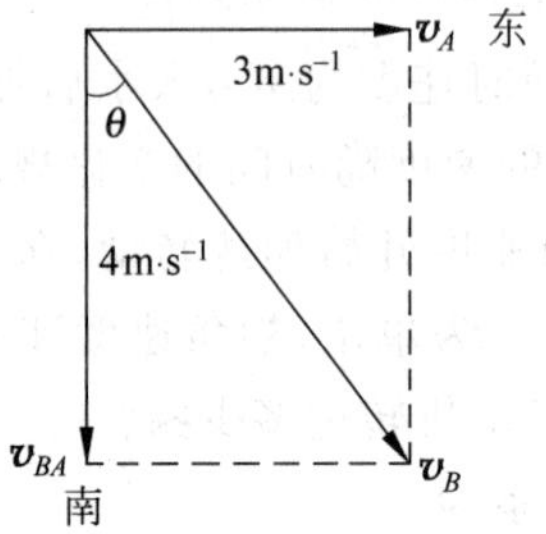

习题 1.13 图

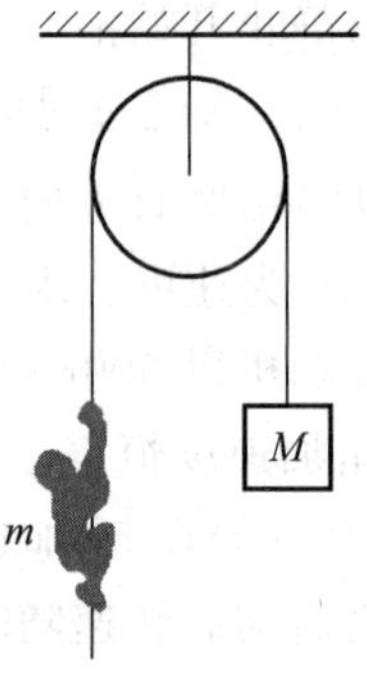

习题 1.15 图

1.16 把一个质量为 m 的物体自地面以初速度 v_0 竖直上抛,物体所受空气阻力为 $f=-Av$,其中 v 为物体的速率,A 为一正常量。求物体的速度和物体达到最大高度所需时间。

1.17 一质量为 m 的船,在速率为 v_0 时发动机因故障停止工作。若水对船的阻力为 $f=-Av$,其中 v 为船的速率,A 为一正常量。求发动机停止工作后船速的变化规律。

1.18 如图所示,一圆锥摆的绳长为 l,绳与竖直轴的夹角为 θ,求摆球绕行一周所需时间。

1.19 如图所示,在水平桌面上固定一个半圆形轨道,轨道面垂直于桌面。在桌面上有一滑块以速率 v_0 垂直于轨道两端连线进入轨道,并始终沿轨道运动。滑块与轨道之间的滑动摩擦系数为 $\mu=0.10$,而与桌面无摩擦。求滑块从轨道另一端滑出时的速率。

1.20 如图所示,一条长度为 L,质量为 m 的匀质绳,在光滑水平面上绕一端固定点 O 以匀角速度 ω 旋转,求绳中张力的分布。

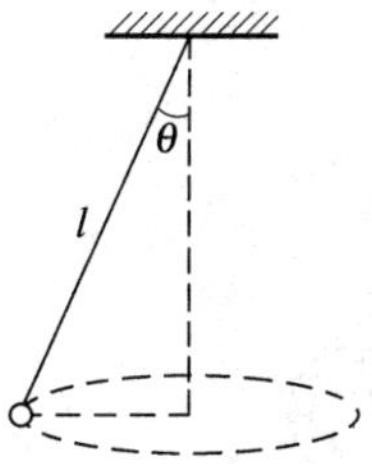

习题 1.18 图

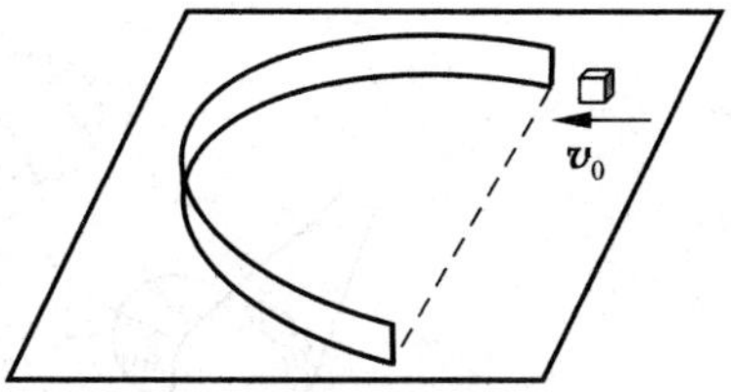

习题 1.19 图

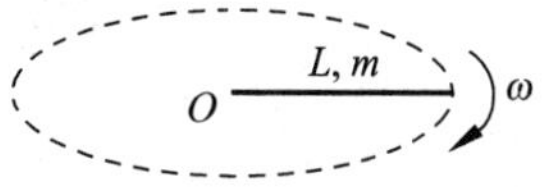

习题 1.20 图

1.21　如图所示，一个小环可以在半径为 R 的竖直大圆环上作无摩擦滑动。今使大圆环以角速度 ω 绕圆环竖直直径转动，要使小环离开大环的底部而停在大环上某一点，则角速度 ω 最小应为多大？

1.22　如图所示，在静止的圆柱上绕有绳索，绳索两端挂大小两个桶，其质量分别为 $M=1000\text{kg}$ 和 $m=10\text{kg}$。绳索与圆柱之间的静摩擦系数为 $\mu=0.05$，忽略绳索的质量。为使两桶静止不动，绳至少需要绕多少圈？

1.23　如图所示，摆球质量为 m，摆长为 l 的单摆固定在小车上，小车从倾角为 α 的斜面上无摩擦地自由滑下。以小车为参考系，求摆线与竖直方向的夹角 θ 和摆线中的张力。

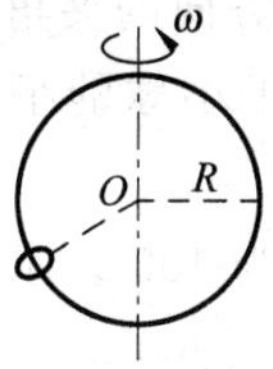

习题 1.21 图

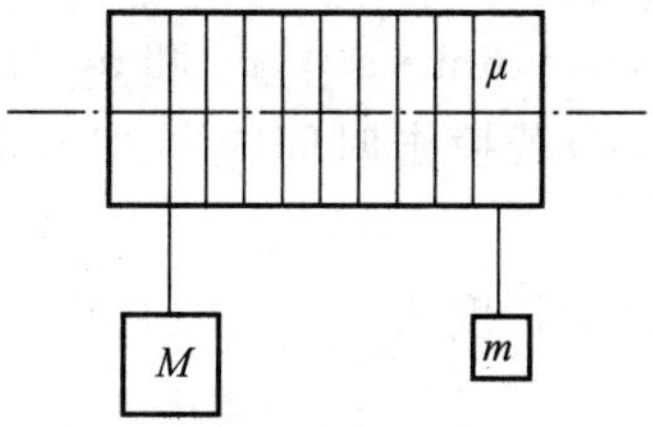

习题 1.22 图

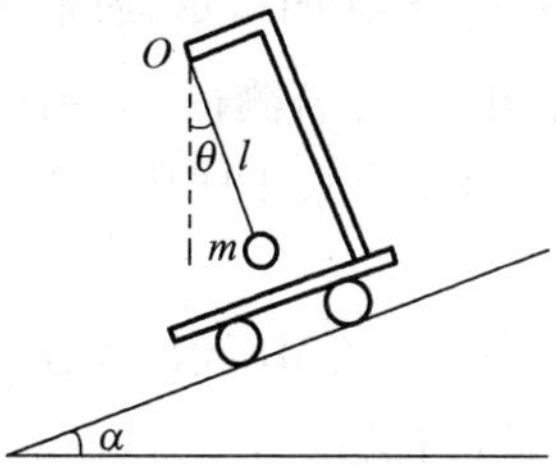

习题 1.23 图

1.24　如图所示，一柔软轻绳两端分别连接小球 A 和小环 B，球与环的质量相等，环 B 可在拉紧的水平钢丝上无摩擦地滑动。今让小球在钢丝所在竖直平面内摆动，求小球摆离竖直线最大角度 θ 时，小环和小球相对地面的加速度。

1.25　地球自转角速度增加到多少倍时，赤道上物体的重量刚好变成零(失重)？已知赤道上物体的向心加速度为 $3.4\times10^{-2}\text{m}\cdot\text{s}^{-2}$，赤道上重力加速度为 $9.8\text{m}\cdot\text{s}^{-2}$。

1.26　已知月球表面的引力加速度为 $0.14g$，月球半径为 $R=1.74\times10^{3}\text{km}$。求登月舱在靠近月球的轨道上飞行的周期。

1.27　如图所示，一质量为 140g 的垒球以速率 $v_1=40\text{m}\cdot\text{s}^{-1}$ 沿水平方向飞向击球手，被击后以相同速率 v_2 沿 60°的仰角飞出，求棒对垒球的平均冲力。设棒与球的接触时间为 $\Delta t=1.2\text{ms}$。

1.28　质量为 $m=3000\text{kg}$ 的重锤，从高度 $h_1=1.5\text{m}$ 处自由下落，打击被锻压的工件后弹起的高度为 $h_2=0.1\text{m}$。设作用时间为 $\Delta t=0.01\text{s}$，求重锤对工件的平均冲力。

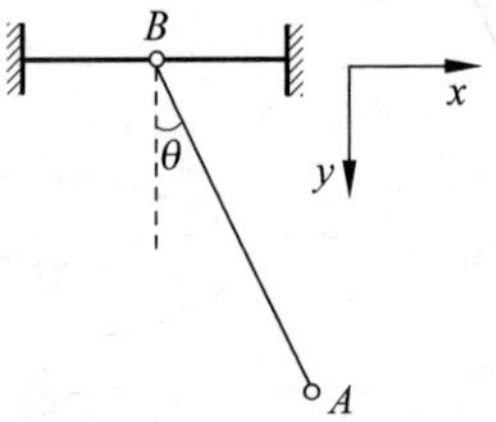

习题 1.24 图

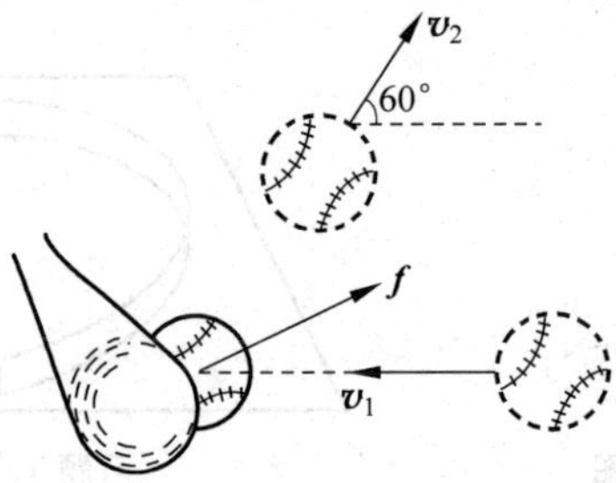

习题 1.27 图

1.29 按质点动量变化定理重解例 1.5.3。把一根均匀的柔软细绳悬吊起来,下端刚好触及地面,然后自静止释放,让绳自由下落。已知单位长度绳的质量为 λ,忽略空气阻力。求绳下落长度为 z 时绳对地面的压力。

1.30 把一质量为 m 的物体以初速度 v 竖直上抛,忽略空气阻力。求从抛出点到最高点这一过程中物体所受合外力的冲量的大小和方向。

1.31 一个受力作用的质点开始时静止,已知在一段时间内该力的冲量为 4N·s,做功为 2J,求这一质点的质量。

1.32 如图所示,质量为 $m=2.5\text{g}$ 的小球以初速度 v_1 射向桌面,撞击桌面后以速度 v_2 弹开。(1)若测得 $v_1=20\text{m}\cdot\text{s}^{-1}$,$v_2=16\text{m}\cdot\text{s}^{-1}$,$\boldsymbol{v}_1$ 和 $\boldsymbol{v}_2$ 与桌面法线方向的夹角分别为 45°和 30°,求小球所受到的冲量;(2)若撞击时间为 0.01s,求桌面施于小球的平均冲击力。

1.33 如图所示,水分子中氢氧键的长度为 $d=0.91\times10^{-10}\text{m}$,夹角为 105°。求水分子的质心位置。

1.34 如图所示,某一原来静止的放射性原子核发生衰变,辐射出一个电子和一个中微子。设电子和中微子的运动方向互相垂直,电子的动量为 $p_e=1.2\times10^{-22}\text{kg}\cdot\text{m}\cdot\text{s}^{-1}$,中微子的动量为 $p_\nu=6.4\times10^{-23}\text{kg}\cdot\text{m}\cdot\text{s}^{-1}$。求衰变后原子核的反冲动量 $\boldsymbol{p}$ 的大小和方向。

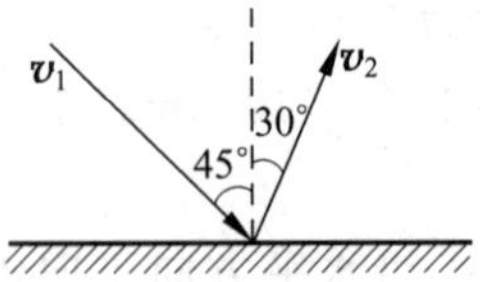

习题 1.32 图

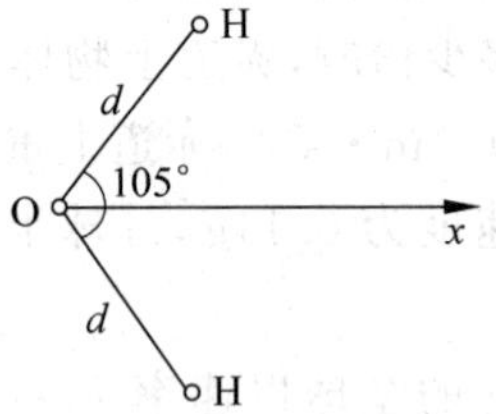

习题 1.33 图

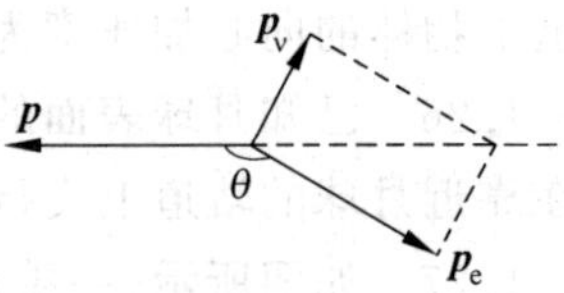

习题 1.34 图

1.35 设火箭水平飞行,燃料的燃烧气体相对火箭以恒定速度 u 喷出,已知火箭质量的变化率为 $\mathrm{d}m/\mathrm{d}t$。忽略空气阻力,求喷出的燃烧气体对火箭的反冲力。

1.36 在水平地面上有一质量为 M 的平板车可无摩擦地在地面上运动,开始时平板车和车上的两个质量均为 m 的人都静止不动,之后两人以相对车的速度 u 从车的后面跳下,求下述两种情况下平板车的末速度:(1)两人同时跳下;(2)一人跳下后,另一个人再跳下。

1.37 如图所示，一辆拉煤车以速度 $v=3\mathrm{m}\cdot\mathrm{s}^{-1}$ 从煤斗下面通过，每秒钟落入车厢中的煤为 500kg。若让车厢速度不变，应该用多大的牵引力拉车厢（忽略车厢与轨道之间的摩擦力）？

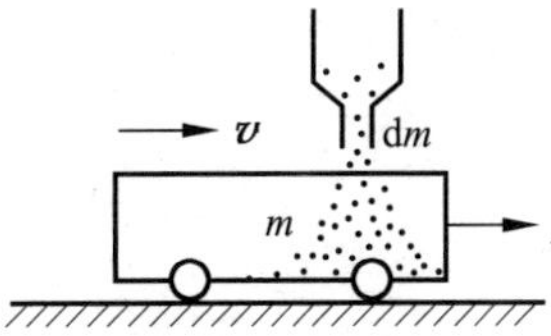

习题 1.37 图

1.38 一根质量为 M，长度为 L 的均匀的柔软细绳盘放在水平地面上。现拉住绳的一端以恒力 F 上提，忽略空气阻力。求绳子刚好全部离开地面时的速度。

1.39 一根质量为 M，长度为 L 的均匀的柔软细绳盘放在水平地面上。现拉住绳的一端以恒定速度 v_0 上提，忽略空气阻力。求提起的绳长为 $l(<L)$ 时，所用向上的力。

1.40 一粒尘埃在重力作用下开始在水蒸气中下落，水蒸气不断以尘埃为核心凝聚成液滴，单位距离内液滴吸附的水蒸气的质量为常量 λ。忽略尘埃的质量和初速度，设水蒸气凝聚前静止并忽略黏性力和空气阻力，求经过时间 t 液滴下落的速度和距离。

1.41 一质量为 0.10kg 的质点由静止开始运动，运动函数为

$$\boldsymbol{r}=\frac{5}{3}t^3\boldsymbol{i}+2\boldsymbol{j}\,(\mathrm{SI}\ 单位)$$

求从 $t=0$ 到 $t=2\mathrm{s}$ 的时间内作用在该质点上的合力所做的功。

1.42 用 R 和 M 分别代表地球的半径和质量。在离地面高度为 R 处，有一质量为 m 的物体。在把地面和无穷远处取为势能零点的两种情况下，求物体—地球系统的引力势能。

1.43 一颗 5000kg 的卫星，在地球表面上方 8000km 高度处沿圆形轨道运行。几天之后，由于大气的摩擦，轨道收缩到高度为 650km。因为收缩非常缓慢，假定在每一时刻轨道基本上是圆的。计算卫星的速度、角速度、动能、势能和总能量的变化。

1.44 在实验室观测，相距很远的两个质子相向运动，初速度都是 v_0，质子的质量和电量分别用 m 和 e 代表。通过引入约化质量，求两个质子所能达到的最近距离（忽略重力作用）。

1.45 如图所示，在水平光滑桌面上有两个质量分别为 M 和 m 的物体，它们用劲度系数为 k 的轻弹簧连接且处于静止的自然状态。今用棒击 m 物体，使之获得指向 M 的速度 v_0，求弹簧的最大压缩长度。

1.46 一木块放置于光滑水平面上，其质量为 M，长度为 L 。质量为 m 的子弹以速度 v 水平射穿该木块后速度降为 $v/2$，假定子弹受到木块的摩擦力是恒定的，求摩擦力的大小。

1.47 如图所示，一质量为 m 的物体处于无质量的直立弹簧之上 h 处，自静止下落。设弹簧的劲度系数为 k，求物体所能获得的最大动能。

1.48 在一半径为 R_0 的无空气的小行星表面上，若以速度 v_0 水平抛出一物体，则该物体恰好环绕该行星表面作匀速圆周运动。问：(1)该行星的逃逸速度是多少？(2)在该行星表面竖直上抛一物体达到的最大高度为 R_0，上抛速度是多少？

1.49 如图所示，长为 $2l$ 的柔软轻绳一端固定于天花板上的 O 点，另一端系一质量为 m 的小球。先把绳水平拉直，小球静止，然后让小球下落。在 O 点下方 l 远处有一颗钉子 O'，挡住摆绳的上半段，但小球继续摆动。求相对最低点 A，小球可达到的最大高度。

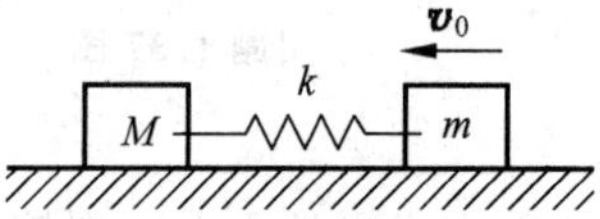

习题 1.45 图

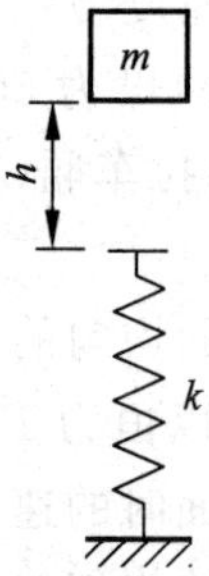

习题 1.47 图

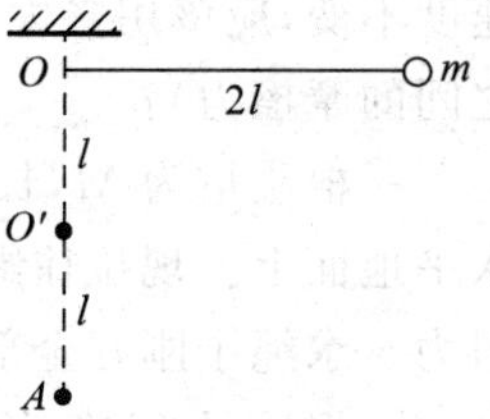

习题 1.49 图

1.50 对于一个质量密度取有限值的物体,假想地把它分割成许多微小的质元,所有这些质元之间的引力势能之和,称为该物体的引力势能。求质量为 M,半径为 R 的密度均匀的球体的引力势能。

1.51 如图所示,一质量为 m,长度为 l 的匀质细杆,在光滑水平面上以速度 $\boldsymbol{v}$ 作匀速运动。求杆相对端点 O 的角动量。

1.52 如图所示,一质量为 m 的小球用柔软轻绳系着,以角速度 ω_0 在无摩擦的水平面上作半径为 r_0 的圆周运动,绳的另一端穿过光滑的小孔 O。为减小小球圆周运动的半径,竖直向下缓慢地拉绳,当半径减为 $r=r_0/2$ 时,求:(1)小球的角速度;(2)拉力所做的功。

1.53 如图所示,一质量为 m 的质点从无穷远处射入一力心为 O 的有心力场,质点受力为斥力 $f=k/r^2$,其中 k 为一正常量。设质点入射时的速度为 $\boldsymbol{v}_0$,O 点与质点入射方向的直线的距离为 b。求质点能到达与 O 点的最近距离和此时的速度。

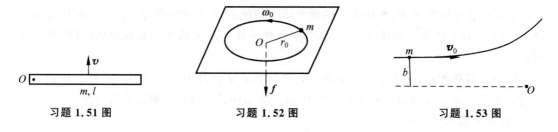

习题 1.51 图

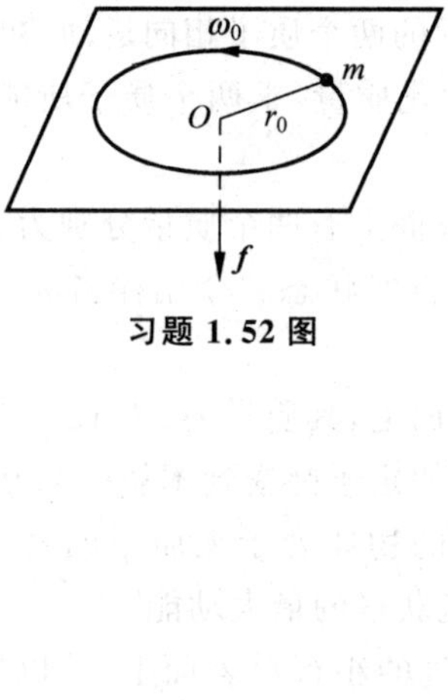

习题 1.52 图

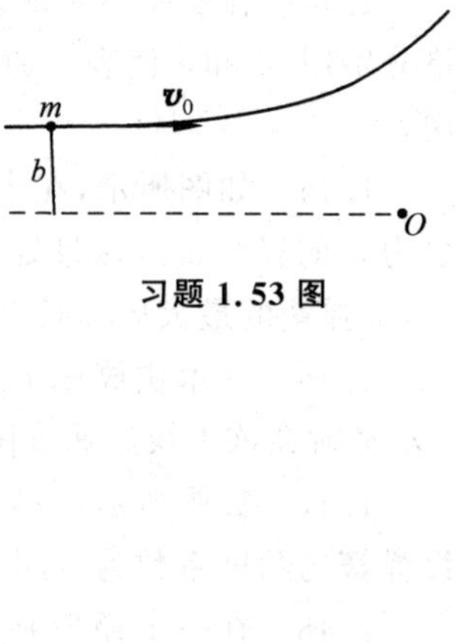

习题 1.53 图

第2章 刚体力学

在运动和受力过程中形状不发生变化的物体，称为刚体。在外力作用下物体总要发生或大或小的形变，但当形变与物体的线度相比很小时，就可以忽略对物体运动的影响，把物体看成刚体。设想把刚体分割成许多质元，在刚体整个运动和受力过程中各质元之间的距离保持不变，刚体力学实际上就是这种特殊质点系的力学。

刚体的运动包括平动和转动。在平动的刚体中，任意两点的连线始终保持平行，各个质元的运动情形完全相同，通常用质心的运动来表达刚体的平动。

本章讲刚体最简单的两种运动——定轴转动和平面运动，以及刚体的一种定点转动——进动。

2.1 刚体定轴转动

2.1.1 定轴转动的描述

刚体绕惯性系中固定轴的转动，称为定轴转动。图 2.1.1 表示一个以角速度 ω 绕 z 轴转动的刚体，图中已将竖直向上设定为转轴 z 的正方向。

刚体作定轴转动时，除转轴上的质元之外，刚体中的各个质元，如质元 Δm_i 绕转轴作半径为 r_i，速度为 v_i 的圆周运动。用 θ 代表 t 时刻半径 r_i 的角坐标，则刚体定轴转动的角速度 ω 和角加速度 β 分别为

$$\omega=\frac{\mathrm{d}\theta}{\mathrm{d}t},\quad \beta=\frac{\mathrm{d}\omega}{\mathrm{d}t}=\frac{\mathrm{d}^2\theta}{\mathrm{d}t^2}$$

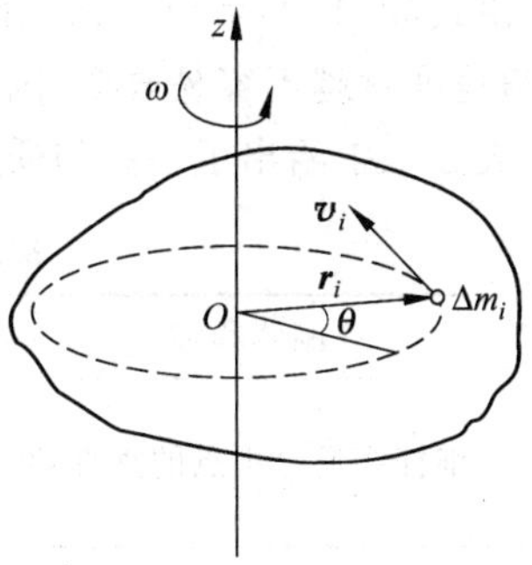

图 2.1.1 刚体定轴转动

在同一定轴转动刚体中，不同质元的速度和加速度等线量一般是不同的，但它们具有共同的角速度和角加速度等角量，刚体整体的转动用角量来描述。线量和角量的关系为

$$v_i=r_i\omega,\quad a_{it}=r_i\beta$$

其中，v_i 和 a_{it} 分别为第 i 个质元的速度和切向加速度。

2.1.2 定轴转动定理 定轴转动惯量

设 z 轴是惯性系中的一个固定轴，刚体绕 z 轴的转动就是刚体这一特殊质点系绕该轴的转动。相对 z 轴上任一固定点 O，按质点系角动量变化定理，有

$$M_{外} = \frac{\mathrm{d}\boldsymbol{L}}{\mathrm{d}t} \tag{2.1.1}$$

式中,$\boldsymbol{M}_{外}$ 为刚体对 O 点所受外力矩的矢量和,$\boldsymbol{L}$ 为刚体相对 O 点的角动量。式(2.1.1)是一个矢量等式,沿 z 轴的分量式为

$$M_z = \frac{\mathrm{d}L_z}{\mathrm{d}t} \tag{2.1.2}$$

其中,M_z 为 $\boldsymbol{M}_{外}$ 沿 z 轴的分量,称为刚体对 z 轴所受的外力矩;L_z 为 $\boldsymbol{L}$ 沿 z 轴的分量,称为刚体绕 z 轴的角动量,它等于刚体所有质元绕 z 轴作圆周运动的角动量之和,即

$$L_z = \sum_i \Delta m_i r_i^2 \omega = \left(\sum_i \Delta m_i r_i^2\right)\omega$$

式中,$\sum\limits_i \Delta m_i r_i^2$ 取决于刚体的质量分布和转轴的位置,称为刚体绕 z 轴的转动惯量,用 I 表示,即

$$I = \sum_i \Delta m_i r_i^2$$

其积分形式为

$$I = \int r^2 \mathrm{d}m$$

其中,r 为质元 $\mathrm{d}m$ 到 z 轴的距离。转动惯量的单位是 $\mathrm{kg} \cdot \mathrm{m}^2$。

引入绕 z 轴的转动惯量 I,刚体绕 z 轴的角动量可写成

$$L_z = I\omega$$

把上式代入式(2.1.2),注意到 I 与时间无关,并利用 $\beta = \mathrm{d}\omega/\mathrm{d}t$,可得

$$M_z = I\beta \tag{2.1.3}$$

此即刚体定轴转动定理:定轴转动刚体的角加速度与刚体对该轴所受的外力矩成正比,与刚体绕该轴的转动惯量成反比。

由式(2.1.3)可以看出,在同样的力矩的作用下,刚体的转动惯量越大,角加速度就越小,角速度就越不容易改变,因此转动惯量表示刚体转动惯性的大小。

表2.1.1给出了一些匀质刚体的定轴转动惯量。

表2.1.1 一些匀质刚体的定轴转动惯量

刚体和轴	图示	定轴转动惯量
细杆绕通过中点的垂直轴	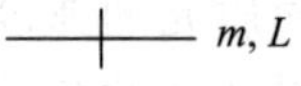	$\frac{1}{12}mL^2$
细杆绕通过一端的垂直轴	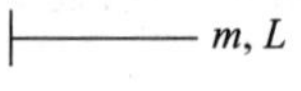	$\frac{1}{3}mL^2$
薄圆环(筒)绕中心垂直轴	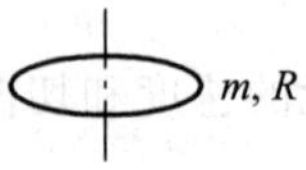	mR^2
圆盘(柱)绕中心垂直轴	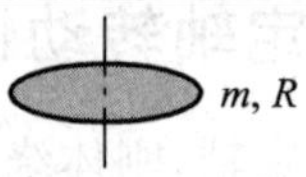	$\frac{1}{2}mR^2$

续表

刚体和轴	图　示	定轴转动惯量
薄球壳绕通过直径的轴	 m, R	$\frac{2}{3}mR^2$
球体绕通过直径的轴	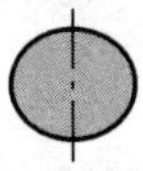 m, R	$\frac{2}{5}mR^2$

如图 2.1.2 所示，对于一个绕惯性系中公共固定轴 z 转动的刚体组，定轴转动定理为

$$M_z = \frac{\mathrm{d}L_z}{\mathrm{d}t}$$

其中，M_z 为刚体组对 z 轴所受的外力矩之和，L_z 为刚体组绕 z 轴的总角动量，它等于刚体组中所有刚体绕 z 轴的角动量之和，即

$$L_z = \sum_i L_{iZ} = \sum_i I_i \omega_i$$

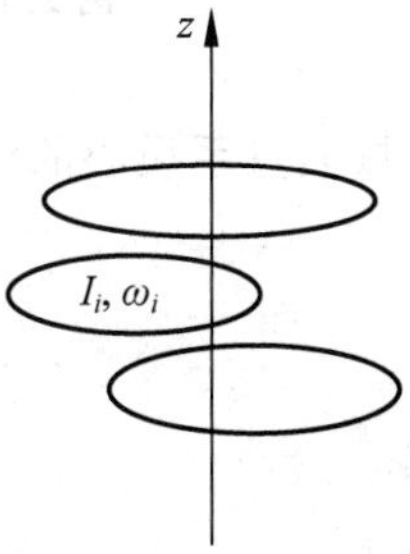

图 2.1.2　绕公共轴转动的刚体组

式中，I_i 和 ω_i 分别为第 i 个刚体绕 z 轴的转动惯量和角速度。

刚体组中各刚体之间的作用力属于内力，而内力矩的矢量和等于零，不影响刚体组的总角动量，但内力矩可以改变系统中各个刚体的角动量。

2.1.3　力对轴的力矩

力对轴的力矩，等于力对轴上任一固定点的力矩沿该轴的分量。

1. 力矩的计算

为计算力 $\boldsymbol{f}$ 对 z 轴的力矩，可将 $\boldsymbol{f}$ 沿垂直于 z 轴和平行于 z 轴的方向作分解，即

$$\boldsymbol{f} = \boldsymbol{f}_{\perp} + \boldsymbol{f}_{//}$$

其中，平行分力 $\boldsymbol{f}_{//}$ 对 z 轴的力矩等于零，只需计算垂直分力 $\boldsymbol{f}_{\perp}$ 的力矩。

如图 2.1.3 所示，设 z 轴的正方向为垂直于纸面向外，垂直于 z 轴且通过力的作用点 P 作一个平面 S，与 z 轴交于 O 点，$\boldsymbol{r}$ 为 P 点相对 O 点的位矢，φ 为 $\boldsymbol{r}$ 与垂直分力 $\boldsymbol{f}_{\perp}$ 的夹角，$h = r\sin\varphi$ 为力臂，则 $\boldsymbol{f}_{\perp}$ 对 z 轴的力矩为

$$M_z = rf_{\perp}\sin\varphi = hf_{\perp}$$

在图 2.1.3 中，$M_z > 0$，若 z 轴取相反方向，$M_z < 0$。

力矩 M_z 的正负号用右手螺旋定则判定：当右手四指由 $\boldsymbol{r}$ 经小于 π 角转向 $\boldsymbol{f}_{\perp}$ 时，若伸直大拇指的指向与 z 轴同向，则力矩 M_z 取正号；反向取负号。

2. 重力的力矩

若刚体不是很大，刚体各处重力加速度相同，则在刚体范围内重力是均匀力场。图 2.1.4 表示一个质量为 m 的不是很大的刚体，C 为其质心，O 为任意一点，所有质元所受重力对 O 点力矩的矢量和为

$$\boldsymbol{M}_O = \sum_i \boldsymbol{r}_i \times \Delta m_i \boldsymbol{g} = \left(\sum_i \Delta m_i \boldsymbol{r}_i\right) \times \boldsymbol{g}$$

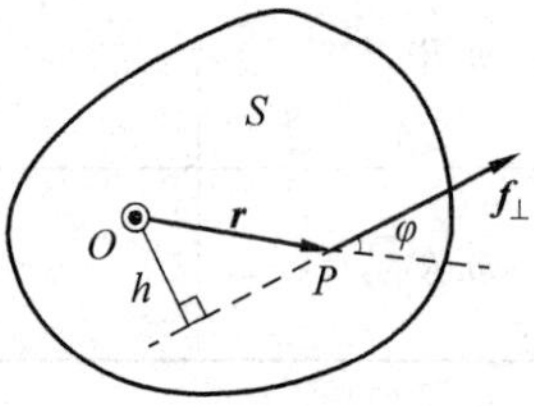

图 2.1.3　力对轴的力矩

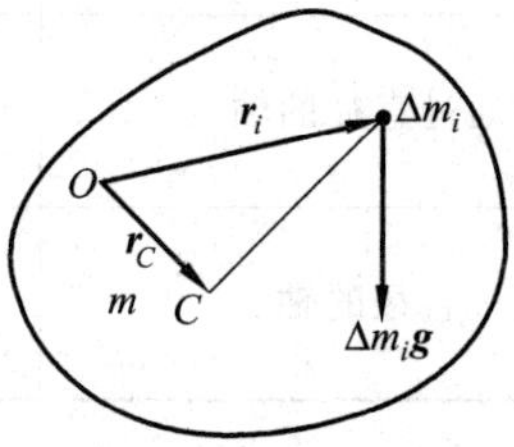

图 2.1.4　重力的力矩

按质点系质心的定义，刚体质心 C 相对 O 点的位矢为

$$\boldsymbol{r}_C = \frac{\sum_i \Delta m_i \boldsymbol{r}_i}{m}$$

因此

$$\boldsymbol{M}_O = \boldsymbol{r}_C \times m\boldsymbol{g} \tag{2.1.4}$$

这表明：作用在一个不是很大的刚体上的重力对某点的合力矩，等于集中作用在刚体质心上的重力对该点的力矩。

若 O 点恰好就是刚体的质心，即 $\boldsymbol{r}_C=0$，则由式(2.1.4)可知 $\boldsymbol{M}_C=0$，这说明重力对刚体质心的合力矩等于零。通常把通过质心的直线称作质心轴，刚体重力对质心轴的合力矩等于零。

3. 平移惯性力的力矩

如图 2.1.5 所示，设刚体的质心 C 有加速度 $\boldsymbol{a}_C$，则质元 Δm_i 受平移惯性力 $-\Delta m_i \boldsymbol{a}_C$ 的作用。由于平移惯性力也是一种均匀力场，只要把式(2.1.4)中的 $\boldsymbol{g}$ 换成 $-\boldsymbol{a}_C$，就得到刚体质元所受平移惯性力对 O 点力矩的矢量和，即

$$\boldsymbol{M}_O = -\boldsymbol{r}_C \times m\boldsymbol{a}_C$$

若 O 点为质心，则

$$\boldsymbol{M}_C = 0$$

这表明：当刚体的质心有加速度时，平移惯性力对质心轴的合力矩等于零。

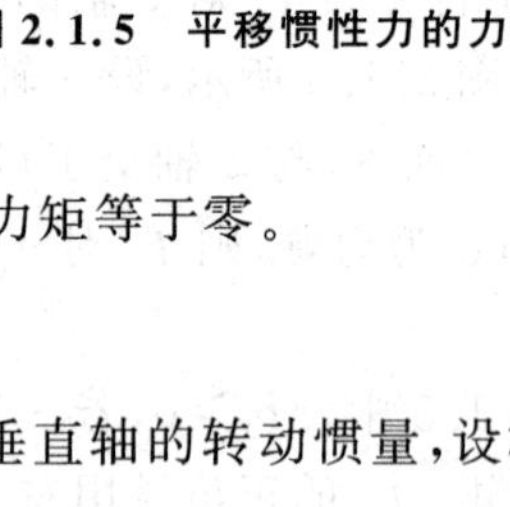

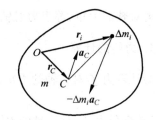

图 2.1.5　平移惯性力的力矩

2.1.4　定轴转动惯量的计算

下面计算匀质细杆绕通过中点的垂直轴和绕通过一端的垂直轴的转动惯量，设杆的质量为 m，长度为 L。

如图 2.1.6(a)所示，沿杆长方向建立 x 轴，把杆的中点 O 取为坐标原点，把杆分割成许多小段，在 x 处长度为 $\mathrm{d}x$ 的小段杆的质量为 $\mathrm{d}m=\lambda\mathrm{d}x$，其中 $\lambda=m/L$ 为单位长度杆的质量，$\mathrm{d}m$ 绕通过中点的垂直轴的转动惯量为

$$\mathrm{d}I = x^2\mathrm{d}m = x^2\lambda\mathrm{d}x$$

积分得

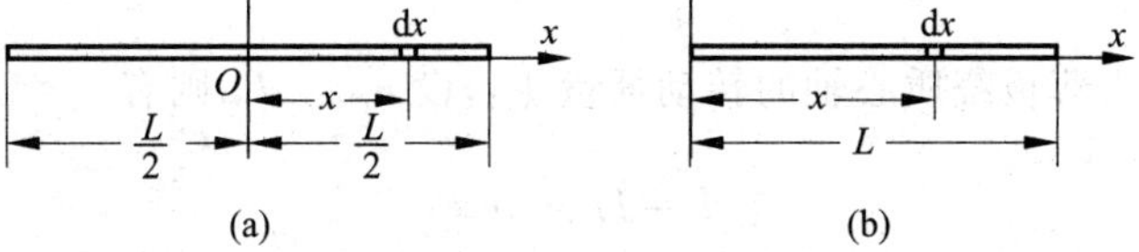

图 2.1.6　匀质细杆的转动惯量

$$I_1=\int_{-L/2}^{L/2}x^2\lambda\,\mathrm{d}x=\frac{1}{12}\lambda L^3=\frac{1}{12}mL^2$$

此即匀质细杆绕通过中点的垂直轴的转动惯量。改变积分限，如图 2.1.6(b)所示，就得到匀质细杆绕通过一端的垂直轴的转动惯量为

$$I_2=\int_0^L x^2\lambda\,\mathrm{d}x=\frac{1}{3}\lambda L^3=\frac{1}{3}mL^2$$

I_2 和 I_1 有如下简单关系

$$I_2=I_1+m\left(\frac{L}{2}\right)^2$$

这不是偶然的，符合下述平行轴定理。

1. 平行轴定理

如图 2.1.7 所示，若质量为 m 的刚体的一个轴与质心轴平行且相距 d，则刚体绕该轴的转动惯量 I 等于刚体绕质心轴的转动惯量 I_C 与 md^2 之和，即

$$I=I_C+md^2$$

这称为平行轴定理。其中，md^2 相当于集中了刚体全部质量的质心这个“质点”绕 O 轴的转动惯量。

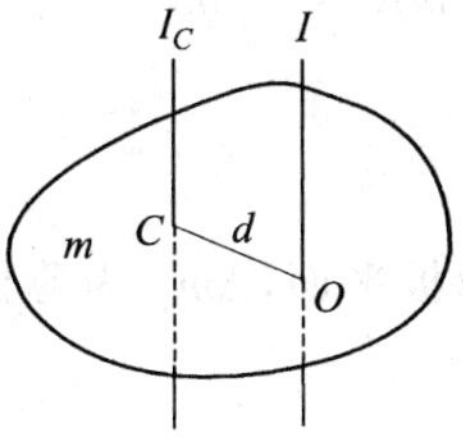

图 2.1.7　平行轴定理

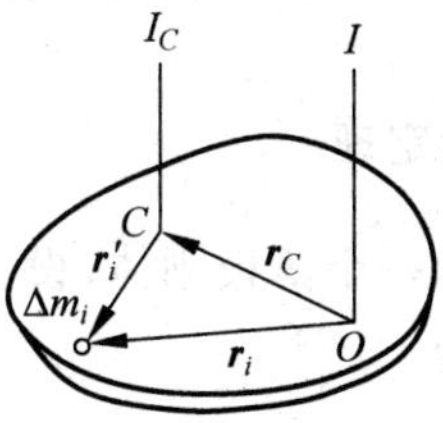

图 2.1.8　平行轴定理的证明

以薄板刚体为例证明。图 2.1.8 表示一个质量为 m 的薄板，设 O 轴平行于质心轴，对于薄板的任一质元 Δm_i 有矢量合成关系

$$\boldsymbol{r}_i=\boldsymbol{r}_C+\boldsymbol{r}_i'$$

薄板绕 O 轴的转动惯量为

$$I=\sum_i\Delta m_i r_i^2=\sum_i\Delta m_i(\boldsymbol{r}_i'+\boldsymbol{r}_C)^2=\sum_i\Delta m_i r_i'^2+\sum_i\Delta m_i r_C^2+2\left(\sum_i\Delta m_i\boldsymbol{r}_i'\right)\cdot\boldsymbol{r}_C$$

按质心系的性质，$\sum_i\Delta m_i\boldsymbol{r}_i'=0$，因此

$$I=\sum_i \Delta m_i r_i'^2+\sum_i \Delta m_i r_C^2=\sum_i \Delta m_i r_i'^2+mr_C^2$$

式中，$\sum_i \Delta m_i r_i'^2$ 为薄板绕质心轴的转动惯量 I_C，设 $r_C=d$，则有

$$I=I_C+md^2$$

对三维刚体(有一定形状和大小的刚体)，平行轴定理也成立。

按平行轴定理，刚体绕 z 轴的角动量可按质心轴分解，即

$$L_z=I\omega=(I_C+md^2)\omega=I_C\omega+md^2\omega$$

其中，$I_C\omega$ 为刚体绕平行于 z 轴的质心轴的角动量，d 为 z 轴与质心轴的距离，$md^2\omega$ 为质心绕 z 轴的角动量。

这表明：刚体绕某定轴的角动量，等于刚体绕平行于该轴的质心轴的角动量与质心绕该轴的角动量之和。

例 2.1.1 求质量为 m，半径为 R 的匀质薄圆盘绕下列轴的转动惯量：(1)中心垂直轴；(2)通过边缘的垂直轴。

解 (1) 如图 2.1.9 所示，把圆盘分割成许多同心圆环，半径为 r、宽度为 $\mathrm{d}r$ 的圆环的质量为 $\mathrm{d}m=\sigma 2\pi r\,\mathrm{d}r$，其中 $\sigma=m/(\pi R^2)$为圆盘的质量面密度。圆环绕中心垂直轴的转动惯量为

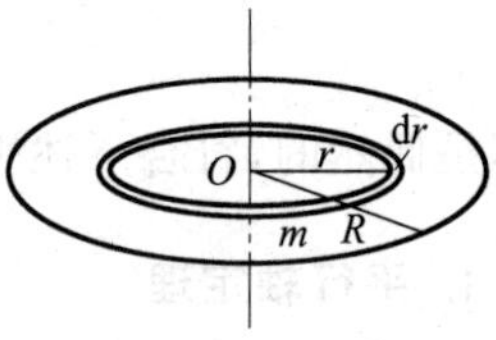

图 2.1.9 例 2.1.1 图

$$\mathrm{d}I=r^2\mathrm{d}m=2\pi r^3\sigma\,\mathrm{d}r$$

积分得

$$I_1=\int \mathrm{d}I=2\pi\sigma\int_0^R r^3\,\mathrm{d}r=\frac{1}{2}\pi R^4\sigma=\frac{1}{2}mR^2$$

此即圆盘绕中心垂直轴的转动惯量。

(2) 按平行轴定理，圆盘绕通过边缘的垂直轴的转动惯量为

$$I_2=I_1+mR^2=\frac{1}{2}mR^2+mR^2=\frac{3}{2}mR^2$$

2. 薄板正交轴定理

图 2.1.10 表示一个薄板刚体，设 z 轴垂直于薄板平面，Δm_i 为薄板的任一质元，若薄板充分薄，则近似有

$$\sum_i \Delta m_i r_i^2=\sum_i \Delta m_i x_i^2+\sum_i \Delta m_i y_i^2$$

即

$$I_z=I_x+I_y$$

其中，I_z、I_x 和 I_y 分别代表薄板绕 z、x 和 y 轴的转动惯量。上式称为薄板正交轴定理。

例 2.1.2 求质量为 m，半径为 R 的匀质薄圆盘绕通过直径的轴的转动惯量。

解 匀质薄圆盘绕中心垂直轴的转动惯量为 $mR^2/2$，按薄板正交轴定理，薄圆盘绕通过直径的轴的转动惯量为

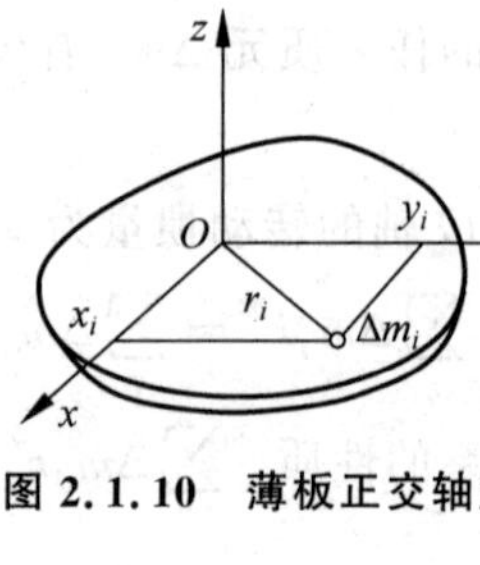

图 2.1.10 薄板正交轴定理

$$I=\frac{1}{2}\times\frac{1}{2}mR^2=\frac{1}{4}mR^2$$

2.1.5　刚体定轴转动例题

例 2.1.3　如图 2.1.11 所示，一匀质圆盘形滑轮的质量为 m，半径为 R，经缠绕的柔软轻绳悬挂一质量为 m_0 的砝码，在砝码重力的作用下滑轮绕中心轴 O 转动。设绳与滑轮之间无滑动，求砝码竖直下落过程中砝码下落的加速度和滑轮转动的角加速度。

解　砝码竖直下落，滑轮定轴转动。用 a 和 β 分别代表砝码下落的加速和滑轮转动的角加速度。取竖直向下为砝码运动的正方向，垂直于竖直面向里为 O 轴的正方向。按牛顿第二定律，有

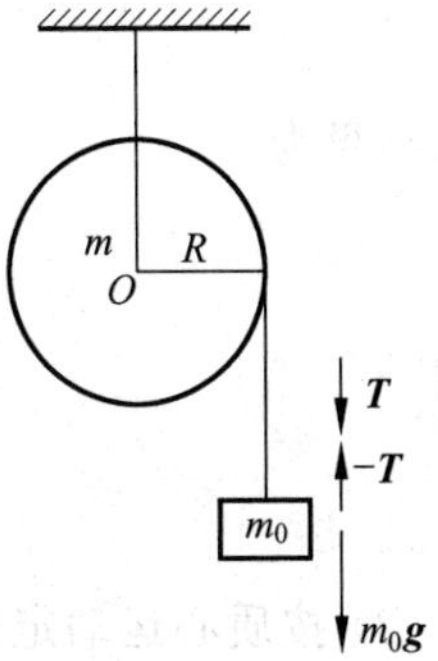

图 2.1.11　例 2.1.3 图

$$m_0g-T=m_0a$$

按定轴转动定理，有

$$RT=I\beta=\frac{1}{2}mR^2\beta$$

式中，T 为绳内张力，忽略绳的质量，绳内张力处处相等，$I=mR^2/2$ 为滑轮绕 O 轴的转动惯量。因绳与滑轮之间无滑动，故运动学条件为

$$a=R\beta$$

由以上三式，可得

$$a=\frac{m_0Rg}{mR/2+m_0R},\quad \beta=\frac{m_0g}{mR/2+m_0R}$$

例 2.1.4　如图 2.1.12 所示，一质量为 m，长度为 L 的匀质细杆，可绕光滑的固定轴 O 无摩擦转动，把杆抬平后无初速地释放。求：(1)杆摆至 θ 角时的角加速度和角速度；(2)转轴 O 对杆的作用力 $\boldsymbol{N}$ 的大小和方向。

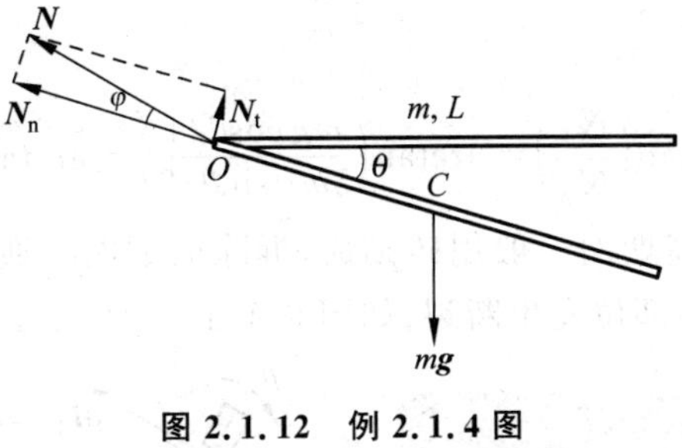

图 2.1.12　例 2.1.4 图

解　(1) 用 β 和 ω 分别代表杆的角加速度和角速度。取垂直于竖直面向里为 O 轴的正方向，当杆摆至 θ 角时，重力对 O 轴的力矩为

$$M=\frac{1}{2}mgL\cos\theta$$

按定轴转动定理，有

$$M=I\beta$$

把杆绕 O 轴的转动惯量 $I=mL^2/3$ 代入，可得

$$\beta=\frac{M}{I}=\frac{\frac{1}{2}mgL\cos\theta}{mL^2/3}=\frac{3g\cos\theta}{2L}$$

按角加速度的定义,有

$$\beta=\frac{\mathrm{d}\omega}{\mathrm{d}t}=\frac{\mathrm{d}\omega}{\mathrm{d}\theta}\frac{\mathrm{d}\theta}{\mathrm{d}t}=\omega\frac{\mathrm{d}\omega}{\mathrm{d}\theta},\quad \omega\mathrm{d}\omega=\beta\mathrm{d}\theta$$

对上式积分,即

$$\int_0^{\omega}\omega\mathrm{d}\omega=\int_0^{\theta}\beta\mathrm{d}\theta=\int_0^{\theta}\frac{3g\cos\theta}{2L}\mathrm{d}\theta$$

积分结果为

$$\frac{1}{2}\omega^2=\frac{3g\sin\theta}{2L}$$

可得

$$\omega=\sqrt{\frac{3g\sin\theta}{L}}$$

(2) 按质心运动定理,有

$$N_{\mathrm{n}}-mg\sin\theta=ma_{\mathrm{n}},\quad mg\cos\theta-N_{\mathrm{t}}=ma_{\mathrm{t}}$$

其中,a_{n} 和 a_{t} 分别为杆质心的法向加速度和切向加速度,它们的表达式分别为

$$a_{\mathrm{n}}=\left(\frac{L\omega}{2}\right)^2\Big/\frac{L}{2}=\frac{3}{2}g\sin\theta,\quad a_{\mathrm{t}}=\frac{L\beta}{2}=\frac{3}{4}g\cos\theta$$

因此

$$N_{\mathrm{n}}=\frac{5}{2}mg\sin\theta,\quad N_{\mathrm{t}}=\frac{1}{4}mg\cos\theta$$

转轴 O 对杆的作用力 $\boldsymbol{N}$ 的大小为

$$N=\sqrt{N_{\mathrm{n}}^2+N_{\mathrm{t}}^2}=\frac{1}{4}mg\sqrt{99\sin^2\theta+1}$$

方向与杆长方向的夹角为

$$\varphi=\arctan\left(\frac{N_{\mathrm{t}}}{N_{\mathrm{n}}}\right)=\arctan\left(\frac{mg\cos\theta/4}{5mg\sin\theta/2}\right)=\arctan\left(\frac{\cot\theta}{10}\right)$$

例 2.1.5 工厂里的高烟囱一般用砖砌成,拆除旧烟囱时通常从底部爆破。在烟囱倾倒过程中,往往中间偏下的部位发生断裂,如图 2.1.13(a)所示。试说明其理由。

(a)

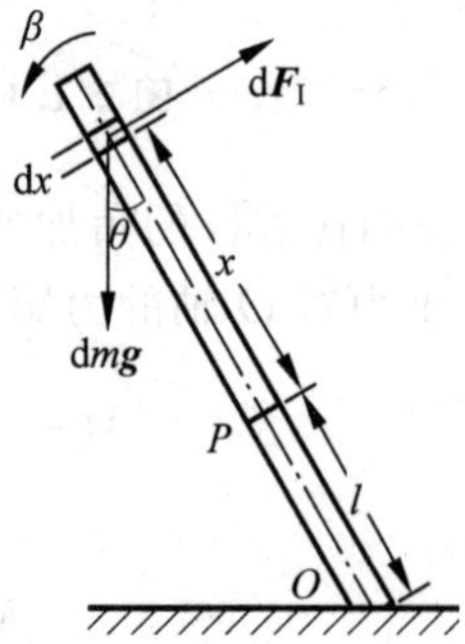

(b)

图 2.1.13 例 2.1.5 图

解　这是一个静力学平衡问题。如图 2.1.13(b)所示，设烟囱是一个质量为 m，高度为 h 的匀质圆柱，绕根部 O 轴倾倒，转动惯量为 $mh^2/3$，转至图示位置时发生断裂。取垂直于竖直面向外为 O 轴的正方向，按定轴转动定理，有

$$\frac{1}{2}mgh\sin\theta=\frac{1}{3}mh^2\beta$$

角加速度为

$$\beta=\frac{3g\sin\theta}{2h}$$

设 P 点与 O 轴的距离为 l，在 P 点以上 x 处取一质元 $\mathrm{d}m$，在重力 $\mathrm{d}m\boldsymbol{g}$（主动力）和相邻质元的作用力（约束力）的作用下，$\mathrm{d}m$ 获得的加速度为

$$a=(l+x)\beta$$

所受达朗贝尔惯性力为

$$\mathrm{d}F_{\mathrm{I}}=-\mathrm{d}ma=-\mathrm{d}m(l+x)\beta$$

用 $\lambda=m/h$ 代表单位长度烟囱的质量，$\mathrm{d}m=\lambda\mathrm{d}x$，烟囱转至 θ 角时 P 点以上那段烟囱所受重力和惯性力的合力对 P 点的力矩为

$$M=\int x(\mathrm{d}mg\sin\theta+\mathrm{d}F_{\mathrm{I}})=-\lambda g\sin\theta\int_0^{h-l}\left(\frac{3(l+x)}{2h}-1\right)x\,\mathrm{d}x=-\frac{\lambda g\sin\theta}{4h}(h-l)^2 l$$

负号表示力矩的方向垂直于竖直面向里。

求力矩 $|M|$ 的极大值，令

$$\frac{\mathrm{d}|M|}{\mathrm{d}l}=\frac{\lambda g\sin\theta}{4h}(h-l)(h-3l)=0$$

得 $l=h/3$，这时

$$\frac{\mathrm{d}^2|M|}{\mathrm{d}l^2}=\lambda g\sin\theta\left(\frac{3l}{2h}-1\right)=-\frac{1}{2}\lambda g\sin\theta<0$$

因此，当 $l=h/3$ 时 P 点所受力矩最大，P 点为断裂点，处于烟囱中间偏下的位置。若考虑惯性离心力对砖的松动作用，断裂点会更高一些。

2.2　刚体平面运动和无滑动滚动

2.2.1　刚体平面运动

刚体中任一点与空间某一固定平面的距离始终保持不变的运动，称为平面运动。这一固定平面称为转动平面。刚体的定轴转动，轴对称刚体，如圆柱和球在平面或曲面上的滚动都是平面运动。在平面运动刚体中作一平行于转动平面的平面，与刚体相交截取一个平面图形 S，刚体的平面运动可以用图形 S 的运动来完全代表。

刚体的平面运动可以分解成刚体随平面图形 S 上任意一点（称为基点）的平动和绕过基点且垂直于图形 S 的轴的转动。一般来说，对于不同基点，刚体平动的速度和加速度可能不同，但绕过基点的垂直轴转动的角速度 ω 和角加速度 β 却与基点的选择无关，即与转轴无关。

对此可作如下说明：如图 2.2.1 所示，z 和 z' 是过基点 O 和 O' 的两个不同的垂直轴，若在 Δt 时间内刚体绕 z 轴转过 $\Delta\theta$ 角度，则绕 z' 轴也转过 $\Delta\theta$，这说明角速度和角加速度与转轴无关。

在运动学中基点可以任选,但在动力学中通常把刚体的质心选为基点,刚体的平面运动可分解成随质心的平动和绕垂直于转动平面的质心轴的转动。刚体平动所服从的质心运动定理为

$$\boldsymbol{F}_{外}=m\boldsymbol{a}_C \tag{2.2.1}$$

其中,$\boldsymbol{F}_{外}$ 为刚体所受外力的矢量和,即作用在质心上的合外力,$\boldsymbol{a}_C$ 为质心在惯性系中的加速度。

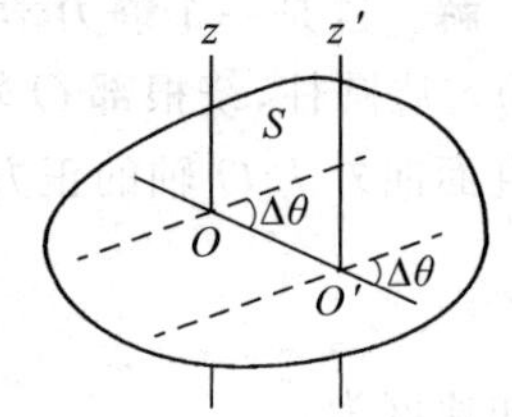

图 2.2.1 ω 和 β 与转轴无关

刚体绕质心轴的转动定理为

$$M_C=\frac{\mathrm{d}L_C}{\mathrm{d}t}=I_C\beta \tag{2.2.2}$$

式中,M_C 为刚体对质心轴所受的外力矩,L_C 为刚体绕质心轴的角动量,I_C 为刚体绕质心轴的转动惯量,β 为角加速度。

式(2.2.2)与定轴转动定理的形式完全相同,即使 $\boldsymbol{a}_C\neq 0$,也不必考虑惯性力的力矩,因为平移惯性力对质心轴的合力矩等于零。

2.2.2 无滑动滚动

按式(2.2.1)和(2.2.2)求解刚体平面运动时,还要给定运动学条件。平面运动的轴对称刚体在接触面上通常又滚又滑,若接触面充分粗糙,在一定条件下使得接触点 P 相对接触面瞬时静止,就把这种平面运动叫作无滑动滚动,简称纯滚动,如图 2.2.2 所示。

对于轴对称刚体的无滑动滚动,把沿接触面向右规定为质心运动的正方向,按右手螺旋定则,垂直于竖直面向里为转轴的正方向,无滑动滚动所满足的运动学条件为

$$v_C=R\omega,\quad a_C=R\beta \tag{2.2.3}$$

其中,v_C 和 a_C 分别为刚体质心的速度和加速度,ω 和 β 分别为刚体滚动的角速度和角加速度,R 为刚体绕质心轴的滚动半径,在图 2.2.2 中就是刚体的半径。

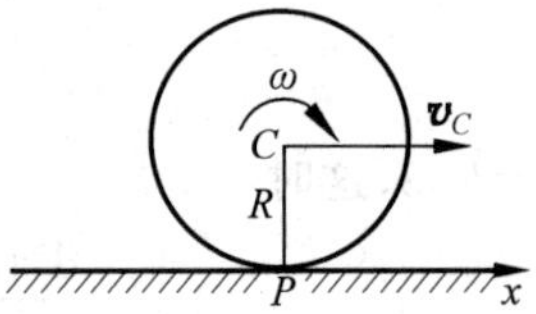

图 2.2.2 无滑动滚动

在粗糙面上无滑动滚动的刚体与接触面之间的摩擦力是静摩擦力,接触点相对接触面瞬时静止,因此静摩擦力不做功,只是起到把平动动能转化为转动动能的作用。一个在粗糙面上开始又滚又滑的刚体,通过 v_C 和 ω 的变化达到无滑动滚动的条件后将作纯滚动。

虽然静摩擦力无能量损耗,但在刚体滚动过程中刚体和接触面总会发生或大或小的形变,产生一个阻碍刚体滚动的力矩,这种摩擦称为滚动摩擦。由于存在滚动摩擦,即或是在水平面上自由滚动的轴对称刚体最终也会停下来。

2.2.3 刚体平面运动例题

例 2.2.1 如图 2.2.3 所示,一半径为 R 的匀质圆盘形滑轮经缠绕的柔软轻绳悬挂于固定点 O,因重力作用开始转动下落。设绳与滑轮之间无滑动,求滑轮下落的加速度和滑轮转动的角加速度。

解 滑轮作平面运动,用 a_C 和 β 分别代表滑轮下落的加速度和滑轮转动的角加速度。取竖直向下为滑轮质心运动的正方向,垂直于竖直面向外为质心轴的正方向。按质心运动定理,有

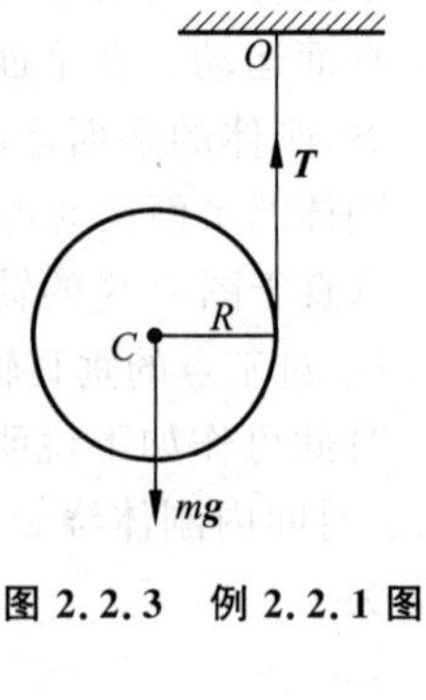

图 2.2.3 例 2.2.1 图

$$mg - T = ma_C$$

其中，m 为滑轮的质量，T 为绳内张力。按绕质心轴转动定理，有

$$RT = I_C\beta = \frac{1}{2}mR^2\beta$$

式中，$I_C = mR^2/2$ 为滑轮绕质心轴的转动惯量。因绳与滑轮之间无滑动，故运动学条件为

$$a_C = R\beta$$

由上面三式，可得

$$a_C = \frac{2}{3}g,\quad \beta = \frac{2g}{3R}$$

例 2.2.2　如图 2.2.4 所示，一个半径为 R 的匀质圆柱，沿倾角为 θ，高度为 h 的斜面从顶端由静止开始无滑动地滚下。求：(1)圆柱的质心加速度，滚到斜面最低处时质心速度和圆柱滚动的角速度；(2)为保证圆柱作纯滚动，摩擦系数 μ 的取值范围。

解　(1) 圆柱作平面运动。用 m 代表圆柱的质量，$\boldsymbol{f}$ 和 $\boldsymbol{N}$ 分别代表斜面对圆柱的静摩擦力和支持力。取沿斜面向下为圆柱质心运动的正方向，垂直于竖直面向里为圆柱对称轴的正方向。按质心运动定理，有

$$mg\sin\theta - f = ma_C$$

式中，a_C 为圆柱的质心加速度。按绕质心轴转动定理，有

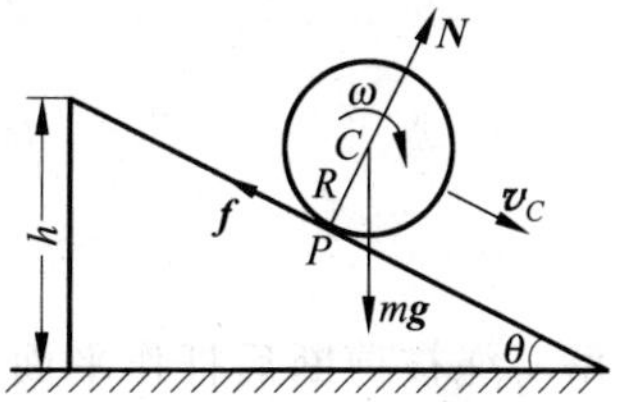

图 2.2.4　例 2.2.2 图

$$Rf = I_C\beta = \frac{1}{2}mR^2\beta$$

其中，$I_C = mR^2/2$ 为圆柱绕对称轴的转动惯量。无滑动滚动的运动学条件为

$$a_C = R\beta$$

由以上三式，可得

$$a_C = \frac{2g}{3}\sin\theta$$

质心沿斜面向下作匀加速运动，圆柱滚到斜面最低处时质心速度为

$$v_C = \sqrt{\frac{2a_C h}{\sin\theta}} = \sqrt{\frac{4}{3}gh}$$

按运动学条件 $v_C = R\omega$，圆柱滚动的角速度为

$$\omega = \frac{v_C}{R} = \frac{1}{R}\sqrt{\frac{4}{3}gh}$$

(2) 为保证圆柱作纯滚动，要求

$$f \leqslant \mu N = \mu mg\cos\theta$$

而

$$f = mg\sin\theta - ma_C = mg\sin\theta - \frac{2}{3}mg\sin\theta = \frac{1}{3}mg\sin\theta$$

则要求

$$\frac{1}{3}\sin\theta \leqslant \mu\cos\theta$$

因此,μ 的取值范围为

$$\mu \geqslant \frac{1}{3}\tan\theta$$

斜面倾角 θ 越大,要求 μ 越大。

例 2.2.3 如图 2.2.5 所示,一质量为 m 的匀质细杆的 A、B 两端用两根柔软轻绳悬挂。今突然剪断 B 端的绳,求此时刻 A 端绳中张力。分下面两种情况:(1)杆水平系于两绳上;(2)杆与水平方向的夹角为 θ。

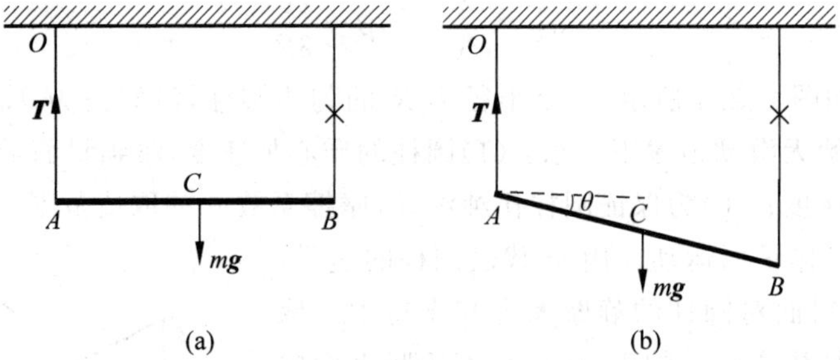

图 2.2.5 例 2.2.3 图

解 绳被剪断后杆作平面运动,A 端绕固定点 O 作圆周运动。绳被剪断瞬间 A 点静止,因此 A 点的法向加速度,即相对 O 点沿竖直方向的加速度 $a_{AO}=0$,A 点的加速度只能沿水平方向。取竖直向下为杆质心运动的正方向,垂直于竖直面向里为杆质心轴的正方向。

(1) 杆水平系于两绳上,如图 2.2.5(a)所示。按质心运动定理,有

$$mg - T = ma_C$$

式中,T 为 A 端绳中张力,a_C 为杆质心 C 相对 O 点的加速度,方向竖直向下。用 L 代表杆长,按加速度变换,有

$$a_C = a_{CA} + a_{AO} = a_{CA} = \frac{1}{2}L\beta$$

其中,β 为杆的角加速度。

按绕质心轴转动定理,有

$$\frac{1}{2}LT = I_C\beta = \frac{1}{12}mL^2\beta$$

式中,$I_C = mL^2/12$ 为杆绕质心轴转动惯量。由以上三式,可得

$$T = \frac{mg}{4}$$

还可以把通过 A 点且垂直于竖直面的轴选为转轴。绳被剪断瞬间 A 点的加速度沿水平方向,而杆的质心在同一水平方向上,因此杆所受惯性力过 A 点,对 A 轴的力矩等于零,按绕 A 轴转动定理,有

$$\frac{1}{2}Lmg = \frac{1}{3}mL^2\beta$$

可得

$$\beta=\frac{3g}{2L},\quad a_C=\frac{1}{2}L\beta=\frac{1}{2}L\ \frac{3g}{2L}=\frac{3g}{4}$$

因此，A 端绳中张力为

$$T=mg-ma_C=mg-\frac{3mg}{4}=\frac{mg}{4}$$

(2) 杆与水平方向的夹角为 θ，如图 2.2.5(b)所示。按质心运动定理，有

$$mg-T=ma_C$$

其中

$$a_C=\frac{1}{2}L\beta\cos\theta$$

按绕质心轴转动定理，有

$$\frac{1}{2}LT\cos\theta=I_C\beta=\frac{1}{12}mL^2\beta$$

由以上三式，可得

$$T=\frac{mg}{1+3\cos^2\theta}$$

在这种情况下惯性力不过 A 点，若把 A 轴选为转轴，除了重力矩之外还要考虑惯性力矩。

2.3　刚体转动的功和能

2.3.1　刚体转动动能和重力势能

1. 刚体转动动能

刚体绕固定轴转动时，除转轴上的质元之外其他质元都作圆周运动，这些质元的动能之和就是刚体绕该轴的转动动能，即

$$E_k=\frac{1}{2}\sum_i\Delta m_iv_i^2$$

把 $v_i=r_i\omega$ 代入，得

$$E_k=\frac{1}{2}\left(\sum_i\Delta m_ir_i^2\right)\omega^2$$

即

$$E_k=\frac{1}{2}I\omega^2$$

式中，I 为刚体绕该轴的转动惯量，ω 为刚体的角速度。

按平行轴定理，刚体绕 z 轴的转动动能可按质心轴分解，即

$$E_k=\frac{1}{2}I_C\omega^2+\frac{1}{2}md^2\omega^2$$

其中，$I_C\omega^2/2$ 为刚体绕平行于 z 轴的质心轴的转动动能，d 为 z 轴与质心轴的距离，$md^2\omega^2/2$ 为质心绕 z 轴的转动动能。这表明：刚体绕某定轴的转动动能，等于刚体绕平行

于该轴的质心轴的转动动能与质心绕该轴转动动能之和。

对于平面运动刚体,按科尼希定理,有

$$E_{\mathrm{k}}=\frac{1}{2}I_C\omega^2+\frac{1}{2}mv_C^2$$

平面运动刚体的动能,等于刚体绕质心轴的转动动能与质心动能之和。

2. 刚体重力势能

刚体在运动过程中质元的间距不变,不必考虑质元之间的相互作用势能,而刚体的重力势能等于刚体中所有质元的重力势能之和。若刚体不是很大,刚体各处重力加速度相同,重力势能等于把质量全部集中在质心上的重力势能。

2.3.2 力对定轴转动刚体做功——力矩的功

如图2.3.1所示,设刚体绕$O(z)$轴转动的元角位移为$\mathrm{d}\theta$,力$\boldsymbol{f}$的作用点P随刚体的元位移为$\mathrm{d}\boldsymbol{r}$,用φ代表$\boldsymbol{f}$与$\mathrm{d}\boldsymbol{r}$的夹角,则力$\boldsymbol{f}$对刚体所做元功为

$$\mathrm{d}A=\boldsymbol{f}\cdot\mathrm{d}\boldsymbol{r}=f\cos\varphi\mid\mathrm{d}\boldsymbol{r}\mid=fr\cos\varphi\mathrm{d}\theta$$

上式可写成

$$\mathrm{d}A=M_z\mathrm{d}\theta$$

其中,$M_z=fr\cos\varphi$为力$\boldsymbol{f}$对转轴的力矩,$M_z\mathrm{d}\theta$称为力矩的元功。这表明:力对定轴转动刚体所做的元功,等于该力对转轴的力矩的元功。

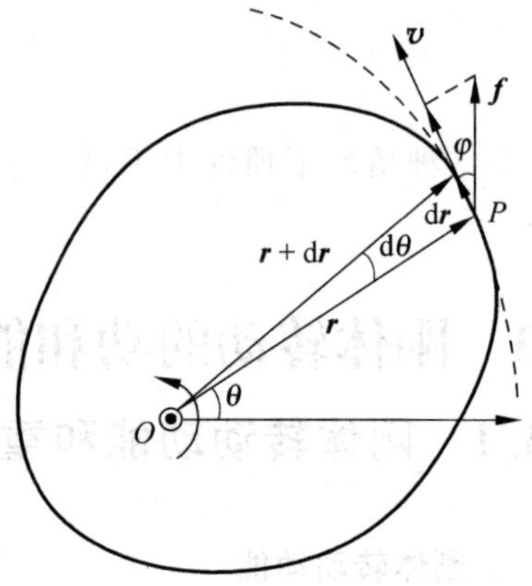

图2.3.1 力矩的功

在刚体由角坐标θ_1转到θ_2的过程中,对转轴的外力矩M_z的功为

$$A=\int_{\theta_1}^{\theta_2}M_z\mathrm{d}\theta \qquad (2.3.1)$$

若刚体受多个外力作用,则式中的M_z代表对转轴的外力矩之和。

2.3.3 刚体定轴转动的动能变化定理

设在外力矩M_z的作用下刚体的角速度由ω_1变到ω_2,把定轴转动定理$M_z=I\beta$代入式(2.3.1),注意到$\omega=\mathrm{d}\theta/\mathrm{d}t$,可得

$$A=\int_{\theta_1}^{\theta_2}I\beta\mathrm{d}\theta=I\int_{\theta_1}^{\theta_2}\frac{\mathrm{d}\omega}{\mathrm{d}t}\mathrm{d}\theta=I\int_{\omega_1}^{\omega_2}\omega\mathrm{d}\omega=\frac{1}{2}I\omega_2^2-\frac{1}{2}I\omega_1^2$$

即

$$A=\frac{1}{2}I\omega_2^2-\frac{1}{2}I\omega_1^2$$

此即刚体定轴转动的动能变化定理:在刚体作定轴转动的过程中,对转轴的外力矩的功等于刚体转动动能的增量。

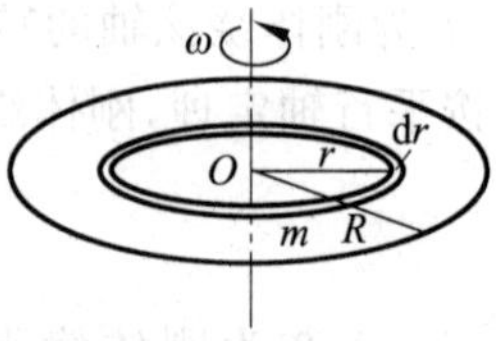

图2.3.2 例2.3.1图

例2.3.1 如图2.3.2所示,一个匀质圆盘的质量为m,半径为R,置于水平桌面上,圆盘和桌面之间的摩擦系数为μ,初始时刻圆盘绕其中心轴以角速度ω转动。求圆盘因摩

擦而静止时所转过的角度。

解 圆盘的质量面密度为 $\sigma=m/(\pi R^2)$。把圆盘分割成许多同心圆环，半径为 r，宽度为 $\mathrm{d}r$ 的圆环的质量为 $\mathrm{d}m=\sigma 2\pi r\,\mathrm{d}r$，它受桌面的摩擦力为 $\mathrm{d}f=\mu\,\mathrm{d}mg$，摩擦力矩为

$$\mathrm{d}M=r\,\mathrm{d}f=2\pi\sigma\mu g r^2\,\mathrm{d}r=\frac{2\mu mg}{R^2}r^2\,\mathrm{d}r$$

整个圆盘所受摩擦力矩为

$$M=\int_0^R\frac{2\mu mg}{R^2}r^2\,\mathrm{d}r=\frac{2}{3}\mu mgR$$

用 θ 代表圆盘因摩擦而静止时所转过的角度，在此过程中摩擦力矩的功为

$$A=-\int_0^\theta M\,\mathrm{d}\theta=-\frac{2}{3}\mu mgR\theta$$

按动能变化定理，有

$$A=0-\frac{1}{2}I\omega^2=-\frac{1}{4}mR^2\omega^2$$

可得

$$\theta=\frac{3}{8}\frac{\omega^2R}{\mu g}$$

2.3.4 刚体机械能守恒

刚体在运动过程中，若只有保守力做功，则刚体的机械能守恒。

例 2.3.2 按机械能守恒重解例 2.2.1。一半径为 R 的匀质圆盘形滑轮经缠绕的柔软轻绳悬挂于固定点 O，因重力作用开始转动下落。设绳与滑轮之间无滑动，求滑轮下落的加速度和滑轮转动的角加速度。

解 滑轮作平面运动。沿竖直向下方向建立 z 轴，取 $z=0$ 为重力势能零点，按机械能守恒，有

$$-mgz+\frac{1}{2}I_C\omega^2+\frac{1}{2}mv_C^2=\text{常量}$$

把上式对时间求导，注意到 $\mathrm{d}z/\mathrm{d}t=v_C$，$\mathrm{d}\omega/\mathrm{d}t=\beta$ 和 $\mathrm{d}v_C/\mathrm{d}t=a_C$，可得

$$-mgv_C+I_C\omega\beta+mv_Ca_C=0$$

把 $I_C=mR^2/2$，$\omega=v_C/R$ 和 $\beta=a_C/R$ 代入上式，可得

$$a_C=\frac{2}{3}g,\quad \beta=\frac{2g}{3R}$$

结果与前面一致。

例 2.3.3 如图 2.3.3 所示，一长度为 L 的匀质细杆从与竖直方向夹角为 θ_0 无初速地开始滑倒，墙和地面都光滑，求滑到角度 θ，但 A 端尚未离开墙时杆的质心速度和杆转动的角速度。

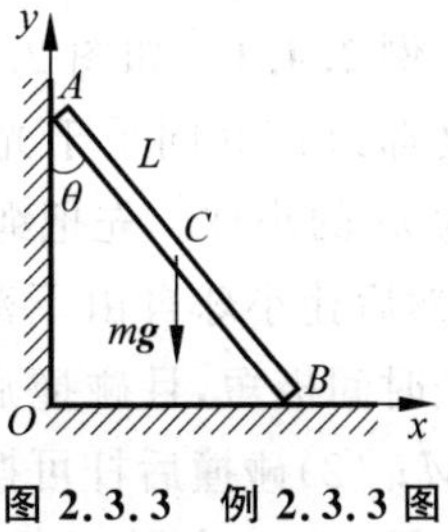

图 2.3.3 例 2.3.3 图

解 杆作平面运动，用 v_C 和 ω 分别代表杆的质心速度和杆转动的角速度。把地面选为势能零点，按机械能守恒定律，有

$$\frac{1}{2}Lmg\cos\theta_0=\frac{1}{2}I_C\omega^2+\frac{1}{2}mv_C^2+\frac{1}{2}Lmg\cos\theta$$

把杆绕质心轴的转动惯量 $I_C=mL^2/12$ 代入,并整理为

$$\omega^2=\frac{12g(\cos\theta_0-\cos\theta)}{L}-\frac{12v_C^2}{L^2} \qquad ①$$

在 Oxy 坐标系中,杆的质心坐标为

$$x_C=\frac{1}{2}L\sin\theta,\quad y_C=\frac{1}{2}L\cos\theta$$

因此质心速度为

$$v_{Cx}=\frac{\mathrm{d}x_C}{\mathrm{d}t}=\frac{1}{2}L\omega\cos\theta,\quad v_{Cy}=\frac{\mathrm{d}y_C}{\mathrm{d}t}=-\frac{1}{2}L\omega\sin\theta$$

即

$$v_C^2=\frac{1}{4}L^2\omega^2 \qquad ②$$

由式①和②,可得

$$v_C=\frac{1}{2}\sqrt{3Lg(\cos\theta_0-\cos\theta)}$$

$$\omega=\sqrt{\frac{3g(\cos\theta_0-\cos\theta)}{L}}$$

2.4 刚体角动量守恒 刚体的平衡

2.4.1 刚体角动量守恒

对于定轴转动刚体,若 $M_z=0$,则由 $M_z=\mathrm{d}L_z/\mathrm{d}t$ 可知

$$L_z=常量$$

这表明:若刚体对某一定轴所受的外力矩等于零,则刚体绕该轴的角动量保持不变。

对于绕惯性系中公共固定轴转动的刚体组,若对该轴所受的外力矩之和等于零,则刚体组绕该轴的总角动量保持不变。

对于平面运动刚体,若 $M_C=0$,则由 $M_C=\mathrm{d}L_C/\mathrm{d}t$ 可知

$$L_C=常量$$

这表明:若平面运动刚体对质心轴所受的外力矩等于零,则刚体绕质心轴的角动量保持不变。

例 2.4.1 如图 2.4.1 所示,柔软轻绳和匀质细杆的长度都为 l,共同系于光滑转轴 O 处,绳的另一端系一质量为 m 的小球。先把绳水平拉直,让小球静止,杆自由下垂,然后让小球自由下落与杆发生完全弹性碰撞,设碰撞所经时间极短,且碰撞后小球刚好静止。求:(1)杆的质量 M;(2)碰撞后杆可摆起的角度。

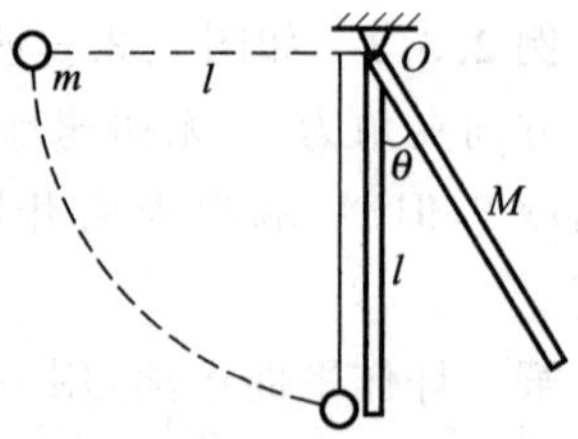

图 2.4.1 例 2.4.1 图

解 (1) 把小球和杆选作刚体组。因碰撞所经时间

极短，在碰撞过程中小球和杆的重力以及绳内张力过 O 点，对 O 轴的力矩等于零，因此系统绕 O 轴的角动量守恒。取垂直于竖直面向外为 O 轴的正方向，小球刚撞上杆时系统的角动量为

$$L_1 = mlv = ml\sqrt{2gl}$$

其中，$v=\sqrt{2gl}$ 为碰撞前小球的速度，可由小球的机械能守恒求出。碰撞后小球刚好静止，系统的角动量为

$$L_2 = I\omega$$

式中，I 为杆绕 O 轴的转动惯量，ω 为杆的角速度。按角动量守恒，有

$$ml\sqrt{2gl} = I\omega$$

由于小球与杆发生完全弹性碰撞，系统的机械能守恒，小球的势能 mgl 全部转化成为杆的转动动能，即

$$mgl = \frac{1}{2}I\omega^2$$

由以上两式，可得 $I=ml^2$，而 I 还等于 $Ml^2/3$，因此杆的质量为

$$M = 3m$$

(2) 用 θ 代表碰撞后杆可摆起的角度，此时杆的质心位置升高 $(1-\cos\theta)l/2$，按机械能守恒，有

$$mgl = Mg\frac{l}{2}(1-\cos\theta)$$

把 $M=3m$ 代入，可得 $\cos\theta=1/3$，因此杆可摆起的角度为

$$\theta = \arccos\left(\frac{1}{3}\right) = 70.5°$$

例 2.4.2 如图 2.4.2 所示，一质量为 M，长度为 l 的匀质细杆无约束地放在光滑水平面上，杆开始时静止，另一质量为 m 的小球在该平面上以速度 v_0 垂直于杆身与杆端作完全弹性碰撞，设 $m=M/3$。求碰后小球的速度、杆的质心速度和杆转动的角速度。

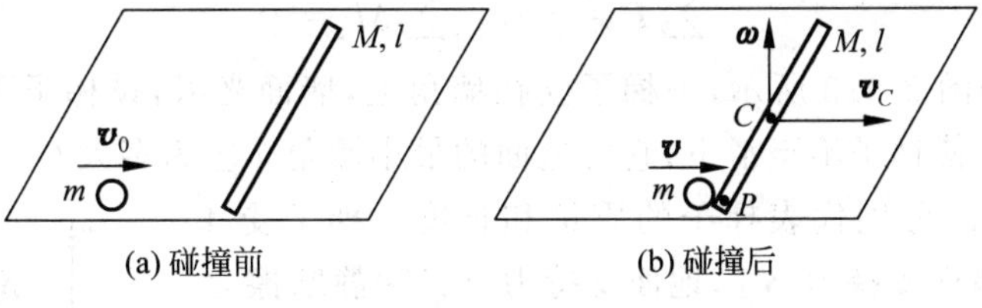

图 2.4.2 例 2.4.2 图

解 把小球和杆选作刚体组。如图 2.4.2(b)所示，碰撞后杆作平面运动，用 $\boldsymbol{v}$、$\boldsymbol{v}_C$ 和 $\boldsymbol{\omega}$ 分别代表碰后小球的速度、杆的质心速度和杆转动的角速度。在水平面上刚体组不受外力，因小球垂直于杆身碰撞，故系统的动量守恒可表示为

$$mv_0 = mv + Mv_C$$

把 $m=M/3$ 代入，可得

$$v_0 - v = 3v_C \quad ①$$

对水平面上任一固定点，系统的角动量守恒，若把小球与杆端的碰撞点 P 选作固定点，则有

$$0=\frac{1}{12}Ml^2\omega-\frac{1}{2}Mlv_C$$

式中，右边第一项为杆绕质心轴的角动量，第二项为杆的质心相对 P 点的角动量，由上式可得

$$v_C=\frac{1}{6}l\omega \qquad ②$$

由于球与杆作完全弹性碰撞，系统的机械能守恒，有

$$\frac{1}{2}mv_0^2=\frac{1}{2}mv^2+\frac{1}{2}I_C\omega^2+\frac{1}{2}Mv_C^2$$

把 $I_C=Ml^2/12$ 和 $m=M/3$ 代入上式，并整理为

$$v_0^2-v^2=\frac{1}{4}l^2\omega^2+3v_C^2 \qquad ③$$

由式①、②和③可得

$$v=\frac{v_0}{7},\quad v_C=\frac{2v_0}{7},\quad \omega=\frac{12v_0}{7l}$$

若把碰前杆的质心 C 的位置选作固定点，则角动量守恒可表示为

$$\frac{1}{2}mlv_0=\frac{1}{12}Ml^2\omega+\frac{1}{2}mlv$$

即

$$v_0-v=\frac{1}{2}l\omega$$

可得相同结果。

2.4.2 刚体的平衡

刚体的平衡是指刚体相对惯性系静止或作匀速直线运动(平动)。按动量和角动量变化定理，刚体达到平衡的充要条件是：外力矢量和等于零，对任一轴的力矩矢量和等于零，即

$$\sum \boldsymbol{F}_{外}=0,\quad \sum M_z=0$$

例 2.4.3 如图 2.4.3 所示，一梯子立在墙角上，墙面光滑，设梯子下端与地面的摩擦系数为 $\mu=0.2$，为使梯子不至滑下，它与地面的最小倾角 θ 应为多大?

解 用 m 和 L 分别代表梯子的质量和长度。梯子受 4 个力：重力 $m\boldsymbol{g}$，墙面支持力 $\boldsymbol{N}_A$，地面支持力 $\boldsymbol{N}_B$ 和静摩擦力 $\boldsymbol{f}$。按平衡条件，要求外力矢量和等于零，即

$$N_A-f=0$$

$$N_B-mg=0$$

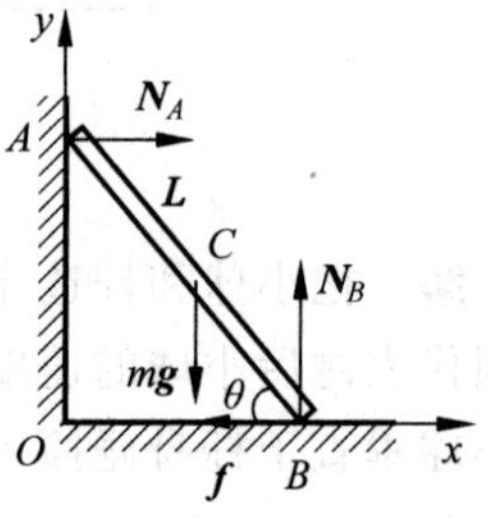

图 2.4.3 例 2.4.3 图

对过 B 点垂直于 xy 平面的轴，要求力矩矢量和等于零，即

$$\frac{L}{2}mg\cos\theta-LN_A\sin\theta=0$$

梯子相对地面不滑动，要求

$$f\leqslant\mu N_B$$

由以上四式，可得

$$\theta \geqslant \arctan\left(\frac{1}{2\mu}\right) = \arctan\left(\frac{1}{2 \times 0.2}\right) = 68^\circ$$

“梯子使用安全规范”规定，梯子与地面的夹角以 60°～70°为宜。

*2.5　进动和陀螺的定轴性

如图 2.5.1 所示，实验发现，绕自身对称轴高速旋转的重陀螺在重力矩 $\boldsymbol{M}$ 的作用下不是倾倒，而是绕竖直轴(z 轴)以角速度 Ω 缓慢转动，力图保持转轴的方向不变，这种运动称为进动，也叫旋进。

旋转的陀螺保持转轴方向不变的性质，叫陀螺的定轴性。陀螺的自转角动量越大，所受外力矩越小，其定轴性就越好。

陀螺的进动是绕固定点 O 的一种定点转动，按质点系角动量变化定理，有

$$\boldsymbol{M} = \frac{\mathrm{d}}{\mathrm{d}t}(\boldsymbol{L} + \boldsymbol{L}') \tag{2.5.1}$$

式中，$\boldsymbol{M} = \boldsymbol{R} \times m\boldsymbol{g}$ 为重力对 O 点的力矩，$\boldsymbol{L} + \boldsymbol{L}'$ 为陀螺对 O 点的总角动量，其中 $\boldsymbol{L}$ 为陀螺绕对称轴的自转角动量，$\boldsymbol{L}'$ 为绕 z 轴的进动角动量。对于高速旋转的重陀螺，$L \gg L'$，式(2.5.1)可近似写成

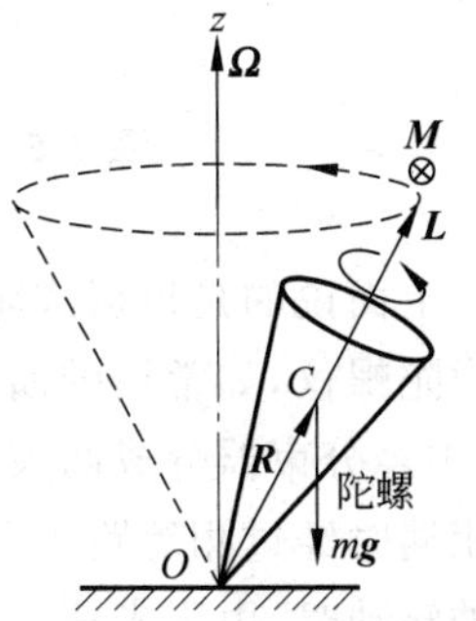

图 2.5.1　陀螺的进动

$$\boldsymbol{M}\mathrm{d}t = \mathrm{d}\boldsymbol{L} \tag{2.5.2}$$

重力矩 $\boldsymbol{M}$ 使陀螺自转角动量 $\boldsymbol{L}$ 的端点沿 $\mathrm{d}\boldsymbol{L}$ 的方向，即沿 $\boldsymbol{M}$ 的方向发生变化。

因 $\boldsymbol{M} \perp \boldsymbol{R}$，而 $\boldsymbol{L}$ 沿 $\boldsymbol{R}$ 方向，故 $\boldsymbol{M} \perp \boldsymbol{L}$，即 $\mathrm{d}\boldsymbol{L} \perp \boldsymbol{L}$，因此

$$\boldsymbol{L} \cdot \mathrm{d}\boldsymbol{L} = L\,\mathrm{d}L = 0, \quad \mathrm{d}L = 0$$

这表明：在重力矩 $\boldsymbol{M}$ 的作用下，陀螺自转角动量 $\boldsymbol{L}$ 的大小不变，但改变方向，陀螺绕 z 轴以角速度 Ω 转动而发生进动。可以证明

$$\boldsymbol{M} = \boldsymbol{\Omega} \times \boldsymbol{L}$$

按上式可判定陀螺进动的方向。

图 2.5.2 表示地球的进动。由于太阳和月球对地球的引力产生力矩，地球自转轴的指向绕公转轴(地球绕太阳的转动平面的垂线)以角速度 Ω 缓慢进动，周期为 25800 年，地球自转轴与公转轴的夹角为 23.5°。

进动使地球赤道平面的方位发生变化，从而产生岁差：回归年比恒星年要短一些。回归年是由四季构成的一年，而恒星年是指地球绕太阳公转一周所需要的时间。北半球上的一个回归年是从春分(太阳直射赤道)开始，经过夏至(直射北回归线)、秋分(直射赤道)、冬至(直射南回归线)，再回到下一次春分所经时间。地球的进动改变着地理北极的指向，目前的北极星是小熊座 α 星，中国古代称之为“勾陈一”或“北辰”。12000 年后，织女星将成为北极星。

图 2.5.3 表示一个常平架陀螺仪，转子是一个边缘厚重的轴对称物体，转子、内环和外环的转轴两两垂直，并相交于陀螺仪的重心，使得转子不受重力矩的作用。若忽略轴承摩擦力矩和空气阻力矩，当转子高速旋转时，无论支架如何翻转，转子都将保持其转轴方向不变。把陀螺仪装在飞机或舰船上，以陀螺仪自转轴线为标准，可随时检测系统转动的角位移，以便调整航行的方向。

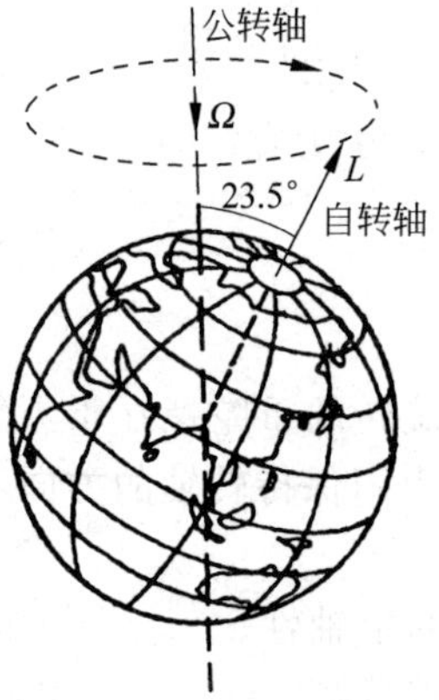

图 2.5.2 地球的进动

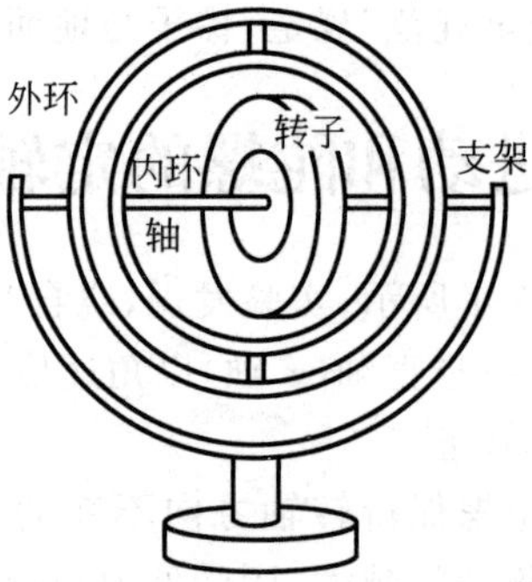

图 2.5.3 常平架陀螺仪

上面说的是机械式陀螺仪。实际上任何能够检测运动物体的方位变化的装置,都可以称为陀螺仪,如常用的激光陀螺仪。其工作原理是让同一光源发出的激光在闭合光路(光纤)中经分束器分成两束,分别沿顺时针和逆时针方向在光路中传播。若光路静止,这两束光相遇时经过相等路程(无光程差),不发生干涉;但当光路随系统绕垂直于光路平面的对称轴转动时,由于光速与参考系的运动无关,这两束光相遇时就会产生光程差而发生干涉,由此可以检测系统转动的角位移,完成机械式陀螺仪同样的任务。

激光陀螺仪没有运动部件,具有精度高,抗干扰性强,工作可靠,寿命长等优点,从而在现代航空、航海、航天和国防工业中已经完全取代了机械式陀螺仪,成为现代导航仪器中的核心部件。

本章提要

1. 刚体定轴转动定理

$$M_z = I\beta$$

定轴转动惯量

$$I = \sum_i \Delta m_i r_i^2, \quad I = \int r^2 \mathrm{d}m$$

平行轴定理

$$I = I_C + md^2$$

薄板正交轴定理

$$I_z = I_x + I_y$$

2. 刚体平面运动

$$\boldsymbol{F}_{外} = m\boldsymbol{a}_C \quad (质心运动), \quad M_C = I_C\beta \quad (绕质心轴转动)$$

无滑动滚动的运动学条件

$$v_C = R\omega, \quad a_C = R\beta$$

3. 刚体转动动能

$$E_k = \frac{1}{2}I\omega^2$$

力矩的功

$$A=\int_{\theta_1}^{\theta_2} M_z \mathrm{d}\theta$$

动能变化定理

$$A=\frac{1}{2}I\omega_2^2-\frac{1}{2}I\omega_1^2$$

机械能守恒：若只有保守力做功，则刚体的机械能保持不变。

4. 刚体角动量守恒

定轴转动刚体：若 $M_z=0$，则 $L_z=$常量。

定轴转动刚体组：若对某一公共定轴的外力矩之和等于零，则刚体组绕该轴的总角动量保持不变。

平面运动刚体：若 $M_C=0$，则 $L_C=$常量。

5. 刚体的平衡

$$\sum \boldsymbol{F}_{外}=0,\quad \sum M_z=0$$

*6. 进动和陀螺的定轴性

习题

2.1　求质量为 m，半径为 R 的匀质细圆环绕过直径的轴的转动惯量。

2.2　推导质量为 m，半径为 R 的匀质薄球壳绕过直径的轴的转动惯量公式

$$I=\frac{2}{3}mR^2$$

2.3　如图所示，从一个半径为 R 的匀质薄圆盘上挖去一个直径为 R 的圆洞，洞的中心 O' 点与圆盘中心 O 点的距离为 $R/2$，带洞圆盘的质量为 m，求它绕过 O 点且与圆盘垂直的轴的转动惯量。

2.4　如图所示，飞轮的质量为 60kg，直径为 0.50m，转速为 $1.0\times10^3\mathrm{r\cdot min^{-1}}$。现用闸瓦制动，使其在 5.0s 内停止转动，求制动力 F。设闸瓦与飞轮之间的滑动摩擦系数为 $\mu=0.40$，飞轮的质量全部分布在轮缘上。

2.5　如图所示，滑轮可看成半径为 R，质量为 m_0 的匀质圆盘，$R=0.10\mathrm{m}$，$m_0=15\mathrm{kg}$，两物体的质量分别为 $m_1=50\mathrm{kg}$ 和 $m_2=200\mathrm{kg}$。设绳与滑轮之间无滑动，水平面光滑，求物体的加速度和绳中的张力。

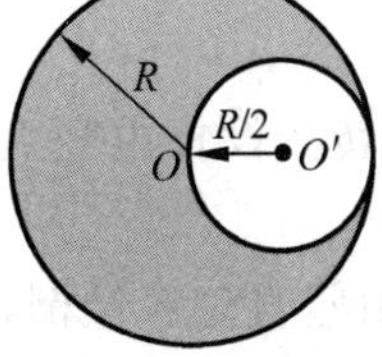

习题 2.3 图

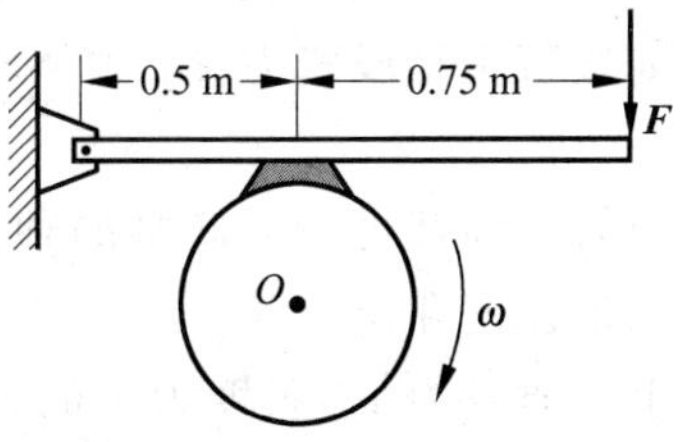

习题 2.4 图

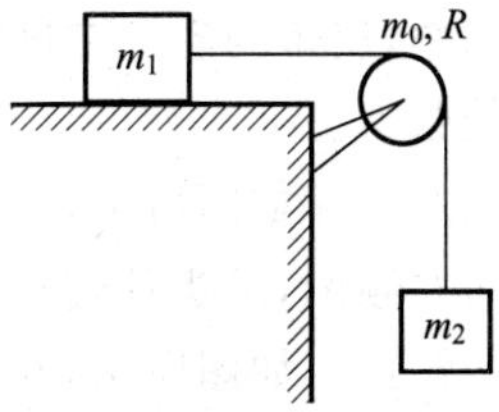

习题 2.5 图

2.6 如图所示,一轴承光滑的定滑轮,质量为 $M=2.00\text{kg}$,半径为 $R=0.100\text{m}$,上面绕一根不能伸长的轻绳,绳的下端系一质量为 $m=5.00\text{kg}$ 的物体。已知定滑轮的转动惯量为 $I=MR^2/2$,初始角速度为 $\omega_0=10.0\text{rad}\cdot\text{s}^{-1}$,方向垂直于竖直面向里。设绳与滑轮之间无滑动,求:(1)定滑轮的角加速度;(2)定滑轮的角速度变化到 $\omega=0$ 时,物体上升的高度;(3)当物体回到原来位置时,定滑轮的角速度。

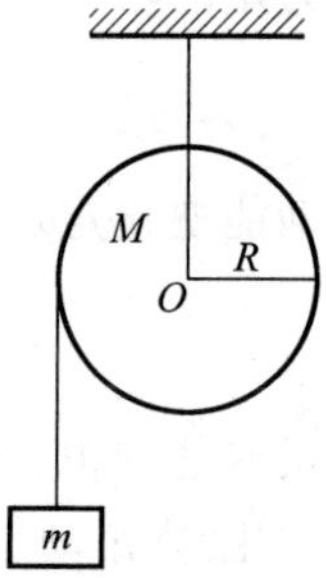

习题 2.6 图

2.7 以 $20\text{N}\cdot\text{m}$ 的恒力矩作用在有固定轴的转轮上,在 10s 内该轮的转速由零增大到 $100\text{r}\cdot\text{min}^{-1}$,此时移去该力矩,转轮因摩擦力矩的作用经 100s 而停止。求此转轮绕其固定轴的转动惯量。

2.8 半径为 $R=0.5\text{m}$ 的飞轮可绕通过其中心 O 且与轮面垂直的水平轴转动,转动惯量为 $I=2\text{kg}\cdot\text{m}^2$。飞轮原来以 $240\text{r}\cdot\text{min}^{-1}$ 的转速沿逆时针方向转动,当 $F=8\text{N}$ 的制动力作用于轮缘时,均匀减速直到最后停转。求:(1)飞轮的角加速度的大小;(2)从制动开始到飞轮停转所需的时间;(3)从制动开始到停转,飞轮转过的圈数。

2.9 如图所示,质量为 m_1 和 m_2 的两物体 A 和 B 分别悬挂在组合滑轮的两端,两轮的半径分别为 R 和 r,转动惯量分别为 I_1 和 I_2。设绳与滑轮之间无滑动,不计轮与轴承间的摩擦力和绳的质量,求两物体的加速度和绳中张力。

2.10 如图所示,质量为 $m_1=24\text{kg}$ 的匀质圆盘可绕水平光滑固定轴转动,一轻绳绕于轮上,另一端通过质量为 $m_2=5\text{kg}$ 的圆盘形定滑轮悬挂一个质量为 $m=10\text{kg}$ 的物体。设绳与滑轮之间无滑动,求当该物体由静止开始下降了 $h=0.5\text{m}$ 时,(1)物体的速度;(2)绳中张力。

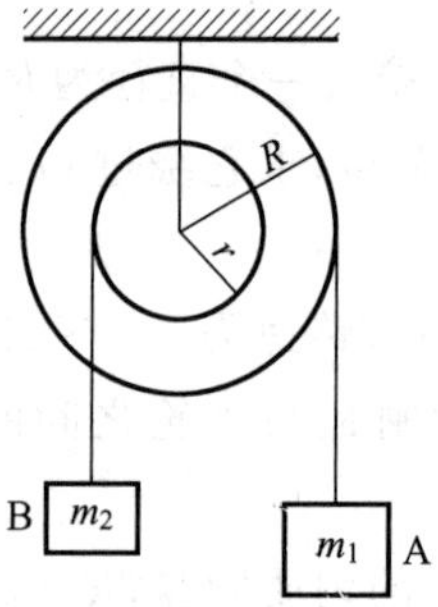

习题 2.9 图

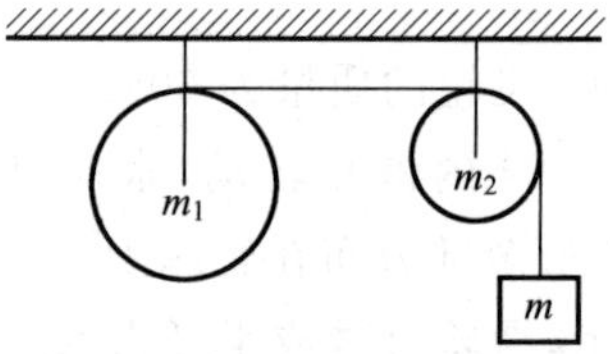

习题 2.10 图

2.11 如图所示,皮带轮的半径为 50cm,转速为 $n=150\text{r}\cdot\text{min}^{-1}$,用以传递 14.7kW 的功率,皮带与轮子之间无滑动。如皮带主动段张力 T_1 为从动段张力 T_2 的 2 倍,求从动段的张力。

2.12 如图所示,一长度为 l 的匀质细杆可绕其底端的轴无摩擦旋转。设杆由竖直位置向右倾倒,求当杆转过 θ 角时的角加速度和角速度。

2.13 如图所示,在光滑地面上一质量为 m,长度为 l 的匀质细杆由竖直位置倾倒,求当杆转过 θ 角时地面对杆的作用力。

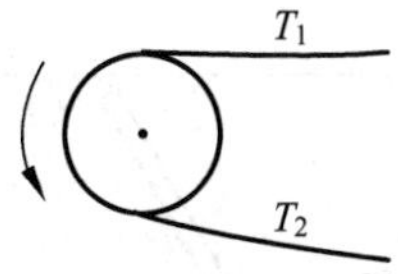

习题 2.11 图

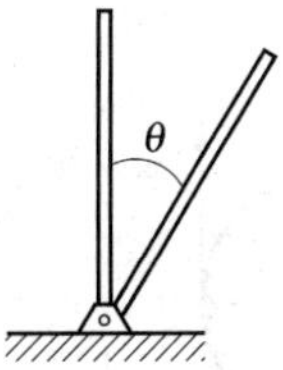

习题 2.12 图

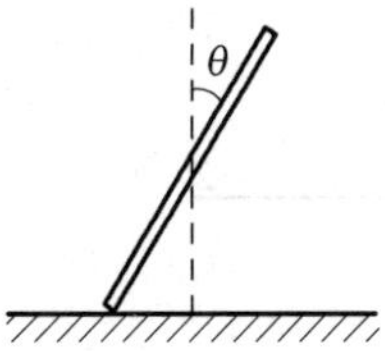

习题 2.13 图

2.14　如图所示，在粗糙的桌面上搓动一个乒乓球，让它向前又滚又滑，经过一段时间后开始作无滑动滚动。把乒乓球看成半径为 R 的匀质薄球壳，设初始时刻乒乓球的质心速度为 v_{C0}，角速度为 ω_0，在下面两种情况下求 v_{C0} 与 ω_0 之间应满足的关系：(1)乒乓球开始作纯滚动后继续前进；(2)乒乓球开始作纯滚动后自动返回。

2.15　如图所示，地面上有一质量为 m 的线轴状刚体，内轴和外轴的半径分别为 r 和 R。今用力 $\boldsymbol{F}$ 拉线，线与地面成 θ 角，设刚体在地面上作无滑动滚动，绕质心轴的转动惯量为 I_C。求：(1)刚体滚动的角加速度；(2)刚体向右滚动和向左滚动时，θ 角的取值。

2.16　在斜面同一高度处放置一个匀质圆柱和一个匀质球，让它们同时从静止开始沿斜面向下作无滑动滚动。用计算说明哪个先滚到斜面底部。

2.17　如图所示，光滑水平面上有一半径为 R 的固定圆环，长度为 $2l$ 的匀质细杆 AB 开始时绕其中心 C 旋转，C 点靠在圆环上，且无初速度。假设此后细杆可无相对滑动地绕圆环外侧运动，直到 B 端与圆环接触后彼此离开。已知细杆与圆环间的静摩擦系数 μ 处处相同，求 μ 的取值范围。

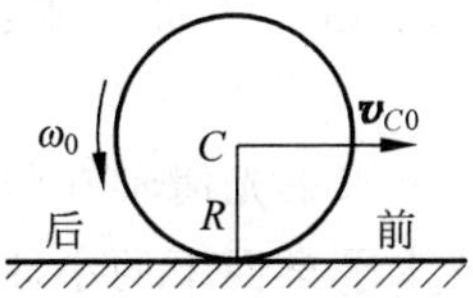

习题 2.14 图

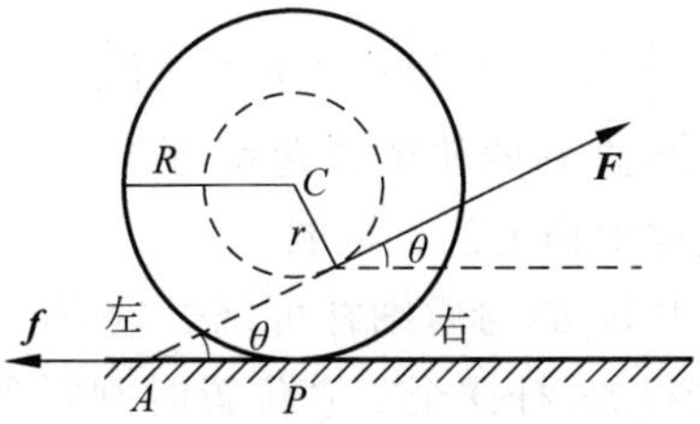

习题 2.15 图

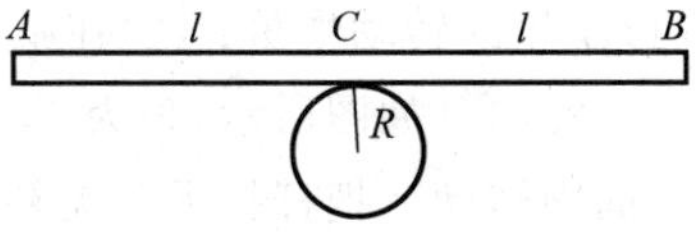

习题 2.17 图

2.18　如图所示，一匀质细杆长为 l，质量为 m，可绕光滑固定轴 O 在竖直平面内转动，由图中位置 1 转下，经水平位置 2 转至竖直位置 3。(1)分析处于位置 2、3 时，哪种情形下轴的受力较为简单；(2)计算受力简单的那个位置轴的受力。

2.19　如图所示，一质量为 M，半径为 R 的匀质圆盘，绕过中心且与盘面垂直的光滑水平轴以角速度 ω 转动。设某时刻有一质量为 m 的小碎块从盘边缘裂开，并恰好沿垂直方向上抛，求小碎块可能达到的高度和破裂后圆盘的角动量。

2.20　如图所示，一质量为 M，长度为 l 的匀质细杆无约束地放在光滑水平面上，杆开始时静止，另一质量为 m 的子弹在该平面上以速度 v_0 垂直于杆身击中杆端，并与杆一起运动。设 $M=99m$，求子弹射入后杆和子弹的角速度。

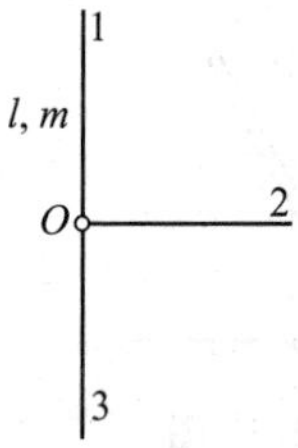

习题 2.18 图

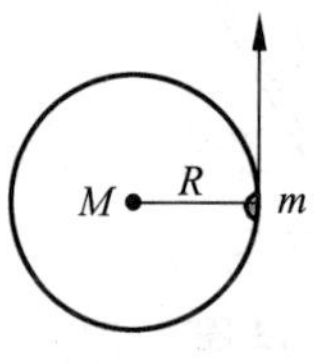

习题 2.19 图

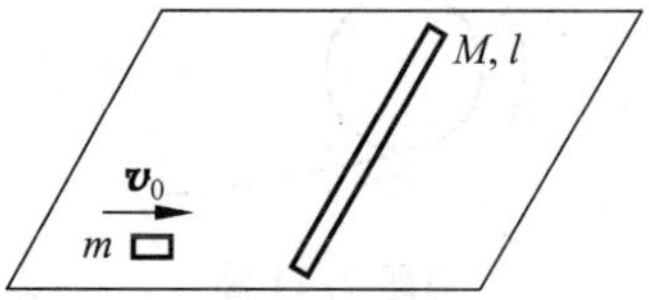

习题 2.20 图

2.21　如图所示,一质量为 M,长度为 l 的匀质细杆可绕通过其中点 C 的固定轴在光滑水平面上无摩擦转动,杆开始时静止,另一质量为 m 的小球在该平面上以速度 v_0 垂直于杆身与杆端作完全弹性碰撞。求碰后小球的速度和杆的角速度。

2.22　如图所示,一质量为 20.0kg 的小孩站在一半径为 3.00m,转动惯量为 $450\mathrm{kg\cdot m^2}$ 的静止水平转台的边缘上。此转台可绕通过转台中心的竖直轴转动,转台与轴间的摩擦可忽略不计。此小孩相对转台以 $1.00\mathrm{m\cdot s^{-1}}$ 的速率沿转台边缘行走,求转台的角速度。

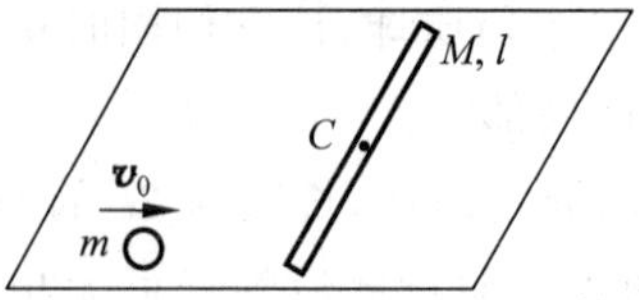

习题 2.21 图

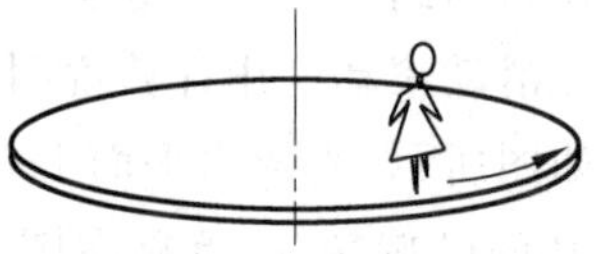

习题 2.22 图

2.23　如图所示,两飞轮 A 和 B 的轴杆由摩擦啮合器连接,A 轮的转动惯量为 $I_1=10.0\mathrm{kg\cdot m^2}$,开始时 B 轮静止,A 轮以 $n_1=600\mathrm{r\cdot min^{-1}}$ 的转速转动,然后使 A 和 B 连接,因而 B 轮得到加速而 A 轮减速,直到两轮的转速都等于 $n=200\mathrm{r\cdot min^{-1}}$ 为止。求:(1)B 轮的转动惯量;(2)在啮合过程中损失的机械能。

2.24　如图所示,长为 l,质量为 m 的匀质细杆可绕过端点 O 的固定水平光滑轴在竖直面内转动。把杆抬平后无初速地释放,杆摆至竖直位置时刚好和光滑水平桌面上的小球相碰,球的质量和杆相同。设碰撞是完全弹性的,求碰后小球获得的速度。

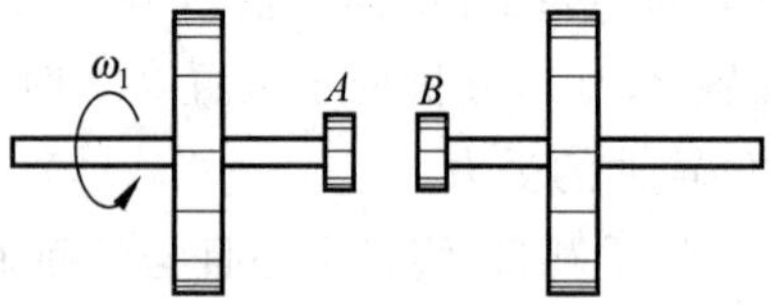

习题 2.23 图

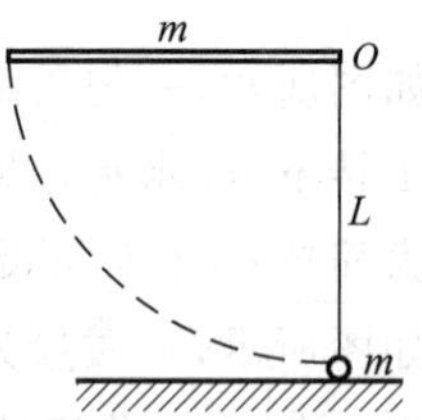

习题 2.24 图

2.25　一长为 L,质量为 M 的匀质细杆可绕通过其一端的光滑轴在竖直面内转动。杆的另一端固定一质量也为 M 的靶(可当作质点),初始静止下垂。今有一质量为 m 的子弹以速度 v 垂直地射向靶,穿过靶后速度降至 $v/2$。为使细杆与靶在竖直面内作一完整的圆周运动,子弹的速度 v 最小应为多少?

2.26　如图所示，一轻绳绕过一半径为 R，质量为 $M/4$ 的滑轮。质量为 M 的人抓住了绳的一端，绳的另一端系一个质量为 $M/2$ 的重物。设绳与滑轮之间无滑动，求当人相对绳匀速上爬时，重物上升的加速度为多少？

2.27　如图所示，一质量为 M，长度为 L 的匀质细杆静止下垂，它可绕悬点 O 无摩擦转动。今有一质量为 m 的子弹以速度 v 垂直射入杆内，射入点在悬点 O 下方，与其距离为 d。设从子弹射入到停在杆中所经时间 Δt 极短，求：(1)子弹刚停在杆中时杆的角速度；(2)在子弹射入的 Δt 时间内，杆的上端在水平方向受悬点的平均力；(3)为使杆的上端不受悬点的水平力，子弹所击中的杆的位置称为打击中心，求匀质细杆的打击中心。

2.28　四块质量相同，长度均为 l 的砖如图示放置，每一块砖比下一块砖都伸出一些。证明：若平衡时第一块砖相对第二块砖伸出最大长度为 $l/2$，则第二块砖相对第三块砖伸出最大长度为 $l/4$，第三块砖相对最下面的第四块砖伸出最大长度为 $l/6$。

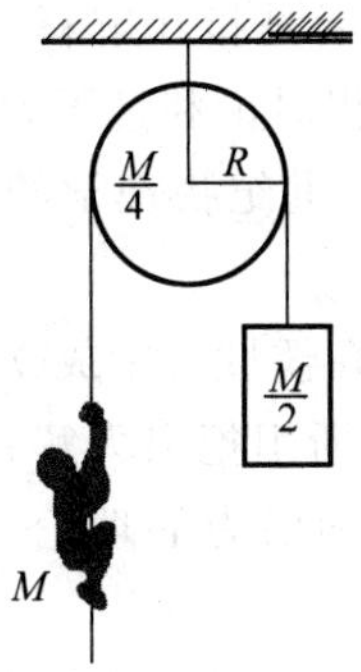

习题 2.26 图

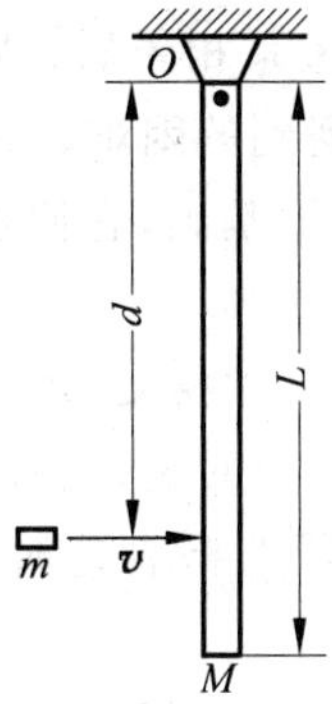

习题 2.27 图

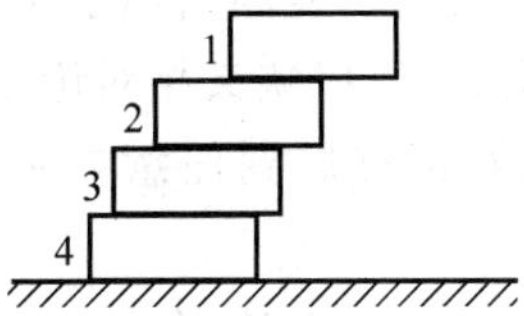

习题 2.28 图

第3章 狭义相对论

到 19 世纪末，以牛顿力学、热学和电磁学为代表的经典物理学已经发展得相当成熟，一些物理学家认为“往后无非在已知规律的小数点后面加上几个数字而已”。但这时看似晴朗的物理学的天空却出现了两朵令人不安的“乌云”：一朵乌云是指检测地球相对“以太”运动的否定结果，与存在绝对静止的“以太”参考系相矛盾；另一朵乌云是指在解释一些实验现象时，经典物理理论中的能量均分定理所遇到的困难。这导致了相对论和量子力学的诞生。相对论和量子力学是近代物理学的两个理论基础，它们引发了 20 世纪物理学的革命，从根本上改变了人们对物质世界的认识。

狭义相对论由爱因斯坦于 1905 年建立。“狭义”是指仅限于在惯性系中成立，而惯性系要求没有引力，所以狭义相对论不能处理引力问题。1916 年爱因斯坦把引力解释为时空的弯曲，把相对论推广到任意参考系，建立了严格表达时间、空间和引力的理论——广义相对论。

本章讲狭义相对论，包括运动学和动力学两部分。狭义相对论运动学只涉及时空的变换，动力学则研究高速运动粒子的质量、动量和能量等物理量在相互作用中的变化规律。对于广义相对论，我们只能作粗略的介绍。

3.1 狭义相对论的建立和洛伦兹变换

在涉及物体高速运动和电磁波传播等高速领域，绝对时空观和伽利略变换失效，取代的是狭义相对论时空观和洛伦兹变换。

如图 3.1.1 所示，惯性系 S' 相对惯性系 S 沿 $x'(x)$ 轴方向以速度 u 作匀速直线运动，而 $y'(z')$ 轴与 $y(z)$ 轴始终保持平行。设想在 S' 系和 S 系中的所有地点放置一系列时钟，以表示该地点的时间，并校准这些钟，让它们在各自参考系中同步运行。当坐标原点 O' 和 O 重合时，把所有钟置零，取该时刻为共同的时间零点。若不作声明，下面提到的 S' 系和 S 系均指惯性系，并按图 3.1.1 配置。

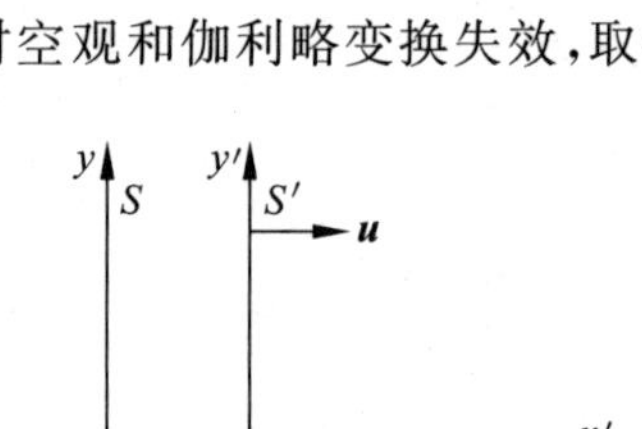

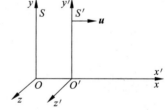

图 3.1.1 S' 系和 S 系

3.1.1 狭义相对论的建立

1864 年，英国物理学家麦克斯韦(J. C. Maxwell)建立了以麦克斯韦方程组为基础的电

磁场理论，按这组方程，光（电磁波）在真空中的传播速度为

$$c=\frac{1}{\sqrt{\varepsilon_0\mu_0}}$$

其中，ε_0 和 μ_0 分别为真空介电常量和真空磁导率，它们是与参考系无关的常量，因此在任何惯性系中观测，光在真空中沿任何方向的传播速度都等于 c，即光速不变。

然而，光速不变与伽利略相对性原理水火不相容：按伽利略速度变换，若光在 S 系中的速度是 c，则在 S' 系中观测，光沿 S' 系运动方向的速度为 $c-u$，沿反方向为 $c+u$。同样是惯性系，S 系和 S' 系不平等。当时为解决这一矛盾有如下三种选择：

(1) 修改电磁学理论，让它服从伽利略相对性原理。但是电磁学理论的正确性已被大量实验事实所验证，况且伽利略变换是否适用于电磁波的传播等高速领域，也从来没有被实验验证过，所以这种选择没有道理。

(2) 抛弃"所有惯性系都平等"的相对性思想，认为电磁学理论仅适用于一种特殊的惯性系——"以太(ether)"参考系，"以太"绝对静止并充满整个宇宙空间。按光的"以太"假说，光波是传播"以太"振动的弹性波，在"以太"参考系中，光沿各个方向的传播速度都是 c。

"以太"本来是一个哲学概念，是古希腊哲学家亚里士多德所设想的一种物质。把"以太"当成传播光波的弹性介质，要求"以太"具有很强的弹性，但密度却很低，能完全自由地通过其他有质体运动。既然"以太"是弹性介质，为什么光只是横波而没有纵波？"以太"绝对静止，地球就要相对"以太"运动，地面上不同方向的光速就应该有所不同。

1881—1887 年期间，美国物理学家迈克耳孙(A. A. Michelson)和莫雷(E. W. Morley)使用由迈克耳孙发明的干涉仪，试图通过测量不同方向光速的差别来检测地球相对"以太"的运动，得到的是否定的结果：在地面上沿不同方向的光速相等。迈克耳孙—莫雷实验以及其他一些实验的结果都否定了"以太"的存在。

对于光来说，"以太"确实是多余的东西。但真空并不是绝对的空，里面不断发生着虚粒子的产生和湮灭过程，尽管"以太"这种神秘的物质被物理学抛弃了，但是在一定意义上说，"不存在绝对虚无意义上的真空，不存在超距作用"的"以太"思想仍具有一定意义。

(3) 爱因斯坦坚信相对性原理是自然界普遍规律的表现，他推广了适用于低速领域的伽利略相对性原理，让电磁学理论服从推广后的相对性原理，在他 1905 年发表的著名论文《论动体的电动力学》中，提出了狭义相对性原理和光速不变原理，创建了狭义相对论。当年爱因斯坦 26 岁。

虽然当时已有一些物理学家非常接近相对论的发现，但只有爱因斯坦一个人跳出了绝对时空观的框架，特别是提出了同时性是相对的这一关键性、革命性的概念，成为狭义相对论的当之无愧的创始人。

1. 狭义相对性原理

对于描述物理定律(包括力学定律)来说，所有惯性参考系都是平等的，不存在特殊的绝对惯性系。由于仅限于"惯性系"平等，这一原理称为狭义相对性原理。

从协变对称性的角度上看，狭义相对性原理可以表述为：高速运动物体的动力学方程和麦克斯韦方程组具有洛伦兹变换协变对称性，从惯性系 S 到 S'，在洛伦兹变换下方程的数学形式保持不变。

实际上,1904年法国物理学家庞加莱(L. H. Poincaré)就提出了相对性原理。在这前后,荷兰物理学家洛伦兹(H. A. Lorentz)也发现,麦克斯韦方程组在他导出的时空变换(洛伦兹变换)下是协变的,但是他们坚持绝对时空观,下不了决心放弃光的"以太"假说。

2. 光速不变原理

在任何惯性系中观测,光在真空中沿任何方向的传播速度都等于 c。或者说,无论光源和观察者如何运动,观察者所测得的真空光速都等于 c,任何物体相对光子都不可能静止。这称为光速不变原理。

应该注意,光速不变是指光速的大小(速率)不变,而光的传播方向在不同惯性系中是可以改变的(见例3.3.3)。

如何在数学上表达光速不变原理?如图3.1.2所示,设想坐标原点 O' 和 O 重合时由 $O'(O)$ 点发出一个闪光,按光速不变原理,无论在 S' 系还是在 S 系中观测,光沿各方向的传播速度都等于 c,因此闪光的波前是以 $O'(O)$ 点为球心的球面,半径分别等于 ct' 和 ct,波前的方程为

$$x'^2+y'^2+z'^2=c^2t'^2 \quad (S' \text{系})$$

$$x^2+y^2+z^2=c^2t^2 \quad (S \text{系})$$

在 t' 和 t 时刻,闪光到达地点的 x' 轴和 x 轴坐标分别为 $x'=ct'$ 和 $x=ct$。

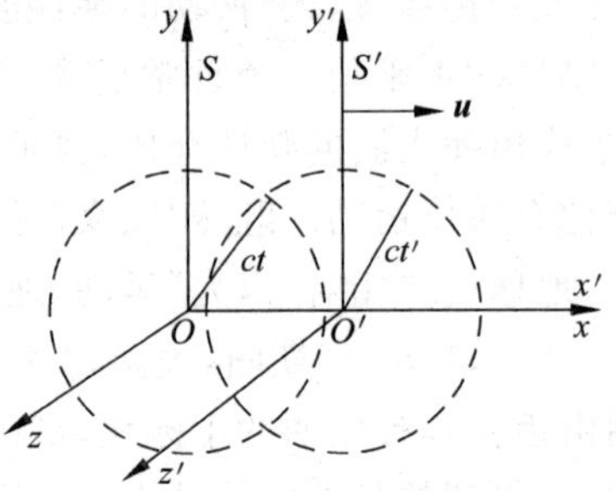

图3.1.2 光速不变原理

1964年,奥瓦格(T. Alvager)等人对加速器产生的速度高达 $0.99975c$ 的 π^0 子衰变所发射的 γ 射线(一种波长极短的光波)进行测量,发现无论是沿 π^0 子(光源)运动的正前方,还是沿正后方,γ 射线的速度都与光速 c 极其一致,实验结果为

$$(2.9977\pm0.0004)\times10^8\,\text{m}\cdot\text{s}^{-1}$$

直接验证了光速不变原理(Phys. Lett., T. Alvager at al,1964,12,260)。

光速不变是一个精确成立的实验事实,1983年第17届国际计量大会把真空光速 c 规定为

$$c=299792458\,\text{m}\cdot\text{s}^{-1}$$

而1m就是光在真空中在(1/299792458)s的时间内所经路程的长度。

引导爱因斯坦提出光速不变原理和创建狭义相对论的基本线索是电磁学,而迈克耳孙—莫雷实验否定"以太"存在的结果不占据主导地位。但是还在学生时代,爱因斯坦就在思考光速与物体运动之间的关系,并高度评价迈克耳孙—莫雷实验的科学意义。

3.1.2 狭义相对论时空观和洛伦兹变换

1. 狭义相对论时空观

狭义相对论认为:时间和空间是一个不可分割的整体,时间和长度的量度是相对的,与观测它们的参考系有关。

2. 事件和时空变换

具有确定的发生时间和发生地点的物理现象,称为事件。一个事件发生的时间和地点,称为该事件的时空坐标或时空点。如"某一时刻在某一地点发出一个闪光"就是一个事件,用 t 和(x,y,z)分别代表发出闪光的时间和地点,该事件的时空坐标就是(x,y,z,t)。

我们关心的是事件的时空坐标而不是它的具体内容,只要时空坐标相同就是同一事件。同一参考系中的两个事件,同时发生一定不同地,同地发生一定不同时。

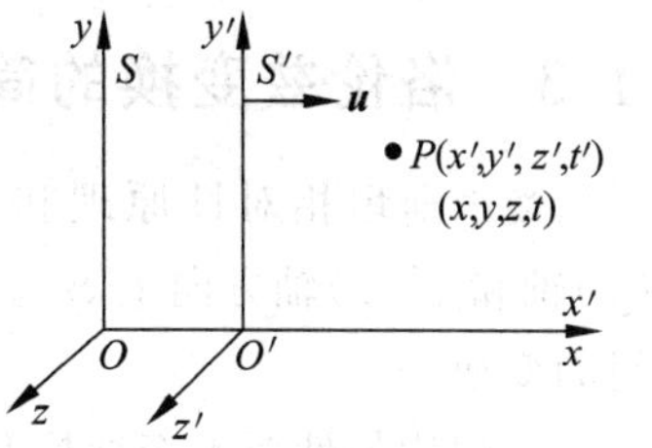

图 3.1.3　事件的时空坐标

如图 3.1.3 所示,用(x',y',z',t')和(x,y,z,t)分别代表同一事件 P 在 S'系和 S 系中的时空坐标。(x',y',z',t')和(x,y,z,t)之间的变换,称为时空变换,它表达时间和长度的量度与参考系运动的关系。

3. 洛伦兹变换

早在 1904 年,洛伦兹就导出

$$\left.\begin{aligned} x' &= \frac{x-ut}{\sqrt{1-u^2/c^2}} \\ y' &= y \\ z' &= z \\ t' &= \frac{t-\frac{u}{c^2}x}{\sqrt{1-u^2/c^2}} \end{aligned}\right\} \tag{3.1.1}$$

这就是著名的洛伦兹变换。但洛伦兹当时坚持绝对时空观,认为式中的 u 是惯性系相对"以太"的绝对运动速度,也不肯放弃关于时间的原始观念,认为式中的 t 代表真正的时间,而 t'仅仅是一个辅助的数学量。

洛伦兹对物理学的最重要的贡献是创立了经典电子论,洛伦兹力公式就是他在建立经典电子论时提出的。在经典物理学的许多领域,洛伦兹都有很深的造诣,受到爱因斯坦、薛定谔等物理学家的尊敬,爱因斯坦就说过,他一生中受洛伦兹的影响最大。因在研究磁性对辐射的影响方面所作出的贡献,洛伦兹和荷兰物理学家塞曼(P. Zeeman)共同获得 1902 年诺贝尔物理学奖。

1905 年,爱因斯坦在全新的物理基础上独立地导出式(3.1.1),对公式的解释也与洛伦兹完全不同:u 是两个惯性系的相对运动速度,t'就是 S'系中的时间。洛伦兹变换表达了狭义相对论时空观,由此可以看出:

(1) 时间和长度混在一起变换,说明时间和长度构成一个不可分割的整体——四维空间。这正如俄国数学家闵可夫斯基(H. Minkowski)所言:"从今以后,孤立的空间和孤立的时间本身都已成为影子,两者的结合才保持独立的存在。"爱因斯坦认为,没有四维语言,"相对论将处于襁褓之中"。闵可夫斯基在苏黎世大学任教时,爱因斯坦曾是他的学生。

(2) 时间和长度的量度是相对的,与观测它们的参考系有关。

(3) 当 $u=c$ 时,$1/\sqrt{1-u^2/c^2}\to\infty$,这要求参考系之间的相对速度 u 小于光速 c,而参考系是一些静止质量不等于零的实际物体,这说明光速 c 是物体运动速度的极限。

(4) 当 $u\ll c$ 时,$u/c\to 0$,洛伦兹变换回到伽利略变换。至于 u/c 小到什么程度才能用伽利略变换,要看对测量精度的要求。

3.1.3 洛伦兹变换的简单推导

从爱因斯坦相对性原理和光速不变原理出发,可以简单地导出式(3.1.1)。由于在 $y'(y)$ 轴和 $z'(z)$ 轴方向上 S' 系和 S 系相对静止,$y'=y$,$z'=z$,只需推导 (x',t') 和 (x,t) 之间的变换。

时空的均匀性要求新变换和伽利略变换一样,也是线性变换,在变换中只包含坐标和时间的一次项。以空间均匀性为例,在地面上沿火车运动方向放一把长度为 $\Delta x=1$ 的尺,空间均匀性要求在火车上测量的尺长 $\Delta x'$ 与尺在地面上的具体位置无关。若变换是非线性的,比如是 $x'=x^2$,那么当地面上尺的两端坐标为 $x_1=1$ 和 $x_2=2$ 时,火车上测得的尺长为 $\Delta x'=2^2-1^2=3$,而把尺平移到 $x_1=3$ 和 $x_2=4$ 的位置,火车上的测量结果却变成 $\Delta x'=4^2-3^2=7$,这样就破坏了空间的均匀性。

在伽利略变换 $x'=x-ut$ 中,x 和 ut 是同一参考系 S 中的两段长度,根据时空的均匀性,x 和 ut 应该按相同的比例随 u 发生变化,因此新变换可表示为

$$x'=a(x-ut)$$

式中的 a 是 S' 系中的待定参数。同样,x' 和 ut' 是同一参考系 S' 中的两段长度,因此有

$$x=b(x'+ut')$$

待定参数 b 属于 S 系。

待定参数 a 和 b 只与相对速度 u 的大小有关,按爱因斯坦相对性原理,惯性系 S' 和 S 是平等的,因此 a 应该等于 b。用参数 γ 代表 a 和 b,则新变换可写成

$$x'=\gamma(x-ut) \tag{3.1.2}$$

$$x=\gamma(x'+ut') \tag{3.1.3}$$

γ 可用光速不变原理确定。

设想 O' 和 O 重合时从 $O'(O)$ 点发出一个闪光,按光速不变原理,在 t' 和 t 时刻闪光到达地点的 x' 轴和 x 轴坐标分别为 $x'=ct'$ 和 $x=ct$,代入式(3.1.2)和(3.1.3),可得

$$ct'=\gamma(c-u)t$$

$$ct=\gamma(c+u)t'$$

两式相乘,约去 tt',得

$$\gamma=\frac{1}{\sqrt{1-u^2/c^2}}$$

根号前取正号,是为了保证当 $u\ll c$ 时 $\gamma\to 1$,回到伽利略变换。

由式(3.1.3)解得

$$t'=\frac{1}{u}\left(\frac{x}{\gamma}-x'\right)$$

按式(3.1.2)替换其中的 x',可得

$$t'=\frac{1}{u}\left[\frac{x}{\gamma}-\gamma(x-ut)\right]=\frac{\gamma}{u}\left[\left(\frac{1}{\gamma^2}-1\right)x+ut\right]$$

再用$(1-u^2/c^2)$替换 $1/\gamma^2$，就得到

$$t'=\gamma\left(t-\frac{u}{c^2}x\right)$$

至此，我们导出了从 S 系到 S'系的变换，用$-u$ 代替 u，可得从 S'系到 S 系的变换。

从 S 系到 S'系：

$$x'=\frac{x-ut}{\sqrt{1-u^2/c^2}}$$

$$y'=y$$

$$z'=z$$

$$t'=\frac{t-\frac{u}{c^2}x}{\sqrt{1-u^2/c^2}}$$

从 S'系到 S 系：

$$x=\frac{x'+ut'}{\sqrt{1-u^2/c^2}}$$

$$y=y'$$

$$z=z'$$

$$t=\frac{t'+\frac{u}{c^2}x'}{\sqrt{1-u^2/c^2}}$$

由于变换是线性的，两个事件的时空坐标之差$(\Delta x',\Delta y',\Delta z',\Delta t')$和$(\Delta x,\Delta y,\Delta z,\Delta t)$也按上式变换。

把时间乘以 $\mathrm{i}c$，$\mathrm{i}=\sqrt{-1}$为虚数单位，并设 $\beta=u/c$，$\gamma=1/\sqrt{1-\beta^2}$，则洛伦兹变换可写成

$$\begin{bmatrix}x'\\y'\\z'\\\mathrm{i}ct'\end{bmatrix}=\begin{bmatrix}\gamma&0&0&\mathrm{i}\beta\gamma\\0&1&0&0\\0&0&1&0\\-\mathrm{i}\beta\gamma&0&0&\gamma\end{bmatrix}\begin{bmatrix}x\\y\\z\\\mathrm{i}ct\end{bmatrix},\quad\begin{bmatrix}x\\y\\z\\\mathrm{i}ct\end{bmatrix}=\begin{bmatrix}\gamma&0&0&-\mathrm{i}\beta\gamma\\0&1&0&0\\0&0&1&0\\\mathrm{i}\beta\gamma&0&0&\gamma\end{bmatrix}\begin{bmatrix}x'\\y'\\z'\\\mathrm{i}ct'\end{bmatrix}\tag{3.1.4}$$

其中的 4×4 矩阵，称为洛伦兹变换矩阵。写成上述形式便于记忆和计算。

洛伦兹变换仅适用于两个参考系的坐标轴始终平行的情形，对于坐标轴不平行的一般情况，可以通过坐标系的转动得到相应的变换(习题 3.26)。

例 3.1.1　一宇宙飞船相对地面以 $u=0.8c$ 的速度飞行，飞船上的观察者测得飞船的长度为 100m。设有一光脉冲从船尾传到船头，求在地面上观测，光脉冲从船尾发出和到达船头这两个事件的距离是多少？

解　只涉及时空变换的运动学问题一般按以下步骤求解：

(1) 设定参考系

设地面为 S 系，飞船为 S'系，S'系相对 S 系以速度 $u=0.8c$ 运动。

(2) 定义事件及其时空坐标

事件 1：光脉冲从船尾发出。在 S'和 S 系中的时空坐标分别记为(x_1',t_1')和(x_1,t_1)。

事件 2：光脉冲到达船头。在 S'和 S 系中的时空坐标分别记为(x_2',t_2')和(x_2,t_2)。

(3) 通过洛伦兹变换，求这两个事件在 S 系中的距离

题设条件为

$$\Delta x'=x_2'-x_1'=100\mathrm{m},\quad \Delta t'=t_2'-t_1'=\Delta x'/c$$

因此

$$\Delta x=x_2-x_1=\frac{\Delta x'+u\Delta t'}{\sqrt{1-u^2/c^2}}=\frac{100+0.8\times100}{\sqrt{1-0.8^2}}\mathrm{m}=300\mathrm{m}$$

在地面上观测,光脉冲从船尾发出和到达船头这两个事件的距离为300m。

实际上宇宙飞船的速度远小于0.8c,即使飞船以第三宇宙速度$16.7\times10^3\text{m}\cdot\text{s}^{-1}$飞行,这时$\Delta x=100.00006\text{m}$,也很难观测到相对论效应。

例3.1.2 证明洛伦兹变换符合因果律:对于一系列有因果关系的事件,它们出现的时间次序在任何惯性系中观测都不可能颠倒。

解 只要证明:两个有因果关系的事件出现的时间次序在任何惯性系中观测都不可能颠倒。两个有因果关系的事件之间一定有信息传递,如"子弹(激光)由枪口发出"和"子弹(激光)在靶上穿了一个洞",这两个事件之间传递的信息是子弹(激光),信息传递的速度不可能超过光速c。

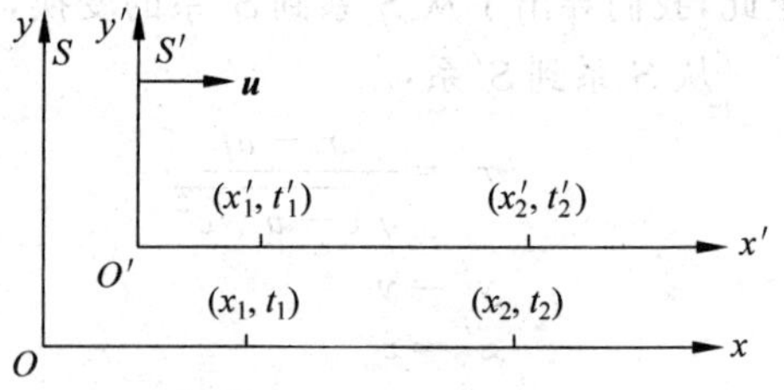

图3.1.4 例3.1.2图

如图3.1.4所示,惯性系S'相对惯性系S以速度u作匀速直线运动,在S系中先后发生有因果关系的事件1和事件2,它们的时空坐标分别为(x_1,t_1)和(x_2,t_2),这两个事件之间的信息传递速度为

$$v_s=\frac{x_2-x_1}{t_2-t_1}\leqslant c$$

用(x_1',t_1')和(x_2',t_2')分别代表事件1和事件2在S'系中的时空坐标,按洛伦兹变换,有

$$t_2'-t_1'=\frac{(t_2-t_1)-\dfrac{u}{c^2}(x_2-x_1)}{\sqrt{1-u^2/c^2}}=\frac{t_2-t_1}{\sqrt{1-u^2/c^2}}\left(1-\frac{u}{c^2}\frac{x_2-x_1}{t_2-t_1}\right)=\frac{t_2-t_1}{\sqrt{1-u^2/c^2}}\left(1-\frac{u}{c^2}v_s\right)$$

即

$$t_2'-t_1'=\frac{t_2-t_1}{\sqrt{1-u^2/c^2}}\left(1-\frac{u}{c^2}v_s\right)$$

因$v_s\leqslant c$,$u<c$,故

$$1-\frac{u}{c^2}v_s>0$$

所以$t_2'-t_1'$与t_2-t_1同号,说明在S'系中观测,这两个事件出现的时间次序不可能颠倒。

若两个事件之间无因果关系,由于没有$\frac{x_2-x_1}{t_2-t_1}\leqslant c$的限制,在不同惯性系中这两个事件出现的时间次序是完全可以颠倒的。

3.2 同时性的相对性 运动使时间延缓和长度收缩

同时性的相对性是狭义相对论中的核心概念,运动使时间延缓和长度收缩是狭义相对论效应,而引力使时间延缓和长度收缩是广义相对论效应(见3.8.3节)。

3.2.1 同时性的相对性

爱因斯坦在《论动体的电动力学》一文中有这样一段话:凡是时间在里面起作用的我们

的一切判断，总是关于同时的事件的判断。比如我说，“那列火车 7 点钟到达这里”，这大概是说：“我的表的短针指到 7 同火车到达这里是同时的事件”。爱因斯坦的这段话，指明了时间的量度与同时性密切相关。

绝对时空观认为同时性是绝对的：若两个事件在某一惯性系中同时发生，则在其他任何相对运动的惯性系中观测，这两个事件也一定同时发生。人们从日常生活经验出发，长期以来对此深信不疑。

爱因斯坦敢于质疑人们关于时间的原始观念，对同时性的绝对性提出质疑，指出同时性是相对的：在两个惯性系相对运动方向上发生的两个事件，若在一个惯性系中这两个事件同时发生，则在另一惯性系中观测，总是处于前一个惯性系运动后方的事件先发生，处于运动前方的事件后发生。

如图 3.2.1 所示，惯性系 S' 相对惯性系 S 以速度 u 作匀速直线运动，在 S' 系中的不同地点 x_1' 和 x_2'，在 t' 时刻同时发生两个事件 (x_1',t') 和 (x_2',t')。在 S 系中，这两个事件的时空坐标分别为 (x_1,t_1) 和 (x_2,t_2)。按洛伦兹变换，在 S 系中观测，这两个事件的时间差为

$$t_2-t_1=\frac{(t'-t')+\frac{u}{c^2}(x_2'-x_1')}{\sqrt{1-u^2/c^2}}=\frac{\frac{u}{c^2}(x_2'-x_1')}{\sqrt{1-u^2/c^2}}>0$$

即 $t_1<t_2$，这说明在 S 系中观测，处于 S' 系运动后方的事件 (x_1,t_1) 先发生，处于运动前方的事件 (x_2,t_2) 后发生。

还可以用光速不变来解释。如图 3.2.2 所示，在行驶的火车上有一光源 M，处于 A、B 两点连线的中点，设想从 M 发出一个闪光。由于光速与参考系的运动无关，在火车上观测，闪光同时到达 A 点和 B 点。但在地面上看，A 点逆着闪光运动，B 点顺着闪光运动，而闪光向前和向后的传播速度都是 c，所以闪光先到达 A 点（火车运动后方的事件），后到达 B 点（火车运动前方的事件）。

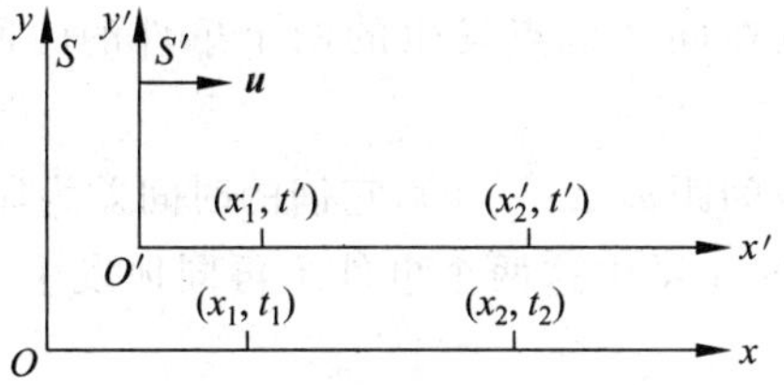

图 3.2.1　同时性的相对性

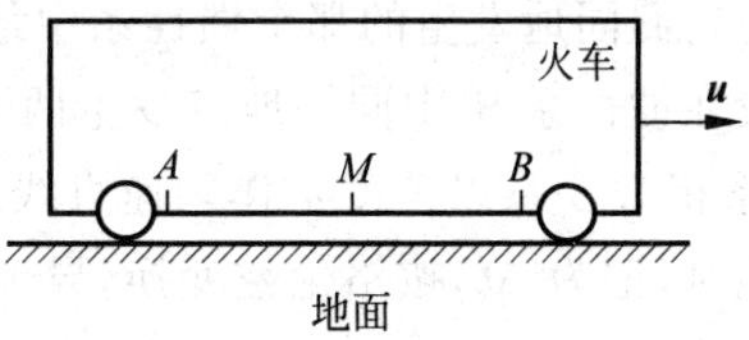

图 3.2.2　用光速不变解释同时性的相对性

同时性的相对性在日常生活中是感觉不到的，即使火车以第三宇宙速度 $16.7\times10^3\,\mathrm{m\cdot s^{-1}}$ 行驶，对于火车上相距 10m 的 A、B 两点来说，在地面上观测，闪光到达 A、B 两点的时间差也仅为 $2\times10^{-12}\,\mathrm{s}$，可以认为同时发生。

3.2.2　运动使时间延缓

按同时性的相对性，两个事件的时间差在一个惯性系中为零（同时发生），在另一个相对运动的惯性系中不再为零（不同时发生），这说明时间的量度与参考系的运动有关。

1. 动钟变慢

动钟变慢是对时间延缓的一种形象的描述。如图3.2.3所示，在以速度$u=0.80c$相对地面(S系)行驶的火车(S'系)上放一个钟，在火车上观测，钟的秒针转一个格的时间为1s。设想在地面上沿火车运动方向放置一系列同步运行的钟，在地面上观测，这些钟的秒针转一个格也是1s。让火车上的钟(动钟)依次与地面上的钟(静钟)相遇，相互比较时间。现在问：在地面上观测，火车上的钟(动钟)的秒针转一个格的时间是几秒？这是在问时间的量度与参考系运动的关系。

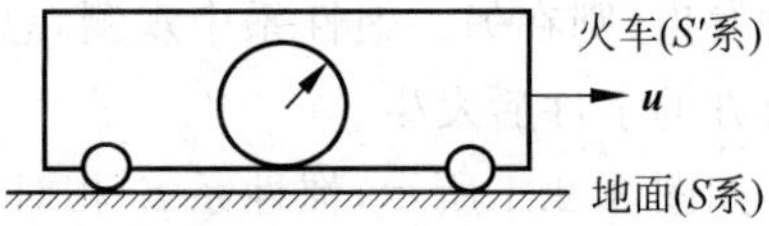

图3.2.3 动钟变慢

用事件1代表钟的秒针刚开始转动，事件2代表秒针刚好转到一个格，事件1和事件2的时间差就是钟的秒针转一个格所经时间。在火车上事件1、2在同一地点发生，空间距离为$\Delta x'=0$，时间差为$\Delta t'=1\text{s}$；在地面上观测，这两个事件不再同地发生，按洛伦兹变换，时间差为

$$\Delta t=\frac{\Delta t'+\frac{u}{c^2}\Delta x'}{\sqrt{1-u^2/c^2}}=\frac{\Delta t'}{\sqrt{1-u^2/c^2}}=\frac{1s}{\sqrt{1-0.8^2}}=1.67\text{s}$$

因此动钟秒针转一个格是1.67s，比静钟(1s)多用0.67s，说明动钟比静钟慢0.67s。

动钟变慢纯属时空的性质，而不是钟的结构发生了变化。动钟和静钟的结构完全相同，放在一起时走得一样快。

2. 原时最短

在某一惯性系中同一地点先后发生的两个事件的时间差，称为这两个事件的原时，或同地时、固有时。在动钟变慢现象中，钟的秒针转一个格的时间1s就是原时。

原时最短，是对时间延缓的一般表述：可以在同一地点发生的两个事件的时间差(原时)，在它们同地发生的那个惯性系中最短。

设在惯性系S'中同一地点发生两个事件(空间距离$\Delta x'=0$)，它们的时间差为原时$\Delta\tau$。因S'系相对S系以速度u作匀速直线运动，则在S系中这两个事件不再同地发生，时间差是异地时，记为Δt，按洛伦兹变换，异地时为

$$\Delta t=\frac{\Delta\tau+\frac{u}{c^2}\Delta x'}{\sqrt{1-u^2/c^2}}=\frac{\Delta\tau}{\sqrt{1-u^2/c^2}}$$

即

$$\Delta\tau=\Delta t\sqrt{1-u^2/c^2} \tag{3.2.1}$$

显然，$\Delta\tau<\Delta t$，即原时最短。

原时最短表明：在一个惯性系中观测，在另一个运动惯性系中同一地点发生的任何过程的时间节奏都要变慢，这些过程包括物理、化学和生命过程，也包括钟的指针的转动。

时间延缓具有对称性，在两个相对运动的惯性系中观测，都会认为对方同地发生的过程

变慢。

在涉及可以同地发生的两个事件的问题中，洛伦兹变换简化为仅对时间的变换。这时应先确定哪两个事件同地发生，它们的时间差才是原时 $\Delta\tau$，再确定与之对应的异地时 Δt，按式(3.2.1)进行变换。

3. 孪生子效应

生命过程的节奏可以用细胞分裂的周期来表达，人的细胞分裂周期大约是 2.4 年，一生大约分裂 50 次。按此计算，人的自然寿命应该是 120 岁，为两个甲子。

设想有一对孪生兄弟，哥哥告别弟弟乘宇宙飞船去太空旅行。在各自的参考系中，哥哥和弟弟的细胞分裂周期都是 2.4 年。但由于时间延缓，在地球上的弟弟看来，飞船上的哥哥的细胞分裂过程变慢，分裂周期要比 2.4 年长，因此认为哥哥比自己年轻。而在飞船上的哥哥看来，弟弟的细胞分裂周期也变长，弟弟也比自己年轻。若飞船返回地球兄弟相见，到底谁年轻就成了难以回答的问题。

由运动引起的时间延缓是狭义相对论效应，它要求飞船和地球同为惯性系，兄弟只能相对作匀速直线运动而永别，不可能再面对面地比较谁年轻，这就是通常所说的孪生子佯谬。

若让飞船返回地球，在往返过程中有加速度，飞船就不是惯性系了。这一问题的严格求解要用到广义相对论，计算结果是，兄弟相见时有加速度的哥哥确实比弟弟年轻。这种现象称为孪生子效应。

1971 年，美国华盛顿大学的研究人员把铯(Cs)原子钟(动钟)放在飞机上，环绕地球飞行一周后回到地面，与地面上的铯原子钟(静钟)作比较，发现有加速度的动钟确实变慢，验证了孪生子效应。

例 3.2.1　在大气上层存在大量的称为 μ 子的粒子。μ 子不稳定，在相对其静止的参考系中平均经过 $\tau=2.2\times10^{-6}$s 就衰变成电子和中微子，这一时间称为 μ 子的固有寿命。尽管 μ 子的速度高达 $u=0.998c$，但按其固有寿命计算它从产生到衰变只能平均走过 650m 的路程。一般产生 μ 子的高空与地面的距离约为 8000m，为什么在地面上的实验室能检测到 μ 子？

解　在相对 μ 子静止的参考系中，μ 子的产生和衰变这两个事件同地发生，μ 子的固有寿命 $\tau=2.2\times10^{-6}$s 是原时。在地面参考系，μ 子的产生和衰变不再同地发生，μ 子的寿命 t 是异地时，按时间延缓，有

$$t=\frac{\tau}{\sqrt{1-u^2/c^2}}=\frac{2.2\times10^{-6}\,\text{s}}{\sqrt{1-0.998^2}}=3.4\times10^{-5}\,\text{s}$$

在地面上看 μ 子的寿命大约是固有寿命的 16 倍，衰变前平均走过的路程为

$$\Delta l=0.998c\times3.4\times10^{-5}\,\text{s}\approx10000\,\text{m}$$

大于 8000m，因此 μ 子可以到达地面。在地面上的实验室确实检测到大量的 μ 子，这是对时间延缓的一个实验验证。

* 4. 北斗卫星导航系统中地球静止轨道卫星钟的狭义相对论修正

下面以静止于赤道海平面上的钟(称为赤道钟)作为时间标准，计算运动引起的地球静止轨道卫星钟和赤道钟的原时之差。卫星钟围绕地心的运动速率为 $u_{\text{卫}}=3.075\times10^3\,\text{m}\cdot\text{s}^{-1}$(见例 1.3.3)，而赤道钟的速率仅为 $u_{\text{赤}}=465\,\text{m}\cdot\text{s}^{-1}$，卫星钟比赤道钟运动得快。

用 $\Delta\tau_{卫}$ 和 $\Delta\tau_{赤}$ 分别代表卫星钟和赤道钟的原时，Δt 代表地心处的异地时，忽略卫星钟和赤道钟的加速度，按狭义相对论，有

$$\Delta\tau_{卫}=\Delta t\sqrt{1-u_{卫}^2/c^2}$$

$$\Delta\tau_{赤}=\Delta t\sqrt{1-u_{赤}^2/c^2}$$

因 $u_{卫}>u_{赤}$，故 $\Delta\tau_{卫}<\Delta\tau_{赤}$。

设 $\beta_{卫}=u_{卫}/c$，$\beta_{赤}=u_{赤}/c$，注意到 $\beta_{卫}\ll 1$，$\beta_{赤}\ll 1$，则有

$$\frac{\Delta\tau_{卫}-\Delta\tau_{赤}}{\Delta\tau_{赤}}=\frac{\Delta\tau_{卫}}{\Delta\tau_{赤}}-1=\frac{\sqrt{1-\beta_{卫}^2}}{\sqrt{1-\beta_{赤}^2}}-1$$

$$\approx\left(1-\frac{\beta_{卫}^2}{2}\right)\left(1+\frac{\beta_{赤}^2}{2}\right)-1\approx\frac{\beta_{赤}^2}{2}-\frac{\beta_{卫}^2}{2}=\frac{u_{赤}^2-u_{卫}^2}{2c^2}$$

代入数据，得

$$\frac{\Delta\tau_{卫}-\Delta\tau_{赤}}{\Delta\tau_{赤}}\approx\frac{465^2-3.075^2\times 10^6}{2\times 3^2\times 10^{16}}=-0.5133\times 10^{-10}$$

若赤道钟走1天，即

$$\Delta\tau_{赤}=24\times 60\times 60\text{s}=8.64\times 10^{10}\mu\text{s}$$

则

$$\Delta\tau_{卫}-\Delta\tau_{赤}=-0.5133\times 10^{-10}\times 8.64\times 10^{10}\mu\text{s}=-4.4\mu\text{s}$$

这说明运动使卫星钟每天比赤道钟少走 4.4μs。

3.2.3 运动使长度收缩

1. 动尺缩短

动尺缩短是对长度收缩的一种形象的描述。如图3.2.4所示，在以速度 $u=0.80c$ 相对地面(S 系)行驶的火车(S'系)上，沿火车运动方向放一把尺，在火车上测量，尺(静尺)长为 $l_0=1\text{m}$。现在问：在地面上测量，火车上的尺(动尺)长 l 是多少？这是在问长度的量度与参考系运动的关系。

在火车上测量尺长，只要测出尺两端的坐标，其差值就是尺长，对测量尺两端坐标的先后次序没有要求。但在地面上就不同了，由于尺在运动，只有同时测量尺两端的坐标，其差值才是尺长。

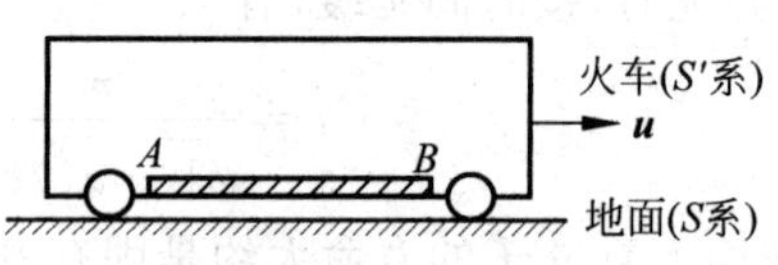

图3.2.4 动尺缩短

用事件1代表测量尺 A 端的坐标，事件2代表测量尺 B 端的坐标。这两个事件在火车上的空间距离为尺的静长 l_0，在地面上的空间距离为尺的动长 l，由于同时测量，在地面上的时间差为 $\Delta t=0$，按洛伦兹变换，有

$$l_0=\frac{l-u\Delta t}{\sqrt{1-u^2/c^2}}=\frac{l}{\sqrt{1-u^2/c^2}}$$

因此

$$l=l_0\sqrt{1-u^2/c^2}=1\times\sqrt{1-0.8^2}\,\text{m}=0.60\text{m}$$

说明尺的动长比静长(1m)短 0.40m,这称为动尺缩短:在惯性系中观测,运动物体在其运动方向上的长度要缩短,而在垂直于物体运动方向上不收缩,这常说成纵向收缩,横向不收缩。

动尺缩短具有相对性,在两个相对运动的惯性系中观测,都会认为对方的物体缩短。动尺缩短纯属时空的性质,是不同惯性系之间进行测量的结果,与热胀冷缩现象中那种实在的收缩和膨胀是完全不同的。

实际上动尺缩短是由洛伦兹和庞加莱等物理学家最先提出的,但当年他们认为这是物体相对"以太"参考系绝对运动所产生的真实的物理效应,发生这种效应时物体的原子结构发生了变化,甚至认为原子内部的电荷分布也变化了。

2. 测长最短

本书把在某一惯性系中同时发生的两个事件的空间距离,称为这两个事件的"测长"。在动尺缩短现象中,尺的动长就是测量尺的两端坐标这两个事件的测长。

测长最短,是对长度收缩的一般表述:可以同时发生的两个事件的空间距离(测长),在它们同时发生的那个惯性系中最短。

设在惯性系 S 中同时发生两个事件(时间差 $\Delta t=0$),它们的空间距离为测长 Δx。按同时性的相对性,在相对 S 系以速度 u 作匀速直线运动的 S'系中,这两个事件不再同时发生,把它们的空间距离记为 $\Delta x'$,按洛伦兹变换,有

$$\Delta x'=\frac{\Delta x-u\Delta t}{\sqrt{1-u^2/c^2}}=\frac{\Delta x}{\sqrt{1-u^2/c^2}}$$

即

$$\Delta x=\Delta x'\sqrt{1-u^2/c^2} \tag{3.2.2}$$

显然,$\Delta x<\Delta x'$,即测长最短。

在涉及可以同时发生的两个事件的问题中,洛伦兹变换简化为仅对长度的变换。这时应先确定哪两个事件同时发生,它们的空间距离才是测长 Δx,再确定与之对应的长度 $\Delta x'$,按式(3.2.2)进行变换。

对于既不能同时,也不能同地发生的两个事件,就只能用时间和长度混在一起的洛伦兹变换了。

例 3.2.2 按长度收缩重解例 3.2.1,为什么在地面上的实验室能检测到 μ 子?

解 在地面参考系,产生 μ 子的高空与地面的距离 8000m 是静长,而在 μ 子参考系看来,地面参考系以速度 $u=0.998c$ 向上运动,因此 8000m 收缩为

$$8000\times\sqrt{1-0.998^2}=506\text{m}$$

比 μ 子从产生到衰变平均走过的路程 650m 还短 144m,μ 子"来不及"衰变就到达地面了,因此在地面上的实验室可以检测到 μ 子,这也是对长度收缩的一个实验验证。

例 3.2.3 如图 3.2.5 所示,一列火车以速度 u 匀速通过隧道,火车和隧道的静长相等。在隧道上看,当火车前端 a 到达隧道前端 A 时,有一道闪光恰好击中隧道末端 B。问此闪光能否击中火车?在火车上看呢?

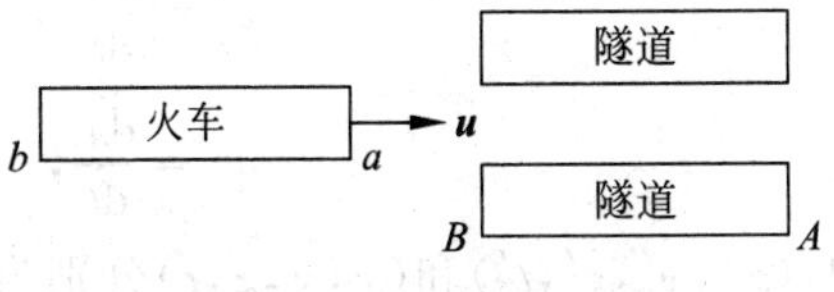

图 3.2.5 例 3.2.3 图

解 定义事件1：火车前端 a 与隧道前端 A 对齐，事件2：闪光击中隧道末端 B。用 l_0 代表火车和隧道的静长。在隧道上看，事件1和事件2同时发生，但火车的长度收缩，火车比隧道短，当火车前端 a 与隧道前端 A 对齐时，火车末端 b 已进入隧道，因此闪光不能击中火车，如图3.2.6(a)所示。

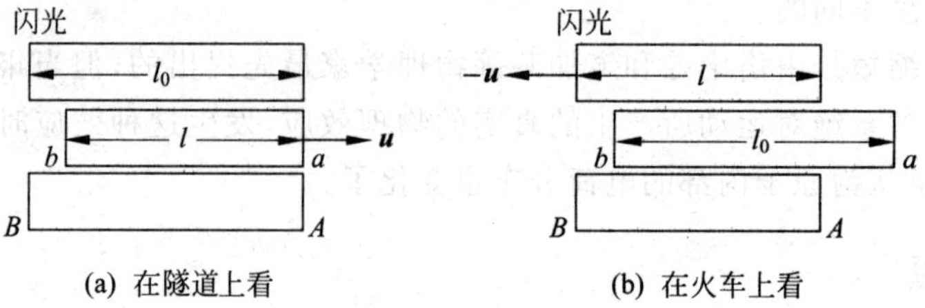

图3.2.6 闪光不能击中火车

但在火车上看，隧道以速度 $-u$ 运动，隧道的长度收缩，隧道比火车短，闪光似乎能击中火车。客观事实因观察者所在的参考系不同而有差异，问题出在没有考虑同时性的相对性。

按同时性的相对性，在火车上看，处于隧道运动后方的事件1(a 与 A 对齐)先发生，经过一段时间 $\Delta t'$ 后，处于隧道运动前方的事件2(闪光击中 B)才发生，在 $\Delta t'$ 时间内隧道后退的距离为 $u\Delta t'$，只要后退距离 $u\Delta t'$ 大于隧道的收缩量，隧道的 B 端就会越过火车的 b 端，闪光就不能击中火车，如图3.2.6(b)所示。按洛伦兹变换，有

$$\Delta t' = \left|\frac{\Delta t - l_0 u/c^2}{\sqrt{1-u^2/c^2}}\right| = \frac{l_0 u/c^2}{\sqrt{1-u^2/c^2}}$$

式中，$\Delta t = 0$ 是由于在隧道上看事件1、2同时发生。隧道的收缩量为

$$l_0 - l = (1-\sqrt{1-u^2/c^2})\,l_0$$

二者之差为

$$u\Delta t' - (l_0 - l) = \left(\frac{u^2/c^2}{\sqrt{1-u^2/c^2}} + \sqrt{1-u^2/c^2} - 1\right)l_0 = \left(\frac{1}{\sqrt{1-u^2/c^2}} - 1\right)l_0 > 0$$

即 $u\Delta t' > l_0 - l$，因此在火车上看，闪光也不能击中火车。

还可以用测长最短来解释。按题意，在隧道上看，事件1、2同时发生，二者之间的距离是测长 l_0。而在火车上看，事件1、2不再同时发生，它们的距离大于测长 l_0，因此在火车上看，当火车前端 a 到达隧道前端 A 时闪光也不能击中火车。

3.3 速度的相对论变换

设 S' 系相对 S 系沿 $x'(x)$ 轴方向以速度 u 作匀速直线运动，一粒子在 S' 系和 S 系中的运动速度分别为 (v'_x, v'_y, v'_z) 和 (v_x, v_y, v_z)，按速度的定义，有

$$v'_x = \frac{dx'}{dt'}, \quad v'_y = \frac{dy'}{dt'}, \quad v'_z = \frac{dz'}{dt'}$$

$$v_x = \frac{dx}{dt}, \quad v_y = \frac{dy}{dt}, \quad v_z = \frac{dz}{dt}$$

其中，(x', y', z', t') 和 (x, y, z, t) 分别为粒子在 S' 系和 S 系中的时空坐标。

对洛伦兹变换式(3.1.1)作微分，得

$$dx' = \frac{dx - u\,dt}{\sqrt{1-u^2/c^2}} = \frac{\left(\frac{dx}{dt} - u\right)dt}{\sqrt{1-u^2/c^2}} = \frac{(v_x - u)\,dt}{\sqrt{1-u^2/c^2}}$$

$$dy' = dy$$

$$dz' = dz$$

$$dt' = \frac{dt - \frac{u}{c^2}dx}{\sqrt{1-u^2/c^2}} = \frac{\left(1 - \frac{u}{c^2}\frac{dx}{dt}\right)dt}{\sqrt{1-u^2/c^2}} = \frac{(1 - uv_x/c^2)\,dt}{\sqrt{1-u^2/c^2}}$$

用 dt'除前三式，可得

$$v'_x = \frac{dx'}{dt'} = \frac{(v_x - u)\,dt}{\sqrt{1-u^2/c^2}} \Big/ \frac{(1 - uv_x/c^2)\,dt}{\sqrt{1-u^2/c^2}} = \frac{v_x - u}{1 - uv_x/c^2}$$

$$v'_y = \frac{dy'}{dt'} = dy \Big/ \frac{(1 - uv_x/c^2)\,dt}{\sqrt{1-u^2/c^2}} = \frac{v_y}{1 - uv_x/c^2}\sqrt{1-u^2/c^2}$$

$$v'_z = \frac{dz'}{dt'} = dz \Big/ \frac{(1 - uv_x/c^2)\,dt}{\sqrt{1-u^2/c^2}} = \frac{v_z}{1 - uv_x/c^2}\sqrt{1-u^2/c^2}$$

即

$$\left.\begin{aligned} v'_x &= \frac{v_x - u}{1 - uv_x/c^2} \\ v'_y &= \frac{v_y}{1 - uv_x/c^2}\sqrt{1-u^2/c^2} = \frac{v_y}{\gamma(1 - uv_x/c^2)} \\ v'_z &= \frac{v_z}{1 - uv_x/c^2}\sqrt{1-u^2/c^2} = \frac{v_z}{\gamma(1 - uv_x/c^2)} \end{aligned}\right\} \tag{3.3.1}$$

此即速度从 S 系到 S'系的相对论变换。用 $-u$ 代替 u，可得从 S'系到 S 系的变换。可以看出，当 $u \ll c$ 和 $v_x \ll c$ 时，回到速度的伽利略变换。此外，虽然横向不收缩，即 $dy' = dy$、$dz' = dz$，但由于 $dt' \neq dt$，横向速度也发生变化。

若粒子在 S 系中沿 x 轴方向以速度 v 运动，则按式(3.3.1)，该粒子在 S'系中沿 x'轴方向运动，速度的相对论变换可简化为

$$v' = \frac{v - u}{1 - uv/c^2}$$

用 $-u$ 替代 u，得

$$v = \frac{v' + u}{1 + uv'/c^2} \tag{3.3.2}$$

对于 A、B 和 C 三个运动的粒子，把跟随 C 和 B 平动的参考系分别当成 S 系和 S'系，按式(3.3.2)，A 相对 C 的速度可表示为

$$v_{AC} = \frac{v_{AB} + v_{BC}}{1 + v_{AB}v_{BC}/c^2}$$

低速情况下回到

$$v_{AC}=v_{AB}+v_{BC}$$

早在1895年爱因斯坦还在读中学时,他从科普读物中知道光是高速传播的电磁波,于是忽发奇想:假如一个人能以光速和光波一起跑,会看到什么现象?电磁波是通过电场和磁场不停地振荡、交互变化而向前传播的,难道那时看到的电磁场只是振荡而不向前传播吗?爱因斯坦凭直觉判断,人永远追不上光。当时爱因斯坦才16岁。

例3.3.1 设想乘一列以速度 u 相对地面行驶的火车,追赶一个向前传播的闪光,在火车上观测,闪光的速度有多大?

解 在火车上观测,闪光的速度为

$$v_{光车}=\frac{v_{光地}+v_{地车}}{1+v_{光地}\ v_{地车}\ /c^2}=\frac{v_{光地}-v_{车地}}{1-v_{光地}\ v_{车地}\ /c^2}=\frac{c-u}{1-cu/c^2}=c$$

仍等于 c。

例3.3.2 一艘宇宙飞船以 $0.90c$ 的速度离开地球,在飞船上向前发射一枚导弹。若导弹相对飞船的速度也是 $0.90c$,求该导弹相对地球的速度。

解 导弹相对地球的速度为

$$v_{弹地}=\frac{v_{弹船}+v_{船地}}{1+v_{弹船}\ v_{船地}\ /c^2}=\frac{0.9c+0.9c}{1+(0.9c\times0.9c)/c^2}=0.99c$$

可见通过速度变换也不能实现超光速。

例3.3.3 如图3.3.1所示,在以速度 u 行驶的火车(S'系)上有一个光源 A',在高度为 d 处放一个反射镜 M',设想由 A' 发出一个闪光,经 M' 反射后回到 A'。求在地面(S系)上观测,光的速率和传播方向。

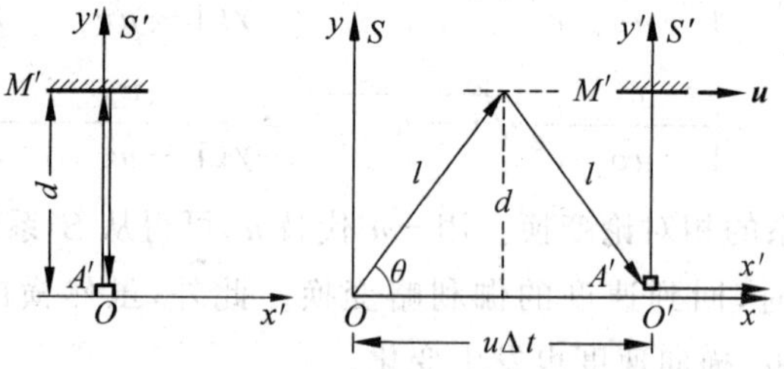

(a) 在火车上看　(b) 在地面上看

图3.3.1 例3.3.3图

解 如图3.3.1(a)所示,火车上的光速为

$$v'_x=0,\quad v'_y=c,\quad v'_z=0$$

地面上的光速为

$$v_x=\frac{v'_x+u}{1+uv'_x/c^2}=\frac{0+u}{1+u\cdot0/c^2}=u$$

$$v_y=\frac{v'_y}{1+uv'_x/c^2}\sqrt{1-u^2/c^2}=\frac{c}{1+u\cdot0/c^2}\sqrt{1-u^2/c^2}=\sqrt{c^2-u^2}$$

$$v_z=\frac{v'_z}{1+uv'_x/c^2}\sqrt{1-u^2/c^2}=\frac{0}{1+u\cdot0/c^2}\sqrt{1-u^2/c^2}=0$$

光的速率为

$$v=\sqrt{v_x^2+v_y^2+v_z^2}=c$$

仍等于 c。

用事件 1 代表闪光由 A' 发出，事件 2 代表闪光回到 A'。在火车上观测，事件 1、2 同地发生，时间差(原时)为

$$\Delta\tau=\frac{2d}{c}$$

在地面上观测，事件 1、2 不再同地发生，时间差(异地时)为

$$\Delta t=\frac{\Delta\tau}{\sqrt{1-u^2/c^2}}=\frac{2d}{c\sqrt{1-u^2/c^2}}=\frac{2d}{\sqrt{c^2-u^2}}$$

在竖直方向上高度 d 不变，用 θ 代表折线与水平方向的夹角，则有

$$\tan\theta=\frac{d}{u\Delta t/2}=\frac{\sqrt{c^2-u^2}}{d}=\frac{v_y}{v_x}$$

说明光沿如图 3.3.1(b)所示折线传播。可以看出，光速不变是指光的速率不变，并非光的传播方向不变。

3.4　质速关系　力与加速度的关系

前面只涉及时空的变换，讲的是狭义相对论运动学，下面讲动力学。按相对性原理，高速运动粒子的动力学方程应该具有洛伦兹变换协变对称性，由此出发可以导出包括质速关系在内的狭义相对论动力学中的全部规律。

但为了简单，我们把质速关系当成一个基本的实验事实，沿用牛顿力学的理论框架，“旧瓶装新酒”，重新定义粒子的质量、动量和能量，在遵守能量守恒和动量守恒定律的一般性原则下，确定这些物理量在相互作用中的变化规律，并要求新定义的物理量在低速情况下趋近于牛顿力学中的相应量。

3.4.1　质速关系

在高速情况下，仍按下式定义粒子的动量，即

$$\boldsymbol{p}=m\boldsymbol{v}$$

其中，m 和 $\boldsymbol{v}$ 分别为粒子的质量和运动速度。动力学方程仍假设为“合力等于动量随时间的变化率”，即

$$\boldsymbol{f}=\frac{\mathrm{d}\boldsymbol{p}}{\mathrm{d}t}$$

这似乎与牛顿力学没什么区别，但在牛顿力学中质量是一个与运动速度无关的恒量 m_0，若保留这一观念，就会有

$$\boldsymbol{f}=m_0\frac{\mathrm{d}\boldsymbol{v}}{\mathrm{d}t}$$

当 $\boldsymbol{f}$ 为恒力时，粒子将以恒定的加速度被加速，只要时间足够长，速度就可以达到甚至超过光速，这显然违背相对论的基本原理，因此在高速领域必须摒弃质量是恒量这一观念。

实验表明,粒子的质量 m 与粒子的运动速率 v 之间满足质速关系,即

$$m=\frac{m_0}{\sqrt{1-v^2/c^2}}=\gamma m_0 \tag{3.4.1}$$

其中,m_0 为 $v=0$ 时粒子的质量,称为静质量。按式(3.4.1),粒子的动量应表示为

$$\boldsymbol{p}=m\boldsymbol{v}=\gamma m_0\boldsymbol{v}=\frac{m_0\boldsymbol{v}}{\sqrt{1-v^2/c^2}} \tag{3.4.2}$$

在低速情况下,$v/c\to 0$,$m=m_0$,回到牛顿力学。

图3.4.1表示电子质量随速率的变化情况,横坐标是以光速 c 为单位的电子速率,纵坐标是以静质量 m_0 为单位的电子质量,图中曲线是按式(3.4.1)画出。由实验数据(×、•和∘)可以看出,质速关系与实验数据符合得很好。当速率 v 很大时,m 随 v 急剧增大,这时对粒子的加速变得十分困难,在加速器的设计和运行中必须考虑到这一点。

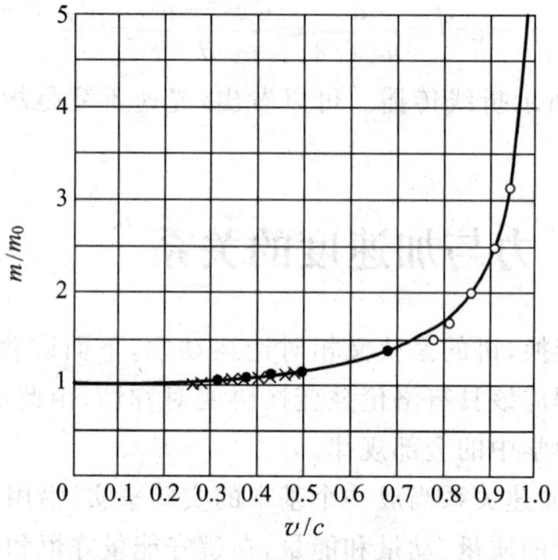

图 3.4.1 电子质量随速率的变化

由式(3.4.1)可以看出,当 $v=c$ 时,$m\to\infty$,这说明静质量 m_0 不等于零的实物粒子,如电子、质子和中子等,它们的运动速度只能趋近于光速但不能达到光速。

对于以光速 c 运动的粒子,如光子,为使 m 取有限值,要求 $m_0=0$,因此只有静质量等于零的粒子才能以光速运动,否则它的运动速度必定小于光速。目前光子静质量上限的实验测量结果为 10^{-52} kg,可以认为等于零。

*** 用特例得到质速关系**

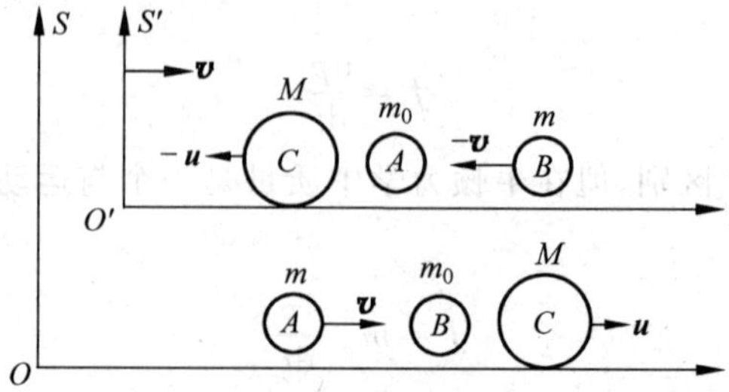

图 3.4.2 两个粒子形成复合粒子

如图 3.4.2 所示，A、B 两个粒子的静质量都为 m_0，在 S 系中 B 静止，A 以速度 v 撞击 B，发生完全非弹性碰撞，形成以速度 u 运动的复合粒子 C。设 S' 系相对 S 系以速度 v 作匀速直线运动，在 S' 系中观测，A 静止而 B 以速度 $-v$ 撞击 A，形成以速度 $-u$ 运动的复合粒子 C。

在 S 系中，碰撞前后动量守恒，有

$$mv = Mu$$

因 $M>m$，故 $v>u$。假设(默认)质量守恒，即

$$m + m_0 = M$$

可得

$$m = \frac{m_0}{v/u - 1} \tag{3.4.3}$$

按速度的相对论变换，有

$$u = \frac{-u + v}{1 - u'v/c^2}$$

把上式改写成

$$1 - \frac{u}{v}\frac{v^2}{c^2} = \frac{v}{u} - 1$$

并整理为

$$\left(\frac{v}{u}\right)^2 - 2\frac{v}{u} + \frac{v^2}{c^2} = 0$$

解出

$$\frac{v}{u} = 1 + \sqrt{1 - v^2/c^2}$$

把上式代入式(3.4.3)，就得到

$$m = \frac{m_0}{\sqrt{1 - v^2/c^2}}$$

应该指出，上面推导中用到了质量守恒假设，这一假设没有什么理由，只是为了能定性地得到质速关系。

例 3.4.1　粒子的运动速度多大时，它的质量等于它的静质量的两倍？

解　按质速关系，有

$$m = \frac{m_0}{\sqrt{1 - v^2/c^2}} = 2m_0$$

可得

$$\sqrt{1 - v^2/c^2} = \frac{1}{2}, \quad v = \sqrt{\frac{3}{4}}c = 0.866c$$

可见速度高达 $0.866c$ 时，粒子的质量才等于它的静质量的两倍，这符合图 3.4.1 中的实验结果。

3.4.2　力与加速度的关系

如图 3.4.3 所示，设一质量为 m 的粒子作平面曲线运动，粒子所受合力 $\boldsymbol{f}$ 与加速度 $\boldsymbol{a}$

之间的关系为

$$\boldsymbol{f}=\frac{\mathrm{d}\boldsymbol{p}}{\mathrm{d}t}=\frac{\mathrm{d}(m\boldsymbol{v})}{\mathrm{d}t}=m\frac{\mathrm{d}\boldsymbol{v}}{\mathrm{d}t}+\frac{\mathrm{d}m}{\mathrm{d}t}\boldsymbol{v}=m\boldsymbol{a}+\frac{\mathrm{d}m}{\mathrm{d}t}\boldsymbol{v} \tag{3.4.4}$$

其中，$\boldsymbol{v}$ 为粒子的速度。上式表明：在高速运动情况下，力不再等于质量乘以加速度，还要考虑质量的变化所产生的效应。

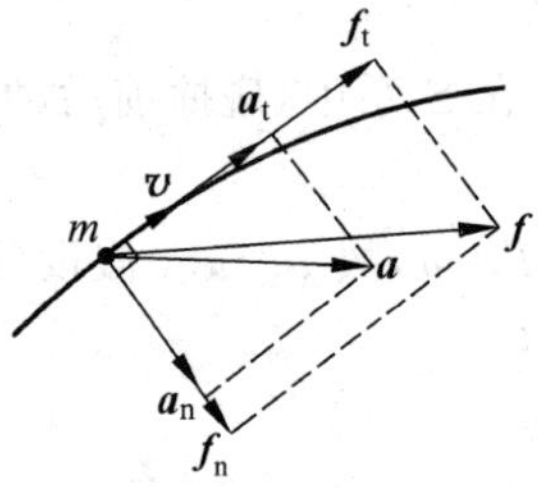

图 3.4.3　力与加速度的关系

在自然坐标系中加速度可分解为

$$\boldsymbol{a}=a_n\boldsymbol{e}_n+a_t\boldsymbol{e}_t$$

其中，$\boldsymbol{e}_n$ 和 $\boldsymbol{e}_t$ 分别为法向和切向单位矢量，a_n 和 a_t 分别为法向和切向加速度。由于 $\boldsymbol{v}=v\boldsymbol{e}_t$，其中 v 为速率，式(3.4.4)可写成

$$\boldsymbol{f}=ma_n\boldsymbol{e}_n+\left(ma_t+\frac{\mathrm{d}m}{\mathrm{d}t}v\right)\boldsymbol{e}_t \tag{3.4.5}$$

按质速关系，并注意到 $a_t=\mathrm{d}v/\mathrm{d}t$，可求得

$$\frac{\mathrm{d}m}{\mathrm{d}t}=\frac{\mathrm{d}}{\mathrm{d}t}\frac{m_0}{\sqrt{1-v^2/c^2}}=\frac{m_0v}{c^2\sqrt{(1-v^2/c^2)^3}}a_t$$

代入式(3.4.5)，就得到

$$f_n=\frac{m_0}{\sqrt{1-v^2/c^2}}a_n \qquad (\text{法向})$$

$$f_t=\frac{m_0}{\sqrt{(1-v^2/c^2)^3}}a_t \qquad (\text{切向})$$

此即相对论动力学方程在自然坐标系中的分量式。

可以看出，a_n 的系数是质量，法向力等于质量乘以法向加速度，这与牛顿方程的法向分量式一致。但在切向力中，a_t 的系数是质量的 γ^2 倍，因此在粒子加速器中增大速度的大小比起改变速度的方向更加困难。

3.5　质能关系　核裂变和核聚变

3.5.1　相对论动能　质能关系

1. 相对论动能

相对论动力学方程沿用了牛顿方程的形式，因此在高速情况下质点动能变化定理仍然成立，即

$$\mathrm{d}E_k=\boldsymbol{f}\cdot\mathrm{d}\boldsymbol{l}$$

但质量随速度变化，动能不再等于 $mv^2/2$，下面导出相对论动能公式。

设一静质量为 m_0 的粒子在力 f 的作用下沿 x 轴从静止开始运动，按动能变化定理，速度达到 v 时的动能为

$$E_k=\int_0^x f\,\mathrm{d}x$$

把 $f=\mathrm{d}(mv)/\mathrm{d}t$ 代入，得

$$
\begin{aligned}
E_{\mathrm{k}} &= \int_0^x \frac{\mathrm{d}(mv)}{\mathrm{d}t}\mathrm{d}x = \int_0^v v\,\mathrm{d}(mv) = \int_0^v v\,\mathrm{d}\left(\frac{m_0 v}{\sqrt{1-v^2/c^2}}\right) \\
&= \frac{m_0 v^2}{\sqrt{1-v^2/c^2}}\Bigg|_0^v - \int_0^v \frac{m_0 v\,\mathrm{d}v}{\sqrt{1-v^2/c^2}} \\
&= \frac{m_0 v^2}{\sqrt{1-v^2/c^2}} + m_0 c^2\sqrt{1-v^2/c^2}\,\Big|_0^v \\
&= \frac{m_0 v^2}{\sqrt{1-v^2/c^2}} + m_0 c^2\sqrt{1-v^2/c^2} - m_0 c^2 \\
&= \frac{m_0 c^2}{\sqrt{1-v^2/c^2}} - m_0 c^2
\end{aligned}
$$

可以写成

$$
E_{\mathrm{k}} = mc^2 - m_0 c^2 = (m-m_0)c^2 \tag{3.5.1}
$$

此即相对论的动能公式，它表明：粒子的动能与运动所引起的粒子质量的增量成正比，比例系数为 c^2。

在 $v^2/c^2=0$ 附近把 E_{k} 作泰勒展开，得

$$
E_{\mathrm{k}} = m_0 c^2\left(\frac{1}{\sqrt{1-v^2/c^2}} - 1\right) = m_0 c^2\left(\frac{1}{2}\frac{v^2}{c^2} + \frac{3}{8}\frac{v^4}{c^4} + \cdots\right) = \frac{1}{2}m_0 v^2 + \frac{3}{8}m_0\frac{v^4}{c^2} + \cdots
$$

当 $v \ll c$ 时，$E_{\mathrm{k}}=m_0 v^2/2$，回到牛顿力学中的动能公式。

注意，在速度 v 不是很小的情况下，即使是用 m 代表相对论性质量，也不能把动能写成 $mv^2/2$。

例 3.5.1　用 $m_0 v^2/2$ 表示粒子的动能，要求误差不超过 0.5%，该粒子允许的最大速度是多少？

解　用 v 代表粒子允许的最大速度，要求

$$
\frac{E_{\mathrm{k}} - m_0 v^2/2}{E_{\mathrm{k}}} = 0.005
$$

即

$$
E_{\mathrm{k}} = \frac{m_0 v^2/2}{0.995} = \frac{1}{2}m_0 v^2 + \frac{3}{8}m_0\frac{v^4}{c^2}
$$

因此，粒子允许的最大速度为

$$
v = 0.082c
$$

约为光速的 1/12。

2. 质能关系

把式(3.5.1)改写成

$$
mc^2 = E_{\mathrm{k}} + m_0 c^2
$$

若把 $m_0 c^2$ 看成静止粒子所包含的能量(静质能)，mc^2 等于动能与静质能之和，就是粒子的

总能量,即

$$E = mc^2 = \frac{m_0 c^2}{\sqrt{1 - v^2/c^2}} \tag{3.5.2}$$

此即著名的质能关系,它表明:有能量就有质量,一个粒子的能量等于它的质量乘以 c^2。

粒子的运动速度趋近于光速($v \to c$),称为极端相对论情况,这时粒子的动能远大于其静质能,动能近似等于总能量,即

$$E_k \approx mc^2$$

静质量等于零的粒子,如光子的静质能等于零,其动能就是总能量,即

$$E_k = mc^2$$

在相对论建立之前,能量守恒和质量守恒似乎彼此毫无联系。而在相对论中,能量和质量只差因子 c^2,因此在相互作用过程中,系统的能量守恒也可以说成是质量守恒,能量守恒和质量守恒统一成一个定律,不过这里的质量守恒指的是相对论性质量的守恒,而不是静质量的守恒。

通常用 MeV/c^2 作为单位来表示粒子的质量,而

$$1\mathrm{MeV} = 10^6\,\mathrm{eV} = 10^6 \times 1.60 \times 10^{-19}\,\mathrm{J} = 1.60 \times 10^{-13}\,\mathrm{J}$$

如电子的静质量为 $9.11 \times 10^{-31}\,\mathrm{kg}$,可表示为 $0.511\mathrm{MeV}/c^2$。

例 3.5.2 粒子的运动速度多大时,它的动能等于它的静质能?

解 按相对论动能公式,动能等于静质能时,有

$$E_k = mc^2 - m_0 c^2 = m_0 c^2$$

得 $m = 2m_0$,由例 3.4.1 的结果可知,这时粒子的速度为 $0.866c$。

3. 质量亏损

按质能关系,质量可以转化为能量,这为人类开发和利用能源指明了道路。在核反应和化学反应过程中系统的能量守恒,即

$$E_{k1} + M_{01} c^2 = E_{k2} + M_{02} c^2 \tag{3.5.3}$$

其中,E_{k1} 和 E_{k2} 分别为反应前后物质的动能,M_{01} 和 M_{02} 分别为反应前后物质的静质量。在反应过程中物质的静质量一般都要减少,减少的静质量为

$$\Delta M_0 = M_{01} - M_{02}$$

通常把 ΔM_0 称为质量亏损。按式(3.5.3),质量亏损所转化的能量 $\Delta M_0 c^2$ 以动能的形式释放出来,即

$$\Delta M_0 c^2 = E_{k2} - E_{k1}$$

通过测量释放出的能量与质量亏损的比值,可以验证质能关系。

按 mc^2 计算,1kg 物质所含的静质能约为 $9 \times 10^{16}\,\mathrm{J}$,全部释放出来足以把 2 亿吨的水从零摄氏度加热到沸腾。但实际上能够释放出来的能量只占物质静质能的很小一部分。核反应所释放的核能约占参加反应的核燃料静质能的千分之一,而化学反应,如煤和汽油燃烧所释放的化学能与静质能的比值仅为核反应情况的十万分之一。

化学反应是核外电子的转移,只涉及电磁力,而核反应是强相互作用的结果,其强度比电磁力大两个量级,因此与核能相比,化学反应释放的化学能是微乎其微的。

在有些情况下,静质能可以全部转化成动能。电子 e^- 的反粒子 e^+ 称为正电子,除了电荷相反外,e^+ 和 e^- 的其他性质都相同。e^- 和 e^+ 结合变成两个光子,即

$$e^- + e^+ \rightarrow 2\gamma$$

这一过程称为对湮没。通过对湮没可以把 e^- 和 e^+ 的静质能全部转化成光子的动能。

一般来说,正反粒子发生对湮没时静质能几乎全部转化成动能。若能从自然界大量获取或廉价生产正反粒子,并在技术上实现获取和利用对湮没所转化的动能,那将是一种比核能源还要强近千倍的能源。

例 3.5.3 计算质子和中子结合成氘所释放出的能量与参加反应的质子和中子的静质能的比值,并与电子和质子结合成氢原子的情况作对比。

解 质子、中子和氘的静质量分别为

$$m_p = 938.272\text{MeV}/c^2$$

$$m_n = 939.565\text{MeV}/c^2$$

$$m_d = 1875.613\text{MeV}/c^2$$

形成氘所发生的质量亏损为

$$\Delta M_0 = (m_p + m_n) - m_d = 2.22\text{MeV}/c^2$$

释放出的能量为

$$\Delta E = \Delta M_0 c^2 = 2.22\text{MeV}$$

与质子和中子的静质能之和的比值为

$$\frac{\Delta E}{(m_p + m_n)c^2} = \frac{2.22}{938.272 + 939.565} \approx 1.2 \times 10^{-3}$$

约占静质能的千分之一。

电子和质子结合成氢原子所释放出的能量为 13.6eV,与质子和电子的静质能之和的比值仅为

$$\frac{13.6}{938.272 \times 10^6 + 0.511 \times 10^6} \approx 1.4 \times 10^{-8}$$

约为核反应情况的十万分之一。

3.5.2 核裂变和核聚变

1. 原子核的结合能

电荷数为 Z、质量数为 A 的原子核由 Z 个质子和 $(A-Z)$ 个中子组成。质子和中子统称为核子,核子之间的作用力叫作核力,是一种强相互作用。核子是通过核力的吸引结合成原子核,而引力做功使系统的能量减小,所以原子核的能量低于组成该原子核的全部核子能量之和,后者与前者之差称为原子核的结合能,用 B 代表结合能,则有

$$B = [Zm_p + (A-Z)m_n - m_N]c^2$$

式中,m_p、m_n 和 m_N 分别为质子、中子和原子核的静质量。若用 ΔM_0 代表所发生的质量亏损,则有

$$B = \Delta M_0 c^2$$

这说明,核子结合成原子核时有结合能 B 被释放出来。

原子核的结合能与质量数的比值 B/A,称为核子平均结合能,它的大小反映了原子核的稳定程度,平均结合能越大越稳定,越小越不稳定。

图 3.5.1 表示一些原子核的 B/A 与 A 的关系。可以看出:轻核的平均结合能较小并出现明显起伏,在 ^{4}He(氦)、^{12}C(碳)和 ^{16}O(氧)处有局部极大值,它们比邻近的其他核更稳定;^{56}Fe(铁)的平均结合能为每核子 8.8MeV,达到最大值,铁附近的中等质量核最为稳定;重核的平均结合能要小些,到 ^{238}U(铀)处降到每核子 7.6MeV 左右。因此,一个比铁重的重核分裂成两个较轻的核,会释放裂变能;两个比铁轻的轻核聚合成一个较重的核,会释放聚变能。核能的主要优点是巨大而集中。

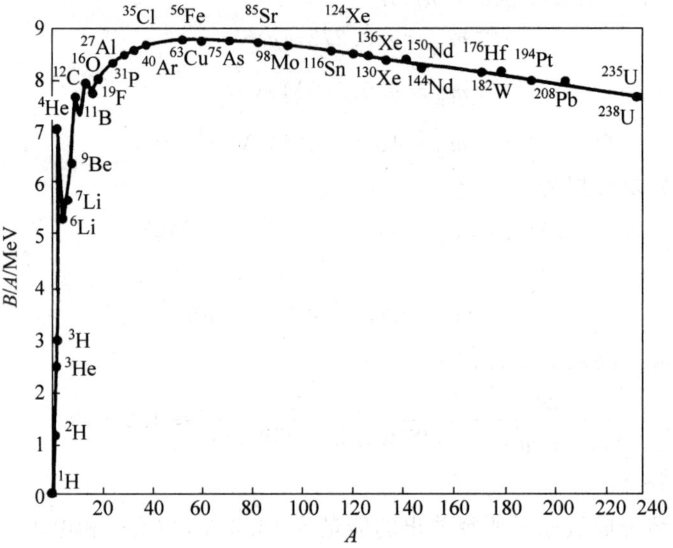

图 3.5.1 核子平均结合能

2. 核裂变

一个重核在中子的轰击下分裂成两个(或更多)中等质量碎片的现象,称为核裂变。慢中子轰击 ^{235}U 发生的裂变反应为

$$n + {}^{235}U \rightarrow {}^{236}U^{*} \rightarrow X + Y$$

其中,$^{236}U^{*}$ 为处于激发态的复合核,X 和 Y 代表裂变后的两个碎片。

核裂变释放出巨大的能量,重核和中等质量核的平均结合能分别按每核子 7.7MeV 和 8.6MeV 估算,一个 ^{235}U 核分裂成两个中等质量碎片所释放的能量为

$$E = (8.6 - 7.7) \times 235\text{MeV} \approx 210\text{MeV}$$

按此计算,1kg 的 ^{235}U 的裂变能相当于 2500 吨优质煤或 1500 吨石油完全燃烧所释放的能量。

裂变反应的产物中有一些长寿命的放射性核素,因此必须慎重处理,否则会造成严重的放射性污染,导致灾难性的后果,这是裂变能利用中存在的问题。

核裂变现象是由德国化学家哈恩(O. Hahn)和斯特拉斯曼(F. Strassmann)于 1938 年

首先确认，为此哈恩获得 1944 年诺贝尔化学奖。

3. 核聚变

轻核聚合成一个较重的核的反应，称为核聚变。在宇宙中，太阳和其他恒星就是通过聚变反应来释放能量的。在实验室里可实现的聚变反应主要有以下几种

$$^{2}H+^{2}H \to ^{3}H+p+4.04MeV$$

$$^{2}H+^{2}H \to ^{3}He+n+3.27MeV$$

$$^{2}H+^{3}H \to ^{4}He+n+17.58MeV$$

$$^{2}H+^{3}He \to ^{4}He+p+18.34MeV$$

这四个反应总的效果是氘(^{2}H)聚合成氦(^{4}He)，即

$$6\,^{2}H \to 2\,^{4}He+2n+2p+43.23MeV$$

消耗 6 个氘，释放 43.23MeV 能量，平均每个核子释放 3.6MeV 能量，约为裂变反应中每个核子释放能量的四倍。

聚变反应的产物氦(^{4}He)非常稳定，没有放射性污染，而且聚变反应的核燃料氘或氚在自然界的储藏极为丰富，聚变能是既干净又取之不尽的理想能源。

未加控制的聚变，如氢弹的爆炸比较容易实现，但可控核聚变的条件非常苛刻。可控核聚变是指人们可以控制核聚变的开启和停止，以及随时可以对核聚变的反应速度进行控制。氘带正电，让氘克服库仑排斥力彼此靠近聚合，必须增大它的动能，温度要达到 10^{8}K 以上，并在足够长的时间内维持一定的密度和温度。在这样高的温度下，原子完全电离，形成原子核和自由电子的混合体，这是一种等离子体。所谓等离子体，是指由大量带电粒子和中性粒子组成的系统。

如何约束高温等离子体，是实现可控核聚变的关键技术。任何材料制成的容器在高温下都会汽化和飞散，不能用来约束聚变反应物。目前有磁约束和惯性约束两种约束方法，磁约束法是利用合适的磁场来改变带电粒子的轨道使其不飞散，惯性约束法是利用反应物及其外壳的惯性延缓飞散，使得在飞散前完成反应。经过几十年的努力，这两方面的研究都有很大进步，但离实际应用还相当远，要建成实用化的可控核聚变反应堆还有很长的路要走。

3.6　相对论动量和能量

3.6.1　相对论动量和能量的关系

相对论动量和能量的关系为

$$E^2=p^2c^2+m_0^2c^4$$

上式可由动量的表达式(3.4.2)和质能关系式(3.5.2)导出。式中 E、p 和 m_0 分别为同一粒子的能量、动量和静质量，E、pc 和 m_0c^2 构成一个直角三角形，如图 3.6.1 所示。

在极端相对论($v\to c$)情况下，有

$$E\approx pc$$

静质量等于零的粒子，如光子的动量和能量的关系为

$$E=pc$$

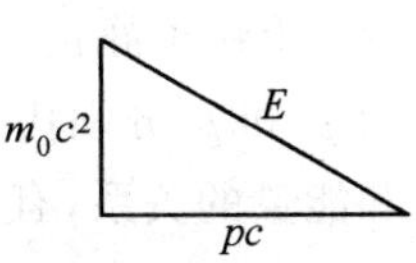

图 3.6.1　动量能量三角形

把上式写成 $mc^2=mvc$，得 $v=c$。这表明：静质量等于零的粒子以光速运动。

3.6.2 相对论动量和能量守恒

高速运动粒子的动力学方程为 $\boldsymbol{f}=\mathrm{d}\boldsymbol{p}/\mathrm{d}t$，若 $\boldsymbol{f}=0$，则 $\boldsymbol{p}=$常矢量，这表明：当粒子不受力，或所受合力等于零时，粒子动量的大小和方向保持不变。按相对论动量和能量的关系，这时粒子的能量也守恒。

实验表明：不受外界影响的粒子系统所经历的任意过程，如高能粒子碰撞，裂变和衰变等过程，系统的动量和能量守恒。或者说，只有动量和能量同时守恒的过程才可能发生。对于超出牛顿力学的过程，上述结论不能一般性地证明，只能是一个基本假设。

相对论动力学主要研究那些不受外界影响的粒子系统，动力学方程通常表现为系统的动量和能量守恒，已知力求粒子运动的问题不占主要地位。

例 3.6.1 证明：单个自由电子不能吸收光子。

解 设单个自由电子能吸收光子，在这一过程中，自由电子—光子系统的动量和能量必须同时守恒，即

$$\frac{h\nu}{c}=mv$$

$$m_e c^2+h\nu=mc^2$$

$$m=\frac{m_e}{\sqrt{1-v^2/c^2}}$$

其中，ν 为光子的频率，m_e 和 v 分别为电子的静质量和反冲速度。但由以上三式得出电子以光速反冲的荒谬结论，即

$$v=c$$

因此单个自由电子不能吸收光子。

例 3.6.2 在高能粒子碰撞中，可以用于粒子转化的能量，称为资用能(available energy)。如图 3.6.2 所示，设两个静质量均为 m_0 的粒子碰撞形成一个静质量为 M_0 的复合粒子。求在下面两种情况下的资用能：(1)靶粒子静止，入射粒子的动能被加速器加速到 E_k；(2)对撞，两个粒子的动能均被加速到 E_k。已知 $E_k\gg m_0c^2$。

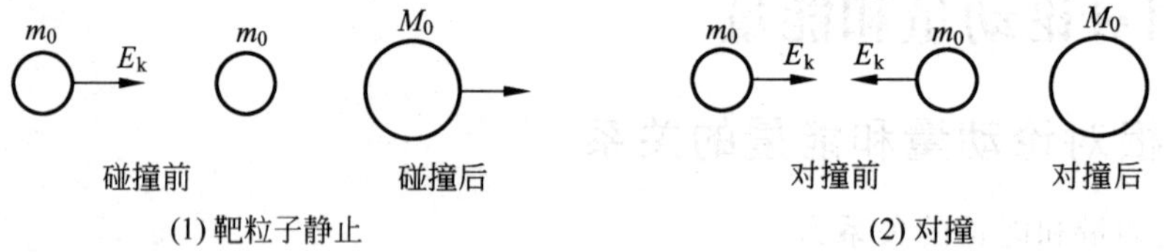

图 3.6.2 例 3.6.2 图

解 这是一个两体反应问题，碰撞过程中粒子之间发生强烈的相互作用，可以忽略重力等外界影响，系统的动量和能量守恒。

(1) 靶粒子静止

用 p 和 p' 分别代表入射粒子和复合粒子的动量，按动量守恒，$p'=p$。对入射粒子，按动量和能量的关系，有

$$(E_k+m_0c^2)^2=p^2c^2+m_0^2c^4$$

得

$$p^2c^2=(E_k+m_0c^2)^2-m_0^2c^4=E_k(E_k+2m_0c^2)$$

碰撞前系统的总能量为

$$E=E_k+2m_0c^2$$

碰撞后复合粒子的能量为

$$E'=\sqrt{p'^2c^2+M_0^2c^4}=\sqrt{p^2c^2+M_0^2c^4}=\sqrt{E_k(E_k+2m_0c^2)+M_0^2c^4}$$

按能量守恒，$E=E'$，即

$$E_k+2m_0c^2=\sqrt{E_k(E_k+2m_0c^2)+M_0^2c^4}$$

把上式两边平方，整理后可得

$$M_0=\sqrt{4m_0^2+\frac{2m_0E_k}{c^2}}=2m_0\sqrt{1+\frac{E_k}{2m_0c^2}}$$

资用能为

$$E_{av}=(M_0-2m_0)c^2=2m_0\left(\sqrt{1+\frac{E_k}{2m_0c^2}}-1\right)c^2\approx\sqrt{2m_0c^2E_k}$$

可见入射粒子的动能只有一部分转化成复合粒子的静质能，另一部分变成复合粒子的动能被“浪费”掉了。

(2) 对撞

由动量守恒可知，对撞形成的复合粒子静止，碰撞前后系统的能量分别为

$$E=2(E_k+m_0c^2),\quad E'=M_0c^2$$

按能量守恒，$E'=E$，可得

$$M_0=2m_0+\frac{2E_k}{c^2}$$

资用能为

$$E_{av}=(M_0-2m_0)c^2=2E_k$$

粒子的动能全部转化成复合粒子的静质能，两种情况资用能的比值为

$$\frac{E_{av}(\text{对撞})}{E_{av}(\text{靶静止})}=\frac{2E_k}{\sqrt{2m_0c^2E_k}}=\sqrt{\frac{2E_k}{m_0c^2}}\gg 1$$

因此，对于通过高能粒子碰撞产生新粒子的实验研究来说，对撞比靶粒子静止的碰撞更为有效。

2012年，被称为“上帝粒子”的希格斯(Higgs)粒子，就是在欧洲大型强子对撞机(LHC，large hadron collider)上，通过加速的质子对撞被发现的。

例3.6.3 在高能加速器中产生的 K^0 子不稳定，静止时可衰变成一对电荷相反的 π 子，即

$$K^0\rightarrow\pi^++\pi^-$$

已知 π^+ 和 π^- 的静质量都是 $m=139.6\text{MeV}/c^2$，而实验测得它们的动量都是 $p=206.0\text{MeV}/c$，计算 K^0 子的静质量 M_0。

解 这是一个两体衰变问题，衰变前后系统的动量和能量守恒。衰变前 K^0 子静止，系

统的动量为零。由动量守恒可知衰变后两个 π 子的动量大小相等,方向相反。衰变前系统的能量为 K^0 子的静质能 M_0c^2,衰变后 π 子的能量为$\sqrt{p^2c^2+m^2c^4}$,按能量守恒,有

$$M_0c^2=2\sqrt{p^2c^2+m^2c^4}$$

由此可得

$$M_0=\frac{2}{c^2}\sqrt{p^2c^2+m^2c^4}=\frac{2}{c^2}\sqrt{206.0^2\mathrm{MeV}^2+139.6^2\mathrm{MeV}^2}=497.7\mathrm{MeV}/c^2$$

*3.6.3 动量和能量的相对论变换

从 S 系到 S'系,粒子的动量和能量的相对论变换为

$$\left.\begin{aligned}p'_x&=\gamma(p_x-\beta E/c)\\p'_y&=p_y\\p'_z&=p_z\\E'&=\gamma(E-\beta cp_x)\end{aligned}\right\}\tag{3.6.1}$$

上式可以按动量的定义和质能关系,通过速度的相对论变换导出。式中,u 为 S'系相对 S 系的运动速度,$\beta=u/c$,$\gamma=1/\sqrt{1-\beta^2}$。可以看出,动量和能量混在一起变换。

通常把式(3.6.1)写成

$$\begin{pmatrix}p'_x\\p'_y\\p'_z\\\mathrm{i}E'/c\end{pmatrix}=\begin{pmatrix}\gamma&0&0&\mathrm{i}\beta\gamma\\0&1&0&0\\0&0&1&0\\-\mathrm{i}\beta\gamma&0&0&\gamma\end{pmatrix}\begin{pmatrix}p_x\\p_y\\p_z\\\mathrm{i}E/c\end{pmatrix}$$

与时空坐标的洛伦兹变换式(3.1.4)的形式完全相同。用$-\beta$ 代替 β,可得从 S'系到 S 系的变换。

例 3.6.4 试用光子的动量和能量的相对论变换,推导电磁波的纵向多普勒效应公式(见 10.9.2 节)

$$\nu_\mathrm{R}=\sqrt{\frac{1+v/c}{1-v/c}}\nu_\mathrm{S}$$

式中,ν_R 和 ν_S 分别为观测者接收频率和波源频率,v 为观测者与波源的相对运动速度,其符号规定为:当观测者和波源互相趋近时,$v>0$;互相远离时,$v<0$。

解 如图 3.6.3 所示,设观察者(S'系)以速度 v 远离波源(S 系)。按动量和能量的相对论变换,有

$$E'=\gamma(E-\beta cp_x)$$

对于光子,$p_x=E/c$,上式为

$$E'=\gamma(1-\beta)E$$

把 $E'=h\nu_\mathrm{R}$ 和 $E=h\nu_\mathrm{S}$ 代入,可得

$$\nu_\mathrm{R}=\frac{1-\beta}{\sqrt{1-\beta^2}}\nu_\mathrm{S}=\sqrt{\frac{1-v/c}{1+v/c}}\nu_\mathrm{S}$$

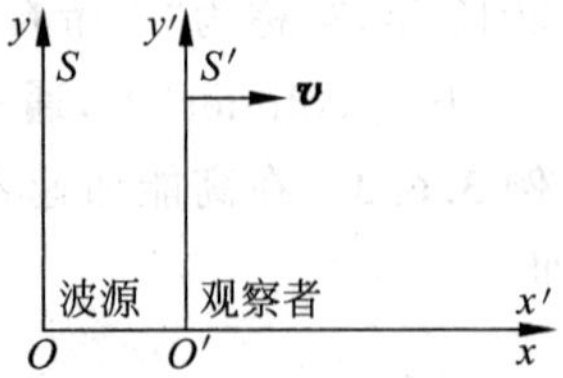

图 3.6.3 例 3.6.4 图

因观测者远离波源,把式中的 v 换成$-v$,就得到

$$\nu_R = \sqrt{\frac{1+v/c}{1-v/c}}\nu_S$$

*3.7　力的相对论变换

设有一个粒子在 S' 系中的运动速度为 $\boldsymbol{v}'$，受力为 $\boldsymbol{f}'$，求在 S 系中观测该粒子的受力 $\boldsymbol{f}$。我们知道，从 S' 系到 S 系粒子的动量和能量的相对论变换为

$$\begin{bmatrix} p_x \\ p_y \\ p_z \\ \mathrm{i}E/c \end{bmatrix} = \begin{bmatrix} \gamma & 0 & 0 & -\mathrm{i}\beta\gamma \\ 0 & 1 & 0 & 0 \\ 0 & 0 & 1 & 0 \\ \mathrm{i}\beta\gamma & 0 & 0 & \gamma \end{bmatrix} \begin{bmatrix} p'_x \\ p'_y \\ p'_z \\ \mathrm{i}E'/c \end{bmatrix}$$

对时间 t 求导，即

$$\frac{\mathrm{d}}{\mathrm{d}t}\begin{bmatrix} p_x \\ p_y \\ p_z \\ \mathrm{i}E/c \end{bmatrix} = \begin{bmatrix} \gamma & 0 & 0 & -\mathrm{i}\beta\gamma \\ 0 & 1 & 0 & 0 \\ 0 & 0 & 1 & 0 \\ \mathrm{i}\beta\gamma & 0 & 0 & \gamma \end{bmatrix} \frac{\mathrm{d}t'}{\mathrm{d}t}\frac{\mathrm{d}}{\mathrm{d}t'} \begin{bmatrix} p'_x \\ p'_y \\ p'_z \\ \mathrm{i}E'/c \end{bmatrix}$$

可得

$$\frac{\mathrm{d}p_x}{\mathrm{d}t} = \frac{\mathrm{d}t'}{\mathrm{d}t}\left(\gamma\frac{\mathrm{d}p'_x}{\mathrm{d}t'} + \frac{\beta\gamma}{c}\frac{\mathrm{d}E'}{\mathrm{d}t'}\right)$$

$$\frac{\mathrm{d}p_y}{\mathrm{d}t} = \frac{\mathrm{d}t'}{\mathrm{d}t}\frac{\mathrm{d}p'_y}{\mathrm{d}t'}$$

$$\frac{\mathrm{d}p_z}{\mathrm{d}t} = \frac{\mathrm{d}t'}{\mathrm{d}t}\frac{\mathrm{d}p'_z}{\mathrm{d}t'}$$

即

$$\left.\begin{aligned} f_x &= \gamma\frac{\mathrm{d}t'}{\mathrm{d}t}\left(f'_x + \frac{\beta}{c}\frac{\mathrm{d}E'}{\mathrm{d}t'}\right) \\ f_y &= \frac{\mathrm{d}t'}{\mathrm{d}t}f'_y \\ f_z &= \frac{\mathrm{d}t'}{\mathrm{d}t}f'_z \end{aligned}\right\} \tag{3.7.1}$$

其中，E' 为粒子在 S' 系中的总能量。

用 m_0 代表粒子的静质量，E'_k 代表粒子在 S' 系中的动能，则有

$$E' = E'_\mathrm{k} + m_0c^2$$

按质点动能变化定理，有

$$\frac{\mathrm{d}E'}{\mathrm{d}t'} = \frac{\mathrm{d}E'_\mathrm{k}}{\mathrm{d}t'} = \boldsymbol{f}'\cdot\frac{\mathrm{d}\boldsymbol{r}'}{\mathrm{d}t'} = \boldsymbol{f}'\cdot\boldsymbol{v}'$$

由洛伦兹变换可导出

$$\frac{\mathrm{d}t'}{\mathrm{d}t} = 1\Big/\frac{\mathrm{d}t}{\mathrm{d}t'} = \frac{1}{\gamma(1+uv'_x/c^2)}$$

把上面两式表示的 $\mathrm{d}E'/\mathrm{d}t'$ 和 $\mathrm{d}t'/\mathrm{d}t$ 代入式(3.7.1)，就得到

$$\left.\begin{aligned} f_x &= \frac{f'_x + \dfrac{u}{c^2}\boldsymbol{f}' \cdot \boldsymbol{v}'}{1 + uv'_x/c^2} \\ f_y &= \frac{f'_y}{\gamma(1 + uv'_x/c^2)} \\ f_z &= \frac{f'_z}{\gamma(1 + uv'_x/c^2)} \end{aligned}\right\} \tag{3.7.2}$$

此即力的相对论变换。其中 u 为 S' 系相对 S 系的运动速度，$\beta=u/c$，$\gamma=1/\sqrt{1-\beta^2}$，$\boldsymbol{v}'$ 为粒子在 S' 系中的运动速度。

若粒子在 S' 系中静止($\boldsymbol{v}'=0$)，则式(3.7.2)可简化为

$$f_x = f'_x$$

$$f_y = \frac{f'_y}{\gamma}$$

$$f_z = \frac{f'_z}{\gamma}$$

这时在 S 系中观测，纵向力不变，横向力减小到 $1/\gamma$。

在低速情况下，$u \ll c$，$v'_x \ll c$，由式(3.7.2)可知 $\boldsymbol{f}=\boldsymbol{f}'$，力与参考系无关，回到牛顿力学。

例 3.7.1 如图 3.7.1 所示，在地面上观测，两个电量分别为 q_1 和 q_2 的点电荷以相同的速度 v 平行运动，它们之间的距离为 r。求在地面上观测 q_2 的受力。

解 在相对电荷静止的参考系中，q_2 只受库仑力，即

$$f' = \frac{q_1 q_2}{4\pi\varepsilon_0 r^2}$$

由于是横向力，按力的相对论变换，在地面上观测 q_2 的受力为

$$f = \frac{f'}{\gamma} = \frac{q_1 q_2}{4\pi\varepsilon_0 r^2}\sqrt{1 - v^2/c^2}$$

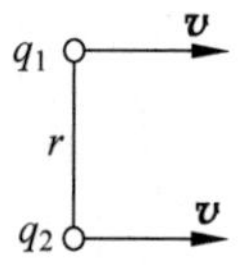

图 3.7.1 例 3.7.1 图

这正是按电磁学计算得到的结果(见例 6.2.1)。

综上所述，在涉及粒子高速运动和电磁波传播等高速领域，时间、长度、质量、动量、能量和力等物理量的量度都与参考系的运动有关。但也有一些与参考系的运动无关的物理量，这些物理量在洛伦兹变换下不变，称为相对论不变量，如静止粒子的质量——静质量，在某一惯性系中同地发生的两个事件的时间差——原时，带电物体所带的电量(见 4.1.1 节)以及简谐波的相位(见 10.5.2 节)等。

*3.8 广义相对论简介

狭义相对论仅限于在惯性系中成立，而惯性系要求没有引力，所以狭义相对论不能处理引力问题。1916 年，爱因斯坦另辟蹊径，把引力解释为时空的弯曲，把相对论推广到任意参考系，建立了严格表达时间、空间和引力的广义相对论。按广义相对论，引力使时间延缓和长度收缩。

广义相对论是人类思想史上的创新杰作，是爱因斯坦一生最引以为自豪的成就。他曾说过：狭义相对论如果我不发现，5 年之内就会有人发现，广义相对论如果我不发现，50 年之内也不会有人发现。

3.8.1 局域惯性系 等效原理和广义相对性原理

1. 局域惯性系

自然界中引力无处不在，如何在引力场中建立惯性系？设想一个无自转的小升降机在引力场中自由降落，由于惯性质量等于引力质量，小升降机内各点的引力被惯性力抵消，可以把小升降机内部区域看成惯性系。这种惯性系称为局域惯性系，因为惯性力均匀而引力不均匀，这要求升降机要充分小，否则引力不能被惯性力严格抵消。

这样一来，我们不必到遥远的太空去寻找惯性系，在引力场中用自由降落的小升降机就可以随时随地建立惯性系了。

2. 等效原理

爱因斯坦提出的等效原理分为强弱两个层次。弱等效原理：惯性力与引力局域等效，或者说用力学实验不能区分惯性力场和引力场。从广义相对论的角度上看，惯性力是真实的力。提出弱等效原理的依据是惯性质量等于引力质量这一精确成立的实验事实。

强等效原理：在引力场中每一时空点及其邻域内都存在一个局域惯性系，在其中除引力之外的一切物理定律都与狭义相对论中的完全一样，如真空中光速不变，等于常量 c。强等效原理是一个基本假设。

3. 广义相对性原理

爱因斯坦把“惯性系平等”推广为“所有参考系平等”，提出广义相对性原理：对于描述物理定律来说，所有参考系都是平等的。彻底消除了惯性系的特殊地位。

等效原理和广义相对性原理，是爱因斯坦建立广义相对论所依据的两条基本假设。

3.8.2 引力的实质是时空的弯曲

1. 引力反映时空的几何性质

实验表明，忽略空气阻力，在引力场中同一地点，一切物体都以相同的加速度 g 自由下落。行星的运动轨道与行星本身的性质无关，无论行星的质量大小和材料如何，只要初始位置和初始速度相同，所有行星都沿相同的轨道，以相同的速度“齐步走”，这种毫无个性的集体运动表明，引力表现的是时空本身作为“背景”或“舞台”的整体效应，引力反映的是时空的几何性质。

电力就不同了。在电场中场强为 $\boldsymbol{E}$ 的地点，质量为 m、电荷为 q 的带电粒子所受电力为 $\boldsymbol{f}=q\boldsymbol{E}$，加速度为

$$\boldsymbol{a}=\frac{q}{m}\boldsymbol{E}$$

这说明在电场中同一地点，荷质比 q/m 不同的带电粒子的加速度不同，可见电力表现的不

是时空本身的整体效应。或许,这就是爱因斯坦用尽他的后半生都没能把引力和电磁力统一起来的原因。

2. 引力使时空弯曲

引力如何反映时空的几何性质?按爱因斯坦的观点,引力使时空弯曲:在没有引力的地方观测,静止于引力强的地方的钟变慢,尺缩短;引力越强,钟慢尺缩越显著。从大的范围上看,由于各处引力不同,时间坐标和长度坐标变得不均匀,所张成的时空就弯曲了。图3.8.1是弯曲的空间的示意图,引力越强的地方,空间弯曲得越厉害。

引力来源于质量,时空弯曲由质量的存在而引起;反过来,时空的弯曲又会影响质量的运动。这被惠勒形象地概括为:物质告诉时空如何弯曲,时空告诉物质如何运动。

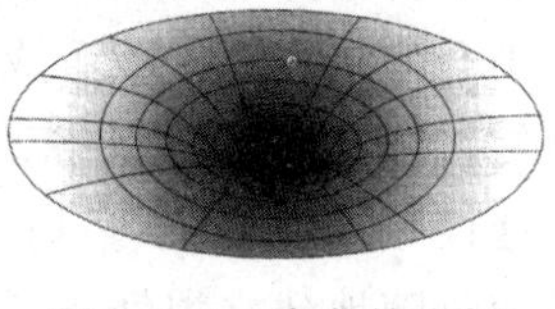

图3.8.1 弯曲的空间

1916年,爱因斯坦和德国数学家希尔伯特(D. Hilbert)几乎同时得到一组表达时空的几何结构与物质及其运动关系的方程——爱因斯坦引力场方程。牛顿力学中的万有引力定律,是爱因斯坦引力场方程的弱场近似。

黑洞是广义相对论所预言的一种特殊天体,黑洞附近聚集大量物质,时空弯曲极其强烈。

3.8.3 史瓦西场中的时空弯曲

1. 史瓦西场

爱因斯坦引力场方程是一组相当复杂的张量方程,就连爱因斯坦本人当时都认为只能近似求解。但这一方程发表不久,德国物理学家史瓦西(K. Schwarzschild)就得到孤立星体外部的引力场中的严格解。孤立星体外部的引力场,称为史瓦西场。

2. 引力使时间延缓和长度收缩

史瓦西场是球对称的,因此只需讨论时空沿径向的变化。为观测质量为M的孤立星体所形成的史瓦西场中的时空性质,设想在离星体无穷远处没有引力的地方有一系列走得一样快的钟和完全相同的微分尺,钟的时间为dt,尺的径向长度为dr。把其中一部分钟和尺放到引力场中的各个地点,用这些钟的原时$d\tau$和尺的径向静长dr'表示当地的时间和长度。通过(dt,dr)和$(d\tau,dr')$之间的变换来表达引力对时间和长度的影响。

如图3.8.2所示,让一个无自转的小升降机S,携带钟和尺,自无穷远处从静止开始向质量为M的星体自由降落,沿途用自己的钟和尺与引力场中的钟和尺作比较。由于小升降机中没有引力,其中的钟的时间和尺的长度就是无穷远处没有引力地方的(dt,dr)。

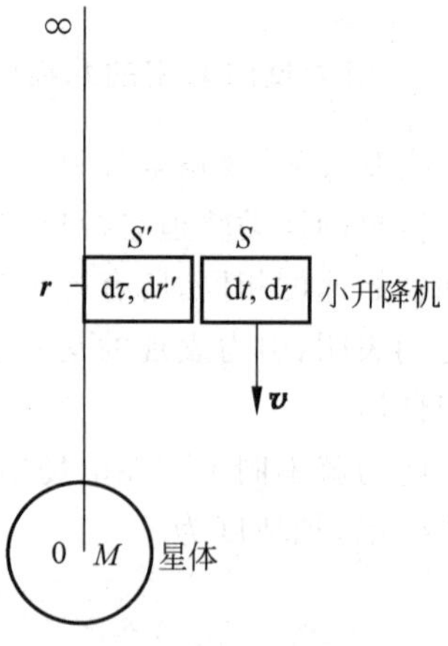

图3.8.2 史瓦西场

按强等效原理，在小升降机 S 到达的引力场中每一时空点附近都有一个局域惯性系 S'，其中钟的原时和尺的径向静长为$(\mathrm{d}\tau, \mathrm{d}r')$。

设小升降机降落到离星体 r 远处的速度为 v，因 S'是惯性系，而在 $\mathrm{d}t$ 时间内可以认为 S'相对 S 作匀速直线运动。按洛伦兹变换，在小升降机 S 中观测(相当于在没有引力的地方观测)，有

$$\mathrm{d}t = \frac{\mathrm{d}\tau}{\sqrt{1 - v^2/c^2}} \tag{3.8.1}$$

$$\mathrm{d}r = \mathrm{d}r' \sqrt{1 - v^2/c^2} \tag{3.8.2}$$

在弱引力场情况下取牛顿力学近似，小升降机的机械能守恒，把无穷远处取为势能零点，可求得 $v^2 = 2GM/r$，代入式(3.8.1)和(3.8.2)，可得

$$\mathrm{d}t = \frac{\mathrm{d}\tau}{\sqrt{1 - \frac{2GM}{c^2 r}}} \tag{3.8.3}$$

$$\mathrm{d}r = \mathrm{d}r' \sqrt{1 - \frac{2GM}{c^2 r}} \tag{3.8.4}$$

显然，$\mathrm{d}t > \mathrm{d}\tau$，$\mathrm{d}r < \mathrm{d}r'$。这表明：引力使时间延缓和长度收缩，在没有引力的地方观测，静止于引力强的地方的钟变慢($\mathrm{d}t > \mathrm{d}\tau$)，尺缩短($\mathrm{d}r < \mathrm{d}r'$)；引力越强($r$ 小)，钟慢尺缩越显著，时空弯曲得越厉害。

由式(3.8.3)和(3.8.4)可以看出，星体的引力半径，即史瓦西引力半径为

$$R_C = \frac{2GM}{c^2}$$

式(3.8.3)和(3.8.4)可写成

$$\mathrm{d}t = \frac{\mathrm{d}\tau}{\sqrt{1 - R_C/r}} \tag{3.8.5}$$

$$\mathrm{d}r = \mathrm{d}r' \sqrt{1 - R_C/r} \tag{3.8.6}$$

设在离星体 r 远处时空点附近的局域惯性系 S' 中有一光子，在 $\mathrm{d}\tau$ 时间运动了 $\mathrm{d}r'$路程，按强等效原理，在 S' 系中光速不变，即 $\mathrm{d}r'/\mathrm{d}\tau = c$。而在小升降机 S 中观测，光子的运动速度变为

$$c' = \frac{\mathrm{d}r}{\mathrm{d}t} = \left(1 - \frac{R_C}{r}\right)\frac{\mathrm{d}r'}{\mathrm{d}\tau} = \left(1 - \frac{R_C}{r}\right)c \tag{3.8.7}$$

显然，$c' < c$。这表明：在没有引力的地方观测，引力使光速变慢。

可以看出：当 $r \to R_C$ 时，$\mathrm{d}t \to \infty$，$\mathrm{d}r \to 0$，$c' \to 0$，这时任何过程都进行得无限缓慢，光"凝滞不动"。把一个质量 M 足够大(不能小于1.44倍太阳质量)的星体的半径 r 压缩到 $r \leqslant R_C$，就能形成一个黑洞。

3. 北斗卫星导航系统中地球静止轨道卫星钟的广义相对论修正

下面计算引力引起的地球静止轨道卫星钟和赤道钟的原时之差。卫星钟与地心的距离为 $r_{\text{卫}} = 4.217 \times 10^7\ \mathrm{m}$(见例1.3.3)，而赤道钟与地心的距离为地球半径 $R = 6.378 \times 10^6\ \mathrm{m}$，卫星钟所受引力比赤道钟所受引力要弱。

用 $\Delta\tau_{卫}$ 和 $\Delta\tau_{赤}$ 分别代表卫星钟和赤道钟的原时,按式(3.8.3),有

$$\frac{\Delta\tau_{卫}}{\sqrt{1-\frac{2GM}{c^2 r_{卫}}}}=\frac{\Delta\tau_{赤}}{\sqrt{1-\frac{2GM}{c^2 R}}}$$

用 $g=GM/R^2$ 代表海平面的重力加速度,则

$$\frac{\Delta\tau_{卫}}{\Delta\tau_{赤}}=\sqrt{1-\frac{2R^2 g}{c^2 r_{卫}}}\bigg/\sqrt{1-\frac{2Rg}{c^2}}$$

设 $\varepsilon_{卫}=\frac{R^2 g}{c^2 r_{卫}}$,$\varepsilon_{赤}=\frac{Rg}{c^2}$,注意到 $\varepsilon_{卫}\ll 1$,$\varepsilon_{赤}\ll 1$,则有

$$\frac{\Delta\tau_{卫}-\Delta\tau_{赤}}{\Delta\tau_{赤}}=\frac{\Delta\tau_{卫}}{\Delta\tau_{赤}}-1=\frac{\sqrt{1-2\varepsilon_{卫}}}{\sqrt{1-2\varepsilon_{赤}}}-1\approx(1-\varepsilon_{卫})(1+\varepsilon_{赤})-1$$

$$\approx\varepsilon_{赤}-\varepsilon_{卫}=\frac{Rg}{c^2}\left(1-\frac{R}{r_{卫}}\right)$$

代入数据,$R=6.378\times10^6\,\text{m}$,$g=9.7\,\text{m}\cdot\text{s}^2$,$r_{卫}=4.217\times10^7\,\text{m}$,得

$$\frac{\Delta\tau_{卫}-\Delta\tau_{赤}}{\Delta\tau_{赤}}\approx\frac{6.378\times10^6\times9.7}{3^2\times10^{16}}\left(1-\frac{6.378\times10^6}{4.217\times10^7}\right)=5.834\times10^{-10}$$

若赤道钟走 1 天,即 $\Delta\tau_{赤}=8.64\times10^{10}\,\mu\text{s}$,则

$$\Delta\tau_{卫}-\Delta\tau_{赤}=5.834\times10^{-10}\times8.64\times10^{10}\,\mu\text{s}=50.4\,\mu\text{s}$$

这说明引力使卫星钟每天比赤道钟多走 50.4μs。

加上每天比赤道钟少走 4.4μs 的狭义相对论修正,卫星钟总计每天比赤道钟多走 46μs。若不作修正,地面位置上的误差每天可以达到

$$\delta l=3\times10^8\times46\times10^{-6}\,\text{m}=13.8\,\text{km}$$

随着误差的积累卫星导航系统很快就会变得毫无用途。

3.8.4 广义相对论的实验验证

1. 引力波

1916 年 6 月,爱因斯坦研究引力场方程的近似积分时发现,一个力学体系变化时必然发射出以光速传播的引力波。引力波是时空弯曲中的涟漪,但引力是自然界中强度最弱的相互作用,时空弯曲中的涟漪极其微小,实验上很难直接观测到,直到在 20 世纪 60 年代,引力波的存在性仍被不少物理学家质疑。在漫长岁月里,几代物理学家付出了不懈努力,但这种神秘的引力波却一直没有被发现。

2016 年 2 月 11 日,激光干涉引力波天文台(LIGO,laser interferometer gravitational wave observatory)科学合作组织利用两个相距 3000 km 的大型迈克耳孙激光干涉装置(臂长为 4km),检测到一个源于 13 亿年前两个相互旋转的黑洞进动及合并时所产生的引力波,验证了 100 年前广义相对论的预言。为什么用迈克耳孙干涉仪可以测量微小位移,可参阅 11.4.3 节。

2017 年诺贝尔物理学奖授予三位美国物理学家韦斯(R. Weiss)、索恩(K. S. Thorne)和

巴里什(B. C. Barish)，以表彰他们对发现引力波所做出的贡献。

2. 引力红移

设某种原子(如氢原子)发射的光子的振动周期为 T_0，若这种原子在星体(如太阳)表面上发光，我们在地球上观测(忽略地球引力)，按式(3.8.3)，光子的周期变为

$$T=\frac{T_0}{\sqrt{1-\frac{2GM}{c^2R}}}$$

其中，M 和 R 分别为星体的质量和半径。频率是周期的倒数，在地球上观测，光子的频率变为

$$\nu=\nu_0\sqrt{1-\frac{2GM}{c^2R}}$$

在弱引力场情况下，$\frac{GM}{c^2R}\ll 1$，因此

$$\nu\approx\left(1-\frac{GM}{c^2R}\right)\nu_0 \tag{3.8.8}$$

这表明：光从星体表面到达地球表面，频率降低，波长变长，比起地面上同种原子发出的光(频率为 ν_0)，谱线向红端移动，这称为引力红移。

1961 年测量太阳光谱中钠 5896Å 谱线的引力红移，结果与理论值偏离小于 5%。1971 年测量太阳光谱中钾 7699Å 谱线的引力红移，与理论值偏离小于 6%。从天文观测来测定引力红移的最大困难，是如何把引力红移与星体运动所引起的多普勒红移(见 10.9.2 节)区分开。

例 3.8.1　在实验室测得氢原子光谱 H_α 线的波长为 6562.10Å，求在太阳光谱中这条谱线的引力红移。

解　由式(3.8.8)，可得

$$\frac{c}{\nu}\approx\frac{1}{1-\frac{GM}{c^2R}}\frac{c}{\nu_0},\quad \lambda\approx\frac{1}{1-\frac{GM}{c^2R}}\lambda_0\approx\left(1+\frac{GM}{c^2R}\right)\lambda_0$$

则引力红移为

$$\Delta\lambda=\lambda-\lambda_0\approx\frac{GM}{c^2R}\lambda_0=\frac{6.67\times10^{-11}\times1.99\times10^{30}}{9\times10^{16}\times6.96\times10^{8}}\times6562.10\text{Å}=0.0139\text{Å}$$

3. 雷达回波延迟

1964 年，夏皮洛(I. I. Shapiro)首先提出一个检验广义相对论的实验方法，由地球发射雷达脉冲，到达行星后返回地球，测量信号往返时间，比较雷达波远离太阳和靠近太阳两种情况下回波时间的差异，验证了引力使光速变慢。到 20 世纪 70 年代末，测量结果与理论值偏离约为 1%，80 年代利用火星表面的“海盗着陆舱”进行测量，与理论值偏离降到了 0.1%。

4. 水星近日点的进动

图3.8.3表示水星近日点的进动。水星是离太阳最近的一颗行星,在太阳引力的作用下,水星围绕太阳运动的轨道应该是一个封闭的椭圆。但由于太阳的转动和太阳以外其他行星(主要是金星、地球和木星)的吸引,水星的实际轨道并不封闭,其椭圆轨道的长轴缓慢地转动,这称为水星近日点的进动。但应用牛顿定律对水星进动的计算结果,比实验观测值每百年要慢43.11″,这成为当时天文学中的一大疑难问题。

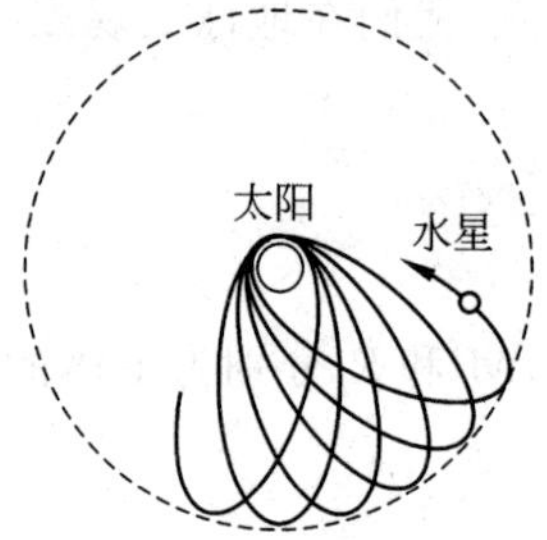

图3.8.3 水星近日点的进动

按广义相对论,太阳周围时空的弯曲使行星的轨道进一步弯向太阳。爱因斯坦计算了由时空弯曲引起的水星近日点的进动,结果为每百年43.03″,从而解决了这一疑难问题。

近些年来,广义相对论在相对论天体物理学和宇宙学等领域取得了巨大的成就。

本章提要

1. 狭义相对性原理,光速不变原理

洛伦兹变换

$$\begin{aligned} x' &= \frac{x-ut}{\sqrt{1-u^2/c^2}} \\ y' &= y \\ z' &= z \\ t' &= \frac{t-\frac{u}{c^2}x}{\sqrt{1-u^2/c^2}} \end{aligned},\quad \begin{pmatrix} x' \\ y' \\ z' \\ \mathrm{i}ct' \end{pmatrix} = \begin{pmatrix} \gamma & 0 & 0 & \mathrm{i}\beta\gamma \\ 0 & 1 & 0 & 0 \\ 0 & 0 & 1 & 0 \\ -\mathrm{i}\beta\gamma & 0 & 0 & \gamma \end{pmatrix} \begin{pmatrix} x \\ y \\ z \\ \mathrm{i}ct \end{pmatrix},\quad \beta=\frac{u}{c},\quad \gamma=\frac{1}{\sqrt{1-\beta^2}}$$

2. 同时性的相对性

时间延缓——原时最短

$$\Delta\tau = \Delta t\sqrt{1-u^2/c^2}$$

长度收缩——测长最短

$$\Delta x = \Delta x'\sqrt{1-u^2/c^2}$$

3. 速度的相对论变换

$$v'_x=\frac{v_x-u}{1-uv_x/c^2},\quad v'_y=\frac{v_y}{1-uv_x/c^2}\sqrt{1-u^2/c^2},\quad v'_z=\frac{v_z}{1-uv_x/c^2}\sqrt{1-u^2/c^2}$$

当横向速度为零时

$$v'=\frac{v-u}{1-uv/c^2},\quad v=\frac{v'+u}{1+uv'/c^2}$$

4. 质速关系

$$m=\frac{m_0}{\sqrt{1-v^2/c^2}}$$

动量

$$\boldsymbol{p}=m\boldsymbol{v}=\frac{m_0\boldsymbol{v}}{\sqrt{1-v^2/c^2}}$$

5. 力和加速度的关系

$$\boldsymbol{f}=m\boldsymbol{a}+\frac{\mathrm{d}m}{\mathrm{d}t}\boldsymbol{v}$$

$$f_{\mathrm{n}}=\frac{m_0}{\sqrt{1-v^2/c^2}}a_{\mathrm{n}} \quad \text{（法向）}$$

$$f_{\mathrm{t}}=\frac{m_0}{\sqrt{(1-v^2/c^2)^3}}a_{\mathrm{t}} \quad \text{（切向）}$$

6. 质能关系

$$E=mc^2=\frac{m_0c^2}{\sqrt{1-v^2/c^2}}$$

动能

$$E_{\mathrm{k}}=(m-m_0)c^2$$

极端相对论情况

$$E_{\mathrm{k}}\approx mc^2$$

光子

$$E_{\mathrm{k}}=mc^2$$

7. 相对论动量和能量的关系

$$E^2=p^2c^2+m_0^2c^4$$

极端相对论情况

$$E\approx pc$$

光子

$$E=pc$$

8. 相对论动量和能量守恒：在不受外界影响的粒子系统所经历的任意过程中，系统的动量和能量守恒。

*9. 动量和能量的相对论变换

$$\begin{aligned}p'_x&=\gamma(p_x-\beta E/c)\\ p'_y&=p_y\\ p'_z&=p_z\\ E'&=\gamma(E-\beta cp_x)\end{aligned},\quad \begin{pmatrix}p'_x\\ p'_y\\ p'_z\\ cE'/\mathrm{i}\end{pmatrix}=\begin{pmatrix}\gamma&0&0&\mathrm{i}\beta\gamma\\ 0&1&0&0\\ 0&0&1&0\\ -\mathrm{i}\beta\gamma&0&0&\gamma\end{pmatrix}\begin{pmatrix}p_x\\ p_y\\ p_z\\ cE/\mathrm{i}\end{pmatrix}$$

*10. 力的相对论变换

$$f_x = \frac{f'_x + \frac{u}{c^2}\boldsymbol{f}' \cdot \boldsymbol{v}'}{1 + uv'_x/c^2}$$

$$f_y = \frac{f'_y}{\gamma(1 + uv'_x/c^2)}$$

$$f_z = \frac{f'_z}{\gamma(1 + uv'_x/c^2)}$$

当粒子在 S' 系中静止时

$$f_x = f'_x$$

$$f_y = \frac{f'_y}{\gamma}$$

$$f_z = \frac{f'_z}{\gamma}$$

*11. 孤立星体外部的引力场

史瓦西引力半径

$$R_C = \frac{2GM}{c^2}$$

钟慢尺缩效应

$$\mathrm{d}t = \frac{\mathrm{d}\tau}{\sqrt{1 - R_C/r}}, \quad \mathrm{d}r = \mathrm{d}r' \sqrt{1 - R_C/r}$$

光速变慢

$$c' = \left(1 - \frac{R_C}{r}\right)c$$

引力红移

$$\nu \approx \left(1 - \frac{GM}{c^2 R}\right)\nu_0$$

习题

3.1 在 S 系中观察到在同一地点发生的两个事件,第二事件发生在第一事件之后 2s,在 S' 系中观察到第二事件在第一事件后 3s 发生。求在 S' 系中这两个事件的空间距离。

3.2 地面上的观测者发现,一艘以 $0.60c$ 的速度航行的宇宙飞船将在 5s 后同一个以 $0.80c$ 的速度与飞船相向飞行的彗星相撞。按飞船钟,经过多少时间飞船与彗星相撞?

3.3 飞船以 $0.60c$ 的速度沿地面接收站与飞船连线方向向外飞行,飞船上的光源以 $T_0 = 4\text{s}$ 的周期发射光脉冲。求地面接收站接收到的光脉冲的周期。

3.4 一静止时边长为 a 的立方体,以速度 u 沿与它的一个边平行的方向相对 S' 系运动,在 S' 系中测得它的体积将是多大?

3.5　一静止时长度为 100m 的宇宙飞船，相对地面以 $0.80c$ 的速度飞行。(1)在地面上观测，飞船的长度是多少？(2)地面上的观察者发现有两束光脉冲同时击中飞船的前后两端，那么飞船上的观察者看到的是哪一端先被击中，击中飞船两端的时间差是多少？

3.6　固定于 S 系 x 轴上有一根米尺，两端各装一激光枪。当固定于 S' 系 x' 轴上的另一根长刻度尺以 $0.80c$ 的速度经过激光枪的枪口时，两个激光枪同时发射激光，在长刻度尺上打出两个痕迹，求这两个痕迹之间的距离。在 S' 系中的观测者将如何解释此结果。

3.7　一艘以 $0.80c$ 的速度航行的宇宙飞船从地球飞向某星体，该星体相对地球静止，与地球的距离为 8 光年。按宇航员的观测，该星体离地球多远？飞船到达星体需要多少时间？

3.8　S' 系相对 S 系以速度 u 沿 $x'(x)$ 轴方向作匀速直线运动。一根直竿在 S 系中的静长为 l，与 x 轴的夹角为 θ，求它在 S' 系中的长度和它与 x' 轴的夹角。

3.9　一宇宙飞船装有无线电发射和接收装置，正以 $u=0.80c$ 的速度飞离地球。当宇航员发射一无线电信号后，信号经地球反射，60s 后宇航员才收到返回的信号。(1)当地球反射信号时，在宇航员看来，地球离飞船多远？(2)当飞船接收到被地球反射的信号时，在地球上的观察者看来，飞船离地球多远？

3.10　甲乙两地相距 120km。在甲地某天上午 9 时整有一工厂因过载而断电，同一天上午 9 时 0 分 0.0003 秒乙地有一烟雾报警器报警。在以 $u=0.80c$ 的速率沿甲地到乙地方向航行的飞船中观测，这两个事件的时间差是多少？哪个事件先发生？

3.11　在 S 系中发生两个事件，它们的空间距离为 300m，时间差为 2.0×10^{-6}s。(1)设有一个相对 S 系作匀速直线运动的参考系 S'，在 S' 系中这两个事件在同一地点发生，求 S' 系相对 S 系的运动速度。(2)在 S' 系中这两个事件的时间差是多少？

3.12　宇宙飞船(S' 系，原点在飞船上)相对地球(S 系，原点在地心)沿 $x(x')$ 轴方向以 $u=0.80c$ 的速度飞行，并将飞船飞过地球的那一时刻取为时间零点。宇航员观察到有一超新星爆发，爆发的时间是 $t'=-6.0\times10^{8}$s，地点是 $x'=1.8\times10^{17}$m，$y'=1.2\times10^{17}$m，$z'=0$，他把这一观测结果通过无线电发回地球，在地球参考系中该超新星爆发这一事件的时空坐标如何？

3.13　设正负电子对撞机中的电子和正电子以 $0.90c$ 的速度相向运动，它们之间的相对速度是多少？

3.14　一静长为 l_0 的车厢以速度 u 相对地面匀速运动，车厢内有一小球从车厢的后壁出发，以速度 v_0 相对车厢向前匀速运动。忽略小球的直径，在地面上的观察者看来，小球从车厢后壁到前壁要用多长时间？

3.15　如图所示，惯性系 S' 相对 S 沿 $x'(x)$ 轴方向以速度 u 作匀速直线运动，而 $y'(z')$ 轴与 $y(z)$ 轴始终保持平行。在 S' 系中的 $O'x'y'$ 平面内有一根平行于 x' 轴的很细的直杆，其长度为 l_0，并沿 y' 轴方向以速度 u 作平动。在 S 系中观测，直杆的长度是多少？

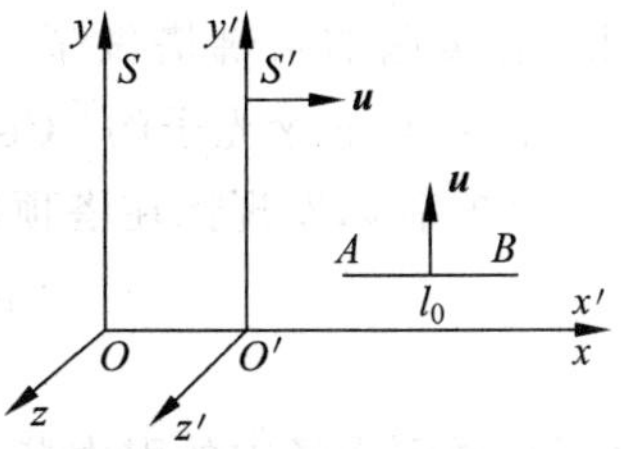

习题 3.15 图

3.16　1818 年，菲涅耳(A. Fresnel)从光的“以太”假说出发导出在运动的透明介质中的光速公式为

$$v=\frac{c}{n}\pm\left(1-\frac{1}{n^2}\right)u$$

并被实验所验证。式中,c 为真空中的光速,n 为介质的折射率,u 为介质相对观察者的运动速度,正负号分别对应介质的运动与光的传播同向和反向。按速度的相对论变换证明上式。

3.17 在北京正负电子对撞机中,电子可以被加速到能量为 2.8×10^3MeV。(1)这个电子的质量是其静质量的多少倍?(2)这个电子的速率为多大?

3.18 求静止的电子和正电子对湮没所产生的每个 γ 光子的能量和波长(要求三位有效数字)。

3.19 把电子由静止加速到速率为 $0.10c$ 和由 $0.80c$ 加速到 $0.90c$ 各需做多少功?

3.20 若一个电子的能量为 5.0MeV,则该电子的动能、动量和速率各为多少?

3.21 两个质子各以 $0.50c$ 的速度相对于一个静止点反向运动。求:(1)每个质子相对于该静止点的动量和能量;(2)一个质子在另一个质子处于静止的参考系中的动量和能量。用 m_p 代表质子的静质量。

3.22 一能量为 A 的光子撞击一质量为 m_0 的静止粒子,光子的能量被粒子全部吸收而形成一个新粒子,求这一新粒子的反冲速度和静质量。

3.23 计算下列衰变所释放的能量

$$n\rightarrow p+e^-+\nu_e$$

$$p\rightarrow n+e^++\nu_e$$

已知 $m_n=939.6\text{MeV}/c^2$,$m_p=938.3\text{MeV}/c^2$,$m_e=0.511\text{MeV}/c^2$,$m_\nu=0$。

3.24 一个中性 π^0 子静止时可衰变成两个 γ 光子,$\pi^0\rightarrow\gamma+\gamma$。已知 π^0 子的静质量为 $135.0\text{MeV}/c^2$,求每个 γ 光子的能量和动量。

3.25 一个中性 Λ^0 子静止时可衰变成质子 p 和 π^- 子,$\Lambda^0\rightarrow p+\pi^-$。已知 Λ^0 子、质子和 π^- 子的静质量分别为 $1115.6\text{MeV}/c^2$、$938.3\text{MeV}/c^2$ 和 $139.6\text{MeV}/c^2$,求衰变成的质子和 π^- 子的动量和动能。

3.26 洛伦兹变换仅适用于两个参考系的坐标轴始终平行的情形,对于坐标轴不平行的一般情况,可以通过坐标系的转动得到相应的变换。如图所示,设惯性系 S' 相对 S 沿与 x 轴成 θ 角的方向,以速度 u 作匀速直线运动,并保持 z' 轴与 z 轴平行,把原点 O' 和 O 重合的时刻取为时间零点,推导从 S 系到 S' 系的洛伦兹变换。

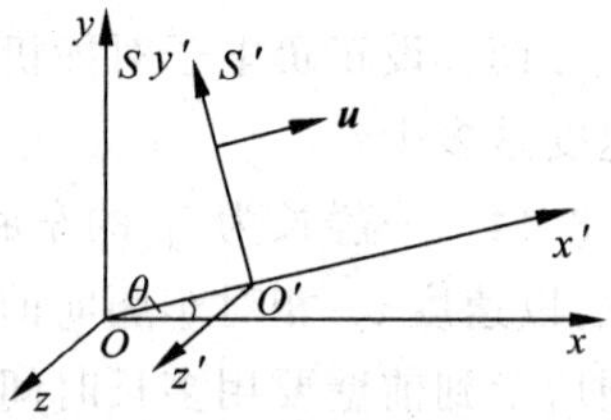

习题 3.26 图

3.27 1959 年,庞德(R. V. Pound)和瑞布卡(Q. A. Rebka)在美国的哈佛塔做了一个著名的实验。他们把发射 14.4keV 的 γ 光子的 ^{57}Co 放射源放在塔顶,塔高为 $H=22.6$m,在塔底测量它射来的 γ 光子的频率 ν,发现比在塔顶的频率 ν_0 高,测量结果是

$$\frac{\nu-\nu_0}{\nu_0}=(2.57\pm0.26)\times10^{-15}$$

验证了地球引力场中的引力紫移现象。分别用能量守恒和引力使时间延缓来解释上述测量结果。

第4章 静 电 场

电磁学研究宏观电磁现象和物质的电磁性质。18 世纪中叶，静电学和静磁学开始遵循牛顿力学的发展模式登上科学的舞台，但长期没有发现电与磁之间的联系。直到 19 世纪下半叶，通过大量的实验研究和理论分析才形成了电场和磁场的概念，认识到电场和磁场构成一个统一的实体——电磁场，并且开始用矢量场的数学性质来表达电磁学规律。1864 年（清同治三年）麦克斯韦建立了以麦克斯韦方程组为基础的电磁场理论，预言了电磁波的存在。麦克斯韦方程组的建立和电磁场的发现，是继牛顿力学之后经典物理学中的又一丰碑。

若空间各点存在着一个矢量，它的大小和方向是空间位置和时间的函数，那么这个矢量在空间就形成一个矢量场。电磁场是一种矢量场，电场的矢量是电场强度 $\boldsymbol{E}$（或电位移矢量 $\boldsymbol{D}$），磁场的矢量是磁感应强度 $\boldsymbol{B}$（或磁场强度 $\boldsymbol{H}$）。电磁场是物质的一种形态，虽然它不像实物那样由电子、质子和中子构成，但它和实物一样具有能量、动量等物质的基本属性。

我们先讲稳恒（不随时间变化）情况下电场和磁场所服从的基本定理，再通过分析变化情况下的实验现象，依据麦克斯韦提出的感生电场假设和位移电流假设，推广到随时间变化的普遍情况，最后得到麦克斯韦方程组的积分形式，并在电荷和电流分布具有某些对称性的情况下，求解一些简单的电磁学问题。

本章讲静电场服从的两个基本定理——高斯定理和环路定理，以及真空中电场的能量特征。

4.1 电荷和库仑定律

4.1.1 电荷

电荷是粒子的一种内禀属性，它不能独立于粒子而存在。1897 年英国物理学家 J. J. 汤姆孙（J. J. Thomson）发现了电子，验证了电子带负电，并直接测量了电子的电量，这是继 X 射线和放射性之后的又一重大发现，J. J. 汤姆孙为此获得 1906 年诺贝尔物理学奖。31 年后，他的独生子 G. P. 汤姆孙（G. P. Thomson）用晶体衍射验证了电子的波动性，与另一位物理学家分享了 1937 年诺贝尔物理学奖，父子都因电子而获奖，可谓子承父业，传为佳话。

J. J. 汤姆孙发现电子之后，人们又发现了质子和中子。质子带正电，中子不带电，一个质子和一个电子所带电量的绝对值相等。通常物体上的正负电荷是等量的，物体呈电中性可以说成物体不带电；当物体有了多余的电子时，物体带负电；当电子不足时，物体带正电。

带电的几何点，称为点电荷。若一个带电体的线度比起它到其他带电体的距离小得多，就可以不考虑该带电体的形状和电荷分布的影响,而把它看成是一个点电荷。点电荷只是一个物理模型,实际上是不存在的。

近代物理实验证实,即使在 10^{-20} m 范围内电子仍表现为点粒子,因此电子可以看成是点电荷。至于电子内部是否有结构,为什么电荷能稳定地集聚在这么小的范围内,目前的实验研究尚未深入到这一尺度。

1. 电荷量子化

一个物理量只能取某些特定的分立值,则称该物理量是量子化的。电荷只能存在于一个个带电的粒子上,因此物体所带电量只能以某一最小的电量为单位离散地变化,这称为电荷量子化。

1913 年,美国物理学家密立根(R. A. Millikan)在他的油滴实验中发现,油滴上电荷的电量总是某一基本电量的整数倍,验证了电荷量子化。由于油滴携带一定数量的电子,基本电荷就是电子电量的绝对值。2018 年第 26 届国际计量大会把基本电荷规定为

$$e = 1.602176634 \times 10^{-19}\,\mathrm{C}$$

其中,C 为电量的单位库[仑]。密立根获得 1923 年诺贝尔物理学奖,以表彰他对基本电荷和光电效应所做的工作。

夸克(quark)是一种带分数电荷 $e/3$ 或 $2e/3$ 的更基本的粒子,它们可以组成强子,如质子、中子和 π 子等。但迄今为止,实验上没有直接观察到单个的自由夸克。即使存在自由夸克也不会改变电荷的量子化特征,只是基本电荷的电量有所变化。

电荷量子化是一个基本的实验事实。在理论上,若自然界存在磁单极子,即只有 N 极或只有 S 极的磁体,就可以导出电荷量子化的结果,但目前尚未发现磁单极子。

虽然电荷是量子化的,但宏观电磁现象所涉及的带电物体包含大量的带电粒子,在电磁学中仍将带电体的电荷看成是连续的。

2. 电荷是一个相对论不变量

实验表明:电荷是一个相对论不变量,带电物体所带的电量与物体的运动速度无关,即在相对运动的不同惯性系中观测,同一带电体的电量相同。

在原子中,带正电的质子集中在原子核中,带负电的电子绕核运动,质子的能量(几个兆电子伏)远大于电子的能量(几个到几十个电子伏),它们的运动状况十分不同。但无论运动差别有多大,原子总是保持严格的电中性,这是对电荷相对论不变性的一个实验验证。

3. 电荷守恒

在已经发现的一切宏观和微观过程中,孤立系统的电荷的代数和保持不变,电荷只能从一个物体转移到另一个物体,或从物体的某一部分转移到其他部分。这一实验规律称为电荷守恒定律。由于电荷是一个相对论不变量,孤立系统的总电量与参考系的选择无关。

4.1.2 库仑定律

18 世纪中叶,人们类比万有引力的距离平方反比关系,对电荷之间的相互作用规律作了

种种猜测。1773 年，在牛顿万有引力定律的启发下，英国物理学家卡文迪什(H. Cavendish)发现了电力服从距离平方反比关系，但这一实验结果直到 100 多年后的 1879 年才由麦克斯韦整理发表，这时库仑的工作早已得到公认。

1785 年，法国物理学家库仑(C. A. Coulomb)用他发明的电扭秤直接测量电力随距离的变化，发现电力与距离平方成反比。真空中静止点电荷 q_1 作用在点电荷 q_2 上的电力为

$$\boldsymbol{f}=\frac{q_1q_2}{4\pi\varepsilon_0 r^2}\hat{\boldsymbol{r}} \tag{4.1.1}$$

此即库仑定律。式中 r 为两点电荷之间的距离，$\hat{\boldsymbol{r}}$ 为从 q_1 到 q_2 方向的单位矢量。常量 ε_0 称为真空介电常量或真空电容率，计算中一般取为

$$\varepsilon_0=8.85\times10^{-12}\,\mathrm{C^2\cdot N^{-1}\cdot m^{-2}}=8.85\times10^{-12}\,\mathrm{F\cdot m^{-1}}$$

$$\frac{1}{4\pi\varepsilon_0}=8.99\times10^{9}\,\mathrm{C^{-2}\cdot N\cdot m^2}=8.99\times10^{9}\,\mathrm{F^{-1}\cdot m}$$

其中，F 为电容的单位法[拉]。图 4.1.1 表示 q_1 作用在同号电荷 q_2 上的库仑力。

库仑力是有心力，施力的点电荷 q_1 的位置就是库仑力 $\boldsymbol{f}$ 的力心。在前面 1.8.1 节已经证明，有心力是保守力，因此库仑力是一种保守力。

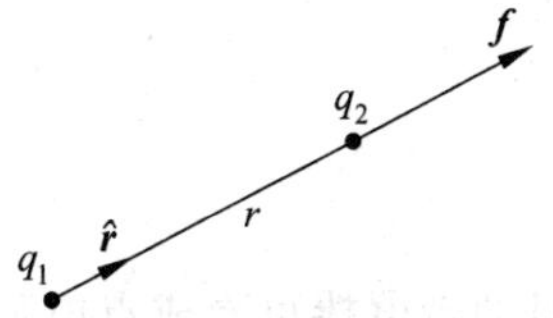

图 4.1.1 库仑力

和万有引力一样，库仑力也是一种与距离平方成反比的长程力。在当年库伦的实验中距离 r 只有几个厘米，但近代物理实验表明，r 在 $10^{-17}\sim10^{7}\,\mathrm{m}$ 范围内库仑定律精确成立。

在氢原子中电子和原子核(质子)之间的平均距离为玻尔半径 $a_0=0.53\times10^{-10}\,\mathrm{m}$，按式(4.1.1)算出它们之间的库仑力为 $8.1\times10^{-8}\,\mathrm{N}$，而万有引力仅为 $3.7\times10^{-47}\,\mathrm{N}$，可见维系电子和原子核形成原子的是库仑力，而不是万有引力。库仑力还是原子构成分子，分子构成固体、液体等凝聚态物质的主要相互作用力。

实验表明：两个静止点电荷之间的相互作用力不因第三个静止点电荷的存在而改变；两个或两个以上静止点电荷对同一个点电荷的库仑力的合力，等于各个点电荷单独存在时对该点电荷库仑力的矢量和。这称为电力叠加原理。点电荷 q_0 所受多个点电荷的库仑力的合力为

$$\boldsymbol{f}=\sum_i \boldsymbol{f}_i=\sum_i \frac{q_0q_i}{4\pi\varepsilon_0 r_{0i}^2}\hat{\boldsymbol{r}}_{0i}$$

式中，$\boldsymbol{f}_i$ 为第 i 个点电荷 q_i 单独存在时对 q_0 的库仑力，r_{0i} 为 q_i 与 q_0 的距离，$\hat{\boldsymbol{r}}_{0i}$ 为从 q_i 到 q_0 方向的单位矢量。电力叠加原理不是按逻辑法则推导得到的，而是独立于库仑定律的另一个实验规律。

库仑定律和电力叠加原理是整个静电学理论的基础，只要给定电荷分布，原则上用库仑定律和电力叠加原理可以解决全部静电学问题。

例 4.1.1 如图 4.1.2 所示，在一长度为 L，单位长度的电量为 λ 的均匀带电细棒的延长线上，与棒端相距 a 远处有一点电荷 q_0。求 q_0 所受库仑力。

解 电量是一个代数量，在未知电荷符号的情况下一般把电量设为正值($\lambda>0$)，所得

结果也适用于$\lambda<0$的情况。如图4.1.2所示，在x处取长度为$\mathrm{d}x$的一小段棒，所带电量为$\mathrm{d}q=\lambda\mathrm{d}x$。宏观上$\mathrm{d}x$的尺度无穷小，可视为点电荷，但微观上包含大量的带电粒子。$\mathrm{d}q$单独存在时对点电荷q_0的库仑力为

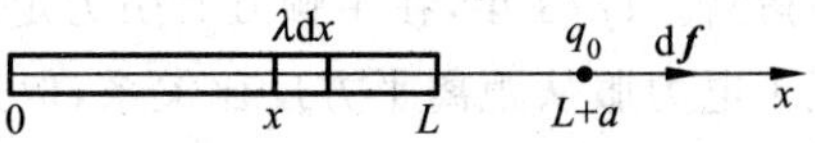

图 4.1.2　例 4.1.1 图

$$\mathrm{d}f=\frac{q_0\mathrm{d}q}{4\pi\varepsilon_0(L+a-x)^2}=\frac{q_0\lambda\mathrm{d}x}{4\pi\varepsilon_0(L+a-x)^2}$$

按电力叠加原理，q_0所受整个带电棒的库仑力为

$$f=\int\mathrm{d}f=\int_0^L\frac{q_0\lambda\mathrm{d}x}{4\pi\varepsilon_0(L+a-x)^2}=\frac{q_0\lambda}{4\pi\varepsilon_0}\frac{L}{a(L+a)}$$

可以看出，若λ与q_0同(异)号，q_0与带电棒相斥(吸)，$\boldsymbol{f}$沿x轴的正(反)方向。

当$a\gg L$时，作泰勒展开，即

$$\frac{L}{a(L+a)}=\frac{L}{a^2}\frac{1}{1+L/a}\approx\frac{L}{a^2}\left(1-\frac{L}{a}\right)\approx\frac{L}{a^2}$$

得

$$f\approx\frac{q_0\lambda L}{4\pi\varepsilon_0a^2}$$

这时的带电棒可看成点电荷。

4.2　电场和电场强度

4.2.1　电场

库仑定律本身并未涉及力的传播机制。按超距作用观点，力是直接、瞬时的，不需要任何媒介传递，也不需要任何传递时间。英国物理学家法拉第(M. Faraday)反对这种观点，1831年他提出电磁作用的“力线”图像：在电荷周围充满了力线，带电体之间是靠力线来传递力的作用，力线好像橡皮筋，纵向具有张力，横向彼此排斥，作用力的强弱与力线的疏密程度有关，这实际上就是场的观点。麦克斯韦继承了法拉第的力线思想和场的概念，建立了用矢量场的数学性质表达的电磁场理论。

用现代语言来说，电场是电荷或变化的磁场在其周围空间所产生的一种特殊形态的物质，其基本特征是，对置于其中的电荷施以作用力。电场以有限速度传播。

相对观察者静止的电荷所产生的电场，称为静电场，也叫库仑场。静电场对电荷的作用力称为静电力。运动电荷的电场和变化的磁场所激发的电场就不是静电场了。

若仅限于研究静电学问题，按超距作用观点就能解释实验结果，场的引入似乎只是一种描述方式，但涉及带电粒子在电磁场中高速运动以及电磁波的发射和接收过程中，必须彻底抛弃超距作用观点。

本章主要介绍静电场，但有些结论也适用于静电场以外的其他各类电场。

4.2.2　电场强度和电场线——从力的角度描述电场

1. 电场强度

电场的强弱和方向用电场强度矢量来描述。测量置于静电场中 P 点的静止的试探电荷 q_0 所受电场力 $\boldsymbol{f}$，发现矢量 $\boldsymbol{f}/q_0$ 的大小和方向只取决于 P 点的位置，而与 q_0 电量的大小和正负无关，矢量 $\boldsymbol{f}/q_0$ 反映了不同场点电场本身的强弱和方向，因此把它定义为 P 点的电场强度 $\boldsymbol{E}$，即

$$\boldsymbol{E}=\frac{\boldsymbol{f}}{q_0} \tag{4.2.1}$$

其单位是 $\mathrm{N\cdot C^{-1}}$ 或 $\mathrm{V\cdot m^{-1}}$。

实验上要求试探电荷 q_0 的线度要足够小，是点电荷，可以逐点地描述电场；电量也要足够小，不致影响原来被描述的电场。让 q_0 保持静止，是因为空间还可能有磁场，而磁场对静止电荷没有力的作用。

对于静电场来说，$\boldsymbol{f}/q_0$ 与 q_0 电量的大小和正负无关。实验发现对于静电场以外的其他电场 $\boldsymbol{f}/q_0$ 也具有这一性质，因此所有各类电场的场强都可按式(4.2.1)定义：电场中某点的电场强度的大小，等于静止于该点的单位正电荷所受的作用力，其方向与正电荷受力方向相同。

表 4.2.1 给出了一些典型的电场强度的数值。

表 4.2.1　一些典型的电场强度的数值　　$\mathrm{N\cdot C^{-1}(V\cdot m^{-1})}$

家用室内电线内	3×10^{-2}	雷雨云内	10^4
无线电波内	10^{-1}	X 射线管内	5×10^6
日光灯管内	10	氢原子电子内轨道处	6×10^{11}
地球表面	10^2	中子星表面	10^{14}
太阳光内	10^3	铀核表面	2×10^{21}

按场强的定义，在电场中场强为 $\boldsymbol{E}$ 处，点电荷 q 所受电力为

$$\boldsymbol{f}=q\boldsymbol{E}$$

实验表明：电力 $\boldsymbol{f}$ 与受力电荷是否运动以及运动的速度无关。在理论上，这一结论可以通过对力和电场的相对论变换来证明。

实验表明：多个点电荷在某点的合场强，等于各个点电荷单独存在时在该点场强的矢量和，即

$$\boldsymbol{E}=\sum_i \boldsymbol{E}_i=\boldsymbol{E}_1+\boldsymbol{E}_2+\cdots$$

这一实验规律称为电场叠加原理，它不仅适用于静电场，也适用于其他各类电场。

2. 电场线

为形象地描绘电场，在电场中人为地画出一些曲线，称为电场线。让电场线上各点的切线方向与该点电场强度方向一致，并用电场线的“条数密度”，即穿过该点附近垂直于场强方向的单位面积的电场线的条数，来表示该点场强的大小。电场线只是一种直观上的描述，实

际上并不存在,但借助电场线可以定性地分析一些电学问题,而这些问题的定量计算往往很困难。

按电场线的定义,为保证电场强度的单值、有限性,在没有电荷的地方两条电场线既不能相交,也不能相切。从库仑力的距离平方反比关系出发可以证明:电场线连续,在没有电荷的地方电场线不会中断(见4.3.3节)。

4.2.3 几种电荷系统的电场

1. 静止点电荷的电场

点电荷所激发的电场,是电场的基元场。静止点电荷 q 的电场强度为

$$\boldsymbol{E}=\frac{q}{4\pi\varepsilon_0 r^2}\hat{\boldsymbol{r}}\quad(\text{电场的基元场})\tag{4.2.2}$$

是一种有心力场,因此是保守力场,服从环路定理,即

$$\oint_L \boldsymbol{E}\cdot \mathrm{d}\boldsymbol{l}=0$$

图4.2.1表示静止点电荷($q>0$)的电场线。

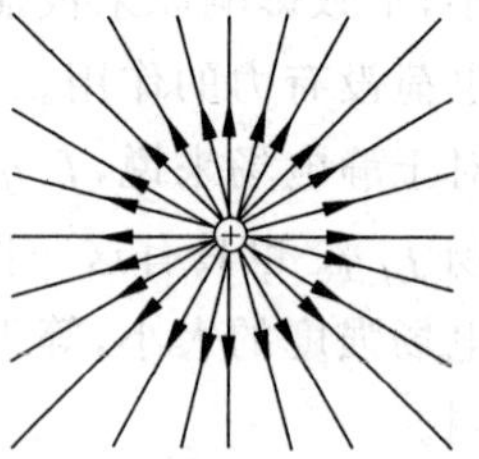

图4.2.1 静止点电荷的电场线

*2. 匀速直线运动点电荷的电场

通过对电场的相对论变换和对场点的洛伦兹变换可以证明:以速度 $\boldsymbol{v}$ 作匀速直线运动的点电荷 q 在 P 点的电场强度为

$$\boldsymbol{E}=\frac{q}{4\pi\varepsilon_0 r^2}\frac{1-\beta^2}{(1-\beta^2\sin^2\theta)^{3/2}}\hat{\boldsymbol{r}}\tag{4.2.3}$$

其中,r 为 P 点与点电荷 q 的距离,$\hat{\boldsymbol{r}}$ 为由 q 到 P 点方向的单位矢量,θ 为 $\hat{\boldsymbol{r}}$ 与 $\boldsymbol{v}$ 的夹角,$\beta=v/c$,如图4.2.2(a)所示。当 $v\ll c$ 时,$\beta\to 0$,式(4.2.3)回到式(4.2.2)。

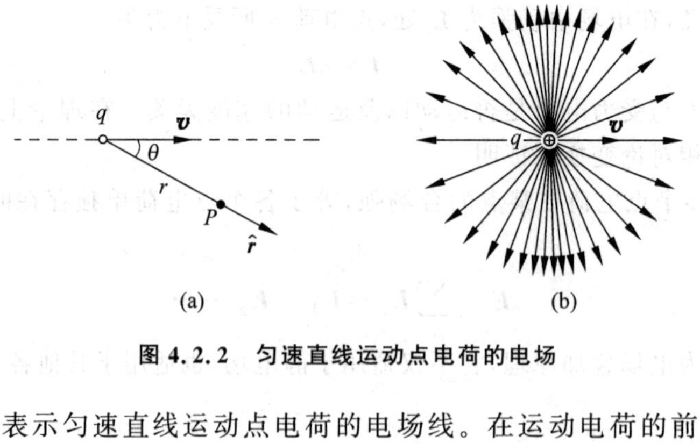

图4.2.2 匀速直线运动点电荷的电场

图4.2.2(b)表示匀速直线运动点电荷的电场线。在运动电荷的前方($\theta=0$)和后方($\theta=\pi$),电场强度的大小为

$$E_{0,\pi}=\frac{q}{4\pi\varepsilon_0 r^2}(1-\beta^2)$$

比 q 静止时要小。而在垂直于运动方向($\theta=\pi/2$)的平面内,场强的大小为

$$E_{\pi/2}=\frac{q}{4\pi\varepsilon_0 r^2}\frac{1}{\sqrt{1-\beta^2}}$$

比 q 静止时要大。

3. 电偶极子

如图 4.2.3 所示,两个离得很近的等量异号点电荷构成一个电偶极子。如氯化氢(HCl)分子,虽然其总电量为零,但带负电的氯离子和带正电的氢离子并不重合,考察氯化氢分子周围的电场时可以把它看成一个电偶极子。电偶极子的电学性质用电偶极矩表示,用 $\boldsymbol{l}$ 代表从 $-q$ 到 $+q$ 的矢量,则矢量

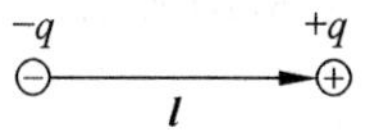

图 4.2.3　电偶极子

$$\boldsymbol{p}=q\boldsymbol{l}$$

称为电偶极矩,简称电矩,其单位是 C·m。

电偶极子是除点电荷之外最简单的电荷分布,集中在小区域内的电荷系统在远处的电场,可以近似看成是点电荷电场和电偶极子电场的叠加。作为一级近似,若系统的总电量为零,则只需考虑电偶极子的场。在讨论电介质极化时要用到电偶极子模型。

(1) 电偶极子在中垂线上远点和在电偶极矩方向上的电场

如图 4.2.4 所示,按电场叠加原理,P 点的场强等于正负电荷单独存在时的场强 $\boldsymbol{E}_+$ 和 $\boldsymbol{E}_-$ 的矢量和,但它们的 z 轴分量相互抵消,而 x 轴分量相等,注意到 $\cos\theta=l/2r_+$,因此合场强的大小为

$$E=\frac{2q\cos\theta}{4\pi\varepsilon_0 r_+^2}=\frac{ql}{4\pi\varepsilon_0 r_+^3} \tag{4.2.4}$$

方向与电偶极矩 $\boldsymbol{p}=q\boldsymbol{l}$ 的方向相反。因 $z\gg l$,故 $r_+=\sqrt{z^2+l^2/4}\approx z$,代入式(4.2.4),得

$$E=\frac{p}{4\pi\varepsilon_0 z^3}$$

其矢量形式为

$$\boldsymbol{E}=-\frac{\boldsymbol{p}}{4\pi\varepsilon_0 z^3}$$

此即电偶极子在中垂线上远点的电场强度。

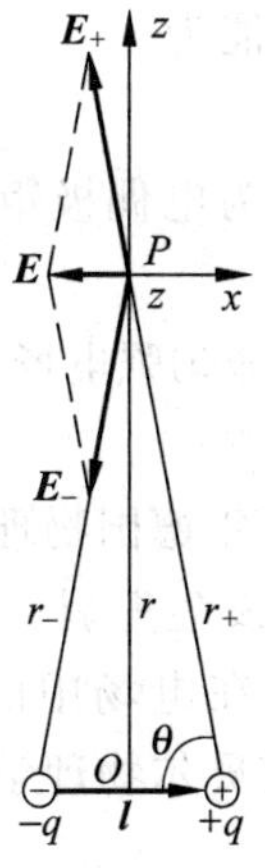

图 4.2.4　电偶极子中垂线上的场强

还可求出,电偶极子在电偶极矩方向上与其中心相距 r 处的场强为

$$\boldsymbol{E}=\frac{\boldsymbol{p}}{2\pi\varepsilon_0 r^3}$$

这时 $\boldsymbol{E}$ 与 $\boldsymbol{p}$ 的方向相同。总之,电偶极子的电场由它的电偶极矩 $\boldsymbol{p}$ 决定,场强与距离的三次方成反比,比点电荷的场强衰减得快,图 4.2.5 表示电偶极子的电场线。

(2) 匀强电场对电偶极子的力矩

图 4.2.6(a)表示匀强电场中的一个电偶极子,电偶极矩 $\boldsymbol{p}$ 与场强 $\boldsymbol{E}$ 的夹角为 θ,它所受

电场力的合力为零,但形成一个力臂为 $l\sin\theta$ 的力偶,力矩的大小为

$$M_e = qEl\sin\theta = pE\sin\theta$$

其矢量形式为

$$\boldsymbol{M}_e = \boldsymbol{p} \times \boldsymbol{E} \tag{4.2.5}$$

这表明:匀强电场对电偶极子的力矩,等于电偶极矩与电场强度的矢量积,其效果总是让电偶极矩转向电场的方向,如图4.2.6(b)所示。

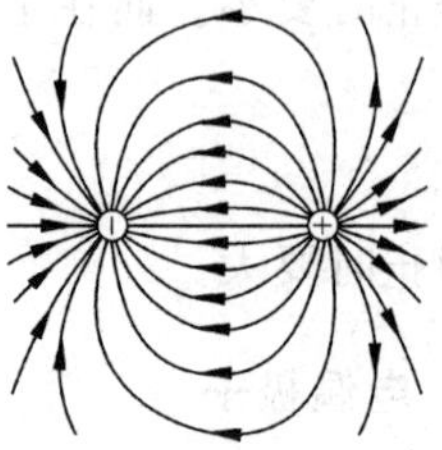

图 4.2.5　电偶极子的电场线

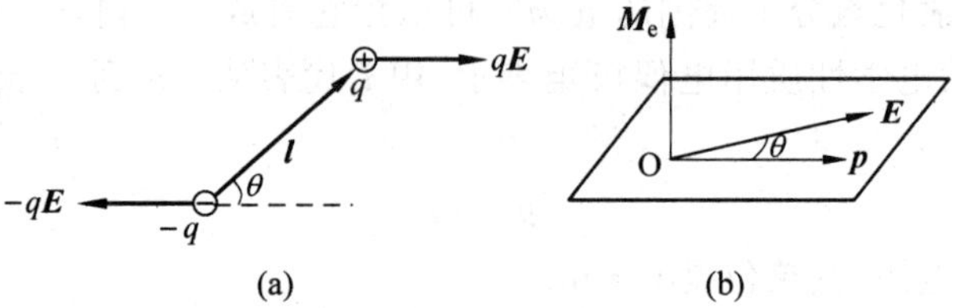

图 4.2.6　电场中的电偶极子

(3) 匀强电场中电偶极子的静电势能

把电偶极子看成刚体,由于力矩 $\boldsymbol{M}_e$ 总是让电偶极矩 $\boldsymbol{p}$ 转向电场 $\boldsymbol{E}$ 的方向,当 $\boldsymbol{p}$ 与 $\boldsymbol{E}$ 的夹角从 θ 增大到 $\theta+\mathrm{d}\theta$ 时,电场力所做的元功为

$$\mathrm{d}A = -M_e\mathrm{d}\theta$$

在夹角从 θ_1 增大到 θ_2 的过程中,电场力所做的功为

$$A = -\int_{\theta_1}^{\theta_2} M_e\mathrm{d}\theta = -pE\int_{\theta_1}^{\theta_2}\sin\theta\mathrm{d}\theta = pE(\cos\theta_2 - \cos\theta_1)$$

它只取决于夹角的变化,可以引入势能。由于保守力做功使势能减少,匀强电场中电偶极子的静电势能为

$$W_e = -pE\cos\theta = -\boldsymbol{p}\cdot\boldsymbol{E} \tag{4.2.6}$$

势能零点为电偶极矩与电场垂直的位置,当电偶极矩和电场同向时,势能最低;反向时,势能最高。

对于非匀强电场,只要正负电荷的距离 l 远小于电场的非均匀尺度,式(4.2.5)和(4.2.6)就近似成立。

1913年德国物理学家斯塔克(J. Stark)发现,如果把原子(光源)放在电场中,原子发出的光谱线发生劈裂。这一现象称为斯塔克效应,它是由原子中正负电中心不重合所形成的电偶极子在电场中的势能所引起,在量子力学计算中就用到了式(4.2.6)。斯塔克获得1919年诺贝尔物理学奖,以表彰他在电场中发现谱线分裂等方面所做出的贡献。

4. 电荷连续分布的带电体

(1) 电荷体密度和带电体的电场

在电荷连续分布的带电体内某点附近取一个小体积元 ΔV,设 ΔV 内带电粒子电荷的代数和为 Δq,则该点的电荷体密度定义为

$$\rho = \lim_{\Delta V \to 0}\frac{\Delta q}{\Delta V}$$

宏观上 ΔV 足够小，微观上充分大，包含大量带电粒子，只有这样 ρ 才有意义。电荷体密度的单位是 $C\cdot m^{-3}$。在不致引起混淆的情况下，可以把电荷体密度简称为电荷密度。

如图 4.2.7 所示，设想把带电体分割成许多小体积元 dV，电荷元 $dq=\rho dV$ 相当于一个点电荷，它单独存在时在 P 点的场强为

$$\mathrm{d}\boldsymbol{E}=\frac{\mathrm{d}q}{4\pi\varepsilon_0 r^2}\hat{\boldsymbol{r}}=\frac{\rho\mathrm{d}V}{4\pi\varepsilon_0 r^2}\hat{\boldsymbol{r}}$$

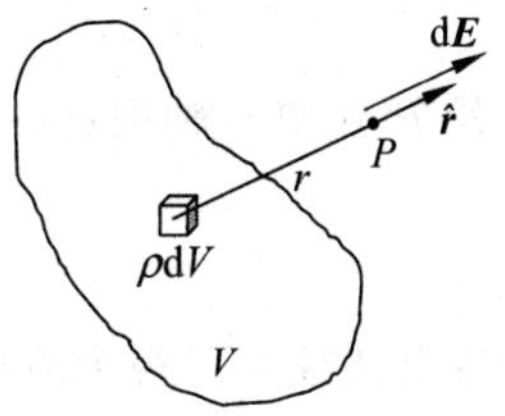

图 4.2.7　带电体的电场

按电场叠加原理，整个带电体在 P 点的场强为

$$\boldsymbol{E}=\int\mathrm{d}\boldsymbol{E}=\iiint_V\frac{\rho\mathrm{d}V}{4\pi\varepsilon_0 r^2}\hat{\boldsymbol{r}}$$

积分区域遍及整个带电体。

(2) 带电线模型和电荷线密度

若电荷连续分布在一个柱体内或柱面上，并且只研究其外部区域的电场，就可以用带电线来代表实际的电荷分布，并定义电荷线密度 λ，即

$$\lambda=\lim_{\Delta L\to 0}\frac{\Delta q}{\Delta L}$$

式中，Δq 代表长度为 ΔL 的一小段柱体内或柱面上的电量。电荷线密度的单位是 $C\cdot m^{-1}$。

(3) 带电面模型和电荷面密度

若电荷连续分布在一个薄板或不同介质分界面上的薄层内，并且只研究其外部区域的电场，就可以用带电面来代表实际的电荷分布，并定义电荷面密度 σ，即

$$\sigma=\lim_{\Delta S\to 0}\frac{\Delta q}{\Delta S}$$

式中，Δq 代表面积为 ΔS 的一小块薄板或薄层内的电量。电荷面密度的单位是 $C\cdot m^{-2}$。

4.2.4　用库仑定律和电场叠加原理求电场

例 4.2.1　求长度为 L 的均匀带电圆柱体外部中垂面上的电场。带电圆柱体的电荷线密度为 λ。

解　用带电线来代表均匀带电圆柱体。如图 4.2.8 所示，把圆柱体的轴线取为 z 轴，中点 O 取为坐标原点，P 点在中垂面上，它与 z 轴的距离为 r。电荷元 λdz 在 P 点的场强的大小为

$$\mathrm{d}E=\frac{\lambda\mathrm{d}z}{4\pi\varepsilon_0 r'^2}$$

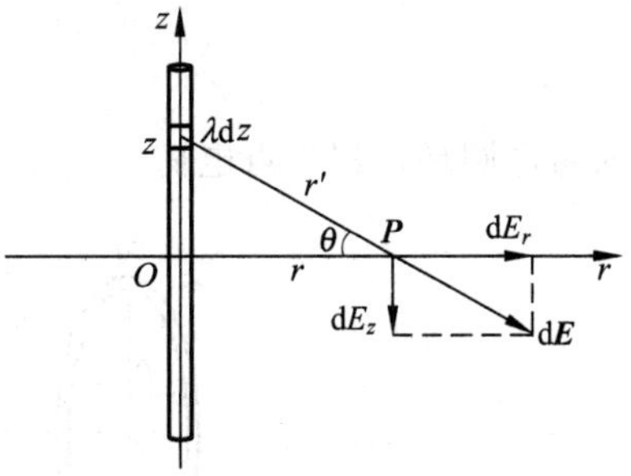

图 4.2.8　例 4.2.1 图

由于圆柱体均匀带电，电场关于中垂面上下对称，P 点场强的 z 轴分量相互抵消，只有 r 轴分量，且关于 z 轴对称分布。按电场叠加原理，带电圆柱体外部中垂面上的电场为

$$E=\int\mathrm{d}E_r=\int\mathrm{d}E\cos\theta=\int_{-L/2}^{L/2}\frac{\lambda\cos\theta\mathrm{d}z}{4\pi\varepsilon_0 r'^2}=\int_{-L/2}^{L/2}\frac{\lambda\cos^3\theta\mathrm{d}z}{4\pi\varepsilon_0 r^2}$$

式中用到 $r'=r/\cos\theta$。为把积分变量换成 θ，由 $z=r\tan\theta$，得 $\mathrm{d}z=r\mathrm{d}\theta/\cos^2\theta$，把对应

$z=\pm L/2$ 的角度记为 $\pm\theta_0$，而 $\sin\theta_0=L/2r'$，可得

$$E=\int_{-L/2}^{L/2}\frac{\lambda\cos^3\theta\,\mathrm{d}z}{4\pi\varepsilon_0 r^2}=\frac{\lambda}{4\pi\varepsilon_0 r}\int_{-\theta_0}^{\theta_0}\cos\theta\,\mathrm{d}\theta=\frac{\lambda\sin\theta_0}{2\pi\varepsilon_0 r}=\frac{\lambda L}{4\pi\varepsilon_0 rr'}=\frac{\lambda L}{4\pi\varepsilon_0 r\sqrt{L^2/4+r^2}}$$

若 P 点离 z 轴很远($r\gg L$)，则场强近似为

$$E\approx\frac{\lambda L}{4\pi\varepsilon_0 r^2}$$

这时带电圆柱体可视为点电荷。

若圆柱体无限长($L\to\infty$)，则中垂面上 P 点的场强为

$$E=\lim_{L\to\infty}\frac{\lambda}{4\pi\varepsilon_0 r}\frac{1}{\sqrt{1/4+r^2/L^2}}=\frac{\lambda}{2\pi\varepsilon_0 r}$$

这时垂直于 z 轴的任何平面都是中垂面，因此这一结果就是无限长均匀带电圆柱体外部的电场(见例4.3.3)。

例 4.2.2 求均匀带电细圆环轴线上的电场。圆环的半径为 R，所带电量为 q。

解 如图4.2.9所示，把圆环的轴线取为 x 轴，圆环中心 O 取为坐标原点。电荷元 $\mathrm{d}q$ 在 x 轴上 P 点的场强的大小为

$$\mathrm{d}E=\frac{\mathrm{d}q}{4\pi\varepsilon_0 r^2}$$

由电荷分布的对称性可知，电场关于 x 轴是轴对称分布，垂直于 x 轴的场强分量 $\mathrm{d}E_\perp$ 相互抵消，P 点的场强只有 x 轴分量。按电场叠加原理，有

$$E=\int\mathrm{d}E_x=\int\mathrm{d}E\cos\theta=\int\frac{\mathrm{d}q}{4\pi\varepsilon_0 r^2}\cos\theta=\frac{q}{4\pi\varepsilon_0 r^2}\cos\theta$$

把 $\cos\theta=x/r$ 和 $r=(R^2+x^2)^{1/2}$ 代入上式，可得

$$E=\frac{qx}{4\pi\varepsilon_0(R^2+x^2)^{3/2}}$$

在 $x=0$ 处，$E=0$，这说明均匀带电圆环中心的场强为零。

若 P 点离圆环很远($x\gg R$)，场强近似为

$$E\approx\frac{q}{4\pi\varepsilon_0 x^2}$$

这时带电圆环可视为点电荷。

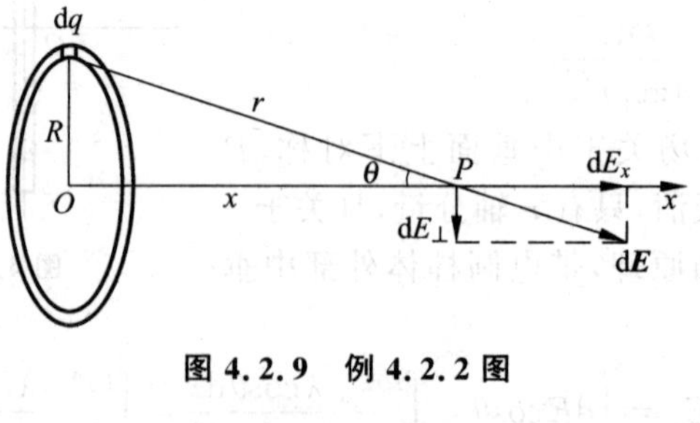

图 4.2.9 例 4.2.2 图

例 4.2.3 求均匀带电薄圆盘外部轴线上的电场。圆盘的半径为 R，电荷面密度为 σ。

解 如图4.2.10所示，设想把带电圆盘分割成许多同心细圆环，半径为 r，宽度为 $\mathrm{d}r$

的细圆环所带电量为 $dq=\sigma 2\pi r dr$。利用例 4.2.2 的结果，按电场叠加原理，P 点的场强为

$$E=\int\frac{dqx}{4\pi\varepsilon_0(r^2+x^2)^{3/2}}=\frac{\sigma x}{2\varepsilon_0}\int_0^R\frac{r dr}{(r^2+x^2)^{3/2}}$$

$$=\frac{\sigma x}{2\varepsilon_0}\left[-\frac{1}{\sqrt{r^2+x^2}}\right]\Bigg|_0^R$$

$$=\frac{\sigma}{2\varepsilon_0}\left[\frac{x}{\sqrt{x^2}}-\frac{x}{\sqrt{R^2+x^2}}\right]$$

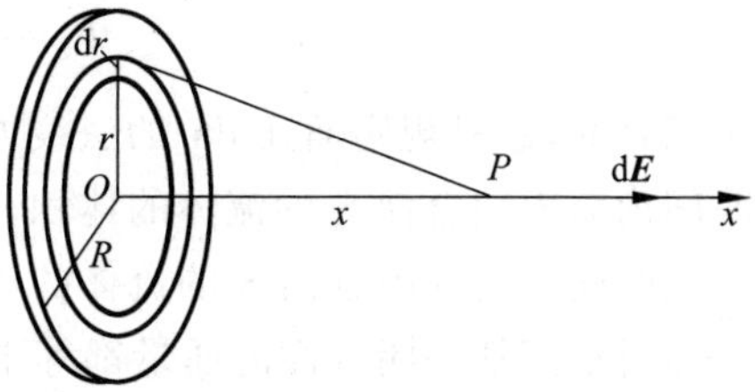

图 4.2.10　例 4.2.3 图

在圆盘右半部轴线上，$x>0$，场强为

$$E=\frac{\sigma}{2\varepsilon_0}\left[1-\frac{x}{\sqrt{R^2+x^2}}\right],\quad x>0$$

若 $x\ll R$，可得

$$E\approx\frac{\sigma}{2\varepsilon_0}$$

这一结果正是无限大均匀带电平板外部的电场(见例 4.3.4)。在研究均匀带电圆盘中心附近的电场时，只要场点到圆盘的距离远小于圆盘的半径，就可以把圆盘看成是无限大均匀带电平板。

4.3　电通量和高斯定理

麦克斯韦用定常流动的流体的流线类比于法拉第的力线，把流线的数学表达式用到静电理论中。在矢量场的层次上，静电场的性质用高斯定理和环路定理来表达。本节讲高斯定理。

4.3.1　流速场的通量和环流

矢量场的两个基本性质是通量(flux)和环流(circulation)，通量反映矢量场的发散性质，环流反映矢量场的涡旋性质。以流速场为例，当定常流动的流体流过空间某一区域时，流体中的每一质点都有一个确定的速度 $\boldsymbol{v}$，这些速度矢量在空间形成的矢量场，称为流速场。流体的流线可以看成是流速场的场线。

如图 4.3.1(a)所示，在流速场中任意画出一个闭合面 S，用 $d\boldsymbol{S}$ 代表 S 面上一有向面元，其大小等于面积 dS，方向垂直于面元。用 $dS_\perp$ 代表 $d\boldsymbol{S}$ 在垂直于 $\boldsymbol{v}$ 的面上的投影面积，即 $dS_\perp=dS\cos\theta$，其中 θ 为 $\boldsymbol{v}$ 与 $d\boldsymbol{S}$ 的夹角，则流速场通过面元 dS 的通量定义为

$$d\Phi_v=v dS_\perp=v\cos\theta dS=\boldsymbol{v}\cdot d\boldsymbol{S}$$

它表示单位时间内流过面元 dS 的流体的体积。

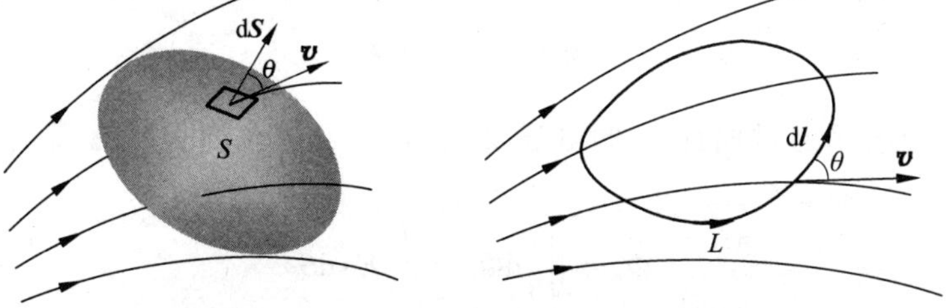

(a) 通量　(b) 环流

图 4.3.1　流速场的通量和环流

流速场通过闭合面 S 的通量为

$$\Phi_v = \oiint_S \mathrm{d}\Phi_v = \oiint_S \boldsymbol{v} \cdot \mathrm{d}\boldsymbol{S}$$

对于闭合面,总是规定面元 $\mathrm{d}\boldsymbol{S}$ 的法线方向指向该闭合面的外部。当 $\Phi_v > 0$ 时,Φ_v 表示单位时间内流出闭合面 S 的流体的体积,这时在 S 面内存在流体的“源”;当 $\Phi_v < 0$ 时,Φ_v 表示单位时间内流入闭合面 S 的流体的体积,在 S 面内存在流体的“汇”。

通过空间任一闭合面的通量都等于零的矢量场,称为无源场,其场线是闭合的,因为场线一旦不闭合,用一个小闭合面包围场线的一个断头,就会使得通量不等于零。通量不等于零的矢量场,称为有源场,其场线有头有尾。

在前面定义保守力时已经引入了环流的概念。矢量沿闭合回路的曲线积分,称为该矢量沿该闭合回路的环流。如图 4.3.1(b)所示,流速场沿闭合回路 L 的环流为

$$\oint_L v\cos\theta \mathrm{d}l = \oint_L \boldsymbol{v} \cdot \mathrm{d}\boldsymbol{l}$$

它的大小表示流体沿 L“打涡旋”的程度。

沿空间任一闭合回路的环流都等于零的矢量场,称为无旋场,其场线不闭合,因为场线一旦闭合,沿这一闭合线的环流就不等于零。环流不等于零的矢量场,称为有旋场,其场线是闭合的。流体的运动规律,可以用流速场的通量和环流所服从的方程来表达。

4.3.2 电通量

如图 4.3.2(a)所示,电场 $\boldsymbol{E}$ 通过有向面元 $\mathrm{d}\boldsymbol{S}$ 的电通量定义为

$$\mathrm{d}\Phi_e = E\cos\theta \mathrm{d}S = \boldsymbol{E} \cdot \mathrm{d}\boldsymbol{S}$$

其物理意义不像流速场通量那么直观,可以看成是穿过面元 $\mathrm{d}S$ 的电场线的条数。$\mathrm{d}\boldsymbol{S}$ 的法线方向有两种取法,取法不同,$\mathrm{d}\Phi_e$ 的符号相反。

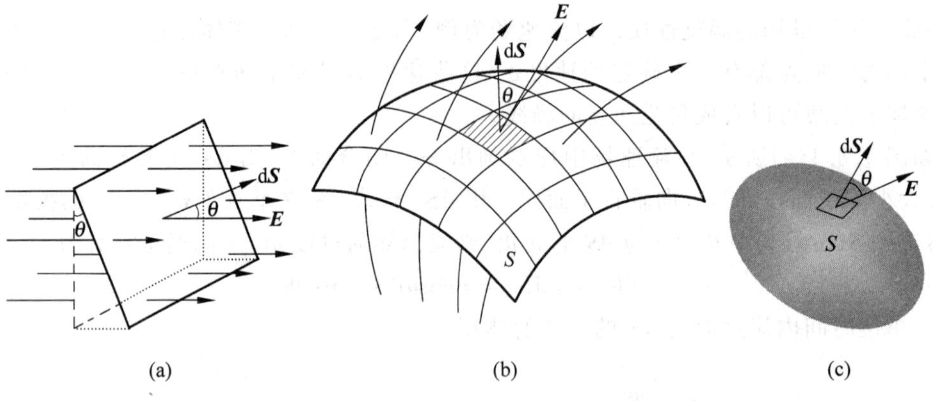

图 4.3.2 电通量

图 4.3.2(b)表示通过曲面 S 的电通量,它等于通过该面上所有面元电通量的代数和,即

$$\Phi_e = \iint_S \mathrm{d}\Phi_e = \iint_S \boldsymbol{E} \cdot \mathrm{d}\boldsymbol{S}$$

这时面元 $\mathrm{d}\boldsymbol{S}$ 的法线应取在曲面 S 的同一侧。

对于闭合面 S，如图 4.3.2(c)所示，规定面元 $\mathrm{d}\boldsymbol{S}$ 的法线方向指向 S 面的外部，通过闭合面 S 的电通量为

$$\Phi_e = \oiint_S \mathrm{d}\Phi_e = \oiint_S \boldsymbol{E}\cdot\mathrm{d}\boldsymbol{S}$$

可以看成是穿过闭合面 S 的电场线的条数。

4.3.3　高斯定理

1. 高斯定理的表述

通过任一闭合面的电通量，等于该闭合面所包围的所有电荷电量的代数和除以 ε_0，而与闭合面外的电荷无关，即

$$\oiint_S \boldsymbol{E}\cdot\mathrm{d}\boldsymbol{S} = \frac{1}{\varepsilon_0}\sum_{(S内)} q_i \tag{4.3.1}$$

此即高斯定理，闭合面 S 称为高斯面。

高斯定理表明：电荷系统的电场是有源场，电荷就是电场的源。用电场线的语言来说，电场线发自正电荷或无穷远(的正电荷)，止于负电荷或无穷远(的负电荷)；穿过任一闭合面的电场线的条数，只与该闭合面内电荷的代数和有关。

在式(4.3.1)中，虽然 $\boldsymbol{E}$ 的通量与高斯面外的电荷无关，但高斯面上各点的 $\boldsymbol{E}$ 却是由面内和面外全部电荷共同产生。

高斯面是没有厚度的几何面，当一个带电体跨越高斯面时，以高斯面为界可以划分面内和面外的电荷，高斯定理仍然适用。由于积分 $\oiint_S \boldsymbol{E}\cdot\mathrm{d}\boldsymbol{S}$ 涉及无限趋近于高斯面上电荷处的电场，无论跨越高斯面的带电体有多小，都不能看成是点电荷，所以不会出现“点电荷”跨越高斯面而无法区分面内和面外电荷的情况。

2. 以静电场为例证明高斯定理

从库仑力的距离平方反比关系和电场叠加原理出发，可以证明高斯定理。下面提到的点电荷均指静止的点电荷。

(1) 首先证明点电荷的电场线连续

图 4.3.3(a)表示只有一个点电荷 q 的情形。以 q 为球心作两个球面 S 和 S'，半径分别为 r 和 $r+\mathrm{d}r$。按库仑定律，q 在球面 S 上各点产生的电场强度的大小为 $q/(4\pi\varepsilon_0 r^2)$，方向沿半径，因此通过球面 S 的电通量为

$$\Phi_e = \oiint_S \boldsymbol{E}\cdot\mathrm{d}\boldsymbol{S} = \frac{q}{4\pi\varepsilon_0 r^2}\oiint_S \mathrm{d}S = \frac{q}{4\pi\varepsilon_0 r^2}4\pi r^2 = \frac{q}{\varepsilon_0} \tag{4.3.2}$$

这说明点电荷的电通量与球面的半径 r 无关，因此通过球面 S' 的电通量也等于 q/ε_0，或者说穿过球面 S 和 S' 的电场线的条数相等。

图 4.3.3(b)表示一个以 q 为顶点的小锥面，分别在球面 S 和 S' 上截得面元 $\mathrm{d}S$ 和 $\mathrm{d}S'$，按式(4.3.2)，穿过面元 $\mathrm{d}S$ 和 $\mathrm{d}S'$ 的电场线的条数相等，这表明：点电荷的电场线连续，在没有电荷的地方电场线不会中断。因此，电场线连续不是人为的定义，而是由库仑力的距离平方反比关系所决定的性质。

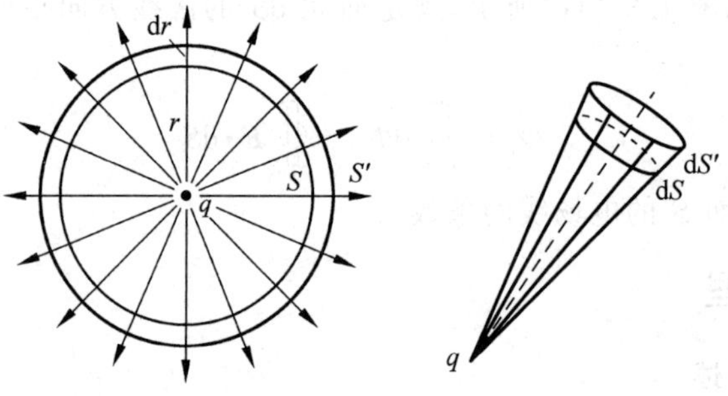

(a) (b)

图 4.3.3 点电荷的电场线连续

(2) 任一闭合面包围点电荷的情况

如图 4.3.4 所示,S 为包围点电荷 q 的任一形状的闭合面,S'为以 q 为球心的球面,由于电场线连续,通过闭合面 S 的电通量等于通过球面 S'的电通量,即

$$\Phi_e = \oint\!\!\!\oint_S \boldsymbol{E} \cdot \mathrm{d}\boldsymbol{S} = \oint\!\!\!\oint_{S'} \boldsymbol{E} \cdot \mathrm{d}\boldsymbol{S} = \frac{q}{\varepsilon_0}$$

若闭合面 S 不包围点电荷 q,由于电场线连续,从 S 面一侧穿入的电场线的条数等于穿出另一侧的条数,使得电通量等于零,如图 4.3.5 所示。

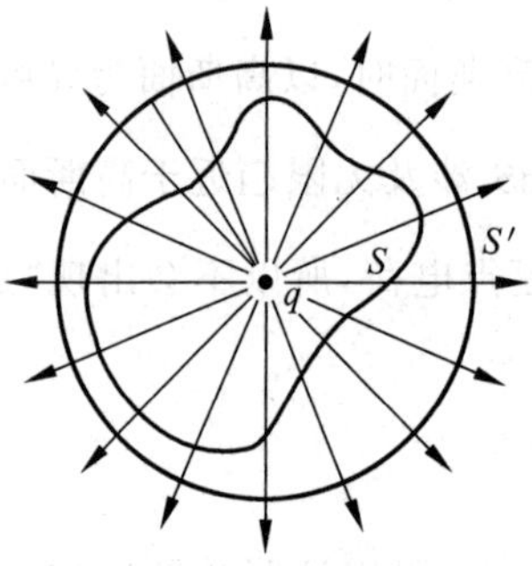

图 4.3.4 *S* 面包围点电荷

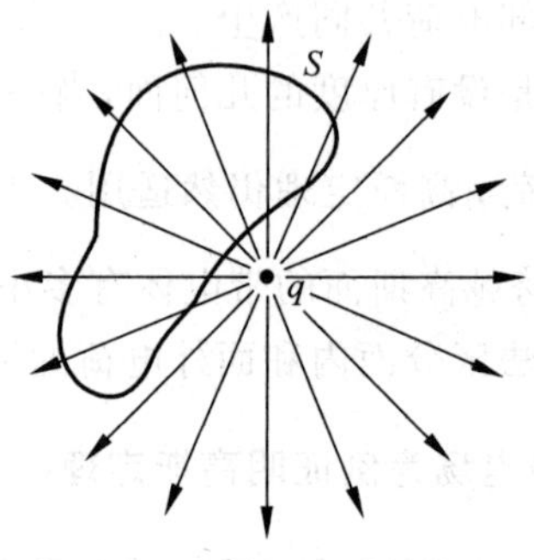

图 4.3.5 *S* 面不包围点电荷

(3) 任何电荷系统都可看成由点电荷组成

设系统包括 n 个点电荷,其中编号为 $i=1,2,\cdots,k$ 的 k 个点电荷在闭合面 S 内,其余 $j=k+1,k+2,\cdots,n$ 的点电荷在 S 面外。闭合面 S 上各点的场强 $\boldsymbol{E}$ 是由全部电荷共同产生,按电场叠加原理,有

$$\boldsymbol{E} = \sum_{i=1}^{k} \boldsymbol{E}_i + \sum_{j=k+1}^{n} \boldsymbol{E}_j$$

通过 S 面的电通量为

$$\oint\!\!\!\oint_S \boldsymbol{E} \cdot \mathrm{d}\boldsymbol{S} = \sum_{i=1}^{k} \oint\!\!\!\oint_S \boldsymbol{E}_i \cdot \mathrm{d}\boldsymbol{S} + \sum_{j=k+1}^{n} \oint\!\!\!\oint_S \boldsymbol{E}_j \cdot \mathrm{d}\boldsymbol{S}$$

其中,$\oint\!\!\!\oint_S \boldsymbol{E}_i \cdot \mathrm{d}\boldsymbol{S} = q_i/\varepsilon_0$,而$\oint\!\!\!\oint_S \boldsymbol{E}_j \cdot \mathrm{d}\boldsymbol{S} = 0$, 因此

$$\oint\!\!\!\oint_S \boldsymbol{E}\cdot d\boldsymbol{S}=\frac{1}{\varepsilon_0}\sum_{i=1}^{k}q_i$$

电通量只与 S 面所包围的 k 个点电荷有关。

上述证明过程表明，静电场的高斯定理来源于库仑力的距离平方反比关系，因此用高斯定理可以检验距离平方反比关系的精度。

3. 高斯定理的推广

麦克斯韦在研究变化电磁场时假设：高斯定理不仅适用于静电场，也适用于其他各类电场，包括随时间变化的电场。实验表明这一假设是正确的，因此高斯定理是关于电场的普遍规律，式(4.3.1)是真空中麦克斯韦方程组中的一个方程，它表达电荷如何激发电场。

用高斯定理可以证明：任何电场(包括随时间变化的电场)的电场线连续，在没有电荷的地方电场线不会中断。如图 4.3.6 所示，假设在没有电荷的地方电场线中断，用一个小高斯面 S 包围电场线的一个断头，就会得出高斯面包围的电荷为零，但电通量不为零的荒谬结论。

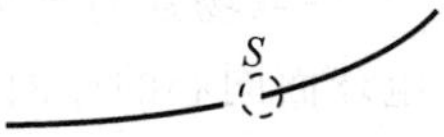

图 4.3.6　电场线连续

*** 运动电荷的电场服从高斯定理**

以速度 $\boldsymbol{v}$ 作匀速直线运动的点电荷 q 的电场强度为

$$\boldsymbol{E}=\frac{q}{4\pi\varepsilon_0 r^2}\frac{1-\beta^2}{(1-\beta^2\sin^2\theta)^{3/2}}\hat{\boldsymbol{r}}$$

如图 4.3.7 所示，通过包围点电荷 q 的任一闭合面 S 的电通量为

$$\begin{aligned}\Phi_e&=\oint\!\!\!\oint_S \boldsymbol{E}\cdot d\boldsymbol{S}=\frac{q(1-\beta^2)}{4\pi\varepsilon_0}\oint\!\!\!\oint_S\frac{d\boldsymbol{S}\cdot\hat{\boldsymbol{r}}}{r^2(1-\beta^2\sin^2\theta)^{3/2}}\\&=\frac{q(1-\beta^2)}{4\pi\varepsilon_0}\int\frac{d\Omega}{(1-\beta^2\sin^2\theta)^{3/2}}=\frac{q(1-\beta^2)}{4\pi\varepsilon_0}\int_0^{2\pi}d\varphi\int_0^{\pi}\frac{\sin\theta d\theta}{(1-\beta^2\sin^2\theta)^{3/2}}\\&=2\pi\frac{q(1-\beta^2)}{4\pi\varepsilon_0}\int_{-1}^{1}\frac{d(\cos\theta)}{(1-\beta^2+\beta^2\cos^2\theta)^{3/2}}\\&=\frac{q(1-\beta^2)}{2\varepsilon_0}\int_{-1}^{1}\frac{dx}{(1-\beta^2+\beta^2x^2)^{3/2}}\end{aligned}$$

其中，$d\Omega=d\boldsymbol{S}\cdot\hat{\boldsymbol{r}}/r^2=\sin\theta d\theta d\varphi$ 称为立体角元。算出积分

$$\int_{-1}^{1}\frac{dx}{(1-\beta^2+\beta^2x^2)^{3/2}}=\frac{2}{1-\beta^2}$$

代入，得

$$\Phi_e=\frac{q(1-\beta^2)}{2\varepsilon_0}\frac{2}{1-\beta^2}=\frac{q}{\varepsilon_0}$$

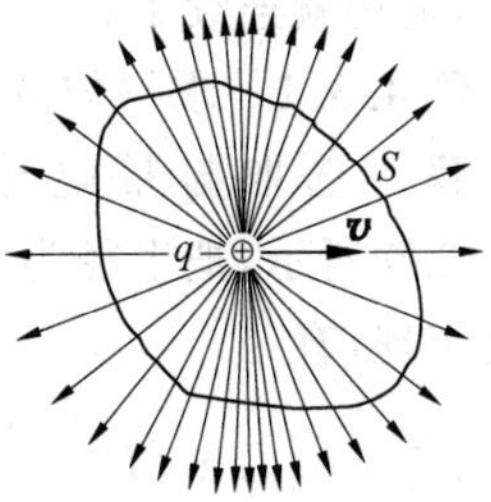

图 4.3.7　运动电荷的电场服从高斯定理

这表明，运动电荷的电场虽然不是静电场，但仍服从高斯定理。

*4. 引力场的高斯定理

万有引力与距离平方成反比，因此服从高斯定理，即

$$\oiint_S \boldsymbol{g} \cdot \mathrm{d}\boldsymbol{S} = -4\pi G \sum_{(S内)} m_i$$

其中,$\boldsymbol{g}$ 为单位质量所受引力,即引力加速度。

4.3.4 用高斯定理求电场

给定电荷分布,可以用库仑定律和电场叠加原理求电场,但计算往往比较复杂。当电荷分布具有某些对称性时,恰当地选取高斯面就能用高斯定理求电场。

例 4.3.1 求均匀带电球面的电场。球面的半径为 R,所带电量为 q。

解 均匀带电球面绕球心转动时,场强的大小和方向不会改变,电场分布具有球对称性:在与球面同心的任一球面上,各点场强的大小相等,方向沿半径呈辐射状。选取与带电球面同心的球面为高斯面。

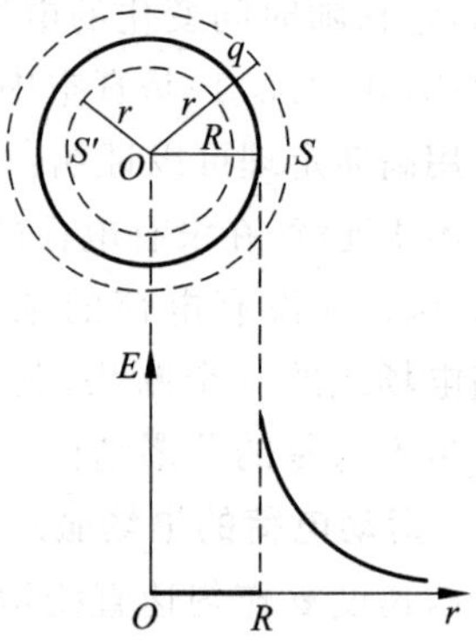

图 4.3.8 例 4.3.1 图

如图 4.3.8 所示,把半径为 r 的高斯面 S' 取在球面内部,因 S' 面内无电荷,按高斯定理,有

$$4\pi r^2 E = 0$$

球面内部的场强为

$$E = 0, \quad r < R$$

球面内部场强处处为零。

把半径为 r 的高斯面 S 取在球面外部,有

$$4\pi r^2 E = \frac{q}{\varepsilon_0}$$

球面外部的场强为

$$E = \frac{q}{4\pi\varepsilon_0 r^2}, \quad r > R$$

这相当于把电量全部集中在球心的一个点电荷的场强。结果如图 4.3.8 中的曲线所示。

因带电球面是没有厚度的几何面,故电场在 $r=R$ 处不连续。实际的带电面总有一定厚度,电场就连续了。

例 4.3.2 求均匀带电球体的电场。球体的半径为 R,所带电量为 q。

解 选取与带电球体同心的球面为高斯面。如图 4.3.9 所示,把半径为 r 的高斯面 S' 取在球体内部,按高斯定理,有

$$4\pi r^2 E = \frac{1}{\varepsilon_0}\left(q\Big/\frac{4}{3}\pi R^3\right)\frac{4}{3}\pi r^3$$

球体内部的场强为

$$E = \frac{qr}{4\pi\varepsilon_0 R^3} = \frac{\rho r}{3\varepsilon_0}, \quad r \leqslant R$$

式中,ρ 代表带电球体的电荷体密度。

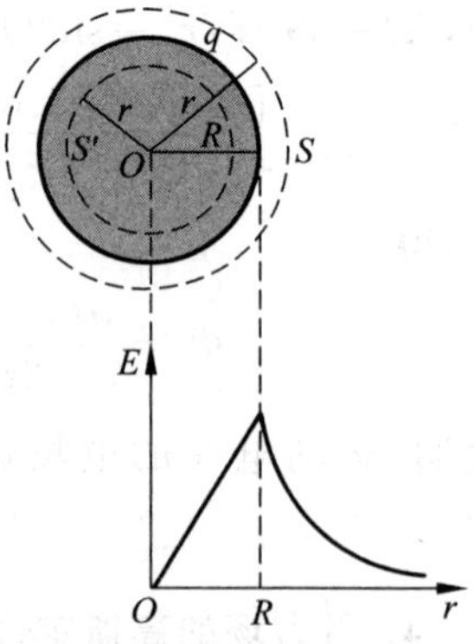

图 4.3.9 例 4.3.2 图

把半径为 r 的高斯面 S 取在球体外部,按高斯定理,球体外部的场强为

$$E=\frac{q}{4\pi\varepsilon_0 r^2},\quad r>R$$

这相当于把电量全部集中在球心的一个点电荷的场强。结果如图 4.3.9 中的曲线所示。

类似于带电球壳和球体，用引力场的高斯定理可以得出：(1)密度均匀的球壳对其内部任一质点的引力为零；(2)密度均匀的球壳(球体)对其外部质点的引力，相当于把球壳(球体)的质量全部集中在球心上的一个质点对该质点的引力。

例 4.3.3　求无限长均匀带电圆柱体的电场。圆柱体的半径为 R，电荷线密度为 λ，电荷在圆柱体内均匀分布。

解　均匀带电圆柱体的电场具有轴对称性，又因无限长，所以在与带电圆柱体同轴的圆柱面上各点场强的大小相等，方向沿圆柱面的半径。

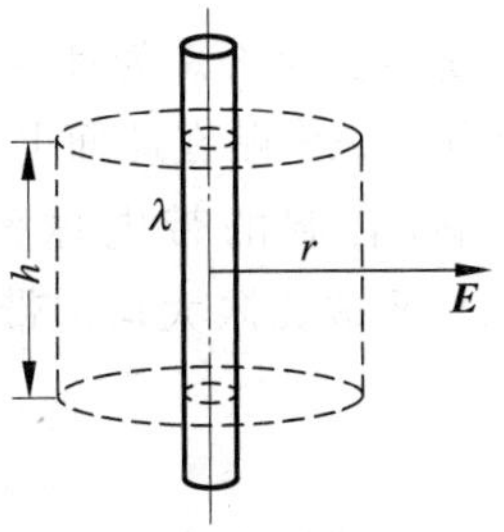

图 4.3.10　例 4.3.3 图

如图 4.3.10 所示，在带电圆柱体外部作一半径为 r、高度为 h 的同轴圆柱体，以其表面为高斯面，通过其侧面的电通量为 $2\pi rhE$，通过上下底面的电通量为零，按高斯定理，有

$$2\pi rhE=\frac{h\lambda}{\varepsilon_0}$$

圆柱体外部的场强为

$$E=\frac{\lambda}{2\pi\varepsilon_0 r},\quad r>R$$

在圆柱体内部取同轴圆柱体的表面为高斯面，按高斯定理，圆柱体内部的场强为

$$E=\frac{\lambda r}{2\pi\varepsilon_0 R^2},\quad r\leqslant R$$

例 4.3.4　求无限大均匀带电平板外部的电场。带电平板的电荷面密度为 σ。

解　均匀带电平板的电场具有面对称性，平板两侧对应点场强的大小相等，方向相反；又因平板无限大，在与平板平行的平面上各点场强的大小相等，方向垂直于平板。

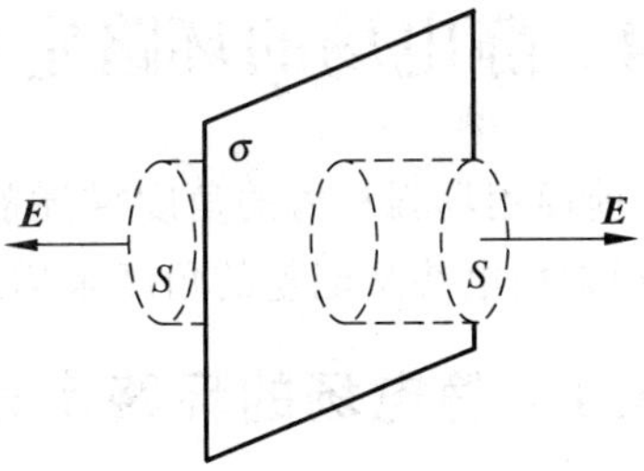

图 4.3.11　例 4.3.4 图

如图 4.3.11 所示，取侧面垂直于平板，跨越带电平板作一柱体，其两底面与平板平行且等距离，面积都是 ΔS。以柱体的表面为高斯面，通过其两底面的电通量为 $2ES$，通过侧面的电通量为零，按高斯定理，有

$$2ES=\frac{\sigma S}{\varepsilon_0}$$

得

$$E=\frac{\sigma}{2\varepsilon_0}$$

这表明：均匀带电无限大平板两侧的电场是与电荷面密度成正比的匀强电场。

按此结果，若忽略边缘效应，两个电荷面密度分别为 $\pm\sigma$ 的均匀带电大平行板的电场被

定域在两板之间,场强为

$$E=\frac{\sigma}{2\varepsilon_0}+\frac{\sigma}{2\varepsilon_0}=\frac{\sigma}{\varepsilon_0}$$

板外侧的场强为零。

例 4.3.5 求均匀带电球面单位面积的受力。球面的电荷面密度为 σ。

解 设 $\sigma>0$。如图 4.3.12 所示,按高斯定理,球面内部的场强处处为零,球面外紧邻球面处的场强 $\boldsymbol{E}_1$ 的大小为

$$E_1=\frac{q}{4\pi\varepsilon_0 R^2}=\frac{\sigma}{\varepsilon_0}$$

方向沿半径向外。为计算球面受力,设想把一电荷面密度为 $-\sigma$ 的小面元 ΔS 贴在球面上,这相当于在球面上挖一个面积为 ΔS 的小洞,有洞的带电球面才是施力电荷。把粘上的带电面 $-\sigma\Delta S$ 看成无限大均匀带电平面,其两侧场强 $\pm\boldsymbol{E}_2$ 的大小为

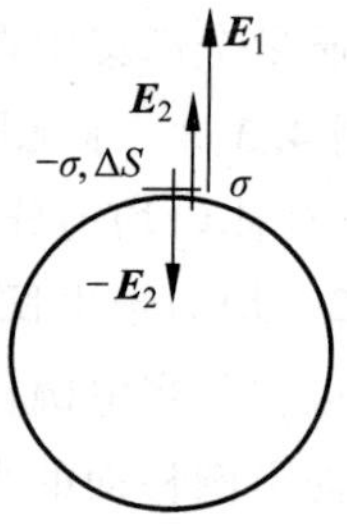

图 4.3.12 例 4.3.5 图

$$E_2=\frac{\sigma}{2\varepsilon_0}$$

小洞内的场强 $\boldsymbol{E}$ 是原带电球面和粘上的带电面的合场强,其大小为

$$E=E_1-E_2=\frac{\sigma}{\varepsilon_0}-\frac{\sigma}{2\varepsilon_0}=\frac{\sigma}{2\varepsilon_0}$$

方向沿半径向外。把另一带电面 $\sigma\Delta S$ 放进小洞,它受力为 $\sigma^2\Delta S/2\varepsilon_0$,因此均匀带电球面单位面积受力的大小为

$$f=\frac{\sigma^2\Delta S}{2\varepsilon_0\Delta S}=\frac{\sigma^2}{2\varepsilon_0}$$

方向沿半径向外,与 σ 的符号无关,这可用均匀带正电或负电的气球来演示。

4.4 静电场的环路定理和电势

前面用场强从力的角度描述静电场。由于能量的概念及能量守恒和转化定律的普遍性,通常用电势从能量的角度来描述静电场。

4.4.1 静电场的环路定理

静电场场强沿任一闭合回路的环流恒等于零,或者说静电场中单位正电荷(检验电荷)所受电力沿任一闭合回路不做功,即

$$\oint_L \boldsymbol{E}\cdot d\boldsymbol{l}=0 \tag{4.4.1}$$

此即静电场的环路定理。静电场是无旋场,静电场的电场线不闭合。环路定理不能推广,它只适用于静电场。用环路定理可以检验一个电场是不是静电场。

静电场由静止的电荷产生,设系统包括多个点电荷,按电场叠加原理,系统的场强可表示为

$$\boldsymbol{E}=\sum_i \boldsymbol{E}_i$$

其中，$\boldsymbol{E}_i$ 代表第 i 个静止点电荷单独存在时的场强。如前所述，静止点电荷的电场是保守力场，$\boldsymbol{E}_i$ 服从环路定理，即

$$\oint_L \boldsymbol{E}_i \cdot \mathrm{d}\boldsymbol{l} = 0$$

因此

$$\oint_L \boldsymbol{E} \cdot \mathrm{d}\boldsymbol{l} = \oint_L \left(\sum_i \boldsymbol{E}_i\right) \cdot \mathrm{d}\boldsymbol{l} = \sum_i \oint_L \boldsymbol{E}_i \cdot \mathrm{d}\boldsymbol{l} = 0$$

此即式(4.4.1)。

***运动电荷的电场不是静电场**

如图 4.4.1 所示，在匀速直线运动点电荷的电场中任意画出一个闭合回路 $abcda$，让 ab 和 dc 沿电场线，$\overset{\frown}{bc}$ 和 $\overset{\frown}{ad}$ 垂直于电场线，由于 ab 上的电场比 dc 上的电场强，而两圆弧对积分无贡献，所以场强沿 $abcda$ 的环流不等于零，因此运动电荷的电场不是静电场。

至此，我们得到静电场服从的两个基本方程

$$\oiint_S \boldsymbol{E} \cdot \mathrm{d}\boldsymbol{S} = \frac{1}{\varepsilon_0} \sum_{(S内)} q_i \quad (高斯定理，适用于任何电场)$$

$$\oint_L \boldsymbol{E} \cdot \mathrm{d}\boldsymbol{l} = 0 \quad (环路定理，仅适用于静电场)$$

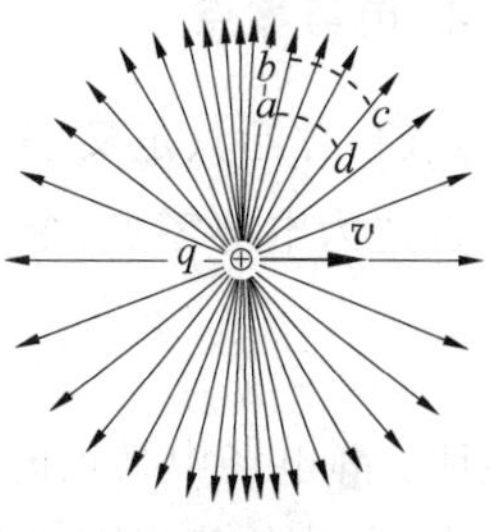

图 4.4.1　运动电荷的电场不是静电场

静电场是有源、无旋场，它的场线不闭合，有头有尾。高斯定理适用于任何电场，而对于随时间变化的普遍情况，环路定理应作修改(见 7.2.3 节)。

静电场的高斯定理来源于库仑力的距离平方反比关系，表达的是静电场的有源性；而环路定理之所以成立，是由于库仑力是有心力，反映的是静电场的无旋性。高斯定理和环路定理互相独立，只有联合起来才能完整地表达静电场。

但当电荷分布具有某些对称性时，如球对称性，通过对称性分析可知电场也是球对称的，而球对称的电场是有心力场，服从环路定理，这时只用高斯定理就能求电场。

4.4.2　电势——从能量的角度描述静电场

1. 电势差

如图 4.4.2 所示，L_1 和 L_2 是连接静电场中 a、b 两点的任意两条路径。按环路定理，静电场场强 $\boldsymbol{E}$ 做功与路径无关，即

$$\int_{a(L_1)}^{b} \boldsymbol{E} \cdot \mathrm{d}\boldsymbol{l} = \int_{a(L_2)}^{b} \boldsymbol{E} \cdot \mathrm{d}\boldsymbol{l}$$

据此可以引入一个只与空间位置有关的状态量，用它的差值来表示静电场场强所做的功，这一状态量称为电势。并规定：静电力做功使电势降低，或者说，外力克服静电力做功使电势增高。

在静电场中，把场强 $\boldsymbol{E}$(单位正电荷所受电力)沿任意路径由 a 点到 b 点所做的功，定义为 a、b 两点之间的电势差，即

$$U_a - U_b = \int_a^b \boldsymbol{E} \cdot \mathrm{d}\boldsymbol{l} \tag{4.4.2}$$

积分只取决于 a、b 两点的位置，因此是一个定积分。实际上，电势差就是单位正电荷的静电势能之差。电路两点之间的电势差叫电压。

因静电力做功使电势降低，故电场线上各点的电势沿场线单调下降，电场强度指向电势降低的方向，如图 4.4.3 所示。在场强为零的区域内各点电势相等。

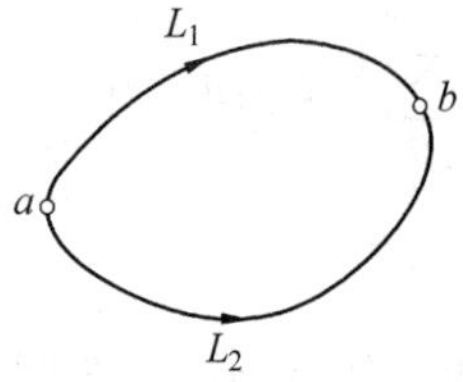

图 4.4.2 电势的定义

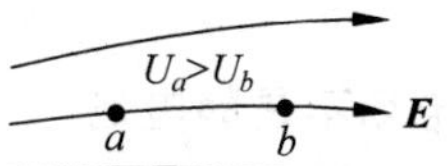

图 4.4.3 电势沿电场线单调下降

2. 电势零点

式(4.4.2)只定义了电势的差值，要确定某点的电势还要选定电势的零点或参考点。若把 b 点选为电势零点，令 $U_b=0$，则 a 点的电势为

$$U_a=\int_a^{\text{电势零点}}\boldsymbol{E}\cdot \mathrm{d}\boldsymbol{l} \tag{4.4.3}$$

这表明：静电场中某点的电势，等于场强沿任意路径由该点到电势零点所做的功。改变电势零点，电势的值将随之变化，但两点之间的电势差与电势零点的选择无关。电势和电压的单位都是 V(伏[特])。

只要保证式(4.4.3)有意义，电势零点可以任意选取。对于分布在有限区域内的电荷系统，通常把电势零点选在无穷远，规定 $U_\infty=0$，这时场点 a 处的电势为

$$U_a=\int_a^{\infty}\boldsymbol{E}\cdot \mathrm{d}\boldsymbol{l}$$

在实际工作中，为了使电势稳定通常把电器外壳用导线与大地连接，称为接地。地球可以看成是无限大导体，但地球带电，地球与无穷远处有电势差，通常忽略这一电势差，认为接地的电器外壳与无穷远处等电势，即

$$U_{\text{外壳}}=U_\infty=0$$

上式称为接地条件。在电子电路中有时把某一公共导线选作电势参考点，这一导线也叫接地线，虽然它并未与大地连接。

应该指出，接地虽然提供了电荷交换的通道，可能改变原来的电荷分布，但接地只是使电势为零，并不意味着接地的导体表面上的电荷一定等于零。

在点电荷的电场中，除了点电荷所在处($r=0$)之外，电势零点可以任意选取，通常选在无穷远，与点电荷的距离为 r 处的电势为

$$U_r=\int_r^{\infty}\frac{q}{4\pi\varepsilon_0 r^2}\hat{\boldsymbol{r}}\cdot \mathrm{d}\boldsymbol{r}=\int_r^{\infty}\frac{q}{4\pi\varepsilon_0 r^2}\mathrm{d}r=\frac{q}{4\pi\varepsilon_0 r}$$

当 $q>0$ 时，电势为正；$q<0$ 时，电势为负。

若电荷分布延伸到无穷远，如无限长带电圆柱体和无限大带电平板，就不能再把电势零点选在无穷远，因为这可能导致式(4.4.3)无意义。

3. 电荷系统在外电场中的静电势能

电势是单位正电荷的静电势能，因此点电荷 q 在外电场中的静电势能为

$$W_e = qU$$

其中，U 为场源电荷在 q 处的电势。在本质上，W_e 是点电荷 q 与场源电荷之间的静电相互作用能。

一个由 n 个点电荷 $q_1, q_2, \cdots, q_n$ 组成的电荷系统，在外电场中的静电势能可表示为

$$W_e = \sum_i q_i U_i$$

式中，U_i 代表场源电荷在 q_i 处的电势。注意，上式给出的 W_e 不包括系统中 n 个电荷之间的相互作用能，只是系统在外场中的静电势能。

4.4.3　电势叠加原理

设空间存在多个静电场，用 $\boldsymbol{E}_i$ 代表第 i 个静电场的场强，若取同一电势零点，按电场叠加原理，a 点的电势可表示为

$$U = \int_a^{\text{电势零点}} \boldsymbol{E} \cdot \mathrm{d}\boldsymbol{l} = \int_a^{\text{电势零点}} \left(\sum_i \boldsymbol{E}_i\right) \cdot \mathrm{d}\boldsymbol{l} = \sum_i \int_a^{\text{电势零点}} \boldsymbol{E}_i \cdot \mathrm{d}\boldsymbol{l} = \sum_i U_i \tag{4.4.4}$$

其中，U_i 为第 i 个静电场在 a 点的电势。上式称为电势叠加原理：存在多个静电场时，空间某点的总电势等于各静电场单独存在时该点电势的代数和。

把无穷远选为电势零点，由 n 个点电荷所组成系统的电势可写成

$$U = \sum_i U_i = \sum_i \frac{q_i}{4\pi\varepsilon_0 r_i}$$

其中，r_i 为场点与点电荷 q_i 的距离。

对于电荷连续分布在有限空间中的带电体，求和换成对电荷元电势的积分，即

$$U = \int_V \frac{\rho \mathrm{d}V}{4\pi\varepsilon_0 r}$$

积分区域遍及整个带电体。式中，r 为场点与电荷元 $\rho \mathrm{d}V$ 的距离，ρ 为带电体的电荷体密度。

注意，式(4.4.4)仅适用于取同一电势零点的情况，若各个 U_i 的零点不同应表示为

$$U = \sum_i U_i + C$$

常量 C 由适当选择公共电势零点来确定。

例 4.4.1　如图 4.4.4 所示，$\overset{\frown}{bcd}$ 是圆心为 O、半径为 R 的半圆，线段 ab 的长度为 R，在 a 点和 O 点分别放置点电荷 $+q$ 和 $-q$。求：(1)把另一点电荷 $+Q$ 从 b 点沿 $\overset{\frown}{bcd}$ 移动到 d 点，电场力所做的功；(2)把另一点电荷 $-Q$ 从 d 点沿 ab 的延长线移动到无穷远，外力克服静电力所做的功。

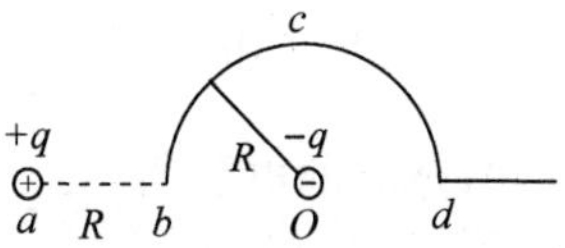

图 4.4.4　例 4.4.1 图

解　(1) 电场力所做的功等于静电势能的减少，即

$$A_{bd} = Q(U_b - U_d)$$

而

$$U_b=\frac{q}{4\pi\varepsilon_0 R}-\frac{q}{4\pi\varepsilon_0 R}=0,\quad U_d=\frac{q}{4\pi\varepsilon_0\times 3R}-\frac{q}{4\pi\varepsilon_0 R}=-\frac{q}{6\pi\varepsilon_0 R}$$

则

$$A_{bd}=\frac{Qq}{6\pi\varepsilon_0 R}$$

电场力做正功。

(2) 外力克服静电力所做的功等于静电势能的增加,即

$$A_{d\infty}=-Q(U_\infty-U_d)$$

因 $U_\infty=0$,故

$$A_{d\infty}=-\frac{Qq}{6\pi\varepsilon_0 R}$$

外力做负功。

4.4.4 电势的计算

可以用场强积分或电势叠加原理求电势。

例 4.4.2 求均匀带电球面的电势。球面的半径为 R,所带电量为 q。

解 均匀带电球面的场强为(见例 4.3.1)

$$E=\begin{cases}0, & r<R\\ \dfrac{q}{4\pi\varepsilon_0 r^2}, & r>R\end{cases}$$

选无穷远为电势零点,把场强由场点到无穷远积分,则球面内部的电势为

$$U=\int_r^\infty E\,\mathrm{d}r=\int_r^R 0\,\mathrm{d}r+\int_R^\infty\frac{q}{4\pi\varepsilon_0 r^2}\mathrm{d}r=\frac{q}{4\pi\varepsilon_0 R},\quad r\leqslant R$$

球面外部的电势为

$$U=\int_r^\infty E\,\mathrm{d}r=\int_r^\infty\frac{q}{4\pi\varepsilon_0 r^2}\mathrm{d}r=\frac{q}{4\pi\varepsilon_0 r},\quad r>R$$

均匀带电球面内部各点的电势相等,等于球面上的电势;球面外部各点的电势与电荷集中在球心上的一个点电荷的电势相同。结果如图 4.4.5 中的曲线所示。

例 4.4.3 求均匀带电球体的电势。球体的半径为 R,所带电量为 q。

解 均匀带电球体的场强为(见例 4.3.2)

$$E=\begin{cases}\dfrac{qr}{4\pi\varepsilon_0 R^3}, & r\leqslant R\\ \dfrac{q}{4\pi\varepsilon_0 r^2}, & r>R\end{cases}$$

选无穷远为电势零点,则球体内部的电势为

$$U=\int_r^\infty E\,\mathrm{d}r=\int_r^R\frac{qr}{4\pi\varepsilon_0 R^3}\mathrm{d}r+\int_R^\infty\frac{q}{4\pi\varepsilon_0 r^2}\mathrm{d}r=\frac{q}{8\pi\varepsilon_0 R^3}(3R^2-r^2),\quad r\leqslant R$$

令 $r=0$,球心的电势为

$$U_0=\frac{3}{2}\left(\frac{q}{4\pi\varepsilon_0 R}\right)$$

球体外部的电势为

$$U=\int_r^{\infty} E\,\mathrm{d}r=\int_r^{\infty}\frac{q}{4\pi\varepsilon_0 r^2}\mathrm{d}r=\frac{q}{4\pi\varepsilon_0 r},\quad r>R$$

与电荷集中在球心上的一个点电荷的电势相同。结果如图 4.4.6 中的曲线所示。

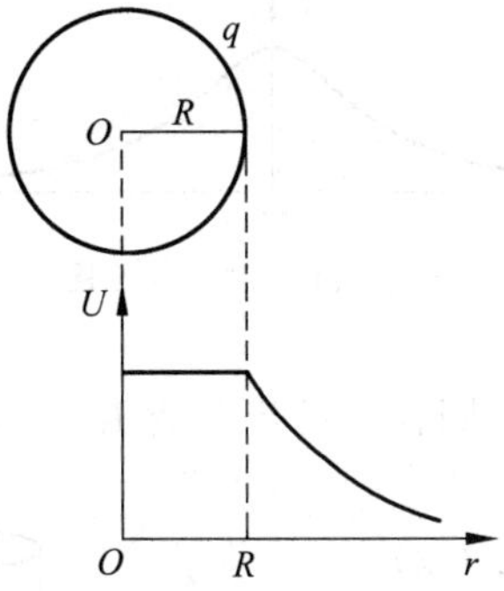

图 4.4.5　例 4.4.2 图

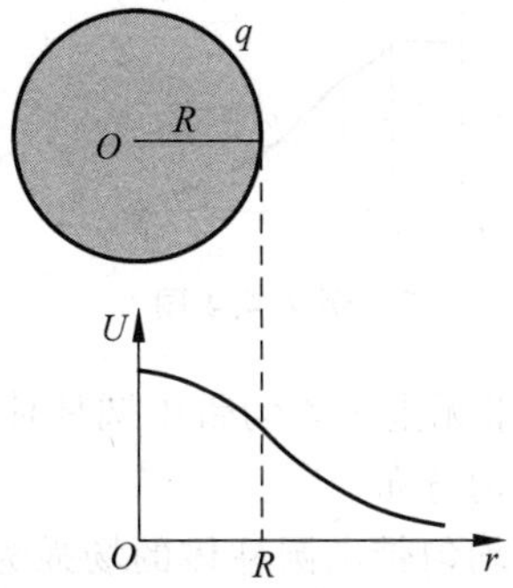

图 4.4.6　例 4.4.3 图

例 4.4.4　两均匀带电球面同心放置，其半径分别为 R_1 和 R_2，所带电量分别为 q_1 和 q_2。求电势。

解　如图 4.4.7 所示，按电势叠加原理，在①②③区内各点的电势等于两带电球面单独存在时该点电势的代数和，由例 4.4.2 的结果可得

① 区：　$U_1=\dfrac{q_1}{4\pi\varepsilon_0 R_1}+\dfrac{q_2}{4\pi\varepsilon_0 R_2},\quad r\leqslant R_1$

② 区：　$U_2=\dfrac{q_1}{4\pi\varepsilon_0 r}+\dfrac{q_2}{4\pi\varepsilon_0 R_2},\quad R_1<r<R_2$

③ 区：　$U_3=\dfrac{q_1}{4\pi\varepsilon_0 r}+\dfrac{q_2}{4\pi\varepsilon_0 r}=\dfrac{q_1+q_2}{4\pi\varepsilon_0 r},\quad r\geqslant R_2$

结果如图 4.4.7 中的曲线所示.

例 4.4.5　求均匀带电细圆环轴线上的电势。圆环的半径为 R，所带电量为 q。

解　均匀带电细圆环轴线上的场强为(见例 4.2.2)

$$E=\frac{qx}{4\pi\varepsilon_0(R^2+x^2)^{3/2}}$$

如图 4.4.8 所示，选无穷远为电势零点，则圆环轴线上 P 点的电势为

$$U=\int_x^{\infty} E\,\mathrm{d}x=\int_x^{\infty}\frac{qx}{4\pi\varepsilon_0(R^2+x^2)^{3/2}}\mathrm{d}x$$

$$=-\frac{q}{4\pi\varepsilon_0\sqrt{R^2+x^2}}\Bigg|_x^{\infty}=\frac{q}{4\pi\varepsilon_0\sqrt{R^2+x^2}}$$

还可以按电势叠加原理，把电荷元 $\mathrm{d}q$ 在 P 点的电势作积分，得

$$U=\int \mathrm{d}U=\int\frac{\mathrm{d}q}{4\pi\varepsilon_0 r}=\frac{q}{4\pi\varepsilon_0 r}=\frac{q}{4\pi\varepsilon_0\sqrt{R^2+x^2}}$$

结果如图 4.4.8 中的曲线所示。

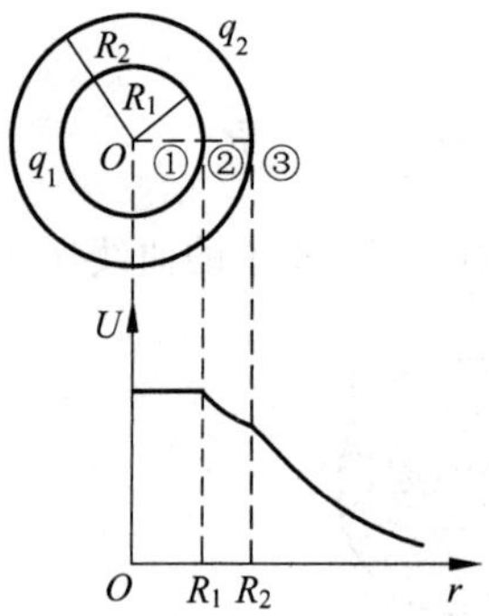

图 4.4.7 例 4.4.4 图

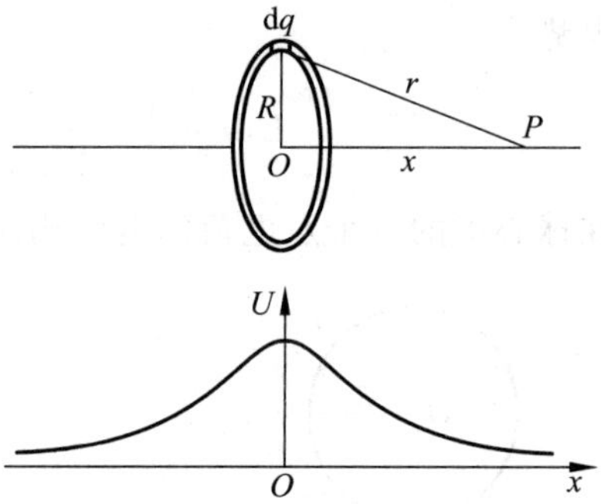

图 4.4.8 例 4.4.5 图

例 4.4.6 求无限长均匀带电圆柱体的电势。圆柱体的半径为 R,电荷线密度为 λ,电荷在圆柱体内均匀分布。

解 无限长均匀带电圆柱体的场强为(见例 4.3.3)

$$E=\begin{cases}\dfrac{\lambda r}{2\pi\varepsilon_0 R^2}, & 0<r\leqslant R\\[2ex] \dfrac{\lambda}{2\pi\varepsilon_0 r}, & r>R\end{cases}$$

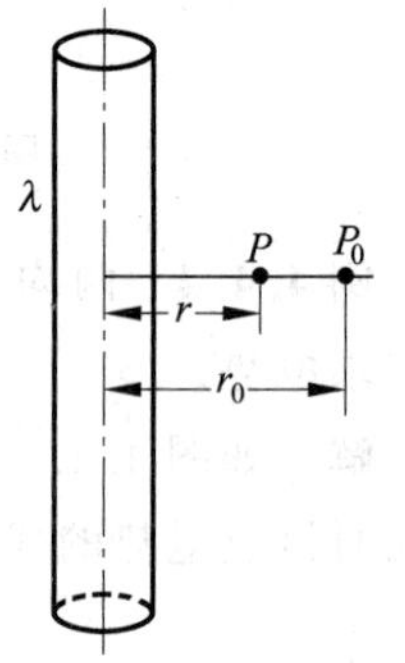

图 4.4.9 例 4.4.6 图

把电势零点选在距轴线 $r_0(>R)$ 远处的 P_0 点,如图 4.4.9 所示。带电圆柱体内部的电势为

$$U=\int_r^{r_0}E\,\mathrm{d}r=\int_r^R\frac{\lambda r}{2\pi\varepsilon_0 R^2}\mathrm{d}r+\int_R^{r_0}\frac{\lambda}{2\pi\varepsilon_0 r}\mathrm{d}r$$

$$=\frac{\lambda(R^2-r^2)}{4\pi\varepsilon_0 R^2}+\frac{\lambda}{2\pi\varepsilon_0}\ln\frac{r_0}{R},\quad r\leqslant R$$

外部的电势为

$$U=\int_r^{r_0}E\,\mathrm{d}r=\int_r^{r_0}\frac{\lambda}{2\pi\varepsilon_0 r}\mathrm{d}r=\frac{\lambda}{2\pi\varepsilon_0}\ln\frac{r_0}{r},\quad r>R$$

电势零点不能选在无穷远,否则 $r_0\to\infty$,$U\to\infty$,电势无意义。

例 4.4.7 求无限大均匀带电平面的电势。带电平面的电荷面密度为 σ。

解 无限大均匀带电平面的电场是匀强电场,场强为(见例 4.3.4)

$$E=\frac{\sigma}{2\varepsilon_0}$$

把电势零点选在带电面上,则距带电平面 x 远处的电势为

$$U=\int_x^0 E\,\mathrm{d}x=\int_x^0\frac{\sigma}{2\varepsilon_0}\mathrm{d}x=-\frac{\sigma x}{2\varepsilon_0}$$

一般地写成

$$U=-\frac{\sigma\,|\,x\,|}{2\varepsilon_0}$$

电势零点不能选在无穷远。

4.4.5 由电势函数求电场强度

在静电场中,由电势相等的点所形成的曲面称为等势面。用等势面可以形象地描绘电

势的分布。图 4.4.10 画出了四种静电场的等势面(虚线)和电场线(实线)。图 4.4.11 为实验上测得的人的心脏电场的等势面,与电偶极子的等势面相类似。在心脏生物电磁学中,就有一种按电偶极子模型来推断心脏病的方法。

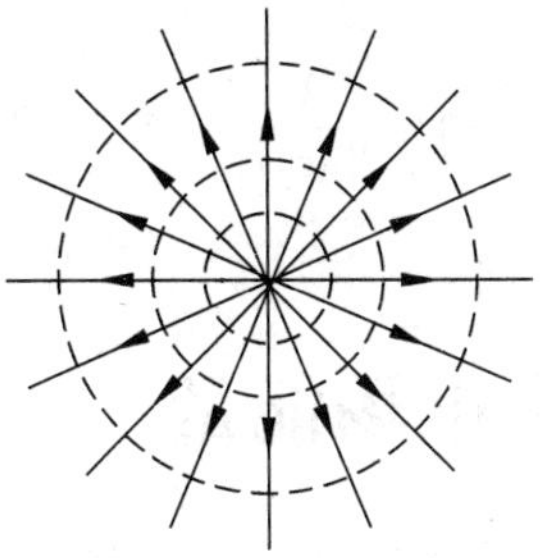

(a) 正点电荷

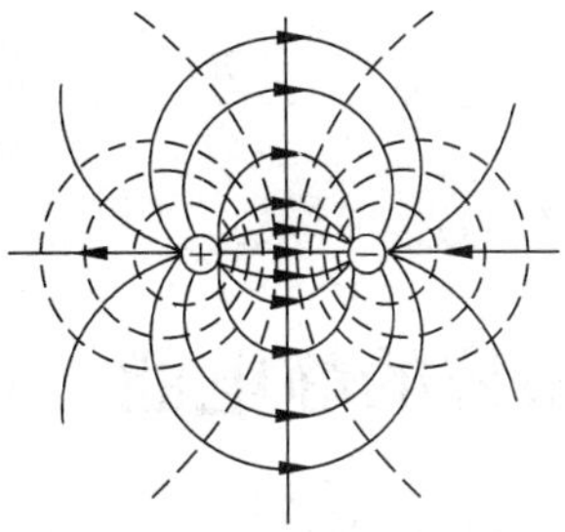

(b) 电偶极子

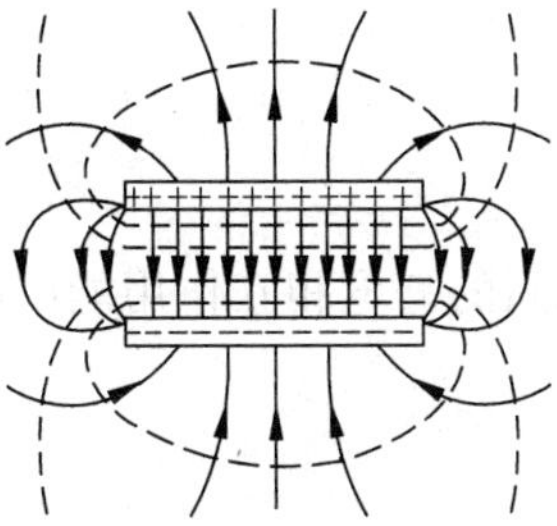

(c) 正负带电板

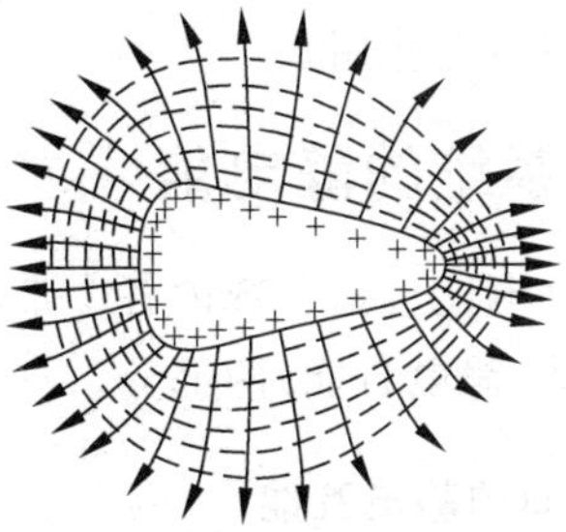

(d) 不规则形状的带电体

图 4.4.10　四种静电场的等势面和电场线

同一等势面上各点的电势相等,电荷在等势面上移动时电场力不做功,这要求场强(电场线)与等势面处处垂直。在绘制等势面时还约定,任意两个相邻等势面之间的电势差都相等,以表示等势面密集的地方场强大,稀疏的地方场强小。

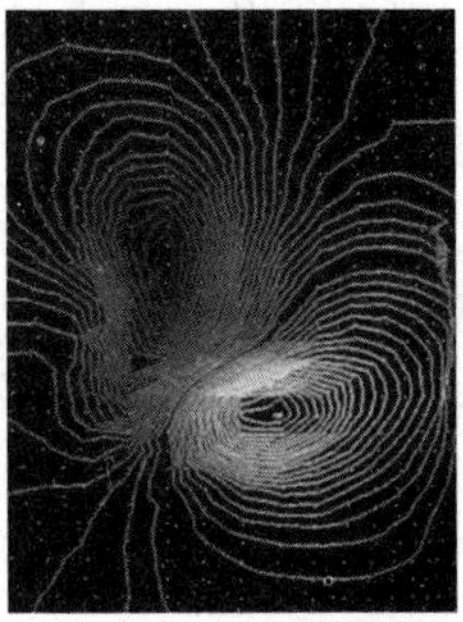

图 4.4.11　人的心脏电场等势面

静电场场强是与电势对应的保守力。按前面 1.8.3 节所得结论,静电场场强沿某一方向的分量等于电势函数沿该方向的空间变化率(方向导数)的负值,即

$$E_l = -\frac{\partial U}{\partial l}$$

电场强度指向电势降低的方向。

在直角坐标系中,场强的三个分量为

$$E_x = -\frac{\partial U}{\partial x},\quad E_y = -\frac{\partial U}{\partial y},\quad E_z = -\frac{\partial U}{\partial z}$$

即

$$\boldsymbol{E} = -\nabla U \tag{4.4.5}$$

其中,∇为矢量微分算符。上式表明:静电场场强等于电势函数梯度的负值。电势是标量而场强为矢量,先求电势再按式(4.4.5)计算场强要比直接求场强更容易。按式(4.4.5),电场强度的单位是 $\mathrm{V\cdot m^{-1}}$,$\mathrm{1V\cdot m^{-1}=1J\cdot C^{-1}\cdot m^{-1}=1N\cdot m\cdot C^{-1}\cdot m^{-1}=1N\cdot C^{-1}}$。

例 4.4.8　按场强与电势之间的关系,求无限长均匀带电圆柱体外部的电场。

解　无限长均匀带电圆柱体外部的电势为(见例4.4.6)

$$U=\frac{\lambda}{2\pi\varepsilon_0}\ln\frac{r_0}{r},\quad r>R$$

由于场强只有径向分量,则

$$E=E_r=-\frac{\partial U}{\partial r}=-\frac{\lambda}{2\pi\varepsilon_0}\frac{r}{r_0}\left(\frac{-r_0}{r^2}\right)=\frac{\lambda}{2\pi\varepsilon_0 r},\quad r>R$$

与例4.3.3的结果一致。

4.5　电荷系统的静电能　真空中电场能量

在一个电荷系统形成的过程中,外力要克服电荷之间的库仑力做功。外力做功所转化成的电荷系统的能量,称为该电荷系统的静电能。在电学研究中,能量的概念以及能量守恒和转化定律发挥着重要作用。

4.5.1　电荷系统的静电能

电荷系统的静电能包括系统内各个带电体之间的静电相互作用能(静电互能)和各个带电体本身的静电能(静电自能)两部分。

1. 点电荷之间的静电互能

图4.5.1表示两个相距为r的点电荷q_1和q_2,用U_{12}代表q_2在q_1处的电势,则q_1与q_2之间的静电互能为q_1U_{12}。类似地,q_2与q_1之间的静电互能为q_2U_{21},其中U_{21}代表q_1在q_2处的电势。把电势零点选在无穷远处,则

$$U_{12}=\frac{q_2}{4\pi\varepsilon_0 r},\quad U_{21}=\frac{q_1}{4\pi\varepsilon_0 r}$$

因此

$$q_1U_{12}=q_2U_{21}=\frac{q_1q_2}{4\pi\varepsilon_0 r}$$

写成对称形式,两个点电荷之间的静电互能为

$$W_e=\frac{1}{2}(q_1U_{12}+q_2U_{21})$$

三个点电荷q_1、q_2和q_3可以看成三对点电荷,如图4.5.2所示,其静电互能等于这三对点电荷互能之和,即

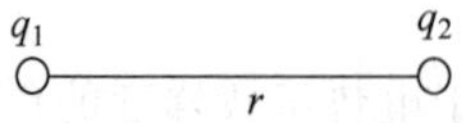

图4.5.1　两个点电荷

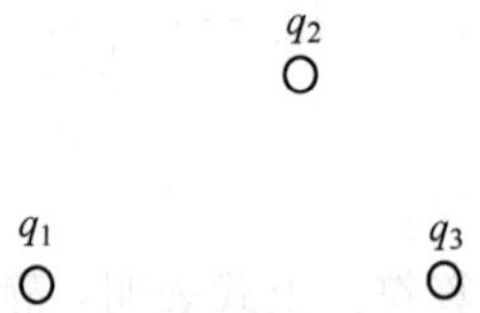

图4.5.2　三个点电荷

$$W_e=W_{12}+W_{23}+W_{31}$$

$$=\frac{1}{2}(q_1U_{12}+q_2U_{21})+\frac{1}{2}(q_2U_{23}+q_3U_{32})+\frac{1}{2}(q_3U_{31}+q_1U_{13})$$

$$=\frac{1}{2}[q_1(U_{12}+U_{13})+q_2(U_{21}+U_{23})+q_3(U_{31}+U_{32})]$$

$$=\frac{1}{2}(q_1U_1+q_2U_2+q_3U_3)$$

式中，U_{12} 为 q_2 在 q_1 处的电势，……；$U_1=U_{12}+U_{13}$ 为 q_2 和 q_3 在 q_1 处的总电势，……。以此类推，n 个点电荷的静电互能可表示为

$$W_e=\frac{1}{2}\sum_i q_iU_i \tag{4.5.1}$$

其中，U_i 代表 q_i 以外的其余 $n-1$ 个点电荷在 q_i 处的总电势，乘以 1/2 是因为每对电荷的互能都求和了 2 次。

2. 带电体的静电能

图 4.5.3 表示一个电荷体密度 $\rho(\boldsymbol{r})$ 为有限值的带电体，设想把它分割成许多电荷元 $\mathrm{d}q=\rho(\boldsymbol{r})\mathrm{d}V$，当 $\mathrm{d}V\to0$ 时，$\mathrm{d}q\to0$，电荷元 $\mathrm{d}q$ 的自能趋近于零，因此所有电荷元互能之和就是该带电体的静电能，把式(4.5.1)改写成积分，就代表带电体的静电能，即

$$W_e=\frac{1}{2}\int U(\boldsymbol{r})\mathrm{d}q=\frac{1}{2}\iiint_V\rho(\boldsymbol{r})U(\boldsymbol{r})\mathrm{d}V \tag{4.5.2}$$

积分区域遍及整个带电体。

式(4.5.2)中的 $U(\boldsymbol{r})$ 本来是电荷元 $\mathrm{d}q$ 以外的电荷在 $\boldsymbol{r}$ 处的电势，但 $\mathrm{d}q$ 本身对电势的贡献趋于零，所以 $U(\boldsymbol{r})$ 就是带电体中全部电荷在 $\boldsymbol{r}$ 处的电势。对此可作如下说明：设 $\mathrm{d}q$ 为一半径为 a 的均匀带电球体，由例 4.4.3 的结果可知，$\mathrm{d}q$ 的电势 $\mathrm{d}U\propto\mathrm{d}q/a$，而 $\mathrm{d}q\propto a^3$，因此 $\mathrm{d}U\propto a^2$，当 $a\to0$ 时 $\mathrm{d}U\to0$。

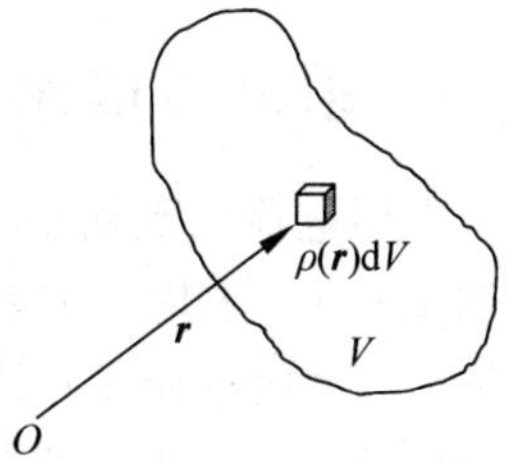

图 4.5.3　带电体

3. 两个带电体的静电互能

两个带电体的静电互能，就是其中一个带电体在另一个带电体所产生的电场中的静电能。

4.5.2 真空中电场能量

电场的能量储存在哪里？按式(4.5.2)，电场能似乎储存在电荷上，而在没有电荷的地方电场能为零。在静电学中，静电场与电荷相伴而生，它不变化，也不传播，确实无法通过实验来确定能量储存的位置。但我们知道，电磁波携带的能量可以脱离电荷在空间传播，这说明电场能量分布在电场所占有的整个空间。

单位体积的电场所储存的能量，称为电场的能量密度。在真空电场中，若某点的电场强度为 E，则该点附近的电场能量密度为

$$w_e=\frac{1}{2}\varepsilon_0E^2 \tag{4.5.3}$$

空间 V 内的电场能量为

$$W_e = \iiint_V w_e \mathrm{d}V = \frac{1}{2}\iiint_V \varepsilon_0 E^2 \mathrm{d}V \tag{4.5.4}$$

用式(4.5.2)和(4.5.4)计算静电能,所得结果相同。

下面用特例导出式(4.5.3)。如图 4.5.4 所示,真空中有两个电荷面密度分别为 $\pm\sigma$ 的均匀带电大平行板,两板的面积均为 S。忽略边缘效应,电场被定域在两板之间,场强为 $E=\sigma/\varepsilon_0$,板外侧的场强为零。正电板在负电板处所产生的场强为 $\sigma/2\varepsilon_0$,对负电板的静电引力为

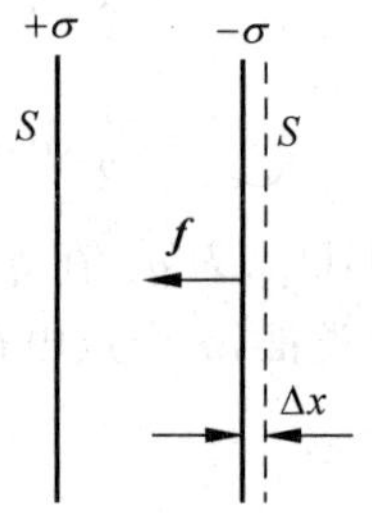

图 4.5.4 两个均匀带电大平行板

$$f = \frac{\sigma}{2\varepsilon_0}\sigma S = \frac{\sigma^2 S}{2\varepsilon_0}$$

设想用外力拉负电板向右平移 Δx,外力克服静电引力做的功为

$$A = f\Delta x = \frac{\sigma^2}{2\varepsilon_0}S\Delta x$$

此功转化成体积 $S\Delta x$ 中的电场能量,因此单位体积中的电场能量为

$$w_e = \frac{A}{S\Delta x} = \frac{\sigma^2}{2\varepsilon_0} = \frac{1}{2}\varepsilon_0 E^2$$

此即式(4.5.2)。虽然该式是用静电场中的特例导出,但它适用于真空中的任意电场,包括随时间变化的电场。

4.5.3 求静电能举例

可以用电荷元互能积分或电场能量密度积分求静电能。

例 4.5.1 求均匀带电球面的静电能。球面的半径为 R,所带电量为 q。

解 (1) 用电荷元互能积分计算

带电球面上的电势为(见例 4.4.2)

$$U = \frac{q}{4\pi\varepsilon_0 R}$$

静电能为

$$W_e = \frac{1}{2}\int U\mathrm{d}q = \frac{1}{2}\int U\sigma\mathrm{d}S = \frac{1}{2}\int \frac{q}{4\pi\varepsilon_0 R}\,\frac{q}{4\pi R^2}\mathrm{d}S = \frac{q^2}{8\pi\varepsilon_0 R}$$

其中,$\sigma = q/(4\pi R^2)$ 为带电球面的电荷面密度。

(2) 用电场能量密度积分计算

由例 4.3.1 的结果可知,均匀带电球面的电场能量密度为

$$w_e = \frac{\varepsilon_0 E^2}{2} = \begin{cases} 0, & 0 < r < R \\ \dfrac{q^2}{32\pi^2\varepsilon_0 r^4}, & r > R \end{cases}$$

静电能为

$$W_e = \iiint_V w_e \mathrm{d}V = \int_0^\infty w_e 4\pi r^2 \mathrm{d}r = \int_0^R 0\cdot 4\pi r^2\mathrm{d}r + \frac{q^2}{8\pi\varepsilon_0}\int_R^\infty \frac{\mathrm{d}r}{r^2} = \frac{q^2}{8\pi\varepsilon_0 R}$$

按静电力与静电势能之间的关系,电荷面密度为 σ 的均匀带电球面单位面积的受力为

$$f=-\frac{\partial W_e}{\partial R}\Big/4\pi R^2=-\frac{\partial}{\partial R}\left(\frac{q^2}{8\pi\varepsilon_0 R}\right)\Big/4\pi R^2=\frac{q^2}{8\pi\varepsilon_0 R^2}\Big/4\pi R^2=\frac{\sigma^2}{2\varepsilon_0}$$

与例 4.3.5 的结果一致。

例 4.5.2　求均匀带电球体的静电能。球体的半径为 R，所带电量为 q。

解　(1) 用电荷元互能积分计算

如图 4.5.5 所示，设想把带电球体分割成许多同心薄球壳，半径为 r、厚度为 $\mathrm{d}r$ 的薄球壳的电荷为

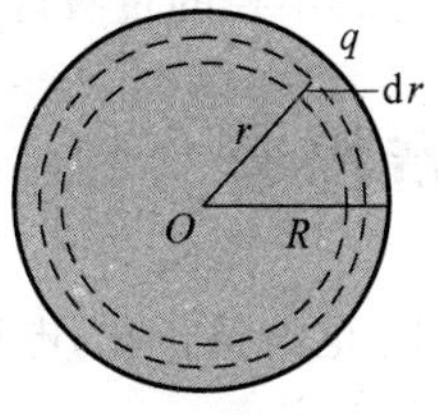

图 4.5.5　例 4.5.2 图

$$\mathrm{d}q=\frac{q}{4\pi R^3/3}4\pi r^2\mathrm{d}r=\frac{3qr^2\mathrm{d}r}{R^3}$$

薄球壳处的电势为(见例 4.4.3)

$$U=\frac{q}{8\pi\varepsilon_0 R^3}(3R^2-r^2)$$

静电能为

$$W_e=\frac{1}{2}\int U\mathrm{d}q=\frac{1}{2}\int_0^R\frac{q}{8\pi\varepsilon_0 R^3}(3R^2-r^2)\frac{3qr^2\mathrm{d}r}{R^3}$$

$$=\frac{3q^2}{16\pi\varepsilon_0 R^6}\int_0^R(3R^2-r^2)r^2\mathrm{d}r=\frac{3q^2}{20\pi\varepsilon_0 R}$$

(2) 用电场能量密度积分计算

由例 4.3.2 的结果可知，均匀带电球体的电场能量密度为

$$w_e=\frac{\varepsilon_0 E^2}{2}=\begin{cases}\dfrac{q^2r^2}{32\pi^2\varepsilon_0 R^6}, & 0<r\leqslant R\\[2ex] \dfrac{q^2}{32\pi^2\varepsilon_0 r^4}, & r>R\end{cases}$$

静电能为

$$W_e=\iiint_V w_e\mathrm{d}V=\int_0^\infty w_e 4\pi r^2\mathrm{d}r$$

$$=\int_0^R\frac{q^2r^2}{32\pi^2\varepsilon_0 R^6}4\pi r^2\mathrm{d}r+\int_R^\infty\frac{q^2}{32\pi^2\varepsilon_0 r^4}4\pi r^2\mathrm{d}r$$

$$=\frac{q^2}{8\pi\varepsilon_0 R^6}\left(\int_0^R r^4\mathrm{d}r+R^6\int_R^\infty\frac{\mathrm{d}r}{r^2}\right)=\frac{3q^2}{20\pi\varepsilon_0 R}$$

若把点电荷看成电量 q 不变而半径 $R\to 0$ 的均匀带电球体，则按上例结果，点电荷的自能 $W_e\to\infty$，这在物理上意味着无法把极端分散的电荷压缩到一个几何点上。好在电磁学只考虑点电荷之间或点电荷与其他带电体之间的互能，因此不涉及点电荷本身的自能，不会遇到点电荷自能发散的困难。

例 4.5.3　电子的经典半径

解　把电子看成一个半径为 r_e 的带电小球，把静电能取为 $e^2/(4\pi\varepsilon_0 r_e)$，并假设电子的静质能 $m_e c^2$ 全部来自静电能，即

$$\frac{e^2}{4\pi\varepsilon_0 r_e}=m_e c^2$$

可得

$$r_e = \frac{e^2}{4\pi\varepsilon_0 m_e c^2} = \frac{8.99\times10^9\times(1.6\times10^{-19})^2}{0.511\times10^6\times1.6\times10^{-19}}\,\text{m} = 2.8\times10^{-15}\,\text{m}$$

这一长度称为电子的经典半径。实验证实，即使在 10^{-20} m 范围内电子仍可看成是点粒子，可见经典半径的量级远大于实验结果。

本章提要

1. 电荷量子化，电荷是一个相对论不变量，电荷守恒

库仑定律

$$\boldsymbol{f} = \frac{q_1 q_2}{4\pi\varepsilon_0 r^2}\hat{\boldsymbol{r}}$$

电力叠加原理

$$\boldsymbol{f} = \sum_i \boldsymbol{f}_i = \sum_i \frac{q_0 q_i}{4\pi\varepsilon_0 r_{0i}^2}\hat{\boldsymbol{r}}_{0i}$$

2. 静止点电荷的场强

$$\boldsymbol{E} = \frac{q}{4\pi\varepsilon_0 r^2}\hat{\boldsymbol{r}} \quad \text{(电场的基元场)}$$

* 匀速直线运动点电荷的场强

$$\boldsymbol{E} = \frac{q}{4\pi\varepsilon_0 r^2}\frac{1-\beta^2}{(1-\beta^2\sin^2\theta)^{3/2}}\hat{\boldsymbol{r}}$$

电偶极子的电偶极矩

$$\boldsymbol{p} = q\boldsymbol{l}$$

匀强电场对电偶极子的力矩

$$\boldsymbol{M}_e = \boldsymbol{p}\times\boldsymbol{E}$$

电偶极子在匀强电场中的静电势能

$$W_e = -\boldsymbol{p}\cdot\boldsymbol{E}$$

电场叠加原理

$$\boldsymbol{E} = \sum_i \boldsymbol{E}_i$$

3. 高斯定理

$$\oiint_S \boldsymbol{E}\cdot d\boldsymbol{S} = \frac{1}{\varepsilon_0}\sum_{(S\text{内})} q_i$$

* 引力场的高斯定理

$$\oiint_S \boldsymbol{g}\cdot d\boldsymbol{S} = -4\pi G\sum_{(S\text{内})} m_i$$

4. 静电场的环路定理

$$\oint_L \boldsymbol{E}\cdot d\boldsymbol{l} = 0$$

电势差

$$U_a - U_b = \int_a^b \boldsymbol{E} \cdot \mathrm{d}\boldsymbol{l}$$

电势

$$U_a = \int_a^{\text{电势零点}} \boldsymbol{E} \cdot \mathrm{d}\boldsymbol{l}$$

电荷系统在外电场中的静电势能

$$W_{\mathrm{e}} = \sum_i q_i U_i$$

电势叠加原理

$$U = \sum_i U_i$$

由电势函数求场强

$$\boldsymbol{E} = -\nabla U$$

5. 点电荷之间的静电互能

$$W_{\mathrm{e}} = \frac{1}{2} \sum_i q_i U_i$$

带电体的静电能

$$W_{\mathrm{e}} = \frac{1}{2} \int U(\boldsymbol{r}) \mathrm{d}q = \frac{1}{2} \iiint_V \rho(\boldsymbol{r}) U(\boldsymbol{r}) \mathrm{d}V$$

真空中电场能量密度

$$w_{\mathrm{e}} = \frac{1}{2} \varepsilon_0 E^2$$

习题

4.1 按玻尔的氢原子模型，电子沿圆周轨道围绕原子核旋转。用 m、$-e$ 和 E_{k} 分别代表电子的质量、电荷和动能，假设电子的运动服从牛顿力学，证明电子的旋转频率 ν 满足

$$\nu^2 = \frac{32\varepsilon_0^2 E_{\mathrm{k}}^3}{me^4}$$

其中，ε_0 为真空介电常量。

4.2 如图所示，在边长为 $a=10\mathrm{cm}$ 的正方形的三个顶点上放置三个点电荷，其中 $q_1=1.0\times10^{-8}\,\mathrm{C}$，$q_2=2.8\times10^{-8}\,\mathrm{C}$，它们在此正方形的第四个顶点产生的电场强度 $\boldsymbol{E}$ 的方向如图所示。求：(1)电荷 q_3 的电量；(2)$\boldsymbol{E}$ 的大小。

4.3 如图所示，细绳悬吊一均匀带电的薄导体环，环的外半径为 R，内半径为 $R/2$，并有电荷 q 均匀分布在环面上；细绳长为 $3R$，也有电荷 q 均匀分布在绳上。求圆环中心 O 处的电场(圆环中心在细绳延长线上)。

4.4 如图所示，一半径为 R 的带电细圆环，圆心在 Oxy 坐标系的原点 O 上，圆环的电荷线密度为 $\lambda=a\cos\theta$，其中 a 为常量。求圆心处电场强度的 x，y 分量。

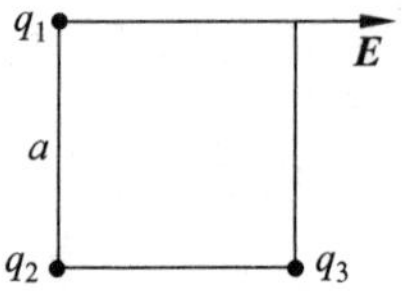

习题 4.2 图

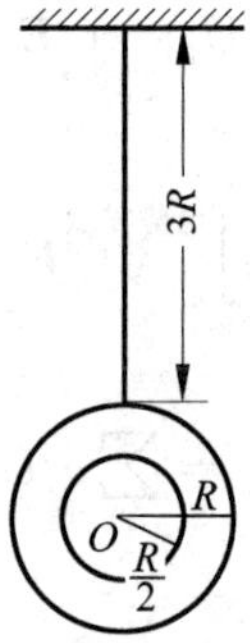

习题 4.3 图

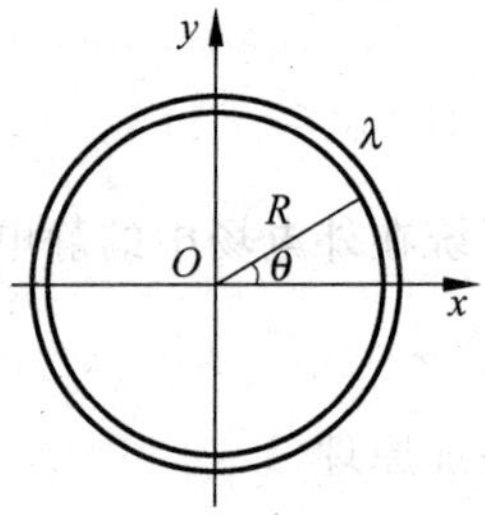

习题 4.4 图

4.5 如图所示,一半径为 R 的细半圆环上均匀分布电荷 $q(>0)$,求环心 O 处的电场。

4.6 一无限大均匀带电平面,电荷面密度为 σ,其上有一个半径为 r 的小圆孔,求孔的轴线上离孔中心 x 远处的电场。

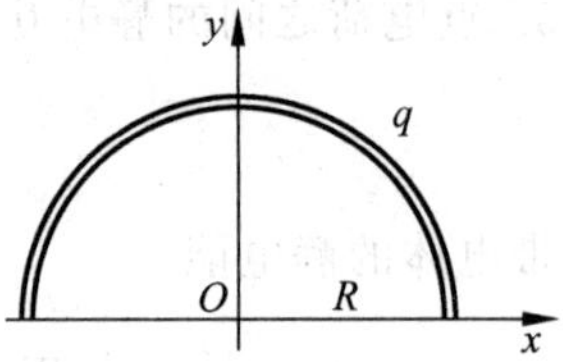

习题 4.5 图

4.7 如图所示,在电荷体密度为 ρ 的均匀带电球体中,存在一个球形空腔。用 $\boldsymbol{a}$ 表示带电体球心 O 指向球形空腔球心 O' 的矢量,证明球形空腔中任一点的电场强度为 $\boldsymbol{E}=\frac{\rho}{3\varepsilon_0}\boldsymbol{a}$。

4.8 若电荷 q 均匀分布在长为 L 的细棒上,证明:(1)在棒的延长线上,与棒中心的距离为 r 处的电场强度的大小为 $E=\frac{1}{\pi\varepsilon_0}\frac{q}{4r^2-L^2}$;(2)在棒的垂直平分线上,与棒中心的距离为 r 处的电场强度的大小为 $E=\frac{1}{2\pi\varepsilon_0}\frac{q}{r\sqrt{4r^2+L^2}}$。

4.9 如图所示,一均匀带电半球面,半径为 R,电荷面密度为 σ。求球心处电场的大小。

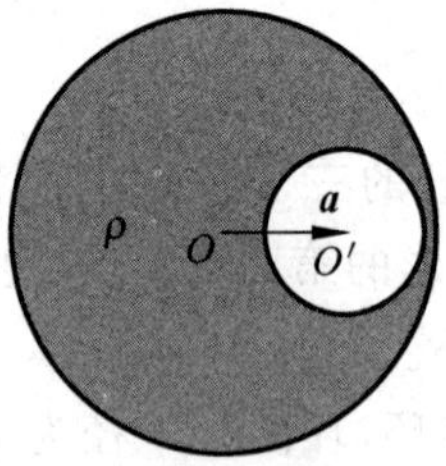

习题 4.7 图

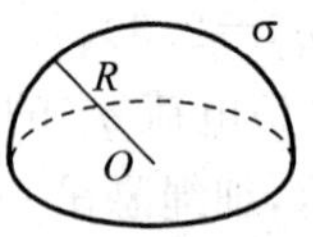

习题 4.9 图

4.10 在 HCl 分子中,氯核与质子(氢核)的距离为 $l_0=0.128\text{nm}(1\text{nm}=10^{-9}\text{m})$。如图所示,假设氢原子的电子完全转移到氯原子上,并与氯原子中的电子构成一球对称的负电荷分布,而且中心就在氯核上。按此模型 HCl 分子的电偶极矩有多大?实验测得 HCl 分子的电偶极矩为 $3.4\times10^{-30}\text{C}\cdot\text{m}$,HCl 分子中的负电荷分布的"重心"应在何处?已知氯核的电量为 $17e$。

4.11　如图所示，匀速运动点电荷 q 以速率 $v(\ll c)$ 向 O 点运动，以 O 点为圆心，在垂直于电荷运动方向上作一个半径为 R 的圆，设点电荷 q 与 O 点的距离为 x，求通过圆平面的电通量。

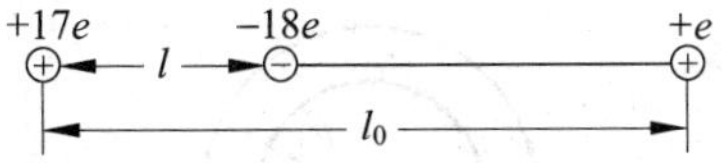

习题 4.10 图

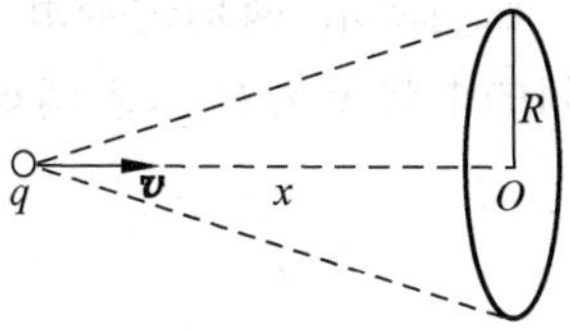

习题 4.11 图

4.12　如图所示，边长为 a 的立方体的表面分别平行于 xy、yz 和 zx 平面，坐标原点 O 取在立方体的一个顶点上。现将立方体置于电场强度为 $\boldsymbol{E}=(E_1+kx)\boldsymbol{i}+E_2\boldsymbol{j}$ 的非均匀电场中，求电场通过立方体各表面和通过整个立方体表面的电通量。

4.13　求非均匀带电球体的电场。球体半径为 R，电荷体密度为 $\rho=A/r$，其中 A 为常量。

4.14　大气电场的方向垂直于地面向下，某地晴天地面上方 100m 高处的电场强度为 $E_1=150\mathrm{N\cdot C^{-1}}$，升高到 300m 处降为 $E_2=100\mathrm{N\cdot C^{-1}}$。求这两个高度间大气中的平均电荷体密度。

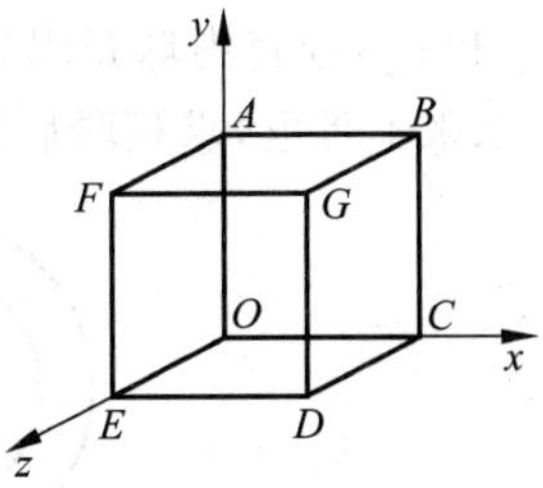

习题 4.12 图

4.15　如图所示，在 xy 平面上有与 y 轴平行，位于 $x=\pm a/2$ 处的两条无限长平行的均匀带电细线，电荷线密度为 $\pm\lambda$。求 z 轴上的电场强度。

4.16　如图所示，两个带有等量异号电荷的无限长同轴圆柱面，半径分别为 R_1 和 $R_2(R_2>R_1)$，单位长度上的电量分别为 $\pm\lambda$。求与轴线距离为 r 处的电场：(1) $r<R_1$，(2) $R_1<r<R_2$，(3) $r>R_2$。

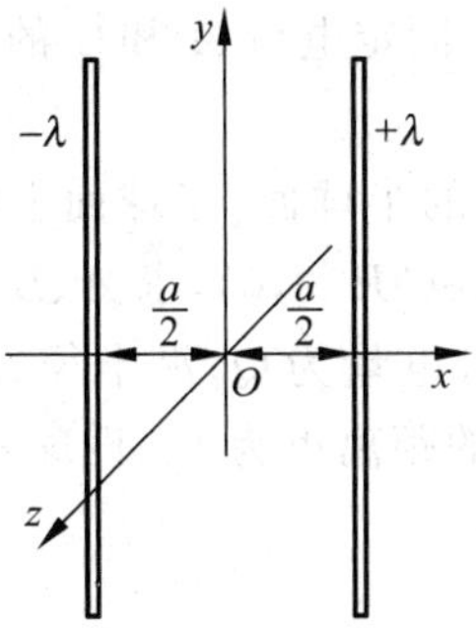

习题 4.15 图

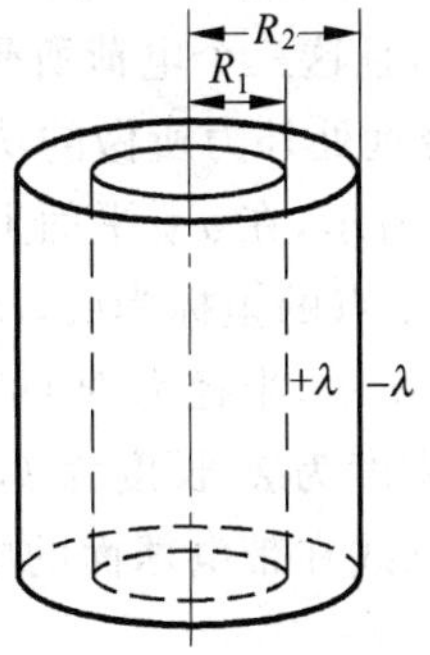

习题 4.16 图

4.17　按玻尔的氢原子模型，处于基态的电子沿半径为 0.53×10^{-10}m(玻尔半径)的圆周轨道围绕原子核旋转。(1)把这种电子从氢原子中拉出来需要克服电场力做多少功？(2)基态氢原子中电子的能量是多少？

4.18　把圆柱体的轴线选为电势零点，求无限长均匀带电圆柱体的电势。带电圆柱体

的半径为 R,单位长度上的电量为 λ,电荷在圆柱体内均匀分布。

4.19 如图所示,点电荷 $q=10^{-9}$C,在同一直线上的 A、B 和 C 三点与 q 的距离分别为 10cm、20cm 和 30cm。若选 B 为电势零点,求 A、C 两点的电势。

4.20 如图所示,两均匀带电薄球壳同心放置,半径分别为 R_1 和 $R_2(R_2>R_1)$,已知内外球壳间的电势差为 U_{12},求两球壳间的电场。

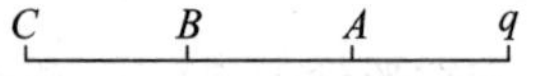

习题 4.19 图

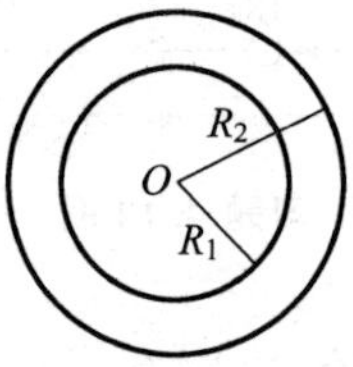

习题 4.20 图

4.21 如图所示,半径分别为 R_1 和 $R_2(R_2>R_1)$的两个同心导体薄球壳,分别带有电荷 q_1 和 q_2,今将内球壳用导线与很远处的半径为 r 的导体球相联,导线与外球壳绝缘,导体球原来不带电,求相联后导体球所带电荷。

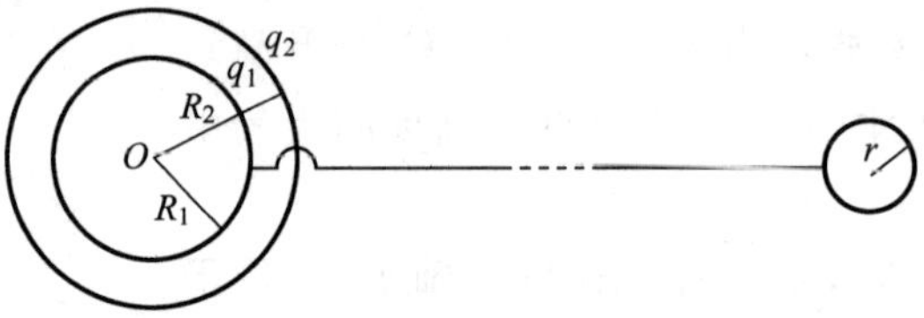

习题 4.21 图

4.22 有两个很长的同轴圆柱面($R_1=3.0\times10^{-2}$m,$R_2=0.10$m),带有等量的异号电荷,两者的电势差为 450V。求:(1)圆柱面单位长度上带有多少电荷?(2)两圆柱面之间的电场强度。

4.23 如图所示,点电荷 A、B 和 C 沿一条直线等间距分布,间距为 d,已知电荷 A 和 C 的电量都为 Q,且这三个电荷所受合力均为零,求在固定电荷 A 和 C 的情况下,把电荷 B 从 O 点移到无穷远处外力所做的功。

4.24 如图所示,在 xy 平面上倒扣着半径为 R 的半球面,半球面上电荷均匀分布,电荷面密度为 σ。A 点的坐标为$(0,R/2)$,B 点的坐标为$(3R/2,0)$,求 A、B 间的电势差。

4.25 如图所示,半径为 R 的均匀带电球面所带电量为 Q,沿半径方向上有一均匀带电细线,电荷线密度为 λ,长度为 l,细线近端离球心的距离也为 l。设球和细线上的电荷分布固定,求带电细线在带电球面的电场中的静电势能。

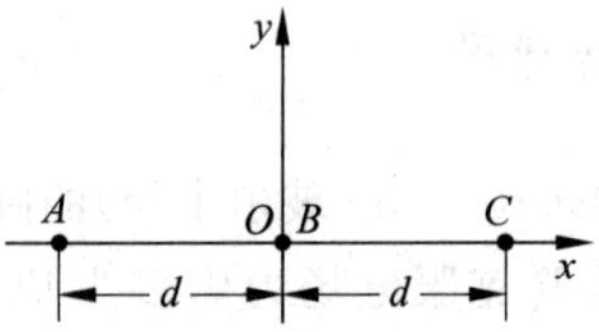

习题 4.23 图

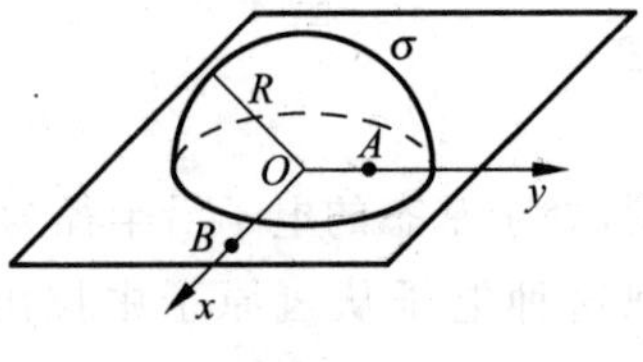

习题 4.24 图

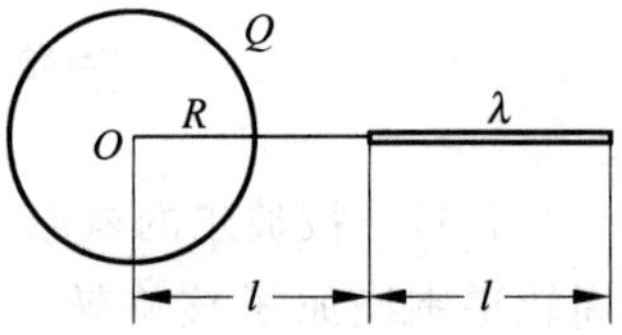

习题 4.25 图

4.26　一均匀带电的薄导体环，电荷面密度为 $\sigma(\sigma>0)$，其内外半径分别为 R_1 和 R_2。(1)计算通过环心垂直于环面的轴线上的电势；(2)有一质子沿轴线从无穷远处射向圆环，若能穿过圆环，质子的初速度至少应为多大？

4.27　在 xy 平面上，各点的电势满足下式

$$U=\frac{ax}{x^2+y^2}+\frac{b}{(x^2+y^2)^{1/2}}$$

式中，x 和 y 为任一点的坐标，a 和 b 均为常量。求任一点的电场强度的两个分量 E_x 和 E_y。

4.28　如图所示，一长度为 l，电量为 q 的均匀带电细棒，求 z 轴上的一点 $P(0,a)$ 的电势及电场强度的 z 轴分量(要求由电势求场强)。

4.29　证明：在没有电荷的空间点，电势不存在极值。

4.30　在绘制等势面时约定，任意两个相邻等势面之间的电势差都相等。按 $E_l=-\partial U/\partial l$ 证明：等势面密集的地方场强大，等势面稀疏的地方场强小。

4.31　如图所示，三个质量同为 m、电量同为 q 的带电小球 1、2、3，用长度同为 a 的轻绝缘细线连成等边三角形，静止地放在光滑水平面上。(1)这三个带电小球的静电相互作用能为多少？(2)把球 1、2 间的连线剪断后，三个球将开始运动，球 3 在运动过程中相对其初始位置的最大位移和最大速度为多少？

4.32　如图所示，一维晶体由 $N(N\gg1)$ 个交替排列的正负离子组成，这些离子的电量的大小都是 e，相邻间隔都是 a。把无穷远处选为电势零点，并利用 $\ln(1+x)$ 的展开式，求：(1)离子所在处的电势；(2)离子与其他离子之间的静电相互作用能；(3)这 N 个离子的静电相互作用能。

4.33　地球表面上空晴天时的电场强度约为 $100\text{V}\cdot\text{m}^{-1}$。(1)此电场的能量密度为多大？(2)假设距离地球表面高度为 10km 范围内的电场强度都是这一数值，那么在此范围内所储存的电场能共是多少 kW·h？

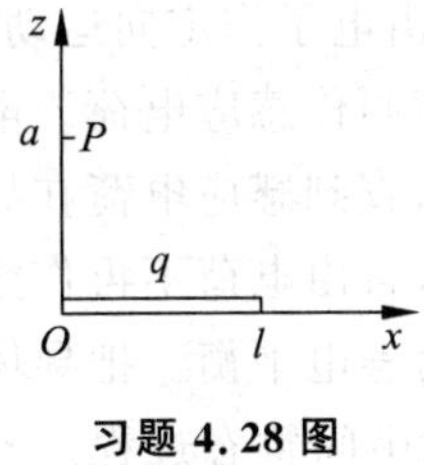

习题 4.28 图

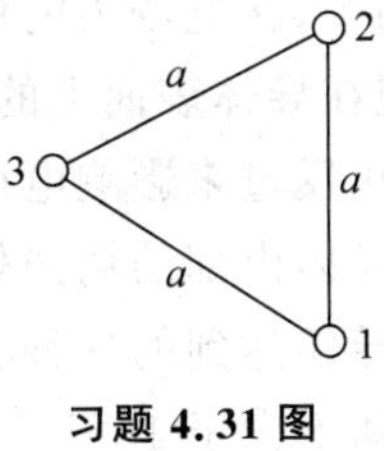

习题 4.31 图

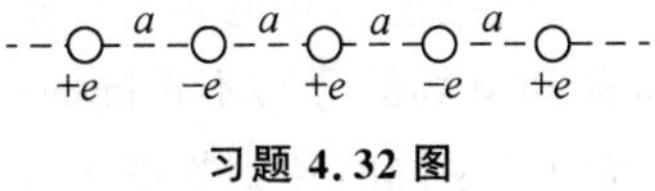

习题 4.32 图

4.34　铀 235 原子核可当成半径为 $R=9.2\times10^{-15}$ m 的球体，它有 92 个质子，每个质子的电荷为 $e=1.6\times10^{-19}$C，假设这些电荷均匀分布在原子核球体内。求：(1)一个铀 235 原子核的静电能；(2)一个铀 235 原子核分裂成两个相同的均匀带电球体并相距很远时所释放的能量；(3)1kg 铀 235 按上述方式裂变所释放的能量。

4.35　从静电能出发求均匀带电球面单位面积的受力。球面的电荷面密度为 σ。

4.36　用电势概念证明：电偶极矩为 $\boldsymbol{p}$ 的电偶极子在匀强电场 $\boldsymbol{E}$ 中的静电势能为

$$W_e=-\boldsymbol{p}\cdot\boldsymbol{E}$$

第5章 静电场中的导体和电介质

导电性能好的物体称为导体，如在常温下铜的电阻率仅为 $0.017\times10^{-6}\,\Omega\cdot m$。导体中存在大量自由电子，在外电场的作用下作定向运动，因此导体容易导电。电介质也叫绝缘体，是指导电性能极差的物体，这些物体的电阻率高达 $10^{8}\sim10^{20}\,\Omega\cdot m$，其中的电子被束缚在原子核周围，在外电场的作用下电子只能在分子范围内运动，因此电介质不易导电。由于微观电结构不同，导体和电介质与电场之间的相互影响情况有明显的差别。有些电介质中存在少量的自由电荷，如空气和大地可以看成是导电(漏电)的电介质。

本章讲电场中导体的静电平衡和电介质的极化，以及有电介质时的高斯定理和电场的能量特征。

5.1 静电场中的导体和静电屏蔽

5.1.1 导体的静电平衡

我们仅限于讨论金属导体。金属原子的最外层电子(价电子)受原子核的束缚很弱，大量的价电子像气体一样可以在金属中自由运动。在没有外电场时，这些自由电子只作无序热运动，而无宏观定向运动。由于金属表面层对电子的束缚，电子一般不能脱离金属。

把带电或不带电的导体放进外静电场中，在电场力的作用下自由电子作定向运动，导体上的电荷重新分布，这称为静电感应，出现在导体表面上的正负电荷叫作感应电荷。电荷的重新分布使得电场发生变化，而电场的变化反过来影响电荷的分布，直到感应电荷在导体内部所产生的电场与外电场严格抵消，使得导体内部的场强处处为零，自由电荷不再作定向运动，电荷和电场的分布不再随时间变化。导体达到的这种状态，称为静电平衡。把导体放进静电场中几乎同时达到静电平衡，所经时间不大于 10^{-9} s，不必考虑中间暂态过程。若不作声明，本章提到的导体均指达到了静电平衡。

导体达到静电平衡的条件是：导体内部的场强处处为零。即

$$\boldsymbol{E}_{内}=0\quad(静电平衡条件)$$

若导体内部某处场强不为零，该处的自由电荷就要作定向运动，就不是静电平衡。有时把 $\boldsymbol{E}_{内}=0$ 形象地说成：电场线不能进入静电平衡导体内部。

在静电平衡导体内部或表面上任取 a、b 两点，计算 a、b 之间的电势差。由于积分与路径无关，把积分路径取在导体内部，因 $\boldsymbol{E}_{内}=0$，故

$$U_a-U_b=\int_a^b\boldsymbol{E}_{内}\cdot d\boldsymbol{l}=0$$

这表明：静电平衡导体是等势体，其表面是等势面，导体表面外紧邻表面处的场强与导体表面垂直。

地面附近的静电场强约为 $100V \cdot m^{-1}$，但站在地面上没有触电的感觉，就是因为我们作为静电平衡导体而成为等势体的缘故。

5.1.2　静电平衡导体上的电荷分布

静电平衡导体的内部不存在电荷，所有电荷只能以面电荷的形式分布在导体表面上。这里所说的电荷是指宏观电荷，即宏观小体积内所有微观粒子所带电量的代数和。下面分实心导体和导体空腔两种情况讨论。

(1) 实心导体

图 5.1.1 表示一个达到静电平衡的实心导体，导体外部可能还有其他带电体，图中没画出。在导体内部任取一点 P，包围 P 点作一很小的闭合面 S，因导体内部场强为零，故 S 面上各点场强为零，通过 S 面的电通量为零，由高斯定理可知 S 面所包围的电荷为零。因 P 点任取，故导体内部不存在电荷。

但若把 P 点取在导体表面上，闭合面 S 再小也总有一部分露出导体，而导体外部的场强可以不为零，通过 S 面的电通量可以不为零，因此电荷只能分布在导体表面上。

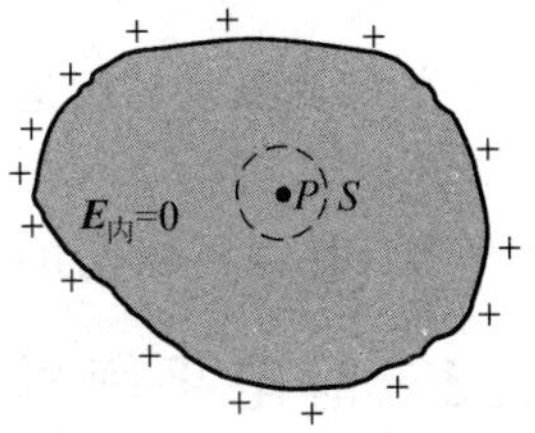

图 5.1.1　静电平衡实心导体

(2) 导体空腔

图 5.1.2 表示两个达到静电平衡的导体空腔，空腔外部可能还有其他带电体，图中没画出。若腔内有带电体(图(a))，设带电体所带电量为 q，则空腔内表面必有与带电体的电荷等量、反号的感应电荷 $-q$，其余电荷则分布在空腔外表面上，腔内电场只由 q 和 $-q$ 的分布决定，不受腔外电荷电场的影响。若腔内无带电体(图(b))，则空腔内表面没有电荷，腔内电场处处为零，不受腔外电荷电场的影响，电荷只能分布在空腔外表面上。

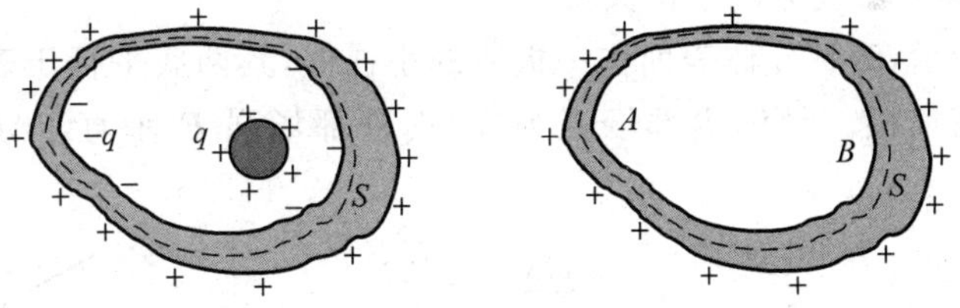

(a) 腔内有带电体　　(b) 腔内无带电体

图 5.1.2　静电平衡导体空腔

为证明上述结论，在空腔的内外表面之间作一闭合面 S，因导体内部场强为零，故通过 S 面的电通量为零，按高斯定理，S 面所包围的电荷的代数和必为零。腔内有带电体时(图(a))，空腔内表面必有与带电体的电荷等量、反号的感应电荷。腔内无带电体时(图(b))，空腔内表面不可能有电荷，否则为使电荷的代数和为零，空腔内表面某些部分 A 带正电，某些部分 B 必带负电，而电场线不能进入静电平衡导体内部，从 A 处正电荷发出的电场线只能经空腔内部到达 B 处负电荷，因此 A、B 之间有电势差，这违背静电平衡导体的等电势性。

腔内无带电体时导体空腔的内表面不带电，这是高斯定理的结论，而高斯定理来源于库仑力的距离平方反比关系,因此通过检测静电平衡导体空腔内表面是否带电,可以验证平方反比律。

早在库仑定律发表(1785年)之前的1773年,如图5.1.3所示,卡文迪什用两个金属半球壳包围一个金属球,用导线把它们连接起来,让它们带电后再去掉导线,打开两个半球壳后用木髓球验电器检验内部的金属球是否带电,发现金属球不带电,电荷全部分布在外球壳上。卡文迪什把这个实验重复多次,确定了电力服从距离平方反比律。

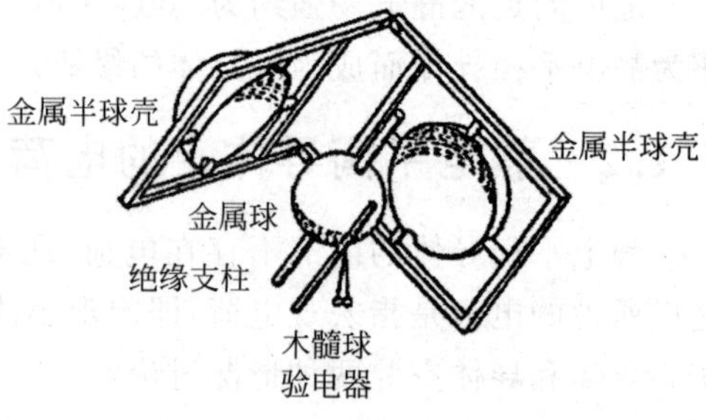

图 5.1.3 卡文迪什的实验装置

进一步分析表明,电力服从距离平方反比律与光子的静止质量等于零有密切关系,而现有的物理理论均以光子静质量等于零为前提,若指数与2出现偏差将会给物理学带来一系列原则性问题。把库仑力表示为

$$f \propto \frac{1}{r^{2\pm\delta}}$$

1971年的实验测量精度达到

$$\delta < 2.7\times10^{-16}$$

距离平方反比律精确成立。

5.1.3 静电平衡导体表面外紧邻表面处的场强

静电平衡导体表面外紧邻表面处的场强 $\boldsymbol{E}$ 的大小,与该处电荷面密度 σ 成正比,方向垂直于导体表面,即

$$\boldsymbol{E} = \frac{\sigma}{\varepsilon_0}\hat{\boldsymbol{n}} \tag{5.1.1}$$

其中,$\hat{\boldsymbol{n}}$ 为导体表面外法线方向单位矢量。

如图5.1.4所示,跨越导体表面作一极薄的小柱体,其两底平行于表面,面积都是 ΔS,以柱体的表面为高斯面。导体内部场强为零,而外部场强 $\boldsymbol{E}$ 垂直于导体表面,按高斯定理,有

$$E\Delta S = \frac{\sigma\Delta S}{\varepsilon_0}$$

可得 $E=\sigma/\varepsilon_0$,写成矢量形式即式(5.1.1)。

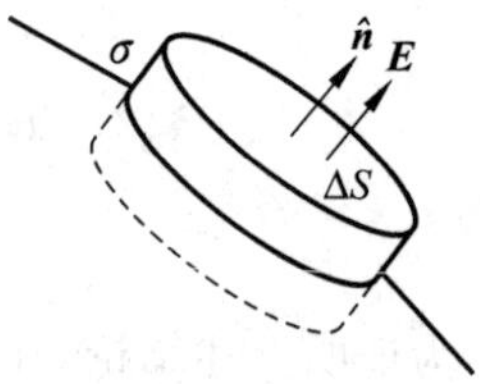

图 5.1.4 场强和电荷面密度

式(5.1.1)成立的条件是导体达到静电平衡,虽然式中只出现 P 点附近的 σ,但场强 $\boldsymbol{E}$ 是由导体表面的全部电荷,以及导体之外全部带电体的电荷共同产生。

例 5.1.1 求静电平衡带电导体表面单位面积的受力。导体表面的电荷面密度为 σ。

解 静电平衡导体内部的场强处处为零,电荷分布在导体表面上,表面外紧邻表面处的场强垂直于导体表面,表面单位面积电荷的受力为

$$f = \frac{\sigma^2}{2\varepsilon_0}$$

方向与 σ 的符号无关，总是垂直于表面向外。计算过程与例 4.3.5 相同，设想把一电荷面密度为 $-\sigma$ 的小面元 ΔS 贴在导体表面上，这相当于在导体表面挖一个小洞，求出小洞内的场强，就得到表面单位面积的受力。

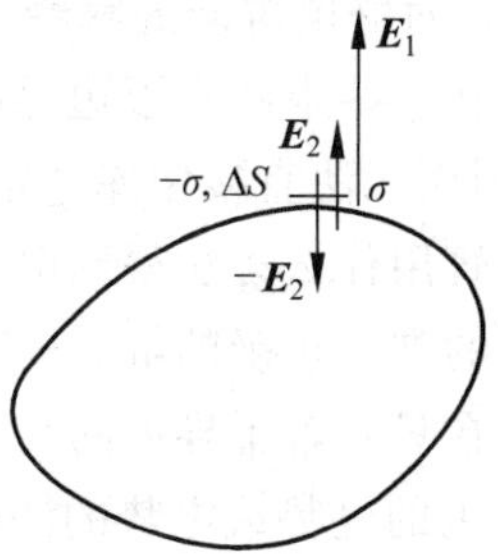

图 5.1.5　例 5.1.1 图

实验表明：在通常情况下孤立带电导体表面曲率大（凸出而尖锐）的地方电荷面密度大，曲率小（平坦）的地方电荷面密度小，曲率为负（凹进去）的地方电荷面密度更小。但这不是绝对的，电荷面密度并不是曲率这一单一变量的函数。

图 5.1.6(a)表示一个有尖端的孤立带电导体，由于尖端处电荷密度大，附近的电场强，当超过空气的击穿场强时空气被电离，形成正负离子流，这种现象叫尖端放电。为避免尖端放电，高压电器设备上的电极通常都作成球状。2006 年 4 月 8 日，飞机在武汉天河机场降落时遭雷击，起落架周边发生尖端放电，但飞机安全降落，百余名乘客无恙，图 5.1.6(b)是当时的照片。

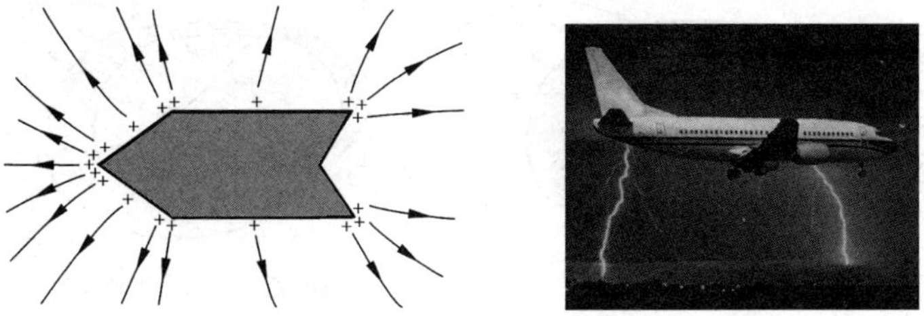

(a)　　(b)

图 5.1.6　尖端放电现象

尖端放电也可以利用，避雷针就是通过与带电的雷雨云发生尖端放电，把强大的雷击电流通过接地线引入大地来保护建筑物和电器设备不受损坏。

5.1.4　静电屏蔽

导体空腔（不论是否接地）内部的电场不受腔外电荷电场的影响，接地导体空腔外部的电场不受腔内电荷电场的影响，这一现象称为静电屏蔽。

静电屏蔽不是说腔外（内）电荷在腔内（外）不产生电场，而是说不论是否接地，当达到静电平衡时，腔外电荷在腔内的电场恰好被空腔外表面上的感应电荷的电场抵消，腔内电荷在腔外的电场恰好被空腔内表面上的感应电荷的电场抵消。

通常用金属丝织成的接地网罩屏蔽一些精密的电磁仪器，使它们不受外界电场的影响。为了不让高压电器设备影响外界，也用接地金属网罩把它们屏蔽起来。排除或抑制高频电磁干扰的措施，称为电磁屏蔽。从原理上说，电磁屏蔽与静电屏蔽有相似之处。

用“电场线不能进入静电平衡导体内部”可以定性地解释静电屏蔽现象，但严格解释要用到静电场的唯一性定理。

* **对静电屏蔽的解释**

在一些求解有限边界区域内电场的问题中,往往不知道或很难确定区域之外的电荷分布,因而无法直接用库仑定律和电场叠加原理来计算。按静电场的唯一性定理,在这种情况下不管用什么方法得到电场分布的一个尝试解,只要这个解满足一定的边界条件,它就是该问题的唯一正确的解。

在只有若干导体的简单情况下,静电场的唯一性定理可表述为:若已知区域 V 的边界面 S 上的电势或电势的法向变化率,或已知 S 面上部分区域的电势和其余部分的电势的法向变化率,则只要给定下述三个边界条件之一,区域 V 内的电场分布就被唯一确定,这三个条件是(Ⅰ)给定 V 内各导体的电量,(Ⅱ)给定 V 内各导体的电势,(Ⅲ)给定 V 内一些导体的电量和其余导体的电势。

静电唯一性定理的证明属于电动力学的内容,这里只是用它来解释静电屏蔽等现象。

图 5.1.7 表示两个静电平衡导体空腔,图(a)不接地,图(b)接地。在空腔的内外表面之间作一闭合面 S,把整个空间分成内外两个区域。因导体内部场强处处为零,故 S 上的电势的法向变化率等于零,满足静电唯一性定理对边界面的要求。

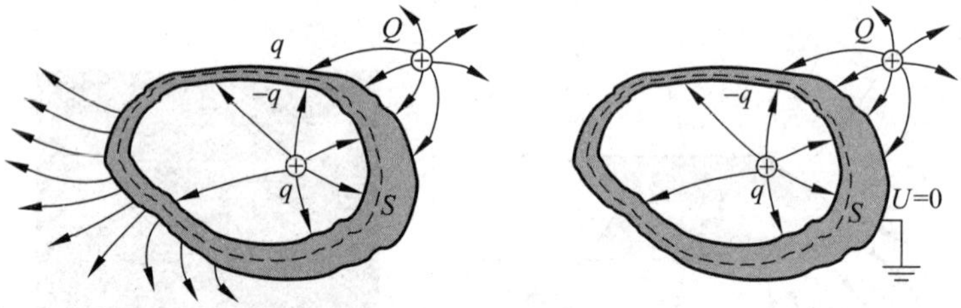

(a) 腔内不受腔外影响 (b) 腔外不受腔内影响

图 5.1.7 静电屏蔽

先解释腔内不受腔外影响。如图 5.1.7(a)所示,S 面内有两个导体,一个导体的电量为 q,另一导体是空腔的内表面,电量为感应电荷 $-q$,由于给定了各导体的电量,腔内区域满足边界条件(Ⅰ),而且这一边界条件不受腔外影响(腔外电荷电场发生变化后几乎同时达到静电平衡)。按静电唯一性定理,腔内电场分布被唯一确定,不受腔外电荷电场的影响。

再解释腔外不受腔内影响。如图 5.1.7(b)所示,S 面外也有两个导体,一个导体的电量为 Q,另一导体是空腔的外表面,它被接地,电势为 $U=0$,腔外区域满足边界条件(Ⅲ),而且这一边界条件不受腔内影响(腔内电荷电场发生变化后几乎同时达到静电平衡),因此腔外电场分布也被唯一确定,不受腔内电荷电场的影响。

为什么把导体空腔接地?若不接地,腔外满足的是边界条件(Ⅰ),当腔内电荷 q 的电量发生变化时,空腔外表面上的感应电荷随之变化,将改变腔外边界条件,影响腔外电场。接地后腔外满足的是边界条件(Ⅲ),这时无论 q 的电量如何变化,$U=0$ 都不变,不影响腔外电场。

例 5.1.2 如图 5.1.8 所示,A 是一个有两个球形空腔的导体球,两空腔中心的距离为 a,并分别放置点电荷 q_1 和 q_2,在 q_1 和 q_2 连线的延长线上放另一点电荷 q_3,它到 q_2 的距离为 b,设 A 整体上所带电量为 Q,并且 q_1、q_2 和 q_3 都是正电荷,系统达到静电平衡。

(1) 没有电荷 q_3 时,A 的三个表面上的电荷如何分布?放入 q_3 呢?

(2) 求 q_1 对 q_2 的力,q_1 对 q_3 的力;

(3) 求空腔 2 表面上的电荷和 A 的外表面上的电荷对 q_1 的力；

(4) 移动 q_1 使之偏离空腔中心，是否影响 A 的三个表面上的电荷分布以及 A 外的电场和电势？改变 q_1 的电量呢？

解　(1) 没有电荷 q_3 时，空腔 1、2 的表面和 A 的外表面上的电荷分布都是均匀的，电量分别为 $-q_1$、$-q_2$ 和 q_1+q_2+Q；放入 q_3 后，不影响两空腔表面上的电荷分布，但 A 的外表面上的电荷分布变得不均匀。

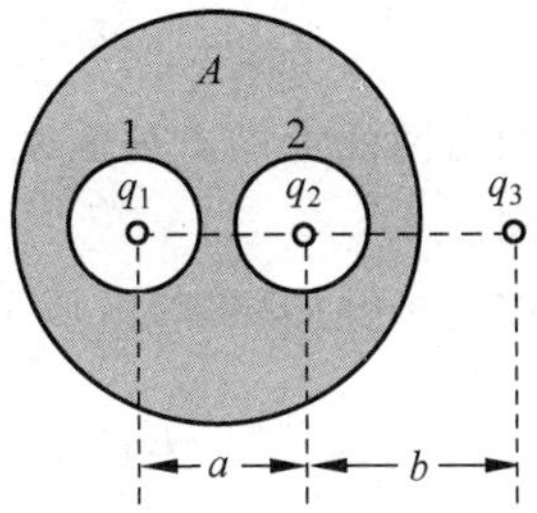

图 5.1.8　例 5.1.2 图

(2) 按库仑定律，q_1 对 q_2 的力和 q_1 对 q_3 的力的大小分别为

$$\frac{q_1q_2}{4\pi\varepsilon_0 a^2},\frac{q_1q_3}{4\pi\varepsilon_0 (a+b)^2}$$

方向都向右。

(3) 空腔 2 表面上的电荷对 q_1 的力，等于 q_2 对 q_1 的力的负值，其大小为

$$\frac{q_1q_2}{4\pi\varepsilon_0 a^2}$$

方向向右；A 的外表面上的电荷对 q_1 的力，等于 q_3 对 q_1 的力的负值，其大小为

$$\frac{q_1q_3}{4\pi\varepsilon_0 (a+b)^2}$$

方向也向右。

(4) 若 q_1 偏离空腔中心，空腔 1 表面上的电荷不再均匀分布，但不影响空腔 2 表面和 A 的外表面上的电荷分布，也不影响导体外的电场和电势。若改变 q_1 的电量，空腔 1 表面上的电量随之变化，但不影响空腔 2 表面上的电荷分布；由于没接地，改变 q_1 的电量使 A 外表面上的电量发生变化，因而影响 A 外的电场和电势。

5.1.5　有导体时静电学问题举例

求解此类问题，通常要用到电荷守恒、静电平衡、静电屏蔽、高斯定理和接地条件等。

例 5.1.3　如图 5.1.9(a)所示，真空中有两个平行导体板 A 和 B，板间距离远小于板的线度，板的面积均为 S，其中 A 板带电量 q，B 板不带电，忽略边缘效应。求：(1)达到静电平衡后两板上的电荷分布和区域①②③内的电场；(2)如图 5.1.9(b)所示，将 B 板用导线接地，两板上的电荷分布如何变化？(3)拆去 B 板的接地线，两板上的电荷分布是否发生变化？

解　电荷分布在两板的表面上，可看成四个无限大均匀带电平面。用 σ_1、σ_2、σ_3 和 σ_4 分别代表这四个面上的电荷面密度，把垂直于板面向右取为正方向。

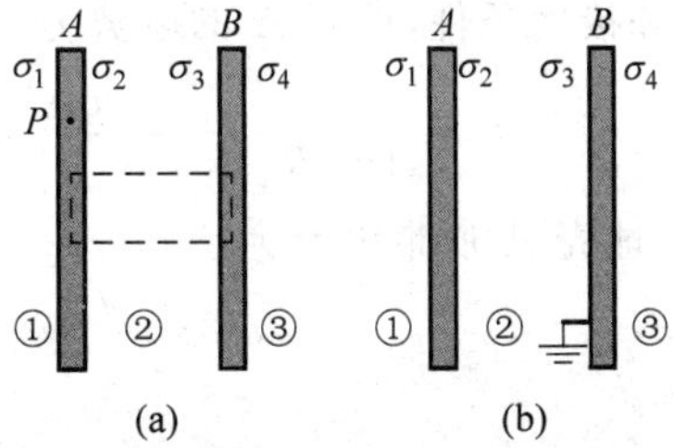

图 5.1.9　例 5.1.3 图

(1) 如图 5.1.9(a)所示，按高斯定理，有

$$\sigma_2+\sigma_3=0$$

由静电平衡可知，A 板内 P 点场强为零，即

$$\frac{\sigma_1}{2\varepsilon_0}-\frac{\sigma_2}{2\varepsilon_0}-\frac{\sigma_3}{2\varepsilon_0}-\frac{\sigma_4}{2\varepsilon_0}=0$$

因 A 板带电量 q，B 板不带电，按电荷守恒，有

$$\sigma_1+\sigma_2=\frac{q}{S}(A\text{ 板}),\quad \sigma_3+\sigma_4=0(B\text{ 板})$$

由以上四式,可得

$$\sigma_1=\frac{q}{2S},\quad \sigma_2=\frac{q}{2S},\quad \sigma_3=-\frac{q}{2S},\quad \sigma_4=\frac{q}{2S}$$

两板相对两面上的电荷面密度大小相等、符号相反,相背两面上的电荷面密度大小相等、符号相同。

按电场叠加原理,区域①、②和③内的电场分别为

$$E_1=\frac{-\sigma_1-\sigma_2-\sigma_3-\sigma_4}{2\varepsilon_0}=\frac{-\sigma_1-\sigma_4}{2\varepsilon_0}=-\frac{q}{2\varepsilon_0 S}$$

$$E_2=\frac{\sigma_1+\sigma_2-\sigma_3-\sigma_4}{2\varepsilon_0}=\frac{\sigma_2-\sigma_3}{2\varepsilon_0}=\frac{q}{2\varepsilon_0 S}$$

$$E_3=\frac{\sigma_1+\sigma_2+\sigma_3+\sigma_4}{2\varepsilon_0}=\frac{\sigma_1+\sigma_4}{2\varepsilon_0}=\frac{q}{2\varepsilon_0 S}$$

(2) 如图 5.1.9(b)所示,接地使 B 板的电势等于零,即

$$U_B=U_\infty=0$$

这要求 B 板右侧③区内的电场 $E_3=0$,否则将有电场线自 B 板发至无穷远,与接地条件矛盾。接地不改变 $\sigma_2+\sigma_3=0$ 和 $\sigma_1=\sigma_4$,因此

$$E_3=\frac{\sigma_1+\sigma_2+\sigma_3+\sigma_4}{2\varepsilon_0}=\frac{\sigma_4}{\varepsilon_0}=0,\quad \sigma_4=0$$

将 B 板用导线接地后,两板上的电荷分布为

$$\sigma_1=0,\quad \sigma_2=\frac{q}{S},\quad \sigma_3=-\frac{q}{S},\quad \sigma_4=0$$

(3) 拆去 B 板的接地线,基本上不改变两板上的电荷分布,理由是接地导线的表面电荷很少,所产生的电场可以忽略。

例 5.1.4 如图 5.1.10 所示,半径为 R_1 的接地导体薄球壳 A 与另一有一定厚度的导体球壳 B 同心放置,球壳 B 的内外半径分别为 R_2 和 R_3,所带电量为 q,且离地面很远。求达到静电平衡后球壳 A 所带电量。

解 设球壳 A 所带电量为 q',由电荷守恒、静电平衡和高斯定理可知,球壳 B 的内外表面上的电量分别为 $-q'$ 和 $q+q'$,由于球壳 B 离地面很远,可以认为其外表面上的电荷均匀分布,系统可看成由三个均匀带电的同心球面组成。按电势叠加原理和接地条件,球壳 A 的电势为

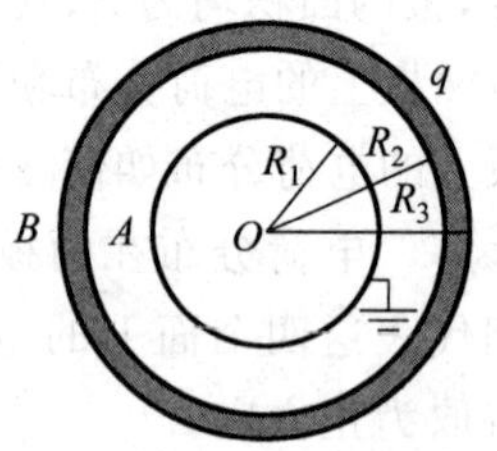

图 5.1.10 例 5.1.4 图

$$U=\frac{q'}{4\pi\varepsilon_0 R_1}+\frac{-q'}{4\pi\varepsilon_0 R_2}+\frac{q+q'}{4\pi\varepsilon_0 R_3}=0$$

因此,球壳 A 所带电量为

$$q'=-\frac{q}{1+R_3\left(\dfrac{1}{R_1}-\dfrac{1}{R_2}\right)}$$

它与球壳 B 的电量 q 反号,数值小于 q。

此例说明：接地可能改变原来的电荷分布，但接地只是使电势等于零，并不意味着接地的导体表面上的电荷一定等于零。

*** 电像法**

这是求解某些具有特殊对称性电场问题的一种简便方法，基本思想是用“像电荷”替代导体表面上的感应电荷，来模拟所考察区域的边界条件。按静电场的唯一性定理，替代后所考察区域内电场分布的解就是原来问题的唯一正确解。

例 5.1.5　如图 5.1.11(a)所示，一点电荷 q 放在一无限大接地导体平板上方高度为 h 处，求板面上与 q 的距离为 R 的 P 点附近的感生电荷面密度。

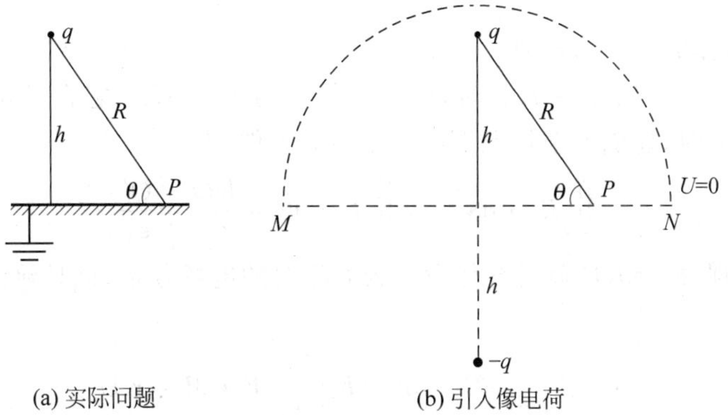

图 5.1.11　例 5.1.5 图

解　导体板上方区域满足边界条件(Ⅰ)：点电荷的电量为 q，导体板的表面及上方无穷远边界面的电势为 $U=0$。设想在导体板表面正下方距离为 h 处放一个电量为 $-q$ 的点电荷，如图 5.1.11(b)所示，这时撤去导体板，点电荷 $\pm q$ 连线的中垂面 MN(即原来导体板的表面)上的电势等于 0，点电荷 $-q$ 的引入等效地替代了导体板表面上的感应电荷，模拟了导体板上方区域原来的边界条件，因此 $\pm q$ 在 MN 上方区域的场，就是待求的场。把导体板的表面看成镜面，$-q$ 称为 q 的“像电荷”。

板面上 P 点的电场等于电荷 q 和像电荷 $-q$ 场的矢量和，即

$$E=-\frac{2q}{4\pi\varepsilon_0 R^2}\sin\theta=-\frac{2q}{4\pi\varepsilon_0 R^2}\frac{h}{R}=-\frac{qh}{2\pi\varepsilon_0 R^3}$$

因达到静电平衡，故 P 点附近的感生电荷面密度为

$$\sigma=\varepsilon_0 E=-\frac{qh}{2\pi R^3}$$

5.2　电容和电容器

5.2.1　孤立导体的电容

若一个导体远离其他导体和带电体，就可以把它看成孤立导体。让一半径为 R 的孤立导体球带电量为 Q，并达到静电平衡，其电势为 $U=Q/(4\pi\varepsilon_0 R)$，则电量与电势的比值为 $Q/U=4\pi\varepsilon_0 R$，它只取决于导体球的大小，说明孤立导体球的电量与电势成正比。

这一结论具有普遍性，在静电平衡情况下，任意形状的孤立导体的电量与电势成正比。

*证明

设在无穷远边界面(电势等于零)所包围的区域 V 内,有一任意形状的孤立导体。按静电唯一性定理,只要给定导体的电量(电量边界条件),V 内的电场分布就被唯一确定。当导体带电量为 Q 时,已知其周围空间的电场为 $\boldsymbol{E}$,则导体的电势为

$$U=\int_{\text{导体}}^{\infty}\boldsymbol{E}\cdot\mathrm{d}\boldsymbol{l}$$

电场 $\boldsymbol{E}$ 满足电量边界条件,即

$$\oiint_S \boldsymbol{E}\cdot\mathrm{d}\boldsymbol{S}=\frac{Q}{\varepsilon_0}$$

其中,S 为包围导体的任一闭合面。

当导体的电量增大到 $Q'=KQ$ 时,假设电场变为 $\boldsymbol{E}'=K\boldsymbol{E}$,它在满足无穷远边界条件(电势等于零)的同时,还满足新情况下的电量边界条件,即

$$\oiint_S \boldsymbol{E}'\cdot\mathrm{d}\boldsymbol{S}=K\oiint_S \boldsymbol{E}\cdot\mathrm{d}\boldsymbol{S}=\frac{KQ}{\varepsilon_0}=\frac{Q'}{\varepsilon_0}$$

按静电唯一性定理,$\boldsymbol{E}'=K\boldsymbol{E}$ 就是导体电量为 KQ 时的电场分布,这时导体的电势也增大到 K 倍,即

$$U'=\int_{\text{导体}}^{\infty}\boldsymbol{E}'\cdot\mathrm{d}\boldsymbol{l}=K\int_{\text{导体}}^{\infty}\boldsymbol{E}\cdot\mathrm{d}\boldsymbol{l}=KU$$

因此,$Q'/U'=Q/U$,即证。

把孤立导体的电容定义为

$$C=\frac{Q}{U} \tag{5.2.1}$$

它只取决于导体的形状和大小,而与导体是否带电或带电多少无关。电容反映导体容纳电荷的能力,其单位是 F(法[拉])。$1\mathrm{F}=1\mathrm{C}\cdot\mathrm{V}^{-1}$。实用上法拉单位太大,常用 μF 和 pF,$1\mu\mathrm{F}=10^{-6}\mathrm{F}$,$1\mathrm{pF}=10^{-12}\mathrm{F}$。

按式(5.2.1),半径为 R 的孤立导体球的电容为

$$C=\frac{Q}{U}=4\pi\varepsilon_0 R$$

把地球看成孤立导体球,其电容仅为

$$C=4\pi\varepsilon_0 R=4\times3.14\times8.85\times10^{-12}\times6.4\times10^{6}\,\mathrm{F}=7.1\times10^{-4}\,\mathrm{F}$$

可见电容为 1F 的球形导体的体积是相当大的。孤立导体的电容通常都很小,不能满足使用上的要求。

5.2.2 电容器的电容

图 5.2.1 表示导体 A 被导体壳 B 包围所形成的空腔,让 A 带电量为 Q,并达到静电平衡,则 A 的外表面和 B 的内表面分别带 $\pm Q$ 电量,用 $U=U_A-U_B$ 代表它们之间的电势差(电压),由于静电屏蔽,即使腔外存在其他导体和带电体,也不会影响 Q 与 U 的比值。

我们把导体 A 的外表面与导体壳 B 的内表面之间的空腔,称为电容器,其电容定义为

$$C=\frac{Q}{U}$$

导体 A 和 B 称为电容器的极板。

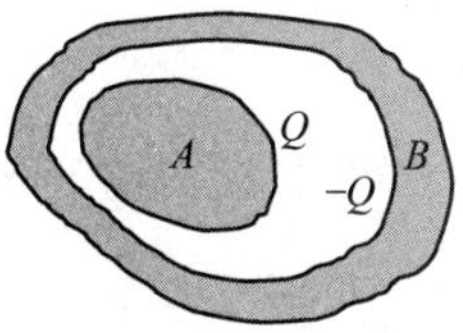

图 5.2.1　电容器

电容器的电容只取决于两极板相对表面的形状、大小和间距，以及极板间所填充的电介质的介电常量（见 5.3 节），与极板是否带电或带电多少无关。

实际上，任意相对位置的导体之间都存在电容，但这种电容除了易受外界影响之外，在体积不大的前提下很难获得较大电容值。电路中两根导线或两个焊点之间的电容叫作"潜布电容"，在电路设计中要尽量减小这种电容的影响。

图 5.2.2 表示三种常用电容器，其中图(a)是平行板电容器，极板 A、B 是两个面积为 S 的平行导体平板，板间距离 d 远小于板的线度，可忽略边缘效应。让 A、B 的相对表面分别带 $\pm Q$ 电荷，板间场强为 $E=Q/(\varepsilon_0 S)$，因此平行板电容器的电容为

$$C=\frac{Q}{U}=\frac{Q}{Ed}=\frac{\varepsilon_0 S}{d}$$

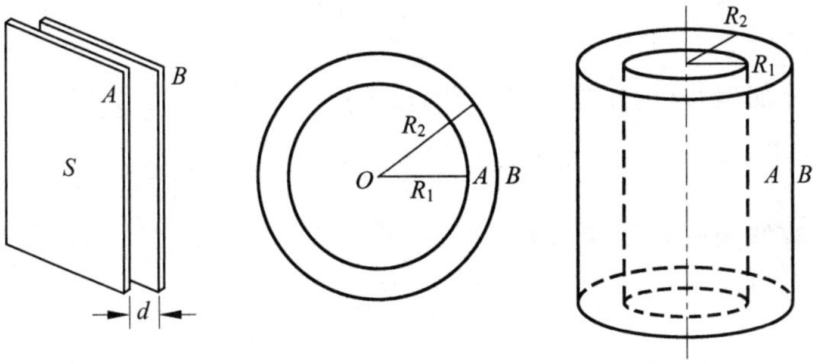

(a) 平行板电容器　(b) 球形电容器　(c) 圆柱形电容器

图 5.2.2　三种常用电容器

图 5.2.2(b)是球形电容器，极板 A、B 是两个半径分别为 R_1 和 R_2 的同心导体薄球壳。让 A、B 的相对表面分别带 $\pm Q$ 电荷，球壳间的电压为

$$U=U_A-U_B=\left(\frac{Q}{4\pi\varepsilon_0 R_1}-\frac{Q}{4\pi\varepsilon_0 R_2}\right)=\frac{Q}{4\pi\varepsilon_0}\left(\frac{1}{R_1}-\frac{1}{R_2}\right)$$

因此，球形电容器的电容为

$$C=\frac{Q}{U}=\frac{4\pi\varepsilon_0 R_1 R_2}{R_2-R_1}$$

当 $R_2\to\infty$ 时，$C\to 4\pi\varepsilon_0 R_1$，这正是半径为 R_1 的孤立导体球的电容，因此孤立导体的电容可以看成是该导体与无穷远处的另一"导体壳"所组成的"电容器"的电容。

图 5.2.2(c)是圆柱形电容器。极板 A、B 是两个半径分别为 R_1 和 R_2 的同轴导体薄圆筒，筒间距离远小于筒的长度，可忽略边缘效应。让 A、B 的相对表面带电，电荷线密度分别为 $\pm\lambda$，按高斯定理，两筒间离轴线 r 远处的场强为

$$E=\frac{\lambda}{2\pi\varepsilon_0 r}$$

圆筒间的电压为

$$U=\int_{R_1}^{R_2}E\mathrm{d}r=\frac{\lambda}{2\pi\varepsilon_0}\ln\frac{R_2}{R_1}$$

因此,单位长度圆柱形电容器的电容为

$$C=\frac{\lambda}{U}=\frac{2\pi\varepsilon_0}{\ln(R_2/R_1)}$$

上述电容器统称为真空(空气)电容器。为增大电容,实际电容器在极板间总要填充某种电介质。按所填介质的不同,有纸介质电容器、云母电容器、钛酸钡电容器和电解电容器等。

5.2.3 充电电容器的静电能

以平行板电容器为例。设一电容为 C 的平行板电容器正在充电,某时刻两个极板相对表面上的电荷分别为 $\pm q$,极板间的电压为 u,此时把电荷 $\mathrm{d}q$ 从负极板移到正极板,外力克服静电力所做元功为

$$\mathrm{d}A=u\,\mathrm{d}q=\frac{q\,\mathrm{d}q}{C}$$

在极板电量从 0 增加到 Q(电压增加到 U)的过程中,外力做的功为

$$A=\int\mathrm{d}A=\frac{1}{C}\int_0^Q q\,\mathrm{d}q=\frac{1}{2}\frac{Q^2}{C}$$

并转化成充电电容器的静电能 W_e,即

$$W_e=\frac{1}{2}\frac{Q^2}{C}=\frac{1}{2}QU=\frac{1}{2}CU^2 \qquad (5.2.2)$$

这表明:在相同的电压下,电容器的电容越大,其储存电能的本领就越大。式(5.2.2)适用于任何形状的电容器。

式(5.2.2)还可以用电场的能量密度导出,即

$$W_e=w_eSd=\frac{1}{2}\varepsilon_0E^2Sd=\frac{1}{2}\varepsilon_0\frac{U^2}{d}S=\frac{1}{2}CU^2$$

其中,$w_e=\varepsilon_0E^2/2$ 为电容器极板间电场的能量密度,Sd 为极板间的体积。

5.2.4 电容器的串并联

把几个电容器串并联,可以得到需要的等效电容值和耐压值。电容器的耐压值,是指电压超过这一值就会击穿极板间的空气或填充的电介质。应用电容串并联的概念可以分析和计算某些系统的等效电容。

图 5.2.3(a)表示三个电容器的串联。设加在电容器组上的总电压为 U,由于静电感应,各电容器两极板均带等量异号电荷 $\pm Q$,则有

$$U=U_1+U_2+U_3=\frac{Q}{C_1}+\frac{Q}{C_2}+\frac{Q}{C_3}$$

用 $C=Q/U$ 代表串联后的等效电容,则有

$$\frac{1}{C}=\frac{1}{C_1}+\frac{1}{C_2}+\frac{1}{C_3} \quad \text{(串联)}$$

电容器串联后,总电容比各电容器的电容都小,各电容器承受的电压与电容成反比,是

总电压的一部分，所以串联电容器组的耐压能力比每个电容器都提高了。

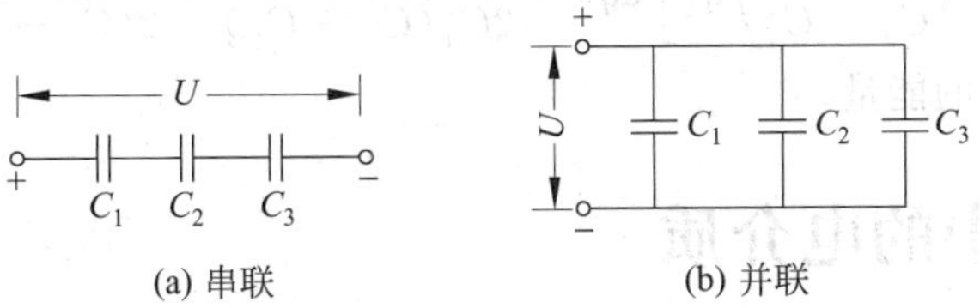

图 5.2.3　电容器的串并联

图 5.2.3(b)表示三个电容器的并联。这时各电容器所承受的电压相同，等于总电压 U，而极板上的总电荷为

$$Q=Q_1+Q_2+Q_3=C_1U+C_2U+C_3U=CU$$

并联后的等效电容为

$$C=C_1+C_2+C_3\quad（并联）$$

电容器并联后，总电容为各电容器电容之和，各电容器承受的电压相同，等于总电压，所以并联电容器组的耐压能力受到耐压能力最低的那个电容器的限制。

例 5.2.1　如图 5.2.4 所示，把一电容为 $C_1=100\text{pF}$ 的电容器充电到电压为 $U_0=100\text{V}$ 后与电源断开，再和另一未充电的电容器并联，并联后电压为 $U=30\text{V}$。求：(1)第二个(未充电的)电容器的电容 C_2；(2)并联过程中损失的能量；(3)损失的能量到哪里去了？

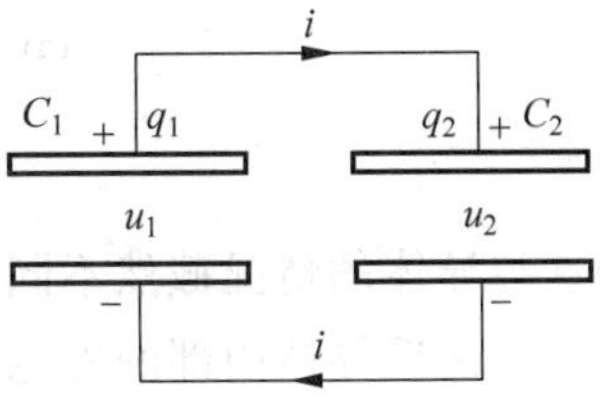

图 5.2.4　例 5.2.1 图

解　(1) 由于和电源断开，并联前后电量不变，即

$$C_1U_0=(C_1+C_2)U$$

因此第二个电容器的电容为

$$C_2=\frac{C_1(U_0-U)}{U}=\frac{100\times(100-30)}{30}\text{pF}=233\text{pF}$$

(2) 并联过程中损失的能量为

$$-\Delta W_e=\frac{1}{2}C_1U_0^2-\frac{1}{2}(C_1+C_2)U^2=\frac{C_1C_2U_0^2}{2(C_1+C_2)}=\frac{100\times233\times100^2}{2\times(100+233)}\times10^{-12}\text{J}$$

$$=3.5\times10^{-7}\text{J}$$

(3) 损失的能量变成并联过程中电流产生的焦耳热和电磁辐射能量，一般情况下损失的能量主要变成焦耳热。并联前第一个电容器极板上的电荷为 $Q=C_1U_0$，并联后第二个电容器极板上的电荷为

$$Q_2=C_2U=C_1(U_0-U)=Q-C_1U=\frac{C_2Q}{C_1+C_2}$$

用 R 代表导线的电阻，q_2 代表 t 时刻在第二个电容器极板上的电荷，u_1 和 u_2 分别代表第一和第二个电容器的电压，则在电容器并联过程中，电流产生的焦耳热为

$$\Delta E=\int Ri^2\,\mathrm{d}t=\int Ri\,\frac{\mathrm{d}q_2}{\mathrm{d}t}\mathrm{d}t=\int_0^{Q_2}(u_1-u_2)\,\mathrm{d}q_2=\int_0^{\frac{C_2Q}{C_1+C_2}}\left(\frac{Q-q_2}{C_1}-\frac{q_2}{C_2}\right)\mathrm{d}q_2$$

$$=\int_{0}^{\frac{C_2Q}{C_1+C_2}}\left[\frac{Q}{C_1}-\left(\frac{1}{C_1}+\frac{1}{C_2}\right)q_2\right]\mathrm{d}q_2=\frac{C_2Q^2}{2C_1(C_1+C_2)}=\frac{C_1C_2U_0^2}{2(C_1+C_2)}=-\Delta W_e$$

等于并联过程中损失的能量。

5.3 静电场中的电介质

如图5.3.1(a)所示,把一个平行板真空电容器充电到极板电荷为$\pm Q$后与电源断开,测得极板间的电压为U_0,场强为E_0。保持电荷$\pm Q$不变,在极板间填充某种均匀的电介质,如图5.3.1(b)所示,发现极板间电压减小到$U=U_0/\varepsilon_r$,电介质内部的场强减小到$E=E_0/\varepsilon_r$,其中的ε_r称为电介质的相对介电常量或相对电容率,$\varepsilon_r>1$。

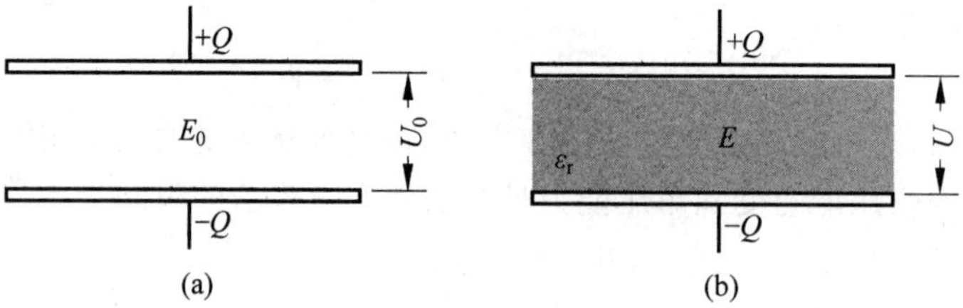

图5.3.1 电介质对电场的影响

这与导体的情况截然不同,若在电容器极板间插入的是导体(与极板留有一定空隙),达到静电平衡后导体内部的外电场被感应电荷的电场严格抵消,导体内部的场强处处为零。

由于$U=U_0/\varepsilon_r$,电容器填充相对介电常量为ε_r的电介质后,其电容增大到

$$C=\varepsilon_r C_0$$

式中,C_0为真空电容器的电容。上式适用于填充电介质的各种类型电容器,也适用于在无限大电介质中的孤立导体球的电容。表5.3.1给出了几种电介质的相对介电常量。

表5.3.1 几种电介质的相对介电常量

真空	1	玻璃(25℃)	5～10
空气(20℃,1atm)	1.00059	云母(25℃)	3～8
水(25℃)	78	陶瓷	6～7
变压器油	2.2～2.5	钛酸钡	$10^3\sim10^4$

5.3.1 电介质的极化

对于电介质分子,虽然其电荷电量的代数和等于零,但正负电中心并不总是重合。19世纪中叶,法拉第等人提出电偶极子模型:把电介质分子看成电偶极子,在外电场的作用下,电偶极子的运动效果是减弱电介质内部的外电场,这称为电介质的极化。

1. 无极分子和有极分子

无外电场时,正负电中心重合的电介质分子称为无极分子,如氦气、甲烷等分子(图5.3.2),无外电场时其分子电偶极矩为零,对外不显电性。

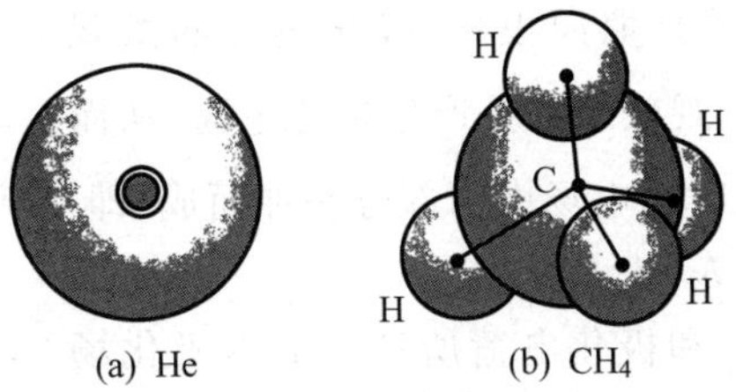

图 5.3.2　无极分子

无外电场时，正负电中心不重合的电介质分子称为有极分子，如氯化氢、水蒸气和氨气等分子(图 5.3.3)，其分子电偶极矩 $\boldsymbol{p}_{分子}$ 的大小为 $10^{-30}\mathrm{C}\cdot\mathrm{m}$ 量级。无外电场时，由于热运动，分子电偶极矩的取向完全无序而相消，使得 $\sum \boldsymbol{p}_{分子}=0$，对外也不显电性。

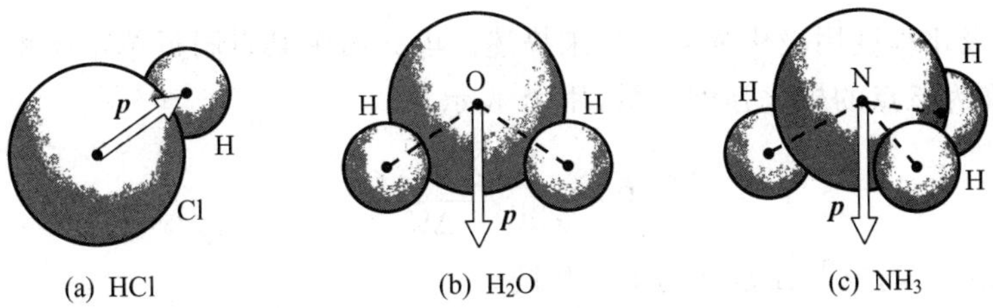

图 5.3.3　有极分子

2. 位移极化

如图 5.3.4 所示，把均匀的无极分子电介质放进外静电场 $\boldsymbol{E}_0$ 中，电场力把分子内部原来重合的正负电中心拉开一段距离(图中∘和•分别代表正负电中心)，沿外电场方向形成分子感应电偶极子，使得 $\sum \boldsymbol{p}_{分子}\neq 0$。但在介质内部，分子感应电偶极子的正负电荷相互抵消，未被抵消的正负电荷出现在介质的两个垂直于外场的表面上，这些电荷称为极化电荷，它所产生的电场称为退极化场。在介质内部，退极化场与外电场反向，从而减弱了原来的外电场。

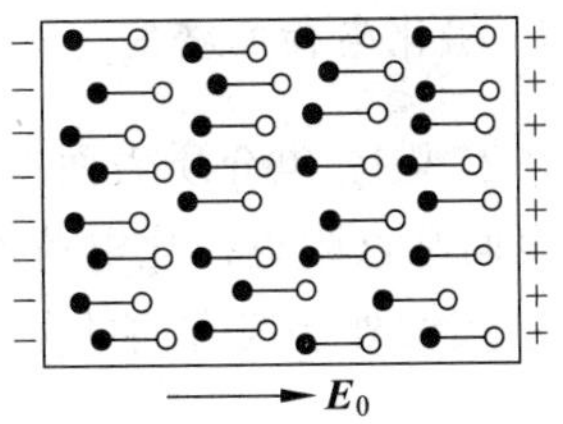

图 5.3.4　位移极化

极化电荷是被原子核束缚的电荷，因此也叫束缚电荷。极化电荷不能作宏观移动，无法通过接地消除。无极分子电介质的这种极化是由正负电中心相对位移所引起，称为位移极化。

3. 取向极化

如图 5.3.5 所示，把均匀的有极分子电介质放进外静电场 $\boldsymbol{E}_0$ 中，其分子电偶极矩受力矩 $\boldsymbol{p}_{分子}\times\boldsymbol{E}_0$ 的作用，向电场方向发生一定的偏转，与分子的热运动达到平衡后沿电场方向有一定的排列趋势，使得 $\sum \boldsymbol{p}_{分子}\neq 0$，在介质的两个垂直于外场的表面上出现极化电荷，所产生的退极化场减弱了原来的外电场。有极分子的这种极化，叫作取向极化。在有极分子的取向极化过程中也会发生位移极化，但后者通常比前者弱得多，不必考虑。

总之,无论是位移极化还是取向极化,极化过程的微观本质都是使 $\sum \boldsymbol{p}_{分子} \neq 0$,宏观效果都是产生极化电荷,从而影响原来的电场。有电介质时的电场由两部分叠加而成,即

$$\boldsymbol{E} = \boldsymbol{E}_0 + \boldsymbol{E}'$$

其中,$\boldsymbol{E}_0$ 和 $\boldsymbol{E}'$分别为外电场和极化电荷所产生的退极化场的场强。

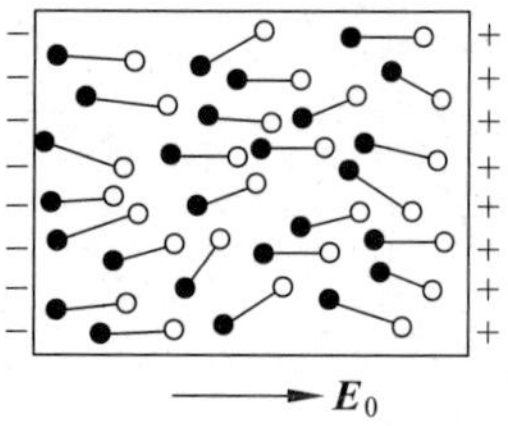

图 5.3.5 取向极化

极化稳定后极化电荷在宏观上不再移动,退极化场 $\boldsymbol{E}'$也是一种静电场,因此合场强 $\boldsymbol{E}$ 服从环路定理,有电介质时电势的概念仍然适用。此外,绝大多数电介质的极化过程是可逆的,外电场撤销后能自动恢复到原来无极化状态。

5.3.2 极化强度矢量

电介质的极化程度用极化强度矢量来描述。电介质中某点附近单位体积内分子电偶极矩的矢量和,称为该点的极化强度矢量,用 $\boldsymbol{P}$ 表示,即

$$\boldsymbol{P} = \lim_{\Delta V \to 0} \frac{\sum \boldsymbol{p}_{分子}}{\Delta V}$$

其单位是 $\mathrm{C \cdot m^{-2}}$,与电荷面密度的单位相同。

对于无极分子的位移极化,由于每个分子的感应电偶极矩 $q\boldsymbol{l}$ 都相同,极化强度矢量为

$$\boldsymbol{P} = nq\boldsymbol{l}$$

其中,n 为介质中的分子数密度。由于形式简单,通常以无极分子的位移极化为例来分析一些问题。

5.3.3 极化电荷

电介质极化达到平衡后,极化电荷按如下规律分布。

1. 极化电荷面密度

在宏观上,电介质表面上的极化电荷连续分布在介质表面薄层内,称为面极化电荷。电介质表面某点附近极化电荷面密度 σ',等于该点附近介质表面内紧邻表面处的极化强度矢量 $\boldsymbol{P}$ 沿表面外法线方向的分量,即

$$\sigma' = \boldsymbol{P} \cdot \hat{\boldsymbol{n}} = P\cos\theta \tag{5.3.1}$$

式中,$\hat{\boldsymbol{n}}$ 为介质表面外法线方向单位矢量,其方向为从介质内指向介质外;θ 为 $\boldsymbol{P}$ 与 $\hat{\boldsymbol{n}}$ 的夹角,σ'的单位是 $\mathrm{C \cdot m^{-2}}$。

以无极分子的位移极化为例。如图 5.3.6 所示,极化稳定后,只有介质表面内紧邻表面处一层感应电偶极子才对面极化电荷有贡献,因图中 θ 为锐角,故介质表面出现的是一层正极化电荷。用 Q'代表面元 ΔS 上的极化电荷,则有

$$Q' = nql\Delta S\cos\theta = P\Delta S\cos\theta = \boldsymbol{P} \cdot \hat{\boldsymbol{n}}\Delta S \tag{5.3.2}$$

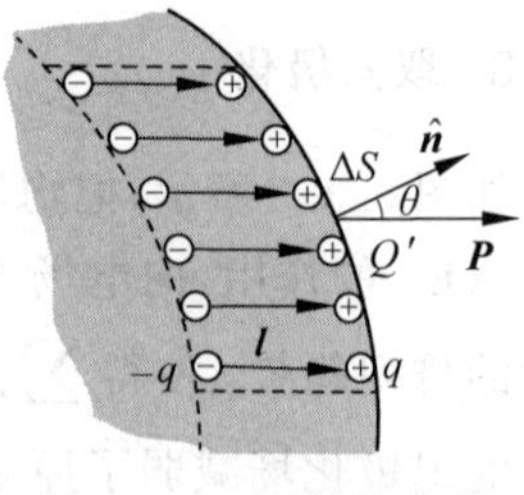

图 5.3.6 面极化电荷

式中,n 为分子数密度,$l\Delta S\cos\theta$ 是底面面积为 ΔS、斜高为 l 的斜柱体的体积,$\boldsymbol{P}=nq\boldsymbol{l}$ 为极化强度矢量。把式(5.3.2)两

边除以 ΔS，就得到式(5.3.1)。

2. 闭合面包围的极化电荷

任一闭合面 S 包围的极化电荷，等于通过 S 面的极化强度矢量 $\boldsymbol{P}$ 的通量的负值，即

$$\sum_{(S内)} q'_i = -\oint\!\!\!\oint_S \boldsymbol{P} \cdot \mathrm{d}\boldsymbol{S}$$

如图 5.3.7 所示，闭合面 S 包围的极化电荷，只由那些穿出和穿入 S 面的分子电偶极子的电荷提供，它等于露出 S 面的极化电荷的代数和的负值，即

$$\sum_{(S内)} q'_i = -\oint\!\!\!\oint_S \sigma' \mathrm{d}S = -\oint\!\!\!\oint_S \boldsymbol{P} \cdot \hat{\boldsymbol{n}} \mathrm{d}S = -\oint\!\!\!\oint_S \boldsymbol{P} \cdot \mathrm{d}\boldsymbol{S}$$

若电介质被均匀极化（极化强度矢量 $\boldsymbol{P}$ 处处相同），则

$$\sum_{(S内)} q'_i = -\oint\!\!\!\oint_S \boldsymbol{P} \cdot \mathrm{d}\boldsymbol{S} = -\boldsymbol{P} \cdot \oint\!\!\!\oint_S \mathrm{d}\boldsymbol{S} = 0$$

这表明：被均匀极化的电介质内部的极化电荷为零，极化电荷只出现在介质的表面上。

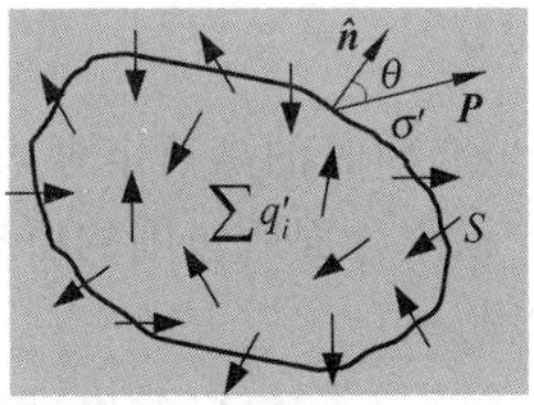

图 5.3.7　闭合面包围的极化电荷

若被极化的是均匀电介质（相对介电常量 ε_r 处处相同），则在其内部无自由电荷的地方也无极化电荷（习题 5.28）。

例 5.3.1　如图 5.3.8 所示，一电介质球在电场中被均匀极化，极化强度矢量为 $\boldsymbol{P}$。求极化电荷。

解　由于是均匀极化，极化电荷只出现在球面上，极化电荷面密度为

$$\sigma' = \boldsymbol{P} \cdot \hat{\boldsymbol{n}} = P\cos\theta$$

在 $\boldsymbol{P}$ 所指向的半球面上出现正极化电荷，另一半球面上出现负极化电荷。

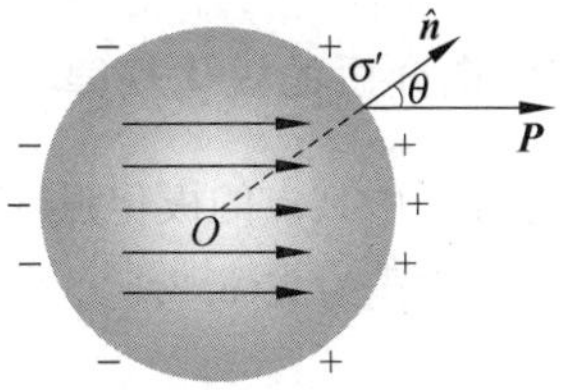

图 5.3.8　例 5.3.1 图

把极化电荷的场强积分，可得球心处退极化场与外场反向，退极化场场强的大小为 $E' = -P/(3\varepsilon_0)$（习题 5.27）。在电动力学中可以证明，介质球内各处退极化场的场强均为 $-P/(3\varepsilon_0)$。

5.3.4　有电介质时的高斯定理　电介质的极化规律

1. 有电介质时的高斯定理

电介质极化的宏观效果是产生极化电荷，而在产生电场上，极化电荷和自由电荷具有相同的效果。如图 5.3.9 所示，有电介质时的高斯定理可写成

$$\oint\!\!\!\oint_S \boldsymbol{E} \cdot \mathrm{d}\boldsymbol{S} = \frac{1}{\varepsilon_0} \sum_{(S内)} (q_{0i} + q'_i) \qquad (5.3.3)$$

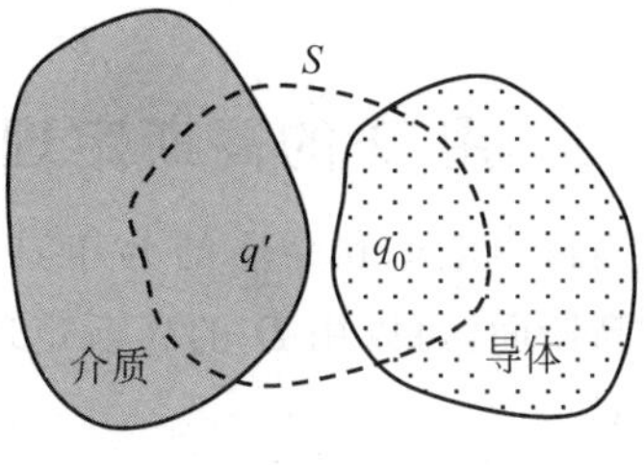

图 5.3.9　有电介质时的高斯定理

其中，$\sum\limits_{(S内)} q_{0i}$ 为闭合面 S 所包围的自由电荷的代数和，$\sum\limits_{(S内)} q'_i$ 为包围的极化电荷的代数和。但式(5.3.3)中的 q' 取决于介质分子内部的电荷运动，实验上无法测量，为此把式(5.3.3)改写成不显含 q' 的

形式。

把 $\sum\limits_{(S内)} q'_i = -\oiint_S \boldsymbol{P} \cdot \mathrm{d}\boldsymbol{S}$ 代入式(5.3.3)，并整理为

$$\oiint_S (\varepsilon_0 \boldsymbol{E} + \boldsymbol{P}) \cdot \mathrm{d}\boldsymbol{S} = \sum_{(S内)} q_{0i} \tag{5.3.4}$$

式中的矢量 $\varepsilon_0 \boldsymbol{E} + \boldsymbol{P}$ 称为电位移,通常用 $\boldsymbol{D}$ 表示,即

$$\boldsymbol{D} = \varepsilon_0 \boldsymbol{E} + \boldsymbol{P} \tag{5.3.5}$$

由于合场强 $\boldsymbol{E}$ 由所有电荷共同产生,而 $\boldsymbol{P}$ 与极化电荷有关,$\boldsymbol{D}$ 包括了极化电荷 q' 的效应。电位移 $\boldsymbol{D}$ 的单位是 $\mathrm{C \cdot m^{-2}}$,与极化强度和电荷面密度的单位相同。

引入电位移 $\boldsymbol{D}$,式(5.3.4)成为不显含 q' 的形式,即

$$\oiint_S \boldsymbol{D} \cdot \mathrm{d}\boldsymbol{S} = \sum_{(S内)} q_{0i} \tag{5.3.6}$$

此即有电介质时的高斯定理,也叫 $\boldsymbol{D}$ 的高斯定理：通过任一闭合面的电位移矢量 $\boldsymbol{D}$ 的通量,等于该闭合面所包围的所有自由电荷电量的代数和。式(5.3.6)是麦克斯韦方程组中的一个方程。

由式(5.3.6)可以看出,电位移线($\boldsymbol{D}$ 线)发自正自由电荷或无穷远(的正自由电荷),止于负自由电荷或无穷远(的负自由电荷)；穿过任一闭合面的电位移线的条数,只与该闭合面内自由电荷的代数和有关。

2. 电介质的极化规律

电介质中某点的极化强度 $\boldsymbol{P}$ 与该点的电场强度 $\boldsymbol{E}$ 之间的关系,称为该电介质的极化规律,其一般表达式为式(5.3.5)。实验表明：对于各向同性的线性电介质,$\boldsymbol{P}$ 和 $\boldsymbol{E}$ 成线性关系,即

$$\boldsymbol{P} = \chi_e \varepsilon_0 \boldsymbol{E} = (\varepsilon_r - 1)\varepsilon_0 \boldsymbol{E} \tag{5.3.7}$$

式中,$\chi_e = \varepsilon_r - 1$,称为电介质的极化率。通常把 $\varepsilon = \varepsilon_r \varepsilon_0$ 称为电介质的介电常量或电容率。

把式(5.3.7)代入式(5.3.5),得

$$\boldsymbol{D} = \varepsilon_r \varepsilon_0 \boldsymbol{E}$$

$$\boldsymbol{P} = \left(1 - \frac{1}{\varepsilon_r}\right)\boldsymbol{D}$$

这表明：在各向同性的线性电介质中的同一地点,三个矢量 $\boldsymbol{D}$、$\boldsymbol{E}$ 和 $\boldsymbol{P}$ 的方向相同,大小成正比。我们仅限于讨论这种电介质的极化。

在真空中 $\varepsilon_r = 1$,因此

$$\boldsymbol{D}_0 = \varepsilon_0 \boldsymbol{E}_0$$

5.3.5 用 D 的高斯定理求电场

当自由电荷和介质的分布具有某些对称性时,恰当地选取高斯面,可以用 $\boldsymbol{D}$ 的高斯定理求出 $\boldsymbol{D}$,再由 $\boldsymbol{D}$ 计算 $\boldsymbol{E}$、$\boldsymbol{P}$ 和 σ'。

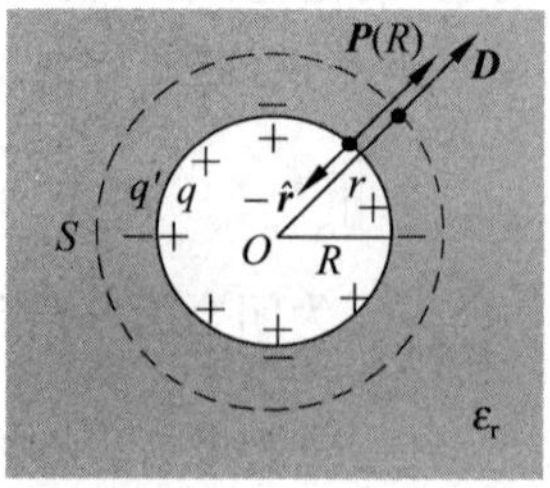

图 5.3.10 例 5.3.2 图

例 5.3.2 如图 5.3.10 所示,一半径为 R、电量为 $q(>0)$ 的导体球,浸在相对介电常量为 ε_r 的体积无限大的油中。求导体球外的电场和贴近导体球的油面上的极化

电荷。

解　由自由电荷和介质分布的对称性可知，$\boldsymbol{D}$ 的分布是球对称的。如图 5.3.10 所示，在油中包围导体球取半径为 r 的同心球面 S 为高斯面，按 $\boldsymbol{D}$ 的高斯定理，有

$$4\pi r^2 D = q$$

则导体球外油中的电位移为

$$D = \frac{q}{4\pi r^2}$$

场强为

$$E = \frac{D}{\varepsilon_r \varepsilon_0} = \frac{q}{4\pi\varepsilon_r\varepsilon_0 r^2}$$

极化强度为

$$P = (\varepsilon_r - 1)\varepsilon_0 E = \left(1 - \frac{1}{\varepsilon_r}\right)\frac{q}{4\pi r^2}$$

因 $q>0$，故 $\boldsymbol{D}$、$\boldsymbol{E}$ 和 $\boldsymbol{P}$ 的方向沿半径向外。贴近导体球的油面的外法线方向单位矢量为 $-\hat{\boldsymbol{r}}$，而油面内紧邻油面处的极化强度矢量为

$$\boldsymbol{P} = \left(1 - \frac{1}{\varepsilon_r}\right)\frac{q}{4\pi R^2}\hat{\boldsymbol{r}}$$

因此油面上的极化电荷为

$$q' = 4\pi R^2 \sigma' = 4\pi R^2 \boldsymbol{P}\cdot(-\hat{\boldsymbol{r}}) = -\left(1 - \frac{1}{\varepsilon_r}\right)q$$

q' 与 q 反号，在数值上小于 q。

例 5.3.3　如图 5.3.11 所示，一相对介电常量为 ε_r 的无限大均匀电介质平板放在场强为 $\boldsymbol{E}_0$ 的匀强电场中，板面的法线与 $\boldsymbol{E}_0$ 的夹角为 θ。求板面上的极化电荷面密度。

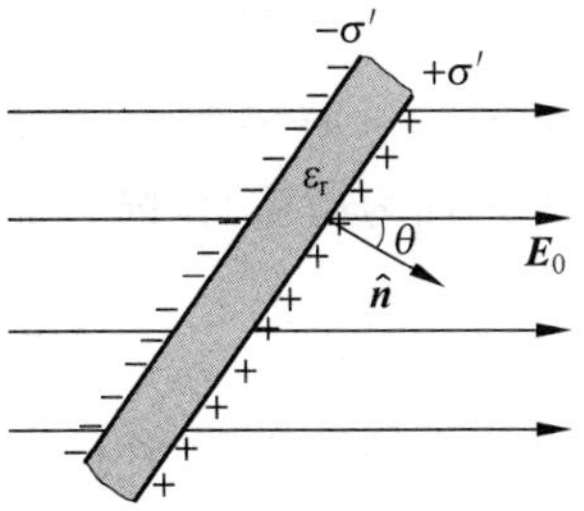

图 5.3.11　例 5.3.3 图

解　因板无限大，故极化电荷在板面上均匀分布，用 σ' 代表极化电荷面密度，板内的退极化场的场强为

$$\boldsymbol{E}' = -\frac{\sigma'}{\varepsilon_0}\hat{\boldsymbol{n}}$$

合场强为

$$\boldsymbol{E} = \boldsymbol{E}_0 + \boldsymbol{E}'$$

极化强度为

$$\boldsymbol{P} = (\varepsilon_r - 1)\varepsilon_0 \boldsymbol{E}$$

因此

$$\sigma' = \boldsymbol{P}\cdot\hat{\boldsymbol{n}} = (\varepsilon_r - 1)\varepsilon_0 \boldsymbol{E}\cdot\hat{\boldsymbol{n}} = (\varepsilon_r - 1)\varepsilon_0(\boldsymbol{E}_0 + \boldsymbol{E}')\cdot\hat{\boldsymbol{n}}$$

把 $\boldsymbol{E}_0\cdot\hat{\boldsymbol{n}} = E_0\cos\theta$ 和 $\boldsymbol{E}'\cdot\hat{\boldsymbol{n}} = -\frac{\sigma'}{\varepsilon_0}\hat{\boldsymbol{n}}\cdot\hat{\boldsymbol{n}} = -\frac{\sigma'}{\varepsilon_0}$ 代入上式，得

$$\sigma' = (\varepsilon_r - 1)\varepsilon_0\left(E_0\cos\theta - \frac{\sigma'}{\varepsilon_0}\right)$$

可解出

$$\sigma' = \left(1 - \frac{1}{\varepsilon_r}\right)\varepsilon_0 E_0\cos\theta$$

5.4 静电场的边界条件

在两种不同电介质的分界面上，矢量 $\boldsymbol{E}$ 和 $\boldsymbol{D}$ 都要突变，它们在界面两侧的分量所满足的关系称为边界条件。

1. 电场强度

如图 5.4.1(a)所示，设两种电介质的相对介电常量分别为 ε_{r1} 和 ε_{r2}，跨越这两种介质的分界面作一极窄的小矩形回路，其两个长边平行于界面，长度都是 Δl。把环路定理用于这一回路，略去 $\boldsymbol{E}$ 沿两短边的积分，则有

$$\oint \boldsymbol{E} \cdot \mathrm{d}\boldsymbol{l} = E_{t1}\Delta l - E_{t2}\Delta l = 0$$

由此得

$$E_{t1} = E_{t2}$$

这表明：在电介质界面两侧，静电场场强 $\boldsymbol{E}$ 的切向分量相等。

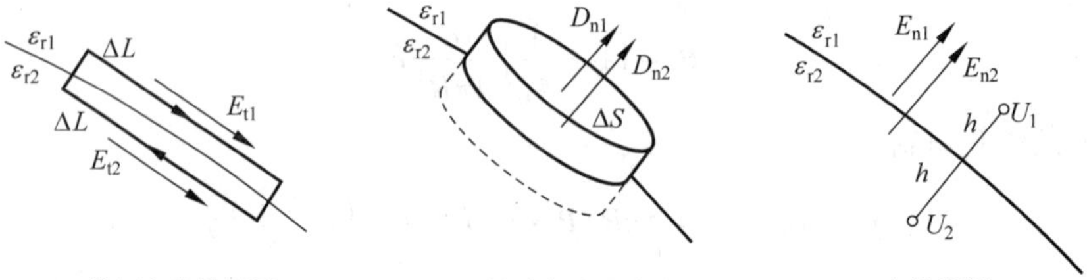

(a) $\boldsymbol{E}$的切向分量连续　(b) $\boldsymbol{D}$的法向分量连续　(c) 电势连续

图 5.4.1 静电场的边界条件

2. 电位移矢量

如图 5.4.1(b)所示，跨越分界面作一极薄的小柱体，其两底平行于界面，面积都是 ΔS。以柱体表面为高斯面，按 $\boldsymbol{D}$ 的高斯定理，略去 $\boldsymbol{D}$ 通过柱体侧面的通量，则有

$$\oiint \boldsymbol{D} \cdot \mathrm{d}\boldsymbol{S} = D_{n1}\Delta S - D_{n2}\Delta S = \sigma_0 \Delta S$$

通常介质界面上无自由电荷，即 $\sigma_0 = 0$，因此

$$D_{n1} = D_{n2}$$

这表明：在无自由电荷的电介质界面两侧，电位移矢量 $\boldsymbol{D}$ 的法向分量相等，或者说 $\boldsymbol{D}$ 线在界面上连续。

按 $\boldsymbol{D} = \varepsilon_r \varepsilon_0 \boldsymbol{E}$，可将 $D_{n1} = D_{n2}$ 写成场强 $\boldsymbol{E}$ 的法向分量边界条件，即

$$\frac{E_{n1}}{E_{n2}} = \frac{\varepsilon_{r2}}{\varepsilon_{r1}}$$

这表明：当电场线穿过电介质界面时，会发生类似光线折射的现象。

边界条件的一个重要应用是，由界面一侧的电场求另一侧的电场。例如，静电平衡导体表面内侧(导体内部)的场强处处为零(当然切向分量为零)，由 $E_{t1} = E_{t2}$ 可知导体表面外紧邻表面处的场强的切向分量等于零，场强垂直于导体表面。

3. 电势

如图 5.4.1(c)所示,U_1 和 U_2 代表位于电介质分界面两侧的两点的电势,两点的连线垂直于界面,与界面的距离都是 h,按电势差的定义,有

$$U_1-U_2=\int_1^2 \boldsymbol{E}\cdot \mathrm{d}\boldsymbol{r}=-(E_{\mathrm{n}1}+E_{\mathrm{n}2})h$$

由于 $E_{\mathrm{n}1}$ 和 $E_{\mathrm{n}2}$ 取有限值,当 $h\to 0$ 时,有

$$U_1=U_2$$

这表明:电介质界面两侧的电势连续。

例 5.4.1 用静电场的边界条件重解例 5.3.3。一相对介电常量为 ε_{r} 的无限大均匀电介质平板放在场强为 $\boldsymbol{E}_0$ 的匀强电场中,板面的法线与 $\boldsymbol{E}_0$ 的夹角为 θ。求板面上的极化电荷面密度。

解 参考图 5.3.11,板面上极化电荷面密度为

$$\sigma'=\boldsymbol{P}\cdot\hat{\boldsymbol{n}}=(\varepsilon_{\mathrm{r}}-1)\varepsilon_0\boldsymbol{E}\cdot\hat{\boldsymbol{n}}=(\varepsilon_{\mathrm{r}}-1)\varepsilon_0 E_{\mathrm{n}}$$

其中,E_{n} 为板内合场强沿板面法线方向的分量,由 $\boldsymbol{E}$ 的法向分量边界条件可知

$$E_{\mathrm{n}}=\frac{1}{\varepsilon_{\mathrm{r}}}E_{0\mathrm{n}}=\frac{1}{\varepsilon_{\mathrm{r}}}E_0\cos\theta$$

因此

$$\sigma'=\left(1-\frac{1}{\varepsilon_{\mathrm{r}}}\right)\varepsilon_0 E_0\cos\theta$$

结果与前面一致。

5.5 有电介质时电场能量

如前所述,真空中电场能量密度为 $\varepsilon_0E^2/2$,但它代表的只是电场本身的能量,有电介质时还应包括介质的极化能。把填充各向同性的线性电介质的平行板电容器充电到电压 U,其静电能为

$$W_{\mathrm{e}}=\frac{1}{2}CU^2=\frac{1}{2}\frac{\varepsilon_{\mathrm{r}}\varepsilon_0 S}{d}U^2=\frac{1}{2}\varepsilon_{\mathrm{r}}\varepsilon_0\left(\frac{U}{d}\right)^2 Sd=\frac{1}{2}\varepsilon_{\mathrm{r}}\varepsilon_0 E^2 Sd$$

除以极板间的体积 Sd,得

$$w_{\mathrm{e}}=\frac{1}{2}\varepsilon_{\mathrm{r}}\varepsilon_0 E^2$$

因 $D=\varepsilon_{\mathrm{r}}\varepsilon_0 E$,故

$$w_{\mathrm{e}}=\frac{1}{2}DE \tag{5.5.1}$$

此即有电介质时电场的能量密度。

按 $D=\varepsilon_0E+P$,把式(5.5.1)写成

$$w_{\mathrm{e}}=\frac{1}{2}\varepsilon_0E^2+\frac{1}{2}PE=w_{\mathrm{e}0}+w_{\mathrm{P}}$$

其中,$w_{\mathrm{e}0}=\varepsilon_0E^2/2$ 代表电场本身的能量密度,它来自于电源在建立电场过程中克服宏观电荷(自由电荷和极化电荷)之间的库仑力所做的功;另一部分为

$$w_P = \frac{1}{2}PE \tag{5.5.2}$$

它来自于电源对介质所做的极化功，即克服分子正负电中心之间的库仑力(位移极化情况)，或克服分子电偶极矩之间静电力(取向极化情况)所做的功，w_P 称为介质的极化能密度。

对于各向异性电介质，$\boldsymbol{D}$ 和 $\boldsymbol{E}$ 的方向一般不同，电场能量密度应表示为

$$w_e = \frac{1}{2}\boldsymbol{D}\cdot\boldsymbol{E} \tag{5.5.3}$$

式(5.5.1)和(5.5.3)仅适用于无耗散介质，若有耗散，电源的极化功只有一部分转化为介质的极化能，另一部分变成热能耗散掉了。

***式(5.5.2)的导出**

以无极分子的位移极化为例。如图5.5.1所示，在极化过程中，外电场力 $\boldsymbol{f}$ 把分子内部原来重合的正负电中心 $\pm q$ 拉开一段距离 x，形成的感生电偶极矩为 $p=qx$，因此极化强度为

$$P = np = nqx$$

其中，n 为分子数密度。由 $P=\chi_e\varepsilon_0 E$ 可知，外电场的场强 E 与 x 成正比，作用在电荷 q 上的电场力可表示为

$$f = qE = kx$$

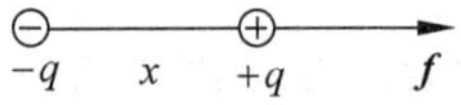

图5.5.1 位移极化

式中，k 为一正常量。设 $x=l$ 时极化达到稳定，在从 $x=0$ 到 $x=l$ 的极化过程中，$\boldsymbol{f}$ 对一个分子所做的功为 $kl^2/2$，转化成分子的极化能并储存在介质中，因此极化能密度为

$$w_P = \frac{1}{2}kl^2 n = \frac{1}{2}\frac{kl}{q}nql = \frac{1}{2}PE$$

此即式(5.5.2)。

例5.5.1 一半径为 R、电量为 q 的导体球，浸在相对介电常量为 ε_r 的体积无限大的油中。求整个电场的能量。

解 导体球内部的场强为零，导体球外部的场强为(见例5.3.2)

$$E = \frac{q}{4\pi\varepsilon_r\varepsilon_0 r^2}$$

电场能量密度为

$$w_e = \frac{1}{2}\varepsilon_r\varepsilon_0 E^2 = \frac{q^2}{32\pi^2\varepsilon_r\varepsilon_0 r^4}, \quad r > R$$

整个电场的能量为

$$W_e = \iiint_\infty w_e \mathrm{d}V = \int_R^\infty \frac{q^2}{32\pi^2\varepsilon_r\varepsilon_0 r^4}4\pi r^2\mathrm{d}r = \frac{q^2}{8\pi\varepsilon_r\varepsilon_0}\int_R^\infty \frac{\mathrm{d}r}{r^2} = \frac{q^2}{8\pi\varepsilon_r\varepsilon_0 R}$$

*5.6 几种特殊电介质简介

1. 铁电体

某些晶体具有自发极化的性质，即在没有电场时存在极化，其极化过程不可逆，表现出明显的非线性和饱和性，这种晶体称为铁电体(ferroelectric)。铁电性是由瓦拉塞克(J. Valasck)于1921年首先发现的，常见的铁电体有钛酸钡($BaTiO_3$)、酒石酸钾钠

($NaKC_4H_4O_6 \cdot 4H_2O$)和磷酸二氢钾(KH_2PO_4)等。

图 5.6.1 是铁电体的极化曲线，表示极化强度 P 与电场场强 E 之间的关系。其中 OA 称为起始极化曲线，表示从完全未极化状态 O 点($E=0, P=0$)开始 P 随 E 增大的关系，当 E 很小时，P 与 E 近似成正比增大；当 E 较大时，P 增大变慢，表现出非线性；E 超过某一值，P 不再随 E 增大，这时称铁电体达到极化饱和状态(A 点及其右边区域)。沿起始极化曲线 OA 到达 A 点后，减小 E 直到零，但 P 并不沿 OA 回到零，而是沿另一条曲线变为 P_r(称为剩余极化强度)，表现出极化过程的不可逆性，同时说明铁电体具有自发极化的性质。为消除剩余极化，必须加反向电场 $-E_c$，接着增大反方向电场，铁电体将达到反向饱和点 A'。由 A' 点到 A 点的极化过程与上述过程类似，只是沿图中下面的曲线进行。铁电体极化所形成的闭合曲线，称为电滞回线，与铁磁质的磁滞回线十分相似，这也正是"铁电体"这一名称的由来，与成分是否含有铁无关。

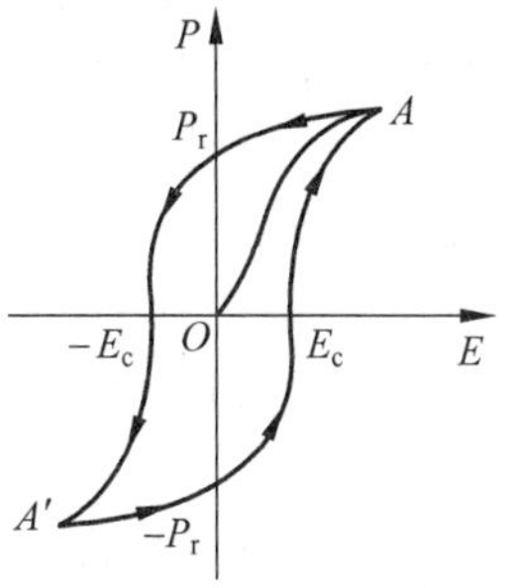

图 5.6.1　电滞回线

铁电体存在一个转变温度，超过这一温度时铁电体就成为普通的电介质。这一温度称为铁电体的居里(Curie)温度或居里点，如钛酸钡的居里点为 120℃。

铁电体在现代科学技术各个领域中得到广泛的应用。铁电陶瓷的相对介电常量很大，可用来制成容量大、体积小的电容器。利用存在居里温度这一性质，可以把铁电体制成热敏电阻。有的铁电体还具有奇特的光学性质，把它同偏振光技术结合起来可以制成电光开关和电光调制器。铁电体在强光的作用下能够产生非线性效应，可用来制成倍频、混频器件和光参量放大器元件。

2. 压电体

在压力的作用下，某些电介质内部的正负电荷中心会发生相对位移而产生极化，在一定压力范围内，压力与电荷呈线性可逆关系，这种现象称为压电效应(piezoelectric effect)。具有压电效应的电介质，称为压电体。石英晶体和压电陶瓷(如钛酸钡陶瓷)是常用的压电体。铁电体一定有压电效应，但有些压电体，如石英就不是铁电体。在电场的作用下，压电体会发生形变，这称为电致伸缩。压电效应和电致伸缩是由居里兄弟(J. Curie 和 P. Curie) 于 1880 年首先发现的。

在两个电极之间夹一个压电晶片，就构成一个压电谐振器，把它连接在交流电路中，由于电致伸缩，交变电压使得晶片发生机械振动，而压电效应反过来在两极间产生交变电压，从而影响电路中的交变电流。压电晶片的机械振动有一个固定的本征频率，因此压电谐振器的谐振频率极其稳定，广泛用于计算机等需要精确频率的设备。由压电体制成的电声换能器可用来有效地产生和接收声波，大量用于声呐、超声无损检测和功率超声技术。惯性力作用于压电体可以产生电信号，可用来测量加速度和导航。

3. 驻极体

驻极体(electret)也叫永电体，是一种能够持久地储存电荷的固体电介质，其中的电荷可以是外界注入的空间电荷，也可以是对电场中的极化电介质加热并冷却所形成的极化电荷。

1922年,日本物理学家江口原太郎用蜡和松香的混合物制成了世界上第一个驻极体。20世纪60年代以后,随着高分子材料研究的迅猛发展,开发出具有优良性能的高分子驻极体材料。

驻极体可以当作一个对外不提供功率,只提供电压的电压源。用高分子材料制成的驻极体薄膜,可用于传声器、拾音器、换能器及放射性剂量计,驻极体材料广泛应用于大气物理、宇宙航行和医学等多个领域。例如,医用防护口罩就是利用驻极体过滤材料夹层中的电场来吸附和消杀细菌和病毒的。

本章提要

1. 导体达到静电平衡的条件

$$\boldsymbol{E}_{内}=0$$

静电平衡导体内部不存在电荷,电荷只能分布在导体表面上。

静电平衡导体表面外紧邻表面处的场强

$$\boldsymbol{E}=\frac{\sigma}{\varepsilon_0}\hat{\boldsymbol{n}}$$

静电屏蔽:导体空腔(不论是否接地)内部的电场不受腔外电荷电场的影响,接地导体空腔外部的电场不受腔内电荷电场的影响。

2. 孤立导体球的电容

$$C=4\pi\varepsilon_0 R$$

电容器的电容

$$C=\frac{Q}{U}$$

充电电容器的静电能

$$W_{\mathrm{e}}=\frac{1}{2}\frac{Q^2}{C}=\frac{1}{2}QU=\frac{1}{2}CU^2$$

电容器的串并联

$$\frac{1}{C}=\sum_i\frac{1}{C_i}\quad(串联),\quad C=\sum_i C_i\quad(并联)$$

3. 极化强度矢量

$$\boldsymbol{P}=\lim_{\Delta V\to 0}\frac{\sum\boldsymbol{p}_{分子}}{\Delta V}$$

极化电荷面密度

$$\sigma'=\boldsymbol{P}\cdot\hat{\boldsymbol{n}}=P\cos\theta$$

闭合面包围的极化电荷

$$\sum_{(S内)}q'_i=-\oint\!\!\!\oint_S\boldsymbol{P}\cdot\mathrm{d}\boldsymbol{S}$$

电介质的极化规律

$$\boldsymbol{D}=\varepsilon_0\boldsymbol{E}+\boldsymbol{P}$$

对于各向同性的线性电介质

$$\boldsymbol{P}=\chi_{\mathrm{e}}\varepsilon_0\boldsymbol{E}=(\varepsilon_{\mathrm{r}}-1)\varepsilon_0\boldsymbol{E}$$

$$\boldsymbol{D}=\varepsilon_{\mathrm{r}}\varepsilon_0\boldsymbol{E},\quad \boldsymbol{D}_0=\varepsilon_0\boldsymbol{E}_0\quad(真空)$$

$$\boldsymbol{P}=\left(1-\frac{1}{\varepsilon_r}\right)\boldsymbol{D}$$

有电介质时的高斯定理

$$\oiint_S \boldsymbol{D}\cdot d\boldsymbol{S}=\sum_{(S内)} q_{0i}$$

4. 静电场的边界条件

$$E_{t1}=E_{t2},\quad D_{n1}=D_{n2}\ （界面无自由电荷），\quad U_1=U_2$$

5. 电场能量密度

$$w_e=\frac{1}{2}\varepsilon_r\varepsilon_0E^2=\frac{1}{2}DE$$

习题

5.1 如图所示，一个接地的导体球，半径为 R。今将一点电荷 q 放在球外距球心的距离为 r 的地方，求导体球上的感生电荷。

5.2 盖革-米勒管可用来测量电离辐射，其基本结构如图所示，一半径为 R_1 的长直导线作为一个电极，半径为 R_2 的同轴圆柱筒为另一个电极，它们之间充以相对介电常量 $\varepsilon_r\approx1$ 的气体。当电离粒子通过气体时，能使气体电离，这时若两极间有电势差，则极间有电流，从而可测出电离粒子的数量。用 E_1 表示长直导线外紧邻表面处的电场强度，(1)求两极间的电势差的关系式；(2)若 $E_1=2.0\times10^6\,\text{V}\cdot\text{m}^{-1}$，$R_1=0.30\text{mm}$，$R_2=20\text{mm}$，两极间的电势差为多大？

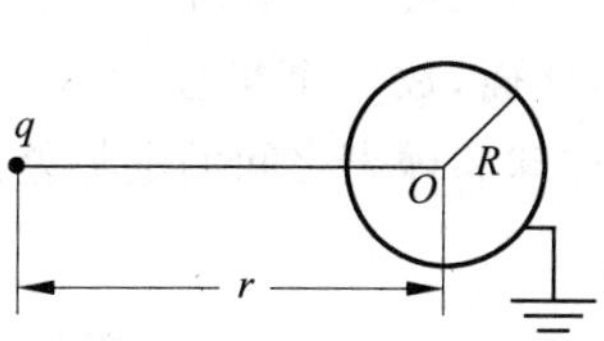

习题 5.1 图

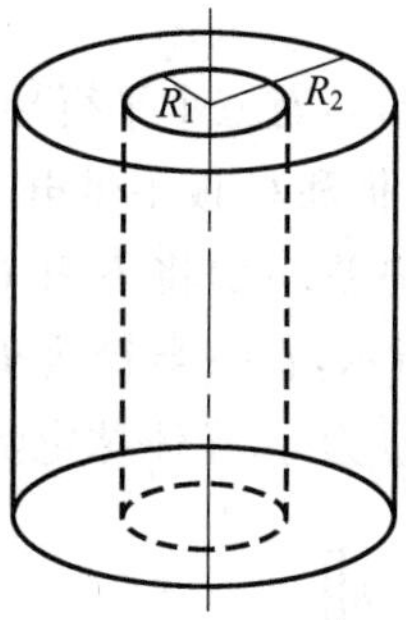

习题 5.2 图

5.3 如图所示，用加速的细质子流对一个半径为 R 的金属球充电。设加速器离金属球很远，金属球的球心 O 与加速器发射质子方向的直线的距离为 $b=0.5R$，加速器使得每个质子得到的动能为 $E=2\text{keV}$。求加速器工作足够长时间后，金属球充电到多高电势？

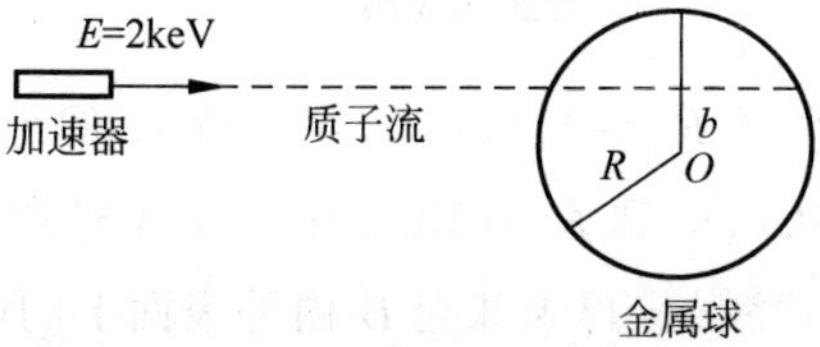

习题 5.3 图

5.4 如图所示,A 是一个有球形空腔的接地导体,空腔中心放点电荷 q_1,在 A 外放另一点电荷 q_2,它到 q_1 的距离为 r,设 q_1 和 q_2 都是正电荷,系统达到静电平衡。

(1) 求 A 的外表面上的电荷对 q_1 的力;

(2) 求 A 的内表面上的电荷对 q_2 的力;

(3) 改变 q_1 的位置,使之偏离空腔中心,是否影响 A 外的电场和电势? 改变 q_1 的电量呢?

5.5 如图所示,点电荷 q 放置在导体球壳的中心,$q=4\times10^{-10}$C,球壳内外半径分别为 $R_1=0.02$m 和 $R_2=0.03$m。求:(1)导体球壳的电势;(2)离球心 $r=0.01$m 处的电势;(3)把点电荷移到离球心 0.01m 处时,导体球壳的电势。

5.6 如图所示,导体球 A、B 的半径分别为 $R_1=0.50$m 和 $R_2=1.0$m,两球分别置于半径为 $R=1.2$m 的同心接地导体球壳中,与球壳之间的介质为空气。用导线连接两球(导线与球壳绝缘),并逐渐增加两球所带电量。已知空气的击穿电场为 3.0×10^6V/m,求:(1)系统何处首先被击穿?(2)击穿时两球所带总电量。

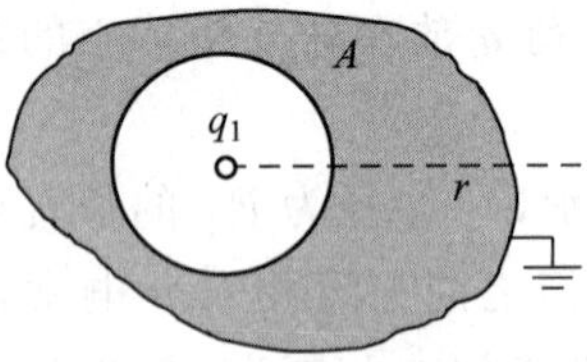

习题 5.4 图

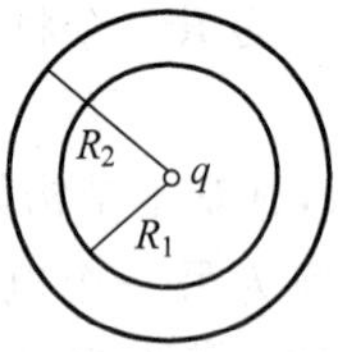

习题 5.5 图

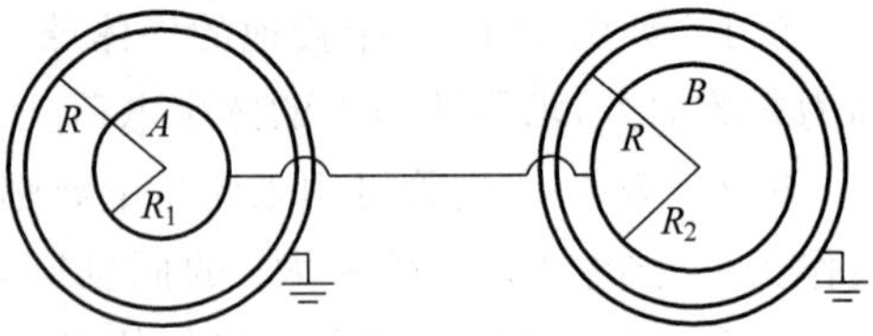

习题 5.6 图

5.7 如图所示,均匀带电平面 A 与导体板 B 平行放置,间距 d 远小于 A 面和 B 板的线度,设 A 面和 B 板的面积都为 S,带电分别为 q 和 Q,求:(1)B 板的电荷面密度;(2)AB 之间的电势差。

5.8 如图所示,有三个平行导体板 A、B 和 C,板间距离远小于板的线度,面积均为 S,其中 A 板带电 q,B 板和 C 板不带电,A 和 B 间距为 d_1,A 和 C 间距为 d_2。求:(1)各板上的电荷分布和板间电势差;(2)将 B 和 C 两板分别接地,再求板上的电荷分布和板间电势差。

5.9 如图所示,在一半径为 R_1 的导体球的外面,放一个半径为 R_2 的同心导体薄球壳,球壳所带电量为 q,导体球电势为 U_0。求导体球和球壳之间的电势差。

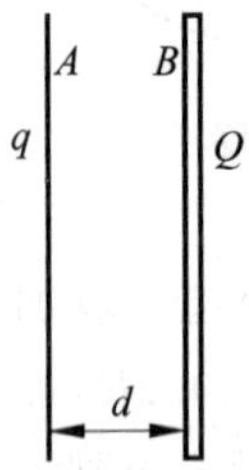

习题 5.7 图

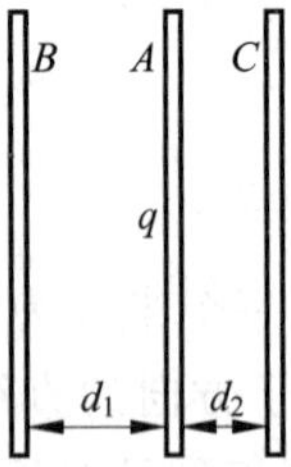

习题 5.8 图

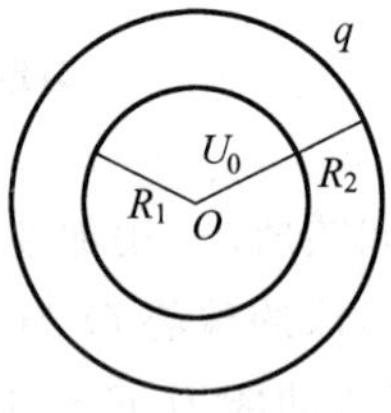

习题 5.9 图

5.10 如图所示,在一半径 $R_1=6.0$cm 的导体球 A 的外面,放一个同心的导体球壳 B,其内外半径分别为 $R_2=8.0$cm 和 $R_3=10.0$cm。设 A 球所带电量为 $q_A=3\times10^{-8}$C,球壳 B 所带电量为 $q_B=2\times10^{-8}$C。(1)求球壳 B 内外表面上的电量以及球 A 和球壳 B 的电势;(2)将球壳 B 接地然后断开,再把球 A 接地,求球 A 和球壳 B 内外表面上的电量以及

球 A 和球壳 B 的电势。

5.11　如图所示，一接地的充分大的导体板的一侧有一条半无限长的均匀带电直线，垂直于导体板放置，带电直线的电荷线密度为 λ，端点 A 与板的距离为 $OA=d$。求板面上 O 点处的电荷面密度。

5.12　如图所示，电荷面密度为 σ_1 的带电无限大板 A 旁边有一带电导体 B，今测得导体表面靠近 P 点处的电荷面密度为 σ_2。求：(1)P 点处的场强；(2)导体表面靠近 P 点处的电荷元 $\sigma_2\Delta S$ 所受的电场力。

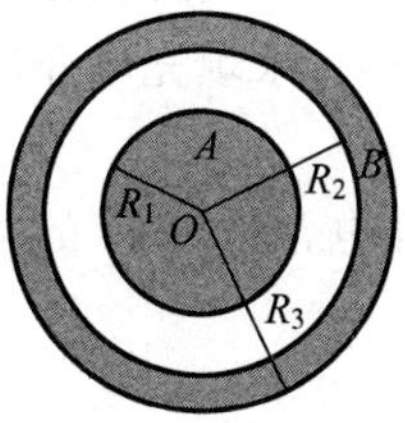

习题 5.10 图

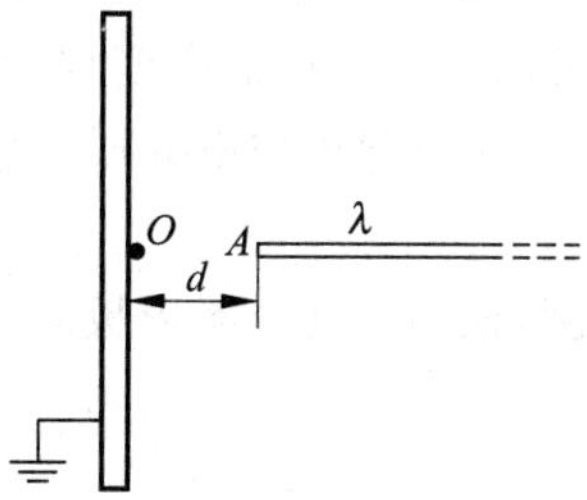

习题 5.11 图

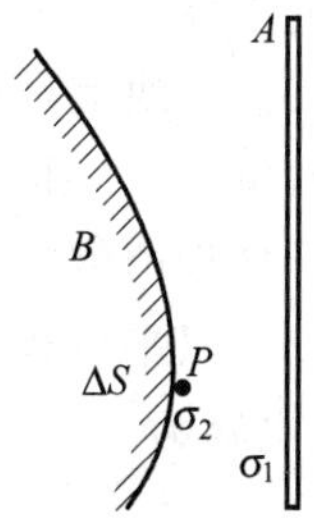

习题 5.12 图

5.13　如图所示，一点电荷 q 放在一无限大接地导体平板上方高度为 h 处。求板面上与 q 的距离为 R 的 P 点附近的感生电荷面密度(不用电像法)。

5.14　如图所示，计算两根无限长圆柱形平行导线单位长度的电容。导线的半径为 a，导线轴线间距为 $d(d\gg a)$。

5.15　如图所示，在极板面积为 S，间距为 d 的平行板电容器中，平行插入一块厚度为 t，面积为 $S/2$ 的金属板。求此电容器的电容。

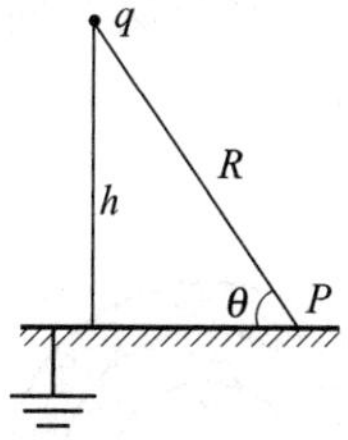

习题 5.13 图

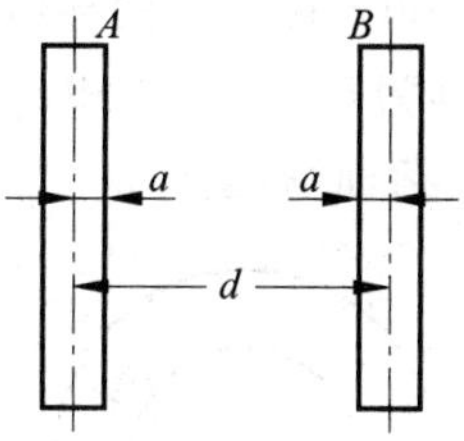

习题 5.14 图

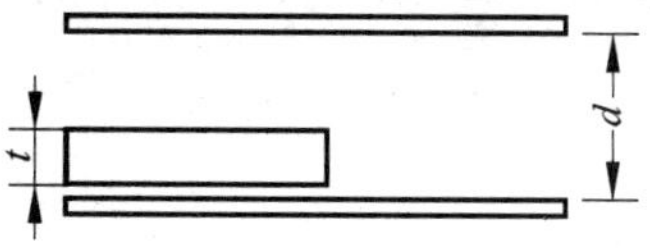

习题 5.15 图

5.16　如图所示，一平行板电容器由相距 0.5mm 的薄导体板 A 和 B 组成，每块板的面积为 0.02m^2，放在作屏蔽的导体盒 K 中。导体盒上下两壁与 A 和 B 都相距 0.25mm，不计边缘效应。(1)这个电容器放入盒内与不放入盒内相比，电容改变多少？(2)把盒中电容器的一个极板与导体盒连接，电容器的电容改变多少？

5.17　如图所示，一电容器的两个极板均为边长为 a 的正方形导体板，但两板有一小的夹角 θ。证明：当 $\theta\ll d/a$ 时，不计边缘效应，它的电容近似为

$$C=\frac{\varepsilon_0 a^2}{d}\left(1-\frac{a\theta}{2d}\right)$$

式中，d 为两板最近距离。

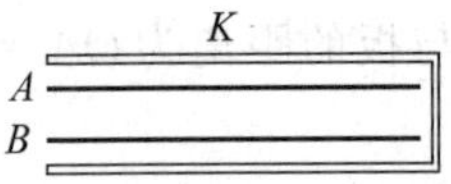

习题 5.16 图

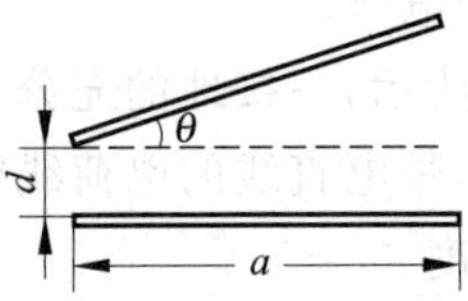

习题 5.17 图

5.18 将一个 12μF 和两个 2μF 的电容器连接起来组成电容为 3μF 的电容器组。每个电容器的击穿电压都是 200V,则此电容器组能承受的最大电压是多大?

5.19 一块大导体板两侧表面上的电荷面密度均为 σ_0,现在该导体板两侧分别填充相对介电常量为 ε_{r1} 和 ε_{r2}($\varepsilon_{r1} \neq \varepsilon_{r2}$)的两种均匀电介质。忽略边缘效应,求填充电介质并达到平衡后导体板两侧的电场强度。

5.20 以平行板电容器为例,证明:电容器极板间填充相对介电常量为 ε_r 的均匀电介质,则其电容为

$$C = \varepsilon_r C_0$$

式中,C_0 为真空电容器的电容。

5.21 证明:孤立导体球置于相对介电常量为 ε_r 的无限大均匀电介质中,则其电容为

$$C = \varepsilon_r C_0$$

式中,C_0 为真空中孤立导体球的电容。

5.22 如图所示,平行板电容器极板面积为 S,两极板间距为 d,其中放一块面积为 S,厚度为 t,相对介电常量为 ε_r 的电介质板。求此电容器的电容。

5.23 如图所示,球形电容器的内外半径分别为 R_1 和 R_2,下半部充有相对介电常量为 ε_r 的均匀各向同性电介质。求此电容器的电容。

5.24 如图所示,在一带电量为 $q = 1.00 \times 10^{-7}$C 的导体球壳的外面,放两层各向同性的均匀电介质同心球壳,相对介电常量分别为 $\varepsilon_{r1} = 3.00$ 和 $\varepsilon_{r2} = 1.50$,分界面的半径为 $R = 10.0$cm。求两层电介质分界面上的极化电荷面密度。

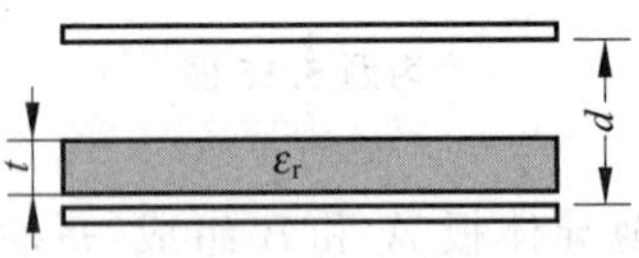

习题 5.22 图

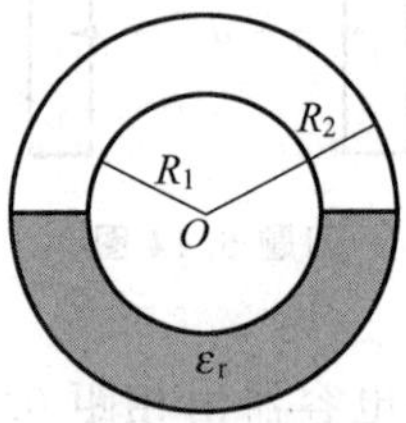

习题 5.23 图

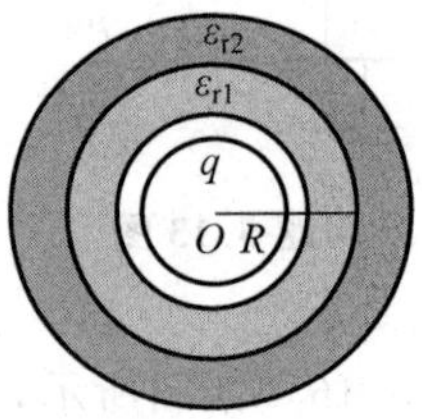

习题 5.24 图

5.25 如图所示,有两个同心的导体薄球壳,内外球壳的半径分别为 $R_1 = 0.02$m 和 $R_2 = 0.06$m,内球壳所带电量为 $q = -6 \times 10^{-8}$C,球壳间充满两层相对介电常量分别为 $\varepsilon_{r1} = 6$ 和 $\varepsilon_{r2} = 3$ 的均匀电介质,其分界面为半径为 $R = 0.04$m 的同心球面。求:(1)D 和 E 的分布;(2)两球壳间的电势差;(3)贴近内球壳表面的电介质的极化电荷面密度。

5.26 一同轴圆柱形电容器,外导体筒的内半径为 2.0cm,内导体筒的外半径可自由选择,两筒之间充满各向同性的均匀电介质,电介质的击穿场强为 $2.0 \times 10^7 \text{V} \cdot \text{m}^{-1}$,求该电

容所能承受的最大电压。

5.27　如图所示，一电介质球在电场中被均匀极化，极化强度矢量为 $\boldsymbol{P}$。由于是均匀极化，极化电荷只出现在球面上，极化电荷面密度为

$$\sigma' = \boldsymbol{P} \cdot \hat{\boldsymbol{n}} = P\cos\theta$$

计算球心处退极化场的场强。

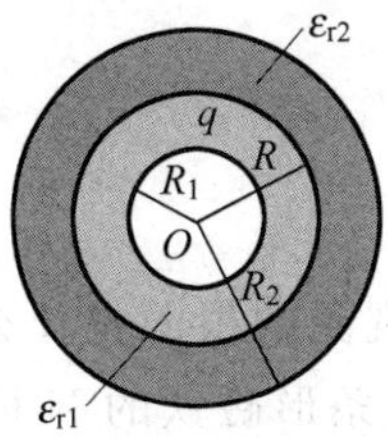

习题 5.25 图

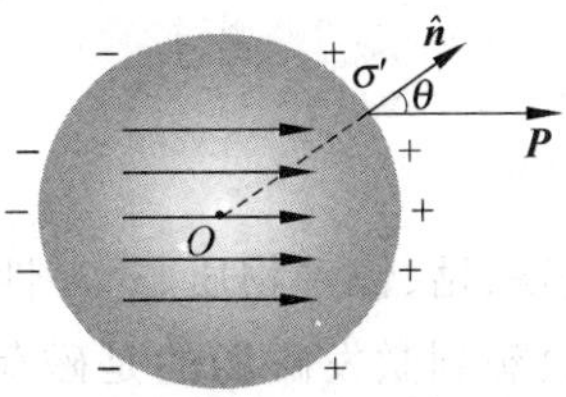

习题 5.27 图

5.28　证明：在被极化的均匀电介质(相对介电常量 ε_r 处处相同)的内部，极化电荷体密度 ρ' 与自由电荷体密度 ρ_0 的关系为

$$\rho' = \left(\frac{1}{\varepsilon_r} - 1\right)\rho_0$$

可见在均匀电介质内部，无自由电荷的地方也无极化电荷。

5.29　求一孤立带电导体球的静电能。导体球的半径为 R，所带电量为 q。

5.30　在一半径为 $R_1 = 2.0\text{cm}$ 的导体球的外面，放一个同心的导体球壳，球壳的内外半径分别为 $R_2 = 4.0\text{cm}$ 和 $R_3 = 5.0\text{cm}$，球与球壳之间以及球壳外都是空气，当导体球所带电荷为 $q = 3.0\times10^{-8}\text{C}$ 时，求：(1)整个电场贮存的能量；(2)将导体球壳接地，计算贮存的能量，并由此求其电容。

5.31　电容均为 C 的两个电容器分别带电 Q 和 $2Q$，求：(1)这两个电容器并联前后总能量的变化；(2)用计算说明损失的能量到哪里去了？设导线的电阻较大。

5.32　一平行板空气电容器，极板面积为 S，极板间距为 d，充电至带电 Q 后与电源断开，然后用外力缓缓地把两极板间距拉开到 $2d$。求：(1)电容器能量的改变；(2)在此过程中外力所做的功，并讨论功能转换关系。

5.33　如图所示，一平行板电容器的极板面积为 S，极板间距为 d。(1)充电后保持其电量 Q 不变，将一块厚度为 t 的导体板平行于两极板插入，与导体板插入之前相比，电容器储能增加多少？(2)导体板插入时，外力对它做功还是电场力对它做功？是被吸入还是需要推入？(3)充电后保持电容器的电压 U 不变，则(1)(2)两问结果又如何？

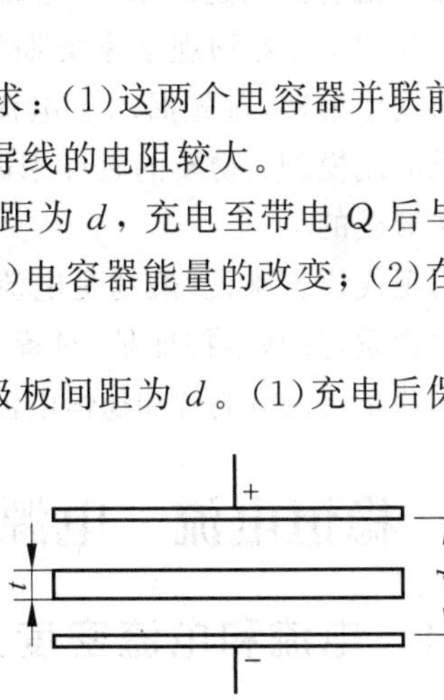

习题 5.33 图

第6章 稳恒电流和稳恒磁场

磁铁能吸引铁、钴、镍等物质，这一性质称为磁性。磁现象的根源是什么？联想到电荷产生电场，自然会想到激发磁场的是磁荷。按磁荷观点，在条形磁铁的N极和S极上分别带有正负磁荷，同号磁荷相斥，异号磁荷相吸，并引入表达磁荷相互作用的库仑定律来分析静磁学问题。

但实验发现，一个条形磁铁的N极和S极总是共存的，不存在只有N极或只有S极的磁体，即不存在单一极性的磁荷。带单一极性磁荷的粒子，称为磁单极子(magnetic monopole)。至今在地球上尚未发现磁单极子，欧洲航天局(ESA)发射的普朗克卫星探测器对星系磁场的测量结果似乎也不支持在太空中存在磁单极子。

早在1931年，英国物理学家狄拉克(P. Dirac)就从理论上提出磁单极子存在的问题。美国物理学家费米(E. Fermi)也曾从理论上探讨过磁单极子，认为它的存在是可能的。若存在磁单极子，不但可以使麦克斯韦方程组具有更好的对称性，而且从理论上可以圆满地解释电荷量子化现象，将对物理学和其他自然科学产生重大的影响。因此寻找磁单极子或在加速器中把它们制造出来，一直是物理学家锲而不舍的追求。

1820年，丹麦物理学家奥斯特(H. C. Oersted)发现，载流导线附近的磁针会受到力的作用而发生偏转，首先揭示了电流的磁效应。同年，法国物理学家安培(A. M. Ampère)提出分子电流模型：物质的磁性来源于分子内部的“分子电流”。但当时还不能解释分子电流是怎样形成的。

用现代语言来说，磁场是电流、运动电荷及变化的电场在其周围空间所产生的一种特殊形态的物质，其基本特征是，对置于其中的运动电荷施以作用力。磁场以有限速度传播。

本章介绍稳恒电流和稳恒电流所产生的磁场——稳恒磁场，以及磁介质的一些主要性质。

6.1 稳恒电流 电源和电动势 基尔霍夫定律

6.1.1 电流和电流密度矢量 电流连续方程

1. 电流和电流密度矢量

电荷的定向运动形成电流，形成电流的带电粒子称为载流子。在电场的作用下，金属导体、电解液、电离的气体和半导体材料中的载流子都能形成电流。金属导体中的载流子是自由电子，电解液中的载流子是正负离子，电离的气体中的载流子包括正负离子和自由电子，N型半导体和P型半导体中的主要载流子分别是电子和带正电的空穴。

单位时间内通过某一曲面的电量，称为通过该曲面的电流，也叫电流强度，用 I 表示，即

$$I=\frac{\mathrm{d}q}{\mathrm{d}t}$$

其中，$\mathrm{d}q$ 为 $\mathrm{d}t$ 时间内通过曲面的电量。

电流是标量，但通常把正电荷运动的方向说成是电流的"方向"，沿此方向流动的电流取正号，反之取负号。电流的单位是 A(安[培])，$1\mathrm{mA}=10^{-3}\mathrm{A}$，$1\mu\mathrm{A}=10^{-6}\mathrm{A}$。

在新国际单位制中，A(安[培])是对应基本电荷为 $e=1.602176634\times10^{-19}\mathrm{C}$ 时的电流，即每秒钟通过 $10^{19}/1.602176634$ 个基本电荷的电量。

电流流过均匀导线时，导线各处电流的大小相同，方向沿导线方向。但当电流流经三维导体(有一定形状和大小的导体)时，导体各处电流的大小和方向都可能不同，这时需要引入电流密度矢量来逐点地描述电流的分布。

空间某点的电流密度矢量的方向与该点正电荷的运动方向相同，数值等于通过该点附近单位横截面的电流，单位是 $\mathrm{A}\cdot\mathrm{m}^{-2}$。电流密度矢量按平行四边形定则相加，这与作为标量的电流的相加是截然不同的。电流密度矢量所形成的矢量场，称为电流场。

电流场可以用电流线来形象地描绘。让电流线上各点的切线方向与该点电流密度矢量的方向一致，而用电流线的疏密程度反映电流密度的大小。图 6.1.1 表示导体中由一束电流线所形成的电流细流管，其横截面的面积为 ΔS。设导体中的载流子数密度为 n，载流子的电量为 q，漂移速度(定向运动的平均速度)为 v，则 Δt 时间内通过面元 ΔS 的电量等于 $nq\Delta Sv\Delta t$，电流密度的大小为

$$j=\frac{nq\Delta Sv\Delta t}{\Delta S\Delta t}=nqv$$

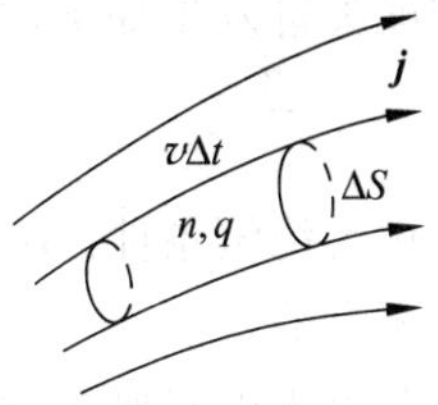

图 6.1.1 电流流管

电流密度矢量为

$$\boldsymbol{j}=nq\boldsymbol{v}=\rho\boldsymbol{v}$$

其中，ρ 为导体的电荷体密度。上式表明：导体中某点的电流密度矢量的方向与该点正载流子的运动方向相同，数值等于电荷体密度与载流子漂移速度的乘积。

按电流密度矢量的定义，通过空间某点附近面元 $\mathrm{d}\boldsymbol{S}$ 的电流为

$$\mathrm{d}I=j\,\mathrm{d}S\cos\theta=\boldsymbol{j}\cdot\mathrm{d}\boldsymbol{S}$$

式中，θ 代表 $\boldsymbol{j}$ 与 $\mathrm{d}\boldsymbol{S}$ 法线方向的夹角。通过曲面 S 的电流为

$$I=\int\mathrm{d}I=\iint_S\boldsymbol{j}\cdot\mathrm{d}\boldsymbol{S}$$

它等于电流密度矢量通过该曲面的通量。

2. 面电流

若电流在物体表面或不同介质分界面上的薄层内流动，并且只研究薄层外部区域电流的磁场，就可以用面电流来代表实际的电流分布，并将通过物体表面或分界面上单位宽度的电流，定义为面电流密度，其单位是 $\mathrm{A}\cdot\mathrm{m}^{-1}$。

3. 电流连续方程

在电流场 $\boldsymbol{j}$ 中任意画出一个闭合面 S，让面元 $\mathrm{d}\boldsymbol{S}$ 的法线方向指向 S 面的外部，用 q 代表 S 面所包围的电荷的电量，按电荷守恒定律，单位时间内流出 S 面的电量等于面内电量的减少，即

$$\oiint_S \boldsymbol{j}\cdot\mathrm{d}\boldsymbol{S}=-\frac{\mathrm{d}q}{\mathrm{d}t} \tag{6.1.1}$$

此即电流连续方程，它是对电荷守恒定律的数学表达。

6.1.2 稳恒电流 欧姆定律的微分形式

1. 稳恒电流

若导体各处的电流密度矢量的大小和方向都不随时间变化，则把该电流称为稳恒电流，所形成的矢量场叫作稳恒电流场。

电流是电荷在电场力作用下的定向运动，要维持电流稳恒，电场必须稳恒。这要求空间各处电荷的分布不随时间变化，即 $\mathrm{d}q/\mathrm{d}t=0$，否则电荷所激发的电场将随时间变化，导致电流密度矢量发生变化，电流就不稳恒了。按式(6.1.1)，稳恒电流场 $\boldsymbol{j}$ 应满足

$$\oiint_S \boldsymbol{j}\cdot\mathrm{d}\boldsymbol{S}=0 \quad (\text{稳恒条件}) \tag{6.1.2}$$

上式称为稳恒条件：在稳恒情况下，通过空间任一闭合面的电流恒等于零。因此，稳恒电流总是闭合的。

若引入电路概念，稳恒条件可表述为：通过稳恒电流的电路必须形成闭合回路，稳恒电路中所有地点的电流和电压都不随时间变化。

图 6.1.2(a)表示横截面不均匀导体中稳恒电流的分布，截面大处电流密度小，截面小处电流密度大。图 6.1.2(b)表示半球形接地电极周围稳恒电流的分布，流入大地的电流密度随半球面的半径增大而减小。

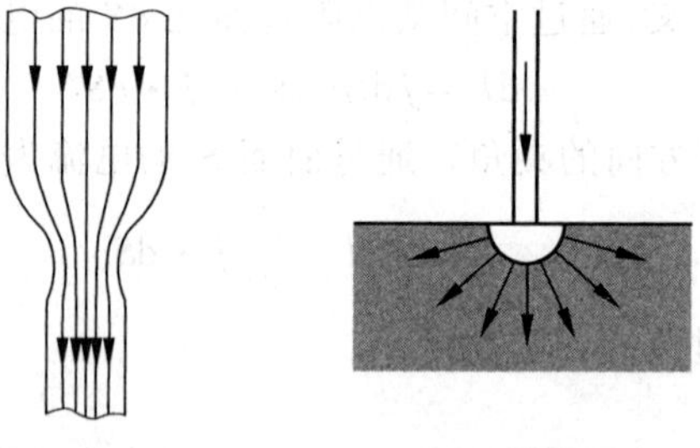

(a) 横截面不均匀的导线　　(b) 半球形接地电极

图 6.1.2 横截面不均匀导体中稳恒电流的分布

2. 稳恒电场

推动电荷形成稳恒电流的电场称为稳恒电场。在通过稳恒电流的电路中，稳恒电场是由电源极板上的电荷以及分布在导线表面和导线内部不均匀处的电荷所激发。由于达到稳

恒后这些电荷的分布不随时间变化，可以假设稳恒电场具有静电的性质：稳恒电场服从环流等于零的环路定理，在界面两侧稳恒电场的切向分量相等，在稳恒电场中可以引进电势差的概念。在不致引起混淆的情况下，通常把稳恒电场称为静电场。但应注意，静电场中静电平衡导体内部的场强处处为零，而稳恒电场中导体内部的场强不为零，正是这一场强在推动电荷的流动。

3. 欧姆定律的微分形式

欧姆定律是德国物理学家欧姆(G. S. Ohm)于 1826 年在实验中发现的，其微分形式为

$$\boldsymbol{j}=\sigma \boldsymbol{E} \tag{6.1.3}$$

其中，$\boldsymbol{E}$ 为作用在载流子上的电场强度；σ 称为电导率，它等于电阻率 ρ 的倒数，$\sigma=1/\rho$。电阻的单位是 Ω(欧[姆])，电阻率 ρ 的单位是 $\Omega\cdot\mathrm{m}$，电导率 σ 的单位是 $\mathrm{S\cdot m^{-1}}$(西[门子]每米)，$1\mathrm{S}=1\Omega^{-1}$。

图 6.1.3 表示导体中一小段稳恒电流细流管，其横截面的面积为 ΔS，长度为 Δl。设流管两端的电压为 ΔU，电流为 $I=j\Delta S$，由于 Δl 很短，Δl 上的场强 E 近似均匀，因此有 $\Delta U=E\Delta l$。按 $I=\Delta U/R$、$R=\rho\Delta l/\Delta S$ 和 $I=j\Delta S$，可得

$$I=j\Delta S=\frac{\Delta U}{R}=\frac{E\Delta l}{\rho\Delta l/\Delta S}=\sigma E\Delta S,\quad j=\sigma E$$

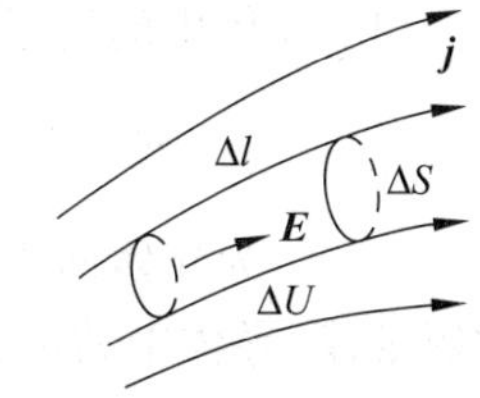

图 6.1.3　欧姆定律的微分形式

写成矢量形式即式(6.1.3)。该式虽然是在稳恒条件下导出，但实验表明，在一定范围内它也适用于非稳恒情况。

由式(6.1.3)可知，在导体内部有电场的地方就有电流。从这一点上看，传输电能的是电场而不是电流。

在工程技术中经常遇到求解不同形状电极的静电场问题，一般得不到解析解，直接测量也很困难，因为测量仪表或探头总会影响被测场。按式(6.1.3)，稳恒电场与稳恒电流成正比，而稳恒电场具有静电的性质，因此可以用稳恒电流场来模拟静电场：把一定形状的电极放入盛有均匀导电溶液的电解槽中，并产生稳恒电流，通过测量稳恒电场的电势就能得到该电极的静电场的分布。

***迁移率**

在一般电场情况下，半导体导电也服从式(6.1.3)，但半导体同时有电子和空穴两种载流子。在单位强度的电场作用下载流子的平均漂移速度，称为迁移率(mobility)。用 μ_- 和 μ_+ 分别代表电子和空穴的迁移率，则半导体的电导率可表示为

$$\sigma=ne\mu_-+pe\mu_+$$

其中，n 和 p 分别为电子和空穴的数密度(浓度)。迁移率是半导体物理学中的一个重要概念。

例 6.1.1　如图 6.1.4 所示，在通过稳恒电流 I 的电路中有两个柱状金属导体相接，它们的电导率分别为 σ_1 和 σ_2，且 $\sigma_1>\sigma_2$。求交界面上的电荷。

解　用 S 代表交界面的面积，E_1 和 E_2 分别代表界面两侧的稳恒电场。按欧姆定律，有

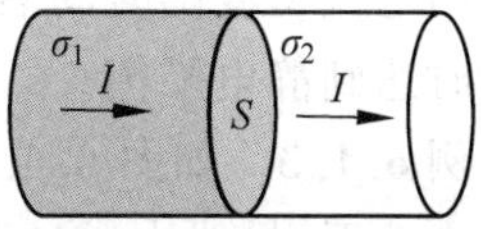

图 6.1.4　例 6.1.1 图

$$E_1=\frac{I}{S\sigma_1},\quad E_2=\frac{I}{S\sigma_2}$$

用 q 代表界面上的电荷，按高斯定理，有

$$-E_1S+E_2S=\frac{q}{\varepsilon_0}$$

可得

$$q=\varepsilon_0S(E_2-E_1)=\varepsilon_0I\left(\frac{1}{\sigma_2}-\frac{1}{\sigma_1}\right)$$

因 $\sigma_1>\sigma_2$，故 $q>0$。为维持电流稳恒，交界面上必须有正电荷。

例 6.1.2 作为导体在外电场中达到静电平衡过程的一个简化模型，如图 6.1.5 所示，设有一长方形导体，外加与导体表面垂直的匀强电场 E_0 后导体中开始有电流，两端表面开始积累电荷。设 E_0 不太强，导体中自由电子的数密度近似不变，电阻率 ρ 可视为常量，电子运动到导体两端后停留在表面上，并设导体的表面很大，忽略边缘效应。(1)求导体表面的电荷面密度 σ 和导体中电流密度 j 随时间的变化规律；(2)以铜为例，通过计算说明，把导体放进静电场中几乎同时达到静电平衡。已知铜的电阻率为 $\rho=0.017\times10^{-6}\,\Omega\cdot\text{m}$。

解 (1) 导体中的场强为

$$E=E_0-E'=E_0-\frac{\sigma}{\varepsilon_0}$$

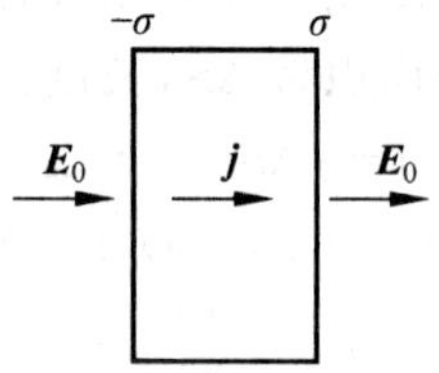

图 6.1.5 例 6.1.2 图

其中，$E'=\sigma/\varepsilon_0$ 为导体两端表面电荷的场强。按电流密度的定义和欧姆定律，导体中的电流密度为

$$j=\frac{\mathrm{d}\sigma}{\mathrm{d}t}=\frac{E}{\rho}=\frac{E_0}{\rho}-\frac{\sigma}{\varepsilon_0\rho}$$

可得

$$\frac{\mathrm{d}\sigma}{\varepsilon_0E_0-\sigma}=\frac{\mathrm{d}t}{\varepsilon_0\rho}$$

把上式积分，注意当 $t=0$ 时 $\sigma=0$，即

$$\int_0^\sigma\frac{\mathrm{d}\sigma}{\varepsilon_0E_0-\sigma}=\frac{1}{\varepsilon_0\rho}\int_0^t\mathrm{d}t$$

积分结果为

$$\ln\left(\frac{\varepsilon_0E_0}{\varepsilon_0E_0-\sigma}\right)=\frac{t}{\varepsilon_0\rho}$$

因此，σ 和 j 随时间的变化规律为

$$\sigma=\varepsilon_0E_0\left(1-\mathrm{e}^{-\frac{t}{\varepsilon_0\rho}}\right),\quad j=\frac{E_0}{\rho}\mathrm{e}^{-\frac{t}{\varepsilon_0\rho}}$$

电流密度随时间按指数规律衰减。

(2) 代入数据，得

$$j=\frac{E_0}{\rho}\mathrm{e}^{\overline{8.85\times10^{-12}\times0.017\times10^{-6}}^{\,t}}=\frac{E_0}{\rho}\mathrm{e}^{-6.6\times10^{18}t}$$

这说明电流密度随时间衰减得极快，把导体放进静电场中几乎同时达到静电平衡。

例 6.1.3 如图 6.1.6 所示，用导线连接的块状导体电极埋入地下，导线中通过稳恒电流 I，已知大地的电导率为 σ，相对介电常量为 ε_r，求导体电极上的自由电荷。

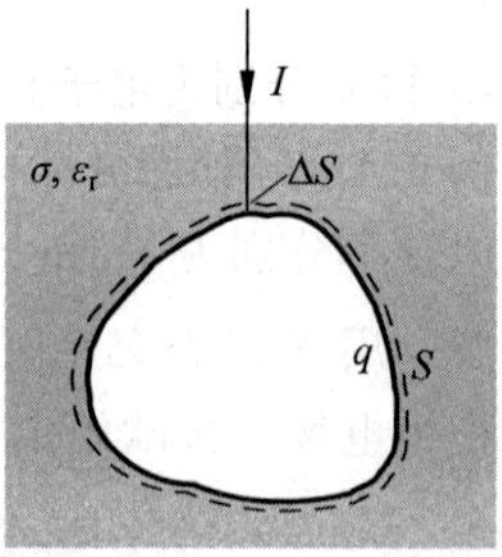

图 6.1.6 例 6.1.3 图

解　在大地内部包围导体电极作高斯面 $S+\Delta S$，其中 ΔS 为导线横截面的面积，S 为其余部分的面积，$\Delta S \ll S$。用 $\boldsymbol{j}$ 表示高斯面处的电流密度矢量，按稳恒条件，有

$$\oiint_{(S+\Delta S)} \boldsymbol{j} \cdot \mathrm{d}\boldsymbol{S} = \iint_S \boldsymbol{j} \cdot \mathrm{d}\boldsymbol{S} + \iint_{\Delta S} \boldsymbol{j} \cdot \mathrm{d}\boldsymbol{S} = 0$$

因 $\iint_{\Delta S} \boldsymbol{j} \cdot \mathrm{d}\boldsymbol{S} = -I$，故

$$\iint_S \boldsymbol{j} \cdot \mathrm{d}\boldsymbol{S} = I$$

其中

$$\boldsymbol{j} = \sigma \boldsymbol{E} = \frac{\sigma \boldsymbol{D}}{\varepsilon_0 \varepsilon_r}$$

用 q 代表导体电极上的自由电荷，按 $\boldsymbol{D}$ 的高斯定理，因 $\Delta S \ll S$，则有

$$\iint_S \boldsymbol{j} \cdot \mathrm{d}\boldsymbol{S} = \frac{\sigma}{\varepsilon_0 \varepsilon_r} \oiint_S \boldsymbol{D} \cdot \mathrm{d}\boldsymbol{S} = \frac{\sigma q}{\varepsilon_0 \varepsilon_r} = I$$

可得

$$q = \frac{\varepsilon_0 \varepsilon_r I}{\sigma}$$

6.1.3　电源和电动势

只靠静电力不能维持电路中的稳恒电流，这是因为静电场强沿闭合回路不做功，移动到电势较低位置的正电荷无法回到原来电势较高的位置，况且电流在电阻上消耗的焦耳热也得不到补充。

为了维持闭合导体(超导体除外)回路中的稳恒电流，必须有某种非静电性质的力作用于电荷，这种提供非静电力的装置，称为电源。化学电池(干电池、蓄电池)通过化学反应提供非静电力，使正负电荷分离并在两极板上积累，形成两极之间的电势差；发电机中的非静电力是磁场作用在运动电荷上的洛伦兹力；太阳能电池是利用光照射在半导体的 PN 结上所发生的“光生伏特效应”，把光能转变成电能。

用 $\boldsymbol{K}$ 表示作用在单位正电荷上的非静电力，它可以看成是一种矢量场，叫作非静电力场。电路中存在非静电力场 $\boldsymbol{K}$ 时，欧姆定律的微分形式为

$$\boldsymbol{j} = \sigma(\boldsymbol{E} + \boldsymbol{K})$$

在电源内部，$\boldsymbol{K}$ 的方向是由负极指向正极。在电源内部把单位正电荷从负极移动到正极，非静电力场 $\boldsymbol{K}$ 所做的功，称为电源的电动势，通常用 $\mathcal{E}$ 表示，即

$$\mathcal{E} = \underset{(\text{电源内})}{\int_{-}^{+}} \boldsymbol{K} \cdot \mathrm{d}\boldsymbol{l}$$

电动势是标量，通常把 $\boldsymbol{K}$ 的方向说成是电动势的“方向”，因此电源的电动势是由负极指向正极，如图 6.1.7 所示。电源电动势是电源本身的性质，与外电路的结构以及电路是否接通都没有关系。电动势的单位是 V(伏[特])，与电势的单位相同。

若非静电力场 $\boldsymbol{K}$ 分布在一段路径 L 上，如图 6.1.8 所示，我们把单位正电荷沿设定的 L 的方向从 a 点移动到 b 点 $\boldsymbol{K}$ 所做的功，定义为这段路径上的电动势，即

$$\mathcal{E}_{ab} = \int_{a(L)}^{b} \boldsymbol{K} \cdot \mathrm{d}\boldsymbol{l}$$

L 的方向就是 $\mathcal{E}_{ab}$ 的正方向：若 $\mathcal{E}_{ab} > 0$，$\mathcal{E}_{ab}$ 由 a 点指向 b 点；$\mathcal{E}_{ab} < 0$，$\mathcal{E}_{ab}$ 由 b 点指向 a 点。

若 L 闭合,则

$$\mathcal{E}=\oint_L \boldsymbol{K}\cdot \mathrm{d}\boldsymbol{l}$$

L 的绕向就是 $\mathcal{E}$ 的正方向。这样就在矢量场的层次上表达了电动势。

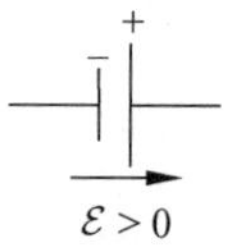

图 6.1.7　电源电动势

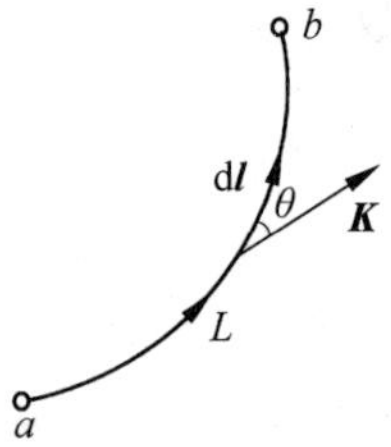

图 6.1.8　路径上的电动势

6.1.4　基尔霍夫定律

对于稳恒电路问题,一般是通过电阻的串并联把电路简化为一个无分支的闭合电路,再用全电路欧姆定律 $I=\mathcal{E}/(R+r)$ 来计算。但实际情况要复杂得多,通常把不能用普通方法简化的电路叫作复杂电路,求解复杂电路通常采用基尔霍夫定律,这一定律是由德国物理学家基尔霍夫(G. R. Kirchhoff)于 1845 年首先提出。

1. 基尔霍夫第一定律(节点定律)

在电路中,3 条或 3 条以上导线的汇合点,称为节点。对于稳恒电路,汇合于电路中任一节点的各支路电流的代数和等于零,即

$$\sum_i \pm I_i = 0$$

这称为基尔霍夫第一定律,或节点定律。式中电流前面的符号规定为:从节点流出的电流为正,流向节点的电流为负。若电路有 n 个节点,只要列出 $n-1$ 个独立的节点方程即可,余下的一个方程可由这 $n-1$ 个方程得到。

包围节点作任一闭合面 S,按稳恒条件(6.1.2),可得

$$\oint\!\!\oint_S \boldsymbol{j}\cdot \mathrm{d}\boldsymbol{S}=\sum_i \pm I_i = 0$$

此即节点定律。

2. 基尔霍夫第二定律(回路定律)

对于稳恒电路中的任一闭合回路,沿回路绕行一周,各电源和电阻上的电压降落的代数和等于零,即

$$\sum_i \mp \mathcal{E}_i + \sum_i \pm I_i R_i = 0$$

此即基尔霍夫第二定律,或回路定律。式中的电动势 $\mathcal{E}_i$ 和电流 I_i 前面的正负号规定为:当 $\mathcal{E}_i$ 的方向与设定的回路方向相同时,$\mathcal{E}_i$ 前面取负号,相反时取正号;当 I_i 的方向与回路方向相同时,I_i 前面取正号,相反时取负号。若电路有 m 个独立回路,可列出 m 个独立的回路方程。

对于图 6.1.9 表示的回路，按回路定律，有

$$-\mathcal{E}_1+\mathcal{E}_2-\mathcal{E}_3+I_1(R_1+r_1)-I_2(R_2+r_2)-I_3(R_3+r_3)=0 \qquad (6.1.4)$$

下面以场的观点验证上式。按欧姆定律，回路各处的电流密度矢量为

$$\boldsymbol{j}=\frac{1}{\rho}(\boldsymbol{E}_{\mathrm{s}}+\boldsymbol{E}_{\mathrm{e}}+\boldsymbol{K}) \qquad (6.1.5)$$

其中，$\boldsymbol{E}_{\mathrm{s}}$ 和 $\boldsymbol{E}_{\mathrm{e}}$ 分别为稳恒电场和静电场，$\boldsymbol{K}$ 为非静电力场，ρ 为电阻率。把式(6.1.5)写成

$$\rho\boldsymbol{j}-\boldsymbol{K}=\boldsymbol{E}_{\mathrm{s}}+\boldsymbol{E}_{\mathrm{e}}$$

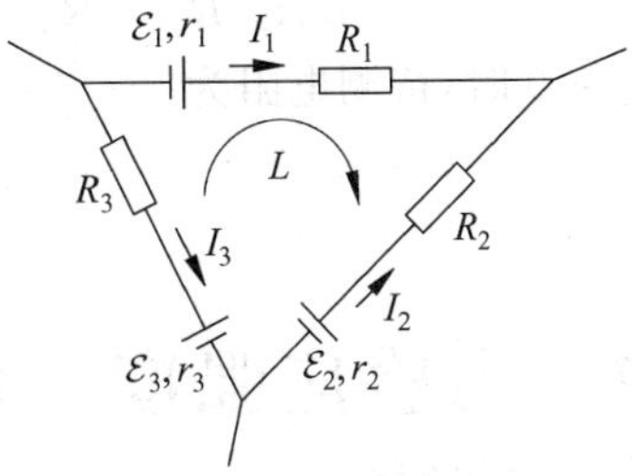

图 6.1.9　复杂电路中的一个回路

把上式沿回路 L 积分，因 $\boldsymbol{E}_{\mathrm{s}}$ 和 $\boldsymbol{E}_{\mathrm{e}}$ 的环流都等于零，故

$$\oint_L \rho\boldsymbol{j}\cdot\mathrm{d}\boldsymbol{l}-\oint_L \boldsymbol{K}\cdot\mathrm{d}\boldsymbol{l}=0$$

式中左边第一项为

$$\oint_L \rho\boldsymbol{j}\cdot\mathrm{d}\boldsymbol{l}=\oint_L S\boldsymbol{j}\cdot\frac{\rho\mathrm{d}\boldsymbol{l}}{S}=I_1(R_1+r_1)-I_2(R_2+r_2)-I_3(R_3+r_3)$$

第二项为

$$-\oint_L \boldsymbol{K}\cdot\mathrm{d}\boldsymbol{l}=-\mathcal{E}_1+\mathcal{E}_2-\mathcal{E}_3$$

因此式(6.1.4)成立。

基尔霍夫定律仅适用于稳恒电路，要求电路中所有地点的电流和电压都不随时间变化。

3. 似稳条件

电源电动势的变化引起周围电磁场发生变化，并以光速传播导致电路各处的电流和电压随之变化。若电源电动势变化的周期 T 远大于电磁波在整个电路的尺度 l 上传播所用时间，即

$$T\gg\frac{l}{c}\quad(\text{似稳条件})$$

就可以把电路看成是稳恒的，上式称为似稳条件，在似稳条件下可以应用基尔霍夫定律。我国交流电的频率为 50Hz，对于通常实验室尺度的电路来说完全可以当成稳恒电路。

在高频情况下基氏定律失效，需要用电磁波传播的理论(波导理论)。

例 6.1.4　图 6.1.10 是惠斯通电桥的电路原理图，R_x 为待测电阻，其余电阻为已知阻值的标准电阻，G 为电流计。忽略电源内阻，当惠斯通电桥达到平衡($I_{\mathrm{G}}=0$)时，求待测电阻 R_x。

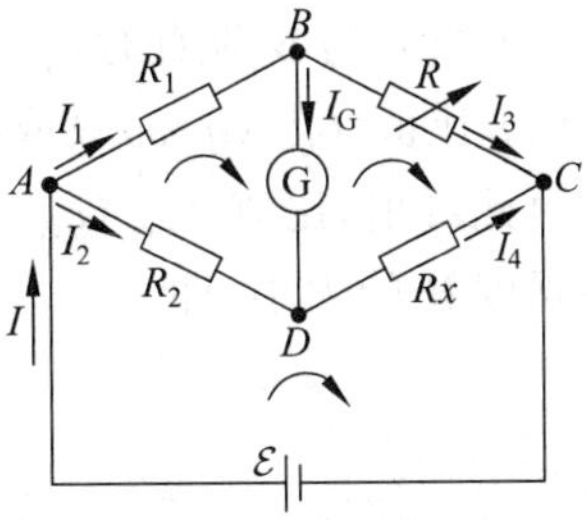

图 6.1.10　惠斯通电桥

解　电路有 4 个节点和 3 个独立回路。3 个节点方程为

$$I=I_1+I_2,\quad I_1=I_3+I_{\mathrm{G}},\quad I_3+I_4=I$$

按图中回路的绕向，3 个回路方程为

$$I_1R_1+I_{\mathrm{G}}R_{\mathrm{G}}-I_2R_2=0,\quad I_3R-I_4R_x-I_{\mathrm{G}}R_{\mathrm{G}}=0,\quad -\mathcal{E}+I_2R_2+I_4R_x=0$$

由以上六式,可得

$$I_G=\frac{(R_2R-R_1R_x)\mathcal{E}}{R_1R(R_2+R_x)+R_2R_x(R_1+R)+R_G(R_1+R)(R_2+R_x)}$$

当 $I_G=0$ 时,待测电阻为

$$R_x=\frac{R_2R}{R_1}$$

6.2 磁感应强度　洛伦兹力　稳恒磁场和毕奥-萨伐尔定律

6.2.1 磁感应强度

仿照电场强度的定义方法,历史上曾用磁荷在磁场中的受力来定义磁场的强弱和方向,但实验上不存在单一极性的磁荷,这种定义没有实验基础因而被放弃。

磁场的强弱和方向用磁感应强度矢量 $\boldsymbol{B}$ 表示。如图 6.2.1 所示,在磁场中阴极射线管中电子的运动发生偏转,说明磁场对运动电荷有力的作用,因此可以用运动电荷所受磁场力来定义 $\boldsymbol{B}$。

在历史上,$\boldsymbol{B}$ 的方向是这样定义的:在磁场中的 P 点放置一个小磁针,把小磁针稳定后 N 极的指向定义为该点 $\boldsymbol{B}$ 的方向。我们沿用这种定义。

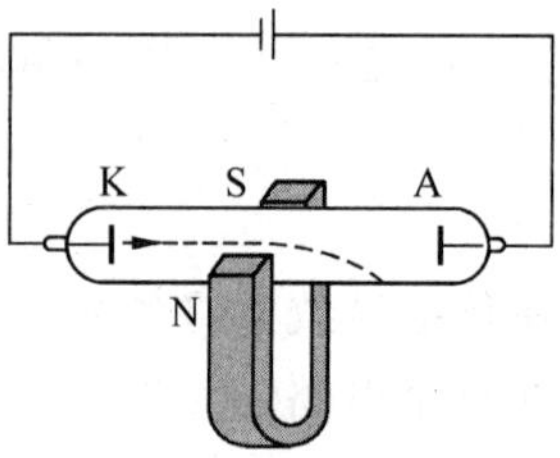

图 6.2.1　磁场对运动电荷有力的作用

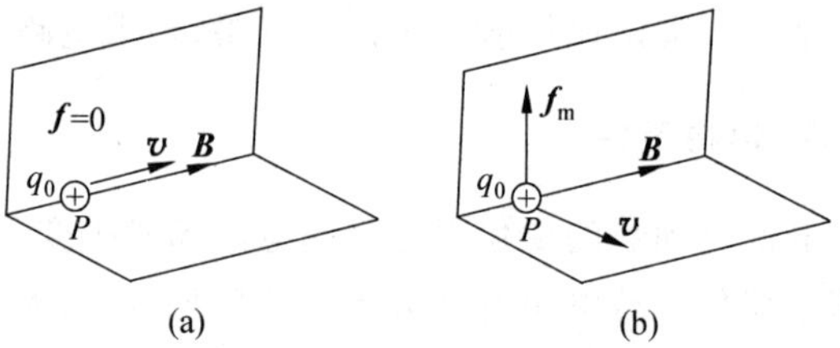

图 6.2.2　磁感应强度的定义

为定义 $\boldsymbol{B}$ 的大小,如图 6.2.2 所示,让一个运动的检验电荷 $q_0(>0)$ 以速度 $\boldsymbol{v}$ 经过磁场中的 P 点,测量检验电荷的受力随电量 q_0 和速度 $\boldsymbol{v}$ 的变化情况。实验发现

(1) 当 q_0 静止时,q_0 不受力(以此确认不存在电场);

(2) 当 $\boldsymbol{v}$ 与 $\boldsymbol{B}$ 平行时,q_0 也不受力,如图 6.2.2(a)所示;

(3) 当 $\boldsymbol{v}$ 与 $\boldsymbol{B}$ 垂直时,q_0 受力最大,其大小记为 f_m,如图 6.2.2(b)所示;

(4) 比值 $f_m/(q_0v)$ 只取决于场点 P 的位置,而与电量 q_0 及速度 v 无关。

由此看出,比值 $f_m/(q_0v)$ 反映了不同场点磁场本身的强弱,我们把它定义为 P 点的磁感应强度 $\boldsymbol{B}$ 的大小,即

$$B=\frac{f_m}{q_0v}$$

若 $q_0>0$,矢量积 $\boldsymbol{f}_m\times\boldsymbol{v}$ 的方向就是 $\boldsymbol{B}$ 的方向,这与历史上按小磁针 N 极指向的定义是一致的。

磁感应强度的国际单位制单位是 T(特[斯拉]),$1T=1N\cdot A^{-1}\cdot m^{-1}$。若采用高斯单位制,磁感应强度的单位是 G(高[斯]),$1G=10^{-4}T$。

在高斯单位制中，一些基本的电磁学公式都比较简单，如在高斯单位制中库仑定律的形式为 $f=q_1q_2/r^2$，下面将要介绍的毕奥-萨伐尔定律的形式为 $\mathrm{d}\boldsymbol{B}=I\mathrm{d}\boldsymbol{l}\times\boldsymbol{r}/(cr^3)$ 等，因此一些理论物理书刊仍采用高斯单位制。

表 6.2.1 给出一些典型的磁感应强度的数值。

表 6.2.1　一些典型的磁感应强度的数值　　T

磁屏蔽室内	3×10^{-14}	太阳光内	3×10^{-6}
星际空间	10^{-10}	电视机内偏转磁场	10^{-1}
无线电波内	10^{-9}	大型电磁铁	$1\sim2$
地球表面	5×10^{-5}	中子星表面	10^8

为形象地描绘磁场，类比在电场中引入电场线的方法人为地画出磁感应线（**B** 线）。在画法上，磁感应线的规定与电场线是一样的。实验上可以用铁粉（小磁针）在磁场中的排列来显示磁感应线的分布。

6.2.2　洛伦兹力

磁场对运动电荷的作用力，称为洛伦兹力，图 6.2.1 就是演示洛伦兹力的实验。如图 6.2.3 所示，一个电量为 q，以速度 $\boldsymbol{v}$ 运动的点电荷在磁感应强度为 $\boldsymbol{B}$ 处所受洛伦兹力为

$$\boldsymbol{f}=q\boldsymbol{v}\times\boldsymbol{B} \tag{6.2.1}$$

此即洛伦兹力公式，是由洛伦兹于 1895 年在建立经典电子论时作为一个基本假设提出，它独立于麦克斯韦方程组，已被大量实验所证实。

可能要问，前面定义 $\boldsymbol{B}$ 时用到了式(6.2.1)，这里是否有逻辑循环？不是的，$\boldsymbol{B}$ 还可以用电流之间相互作用等其他方法来定义，结果都是一样的。我们这样定义 $\boldsymbol{B}$ 是出于教学上的考虑。

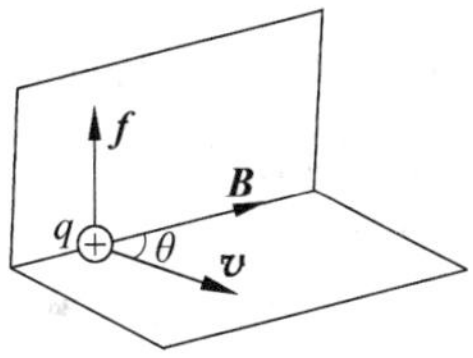

图 6.2.3　洛伦兹力公式

洛伦兹力的方向与电荷 q 的正负有关，矢量积 $\boldsymbol{v}\times\boldsymbol{B}$ 的方向用右手螺旋定则判定：当右手四指由 $\boldsymbol{v}$ 经小于 π 角转向 $\boldsymbol{B}$ 时，伸直大拇指的指向就是 $\boldsymbol{v}\times\boldsymbol{B}$ 的方向。洛伦兹力垂直于电荷的运动方向，因此它对运动的带电粒子不做功，只改变粒子的运动方向，而不改变粒子的速率和动能。洛伦兹力的大小为

$$f=qvB\sin\theta$$

其中，θ 为 $\boldsymbol{v}$ 与 $\boldsymbol{B}$ 的夹角。

当同时存在电场和磁场时，运动电荷受到的电场力和磁场力的合力为

$$\boldsymbol{f}=q(\boldsymbol{E}+\boldsymbol{v}\times\boldsymbol{B}) \tag{6.2.2}$$

其中，电力 $q\boldsymbol{E}$ 与受力电荷是否运动以及运动的速度无关，与电荷运动有关的是磁力 $q\boldsymbol{v}\times\boldsymbol{B}$。有时也把式(6.2.2)称作洛伦兹力公式，表示电磁场对带电粒子的作用力。

6.2.3　稳恒磁场和毕奥-萨伐尔定律

稳恒电流所产生的磁场称为稳恒磁场，或静磁场。变化的电流和变化的电场所激发的

磁场都不是稳恒磁场。

1. 毕奥-萨伐尔定律

仿照计算带电体的电场的方法，为求稳恒电流 I 所产生的磁场，如图 6.2.4 所示，设想把载流导线分割成许多与电流 I 同方向的有向线元 $\mathrm{d}\boldsymbol{l}$，矢量 $I\mathrm{d}\boldsymbol{l}$ 称为电流元，它所激发的磁场是磁场的基元场。静止点电荷激发电场的实验规律是库仑定律，稳恒电流元激发磁场的实验规律是毕奥-萨伐尔定律。

但稳恒电流总是闭合的，在实验上不存在孤立的稳恒电流元，能够直接测量的只能是整个电流回路的磁场，因此单个电流元的磁场只能通过总结大量闭合回路磁场的实验数据得到。1820 年，法国物理学家毕奥(J. B. Biot)和萨伐尔(F. Savart)通过测量载流长直导线和弯折导线等不同形状的电流对磁极的作用力，总结出一个表达电流元磁场的公式，称为毕奥-萨伐尔定律，后来拉普拉斯在数学上证明了毕奥-萨伐尔定律适用于任意形状和大小的闭合电流回路。

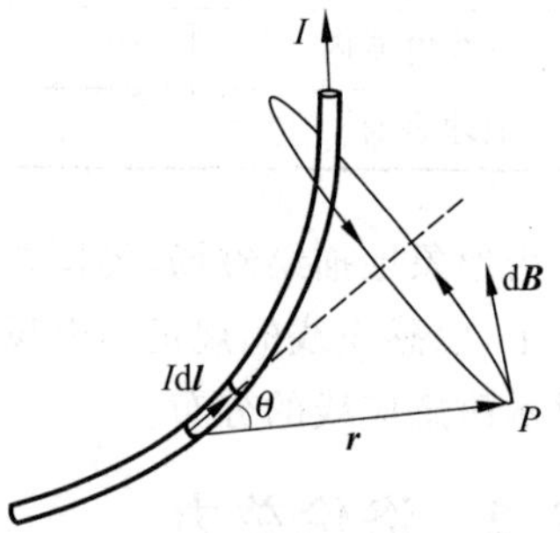

图 6.2.4 毕奥-萨伐尔定律

如图 6.2.4 所示，毕奥-萨伐尔定律可表述为：在真空中，稳恒电流元 $I\mathrm{d}\boldsymbol{l}$ 在 P 点所产生的稳恒磁场的磁感应强度为

$$\mathrm{d}\boldsymbol{B}=\frac{\mu_0}{4\pi}\frac{I\mathrm{d}\boldsymbol{l}\times\boldsymbol{r}}{r^3} \quad (\text{磁场的基元场}) \qquad (6.2.3)$$

式中，$\boldsymbol{r}$ 为由 $I\mathrm{d}\boldsymbol{l}$ 引向 P 点的位矢。$\mathrm{d}\boldsymbol{B}$ 的方向用右手螺旋定则判定：当右手四指由 $I\mathrm{d}\boldsymbol{l}$ 经小于 π 角转向 $\boldsymbol{r}$ 时，伸直大拇指的指向就是 $\mathrm{d}\boldsymbol{B}$ 的方向。可以看出，电流元磁场的磁感应线是一系列同心圆。

$\mathrm{d}\boldsymbol{B}$ 的大小为

$$\mathrm{d}B=\frac{\mu_0}{4\pi}\frac{I\mathrm{d}l\sin\theta}{r^2}$$

式中，θ 为 $\mathrm{d}\boldsymbol{l}$ 与 $\boldsymbol{r}$ 的夹角，常量 μ_0 称为真空磁导率，其值为

$$\mu_0=4\pi\times10^{-7}\,\mathrm{T\cdot m\cdot A^{-1}}=4\pi\times10^{-7}\,\mathrm{H\cdot m^{-1}}$$

其中，H 为自感和互感的单位亨[利]。

实验表明，与电场一样，磁场也服从叠加原理：稳恒电流在空间某点的磁感应强度，等于载流导线中各个电流元单独存在时在该点磁感应强度的矢量和，即

$$\boldsymbol{B}=\int_L\mathrm{d}\boldsymbol{B}=\frac{\mu_0}{4\pi}\int_L\frac{I\mathrm{d}\boldsymbol{l}\times\boldsymbol{r}}{r^3}$$

积分区域遍及整个载流导线。

2. 匀速直线运动点电荷的磁场

电流的磁场是由运动的电荷产生。如图 6.2.5 所示，一个以速度 $\boldsymbol{v}$ 作匀速直线运动的点电荷 q 在 P 点的磁感应强度为

$$\boldsymbol{B}=\frac{1}{c^2}\boldsymbol{v}\times\boldsymbol{E} \tag{6.2.4}$$

其中，$\boldsymbol{E}$ 为运动电荷 q 在 P 点的电场强度，其表达式为

$$\boldsymbol{E}=\frac{q}{4\pi\varepsilon_0 r^2}\frac{1-\beta^2}{(1-\beta^2\sin^2\theta)^{3/2}}\hat{\boldsymbol{r}}$$

考虑一个低速($v\ll c$)运动的点电荷 q，在 $\mathrm{d}t$ 时间内位移为 $\mathrm{d}l$，所形成的电流元 $I\mathrm{d}\boldsymbol{l}$ 的大小为

$$I\mathrm{d}l=\frac{q}{\mathrm{d}l/v}\mathrm{d}l=qv$$

因 $\mathrm{d}\boldsymbol{l}$ 与 $\boldsymbol{v}$ 的方向相同，故

$$I\mathrm{d}\boldsymbol{l}=q\boldsymbol{v}$$

电荷低速运动时可按稳恒电流元来处理，把 $I\mathrm{d}\boldsymbol{l}=q\boldsymbol{v}$ 代入式(6.2.3)，就得到式(6.2.4)，即

$$\boldsymbol{B}=\frac{\mu_0}{4\pi}\frac{q\boldsymbol{v}\times\boldsymbol{r}}{r^3}=\varepsilon_0\mu_0\boldsymbol{v}\times\frac{q\hat{\boldsymbol{r}}}{4\pi\varepsilon_0 r^2}=\frac{1}{c^2}\boldsymbol{v}\times\boldsymbol{E}$$

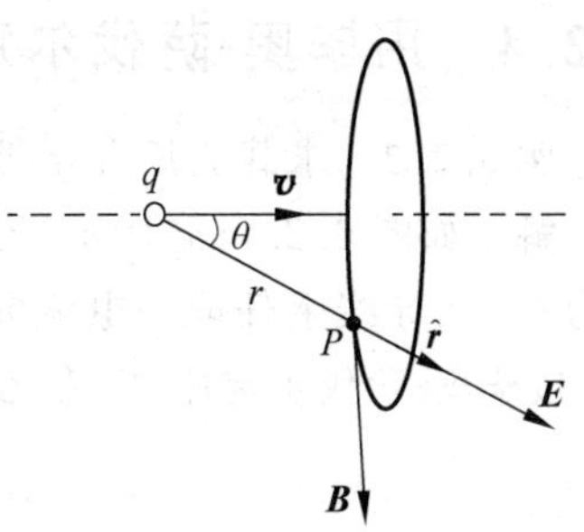

图 6.2.5　匀速运动点电荷的磁场

可以证明，在电荷高速运动情况下式(6.2.4)也成立。

例 6.2.1　如图 6.2.6 所示，在地面上观测，两个电量分别为 q_1 和 q_2 的点电荷以相同的速度 v 平行运动，它们之间的距离为 r。求 q_1 和 q_2 之间磁场力与电场力大小的比值。

解　设 $q_1>0$，在地面上观测，q_1 在 q_2 处的磁场为

$$\boldsymbol{B}=\frac{1}{c^2}\boldsymbol{v}\times\boldsymbol{E}=\frac{1}{c^2}E\boldsymbol{v}\times\hat{\boldsymbol{r}}$$

其中，$\boldsymbol{E}=E\hat{\boldsymbol{r}}$ 为 q_1 在 q_2 处的电场，$\hat{\boldsymbol{r}}$ 为从 q_1 到 q_2 方向的单位矢量。q_2 所受磁场力为

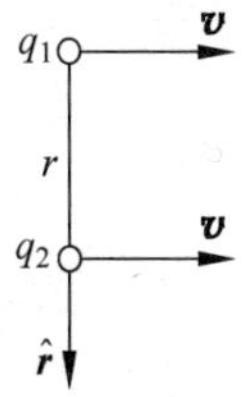

图 6.2.6　例 6.2.1 图

$$\boldsymbol{f}_{\mathrm{m}}=q_2\boldsymbol{v}\times\boldsymbol{B}=\frac{1}{c^2}q_2E\boldsymbol{v}\times(\boldsymbol{v}\times\hat{\boldsymbol{r}})=-\frac{v^2}{c^2}q_2E\hat{\boldsymbol{r}}$$

而 q_2 所受电场力为

$$\boldsymbol{f}_{\mathrm{e}}=q_2\boldsymbol{E}=q_2E\hat{\boldsymbol{r}}$$

因此，q_1 和 q_2 之间磁场力与电场力大小的比值为

$$\frac{f_{\mathrm{m}}}{f_{\mathrm{e}}}=\frac{v^2}{c^2}$$

在通常情况下 $v\ll c$，所以实验上很难观测到运动电荷之间的磁相互作用。

***讨论**

按上面结果，在地面参考系 q_2 的受力为

$$\boldsymbol{f}=\boldsymbol{f}_{\mathrm{e}}+\boldsymbol{f}_{\mathrm{m}}=q_2E\hat{\boldsymbol{r}}-\frac{v^2}{c^2}q_2E\hat{\boldsymbol{r}}=\left(1-\frac{v^2}{c^2}\right)q_2E\hat{\boldsymbol{r}}$$

而 q_1 在 q_2 处的电场为

$$E=\frac{q_1}{4\pi\varepsilon_0 r^2}\frac{1-\beta^2}{(1-\beta^2\sin^2 90^\circ)^{3/2}}=\frac{q_1}{4\pi\varepsilon_0 r^2}\frac{1}{\sqrt{1-\beta^2}}$$

因此，在地面参考系 q_2 受力的大小为

$$f=\left(1-\frac{v^2}{c^2}\right)q_2E=\left(1-\frac{v^2}{c^2}\right)\frac{q_1q_2}{4\pi\varepsilon_0r^2}\frac{1}{\sqrt{1-\beta^2}}=\frac{q_1q_2}{4\pi\varepsilon_0r^2}\sqrt{1-\frac{v^2}{c^2}}$$

这正是按力的相对论变换得到的结果(见例3.7.1),说明电磁学规律具有洛伦兹变换协变对称性。

6.2.4 用毕奥-萨伐尔定律和磁场叠加原理求磁场

例6.2.2 求载流长直导线外部的磁场。导线中的电流为 I。

解 如图6.2.7(a)所示,沿电流 I 的方向把长直导线轴线取为 z 轴,P 点与 z 轴的距离为 r。在导线上任取一电流元,其大小为 $I\mathrm{d}z$,方向沿 z 轴。由 $I\mathrm{d}z$ 引向 P 点的位矢为 $\boldsymbol{r}'$。按毕奥-萨伐尔定律,电流元 $I\mathrm{d}z$ 在 P 点磁场的大小为

$$\mathrm{d}B=\frac{\mu_0}{4\pi}\frac{I\mathrm{d}z\sin\theta}{r'^2}$$

方向垂直于纸面向里。按磁场叠加原理,整个载流导线在 P 点磁场的大小为

$$B=\int\mathrm{d}B=\frac{\mu_0}{4\pi}\int\frac{I\mathrm{d}z\sin\theta}{r'^2}=\frac{\mu_0}{4\pi}\int\frac{I\mathrm{d}z\sin^3\theta}{r^2}$$

积分区域遍及整个导线。式中用到 $r'=r/\sin\theta$,为把积分变量换成 θ,由 $z=-r\cot\theta$,得 $\mathrm{d}z=r\mathrm{d}\theta/\sin^2\theta$,因此

$$B=\frac{\mu_0}{4\pi}\int\frac{I\mathrm{d}z\sin^3\theta}{r^2}=\frac{\mu_0I}{4\pi r}\int_{\theta_1}^{\theta_2}\sin\theta\mathrm{d}\theta=\frac{\mu_0I}{4\pi r}(\cos\theta_1-\cos\theta_2)$$

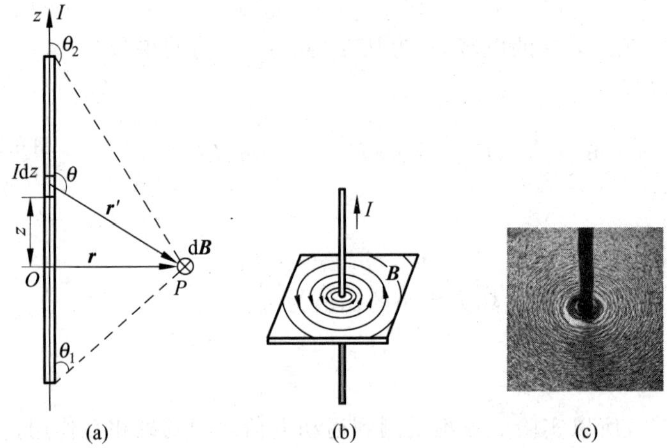

图6.2.7 例6.2.2图

稳恒电流总是闭合的,有实际意义的长直电流应该无限长,这时 $\theta_1=0$,$\theta_2=\pi$,代入上式,得

$$B=\frac{\mu_0I}{2\pi r}\quad(\text{无限长直电流})$$

无限长直电流的磁场与 r 成反比。当 P 点在导线的轴线或其延长线上时,$B=0$。

图6.2.7(b)表示长直电流的磁感应线,它们是一系列与导线共轴的同心圆,其绕向与电流的方向成右手螺旋关系。图6.2.7(c)是用铁粉显示的结果。

图6.2.8表示两段互相垂直的半无限长直电流,水平电流在 P 点不产生磁场,竖直电

流在 P 点的磁场为

$$B=\frac{\mu_0 I}{4\pi r}\quad(\text{半无限长直电流})$$

在不致引起混淆的情况下，下面提到的长直电流均指无限长的直电流。

图 6.2.9 表示当年毕奥和萨伐尔所作的一个实验，他们在竖直长直导线上用细绳悬挂一个有孔的静止水平圆盘，盘上沿径向对称地放置一对相同的磁棒，沿竖直导线通过稳恒电流，发现圆盘不转动。按磁的库仑定律，磁棒的 N 极和 S 极所受磁力正比于 B，对导线的力矩正比于磁极与导线的距离，圆盘不转动说明作用在磁棒两端的力矩大小相等，方向相反，与它们到导线的距离无关，这就验证了长直电流的磁场与 r 成反比。盘上放置两个相同的磁棒是为了重力平衡和提高测量的精度。

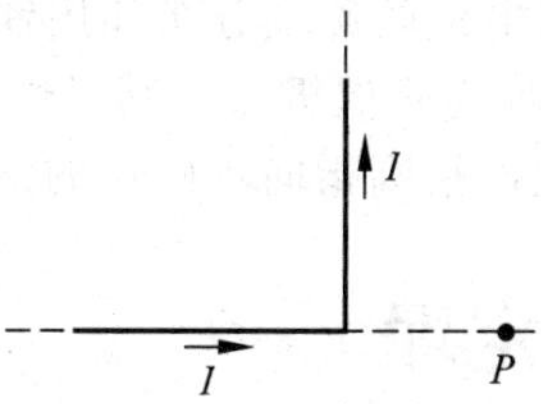

图 6.2.8　半无限长直电流

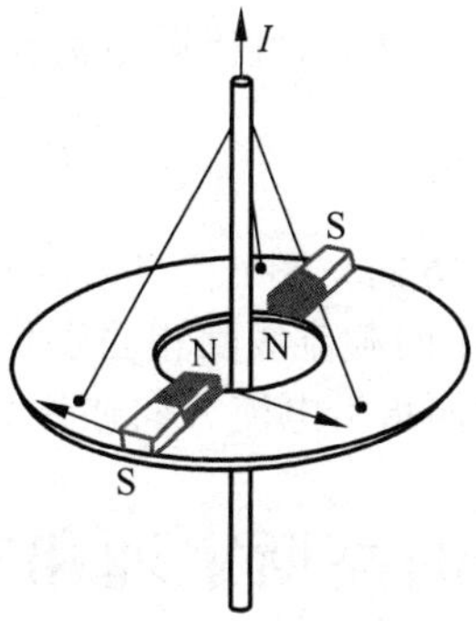

图 6.2.9　毕奥-萨伐尔实验

例 6.2.3　求载流导体圆环(圆电流)在轴线上和在直径延长线上远点的磁场。圆环的半径为 R，电流为 I。

解　如图 6.2.10(a)所示，设 z 轴方向与电流 I 的方向成右手螺旋关系，把圆环中心 O 取为坐标原点，P 点的坐标为 z。由于圆环上任一电流元 $I\mathrm{d}\boldsymbol{l}$ 与它到 P 点的位矢 $\boldsymbol{r}$ 垂直，$\mathrm{d}\boldsymbol{B}$ 的大小为

$$\mathrm{d}B=\frac{\mu_0 I\mathrm{d}l}{4\pi r^2}\sin\frac{\pi}{2}=\frac{\mu_0 I\mathrm{d}l}{4\pi r^2}$$

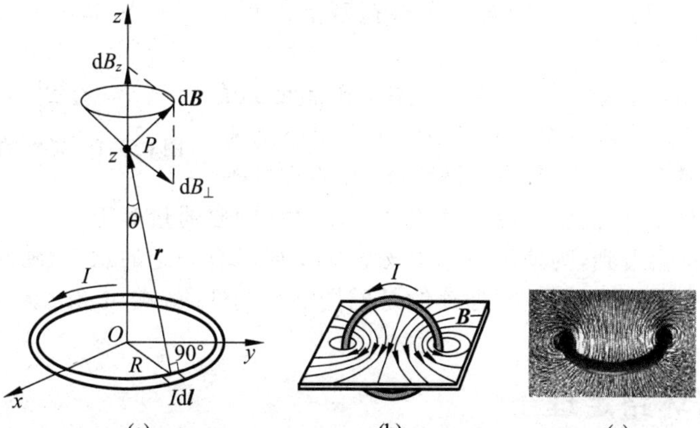

图 6.2.10　例 6.2.3 图

方向垂直于 $\boldsymbol{r}$。按圆电流的对称性,各电流元的 $\mathrm{d}\boldsymbol{B}$ 以 P 点为顶点形成圆锥面,所有垂直于 z 轴的分量 $\mathrm{d}B_{\perp}$ 相互抵消,只需对 $\mathrm{d}B_z$ 积分,因此圆电流在轴线上磁场的大小为

$$B=\int \mathrm{d}B_z=\int \mathrm{d}B\sin\theta=\frac{\mu_0 I\sin\theta}{4\pi r^2}\int_0^{2\pi R}\mathrm{d}l=\frac{\mu_0 IR^2}{2(R^2+z^2)^{3/2}}$$

在轴线上远点

$$B=\frac{\mu_0 IR^2}{2z^3},\quad z\gg R$$

方向沿 z 轴方向。令 $z=0$,得

$$B=\frac{\mu_0 I}{2R}$$

此即圆电流在圆心处的磁场。

经比较繁琐的计算,可得圆电流在直径延长线上远点的磁场的大小为

$$B=\frac{\mu_0 IR^2}{4x^3},\quad x\gg R$$

方向沿 z 轴的反方向。图6.2.10(b)和(c)分别为圆电流的磁场分布和用铁粉显示的结果。

可以看出,小的载流线圈相当于是一个小磁针(称为磁偶极子),其极性用右手螺旋定则判定:用右手的四指沿电流方向握住圆电流,伸直大拇指则指向小磁针的N极。

6.3 磁场的高斯定理和安培环路定理

6.3.1 磁场的高斯定理

仿照引入电通量的方法,磁场通过曲面 S 的磁通量定义为

$$\Phi_{\mathrm{m}}=\iint_S \boldsymbol{B}\cdot\mathrm{d}\boldsymbol{S}=\iint_S B\cos\theta\,\mathrm{d}S$$

磁通量的单位是Wb(韦[伯]),$1\mathrm{Wb}=1\mathrm{T}\cdot\mathrm{m}^2$。

磁场的高斯定理(磁通连续定理)可表述为:通过任一闭合面的磁通量恒等于零,即

$$\oiint_S \boldsymbol{B}\cdot\mathrm{d}\boldsymbol{S}=0\qquad(6.3.1)$$

因此磁场是无源场,磁感应线闭合。按磁荷观点来说,就是不存在磁单极子。

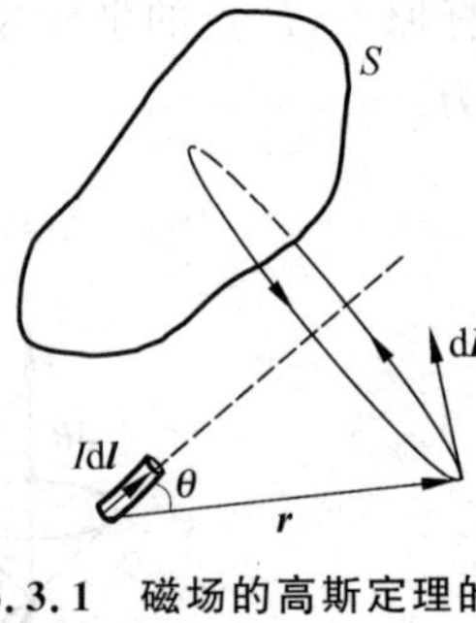

图6.3.1 磁场的高斯定理的证明

如图6.3.1所示,按毕奥-萨伐尔定律,电流元 $I\mathrm{d}\boldsymbol{l}$ 的磁场 $\mathrm{d}\boldsymbol{B}$ 的磁感应线是一系列同心圆,这些同心圆通过任一闭合面 S 的磁通量等于零,而稳恒电流的磁场等于电流元磁场的叠加,因此稳恒磁场通过任一闭合面的磁通量等于零。

在7.1.3节将会看到,为使法拉第电磁感应定律具有确定的意义,随时间变化的磁场也必须服从磁场的高斯定理,因此磁通连续是磁场的普遍性质,式(6.3.1)是麦克斯韦方程组中的一个方程。

6.3.2 安培环路定理

在稳恒磁场中,磁感应强度 $\boldsymbol{B}$ 沿任一闭合回路的环流,等于通过以该回路为边界的任

一曲面的所有电流代数和的 μ_0 倍，而与闭合回路外的电流无关，即

$$\oint_L \boldsymbol{B}\cdot \mathrm{d}\boldsymbol{l}=\mu_0\iint_S \boldsymbol{j}\cdot \mathrm{d}\boldsymbol{S}=\mu_0\sum_{(L内)} I_i \tag{6.3.2}$$

此即安培环路定理，它表达电流如何激发磁场。式中，S 为以闭合回路 L 为边界的任一曲面。遵从数学上的惯例，规定面元 $\mathrm{d}\boldsymbol{S}$ 的法线方向与回路 L 的绕向成右手螺旋关系，因此电流 I_i 的符号规定为：当 I_i 的方向与 L 的绕向成右手螺旋关系时，I_i 取正号；反之，取负号。

在式(6.3.2)中，虽然 $\boldsymbol{B}$ 的环流与回路 L 外的电流无关，但积分回路上各点的 $\boldsymbol{B}$ 却是由回路内外全部电流共同产生。

例 6.3.1　如图 6.3.2 所示，当只有电流 I_1 时，计算 $\boldsymbol{B}$ 沿闭合回路 L 的环流。然后依次加入电流 I_2，I_3 和 I_4，再计算 $\boldsymbol{B}$ 的环流。

解　(1) 按右手螺旋定则，电流 I_1 取正号，当只有 I_1 时，$\boldsymbol{B}$ 沿闭合回路 L 的环流为

$$\oint_L \boldsymbol{B}\cdot \mathrm{d}\boldsymbol{l}=\mu_0 I_1$$

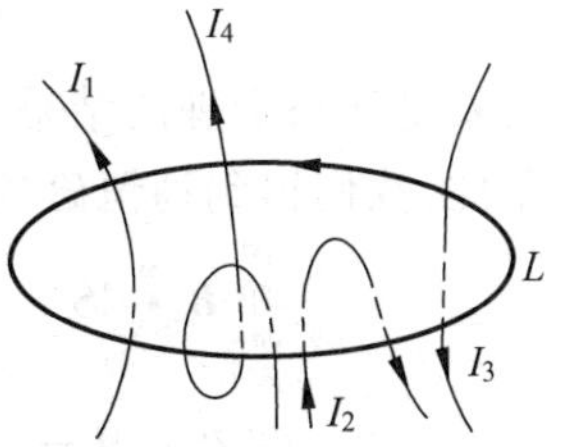

图 6.3.2　例 6.3.1 图

(2) 电流 I_2 穿过回路两次，但符号相反，对环流没有贡献，加入 I_2 后 $\boldsymbol{B}$ 的环流仍为

$$\oint_L \boldsymbol{B}\cdot \mathrm{d}\boldsymbol{l}=\mu_0 I_1$$

(3) 电流 I_3 的符号为负，加入 I_3 后 $\boldsymbol{B}$ 的环流变为

$$\oint_L \boldsymbol{B}\cdot \mathrm{d}\boldsymbol{l}=\mu_0 (I_1-I_3)$$

(4) 电流 I_4 穿过回路两次，且符号相同，加入 I_4 后 $\boldsymbol{B}$ 的环流变为

$$\oint_L \boldsymbol{B}\cdot \mathrm{d}\boldsymbol{l}=\mu_0 (I_1-I_3+2I_4)$$

安培环路定理可以从毕奥-萨伐尔定律和磁场叠加原理出发证明，但我们以长直电流的磁场为例来验证它。先看闭合回路包围长直电流的情况，如图 6.3.3(a)所示，电流 I 垂直穿出纸面，与纸面交于 O 点，在纸面上画一个包围电流 I 的任意闭合回路 L，其绕向与 I 的方向成右手螺旋关系，$\mathrm{d}\boldsymbol{l}$ 是 L 上的有向线元，$\boldsymbol{r}$ 为由 O 点引向 P 点的位矢。电流 I 的磁感应线是一系列以 O 点为圆心的同心圆(虚线)，磁场的大小为 $\mu_0 I/(2\pi r)$，用 $\mathrm{d}\varphi$ 代表 $\mathrm{d}\boldsymbol{l}$ 对应的圆心角，则

$$\boldsymbol{B}\cdot \mathrm{d}\boldsymbol{l}=\frac{\mu_0 I}{2\pi r}\,|\,\mathrm{d}\boldsymbol{l}\,|\cos\theta=\frac{\mu_0 I}{2\pi r}r\,\mathrm{d}\varphi=\frac{\mu_0 I}{2\pi}\mathrm{d}\varphi \tag{6.3.3}$$

其中，θ 为 $\mathrm{d}\boldsymbol{l}$ 与 $\boldsymbol{B}$ 的夹角。把上式沿闭合回路 L 作积分，得

$$\oint_L \boldsymbol{B}\cdot \mathrm{d}\boldsymbol{l}=\frac{\mu_0 I}{2\pi}\oint_L \mathrm{d}\varphi=\mu_0 I$$

安培环路定理成立。

再看闭合回路不包围长直电流的情况，如图 6.3.3(b)所示，角度 φ 是从电流来看回路的最大视角，φ 角的两边把回路分成 L_1 和 L_2 两部分。在 φ 角内任取 $\mathrm{d}\varphi$，其两边分别在 L_1 和 L_2 上截得 $\mathrm{d}\boldsymbol{l}_1$ 和 $\mathrm{d}\boldsymbol{l}_2$。因 $\mathrm{d}\boldsymbol{l}_1$ 对应 $\mathrm{d}\varphi$，而 $\mathrm{d}\boldsymbol{l}_2$ 对应 $-\mathrm{d}\varphi$，则由式(6.3.3)可知

$$\boldsymbol{B}_1\cdot \mathrm{d}\boldsymbol{l}_1=-\boldsymbol{B}_2\cdot \mathrm{d}\boldsymbol{l}_2$$

因此，$\boldsymbol{B}$ 沿闭合回路 L 的环流为

$$\oint_L \boldsymbol{B}\cdot \mathrm{d}\boldsymbol{l}=\int_{L_1}\boldsymbol{B}_1\cdot \mathrm{d}\boldsymbol{l}_1+\int_{L_2}\boldsymbol{B}_2\cdot \mathrm{d}\boldsymbol{l}_2=0$$

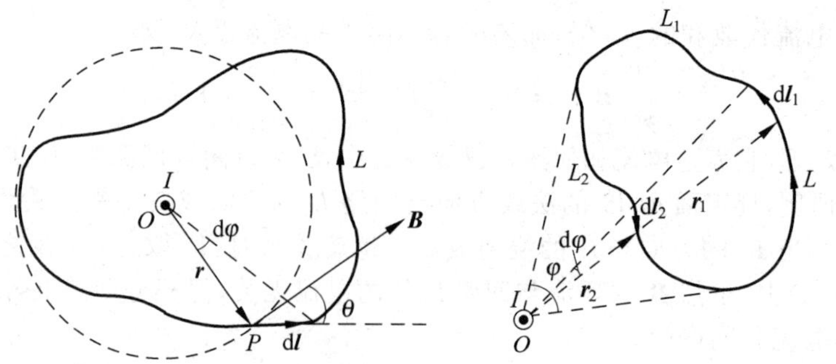

(a) 回路包围长直电流　　(b) 回路不包围长直电流

图 6.3.3　安培环路定理的验证

这正是安培环路定理的结果。

至此,我们得到稳恒磁场服从的两个基本方程

$$\oiint_S \boldsymbol{B}\cdot \mathrm{d}\boldsymbol{S}=0 \qquad \text{(磁场的高斯定理,适用于任何磁场)}$$

$$\oint_L \boldsymbol{B}\cdot \mathrm{d}\boldsymbol{l}=\mu_0\sum_{(L内)} I_i \qquad \text{(安培环路定理,仅适用于稳恒磁场)}$$

磁场是无源、有旋场,磁感应线闭合。磁场的高斯定理适用于任何磁场,而对于随时间变化的普遍情况,安培环路定理应作修改(见7.4.2节)。

磁场的高斯定理和安培环路定理互相独立,分别反映磁场的无源性和有旋性,只有联合起来才能完整地表达稳恒磁场。但当电流分布具有某些对称性时,通过对称性分析得到的磁场分布服从高斯定理,这时只用安培环路定理就能求磁场。

6.3.3　用安培环路定理求磁场

给定电流分布,可以用毕奥-萨伐尔定律和磁场叠加原理求磁场,但计算往往比较复杂。当电流分布具有某些对称性时,恰当地选取积分回路就能用安培环路定理求磁场。

例 6.3.2　求载流长直导线内部和外部的磁场。导线的半径为 R,电流 I 均匀流过导线的横截面。

解　由电流的轴对称性可知,在与导线同轴的圆回路上各点 $\boldsymbol{B}$ 的大小相等。为分析 $\boldsymbol{B}$ 的方向,如图6.3.4(a)所示,在导线横截面上任取一对相对 OP 对称的等面积的面元,流过的电流为 $\mathrm{d}I$,它们在 P 点的磁场 $\mathrm{d}\boldsymbol{B}$ 和 $\mathrm{d}\boldsymbol{B}'$ 的大小相等,$\mathrm{d}\boldsymbol{B}+\mathrm{d}\boldsymbol{B}'$ 垂直于 OP,沿圆回路过 P 点的切线方向。由于整个电流可以成对地分成对称的面元电流,则总电流 I 在 P 点的磁场 $\boldsymbol{B}$ 沿圆回路过 P 点的切线方向。

如图6.3.4(b)所示,在导线内部作一与导线同轴的圆回路作为积分回路,圆心为 O',半径为 r,其绕向与 I 的方向成右手螺旋关系。由于电流均匀流过导线的横截面,圆回路所包围的电流为

$$i=\frac{I}{\pi R^2}\pi r^2=\frac{Ir^2}{R^2}$$

按安培环路定理,有

$$2\pi rB=\mu_0 i=\frac{\mu_0 Ir^2}{R^2}$$

因此，导线内部的磁感应强度的大小为

$$B=\frac{\mu_0 Ir}{2\pi R^2},\quad r\leqslant R$$

大小与 r 成正比，方向用右手螺旋定则判定。

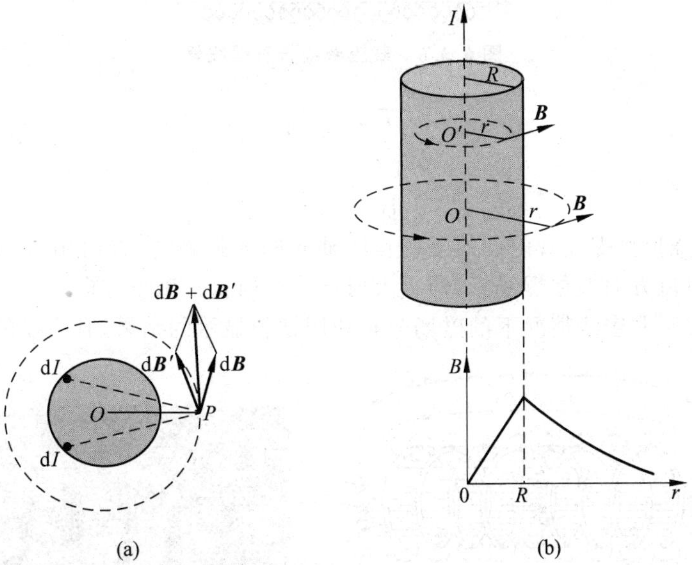

图 6.3.4　例 6.3.2 图

把积分回路取在导线外部（圆心为 O、半径为 r），可得

$$B=\frac{\mu_0 I}{2\pi r},\quad r>R$$

导线外部的磁场与 r 成反比，结果与例 6.2.2 一致。

图 6.3.5 表示一载流长直同轴电缆，其内导体圆柱和外导体薄圆筒的半径分别为 R_1 和 R_2，电流 I 沿轴向均匀流过导体圆柱的横截面并沿导体圆筒流回。由上例结果和安培环路定理可知，磁场的分布为

$$B=\begin{cases}\dfrac{\mu_0 Ir}{2\pi R_1^2}, & r\leqslant R_1\\[2mm] \dfrac{\mu_0 I}{2\pi r}, & R_1<r\leqslant R_2\\[2mm] 0, & R>R_2\end{cases}$$

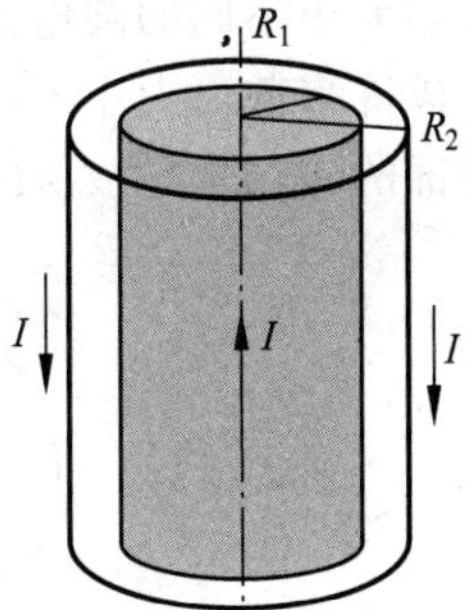

图 6.3.5　载流长直同轴电缆

例 6.3.3　图 6.3.6 表示一载流密绕长直螺线管，由绝缘导线（漆包线）均匀密绕而成。已知螺线管单位长度上线圈的匝数为 n，沿导线通过电流 I。求螺线管内部的磁场。

解　作一矩形回路 $abcda$，其绕向与所包围的电流方向成右手螺旋关系。忽略螺距，密绕长直螺线管可以看成许多紧密排列（近似平行）的圆线圈。忽略边缘效应，由电流分布的对称性可知，管内磁感应线平行于轴线，ab 段上各点 $\boldsymbol{B}$ 的大小相等，方向相同，bc 和 da 段与 $\boldsymbol{B}$ 垂直，而管外磁场（漏磁）比管内弱得多，可以忽略。按安培环路定理，有

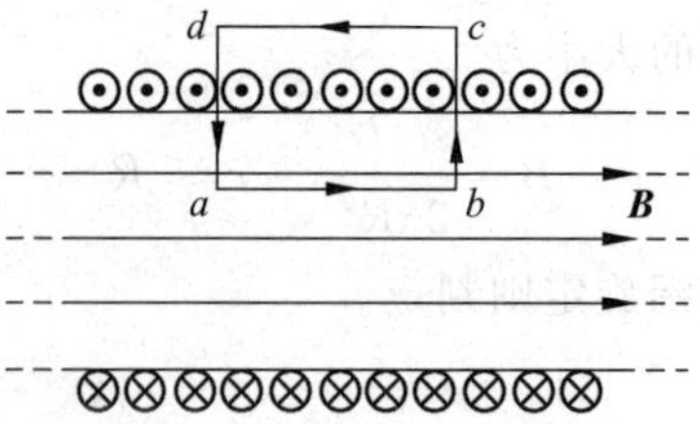

图 6.3.6 载流密绕长直螺线管

$$B\overline{ab}=\mu_0\overline{ab}nI$$

得

$$B=\mu_0 nI$$

这表明,载流密绕长直螺线管内部的磁场是沿轴向的匀强磁场,方向用右手螺旋定则判定:用右手四指沿电流方向握住螺线管,伸直大拇指的指向就是磁场方向。

图 6.3.7 表示非密绕情况下的磁场分布和用铁粉显示的结果,有明显的漏磁。

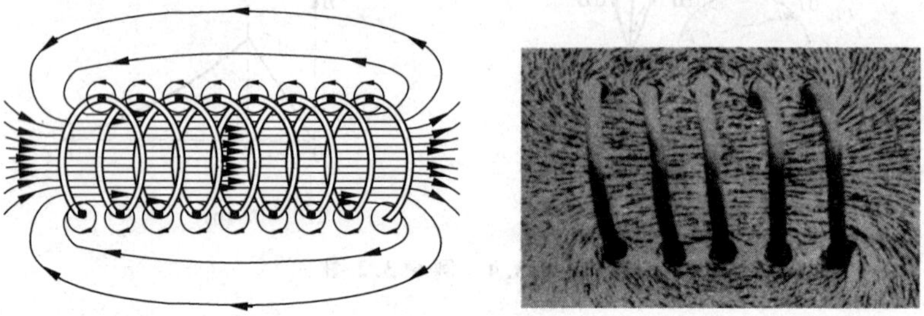

图 6.3.7 载流非密绕螺线管

图 6.3.8(a)表示一横截面为任意形状的密绕长直螺线管,其截面上的每匝电流都相当于由许多大小不同的圆电流的叠加,如图 6.3.8(b)所示。从电流分布上看,可以把这种螺线管看成许多截面大小不同的圆截面螺线管。因此与圆截面螺线管一样,这种密绕长直螺线管内部的磁场也是 $\mu_0 nI$,管外磁场可以忽略。

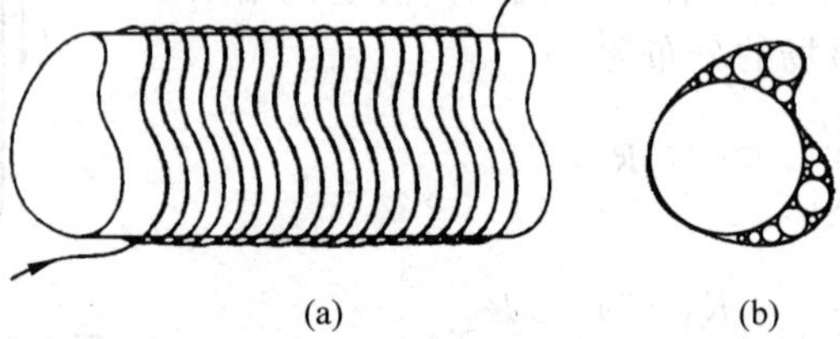

图 6.3.8 横截面为任意形状的密绕长直螺线管

例 6.3.4 图 6.3.9(a)表示一载流密绕螺绕环,其内外半径分别为 R_1 和 R_2,单位长度上线圈的匝数为 n,沿导线通过电流 I。求螺绕环内部的磁场。

解 在环内作一半径为 r 的同心圆回路,其绕向与所包围的电流方向成右手螺旋关系。由电流分布的对称性可知,圆回路上各点的磁感应强度大小相等,并沿切线方向,环外磁场可以忽略。按安培环路定理,有

$$2\pi rB=\mu_0 2\pi R_1 nI$$

得

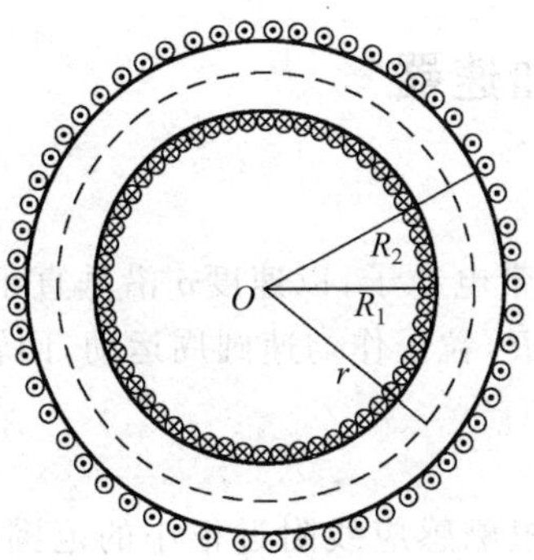

(a) 密绕螺绕环

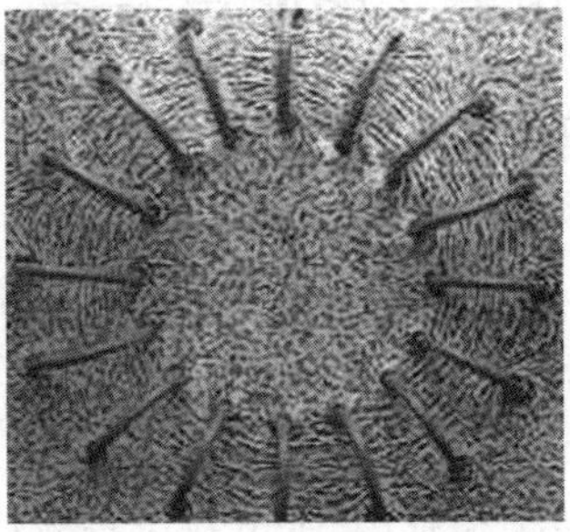

(b) 铁粉显示的非密绕螺绕环的磁场

图 6.3.9　例 6.3.4 图

$$B=\frac{\mu_0 R_1 nI}{r}$$

方向用右手螺旋定则判定。

若螺绕环很细($R_2-R_1\ll R_1$)，则 $r\approx R_1$，近似有

$$B=\mu_0 nI$$

与载流密绕长直螺线管内部的磁场相同。图 6.3.9(b)是用铁粉显示的非密绕螺绕环的磁场分布，有明显的漏磁。

例 6.3.5　图 6.3.10 表示一无限大均匀载流平板，面电流密度矢量为 $\boldsymbol{j}$。求载流平板外部的磁场。

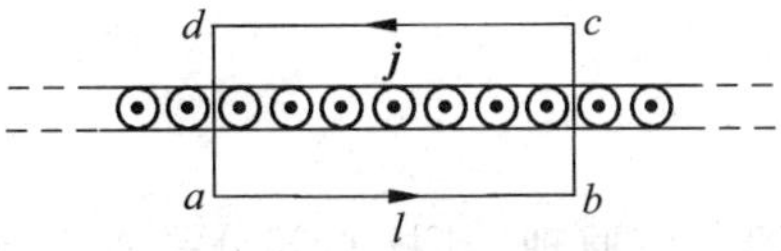

图 6.3.10　例 6.3.5 图

解　无限大均匀载流平板相当于无限多条紧密排列的平行的长直电流，由电流分布的对称性可知，在与平板等距离处 $\boldsymbol{B}$ 的大小相等，在平板的上方和下方，$\boldsymbol{B}$ 的方向互相反平行。作一矩形回路 $abcda$，宽度为 l，其绕向与面电流密度矢量 $\boldsymbol{j}$ 的方向成右手螺旋关系。按安培环路定理，有

$$2Bl=\mu_0 lj$$

得

$$B=\frac{\mu_0 j}{2}$$

这表明：无限大载流平板两侧的磁场，是与面电流密度成正比的匀强磁场。

6.4　带电粒子在磁场中的运动

在许多领域的研究和应用中都涉及带电粒子在磁场中的运动，如回旋加速器、可控核聚变中的磁约束和霍尔效应等。

6.4.1 带电粒子的圆周运动 回旋加速器

1. 带电粒子的圆周运动

如图6.4.1所示，一个质量为m、电量为q的带电粒子，以速度$\boldsymbol{v}$沿垂直于$\boldsymbol{B}$的方向射入匀强磁场。带电粒子的运动方程为$qvB=mv^2/R$，粒子作匀速圆周运动，回转半径为

$$R=\frac{mv}{qB}$$

磁场越强，回转半径越小，带电粒子将被约束在一根磁感应线附近很小的范围内，这称为横向磁约束。带电粒子的回转周期为

$$T=\frac{2\pi R}{v}=\frac{2\pi m}{qB} \tag{6.4.1}$$

它与回转半径及运动速率无关，这是设计回旋加速器的基本依据。

当粒子速度v接近光速c时，必须考虑相对论效应，这时带电粒子的回转半径和回转周期分别为

$$R=\frac{m_0 v}{qB\sqrt{1-v^2/c^2}} \tag{6.4.2}$$

$$T=\frac{2\pi m_0}{qB\sqrt{1-v^2/c^2}} \tag{6.4.3}$$

其中，m_0为带电粒子的静质量。随着v的增大，回转半径R变大，回转周期T变长。

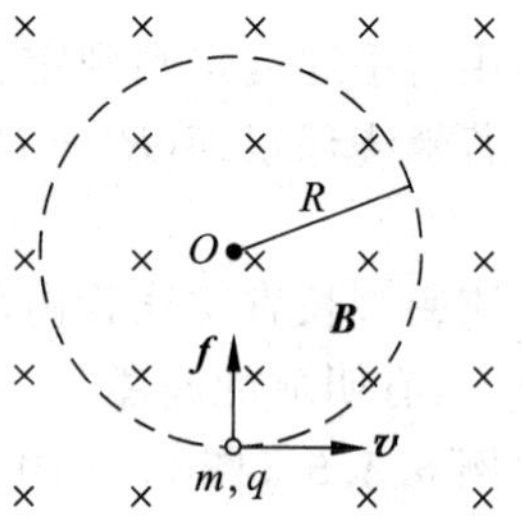

图6.4.1 电荷的圆周运动

2. 回旋加速器工作原理

图6.4.2表示回旋加速器工作原理，其核心部分是置于真空中的两个D形金属盒D_1和D_2，它们之间留有缝隙，交变电压在缝隙处形成交变电场，匀强磁场$\boldsymbol{B}$垂直于D形盒的底面。在两个D形盒中心附近放置离子源，提供被加速的带电粒子。由于金属盒的静电屏蔽作用，带电粒子在D形盒内基本不受电场力，只在两盒间缝隙处被电场加速。在$v\ll c$情况下，粒子在匀强磁场作用下作匀速圆周运动，按式(6.4.1)，回转周期与回转半径及运动速率无关，只要让交变电压的周期等于粒子的回转周期，粒子每次通过缝隙时都会被加速，当回转半径等于D形盒半径时，粒子被加速到速率最大值并从D形盒引出。

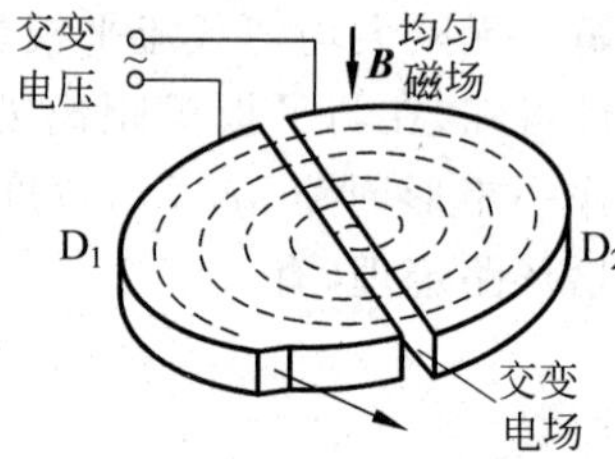

图6.4.2 回旋加速器工作原理

当v接近c时，随着v的增大，按式(6.4.2)和(6.4.3)，回转半径R变大，回转周期T变长。这时为使D形盒的尺寸(R值)不至于过大，必须增强磁场B；为实现同步加速，还必须逐渐减小D形盒间交变电压的频率，这种加速器称为同步回旋加速器或调频加速器。

静质量为m_0的粒子的动能为

$$E_{\mathrm{k}}=\left(\frac{1}{\sqrt{1-v^2/c^2}}-1\right)m_0c^2$$

在加速到同样动能E_{k}的情况下，m_0越小，v就越大，按式(6.4.2)，R就越大，要求的磁场

B 就越强，因此回旋加速器更适合加速 m_0 较大的重粒子。

例 6.4.1　一回旋加速器将氘核的动能增大到 450MeV。设磁场是匀强磁场，求 D 形盒间交变电压的最后频率与初始频率的比值。已知氘核的静质量为 $1.88\times10^3\,\text{MeV}/c^2$。

解　氘核的最后回转周期(相对论)和初始回转周期(非相对论)分别为

$$T=\frac{2\pi m_{\mathrm{d}}}{qB\sqrt{1-v^2/c^2}},\quad T_0=\frac{2\pi m_{\mathrm{d}}}{qB}$$

交变电压的最后频率与初始频率的比值为

$$\frac{\nu}{\nu_0}=\frac{T_0}{T}=\frac{2\pi m_{\mathrm{d}}}{qB}\bigg/\frac{2\pi m_{\mathrm{d}}}{qB\sqrt{1-v^2/c^2}}=\sqrt{1-v^2/c^2}$$

而氘核的动能为

$$E_{\mathrm{k}}=\left[\frac{1}{\sqrt{1-v^2/c^2}}-1\right]m_{\mathrm{d}}c^2$$

因此

$$\frac{\nu}{\nu_0}=\sqrt{1-v^2/c^2}=\frac{m_{\mathrm{d}}c^2}{E_{\mathrm{k}}+m_{\mathrm{d}}c^2}=\frac{1.88\times10^3}{450+1.88\times10^3}=0.807$$

回旋加速器广泛用于核物理研究、核技术以及核医学等领域。在同步回旋加速器中，带电粒子的匀速圆周运动是一种加速运动，沿切线方向发出的电磁辐射称为同步辐射，这是一种高度准直并且可以连续调频的强光光源，为回旋加速器的应用开辟了广阔的前景。

1939 年诺贝尔物理学奖授予美国物理学家劳伦斯(E. O. Lawrence)，以表彰他发明和发展了回旋加速器，以及用之所得到的结果，特别是人工放射性元素。

6.4.2　磁约束

若带电粒子的运动方向与磁场不垂直，则可以把速度按垂直和平行于磁场的方向分解为 $v_\perp$ 和 $v_{//}$。在匀强磁场中 $v_\perp$ 和 $v_{//}$ 不变，粒子绕磁感应线作螺旋运动。

若磁场不均匀，只要带电粒子的回旋半径远小于磁场的非均匀尺度，粒子的运动仍可近似看成绕磁感应线的螺旋运动，但 $v_\perp$ 和 $v_{//}$ 发生变化。进一步分析表明，在梯度不是很大的非匀强磁场中，带电粒子的横向动能与磁场 B 的比值 $mv_\perp^2/(2B)$ 近似守恒，带电粒子从磁场较弱区域进入较强区域时，其横向动能按比例增大，而洛伦兹力对运动的带电粒子不做功，不改变粒子的动能，因此粒子的纵向速度 $v_{//}$ 减小。若磁场足够强，$v_{//}$ 可能变为 0，粒子被“反射”回来，这称为磁镜效应。图 6.4.3 是对磁镜效应的一个定性解释，图中 $\boldsymbol{f}$ 为带电粒子进入磁场较强区域所受洛伦兹力，它有一个与粒子前进方向相反的分量，使粒子的纵向速度 $v_{//}$ 减小。

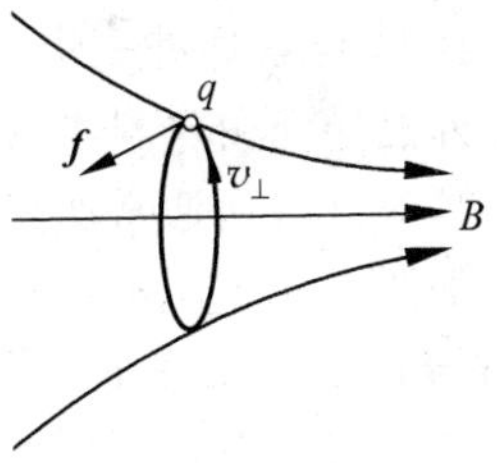

图 6.4.3　对磁镜效应的定性解释

图 6.4.4(a)表示磁镜结构，左右两个电流方向相同的通电线圈可以形成两端较强、中间较弱的非匀强磁场，只要两端的磁场足够强，就可抑止等离子体中的带电粒子向两端的纵向运动，把粒子约束在弱场区。

磁镜结构的缺点是总有一些纵向速度较大的带电粒子从两端泄漏。为防止两端泄漏，采用图 6.4.4(b)所示闭合环形磁场结构，目前用于受控热核反应的磁约束装置，如托卡马

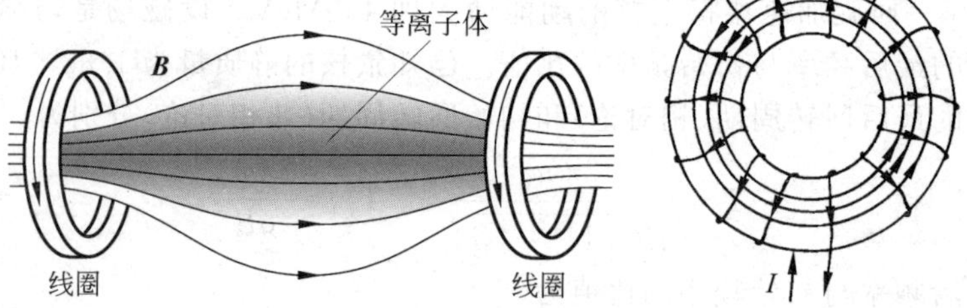

(a) 磁镜结构　　(b) 闭合环形磁场结构

图 6.4.4　磁约束

克(tokamak)等都采用这种闭合环形结构。

地球磁场两端强,中间弱,是一个天然的磁镜。如图 6.4.5 所示,高能带电粒子被地球磁场俘获,在距地面几千公里和两万公里的高空分别形成内外两个环绕地球的辐射带。这种辐射带由美国物理学家范阿伦(J. A. Van Allen)于 1958 年发现,称为范阿伦辐射带。

一般地说,内辐射带中高能质子多,外辐射带中高能电子多,这些高能粒子对载人空间飞行器和卫星以及 1990 年发射的围绕地球运动的哈勃空间望远镜(HST)都有一定的危害。

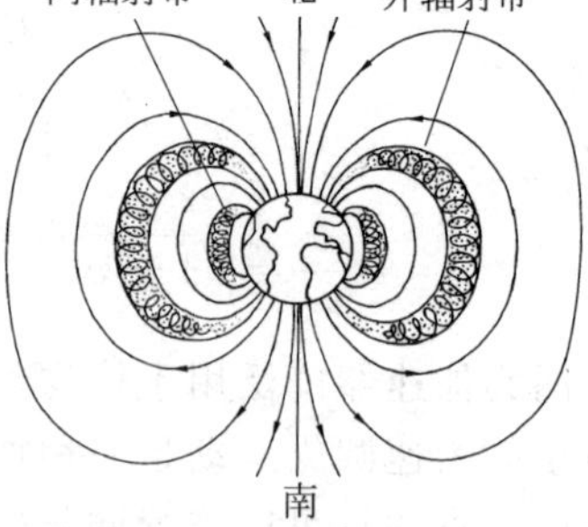

图 6.4.5　范阿伦辐射带

6.4.3　霍耳效应

当电流垂直于外磁场方向通过导体时,在垂直于电流和磁场的方向上,导体两侧之间出现电势差的现象称为霍耳效应。它是由美国物理学家霍耳(E. H. Hall)于 1879 年首先发现。当时尚未发现电子,人们还不知道导体的导电机理。

1880 年霍耳进一步发现,即使不加外磁场也可以观测到磁性金属的霍耳效应,它不依赖于外磁场而由材料本身的自发磁化产生,这种在零磁场的条件下发生的霍耳效应,称为反常霍耳效应。而通常所说的霍耳效应,是指发生在外磁场中的普通霍耳效应。

如图 6.4.6 所示,在匀强磁场 $\boldsymbol{B}$ 中放一块截面为矩形 $h\times d$ 的导体板,让板面垂直于 $\boldsymbol{B}$,在导体板中沿垂直于 $\boldsymbol{B}$ 的水平方向通过电流 I。设载流子带正电,电量为 $q(>0)$,并以速度 $\boldsymbol{v}$ 向右作定向运动,在洛伦兹力 $\boldsymbol{f}$ 的作用下载流子向上偏转,电荷在导体板上下两侧积累形成电场 $\boldsymbol{E}$,当作用在载流子上的电场力 $\boldsymbol{f}'$ 与洛伦兹力 $\boldsymbol{f}$ 达到平衡时,载流子回到无磁场时的运动状态,这时导体板上下两侧之间的电场强度 E_{H} 和电势差 U_{H},分别称为霍耳电场和霍耳电压。按力的平衡,$qE_{\mathrm{H}}=qvB$,可得 $E_{\mathrm{H}}=vB$ 和 $U_{\mathrm{H}}=E_{\mathrm{H}}h$。

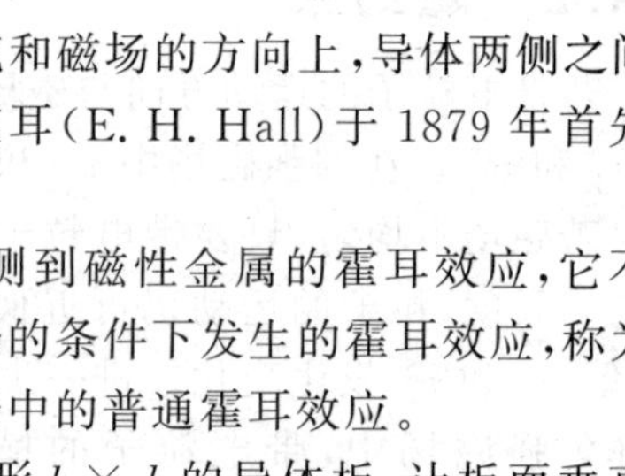

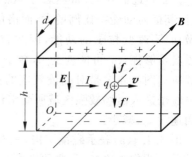

图 6.4.6　霍耳效应

用 n 代表导体板中载流子的数密度(浓度),电流密度为 $j=nqv$,电流为 $I=nqvhd$,载流子的速度可表示为

$$v=\frac{I}{nqhd}$$

因此霍耳电压为

$$U_H=E_H h=vBh=\frac{1}{nq}\frac{IB}{d}=K\frac{IB}{d} \qquad (6.4.4)$$

当电流 I 控制在一定值时,霍耳电压 U_H 与磁场 B 成正比,据此可以测量磁场。

在式(6.4.4)中

$$K=\frac{1}{nq}$$

称为霍耳系数。通过测量霍耳系数可以确定材料中载流子的数密度(浓度)和载流子带电的正负性,可用于确定半导体材料是 N 型半导体(载流子是电子),还是 P 型半导体(载流子是带正电的空穴)。金属导体中的载流子是自由电子,其霍耳系数应该为负值,但有些金属如铍、砷等的霍耳系数却为正值。说明对于这些金属,经典模型出了问题,要用固体能带理论来解释电子的运动。

利用霍耳效应制成的各种霍耳器件,广泛应用于工业自动化技术、检测技术和信息处理等方面。

1980 年,德国物理学家克利青(K. von Klitzing)发现,在超低温(1.5K)和强磁场(18T)情况下,半导体霍耳器件的霍耳电压 U_H 与磁场 B 不成正比,而是在总的直线趋势上出现一系列平台,如图 6.4.7 所示。这一现象称为整数量子霍耳效应,其重要性在于可能用于制备低能耗晶体管和高速电子器件,从而解决电脑发热问题和摩尔(Moore)定律(集成电路芯片上所集成的电路的数目每隔 18 个月就翻一番)的瓶颈问题,克利青为此获得 1985 年诺贝尔物理学奖。

1982 年,在更低温度(0.1K)和更强磁场(30T)下除了看到更明显的整数量子霍耳效应平台之外,还发现了分数量子霍耳效应。为此,美国物理学家劳克林(R. B. Laughlin),德国物理学家施特默(H. L. Stormer)和美国华裔物理学家崔琦(D. C. Tusi)等人获得 1998 年诺贝尔物理学奖。

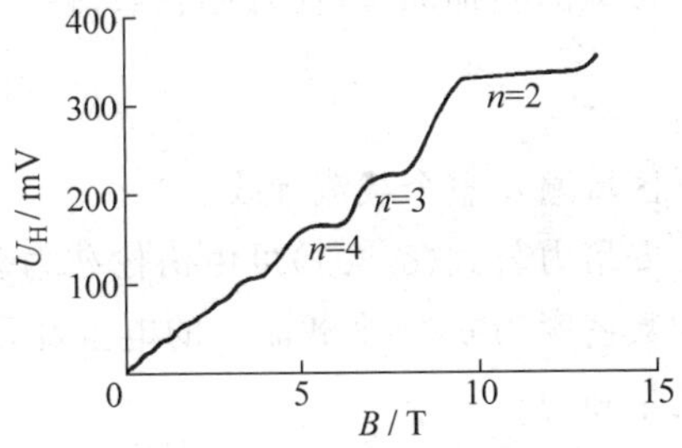

图 6.4.7　量子霍耳效应

产生普通量子霍耳效应需要强磁场,应用起来十分昂贵和困难。若在零磁场的条件下实现量子霍耳效应,无需强磁场就可能制备低能耗晶体管和高速电子器件。早在 1988 年人们就已经从理论上提出了零磁场量子霍尔效应存在的可能性,但由于对材料的性质以及分子束外延生长、性质调控和磁性掺杂等方面的要求非常苛刻,20 多年来在实验上没有实质性的进展,一直困扰着世界各国的实验物理学家。

2013 年,由清华大学薛其坤教授领衔,清华大学、中科院物理所和美国斯坦福大学的研究人员联合组成的团队,在霍耳发现反常霍耳效应 133 年后,首次在实验上观测到量子反常霍尔效应,使得在零磁场的条件下,应用量子霍耳效应制备低能耗晶体管和高速电子器件成为可能。“量子反常霍尔效应的实验发现”获得 2018 年度国家自然科学一等奖。

6.5 安培力 载流线圈的磁矩

6.5.1 安培力

磁场对载流导线的作用力,称为安培力或磁力,图6.5.1(a)表示演示安培力的实验。电流元 $Id\boldsymbol{l}$ 在磁感应强度为 $\boldsymbol{B}$ 处所受安培力为

$$d\boldsymbol{F}=Id\boldsymbol{l}\times\boldsymbol{B} \tag{6.5.1}$$

上式称为安培力公式,是由安培首先由实验得出。$d\boldsymbol{F}$ 的方向用右手螺旋定则判定:当右手四指由 $Id\boldsymbol{l}$ 经小于 π 角转向 $\boldsymbol{B}$ 时,伸直大拇指的指向就是 $d\boldsymbol{F}$ 的方向。$d\boldsymbol{F}$ 的大小为

$$dF=IdlB\sin\theta$$

式中,θ 为 $Id\boldsymbol{l}$ 与 $\boldsymbol{B}$ 的夹角,如图6.5.1(b)所示。安培力公式是研究载流线圈在磁场中运动规律的基础。

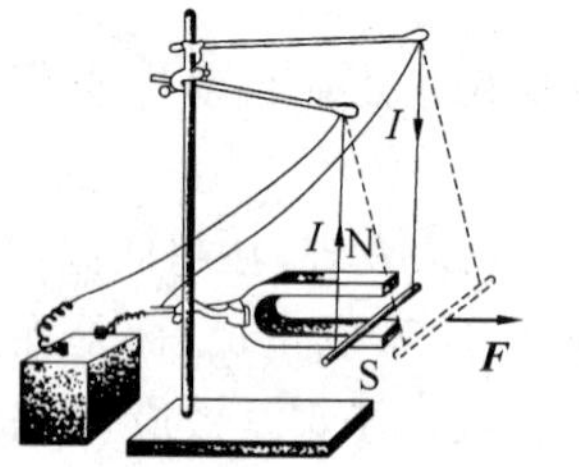

(a) 安培力

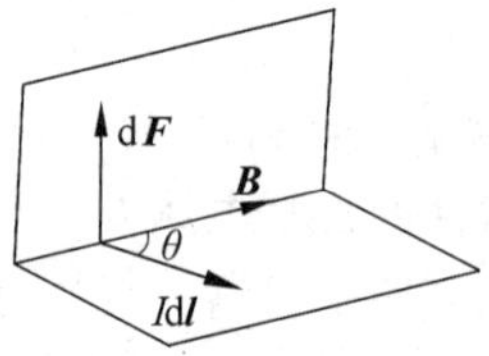

(b) 安培力公式

图6.5.1 安培力

按力的叠加原理,任意形状载流导线 L 在磁场中所受的安培力为

$$\boldsymbol{F}=\int_L d\boldsymbol{F}=\int_L Id\boldsymbol{l}\times\boldsymbol{B}$$

积分区域遍及整个载流导线。

安培力公式(6.5.1)可由洛伦兹力公式导出。设电流元 $Id\boldsymbol{l}$ 的横截面的面积为 S,载流子的数密度为 n,每个载流子的电量都是 q,并且都以速度 $\boldsymbol{v}$ 作定向运动,它们所受洛伦兹力的矢量和为

$$d\boldsymbol{F}=(q\boldsymbol{v}\times\boldsymbol{B})nSdl$$

因电流为 $I=qnvS$,而 $\boldsymbol{v}$ 与 $d\boldsymbol{l}$ 同方向,则上式可写成

$$d\boldsymbol{F}=qnvSd\boldsymbol{l}\times\boldsymbol{B}=Id\boldsymbol{l}\times\boldsymbol{B}$$

这个力传递给导线,就是电流元 $Id\boldsymbol{l}$ 所受的安培力。

图6.5.2表示匀强磁场 $\boldsymbol{B}$ 中的一段任意形状的载流导线,它所受安培力为

$$\boldsymbol{F}=\int_{(ab)}Id\boldsymbol{l}\times\boldsymbol{B}=I\left(\int_{(ab)}d\boldsymbol{l}\right)\times\boldsymbol{B}=I\boldsymbol{l}\times\boldsymbol{B} \tag{6.5.2}$$

其中,$\boldsymbol{l}$ 是由导线 a 端引向 b 端的矢量。上式表明:载流导线在匀强磁场中所受安培力,等于从导线起点到终点连接的一条直导线通过相同电流时受到的安培力。

若载流导线两端 a 和 b 重合,按式(6.5.2),$\boldsymbol{F}=0$。这说明在匀强磁场中,任意形状的闭合载流线圈所受安培力的合力都等于零,只有当磁场不均匀时,安培力的合力才可能不

为零。

图 6.5.3 表示两条相距为 d 的平行长直导线，分别通过电流 I_1 和 I_2。电流 I_1 在电流 I_2 处的磁场为 $B_{21}=\mu_0 I_1/(2\pi d)$，按安培力公式，电流元 $I_2\mathrm{d}l_2$ 所受安培力为

$$\mathrm{d}F_2=B_{21}I_2\mathrm{d}l_2=\frac{\mu_0 I_1 I_2}{2\pi d}\mathrm{d}l_2$$

其单位长度所受安培力为

$$F_0=\frac{\mathrm{d}F_2}{\mathrm{d}l_2}=\frac{\mu_0 I_1 I_2}{2\pi d}$$

同理，电流 I_1 导线单位长度的受力也是 F_0。当电流 I_1 和 I_2 方向相同时，两条导线相互吸引；相反时，相互排斥。

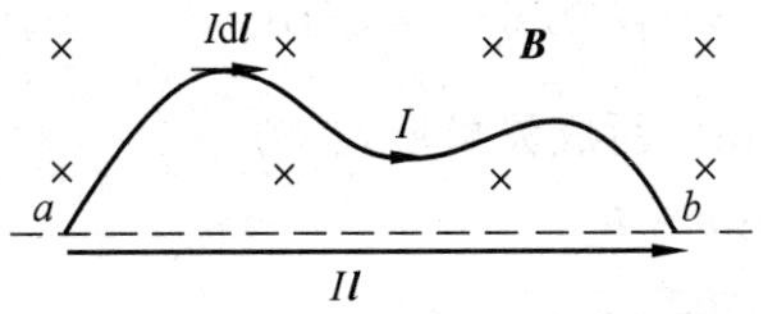

图 6.5.2　匀强磁场中的载流导线

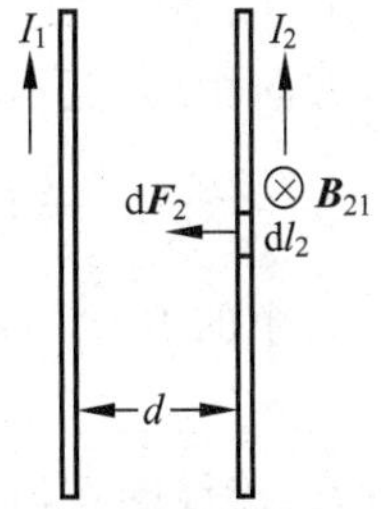

图 6.5.3　平行载流长直导线之间的作用力

例 6.5.1　求载流长直导体薄圆筒单位面积所受安培力。已知电流沿圆筒轴线方向，面电流密度矢量为 $\boldsymbol{j}$。

解　如图 6.5.4 所示，由安培环路定理可知，圆筒内部的磁场处处为零，圆筒外紧邻圆筒处的磁场 $\boldsymbol{B}_1$ 的大小为

$$B_1=\frac{\mu_0 I}{2\pi R}=\frac{\mu_0 2\pi R j}{2\pi R}=\mu_0 j$$

方向与 $\boldsymbol{j}$ 的方向成右手螺旋关系。为计算筒壁受力，设想把一面电流密度矢量为 $-\boldsymbol{j}$、宽度为 $\mathrm{d}l$ 的长直载流窄条沿圆筒轴线方向贴在筒壁上，这相当于在筒壁上挖一个宽度为 $\mathrm{d}l$ 的窄缝，有窄缝的载流圆筒才是施力电流。把粘上的载流窄条看成无限大载流平板，其两侧磁场 $\pm\boldsymbol{B}_2$ 的大小为

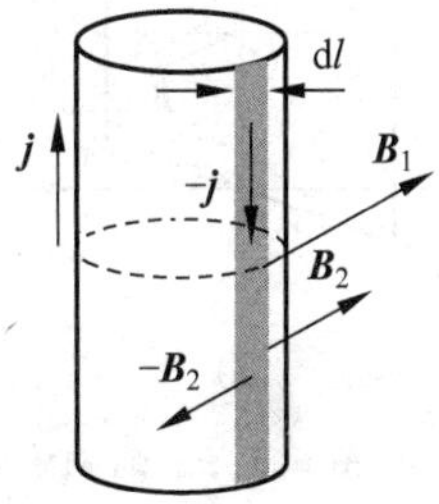

图 6.5.4　例 6.5.1 图

$$B_2=\frac{\mu_0 j}{2}$$

窄缝内的磁场 $\boldsymbol{B}$ 是原载流圆筒和粘上的载流窄条的合磁场，其大小为

$$B=B_1-B_2=\mu_0 j-\frac{\mu_0 j}{2}=\frac{\mu_0 j}{2}$$

方向与 $\boldsymbol{B}_1$ 同向。把另一面电流密度为 $\boldsymbol{j}$、宽度为 $\mathrm{d}l$、长度为 h 的载流窄条放进窄缝，它受力为

$$\mathrm{d}F=j\,\mathrm{d}lhB=\frac{\mu_0\mathrm{d}lhj^2}{2}$$

因此，圆筒单位面积所受安培力的大小为

$$f=\frac{\mathrm{d}F}{\mathrm{d}lh}=\frac{\mu_0 j^2}{2}$$

方向沿半径指向筒内,与电流的流向无关。

6.5.2 平面载流线圈的磁矩

闭合载流线圈在匀强磁场中所受安培力的合力等于零,但可能受力矩的作用。图 6.5.5(a)表示匀强磁场 $\boldsymbol{B}$ 中的一个边长为 l_1 和 l_2 的刚性矩形平面载流线圈,通过线圈的电流为 I,线圈平面法线方向单位矢量 $\hat{\boldsymbol{n}}$ 与电流 I 的方向成右手螺旋关系,$\hat{\boldsymbol{n}}$ 与 $\boldsymbol{B}$ 的夹角为 θ。按安培力公式,导线 ab 和 cd 所受安培力的大小相等,方向相反,并且共线,因此不产生力矩。力矩是由导线 ad 和 bc 所受安培力产生。

图 6.5.5(b)是图(a)的俯视图,其中 $\boldsymbol{F}_{ad}$ 和 $\boldsymbol{F}_{bc}$ 分别为导线 ad 和 bc 所受安培力,它们的大小相等,方向相反,但不共线,形成一个力臂为 $l_1\cos(\pi/2-\theta)$ 的力偶,力矩的大小为

$$M_{\mathrm{m}}=Il_2Bl_1\cos\left(\frac{\pi}{2}-\theta\right)=Il_1l_2B\sin\theta=ISB\sin\theta$$

方向沿 z 轴,式中的 $S=l_1l_2$ 为线圈围成的面积。写成矢量形式,为

$$\boldsymbol{M}_{\mathrm{m}}=IS\hat{\boldsymbol{n}}\times\boldsymbol{B} \tag{6.5.3}$$

此即矩形平面载流线圈在匀强磁场中所受磁力矩。

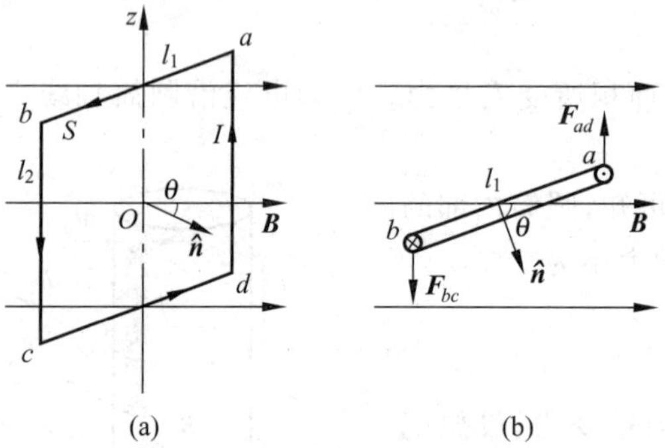

图 6.5.5 匀强磁场中矩形平面载流线图

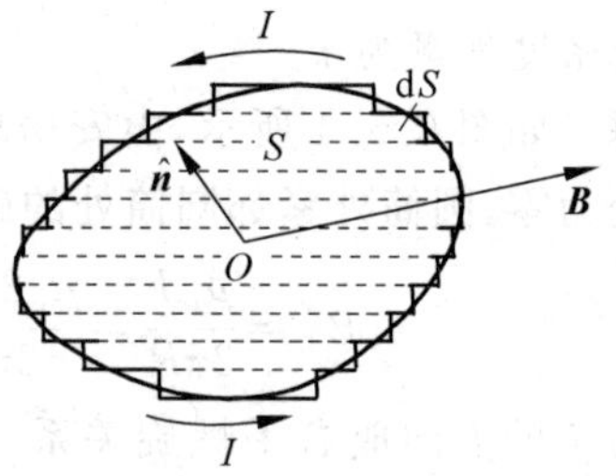

图 6.5.6 匀强磁场中任意形状平面载流线圈

对于任意形状的平面载流线圈,如图 6.5.6 所示,可以用无限多个矩形窄条平面线圈分割,让通过每个矩形线圈的电流的大小和绕向都与原载流线圈的相同。由于相邻矩形线圈长边(虚线)的电流反向,相互抵消,这些窄条载流线圈的电流分布趋近于原载流线圈的电流分布,而面积为 $\mathrm{d}S$ 的窄条线圈所受磁力矩为 $I\mathrm{d}S\hat{\boldsymbol{n}}\times\boldsymbol{B}$,因此原载流线圈所受磁力矩为

$$\boldsymbol{M}_{\mathrm{m}}=\int_0^S I\mathrm{d}S\hat{\boldsymbol{n}}\times\boldsymbol{B}=IS\hat{\boldsymbol{n}}\times\boldsymbol{B}$$

这说明式(6.5.3)适用于匀强磁场中任意形状的平面载流线圈。

我们把式(6.5.3)中的 $IS\hat{\boldsymbol{n}}$,定义为平面载流线圈的磁矩,用 $\boldsymbol{m}$ 表示,即

$$\boldsymbol{m}=IS\hat{\boldsymbol{n}}$$

它的大小等于电流乘以线圈所围成的面积,方向与电流的方向成右手螺旋关系,如图 6.5.7(a)所示。磁矩的单位是 $\mathrm{A\cdot m^2}$ 或 $\mathrm{J\cdot T^{-1}}$。

如图 6.5.7(b)所示,引入磁矩 $\boldsymbol{m}$,载流线圈在匀强磁场 $\boldsymbol{B}$ 中所受磁力矩可写成

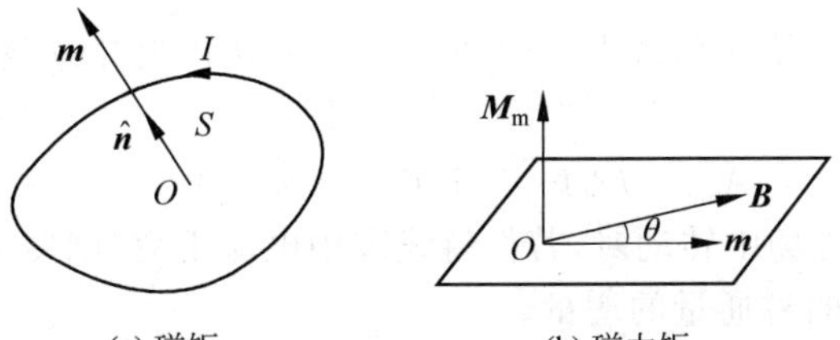

图 6.5.7　载流线圈的磁矩和所受磁力矩

$$\boldsymbol{M}_{\mathrm{m}}=\boldsymbol{m}\times\boldsymbol{B}$$

这表明：匀强磁场对载流线圈的磁力矩，等于该载流线圈的磁矩 $\boldsymbol{m}$ 与磁感应强度 $\boldsymbol{B}$ 的矢量积，其效果总是让磁矩转向磁场的方向。

我们知道，电场 $\boldsymbol{E}$ 对电偶极矩 $\boldsymbol{p}$ 的力矩为 $\boldsymbol{M}_{\mathrm{e}}=\boldsymbol{p}\times\boldsymbol{E}$，其效果总是让电偶极矩转向电场的方向(见 4.2.3 节)。

对于一个由几个平面载流线圈组成的非平面载流线圈，可分别计算各平面载流线圈所受磁力矩，然后求矢量和。

例 6.5.2　求一个以角速度 ω 绕其对称轴匀速旋转的均匀带电圆盘中心处的磁感应强度和圆盘的磁矩。圆盘的半径为 R，电荷面密度为 σ。

解　如图 6.5.8 所示，设想把圆盘分割成许多同心细圆环，半径为 r、宽度为 $\mathrm{d}r$ 的转动圆环相当于圆电流

$$\mathrm{d}I=\frac{\sigma 2\pi r\,\mathrm{d}r}{2\pi/\omega}=\omega\sigma r\,\mathrm{d}r$$

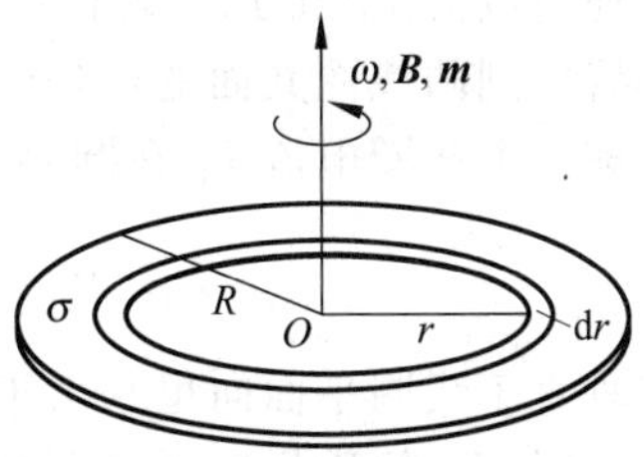

图 6.5.8　例 6.5.2 图

由例 6.2.3 的结果可知，它在圆盘中心处的磁感应强度的大小为

$$\mathrm{d}B=\frac{\mu_0\,\mathrm{d}I}{2r}=\frac{1}{2}\mu_0\omega\sigma\,\mathrm{d}r$$

圆盘中心处的磁感应强度为

$$B=\int\mathrm{d}B=\frac{1}{2}\mu_0\omega\sigma\int_0^R\mathrm{d}r=\frac{1}{2}\mu_0\omega\sigma R$$

方向垂直盘面向上。

圆电流 $\mathrm{d}I$ 的磁矩为

$$\mathrm{d}m=\pi r^2\,\mathrm{d}I=\pi r^2\omega\sigma r\,\mathrm{d}r=\pi\omega\sigma r^3\,\mathrm{d}r$$

圆盘的磁矩为

$$m=\int\mathrm{d}m=\pi\omega\sigma\int_0^R r^3\,\mathrm{d}r=\frac{1}{4}\pi\omega\sigma R^4$$

方向垂直盘面向上。

6.5.3　载流线圈在磁场中转动时磁力所做的功

图 6.5.9 表示一载流线圈在匀强磁场中的转动，若保持线圈中的电流(磁矩)不变，在线圈的磁矩 $\boldsymbol{m}$ 与磁场 $\boldsymbol{B}$ 的夹角由 θ_1 增大到 θ_2 的过程中，磁力对载流线圈所做的功为

$$A_{\mathrm{m}}=-\int_{\theta_1}^{\theta_2}M_{\mathrm{m}}\,\mathrm{d}\theta=-mB\int_{\theta_1}^{\theta_2}\sin\theta\,\mathrm{d}\theta=mB\cos\theta_2-mB\cos\theta_1=I(SB\cos\theta_2-SB\cos\theta_1)$$

负号表示磁力做正功时总是使 θ 角减小。用 $\Phi_m = SB\cos\theta$ 代表穿过载流线圈的磁通量，则上式可写成

$$A_m = I\Delta\Phi_m = I(\Phi_{m2} - \Phi_{m1}) \tag{6.5.4}$$

这表明：载流线圈在匀强磁场中转动时，若保持线圈中电流不变，则磁力对载流线圈所做的功等于电流乘以穿过线圈的磁通量的增量。

对于非匀强磁场，只要线圈的尺度远小于磁场的非均匀尺度，上面的结论就近似成立。

载流线圈在磁场中转动所产生的动生电动势会减小线圈中的电流(见7.2.1节)，为维持电流(磁矩)不变，必须外接电源以克服动生电动势做功，在载流线圈转动的过程中不仅有磁力对线圈做功，还有外接电源参与能量交换，因此不同于电场中的电偶极子，对于磁场中载流线圈的磁矩，通常不引入势能的概念，磁力对转动的载流线圈所做的功按式(6.5.4)计算。

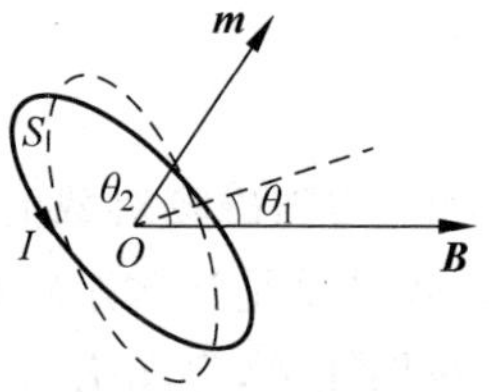

图 6.5.9 载流线圈在匀强磁场中的转动

但粒子的磁矩就不同了，磁矩是描述粒子内禀特征的一个基本物理量，就像粒子的质量、电荷和寿命一样，粒子的磁矩是一个常量，在磁场中转动粒子磁矩或转动永磁铁磁棒时，磁矩的大小不变，因此可以定义势能(见12.9.1节)。

例 6.5.3 如图6.5.10所示，大小两个同心圆形线圈的半径分别为 R 和 $r(r \ll R)$，并分别通过电流 I_1 和 I_2。若保持线圈中的电流不变，在小线圈的平面从垂直于大线圈平面的位置转到两线圈共面的过程中，磁力对小线圈做多少功?

解 大线圈电流 I_1 在圆心处磁场的大小为

$$B_1 = \frac{\mu_0 I_1}{2R}$$

方向垂直于线圈平面向里。由于 $r \ll R$，当小线圈平面垂直于大线圈平面时，I_1 的磁场穿过小线圈的磁通量近似为零，而小线圈转到两线圈共面时磁通量变为

$$\Phi_m = \pi r^2 B_1$$

因此磁力对小线圈做的功为

$$A_m = I_2 \Delta\Phi_m = I_2(\Phi_m - 0) = I_2 \pi r^2 B_1 = \frac{\pi\mu_0 r^2 I_1 I_2}{2R}$$

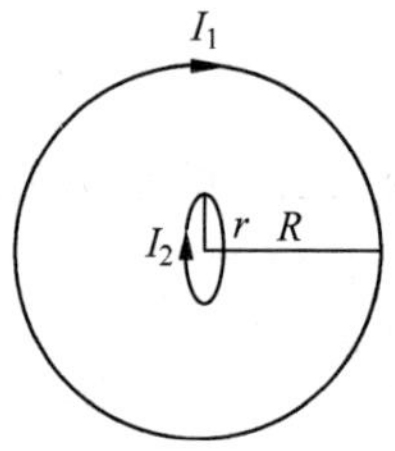

图 6.5.10 例 6.5.3 图

6.6 磁场中的磁介质

在研究物质与磁场的相互影响时，通常把这些物质称为磁介质。如图6.6.1所示，设有一中空的载流密绕长直螺线管，沿导线通过电流 I，测出此时管内的磁感应强度为 B_0。保持电流 I 不变，在螺线管内填充某种均匀的磁介质，发现管中磁介质内部的磁感应强度变为

$$B = \mu_r B_0$$

式中，μ_r 称为磁介质的相对磁导率。

表6.6.1给出了几种磁介质的相对磁导率，μ_r 略大于1的磁介质(如铝)，称为顺磁质；μ_r 略小于1的磁介质(如铜)，称为抗磁质，由于 μ_r 几乎等于1，在工程技术中一般不考虑它们对磁场的影响。工程技术中广泛应用的磁性材料主要是铁磁质，它们的 μ_r 值很大，并与磁场的大小有关。

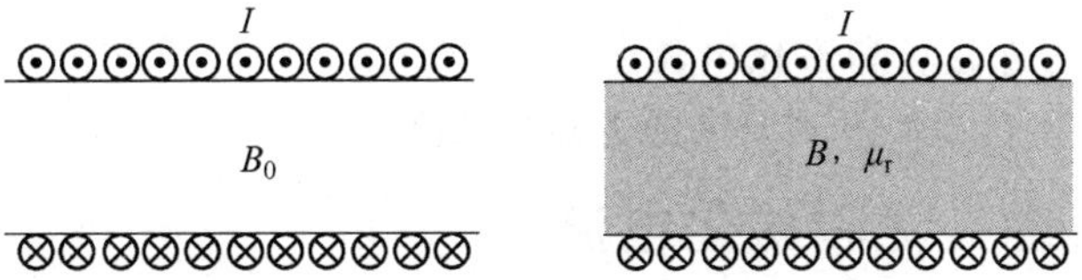

图 6.6.1　磁介质对磁场的影响

表 6.6.1　几种磁介质的相对磁导率

顺磁质(20℃，1atm)		抗磁质(20℃，1atm)		铁磁质(最大值)	
空气	$1+30.4\times10^{-5}$	氢	$1-2.47\times10^{-5}$	纯铁	5×10^{3}
氧	$1+133\times10^{-5}$	铜	$1-0.11\times10^{-5}$	硅钢	7×10^{2}
铝	$1+0.82\times10^{-5}$	银	$1-0.25\times10^{-5}$	坡莫合金	1×10^{5}
铬	$1+4.5\times10^{-5}$	铅	$1-1.80\times10^{-5}$	锰锌铁氧体	$(3\sim5)\times10^{2}$

6.6.1　顺磁质和抗磁质的磁化

按安培分子电流模型，物质的磁性来源于分子内部的分子电流。原子由带正电的原子核和围绕原子核运动的带负电的电子组成，电子不仅绕核运动，而且还有自旋，分子电流就是由这些带电粒子的运动等效形成。我们用圆电流代表分子电流，所形成的分子磁矩记为 $\boldsymbol{m}_{分子}$。在顺磁质中 $\boldsymbol{m}_{分子}\neq0$，相当于一个一个的小磁针，而无外磁场时抗磁质中的分子磁矩 $\boldsymbol{m}_{分子}=0$。

考虑一个顺磁质圆柱体。无外磁场时分子作无序热运动，$\boldsymbol{m}_{分子}$ 的取向完全无序而相互抵消，使得 $\sum\boldsymbol{m}_{分子}=0$，圆柱体对外不显磁性。把顺磁质圆柱体放进外磁场 $\boldsymbol{B}_0$ 中，如图 6.6.2 所示，这时分子磁矩受力矩 $\boldsymbol{m}_{分子}\times\boldsymbol{B}_0$ 的作用，向磁场 $\boldsymbol{B}_0$ 方向发生一定的偏转，与分子的热运动达到平衡后沿磁场方向有一定的排列趋势，分子电流将比较有序地分布。在圆柱体内部各点，相邻分子电流反向，相互抵消。但在圆柱体表面上分子电流不能抵消，形成一层沿圆柱体表面流动的面电流 $\boldsymbol{j}'$，这层面电流称为面磁化电流，或面束缚电流。面磁化电流 $\boldsymbol{j}'$ 产生一个与外磁场 $\boldsymbol{B}_0$ 同向的附加磁场 $\boldsymbol{B}'$，加强了原来的磁场，使得 $\sum\boldsymbol{m}_{分子}$ 与 $\boldsymbol{B}_0$ 同向。顺磁质的这种磁化性质，称为顺磁性。

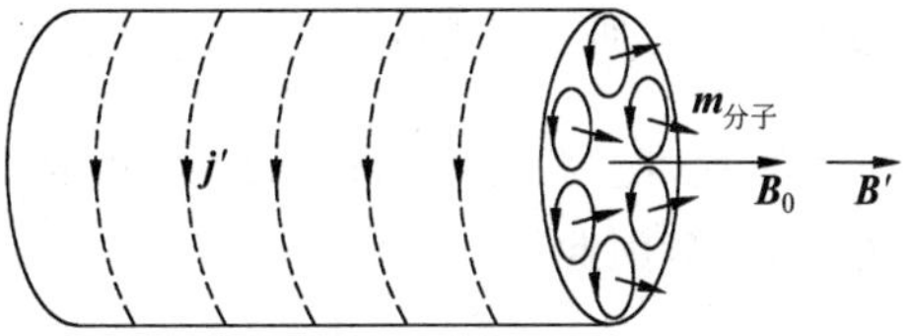

图 6.6.2　顺磁质的磁化

抗磁质的磁化就不同了，无外磁场时抗磁质中的分子磁矩 $\boldsymbol{m}_{分子}=0$，因此不存在顺磁性。但在外磁场 $\boldsymbol{B}_0$ 的作用下电子围绕原子核的运动状态发生变化，产生与 $\boldsymbol{B}_0$ 反向的附加磁场 $\boldsymbol{B}'$，减弱了原来的磁场，使得 $\sum\boldsymbol{m}_{分子}$ 与 $\boldsymbol{B}_0$ 反向，这称为抗磁性。顺磁质也有抗磁性，但比顺磁性弱得多，可以不考虑。

总之，无论是顺磁质还是抗磁质，磁化过程的微观本质都是使 $\sum\boldsymbol{m}_{分子}\neq0$，宏观效果都是产生磁化电流，从而影响原来的磁场。有磁介质时的磁场由两部分叠加而成，即

$$\boldsymbol{B}=\boldsymbol{B}_0+\boldsymbol{B}'$$

其中,$\boldsymbol{B}_0$ 和 $\boldsymbol{B}'$分别为外磁场和磁化电流所产生的磁场。顺磁质和抗磁质的磁化过程是可逆的,外磁场撤销后能自动恢复到原来的无磁化状态。

6.6.2 磁化强度矢量和磁化电流

1. 磁化强度矢量

磁介质的磁化程度用磁化强度矢量来描述。磁介质中某点附近单位体积内的分子磁矩的矢量和,称为该点的磁化强度矢量,用 $\boldsymbol{M}$ 表示,即

$$\boldsymbol{M}=\lim_{\Delta V\to 0}\frac{\sum \boldsymbol{m}_{分子}}{\Delta V}$$

顺磁质的 $\boldsymbol{M}$ 与外磁场同向,抗磁质的 $\boldsymbol{M}$ 与外磁场反向。磁化强度的单位是 $\mathrm{A\cdot m^{-1}}$,与面电流密度的单位相同。

2. 面磁化电流密度矢量

磁介质表面某点附近的面磁化电流密度矢量 $\boldsymbol{j}'$,等于该点附近介质表面内紧邻表面处的磁化强度矢量 $\boldsymbol{M}$ 与表面外法线方向单位矢量 $\hat{\boldsymbol{n}}$ 的矢量积,即

$$\boldsymbol{j}'=\boldsymbol{M}\times\hat{\boldsymbol{n}} \tag{6.6.1}$$

下面用特例导出上式。

如图 6.6.3 所示,设一长度和半径分别为 L 和 R 的顺磁质圆柱体被均匀磁化(磁化强度 $\boldsymbol{M}$ 处处相同),用 $\boldsymbol{j}'$代表面磁化电流密度矢量。按载流线圈磁矩的定义,圆柱体的磁矩等于 $j'L\pi R^2$,而按磁化强度的定义,该磁矩还等于 $ML\pi R^2$,即

$$j'L\pi R^2=ML\pi R^2$$

因此,面磁化电流密度的大小为

$$j'=M$$

按图中 $\boldsymbol{j}'$、$\boldsymbol{M}$ 和 $\hat{\boldsymbol{n}}$ 的方向关系,写成矢量形式即式(6.6.1)。

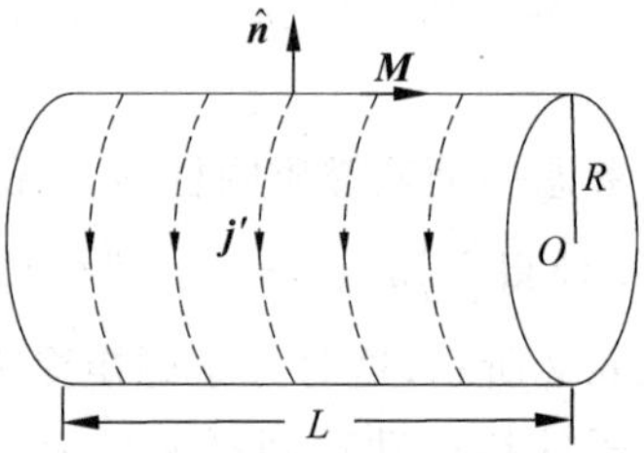

图 6.6.3 均匀磁化的圆柱体

3. 通过以 L 为边界的任一曲面的磁化电流

如图 6.6.4 所示,通过以 L 为边界的任一曲面的磁化电流 $\sum\limits_{(L内)} I'_i$,只由那些被 L 穿过的分子电流提供。我们不加证明地给出,被 $\mathrm{d}\boldsymbol{l}$ 穿过的分子电流为 $\boldsymbol{M}\cdot\mathrm{d}\boldsymbol{l}$,因此

$$\sum_{(L内)} I'_i=\oint_L \boldsymbol{M}\cdot\mathrm{d}\boldsymbol{l}$$

等于磁化强度矢量 $\boldsymbol{M}$ 沿 L 的环流。

若磁介质被均匀磁化($\boldsymbol{M}$ 处处相同),则

$$\sum_{(L内)} I'_i=\oint_L \boldsymbol{M}\cdot\mathrm{d}\boldsymbol{l}=\boldsymbol{M}\cdot\oint_L \mathrm{d}\boldsymbol{l}=0$$

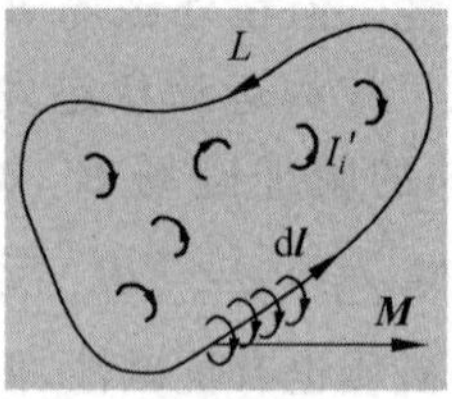

图 6.6.4 通过以 L 为边界的曲面的磁化电流

这表明:被均匀磁化的磁介质内部的磁化电流为零,磁化电流只出现在介质的表面上。

6.6.3　有磁介质时的安培环路定理　磁介质的磁化规律

1. 有磁介质时的安培环路定理

磁介质磁化的宏观效果是产生磁化电流，而在产生磁场上，磁化电流和传导电流具有相同的效果。如图 6.6.5 所示，磁化稳定后安培环路定理可写成

$$\oint_L \boldsymbol{B} \cdot \mathrm{d}\boldsymbol{l} = \mu_0 \Big(\sum_{(L内)} I_{0i} + \sum_{(L内)} I'_i \Big) \tag{6.6.2}$$

其中，$\sum_{(L内)} I_{0i}$ 为通过以闭合回路 L 为边界的任一曲面的传导电流的代数和，$\sum_{(L内)} I'_i$ 为磁化电流的代数和。但式(6.6.2)中的 I' 取决于介质分子内部的电荷运动，实验上无法测量，为此把式(6.6.2)改写成不显含 I' 的形式。

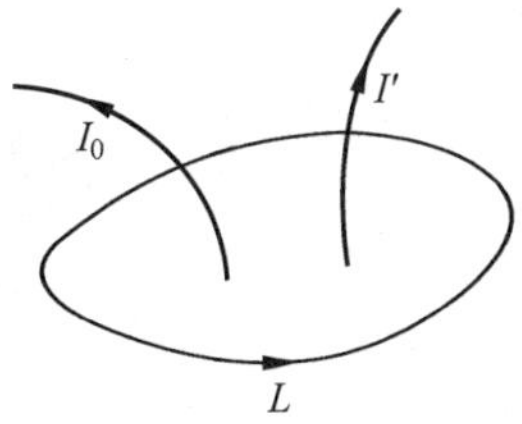

图 6.6.5　有磁介质时的安培环路定理

把 $\sum_{(L内)} I'_i = \oint_L \boldsymbol{M} \cdot \mathrm{d}\boldsymbol{l}$ 代入式(6.6.2)，并整理为

$$\oint_L \left(\frac{\boldsymbol{B}}{\mu_0} - \boldsymbol{M} \right) \cdot \mathrm{d}\boldsymbol{l} = \sum_{(L内)} I_{0i} \tag{6.6.3}$$

式中的矢量 $\boldsymbol{B}/\mu_0 - \boldsymbol{M}$ 称为磁场强度，用 $\boldsymbol{H}$ 表示，即

$$\boldsymbol{H} = \frac{\boldsymbol{B}}{\mu_0} - \boldsymbol{M} \tag{6.6.4}$$

因总磁场 $\boldsymbol{B}$ 由所有电流共同产生，而 $\boldsymbol{M}$ 与磁化电流有关，则 $\boldsymbol{H}$ 包括了磁化电流 I' 的效应。磁场强度 $\boldsymbol{H}$ 的单位是 $\mathrm{A \cdot m^{-1}}$，与磁化强度和面电流密度的单位相同。

引入磁场强度 $\boldsymbol{H}$，式(6.6.3)成为不显含 I' 的形式，即

$$\oint_L \boldsymbol{H} \cdot \mathrm{d}\boldsymbol{l} = \sum_{(L内)} I_{0i}$$

此即有磁介质时的安培环路定理，也叫 $\boldsymbol{H}$ 的环路定理：在稳恒磁场中，磁场强度 $\boldsymbol{H}$ 沿任一闭合回路的环流，等于通过以该回路为边界的任一曲面的所有传导电流的代数和。

把 $\boldsymbol{H}$ 叫作磁场强度是出于历史原因。在磁荷理论中把 $\boldsymbol{H}$ 定义为单位磁荷所受的磁力，$\boldsymbol{H}$ 与电场强度 $\boldsymbol{E}$ 相对应。

2. 磁介质的磁化规律

磁介质中某点的磁化强度 $\boldsymbol{M}$ 与该点的磁场强度 $\boldsymbol{H}$ 之间的关系，称为该磁介质的磁化规律，其一般表达式为式(6.6.4)。实验表明，对于各向同性的线性磁介质(顺磁质、抗磁质和线性区域的铁磁介质)，$\boldsymbol{M}$ 和 $\boldsymbol{H}$ 成线性关系，即

$$\boldsymbol{M} = \chi_{\mathrm{m}} \boldsymbol{H} = (\mu_{\mathrm{r}} - 1)\boldsymbol{H} \tag{6.6.5}$$

式中，$\chi_{\mathrm{m}} = \mu_{\mathrm{r}} - 1$，称为介质的磁化率，$\chi_{\mathrm{m}}$ 和 μ_{r} 仅与介质本身的性质有关。对于顺磁质 $\mu_{\mathrm{r}} > 1$，$\chi_{\mathrm{m}} > 0$，$\boldsymbol{M}$ 与 $\boldsymbol{H}$ 方向相同；对于抗磁质 $\mu_{\mathrm{r}} < 1$，$\chi_{\mathrm{m}} < 0$，$\boldsymbol{M}$ 与 $\boldsymbol{H}$ 方向相反。

把式(6.6.5)代入式(6.6.4)，可得

$$\boldsymbol{B} = \mu_{\mathrm{r}} \mu_0 \boldsymbol{H} = \mu \boldsymbol{H}$$

其中，$\mu = \mu_{\mathrm{r}} \mu_0$ 称为介质的磁导率。这表明：在顺磁质、抗磁质和线性区域的铁磁介质中，$\boldsymbol{B}$ 与 $\boldsymbol{H}$ 的方向相同，大小成正比。在真空中 $\mu_{\mathrm{r}} = 1$，因此

$$\boldsymbol{B}_0=\mu_0\boldsymbol{H}_0$$

6.6.4 稳恒磁场的边界条件 磁屏蔽

在两种不同磁介质的分界面上,矢量 $\boldsymbol{H}$ 和 $\boldsymbol{B}$ 都要突变,它们在界面两侧的分量满足一定的边界条件。

1. 磁场强度

如图 6.6.6(a)所示,用安培环路定理可以证明:在无传导电流的磁介质界面两侧,稳恒磁场的磁场强度 $\boldsymbol{H}$ 的切向分量相等,即

$$H_{t1}=H_{t2}$$

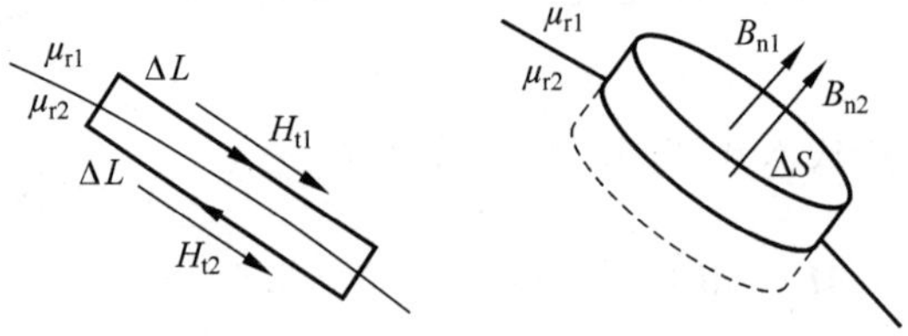

(a) $\boldsymbol{H}$ 的切向分量相等　　(b) $\boldsymbol{B}$ 的法向分量相等

图 6.6.6 稳恒磁场的边界条件

2. 磁感应强度

如图 6.6.6(b)所示,用磁场的高斯定理可以证明:在磁介质界面两侧,磁感应强度 $\boldsymbol{B}$ 的法向分量相等,或者说 $\boldsymbol{B}$ 线在界面上连续,即

$$B_{n1}=B_{n2}$$

3. 磁屏蔽

按 $\boldsymbol{B}=\mu_r\mu_0\boldsymbol{H}$,可将 $H_{t1}=H_{t2}$ 写成

$$\frac{B_{t1}}{B_{t2}}=\frac{\mu_{r1}}{\mu_{r2}}$$

如图 6.6.7(a)所示,设界面两侧的 $\boldsymbol{B}$ 线与界面法线的夹角分别为 θ_1 和 θ_2,因 $B_{n1}=B_{n2}$,故

$$\frac{\tan\theta_1}{\tan\theta_2}=\frac{\mu_{r1}}{\mu_{r2}}$$

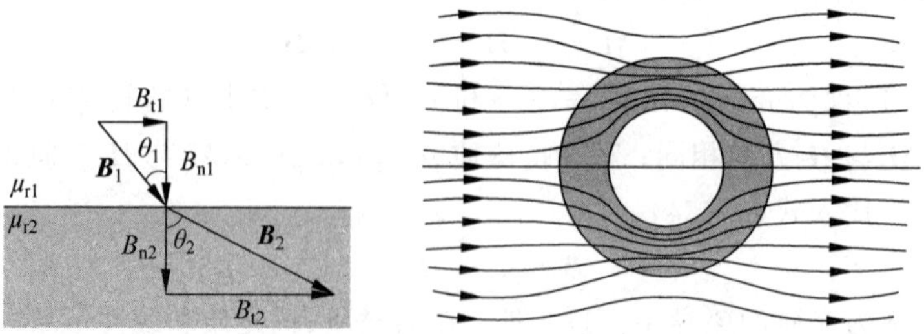

(a)　　(b)

图 6.6.7 磁屏蔽

此即 $\boldsymbol{B}$ 线在界面上的"折射"关系。若 $\boldsymbol{B}$ 线从空气($\mu_{r1}=1$)射入铁磁质($\mu_{r2}\gg1$)，则 $\theta_2\gg\theta_1$，进入铁磁质中的 $\boldsymbol{B}$ 线几乎与界面平行。

图 6.6.7(b)表示磁场中的一个铁磁质空腔，由于 $\boldsymbol{B}$ 线被折射而聚集在铁磁质中，铁磁质空腔中几乎没有 $\boldsymbol{B}$ 线通过，起到一定的磁屏蔽作用。

6.6.5　用 H 的环路定理求磁场

当传导电流和介质的分布具有某些对称性时，恰当地选取积分回路，可以用 $\boldsymbol{H}$ 的环路定理求出 $\boldsymbol{H}$，再由 $\boldsymbol{H}$ 计算 $\boldsymbol{B}$、$\boldsymbol{M}$ 和 $\boldsymbol{j}'$。

例 6.6.1　图 6.6.8 表示一载流长直同轴电缆，其内导体圆柱的半径为 R，它和外导体薄圆筒之间充满相对磁导率为 $\mu_r(>1)$的均匀磁介质，电流 I 沿轴向均匀流过导体圆柱的横截面，并沿导体圆筒流回，不考虑导体的磁化。求：(1)磁介质中的磁场强度和磁感应强度；(2)贴近导体圆柱的磁介质内表面上的磁化电流。

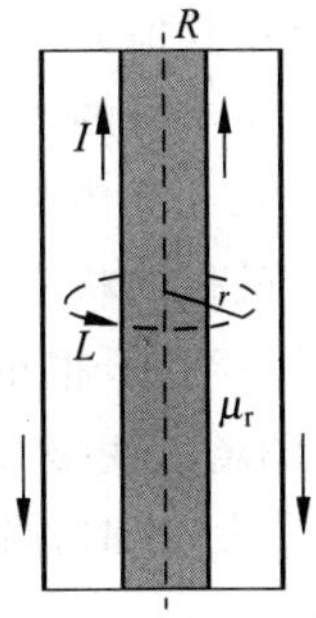

图 6.6.8　例 6.6.1 图

解　(1) 在导体圆柱和圆筒之间作一半径为 r 的共轴圆回路，其绕向与导体圆柱的电流 I 的方向成右手螺旋关系。由电流和磁介质分布的对称性可知，圆上各点 $\boldsymbol{H}$ 的大小相等，并沿切线方向(见例 6.3.2 对 $\boldsymbol{B}$ 方向的分析)。按 $\boldsymbol{H}$ 的环路定理，有

$$2\pi rH=I$$

因此，磁介质中磁场强度的大小为

$$H=\frac{I}{2\pi r}$$

磁感应强度的大小为

$$B=\mu_r\mu_0H=\frac{\mu_r\mu_0I}{2\pi r}$$

H 和 B 都大于零，方向都与回路 L 的绕向相同。

(2) 贴近导体圆柱的磁介质内表面上的磁化强度的大小为

$$M=(\mu_r-1)H=\frac{\mu_r-1}{2\pi R}I$$

因 $\mu_r>1$，故 $\boldsymbol{M}$ 的方向与 L 的绕向相同。在磁介质内表面，$\hat{\boldsymbol{n}}$ 的方向沿半径向里，按公式 $\boldsymbol{j}'=\boldsymbol{M}\times\hat{\boldsymbol{n}}$，面磁化电流密度的大小为

$$j'=\frac{\mu_r-1}{2\pi R}I$$

因此磁化电流为

$$I'=2\pi Rj'=(\mu_r-1)I$$

方向沿磁介质内表面向上。

*6.7　铁磁质简介

铁磁质包括铁、钴、镍和它们的一些合金，稀土金属及其合金以及含铁的化合物(铁氧体)等材料。铁磁质与顺磁质、抗磁质不同，它们的磁性很强，μ_r 为 $10^2\sim10^6$，并且具有自发磁化

的性质，即在没有磁场时存在磁化，其磁化过程不可逆，表现出明显的非线性和饱和性。

1. 铁磁质的起始磁化曲线

磁感应强度 B 与磁场强度 H 之间的关系为

$$B=\mu_r\mu_0 H=\mu H \tag{6.7.1}$$

实验上测得的 B-H 曲线，称为介质的磁化曲线。

如图6.7.1所示，把铁磁质作成圆环，外面绕上若干线圈形成螺绕环。按 $\boldsymbol{H}$ 的环路定理，若线圈中通过励磁电流 I，则环内的磁场强度为 $H=nI$，其中 n 为单位长度上线圈的匝数。再用其他方法测出环内的磁感应强度 B，可得铁磁质的磁化曲线。实验发现，μ_r 不仅与铁磁质本身的性质有关，还与 H 有关。

图6.7.2中的曲线是铁磁质的起始磁化曲线，它是从完全未磁化的状态 O 点($H=0,B=0$)开始，逐渐增大 H 得到的。当 H 很小时，B 随 H 近似成正比增大；H 较大时，B 的增大变慢，表现出非线性；H 超过某一值，B 不再随 H 增大，这时称铁磁质达到磁饱和状态(P 点及其右边区域)。

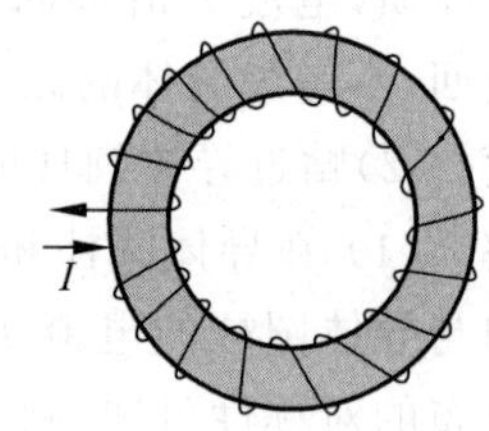

图 6.7.1　铁磁质圆环的磁化

图6.7.3中的曲线是铁磁质的 μ-H 曲线。按式(6.7.1)，磁化状态下的磁导率为 $\mu=B/H$，是从原点 O 到 B-H 曲线上(B,H)点连线的斜率，其中 $H=0$ 时的 μ_i 称为起始磁导率，μ_m 称为最大磁导率。

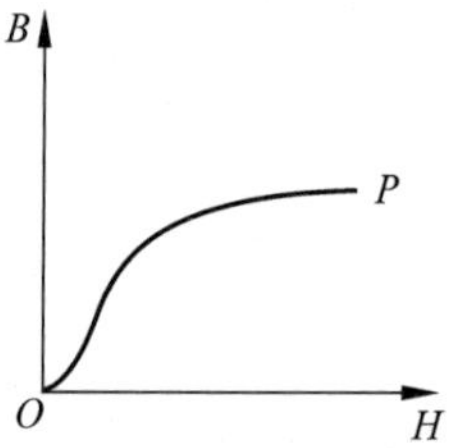

图 6.7.2　铁磁质的起始磁化曲线

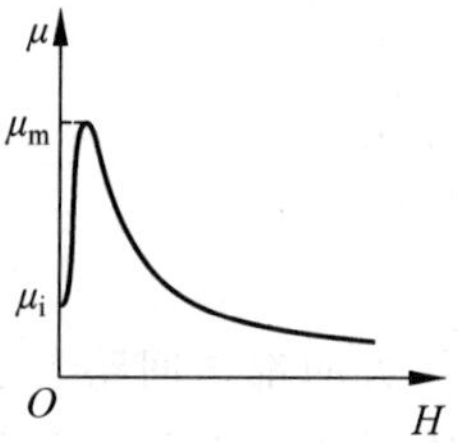

图 6.7.3　铁磁质的 μ-H 曲线

2. 磁滞回线

图6.7.4中的曲线是铁磁质的磁化曲线。铁磁质的磁化过程是不可逆的，沿起始磁化曲线 OP 到达 P 点后，减小 H 直到零，但 B 并不沿 OP 回到零，而是沿另一条曲线变为 B_r(称为剩磁)，表现出磁化过程的不可逆性，同时说明铁磁质具有自发磁化的性质。为消除剩磁，必须加反向磁场 $-H_c$(H_c 称为矫顽力)，接着增加反方向磁场，铁磁质将达到反向磁饱和点 P'。由 P' 点到 P 点的磁化过程与上述过程类似，只是沿图中下面的曲线进行。铁磁质的磁化过程所形成的闭合曲线，称为磁滞回线。

为解释铁磁性，1907年法国物理学家外斯(P. E. Weiss)提出：铁磁质内部的电子自旋磁矩强烈耦合，在很小的区域内整齐排列，形成一些叫作磁畴的自发磁化区，它们相当于是一些磁性很强的小磁针。未磁化时各个磁畴的排列方向完全无序，因此整块铁磁质在宏观上不显磁性。加上外磁场并不断增大时，磁矩方向与外磁场方向相近的那些磁畴逐渐扩大，

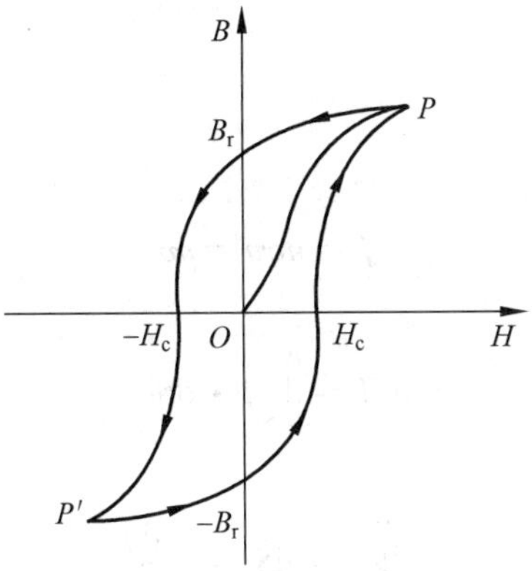

图 6.7.4　磁滞回线

而方向相反的磁畴逐渐减小。磁场增大到一定程度后所有磁畴的方向都与磁场方向一致，达到磁饱和状态，这些取向相同的磁畴会产生非常强的磁场。此外，磁化伴随着磁畴壁的扩张和磁畴之间的摩擦发热，而这些过程是不可逆的。

可以证明：磁滞回线所包围的面积代表在一个反复磁化的循环过程中，单位体积铁磁质内所损耗的能量，这一能量称为磁滞损耗，简称磁损，它以热量的形式放出。

当铁磁质的温度达到铁磁质的居里点时，强烈的热运动可以瓦解磁畴使得铁磁质成为通常的顺磁质。铁(Fe)的居里点为 769℃，钴(Co)为 1150℃，镍(Ni)为 358℃。

3. 铁磁质的分类

按化学成分不同，可分为金属磁性材料和非金属磁性材料两类。金属磁性材料是由金属、合金及金属化合物组成，主要用于低频、大功率及较高温度场合。非金属磁性材料主要是指铁氧体，它是由三氧化二铁(Fe_2O_3)和其他金属氧化物(如 NiO，ZnO，MnO 等)的粉末混合烧结制成。铁氧体具有高磁导率和高电阻率，可用于高频情况。

按性能分，铁磁性材料可分为软磁、硬磁和矩磁三类，它们的磁滞回线如图 6.7.5 所示。软磁材料(如纯铁、坡莫合金(铁镍合金))的矫顽力小，磁滞回线的面积小，在交变磁场中磁滞损耗小，因而容易磁化和退磁，适用于做变压器、电机、电磁铁和各种高频电磁元件的铁芯。硬磁材料(如钨钢、碳钢和铝镍钴合金)的剩磁大，矫顽力也大，常用作磁电式仪表、永磁直流电机和永磁扬声器中的永磁铁。矩磁材料(如锰镁铁氧体、锂锰铁氧体)的磁滞回线接近于矩形，可用正反方向的剩磁表示两个不同的状态，用于信息存储。

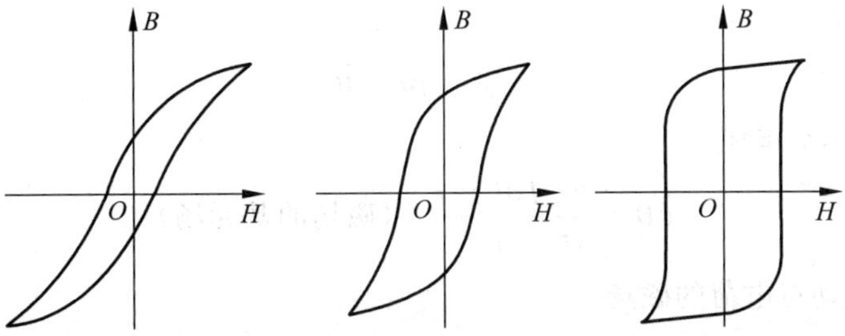

(a) 软磁　(b) 硬磁　(c) 矩磁

图 6.7.5　三类磁性材料的磁滞回线

本章提要

1. 电流密度矢量

$$\boldsymbol{j}=nq\boldsymbol{v}=\rho\boldsymbol{v}$$

电流

$$I=\iint_S \boldsymbol{j}\cdot d\boldsymbol{S}$$

电流连续方程

$$\oint\!\!\!\oint_S \boldsymbol{j}\cdot d\boldsymbol{S}=-\frac{dq}{dt}$$

稳恒条件

$$\oint\!\!\!\oint_S \boldsymbol{j}\cdot d\boldsymbol{S}=0$$

欧姆定律的微分形式

$$\boldsymbol{j}=\sigma(\boldsymbol{E}+\boldsymbol{K})$$

* 迁移率：在单位电场作用下载流子的平均漂移速度

2. 电源电动势

$$\mathcal{E}=\int_{-\,(\text{电源内})}^{+}\boldsymbol{K}\cdot d\boldsymbol{l}$$

一段路径上的电动势

$$\mathcal{E}_{ab}=\int_{a(L)}^{b}\boldsymbol{K}\cdot d\boldsymbol{l}$$

闭合回路上的电动势

$$\mathcal{E}=\oint_L \boldsymbol{K}\cdot d\boldsymbol{l}$$

3. 基尔霍夫定律

$$\sum_i \pm I_i=0,\quad \sum_i \mp\mathcal{E}_i+\sum_i \pm I_iR_i=0$$

似稳条件

$$T\gg\frac{l}{c}$$

4. 洛伦兹力

$$\boldsymbol{f}=q\boldsymbol{v}\times\boldsymbol{B}$$

5. 毕奥-萨伐尔定律

$$d\boldsymbol{B}=\frac{\mu_0}{4\pi}\frac{I\,d\boldsymbol{l}\times\boldsymbol{r}}{r^3}\quad(\text{磁场的基元场})$$

匀速直线运动点电荷的磁场

$$\boldsymbol{B}=\frac{1}{c^2}\boldsymbol{v}\times\boldsymbol{E}$$

6. 磁场的高斯定理(磁通连续定理)

$$\oint\!\!\!\oint_S \boldsymbol{B}\cdot \mathrm{d}\boldsymbol{S}=0$$

安培环路定理

$$\oint_L \boldsymbol{B}\cdot \mathrm{d}\boldsymbol{l}=\mu_0 \sum_{(L内)} I_i$$

7. 霍耳电压

$$U_{\mathrm{H}}=K\frac{IB}{d}$$

霍耳系数

$$K=\frac{1}{nq}$$

8. 安培力

$$\mathrm{d}\boldsymbol{F}=I\,\mathrm{d}\boldsymbol{l}\times\boldsymbol{B}$$

9. 平面载流线圈

磁矩

$$\boldsymbol{m}=IS\hat{\boldsymbol{n}}$$

在匀强磁场中所受磁力矩

$$\boldsymbol{M}_{\mathrm{m}}=\boldsymbol{m}\times\boldsymbol{B}$$

在磁场中转动时磁力所做的功

$$A_{\mathrm{m}}=I\Delta\Phi_{\mathrm{m}}$$

10. 磁化强度矢量

$$\boldsymbol{M}=\lim_{\Delta V\to 0}\frac{\sum \boldsymbol{m}_{分子}}{\Delta V}$$

面磁化电流密度矢量

$$\boldsymbol{j}'=\boldsymbol{M}\times\hat{\boldsymbol{n}}$$

通过以 L 为边界的任一曲面的磁化电流

$$\sum_{(L内)} I'_i=\oint_L \boldsymbol{M}\cdot \mathrm{d}\boldsymbol{l}$$

11. 有磁介质时的安培环路定理

$$\oint_L \boldsymbol{H}\cdot \mathrm{d}\boldsymbol{l}=\sum_{(L内)} I_{0i}$$

磁介质的磁化规律

$$\boldsymbol{H}=\frac{\boldsymbol{B}}{\mu_0}-\boldsymbol{M}$$

对于各向同性的线性磁介质

$$\boldsymbol{M}=\chi_{\mathrm{m}}\boldsymbol{H}=(\mu_{\mathrm{r}}-1)\boldsymbol{H}$$

$$\boldsymbol{B}=\mu_{\mathrm{r}}\mu_0\boldsymbol{H}=\mu\boldsymbol{H},\quad \boldsymbol{B}_0=\mu_0\boldsymbol{H}_0\quad (真空)$$

12. 稳恒磁场的边界条件

$$H_{\mathrm{t1}}=H_{\mathrm{t2}}\quad (界面无传导电流),\quad B_{\mathrm{n1}}=B_{\mathrm{n2}}$$

*13. 铁磁质的磁化曲线——磁滞回线

习题

6.1 求一个厚度为 d,内外半径分别为 R_1 和 R_2 的铁垫片的径向电阻。已知铁的电阻率为 ρ。

6.2 空气中放置一个半径为 R,带电量为 q_0 的导体球。由于空气漏电,导体球上的电荷逐渐减少。设空气的电导率为 σ,相对介电常量为 ε_r,求导体球上的电荷随时间的变化规律。

6.3 如图所示,一平行板电容器两极板间填充两层厚度均为 $d/2$ 的均匀电介质,设这两层电介质漏电,电阻率分别为 ρ_1 和 ρ_2。今在电容器两极板间接上电源,达到稳定后极板间电势差为 U,求两种电介质分界面上的电荷面密度。

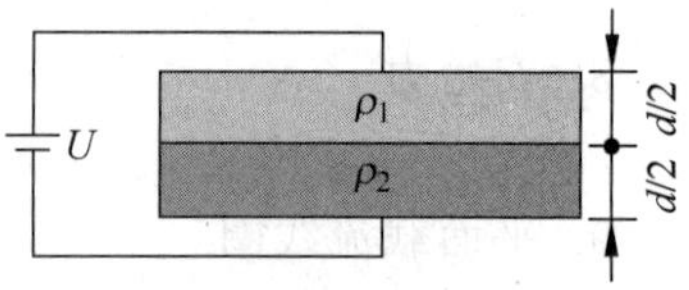

习题 6.3 图

6.4 如图所示,$\mathcal{E}_1=1.5\text{V}$,$\mathcal{E}_2=1.0\text{V}$,忽略电源内阻,G为电流计。当电流计的电流 $I_G=0$ 时,求 R_1 和 R_2 的比值。

6.5 如图所示,在晶体管电路中,$\mathcal{E}=6.0\text{V}$,忽略电源内阻,$U_{ec}=1.96\text{V}$,$U_{eb}=0.2\text{V}$,$I_c=2.0\text{mA}$,$I_b=20\mu\text{A}$,$I_2=0.4\text{mA}$,$R_c=1.0\ \text{k}\Omega$。求 R_1、R_2 和 R_e。

6.6 如图所示,流过边长为 a 的等边三角形回路的电流为 I。求三角形中心 O 处的磁感应强度。

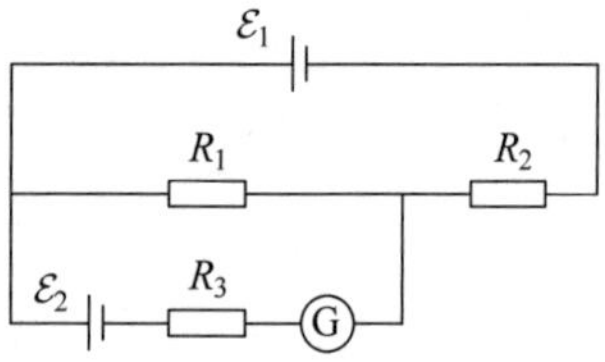

习题 6.4 图

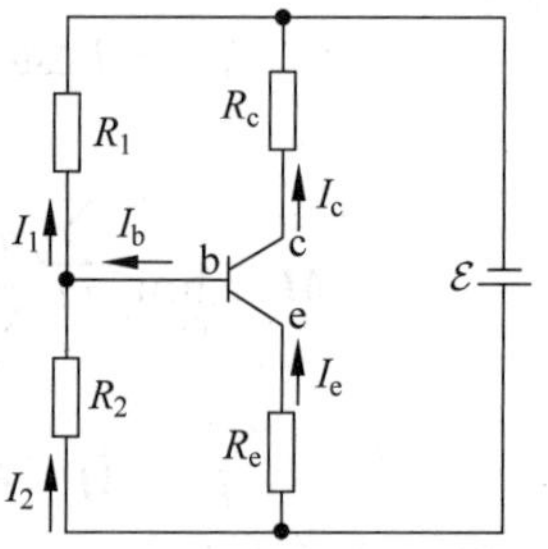

习题 6.5 图

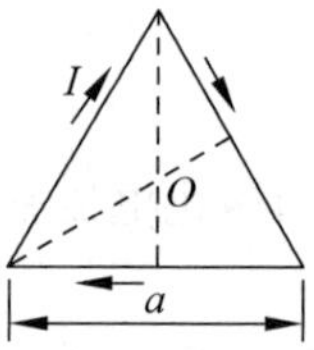

习题 6.6 图

6.7 已知地球北极的地磁场的磁感应强度 $\boldsymbol{B}$ 的大小为 $6.0\times10^{-5}\text{T}$。设想此地磁场是由赤道上一圆电流激发,此电流应多大?流向如何?

6.8 如图所示,流过几种不同形状的平面载流导线的电流都为 I,它们在 O 点的磁感应强度各为多大?

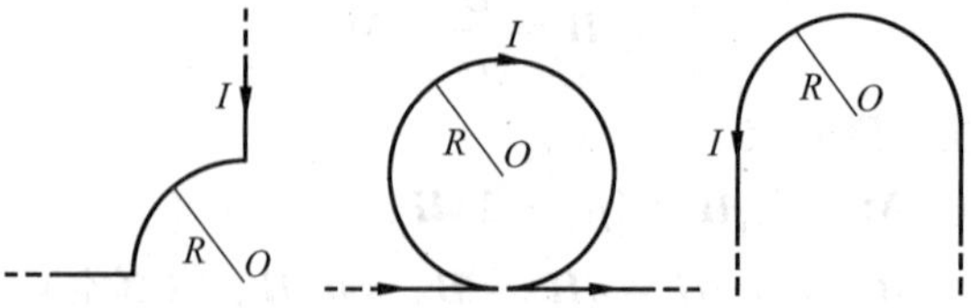

(a) (b) (c)

习题 6.8 图

6.9　如图所示，用两根导线沿半径方向接触均匀铁环的 a、b 两点，并与很远处的电源相接。求环心 O 处的磁感应强度。

6.10　如图所示，半径为 R 的木球上绕有密集的绝缘的细导线，线圈平面彼此平行，且以单层线圈覆盖住半个球面，线圈的总匝数为 N，通过线圈的电流为 I。求球心 O 处的磁感应强度。

6.11　按玻尔的氢原子模型，基态氢原子中的电子围绕质子作圆周运动，其半径为 $a_0=5.29\times10^{-11}\,\text{m}$，速率为 $v=2.2\times10^6\,\text{m}\cdot\text{s}^{-1}$。对于基态氢原子，求：(1)电子绕质子的运动在轨道中心所产生的磁感应强度；(2)电子轨道运动的磁矩。

注：实际上，基态氢原子中电子的分布是球对称的，与基态电子轨道运动相联系的电流、磁场和磁矩都等于零(见 12.10.3 节)。

6.12　如图所示，一个半径为 R 的无限长半圆柱面导体，沿长度方向的电流 I 在柱面上均匀分布。求半轴线 OO' 上的磁感应强度。

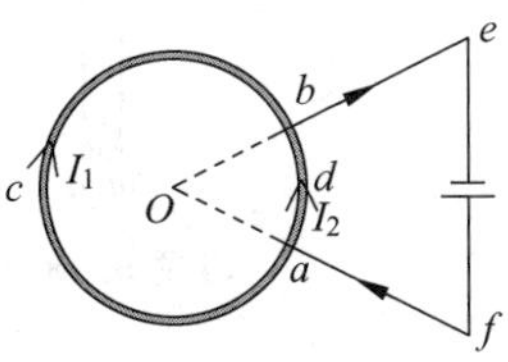

习题 6.9 图

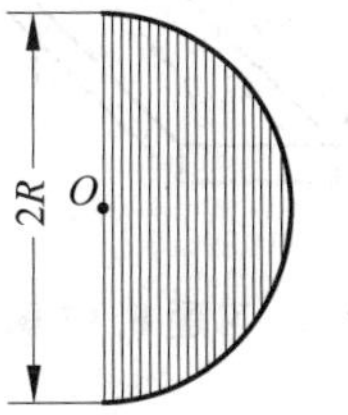

习题 6.10 图

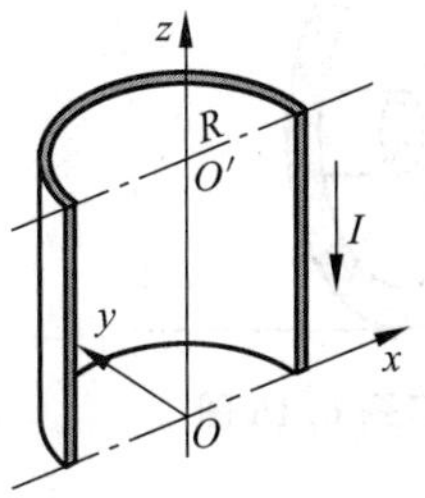

习题 6.12 图

6.13　如图所示，载流长直导线的电流为 I，求通过矩形平面的磁通量。

6.14　如图所示，一载流长直同轴电缆，其内导体圆柱和外导体薄圆筒的半径分别为 R_1 和 R_2，设电流 I 均匀流过导体圆柱截面并沿导体圆筒流回。求：

(1) 磁场通过圆柱内单位长度剖面的磁通量 Φ_1；

(2) 磁场通过圆柱和圆筒之间单位长度剖面的磁通量 Φ_2。

6.15　如图所示，一宽为 b 的长导体薄板，其电流为 I 且在宽度上均匀流过。求在薄板的平面上距板的一边为 r 处 P 点的磁感应强度。

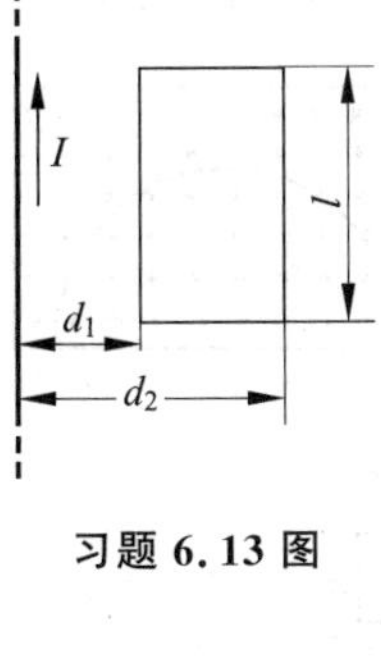

习题 6.13 图

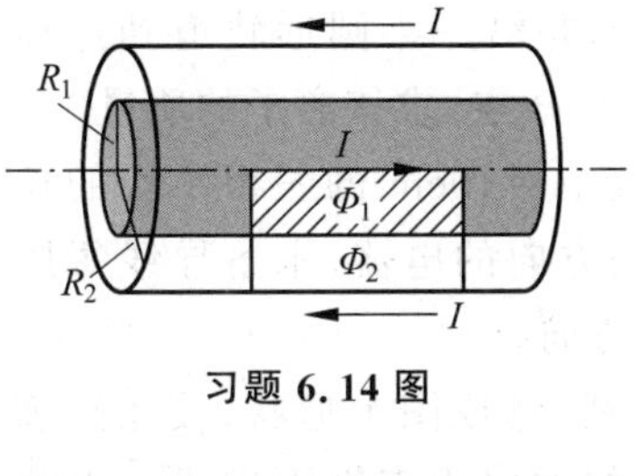

习题 6.14 图

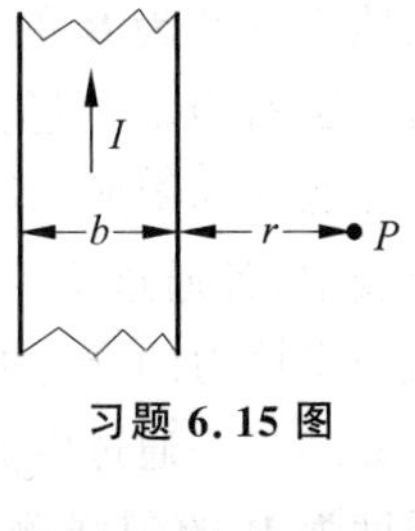

习题 6.15 图

6.16　如图所示，载流长直同轴电缆的两导体中的电流均为 I，但流向相反，电流均匀流过导体的横截面，导体的磁性可以不考虑。求以下各区域的磁感应强度：(1) $r<R_1$；

(2)$R_1<r<R_2$；(3)$R_2<r<R_3$；(4)$r>R_3$。

6.17 如图所示，一块半导体样品的体积为 $a\times b\times c$，沿 x 轴方向通过电流 I，沿 z 轴方向加均匀磁场 $\boldsymbol{B}$，实验得到的数据为 $a=0.10\text{cm}$，$b=0.35\text{cm}$，$c=1.0\text{cm}$，$I=1.0\text{mA}$，$B=3000\text{G}$，样品两侧的电势差为 $U_{AA'}=6.55\text{mV}$。

(1) 样品是P型半导体还是N型半导体？

(2) 求载流子浓度。

6.18 如图所示，在磁感应强度为 $\boldsymbol{B}$ 的匀强磁场中有一长为 h 的绝缘细管，管的底部放一质量为 m，电量为 $q(>0)$ 的带电粒子，$\boldsymbol{B}$ 的方向垂直于纸面向里。开始时粒子和管静止，而后管带着粒子沿垂直于管的方向以速度 $\boldsymbol{u}$ 作匀速直线运动。求粒子离开管的上端后在磁场中作圆周运动的半径。不必考虑重力和各种阻力。

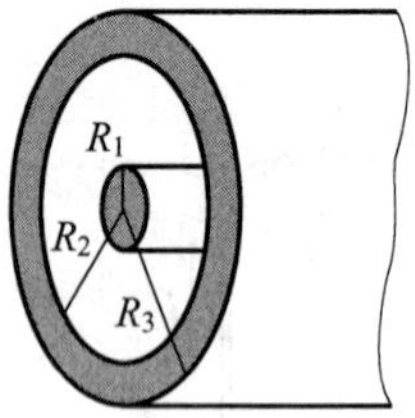

习题 6.16 图

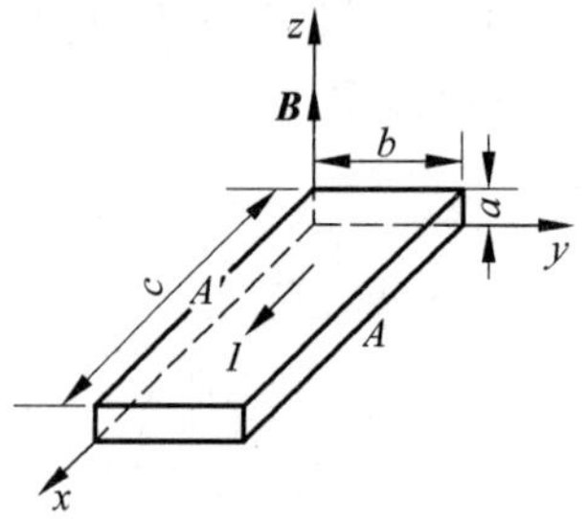

习题 6.17 图

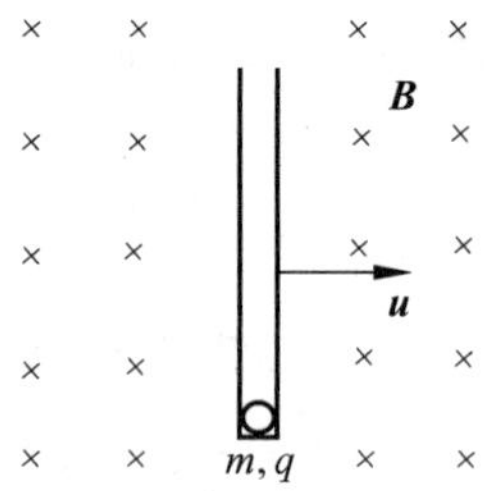

习题 6.18 图

6.19 真空管中的电子在电压 U 下被加速，然后沿垂直于 $\boldsymbol{B}$ 的方向射入匀强磁场，电子运动的轨迹为半径为 R 的圆。

(1) 试用加速电压 U，磁感应强度 B 和半径 R，表达低速情况下电子的荷质比 e/m_0，其中 e 和 m_0 分别代表电子的电荷和静止质量。

(2) 设在高速情况下，电子的质量 m 增大到 $1.01m_0$，求此时的加速电压 U。已知电子的静质量为 $m_0=0.511\text{MeV}/c^2$。

6.20 一回旋加速器D形盒间交变电压的频率为 $1.2\times10^7\text{Hz}$，D形盒的半径为 0.53m，已知氘核的静质量为 $1.88\times10^3\text{MeV}/c^2$，所带电量为1e。设磁场是匀强磁场，求：(1)加速氘核所需磁感应强度；(2)氘核被加速到的最大动能。

6.21 质谱仪的工作原理如图所示，离子源 S 产生质量为 m，电荷为 q 的离子，离子的初速度很小，可看作是静止的。经电势差 U 加速后离子进入磁感应强度为 $\boldsymbol{B}$ 的匀强磁场，并沿一半圆形轨道到达离入口处距离为 x 的感光底片上的 P 点，求该离子的质量。

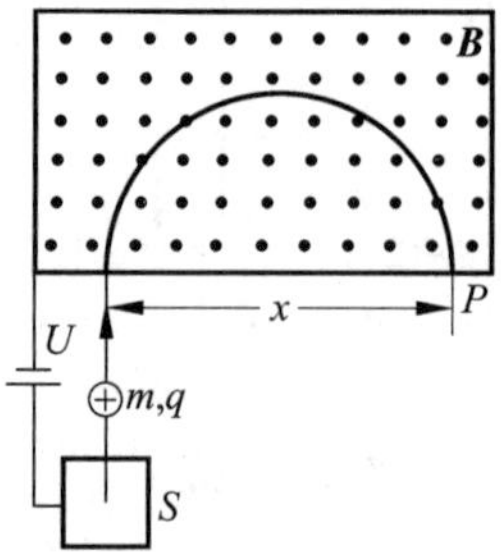

习题 6.21 图

6.22 如图所示，彼此相距 $a=10\text{cm}$ 的三根平行的长直导线中，各通过 $I=10\text{A}$ 的同方向的电流，求各导线每厘米所受安培力的合力的大小和方向。

6.23 一通过电流 I 的导线，弯成图示形状，放在磁感应强度为 $\boldsymbol{B}$ 的匀强磁场中，$\boldsymbol{B}$ 的方向垂直纸面向里。求此导线所受安培力。

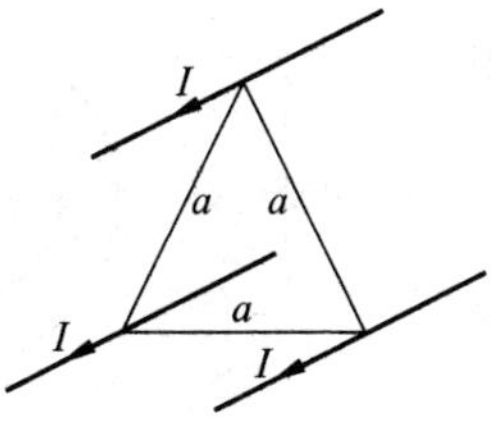

习题 6.22 图

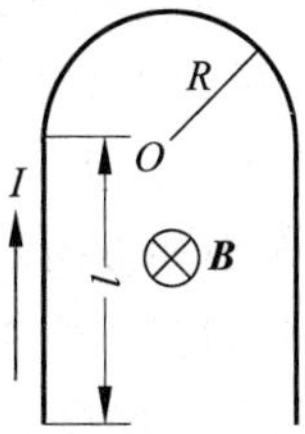

习题 6.23 图

6.24　如图所示，流过一半径为 $R=5.0\text{cm}$ 的铅丝环的电流为 $I=7.0\text{A}$，铅丝的截面积为 $S=0.70\text{mm}^2$，此环放在 $B=1.0\text{T}$ 的匀强磁场中，环的平面与磁场垂直。求作用在铅丝单位截面上的张力。

6.25　如图所示，半径为 R，质量为 m 的匀质细圆环均匀带电，总电量为 $q(>0)$，放在光滑水平平面上，并置于磁感应强度为 $\boldsymbol{B}$ 的匀强磁场中，环的平面与磁场垂直。若将圆环以角速度 ω 绕通过圆心 O 的竖直轴匀速转动，求环内因这种转动而形成的附加张力。

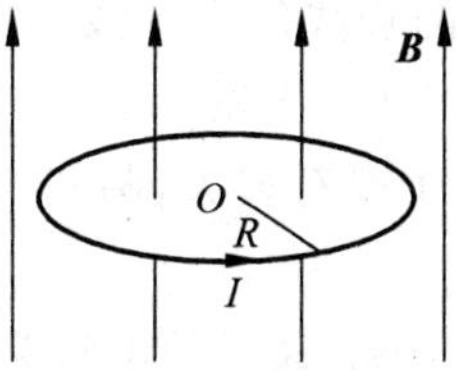

习题 6.24 图

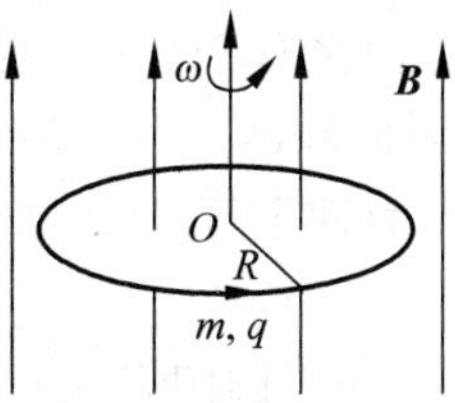

习题 6.25 图

6.26　如图所示，一长直导线通过的电流为 $I_1=30\text{A}$，矩形回路通过的电流为 $I_2=20\text{A}$。求作用在回路上的安培力的合力。已知 $d=1.0\text{cm}$，$b=8.0\text{cm}$，$l=0.12\text{m}$。

6.27　如图所示，在一载流圆线圈平面内沿直径方向有一载流长直导线，二者不相交，通过线圈和导线的电流分别为 I_1 和 I_2。求载流圆线圈所受安培力。

6.28　如图所示，将一电流均匀分布的无限大载流平板放入磁感应强度为 $\boldsymbol{B}_0$ 的匀强磁场中，电流方向与磁场垂直。放入磁场后，平板两侧的磁感强度分别变为 $\boldsymbol{B}_1$ 和 $\boldsymbol{B}_2$，求该载流平板单位面积所受安培力的大小和方向。

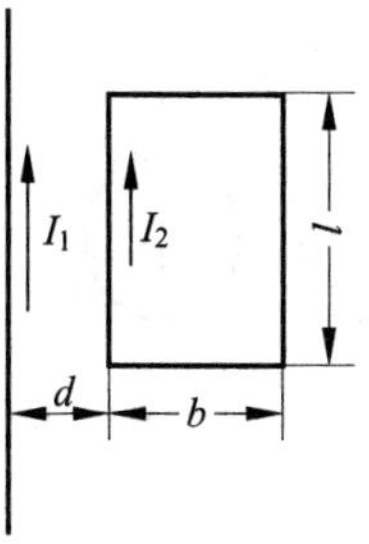

习题 6.26 图

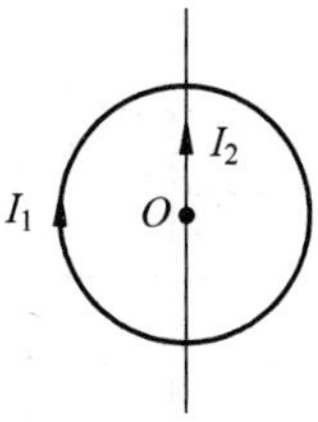

习题 6.27 图

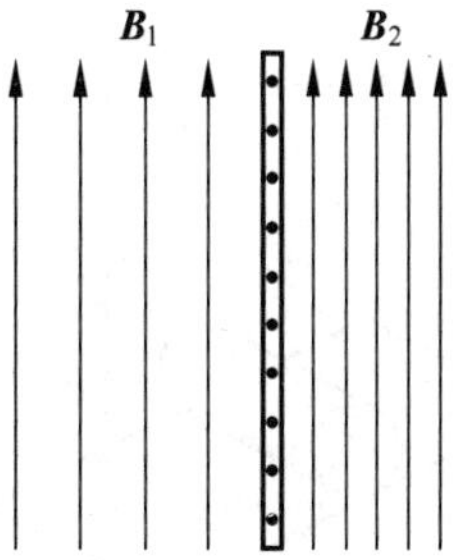

习题 6.28 图

6.29 把 N 条相互绝缘的细长直导线平行密排成一圆筒形，筒的半径为 R，每条导线都通过方向相同、大小相等的电流，总电流为 I。求每条导线单位长度所受安培力的大小和方向。

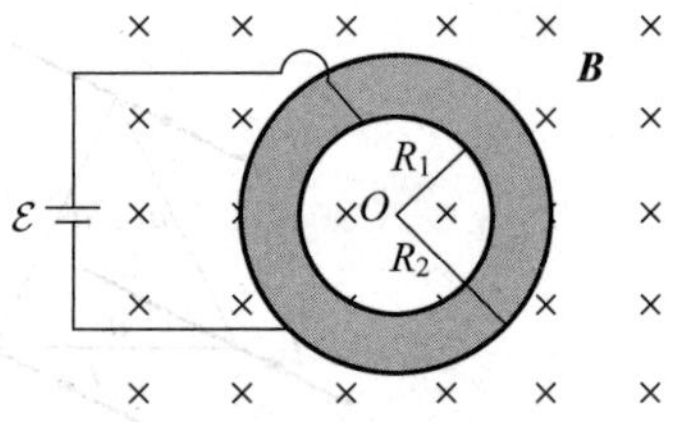

习题 6.30 图

6.30 如图所示，电阻率为 ρ 的金属圆环，其内外半径分别为 R_1 和 R_2，厚度为 d，圆环放入磁感应强度为 $\boldsymbol{B}$ 的匀强磁场中，$\boldsymbol{B}$ 垂直于圆环平面。将圆环内外边缘分别接在电动势为 $\mathcal{E}$ 的电源两极，圆环可绕通过环心且垂直环面的轴转动。求圆环静止时所受对转轴的力矩。

6.31 一正方形线圈的边长为 150mm，由绝缘的细导线绕成，共绕 200 匝，放在 $B=4.0\text{T}$ 的外磁场中，当导线通过电流 $I=8.0\text{A}$ 时，求：

(1) 载流线圈磁矩的大小；

(2) 磁场作用在载流线圈上的力矩的最大值。

6.32 如图所示，斜面上放一木制圆柱，其质量为 $m=0.25\text{kg}$，长度为 $l=0.10\text{m}$。在圆柱上沿圆柱长度方向绕有 $N=10$ 匝的导线，圆柱的轴线位于导线回路的平面内，斜面与水平方向成倾角 θ，斜面和圆柱置于磁感应强度为 $B=0.5\text{T}$ 的匀强磁场中，磁场方向竖直向上。绕组的平面与斜面平行，问通过绕组的电流至少要有多大，圆柱才不致沿斜面向下滚动(设圆柱不滑动)?

6.33 如图所示，一半圆闭合线圈半径为 $R=0.10\text{m}$，通过的电流为 $I=10\text{A}$，放在 $B=0.50\text{T}$ 的匀强磁场中，线圈平面与磁场方向平行。求：(1)载流线圈所受磁力矩的大小和方向；(2)若此载流线圈在磁力作用下转到线圈平面与磁场垂直的位置，并保持电流 I 不变，则磁力做功多少?

6.34 如图所示，在一长直导线附近有一质量为 m 的小线圈，它可绕通过中心且与直导线平行的 OO' 轴转动，线圈中心与直导线的距离 d 远大于线圈的半径，通过长直导线和线圈的电流分别为 I 和 I'。若开始时线圈静止，其正法线方向(与 I' 的方向成右手螺旋关系)与垂直纸面向外方向成 θ_0 角。在保持 I' 不变的情况下，求载流线圈平面转至与纸面重叠时线圈的角速度。

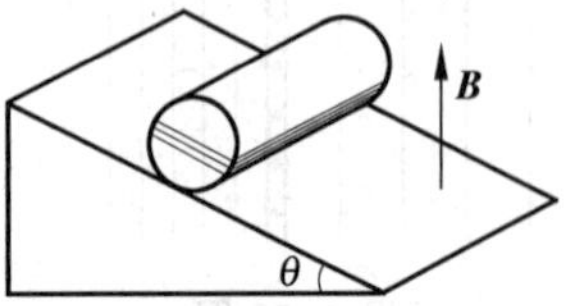

习题 6.32 图

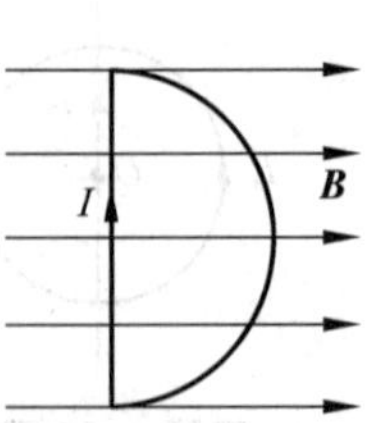

习题 6.33 图

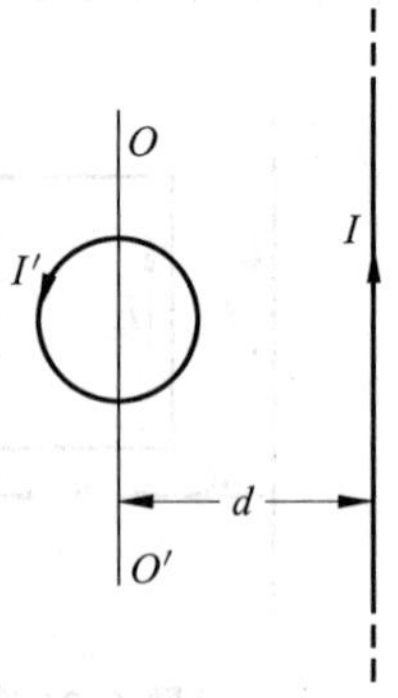

习题 6.34 图

6.35　一螺绕环的线圈共 400 匝，其平均周长为 40cm，通过每匝线圈的电流为 20A，环内磁感应强度为 1.0T。求：环的横截面中心处的(1)磁场强度；(2)环内介质的磁化强度、磁化率和相对磁导率。

6.36　一螺绕环的线圈共 300 匝，其平均周长为 30cm，横截面积为 10cm^2，当通过每匝线圈的电流为 0.032A 时，环内磁通量为 2.0×10^{-6} Wb。求：(1)环内平均磁感应强度；(2)环内截面中心处的磁场强度；(3)环表面的磁化电流；(4)环内介质的磁导率、相对磁导率及磁化率；(5)环内的磁化强度。

6.37　如图所示，一载流长直同轴电缆的内外导体分别为半径为 R_1 的圆柱和 $R_2\to R_3$ 的导体管，内外导体之间充满相对磁导率为 μ_r(<1)的均匀磁介质。电流 I 沿轴向流过导体圆柱并沿导体管流回，设电流在导体圆柱和导体管截面上均匀分布，不考虑导体的磁化。求：(1)各区域内的磁感应强度和磁化强度；(2)介质内外表面的磁化电流。

6.38　一根磁棒具有矫顽力 $4.0\times10^3\text{A}\cdot\text{m}^{-1}$，把它放在长为 12cm 绕有 60 匝导线的长直螺线管中退磁。导线中至少应通入多大的电流，才能使磁棒退磁？

6.39　如图所示，由矫顽力为 $2\text{A}\cdot\text{m}^{-1}$ 的矩磁铁氧体材料制成的环形磁芯，其内外直径分别为 0.5mm 和 0.8mm。若磁芯原来已被磁化，方向如图所示，现需将磁芯中自内到外的磁化方向全部翻转，导线中脉冲电流的峰值 I 至少需要多大？

6.40　如图所示，一带电导体球以速度 $\boldsymbol{v}$ ($v\ll c$)匀速运动，所带电荷 q 均匀分布在球面上。求该带电导体球在球内和球外的磁感应强度。

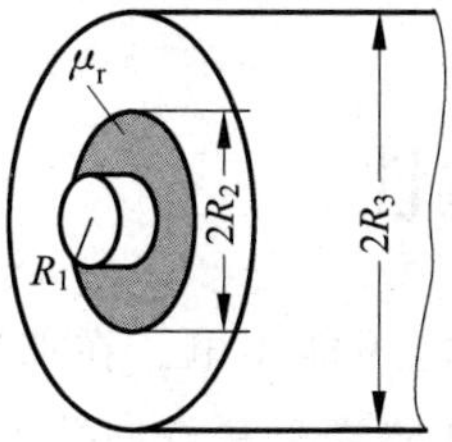

习题 6.37 图

习题 6.39 图

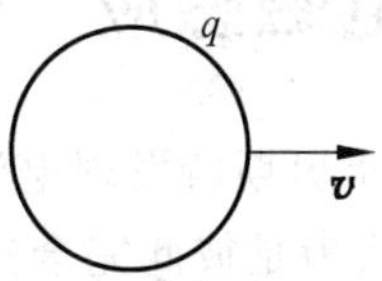

习题 6.40 图

第7章 电磁感应 麦克斯韦方程组和平面电磁波

前面已经得到以下四个方程

(1) $\oiint_S \boldsymbol{D}\cdot \mathrm{d}\boldsymbol{S}=\sum\limits_{(S内)} q_{0i}$ （高斯定理，适用于普遍情况）

(2) $\oint_L \boldsymbol{E}\cdot \mathrm{d}\boldsymbol{l}=0$ （环路定理，仅适用于静电场）

(3) $\oiint_S \boldsymbol{B}\cdot \mathrm{d}\boldsymbol{S}=0$ （磁场的高斯定理，适用于普遍情况）

(4) $\oint_L \boldsymbol{H}\cdot \mathrm{d}\boldsymbol{l}=\sum\limits_{(L内)} I_{0i}$ （安培环路定理，仅适用于稳恒磁场）

本章通过分析变化情况下的实验结果，依据麦克斯韦提出的感生电场假设和位移电流假设，把方程(2)和(4)推广到随时间变化的普遍情况，得到麦克斯韦方程组的积分形式，并给出平面电磁波的主要性质。

7.1 电磁感应 磁场的高斯定理的普适性

1820年奥斯特发现电流的磁效应后，人们自然会想到磁能不能生电。在那以前，电和磁一直被认为是彼此完全独立的。1831年法拉第发现感应电动势与穿过回路的磁通量随时间的变化率成正比，1855年麦克斯韦假设产生感应电动势的非静电力是感生电场，在矢量场的层次上揭示了电磁感应的物理机制。电磁感应的发现为人类获取电能开辟了道路，引起了一场重大的工业和技术革命。

7.1.1 电磁感应实验

1. 感应电流

为了探索磁能不能生电，从1824年开始法拉第作了多次实验。1831年(清道光十一年)8月29日，法拉第终于取得了突破性的进展。如图7.1.1(a)所示，他在一个软铁环(图7.1.2(b))上绕两个互相绝缘的线圈 A 和 B。线圈 A 与电池、开关连成回路，线圈 B 用一根导线连接，与导线平行放置一个小磁针，以检测导线中是否有电流。法拉第发现：在合上开关、线圈 A 接通电流的瞬间，磁针偏转，但随即复原；在打开开关、线圈 A 电流中断的瞬间，磁针反向偏转，也随即复原。磁针偏转并复原说明线圈 B 中出现瞬间感应电流。

法拉第把可以产生感应电流的情况概括为五类：变化的电流，变化的磁场，运动的稳恒电流，运动的磁铁和磁场中运动的导体。他发现，无论哪种情况，感应电流的产生都是磁通

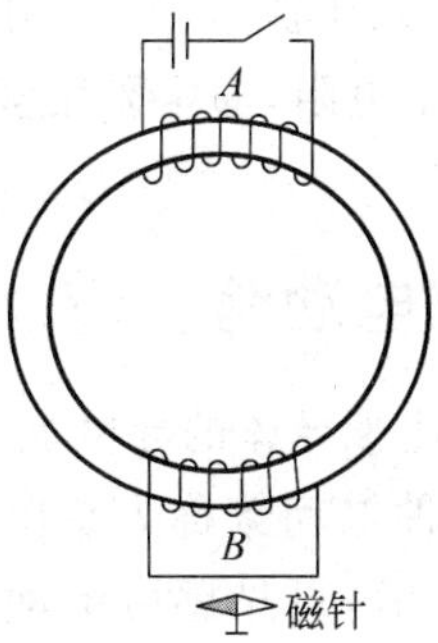

(a) 法拉第电磁感应实验

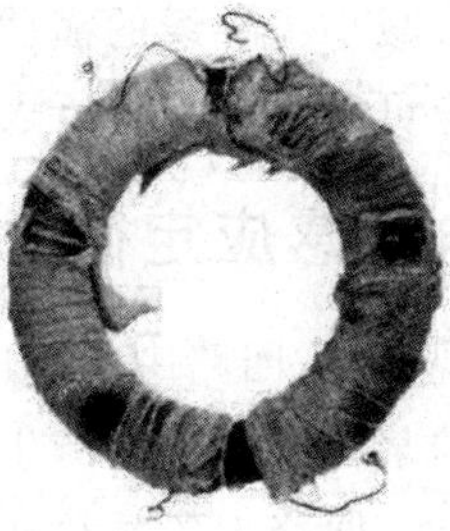

(b) 法拉第用过的铁环线圈

图 7.1.1　电磁感应

量发生变化的结果。

1825 年，瑞士物理学家科拉顿(J. D. Colladon)把磁铁插入闭合线圈，试图观察线圈中是否会出现感应电流。但为了避免磁铁对电流计产生影响，他特意把电流计放在隔壁房间。他先把磁铁插入线圈，再跑过去观察电流计的偏转，当然每次得到的都是零结果。由于实验的安排有问题，科拉顿失去了观察到电流瞬时变化的良机。

2. 楞次定律

法拉第对感应电流的方向虽然作了一定的说明，但未能给出简明的阐述。1834 年，俄国物理学家楞次(H. F. E. Lenz)提出了感应电流方向的判据，即楞次定律：导体回路中感应电流的方向，总是使得感应电流所产生的磁场阻碍引起感应电流的磁通量的变化。这一定律是能量守恒定律的必然结果。

3. 涡电流和趋肤效应

三维导体处于变化磁场或在磁场中运动时，导体中产生的感应电流呈涡旋状，叫作涡电流，简称涡流。像普通电流一样，涡流也要产生焦耳热，工业上用于金属冶炼的感应电炉和家用电磁炉等所利用的就是涡流的热效应。变压器和电机的铁芯处于交变磁场中，涡流发热不仅损耗能量(称为铁损)，还会使铁芯升温，严重时甚至烧毁线圈，为减少铁芯中的涡流，通常把彼此绝缘的硅钢片叠合起来，代替整块铁芯。

当导体在磁场中运动时，导体中的涡流受安培力作用。按楞次定律，涡流所受安培力将阻碍导体的运动，这称为涡流的机械效应，可用来实现电磁制动和电磁驱动。

机场安检用金属探测器可以探测旅客身上是否带有金属物品，其探头内通过随时间变化的脉冲电流，当探头靠近金属物品时，脉冲电流所产生的变化磁场使金属中产生涡流，这个涡流也随时间变化而发出电磁信号，探测器接收到电磁信号就能探测出金属物品。

直流电通过导线时，电流在导线的横截面上是均匀分布的。若通过导线的是交变电流，所产生的交变电磁场在导线中引起交变的涡流，而交变的涡流又反过来激发交变的电磁场，如此互相影响，致使交变电流在导线截面上不再均匀分布，而是向导线表面集中，这称为趋肤效应。电流变化的频率越高，趋肤效应越强。趋肤效应是一个相当复杂的过程，在电动力学中有严格的理论分析。

由于在高频情况下电流只在导线表面很薄的一层中流过,可以用空心的管状导线来代替实心导线。趋肤效应减小了导线的横截面,增大了电阻,通常采用多股编织导线来传导高频电流。利用趋肤效应可以对金属进行表面淬火。

7.1.2 法拉第电磁感应定律——感应电动势

法拉第进一步发现,导体回路中的感应电流正比于导体的导电能力,他意识到感应电流是由与导体性质无关的某种电动势所产生,并把这种电动势称为感应电动势。当磁通量发生变化时,即使没有导体,回路中依然存在感应电动势,可见感应电动势比感应电流更能反映电磁感应的本质。

法拉第从实验上揭示了变化的磁场如何激发电场,但没有最终用数学公式表达出来,1845年德国物理学家诺埃曼(F. E. Neumann)给出法拉第电磁感应定律的定量形式,即

$$\mathcal{E}=-\frac{\mathrm{d}\Phi}{\mathrm{d}t} \tag{7.1.1}$$

这表明:闭合回路 L 中的感应电动势 $\mathcal{E}$ 的大小,与穿过回路的磁通量 Φ 随时间的变化率成正比,方向按楞次定律判定。

设定闭合回路 L 的绕向,穿过 L 的磁通量为

$$\Phi=\iint_S \boldsymbol{B}\cdot\mathrm{d}\boldsymbol{S}=\iint_S B\cos\theta\mathrm{d}S$$

其中,S 是以回路 L 为边界的任意曲面,面元 $\mathrm{d}\boldsymbol{S}$ 的法线方向与 L 的绕向成右手螺旋关系。

回路 L 的绕向可以任选,但通常总是设定 L 的绕向与 $\boldsymbol{B}$ 的方向成右手螺旋关系,这时 $\Phi>0$。如图7.1.2所示,按式(7.1.1)计算,若 $\mathrm{d}\Phi/\mathrm{d}t>0$,则 $\mathcal{E}<0$,$\mathcal{E}$ 的方向与 L 的绕向相反;若 $\mathrm{d}\Phi/\mathrm{d}t<0$,则 $\mathcal{E}>0$,$\mathcal{E}$ 的方向与 L 的绕向相同。当然也可以按公式 $\mathcal{E}=|\mathrm{d}\Phi/\mathrm{d}t|$ 先算出 $\mathcal{E}$ 的大小,再按楞次定律判定 $\mathcal{E}$ 的方向。

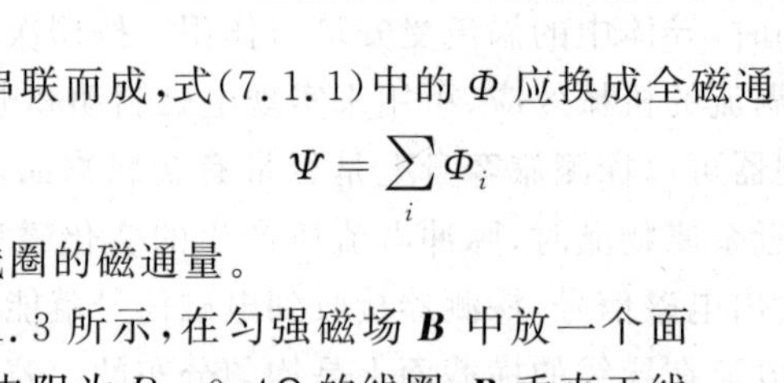

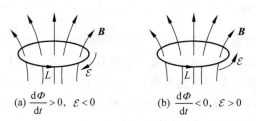

图7.1.2 设定 L 的绕向与 $\boldsymbol{B}$ 的方向成右手螺旋关系

若回路由多个线圈串联而成,式(7.1.1)中的 Φ 应换成全磁通 Ψ,即

$$\Psi=\sum_i \Phi_i$$

其中,Φ_i 为穿过第 i 个线圈的磁通量。

例7.1.1 如图7.1.3所示,在匀强磁场 $\boldsymbol{B}$ 中放一个面积为 $S=1.0\times10^{-2}\mathrm{m}^2$,电阻为 $R=0.4\Omega$ 的线圈,$\boldsymbol{B}$ 垂直于线圈平面向里,设 $\mathrm{d}B/\mathrm{d}t=2.0\times10^{-2}\mathrm{T\cdot s^{-1}}$。求线圈中的感应电动势和在 $t=3\mathrm{s}$ 内通过线圈导线截面的电量。

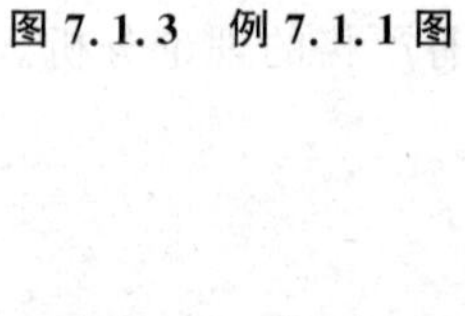

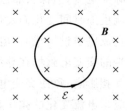

图7.1.3 例7.1.1图

解 按法拉第电场感应定律,线圈中感应电动势的大小为

$$\mathcal{E}=\frac{\mathrm{d}\Phi}{\mathrm{d}t}=S\,\frac{\mathrm{d}B}{\mathrm{d}t}=1.0\times10^{-2}\times2.0\times10^{-2}\,\mathrm{V}=2.0\times10^{-4}\,\mathrm{V}$$

因 $\mathrm{d}B/\mathrm{d}t>0$，由楞次定律可知 $\mathcal{E}$ 沿逆时针方向。按欧姆定律和电流与通过导线截面电量 q 的关系，有

$$\mathcal{E}=R\,\frac{\mathrm{d}q}{\mathrm{d}t}$$

因此，在 $t=3\mathrm{s}$ 内通过线圈导线截面的电量为

$$q=\int_0^t\frac{\mathcal{E}}{R}\mathrm{d}t=\frac{\mathcal{E}t}{R}=\frac{2.0\times0^{-4}\times3}{0.4}\mathrm{C}=1.5\times10^{-3}\mathrm{C}$$

例 7.1.2　在图 7.1.4 所示导体回路中，长为 $l=0.5\mathrm{m}$ 的 ab 段导体以速度 $v=4.0\mathrm{m}\cdot\mathrm{s}^{-1}$ 向右匀速滑动。整个回路处在 $B=0.5\mathrm{T}$ 的匀强磁场中，$\boldsymbol{B}$ 的方向垂直于回路平面向里，ab 段导体的电阻为 $R=0.2\Omega$，不计回路其他部分的电阻。求：(1)回路中的感应电动势；(2)回路中的感应电流；(3)维持 ab 作匀速运动所需的外力。

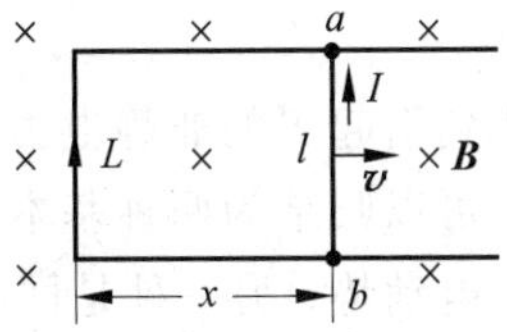

图 7.1.4　例 7.1.2 图

解　设定回路 L 的绕向与 $\boldsymbol{B}$ 的方向成右手螺旋关系，穿过 L 的磁通量为

$$\Phi=Blx$$

(1) 按法拉第电磁感应定律，注意到 $v=\mathrm{d}x/\mathrm{d}t$，回路中的感应电动势为

$$\mathcal{E}=-\frac{\mathrm{d}\Phi}{\mathrm{d}t}=-Bl\,\frac{\mathrm{d}x}{\mathrm{d}t}=-Blv=-0.5\times0.5\times4.0\mathrm{V}=-1.0\mathrm{V}$$

负号表示 $\mathcal{E}$ 的方向与 L 的绕向相反，由 b 指向 a。

(2) 回路中的感应电流为

$$I=\frac{\mathcal{E}}{R}=-\frac{1.0}{0.2}\mathrm{A}=-5.0\mathrm{A}$$

它所产生的磁场阻碍外磁场磁通量的增大。

(3) 按安培力公式，ab 受力的方向向左，大小为

$$f=BlI=0.5\times0.5\times5.0\mathrm{N}=1.25\mathrm{N}$$

因此，维持 ab 作匀速运动所需外力的方向向右，大小为 1.25N。

7.1.3　磁场的高斯定理的普适性

前面用毕奥-萨伐尔定律证明了稳恒磁场的磁通是连续的，实际上为使法拉第电磁感应定律具有确定的意义，随时间变化的磁场也必须服从磁场的高斯定理。

在式(7.1.1)中，只有通过以 L 为边界的任意曲面的磁通量相等，法拉第电磁感应定律才有确定的意义。对于图 7.1.5 所示任意两个以 L 为边界的曲面 S_1 和 S_2 来说，法拉第电磁感应定律要求 $\Phi_1=\Phi_2$，即

$$\iint_{S_1}\boldsymbol{B}\cdot\mathrm{d}\boldsymbol{S}=\iint_{S_2}\boldsymbol{B}\cdot\mathrm{d}\boldsymbol{S}\qquad(7.1.2)$$

式中，$\boldsymbol{B}$ 代表包括随时间变化的磁场在内的任何磁场。

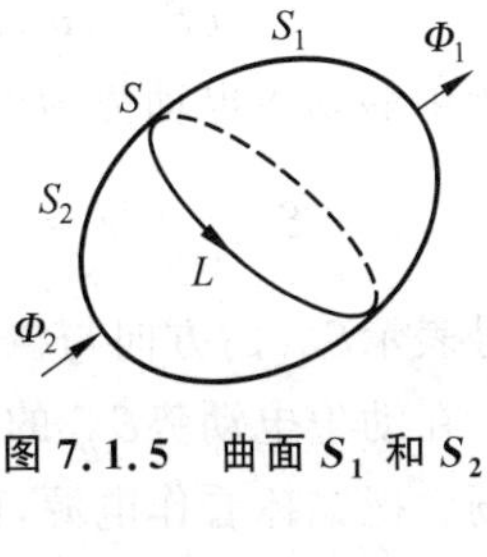

图 7.1.5　曲面 S_1 和 S_2

对于由 S_1 和 S_2 组成的闭合面 S，由于把指向闭合面外部的方向取为面元 $\mathrm{d}\boldsymbol{S}$ 的法线方向，通过 S_2 的磁通量反号，

式(7.1.2)应改写成

$$\iint_{S_1} \boldsymbol{B} \cdot \mathrm{d}\boldsymbol{S} = -\iint_{S_2} \boldsymbol{B} \cdot \mathrm{d}\boldsymbol{S}$$

因此,通过闭合面 S 的磁通量为

$$\oiint_S \boldsymbol{B} \cdot \mathrm{d}\boldsymbol{S} = \iint_{S_1} \boldsymbol{B} \cdot \mathrm{d}\boldsymbol{S} + \iint_{S_2} \boldsymbol{B} \cdot \mathrm{d}\boldsymbol{S} = 0$$

这说明磁场的高斯定理对任何磁场都成立,是磁场的普遍性质。

7.2 动生电动势 感生电动势和感生电场假设

作为实验定律,法拉第用感应电动势 $\mathcal{E}$ 表达电磁感应现象。按电动势的定义,有

$$\mathcal{E} = \oint_L \boldsymbol{K} \cdot \mathrm{d}\boldsymbol{l}$$

若找到引起 $\mathcal{E}$ 的非静电力场 $\boldsymbol{K}$,就能在矢量场的层次上揭示电磁感应的物理机制。

可以归结为两种基本情况:一种是在稳恒磁场中因导体运动产生的感应电动势,称为动生电动势;另一种是回路不动,因磁场变化产生的感应电动势,叫作感生电动势。若导体在变化的磁场中运动,则感应电动势等于动生电动势与感生电动势的代数和。

7.2.1 动生电动势

导体 L 在磁感应强度为 $\boldsymbol{B}$ 的稳恒磁场中运动时,导体各个部分的速度可能不同。设想把导体分割成许多小段,用 $\boldsymbol{v}$ 代表某一小段 $\mathrm{d}\boldsymbol{l}$ 的速度,其中的自由电子所受洛伦兹力为 $\boldsymbol{f} = -e\,\boldsymbol{v} \times \boldsymbol{B}$,作用在单位正电荷上的洛伦兹力为

$$\boldsymbol{K} = \frac{-e\,\boldsymbol{v} \times \boldsymbol{B}}{-e} = \boldsymbol{v} \times \boldsymbol{B}$$

此即引起动生电动势的非静电力场,动生电动势可写成

$$\mathcal{E}_{\mathrm{m}} = \int_L (\boldsymbol{v} \times \boldsymbol{B}) \cdot \mathrm{d}\boldsymbol{l}$$

L 的方向就是 $\mathcal{E}_{\mathrm{m}}$ 的正方向。

例 7.2.1 如图 7.2.1 所示,一长度为 L 的桐棒在磁感应强度为 $\boldsymbol{B}$ 的匀强磁场中以角速度 ω 绕棒的 O 端逆时针转动。求铜棒中的动生电动势和铜棒两端的电势差。

解 设棒的方向为由 O 端指向 A 端,沿棒的方向在距 O 端 l 远处取一有向线元 $\mathrm{d}\boldsymbol{l}$,它以速度 $\boldsymbol{v}$ 沿逆时针方向运动,$\boldsymbol{v} \times \boldsymbol{B}$ 的方向与 $\mathrm{d}\boldsymbol{l}$ 的方向相反,因此线元中的动生电动势为

$$\mathrm{d}\mathcal{E} = (\boldsymbol{v} \times \boldsymbol{B}) \cdot \mathrm{d}\boldsymbol{l} = -\omega l B \mathrm{d}l$$

图 7.2.1 例 7.2.1 图

铜棒中的动生电动势为

$$\mathcal{E}_{OA} = \int \mathrm{d}\mathcal{E} = -\omega B \int_0^L l\,\mathrm{d}l = -\frac{1}{2} B \omega L^2$$

负号表示 $\mathcal{E}_{OA}$ 的方向与棒的方向相反,由 A 端指向 O 端。

在动生电动势 $\mathcal{E}_{OA}$ 的驱动下,铜棒中的自由电子趋向 A 端,形成由 O 端指向 A 端的静电场。把铜棒看作电源,则 O 端是正极,A 端是负极。当静电场的作用与电动势的驱动达

到平衡时，感应电流消失，铜棒两端的电势差就等于棒中动生电动势的大小，即

$$U_O - U_A = \frac{1}{2}B\omega L^2$$

例 7.2.2　如图 7.2.2 所示，载流长直导线旁边有一与之共面的矩形线圈，t 时刻以速度 $\boldsymbol{v}$ 向右匀速运动，通过导线的电流为 I。求此时刻线圈中的动生电动势。

解　载流长直导线周围磁场的大小为

$$B = \frac{\mu_0 I}{2\pi r}$$

方向垂直于线圈平面向里。设定线圈的绕向与 $\boldsymbol{B}$ 的方向成右手螺旋关系，即沿顺时针方向，则线圈中的动生电动势为

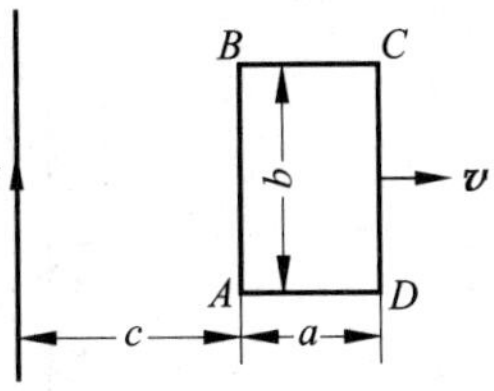

图 7.2.2　例 7.2.2 图

$$\mathcal{E} = \oint (\boldsymbol{v} \times \boldsymbol{B}) \cdot \mathrm{d}\boldsymbol{l} = \mathcal{E}_{AB} + \mathcal{E}_{BC} + \mathcal{E}_{CD} + \mathcal{E}_{DA}$$

其中

$$\mathcal{E}_{AB} = \frac{\mu_0 Ibv}{2\pi c}, \quad \mathcal{E}_{CD} = -\frac{\mu_0 Ibv}{2\pi(c+a)}, \quad \mathcal{E}_{BC} = \mathcal{E}_{DA} = 0$$

因此，线圈中的动生电动势的大小为

$$\mathcal{E} = \frac{\mu_0 Ibv}{2\pi}\left(\frac{1}{c} - \frac{1}{c+a}\right)$$

方向沿顺时针方向。

7.2.2　感生电动势和感生电场假设

按法拉第电磁感应定律，因磁场变化，在静止回路 L 中产生的感生电动势为

$$\mathcal{E}_{\mathrm{i}} = -\frac{\mathrm{d}\Phi}{\mathrm{d}t} = -\frac{\mathrm{d}}{\mathrm{d}t}\iint_S \boldsymbol{B} \cdot \mathrm{d}\boldsymbol{S}$$

因回路不动，而 $\boldsymbol{B}$ 可能还与位置有关，故上式可一般地写成

$$\mathcal{E}_{\mathrm{i}} = -\iint_S \frac{\partial \boldsymbol{B}}{\partial t} \cdot \mathrm{d}\boldsymbol{S} \quad (\text{实验}) \tag{7.2.1}$$

1855 年麦克斯韦提出感生电场假设：变化的磁场会在周围空间激发电场，并称之为感生电场。感生电场 $\boldsymbol{E}_{\mathrm{i}}$ 是引起感生电动势的非静电力场，回路 L 中的感生电动势可表示为

$$\mathcal{E}_{\mathrm{i}} = \oint_L \boldsymbol{E}_{\mathrm{i}} \cdot \mathrm{d}\boldsymbol{l} \quad (\text{理论}) \tag{7.2.2}$$

与静电场不同，感生电场是有旋场，因此又叫涡旋电场。

对比式(7.2.1)和(7.2.2)，可得

$$\oint_L \boldsymbol{E}_{\mathrm{i}} \cdot \mathrm{d}\boldsymbol{l} = -\iint_S \frac{\partial \boldsymbol{B}}{\partial t} \cdot \mathrm{d}\boldsymbol{S} \tag{7.2.3}$$

此即感生电场服从的环路定理。其中，S 为以闭合回路 L 为边界的任一曲面，面元 $\mathrm{d}\boldsymbol{S}$ 的法线方向与 L 的绕向成右手螺旋关系。式(7.2.3)在矢量场的层次上表达了变化的磁场如何激发电场。

麦克斯韦假设，感生电场服从高斯定理，即

$$\oiint_S \boldsymbol{E}_{\mathrm{i}} \cdot \mathrm{d}\boldsymbol{S} = 0$$

例 7.2.3 如图 7.2.3(a)所示，载流密绕长直螺线管的内部是沿轴向的匀强磁场，外部的磁场可以忽略。设螺线管内的磁场随时间作线性变化，$\partial B/\partial t = C(>0)$，螺线管的半径为 R。求感生电场的分布。

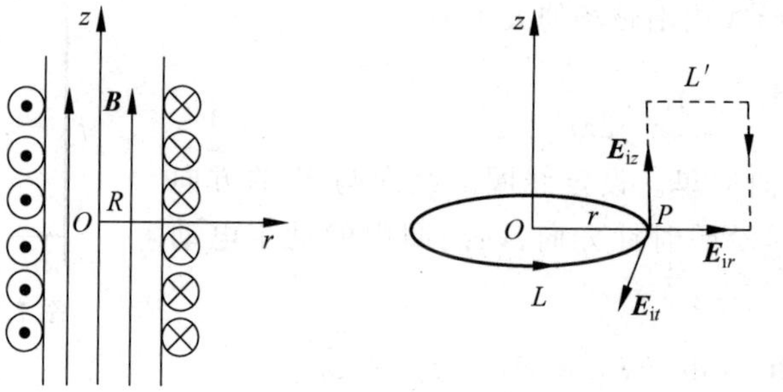

(a) (b) $\boldsymbol{E}_{\mathrm{i}r}=0$，$\boldsymbol{E}_{\mathrm{i}z}=0$

图 7.2.3 例 7.2.3 图

解 如图 7.2.3(b)所示，由磁场的轴对称性可知，感生电场 $\boldsymbol{E}_{\mathrm{i}}$ 为轴对称分布，在与螺线管同轴的圆回路 L 上的各点，$\boldsymbol{E}_{\mathrm{i}}$ 的大小相等。为分析 $\boldsymbol{E}_{\mathrm{i}}$ 的方向，用 $\boldsymbol{E}_{\mathrm{i}r}$、$\boldsymbol{E}_{\mathrm{i}z}$ 和 $\boldsymbol{E}_{\mathrm{i}t}$ 分别代表 $\boldsymbol{E}_{\mathrm{i}}$ 在 P 点的径向、轴向和切向分量。显然径向分量 $E_{\mathrm{i}r}=0$，若 $E_{\mathrm{i}r}\neq 0$，通过与螺线管同轴的圆柱面的电通量不等于零，而圆柱面内无电荷，违背高斯定理。在 $z-r$ 平面作一矩形回路 L'，把式(7.2.3)用于这一回路，可得 $\boldsymbol{E}_{\mathrm{i}}$ 的环流等于零，这说明轴向分量 $E_{\mathrm{i}z}$ 是一个与 r 无关的常量，注意到 $r\to\infty$ 时 $E_{\mathrm{i}z}\to 0$，就可以得出轴向分量 $E_{\mathrm{i}z}=0$ 的结论。因此，$\boldsymbol{E}_{\mathrm{i}}$ 沿圆回路 L 的切线方向，其电场线是一系列以 O 点为圆心的同心圆。

设定 L 的绕向与 $\boldsymbol{B}$ 的方向成右手螺旋关系，在螺线管内部($r\leqslant R$)，按式(7.2.3)，有

$$\oint_L \boldsymbol{E}_{\mathrm{i}} \cdot \mathrm{d}\boldsymbol{l} = 2\pi r E_{\mathrm{i}} = -\iint_S \frac{\partial \boldsymbol{B}}{\partial t} \cdot \mathrm{d}\boldsymbol{S} = -\pi r^2 \frac{\mathrm{d}B}{\mathrm{d}t}$$

可得

$$E_{\mathrm{i}} = -\frac{Cr}{2}, \quad r \leqslant R$$

在螺线管外部($r>R$)，有

$$2\pi r E_{\mathrm{i}} = -\pi R^2 \frac{\mathrm{d}B}{\mathrm{d}t}$$

可得

$$E_{\mathrm{i}} = -\frac{CR^2}{2r}, \quad r > R$$

因 $C>0$，故 $E_{\mathrm{i}}<0$，在螺线管的内部和外部，$\boldsymbol{E}_{\mathrm{i}}$ 的方向与 L 的绕向相反。

电子感应加速器就是利用感生电场对电子加速的。如图 7.2.4 所示，在圆柱形电磁铁两极间放置一个同轴环形真空管道，励磁线圈中的交变电流产生交变磁场 $\boldsymbol{B}$，产生感生电场 $\boldsymbol{E}_{\mathrm{i}}$，其电场线是一系列同心圆。注入环形管道中的电子被 $\boldsymbol{E}_{\mathrm{i}}$

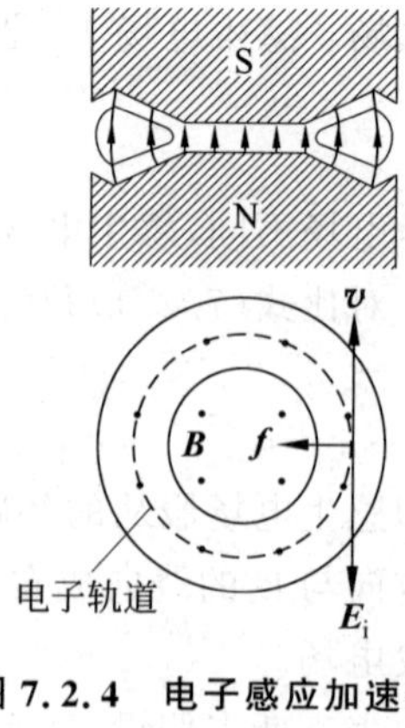

图 7.2.4 电子感应加速器

加速，并在磁场的洛伦兹力 $\boldsymbol{f}$ 的作用下沿圆形轨道回转。

7.2.3　普遍情况电场的环路定理

一般情况下静电场 $\boldsymbol{E}_{\mathrm{e}}$ 和涡旋电场 $\boldsymbol{E}_{\mathrm{i}}$ 共存，电场可表示为

$$\boldsymbol{E}=\boldsymbol{E}_{\mathrm{e}}+\boldsymbol{E}_{\mathrm{i}}$$

因 $\oint_L \boldsymbol{E}_{\mathrm{e}}\cdot \mathrm{d}\boldsymbol{l}=0$，故

$$\oint_L \boldsymbol{E}\cdot \mathrm{d}\boldsymbol{l}=-\iint_S \frac{\partial \boldsymbol{B}}{\partial t}\cdot \mathrm{d}\boldsymbol{S}$$

此即普遍情况电场的环路定理。在稳恒情况下，$\partial \boldsymbol{B}/\partial t=0$，回到静电场的环路定理。

至此，我们得到麦克斯韦方程组中电场服从的两个基本方程

$$\oiint_S \boldsymbol{D}\cdot \mathrm{d}\boldsymbol{S}=\sum_{(S内)} q_{0i}$$

$$\oint_L \boldsymbol{E}\cdot \mathrm{d}\boldsymbol{l}=-\iint_S \frac{\partial \boldsymbol{B}}{\partial t}\cdot \mathrm{d}\boldsymbol{S}$$

例 7.2.4　如图 7.2.5 所示，一长直导线通过的电流为 $I(t)=I_0\sin\omega t$，导线旁有一与之共面的矩形线圈，以速度 $\boldsymbol{v}$ 向右匀速运动，取线圈开始运动的时刻为时间零点，t 时刻线圈与导线的距离为 c。求此时刻线圈中的感应电动势。

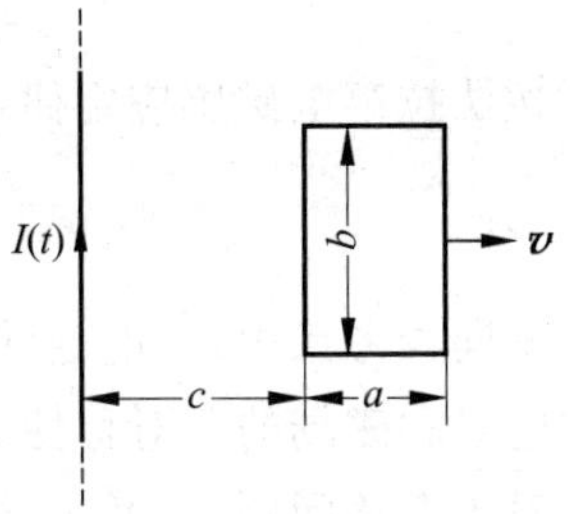

图 7.2.5　例 7.2.4 图

解　载流长直导线周围磁场的大小为

$$B=\frac{\mu_0 I}{2\pi r}$$

方向垂直于线圈平面向里。线圈中的感应电动势为

$$\mathcal{E}=\mathcal{E}_{\mathrm{m}}+\mathcal{E}_{\mathrm{i}}$$

设定线圈的绕向与 $\boldsymbol{B}$ 的方向成右手螺旋关系，则动生电动势和感生电动势分别为

$$\mathcal{E}_{\mathrm{m}}=v\frac{\mu_0 I}{2\pi c}b-v\frac{\mu_0 I}{2\pi(c+a)}b=\frac{\mu_0 abvI_0}{2\pi c(c+a)}\sin\omega t$$

$$\mathcal{E}_{\mathrm{i}}=-\iint_S \frac{\partial \boldsymbol{B}}{\partial t}\cdot \mathrm{d}\boldsymbol{S}=-\int_c^{c+a}\frac{\mathrm{d}B}{\mathrm{d}t}b\,\mathrm{d}r=-\frac{\mu_0 b}{2\pi}\frac{\mathrm{d}I}{\mathrm{d}t}\int_c^{c+a}\frac{\mathrm{d}r}{r}=-\frac{\mu_0 b\omega I_0}{2\pi}\ln\left(\frac{c+a}{c}\right)\cos\omega t$$

因此，t 时刻线圈中的感应电动势为

$$\mathcal{E}=\mathcal{E}_{\mathrm{m}}+\mathcal{E}_{\mathrm{i}}=\frac{\mu_0 abvI_0}{2\pi c(c+a)}\sin\omega t-\frac{\mu_0 b\omega I_0}{2\pi}\ln\left(\frac{c+a}{c}\right)\cos\omega t$$

还可以先求 t 时刻穿过线圈的磁通量，即

$$\Phi=\int_c^{c+a}Bb\,\mathrm{d}r=\int_c^{c+a}\frac{\mu_0 bI}{2\pi r}\mathrm{d}r=\frac{\mu_0 bI}{2\pi}\ln\frac{c+a}{c}$$

再按法拉第电磁感应定律计算感应电动势，可得

$$\mathcal{E}=-\frac{\mathrm{d}\Phi}{\mathrm{d}t}=-\left(\frac{\mu_0 bI}{2\pi}\frac{\mathrm{d}}{\mathrm{d}t}\ln\frac{c+a}{c}+\frac{\mu_0 b}{2\pi}\ln\frac{c+a}{c}\frac{\mathrm{d}I}{\mathrm{d}t}\right)$$

$$=\frac{\mu_0 abvI_0}{2\pi c(c+a)}\sin\omega t-\frac{\mu_0 b\omega I_0}{2\pi}\ln\left(\frac{c+a}{c}\right)\cos\omega t$$

*7.2.4 动生电动势和感生电动势的相对性

图7.2.6表示磁铁和线圈相对运动时的电磁感应现象。图(a)表示磁铁静止,线圈以速度 $\boldsymbol{v}$ 运动,这时只有磁场没有电场,线圈中产生的是动生电动势,作用在线圈中电荷上的非静电力是洛伦兹力。图(b)表示线圈静止,磁铁以速度 $-\boldsymbol{v}$ 运动,这时既有磁场又有电场,由磁铁运动引起的变化磁场在线圈中产生感生电动势,作用在电荷上的非静电力来源于感生电场。

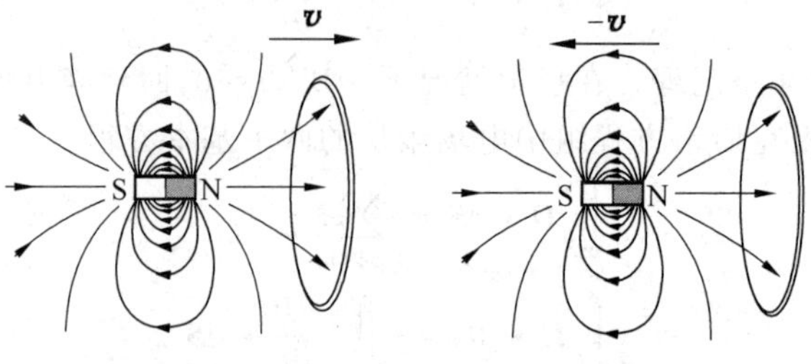

图 7.2.6 磁铁和线圈的相对运动

按法拉第电磁感应定律,"线圈运动"和"磁场变化"可统一表示为

$$\mathcal{E}=-\frac{\mathrm{d}\Phi}{\mathrm{d}t}$$

但在不同参考系中,对电磁感应的根源却用了两种截然不同的解释,这暴露出经典电磁学理论中电场和磁场的不对称性。

对于上述问题,1905年爱因斯坦在《论动体的电动力学》一文中一开头就提出了:大家知道,麦克斯韦电动力学,像现在通常为人们所理解的那样,应用到运动的物体上时,就要引起一些不对称,而这种不对称似乎不是现象所固有的。

1952年,爱因斯坦回忆往事时还说过:我曾确信,在磁场中作用在一个运动物体上的电动力不过是一种电场罢了,正是这种确信或多或少直接地促使我去研究狭义相对论。

把电磁场划分为电场部分和磁场部分只有相对的意义,动生电动势和感生电动势具有相对性,通过对电场和磁场的相对论变换,可以把"线圈运动"所产生的洛伦兹力和"磁场变化"所引起的电场力统一起来。

7.3 自感和互感 磁场能量

自感和互感是常见的电磁感应现象,在电工和电子学技术中有着广泛的应用。磁场和电场一样,也具有能量。

7.3.1 自感

当一个线圈中的电流随时间变化时,所产生的磁场相应变化,使得穿过线圈自身的磁通量发生变化,引起感应电动势而阻碍电流的变化,这种现象称为自感,所引起的感应电动势称为自感电动势。

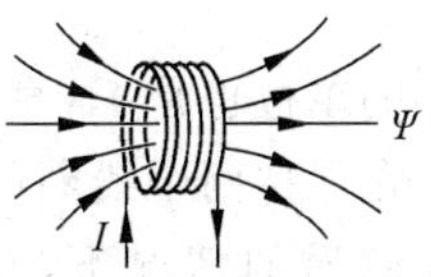

图 7.3.1　自感

如图 7.3.1 所示，当线圈通过电流 I 时，穿过线圈自身的全磁通 Ψ 与电流 I 的关系可表示为

$$\Psi = LI$$

式中的比例系数 L 叫作自感系数，简称自感，它表示自感现象的强弱，定义为

$$L = \frac{\Psi}{I} \tag{7.3.1}$$

自感取决于线圈的形状、大小和匝数，以及填充介质的性质。若填充的是非铁磁质，L 与电流无关，填充铁磁质时 L 还与电流有关。自感的单位是 H(亨[利])。

在保持线圈的结构不变和无铁磁质的情况下，自感 L 为常量，这时自感电动势只取决于电流变化的快慢，按法拉第电磁感应定律，有

$$\mathcal{E}_L = -\frac{\mathrm{d}\Psi}{\mathrm{d}t} = -L\frac{\mathrm{d}I}{\mathrm{d}t}$$

式中已将电流 I 的方向设定为$\mathcal{E}_L$的正方向，负号表示自感电动势总是阻碍线圈自身电流的变化，因此自感 L 表示线圈“电磁惯性”的大小。对应电容而言，常把自感叫作电感。从性能上看，电容“通交流隔直流”，而电感“通直流阻交流”。

下面求密绕长直螺线管的自感。设螺线管的长度为 l，半径为 $R(R \ll l)$，单位长度上线圈的匝数为 n，管中填充相对磁导率为 μ_r 的磁介质。通过每匝线圈的电流为 I 时，管内磁场为 $B = \mu_0 \mu_r n I$，全磁通为

$$\Psi = nl\pi R^2 B = l\pi R^2 \mu_r \mu_0 n^2 I = \mu_r \mu_0 n^2 IV$$

式中，$V = l\pi R^2$ 为螺线管的体积。因此，密绕长直螺线管的自感为

$$L = \frac{\Psi}{I} = \mu_r \mu_0 n^2 V$$

上式也可用来计算密绕细螺绕环的自感。

注意：式(7.3.1)定义的是细导线线圈的自感系数，对于有一定横截面积的导体回路，其自感系数通常用下面给出的磁场能公式(7.3.2)计算(见例 7.3.2)。

自感线圈是一种用途广泛的电工元件，常用于 LC 电路(振荡，滤波)和稳流(如日光灯镇流器)电路。在供电系统中切断通过强大电流的电路时，由于电路中自感元件的作用，开关处会出现电弧而造成灾害，必须使用专用的灭弧开关。

7.3.2　互感

当一个线圈中的电流随时间变化时，所产生的磁场相应变化，使得穿过另一个邻近线圈的磁通量发生变化而产生感应电动势，这种现象称为互感，在另一线圈中产生的感应电动势称为互感电动势。互感电动势不仅与电流改变的快慢有关，而且还与这两个线圈的结构和相对位置，以及周围介质的性质有关。

如图 7.3.2 所示，设线圈 1 通过电流 I_1，所产生的磁场穿过邻近线圈 2 的全磁通为 Ψ_{21}。它与电流 I_1 的关系可表示为

$$\Psi_{21} = M_{21} I_1$$

式中的比例系数 M_{21} 叫作互感系数，简称互感，它表示互感现象的强弱。同理，线圈 2 中通过电流 I_2 时，穿过线圈 1 的全磁通为

$$\Psi_{12}=M_{12}I_2$$

互感的单位也是H(亨[利])。

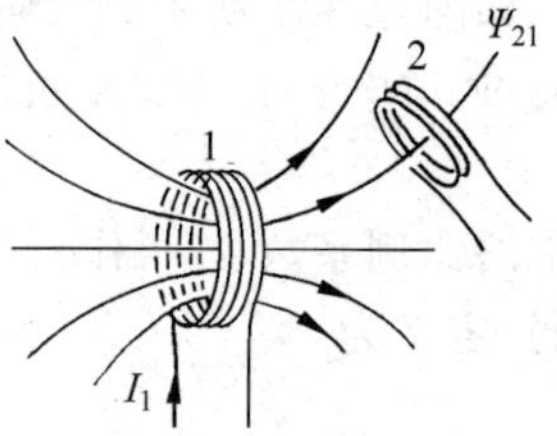

图 7.3.2 互感

在保持两个线圈的结构和相对位置不变,并且周围没有铁磁质的情况下,互感为常量,可以证明,这时 $M_{12}=M_{21}$,互感可统一用 M 表示,即

$$M=\frac{\Psi_{21}}{I_1}=\frac{\Psi_{12}}{I_2}$$

互感电动势只取决于电流变化的快慢。按法拉第电磁感应定律,I_1 的变化在线圈 2 中产生的互感电动势为

$$\mathcal{E}_{21}=-\frac{\mathrm{d}\Psi_{21}}{\mathrm{d}t}=-M\frac{\mathrm{d}I_1}{\mathrm{d}t}$$

I_2 的变化在线圈 1 中产生的互感电动势为

$$\mathcal{E}_{12}=-\frac{\mathrm{d}\Psi_{12}}{\mathrm{d}t}=-M\frac{\mathrm{d}I_2}{\mathrm{d}t}$$

通过互感可以把能量或信号由一个线圈传递到另一个线圈,如电源变压器、中周变压器、输入输出变压器以及电压和电流互感器等。由于存在互感,电路之间会互相干扰,可采用磁屏蔽等方法来减小这种干扰。

例 7.3.1 图 7.3.3 表示一横截面为矩形 $h\times(R_2-R_1)$、总匝数为 N 的密绕螺绕环。(1)求此螺绕环的自感;(2)沿此螺绕环的轴线放置一长直导线,求导线与螺绕环的互感 M_{12} 和 M_{21},二者是否相等?

解 (1) 按安培环路定理,当螺绕环通过电流 I 时,环内半径 r 处的磁场为

$$B=\frac{\mu_0 NI}{2\pi r}$$

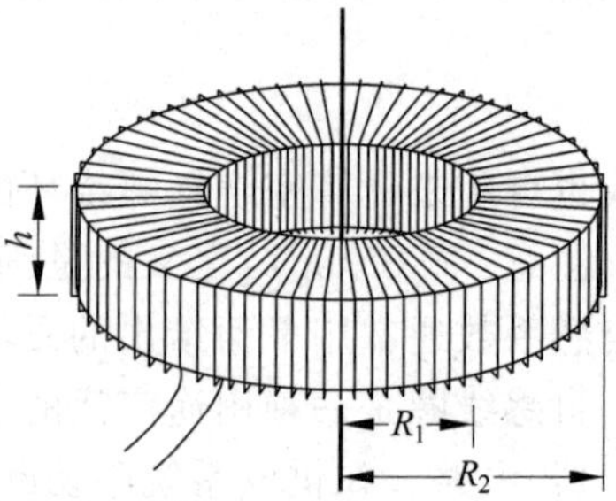

图 7.3.3 例 7.3.1 图

通过环截面的磁通量为

$$\Phi=\int_{R_1}^{R_2}Bh\,\mathrm{d}r=\frac{\mu_0 NIh}{2\pi}\int_{R_1}^{R_2}\frac{\mathrm{d}r}{r}=\frac{\mu_0 NIh}{2\pi}\ln\frac{R_2}{R_1}$$

因此密绕螺绕环的自感为

$$L=\frac{\Psi}{I}=\frac{N\Phi}{I}=\frac{\mu_0 N^2 h}{2\pi}\ln\frac{R_2}{R_1}$$

(2) 长直导线在无穷远处闭合,形成匝数为 1 的回路。当螺绕环通过电流 I_1 时,通过环截面的磁通量为 $\Phi_1=\frac{\mu_0 NI_1 h}{2\pi}\ln\frac{R_2}{R_1}$,而这就是通过长直导线回路的磁通量,因此

$$M_{21}=\frac{\Psi_{21}}{I_1}=\frac{\Phi_1}{I_1}=\frac{\mu_0 Nh}{2\pi}\ln\frac{R_2}{R_1}$$

当长直导线通过电流 I_2 时,周围的磁场为 $B_2=\mu_0 I_2/(2\pi r)$,通过螺绕环截面的磁通量为

$$\Phi_{12}=\int_{R_1}^{R_2}B_2 h\,\mathrm{d}r=\frac{\mu_0 I_2 h}{2\pi}\int_{R_1}^{R_2}\frac{\mathrm{d}r}{r}=\frac{\mu_0 I_2 h}{2\pi}\ln\frac{R_2}{R_1}$$

因此

$$M_{12}=\frac{\Psi_{12}}{I_2}=\frac{N\Phi_{12}}{I_2}=\frac{\mu_0 Nh}{2\pi}\ln\frac{R_2}{R_1}$$

显然，$M_{21}=M_{12}$。

7.3.3　磁场能量

图 7.3.4 表示一个由电源、线圈、电阻和开关组成的电路，线圈的自感为 L。在电流稳恒的情况下，线圈中无自感电动势，电源提供的能量全部转化为电阻释放的焦耳热。

由于电路中有自感线圈，合上开关 K 电流 i 不能立即达到稳定值 I，而是经过一段时间 t 才从零增加到 I，在这段时间内线圈中的自感电动势为 $\mathcal{E}_L=-L\,\mathrm{d}i/\mathrm{d}t$。按全电路欧姆定律，$\mathcal{E}+\mathcal{E}_L=iR$，因此电源的电动势为

$$\mathcal{E}=iR+L\frac{\mathrm{d}i}{\mathrm{d}t}$$

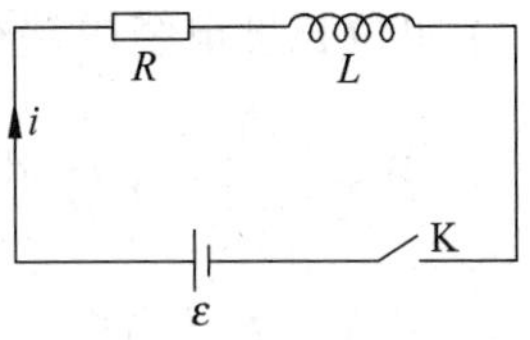

图 7.3.4　含线圈的电路

电源在 t 时间内提供的能量为

$$\int\mathcal{E}\mathrm{d}q=\int_0^t\mathcal{E}i\,\mathrm{d}t=\int_0^t i^2R\,\mathrm{d}t+\frac{1}{2}LI^2$$

式中右边第一项为电阻释放的焦耳热，第二项则表示载流线圈中的磁场能量，即

$$W_{\mathrm{m}}=\frac{1}{2}LI^2\tag{7.3.2}$$

把线圈看成体积为 V，填充相对磁导率为 μ_{r} 的磁介质的密绕长直螺线管，其自感为 $L=\mu_{\mathrm{r}}\mu_0 n^2V$，代入式(7.3.2)，并注意到 $B=\mu_0\mu_{\mathrm{r}}nI$，则载流线圈中的磁场能量为

$$W_{\mathrm{m}}=\frac{1}{2}\mu_{\mathrm{r}}\mu_0n^2I^2V=\frac{1}{2}\frac{B^2V}{\mu_{\mathrm{r}}\mu_0}$$

磁场能量密度为

$$w_{\mathrm{m}}=\frac{W_{\mathrm{m}}}{V}=\frac{1}{2}\frac{B^2}{\mu_{\mathrm{r}}\mu_0}=\frac{1}{2}BH$$

虽然上式用特例导出，但它适用于各向同性介质中的任意磁场。空间 V 内的磁场能量为

$$W_{\mathrm{m}}=\iiint_V w_{\mathrm{m}}\mathrm{d}V=\frac{1}{2}\iiint_V\frac{B^2}{\mu_{\mathrm{r}}\mu_0}\mathrm{d}V=\frac{1}{2}\iiint_V BH\,\mathrm{d}V$$

对于各向异性介质，$\boldsymbol{B}$ 和 $\boldsymbol{H}$ 的方向一般不同，磁场能量密度应表示为

$$w_{\mathrm{m}}=\frac{1}{2}\boldsymbol{B}\cdot\boldsymbol{H}$$

至此，我们得到各向同性介质中的电磁场的能量密度

$$w=w_{\mathrm{e}}+w_{\mathrm{m}}=\frac{1}{2}DE+\frac{1}{2}BH$$

在电动力学中，上式是通过分析电磁场对一个运动电荷做功，按能量转化和守恒定律导出的。

例 7.3.2　如图 7.3.5 所示，一载流长直同轴电缆，其内导体圆柱和外导体薄圆筒的半径分别为 R_1 和 R_2，设电流 I 均匀流过导体圆柱截面并沿导体圆筒流回。(1)求单位长度电缆内储存的磁场能；(2)按磁场能公式求单位长度电缆的自感；(3)若电流的频率很高，自感有何

变化。

解 磁感应强度的分布为(见例6.3.2)

$$B=\begin{cases}\dfrac{\mu_0 Ir}{2\pi R_1^2}, & r\leqslant R_1\\ \dfrac{\mu_0 I}{2\pi r}, & R_1<r\leqslant R_2\\ 0, & R>R_2\end{cases}$$

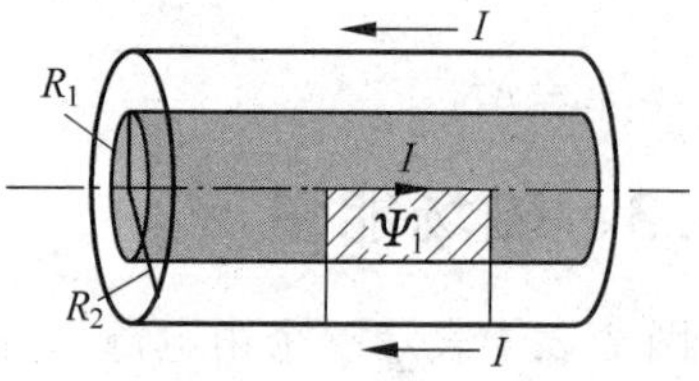

图7.3.5 例7.3.2图

(1) 单位长度电缆内储存的磁场能为

$$W_{\mathrm{m}}=\iiint_V \frac{1}{2}\frac{B^2}{\mu_0}\mathrm{d}V=\int_0^{R_1}\frac{1}{2\mu_0}\left(\frac{\mu_0 Ir}{2\pi R_1^2}\right)^2 2\pi r\,\mathrm{d}r+\int_{R_1}^{R_2}\frac{1}{2\mu_0}\left(\frac{\mu_0 I}{2\pi r}\right)^2 2\pi r\,\mathrm{d}r$$

$$=\frac{\mu_0 I^2}{4\pi R_1^4}\int_0^{R_1}r^3\,\mathrm{d}r+\frac{\mu_0 I^2}{4\pi}\int_{R_1}^{R_2}\frac{\mathrm{d}r}{r}=\frac{\mu_0 I^2}{16\pi}+\frac{\mu_0 I^2}{4\pi}\ln\frac{R_2}{R_1}$$

用 W_{m1} 和 W_{m2} 分别代表单位长度的导体圆柱和圆柱与圆筒之间的磁能,则

$$W_{\mathrm{m1}}=\frac{\mu_0 I^2}{16\pi},\quad W_{\mathrm{m2}}=\frac{\mu_0 I^2}{4\pi}\ln\frac{R_2}{R_1}$$

(2) 由于涉及有一定横截面积的导体回路,通常用磁场能公式计算单位长度电缆的自感。用 L_1 和 L_2 分别代表单位长度的导体圆柱和圆柱与圆筒之间的自感,按式(7.3.2),有

$$\frac{1}{2}L_1I^2=W_{\mathrm{m1}}=\frac{\mu_0 I^2}{16\pi},\quad \frac{1}{2}L_2I^2=W_{\mathrm{m2}}=\frac{\mu_0 I^2}{4\pi}\ln\frac{R_2}{R_1}$$

可得

$$L_1=\frac{\mu_0}{8\pi},\quad L_2=\frac{\mu_0}{2\pi}\ln\frac{R_2}{R_1}$$

因此,单位长度电缆的自感为

$$L=L_1+L_2=\frac{\mu_0}{8\pi}+\frac{\mu_0}{2\pi}\ln\frac{R_2}{R_1}$$

导体圆柱的自感 L_1 不能按细导线线圈的自感计算,可以用磁链法或平均磁通法计算,通过圆柱内单位长度剖面的磁链或平均磁通为 $\Psi_1=\mu_0 I/8\pi$,由此可得 $L_1=\Psi_1/I=\mu_0/8\pi$②。

(3) 在高频情况下,由于趋肤效应,电流沿导体圆柱外表面和导体薄圆筒分布,这时 $L_1=0$,单位长度电缆的自感变为

$$L=L_2=\frac{\mu_0}{2\pi}\ln\frac{R_2}{R_1}$$

7.4 位移电流假设 普遍情况安培环路定理

1861年麦克斯韦提出位移电流假设,把稳恒情况的安培环路定理推广到随时间变化的普遍情况,揭示了变化的电场激发磁场的物理机制。

---

② 求三维导体自感系数的另一种方法,颜家壬.大学物理,1984,10:4-6.

7.4.1　位移电流假设

适用于稳恒情况的安培环路定理为

$$\oint_L \boldsymbol{H} \cdot \mathrm{d}\boldsymbol{l} = \sum_{(L内)} I_{0i} = I_0$$

式中，I_0 为通过以闭合回路 L 为边界的任一曲面的传导电流。图 7.4.1 表示平行板电容器 C 的充电过程，绕导线作闭合回路 L，以 L 为边界作 S_1 和 S_2 两个曲面，其中 S_1 与导线相交，有传导电流 I_0 通过，而 S_2 从电容器两极板间穿过，没有传导电流。若把安培环路定理用于电容充电这一非稳恒过程，就会出现以下矛盾：

$$\oint_L \boldsymbol{H} \cdot \mathrm{d}\boldsymbol{l} = \sum_{(L内)} I_{0i} = \begin{cases} I_0, & \text{通过 } S_1 \text{ 面} \\ 0, & \text{通过 } S_2 \text{ 面} \end{cases}$$

为把安培环路定理推广到非稳恒情况，麦克斯韦提出位移电流假设：在电场变化的空间存在电流，并称之为位移电流(displacement current)。在电容充电过程中，两极板之间的位移电流接续了导线中的传导电流 I_0，使电流保持连续。

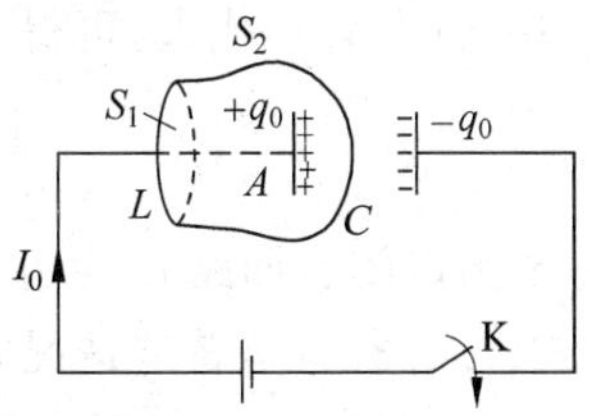

图 7.4.1　电容器充电

用 I_d 表示位移电流，q_0 代表 t 时刻极板上堆积的自由电荷，则

$$I_\mathrm{d} = I_0 = \frac{\mathrm{d}q_0}{\mathrm{d}t}$$

按 $\boldsymbol{D}$ 的高斯定理，平行板电容器内的电位移为 $D = q_0/A$，其中 A 为极板面积，因此

$$I_\mathrm{d} = A\,\frac{\mathrm{d}D}{\mathrm{d}t}$$

位移电流密度的大小为

$$j_\mathrm{d} = \frac{I_\mathrm{d}}{A} = \frac{\mathrm{d}D}{\mathrm{d}t}$$

方向与 $\boldsymbol{D}$ 的方向相同，一般情况下 $\boldsymbol{D}$ 可能还与位置有关，写成矢量形式为

$$\boldsymbol{j}_\mathrm{d} = \frac{\partial \boldsymbol{D}}{\partial t}$$

这表明：在电场变化的空间中，某点的位移电流密度矢量等于该点的电位移矢量随时间的变化率。

位移电流是电荷的运动吗？通过曲面 S 的位移电流为

$$I_\mathrm{d} = \iint_S \boldsymbol{j}_\mathrm{d} \cdot \mathrm{d}\boldsymbol{S} = \iint_S \frac{\partial \boldsymbol{D}}{\partial t} \cdot \mathrm{d}\boldsymbol{S} \tag{7.4.1}$$

把 $\boldsymbol{D} = \varepsilon_0 \boldsymbol{E} + \boldsymbol{P}$ 代入，得

$$I_\mathrm{d} = \iint_S \varepsilon_0 \frac{\partial \boldsymbol{E}}{\partial t} \cdot \mathrm{d}\boldsymbol{S} + \iint_S \frac{\partial \boldsymbol{P}}{\partial t} \cdot \mathrm{d}\boldsymbol{S} \tag{7.4.2}$$

它包括两部分，$\iint_S \varepsilon_0 \frac{\partial \boldsymbol{E}}{\partial t} \cdot \mathrm{d}\boldsymbol{S}$ 来源于电场 $\boldsymbol{E}$ 随时间的变化，它与电荷的运动无关，因此不产生焦耳热和电解等化学效应，但在激发磁场上与传导电流具有相同的效果。

位移电流中的另一部分为

$$\iint_S \frac{\partial \boldsymbol{P}}{\partial t}\cdot \mathrm{d}\boldsymbol{S}=\frac{\partial}{\partial t}\iint_S \boldsymbol{P}\cdot \mathrm{d}\boldsymbol{S}=\frac{\partial}{\partial t}\iint_S \boldsymbol{P}\cdot \hat{\boldsymbol{n}}\,\mathrm{d}S=\frac{\partial}{\partial t}\iint_S \sigma'\mathrm{d}S=\frac{\partial q'}{\partial t}$$

式中，$q'=\iint_S \sigma'\mathrm{d}S$ 为 S 面上的极化电荷。位移电流的这一部分，是大量极化电荷的微观移动所形成的极化电流。

在真空中，位移电流只是电场的变化，与电荷的运动无关。

7.4.2 普遍情况安培环路定理

引入位移电流 I_d，安培环路定理可推广为

$$\oint_L \boldsymbol{H}\cdot \mathrm{d}\boldsymbol{l}=\sum_{(L内)}(I_{0i}+I_\mathrm{d})$$

把 I_d 用式(7.4.1)代入，可得

$$\oint_L \boldsymbol{H}\cdot \mathrm{d}\boldsymbol{l}=\sum_{(L内)} I_{0i}+\iint_S \frac{\partial \boldsymbol{D}}{\partial t}\cdot \mathrm{d}\boldsymbol{S} \tag{7.4.3}$$

其中，S 为以闭合回路 L 为边界的任一曲面，面元 $\mathrm{d}\boldsymbol{S}$ 的法线方向与 L 的绕向成右手螺旋关系。式(7.4.3)就是普遍情况安培环路定理，它表达电流和变化的电场如何激发磁场。在稳恒情况下，$\partial \boldsymbol{D}/\partial t=0$，回到稳恒磁场的安培环路定理。

在真空中式(7.4.3)可写成

$$\oint_L \boldsymbol{B}\cdot \mathrm{d}\boldsymbol{l}=\mu_0\sum_{(L内)} I_i+\varepsilon_0\mu_0\iint_S \frac{\partial \boldsymbol{E}}{\partial t}\cdot \mathrm{d}\boldsymbol{S}$$

至此，我们得到麦克斯韦方程组中磁场服从的两个基本方程

$$\oiint_S \boldsymbol{B}\cdot \mathrm{d}\boldsymbol{S}=0$$

$$\oint_L \boldsymbol{H}\cdot \mathrm{d}\boldsymbol{l}=\sum_{(L内)} I_{0i}+\iint_S \frac{\partial \boldsymbol{D}}{\partial t}\cdot \mathrm{d}\boldsymbol{S}$$

感生电场假设和位移电流假设揭示了电场和磁场的统一性，为建立麦克斯韦方程组奠定了理论基础，这是麦克斯韦对电磁场理论所作出的最突出的贡献。

例 7.4.1 图 7.4.2 表示一圆形平行板真空电容器，极板半径为 $R=0.1\mathrm{m}$，在充电时电容器内电场强度随时间的变化率为 $\mathrm{d}E/\mathrm{d}t=1.0\times10^{12}\ \mathrm{V\cdot m^{-1}\cdot s^{-1}}$。求电容器内的位移电流和极板边缘处的磁场强度。

解 极板间为真空，$\boldsymbol{D}=\varepsilon_0\boldsymbol{E}$。因电容器充电，故 $\mathrm{d}\boldsymbol{D}/\mathrm{d}t$ 的方向由正极板指向负极板，电容器内的位移电流由正极板流向负极板，其值为

$$I_\mathrm{d}=\pi R^2 j_\mathrm{d}=\pi R^2\frac{\mathrm{d}D}{\mathrm{d}t}=\pi R^2\varepsilon_0\frac{\mathrm{d}E}{\mathrm{d}t}$$

$$=3.14\times0.1^2\times8.85\times10^{-12}\times1.0\times10^{12}\mathrm{A}$$

$$=0.28\mathrm{A}$$

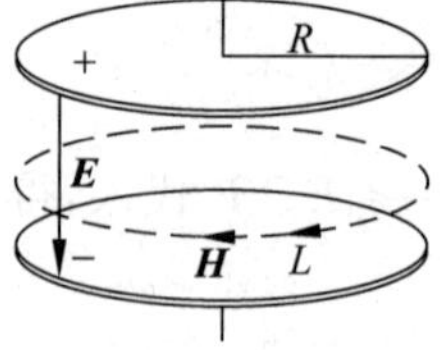

图 7.4.2 例 7.4.1 图

沿极板边缘作一圆回路 L，其绕向与位移电流的方向成右手螺旋关系，如图 7.4.2 所示。按普遍情况安培环路定理，有

$$2\pi RH=I_\mathrm{d}$$

则极板边缘处磁场强度的大小为

$$H=\frac{I_{\mathrm{d}}}{2\pi R}=\frac{0.28\mathrm{A}}{2\times 3.14\times 0.1\mathrm{m}}=0.44\mathrm{A}\cdot\mathrm{m}^{-1}$$

方向与 L 的绕向相同。

7.5 麦克斯韦方程组和平面电磁波

7.5.1 麦克斯韦方程组

至此,我们通过分析变化情况下的实验结果,依据麦克斯韦提出的感生电场假设和位移电流假设,得到麦克斯韦方程组的积分形式,即

$$\left.\begin{array}{l}\displaystyle\oint\!\!\!\oint_S \boldsymbol{D}\cdot\mathrm{d}\boldsymbol{S}=\sum_{(S内)}q_{0i}=\iiint_V\rho_0\mathrm{d}V\\ \displaystyle\oint_L\boldsymbol{E}\cdot\mathrm{d}\boldsymbol{l}=-\iint_S\frac{\partial\boldsymbol{B}}{\partial t}\cdot\mathrm{d}\boldsymbol{S}\\ \displaystyle\oint\!\!\!\oint_S\boldsymbol{B}\cdot\mathrm{d}\boldsymbol{S}=0\\ \displaystyle\oint_L\boldsymbol{H}\cdot\mathrm{d}\boldsymbol{l}=\sum_{(L内)}I_{0i}+\iint_S\frac{\partial\boldsymbol{D}}{\partial t}\cdot\mathrm{d}\boldsymbol{S}=\iint_S\left(\boldsymbol{j}_0+\frac{\partial\boldsymbol{D}}{\partial t}\right)\cdot\mathrm{d}\boldsymbol{S}\end{array}\right\}\tag{7.5.1}$$

其中,ρ_0 代表自由电荷体密度,$\boldsymbol{j}_0$ 代表传导电流密度矢量。可以看出,方程中的 $\boldsymbol{D}$ 和 $\boldsymbol{B}$ 以及 $\boldsymbol{E}$ 和 $\boldsymbol{H}$ 的作用并不对称,产生这种不对称性的根源是至今在实验上尚未发现与电荷对应的磁荷,因而也不存在与传导电流对应的"传导磁流"。

描述介质电磁性质的介质方程组(各向同性的线性介质)为

$$\left.\begin{array}{l}\boldsymbol{D}=\varepsilon_{\mathrm{r}}\varepsilon_0\boldsymbol{E}\\ \boldsymbol{H}=\dfrac{\boldsymbol{B}}{\mu_{\mathrm{r}}\mu_0}\\ \boldsymbol{j}=\sigma\boldsymbol{E}\end{array}\right\}\tag{7.5.2}$$

此外,电磁场对带电粒子作用力公式为

$$\boldsymbol{f}=q(\boldsymbol{E}+\boldsymbol{v}\times\boldsymbol{B})\tag{7.5.3}$$

***麦克斯韦方程组的微分形式**

按数学上的高斯公式和斯托克斯公式,由式(7.5.1)可得

$$\nabla\cdot\boldsymbol{D}=\rho_0$$
$$\nabla\times\boldsymbol{E}=-\frac{\partial\boldsymbol{B}}{\partial t}$$
$$\nabla\cdot\boldsymbol{B}=0$$
$$\nabla\times\boldsymbol{H}=\boldsymbol{j}_0+\frac{\partial\boldsymbol{D}}{\partial t}$$

求解这组偏微分方程,需要给定场量的边界条件和初始条件。

利用式(7.5.1)、(7.5.2)和(7.5.3),原则上可以解决各种宏观电磁学问题。但不完全适用于微观电磁过程,如原子的辐射就无法用宏观电磁学解释,只能用后来建立的量子电动

力学来处理。

麦克斯韦方程组是由麦克斯韦在前人工作的基础上，于1864年总结出来的。最初包括20个方程，后经德国物理学家赫兹(H. R. Hertz)、英国物理学家亥维赛(O. Heaviside)和洛伦兹等人的整理和简化，才得出教科书中常见的这四个方程。

在麦克斯韦方程组中实现了电磁学的伟大综合，表现出"微妙的几何和物理直觉之间的关联，而正是这种关联促使场论在19世纪取代了超距作用的概念，也正是它带来了20世纪粒子物理中非常成功的标准模型"(摘自杨振宁著，旺忠译，麦克斯韦方程和规范理论的观念起源，物理，2014，12，780)。

7.5.2 平面电磁波

麦克斯韦从理论上预言了电磁波的存在。按麦克斯韦方程组，变化的磁场激发电场，变化的电场激发磁场，电磁波就是 $\boldsymbol{E}$ 和 $\boldsymbol{H}$ 的不停振动和交互变化而向前传播的，因此不需要介质作载体，可以在真空中传播。1887年，赫兹用实验证实了电磁波的存在。早在1832年，法拉第就预见到了电场和磁场的传播速度是有限的，由于条件所限，当时没有可能用实验加以证实。

设空间中没有自由电荷和传导电流($\rho_0=0, \boldsymbol{j}_0=0$)，由麦克斯韦方程组可以导出平面电磁波的性质。这里省略推导，直接给出。

(1) 波速

真空中的波速

$$c=\frac{1}{\sqrt{\varepsilon_0\mu_0}}$$

静止透明介质中的波速

$$v=\frac{c}{n}=\frac{1}{\sqrt{\varepsilon_r\mu_r\varepsilon_0\mu_0}}$$

介质对电磁波的折射率

$$n=\sqrt{\varepsilon_r\mu_r}$$

对一般非铁磁性介质($\mu_r\approx1$，如玻璃)

$$n\approx\sqrt{\varepsilon_r}$$

(2) 横波

如图7.5.1所示，若电磁波沿 z 轴方向传播，并用 $\boldsymbol{k}$ 代表波矢量(大小等于 2π 与波长之比，方向与波的传播方向相同)，则 $\boldsymbol{E}$、$\boldsymbol{H}$ 和 $\boldsymbol{k}$ 互相垂直。

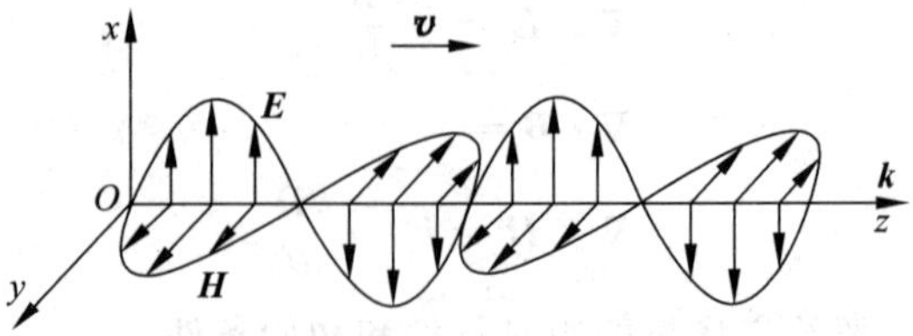

图7.5.1 $\boldsymbol{E}$、$\boldsymbol{H}$ 和 $\boldsymbol{k}$ 互相垂直

(3) **E** 和 **H** 同相

电场强的地方磁场也强

振幅关系

$$E_0 = \sqrt{\frac{\mu_r \mu_0}{\varepsilon_r \varepsilon_0}} H_0$$

真空中

$$E_0 = \sqrt{\frac{\mu_0}{\varepsilon_0}} H_0 = c\mu_0 H_0 = cB_0$$

(4) 电磁波的能量

能量密度

$$w = \frac{1}{2}DE + \frac{1}{2}BH = \varepsilon_r \varepsilon_0 E^2 = \frac{EH}{v}$$

能流密度：单位时间内通过垂直于波的传播方向的单位面积的电磁波的能量。

由图 7.5.2 可以看出，能流密度为

$$S = \frac{wv\Delta t\Delta A}{\Delta t\Delta A} = wv = EH$$

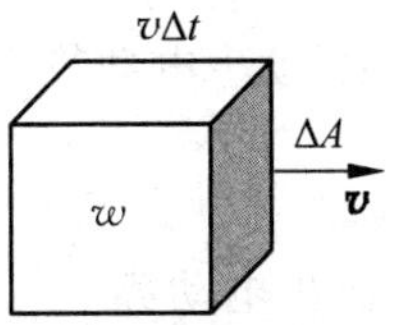

图 7.5.2　能流密度

能流密度矢量——坡印廷(Poynting)矢量：大小等于能流密度 S，方向沿电磁波的传播方向的矢量。由图 7.5.1 可以看出，坡印廷矢量为

$$\boldsymbol{S} = \boldsymbol{E} \times \boldsymbol{H}$$

电磁波的强度(平均能流密度)：单位时间内通过垂直于波的传播方向的单位面积的电磁波能量的时间平均值，即能流密度 S 在一个周期内的平均值，用 I 表示。

$$I = \bar{S} = \frac{1}{2}E_0 H_0 = \frac{1}{2}\sqrt{\frac{\varepsilon_r \varepsilon_0}{\mu_r \mu_0}} E_0^2, \quad I \propto E_0^2$$

(5) 真空中电磁波的动量密度

$$g = \frac{w}{c} = \frac{S}{c^2}$$

光压：电磁波照射物体时对物体产生的压力

由图 7.5.3 可以看出，若光垂直入射到光被全部吸收的表面，则光压为

$$P = \frac{gc\Delta t\Delta A}{\Delta t\Delta A} = gc = w = \frac{S}{c}$$

若光被全部反射，则 $P = 2S/c$。

(6) 波段

按波长可以把电磁波分成不同波段：无线电波、红外线、可见光、紫外线、X 射线、γ 射线等。不同波段的电磁波有不同的性质和应用。

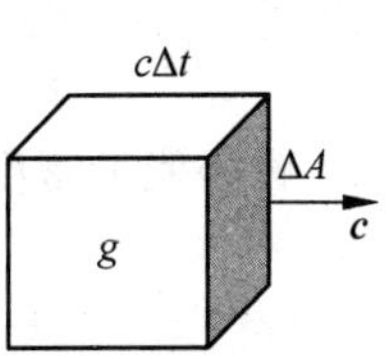

图 7.5.3　光压

麦克斯韦电磁场理论再现了光的波动性，是经典波动光学的理论基础，但无法解释光的粒子性(见 12.2 节)。

例 7.5.1　如图 7.5.4 所示，一圆形平行板真空电容器正在充电，电容器内电场强度随

时间的变化率为 $\mathrm{d}E/\mathrm{d}t>0$,分析能量的流动情况。

解 沿极板边缘作一圆回路 L,其绕向与 $\boldsymbol{E}$ 的方向成右手螺旋关系。按普遍情况安培环路定理,有

$$2\pi RH=\pi R^2\varepsilon_0\frac{\mathrm{d}E}{\mathrm{d}t}>0$$

因 $H>0$,故 $\boldsymbol{H}$ 的方向与 L 的绕向相同,坡印廷矢量 $\boldsymbol{S}=\boldsymbol{E}\times\boldsymbol{H}$ 的方向指向电容器内部,因此电容器充电时能量从外部流入电容器。同理,电容器放电时能量从电容器流出。

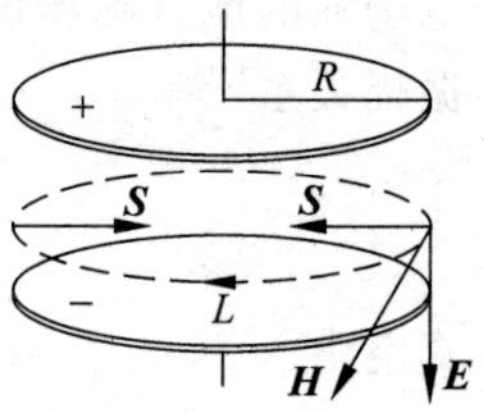

图 7.5.4 例 7.5.1 图

本章提要

1. 法拉第电磁感应定律

$$\mathcal{E}=-\frac{\mathrm{d}\Phi}{\mathrm{d}t}$$

2. 动生电动势

$$\mathcal{E}_{\mathrm{m}}=\oint_L(\boldsymbol{v}\times\boldsymbol{B})\cdot\mathrm{d}\boldsymbol{l}$$

感生电动势

$$\mathcal{E}_{\mathrm{i}}=\oint_L\boldsymbol{E}_{\mathrm{i}}\cdot\mathrm{d}\boldsymbol{l}$$

感生电场的环路定理

$$\oint_L\boldsymbol{E}_{\mathrm{i}}\cdot\mathrm{d}\boldsymbol{l}=-\iint_S\frac{\partial\boldsymbol{B}}{\partial t}\cdot\mathrm{d}\boldsymbol{S}$$

感生电场的高斯定理

$$\oiint_S\boldsymbol{E}_i\cdot\mathrm{d}\boldsymbol{S}=0$$

普遍情况电场的环路定理

$$\oint_L\boldsymbol{E}\cdot\mathrm{d}\boldsymbol{l}=-\iint_S\frac{\partial\boldsymbol{B}}{\partial t}\cdot\mathrm{d}\boldsymbol{S}$$

3. 自感和自感电动势

$$L=\frac{\Psi}{I},\quad \mathcal{E}_L=-L\frac{\mathrm{d}I}{\mathrm{d}t}\quad(L\text{ 为常量})$$

互感和互感电动势

$$M=\frac{\Psi_{21}}{I_1}=\frac{\Psi_{12}}{I_2},\quad \mathcal{E}_{21}=-M\frac{\mathrm{d}I_1}{\mathrm{d}t},\quad \mathcal{E}_{12}=-M\frac{\mathrm{d}I_2}{\mathrm{d}t}\quad(M\text{ 为常量})$$

4. 磁场能量密度

$$w_{\mathrm{m}}=\frac{1}{2}\frac{B^2}{\mu_{\mathrm{r}}\mu_0}=\frac{1}{2}BH$$

电磁场能量密度

$$w=\frac{1}{2}DE+\frac{1}{2}BH$$

5. 位移电流密度矢量

$$\boldsymbol{j}_{\mathrm{d}}=\frac{\partial \boldsymbol{D}}{\partial t}$$

普遍情况安培环路定理

$$\oint_{L}\boldsymbol{H}\cdot \mathrm{d}\boldsymbol{l}=\sum_{(L内)}I_{0i}+\iint_{S}\frac{\partial \boldsymbol{D}}{\partial t}\cdot \mathrm{d}\boldsymbol{S}$$

6. 麦克斯韦方程组

积分形式

$$\oiint_{S}\boldsymbol{D}\cdot \mathrm{d}\boldsymbol{S}=\iiint_{V}\rho_0\,\mathrm{d}V$$

$$\oint_{L}\boldsymbol{E}\cdot \mathrm{d}\boldsymbol{l}=-\iint_{S}\frac{\partial \boldsymbol{B}}{\partial t}\cdot \mathrm{d}\boldsymbol{S}$$

$$\oiint_{S}\boldsymbol{B}\cdot \mathrm{d}\boldsymbol{S}=0$$

$$\oint_{L}\boldsymbol{H}\cdot \mathrm{d}\boldsymbol{l}=\iint_{S}\left(\boldsymbol{j}_0+\frac{\partial \boldsymbol{D}}{\partial t}\right)\cdot \mathrm{d}\boldsymbol{S}$$

* 微分形式

$$\nabla\cdot\boldsymbol{D}=\rho_0$$

$$\nabla\times\boldsymbol{E}=-\frac{\partial \boldsymbol{B}}{\partial t}$$

$$\nabla\cdot\boldsymbol{B}=0$$

$$\nabla\times\boldsymbol{H}=\boldsymbol{j}_0+\frac{\partial \boldsymbol{D}}{\partial t}$$

介质方程组(各向同性的线性介质)

$$\boldsymbol{D}=\varepsilon_{\mathrm{r}}\varepsilon_0\boldsymbol{E}$$

$$\boldsymbol{H}=\frac{\boldsymbol{B}}{\mu_{\mathrm{r}}\mu_0}$$

$$\boldsymbol{j}=\sigma\boldsymbol{E}$$

电磁场对带电粒子作用力公式

$$\boldsymbol{f}=q(\boldsymbol{E}+\boldsymbol{v}\times\boldsymbol{B})$$

7. 平面电磁波

波速

$$v=\frac{c}{n}=\frac{1}{\sqrt{\varepsilon_{\mathrm{r}}\mu_{\mathrm{r}}\varepsilon_0\mu_0}},\quad c=\frac{1}{\sqrt{\varepsilon_0\mu_0}}\quad (真空)$$

介质对电磁波的折射率

$$n=\sqrt{\varepsilon_{\mathrm{r}}\mu_{\mathrm{r}}},\quad n\approx\sqrt{\varepsilon_{\mathrm{r}}}\quad (非铁磁性介质)$$

$\boldsymbol{E}\perp\boldsymbol{H}$,$\boldsymbol{E}$ 和 $\boldsymbol{H}$ 同相,振幅关系

$$E_0=\sqrt{\frac{\mu_{\mathrm{r}}\mu_0}{\varepsilon_{\mathrm{r}}\varepsilon_0}}H_0,\quad E_0=cB_0\quad (真空)$$

坡印廷矢量

$$\boldsymbol{S}=\boldsymbol{E}\times\boldsymbol{H}$$

电磁波的强度

$$I=\bar{S}=\frac{1}{2}E_0H_0=\frac{1}{2}\sqrt{\frac{\varepsilon_{\mathrm{r}}\varepsilon_0}{\mu_{\mathrm{r}}\mu_0}}E_0^2,\quad I\propto E_0^2$$

真空中电磁波的动量密度

$$g=\frac{w}{c}=\frac{S}{c^2}$$

光压：电磁波照射物体时对物体产生的压力

习题

7.1　有一面积为 $0.5m^2$ 的平面线圈，把它放入匀强磁场中，线圈平面与磁场方向垂直。当 $dB/dt=2\times10^{-2}T\cdot s^{-1}$ 时，求线圈中的感应电动势。

7.2　一导线的形状如图所示，其中 cd 部分是半圆，半径为 $r=0.2m$。导线放在磁感应强度为 $B=0.5T$ 的匀强磁场中，$t=0$ 时导线处于图示位置，并以转速 $n=60r\cdot s^{-1}$ 绕 a、b 的连线匀角速转动。求导线中的感应电动势。

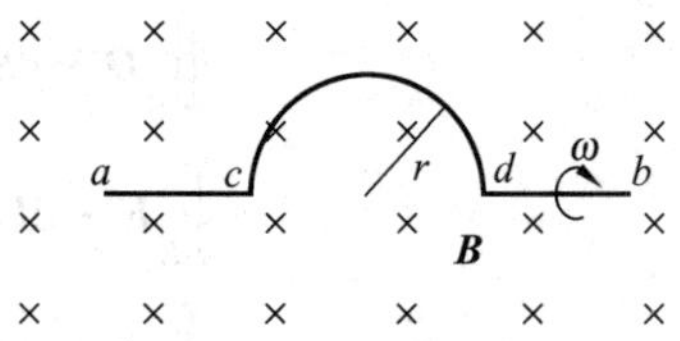

习题 7.2 图

7.3　地球表面附近的磁场可以看作匀强磁场，磁感应线与地球表面平行。一半径为 $R=10cm$，匝数为 $N=2\times10^3$ 的平面圆线圈，在 $B=5.0\times10^{-5}T$ 的地磁场中以角速度 $\omega=60\pi rad\cdot s^{-1}$ 绕其直径匀速转动，转轴与磁场方向垂直。求线圈中可能产生的最大感应电动势。

7.4　闭合线圈共有 N 匝，电阻为 R。当通过一匝线圈的磁通量改变 $\Delta\Phi$ 时，一匝线圈导线的截面通过的电量为多少？

7.5　如图所示，正方形线圈边长为 a，以速率 v 匀速通过磁感应强度为 $\boldsymbol{B}$ 的正方形匀强磁场区域，把线圈中心取为原点，沿水平方向从左向右建立 x 轴，磁场中心坐标为 $x=2a$，试在 $x=0$ 到 $x=4a$ 范围内写出线圈中感应电动势的表达式。

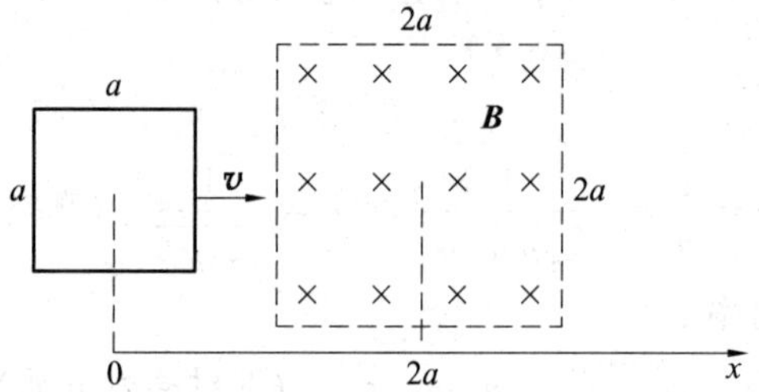

习题 7.5 图

7.6　如图所示，矩形线圈与长直导线平行共面竖直放置，$l_1=0.9m$，$l_2=0.2m$，$a=0.1m$，长直导线通过的电流为 $I=10A$，线圈以速率 $v=2.0m\cdot s^{-1}$ 向上匀速运动。求线圈中的感应电动势。

7.7　在习题 7.6 中，若线圈不动，而通电导线中电流为 $I=10\cos(10t)A$，则 $t=3s$ 时线圈中的感应电动势为多少？

7.8　一长为 1m 的直导线，在磁感应强度为 $B=1.0T$ 的匀强磁场中以速率 $v=3.0m\cdot s^{-1}$ 匀速运动，导线与 $\boldsymbol{B}$ 垂直，$\boldsymbol{v}$ 垂直于导线且与 $\boldsymbol{B}$ 夹角为 60°。求导线中的动生电动势。

7.9　如图所示，平面矩形导体回路 $ABCD$ 放在磁感应强度为 $B=0.5T$ 的匀强磁场中，回路平面法向单位矢量 $\hat{\boldsymbol{n}}$ 与 $\boldsymbol{B}$ 的夹角为 $\theta=30°$，回路中 CD 段长为 2.0m，并以速率 $v=$

$5.0\mathrm{m}\cdot\mathrm{s}^{-1}$ 向右匀速滑动。求回路中的感应电动势。

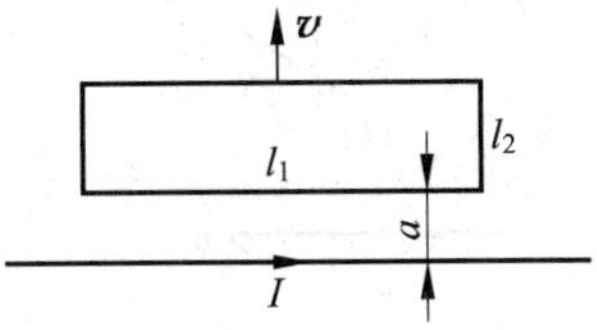

习题 7.6 图

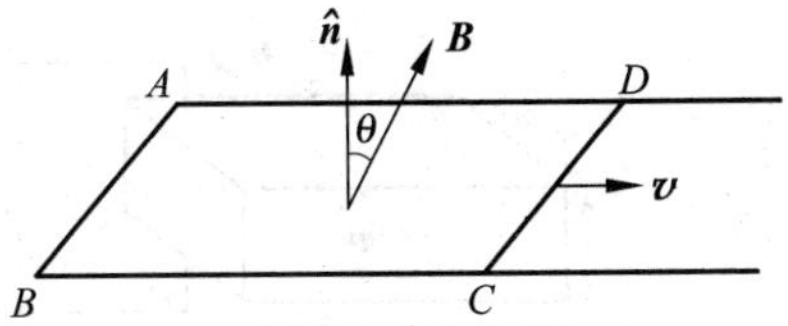

习题 7.9 图

7.10　一半径为 R 的导体圆盘，在磁感应强度为 $\boldsymbol{B}$ 的匀强磁场中以角速度 ω 匀速转动，转轴过盘心，与盘面垂直且平行于 $\boldsymbol{B}$。求盘心与盘边缘之间的电势差。

7.11　如图所示，在磁感应强度为 $\boldsymbol{B}$ 的匀强磁场中，一长为 L 的铜棒绕距一端距离为 r 且与棒垂直的轴匀速转动，角速度为 ω。求棒两端的电势差。

7.12　如图所示，在水平方向的匀强磁场 $\boldsymbol{B}$ 中，一个半径远大于厚度的金属圆盘竖直下落，盘面始终在竖直平面内并与 $\boldsymbol{B}$ 的方向平行。设金属圆盘的电阻为零，质量密度为 $\rho=9\times10^3\ \mathrm{kg}\cdot\mathrm{m}^{-3}$，忽略空气阻力，为使圆盘在磁场中下落的加速度比没有磁场时减小千分之一，问 $\boldsymbol{B}$ 应该多大(以 T 为单位)？真空介电常量为 $\varepsilon_0=8.85\times10^{-12}\mathrm{C}^2\cdot\mathrm{N}^{-1}\cdot\mathrm{m}^{-2}$。

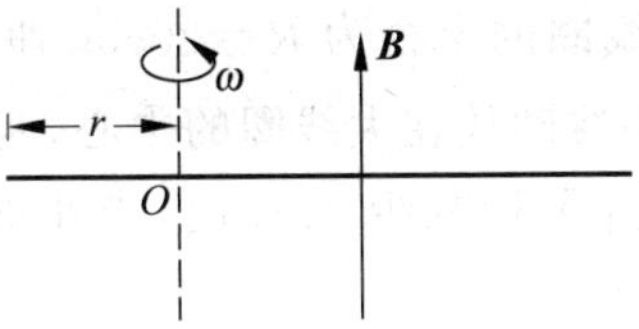

习题 7.11 图

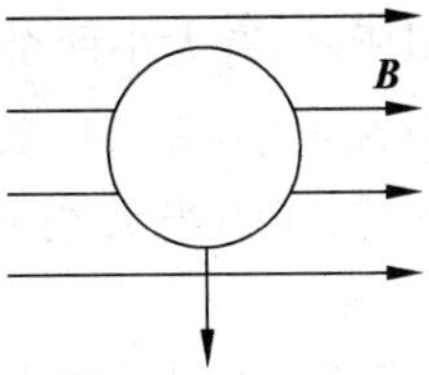

习题 7.12 图

7.13　磁流体发电机的工作原理是霍耳效应。如图所示，横截面为矩形 $a\times b$ 的管道长为 l，上下两个面是电阻可忽略的导体，并与负载电阻 R_L 相连，相距为 b 的两个侧面是绝缘体，整个管道处于匀强磁场区域，$\boldsymbol{B}$ 平行于上下两面，指向如图示。管道内沿长度方向流有电阻率为 ρ 的电离气体，气体匀速流动，速率处处相同，所受摩擦阻力的大小与流速成正比，在管道的前后两端维持恒定的压强差 P，已知无磁场存在时气体以速率 v_0 匀速流动。证明有磁场存在时此发电机的电动势为

$$\mathcal{E}=\frac{Bav_0}{1+\dfrac{B^2av_0}{Pb\left(R_L+\dfrac{\rho a}{bl}\right)}}$$

7.14　如图所示，在半径为 R 的圆柱形区域内，充满磁感应强度为 $\boldsymbol{B}$ 的匀强磁场，有一长度为 l 的金属棒放在磁场中。已知 $\mathrm{d}B/\mathrm{d}t=K(>0)$，求棒中的感生电动势，并指出棒中哪端电势高。

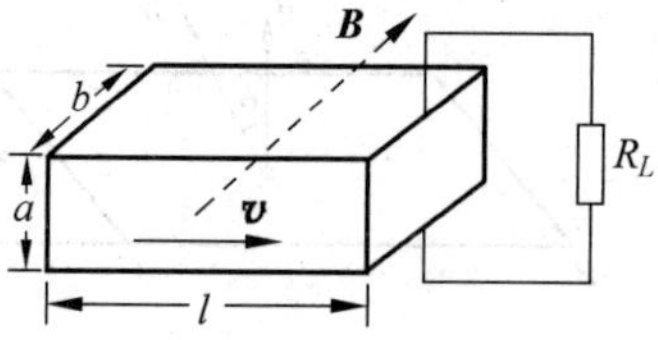

习题 7.13 图

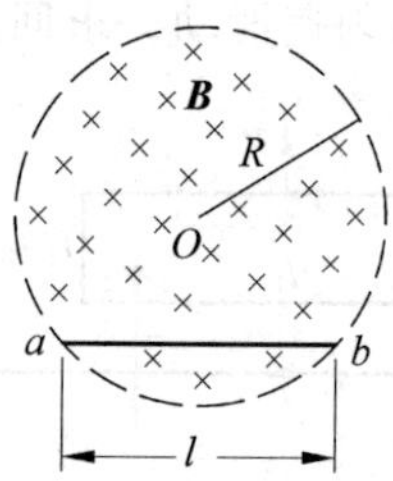

习题 7.14 图

7.15 如图所示,半径为 r 的通电无限长密绕螺线管内部的磁感应强度为 $\boldsymbol{B}$,且 $\mathrm{d}B/\mathrm{d}t=K(>0)$。在螺线管外同轴地套一粗细均匀的导体圆环,导体圆环由两个电阻分别为 R_1 和 $R_2(R_1>R_2)$ 的半环组成,a 和 b 为其分界点。求 a、b 两点之间的电势差。

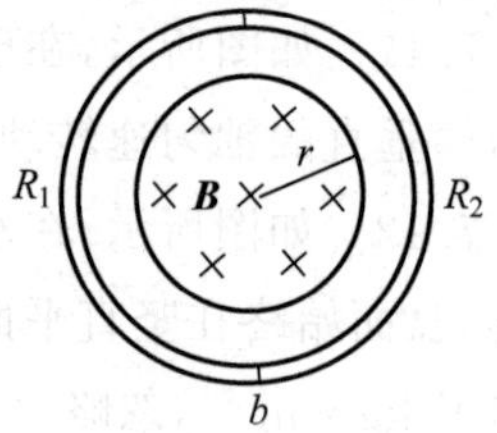

习题 7.15 图

7.16 一线圈的自感为 2.0×10^{-2} H,若线圈中电流随时间的变化率为 $5.0\mathrm{A\cdot s^{-1}}$,求线圈中的自感电动势。

7.17 设有一无铁芯的长直密绕螺线管,其长度为 l,截面半径为 R,总匝数为 N。当线圈中电流随时间的变化率为 C 时,求螺线管中自感电动势的大小。

7.18 如图所示,有大小两个圆形线圈,大线圈的半径为 $R=20\mathrm{cm}$,匝数为 $N_1=100$,小线圈的面积为 $S=4.0\mathrm{cm}^2$,匝数为 $N_2=50$,小线圈放在大线圈的中心,两者同轴。(1)求两线圈之间的互感;(2)当大线圈导线中的电流每秒减少 50A 时,求小线圈中的感应电动势。

7.19 如图所示,无限长的直导线附近放一与之共面的矩形线圈,求它们之间的互感。

7.20 如图所示,两线圈的自感分别为 L_1 和 L_2,它们之间的互感为 M。

(1) 当二者顺串联,即 2、3 端相连,1、4 端接入电路时,证明等效自感为 $L=L_1+L_2+2M$;

(2) 当二者反串联,即 2、4 端相连,1、3 端接入电路时,证明等效自感为 $L=L_1+L_2-2M$。

习题 7.18 图

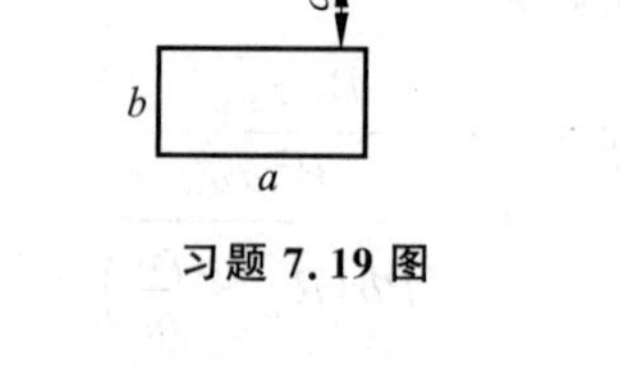

习题 7.19 图

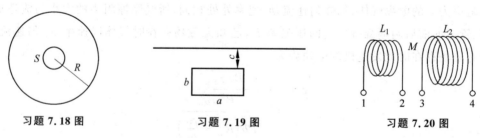

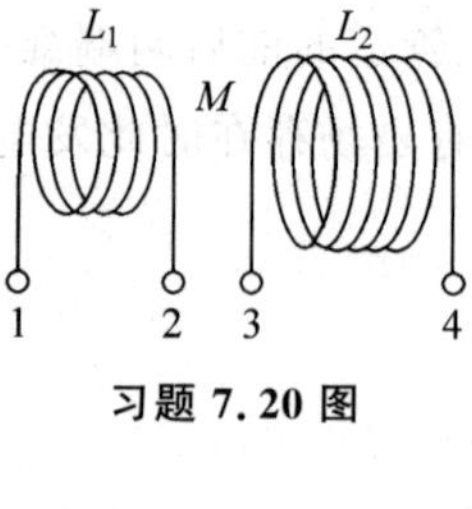

习题 7.20 图

7.21 在真空中,一匀强电场的电场能量密度等于一磁感应强度为 $B=0.5\mathrm{T}$ 的匀强磁场的磁场能量密度。求该匀强电场的场强。

7.22 把自感为 0.1H,电阻为 10Ω 的线圈,连接到电动势为 10V 的电源上,不计电源内阻。当电流达到最大值时,线圈中的磁场能为多少?

7.23 一长直铜导线截面半径为 4.0×10^{-3} m,通过的电流为 10A,求导线表面外紧邻表面处的磁场能量密度。

7.24　一密绕螺线管的长度为 $l=30\text{cm}$，横截面的半径为 $R=7.5\text{mm}$，匝数为 $N=2500$，其中铁芯的相对磁导率为 $\mu_r=1000$。求当导线中通过 $I=2.0\text{A}$ 的稳恒电流时，螺线管中部的磁场能量密度。

7.25　如图所示，两根平行长直导线横截面都是半径为 a 的圆，它们的中心距离为 d，属于同一回路，用电源为导线提供大小相等，方向相反的电流 I，设 $a \ll d$，忽略导线内部的磁通量。(1)求这对导线单位长度的自感；(2)若维持电流 I 不变，固定一根导线，移动另一根导线使得间距增大一倍，磁场对导线单位长度做了多少功？(3)在此过程中，导线单位长度的磁能增加了多少？(4)电源做了多少功？

7.26　如图所示，匀速运动点电荷 q 以速率 $v(\ll c)$ 向 O 点运动，以 O 点为圆心，在垂直于电荷运动方向上作一个半径为 R 的圆，设点电荷 q 与 O 点的距离为 x。求：(1)通过圆平面的位移电流；(2)圆周上 P 点的磁感应强度。

7.27　如图所示，设电荷在半径为 R 的圆形平行板电容器的极板上均匀分布，电路中导线上的电流为 $i=I_0\sin\omega t$。求电容器两极板间磁感应强度(峰值)的分布。电容器两极板间是真空。

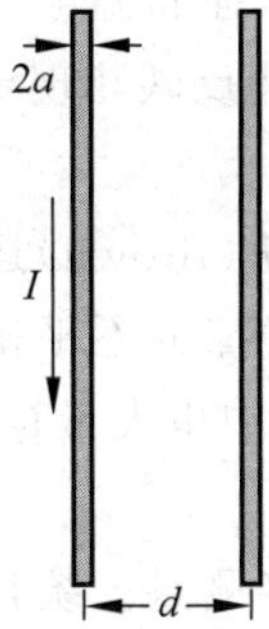

习题 7.25 图

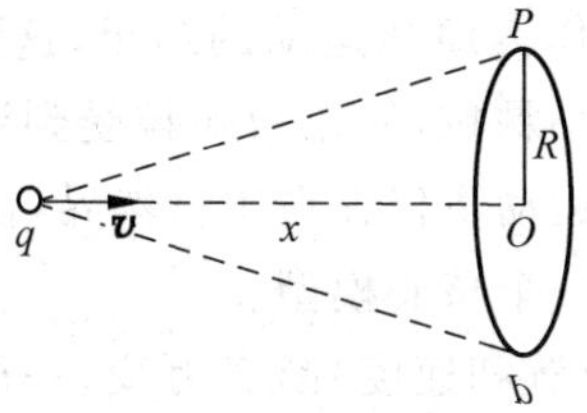

习题 7.26 图

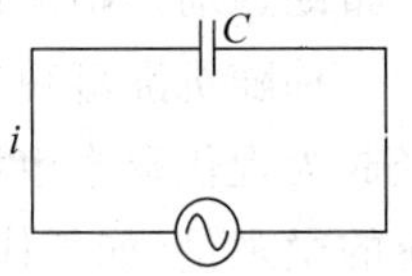

习题 7.27 图

7.28　一圆柱形导体通过的电流为 I，电流在导体横截面上均匀分布，导体的电导率为 σ，横截面半径为 R。求：(1)导体表面外紧邻表面处的电场强度和磁场强度；(2)导体表面外紧邻表面处的坡印廷矢量的大小和方向。

7.29　一真空中平面电磁波的波长为 $\lambda=3.0\text{cm}$，电场强度的振幅为 $E_0=30\text{V}\cdot\text{m}^{-1}$。求该电磁波的：(1)频率；(2)磁感应强度的振幅；(3)强度。

7.30　一广播电台的平均辐射功率为 $P=1.0\times10^4\text{W}$，假设辐射能流均匀地分布在以电台为球心的半球面上。(1)求距离电台 $1.0\times10^4\text{m}$ 处电磁波的强度；(2)把距电台 $1.0\times10^4\text{m}$ 处的电磁波看作平面波，求该处的电场强度和磁场强度的振幅。

7.31　光照射物体时对物体产生光压。设一激光器在 $\tau=0.15\text{ms}$ 时间内发射能量为 $E=10\text{J}$ 的光束，光束在与它垂直的表面上形成半径为 $R=5\mu\text{m}$ 的光斑，假定光子被表面反射和吸收的概率各为 1/2，计算光束对表面的平均光压。

7.32　用强激光压缩等离子体，当等离子体内电子数密度足够大时，它能全部反射入射光。设激光脉冲的峰值功率为 $N_m=1.5\times10^9\text{W}$，垂直照射到面积为 $A=1.3\text{mm}^2$ 的高电子密度的等离子体表面，求等离子体所受光压的峰值。

第8章 气体动理论

热学研究热的产生和传导，以及物质处于热状态下的性质和这些性质随热状态的变化规律。热学研究的对象叫作热力学系统，简称系统。热力学系统由大量的分子、原子、电子、光子、简谐振子、电偶极矩或磁矩等(统称为分子)组成。系统周围的环境叫外界，它对系统的影响包括热传导、做功和交换物质三种形式。不受外界影响的系统称为孤立系统，与外界不发生任何热传导的系统叫作绝热系统。

热力学和统计物理学是热学的两种基本研究方法。热力学忽视物质的微观结构，把系统当作某种连续体，通过实验直接测量系统的宏观量(如气体的体积、压强和温度)，总结出它们之间的关系及其变化规律，因此具有高度的可靠性和普遍性，但不能反映热现象的微观本质。

热现象的微观本质是大量分子作无序热运动的结果，这可通过布朗(Brown)运动生动地演示。布朗运动是指液体中的微小颗粒，如花粉颗粒受到液体分子碰撞的不平衡力作用而引起的一种随机涨落现象。这种运动不仅存在于自然界，在社会生活中也大量存在，布朗运动已经成为现代资本市场理论的一个核心模型。

系统的微观量(如气体分子的位置和速度)瞬息万变，一般不能直接测量。统计物理学则从物质的微观结构出发，把系统的宏观量看成是相应微观量的平均值，如把气体的压强(宏观量)看成是分子对单位面积器壁的撞击力(微观量)的平均值。统计物理学虽然能反映热现象的微观本质，但实际计算时必须作近似，并与采用的微观模型和统计方法相关，因此结果往往有一定误差。在热学研究中，热力学和统计物理学互为补充，相辅相成。

气体动理论是玻耳兹曼统计法的初级理论。玻耳兹曼统计法是由奥地利物理学家玻耳兹曼(L. Boltzmann)于1871年(清同治十年)建立，它适用于由近独立粒子所组成系统的平衡态，并将单个粒子作为统计个体。所谓近独立粒子系统，是指粒子之间的相互作用力十分微弱，粒子的运动几乎彼此独立的系统。尽管相互作用力十分微弱，但不能没有，粒子之间毫无相互作用力的系统是不能达到平衡态的。

理想气体是一种典型的近独立粒子系统。在微观上，除短暂的碰撞外理想气体分子之间没有相互作用力，分子彼此独立运动，可当成质点。在宏观上，理想气体反映了实际气体在压强趋于零时的极限性质，是实际气体的一种简化模型。

若粒子之间存在较强的相互作用，就不能再把单个粒子作为统计个体，但可以对大量的类似系统作统计，玻耳兹曼把这些类似系统称为系综(ensemble)。1902年，美国物理学家吉布斯(J. W. Gibbs)提出系综统计法，建立了平衡态统计物理学。

本章以理想气体为例讲气体动理论，第9章简要地介绍热力学。

8.1　平衡态　理想气体的状态方程

8.1.1　平衡态　温度的宏观定义

1. 平衡态

在不受外界影响的条件下，热力学系统的各部分宏观性质在长时间内不发生变化的状态，称为热力学平衡态，简称平衡态。反之，系统各部分宏观性质可以自发地发生变化的状态，称作非平衡态。孤立系统总是自发地由非平衡态向平衡态过渡，一旦到达平衡态，在宏观上就不再发生变化。

不受外界影响是指外界对系统不传热、不做功也不交换物质。若系统受外界影响，如存在密度差、温度差和速度差等，虽然状态可以达到稳定，但这不是平衡态，而是一种稳定态。把一根铁棒的一端置于酒精灯上加热，另一端置于恒温冰箱中，经过足够长时间后金属棒各处的密度和温度不再发生变化，但外界与铁棒传热，所达到的状态是一种稳定态而不是平衡态。

对于一个处于外力场(如重力场，电磁场等)中的热力学系统，只要外力场对系统分子不做功并与系统达到力的平衡，仍然可以定义为平衡态。

从微观上看，平衡态是分子运动最混乱、最分散和最无序的状态。分子的无序热运动往往使系统的宏观性质发生变化而出现涨落，但只要涨落幅度不大就可以认为达到了平衡。

如果不作声明，下面提到的状态均指平衡态。在 8.7.3 节将简要地介绍由非平衡态趋向平衡态的输运现象。

2. 温度的宏观定义

用导热壁(如薄金属板)把系统 A 和 B 隔开，经过足够长的时间后 A 和 B 的状态不再发生变化，称它们达到热平衡。直觉告诉我们：达到热平衡的两个系统的冷热程度是一样的，或者说它们具有相同的温度。这是对温度在宏观上的定义。在微观上，温度反映系统内部分子热运动的激烈程度(见 8.2.3 节)。

1939 年，英国物理学家否勒(R. H. Fowler)提出热平衡定律：两个系统各自与第三个系统达到热平衡，则这两个系统也互为热平衡。据此，一切互为热平衡的系统具有共同的温度，任何一个与待测温度的系统达到热平衡的系统都可以作为温度计，这为温度的定义和测量提供了一种依据。通常把热平衡定律称为热力学第零定律，其重要性在热力学第一、第二定律提出后才被人们认识到。关于热力学第零定律的独立性一直存在争论，我们把它当成一个基本假设。

8.1.2　理想气体温标

温度的数值表示方法称为温标。实验表明，对于一定质量的平衡态理想气体，压强 p 和体积 V 的乘积只取决于温度，但与摄氏温度不成正比，只是成线性关系。实验表明，适当选择温度零点，有正比关系

$$pV \propto T \tag{8.1.1}$$

1954 年国际上规定，把水的三相点，即水、气和冰达到平衡时的温度 T_3 取为标准固定温度点，并规定为

$$T_3 = 273.16\text{K}$$

对于一定质量的理想气体，用 p_3 和 V_3 分别代表温度为 T_3 时系统的压强和体积，当系统的温度变为 T 时，只要测出压强 p 和体积 V，按式(8.1.1)，就有

$$\frac{pV}{p_3V_3} = \frac{T}{T_3}$$

$$T = \frac{pV}{p_3V_3}T_3 = \frac{pV}{p_3V_3} \times 273.16\text{K} \tag{8.1.2}$$

按上式制定的温标，称为理想气体温标，T 称为热力学温度，其单位是 K(开[尔文])。

热力学温度 T 与摄氏温度 t 的关系是

$$T/K = t/\text{C}^\circ + 273.15$$

273.15K 为水的冰点温度。

在新国际单位制中，K(开[尔文])是对应玻耳兹曼常量为 $k = 1.380649 \times 10^{-23}\text{J} \cdot \text{K}^{-1}$ 时的热力学温度。

图 8.1.1 表示一个定体气体温度计，把充气泡 B 置于待测温度的系统中，并与系统达到热平衡，测温时保持 B 中气体的体积不变，通过压强计两臂水银面的高度差 h 和大气压强，测出气体的压强 p，按式(8.1.2)可求出待测温度为

$$T = \frac{p}{p_3} \times 273.16\text{K}$$

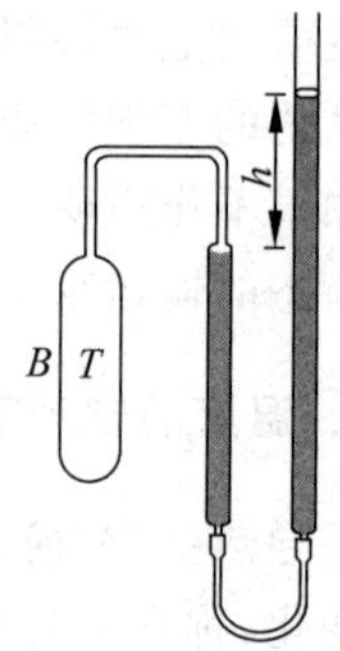

图 8.1.1 定体气体温度计

保持气体的压强不变，通过测量体积 V 来确定温度的温度计，叫定压气体温度计。

理想气体温标依赖于测温物质(理想气体)的性质，在 9.5.3 节将介绍一种与测温物质无关的温标——热力学温标。

目前在实验室里能实现的温度范围为 $10^{-8} \sim 10^{8}$K，上下跨越 16 个量级，这远远超出气体温度计的测量范围。为此制定了国际实用温标(ITS)，把温度分为几个温度段，规定了每个温度段的固定温度点和温度计。如测量 1K 以下的极低温度时，就不能用气体温度计，而要用到蒸汽压温度计、磁温度计或电阻温度计。

8.1.3 理想气体的状态方程

用 p、V 和 T 分别代表 ν(mol)平衡态理想气体的压强、体积和温度，按式(8.1.1)，有

$$\frac{pV}{T} = \frac{p_0V_0}{T_0} \tag{8.1.3}$$

其中，$T_0 = 273.15\text{K}$、$p_0 = 1.013 \times 10^5\text{Pa}$(帕[斯卡])和 $V_0 = \nu \times 22.4\text{L} \cdot \text{mol}^{-1}$，分别为标准状态下气体的温度、压强和 ν(mol)气体的体积。引入普适气体常量

$$R = \frac{1}{\nu}\frac{p_0V_0}{T_0} = \frac{1.013 \times 10^5 \times 22.4 \times 10^{-3}\text{J} \cdot \text{mol}^{-1}}{273.15\text{K}} = 8.31\text{J} \cdot \text{mol}^{-1} \cdot \text{K}^{-1}$$

则式(8.1.3)可写成

$$pV=\nu RT \tag{8.1.4}$$

此即 ν(mol)平衡态理想气体的状态方程。其中 $\nu=m/\mu$，而 m 和 μ 分别为气体的质量和摩尔质量；V 为气体分子在容器内可以自由到达的体积，由于理想气体分子自身不占体积，V 就是容器的体积。

在新国际单位制中，mol(摩[尔])是对应阿伏伽德罗常量为 $N_A=6.02214076\times10^{23}\text{mol}^{-1}$ 时的物质的量，即包含 6.02214076×10^{23} 个原子或分子的基本单元。

由式(8.1.4)可以看出，在温度保持不变的过程(等温过程)中，理想气体压强与体积之间的关系为双曲线。

对于一个总分子数为 N 的理想气体系统，由状态方程(8.1.4)，可得

$$p=\frac{N}{V}\frac{R}{N_A}T$$

用 $n=N/V$ 代表气体的分子数密度，则平衡态理想气体的压强可表示为

$$p=nkT \tag{8.1.5}$$

其中，$k=R/N_A$ 称为玻耳兹曼常量，2018 年第 26 届国际计量大会规定

$$k=1.380649\times10^{-23}\text{J}\cdot\text{K}^{-1}$$

式(8.1.5)是用热力学方法(实验)得到。

按道尔顿(Dalton)分压定律和式(8.1.5)，若混合气体中各组分处于热平衡，具有相同的温度 T，则混合气体的压强为

$$p=\sum_i p_i=\sum_i n_ikT=nkT$$

式中，$p_i=n_ikT$ 为第 i 组分气体的分压强，n_i 为该组分气体的分子数密度，$n=\sum_i n_i$ 为混合气体的分子数密度。

空气就是一种混合气体，在标准状况下，干燥空气中的几种主要组分的体积百分比为

$$N_2: 78.1,\quad O_2: 20.9,\quad Ar: 0.934,\quad CO_2: 0.033$$

由于 Ar 和 CO_2 含量很低，可以把空气分子看成双原子分子，其平均质量为 $m=47.98\times10^{-27}$kg。

从宏观上看，理想气体是那些在所有情况下都严格遵守状态方程(8.1.4)的气体。图 8.1.2 给出几种气体的 pv_m/T 与 p 的关系，其中 v_m 代表 1mol 气体的体积。可以看出，随着压强 p 趋于零，各种气体的 pv_m/T 趋于同一值 R，说明理想气体反映了实际气体在压强趋于零时的极限性质，是实际气体的一种简化模型。许多不易液化的实际气体，如 H_2、N_2、CO、O_2 和空气等，在常温常压下都可以看成理想气体。

例 8.1.1　一容器储有 100g 压强为 10atm、温度为 47℃的氧气。由于容器漏气，过一段时间后压强降到原来的 5/8，温度降到 27℃。求容器的容积和漏出氧气的质量。

解　把氧气当成理想气体，其摩尔质量为 $\mu=32\times10^{-3}\text{kg}\cdot\text{mol}^{-1}$。按理想气体状态方程，容器的容积为

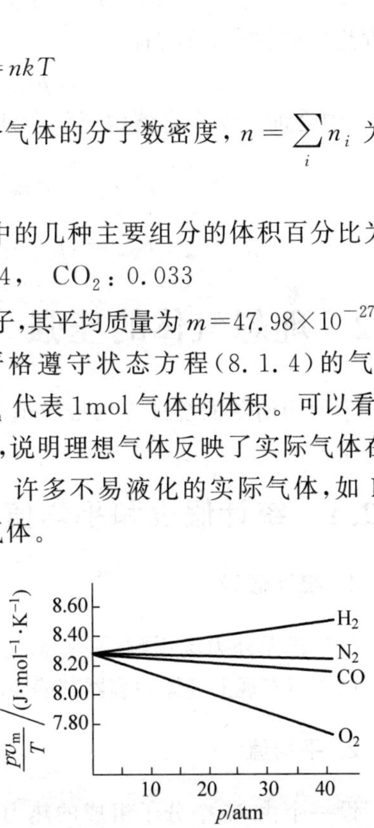

图 8.1.2　压强趋于零时的极限性质

$$V=\frac{\nu RT}{p}=\frac{mRT}{\mu p}=\frac{100\times10^{-3}\times8.31\times(273+47)}{32\times10^{-3}\times10\times1.01\times10^{5}}\text{m}^3=8.2\times10^{-3}\text{m}^3$$

剩下的氧气的摩尔数为

$$\nu'=\frac{p'V}{RT'}=\frac{10\times1.01\times10^{5}\times8.2\times10^{-3}\times5/8}{8.31\times(273+27)}\text{mol}=2.1\text{mol}$$

因此,漏出氧气的质量为

$$\Delta m=(100\times10^{-3}-2.1\times3.2\times10^{-2})\text{kg}=3.3\times10^{-2}\text{kg}$$

例 8.1.2 制造氦氖激光器的激光管时,需要充以一定比例的氦氖混合气体。如图 8.1.3 所示,在两个容积比为 3∶1 的容器内分别充满氦气和氖气。现打开活塞,让这两种气体混合成总压强为 1.8×10^4 Pa,氦气和氖气的分压强比为 5∶1 的混合气体,求混合前这两个容器内氦气和氖气的压强。

解 把氦气和氖气当成等温理想气体,且混合后温度不变,用 p_{He} 和 p'_{He} 分别代表混合前后氦气的压强,用 p_{Ne} 和 p'_{Ne} 分别代表混合前后氖气的压强。按题意和道尔顿分压定律,有

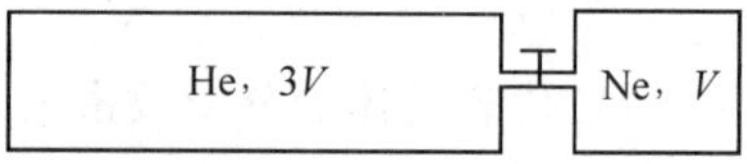

图 8.1.3 例 8.1.2 图

$$p'_{He}+p'_{Ne}=1.8\times10^4\,\text{Pa},\quad \frac{p'_{He}}{p'_{Ne}}=5$$

解得

$$p'_{He}=1.5\times10^4\,\text{Pa},\quad p'_{Ne}=3.0\times10^3\,\text{Pa}$$

按理想气体状态方程,有

$$3Vp_{He}=4Vp'_{He},\quad Vp_{Ne}=4Vp'_{Ne}$$

因此,混合前这两个容器内氦气和氖气的压强分别为

$$p_{He}=\frac{4}{3}p'_{He}=\frac{4}{3}\times1.5\times10^4\,\text{Pa}=2.0\times10^4\,\text{Pa}$$

$$p_{Ne}=4p'_{Ne}=4\times3.0\times10^3\,\text{Pa}=1.2\times10^4\,\text{Pa}$$

8.2 理想气体的压强 温度的微观意义

下面用简单的统计方法推导理想气体的压强公式,并与 $p=nkT$ 作对比,揭示温度的微观意义。

8.2.1 统计假设和平均值

1. 统计假设

(1) 若无外力场影响,平衡态气体分子按空间位置均匀分布;
(2) 当宏观上气体和容器都静止时,平衡态气体分子向各个方向运动的概率(可能性)相等。

2. 平均值

设一个由 N 个分子组成的热力学系统处于某一状态,用 W 代表某一微观量,如分子的坐标、速度和能量等。把这 N 个分子按 W 的取值分组,其中第 i 组 N_i 个分子的 W 的取

值为 W_i，$N=\sum_i N_i$，则微观量 W 在该状态上的平均值为

$$\overline{W}=\sum_i \frac{N_i}{N}W_i=\frac{1}{N}(N_1W_1+N_2W_2+\cdots)$$

比值 N_i/N 为 W 的取值为 W_i 的分子数占系统总分子数的百分比。

在一定宏观条件下，对微观量 W 的每一次测量值并不一定等于它的平均值 $\overline{W}$。多次测量所得测量值与平均值的统计偏差，称为围绕平均值的涨落，定义为

$$\Delta W=\sqrt{\overline{W^2}-\overline{W}^2}$$

系统的分子数 N 越大，涨落 ΔW 就越小。实际的热力学系统的总分子数高达 $10^{23}\ \mathrm{mol}^{-1}$ 量级，涨落远小于平均值，完全可以用微观量的平均值来代表相应的宏观量。

考虑一个由 N 个分子组成的平衡态气体系统，用 i 代表分子的编号，$i=1,2,\cdots,N$。在直角坐标系中，分子速度沿 x、y 和 z 轴分量的平方的平均值为

$$\overline{v_x^2}=\frac{1}{N}\sum_i v_{ix}^2,\quad \overline{v_y^2}=\frac{1}{N}\sum_i v_{iy}^2,\quad \overline{v_z^2}=\frac{1}{N}\sum_i v_{iz}^2$$

其中，v_{ix}^2、v_{iy}^2 和 v_{iz}^2 为第 i 个分子速度分量的平方。因 $v_{ix}^2+v_{iy}^2+v_{iz}^2=v_i^2$，故

$$\frac{1}{N}\sum_i v_{ix}^2+\frac{1}{N}\sum_i v_{iy}^2+\frac{1}{N}\sum_i v_{iz}^2=\frac{1}{N}\sum_i v_i^2$$

即

$$\overline{v_x^2}+\overline{v_y^2}+\overline{v_z^2}=\overline{v^2}$$

其中，$\overline{v^2}=\sum_i v_i^2/N$ 为分子速度平方的平均值。按统计假设，平衡态气体分子向各个方向运动的概率相等，因此 $\overline{v_x^2}=\overline{v_y^2}=\overline{v_z^2}$，可得

$$\overline{v_x^2}=\overline{v_y^2}=\overline{v_z^2}=\frac{1}{3}\overline{v^2}$$

这表明：平衡态气体分子的速度沿三个坐标轴分量的平方的平均值相等，等于速度平方的平均值的 1/3。

用 m 代表分子的质量，分子在三个坐标轴方向上的平均平动动能为

$$\bar{\varepsilon}_{\mathrm{t}x}=\frac{1}{2}m\overline{v_x^2},\quad \bar{\varepsilon}_{\mathrm{t}y}=\frac{1}{2}m\overline{v_y^2},\quad \bar{\varepsilon}_{\mathrm{t}z}=\frac{1}{2}m\overline{v_z^2}$$

而分子的平均平动动能为

$$\bar{\varepsilon}_{\mathrm{t}}=\frac{1}{2}m\overline{v^2}$$

因此

$$\bar{\varepsilon}_{\mathrm{t}x}=\bar{\varepsilon}_{\mathrm{t}y}=\bar{\varepsilon}_{\mathrm{t}z}=\frac{1}{3}\bar{\varepsilon}_{\mathrm{t}}$$

这表明：平衡态气体分子在三个坐标轴方向上的平均平动动能相等，等于分子平均平动动能的 1/3。

***3. 蒙特卡罗方法简介**

蒙特卡罗(Monte Carlo)方法是一种随机模拟方法，它源于美国在第二次世界大战期间

研制原子弹的“曼哈顿计划”,蒙特卡罗是摩纳哥的著名赌城。蒙特卡罗方法能够真实地“一步一步”地模拟实际物理过程,因此解决问题与实际非常符合。

图8.2.1表示用蒙特卡罗方法测量一个湖泊的面积,包围湖泊作一个面积为 A_0 的形状规则的图形,设想往这个图形中随机地投掷 N(大数)个试验点(如石头),若有 n 个试验点落入湖内,则湖泊的面积为

$$A=\lim_{N\to\infty}\frac{n}{N}A_0$$

试验点数 N 越大,涨落就越小,A 值就越接近湖泊的面积。

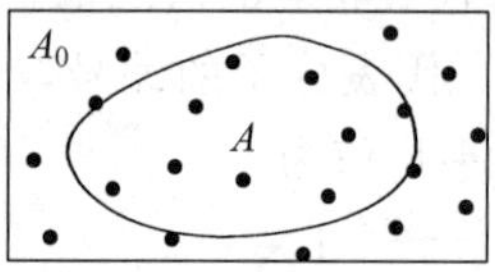

图 8.2.1 测量湖泊面积

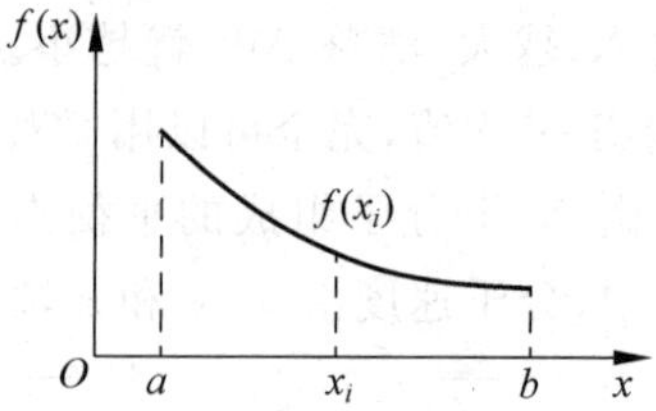

图 8.2.2 计算定积分

图8.2.2表示用蒙特卡罗方法计算定积分,在 a、b 之间取 n 个随机数(x_i,$i=1,2,\cdots,n$),定积分可写成

$$\int_a^b f(x)\mathrm{d}x=(b-a)\lim_{n\to\infty}\frac{1}{n}\sum_i f(x_i)$$

蒙特卡罗方法广泛应用于计算物理学、生物医学和金融工程学等领域。

8.2.2 用统计方法推导理想气体的压强

压强是单位面积受到的正压力。忽略重力的作用,平衡态气体内部的压强处处相等,等于器壁受到的压强。推导理想气体压强公式时,我们假设分子自身不占体积,当成质点处理,容器的体积就是分子在容器内可以自由到达的体积,并忽略分子间的相互作用力,认为压强仅来自于分子运动的撞击力。对于实际气体,还要考虑分子体积和分子间的引力对压强的影响(见8.8.3节)。

图8.2.3表示一个边长为 a 的静止的立方体封闭容器,A 和 A' 是垂直于 x 轴的两个器壁,容器内有 N(大数)个质量为 m 的相同的理想气体分子,并处于温度为 T 的平衡态,分子与器壁之间发生完全弹性碰撞。

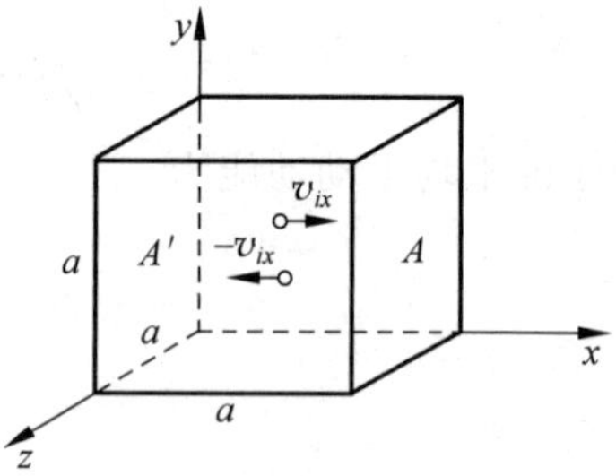

图 8.2.3 压强公式的推导

设第 i 个分子以 x 轴分速度 v_{ix} 在器壁 A' 和 A 之间来回运动撞击器壁,撞击后以原速率被弹回,动量的变化为 $2mv_{ix}$。假设这一分子来回运动时不碰撞其他分子,则与器壁 A 相邻两次碰撞的间隔时间为 $2a/v_{ix}$,A 对该分子的平均作用力可表示为

$$f_i=2mv_{ix}\bigg/\frac{2a}{v_{ix}}=\frac{mv_{ix}^2}{a}$$

按牛顿第三定律,这就是第 i 个分子对 A 的撞击力。对分子编号 i 求和,得所有分子对 A

的撞击力，再除以 A 的面积 a^2，就得到器壁受到的压强为

$$p=\frac{1}{a^2}\sum_i f_i=\frac{m}{a^3}\sum_i v_{ix}^2=\frac{Nm}{a^3}\frac{1}{N}\sum_i v_{ix}^2=nm\overline{v_x^2}$$

式中，$n=N/a^3$ 为分子数密度，$\overline{v_x^2}=\sum\limits_i v_{ix}^2/N$ 为分子 x 轴方向速度分量的平方的平均值。

利用 $\overline{v_x^2}=\overline{v^2}/3$，平衡态理想气体的压强可表示为

$$p=\frac{1}{3}nm\overline{v^2} \tag{8.2.1}$$

因 $\bar{\varepsilon}_t=m\overline{v^2}/2$，上式还可以写成

$$p=\frac{2}{3}n\bar{\varepsilon}_t \tag{8.2.2}$$

这表明：平衡态理想气体的压强（宏观量）与分子速度平方（微观量）的平均值 $\overline{v^2}$，或平均平动动能 $\bar{\varepsilon}_t$ 成正比。压强具有统计性质，只对大量分子才有确切的意义。

上面推导过程中把分子当成质点，质点之间不会发生碰撞，而实际上分子之间是会碰撞的。但气体处于平衡态，若碰撞改变了第 i 个分子的速度，则必有另一相同速度的分子来代替它，因此碰撞不会影响所得结果。虽然式(8.2.1)是用立方体容器导出，但它适用于任意形状容器内的平衡态理想气体。

8.2.3 温度的微观意义

把式(8.2.2)与 $p=nkT$ 作对比，可得

$$\bar{\varepsilon}_t=\frac{1}{2}m\overline{v^2}=\frac{3}{2}kT$$

温度 T 与分子平均平动动能 $\bar{\varepsilon}_t$ 成正比。

分子热运动有多种模式，除了平动之外，还有转动和分子中原子的振动。后面将会看到，温度还正比于分子的平均转动动能和平均振动能量，这样就揭示了温度的微观意义：温度反映系统内部分子热运动的激烈程度。

例 8.2.1 一封闭容器储有气体，压强为 1.33×10^{-5} Pa，温度为 300K。求气体分子的平均平动动能和分子数密度。

解　气体分子的平均平动动能为

$$\bar{\varepsilon}_t=\frac{3}{2}kT=\frac{3}{2}\times1.38\times10^{-23}\times300\text{J}=6.21\times10^{-21}\text{J}$$

按理想气体状态方程 $p=nkT$，气体分子数密度为

$$n=\frac{p}{kT}=\frac{1.33\times10^{-5}}{1.38\times10^{-23}\times300}\text{m}^{-3}=3.21\times10^{15}\text{m}^{-3}$$

8.2.4 光子气体的压强

热学规律不仅适用于由分子组成的物质系统，也可用于辐射场。如图 8.2.4 所示，均匀加热一个用不透明材料制成的空腔，空腔内壁原子之间的碰撞使原子激发到较高能级，再跃迁到较低能级就会辐射电磁波。空腔的温度越高，原子热运动的动能就越大，碰撞引起的激

发能就越高,辐射电磁波的波长就越短,因此波长的分布与空腔的温度有关。空腔辐射电磁波的同时,也吸收电磁波,若辐射的能量等于吸收的能量,辐射场与空腔内壁就达到了同一温度下的热平衡。这种波长分布与温度有关并达到平衡态的电磁辐射,称为平衡热辐射,简称热辐射。

热辐射可以看成由各种波长的光子组成的平衡态理想气体,按式(8.2.1),光子气体的压强为

$$p=\frac{1}{3}nm\overline{v^2}=\frac{1}{3}nmc^2$$

用 $w=nmc^2$ 代表光子气体的能量密度,则

$$p=\frac{1}{3}w$$

这表明:平衡态光子气体(热辐射)的压强,等于光子气体能量密度的1/3。在研究天体物理和宇宙形成等领域都要用到这一结论。

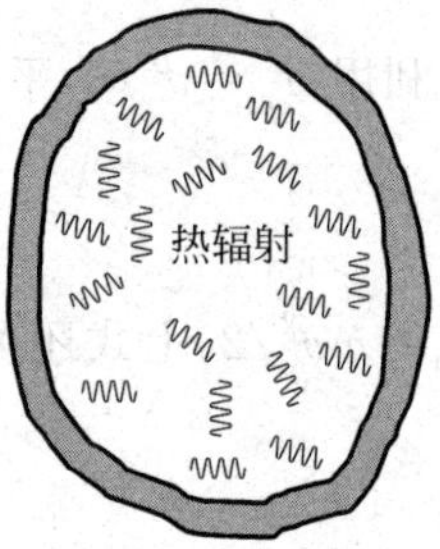

图 8.2.4 热辐射

8.3 能量均分定理 理想气体的内能

8.3.1 分子自由度

在力学中,确定一个物体的空间位置所需独立坐标的数目,称为该物体的自由度。我们引入自由度是为研究分子的能量在各个自由度上的分配,因此只考虑那些对能量有贡献的自由度。

分子的自由度包括确定其质心位置的平动自由度,对于双原子分子和多原子分子,还有转动自由度和振动自由度。转动自由度是用来确定分子绕质心转动的空间取向,而振动自由度是确定分子中原子的相对位置。常温(300K)下可不计振动自由度,认为分子是刚性的(见8.6.3节)。

单原子分子(如He、Ne、Ar)可看成质点,确定其位置只需三个独立坐标(x,y,z),因此平动自由度为3,如图8.3.1(a)所示。通常用i代表分子的总自由度,用t代表平动自由度,对于单原子分子:$i=t=3$。

双原子分子(如H_2、N_2、O_2)是由一条化学键连接的线状分子,常温下可以看成是"哑

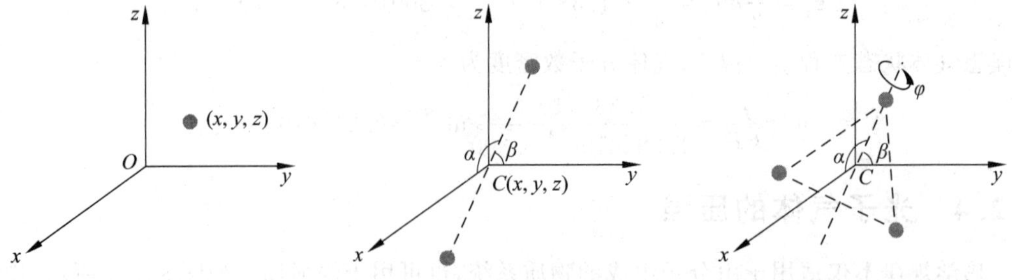

(a) 单原子分子 (b) 刚性双原子分子 (c) 刚性非直线型多原子分子

图 8.3.1 分子的自由度

铃”状刚体，如图 8.3.1(b)所示。这时用(x,y,z)表示其质心位置，用两个角度(α,β)确定其原子连线的方位，因为$\cos^2\alpha+\cos^2\beta+\cos^2\gamma=1$，只有两个角度互相独立。由于分子绕原子连线的转动惯量十分微小，转动能量可以忽略不计，则不必考虑绕此连线的转角。用r代表转动自由度，对于刚性双原子分子：$r=2, i=t+r=3+2=5$。

多原子分子的自由度要根据其结构而定。一般而言，非直线型多原子分子(如 H_2O)的转动要用 3 个角度(α,β,φ)来表示，其中(α,β)代表转轴的方位，φ是分子绕转轴的转角，如图 8.3.1(c)所示。对于刚性非直线型多原子分子：$r=3, i=t+r=3+3=6$。

8.3.2 能量均分定理

因 $\bar{\varepsilon}_{tx}=\bar{\varepsilon}_{ty}=\bar{\varepsilon}_{tz}=\bar{\varepsilon}_t/3$，而 $\bar{\varepsilon}_t=3kT/2$，故

$$\bar{\varepsilon}_{tx}=\bar{\varepsilon}_{ty}=\bar{\varepsilon}_{tz}=\frac{1}{2}kT$$

这表明：在温度为 T 的平衡态系统中，每个分子的平动动能在三个平动自由度上平均分配，每个自由度上平均分到 $kT/2$ 的能量。这一结论称为能量均分定理，由麦克斯韦于 1860 年提出。1868 年玻耳兹曼把它推广到包括转动自由度等其他自由度的情况：在温度为 T 的平衡态系统(气体、液体和固体)中，每个分子在每个自由度上的平均动能都等于 $kT/2$。

按能量均分定理，在温度为 T 的平衡态系统中，一个自由度为 i 的分子的平均动能为

$$\bar{\varepsilon}=\frac{i}{2}kT$$

对于单原子分子：$i=3, \bar{\varepsilon}=3kT/2$；刚性双原子分子：$i=5, \bar{\varepsilon}=5kT/2$；刚性非直线型多原子分子：$i=6, \bar{\varepsilon}=3kT$。

常温(300K)下分子热运动能量的量级为

$$kT=\frac{1.38\times10^{-23}\times300}{1.6\times10^{-19}}\text{eV}=0.026\text{eV}\approx\frac{1}{40}\text{eV}$$

这一能量远小于分子内部的能量(原子外层电子的能量为 10eV 量级)，不能激发分子的内部状态，因此在气体动理论中不必考虑分子的内部结构，把分子看成质点或刚体。

能量均分定理是一个统计规律，$kT/2$ 是对处于平衡态的大量分子的平均结果，个别分子某一时刻在某一自由度上的动能可能与 $kT/2$ 有很大差别。对于气体分子，能量按自由度均分是分子间无序碰撞的结果，而液体和固体则靠分子间很强的相互作用来实现。

平动动能按自由度的均分可以用分子向各个方向运动的概率相等来解释，但为什么每个转动自由度也能分到 $kT/2$ 就不那么容易理解了，对此将在 8.6.1 节给出证明。

8.3.3 理想气体的内能

系统中所有分子各种运动模式热运动(平动、转动、分子中原子的振动)能量和分子之间势能的总和，称为该系统的内能。其中，热运动能量与温度成正比，而势能取决于分子间的距离，因此与体积有关。内能是系统的一个状态量，它只取决于系统所处状态，而与到达该状态的具体过程无关。内能通常是对系统的平衡态定义的。

除了瞬间碰撞外理想气体分子之间无相互作用,因此理想气体分子之间没有势能,其内能与体积无关,只与温度有关。实际气体分子之间存在相互作用力——分子力,因此实际气体分子之间有势能,其内能除与温度有关外,还与体积有关(见8.8.3节)。

按能量均分定理,$\bar{\varepsilon}=ikT/2$,因此在温度为 T 的平衡态下,ν(mol)理想气体的内能为

$$E=\nu N_A\bar{\varepsilon}=\frac{i}{2}\nu N_A kT=\frac{i}{2}\nu RT$$

用 p 和 V 分别代表理想气体的压强和体积,按理想气体状态方程,上式可写成

$$E=\frac{i}{2}pV$$

对于单原子分子：$E=3\nu RT/2$；刚性双原子分子：$E=5\nu RT/2$；刚性非直线型多原子分子：$E=3\nu RT$。

例 8.3.1 一封闭容器储有17g氮气,并达到温度为30℃的平衡态,容器在空中以 $18\text{m}\cdot\text{s}^{-1}$ 的速度运动。求：(1)每个氮气分子热运动的平均平动动能、平均转动动能和平均动能；(2)17g氮气的内能；(3)氮气随容器作机械运动的动能。

解 30℃的氮气可看成刚性双原子分子,自由度为5,其中平动自由度为3,转动自由度为2。

(1) 每个氮气分子的平均平动动能为

$$\bar{\varepsilon}_t=\frac{3}{2}kT=\frac{3}{2}\times 1.38\times 10^{-23}\times(273+30)\text{J}=6.3\times 10^{-21}\text{J}$$

平均转动动能为

$$\bar{\varepsilon}_r=\frac{2}{2}kT=4.2\times 10^{-21}\text{J}$$

平均动能为

$$\bar{\varepsilon}=\frac{5}{2}kT=\varepsilon_t+\varepsilon_r=10.5\times 10^{-21}\text{J}$$

(2) 氮气的摩尔质量为 $28\times 10^{-3}\text{kg}\cdot\text{mol}^{-1}$,17g氮气的内能为

$$E=\frac{5}{2}\nu RT=\frac{5}{2}\times\frac{17\times 10^{-3}}{28\times 10^{-3}}\times 8.31\times 303\text{J}=3.8\times 10^{3}\text{J}$$

(3) 氮气随容器作机械运动的动能为

$$E_k=\frac{1}{2}Mv^2=\frac{1}{2}\times 17\times 10^{-3}\times 18^2\text{J}=2.8\text{J}$$

例 8.3.2 求1mol甲烷(CH_4)在0℃时的内能。

解 0℃的甲烷可看成刚性非直线型多原子分子,自由度为6,因此1mol甲烷的内能为

$$E=3\nu RT=3\times 1\times 8.31\times 273\text{J}=6.81\times 10^{3}\text{J}$$

8.4 玻耳兹曼分布律

对于一个由大量分子组成的热力学系统,由于分子无序热运动和分子之间频繁的碰撞,在某一时刻每个分子处于什么空间位置,以及它的运动速度的大小和方向都是随机的、偶然的和瞬息万变的。但实验表明,当系统处于平衡态时,处于不同空间位置和具有不同运动速度的分子数占系统总分子数的百分比基本上不随时间变化,服从一定的统计分布规律。推

导平衡态系统分子的统计分布规律，并用来计算微观量的平均值，是气体动理论中的一个基本问题。

1859 年，麦克斯韦用碰撞概率的方法首先导出了分子按速度的分布——麦克斯韦速度分布律，1871 年玻耳兹曼导出了分子按能量的分布——玻耳兹曼分布律。分子按能量的分布包含了分子按空间位置（外力场中的势能）和按速度（动能）的分布，完整地表达了平衡态系统的分布规律。

下面以分子能量取分立值的情况为例，定性地导出玻耳兹曼分布律[③]，然后推广到能量连续变化的情况。

8.4.1　宏观态和微观态　等概率假设

1. 宏观态和微观态

如图 8.4.1 所示，考虑一个由 N 个相同的分子组成的宏观系统，这些分子在宏观尺度上运动，因此存在轨道，可以被分辨。设每个分子的能量只能取如下四个值：$\varepsilon_1=1$、$\varepsilon_2=2$、$\varepsilon_3=3$ 和 $\varepsilon_4=4$，能量取这四个值的分子数分别为 N_1、N_2、N_3 和 N_4，系统的总分子数为

$$N=N_1+N_2+N_3+N_4$$

总能量为

$$E=N_1+2N_2+3N_3+4N_4$$

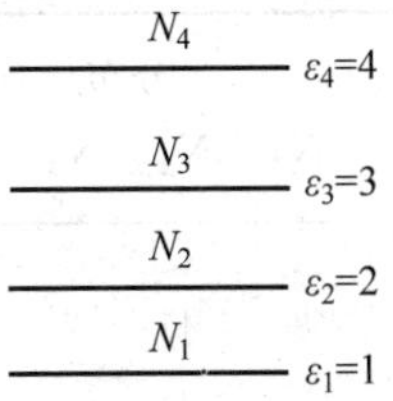

图 8.4.1　四能量系统

在宏观上，我们只需知道能量取上述四个值的分子数，不必区分哪个分子取哪个能量，因此系统的宏观态可以用数组(N_1, N_2, N_3, N_4)来表达。按统计的说法，数组(N_1, N_2, N_3, N_4)代表系统按能量的一种分布(distribution)，因此系统的一个宏观态对应一种分布。

系统的微观态是指分子能量取值的具体情形，即哪个分子取哪个能量。由于分子可以被分辨，交换不同能量的分子会产生新的微观态，但交换相同能量的分子不产生新的微观态，所以系统的一个宏观态(N_1, N_2, N_3, N_4)所包括的微观态的个数为

$$\Omega=\frac{N!}{N_1!\ N_2!\ N_3!\ N_4!}$$

微观态数 Ω 是系统的一个状态量，是对系统无序性的一种量度，Ω 越大，系统就越混乱，越分散，分子的运动就越无序。玻耳兹曼把 Ω 称作“热力学概率”，但 Ω 是一个很大的数，并不代表数学上的概率。

热力学概率最大的分布，称为最概然分布(most probable distribution)，即最可能出现的分布。平衡态是分子运动最无序的状态，因此对应最概然分布及其附近一系列在实验上不能分辨的分布。热力学系统的平衡态所对应的最概然分布，称为玻耳兹曼分布。

2. 等概率假设

1871 年玻耳兹曼提出假设：在处于平衡态的孤立系统中，总能量相等的各个微观态出

③　参考了杨振宁教授在清华大学的授课。

现的概率相等。这称为等概率假设,它是统计物理学中的一个基本假设。统计物理学的预言与大量的实验结果符合得非常好,说明等概率假设是正确的。按这一假设,在宏观态(N_1,N_2,N_3,N_4)所包括的Ω个微观态中,各个微观态出现的概率相等。

一个事件由两个互相排斥的事件组成,则该事件发生的概率等于这两个排斥事件各自发生概率之和,这叫概率加法法则。系统在任一瞬间只能处于一个微观态,而不能同时处于另一个不同的微观态,因此各个微观态的出现是互相排斥的事件。

按概率加法法则和等概率假设,一个宏观态出现的概率与系统所包括的微观态数Ω(热力学概率)成正比。

8.4.2 分子能量取分立值时的玻耳兹曼分布律

表 8.4.1 列出了当$N=15,E=26$时,上述四能量系统的几种分布和包括的微观态数Ω及其所占权重。

表 8.4.1 $N=15,E=26$

分布 N_1 N_2 N_3 N_4	微观态数Ω	权　重
8　4　2　1	$\frac{15!}{8!4!2!1!}=675675$	1
9　3　1　2	$\frac{15!}{9!3!1!2!}=300300$	0.44
10　2　0　3	$\frac{15!}{10!2!0!3!}=30030$	0.044
……	……	……

可以看出,分布(8,4,2,1)包括的微观态数Ω最大,其他分布的Ω很小,若把分布(8,4,2,1)所占权重取为1,则其他分布的权重均小于1,因此(8,4,2,1)是$N=15,E=26$时的最概然分布。

表 8.4.2 和表 8.4.3 分别是$N=150,E=260$和$N=1500,E=2600$时的分布情况,最概然分布分别为(80,40,20,10)和(800,400,200,100),其他分布的权重远小于1。

表 8.4.2 $N=150,E=260$

分布 N_1 N_2 N_3 N_4	微观态数Ω	权　重
80　40　20　10	$\frac{150!}{80!40!20!10!}\approx 1.11\times 10^{71}$	1
90　30　10　20	$\frac{150!}{90!30!10!20!}\approx 1.64\times 10^{67}$	1.5×10^{-4}
……	……	……

表 8.4.3　$N=1500, E=2600$

分布 N_1　N_2　N_3　N_4	微观态数 Ω	权　重
800　400　200　100	$\frac{1500!}{800!400!200!100!}\approx 1.32\times 10^{736}$	1
900　300　100　200	$\frac{1500!}{900!300!100!200!}\approx 3.16\times 10^{697}$	2.4×10^{-39}
……	……	……

总之，上述四能量系统最概然分布的各能量分子数之比为

$$N_1 : N_2 : N_3 : N_4 = 8 : 4 : 2 : 1$$

而且，最概然分布出现的概率随着总分子数 N 的增大而急剧增大。对于实际的热力学系统，总分子数高达 $10^{23}\ \mathrm{mol}^{-1}$ 量级，最概然分布出现的概率几乎等于百分之百，因此用玻耳兹曼分布（最概然分布）来表达系统的平衡态不失为一个合理的假设。

设上述四能量系统的总分子数 N 很大，并达到温度为 T 的平衡态，假设温度 T 满足下式

$$e^{-\frac{1}{kT}} = \frac{1}{2}$$

则平衡态的最概然分布，即玻耳兹曼分布可表示为

$$N_1 : N_2 : N_3 : N_4 = 8 : 4 : 2 : 1 = \frac{1}{2} : \frac{1}{4} : \frac{1}{8} : \frac{1}{16} = e^{-\frac{1}{kT}} : e^{-\frac{2}{kT}} : e^{-\frac{3}{kT}} : e^{-\frac{4}{kT}}$$

注意到 $\varepsilon_1=1$、$\varepsilon_2=2$、$\varepsilon_3=3$ 和 $\varepsilon_4=4$，可进一步写成

$$N_1 : N_2 : N_3 : N_4 = e^{-\frac{\varepsilon_1}{kT}} : e^{-\frac{\varepsilon_2}{kT}} : e^{-\frac{\varepsilon_3}{kT}} : e^{-\frac{\varepsilon_4}{kT}}$$

这表明：在温度为 T 的平衡态系统中，能量为 ε_n 的分子数 N_n 与因子 $e^{-\varepsilon_n/kT}$ 成正比，即

$$N_n \propto e^{-\frac{\varepsilon_n}{kT}} \tag{8.4.1}$$

N_n 占系统总分子数 N 的百分比可写成

$$\frac{N_n}{N} = Ce^{-\frac{\varepsilon_n}{kT}} \tag{8.4.2}$$

其中，C 称为归一化常数，可由 $\sum_n N_n/N = 1$ 来确定，即

$$1 = \sum_n \frac{N_n}{N} = C\sum_n e^{-\frac{\varepsilon_n}{kT}}$$

得

$$C = 1\Big/\sum_n e^{-\frac{\varepsilon_n}{kT}}$$

代入式(8.4.2)，就得到

$$\frac{N_n}{N}=\frac{e^{-\frac{\varepsilon_n}{kT}}}{\sum_n e^{-\frac{\varepsilon_n}{kT}}} \tag{8.4.3}$$

此即分子能量取分立值时的玻耳兹曼分布律，$e^{-\varepsilon_n/kT}$ 称为玻耳兹曼因子。在8.6.3节，我们用式(8.4.3)计算平衡态系统中简谐振子的平均能量。

应该指出，上面推导中用到了 $e^{-1/kT}=1/2$，这一假设没有什么理由，只是为了能定性地导出式(8.4.3)。

8.4.3 分子能量连续变化时的玻耳兹曼分布律

下面把式(8.4.3)推广到分子能量连续变化的情况。

1. 相空间

对于一个近独立粒子系统，分子的运动状态可以用坐标和动量作为独立变量来描述。由坐标和动量所张成的空间，称为相空间。相空间中的一个点，对应分子的一个运动状态。

对于由相同单原子分子组成的系统，相空间为6维空间，相空间变量为

$$x,y,z,v_x,v_y,v_z$$

其中，(x,y,z)和(v_x,v_y,v_z)分别为分子的坐标和运动速度。相空间体积元为

$$d\tau=dx\,dy\,dz\,dv_x\,dv_y\,dv_z$$

设分子处于外力场中，分子的能量为

$$\varepsilon=\varepsilon_k+\varepsilon_p(x,y,z)=\frac{1}{2}mv_x^2+\frac{1}{2}mv_y^2+\frac{1}{2}mv_z^2+\varepsilon_p(x,y,z)$$

动能 ε_k 与坐标无关，势能 ε_p 与速度无关。

2. 分子相空间分布函数和玻耳兹曼分布律

设一个由 N 个分子组成的系统处于温度为 T 的平衡态，用 $dN(\boldsymbol{r},\boldsymbol{v})$代表运动状态处于相空间 $P(\boldsymbol{r},\boldsymbol{v})$点附近体积元 $d\tau$ 中的分子数，这些分子的坐标处于 $x\sim x+dx$，$y\sim y+dy$，$z\sim z+dz$ 之间，速度处于 $v_x\sim v_x+dv_x$，$v_y\sim v_y+dv_y$，$v_z\sim v_z+dv_z$ 之间，能量从 ε 连续变化到$\varepsilon+d\varepsilon$。

设想把 $\varepsilon\sim\varepsilon+d\varepsilon$ 区间的能量分割成许多等间隔的能量ε_n，在间隔不变的情况下 ε_n 的个数正比于 $d\tau$。用 dN_n 代表能量为ε_n 的分子数，而 $dN(\boldsymbol{r},\boldsymbol{v})$为能量在 $\varepsilon\sim\varepsilon+d\varepsilon$ 区间的分子数，因此

$$dN(\boldsymbol{r},\boldsymbol{v})=\sum_n dN_n \tag{8.4.4}$$

按式(8.4.1)，dN_n 与 $e^{-\varepsilon_n/kT}$ 成正比，即

$$dN_n\propto e^{-\frac{\varepsilon_n}{kT}}$$

注意到 ε_n 的个数正比于 $d\tau$，而 $\varepsilon_n\approx\varepsilon$，则式(8.4.4)可写成

$$dN(\boldsymbol{r},\boldsymbol{v})\propto e^{-\frac{\varepsilon}{kT}}d\tau \tag{8.4.5}$$

把分子相空间分布函数定义为

$$f(\boldsymbol{r},\boldsymbol{v})=\frac{\mathrm{d}N(\boldsymbol{r},\boldsymbol{v})}{N\mathrm{d}\tau} \tag{8.4.6}$$

它代表状态出现在相空间 $P(\boldsymbol{r},\boldsymbol{v})$ 点附近无穷小区域内，单位相空间体积中的分子数占系统总分子数的百分比，即分子的状态出现在 P 点附近的相空间概率密度，因此 $f(\boldsymbol{r},\boldsymbol{v})\mathrm{d}\tau$ 就是分子的运动状态处于相空间体积元 $\mathrm{d}\tau$ 中的概率。

把式(8.4.6)对整个相空间积分，注意到 $\int_{\infty}\mathrm{d}N(\boldsymbol{r},\boldsymbol{v})=N$，可得

$$\int_{\infty}f(\boldsymbol{r},\boldsymbol{v})\mathrm{d}\tau=1 \tag{8.4.7}$$

上式为相空间分布函数的归一化条件，表示分子的运动状态一定出现在整个相空间中。

把式(8.4.5)代入式(8.4.6)，并写成

$$f(\boldsymbol{r},\boldsymbol{v})=C\mathrm{e}^{-\frac{\varepsilon}{kT}}$$

由归一化条件(8.4.7)可得，$C=1\Big/\int_{\infty}\mathrm{e}^{-\frac{\varepsilon}{kT}}\mathrm{d}\tau$，因此平衡态系统分子相空间分布函数为

$$f_{\mathrm{B}}(\boldsymbol{r},\boldsymbol{v})=\frac{\mathrm{e}^{-\frac{\varepsilon}{kT}}}{\int_{\infty}\mathrm{e}^{-\frac{\varepsilon}{kT}}\mathrm{d}\tau} \tag{8.4.8}$$

此即通常所说的玻耳兹曼分布律，其中 ε 代表一个分子的总能量，包括分子的动能、外力场中的势能和其他形式的能量。

统计物理学把系统的宏观量看成是相应微观量的平均值。引入 $f_{\mathrm{B}}(\boldsymbol{r},\boldsymbol{v})$，微观量 $W(\boldsymbol{r},\boldsymbol{v})$ 在温度为 T 的平衡态系统中的平均值为

$$\overline{W}=\int_{\infty}W(\boldsymbol{r},\boldsymbol{v})f_{\mathrm{B}}(\boldsymbol{r},\boldsymbol{v})\mathrm{d}\tau=\frac{\int_{\infty}W(\boldsymbol{r},\boldsymbol{v})\mathrm{e}^{-\frac{\varepsilon}{kT}}\mathrm{d}\tau}{\int_{\infty}\mathrm{e}^{-\frac{\varepsilon}{kT}}\mathrm{d}\tau} \tag{8.4.9}$$

积分遍及整个相空间。

玻耳兹曼分布律的严格表达式为

$$f_{\mathrm{B}}=C\mathrm{e}^{-(\varepsilon-\mu)/kT} \tag{8.4.10}$$

式中的 μ 代表折合于一个分子的化学势，它决定相变和化学反应的方向，我们这里不涉及相变和化学反应，因此 μ 不变，在式(8.4.8)中已经把 μ 包括在归一化常数 C 中了。通常把式(8.4.8)称作麦克斯韦—玻耳兹曼分布律，以示与式(8.4.10)的区别。

玻耳兹曼分布律是一个统计规律，只适用于由大量分子组成的热力学系统。它不仅适用于理想气体，也可近似地用于相互作用不是很强的系统，如实际气体、液体和固体等。

8.4.4 分子按空间位置的分布

如图 8.4.2 所示，设一个由 N 个分子组成的系统处于温度为 T 的平衡态，用 $\mathrm{d}N(x,y,z)$ 代表空间位置处于 $p(x,y,z)$ 点附近体积元 $\mathrm{d}x\mathrm{d}y\mathrm{d}z$ 中的分子数，这些分子的坐标处于

$x\sim x+\mathrm{d}x, y\sim y+\mathrm{d}y, z\sim z+\mathrm{d}z$ 之间,但速度可以取 $\pm\infty$ 之间的任何值,因此 $\mathrm{d}N(x,y,z)$ 等于把相空间体积元 $\mathrm{d}\tau$ 中的分子数 $\mathrm{d}N(\boldsymbol{r},\boldsymbol{v})$ 对速度从 $-\infty$ 到 ∞ 积分。

按相空间分布函数的定义式(8.4.6),玻耳兹曼分布律可写成

$$\frac{\mathrm{d}N(\boldsymbol{r},\boldsymbol{v})}{\mathrm{d}x\mathrm{d}y\mathrm{d}z}\propto \mathrm{e}^{-\frac{\varepsilon_k+\varepsilon_p}{kT}}\mathrm{d}v_x\mathrm{d}v_y\mathrm{d}v_z$$

把上式两边对速度从 $-\infty$ 到 ∞ 积分,因 $\mathrm{d}N(\boldsymbol{r},\boldsymbol{v})$ 对速度的积分等于 $\mathrm{d}N(x,y,z)$,而势能 ε_p 与速度无关,则积分结果为

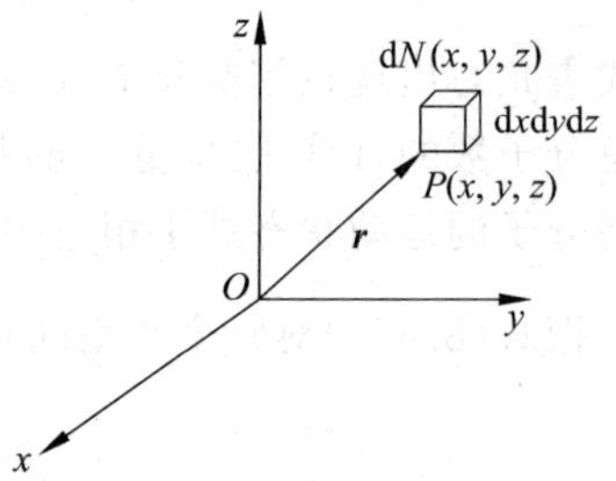

图 8.4.2 分子按空间位置的分布

$$\frac{\mathrm{d}N(x,y,z)}{\mathrm{d}x\mathrm{d}y\mathrm{d}z}\propto \mathrm{e}^{-\frac{\varepsilon_p}{kT}}$$

即

$$n(x,y,z)\propto \mathrm{e}^{-\frac{\varepsilon_p}{kT}} \tag{8.4.11}$$

其中,$n(x,y,z)$ 为 $p(x,y,z)$ 点附近的分子数密度。用 n_0 代表势能零点($\varepsilon_p=0$)处的分子数密度,把式(8.4.11)写成

$$n(x,y,z)=n_0\mathrm{e}^{-\frac{\varepsilon_p}{kT}} \tag{8.4.12}$$

此即分子按空间位置的分布:在平衡态系统中,分子数密度随分子的势能按指数规律减小,分子总是优先占据势能较低的位置。

例 8.4.1 证明:在一个温度为 T 的平衡态转动系统中,分子数密度沿径向的分布为

$$n(r)=n_0\mathrm{e}^{\frac{m\omega^2r^2}{2kT}}$$

其中,n_0 为 $r=0$ 处的分子数密度,m 为分子的质量,ω 为转动角速度,r 为分子的转动半径。

解 分子所受惯性离心力 $m\omega^2r$ 为有心力,因此是保守力。取 $r=0$ 处为势能零点,则分子的离心势能为

$$\varepsilon_p(r)=\int_r^0 m\omega^2r\mathrm{d}r=-\frac{1}{2}m\omega^2r^2$$

因此,分子数密度沿径向的分布为

$$n(r)=n_0\mathrm{e}^{-\frac{\varepsilon_p}{kT}}=n_0\mathrm{e}^{\frac{m\omega^2r^2}{2kT}}$$

可以看出,在半径相同的区域,较重颗粒的数密度比较轻颗粒的数密度要大,这就是离心分离技术的原理。天然铀的主要成分是 ^{238}U,可以裂变的 ^{235}U 仅占 0.7%。在核工业中,通常用离心分离技术提高 ^{235}U 的浓度。离心分离技术还广泛用于稀土元素的萃取。

在地面附近不太高的范围内,可以把大气近似地看成是温度为 T 的平衡态系统。按式(8.4.12),高度 z 处的大气分子数密度为

$$n(z)=n_0\mathrm{e}^{-\frac{mgz}{kT}} \tag{8.4.13}$$

这表明:大气分子数密度随高度按指数规律减小。由于是在等温条件下得到,上式称为等

温大气分子数密度公式。

1908 年,法国物理学家佩兰(J. B. Perrin)用显微镜观测液体中悬浮于不同高度的颗粒数,验证了式(8.4.13)。佩兰获得 1926 年诺贝尔物理学奖,以表彰他在物质不连续结构方面所做的工作。

把大气看成理想气体,高度 z 处的大气压强为

$$p(z)=n(z)kT=n_0\mathrm{e}^{-\frac{mgz}{kT}}kT$$

即

$$p(z)=p_0\mathrm{e}^{-\frac{mgz}{kT}}$$

其中,$p_0=n_0kT$ 为地面($z=0$)处的大气压。上式称为等温大气压强公式,它表明:大气压强随高度按指数规律减小。

8.5　麦克斯韦分布律

8.5.1　麦克斯韦速度分布律

1. 速度空间和分子速度分布函数

由速度分量(v_x,v_y,v_z)所张成的 3 维空间,称为速度空间。速度空间中的一个点,对应分子的一个速度状态。

如图 8.5.1 所示,设一个由 N 个分子组成的系统处于温度为 T 的平衡态,用 $\mathrm{d}N(v_x,v_y,v_z)$代表速度处于速度空间 $P(v_x,v_y,v_z)$点附近体积元 $\mathrm{d}v_x\mathrm{d}v_y\mathrm{d}v_z$ 中的分子数,这些分子的速度处于 $v_x\sim v_x+\mathrm{d}v_x$,$v_y\sim v_y+\mathrm{d}v_y$,$v_z\sim v_z+\mathrm{d}v_z$ 之间,但坐标可以取 $\pm\infty$ 之间的任何值,因此 $\mathrm{d}N(v_x,v_y,v_z)$等于把相空间体积元 $\mathrm{d}\tau$ 中的分子数 $\mathrm{d}N(\boldsymbol{r},\boldsymbol{v})$对坐标从$-\infty$到$\infty$积分。

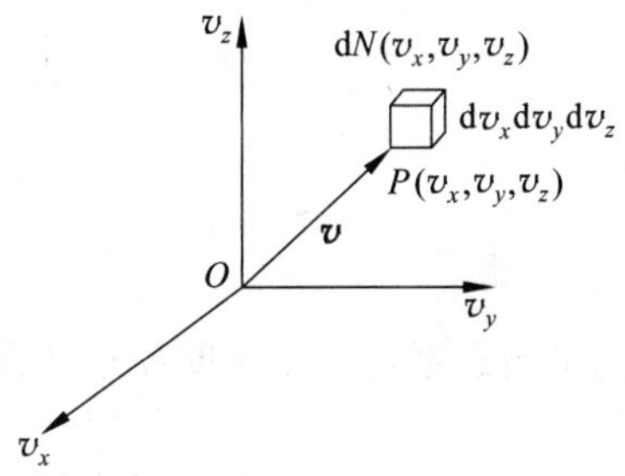

图 8.5.1　分子按速度的分布

把分子速度分布函数定义为

$$F(v_x,v_y,v_z)=\frac{\mathrm{d}N(v_x,v_y,v_z)}{N\mathrm{d}v_x\mathrm{d}v_y\mathrm{d}v_z}\tag{8.5.1}$$

它代表速度出现在速度空间 $P(v_x,v_y,v_z)$点附近无穷小区域内,单位速度空间体积中的分子数占系统总分子数的百分比,即分子的速度出现在 P 点附近的速度空间概率密度,因此 $F(v_x,v_y,v_z)\mathrm{d}v_x\mathrm{d}v_y\mathrm{d}v_z$ 就是分子的速度处于速度空间体积元 $\mathrm{d}v_x\mathrm{d}v_y\mathrm{d}v_z$ 中的概率。

分子的速度一定出现在$\pm\infty$之间,因此速度分布函数的归一化条件为

$$\int_{-\infty}^{\infty}\int_{-\infty}^{\infty}\int_{-\infty}^{\infty}F(v_x,v_y,v_z)\mathrm{d}v_x\mathrm{d}v_y\mathrm{d}v_z=1\tag{8.5.2}$$

积分遍及整个速度空间。

2. 麦克斯韦速度分布律

按相空间分布函数的定义式(8.4.6),玻耳兹曼分布律可写成

$$\frac{dN(\boldsymbol{r},\boldsymbol{v})}{N dv_x dv_y dv_z} \propto e^{-\frac{\varepsilon_k+\varepsilon_p}{kT}} dx dy dz$$

把上式两边对坐标从$-\infty$到∞积分,因 $dN(\boldsymbol{r},\boldsymbol{v})$对坐标的积分等于 $dN(v_x,v_y,v_z)$,而动能 ε_k 与坐标无关,则积分结果为

$$\frac{dN(v_x,v_y,v_z)}{N dv_x dv_y dv_z} \propto e^{-\frac{\varepsilon_k}{kT}}$$

按速度分布函数的定义式(8.5.1),可得

$$F(v_x,v_y,v_z) = C e^{-\frac{\varepsilon_k}{kT}} \tag{8.5.3}$$

C 由归一化条件(8.5.2)确定,即

$$\begin{aligned} 1 &= \int_{-\infty}^{\infty}\int_{-\infty}^{\infty}\int_{-\infty}^{\infty} F(v_x,v_y,v_z) dv_x dv_y dv_z = C\int_{-\infty}^{\infty}\int_{-\infty}^{\infty}\int_{-\infty}^{\infty} e^{-\frac{\varepsilon_k}{kT}} dv_x dv_y dv_z \\ &= C\int_{-\infty}^{\infty}\int_{-\infty}^{\infty}\int_{-\infty}^{\infty} e^{-\frac{m(v_x^2+v_y^2+v_z^2)}{2kT}} dv_x dv_y dv_z = C\left(\int_{-\infty}^{\infty} e^{-\frac{mv_x^2}{2kT}} dv_x\right)^3 \\ &= C\left(2\int_0^{\infty} e^{-\frac{mv_x^2}{2kT}} dv_x\right)^3 \end{aligned}$$

按本章附录高斯积分表,算出

$$\int_0^{\infty} e^{-\frac{mv_x^2}{2kT}} dv_x = \frac{1}{2}\sqrt{\frac{2\pi kT}{m}}$$

可得

$$C = \left(\frac{m}{2\pi kT}\right)^{3/2}$$

因此,平衡态系统分子速度分布函数为

$$F_M(v_x,v_y,v_z) = \left(\frac{m}{2\pi kT}\right)^{3/2} e^{-\frac{mv^2}{2kT}} \tag{8.5.4}$$

此即麦克斯韦速度分布律,由麦克斯韦于1859年首先用碰撞概率的方法导出,式中的 m 代表一个分子的质量。可以看出,$F_M(v_x,v_y,v_z)$是“球对称”的,它只与速率 v 有关,而与速度的方向无关。

引入 $F_M(v_x,v_y,v_z)$,微观量 $W(v_x,v_y,v_z)$在温度为 T 的平衡态系统中的平均值为

$$\overline{W} = \int_{-\infty}^{\infty}\int_{-\infty}^{\infty}\int_{-\infty}^{\infty} W(v_x,v_y,v_z) F_M(v_x,v_y,v_z) dv_x dv_y dv_z$$

***3. 分子按速度分量的分布**

考虑到 $v^2=v_x^2+v_y^2+v_z^2$,式(8.5.4)可写成

$$F_M(v_x,v_y,v_z) = g(v_x)g(v_y)g(v_z)$$

其中

$$g(v_x)=\left(\frac{m}{2\pi kT}\right)^{1/2}e^{-\frac{mv_x^2}{2kT}},\quad g(v_y)=\left(\frac{m}{2\pi kT}\right)^{1/2}e^{-\frac{mv_y^2}{2kT}},\quad g(v_z)=\left(\frac{m}{2\pi kT}\right)^{1/2}e^{-\frac{mv_z^2}{2kT}}$$

它们分别代表分子按速度分量 v_x、v_y 和 v_z 分布的概率密度。

微观量按速度分量的平均值，如 $W(v_x)$按 v_x 的平均值为

$$\overline{W}=\int_{-\infty}^{\infty}W(v_x)g(v_x)\mathrm{d}v_x \tag{8.5.5}$$

例 8.5.1 计算温度为 T 的平衡态系统中分子在 x 轴方向上的平均平动动能。

解 x 轴方向上的平动动能为

$$\varepsilon_x=\frac{1}{2}mv_x^2$$

按平均值计算公式(8.5.5)，平均平动动能为

$$\begin{aligned}\bar{\varepsilon}_x&=\int_{-\infty}^{\infty}\varepsilon_x g(v_x)\mathrm{d}v_x=\frac{1}{2}m\int_{-\infty}^{\infty}v_x^2 g(v_x)\mathrm{d}v_x=\frac{1}{2}m\left(\frac{m}{2\pi kT}\right)^{1/2}\int_{-\infty}^{\infty}v_x^2 e^{-\frac{mv_x^2}{2kT}}\mathrm{d}v_x\\&=m\left(\frac{m}{2\pi kT}\right)^{1/2}\int_0^{\infty}v_x^2 e^{-\frac{mv_x^2}{2kT}}\mathrm{d}v_x\end{aligned}$$

按本章附录高斯积分表，算出

$$\int_0^{\infty}v_x^2 e^{-\frac{mv_x^2}{2kT}}\mathrm{d}v_x=\frac{1}{4}\sqrt{\pi\left(\frac{2kT}{m}\right)^3}$$

得

$$\bar{\varepsilon}_x=m\left(\frac{m}{2\pi kT}\right)^{1/2}\times\frac{1}{4}\sqrt{\pi\left(\frac{2kT}{m}\right)^3}=\frac{1}{2}kT$$

这也正是能量均分定理的结果。

8.5.2 麦克斯韦速率分布律

1. 分子速率分布函数

只考虑速度的绝对值，把分子速率分布函数定义为

$$f(v)=\frac{\mathrm{d}N(v)}{N\mathrm{d}v}$$

其中，$\mathrm{d}N(v)$代表系统中速率处于 $v\sim v+\mathrm{d}v$ 之间的分子数，即速率处于速度空间中半径为 v、厚度为 $\mathrm{d}v$ 的球壳内的分子数，如图 8.5.2 所示。

速率分布函数 $f(v)$代表分子按速率分布的概率密度，$f(v)\mathrm{d}v$ 就是分子的速率出现在 $v\sim v+\mathrm{d}v$ 之间的概率。分子的速率一定出现在 0～∞之间，因此速率分布函数的归一化条件为

$$\int_0^{\infty}f(v)\mathrm{d}v=1$$

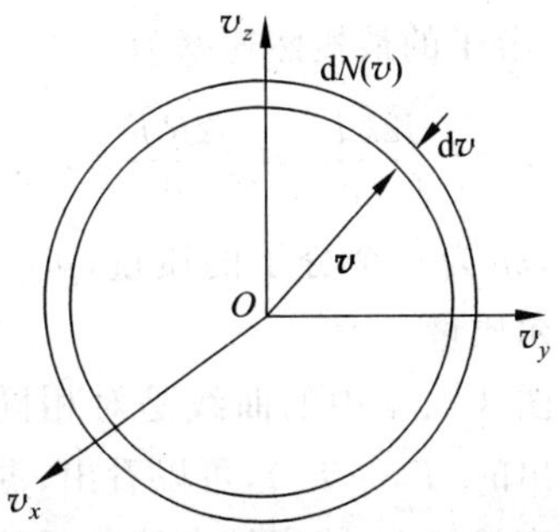

图 8.5.2　分子按速率的分布

2. 麦克斯韦速率分布律

因 $F_M(v_x,v_y,v_z)$“球对称”，分子速率处于体积为 $4\pi v^2\mathrm{d}v$ 的球壳中的概率可写成

$$\frac{\mathrm{d}N(v)}{N}=4\pi v^2\mathrm{d}vF_M(v_x,v_y,v_z)$$

即

$$f(v)=\frac{\mathrm{d}N(v)}{N\mathrm{d}v}=4\pi v^2F_M(v_x,v_y,v_z)$$

其中，$F_M(v_x,v_y,v_z)$由式(8.5.4)给出，因此平衡态系统分子速率分布函数为

$$f_M(v)=4\pi\left(\frac{m}{2\pi kT}\right)^{3/2}v^2\mathrm{e}^{-\frac{mv^2}{2kT}} \tag{8.5.6}$$

此即麦克斯韦速率分布律。

引入 $f_M(v)$，微观量 $W(v)$在温度为 T 的平衡态系统中的平均值为

$$\overline{W}=\int_0^{\infty}W(v)f_M(v)\mathrm{d}v \tag{8.5.7}$$

图8.5.3中的曲线表示 $f_M(v)$随 v 的变化情况。曲线与横轴围成的面积等于1，表示分子速率出现在0～∞之间的概率等于1。宽度为 $\mathrm{d}v$ 的窄条面积 $f_M(v)\mathrm{d}v$ 表示速率出现在 $v\sim v+\mathrm{d}v$ 之间的概率，宽度为 v_2-v_1 的曲边梯形面积$\int_{v_1}^{v_2}f_M(v)\mathrm{d}v$ 表示速率出现在 $v_1\sim v_2$ 之间的概率。可以看出，速率很小和很大的分子所占比例都很小，而 v_P 处概率密度 $f_M(v)$取极大值，v_P 称为最概然速率。

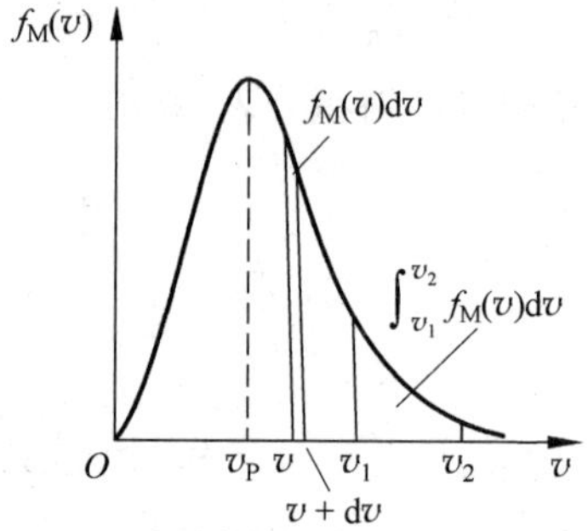

图8.5.3 麦克斯韦速率分布律

按极值条件

$$\left.\frac{\mathrm{d}f_M(v)}{\mathrm{d}v}\right|_{v=v_P}=0$$

把 $f_M(v)$用式(8.5.6)代入，对 v 求导，可得

$$2v_P-\frac{m}{kT}v_P^3=0$$

因此，分子的最概然速率为

$$v_P=\sqrt{\frac{2kT}{m}}=\sqrt{\frac{2RT}{\mu}}\approx 1.41\sqrt{\frac{RT}{\mu}}$$

其中，m 为一个分子的质量，$\mu=N_Am$ 为气体的摩尔质量。

图8.5.4中的曲线是对相同 m 但不同温度画出的($T_2>T_1$)，可以看出，温度越高，最概然速率就越大，速率较大的分子就越多，分子运动就越激烈。

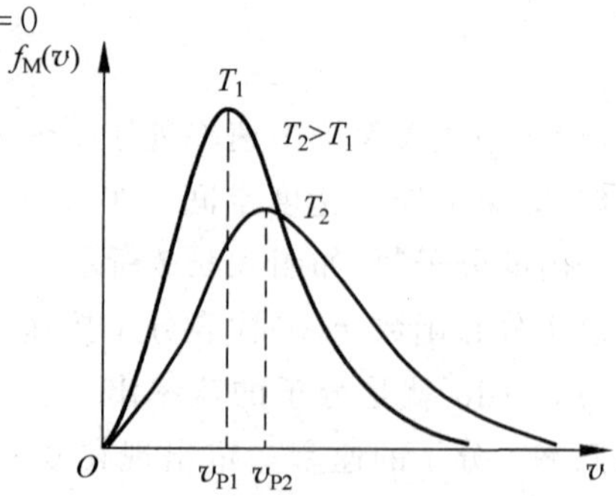

图8.5.4 不同温度下的麦克斯韦速率分布律

例 8.5.2　计算在平衡态系统中，分子的速率出现在$(v_P - v_P/100) \sim (v_P + v_P/100)$之间的概率。

解　所求概率为

$$\frac{\Delta N(v)}{N} \approx f_M(v_P)\Delta v$$

因 $v_P = \sqrt{2kT/m}$，$\Delta v = v_P/50$，故

$$\frac{\Delta N(v)}{N} \approx 4\pi\left(\frac{m}{2\pi kT}\right)^{3/2}\frac{2kT}{m}e^{-\frac{m}{2kT}\frac{2kT}{m}} \times \frac{1}{50}\sqrt{\frac{2kT}{m}}$$

$$= \frac{4e^{-1}}{50\sqrt{\pi}} = 1.66\%$$

由此看出，虽然 v_P 处的概率密度取极大值，但因速率区间 Δv 很小，速率出现在 v_P 附近 Δv 内的概率仍然很小。

3. 实验验证

由于技术条件，如高真空技术的限制，提出麦克斯韦速率分布律的当时还无法用实验来验证它。直到 1920 年，德国物理学家施特恩(O. Stern)用金属蒸气分子束方法最先直接验证了麦克斯韦速率分布律。1934 年我国物理学家葛正权测定了铋蒸气分子的速率分布。1955 年美国物理学家密勒(R. C. Miller)等人把此类实验改进得相当完善，并用钾、铊蒸气分子束进行实验，比较精确地验证了麦克斯韦速率分布律。

图 8.5.5 表示验证分子速率分布律的实验装置，O 为开有小孔的蒸气源；R 为速度选择器，它上面开有倾斜角为 φ 的狭缝，以 ω 的角速度绕轴旋转；D 为检测屏，用于收集通过 R 的分子。设分子的速率为 v，由 A 到 B 所需时间为 t，则只有那些满足 $vt = L$ 和 $\omega t = \varphi$ 关系，速率为 $v = \omega L/\varphi$ 的分子才能通过 R 上的狭缝到达 D 上。

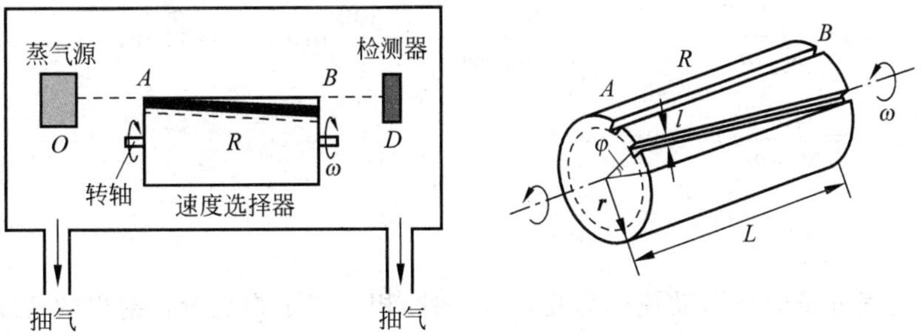

图 8.5.5　验证分子速率分布律的实验

改变 ω(或 L、φ)可使速率 v 不同的分子通过 R，测出 D 上分子的厚度，得到打在屏上的不同速率的分子数，从而验证麦克斯韦速率分布律。

分子束方法是一种重要的物理学实验方法，1921 年施特恩和德国物理学家革拉赫(W. Gerlach)通过银蒸气原子束在非均匀磁场中发生分裂，最先用实验证实了电子轨道角动量的空间取向量子化，并为电子自旋概念的提出提供了实验基础(见 12.9.2 节)。

8.5.3　分子平均速率和方均根速率

按平均值计算公式(8.5.7)，分子平均速率为

$$\bar{v}=\int_0^{\infty} v f_{\mathrm{M}}(v) \mathrm{d} v=4 \pi\left(\frac{m}{2 \pi k T}\right)^{3/2} \int_0^{\infty} v^3 \mathrm{e}^{-\frac{m v^2}{2 k T}} \mathrm{d} v$$

$$=4 \pi\left(\frac{m}{2 \pi k T}\right)^{3/2} \frac{1}{2(m / 2 k T)^2}$$

$$=\sqrt{\frac{8 k T}{\pi m}}=\sqrt{\frac{8 R T}{\pi \mu}} \approx 1.60 \sqrt{\frac{R T}{\mu}}$$

积分是按本章附录高斯积分表算出。

分子速率平方的平均值为

$$\overline{v^2}=\int_0^{\infty} v^2 f_{\mathrm{M}}(v) \mathrm{d} v=4 \pi\left(\frac{m}{2 \pi k T}\right)^{3/2} \int_0^{\infty} v^4 \mathrm{e}^{-\frac{m v^2}{2 k T}} \mathrm{d} v$$

$$=4 \pi\left(\frac{m}{2 \pi k T}\right)^{3/2} \times \frac{3}{8} \sqrt{\frac{\pi}{(m / 2 k T)^5}}=\frac{3 k T}{m}$$

分子方均根速率为

$$\sqrt{\overline{v^2}}=\sqrt{\frac{3 k T}{m}}=\sqrt{\frac{3 R T}{\mu}} \approx 1.73 \sqrt{\frac{R T}{\mu}}$$

此结果也可由关系式 $m\overline{v^2}/2=3kT/2$ 得到。

可以看出，$v_{\mathrm{P}}<\bar{v}<\sqrt{\overline{v^2}}$，它们与$\sqrt{T}$成正比，与$\sqrt{m}$成反比，其中的 $\bar{v}$ 用于表示碰撞和输运过程中的统计规律，$\sqrt{\overline{v^2}}$ 用来表示温度和压强。

例 8.5.3 计算室温(300K)下空气分子的最概然速率、平均速率和方均根速率。

解 空气分子的平均质量为 $m=47.98\times10^{-27}$kg，其最概然速率、平均速率和方均根速率分别为

$$v_{\mathrm{P}}=\sqrt{\frac{2 k T}{m}}=\sqrt{\frac{2 \times 1.38 \times 10^{-23} \times 300}{47.98 \times 10^{-27}}} \mathrm{~m} \cdot \mathrm{s}^{-1}=415 \mathrm{~m} \cdot \mathrm{s}^{-1}$$

$$\bar{v}=\sqrt{\frac{8 k T}{\pi m}}=469 \mathrm{~m} \cdot \mathrm{s}^{-1}$$

$$\sqrt{\overline{v^2}}=\sqrt{\frac{3 k T}{m}}=509 \mathrm{~m} \cdot \mathrm{s}^{-1}$$

可见室温下空气分子的热运动速率为几百米每秒，相当于子弹从枪口射出的速度。

8.6 能量均分定理的一般表述 振动自由度和简谐振子的平均能量

8.6.1 能量均分定理的一般表述

分子的热运动能量等于它的相空间变量的平方项之和，能量均分定理可一般地表述为：在温度为 T 的平衡态系统中，分子能量表达式中每一个相空间变量平方项的平均值都等于 $kT/2$。它仅适用于能量连续变化的经典情况，因此称为经典能量均分定理。

图 8.6.1 表示一刚性双原子分子的平动和转动，其相空间变量为

$$x,y,z,v_x,v_y,v_z,\alpha,\beta,\omega_x,\omega_y$$

其中，(x,y,z)和(v_x,v_y,v_z)分别为分子质心的坐标和运动速度，(α,β)为原子连线与 x 轴和 y 轴的夹角，(ω_x,ω_y)为分子绕 x 轴和 y 轴转动的角速度。

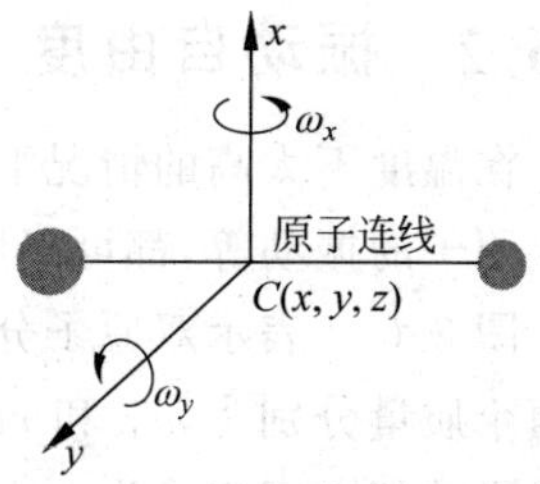

图 8.6.1　刚性双原子分子的平动和转动

用 I 代表分子绕 $x(y)$ 轴的转动惯量，则刚性双原子分子的热运动动能量可表示为

$$\varepsilon=\frac{1}{2}mv_x^2+\frac{1}{2}mv_y^2+\frac{1}{2}mv_z^2+\frac{1}{2}I\omega_x^2+\frac{1}{2}I\omega_y^2 \tag{8.6.1}$$

前三个平方项为平动动能，后两项为转动动能。

下面以式(8.6.1)中的平方项 $I\omega_x^2/2$ 为例计算平均值，验证能量均分定理。按平均值计算公式(8.4.9)，在温度为 T 的平衡态上 $I\omega_x^2/2$ 的平均值为

$$\overline{\frac{1}{2}I\omega_x^2}=\frac{\int_\infty \frac{1}{2}I\omega_x^2\mathrm{e}^{-\frac{\varepsilon}{kT}}\mathrm{d}\tau}{\int_\infty \mathrm{e}^{-\frac{\varepsilon}{kT}}\mathrm{d}\tau}$$

$$=\frac{\frac{1}{2}I\int\cdots\int\omega_x^2\mathrm{e}^{-\frac{mv_x^2+\cdots+I\omega_x^2+I\omega_y^2}{2kT}}\mathrm{d}x\,\mathrm{d}y\,\mathrm{d}z\,\mathrm{d}v_x\,\mathrm{d}v_y\,\mathrm{d}v_z\,\mathrm{d}\alpha\,\mathrm{d}\beta\,\mathrm{d}\omega_x\,\mathrm{d}\omega_y}{\int\cdots\int\mathrm{e}^{-\frac{mv_x^2+\cdots+I\omega_x^2+I\omega_y^2}{2kT}}\mathrm{d}x\,\mathrm{d}y\,\mathrm{d}z\,\mathrm{d}v_x\,\mathrm{d}v_y\,\mathrm{d}v_z\,\mathrm{d}\alpha\,\mathrm{d}\beta\,\mathrm{d}\omega_x\,\mathrm{d}\omega_y}$$

$$=\frac{\frac{1}{2}I\int_{-\infty}^{\infty}\omega_x^2\mathrm{e}^{-\frac{I\omega_x^2}{2kT}}\mathrm{d}\omega_x\int\cdots\int\mathrm{e}^{-\frac{mv_x^2+\cdots+I\omega_y^2}{2kT}}\mathrm{d}x\,\mathrm{d}y\,\mathrm{d}z\,\mathrm{d}v_x\,\mathrm{d}v_y\,\mathrm{d}v_z\,\mathrm{d}\alpha\,\mathrm{d}\beta\,\mathrm{d}\omega_y}{\int_{-\infty}^{\infty}\mathrm{e}^{-\frac{I\omega_x^2}{2kT}}\mathrm{d}\omega_x\int\cdots\int\mathrm{e}^{-\frac{mv_x^2+\cdots+I\omega_y^2}{2kT}}\mathrm{d}x\,\mathrm{d}y\,\mathrm{d}z\,\mathrm{d}v_x\,\mathrm{d}v_y\,\mathrm{d}v_z\,\mathrm{d}\alpha\,\mathrm{d}\beta\,\mathrm{d}\omega_y}$$

除了对 ω_x 的积分外，约去分子和分母中对其他相空间变量的积分，得

$$\overline{\frac{1}{2}I\omega_x^2}=\frac{\frac{1}{2}I\int_{-\infty}^{\infty}\omega_x^2\mathrm{e}^{-\frac{I\omega_x^2}{2kT}}\mathrm{d}\omega_x}{\int_{-\infty}^{\infty}\mathrm{e}^{-\frac{I\omega_x^2}{2kT}}\mathrm{d}\omega_x}=\frac{\frac{1}{2}I\int_0^{\infty}\omega_x^2\mathrm{e}^{-\frac{I\omega_x^2}{2kT}}\mathrm{d}\omega_x}{\int_0^{\infty}\mathrm{e}^{-\frac{I\omega_x^2}{2kT}}\mathrm{d}\omega_x} \tag{8.6.2}$$

按本章附录高斯积分表，算出

$$\int_0^{\infty}\omega_x^2\mathrm{e}^{-\frac{I\omega_x^2}{2kT}}\mathrm{d}\omega_x=\frac{1}{4}\sqrt{\frac{\pi}{(I/2kT)^3}},\quad \int_0^{\infty}\mathrm{e}^{-\frac{I\omega_x^2}{2kT}}\mathrm{d}\omega_x=\frac{1}{2}\sqrt{\frac{\pi}{I/2kT}}$$

代入式(8.6.2)，就得到

$$\overline{\frac{1}{2}I\omega_x^2}=\frac{\frac{1}{2}I\times\frac{1}{4}\sqrt{\frac{\pi}{(I/2kT)^3}}}{\frac{1}{2}\sqrt{\frac{\pi}{I/2kT}}}=\frac{1}{2}kT$$

类似地，计算任一相空间变量平方项的平均值，结果都是 $kT/2$。

8.6.2 振动自由度

在温度不太高的情况下,原子核中质子和中子的振动、分子中原子的振动和固体晶格点阵上原子的振动等,都可以用简谐振动来描述。简谐振动将在第10章介绍。

图8.6.2表示双原子分子中原子的振动,可以看成是用劲度系数为 k 的轻质弹簧连接的两个质量分别为 m_1 和 m_2 的小球。考虑振动自由度后,双原子分子的相空间变量为

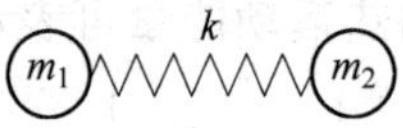

图8.6.2 原子的振动

$$x, y, z, v_x, v_y, v_z, \alpha, \beta, \omega_x, \omega_y, \xi, u$$

其中,ξ 和 u 分别代表两个原子的相对位移和相对运动速度。

双原子分子中原子的振动对系统内能的贡献包括两体质心系动能和振动势能两项,其中质心系动能为

$$\varepsilon_k = \frac{1}{2}\mu u^2$$

式中

$$\mu = \frac{m_1 m_2}{m_1 + m_2}$$

为两个原子的约化质量(见1.4.2节)。在温度不太高的情况下,原子的振动势能为(见10.2节)

$$\varepsilon_p = \frac{1}{2}k\xi^2$$

这表明:一个振动自由度的能量包括2个相空间变量平方项,在温度为 T 的平衡态系统中,每个振动自由度平均分到的能量为

$$\bar{\varepsilon} = \frac{1}{2}kT \times 2 = kT$$

因此,在计算分子平均能量的公式 $\bar{\varepsilon} = ikT/2$ 中,总自由度 i 为

$$i = t + r + 2s$$

其中,t 和 r 分别为平动和转动自由度,而 s 为振动自由度。

8.6.3 简谐振子的平均能量

通常把作简谐振动的系统称作简谐振子,在温度为 T 的平衡态系统中,一维简谐振子的平均能量为

$$\bar{\varepsilon} = kT$$

但这一结果仅适用于振子能量连续变化的经典情况。

1900年,为了克服用经典能量均分定理解释黑体辐射实验规律遇到的困难,德国物理学家普朗克(M. Planck)提出能量子假设:空腔辐射场中频率为 ν 的一维简谐振子的能量,只能是能量单元 $h\nu$ 的整数倍,即

$$h\nu、2h\nu、3h\nu、\cdots$$

其中,h 为普朗克常量。

按量子力学,频率为 ν 的一维简谐振子的能级为(见12.7.3节)

$$\varepsilon_n = \left(n + \frac{1}{2}\right)h\nu, \quad n = 0, 1, 2, \cdots \tag{8.6.3}$$

式中，n 称为量子数，$h\nu$ 为相邻能级之间的间隔。

实验表明，在常温(300K)下双原子分子 H_2、N_2 和 O_2 中原子振动能级间隔 $h\nu$ 分别为 0.53eV、0.24eV 和 0.19eV，而分子热运动能量的量级仅为 0.026eV，这一能量不足以使振子的能量发生变化(能级跃迁)，说明在常温下振动自由度被“冻结”，连接原子的“弹簧”不发生伸缩，双原子分子可视为刚性分子。

在热力学系统中，能量的量子化与连续之间并无严格的界限。如图 8.6.3 所示，把 kT 当成热运动的特征能量，在高温极限($kT \gg h\nu$)下，能级间隔 $h\nu$ 显得很小，可以忽略量子化的效应，认为振子能量是连续变化的。

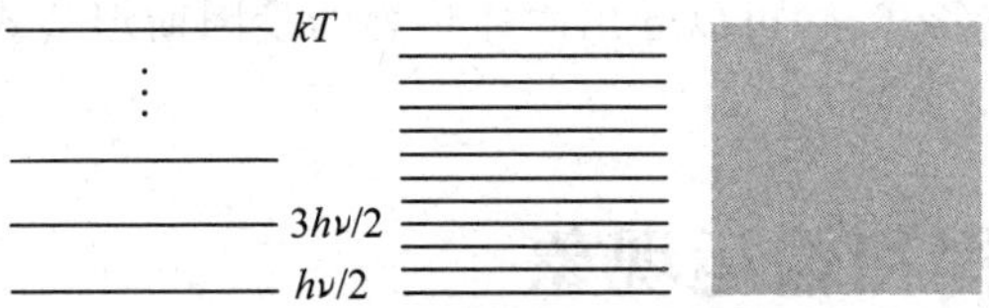

图 8.6.3　能量的量子化与连续

可以证明：在温度为 T 的平衡态系统中，频率为 ν 的一维简谐振子的平均能量为

$$\bar{\varepsilon} = \frac{h\nu}{e^{\frac{h\nu}{kT}} - 1} \tag{8.6.4}$$

在高温极限($kT \gg h\nu$)下，作泰勒展开，$e^{h\nu/kT} \approx 1 + h\nu/kT$，代入式(8.6.4)，得

$$\bar{\varepsilon} \approx \frac{h\nu}{1 + \frac{h\nu}{kT} - 1} = kT$$

回到经典能量均分定理的结果。

*** 式(8.6.4)的导出**

能量取分立值时的玻耳兹曼分布律为(见 8.4.2 节)

$$\frac{N_n}{N} = \frac{e^{-\frac{\varepsilon_n}{kT}}}{\sum_n e^{-\frac{\varepsilon_n}{kT}}}$$

其中，N_n 和 N 分别代表能量为 ε_n 的振子数和系统的总振子数。一维简谐振子的平均能量为

$$\bar{\varepsilon} = \sum_{n=0}^{\infty} \frac{\varepsilon_n N_n}{N} = \frac{\sum_{n=0}^{\infty} \varepsilon_n e^{-\frac{\varepsilon_n}{kT}}}{\sum_{n=0}^{\infty} e^{-\frac{\varepsilon_n}{kT}}}$$

把 ε_n 用式(8.6.3)代入，并设 $\beta = 1/kT$，可得

$$\bar{\varepsilon} = \frac{\sum_{n=0}^{\infty}\left(n + \frac{1}{2}\right) h\nu e^{-(n+1/2)\beta h\nu}}{\sum_{n=0}^{\infty} e^{-(n+1/2)\beta h\nu}} = \frac{\sum_{n=0}^{\infty} nh\nu e^{-n\beta h\nu}}{\sum_{n=0}^{\infty} e^{-n\beta h\nu}} + \frac{1}{2}h\nu$$

$$= -\frac{\partial}{\partial \beta} \ln \sum_{n=0}^{\infty} e^{-n\beta h\nu} + \frac{1}{2}h\nu \tag{8.6.5}$$

为计算$\sum\limits_{n=0}^{\infty}\mathrm{e}^{-n\beta h\nu}$，设$x=\mathrm{e}^{-\beta h\nu}$，因$|x|<1$，则有

$$\sum_{n=0}^{\infty}\mathrm{e}^{-n\beta h\nu}=1+x+x^2+\cdots=\frac{1}{1-x}=\frac{1}{1-\mathrm{e}^{-\beta h\nu}}$$

把上式代入式(8.6.5)，并将$h\nu/2$取为能量零点，可得

$$\bar{\varepsilon}=-\frac{\partial}{\partial\beta}\ln\left(\frac{1}{1-\mathrm{e}^{-\beta h\nu}}\right)=\frac{\partial}{\partial\beta}\ln(1-\mathrm{e}^{-\beta h\nu})=\frac{h\nu\mathrm{e}^{-\beta h\nu}}{1-\mathrm{e}^{-\beta h\nu}}=\frac{h\nu}{\mathrm{e}^{\beta h\nu}-1}$$

把β换成$1/kT$，就是式(8.6.4)。

后面会看到，利用式(8.6.4)可以导出固体热容的爱因斯坦公式(见9.3.2节)和普朗克黑体辐射公式(见12.1.3节)。

8.7 平均自由程和输运现象

8.7.1 平均自由程

室温下气体分子的热运动速率高达几百米每秒，但当具有强烈气味的液体流出时，气味却不能立即充满整个房间。这是因为分子自身具有一定的体积，在运动过程中分子之间频繁地碰撞，走的是曲折的路程，如图8.7.1所示。

在研究分子之间的碰撞时，可以把分子看成是具有某一有效直径的刚性小球。常温下分子热运动的能量不能激发分子的内部状态，分子的碰撞可以按完全弹性碰撞来处理，相继两次碰撞之间分子作匀速直线运动，所走过的路程叫作自由程。无序热运动和频繁的碰撞使得每个分子的自由程都随机地变化，因此用自由程的平均值，即平均自由程来描述分子的热运动和碰撞。若用$\bar{\lambda}$代表平均自由程，则分子在单位长度的路程上平均被碰撞$1/\bar{\lambda}$次。

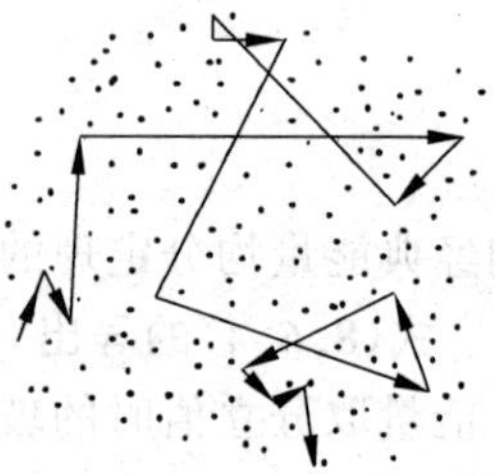

图8.7.1 自由程

对于一个平衡态气体系统，分子的平均自由程为

$$\bar{\lambda}=\frac{1}{\sqrt{2}n\pi d^2} \tag{8.7.1}$$

其中，n为分子数密度，d为分子的有效直径。这表明：平衡态气体分子的平均自由程与分子数密度及分子直径的平方成反比，而与平均速率无关。对于同一种分子，只要分子数密度不变，平均自由程就不变。

按理想气体状态方程$p=nkT$，式(8.7.1)可以写成

$$\bar{\lambda}=\frac{kT}{\sqrt{2}\pi d^2 p}$$

这表明：给定分子直径，平均自由程与系统的温度成正比，与压强成反比。

当气体非常稀薄，分子的平均自由程远大于容器的线度时，分子之间的碰撞概率极小，实际的碰撞主要发生在分子与器壁之间，这时可以把容器的线度看成是分子的平均自由程。通常把这样的系统称为真空系统。

下面导出式(8.7.1)。分子的平均自由程可表示为

$$\bar{\lambda}=\frac{\bar{v}}{\bar{z}} \tag{8.7.2}$$

其中，$\bar{v}$ 为分子的平均速率，$\bar{z}$ 为分子的平均碰撞频率，即单位时间内该分子与其他分子碰撞的次数。

如图 8.7.2 所示，因碰撞主要取决于分子的相对运动，可假设分子 A 以平均相对速度 $\bar{\boldsymbol{u}}$ 相对其他分子运动，而其他分子静止不动。以分子 A 的中心运动轨迹(虚线)为轴线，以分子直径 d 为半径作一个曲折的圆筒，则中心处于圆筒内的分子都能与 A 相碰。

在 Δt 时间内 A 走过的路程为 $\bar{u}\Delta t$，相应曲折圆筒的体积为 $\pi d^2\bar{u}\Delta t$，中心处于其中的分子数为 $n\pi d^2\bar{u}\Delta t$，也就是 Δt 时间内 A 与其他分子碰撞的次数，因此

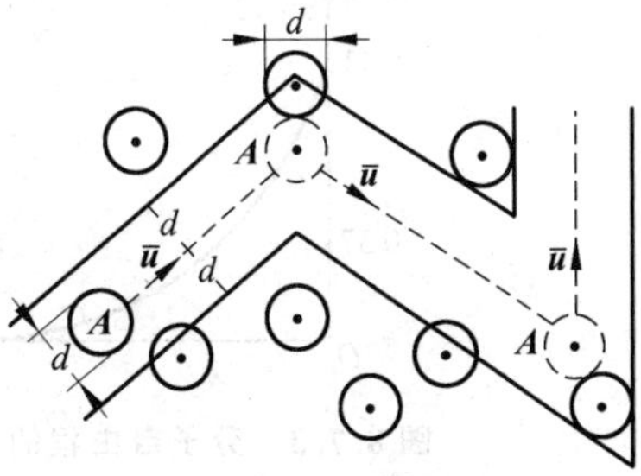

图 8.7.2　平均碰撞频率

$$\bar{z}=\frac{n\pi d^2\bar{u}\Delta t}{\Delta t}=n\pi d^2\bar{u}$$

用麦克斯韦速度分布律求平均值可得 $\bar{u}=\sqrt{2}\,\bar{v}$，因此平衡态气体分子的平均碰撞频率为

$$\bar{z}=\sqrt{2}\,n\pi d^2\bar{v} \tag{8.7.3}$$

这表明：给定分子直径，平均碰撞频率与分子数密度及平均速率成正比。把式(8.7.3)代入式(8.7.2)，就得到式(8.7.1)。

***对 $\bar{\boldsymbol{u}}=\sqrt{2}\,\bar{v}$ 的定性说明**

设分子的质量为 m，分子 A 相对其他分子的运动，可以用一个由质量为 $\mu=m/2$ 的约化粒子所组成的同温度系统来表示，$\bar{u}$ 就是约化粒子的平均速率。因平均速率与粒子质量的平方根成反比，故 $\bar{u}$ 与 $\bar{v}$ 之比为

$$\frac{\bar{u}}{\bar{v}}=\sqrt{\frac{m}{\mu}}=\sqrt{\frac{m}{m/2}}=\sqrt{2}$$

例 8.7.1　计算在标准状况下空气分子热运动的平均自由程和平均碰撞频率。

解　空气分子的有效直径为 $d=3.1\times10^{-10}\,\mathrm{m}$，平均质量为 $m=47.98\times10^{-27}\,\mathrm{kg}$，在标准状况下，$T=273\mathrm{K}$，$p=1.01\times10^5\,\mathrm{Pa}$，平均自由程为

$$\bar{\lambda}=\frac{kT}{\sqrt{2}\pi d^2 p}=\frac{1.38\times10^{-23}\times273}{\sqrt{2}\times3.14\times3.1^2\times10^{-20}\times1.01\times10^5}\,\mathrm{m}=8.7\times10^{-8}\,\mathrm{m}$$

远大于其有效直径，可见标准状况下空气相当稀薄。平均速率为

$$\bar{v}=\sqrt{\frac{8kT}{\pi m}}=\sqrt{\frac{8\times1.38\times10^{-23}\times273}{3.14\times47.98\times10^{-27}}}\,\mathrm{m\cdot s^{-1}}=447\,\mathrm{m\cdot s^{-1}}$$

平均碰撞频率为

$$\bar{z}=\frac{\bar{v}}{\bar{\lambda}}=\frac{447\,\mathrm{m\cdot s^{-1}}}{8.7\times10^{-8}\,\mathrm{m}}=5.1\times10^9\,\mathrm{s^{-1}}$$

空气分子平均每秒钟碰撞 50 多亿次。

*8.7.2　分子自由程的分布

在平衡态气体系统中，一个分子在前一次碰撞后行进 x 路程还未被碰撞的概率，即自

由程大于 x 的概率,称为分子自由程的分布。如图 8.7.3 中的曲线所示,在平衡态气体系统中,分子自由程的分布为

$$\frac{N(x)}{N_0}=\mathrm{e}^{-x/\bar{\lambda}} \tag{8.7.4}$$

其中,$N(x)$为行进 x 路程还未被碰撞的分子数,即自由程大于 x 的分子数,N_0 为系统的总分子数,$\bar{\lambda}$ 为平均自由程。按式(8.7.4),一个分子的自由程大于 λ 的概率等于 $1/e$,约为 37%。

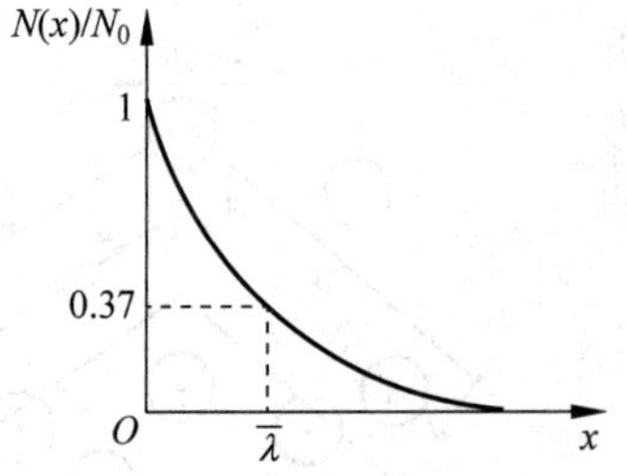

图 8.7.3 分子自由程的分布

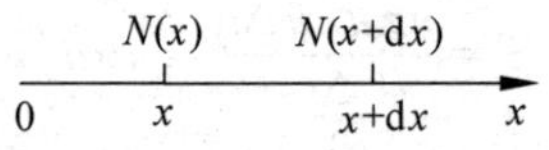

图 8.7.4 式(8.7.4)的导出

下面导出式(8.7.4)。如图 8.7.4 所示,按 $N(x)$的定义,$N(x)>N(x+\mathrm{d}x)$,从 x 到 $x+\mathrm{d}x$ 行进 $\mathrm{d}x$ 路程被碰撞的分子数为

$$-\mathrm{d}N(x)=N(x)-N(x+\mathrm{d}x)$$

因分子行进 $\mathrm{d}x$ 路程平均被碰撞的概率为 $\mathrm{d}x/\bar{\lambda}$,故

$$-\mathrm{d}N(x)=N(x)\frac{\mathrm{d}x}{\bar{\lambda}}$$

即

$$\frac{\mathrm{d}N(x)}{N(x)}=-\frac{\mathrm{d}x}{\bar{\lambda}}$$

把上式积分,注意当 $x=0$ 时分子数为 N_0,即

$$\int_{N_0}^{N(x)}\frac{\mathrm{d}N(x)}{N(x)}=-\int_0^x\frac{\mathrm{d}x}{\bar{\lambda}}$$

积分结果为

$$\ln\frac{N(x)}{N_0}=-\frac{x}{\bar{\lambda}}$$

可得式(8.7.4)。

例 8.7.2 电子枪把一束电子射入压缩空气中,在枪的前方 $x=10\mathrm{cm}$ 处放一收集极,用来测量能够自由通过 x 路程的电子数。已知电子枪发射的电子流强度为 $I_0=200\mu\mathrm{A}$,到达收集极的电子流强度为 $I=57.3\mu\mathrm{A}$。求电子的平均自由程。

解 把电子束看成是一组以某一平均速率运动的 N_0 个电子,用 N 代表自由程大于 x 的电子数,$\bar{\lambda}$ 代表电子的平均自由程,则

$$\frac{N}{N_0}=\mathrm{e}^{-x/\bar{\lambda}}$$

而电子数与电子流强度成正比,即

$$\frac{N}{N_0}=\frac{I}{I_0}$$

因此，电子的平均自由程为

$$\bar{\lambda}=\frac{x}{\ln(N_0/N)}=\frac{x}{\ln(I_0/I)}=\frac{10\text{cm}}{\ln(200/57.3)}=8.0\text{cm}$$

8.7.3　输运现象

前面讨论的是平衡态情况，但自然界中平衡是相对、暂时和局部的，不平衡才是绝对、经常和全局的。在存在密度差、温度差和速度差等外界条件下，系统处于非平衡态。维持这些外界条件不变，但又不使系统离开平衡态太远，则系统内就会产生持续不断的质量、能量和动量的迁移，发生由非平衡态趋向平衡态的输运现象。由于发生在平衡态附近，输运现象可以用气体动理论作近似处理。

对于发生在远离平衡态的过程，目前尚未形成完整的理论体系。1969 年比利时物理学家和化学家普利高津(I. Prigogine)等人提出耗散结构的概念，用来概括远离平衡态时所发生的物理现象，普利高津为此获得 1977 年诺贝尔化学奖。

1. 扩散

若系统的质量密度 ρ 不均匀，密度梯度为 $\mathrm{d}\rho/\mathrm{d}x<0$，密度沿 x 轴方向减小，则质量沿 x 轴方向迁移，这一现象称为扩散。

如图 8.7.5 所示，面积为 ΔS 的平面垂直于 x 轴，在 $\mathrm{d}t$ 时间内通过 ΔS 面的质量为 $\mathrm{d}m$，则 $\mathrm{d}m/\mathrm{d}t$ 就是单位时间内通过 ΔS 面所迁移的质量，它表示扩散进行的快慢。实验表明

$$\frac{\mathrm{d}m}{\mathrm{d}t}=-D\frac{\mathrm{d}\rho}{\mathrm{d}x}\Delta S$$

上式称为菲克(A. Fick)扩散定律。负号表示扩散发生在密度减小的方向上，$\mathrm{d}\rho/\mathrm{d}x$ 为 ΔS 处的密度梯度，比例系数 D 叫扩散系数，其单位是 $\mathrm{m^2\cdot s^{-1}}$。

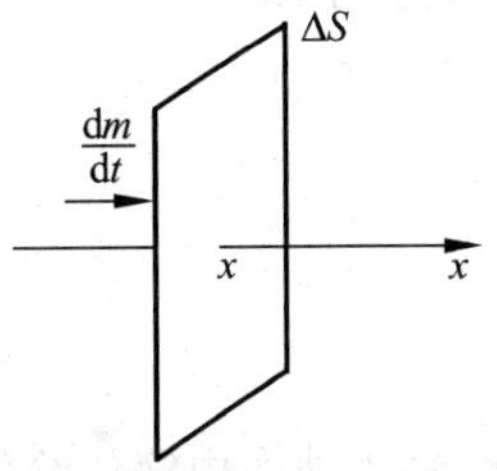

图 8.7.5　扩散

由气体动理论可以导出气体的扩散系数为

$$D=\frac{1}{3}\bar{v}\bar{\lambda}$$

式中，$\bar{v}$ 和 $\bar{\lambda}$ 分别为气体分子的平均速率和平均自由程。

2. 热传导

若系统的温度 T 不均匀，温度梯度为 $\mathrm{d}T/\mathrm{d}x<0$，温度沿 x 轴方向降低，则热量沿 x 轴方向迁移，这一现象称为热传导。

如图 8.7.6 所示，在 $\mathrm{d}t$ 时间内通过垂直于 x 轴的 ΔS 面的热量为 $\mathrm{d}Q$，则 $\mathrm{d}Q/\mathrm{d}t$ 就是单位时间内通过 ΔS 面所传导的热量，它表示热传导进行的快慢。实验表明

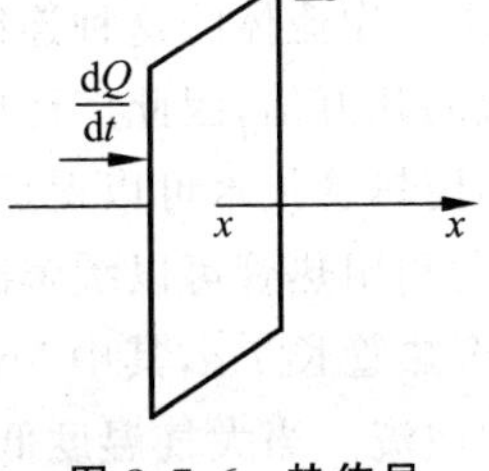

图 8.7.6　热传导

$$\frac{\mathrm{d}Q}{\mathrm{d}t}=-\kappa\frac{\mathrm{d}T}{\mathrm{d}x}\Delta S$$

上式称为傅里叶(J. B. Fourier)热传导定律,负号表示热传导发生在温度降低的方向上,比例系数 κ 叫导热系数,其单位是 $\mathrm{W\cdot m^{-1}\cdot K^{-1}}$。

由气体动理论可以导出气体的导热系数为

$$\kappa=\frac{1}{3}\frac{C_{V,\mathrm{m}}}{N_{\mathrm{A}}}n\bar{v}\bar{\lambda}$$

式中,$C_{V,\mathrm{m}}$ 为气体的摩尔定体热容(见9.2.2节),N_{A} 为阿伏伽德罗常量,n 为分子数密度。

例8.7.3 两个高度为 L 的同轴圆筒,内筒和外筒的温度分别为 T_1 和 T_2($T_1>T_2$),内筒的外半径和外筒的内半径分别为 R_1 和 R_2,两筒间为空气,其导热系数为 κ。不考虑热量损失,求每秒钟由内筒传给外筒的热量。

解 在两筒间作许多同轴圆柱面,由于不考虑热量损失,每秒钟通过各个圆柱面的热量 $\mathrm{d}Q/\mathrm{d}t$ 相等,与圆柱面的半径 r 无关,它也就是每秒钟由内筒传给外筒的热量。按傅里叶热传导定律,可得

$$\frac{\mathrm{d}Q}{\mathrm{d}t}=-\kappa\frac{\mathrm{d}T}{\mathrm{d}r}\Delta S=-\kappa\frac{\mathrm{d}T}{\mathrm{d}r}2\pi rL$$

即

$$-\mathrm{d}T=\frac{\mathrm{d}Q/\mathrm{d}t}{2\pi\kappa L}\frac{\mathrm{d}r}{r}$$

把上式积分,即

$$-\int_{T_1}^{T_2}\mathrm{d}T=\frac{\mathrm{d}Q/\mathrm{d}t}{2\pi L}\int_{R_1}^{R_2}\frac{\mathrm{d}r}{r}$$

得

$$T_1-T_2=\frac{\mathrm{d}Q/\mathrm{d}t}{2\pi\kappa L}\ln\frac{R_2}{R_1}$$

因此,每秒钟由内筒传给外筒的热量为

$$\frac{\mathrm{d}Q}{\mathrm{d}t}=\frac{2\pi\kappa L(T_1-T_2)}{\ln(R_2/R_1)}$$

热管

热管(热棒)是利用管内工作流体的气液相变,通过对流循环来实现热传导。如图8.7.7所示,热管由管壳和管芯组成,在与热源接触的一端(汽化区),管内流体吸收热量迅速汽化,蒸汽流向温度较低的另一端(凝结区),在管芯上凝结放热,凝结成的液体可在重力作用下(称为重力热管),或在管芯上毛细物质形成的毛细压强差下回流到汽化区,形成单向导热过程,利用工作流体的这种连续循环不断把热量从热源传导出去。热管的导热系数可以达到铜和银的几万倍,因此广泛用于电子、航天和交通工程等领域。

利用热管技术可以保护高寒地区的道路、桥梁和石油管线。青藏铁路穿越550km的多年冻土,利用热管可以缓解冻土层铁路路基的软化问题。图8.7.8是青藏铁路旁热管的照片,每个热管长7m,其中5m(汽化区)埋入地下,2m(凝结区)露出地面,用氨作工作流体,采用重力回流。当大气温度低于冻土温度(−2℃)时,热管自动开始工作,把冻土的热量传导给大气,大气温度高于冻土温度时热管自动停止工作,不会将大气中的热量带入地基。

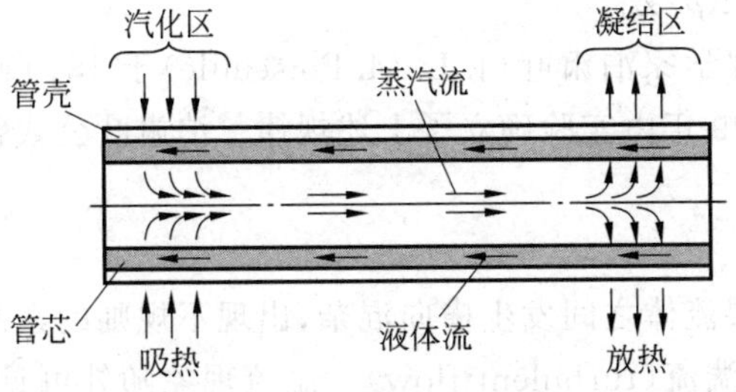

图 8.7.7 热管工作原理

图 8.7.8 青藏铁路旁的热管

热管工作原理首先由美国人高格勒(R. S. Gaugler)于 1942 年提出,而热管装置则由美国洛斯阿拉莫斯国家实验室(LANL) 的格罗弗(G. M. Grover)于 1962 年独立发明。

3. 黏性流体(湿水)的流动

(1) 黏性现象

流体内部阻碍各流体层之间相对滑动的现象,称为黏性现象。这种阻碍相对滑动的阻力,称为黏性力或内摩擦力。黏性是流体的一个基本性质,通常把实际流体叫作“湿水”,而把理想流体叫作“干水”。

如图 8.7.9 所示,ΔS 面垂直于 y 轴,是上下两层流体的接触面,设 ΔS 面处的流速梯度为 $\mathrm{d}u/\mathrm{d}y>0$,实验表明,上下两层流体间的黏性力的大小为

$$f=\eta\frac{\mathrm{d}u}{\mathrm{d}y}\Delta S$$

上式称为牛顿黏性定律,比例系数 η 叫黏性系数,其单位是 $\mathrm{N\cdot s\cdot m^{-2}}$。

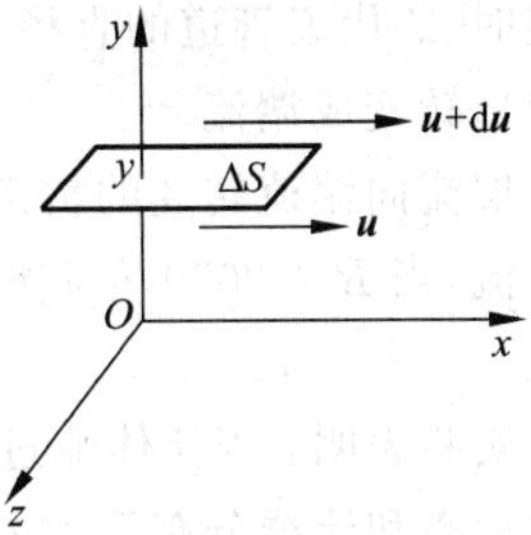

图 8.7.9 黏性现象

由气体动理论可以导出气体的黏性系数为

$$\eta=\frac{1}{3}\rho\bar{v}\bar{\lambda}$$

式中,ρ 为气体的质量密度。

对于黏性流体的定常流动,伯努利方程为

$$p_1+\rho gh_1+\frac{1}{2}\rho v_1^2=p_2+\rho gh_2+\frac{1}{2}\rho v_2^2+w_{12}$$

其中的 w_{12} 为修正项,代表由黏性力做功所引起的机械能损耗。

*(2) 泊肃叶公式

设流体在水平均匀圆形管道中分层流动,即相邻两层之间只作相对滑动,不发生横向混杂,这种流动简称为层流(laminar flow)。由于存在黏性,流体的流速沿径向有一个分布,附着在管壁上的流体的流速为零,沿管道轴线的流速最大,据此可以求出流体的体积流量 Q_V(单位时间流出的流体体积),即

$$Q_V=\frac{\pi R^4\Delta p}{8\eta L} \tag{8.7.5}$$

式中,R 和 L 分别代表管道的半径和长度,η 为流体的黏性系数,Δp 为管道两端的压强差。

若引入流阻 $Z=8\eta L/\pi R^4$，上式可写成 $Q_V=\Delta p/Z$。

式(8.7.5)称为泊肃叶公式，由法国生理学家泊肃叶(J. L. M. Poiseuille)于1840年导出。此前，德国工程师哈根(G. Hagen)于1839年由实验确立了上述规律。泊肃叶公式常用于测定流体的黏滞系数和分析血液的流动。

*(3) 湍流　雷诺数　卡门涡街

当黏性流体的流速超过某一数值时，各层流体之间发生横向混杂，出现不规则的紊乱变化，常常伴随涡旋和发出响声，这种流动称为湍流(turbulent flow)。湍流现象随处可见，如汹涌的河水，强烈的气流和袅袅升起的炊烟。

描述黏性流体流动基本规律的方程是纳维-斯托克斯(Navier-Stokes)方程，简称NS方程，它是一个非线性偏微分方程，求解非常困难，主要是靠模型和实验来研究。由于湍流问题的复杂性，一直被认为是经典物理学留下的一个"世纪难题"。

从层流到湍流的转变是黏滞力和惯性力之间极其复杂的竞争过程。1876年英国物理学家雷诺(O. Reynolds)提出一个无量纲的量，后人称之为雷诺数，作为层流向湍流转变的判据，雷诺数定义为

$$R=\frac{\rho v d}{\eta}$$

其中，ρ、v 和 η 分别为流体的质量密度、流速和黏性系数，d 为一特征长度，当流体流过圆形管道时，d 代表管道的直径。一般地说，若 R 小(黏性力为主导)，形成层流；R 大(惯性力为主导)，转变成湍流。

层流向湍流转变的雷诺数靠实验来确定。一般对于圆管中的流体，当 $R<1000$ 左右时为层流，当 $R>2000$ 左右时为湍流，在 $1000<R<2000$ 区间不稳定，有时是层流，有时是湍流。

实验表明：当流体流过两种几何相似的管道或物体时，若它们的雷诺数相等，则它们的流动形态和流线分布等动力学性质相似。这为航空、航海和水利工程等提供了一个模拟试验方法，例如要研究飞机的飞行性能，飞机太大，不能放进风洞，但可以用缩小的飞机模型做风洞试验，只要雷诺数与实际飞行情况相同，试验结果就与实际相符。

图8.7.10表示不同雷诺数情况下流体绕过圆柱体的流动情况。当 $R<1$ 时，流线始终贴着柱体表面(图(a))。当 $R\approx10\sim30$ 时，流线在某处脱离柱体表面，在柱体后面形成对称分布的涡旋(图(b))。当 R 达到40左右时，一侧的涡旋被拉长并脱离柱体，漂向下游，另一侧则形成一个反向旋转的涡旋，接着脱离柱体，交替形成和脱落的涡旋好像排列在街道的两旁(图(c))。1911年，德国物理学家卡门(T. von Karman)最先研究了这一现象，因此称为卡门涡街(Karman vortex street)。

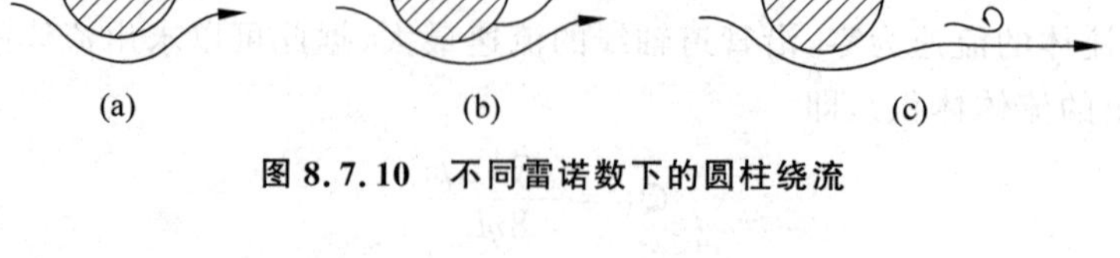

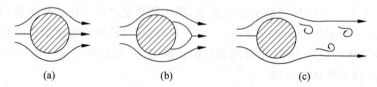

图8.7.10　不同雷诺数下的圆柱绕流

出现卡门涡街时，涡旋的交替形成和脱落所产生的交变力使被绕流的圆柱体发生振动，当交变力频率等于圆柱体的本征频率时就会发生共振并发出响声，如风吹电线发出的呜呜声。1940 年，美国的塔科马海峡大桥刚启用四个月就坍塌了，原因是一阵不算太强的大风所引起的卡门涡街共振。实验表明，卡门涡街中涡旋脱落的频率与流体的流速成正比，据此可以测量流体的流量。

8.8　实际气体和范德瓦耳斯方程

8.8.1　实际气体等温线

图 8.8.1 中的曲线为二氧化碳(CO_2)的实验等温线，表示不同温度下压强 p 与摩尔体积 v_m 之间的关系。可以看出，48.1℃等温线近似为双曲线，可以把这一温度及更高温度下的 CO_2 气体当成理想气体。温度较低的等温线明显偏离双曲线，不再遵守理想气体状态方程，这些温度下的气体可以看成实际气体。

以图 8.8.1 中最下面的 13.1℃等温线 $DABL$ 为例，其中 DA 段对应 CO_2 纯气态，水平的 AB 段为气液共存线，BL 段对应 CO_2 纯液态。从 D 点开始压缩气体，压强逐渐增大，到达 A 点后继续压缩，压强不再发生变化，并有越来越多的气体转变为液体，发生从气态到液态的相变，这时的气体叫饱和蒸气，它的压强叫饱和蒸气压，直到 B 点全部气体都变成液体。继续从 B 点开始压缩，压强急剧升高。

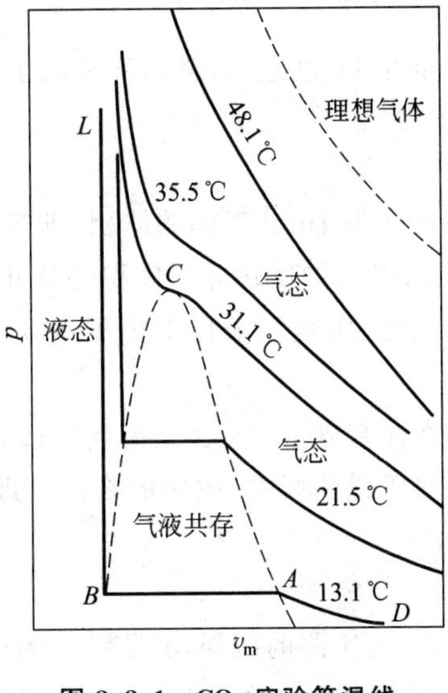

图 8.8.1　CO_2 实验等温线

31.1℃等温线具有特殊的意义，它称为 CO_2 的临界等温线，31.1℃称为临界温度。在 31.1℃处水平的气液共存线缩成一个拐点 C，在该点，气体和液体在体积上的差别消失，气体连续地过渡到液体，C 点称为临界点，处于该点的状态叫临界态。可以看出，临界等温线以上的等温线全部代表气体，因此在临界温度以上是不能把气体等温压缩成液体的。氦(He)的临界温度为−267.9℃，氮气(N_2)为−147℃，空气为−140.7℃。

实际气体等温线与理想气体的差别源于理想气体模型完全忽略了分子间的相互作用力——分子力，因此用理想气体模型不能解释分子力起重要作用的气液相变等现象。

8.8.2　分子力

图 8.8.2 中的曲线表示一种常见的分子力与分子间距离的关系，r_0 称为平衡距离，$r=r_0$ 时分子力 $f=0$。当两个分子比较靠近，但 $r>r_0$ 时，它们之间有微弱的引力；当 $r<r_0$ 时，表现出强烈的斥力，阻止两个分子继续靠近，这等效于分子自身占有一定的体积，可以把分子看成是具有某一有效直径，并有微弱引力的刚性小球。分子有效直径的数量级为

10^{-10} m,而分子间引力的有效作用距离 s 为分子有效直径的几十到几百倍。

分子力的实质是静电相互作用。虽然分子在整体上是电中性的,但当两个分子靠近时,分子内部的正负电荷中心发生微小分离而产生静电力,这种残余的静电力就是分子力,也叫范德瓦耳斯力。

定性地说,物质三态是分子力与分子运动竞争的结果,或者说是有序与无序竞争的结果。理想气体没有分子力,分子运动占绝对优势,是完全无序的气态;而理想晶体中分子力占主导地位,完全有序;液体处于两个极端情况之间,可以把液体看成是稠密的实际气体,也可以看成是热运动非常激烈的破损晶体。

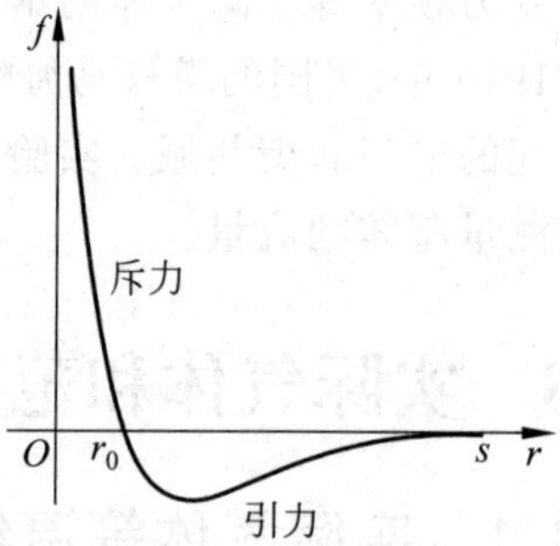

图 8.8.2 分子力

8.8.3 范德瓦耳斯方程和范德瓦耳斯气体

1. 范德瓦耳斯方程

早在18世纪,伯努利就考虑了分子自身体积的影响,把理想气体状态方程改写成

$$p_k = \frac{RT}{v_m - b} \tag{8.8.1}$$

式中,v_m 为 1mol 气体的体积,即容器的体积,而 $v_m - b$ 为分子在容器内可以自由到达的体积,b 为引入的反映分子体积的修正量。前面推导理想气体压强公式时忽略了分子间的相互作用力,压强仅来自于分子运动的撞击力(见 8.2.2 节),因此式(8.8.1)中的压强用 p_k 表示。

在此基础上,1873 年荷兰物理学家范德瓦耳斯(J. D. Van der Waals)考虑了分子间的引力对压强的影响,成功地修正了理想气体状态方程。1mol 气体的范德瓦耳斯方程为

$$\left(p + \frac{a}{v_m^2}\right)(v_m - b) = RT \tag{8.8.2}$$

式中,p 为实测的压强,a 是引入的反映分子引力的修正量,a、b 的值可由实验测定。状态方程为式(8.8.2)的气体,称为范德瓦耳斯气体。

对于 ν(mol)气体,范氏方程为

$$\left(p + \frac{\nu^2 a}{V^2}\right)(V - \nu b) = \nu RT$$

其中,V 代表 ν(mol)气体的体积,把 $v_m = V/\nu$ 代入式(8.8.2)即可得到上式。

范氏方程(8.8.2)可以这样得到。引力对压强的影响表现为分子间的相互“拖曳”或“内聚”作用,因此实测压强要比不考虑引力时小一些,即

$$p = p_k - p_{in} = \frac{RT}{v_m - b} - p_{in}$$

式中的 p_{in} 叫内压强。假设气体内部有一微小界面,由于气体比较稀薄,三个及三个以上分子同时相互作用的概率很小,只需考虑分子的成对相互作用。平均地看,p_{in} 正比于界面两侧分子数密度 n 的乘积。因总分子数不变,n 反比于 v_m,内压强可写成

$$p_{in}=\frac{a}{v_m^2}$$

因此实测压强为

$$p=\frac{RT}{v_m-b}-\frac{a}{v_m^2}$$

整理后即得式(8.8.2)。

范德瓦耳斯方程是许多近似方程中最简单和使用最方便的一个，把液体看成是稠密的范氏气体，还可近似地应用到液体状态，但不能用于固态，毕竟方程过于简单。范德瓦耳斯获得 1910 年诺贝尔物理学奖，以表彰他对气体和液体的状态方程所做的工作。

2. 范德瓦耳斯气体等温线　云室和气泡室

图 8.8.3 中的曲线是按式(8.8.2)画出的范氏气体等温线，对比图 8.8.1 中的 CO_2 实验等温线可以看出，范氏方程能在较大压强范围内较好地给出实际气体状态的变化关系，对气液相变现象作出了定性的解释。

以图 8.8.3 中最下面的等温线 *DAEFGBL* 为例，图中 *GFE* 段的斜率为正，表示气体的压强随体积的增大而增大，这是非物理的，实验上不可能出现。*BG* 段和 *EA* 段的斜率为负，实验上可以实现，但它们不稳定，其中 *EA* 段对应过饱和蒸气，而 *BG* 段对应过热液体。图中水平虚线 *AB* 为气液共存线，但它的位置不能由范氏方程给出，而是按相平衡条件由麦克斯韦等面积法则(*AEFA* 和 *FGBF* 的面积相等)画出。

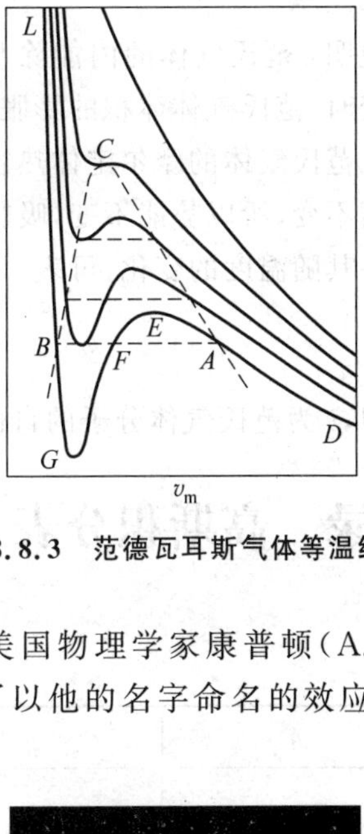

图 8.8.3　范德瓦耳斯气体等温线

高能粒子通过过饱和蒸气时，蒸气分子会以这些粒子为核心，凝结成一串很小的液滴形成径迹，这种装置称为云室，是原子核物理学研究不可或缺的设备。1911 年英国物理学家威耳孙(C. T. R. Wilson)用它研制的云室首先观察到并照相记录了 α 和 β 粒子的径迹，为此他和美国物理学家康普顿(A. H. Compton)共同获得 1927 年诺贝尔物理学奖，康普顿发现了以他的名字命名的效应(见 12.2.2 节)。图 8.8.4 是威耳孙云室中宇宙线径迹的照片。

高能粒子通过过热液体时，会在粒子的径迹上形成一串很小的气泡形成径迹，这种装置称为气泡室，也可用来探测高能粒子，曾给高能物理实验带来许多重大的发现。气泡室由美国物理学家格拉泽(D. A. Glaser)于 1952 年发明，他为此获得 1960 年诺贝尔物理学奖。

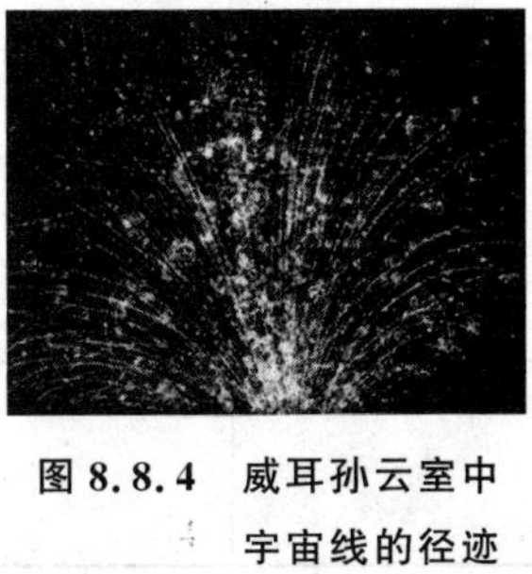
图 8.8.4　威耳孙云室中宇宙线的径迹

发电厂锅炉中的水经多次煮沸变得很纯净，容易过热，突然加入溶有空气的新鲜水可能引起剧烈气化而发生爆炸。

3. 范德瓦耳斯气体的内能

如图 8.8.5 所示，设 1mol 范氏气体被限制在半径为 r 的球面内，球面受内部气体的引力为

$$f=-4\pi r^2 p_{\text{in}}$$

其中，$p_{\text{in}}=a/v_{\text{m}}^2$ 为内压强。把势能零点选在气体分子相距无穷远($r\to\infty$)，则 1mol 范氏气体分子之间的势能为

$$E_{\text{p}}=\int_r^{\infty} f\mathrm{d}r=-\int_r^{\infty} 4\pi r^2 p_{\text{in}}\mathrm{d}r=-\int_{v_{\text{m}}}^{\infty} p_{\text{in}}\mathrm{d}v=-a\int_{v_{\text{m}}}^{\infty}\frac{\mathrm{d}v}{v^2}=-\frac{a}{v_{\text{m}}}$$

因引力做负功，故势能小于零。

用 $C_{V,\text{m}}$ 代表范氏气体的摩尔定体热容，即在体积保持不变的过程中，1mol 范氏气体的温度每升高 1K 所吸收的热量，则 1mol 范氏气体的内能为

$$E=C_{V,\text{m}}T-\frac{a}{v_{\text{m}}}$$

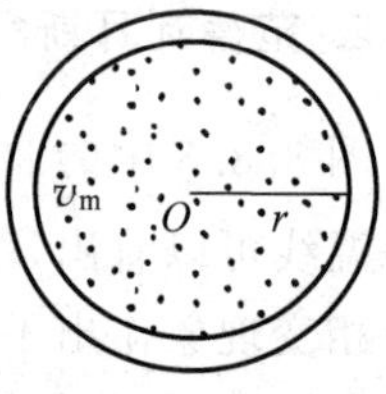

图 8.8.5 范德瓦耳斯气体的势能

这说明：范氏气体的内能除与温度有关外，还与体积有关。内能不变时，范氏气体体积的膨胀将导致温度的降低。

范氏气体的摩尔定体热容 $C_{V,\text{m}}$ 与体积无关，这是因为在等体过程中分子之间的平均距离不变，所以势能不变，吸收的热量全部转化为热运动的动能。但 $C_{V,\text{m}}$ 与温度有关，若忽略其随温度的变化，可表示为

$$C_{V,\text{m}}=\frac{1}{2}iR$$

其中，i 为范氏气体分子的自由度。

附录 高斯积分表

$$f(n)=\int_0^{\infty} x^n \mathrm{e}^{-ax^2}\mathrm{d}x$$

n	$f(n)$	n	$f(n)$
0	$\frac{1}{2}\sqrt{\frac{\pi}{a}}$	1	$\frac{1}{2a}$
2	$\frac{1}{4}\sqrt{\frac{\pi}{a^3}}$	3	$\frac{1}{2a^2}$
4	$\frac{3}{8}\sqrt{\frac{\pi}{a^5}}$	5	$\frac{1}{a^3}$

注：a 为正的常量。

本章提要

1. 理想气体温标

$$T=\frac{pV}{p_3V_3}\times 273.16\mathrm{K}$$

理想气体状态方程

$$pV=\nu RT$$

理想气体压强

$$p=nkT=\frac{1}{3}nm\overline{v^2}=\frac{2}{3}n\bar{\varepsilon}_{\mathrm{t}}$$

光子气体(热辐射)压强

$$p=\frac{1}{3}w$$

2. 能量均分定理

$$\bar{\varepsilon}=\frac{i}{2}kT,\quad i=t+r+2s$$

3. 理想气体内能

$$E=\frac{i}{2}\nu RT,\quad i=t+r+2s$$

4. 玻耳兹曼分布律

$$\frac{N_n}{N}=\frac{\mathrm{e}^{-\frac{\varepsilon_n}{kT}}}{\sum\limits_n \mathrm{e}^{-\frac{\varepsilon_n}{kT}}},\quad f_{\mathrm{B}}(\boldsymbol{r},\boldsymbol{v})=\frac{\mathrm{e}^{-\frac{\varepsilon}{kT}}}{\int_\infty \mathrm{e}^{-\frac{\varepsilon}{kT}}\mathrm{d}\tau}$$

平均值公式

$$\overline{W}=\frac{\int_\infty W(\boldsymbol{r},\boldsymbol{v})\mathrm{e}^{-\frac{\varepsilon}{kT}}\mathrm{d}\tau}{\int_\infty \mathrm{e}^{-\frac{\varepsilon}{kT}}\mathrm{d}\tau}$$

5. 分子按空间位置的分布

$$n(x,y,z)=n_0\mathrm{e}^{-\frac{\varepsilon_{\mathrm{p}}}{kT}}$$

等温大气分子数密度公式

$$n(z)=n_0\mathrm{e}^{-\frac{mgz}{kT}}$$

等温大气压强公式

$$p(z)=p_0\mathrm{e}^{-\frac{mgz}{kT}}$$

6. 麦克斯韦速度分布律

$$F_M(v_x,v_y,v_z)=\left(\frac{m}{2\pi kT}\right)^{3/2}e^{-\frac{mv^2}{2kT}}$$

平均值公式

$$\overline{W}=\int_{-\infty}^{\infty}\int_{-\infty}^{\infty}\int_{-\infty}^{\infty}W(v_x,v_y,v_z)F_M(v_x,v_y,v_z)\mathrm{d}v_x\mathrm{d}v_y\mathrm{d}v_z$$

* 分子按速度分量的分布

$$g(v_x)=\left(\frac{m}{2\pi kT}\right)^{1/2}e^{-\frac{mv_x^2}{2kT}}$$

$$g(v_y)=\left(\frac{m}{2\pi kT}\right)^{1/2}e^{-\frac{mv_y^2}{2kT}}$$

$$g(v_z)=\left(\frac{m}{2\pi kT}\right)^{1/2}e^{-\frac{mv_z^2}{2kT}}$$

7. 麦克斯韦速率分布律

$$f_M(v)=4\pi\left(\frac{m}{2\pi kT}\right)^{3/2}v^2e^{-\frac{mv^2}{2kT}}$$

平均值公式

$$\overline{W}=\int_0^{\infty}W(v)f_M(v)\mathrm{d}v$$

最概然速率

$$v_P=\sqrt{\frac{2kT}{m}}=\sqrt{\frac{2RT}{\mu}}\approx 1.41\sqrt{\frac{RT}{\mu}}$$

平均速率

$$\bar{v}=\sqrt{\frac{8kT}{\pi m}}=\sqrt{\frac{8RT}{\pi\mu}}\approx 1.60\sqrt{\frac{RT}{\mu}}$$

方均根速率

$$\sqrt{\overline{v^2}}=\sqrt{\frac{3kT}{m}}=\sqrt{\frac{3RT}{\mu}}\approx 1.73\sqrt{\frac{RT}{\mu}}$$

8. 一维简谐振子的平均能量

$$\bar{\varepsilon}=\frac{h\nu}{e^{\frac{h\nu}{kT}}-1}$$

9. 平均自由程

$$\bar{\lambda}=\frac{1}{\sqrt{2}n\pi d^2}=\frac{kT}{\sqrt{2}\pi d^2p}$$

* 分子自由程的分布

$$\frac{N(x)}{N_0}=e^{-x/\bar{\lambda}}$$

10. 输运现象

扩散定律

$$\frac{\mathrm{d}m}{\mathrm{d}t}=-D\frac{\mathrm{d}\rho}{\mathrm{d}x}\Delta S,\quad D=\frac{1}{3}\bar{v}\bar{\lambda}$$

热传导定律

$$\frac{dQ}{dt}=-\kappa\frac{dT}{dx}\Delta S,\quad \kappa=\frac{1}{3}\frac{C_{V,m}}{N_A}n\bar{v}\bar{\lambda}$$

黏滞定律

$$f=\eta\frac{du}{dy}\Delta S,\quad \eta=\frac{1}{3}\rho\bar{v}\bar{\lambda}$$

* 泊肃叶公式

$$Q_V=\frac{\Delta p}{Z}=\frac{\pi R^4\Delta p}{8\eta L}$$

* 雷诺数

$$R=\frac{\rho v d}{\mu}$$

11. 范德瓦耳斯方程(1mol)

$$\left(p+\frac{a}{v_m^2}\right)(v_m-b)=RT$$

范德瓦耳斯气体的内能(1mol)

$$E=C_{V,m}T-\frac{a}{v_m},\quad C_{V,m}=\frac{1}{2}iR\quad(忽略随温度的变化)$$

习题

8.1　如图所示，在一直径 d 很小的上端开口的试管中，用一滴水银珠把一定质量的某种理想气体与空气隔开，理想气体柱的长度为 L_1。把试管倒过来，理想气体柱的长度变为 L_2。已知水银珠的质量为 m，用 p_0 代表大气压，求比值 L_2/L_1。

8.2　一充气机每打一次气，可把压强为 1atm，温度为 0℃，体积为 $4.0\times10^{-3}\,m^3$ 的空气压入封闭容器。设容器的容积为 $1.5m^3$，容器内原来空气的压强为 1atm，温度为 0℃。问需打气多少次才能使容器内的空气温度升为 45℃，压强达到 2atm？

8.3　对于一定质量的理想气体，(1)当温度不变时，压强随体积的减小而增大；(2)当体积不变时，压强随温度的升高而增大。这两种情况下的压强增大的微观机理有什么不同？

8.4　图中曲线是 1000mol 氢气的等温线。$p_1=20\times10^5\,Pa$，$p_2=4\times10^5\,Pa$，$V_1=2.5m^3$。求：(1)此等温线的温度；(2)V_2 是多大？

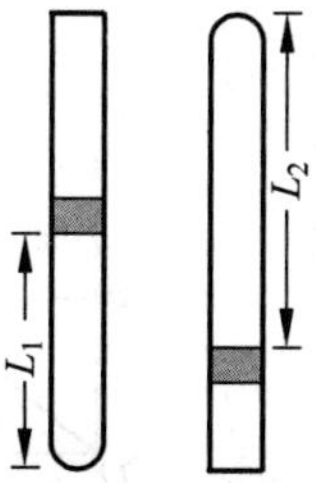

习题 8.1 图

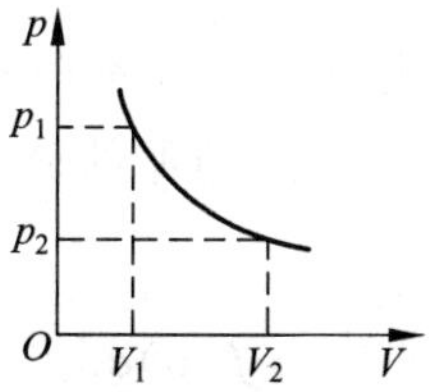

习题 8.4 图

8.5 一氢气球在20℃的温度下充满氢气,气球半径为1.5m,压强为1.2atm。当温度降为10℃时,气球半径变为1.4m,压强减至1.1atm。求已经漏掉的氢气的质量。

8.6 设想在每秒钟内,有10^{23}个氧分子以$500\mathrm{m\cdot s^{-1}}$的速度沿着与器壁法线成45°角的方向,撞在面积为$2\times10^{-2}\mathrm{m}^2$的器壁上。设碰撞是完全弹性的,求器壁受到的压强。

8.7 温度为37℃时,1mol的氮气和1g的氢气各具有多少内能?

8.8 温度为127℃时,1mol氧气分子的平动动能和转动动能各是多少?

8.9 一能量为10^{12}eV的宇宙射线粒子射入一氖管中,管内充有0.1mol的氖气,若宇宙射线粒子的能量全部被氖分子所吸收,求管中氖气的温度升高多少。

8.10 储有氧气的封闭容器以$v=100\mathrm{m\cdot s^{-1}}$的速度运动,假设该容器突然停止后分子的定向运动动能全部转变为分子的热运动动能,求容器内气体的温度升高多少。

8.11 一封闭容器内储有氧气,其压强为1.01×10^5Pa,温度为27℃。求:(1)氧气的分子数密度;(2)氧气的质量密度;(3)氧气分子的平均平动动能;(4)氧气分子的平均间距。

8.12 用计算说明:有极分子电介质的取向极化与分子的热运动达到平衡后,分子电偶极矩具有沿外电场方向排列的趋势。

8.13 按力学平衡条件导出等温大气压强公式。

8.14 忽略大气温度随高度的变化,设大气温度为300K,已知海平面大气压强为760mmHg,测得山顶气压为610mmHg,空气的摩尔质量为$2.90\times10^{-2}\mathrm{kg\cdot mol^{-1}}$,估算山高。

8.15 在一定高度范围内,大气温度T随高度z的变化可近似地取线性关系

$$T=T_0-\alpha z$$

其中,T_0为地面大气温度,α为一正常量。

(1) 证明:在上述条件下大气气压公式为

$$p(z)=p_0\mathrm{e}^{\frac{mg}{\alpha k}\ln\left(1-\frac{\alpha z}{T_0}\right)}$$

式中,$p_0=n_0kT$为地面($z=0$)处的大气压。

(2) 求珠穆朗玛峰峰顶的气温和压强。已知$T_0=273$K,$p_0=1.00$atm,珠峰高为8848m,大气分子的平均质量为$m=47.98\times10^{-27}$kg,并把常量取为$\alpha=6\mathrm{K}/1000\mathrm{m}$。

8.16 把大气近似地看成是重力场中温度为T的平衡态系统,用玻耳兹曼分布律计算大气分子重力势能的平均值。

8.17 用$f(v)$代表分子的速率分布函数,说明下列各式的物理意义:$f(v)\mathrm{d}v$,$\int_{v_1}^{v_2}f(v)\mathrm{d}v$,$\int_{v_1}^{v_2}vf(v)\mathrm{d}v$和$nf(v)\mathrm{d}v$($n$为分子数密度)。

8.18 用$f(v)$代表分子的速率分布函数,(1)证明:速率出现在v_1到v_2之间的那部分分子的平均速率为

$$\bar{v}_{v_1-v_2}=\frac{\int_{v_1}^{v_2}vf(v)\mathrm{d}v}{\int_{v_1}^{v_2}f(v)\mathrm{d}v}$$

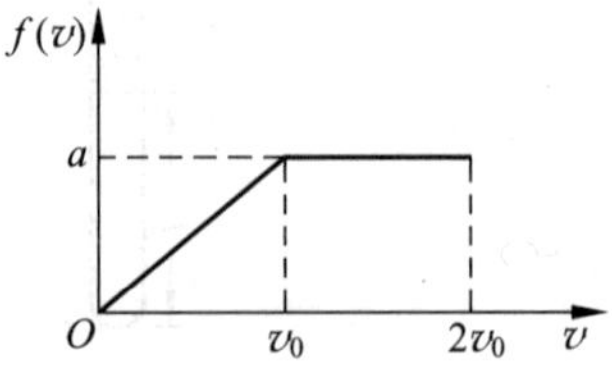

习题8.18图

(2) 对于图中所示速率分布函数 $f(v)$，求分子的平均速率和速率出现在 0 到 v_0 之间的那部分分子的平均速率。

8.19　设系统内有 N 个分子作无规热运动，其速率分布函数为

$$f(v)=\begin{cases}C, & v_0 \geqslant v \geqslant 0 \\ 0, & v > v_0\end{cases}$$

(1)画出速率分布曲线；(2)由 N 和 v_0 求出常量 C；(3)求分子的平均速率。

8.20　图中的 N 和 $f(v)$ 分别代表某种气体的总分子数和分子速率分布函数，气体分子的质量为 m。求：(1)a；(2)速率在 $v_0/2$ 到 $3v_0/2$ 之间的分子数；(3)分子的平均平动动能。

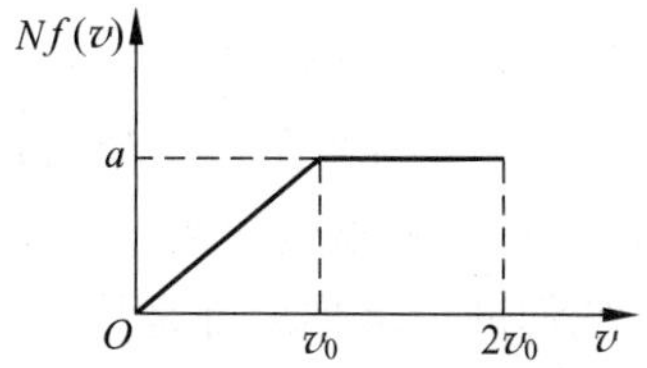

习题 8.20 图

8.21　加热并压缩一定质量的理想气体，使其温度从 27℃升高到 177℃，体积减少到原来的一半。求气体的压强、分子的平均平动动能和方均根速率所发生的变化。

8.22　声波在气体中传播速率正比于气体分子的方均根速率，在温度相同的情况下，声波在氧气中的传播速率和在氢气中的传播速率之比是多少？

8.23　一封闭容器内储有氧气，其压强为 1atm，温度为 27℃。求：氧气分子的(1)平均速率；(2)方均根速率；(3)最概然速率；(4)平均平动动能；(5)平均转动动能；(6)平均动能。

8.24　两封闭容器分别充满氦气和氢气，各自处于平衡态，且两种气体分子具有完全相同的速率分布，氢气分子可看成刚性双原子分子。求：氦气和氢气的(1)温度的比值；(2)平均速率的比值；(3)平均平动动能的比值；(4)平均动能的比值。

8.25　在 300K 时，空气中在 $10v_p$ 附近单位速率区间内的分子数占总分子数的百分比是多少？平均来讲，10^5 mol 的空气在这区间内的分子数又是多少？已知空气分子的平均质量为 $m=47.98\times10^{-27}$ kg。

8.26　推导平衡态理想气体的分子按分子平动动能 ε_k 的分布函数 $\varphi(\varepsilon_k)$，用 T 代表系统的温度，m 代表气体分子的质量。求分子的最概然平动动能 ε_{kp}，它等于 $mv_p^2/2$ 吗？

8.27　在温度为 T 的平衡态系统中，分子被局限于一维运动，用 m 代表分子的质量，求分子的平均速率和方均根速率。

8.28　质量为 2.0kg，体积为 0.19m^3，分子量为 121 的氟利昂在温度为 −13℃条件下被等温压缩，体积减小到 0.10m^3。已知温度为 −13℃时，这种氟利昂的饱和蒸气压为 $p_s=2.08\times10^5$ Pa，液态时的质量密度为 $\rho=1.44\times10^3$ kg·m^{-3}，把氟利昂饱和蒸气看成理想气体。(1)压缩前的氟利昂完全是气体吗？(2)求等温压缩后被液化的氟利昂的质量。

8.29　一容积为 0.8L 的封闭容器内储有 1mol 温度为 27℃的氧气，分别用理想气体状态方程和范德瓦尔斯方程计算氧气的压强。已知氧气的范德瓦尔斯修正量为 $a=1.369$atm·L^2·mol^{-2} 和 $b=0.0315$L·mol^{-1}。

8.30　收音机所用真空管中的真空度约为 1.0×10^{-5} mmHg，求在 27℃时的分子数密度和平均自由程。已知空气分子的有效直径为 $d=3.0\times10^{-10}$ m。

8.31 压强为1atm时,氮气分子的平均自由程为6.0×10^{-8}m。当温度不变,压强为多大时,分子的平均自由程变为1.0×10^{-8}m?

8.32 一氢分子从温度为4000K的炉中逸出,以方均根速率进入温度较低的氩气室中,氩气室中每立方米有4.0×10^{25}个氩原子。求:(1)氢分子刚逸出时的速率;(2)氢分子与氩原子碰撞时,它们靠得最近时中心之间的距离;(3)最初阶段,氢分子与氩原子每秒钟碰撞的次数(把氩原子近似看作静止)。已知氢分子的有效直径为1.0×10^{-10}m,氩原子的有效直径为3.0×10^{-10}m。

8.33 在标准状态下,测得氧气的扩散系数为$1.9\times10^{-5}\mathrm{m^2\cdot s^{-1}}$,计算氧分子的平均自由程和分子的有效直径。

8.34 1mm厚的空气层可以保持20K的温差,如改用玻璃仍维持20K的温差,而且单位时间单位面积通过的热量相同,玻璃的厚度应为多大?玻璃和空气都遵循傅里叶热传导定律,它们的温度梯度都是均匀的,已知玻璃的导热系数为$\kappa_1=0.72\mathrm{W\cdot m^{-1}\cdot K^{-1}}$,空气的导热系数为$\kappa_2=2.38\times10^{-2}\mathrm{W\cdot m^{-1}\cdot K^{-1}}$。

8.35 标准状态下氦气的黏度系数$\eta=1.89\times10^{-5}\mathrm{Pa\cdot s}$。求:(1)在此状态下氦原子的平均自由程;(2)氦原子的有效直径;(3)氦原子的平均碰撞频率。

第9章 热力学基础

热力学通过实验总结出系统的宏观量之间的关系及其变化规律,因此具有高度的可靠性和普遍性。除了热力学第零定律之外,热力学理论还包括三个定律。热力学第一定律指出,在任一热力学过程中,系统能量的数值都是不变的,这是能量守恒和转换定律在一切涉及热现象的宏观过程中的具体体现。

但能量守恒的过程是不是都能发生呢?热力学第二定律回答了这一问题:孤立系统所经历的实际热力学过程具有方向性,沿某些方向可以自动进行的过程,反过来则不能自动进行,尽管反向过程也能保持能量的数值不变。

热力学第三定律是说,通过有限过程不可能把物体冷却到绝对零度,即绝对零度不能达到,但不排除无限接近绝对零度的可能性。热力学第三定律不能用实验直接验证,但由它所得到的一切推论都符合实验结果。热力学第三定律独立于其他热力学定律,但严格的证明超出本书的范围。

本章讲热力学第一和第二定律,引入熵的概念,并用熵增加原理表述热力学过程的方向性。

9.1 热力学第一定律

对于与外界不交换物质的系统,外界对系统的影响只有传热和做功两种形式。热量是系统中大量分子无序热运动的能量,而不是所谓的"热质"。英国物理学家焦耳(J. P. Joule)从19世纪40年代起,经过几十年的努力测定了热功当量,为热力学第一定律的建立奠定了基础。

9.1.1 热力学第一定律的表述

在任一热力学过程中,系统所吸收的热量 Q 在数值上等于该过程中系统内能的增量 ΔE 与系统对外界所做的功 A 之和,即

$$Q = \Delta E + A$$

式中,$Q>0$ 表示系统从外界吸热,$Q<0$ 表示系统向外界放热;$A>0$ 表示系统对外界做功,$A<0$ 表示外界对系统做功。内能是系统的一个状态量,因此 ΔE 只取决于系统的初末态,而与连接初末态的具体过程无关。但热量 Q 和功 A 都与过程有关,是系统的两个过程量。

对于一个初末态无限接近的无穷小过程,热力学第一定律的表达式为

$$đQ = \mathrm{d}E + đA$$

式中，đQ 和đA 分别为热量和功的无穷小量，由于是过程量，不能写成微分 $\mathrm{d}Q$ 和 $\mathrm{d}A$。

不需要外界提供任何能量，只靠系统自身的状态变化就能永不停止地对外界做功的机器，叫作第一类永动机。热力学第一定律也可说成：第一类永动机不能制成。

9.1.2 准静态过程

任何过程进行时都要破坏原来的平衡，使系统处于非平衡态。但如果过程进行得无限缓慢，使得系统所经历的每一个中间态都无限趋近于平衡态，就把这种过程称为准静态过程。换言之，准静态过程是由一系列平衡态组成的过程。反之，若在过程中出现明显的非平衡态，则称为非准静态过程。

系统的平衡态被破坏后再恢复到新的平衡态所需要的时间，称为弛豫时间。气体中压强趋于处处相等靠分子之间的频繁碰撞，弛豫时间一般很短。发动机气缸中气体压强的弛豫时间为 $10^{-4}\sim10^{-3}\,\mathrm{s}$，而活塞往返一次的时间为 $10^{-2}\,\mathrm{s}$，远大于弛豫时间，因此气缸中气体的变化可以近似地看成准静态过程。

我们主要涉及以下两种准静态过程：

(1) 气体的无穷小压缩或膨胀

在气体的压缩或膨胀过程中，若过程进行得较快，气体各部分的密度、压强和温度会明显不同而出现非平衡态。若把各步之间的压强差减小到无穷小，让过程进行得足够缓慢，每一个中间态都趋近于平衡态，就可以看成准静态过程。

(2) 无穷小温差热传导(等温热传导)

有温差就会发生热传导。温差为有限值时系统各部分温度明显不均匀而出现非平衡态，因此有限温差热传导是非准静态过程。为使系统的温度由 T_0 准静态地升至 T，设想让系统与温度为 $T_0+\mathrm{d}T$ 的炉子接触，温度升至 $T_0+\mathrm{d}T$ 后再与温度为 $T_0+2\mathrm{d}T$ 的另一炉子接触……，让过程进行得足够缓慢，一步一步地把系统的温度升至 T。由于温差 $\mathrm{d}T$ 无穷小，系统与炉子每一步都近似地处于热平衡(等温)，每一中间态都趋近于平衡态，因此无穷小温差热传导(也叫等温热传导)是准静态过程。

准静态过程可以用 p-V 图上的过程曲线表示，曲线上的每个点对应一个平衡态。在图 9.1.1 中，实线为从平衡态 (p_1,V_1,T_1) 到 (p_2,V_2,T_2) 的准静态过程曲线，而虚线则是随意画出的表示非准静态过程的示意图。

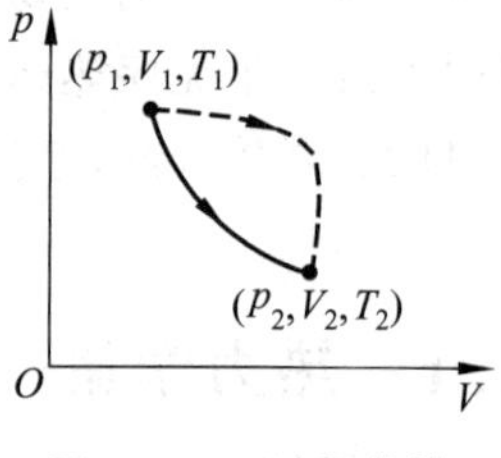

图 9.1.1 过程曲线

热力学第一定律适用于任何过程，并不要求过程必须经历平衡态。但为了简单，我们仅限于介绍理想气体在准静态过程中的能量变化关系。

9.1.3 ΔE、A 和 Q 的计算

1. ΔE 的计算

内能是状态量，只要 ν(mol)理想气体的温度由 T_1 变到 T_2，无论经历什么过程，其内能的增量都是

$$\Delta E=\frac{i}{2}\nu R(T_2-T_1)=\frac{i}{2}\nu R\Delta T$$

2. A 的计算

做功有各种不同的形式。以气体准静态膨胀为例，如图 9.1.2 所示，气缸内盛有一定质量的气体，让活塞足够缓慢地向右移动，气体从平衡态(p_1,V_1,T_1)经某一准静态过程膨胀到(p_2,V_2,T_2)，过程曲线如图 9.1.3 中实线所示。用 p 代表气缸内气体的压强，S 代表活塞的面积，则气体对活塞的压力为 $f=pS$，在活塞移动 $\mathrm{d}l$ 过程中气体对活塞(外界)所做元功为

$$đA=f\mathrm{d}l=pS\mathrm{d}l=p\mathrm{d}V$$

式中，$\mathrm{d}V=S\mathrm{d}l$ 为气体体积的增量。在整个过程中气体对外界做的功为

$$A=\int đA=\int_{V_1(\text{过程})}^{V_2}p\mathrm{d}V$$

积分与过程有关，通常把这种功叫体积功。虽然上式是以气缸内气体膨胀为例导出，但它是计算气体准静态过程体积功的普遍公式。

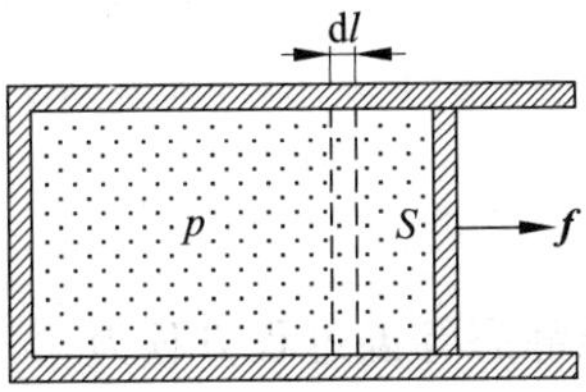

图 9.1.2　气体膨胀做功

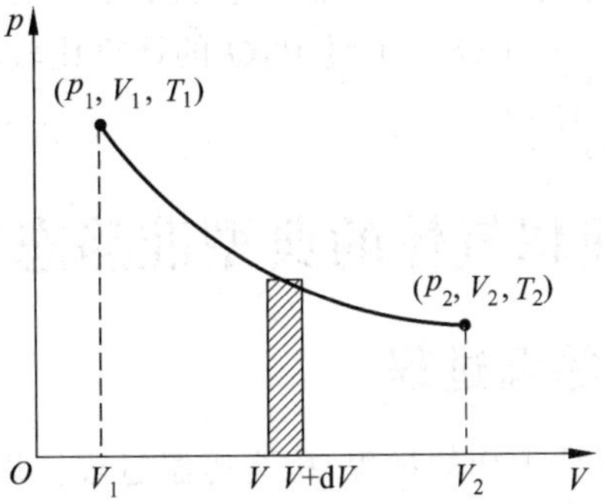

图 9.1.3　功的表示

如图 9.1.3 所示，功 A 的数值等于 p-V 图中过程曲线下面曲边梯形的面积，其大小不仅与初末态有关，还取决于过程曲线的具体形状，因此功是系统的一个过程量。

例 9.1.1　在保持温度 T 不变的情况下，1mol 范德瓦耳斯气体的体积从 v_1 膨胀到 v_2。求气体对外界做的功和气体吸收的热量。

解　按范氏方程，1mol 范氏气体的压强为

$$p=\frac{RT}{v-b}-\frac{a}{v^2}$$

在保持温度 T 不变的情况下，1mol 范氏气体对外界做的功为

$$A=\int_{v_1}^{v_2}p\mathrm{d}v=\int_{v_1}^{v_2}\left(\frac{RT}{v-b}-\frac{a}{v^2}\right)\mathrm{d}v=RT\ln\frac{v_2-b}{v_1-b}+a\left(\frac{1}{v_2}-\frac{1}{v_1}\right)$$

内能为

$$E=C_{V,\mathrm{m}}T-\frac{a}{v}$$

按热力学第一定律，吸收的热量为

$$Q=\Delta E+A=\left(C_{V,\mathrm{m}}T-\frac{a}{v_2}\right)-\left(C_{V,\mathrm{m}}T-\frac{a}{v_1}\right)+RT\ln\frac{v_2-b}{v_1-b}+a\left(\frac{1}{v_2}-\frac{1}{v_1}\right)$$
$$=RT\ln\frac{v_2-b}{v_1-b}$$

3. 热容和 Q 的计算

系统在某一过程中温度每升高 1K 所吸收的热量,称为系统在该过程中的热容,通常用 C 表示,即

$$C=\frac{đQ}{\mathrm{d}T}$$

其中,$đQ$ 代表系统温度升高 $\mathrm{d}T$ 所吸收的热量。热容 C 是系统的一个过程量,等温过程和绝热过程的热容分别为∞和 0,等体过程和等压过程的热容也不同(见 9.2 节)。

设系统经历某一准静态过程,温度由 T_1 变到 T_2,则系统从外界吸收的热量为

$$Q=\int_{T_1}^{T_2}C\mathrm{d}T$$

因热容 C 与过程有关,故热量 Q 也是系统的一个过程量。

在 ΔE、A 和 Q 三个量中,Q 的计算比较麻烦,通常是先求出 ΔE 和 A,然后再按热力学第一定律计算 Q。

9.2 理想气体的典型准静态过程

9.2.1 等温过程

温度保持不变的过程,称为等温过程。理想气体准静态等温过程方程为

$$pV=\nu RT=\text{常量}$$

压强与体积之间的关系为双曲线,如图 9.2.1 所示。

在等温过程中,理想气体内能保持不变,即 $\Delta E=0$。按热力学第一定律,理想气体所吸收的热量 Q 全部用于系统对外界做功,而对外界做的功为

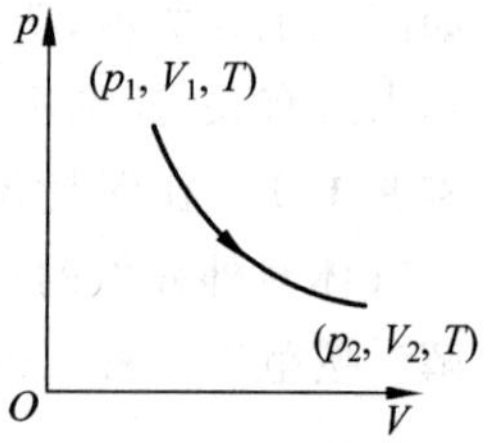

图 9.2.1 等温线

$$A=\int_{V_1}^{V_2}p\,\mathrm{d}V=\nu RT\int_{V_1}^{V_2}\frac{\mathrm{d}V}{V}=\nu RT\ln\frac{V_2}{V_1}$$

因此

$$Q=A=\nu RT\ln\frac{V_2}{V_1}\quad(\text{等温过程})$$

等温过程的热容为∞。

9.2.2 等体过程和摩尔定体热容

1. 等体过程

体积保持不变的过程,称为等体过程。理想气体准静态等体过程方程为

$$\frac{T}{p}=\text{常量}$$

压强与温度成正比，如图 9.2.2 所示。

在等体过程中，系统不做功，即 $A=0$。按热力学第一定律，理想气体所吸收的热量 Q 全部用于增加系统的内能，即

$$Q=\Delta E=\frac{i}{2}\nu R(T_2-T_1)\quad(\text{等体过程})$$

$$\text{đ}Q=\frac{i}{2}\nu R\,\mathrm{d}T\quad(\text{等体过程})$$

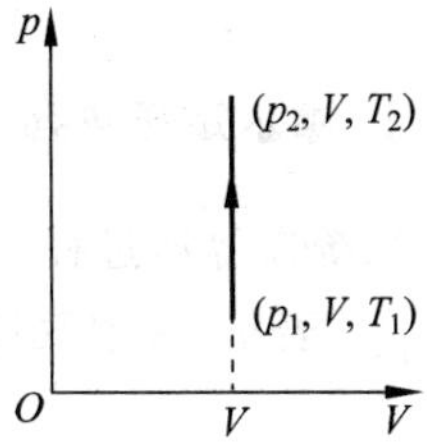

图 9.2.2　等体线

2. 摩尔定体热容

系统在等体过程中的热容，称为定体热容。1mol 物质的定体热容，称为摩尔定体热容，用 $C_{V,\mathrm{m}}$ 表示，理想气体摩尔定体热容为

$$C_{V,\mathrm{m}}=\frac{1}{\nu}\left(\frac{\text{đ}Q}{\mathrm{d}T}\right)_V=\frac{i}{2}R$$

引入 $C_{V,\mathrm{m}}$，等体过程中理想气体吸收的热量可写成

$$Q=\nu C_{V,\mathrm{m}}(T_2-T_1),\quad \text{đ}Q=\nu C_{V,\mathrm{m}}\mathrm{d}T$$

我们知道，无论经历什么过程，ν(mol)理想气体内能的增量都是

$$\Delta E=\frac{i}{2}\nu R\Delta T$$

用 $C_{V,\mathrm{m}}$ 替代其中的 $iR/2$，得

$$\Delta E=\nu C_{V,\mathrm{m}}(T_2-T_1)=\nu C_{V,\mathrm{m}}\Delta T\quad(\text{任意过程})$$

这说明式中虽然出现定体热容 $C_{V,\mathrm{m}}$，但上式适用于理想气体的任意过程。从物理上看，这是因为理想气体的内能与体积无关。

9.2.3　等压过程和摩尔定压热容

1. 等压过程

压强保持不变的过程，称为等压过程。理想气体准静态等压过程方程为

$$\frac{T}{V}=\text{常量}$$

温度与体积成正比，如图 9.2.3 所示。

在等压过程中，理想气体对外做的功为

$$A=\int_{V_1}^{V_2}p\,\mathrm{d}V=p(V_2-V_1)=\nu R(T_2-T_1)\quad(\text{等压过程})$$

式中最后一步用到理想气体状态方程。按热力学第一定律，$Q=\Delta E+A$，而 $\Delta E=\frac{i}{2}\nu R(T_2-T_1)$，因此等压过程中理想气体吸收的热量为

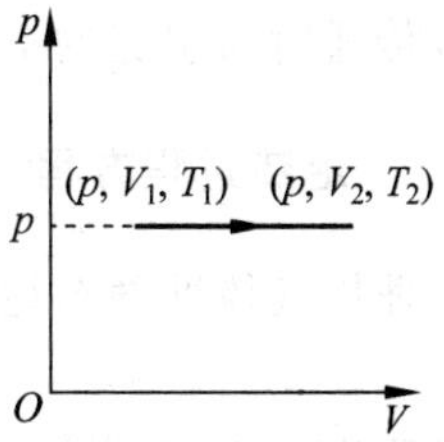

图 9.2.3　等压线

$$Q=\left(\frac{i}{2}+1\right)\nu R(T_2-T_1)\quad(等压过程)$$

$$đQ=\left(\frac{i}{2}+1\right)\nu R\,\mathrm{d}T\quad(等压过程)$$

2. 摩尔定压热容

系统在等压过程中的热容,称为定压热容。1mol 物质的定压热容,称为摩尔定压热容,用 $C_{p,\mathrm{m}}$ 表示,理想气体摩尔定压热容为

$$C_{p,\mathrm{m}}=\frac{1}{\nu}\left(\frac{đQ}{\mathrm{d}T}\right)_p=\left(\frac{i}{2}+1\right)R$$

引入 $C_{p,\mathrm{m}}$,等压过程中理想气体吸收的热量可写成

$$Q=\nu C_{p,\mathrm{m}}(T_2-T_1),\quad đQ=\nu C_{p,\mathrm{m}}\mathrm{d}T$$

由于 $C_{V,\mathrm{m}}=iR/2$,则有

$$C_{p,\mathrm{m}}-C_{V,\mathrm{m}}=R$$

上式由德国物理学家迈耶(R. Mayer)于 1842 年导出,称为迈耶公式。

摩尔定压热容与摩尔定体热容之比,称为比热[容]比,又叫绝热指数,用 γ 表示。对于理想气体,有

$$\gamma=\frac{C_{p,\mathrm{m}}}{C_{V,\mathrm{m}}}=\frac{i+2}{i}$$

引入 γ,摩尔定体和定压热容可写成

$$C_{V,\mathrm{m}}=\frac{i}{2}R=\frac{R}{\gamma-1}$$

$$C_{p,\mathrm{m}}=\left(\frac{i}{2}+1\right)R=\frac{\gamma R}{\gamma-1}$$

对单原子分子:$i=3$,$C_{V,\mathrm{m}}=3R/2$,$C_{p,\mathrm{m}}=5R/2$,$\gamma=5/3\approx1.67$

对刚性双原子分子:$i=5$,$C_{V,\mathrm{m}}=5R/2$,$C_{p,\mathrm{m}}=7R/2$,$\gamma=7/5=1.40$

对刚性非直线型多原子分子:$i=6$,$C_{V,\mathrm{m}}=3R$,$C_{p,\mathrm{m}}=4R$,$\gamma=4/3\approx1.33$

9.2.4 绝热过程

系统与外界不发生任何热传导的过程,称为绝热过程。严格的绝热过程是不存在的,但如果过程进行得足够快,在实验观测的时间内系统来不及与外界发生显著的热交换,就可以把该过程近似地看成是绝热的。绝热过程可以准静态地进行,如气缸中气体的压缩和膨胀,声波传播时所引起的空气局部的压缩和膨胀等就是准静态绝热过程。

1. 绝热过程方程

理想气体准静态绝热过程方程为

$$pV^{\gamma}=常量\tag{9.2.1}$$

上式称为泊松(Poisson)公式,它表示在理想气体准静态绝热过程中 p、V 之间的关系。利用理想气体状态方程,式(9.2.1)还可写成

$$V^{\gamma-1}T=常量$$

$$p^{\gamma-1}T^{-\gamma}=\text{常量}$$

下面导出式(9.2.1)。把理想气体状态方程微分，得

$$p\mathrm{d}V+V\mathrm{d}p=\nu R\mathrm{d}T \tag{9.2.2}$$

对于无穷小绝热过程，按热力学第一定律，$p\mathrm{d}V=-\mathrm{d}E$，即

$$p\mathrm{d}V=-\nu C_{V,\mathrm{m}}\mathrm{d}T$$

解出 $\mathrm{d}T=-p\mathrm{d}V/(\nu C_{V,\mathrm{m}})$，代入式(9.2.2)，得 $p\mathrm{d}V+V\mathrm{d}p=-(R/C_{V,\mathrm{m}})p\mathrm{d}V$，并整理为

$$(C_{V,\mathrm{m}}+R)p\mathrm{d}V+C_{V,\mathrm{m}}V\mathrm{d}p=0$$

注意到 $C_{V,\mathrm{m}}+R=C_{p,\mathrm{m}}$ 和 $\gamma=C_{p,\mathrm{m}}/C_{V,\mathrm{m}}$，就得到

$$\gamma\frac{\mathrm{d}V}{V}+\frac{\mathrm{d}p}{p}=0$$

积分结果为 $\gamma\ln V+\ln p=\text{常量}$，由此得式(9.2.1)。

如图 9.2.4 所示，绝热线比等温线陡。设绝热线和等温线交于 a 点，由 a 点出发，分别沿等温线和绝热线把同一理想气体膨胀到 b 点和 c 点，体积都变为 V。等温膨胀温度不变，$T_b=T_a$；而绝热膨胀使温度降低，$T_c<T_a$，因此 $T_c<T_b$，由理想气体状态方程可知 $p_c<p_b$，这说明绝热线比等温线陡。

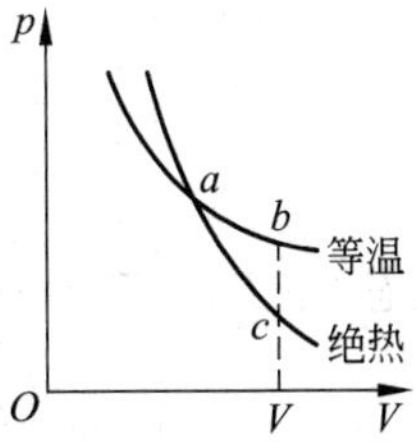

图 9.2.4 绝热线比等温线陡

2. 绝热过程中理想气体的功

在绝热过程中，系统不吸热，即 $Q=0$。按热力学第一定律，理想气体通过消耗内能对外界做功，即

$$A=-\Delta E=-\nu C_{V,\mathrm{m}}(T_2-T_1)\quad\text{(绝热过程)} \tag{9.2.3}$$

这说明：理想气体在绝热压缩($A<0$)时，$T_2>T_1$，温度升高；而在绝热膨胀($A>0$)时，$T_2<T_1$，温度降低。在低温物理实验中，利用绝热膨胀降温是获得低温的一个重要手段。

利用 $C_{V,\mathrm{m}}=R/(\gamma-1)$ 和理想气体状态方程，可以把式(9.2.3)写成

$$A=-\frac{\nu R}{\gamma-1}(T_2-T_1)=\frac{1}{\gamma-1}(p_1V_1-p_2V_2)\quad\text{(绝热过程)}$$

绝热过程的热容为 0。

3. 绝热自由膨胀

绝热自由膨胀是一种非准静态的绝热过程。用隔板把一个刚性绝热容器分为两部分，左边充满气体并达到平衡态，右边抽成真空。打开隔板后气体冲入右边真空，充满整个容器并达到新的平衡态，这种过程称为绝热自由膨胀。由于过程中出现明显的非平衡态，绝热自由膨胀是一种非准静态的绝热过程。

在绝热自由膨胀过程中，气体向真空中扩散，气体不做功，容器绝热气体不吸热，因此理想气体经绝热自由膨胀后内能不变，末态温度等于初态温度。但对于实际气体，由于内能还与体积有关，绝热自由膨胀后的温度一般不会恢复到原来温度。

例 9.2.1 质量为 5.6×10^{-3}kg、温度为 27℃、压强为 1atm 的氮气，先在体积不变的情况下使其压强增至 3atm，再经过等温膨胀，使其压强降至 1atm，然后在等压下使其体积减小一半。(1)画出整个过程的过程曲线；(2)把氮当成刚性双原子分子，求氮气在整个过程中内能的增量；(3)求在整个过程中氮气对外做的功和吸收的热量。

解 (1) 过程曲线如图9.2.5所示。

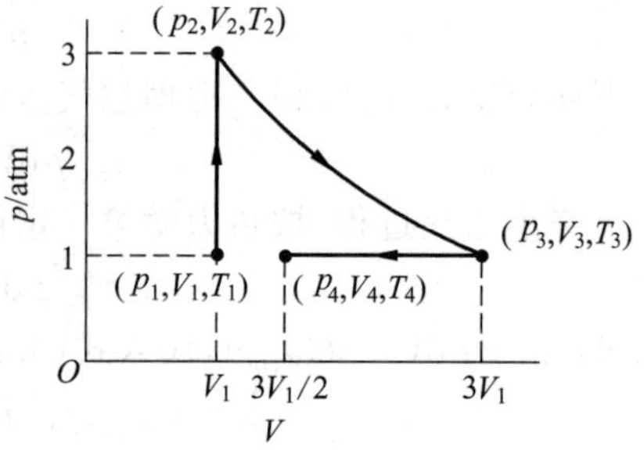

图9.2.5 例9.2.1图

氮气的摩尔质量为 $\mu = 28\times10^{-3}\text{kg}\cdot\text{mol}^{-1}$,摩尔数为

$$\nu=\frac{5.6\times10^{-3}\text{kg}}{28\times10^{-3}\text{kg}\cdot\text{mol}^{-1}}=0.20\text{mol}$$

状态1:$p_1=1\text{atm}$,$T_1=(273+27)\text{K}=300\text{K}$,按理想气体状态方程,有

$$V_1=\frac{\nu RT_1}{p_1}=\frac{0.2\times8.31\times300}{1.01\times10^5}\text{m}^3=4.92\times10^{-3}\text{m}^3$$

状态2:$p_2=3\text{atm}$,$V_2=V_1=4.92\times10^{-3}\text{m}^3$,态1到态2是等体过程,$T_2/p_2=T_1/p_1$,得

$$T_2=\frac{p_2T_1}{p_1}=3\times300\text{K}=900\text{K}$$

状态3:$T_3=T_2=900\text{K}$,$p_3=1\text{atm}$,态2到态3是等温过程,$p_3V_3=p_2V_2$,得

$$V_3=\frac{p_2V_2}{p_3}=3V_2=3\times4.92\times10^{-3}\text{m}^3=1.48\times10^{-2}\text{m}^3$$

状态4:$p_4=1\text{atm}$,$V_4=V_3/2$,态3到态4是等压过程,$T_4/V_4=T_3/V_3$,得

$$T_4=\frac{V_4T_3}{V_3}=\frac{T_3}{2}=450\text{K}$$

(2) 把氮当成刚性双原子分子,$i=5$,内能的增量为

$$\Delta E=\frac{i}{2}\nu R(T_4-T_1)=\frac{5}{2}\times0.2\times8.31\times(450-300)\text{J}=6.2\times10^2\text{J}$$

(3) 氮气对外做的功为

$A_{12}=0$ (等体过程)

$A_{23}=\nu RT_2\ln\dfrac{V_3}{V_2}=0.2\times8.31\times900\times\ln3\text{J}=1.6\times10^3\text{J}$ (等温过程)

$A_{34}=p_3(V_4-V_3)=1.01\times10^5\times\left(\dfrac{1}{2}-1\right)\times1.48\times10^{-2}\text{J}=-7.5\times10^2\text{J}$ (等压过程)

在整个过程中氮气对外做的功为

$$A=A_{12}+A_{23}+A_{34}=(0+1.64\times10^3-7.5\times10^2)\text{J}=8.9\times10^2\text{J}$$

按热力学第一定律,氮气吸收的热量为

$$Q=\Delta E+A=(6.23\times10^2+8.9\times10^2)\text{J}=1.5\times10^3\text{J}$$

例9.2.2 原子弹爆炸0.1s后形成半径约为15m、温度约为3×10^4K的气体火球,估算温度变为3×10^3K时火球的半径。假设这一过程是理想气体准静态绝热过程。

解 由于是准静态绝热过程,气体火球的体积与温度的关系为

$$V^{\gamma-1}T=V_0^{\gamma-1}T_0$$

即

$$R^{3(\gamma-1)}T=R_0^{3(\gamma-1)}T_0$$

其中,R_0 和 R 分别为初末态火球的半径,T_0 和 T 分别为初末态温度。由此得

$$R=\left(\frac{T_0}{T}\right)^{\frac{1}{3(\gamma-1)}}R_0$$

把分子当成双原子分子，总自由度为

$$i=t+r+2s=3+2+2\times1=7$$

因此

$$\gamma=\frac{i+2}{i}=\frac{9}{7}$$

代入数据，可得温度变为 3×10^3 K 时火球的半径为

$$R=\left(\frac{3\times10^4}{3\times10^3}\right)^{\frac{1}{3(9/7-1)}}\times15\text{m}=2.2\times10^2\text{m}$$

9.3　固体热容

固体热容来源于晶格点阵上原子的热振动（晶格热容）和固体中自由电子的热运动（电子热容），但实验观测表明在较大温度范围内电子热容远小于晶格热容，因此常温下固体热容是指晶格热容。

固体中的原子整齐地排列成晶格点阵，温度不太高时原子被局限在晶格格点附近沿三个互相垂直的方向作简谐振动，可以看成是一个三维简谐振子，振动自由度为 $s=3$，其他自由度为零。在温度为 T 的平衡态下，1mol 固体的晶格振动内能为

$$\bar{E}=3N_A\bar{\varepsilon}$$

其中，N_A 为阿伏伽德罗常量，$\bar{\varepsilon}$ 为一维简谐振子的平均能量。对于固体可以忽略膨胀做功，吸收的热量全部用来增加内能，因此固体摩尔热容可表示为

$$C_m=\frac{d\bar{E}}{dT}=3N_A\frac{d\bar{\varepsilon}}{dT} \tag{9.3.1}$$

9.3.1　杜隆-柏蒂定律

按经典能量均分定理，把 $\bar{\varepsilon}=kT$ 代入式(9.3.1)，得

$$C_m=3N_Ak=3R=25\text{J}\cdot\text{K}^{-1}\cdot\text{mol}^{-1}$$

固体摩尔热容是一个与温度无关的常量，这称为杜隆-柏蒂定律，由法国物理学家杜隆(P. Dulong)和珀蒂(A. T. Petit)于 1819 年通过实验得出。

表 9.3.1 给出了室温下几种固体的 C_m/R 的实验值。可以看出，除金刚石、硼和硅等较硬（振动频率 ν 较高）的固体外，都较好地符合杜隆-柏蒂定律。

表 9.3.1　室温下几种固体的 C_m/R 的实验值

铝 Al	金刚石 C	铜 Cu	铁 Fe	锡 Sn	硼 B	金 Au	银 Ag	硅 Si	锌 Zn
3.09	0.68	2.97	3.18	3.34	1.26	3.20	3.09	2.36	3.07

9.3.2　固体热容的爱因斯坦公式

到 19 世纪末，由于低温技术的发展，发现随着温度的降低各种固体的摩尔热容都不同程度地低于 $3R$。图 9.3.1 表示金刚石的热容随温度的变化情形，横坐标是以 $\Theta_E=h\nu/k$ 为

单位的温度,Θ_E 叫作特征温度;纵坐标为 $C_m/3R$,实验数据(用 • 代表)表明:在足够高的温度下金刚石的摩尔热容近似为 $3R$,符合杜隆-柏蒂定律,但在低温范围明显偏离 $3R$,并随温度的下降趋于零。这一结果对经典能量均分定理是一个严峻的挑战。

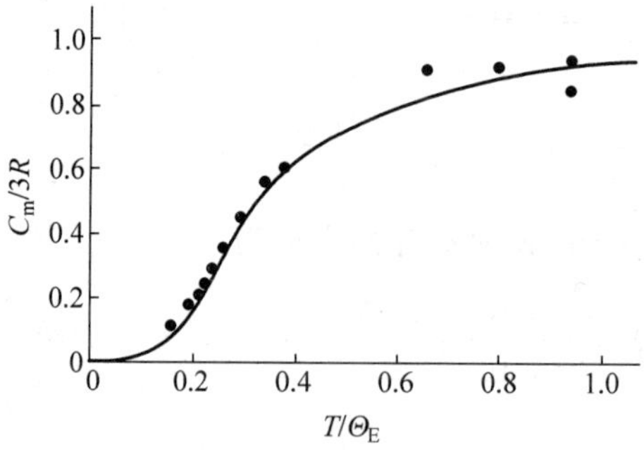

图 9.3.1 金刚石的热容

为解释低温时固体热容问题,爱因斯坦把能量子概念扩展到物体内部的振动上,在1906年发表的《普朗克的辐射理论和比热理论》论文中,假设在温度为 T 的固体中所有点阵原子都以相同频率 ν 独立振动,看成是一个近独立简谐振子系统,把一维简谐振子的平均能量(见8.6.3节)

$$\bar{\varepsilon}=\frac{h\nu}{e^{\frac{h\nu}{kT}}-1}$$

代入式(9.3.1),得

$$C_m=3N_A\frac{d\bar{\varepsilon}}{dT}=3N_A\frac{d}{dT}\left(\frac{h\nu}{e^{\frac{h\nu}{kT}}-1}\right)=3N_A\left[\frac{-h\nu}{(e^{\frac{h\nu}{kT}}-1)^2}\right]e^{\frac{h\nu}{kT}}\left(-\frac{h\nu}{kT^2}\right)$$

$$=3kN_A\left(\frac{h\nu}{kT}\right)^2\frac{e^{\frac{h\nu}{kT}}}{(e^{\frac{h\nu}{kT}}-1)^2}=3R\left(\frac{h\nu}{kT}\right)^2\frac{e^{\frac{h\nu}{kT}}}{(e^{\frac{h\nu}{kT}}-1)^2}$$

用特征温度 Θ_E 代表 $h\nu/k$,上式可写成

$$C_m=3R\left(\frac{\Theta_E}{T}\right)^2\frac{e^{\Theta_E/T}}{(e^{\Theta_E/T}-1)^2} \tag{9.3.2}$$

此即固体热容的爱因斯坦公式,图9.3.1中的曲线就是按式(9.3.2)画出的金刚石的热容随温度的变化关系。爱因斯坦公式对杜隆-柏蒂定律的改进是十分显著的,反映出 C_m 在低温时下降的趋势。

由式(9.3.2)可以看出,在高温或固体振动频率 ν 较低情况下,$kT\gg h\nu$,$\Theta_E/T\to 0$,$C_m\approx 3R$,杜隆-柏蒂定律成立,回到经典能量均分定理的结果。

按式(9.3.2),在低温范围 C_m 下降很陡,偏离实验结果。1912年荷兰物理学家德拜(P. J. W. Debey)指出,固体中原子的振动不仅频率不同,而且原子之间有较强的相互作用,据此得到与实验结果符合得非常好的固体热容的德拜公式。

实际上爱因斯坦早就申明,用单一频率是为了简化,不可避免地会造成理论和实验结果的差别。

*9.3.3 电子热容 费米-狄拉克分布和玻色-爱因斯坦分布

如果把固体中的自由电子气当成理想气体(经典粒子),则全部电子对热容都有贡献。

按经典能量均分定理，电子摩尔热容为

$$\frac{3}{2}R = 12.5\mathrm{J \cdot K^{-1} \cdot mol^{-1}}$$

这一数值与晶格热容 $25\mathrm{J \cdot K^{-1} \cdot mol^{-1}}$ 属于同一量级。但实验观测表明，在较大温度范围内电子热容远小于这一经典值。这提示我们，不能把固体中的电子看成经典粒子。

内禀性质，如质量、电荷、自旋等完全相同的粒子称为全同粒子。自然界中的粒子分为两类，一类叫费米子(fermion)，另一类叫玻色子(Boson)。电子是一种费米子，光子是一种玻色子。费米子服从泡利(Pauli)不相容原理：每个单粒子量子态上只能占据一个费米子。玻色子不受泡利不相容原理的限制，同一个量子态可以被多个玻色子占据。

在温度为 T 的平衡态费米子系统中，一个能量为 ε 的量子态上占据的平均费米子数为

$$n = \frac{1}{e^{(\varepsilon-\mu)/kT}+1} \quad \text{(费米 - 狄拉克分布)} \tag{9.3.3}$$

式中的 μ 为化学势。上式称为费米-狄拉克(FD)分布，显然 $n \leqslant 1$。

对于电子，一个能量为 ε 的量子态上占据的平均电子数为

$$n = \frac{1}{e^{(\varepsilon-\varepsilon_F)/kT}+1} \tag{9.3.4}$$

式中，ε_F 称为费米能或费米能级，是指 $T=0\mathrm{K}$ 时电子所能占据的最高能量，它相当于 $T=0\mathrm{K}$ 时费米子系统的化学势。

图 9.3.2 表示当费米能 $\varepsilon_F=2\mathrm{eV}$ 时固体中电子的费米-狄拉克分布，图中的两条曲线分别表示温度为 0K 和 1000K 时按式(9.3.4)得到的 n 与 ε 之间的关系。可以看出，在温度为 $T=0\mathrm{K}$ 的情况下，若能量高于费米能，即 $\varepsilon > 2\mathrm{eV}$，则 $e^{(\varepsilon-2\mathrm{eV})/kT} \to \infty$，$n=0$，这说明在固体中高于费米能的能级上没有电子填充。若 $\varepsilon < 2\mathrm{eV}$，则 $n=1$，电子填满能量低于费米能的所有量子态，电子不能参与热激发。

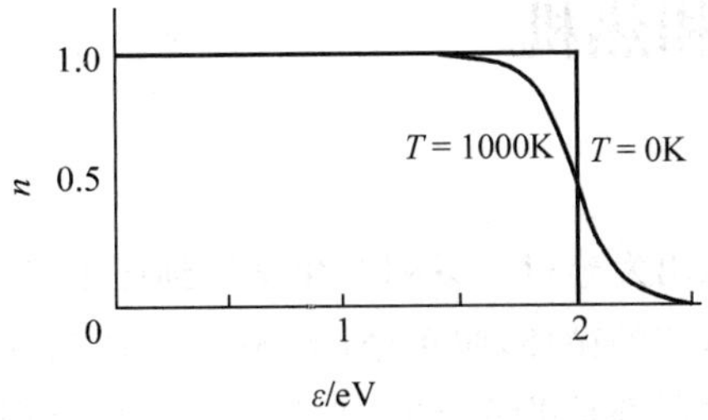

图 9.3.2　电子的费米-狄拉克分布

当温度升高到 $T=1000\mathrm{K}$ 时，由于受泡利不相容原理的限制，固体中能量低于费米能(2eV)的大多数电子仍然不能参与热激发($n=1$)，只有那些能量在费米能(2eV)附近的少量电子才对热容有贡献，而不是像理想气体那样全部分子都对热容有贡献，这就解释了为什么在较大温度范围内电子摩尔热容远小于经典值 $12.5\mathrm{J \cdot K^{-1} \cdot mol^{-1}}$。

在温度为 T 的平衡态玻色子系统中，一个能量为 ε 的量子态上占据的平均玻色子数为

$$n = \frac{1}{e^{(\varepsilon-\mu)/kT}-1} \quad \text{(玻色 - 爱因斯坦分布)} \tag{9.3.5}$$

上式称为玻色-爱因斯坦(BE)分布。可以看出，玻色子数 n 随能量 ε 的减小而增大，在一定的低温下，系统中所有玻色子可能占据同一个能量最低的态——基态，从而形成玻色-爱因

斯坦凝聚态。激光就是一种光子的玻色-爱因斯坦凝聚态。

图9.3.3表示三种分布随能量 ε 的变化情形(温度为5000K)。当能量 ε 充分大，$e^{\varepsilon/kT}\gg 1$ 时，式(9.3.3)和(9.3.5)的分母中的 ± 1 可以忽略，两式均趋近于 $e^{-(\varepsilon-\mu)/kT}$，这时的费米-狄拉克分布和玻色-爱因斯坦分布，称为半经典分布。从物理上看，ε 充分大时绝大多数量子态没有被粒子占据，泡利不相容原理不再起作用，费米子和玻色子的区别随之消失。

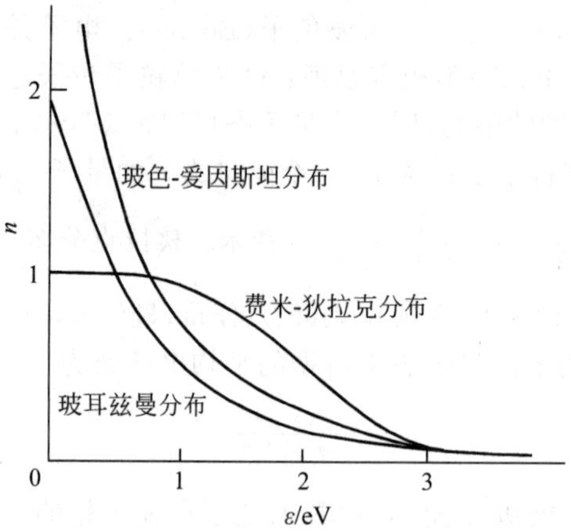

图9.3.3 三种分布随 ε 的变化

应该指出，半经典分布的函数形式虽然与玻耳兹曼分布相同，但仍保留全同粒子不可分辨的原则，即交换两个全同粒子不会产生新的微观态。而玻耳兹曼分布中的相同分子是在宏观尺度上运动，因此存在轨道，是可以被分辨的。

9.4 热力学循环和热机

9.4.1 热力学循环

热力学系统由某一状态出发经过一系列变化又回到原来状态的过程，称为热力学循环，简称循环。系统对外界做净功的循环，叫正循环；外界对系统做净功的循环，叫逆循环。

若在一个循环中每个过程都是准静态的，则该循环称为准静态循环。图9.4.1(a)中的闭合曲线表示一个准静态正循环，在 $a\to b\to c$ 过程中系统对外界做功，数值等于曲线 abc 下面的曲边梯形的面积；在 $c\to d\to a$ 过程中外界对系统做功，数值等于曲线 adc 下面的曲边梯形的面积，系统对外界所做净功的数值等于循环所包围的面积。图9.4.1(b)中的闭合曲线表示一个准静态逆循环，这时外界对系统做净功，数值等于循环所包围的面积。

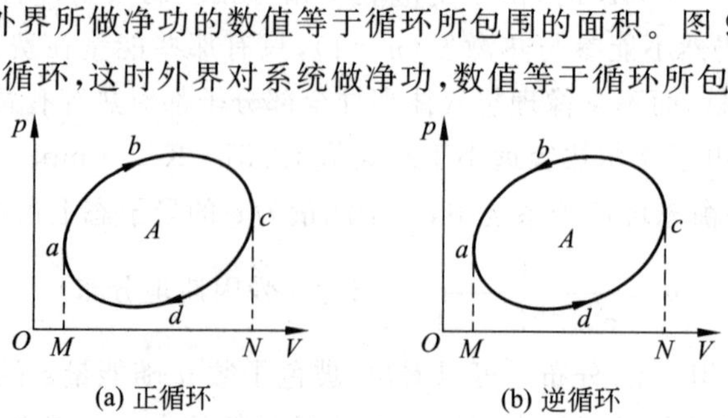

图9.4.1 准静态循环

9.4.2 热机及其效率

把热能转化为机械能的设备，称为热机。以蒸汽机为例，水在锅炉里被加热变成高温高压的蒸汽（吸热），蒸汽经过管道进入气缸后膨胀并推动活塞对外界做功（热能转化为机械能），然后进入冷凝器中凝结成水（放热），再泵入锅炉使过程循环下去。

通常把热容足够大的物体称为热源或热库，热源吸收或释放有限多的热量，其温度不发生变化，蒸汽机中的锅炉和冷凝器都可以看成热源。在热机中用来吸收热量并对外界做功的物质，叫工作物质，简称工质。蒸汽机中的工质是蒸汽。

热机中的工质是通过重复进行正循环来实现热功转化的，能量转化情形如图 9.4.2 所示。在一个循环中，工质（蒸汽）从温度为 T_1 的高温热源（锅炉）吸收热量 Q_1，在气缸内推动活塞时把 Q_1 的一部分转化为对外界做的功 A，剩余部分 Q_2 则释放给温度为 T_2 的低温热源（冷凝器）。

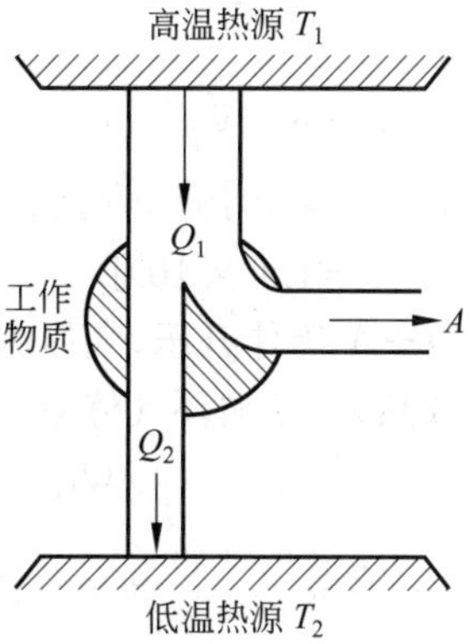

图 9.4.2　热机中的能量转化

在一个循环中，工质对外界做的净功与工质从高温热源吸收的热量之比，称为热机的效率，用 η 表示，即

$$\eta = \frac{A}{Q_1}$$

在工质从高温热源吸热相同的情况下，做功越多，热机的效率就越高。

由于完成一个循环后工质复原，工质的内能不变，按热力学第一定律，$A = Q_1 - Q_2$，热机效率可写成

$$\eta = \frac{Q_1 - Q_2}{Q_1} = 1 - \frac{Q_2}{Q_1} \tag{9.4.1}$$

这也是正循环的效率。

若工质只从高温热源吸热，而不向低温热源放热（$Q_2 = 0$），热机的效率就可以达到 100%。但热力学第二定律告诉我们，这种从单一热源吸热做功的热机根本不存在（见 9.6.1 节）。

利用海水的温差可以制成热机。海洋表层温度可达 20～30℃，而深层海水的温度接近 0℃。通常用沸点很低的液态氨吸收海水表层的热量，在蒸发器中变成氨蒸气推动气轮发电机发电，然后用从深海抽上来的低温海水冷却还原为液态氨，再泵入蒸发器循环使用。目前我国 15 千瓦海洋温差发电装置研究及试验项目已通过验收，这使得我国成为继美国、日本之后，第三个独立掌握海洋温差发电技术的国家。

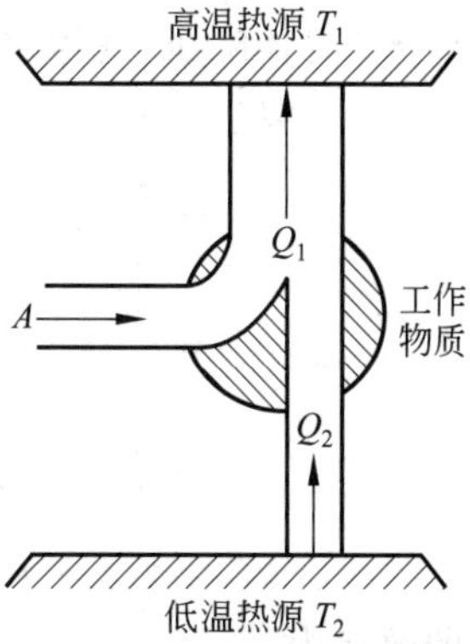

图 9.4.3　致冷机中的能量转化

让工质作逆循环的设备，称为致冷机，其能量转化情形如图 9.4.3 所示。在一个循环中外界对工质做功 A，使工质从低温热源提取热量 Q_2，并向高温热源释放热量 Q_1，按热力学第一定律，$Q_1 = A + Q_2$。

致冷机的性能用致冷系数来表示。在一个循环中，从低温热源提取的热量与外界对工质做功之比，称为致冷系数，用 e 表示，即

$$e=\frac{Q_2}{A}=\frac{Q_2}{Q_1-Q_2}$$

在外界对工质做功相同的情况下,致冷系数越大,致冷效果就越好。

日常用的电冰箱就是一种致冷机,其低温热源是冰箱的冷冻室,而高温热源就是周围的环境。

例 9.4.1 如图 9.4.4 所示,一定质量的理想气体从状态 A 出发,经过一个循环又回到状态 A。设气体分子为单原子分子,求该循环的效率。

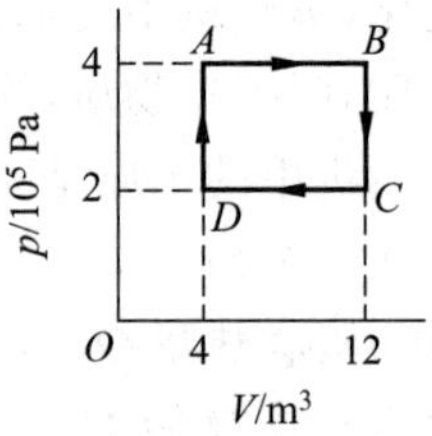

图 9.4.4 例 9.4.1 图

解法 1 按 $\eta=A/Q_{吸}$ 计算

此循环由两个等体和两个等压过程组成,等体过程气体不做功,只有等压过程 $A\to B$ 和 $C\to D$ 做功,一个循环气体所做净功为

$$\begin{aligned}A&=p_A(V_B-V_A)+p_C(V_D-V_C)\\&=4\times10^5\times(12-4)J+2\times10^5\times(4-12)\text{J}\\&=1.6\times10^6\text{J}\end{aligned}$$

$D\to A$ 等体升压,气体吸热;$A\to B$ 等压膨胀,气体也吸热,而在 $B\to C$ 和 $C\to D$ 过程中气体放热,一个循环气体吸收的热量为

$$\begin{aligned}Q_{吸}&=\nu C_{V,\text{m}}(T_A-T_D)+\nu C_{p,\text{m}}(T_B-T_A)\\&=\frac{3}{2}\nu R(T_A-T_D)+\frac{5}{2}\nu R(T_B-T_A)\end{aligned}$$

按理想气体状态方程,$\nu RT=pV$,可得

$$\begin{aligned}Q_{吸}&=\frac{3}{2}(p_AV_A-p_DV_D)+\frac{5}{2}(p_BV_B-p_AV_A)\\&=\frac{3}{2}(4\times4-2\times4)\times10^5\text{J}+\frac{5}{2}(4\times12-4\times4)\times10^5\text{J}\\&=9.2\times10^6\text{J}\end{aligned}$$

循环的效率为

$$\eta=\frac{A}{Q_{吸}}=\frac{1.6\times10^6}{9.2\times10^6}=17.4\%$$

解法 2 按 $\eta=1-Q_{放}/Q_{吸}$ 计算

$B\to C$ 等体降压,气体放热;$C\to D$ 等压压缩,气体放热,一个循环气体放出的热量为

$$\begin{aligned}Q_{放}&=\nu C_{V,\text{m}}(T_B-T_C)+\nu C_{p,\text{m}}(T_C-T_D)\\&=\frac{3}{2}\nu R(T_B-T_C)+\frac{5}{2}\nu R(T_C-T_D)\\&=\frac{3}{2}(p_BV_B-p_CV_C)+\frac{5}{2}(p_CV_C-p_DV_D)\\&=\frac{3}{2}(4\times12-2\times12)\times10^5\text{J}+\frac{5}{2}(2\times12-2\times4)\times10^5\text{J}\\&=7.6\times10^6\text{J}\end{aligned}$$

循环的效率为

$$\eta=1-\frac{Q_{放}}{Q_{吸}}=1-\frac{7.6\times10^6}{9.2\times10^6}=17.4\%$$

9.5 可逆和不可逆 卡诺循环和卡诺定理

9.5.1 可逆和不可逆

系统由某一状态出发经过某一过程到达另一状态，若存在另一过程，它能使该系统回到原来状态，同时消除原过程对外界所造成的一切影响，则原过程称为可逆过程。反之，用任何方法都不能使系统和外界完全复原，则原过程称为不可逆过程。

区分可逆和不可逆的判据并不是反过程能否发生，而是反过程能否完全消除原过程对系统和外界所造成的影响。

抛一块石头让它在地面上滑动，石头和地面摩擦，石头的动能可以全部转化成石头和地面的内能而最终停下。在不受外界干预的情况下，从未见过石头和地面自动降温，使其内能自动转化成石头的动能，让石头动起来。这说明摩擦生热，即功转化为热的过程是不可逆的。

向一杯水中滴入一滴墨水，墨水在水中扩散出现明显的非平衡态，最后达到密度均匀的平衡态，这是一个非准静态过程。若没有外界干预，扩散的墨水不会自动凝聚起来，可见由非平衡态向平衡态过渡的非准静态过程也是不可逆的。

以上分析表明：只有不发生功转化为热的准静态过程才可逆。只要没有摩擦，气体的无穷小压缩或膨胀，以及无穷小温差热传导(等温热传导)都是可逆过程。

由可逆过程组成的循环，叫可逆循环。工质按可逆循环工作的热机，叫可逆热机。可逆热机的工质可以作正循环成为热机，也可以作逆循环成为致冷机。

9.5.2 卡诺循环和卡诺热机的效率

为探索提高热机效率的途径，法国工程师卡诺(S. Carnot)通过研究最简单的两热源可逆热机(卡诺热机)，建立了热量与其在转移过程中所做功之间的理论联系，在1824年发表的《论热的动力的反射作用》一文中提出卡诺循环和卡诺定理，当时热力学第二定律尚未提出。

如图9.5.1所示，卡诺循环是一种只有两个热源的可逆循环，由两个等温热传导和两个准静态绝热过程组成，设高、低温热源的温度分别为 T_1 和 T_2。下面推导卡诺热机(卡诺循环)的效率，设工作物质为 ν(mol)理想气体。

1→2 过程：工质与高温热源 T_1 接触，经等温吸热过程从状态 $1(p_1,V_1,T_1)$ 到达 $2(p_2,V_2,T_1)$，按等温吸热公式，工质从高温热源吸收的热量为

$$Q_1=\nu RT_1\ln\frac{V_2}{V_1}$$

2→3 过程：工质脱离高温热源，经准静态绝热膨胀过程从状态 $2(p_2,V_2,T_1)$ 到达 $3(p_3,V_3,T_2)$。

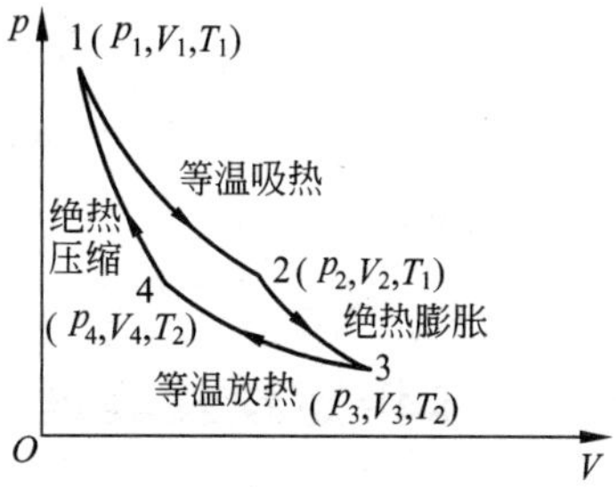

图9.5.1 卡诺循环

3→4 过程：工质与低温热源 T_2 接触，经等温放热过程，从状态 $3(p_3,V_3,T_2)$ 到达 $4(p_4,V_4,T_2)$，

工质释放给低温热源的热量为

$$Q_2=-\nu RT_2\ln\frac{V_4}{V_3}=\nu RT_2\ln\frac{V_3}{V_4}$$

4→1 过程：工质脱离低温热源，经准静态绝热压缩过程，从状态 $4(p_4, V_4, T_2)$ 返回到 $1(p_1, V_1, T_1)$，完成一个循环。

按绝热过程方程，$V^{\gamma-1}T=$常量，在 2→3 和 4→1 过程中工质的体积与温度之间的关系分别为 $V_2^{\gamma-1}T_1=V_3^{\gamma-1}T_2$ 和 $V_1^{\gamma-1}T_1=V_4^{\gamma-1}T_2$，因此

$$\frac{V_2}{V_1}=\frac{V_3}{V_4}$$

可得卡诺热机的效率为

$$\eta_C=1-\frac{Q_2}{Q_1}=1-\frac{\nu RT_2\ln\dfrac{V_3}{V_4}}{\nu RT_1\ln\dfrac{V_2}{V_1}}=1-\frac{T_2}{T_1}$$

即

$$\eta_C=1-\frac{T_2}{T_1} \tag{9.5.1}$$

因此，卡诺热机(卡诺循环)的效率只由高、低温热源的温度 T_1 和 T_2 决定。

按逆卡诺循环工作的致冷机，叫卡诺致冷机。与推导式(9.5.1)类似，可以导出卡诺致冷机的致冷系数为

$$e_C=\frac{T_2}{T_1-T_2}$$

其中，T_1 和 T_2 分别为高、低温热源的温度。

例 9.5.1 一卡诺致冷机从 0℃水中提取热量，向 27℃的房间放热，将 50kg 的 0℃的水变成 0℃的冰。已知冰在 0℃时的熔解热为 $L=3.35\times10^5\,\mathrm{J\cdot kg^{-1}}$。求致冷机工作所需机械功和向房间释放的热量。

解 致冷机从低温热源(水)提取的热量为

$$Q_2=mL=50\times3.35\times10^5\,\mathrm{J}=1.675\times10^7\,\mathrm{J}=1.68\times10^7\,\mathrm{J}$$

所需机械功为

$$A=\frac{Q_2}{e_C}=Q_2/\frac{T_2}{T_1-T_2}=\frac{mL(T_1-T_2)}{T_2}=\frac{1.675\times10^7\times(300-273)}{273}\,\mathrm{J}$$

$$=1.645\times10^6\,\mathrm{J}=1.65\times10^6\,\mathrm{J}$$

向房间释放的热量为

$$Q_1=A+Q_2=(1.645\times10^6+1.675\times10^7)\,\mathrm{J}=1.84\times10^7\,\mathrm{J}$$

9.5.3 卡诺定理及其理论意义

1. 卡诺定理

(1) 所有工作在温度相同的高温热源和温度相同的低温热源之间的热机，以可逆热机

的效率为上限，即 $\eta \leqslant \eta_C$。对于致冷机，以可逆致冷机的致冷系数为上限，即 $e \leqslant e_C$。

(2) 所有工作在温度相同的高温热源（温度为 T_1）和温度相同的低温热源（温度为 T_2）之间的可逆热机的效率为

$$\eta_C = 1 - \frac{T_2}{T_1}$$

与工作物质无关。可逆致冷机的致冷系数为

$$e_C = \frac{T_2}{T_1 - T_2}$$

与工作物质无关。

卡诺定理在热机理论中占有重要地位，在原则上指明了改进热机的方向：除了减少散热、漏气和摩擦等损耗之外，提高高温热源温度和降低低温热源温度是提高热机效率的有效途径。

然而，尽管卡诺热机效率最高，但工质与热源之间发生的是无穷小温差热传导，因此只能无限缓慢地运行，所以输出功率为零，这显然脱离实际，人们关心的是热机在最大输出功率时的效率界限。

为使热机产生非零功率，循环必须在有限时间内进行。近年来建立了许多热机循环模型，“内卡诺循环”就是其中之一。内卡诺循环是让热机内部的工质经历可逆的卡诺循环，而不可逆性只存在于工质与热源之间的传热部分，让工质与热源之间存在有限温差，由于存在热阻，传热过程在有限时间内进行，因而有功率输出。内卡诺循环的研究属于不可逆过程热力学，与之相应的微观理论是非平衡态统计物理学。

卡诺定理是热力学第二定律的先导。卡诺当年是按错误的“热质”观念，凭直觉得到的卡诺定理。他认为高温热源中的“热质”就像图 9.5.2 所示瀑布一样流向低温热源，因此热机的动力取决于“热质瀑布”的高度——热机至少要有两个热源，而这正是 27 年后的 1851 年提出的热力学第二定律的开尔文表述（见 9.6.1 节）。可以说卡诺定理是热力学第二定律的先导，在热力学的建立和发展过程中具有不容忽视的理论意义。实际上，从卡诺遗留下的手稿看出，他在 1830 年就已经认识到热是一种能量，而不是“热质”，并基本正确地给出了热功当量的值。

图 9.5.2 瀑布

1832 年卡诺病逝，年仅 36 岁。由于热质观念的阻碍，加之英年早逝，卡诺未能完全探究到问题的最终答案，实为物理学中的一大憾事。

1850 年，德国物理学家克劳修斯（R. Clausius）发表著名论文《论热的动力以及由此推出的关于热本性的定律》，对卡诺定理作了详尽的分析，把卡诺定理改造成与热力学第一定律并列的热力学第二定律。

2. 两热源循环过程可逆和不可逆的判据

按卡诺定理的结论(1)，有

$$\eta = 1 - \frac{Q_2}{Q_1} \leqslant \eta_C = 1 - \frac{T_2}{T_1}$$

即

$$\frac{Q_1}{T_1} - \frac{Q_2}{T_2} \leqslant 0$$

现将 Q_2 改为工质从低温热源 T_2 吸收的热量,式中的 Q_2 应改写成 $-Q_2$,于是有

$$\frac{Q_1}{T_1} + \frac{Q_2}{T_2} \leqslant 0 \tag{9.5.2}$$

其中,Q_1 和 Q_2 分别为在一个循环过程中工质(系统)从高温热源 T_1 和从低温热源 T_2 吸收的热量,"="表示循环过程可逆,"<"表示循环不可逆。

式(9.5.2)称为两热源克劳修斯不等式,它是对两热源循环过程的可逆和不可逆的判据:若循环过程可逆,则热温比(热量与温度的比值)之和等于零;若循环不可逆,热温比之和小于零。

3. 热力学温标

理想气体温标依赖于测温物质(理想气体)的性质,按卡诺定理的结论(2)可以制定与测温物质无关的温标。让可逆热机工作在两热源之间,其中一个热源的温度 Θ 为待测温度,另一个热源的温度固定为水的三相点 $\Theta_3 = 273.16\text{K}$,测量工质在一个循环中与热源 Θ 和 Θ_3 交换的热量 Q 和 Q_3,按卡诺定理的结论(2),有

$$\eta_C = 1 - \frac{Q_3}{Q} = 1 - \frac{\Theta_3}{\Theta}$$

即

$$\frac{\Theta_3}{\Theta} = \frac{Q_3}{Q}$$

则待测温度为

$$\Theta = \frac{Q}{Q_3} \times 273.16\text{K} \tag{9.5.3}$$

按上式制定的温标与测温物质(工质)无关,只要通过测量热量的比值就能定义温度。式(9.5.3)称为热力学温标或开尔文温标,由英国物理学家开尔文(W. T. B. Kelvin)于 1848 年创立。

由于理想气体温标也把水的三相点规定为固定点,并且单位也是 K,所以在理想气体温标适用的温度范围内,热力学温标和理想气体温标等价,即 $\Theta = T$。

例 9.5.2 某一循环机的两热源温度分别为 $T_1 = 1000\text{K}$ 和 $T_2 = 300\text{K}$,在一个循环中,工质与热源 T_1 交换的热量为 $|Q_1| = 2000\text{kJ}$,与外界交换的功为 $A = 1500\text{kJ}$。这一循环机是热机还是致冷机?是可逆机还是不可逆机?

解法 1 用效率判断

设该循环机为热机,其效率为

$$\eta = \frac{A}{|Q_1|} = \frac{1500}{2000} = 75\%$$

而可逆热机的效率为

$$\eta_C = 1 - \frac{T_2}{T_1} = 1 - \frac{300}{1000} = 70\%$$

因 $\eta > \eta_C$，违背卡诺定理结论(1)，故不可能是热机，只能是致冷机，其致冷系数为

$$e = \frac{|Q_1| - A}{A} = \frac{2000 - 1500}{1500} = 33\%$$

而可逆致冷机的致冷系数为

$$e_C = \frac{T_2}{T_1 - T_2} = \frac{300}{1000 - 300} = 43\%$$

满足 $e < e_C$，因此该循环机是不可逆致冷机。

解法 2　用两热源克劳修斯不等式判断

设该循环机为热机，但其循环热温比之和大于零，即

$$\frac{|Q_1|}{T_1} - \frac{|Q_1| - A}{T_2} = \left(\frac{2000}{1000} - \frac{2000 - 1500}{300}\right)\text{kJ} \cdot \text{K}^{-1} = 0.33\text{kJ} \cdot \text{K}^{-1} > 0$$

违背两热源克劳修斯不等式，则不可能是热机，只能是致冷机，其循环热温比之和小于零，即

$$\frac{-|Q_1|}{T_1} + \frac{|Q_1| - A}{T_2} = -0.33\text{kJ} \cdot \text{K}^{-1} < 0$$

因此该循环机是不可逆致冷机。

例 9.5.3　一热机工作在高温物体和低温热源之间，物体的初始温度为 T_i，低温热源的温度恒为 T_0（$T_i > T_0$）。已知物体的质量为 m，比热为常量 C，求该热机可输出的最大功。

解　让该热机以一系列微小的卡诺循环使高温物体的温度由 T_i 降低到 T_0，则输出最大功。物体温度由 T 降低到 $T - |\text{d}T|$，卡诺循环所做的功为

$$\text{d}A_\text{m} = \eta_C \text{d}Q = \left(1 - \frac{T_0}{T}\right) Cm \mid \text{d}T \mid = -Cm\left(1 - \frac{T_0}{T}\right)\text{d}T$$

积分得热机输出的最大功为

$$A_\text{m} = \int \text{d}A_\text{m} = -Cm\int_{T_i}^{T_0}\left(1 - \frac{T_0}{T}\right)\text{d}T = Cm\left[(T_i - T_0) - T_0 \ln\left(\frac{T_i}{T_0}\right)\right]$$

9.6　热力学第二定律　玻耳兹曼熵和熵增加原理

热力学第二定律：孤立系统所经历的实际热力学过程具有方向性，沿某些方向可以自动进行的过程，反过来则不能自动进行。其统计本质是熵增加原理。

9.6.1　热力学第二定律的宏观表述

热力学第二定律的两个主要奠基人克劳修斯和开尔文，他们对定律分别表述如下。

(1) 克劳修斯表述(1850 年)

不可能把热量从低温物体传到高温物体，而不引起其他影响。这一表述指出，在不受外界干预的情况下，自发的热传导过程是不可逆的。

热力学第零定律(热平衡定律)是热力学第二定律的一个必然结果，但前者只规定了互

为热平衡的系统具有共同的温度,不能判定热量的流动方向。

(2) 开尔文表述(1851年)

不可能从单一热源吸收热量,使之完全转化为有用功而不引起其他变化。这一表述说明,在不受外界干预的情况下,自发的功转变为热的过程是不可逆的。

若能制成从单一热源吸热做功,而不产生其他影响的机器,就能直接把海水蕴藏的热量取出来做功,成为取之不尽、用之不竭的能源。这种机器也是一种永动机,叫第二类永动机。热力学第二定律的开尔文表述也可说成:热机至少要有两个热源,第二类永动机不能制成。

克劳修斯表述和开尔文表述是等价的。如图9.6.1所示,若否定克劳修斯表述,能把热量 Q_2 从低温热源 T_2 传到高温热源 T_1 而不引起其他影响,则可用卡诺热机从高温热源 T_1 吸收热量 Q_1,再把热量 Q_2 传给低温热源 T_2,同时对外界做的功为 $A=Q_1-Q_2$。如此联合工作的结果是,低温热源不发生变化,而高温热源 T_1 中的热量 Q_1-Q_2 完全转化为有用功 A 而不引起其他变化,这样就否定了开尔文表述。同理,否定开尔文表述即否定克劳修斯表述。

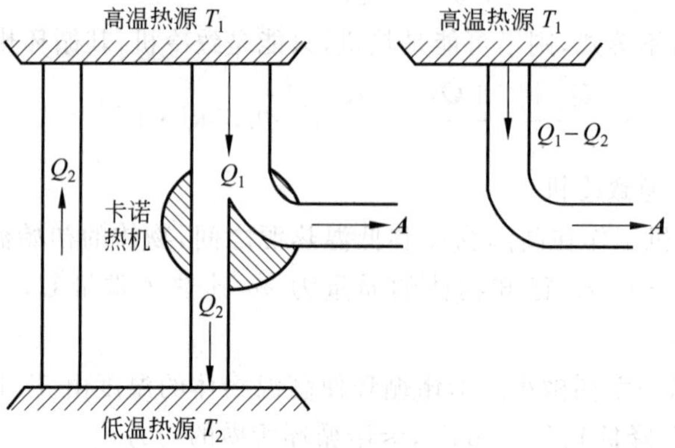

图9.6.1 否定克劳修斯表述即否定开尔文表述

上述两种表述的等价性反映了各种不可逆过程具有共同的本质,指出任意一个与热现象有关的宏观过程的不可逆性,就是对热力学第二定律的一种宏观表述。

我们把不受外界干预情况下系统自动发生的热力学过程,统称为自然过程。热力学第二定律可简单地说成:自然过程不可逆。

9.6.2 热力学第二定律的统计本质

在热力学系统中,单个分子的运动服从牛顿方程,即

$$\boldsymbol{f}=m\frac{\mathrm{d}\boldsymbol{v}}{\mathrm{d}t}=m\frac{\mathrm{d}(-\boldsymbol{v})}{\mathrm{d}(-t)}$$

让时间和速度都改变符号,即 $t\to -t$,$\boldsymbol{v}\to -\boldsymbol{v}$,牛顿方程的形式不变,把分子从 A 点抛出,落到 B 点,反过来从 B 点抛出,分子将沿同一轨道落到 A 点,这说明单个分子的运动是可逆的,但为什么由大量分子组成的热力学系统所经历的自然过程不可逆?这实际上是系统中大量分子热运动所服从的概率规律在起作用。

热力学过程是由一系列依次出现的宏观态组成,各个宏观态都可能出现,只是出现概率的大小有所不同。在8.4.1节已经讲过,一个宏观态包括 Ω(热力学概率)个微观态,而每个

微观态出现的概率相等，因此一个宏观态出现的概率与系统所包括的微观态数，即热力学概率 Ω 成正比，自然过程总是沿着 Ω 增大的方向进行，到达 Ω 取最大值的平衡态(最概然分布)，系统在宏观上就不再发生变化。

我们知道，Ω 越大，分子的运动就越无序，因此自然过程总是沿着从有序到无序的方向进行，而反过来，从无序到有序的过程是不会自动发生的。这就是热力学第二定律的统计本质。

例如，做功(包括电流做功)是通过系统中大量分子的有序运动来实现的，而热是系统中大量分子无序运动的结果，功转化为热(从有序到无序)的过程可以自动发生，而反过来，热转化为功(从无序到有序)则不能自动发生。系统可以从比较有序的非平衡态自动过渡到最无序的平衡态，而从平衡态不能自动过渡到非平衡态。

热力学第一定律中有一个状态量内能，系统能量的变化关系可以用内能的变化来表达。热力学第二定律也应该有一个状态量，用它的某种变化倾向来反映热力学过程进行的方向，这个新的状态量就是熵(entropy)。1854 年(清咸丰四年)克劳修斯首先在宏观上引入熵的概念，并用熵增加原理表述了热力学过程进行的方向。

1877 年(清光绪三年)玻耳兹曼把熵和概率联系起来，在微观上定义熵，阐明了热力学第二定律的统计本质，为物理学的进展作出了重大贡献。可以证明，克劳修斯熵和玻耳兹曼熵是等价的。我们先讲玻耳兹曼熵，后讲克劳修斯熵。

9.6.3　玻耳兹曼熵和熵增加原理

1. 玻耳兹曼熵

玻耳兹曼把熵 S 与热力学概率 Ω 联系起来，定义

$$S \propto \ln\Omega$$

1900 年普朗克把上式写成

$$S = k\ln\Omega \tag{9.6.1}$$

其中，k 为玻耳兹曼常量。按式(9.6.1)定义的熵，称为玻耳兹曼熵。熵的单位是 $\mathrm{J\cdot K^{-1}}$。

熵 S 是系统的一个状态量，是对系统无序性的量度，S 越大，系统就越无序。熵具有可加性，设系统包含两个独立的子系统，用 Ω_1 和 Ω_2 分别代表在一定条件下这两个子系统的热力学概率，整个系统的热力学概率为

$$\Omega = \Omega_1\Omega_2$$

因此

$$S = k\ln\Omega = k\ln\Omega_1 + k\ln\Omega_2 = S_1 + S_2$$

这表明：在同一条件下整个系统的熵等于所有子系统的熵之和。

把熵和概率联系起来是一个具有深远意义的思想。根据这一思想，1927 年匈牙利裔美国物理学家冯·诺依曼(J. van Neumann)给出了熵的量子力学表述。1948 年美国数学家香农(C. E. Shannon)定义了信息熵，创立了信息科学。

*** 信息熵**

信息是消除事物的不确定性的因素，香农把这些因素与热力学系统的微观态相类比，把信息熵定义为

$$S = -C\sum_{K=1}^{N} P_K \ln P_K$$

其中,P_K 是事件出现第 K 种情况的概率,代表事件的信息量,满足 $P_K \geqslant 0$ 和 $\sum P_K = 1$,C 是一个正的常数。信息熵是负熵,是对事件的信息缺乏程度的量度,信息量越大,信息熵就越小,系统就越有序;信息缺乏将导致信息熵变大,系统变得更加无序。

熵不仅是自然科学和工程技术中的一个重要概念,而且已经进入生命科学、经济学和社会科学等领域。

2. 熵增加原理

引入熵的概念,热力学第二定律可表述为:绝热或孤立系统中发生的过程的熵不减少,即

$$\Delta S = S_2 - S_1 \geqslant 0 \quad (\text{绝热或孤立系统}) \tag{9.6.2}$$

式中,S_1 和 S_2 分别代表系统初末态的熵;“=”表示过程可逆,“>”表示过程不可逆。

式(9.6.2)称为熵增加原理,它精辟地阐明了热力学第二定律的统计本质:可逆的绝热过程是等熵过程,而在不可逆绝热过程中熵增加,系统变得越来越无序。

热力学第二定律或熵增加原理不仅适用于实体,也适用于场(如辐射场),但它既不能用于少数分子组成的系统,也不能用于时空都无限的宇宙。在历史上曾提出所谓“热寂说”,认为宇宙的熵趋向于极大,任何进一步的变化都不会发生,宇宙将进入一个死寂的状态。产生这种误解是由于把宇宙看成是孤立系统了。

例 9.6.1 如图 9.6.2 所示,一刚性绝热容器用隔板平均分成左右两部分。开始时在容器的左侧充满 1mol 单原子理想气体,并处于平衡态,容器右侧抽成真空。打开隔板后气体自由膨胀充满整个容器并达到平衡。用玻耳兹曼熵计算气体的熵变。

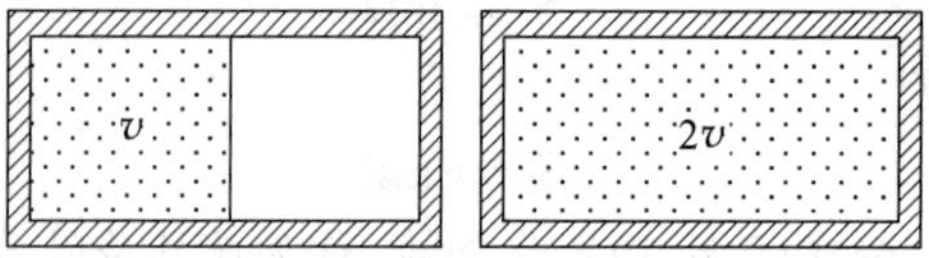

图 9.6.2 例 9.6.1 图

解 理想气体经绝热自由膨胀达到平衡后温度不变,因此分子按速度分布的无序程度不变。但分子占据的空间扩大一倍,分子在空间位置上的分布变得更加混乱。一个分子按位置分布的微观态数正比于分子所能到达的体积,用 v 代表气体膨胀前的体积,N_A 个分子膨胀前的微观状态数为 $\Omega_1 \propto v^{N_A}$,膨胀后的微观状态数为 $\Omega_2 \propto (2v)^{N_A}$。按玻耳兹曼熵的定义,气体的熵变为

$$\Delta S = S_2 - S_1 = k(\ln\Omega_2 - \ln\Omega_1) = k\ln\left(\frac{\Omega_2}{\Omega_1}\right) = kN_A\ln 2 = R\ln 2 > 0$$

绝热自由膨胀不可逆,$\Delta S > 0$ 符合熵增加原理。

例 9.6.2 考虑一个由 N 个磁性原子组成的系统,每个原子的自旋磁矩(相当于小磁针)只能取向上和向下两个方向。假设在极低温度下系统是铁磁性的,即自旋磁矩之间的相互作用使它们趋于同一取向,平行排列。但当温度足够高时,所有自旋磁矩的取向完全无序。求从极低温度到足够高温度系统的熵变。

解 对于一个自旋磁矩,向上和向下对应 2 个不同的微观态。在极低温度下自旋磁矩

趋于同一取向，系统的微观态数为 $\Omega_1=1$，系统有序。当温度足够高时，所有自旋磁矩的取向完全无序，系统的微观态数为 $\Omega_2=2^N$。按玻耳兹曼熵的定义，从极低温度到足够高温度系统的熵变为

$$\Delta S=S_2-S_1=k(\ln\Omega_2-\ln\Omega_1)=k\ln\left(\frac{\Omega_2}{\Omega_1}\right)=kN\ln 2$$

9.7　克劳修斯熵　计算熵的例题

玻耳兹曼熵虽然能反映熵的统计本质，但需要知道系统所能达到的微观状态数，这对气体之外的一般热力学系统颇有不便，在热力学中通常用克劳修斯引入的宏观熵来计算熵变。

9.7.1　克劳修斯不等式

如前所述，两热源克劳修斯不等式为

$$\frac{Q_1}{T_1}+\frac{Q_2}{T_2}\leqslant 0 \tag{9.7.1}$$

对于一个经历任意循环过程 C 的热力学系统，设想系统依次与温度为 $T_1, T_2, \cdots$ 的热源（外界）接触并交换热量，则式(9.7.1)可推广为

$$\sum_i \frac{\Delta Q_i}{T_i}\leqslant 0$$

其中，ΔQ_i 为系统从热源 T_i 吸收的热量。若热源的温度 T 连续变化，上式可写成

$$\oint_{(C)}\frac{đQ}{T}\leqslant 0 \tag{9.7.2}$$

其中，$đQ$ 为系统在每一小段过程中从热源 T 吸收的无穷小热量，“$=$”表示循环过程 C 可逆，“$<$”表示 C 不可逆。式(9.7.2)称为克劳修斯不等式，它是对任意循环过程可逆和不可逆的判据。

若 C 为任一可逆循环 R，则式(9.7.2)成为

$$\oint_{(R)}\frac{đQ}{T}=0 \tag{9.7.3}$$

上式表明：系统的热温比沿任一可逆循环的积分恒等于零。由于是可逆循环，系统与热源之间发生等温热传导，所以式(9.7.3)中的 T 就是系统的温度。

联想起保守力所满足的环路定理，若把式(9.7.3)中的 $1/T$ 看成力，把$đQ$ 看成元位移，则可引入一个相当于势能的状态函数，这个状态函数就是克劳修斯熵。

9.7.2　克劳修斯熵

如图 9.7.1 所示，用 R_1 和 R_2 代表连接平衡态 1 和 2 的两个任意可逆过程，R 代表可逆循环 $1R_12R_21$，则式(9.7.3)可写成

$$\oint_{(R)}\frac{đQ}{T}=\int_{1(R_1)}^{2}\frac{đQ}{T}-\int_{1(R_2)}^{2}\frac{đQ}{T}=0$$

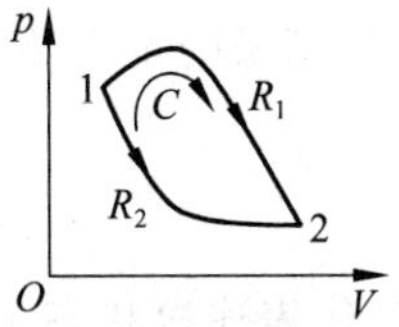

图 9.7.1　积分与路径无关

即

$$\int_{1(R_1)}^{2}\frac{đQ}{T}=\int_{1(R_2)}^{2}\frac{đQ}{T}$$

这表明：系统的热温比沿可逆过程的积分与作为积分路径的可逆过程无关，只取决于系统的初末状态。

系统从状态 1 经过任意过程(可逆或不可逆过程)到达另一状态 2，克劳修斯熵的增量定义为

$$\Delta S=S_2-S_1=\int_{1(R)}^{2}\frac{đQ}{T}\tag{9.7.4}$$

式中，积分路径 R 为连接状态 1 和 2 的任意一个物理上合理的可逆过程，$đQ$ 为系统吸收的无穷小热量，T 为系统的温度。

对于无穷小可逆过程，有

$$\mathrm{d}S=\frac{đQ}{T}\tag{9.7.5}$$

这可看成是克劳修斯熵的微分。

应该强调，不管系统实际上经历的是什么过程，计算熵变的积分路径必须是可逆过程，只要物理上合理，可以任意设定，但设定得巧妙会使计算变得简单。

但式(9.7.4)只能定义熵的差值，留下一个常量无法确定。1911 年普朗克提出绝对熵的概念，规定绝对零度时熵等于零，即

$$\lim_{T\to 0}S=S_0=0$$

这样规定之后熵的数值中就不再包含任意常量了。

熵的英文名 entropy 是克劳修斯造的，我国物理学家胡刚复教授于 1923 年译为“熵”，“商”是指热量与温度之比，而“火”字旁则表示热学量。

9.7.3 熵增加原理的导出和能量退降

1. 熵增加原理的导出

如图 9.7.2 所示，R 代表连接状态 1 和 2 的任一可逆过程，I 代表任一不可逆过程，C 代表不可逆循环 $1I2R1$(不存在反向循环)。按克劳修斯不等式，有

$$\oint_C\frac{đQ}{T}=\int_{1(I)}^{2}\frac{đQ}{T}-\int_{1(R)}^{2}\frac{đQ}{T}=\int_{1(I)}^{2}\frac{đQ}{T}-\Delta S<0$$

即

$$\Delta S>\int_{1(I)}^{2}\frac{đQ}{T}$$

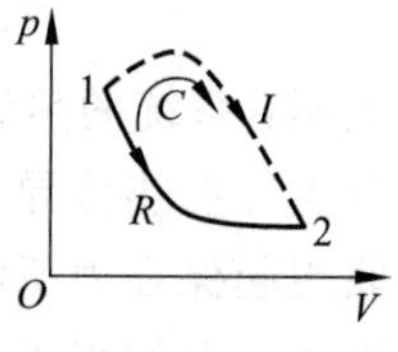

图 9.7.2 熵增加原理的导出

把上式与熵增的定义 $\Delta S=\int_{1(R)}^{2}\frac{đQ}{T}$ 联合写成

$$\Delta S\geqslant\int_{1(L)}^{2}\frac{đQ}{T}\tag{9.7.6}$$

其中，L 代表连接状态 1 和 2 的任意过程，“=”表示过程 L 可逆，“>”表示 L 不可逆。

对于绝热或孤立系统中发生的过程，$đQ=0$，因此式(9.7.6)成为

$$\Delta S=S_2-S_1\geqslant 0\quad（绝热或孤立系统）$$

此即熵增加原理。

2. 能量退降

按热力学第一定律，在任一热力学过程中能量在数值上是守恒的，但任何实际的热力学过程都不可逆，总要使得一定的能量从能做功的形式变成不能做功的形式，这称为能量退降(degradation of energy)。退降(不能做功)的能量 E_d 正比于不可逆过程所引起的系统的熵增 ΔS，即

$$E_d=T_0\Delta S$$

其中，T_0 代表最冷热源的温度。

下面以功热转换为例说明。如图 9.7.3 所示，一质量为 m 的物体从高度为 h 处落到温度为 T 的地面上，重力做的功为 $A=mgh$，并全部转换成热量 Q。这是一个不可逆过程，引起系统(物体和地面)的熵增为 $\Delta S=Q/T$。在这一过程中，虽然能量的数值不变($Q=A$)，但热量 Q 只能用热机转化为功，用卡诺热机转化的最大功为

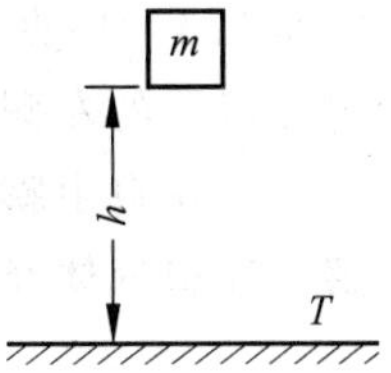

图 9.7.3　功热转换

$$A_m=\left(1-\frac{T_0}{T}\right)Q=\left(1-\frac{T_0}{T}\right)A$$

其中，T_0 代表最冷热源的温度。显然 $A_m<A$，退降的能量为

$$E_d=A-A_m=Q-\left(1-\frac{T_0}{T}\right)Q=T_0\frac{Q}{T}=T_0\Delta S$$

9.7.4　理想气体熵变公式

对于无穷小可逆过程，由式(9.7.5)可得

$$đQ=T\mathrm{d}S$$

代入热力学第一定律 $đQ=\mathrm{d}E+đA$，得

$$T\mathrm{d}S=\mathrm{d}E+đA$$

上式综合了热力学第一和第二定律，是热力学中的一个基本关系式。对于气体可表示为

$$T\mathrm{d}S=\mathrm{d}E+p\,\mathrm{d}V\tag{9.7.7}$$

设有 1mol 理想气体由状态(p_1,v_1,T_1)经过任意过程(可逆或不可逆)到达(p_2,v_2,T_2)，按克劳修斯熵的定义和式(9.7.7)，其熵变为

$$\Delta S=S_2-S_1=\int_{1(R)}^{2}\mathrm{d}S=\int_{1(R)}^{2}\frac{\mathrm{d}E+p\,\mathrm{d}v}{T}$$

其中，R 代表连接状态 1 和 2 的任一可逆过程。把 $\mathrm{d}E=C_{V,m}\mathrm{d}T$ 和 $p\,\mathrm{d}v=RT\mathrm{d}v/v$ 代入上式，得

$$\Delta S=S_2-S_1=C_{V,m}\int_{T_1}^{T_2}\frac{\mathrm{d}T}{T}+R\int_{v_1}^{v_2}\frac{\mathrm{d}v}{v}$$

即

$$\Delta S = C_{V,\mathrm{m}}\ln\frac{T_2}{T_1} + R\ln\frac{v_2}{v_1} \tag{9.7.8}$$

利用理想气体状态方程,并注意 $C_{V,\mathrm{m}}+R=C_{p,\mathrm{m}}$,可得

$$\Delta S = C_{p,\mathrm{m}}\ln\frac{T_2}{T_1} - R\ln\frac{p_2}{p_1} \tag{9.7.9}$$

和

$$\Delta S = C_{V,\mathrm{m}}\ln\frac{p_2}{p_1} + C_{p,\mathrm{m}}\ln\frac{v_2}{v_1} \tag{9.7.10}$$

式(9.7.8)、(9.7.9)和(9.7.10)就是计算 1mol 理想气体熵变的公式。

9.7.5 计算熵的例题

例 9.7.1 用克劳修斯熵重解例 9.6.1。一刚性绝热容器用隔板平均分成左右两部分。开始时在容器的左侧充满 1mol 单原子理想气体,并处于平衡态,容器右侧抽成真空。求打开隔板后气体自由膨胀充满整个容器并达到平衡所引起的熵变。

解 理想气体经绝热自由膨胀达到平衡后温度不变,按理想气体熵变公式,熵变为

$$\Delta S = C_{V,\mathrm{m}}\ln\frac{T_2}{T_1} + R\ln\frac{v_2}{v_1} = R\ln\frac{2v}{v} = R\ln 2$$

结果与玻耳兹曼熵一致,反映出这两种熵的等价性。

例 9.7.2 求 1kg 温度为 0℃ 的冰在 0℃ 时完全融化成水后的熵变,并计算由冰到水微观状态数增加到多少倍。已知冰在 0℃时的熔解热为 $L=3.35\times10^5\,\mathrm{J\cdot kg^{-1}}$。

解 为计算熵变,设想让 0℃ 的冰与 0℃的热源接触,通过等温热传导使冰完全融化成水,以此可逆过程作为积分路径来计算熵变,得

$$\Delta S = \int\frac{đQ}{T} = \frac{Q}{T} = \frac{mL}{T} = \frac{1\times3.35\times10^5}{273}\,\mathrm{J\cdot K^{-1}} = 1.23\times10^3\,\mathrm{J\cdot K^{-1}}$$

熵变只取决于初末状态,与具体过程无关,因此上式就是所求熵变。用玻耳兹曼熵可表示为

$$\Delta S = k\ln\frac{\Omega_2}{\Omega_1} = k\lg\frac{\Omega_2}{\Omega_1}\bigg/\lg 2.718 = 2.30k\lg\frac{\Omega_2}{\Omega_1} = 1.23\times10^3\,\mathrm{J\cdot K^{-1}}$$

因此微观状态数增加到的倍数为

$$\frac{\Omega_2}{\Omega_1} = 10^{1.23\times10^3/(2.30\times1.38\times10^{-23})} = 10^{3.87\times10^{25}}$$

冰中的水分子被限制在晶格中,与冰相比,水中分子的运动极其无序。

例 9.7.3 用熵增加原理重解例 9.5.2。某一循环机的两热源温度分别为 $T_1=1000\mathrm{K}$ 和 $T_2=300\mathrm{K}$,在一个循环中,工质与热源 T_1 交换的热量为 $|Q_1|=2000\mathrm{kJ}$,与外界交换的功为 $A=1500\mathrm{kJ}$。这一循环机是热机还是致冷机?是可逆机还是不可逆机?

解 设此循环机为热机,经一个循环后热源 T_1、T_2 和工质的熵增分别为

$$\Delta S_1 = \frac{-|Q_1|}{T_1} = \frac{-2000\mathrm{kJ}}{1000\mathrm{K}} = -2\mathrm{kJ\cdot K^{-1}}$$

$$\Delta S_2 = \frac{|Q_1|-A}{T_2} = \frac{(2000-1500)\mathrm{kJ}}{300\mathrm{K}} = 1.67\mathrm{kJ\cdot K^{-1}}$$

$$\Delta S_{工质}=0$$

系统的熵增为

$$\Delta S=\Delta S_1+\Delta S_2+\Delta S_{工质}=(-2+1.67+0)\mathrm{kJ}\cdot\mathrm{K}^{-1}=-0.33\mathrm{kJ}\cdot\mathrm{K}^{-1}<0$$

违背熵增加原理，因此不可能是热机，只能是致冷机。

对于致冷机，以上计算中的热量和功都应反号，系统的熵增为

$$\Delta S=0.33\mathrm{kJ}\cdot\mathrm{K}^{-1}>0$$

满足熵增加原理，且 $\Delta S>0$，因此该循环机是不可逆致冷机，结果与前面一致。

例 9.7.4 用熵增加原理重解例 9.5.3。一热机工作在高温物体和低温热源之间，物体的初始温度为 T_i，低温热源的温度恒为 $T_0(T_i>T_0)$。已知物体的质量为 m，比热为常量 C，求该热机可输出的最大功。

解 在高温物体的温度由 T_i 降低到 T_0 的过程中，热机对外做的功为

$$A=Cm(T_i-T_0)-Q_0$$

其中，Q_0 代表释放给低温热源的热量，当 Q_0 取最小值时，该热机输出最大功。在上述降温过程中，物体的熵变为

$$\Delta S=\int_{T_i}^{T_0}\frac{Cm\,\mathrm{d}T}{T}=Cm\ln\frac{T_0}{T_i}$$

低温热源的熵变为

$$\Delta S_0=\frac{Q_0}{T_0}$$

工质复原，熵不变，因此系统的熵变为

$$\Delta S=Cm\ln\frac{T_0}{T_i}+\frac{Q_0}{T_0}$$

按熵增加原理，有

$$Cm\ln\frac{T_0}{T_i}+\frac{Q_0}{T_0}\geqslant 0$$

可得

$$Q_0\geqslant T_0Cm\ln\frac{T_i}{T_0}$$

当 Q_0 取最小值时，该热机输出最大功 A_m，即

$$A_\mathrm{m}=Cm(T_i-T_0)-T_0Cm\ln\frac{T_i}{T_0}=Cm\left[(T_i-T_0)-T_0\ln\frac{T_i}{T_0}\right]$$

结果与前面一致。

例 9.7.5 设有 1kg 温度为 20℃ 的水，已知水的比热为 $4.18\times10^3\mathrm{J}\cdot\mathrm{kg}^{-1}\cdot\mathrm{K}^{-1}$。(1)若把水放到 100℃ 的炉子上直接加热到 100℃，求水的熵变及水和炉子所组成系统的熵变。(2)若把水先用 50℃ 的炉子加热到 50℃，再用 100℃ 的炉子加热到 100℃，求水的熵变及水和炉子所组成系统的熵变。(3)若把水依次与一系列温度从 20℃ 逐渐升高到 100℃ 的无穷小温差的炉子接触，把水加热到 100℃，求水的熵变和这一系列炉子的熵变。

解 (1) 把水直接加热到 100℃ 是不可逆过程。为计算熵变，设想把水依次与一系列温度从 20℃ 逐渐升高到 100℃ 的无穷小温差的炉子接触，通过等温热传导把水加热到 100℃，

用 dT 代表炉子的温差，水的熵变为

$$\Delta S_1=\int\frac{\text{đ}Q}{T}=\int_{T_1}^{T_2}\frac{Cm\,\mathrm{d}T}{T}=Cm\ln\frac{T_2}{T_1}=4.18\times10^3\times1\times\ln\left(\frac{273+100}{273+20}\right)\mathrm{J}\cdot\mathrm{K}^{-1}$$

$$=1009\mathrm{J}\cdot\mathrm{K}^{-1}$$

炉子可以当成恒温(100℃)热源，所经过程是等温地放出把水加热到100℃所需热量，因此炉子的熵变为

$$\Delta S_2=-\frac{Cm(T_2-T_1)}{T_2}=-\frac{4.18\times10^3\times1\times(100-20)}{273+100}\mathrm{J}\cdot\mathrm{K}^{-1}=-896.5\mathrm{J}\cdot\mathrm{K}^{-1}$$

水和炉子所组成系统的熵变为

$$\Delta S=\Delta S_1+\Delta S_2=(1009-896.5)\mathrm{J}\cdot\mathrm{K}^{-1}=112.5\mathrm{J}\cdot\mathrm{K}^{-1}$$

(2) 水的熵变仍为 $\Delta S_1=1009\mathrm{J}\cdot\mathrm{K}^{-1}$，但炉子的熵变为

$$\Delta S_2=\left[-\frac{4.18\times10^3\times1\times(50-20)}{273+50}-\frac{4.18\times10^3\times1\times(100-50)}{273+100}\right]\mathrm{J}\cdot\mathrm{K}^{-1}$$

$$=-948.5\mathrm{J}\cdot\mathrm{K}^{-1}$$

水和炉子所组成系统的熵变为

$$\Delta S=\Delta S_1+\Delta S_2=(1009-948.5)\mathrm{J}\cdot\mathrm{K}^{-1}=60.5\mathrm{J}\cdot\mathrm{K}^{-1}$$

(3) 水的熵变仍为 $\Delta S_1=1009\mathrm{J}\cdot\mathrm{K}^{-1}$，但不同于前面两种情况，水的加热过程是可逆过程，水和这一系列炉子所组成系统的熵变为 $\Delta S=0$，因此这一系列炉子的熵变为 $\Delta S_2=-1009\mathrm{J}\cdot\mathrm{K}^{-1}$。

本章提要

1. 热力学第一定律

$$Q=\Delta E+A,\quad \text{đ}Q=\mathrm{d}E+\text{đ}A$$

$$Q=\int_{T_1}^{T_2}C\,\mathrm{d}T,\quad \Delta E=\frac{i}{2}\nu R\Delta T,\quad A=\int_{V_1}^{V_2}p\,\mathrm{d}V$$

2. 等温过程

$$pV=\text{常量}$$

$$Q=A=\nu RT\ln\frac{V_2}{V_1}$$

3. 等体过程

$$\frac{T}{p}=\text{常量}$$

$$A=0$$

$$Q=\nu C_{V,\mathrm{m}}\Delta T$$

理想气体摩尔定体热容

$$C_{V,\mathrm{m}}=\frac{i}{2}R$$

4. 等压过程

$$\frac{T}{V}=\text{常量}$$

$$A=\nu R\Delta T$$

$$Q=\nu C_{p,\mathrm{m}}\Delta T$$

理想气体摩尔定压热容

$$C_{p,\mathrm{m}}=\left(\frac{i}{2}+1\right)R$$

5. 迈耶公式

$$C_{p,\mathrm{m}}-C_{V,\mathrm{m}}=R$$

比热[容]比(绝热指数)

$$\gamma=\frac{C_{p,\mathrm{m}}}{C_{V,\mathrm{m}}}=\frac{i+2}{i}$$

6. 绝热过程

$$pV^{\gamma}=\text{常量},\quad V^{\gamma-1}T=\text{常量},\quad p^{\gamma-1}T^{-\gamma}=\text{常量}$$

$$A=-\nu C_{V,\mathrm{m}}\Delta T=\frac{1}{\gamma-1}(p_1V_1-p_2V_2)$$

7. 固体热容

杜隆-柏蒂定律

$$C_{\mathrm{m}}=3R=25\mathrm{J}\cdot\mathrm{K}^{-1}\cdot\mathrm{mol}^{-1}$$

爱因斯坦公式

$$C_{\mathrm{m}}=3R\left(\frac{\Theta_{\mathrm{E}}}{T}\right)^2\frac{\mathrm{e}^{\Theta_{\mathrm{E}}/T}}{(\mathrm{e}^{\Theta_{\mathrm{E}}/T}-1)^2},\quad \Theta_{\mathrm{E}}=\frac{h\nu}{k}$$

*8. 泡利不相容原理：每个单粒子量子态上只能占据一个费米子。

费米-狄拉克分布

$$n=\frac{1}{\mathrm{e}^{(\varepsilon-\varepsilon_{\mathrm{F}})/kT}+1}$$

玻色-爱因斯坦分布

$$n=\frac{1}{\mathrm{e}^{(\varepsilon-\mu)/kT}-1}$$

9. 热机效率

$$\eta=\frac{A}{Q_1}=1-\frac{Q_2}{Q_1}$$

卡诺热机效率

$$\eta_C=1-\frac{T_2}{T_1}$$

致冷机致冷系数

$$e=\frac{Q_2}{A}=\frac{Q_2}{Q_1-Q_2}$$

卡诺致冷机致冷系数

$$e_C = \frac{T_2}{T_1 - T_2}$$

10. 两热源循环可逆和不可逆判据

$$\frac{Q_1}{T_1} + \frac{Q_2}{T_2} \leqslant 0$$

克劳修斯不等式

$$\oint_{(C)} \frac{đQ}{T} \leqslant 0$$

11. 热力学温标

$$\Theta = \frac{Q}{Q_3} \times 273.16\text{K}$$

12. 玻耳兹曼熵

$$S = k\ln\Omega$$

* 信息熵

$$S = -C\sum_{K=1}^{N} P_K \ln P_K$$

克劳修斯熵

$$\Delta S = S_2 - S_1 = \int_{1(R)}^{2} \frac{đQ}{T}$$

理想气体(1mol)熵

$$\begin{aligned}\Delta S &= C_{V,\text{m}}\ln\frac{T_2}{T_1} + R\ln\frac{v_2}{v_1}\\ &= C_{p,\text{m}}\ln\frac{T_2}{T_1} - R\ln\frac{p_2}{p_1}\\ &= C_{V,\text{m}}\ln\frac{p_2}{p_1} + C_{p,\text{m}}\ln\frac{v_2}{v_1}\end{aligned}$$

绝对零度时熵等于零

$$\lim_{T\to 0} S = S_0 = 0$$

13. 熵增加原理

$$\Delta S \geqslant 0 \quad \text{(绝热或孤立系统)}$$

能量退降

$$E_\text{d} = T_0 \Delta S$$

习题

9.1 如图所示，一定质量的空气开始处在状态 A，其压强为 2.0×10^5 Pa，体积为 2.0×10^{-3} m^3，之后沿直线 AB 变化到状态 B，压强和体积分别变为 1.0×10^5 Pa 和 3.0×10^{-3} m^3。求在此过程中气体所做的功。

9.2　如图所示，系统由 A 态沿 ABC 到达 C 态，系统吸收的热量为 350J，同时对外做功为 126J。(1)若系统由 A 态沿 ADC 到达 C 态，系统对外做功为 42J，则系统吸收多少热量？(2)若系统由 C 态沿 CA 返回 A 态，外界对系统做功为 84J，则系统吸多少热？

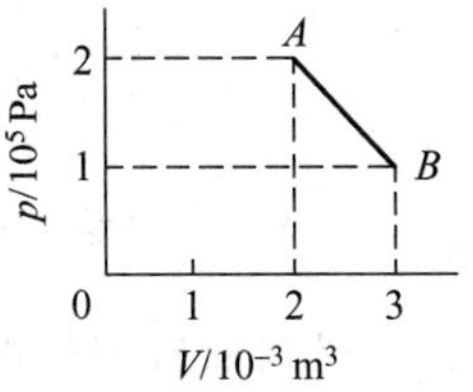

习题 9.1 图

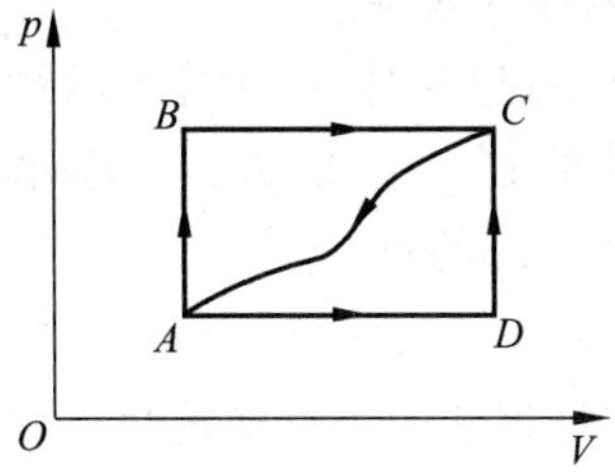

习题 9.2 图

9.3　把 400J 的热量传导给标准状态下的 2mol 氢气。(1)若氢气的温度不变，则其压强和体积各变为多少？(2)若氢气的压强不变，则其体积和温度各变为多少？(3)若氢气的体积不变，则其压强和温度各变为多少？

9.4　水的汽化是等温、等压过程。压强为 1atm 时，1mol 的水在 100℃变成水蒸气，它的内能增加多少？已知在此压强和温度下，水和水蒸气的摩尔体积分别为 $v_{l,m}=18.8\text{cm}^3\cdot\text{mol}^{-1}$ 和 $v_{g,m}=3.01\times10^4\text{cm}^3\cdot\text{mol}^{-1}$，水的汽化热为 $L=4.06\times10^4\text{J}\cdot\text{mol}^{-1}$。

9.5　把 0.1kg 的水蒸气分别经等体过程和等压过程从 120℃加热到 140℃，求两种过程中系统吸收的热量。已知水蒸气的 $C_{V,m}=27.82\text{J}\cdot\text{mol}^{-1}\cdot\text{K}^{-1}$，$C_{p,m}=36.21\text{J}\cdot\text{mol}^{-1}\cdot\text{K}^{-1}$。

9.6　把质量为 1kg 的水从 100℃冷却到 0℃，在这一过程中水的内能改变多少？可忽略水的体积变化。已知水的比热为 $4.19\times10^3\text{J}\cdot\text{kg}^{-1}\cdot\text{K}^{-1}$。

9.7　设有 10g 氦气(He)，在等压过程中吸收了 1.0×10^3J 的热量，它原来的温度为 300K，求等压过程末态的温度。

9.8　设有 1mol 氧气，在温度为 300K 时的体积为 $2.0\times10^{-3}\text{m}^3$。(1)绝热膨胀到体积为 $20\times10^{-3}\text{m}^3$，求在此过程中氧气所做的功；(2)等温膨胀到体积为 $20\times10^{-3}\text{m}^3$，然后在保持体积不变的情况下冷却，直到温度等于(1)中绝热膨胀后所达到的温度，求在此过程中氧气所做的功。

9.9　如图所示，设有一定质量的氦气(He)被绝热压缩，求在此过程中外界对氦气所做的功。

9.10　一循环过程如图所示，在 $A\to B$ 过程中系统吸热 140J，在 $B\to C$ 过程中系统放热 160J，在 $C\to A$ 过程中系统吸热 60J。求该循环的效率。

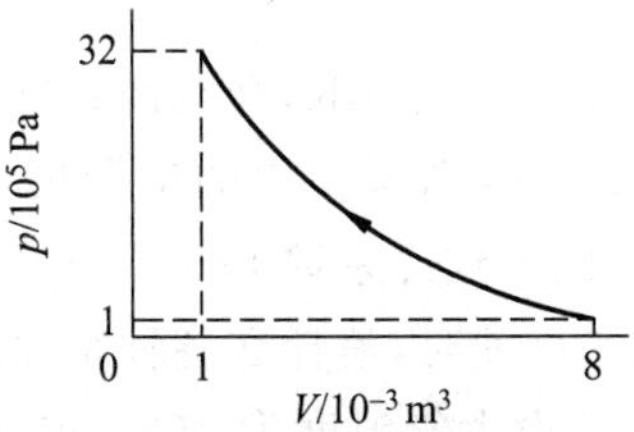

习题 9.9 图

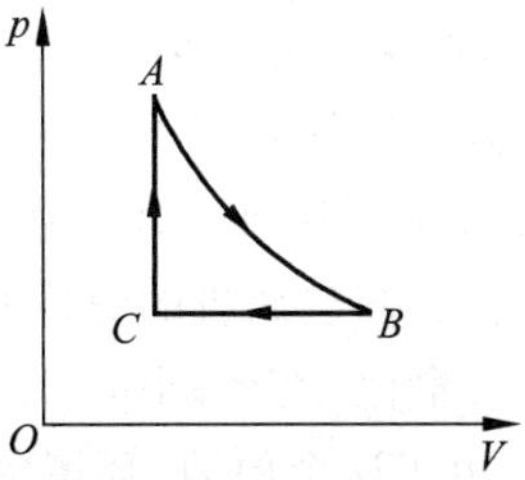

习题 9.10 图

9.11 设有1mol双原子分子理想气体作如图所示循环,图中 bc 代表绝热过程。求:(1)一次循环过程中系统从外界吸收的热量;(2)一次循环过程中系统向外界放出的热量;(3)循环的效率。

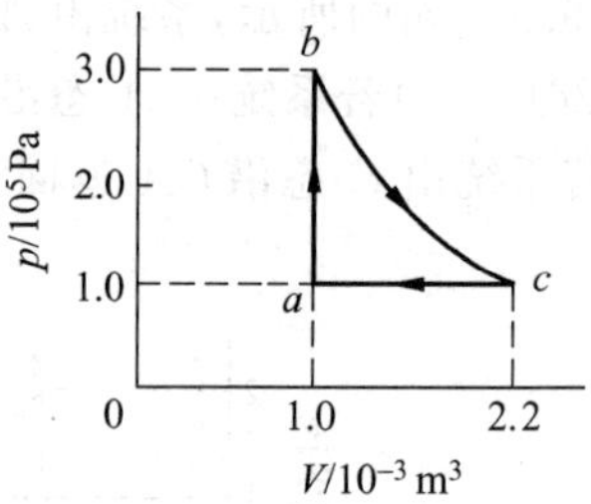

习题 9.11 图

9.12 设某理想气体作如图所示循环,图中 $V_C=2V_A$,已知该气体的 $C_{p,\mathrm{m}}=2.5R$。(1)该循环是正循环还是逆循环?(2)求循环的效率。

9.13 汽油机进行的循环叫奥托循环,可以看作是由两个可逆等体过程和两个可逆绝热过程组成,如图所示。把汽油机中的油气混合气体看成理想气体,证明该热机的效率为

$$\eta=1-\left(\frac{V_1}{V_2}\right)^{1-\gamma}$$

其中,γ 为比热比。

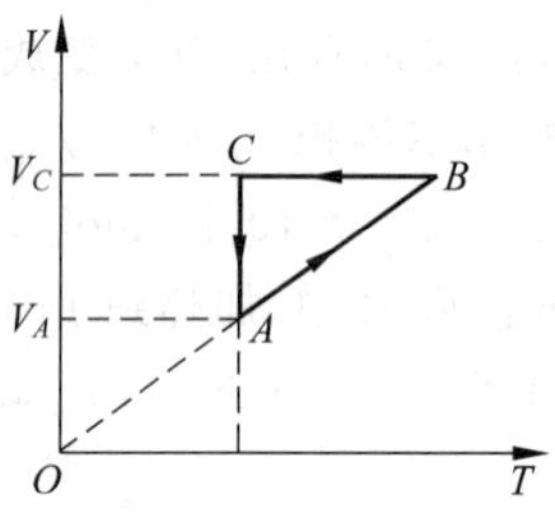

习题 9.12 图

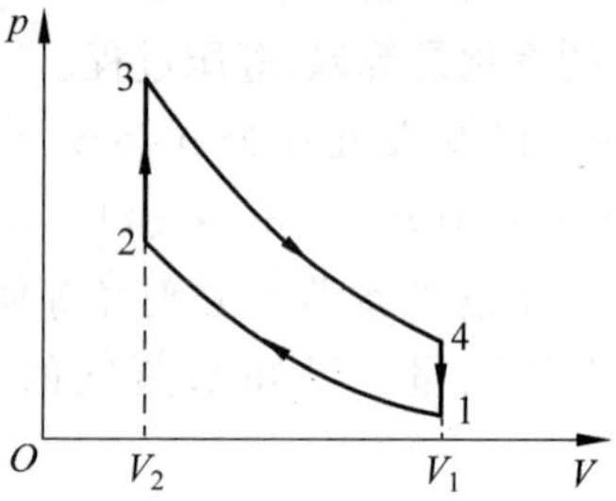

习题 9.13 图

9.14 一平均输出功率为 5.0×10^7 W 的发电厂,高温热源温度为1000K,低温热源温度为300K。(1)若发电机的循环过程为可逆循环,其效率为多少?(2)实际效率只为(1)中效率的70%,发电厂每天需向发电机输入多少热量?

9.15 一效率为40%的卡诺热机的低温热源温度为280K,现维持低温热源的温度不变,将其效率提高到50%,高温热源的温度应升高多少?

9.16 一理想气体作卡诺循环,当高、低温热源的温度分别为 $T_1=400$K 和 $T_2=300$K 时,在一次循环中系统对外做的功为8000J。现维持低温热源的温度不变,两绝热线不变,而提高高温热源的温度,使系统在另一次循环中对外做的功增加了2000J。求后一次循环的高温热源的温度。

9.17 一卡诺致冷机,从温度为280K的热源吸收1000J的热量传向温度为300K的热源,问需对该致冷机做多少功?

9.18 假定室外温度为310K,开空调后室内温度为290K,开空调时每天由室内传向室外的热量为 2.51×10^8 J。为使室内温度维持在290K,则所使用的空调机(致冷机)每天耗电多少焦耳?已知空调机的致冷系数为卡诺致冷机的致冷系数的60%。

9.19 一辆汽车以每小时60千米的速率匀速行驶时,消耗在各种摩擦阻力上的功率大约为25kW,由于这个原因,环境中不断有熵产生。设大气温度为25℃,求熵产生的速率。

9.20 把一刚性绝热容器用隔板分成体积分别为 v_1 和 v_2 的两部分,在这两部分中分

别充满 1mol 的不同种类的理想气体，开始时它们的温度相同，打开隔板并达到平衡，求系统的熵变。若两部分是同种理想气体，熵变是多少？

9.21　如图所示，把一刚性绝热容器用一个可以无摩擦移动的不漏气导热隔板分成两部分，在这两部分中分别充满 1mol 的氦气(He)和 1mol 的氧气(O_2)。开始时氦气的温度为 $T_1=300$K，氧气的温度为 $T_2=600$K，压强都为 $p=1$atm。求系统达到平衡态时氦气和氧气各自的熵变。

9.22　如图所示，1mol 氧气经图示过程由状态 a 经状态 b 到达状态 c，求在此过程中气体对外做的功、吸收的热和熵变。

9.23　如图所示，1mol 理想气体($\gamma=1.4$)经两个途径由状态 1 过渡到状态 3。双曲线 1—3 是等温线，曲线 1—4 为绝热线，直线 4—3 为等压线。求熵变 $\Delta S=S_4-S_3$ 为多少？

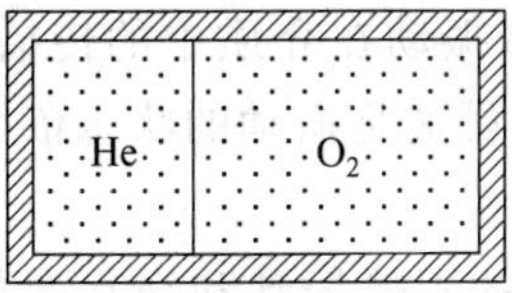

习题 9.21 图

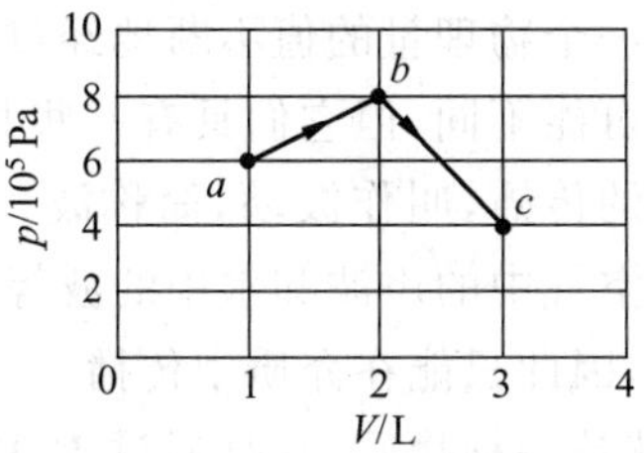

习题 9.22 图

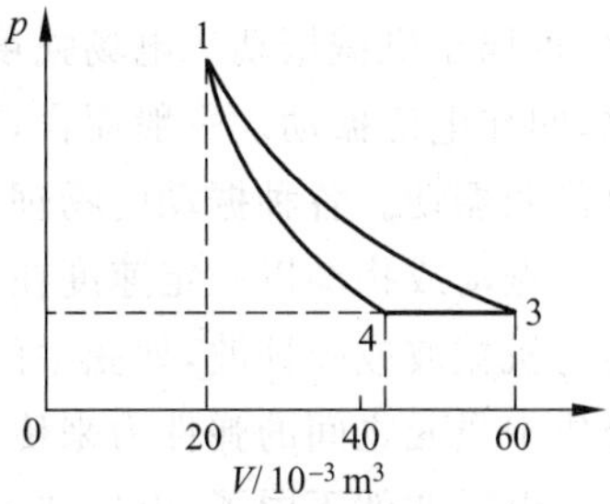

习题 9.23 图

9.24　把一体积为 $2.0\times10^{-2}\text{m}^3$ 的刚性绝热容器，用隔板将其分为左右两部分。开始时左边盛有 1mol 理想气体，其体积为 $5.0\times10^{-3}\text{m}^3$，右边抽成真空。打开隔板后，气体自由膨胀均匀充满整个容器。求在这一过程中气体的熵变。

9.25　在温度恒为 300K 的大气中，一个 100Ω 的电阻通过 10A 的电流长达 300s，在通电过程中保持电阻的温度与大气的温度相同，求电阻的熵变和大气的熵变。

9.26　某固体的摩尔热容为 $C_m=\mathrm{d}Q/\mathrm{d}T=AT^3$，$A$ 为常量。$T=0$K 时固体的熵为零，求 ν(mol)该固体在任一温度 T 时的熵。

9.27　1mol 范德瓦耳斯气体从状态(v_1，T_1)经过某一过程到达状态(v_2，T_2)，求熵变。

第10章 振动和波动

振动和波动是自然界中最普遍的运动形式。物体或物体中的质元在平衡位置附近作周期性往复运动,称为机械振动。介质的质量密度和压强等物理量在平衡值附近的周期性变化,也属于机械振动。电场强度 $\boldsymbol{E}$、磁场强度 $\boldsymbol{H}$ 以及电流、电压等围绕平衡值的周期性变化,叫作电磁振动。一般而言,任何一个物理量的值不断地经过极大值和极小值而变化的现象都叫振动。各种振动的物理机制可能不同,但它们具有一些共同的特征。

振动或扰动以一定速度在空间的传播,叫作波动,简称波。机械振动在介质中的传播,称为机械波或弹性波,如弦中的波、空气中的声波和水中的波等。机械波是振动的状态依靠介质中质元之间的弹性力来传播的,因此只能在介质中传播。

电磁波就不同了,电磁波本身就是一种物质,它是通过 $\boldsymbol{E}$ 和 $\boldsymbol{H}$ 的不停振动和交互变化而向前传播的,因此不需要介质作载体,可以在真空中传播。机械波和电磁波统称为经典波,它们代表的是某种实在物理量的波动。

实验发现,电子、质子和中子等粒子也具有波动性,这种与实物粒子相联系的波,称为德布罗意(de Broglie)波。与经典波不同,德布罗意波代表的不是实在物理量的波动,而是粒子在空间出现概率的振幅。各类波的物理机制可能不同,但它们具有共同的特征:可以叠加、发生干涉和衍射,横波具有偏振性。

本章以机械振动和机械波为例讲振动和波,第 11 章讲光的经典波动,第 12 章介绍粒子的波动性。

10.1 简谐振动

10.1.1 自由振动弹簧振子

图 10.1.1 表示一个水平自由振动的弹簧振子,劲度系数为 k 的轻质弹簧的一端固定,另一端系一质量为 m 的物体,让物体沿弹簧长度方向在光滑水平面上运动。弹簧处于自然长度时物体处于 O 点,所受合力为零,O 点叫作平衡位置。把 O 点取为坐标原点,沿弹簧长度方向建立 x 轴。按胡克定律,弹簧的弹性力为

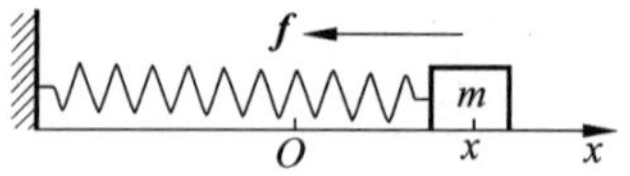

图 10.1.1 自由弹簧振子

$$f = -kx$$

其中,x 代表弹簧的伸长,负号表示力的方向总是指向平衡位置。这种大小与位移成正比,方向指向平衡位置的力,称作线性恢复力。

不考虑弹簧的质量，按牛顿第二定律，有

$$-kx = m\frac{d^2x}{dt^2}$$

设

$$\omega = \sqrt{\frac{k}{m}}$$

把方程写成

$$\frac{d^2x}{dt^2} + \omega^2 x = 0 \tag{10.1.1}$$

此即自由振动弹簧振子的动力学方程，其中 ω 称为本征角(圆)频率或固有角(圆)频率，它只由振子自身的性质决定。

若物理量 x 随时间的变化满足方程(10.1.1)，其中 ω 是一个由系统自身性质决定的常量，则 x 的变化称为简谐振动。x 可以是位移、密度和压强，也可以是电场强度和磁场强度等。对于机械振动来说，只要系统所受合力为线性恢复力，就以平衡位置为中心作简谐振动。

通常把方程(10.1.1)的解表示为

$$x = A\cos(\omega t + \varphi) \tag{10.1.2}$$

式中，A 和 φ 是两个积分常量，由初始条件($t=0$ 时刻的位移和速度)来确定；A 代表物体离开平衡位置的最大距离，称为振幅。从运动学上看，随时间按余弦(正弦)规律变化的运动，称为简谐振动，式(10.1.2)称为振动函数。实际上，只要给定 A、ω 和 φ 这三个量，就给定了一个简谐振动。

式(10.1.2)中的角度($\omega t+\varphi$)称为相位或相，有“相貌”和“位形”之意，φ 为 $t=0$ 时刻的相位，称为初相。给定振幅，相位代表一个周期内唯一的一个振动状态。对于弹簧振子来说，相位代表物体位移的大小和方向在一个周期内的变化情况。相位是物理学中的一个重要的概念，其应用范围远远超出牛顿力学。

图 10.1.2 中的曲线表示位移与相位的关系，可以看出：相位 $\omega t+\varphi=0$ 代表物体静止于 x 轴正方向上的最远点；相位变为 $\pi/2$，物体经过平衡位置沿反向运动；相位变到 π，物体静止于反向最远点，……。由于余弦函数的周期是 2π，通常把初相 φ 的值取在 $\pm\pi$ 之间。

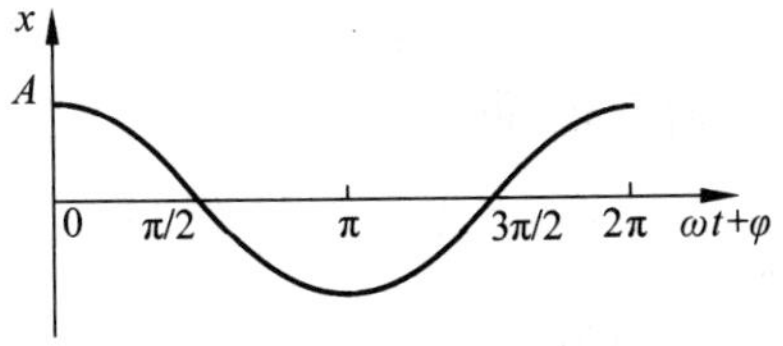

图 10.1.2　简谐振动曲线

简谐振动的时间周期性用周期 T、频率 ν 和角频率 ω 来表示。周期 T 是振动往复一次(相位改变 2π)所经过的时间，单位是 s。频率 ν 是单位时间内振动往复的次数，单位是 Hz(赫[兹])或 s^{-1}。角频率 ω 表示单位时间内振动相位的变化，单位是 $rad \cdot s^{-1}$ 或 s^{-1}，与角速度的单位相同。T、ν 和 ω 之间的关系为

$$\nu = \frac{1}{T} = \frac{\omega}{2\pi}, \quad \omega = \frac{2\pi}{T} = 2\pi\nu$$

把式(10.1.2)对时间求导，得简谐振动的速度为

$$v=\frac{\mathrm{d}x}{\mathrm{d}t}=-\omega A\sin(\omega t+\varphi)=\omega A\cos\left(\omega t+\varphi+\frac{\pi}{2}\right) \tag{10.1.3}$$

速度的相位比位移超前 $\pi/2$。再对时间求导,得简谐振动的加速度为

$$a=\frac{\mathrm{d}^2x}{\mathrm{d}t^2}=-\omega^2A\cos(\omega t+\varphi)=-\omega^2x$$

加速度的大小与位移成正比,但方向相反。

超声波通过介质时引起介质质元振动,虽然质元位移的振幅 A 很小,但由于超声波的角频率 ω 很高,加速度的振幅 ω^2A 可以很大,因此可以用超声波对工件进行加工和处理。

给定初始条件(x_0,v_0),按式(10.1.2)和(10.1.3),可得

$$x_0=A\cos\varphi,\quad v_0=-\omega A\sin\varphi$$

由此可以确定振幅和初相,即

$$A=\sqrt{x_0^2+\frac{v_0^2}{\omega^2}},\quad \varphi=-\arctan\frac{v_0}{\omega x_0}$$

通常用 $\cos\varphi=x_0/A$ 来计算 φ 的值,所在象限则由 $\sin\varphi$ 的符号,或用下面介绍的旋转矢量图来判定。

简谐振动是最简单和最基本的振动,任何一个实际的振动都可以由一系列不同频率、不同振幅的简谐振动叠加得到。

例 10.1.1 如图 10.1.3 所示,一劲度系数为 k 的轻质弹簧一端固定,另一端系在质量为 m 的匀质圆柱的对称轴上,圆柱可绕对称轴无摩擦转动。沿弹簧长度方向拉开圆柱然后释放,让圆柱在粗糙的水平面上作无滑动滚动。求振动角频率和圆柱所受合力。

解 沿弹簧长度方向建立 x 轴,把弹簧处于自然长度时圆柱对称轴的位置取为坐标原点 O。用 $\boldsymbol{f}$ 和 $\boldsymbol{f}_r$ 分别代表弹簧的弹力和水平面对圆柱的静摩擦力,设 $\boldsymbol{f}_r$(被动力)沿 x 轴方向,按质心运动定理,有

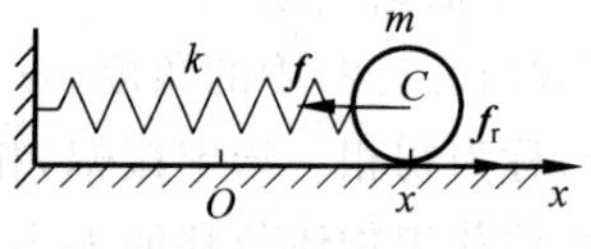

图 10.1.3 例 10.1.1 图

$$f_r-kx=ma_C$$

取垂直于竖直面向里为转轴的正方向,用 R 代表圆柱的半径,按绕质心轴转动定理,有

$$-Rf_r=I_C\beta$$

其中,$I_C=mR^2/2$ 为圆柱绕对称轴的转动惯量。由于是无滑动滚动,运动学条件为

$$a_C=R\beta$$

联立上面三式,得

$$a_C+\frac{2k}{3m}x=0$$

动力学方程为

$$\frac{\mathrm{d}^2x}{\mathrm{d}t^2}+\frac{2k}{3m}x=0$$

因此,圆柱的质心作简谐振动,振动角频率为

$$\omega=\sqrt{\frac{2k}{3m}}$$

当圆柱在水平面上不是滚动而是无摩擦滑动时,角频率为 $\sqrt{k/m}$,显然 $\omega<\sqrt{k/m}$,这说明滚

动使振动变慢。圆柱所受合力为

$$F = ma_C = -\frac{2k}{3}x$$

是一种线性恢复力。

*例 10.1.2　图 10.1.4 表示一个耦合双振子系统，轻质弹簧的劲度系数为 k，两个小球的质量均为 m。求该系统的本征频率和振动模式。

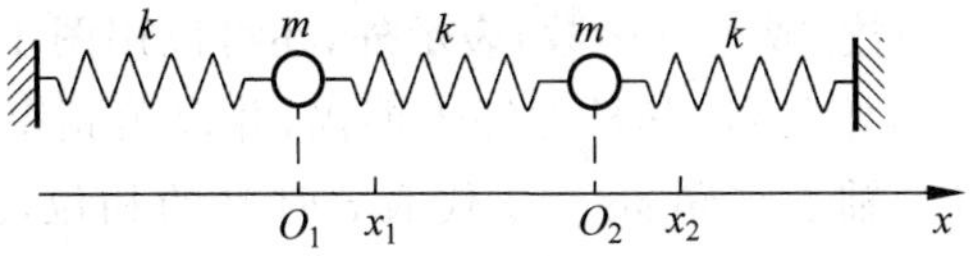

图 10.1.4　耦合双振子

解　沿弹簧长度方向建立 x 轴，把弹簧处于自然长度时两小球的位置 O_1 和 O_2 分别取为坐标原点。设某时刻两小球的坐标分别为 x_1 和 x_2，按牛顿第二定律和胡克定律，有

$$m\frac{d^2x_1}{dt^2} = -kx_1 - kx_1 + kx_2 = -2kx_1 + kx_2$$

$$m\frac{d^2x_2}{dt^2} = -kx_2 - kx_2 + kx_1 = -2kx_2 + kx_1$$

设振动函数为

$$x_1 = A_1\cos(\omega t + \varphi_1), \quad x_2 = A_2\cos(\omega t + \varphi_2)$$

按加速度与位移的关系，可得

$$-m\omega^2 x_1 = -2kx_1 + kx_2$$

$$-m\omega^2 x_2 = -2kx_2 + kx_1$$

写成

$$\begin{bmatrix} 2k - m\omega^2 & -k \\ -k & 2k - m\omega^2 \end{bmatrix}\begin{bmatrix} x_1 \\ x_2 \end{bmatrix} = 0$$

有非零解的条件为

$$\begin{vmatrix} 2k - m\omega^2 & -k \\ -k & 2k - m\omega^2 \end{vmatrix} = 0$$

即

$$(2k - m\omega^2)^2 - k^2 = 0$$

解得系统的固有频率为

$$\omega_a = \sqrt{\frac{k}{m}}, \quad \omega_b = \sqrt{\frac{3k}{m}}$$

当 $\omega = \omega_a$ 时

$$\begin{bmatrix} 1 & -1 \\ -1 & 1 \end{bmatrix}\begin{bmatrix} x_1 \\ x_2 \end{bmatrix} = 0, \quad x_1 = x_2$$

振动模式如图 10.1.5(a)所示。

当 $\omega=\omega_b$ 时

$$\begin{bmatrix}1 & 1\\1 & 1\end{bmatrix}\begin{bmatrix}x_1\\x_2\end{bmatrix}=0,\quad x_1=-x_2$$

振动模式如图 10.1.5(b)所示。

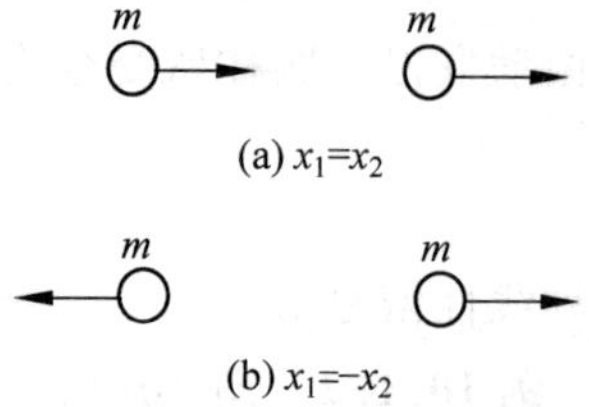

图 10.1.5 振动模式

10.1.2 旋转矢量图

简谐振动除了用余弦函数(或正弦函数)表示外,还可以用图 10.1.6 所示旋转矢量图来形象地描述。图中 **A** 称为振幅矢量,其长度等于振幅,并以角频率 ω 为角速度绕 O 点沿逆时针方向匀速旋转。**A** 与 x 轴的夹角 $\omega t+\varphi$ 代表 t 时刻的相位,$t=0$ 时刻的夹角 φ 为初相,**A** 在 x 轴上的投影就是振动函数 $x=A\cos(\omega t+\varphi)$。**A** 绕 O 点旋转一周,相当于物体在 x 轴上作一次完全振动。

在旋转矢量图中,相位用振幅矢量的方位角来表示,两个同频率简谐振动的振幅矢量的夹角等于它们的相位差,这为处理振动合成问题带来方便。通常把两个振幅矢量的相位差 $\Delta\varphi$ 的值取在 $\pm\pi$ 之间,例如当 $\Delta\varphi=\varphi_2-\varphi_1=3\pi/2$ 时,一般不说 x_2 比 x_1 的相位超前 $3\pi/2$,而是说 x_2 比 x_1 的相位落后 $\pi/2$,如图 10.1.7 所示。

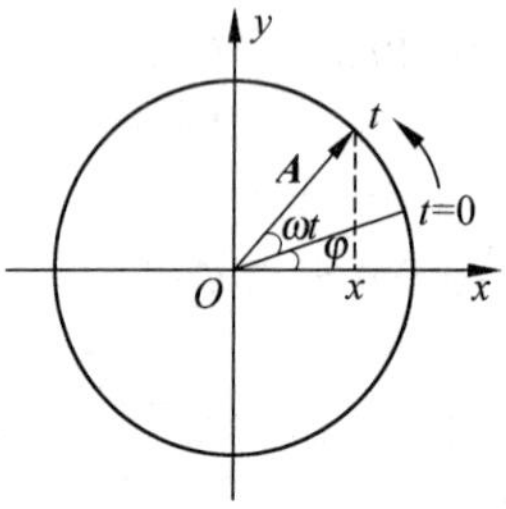

图 10.1.6 旋转矢量图

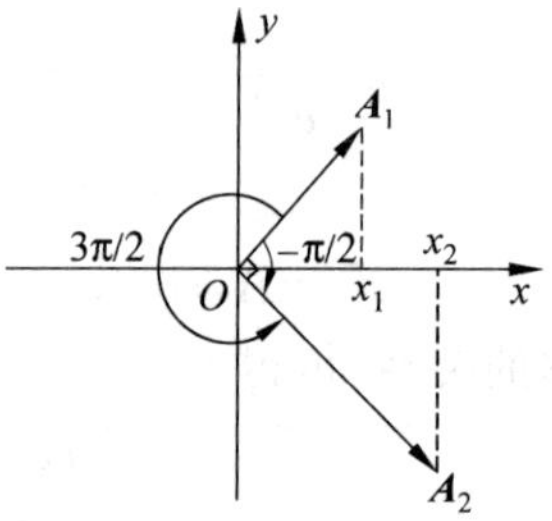

图 10.1.7 x_2 比 x_1 的相位落后 $\pi/2$

例 10.1.3 一物体沿 x 轴作简谐振动,振幅为 $A=0.10\text{m}$,周期为 $T=2\text{s}$,当 $t=0$ 时物体相对平衡位置的位移为 $x_0=0.05\text{m}$,并沿 x 轴正方向运动。求:(1)物体的振动函数;(2)物体从开始运动到第一次回到平衡位置所需时间;(3)在 $t=0.5\text{s}$ 时物体的位移、速度和加速度。

解 (1) 振动函数的一般形式为

$$x=A\cos(\omega t+\varphi)$$

其中,振幅 A 已知,角频率 ω 可由周期 T 得到,即

$$\omega=\frac{2\pi}{T}=\pi\text{rad}\cdot\text{s}^{-1}$$

只有初相 φ 待求。由初始位移条件($t=0,x_0=0.05\text{m}$),可得

$$\cos\varphi=\frac{x_0}{A}=\frac{0.05}{0.10}=\frac{1}{2},\quad \varphi=\pm\frac{\pi}{3}$$

φ 所在象限可用 $\sin\varphi$ 的符号来确定,当 $t=0$ 时物体沿 x 轴正方向运动,$v_0=-\omega A\sin\varphi>0$,得 $\sin\varphi<0$,因此

$$\varphi=-\frac{\pi}{3}$$

物体的振动函数为

$$x = 0.10\cos\left(\pi t - \frac{\pi}{3}\right)$$

式中，x 和 t 分别以 m 和 s 为单位。

用旋转矢量图来判定初相 φ 所在象限更为直观。如图 10.1.8 所示，$\boldsymbol{A}$ 逆时针旋转，而 $t=0$ 时 $v_0>0$，因此 $\boldsymbol{A}$ 只能在Ⅳ象限，$\varphi=-\pi/3$。

(2) 物体从开始运动到第一次回到平衡位置，相位从 $-\pi/3$ 变到 $\pi/2$，因此

$$\Delta\varphi = \frac{\pi}{2} + \frac{\pi}{3} = \frac{5\pi}{6}$$

所需时间为

$$\Delta t = \frac{\Delta\varphi}{\omega} = \frac{5\pi/6}{\pi}\text{s} = 0.83\text{s}$$

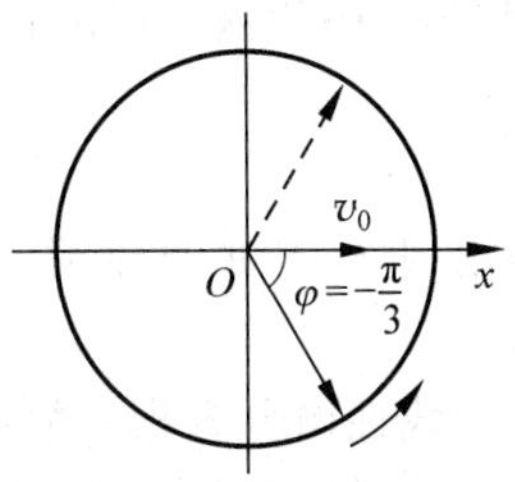

图 10.1.8　判定初相所在象限

(3) 把 $t=0.5$ 代入求出的振动函数，可得物体的位移、速度和加速度分别为

$$x = 0.10\cos\left(\pi\times 0.5 - \frac{\pi}{3}\right)\text{m} = 0.087\text{m}$$

$$v = -\pi A\sin\left(\pi t - \frac{\pi}{3}\right) = -\pi\times 0.10\sin\left(\pi\times 0.5 - \frac{\pi}{3}\right)\text{m}\cdot\text{s}^{-1} = -0.16\text{m}\cdot\text{s}^{-1}$$

$$a = -\pi^2 A\cos\left(\pi t - \frac{\pi}{3}\right) = -\pi^2\times 0.10\cos\left(\pi\times 0.5 - \frac{\pi}{3}\right)\text{m}\cdot\text{s}^{-2} = -0.85\text{m}\cdot\text{s}^{-2}$$

10.1.3　非线性振动简介

图 10.1.9 表示一个摆球质量为 m、摆长为 l 的单摆。把摆线自由下垂的位置($\theta=0$)取为平衡位置，摆角为 θ 时摆球所受合力的切向分力为

$$f = -mg\sin\theta$$

负号表示力的方向总是指向平衡位置。沿切向列牛顿方程，有

$$-mg\sin\theta = ml\frac{\mathrm{d}^2\theta}{\mathrm{d}t^2}$$

即

$$\frac{\mathrm{d}^2\theta}{\mathrm{d}t^2} + \frac{g}{l}\sin\theta = 0 \tag{10.1.4}$$

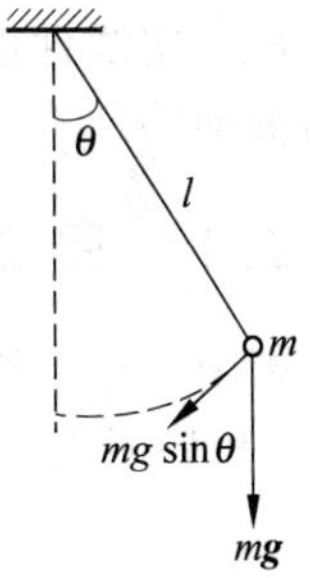

图 10.1.9　单摆

此即单摆的动力学方程。

当摆角 θ 很小时，$\sin\theta\approx\theta$，动力学方程成为

$$\frac{\mathrm{d}^2\theta}{\mathrm{d}t^2} + \frac{g}{l}\theta = 0$$

式中的 θ 及其各阶导数都是一次的，因此是一个线性微分方程，其解为

$$\theta = \Theta\cos(\omega t + \varphi)$$

式中，Θ 为角振幅，$\omega=\sqrt{g/l}$ 为本征角频率，ω 与摆球的质量和振幅无关，可用来测量重力加速度。

动力学方程为线性微分方程的系统,称为线性系统,小角度摆动的单摆就是一个线性系统,其动力学方程有唯一的严格解,给定初始时刻的摆角和摆动角速度,就可以确定以后任意时刻的摆角和角速度。

对于一个线性系统,只要给定初始条件,以后任意时刻系统的状态就能完全决定和预测,这种观念称为拉普拉斯决定论的因果关系。

动力学方程为非线性微分方程的系统,称为非线性系统。若摆角 θ 不是很小,把 $\sin\theta=\theta-\theta^3/6+\cdots$ 代入式(10.1.4),得

$$\frac{d^2\theta}{dt^2}+\frac{g}{l}\left(\theta-\frac{1}{6}\theta^3+\cdots\right)=0$$

式中出现 θ^3 等非线性项,是一个非线性微分方程,因此大角度摆动的单摆是一个非线性系统。

非线性微分方程一般不能精确求解,数值求解的结果表明:单摆大角度摆动时,频率与振幅有关,振幅越大,频率越低。当存在阻力并施加周期性外力时,大角度摆动的单摆不再作简单的往复摆动,而是出现丰富多彩的运动形式,这也是非线性振动的一个基本特点。

对于非线性系统,小的扰动常常会引起大的差异,这常形象地说成是"蝴蝶效应",在一定条件下甚至会出现某种貌似随机的行径——混沌(chaos)。混沌现象的随机性与布朗运动不同,布朗运动的随机性服从概率论,而混沌源于动力学方程本身的非线性,是一种内在的随机性或"决定性的混乱"。

线性系统只是实际力学系统中的很小一部分,自然界中更多的是非线性系统。对非线性系统的研究是科学技术中的一个热点,但直接求解非线性微分方程至今仍是一个难题,对大多数非线性系统只能采用数值方法研究,目前尚未形成普遍适用的统一理论。

10.2 弹性系统简谐振动的能量

前面用线性恢复力从力的角度描述了简谐振动,如何从能量的角度来描述弹性系统的简谐振动?

10.2.1 自由振动弹簧振子的能量

把坐标原点取在平衡位置,即物体所受合力为零的位置,t 时刻自由振动弹簧振子的动能 E_k 和势能 E_p 分别为

$$E_k=\frac{1}{2}mv^2=\frac{1}{2}m\omega^2A^2\sin^2(\omega t+\varphi)=\frac{1}{2}kA^2\sin^2(\omega t+\varphi)$$

$$E_p=\frac{1}{2}kx^2=\frac{1}{2}kA^2\cos^2(\omega t+\varphi)$$

弹簧振子的总能量为

$$E=E_k+E_p=\frac{1}{2}kA^2 \tag{10.2.1}$$

这表明:自由振动弹簧振子的动能和势能随时间作周期性变化,并且互相转化,此消彼长,但总能量是一个与振幅平方成正比的恒量。振幅不仅代表振动的幅度,而且反映振动的强度。

下面计算动能和势能对时间的平均值,用 T 代表周期,结果为

$$\bar{E}_k = \frac{1}{T}\int_0^T E_k \mathrm{d}t = \frac{1}{2}kA^2 \ \frac{1}{T}\int_0^T \sin^2(\omega t + \varphi)\mathrm{d}t$$
$$= \frac{1}{2}kA^2 \ \frac{1}{T}\int_0^T \frac{1}{2}[1 - \cos 2(\omega t + \varphi)]\mathrm{d}t = \frac{1}{4}kA^2$$
$$\bar{E}_p = \frac{1}{T}\int_0^T E_p \mathrm{d}t = \frac{1}{2}kA^2 \ \frac{1}{T}\int_0^T \cos^2(\omega t + \varphi)\mathrm{d}t$$
$$= \frac{1}{2}kA^2 \ \frac{1}{T}\int_0^T \frac{1}{2}[1 + \cos 2(\omega t + \varphi)]\mathrm{d}t = \frac{1}{4}kA^2$$

即

$$\bar{E}_k = \bar{E}_p = \frac{1}{4}kA^2 = \frac{1}{2}E \tag{10.2.2}$$

这表明：自由振动弹簧振子动能和势能的时间平均值相等，等于总能量的 1/2。虽然式(10.2.1)和(10.2.2)是由自由弹簧振子得到，但适用于任何自由振动的弹性系统。

例 10.2.1　图 10.2.1 表示一个竖直自由振动的弹簧振子，劲度系数为 k 的轻质弹簧的一端固定，另一端挂一质量为 m 的物体，让物体沿竖直方向自由振动。求弹簧振子的振动角频率和能量。

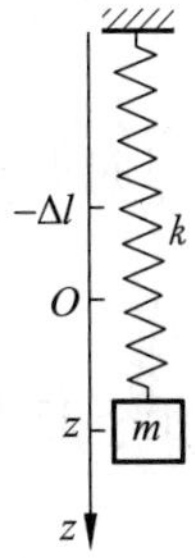

图 10.2.1　例 10.2.1 图

解　沿竖直向下方向建立 z 轴，把坐标原点 O 取在物体所受合力为零的平衡位置。按平衡条件 $k\Delta l = mg$，弹簧的伸长量为

$$\Delta l = \frac{mg}{k}$$

当物体位移为 z 时物体所受合力为

$$f = -k(z + \Delta l) + mg = -k\left(z + \frac{mg}{k}\right) + mg = -kz$$

是线性恢复力，因此物体围绕平衡位置 O 作简谐振动，振动角频率为

$$\omega = \sqrt{\frac{k}{m}} = \sqrt{\frac{g}{\Delta l}}$$

注意，若把坐标原点取在弹簧处于自然长度时物体的位置 O'，则合力为 $f = -kz + mg$，不是线性恢复力，物体相对 O' 的运动不再是简谐振动。

把平衡位置 O 选为势能零点，当物体位移为 z 时，系统的势能为

$$E_p = \int_z^0 f \mathrm{d}z = -k\int_z^0 z \mathrm{d}z = \frac{1}{2}kz^2$$

系统的能量为

$$E = E_k + E_p = \frac{1}{2}mv^2 + \frac{1}{2}kz^2$$

与水平自由振动的弹簧振子的能量相同。

10.2.2　按能量关系分析弹性系统的振动

对于比较复杂的弹性系统，难于直接分析它的受力，这时着眼于系统的整体按能量关系来分析振动问题比较方便。

若一个弹性系统的机械能守恒，且势能可表示成 λx^2 的形式，其中 λ 是一个由系统自

身性质决定的正常量，x 为系统相对平衡位置的位移，则该系统围绕平衡位置的运动是简谐振动，振动角频率由导出的动力学方程决定。

例 10.2.2 如图 10.2.2 所示，一截面面积为 S 的 U 形管中液体的质量为 m，质量密度为 ρ。忽略液体与管壁之间的摩擦，求液面上下起伏的振动角频率。

解 U 形管中液体的机械能守恒。沿竖直向上方向建立 z 轴，把两边液面平衡的位置 O 取为坐标原点，并选为势能零点。左边液面向上移动到 z，相当于把右边下降的液体(质量为 $Sz\rho$)提升了距离 z，液体的势能可表示为

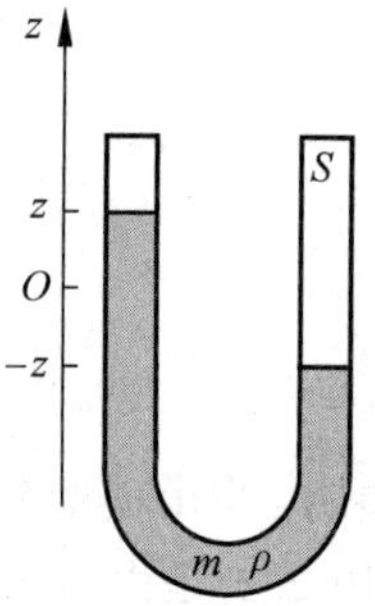

图 10.2.2 例 10.2.2 图

$$E_p = S\rho g z^2 = \lambda z^2$$

其中，$\lambda = S\rho g$ 是一个由系统自身性质决定的正常量，因此液面上下起伏是简谐振动。用 $v = \mathrm{d}z/\mathrm{d}t$ 代表整个液体的移动速度，则系统的机械能守恒可写成

$$\frac{1}{2}mv^2 + \lambda z^2 = 常量$$

把上式对时间求导，注意到 $\mathrm{d}v/\mathrm{d}t = \mathrm{d}^2 z/\mathrm{d}t^2$，可得动力学方程为

$$\frac{\mathrm{d}^2 z}{\mathrm{d}t^2} + \frac{2\lambda}{m}z = 0$$

因此液面上下起伏的振动角频率为

$$\omega = \sqrt{\frac{2\lambda}{m}} = \sqrt{\frac{2S\rho g}{m}}$$

例 10.2.3 按能量关系重解例 10.1.1。如图 10.2.3 所示，一劲度系数为 k 的轻质弹簧一端固定，另一端系在质量为 m 的匀质圆柱的对称轴上，圆柱可绕对称轴无摩擦转动。沿弹簧长度方向拉开圆柱然后释放，让圆柱在粗糙的水平面上作无滑动滚动。求振动角频率。

解 静摩擦力不做功，系统的机械能守恒，且势能为 $kx^2/2$，机械能守恒可写成

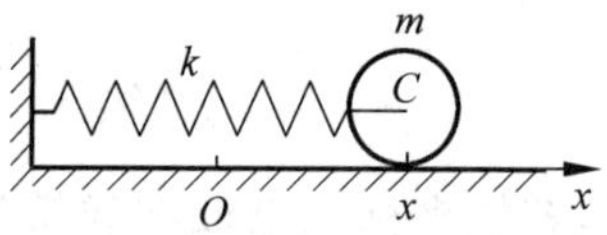

图 10.2.3 例 10.2.3 图

$$\frac{1}{2}I_C\omega^2 + \frac{1}{2}mv_C^2 + \frac{1}{2}kx^2 = 常量$$

式中，$I_C = mR^2/2$ 为圆柱绕对称轴的转动惯量，ω 和 v_C 分别为圆柱滚动的角速度和质心的运动速度。把 $I_C = mR^2/2$ 和无滑动滚动条件 $\omega = v_C/R$ 代入机械能守恒表达式，得

$$\frac{3}{4}mv_C^2 + \frac{1}{2}kx^2 = 常量$$

把上式对时间求导，注意到 $v_C = \mathrm{d}x/\mathrm{d}t$ 和 $\mathrm{d}v_C/\mathrm{d}t = \mathrm{d}^2 x/\mathrm{d}t^2$，可得动力学方程为

$$\frac{\mathrm{d}^2 x}{\mathrm{d}t^2} + \frac{2k}{3m}x = 0$$

因此振动角频率为

$$\omega = \sqrt{\frac{2k}{3m}}$$

结果与前面一致。

*10.2.3 微振动

在稳定平衡位置附近振幅很小的自由振动，称为微振动。对于一个在 x_0 点附近作微振动的弹性系统，若系统的机械能守恒，且势能 E_p 满足以下条件

$$\left.\frac{dE_p}{dx}\right|_{x_0}=0,\quad \left.\frac{d^2E_p}{dx^2}\right|_{x_0}>0 \tag{10.2.3}$$

则该系统的微振动可当成简谐振动处理，等效劲度系数为

$$k=\left.\frac{d^2E_p}{dx^2}\right|_{x_0}$$

在 x_0 点附近把势能 E_p 作泰勒展开，即

$$E_p=E_{p0}+\left.\frac{dE_p}{dx}\right|_{x_0}(x-x_0)+\frac{1}{2}\left.\frac{d^2E_p}{dx^2}\right|_{x_0}(x-x_0)^2$$

按式(10.2.3)，系统的势能近似为

$$E_p=E_{p0}+\frac{1}{2}\left.\frac{d^2E_p}{dx^2}\right|_{x_0}(x-x_0)^2=E_{p0}+\frac{1}{2}k(x-x_0)^2$$

这正是劲度系数为 $\left.\frac{d^2E_p}{dx^2}\right|_{x_0}$ 的简谐振动的势能。

在微观领域，如原子核中质子和中子的振动、分子中原子的振动和固体晶格点阵上原子的振动等，虽然这些振动的物理机制不尽相同，但都可以用简谐振子模型来描述。

例 10.2.4 如图 10.2.4 所示，两个气体分子之间的相互作用势能可以近似地表示为伦纳德-琼斯(lenard-jones)势

$$E_p(r)=-E_0\left[2\left(\frac{r_0}{r}\right)^6-\left(\frac{r_0}{r}\right)^{12}\right]$$

式中，r 是两分子间的距离，r_0 是稳定平衡距离，E_0 为一正常量，代表 $r=r_0$ 时势能的绝对值。设两个分子的质量分别为 m_1 和 m_2，求气体分子在稳定平衡位置 $r=r_0$ 附近微振动的角频率。

解 把 $E_p(r)$ 对 r 求导，得

$$\frac{dE_p}{dr}=\frac{12E_0}{r_0}\left[\left(\frac{r_0}{r}\right)^7-\left(\frac{r_0}{r}\right)^{13}\right]$$

$$\frac{d^2E_p}{dr^2}=E_0\left(156\frac{r_0^{12}}{r^{14}}-84\frac{r_0^6}{r^8}\right)$$

当 $r=r_0$ 时，有

$$\left.\frac{dE_p(r)}{dr}\right|_{r_0}=0,\quad \left.\frac{d^2E_p}{dr^2}\right|_{r=r_0}=\frac{72E_0}{r_0^2}>0$$

满足式(10.2.3)，因此气体分子作简谐振动，等效劲度系数为 $k=72E_0/r_0^2$，角频率为

$$\omega=\sqrt{\frac{k}{\mu}}=\sqrt{\frac{72(m_1+m_2)E_0}{m_1m_2r_0^2}}$$

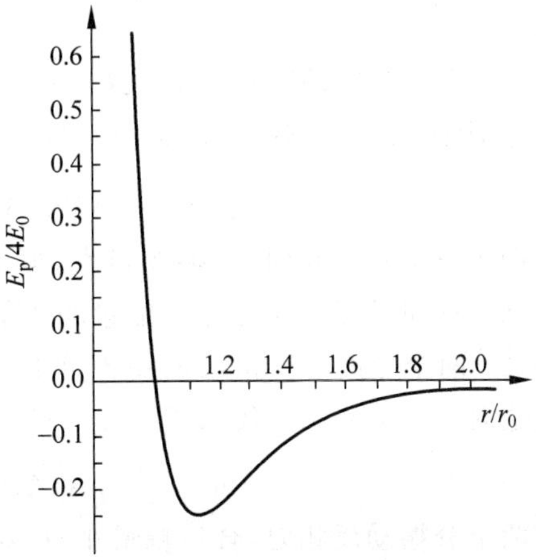

图 10.2.4　伦纳德-琼斯势

其中，$\mu=\dfrac{m_1 m_2}{m_1+m_2}$为两个分子的约化质量(见1.4.2节)。

10.3 两个简谐振动的合成

10.3.1 两个共线简谐振动的合成

1. 两个分振动频率相同

两个同频率共线简谐振动的合成性质，是分析波(光)的干涉和衍射现象的理论基础。设一质点参与两个沿 x 轴方向的同频率简谐振动，两个分振动为

$$x_1=A_1\cos(\omega t+\varphi_1),\quad x_2=A_2\cos(\omega t+\varphi_2)$$

用旋转矢量图求合位移。

如图10.3.1所示，$\boldsymbol{A}_1$ 和 $\boldsymbol{A}_2$ 分别为 x_1 和 x_2 的振幅矢量，它们的矢量和为 $\boldsymbol{A}$。分振动 x_1 和 x_2 的相位差 $\Delta\varphi$ 等于 $\boldsymbol{A}_1$ 和 $\boldsymbol{A}_2$ 的夹角，即

$$\Delta\varphi=\varphi_2-\varphi_1$$

由于频率相同，$\boldsymbol{A}_1$ 和 $\boldsymbol{A}_2$ 以相同角速度 ω 绕 O 点沿逆时针方向匀速旋转，$\boldsymbol{A}$ 也以角速度 ω 旋转，并且长度不变，$\boldsymbol{A}$ 在 x 轴上的投影就是合位移，即

$$x=x_1+x_2=A\cos(\omega t+\varphi)$$

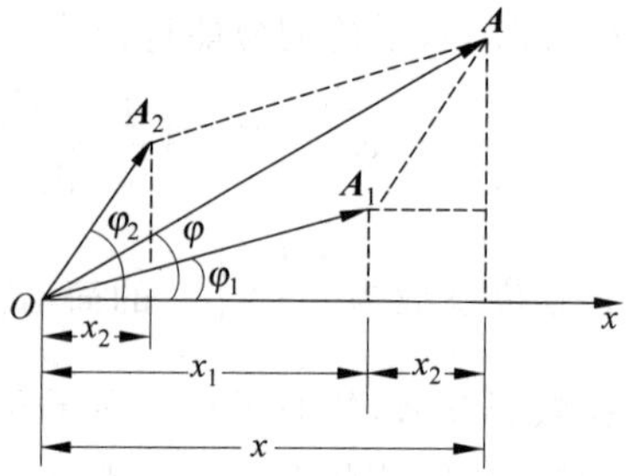

图10.3.1 两个同频率共线简谐振动的合成

按余弦定理，合振幅为

$$A=\sqrt{A_1^2+A_2^2+2A_1A_2\cos\Delta\varphi}\qquad(10.3.1)$$

由几何关系，合振动的初相为

$$\varphi=\arctan\frac{A_1\sin\varphi_1+A_2\sin\varphi_2}{A_1\cos\varphi_1+A_2\cos\varphi_2}$$

因此，两个同频率共线简谐振动合成后，仍是一个简谐振动，合振动的频率等于分振动的频率，合振幅的大小不仅与分振幅有关，还取决于分振动的相位差。下面看两种重要情况。

(1) 两个分振动同相，$\Delta\varphi=2k\pi,k=0,\pm1,\pm2,\cdots$

这时 $\cos\Delta\varphi=1$，代入式(10.3.1)，可得

$$A=\sqrt{A_1^2+A_2^2+2A_1A_2}=A_1+A_2$$

两个分振动同相时，合振幅最大，振动互相加强。若 $A_1=A_2$，则 $A=2A_1$，$A^2=4A_1^2$，合振动的能量等于每个分振动能量的4倍。

(2) 两个分振动反相，$\Delta\varphi=(2k+1)\pi,k=0,\pm1,\pm2,\cdots$

这时 $\cos\Delta\varphi=-1$，代入式(10.3.1)，可得

$$A=\sqrt{A_1^2+A_2^2-2A_1A_2}=|A_1-A_2|$$

两个分振动反相时，合振幅最小，振动互相减弱。若 $A_1=A_2$，则 $A=0$，等幅反相的振动互相抵消。当 $\Delta\varphi$ 取其他值时，$|A_1-A_2|<A<A_1+A_2$。

2. 两个分振动频率不同 拍

设两个分振动为

$$x_1 = A\cos\omega_1 t,\quad x_2 = A\cos\omega_2 t$$

令 $\omega_2 > \omega_1$，$\Delta\omega = \omega_2 - \omega_1$，$\bar{\omega} = (\omega_1 + \omega_2)/2$，按三角函数和差化积，可求出合位移为

$$x = x_1 + x_2 = 2A\cos\left(\frac{\Delta\omega}{2}t\right)\cos\bar{\omega}t \tag{10.3.2}$$

它是两个简谐振动的乘积，因此合振动不再是简谐振动。

如图 10.3.2(a)、(b)所示，考虑一种重要情况：分振动频率 ω_1 和 ω_2 较大，但它们的差很小，即 $\Delta\omega \ll \bar{\omega}$，这时式(10.3.2)中的因子 $\cos(\Delta\omega t/2)$的频率要比 $\cos\bar{\omega}t$ 的频率小很多，合振动可看成是振幅为$|2A\cos(\Delta\omega t/2)|$、角频率为 $\bar{\omega}$ 的振动，振动曲线如图 10.3.2(c)所示，合振动的振幅时大时小，这种现象称为拍。

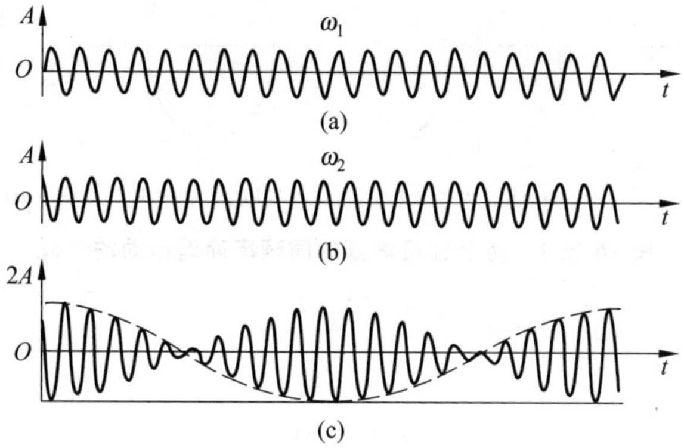

图 10.3.2　拍的形成

单位时间内振动加强或减弱的次数，即振幅$|2A\cos(\omega_2 - \omega_1)t/2|$的振动频率，称为拍频。由于是绝对值，拍频 $\Delta\nu$ 等于 $\cos(\omega_2 - \omega_1)t/2$ 的频率$(\nu_2 - \nu_1)/2$ 的两倍，即

$$\Delta\nu = \nu_2 - \nu_1$$

拍频等于两个分振动频率之差，且远小于分振动频率。

拍现象有许多应用，如测量超声波的频率和校准钢琴等。

10.3.2　两个互相垂直简谐振动的合成

1. 两个分振动频率相同

两个互相垂直的同频率简谐振动的合成性质，是分析光的偏振现象的理论基础。设一质点参与两个互相垂直的同频率简谐振动，两个分振动为

$$x = A_1\cos(\omega t + \varphi_1),\quad y = A_2\cos(\omega t + \varphi_2)$$

消去时间 t，得

$$\frac{x^2}{A_1^2} + \frac{y^2}{A_2^2} - \frac{2xy}{A_1A_2}\cos\Delta\varphi = \sin^2\Delta\varphi \tag{10.3.3}$$

其中，$\Delta\varphi = \varphi_2 - \varphi_1$ 为 y 方向振动比 x 方向超前的相位。式(10.3.3)为椭圆方程，因此质点

的运动轨迹是椭圆(圆),也可能退化成直线。反过来,任何一个椭圆运动都能分解成两个互相垂直的同频率简谐振动。下面看几种重要情况。

(1) 两个分振动同相,$\Delta\varphi=0$

这时 $\cos\Delta\varphi=1, \sin\Delta\varphi=0$,代入式(10.3.3),可得

$$\frac{x}{y}=\frac{A_1}{A_2}$$

质点 t 时刻离开坐标原点的位移为

$$s=\sqrt{x^2+y^2}=\sqrt{A_1^2+A_2^2}\cos(\omega t+\varphi_1)$$

合振动是在Ⅰ、Ⅲ象限过坐标原点的简谐振动,频率等于分振动频率,如图 10.3.3(a)所示。

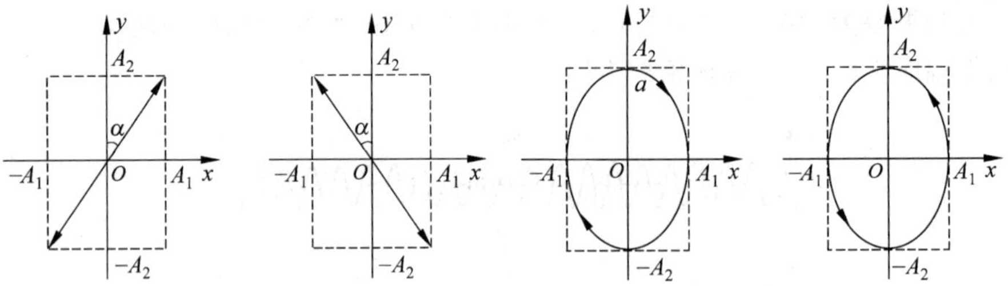

(a) $\varphi_2-\varphi_1=0$ (b) $\varphi_2-\varphi_1=\pm\pi$ (c) $\varphi_2-\varphi_1=\pi/2$ (d) $\varphi_2-\varphi_1=-\pi/2$

图 10.3.3 两个互相垂直的同频率简谐振动的合成

(2) 两个分振动反相,$\Delta\varphi=\pm\pi$

这时

$$\frac{x}{y}=-\frac{A_1}{A_2}$$

合振动是在Ⅱ、Ⅳ象限过坐标原点的简谐振动,振动方向从两个分振动同相时的振动方向转过 2α 角,频率等于分振动频率,如图 10.3.3(b)所示。

(3) y 比 x 超前 $\pi/2$,$\Delta\varphi=\pi/2$

这时 $\cos\Delta\varphi=0, \sin\Delta\varphi=1$,代入式(10.3.3),可得

$$\frac{x^2}{A_1^2}+\frac{y^2}{A_2^2}=1$$

合成轨迹是以坐标轴为主轴的正椭圆(圆),如图 10.3.3(c)所示。这时质点不再作振动,而是按分振动的周期作椭圆运动。

为分析质点的运动方向,在图 10.3.3(c)中让质点的 x 轴坐标从零开始逐渐增大,由于 y 比 x 超前 $\pi/2$,y 轴坐标从 A_2 逐渐减小,质点从 a 点按顺时针方向右旋,合成轨迹为右旋正椭圆。当 $A_1=A_2$ 时,为右旋圆。

(4) y 比 x 落后 $\pi/2$,$\Delta\varphi=-\pi/2$

合成轨迹仍为

$$\frac{x^2}{A_1^2}+\frac{y^2}{A_2^2}=1$$

但变成左旋正椭圆,如图 10.3.3(d)所示。当 $A_1=A_2$ 时,为左旋圆。

当 $\Delta\varphi$ 取除 0、$\pm\pi$ 和 $\pm\pi/2$ 之外的其他值时,合成轨迹一般为斜椭圆,图 10.3.4 表示在

不同相位差的情况下，两个互相垂直的同频率简谐振动的合成轨迹。这张图在分析光的偏振现象时要用到。

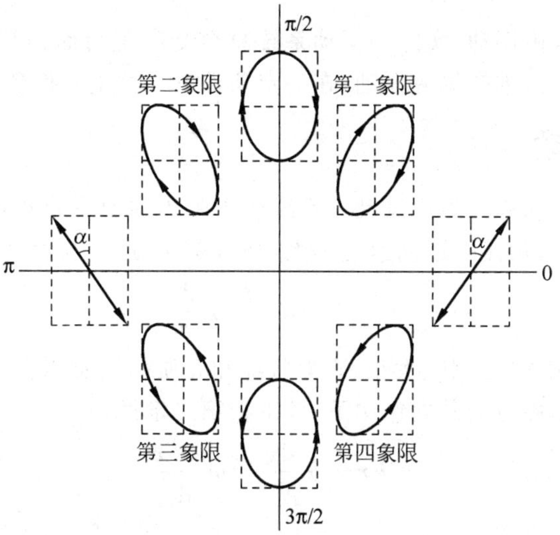

图 10.3.4　两个互相垂直的同频率简谐振动的合成轨迹

2. 两个分振动频率不同　李萨如图

在这种情况下合运动比较复杂，合成轨迹一般不稳定。但当两个分振动的频率比 $\nu_x : \nu_y$ 等于简单的整数时，合成轨迹是稳定的封闭曲线，这些曲线称为李萨如(Lissajou)图。图 10.3.5 给出了几种频率比情况下的李萨如图，其中同一频率比的五个图分别对应不同初相的分振动。

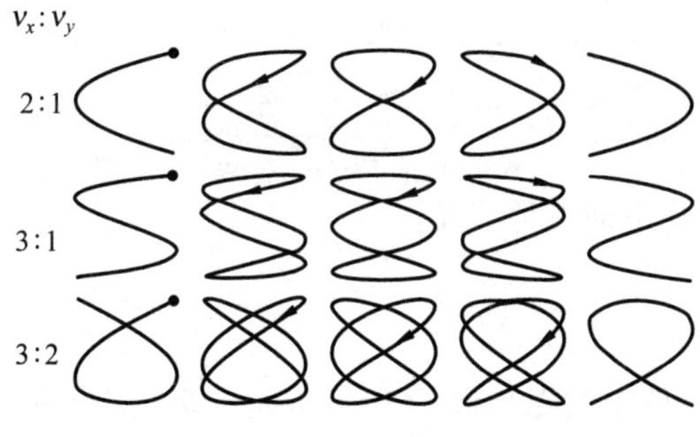

图 10.3.5　李萨如图

由图 10.3.5 可以看出，李萨如图有如下性质

$$\frac{\nu_x}{\nu_y}=\frac{x\text{ 达到最大的次数}}{y\text{ 达到最大的次数}}$$

据此，可以在示波器上判定两种频率是否成整数比，在未广泛使用数字频率计之前，这是测量电信号频率的最简便方法。

*10.4 阻尼振动 受迫振动 位移共振

简谐振动是一种自由振动,实际的振动系统总会受到阻力而损耗能量,振幅不断减小。通过施加周期性外力可以维持等幅振动,在一定条件下会发生共振现象。

10.4.1 阻尼振动

振幅不断减小的振动称为阻尼振动。系统所受阻力主要来自周围介质(如空气、液体)的黏性力。实验表明,当物体的运动速度不太大时,黏性力 f_r 与速度 v 成正比,即

$$f_r=-\gamma v=-\gamma\frac{dx}{dt}$$

系数 γ 的大小取决于物体的形状、大小、表面状况和介质的性质,其单位是 $N\cdot s\cdot m^{-1}$。

在线性恢复力和黏性力的共同作用下,按牛顿第二定律,有

$$-kx-\gamma\frac{dx}{dt}=m\frac{d^2x}{dt^2}$$

设

$$\omega_0=\sqrt{\frac{k}{m}},\quad \beta=\frac{\gamma}{2m}$$

把方程写成

$$\frac{d^2x}{dt^2}+2\beta\frac{dx}{dt}+\omega_0^2x=0 \tag{10.4.1}$$

此即阻尼振动的动力学方程,其中 ω_0 为系统的本征角频率,即无阻尼自由振动的角频率;β 称为阻尼系数,它表征阻尼作用的大小,单位是 s^{-1},与角频率的单位相同。

方程(10.4.1)是一个齐次线性微分方程,其特征方程为

$$\lambda^2+2\beta\lambda+\omega_0^2=0 \tag{10.4.2}$$

特征根为

$$\lambda=-\beta\pm\sqrt{\beta^2-\omega_0^2}$$

按阻尼作用的大小,可分成下面三种情况。

1. 弱阻尼($\beta^2<\omega_0^2$)

特征方程(10.4.2)有两个共轭复根:$-\beta\pm i\sqrt{\omega_0^2-\beta^2}$,取方程(10.4.1)解的实部,可表示为

$$x=A_0e^{-\beta t}\cos(\sqrt{\omega_0^2-\beta^2}\,t+\varphi_0)\quad(弱阻尼) \tag{10.4.3}$$

其中,A_0 和 φ_0 是两个积分常量,可用初始条件确定;$A_0e^{-\beta t}$ 可看成是随时间不断衰减的振幅。图10.4.1是按式(10.4.3)画出的弱阻尼振动曲线,阻尼系数 β 越大,振幅衰减得越快。

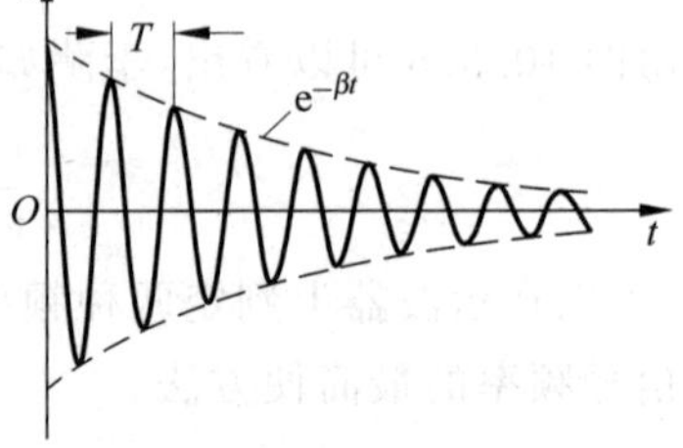

图 10.4.1 弱阻尼振动曲线

严格地说,弱阻尼振动已不再是周期运动,但可

以用振动物体沿同一方向的位移相继达到最大值的时间间隔 T 来表示阻尼振动的“周期”，即

$$T=\frac{2\pi}{\sqrt{\omega_0^2-\beta^2}}$$

显然，T 大于自由振动的周期 $2\pi/\omega_0$，说明阻尼使振动变慢。通常所说的阻尼振动，一般是指上述弱阻尼振动。

2. 过阻尼($\beta^2>\omega_0^2$)

特征方程(10.4.2)有两个不同的实根：$-\beta\pm\sqrt{\beta^2-\omega_0^2}$，方程(10.4.1)的解为

$$x=C_1\mathrm{e}^{-(\beta-\sqrt{\beta^2-\omega_0^2})t}+C_2\mathrm{e}^{-(\beta+\sqrt{\beta^2-\omega_0^2})t}\quad（过阻尼）$$

这时物体不但不能作往复运动，而且需要经过相当长的时间才能回到平衡位置。

3. 临界阻尼($\beta^2=\omega_0^2$)

特征方程(10.4.2)只有一个重根 $-\beta$，方程(10.4.1)的解为

$$x=(C_1+C_2t)\mathrm{e}^{-\beta t}\quad（临界阻尼）$$

这时物体刚开始不能作往复运动，并能很快回到平衡位置。

图 10.4.2 给出在三种阻尼情况下位移随时间的变化情况。若希望物体在一段时间内近似作简谐振动，应尽量减小阻尼；希望物体在不发生往复运动的情况下尽快回到平衡位置，如电磁仪表的指针，应调节电路参量，使电磁仪表处于临界阻尼状态。

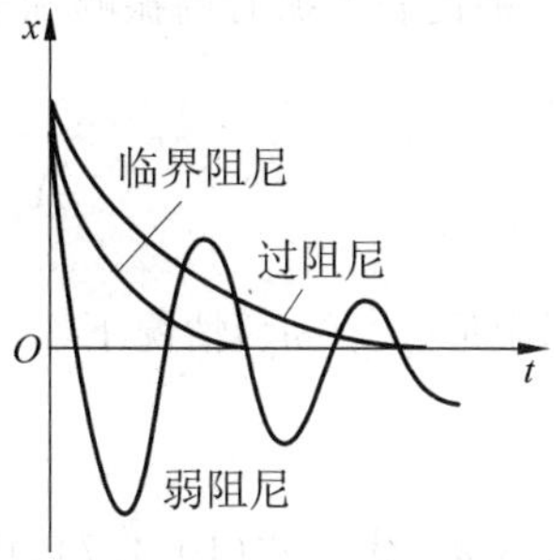

图 10.4.2 三种阻尼振动曲线

10.4.2 受迫振动

实际振动系统总会受到阻力，振幅不断减小，通过施加周期性外力可以维持等幅振动。在周期性外力的持续作用下发生的振动，称为受迫振动。施加的周期性外力，称为驱动力或强迫力。设驱动力 F 以角频率 ω 随时间按余弦规律变化，初相为零，即

$$F=F_0\cos\omega t$$

其中，F_0 代表驱动力的幅值。在线性恢复力、黏性力和驱动力的共同作用下，一个本征角频率为 ω_0 的振动系统的动力学方程为

$$\frac{\mathrm{d}^2x}{\mathrm{d}t^2}+2\beta\frac{\mathrm{d}x}{\mathrm{d}t}+\omega_0^2x=h\cos\omega t\tag{10.4.4}$$

式中，$h=F_0/m$ 代表驱动力的强度。

方程(10.4.4)是一个非齐次线性微分方程，在弱阻尼($\beta^2<\omega_0^2$)情况下，其通解可表示为相应齐次方程的通解式(10.4.3)，加上非齐次方程的一个特解 $A\cos(\omega t+\varphi)$，即

$$x=A_0\mathrm{e}^{-\beta t}\cos(\sqrt{\omega_0^2-\beta^2}\,t+\varphi_0)+A\cos(\omega t+\varphi)$$

经过足够长时间后，式中右边第一项衰减到可以忽略不计，留下的就只是角频率等于驱动力角频率 ω 的等幅振动，即

$$x = A\cos(\omega t + \varphi) \tag{10.4.5}$$

这表明：施加周期性驱动力之后，经过足够长时间达到稳定时，系统按驱动力的频率而不是按系统的本征频率振动。通常所说的受迫振动，就是指这种弱阻尼、稳态受迫振动。

如何确定受迫振动的振幅 A 和初相 φ？把式(10.4.5)代入方程(10.4.4)，并写成按 $\sin\omega t$ 和 $\cos\omega t$ 展开的恒等式，由于等式对任意 t 都成立，要求 $\sin\omega t$ 和 $\cos\omega t$ 的系数都等于零，由此可得

$$A = \frac{h}{\sqrt{(\omega_0^2 - \omega^2)^2 + 4\beta^2\omega^2}} \tag{10.4.6}$$

$$\varphi = \arctan\frac{-2\beta\omega}{\omega_0^2 - \omega^2} \tag{10.4.7}$$

可以看出，振幅和初相由驱动力的性质决定，与初始条件无关。

10.4.3 位移共振

在受迫振动中振幅出现极大值的现象称为位移共振，就是通常所说的共振。用 A_r 和 ω_r 分别代表共振时的振幅和驱动力角频率，按 $dA/d\omega = 0$，对式(10.4.6)求 A 的极大值，可得

$$A_r = \frac{h}{2\beta\sqrt{\omega_0^2 - \beta^2}}, \quad \omega_r = \sqrt{\omega_0^2 - 2\beta^2}$$

在弱阻尼($\beta^2 \ll \omega_0^2$)情况下

$$A_r = \frac{h}{2\beta\omega_0}, \quad \omega_r = \omega_0$$

把 $\omega_r = \omega_0$ 代入式(10.4.7)，可得

$$\varphi_r = -\frac{\pi}{2}$$

这表明：发生位移共振时，驱动力频率恰好等于系统的本征频率，而振动相位比驱动力落后 $\pi/2$。

图 10.4.3 表示受迫振动的振幅 A 随驱动力角频率 ω 变化的情形，可以看出，阻尼系数 β 越小，能量衰减得就越慢，共振峰宽度就越窄，峰值就越高。图 10.4.4 是按式(10.4.7)画出的 φ 与 ω 的关系。

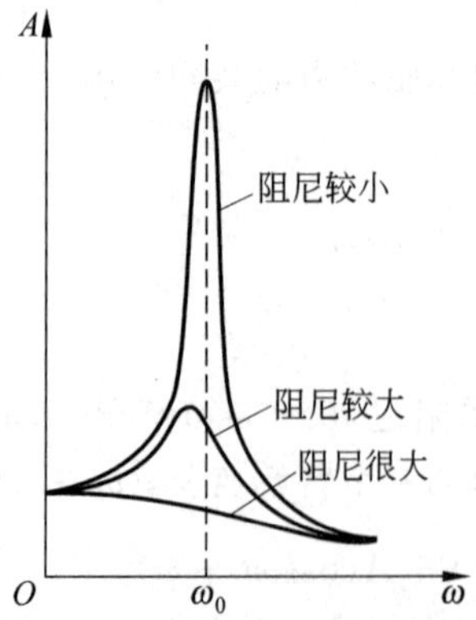

图 10.4.3 振幅与驱动力角频率的关系

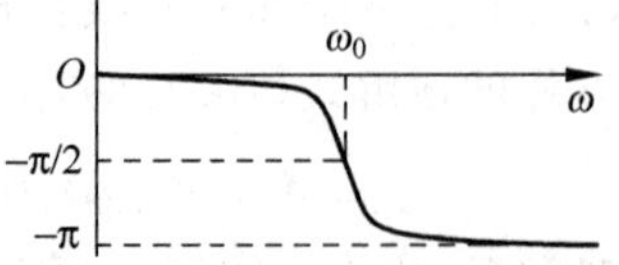

图 10.4.4 初相与驱动力角频率的关系

进一步分析表明，发生共振时驱动力总是对系统做正功，从而振幅急剧增大，而阻力的功率也随之不断增大，最后使振幅保持稳定。

在振荡电路中，电流或电压的振幅达到极大值的现象称为电流共振或电压共振。收音机和电视机的选台，就是通过调节机内振荡电路的本征频率，使之等于外来信号的频率来实现的。

微观世界也广泛存在着共振现象。核磁共振（NMR，nuclear magnetic resonance）是具有磁矩的原子核在恒定磁场和高频磁场的同时作用下所发生的共振现象，核磁矩相当于安置在样品中的微小探针，通过共振频率的变化情况，探测样品中原子核的密度、周围环境等信息。目前，核磁共振已在物理学、化学、材料科学，生命科学和医学领域中得到广泛的应用。

发生共振时由于振幅过大可能损坏机器、设备或建筑。1940 年，美国的塔科马海峡大桥就是因一阵不算太强的大风所引起的卡门涡街共振而坍塌的。据报道，我国某城市有三栋新建的十一层居民楼经常摇晃，引起居民的恐慌。后来发现距居民楼 800m 处有一家锯石厂，四台大功率锯石机的工作频率为 1.5Hz，恰好等于居民楼的本征频率，楼的摇晃原来是一种共振现象。减少和隔离振动，是工程技术中必须注意的问题。

在受迫振动中，速度的振幅出现极大值的现象称为速度共振。可以证明：发生速度共振时，驱动力频率等于系统的本征频率，振动速度与驱动力同相。

10.4.4　品质因数

弹簧、电感线圈和激光器谐振腔等振动系统发生共振时的性能，可以用品质因数或 Q 值来集中反映。品质因数有不同的定义，从能量的角度，通常把系统的储能与经过一个周期所损失的能量的比值，乘以 2π，定义为该系统的品质因数，即

$$Q=\frac{2\pi E(t)}{E(t)-E(t+T)}$$

在通常弱阻尼（$\beta^2\ll\omega_0^2$）情况下，振动系统的品质因数为

$$Q=\frac{\omega_0}{2\beta}$$

它正比于系统的本征角频率 ω_0，反比于阻尼系数 β。

按式(10.4.3)，t 时刻弱阻尼振动的振幅为 $A_0\mathrm{e}^{-\beta t}$，与弹簧类比，系统的储能为

$$E(t)=\frac{1}{2}kA_0^2\mathrm{e}^{-2\beta t}$$

其中，k 为等效劲度系数。因此

$$Q=\frac{2\pi E(t)}{E(t)-E(t+T)}=\frac{2\pi}{1-\dfrac{E(t+T)}{E(t)}}=\frac{2\pi}{1-\mathrm{e}^{-2\beta T}}$$

因 $\beta^2\ll\omega_0^2$，故 $T=2\pi/\sqrt{\omega_0^2-\beta^2}\approx2\pi/\omega_0$，$\beta T\approx2\pi\beta/\omega_0\ll1$，$\mathrm{e}^{-2\beta T}\approx1-2\beta T$，所以品质因数为

$$Q=\frac{2\pi}{1-\mathrm{e}^{-2\beta T}}=\frac{\pi}{\beta T}=\frac{\omega_0}{2\beta}$$

系统的 Q 值越高,能量衰减得就越慢,共振峰宽度就越窄,峰值就越高。例如,调 Q 激光器就是通过提高谐振腔的 Q 值,把激光能量压缩到宽度极窄的脉冲中发射,光源的峰值功率可以提高几个量级。普通脉冲激光器的光脉冲的宽度约为 ms 量级,峰值功率只有几十 kW,而调 Q 激光器光脉冲的宽度可以压缩到 ns 量级,峰值功率可以达到 MW。

例 10.4.1 某阻尼振动的最大位移经一个周期后减小到原来的 14/15,求该振动系统的品质因数和一周期内损失能量的百分比。

解 按弱阻尼情况,相继两次振动的最大位移分别为

$$x_1 = A_0 e^{-\beta t}, \quad x_2 = A_0 e^{-\beta(t+T)}$$

可得 $\beta T = \ln(x_1/x_2)$,因此该振动系统的品质因数为

$$Q = \frac{\pi}{\beta T} = \frac{\pi}{\ln(x_1/x_2)} = \frac{3.14}{\ln(15/14)} = 45.5$$

按品质因数的定义,一周期内损失能量的百分比为

$$\frac{E(t) - E(t+T)}{E(t)} = \frac{2\pi}{Q} = \frac{2 \times 3.14}{45.5} = 13.8\%$$

10.5 简谐波

简谐振动以一定的速度在空间传播所形成的波,称为简谐波。理想的简谐波具有单一的频率,在空间上是无限延长的。简谐波是最简单和最基本的波,实际的波可以由一系列不同频率、不同振幅的简谐波叠加得到。

我们仅限于讨论机械波在无色散、无耗散的弹性介质中的传播规律。色散(dispersion)一词源于光学,由于玻璃的折射率 n 与入射光的频率有关,不同频率的单色光通过玻璃棱镜时折射角不同而散开,这种现象称为色散。因 $n=v/c$,而 v 为介质中的光速,故色散可以看成波速随波的频率发生变化的现象。折射率(波速)与频率无关的介质,称为无色散介质。在无色散介质中机械波的波速与波的频率无关,是一个只与介质的弹性和惯性有关的常量。

无耗散是指介质不吸收波的能量,波在传播过程中振幅保持不变。弹性介质是指那些形变后受到的恢复力与形变成正比(服从胡克定律)、外力撤销后形变随之消失的介质。

波有横波和纵波之分,下面以简谐机械横波为例,介绍简谐波的基本特征。

10.5.1 简谐波的产生 机械波的波速

如图 10.5.1 所示,握住一根张紧的弦线的一端 O 作上下抖动,O 点处质元会牵动与之相邻的质元振动,该质元又会引起较远质元的振动,经过一段时间后弦线上 P 点处质元将重复 O 点处质元的振动,形成以速度 u 向前传播的横波。但向前传播的是质元振动的相位,即质元的振动状态(位移的大小和方向),而质元本身并未“随波逐流”,它们只是在各自平衡位置附近作上下振动。这里的波速,是指相位的传播速度,称为相速度。

图 10.5.1 弦线上的横波

在通常情况下,机械波的波速只取决于介质的弹性和惯性。张紧的弦线中横波的波速为

$$u_{弦}=\sqrt{\frac{T}{\rho_l}}$$

其中，T 为弦中的张力，表示弦线的弹性，ρ_l 为单位长度弦线的质量，表示弦线的惯性。

如图 10.5.2(a)所示，把一个匀质弹性棒分成许多等间距的质元，黑点代表它们的质心。若棒端部的质元沿垂直于棒的方向作简谐振动，则在棒中形成以速度 u 向前传播的简谐横波，某时刻棒的形状如图 10.5.2(b)所示。图 10.5.2(c)中的曲线代表该时刻棒中所有质元质心的连线，称为波形曲线。波形曲线上两个相邻同相点(相位差为 2π)之间的距离 λ，称为波长，它等于一个周期内相位传播的距离，表示简谐波的空间周期性。可以看出，简谐横波的外形表现为“波峰”和“波谷”。

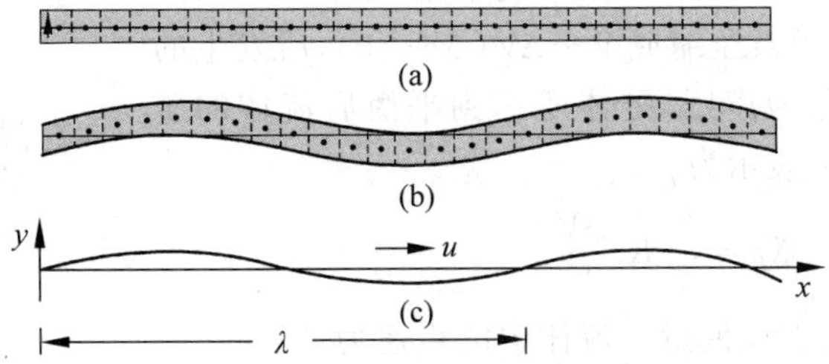

图 10.5.2　弹性棒中的简谐横波

图 10.5.3 表示传播横波的棒中一个侧面积为 S 的矩形质元的剪切应变(切变)，质元在前后方介质的剪切力 f 的作用下错开一个角度 θ，在弹性限度内有线性关系

$$\frac{f}{S}=G\theta \tag{10.5.1}$$

其中，f/S 和 θ 分别称为切应力和切应变，比例常量 G 称为切变模量，它表示质元发生切变时的弹性。

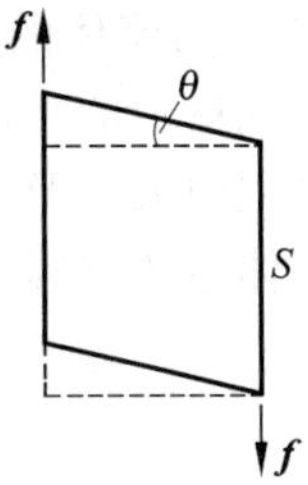

图 10.5.3　剪切应变

若棒端部的质元沿棒的方向相对其平衡位置作简谐振动，如图 10.5.4(a)所示，则棒中形成简谐纵波，图 10.5.4(b)表示某时刻棒中质元的位置，波的外形表现为“疏”和“密”。图 10.5.4(c)为波形曲线，这时的 y 轴虽然垂直于 x 轴，但却代表质元沿 x 轴相对其平衡位置的位移，并规定沿 x 轴正方向的位移为正，反方向为负。

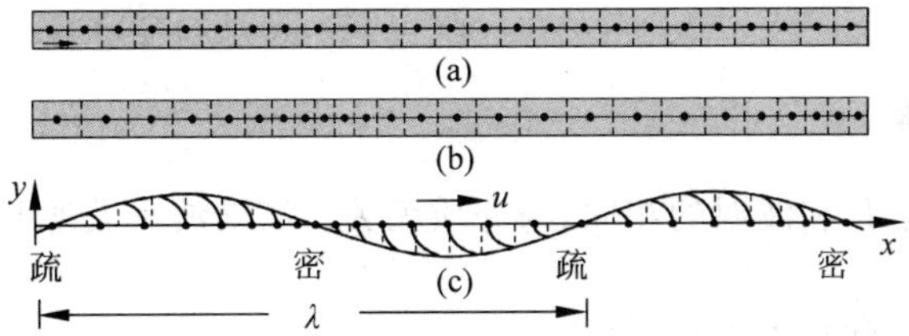

图 10.5.4　弹性棒中的简谐纵波

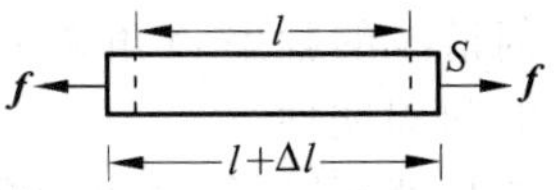

图 10.5.5　拉伸应变

图 10.5.5 表示传播纵波的棒中一个长度为 l，截面积为 S 的柱状质元的拉伸应变(长变)，质元在前后方介质的拉力 f 的作用下伸长 Δl，在弹性限度内有线性关系

$$\frac{f}{S}=E\,\frac{\Delta l}{l} \tag{10.5.2}$$

其中,f/S 和 $\Delta l/l$ 分别称为应力和应变,比例常量 E 称为杨氏模量,它表示质元发生长变时的弹性。式(10.5.1)和(10.5.2)称为胡克(Hooke)定律。

固体介质中的横波和纵波的波速分别为

$$u_{横}=\sqrt{\frac{G}{\rho}},\quad u_{纵}=\sqrt{\frac{E}{\rho}}$$

其中,ρ 为介质的质量密度,表示介质的惯性。对于同一种介质,E 总是大于 G,因此同种介质中的纵波总是比横波传播得快。

声波是一种最常见的机械波。流体(气体和液体)中的声波只能是纵波,固体中的声波可以是纵波,也可以是横波。广义地说,所有的机械波都可以看成是声波。

如图10.5.6所示,设一体积为 V 的静态流体表面周围的压强增大 Δp,其体积被压缩成 $V+\Delta V(\Delta V<0)$,所发生的形变称为体变。Δp 称为声压,是体变达到平衡后流体的压强与静压强 p 之差,可表示为

$$\Delta p=-K\frac{\Delta V}{V}$$

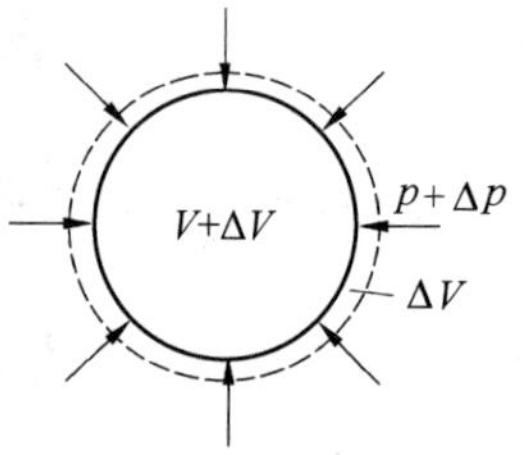

图 10.5.6 体变

比例常量 K 称为体变弹性模量。流体中的声速为

$$u_{声}=\sqrt{\frac{K}{\rho}}\tag{10.5.3}$$

其中,ρ 为流体的质量密度。

气体中的声波是每一局部气体按声频快速压缩和膨胀形成,因声频很高,局部气体在振动过程中来不及与周围气体交换热量,所以声波的传播是一种绝热过程,由式(10.5.3)和理想气体绝热方程 $pV^{\gamma}=$常量可以导出,温度为 T 的理想气体中的声速为

$$u_{声}=\sqrt{\frac{\gamma RT}{\mu}}$$

其中,γ 为气体的比热[容]比,μ 为气体摩尔质量。对于0℃干燥空气(双原子分子),代入数据

$$\gamma=1.4,\quad T=273\mathrm{K},\quad \mu=0.029\mathrm{kg\cdot mol^{-1}},\quad R=8.31\mathrm{J\cdot mol^{-1}\cdot K^{-1}}$$

得空气中的声速为 $331\mathrm{m\cdot s^{-1}}$,符合实验测量结果。

下面是几种介质中声速的实验测量结果(单位为 $\mathrm{m\cdot s^{-1}}$)。空气:331(0℃),344(20℃);常温下,水:1450,海水:1510,混凝土:3100,花岗岩:3950,钢:5050。

10.5.2 简谐波的描述

1. 频率 波长 角波数 波矢量

简谐波的频率 ν(角频率 ω)、周期 T 和波源的相同,与介质无关。简谐波和波源具有相同的时间周期性。

波长就不同了,它表示简谐波的空间周期性,定义为

$$\lambda=uT=\frac{u}{\nu}$$

因波速 u 取决于介质,故波长 λ 除与波源有关,还与介质有关。

角波数 k 定义为

$$k=\frac{2\pi}{\lambda}=\frac{\omega}{u}$$

它表示单位距离内振动相位的变化，而角频率 ω 表示单位时间内相位的变化。角波数与波源和介质有关。

大小等于角波数 k，方向与波的传播方向相同的矢量，称为波矢量，用 $\boldsymbol{k}$ 表示。在 7.5.2 节介绍平面电磁波时已经用到了波矢量。

2. 波函数

简谐波的波函数，是指任意坐标 x 处质元的振动函数。图 10.5.7 表示一列以速度 u 沿 x 轴正方向传播的简谐波，已知坐标原点 O 处质元的振动函数为

$$y_0 = A\cos(\omega t + \varphi)$$

求简谐波的波函数。由于振幅 A 保持不变，只需求 t 时刻 x 处质元的振动相位。

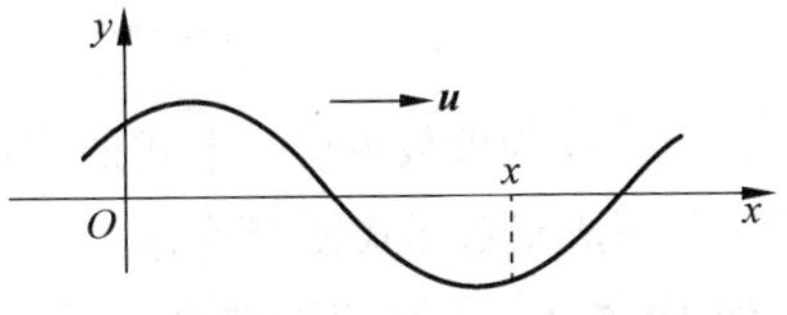

图 10.5.7　简谐波

相位由 O 点传到 x 所需时间为 x/u，t 时刻 x 处质元的振动相位比 O 点滞后 $\omega x/u$ 或 kx，因此 x 处质元的振动函数，即简谐波的波函数为

$$y = A\cos\left[(\omega t + \varphi) - \frac{\omega x}{u}\right] = A\cos\left[\omega\left(t - \frac{x}{u}\right) + \varphi\right]$$

$$y = A\cos(\omega t - kx + \varphi)$$

若简谐波沿 x 轴反方向传播，把 x/u 和 kx 前面的负号改成正号即可，因此简谐波的波函数可一般写成

$$y = A\cos\left[\omega\left(t \mp \frac{x}{u}\right) + \varphi\right]$$

$$y = A\cos(\omega t \mp kx + \varphi)$$

式中的负号和正号，分别表示简谐波沿 x 轴正反方向传播。

在波函数中，让坐标 x 取某一确定值 x_0，得到的是 x_0 处质元的振动函数，显示的是简谐波的时间周期性；而让时间 t 取某一确定值 t_0，得到的是 t_0 时刻质元的位移与坐标之间的函数关系，称为波形曲线或波形，相当于在 t_0 时刻对波拍的一张照片，显示的是简谐波的空间周期性。波的传播可以看成是波形的传播。

在波的传播过程中，同一时刻由相位相同点形成的曲面称为波阵面或等相面，简称波面。波长是两个相邻(相位差为 2π)波面之间的距离。波的传播也可以看成是波面的传播。某一时刻处于最前面的波面，叫波前。与波的传播方向一致的线称作波线，在各向同性的均匀介质中，波线的方向始终垂直于波面。图 10.5.8 表示平面波和球面波的波面和波线。

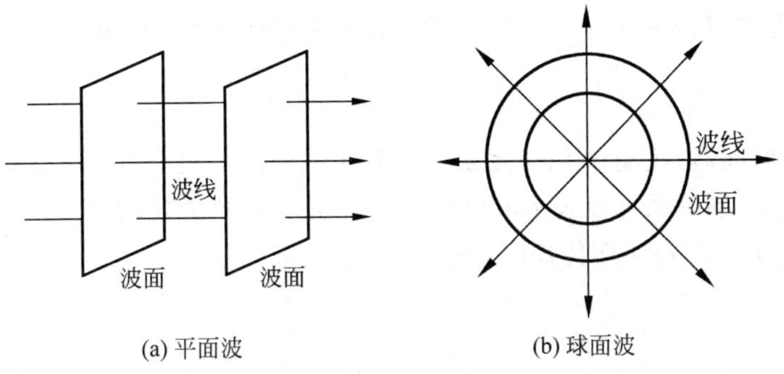

图 10.5.8　波面和波线

如图10.5.9所示,在一般坐标下,波矢量为$\boldsymbol{k}$的简谐平面波的波函数可表示为

$$y=A\cos(\omega t-\boldsymbol{k}\cdot\boldsymbol{r}+\varphi) \qquad (10.5.4)$$

其中,$\boldsymbol{r}$为波面上任意一点P的位矢。因$\boldsymbol{k}$垂直于波面,故$\boldsymbol{k}\cdot\boldsymbol{r}=kx'$,式(10.5.4)代表沿$x'$轴正方向传播的简谐波。

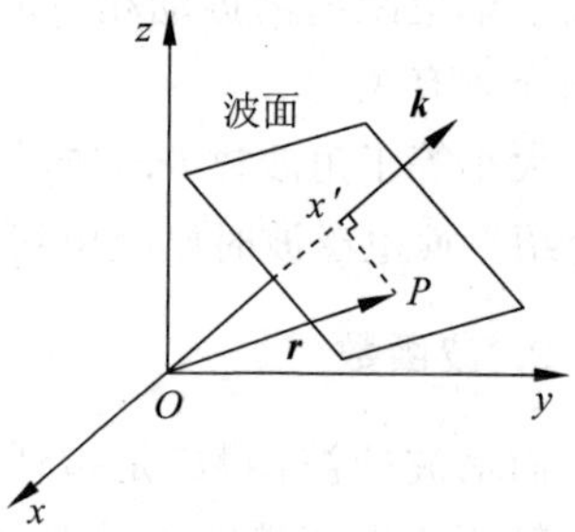

图10.5.9 一般坐标下的平面波

简谐平面波的波函数可以写成复数形式,即

$$\tilde{y}=A\mathrm{e}^{-\mathrm{i}(\omega t-\boldsymbol{k}\cdot\boldsymbol{r}+\varphi)}$$

其中,$\mathrm{i}=\sqrt{-1}$为虚数单位。上式的实部就是式(10.5.4),把波函数写成复数形式便于计算。

例10.5.1 一列简谐波沿x轴正方向传播,波速为u,波长为λ。已知坐标$x_0=\lambda/4$处质元的振动函数如图10.5.10中曲线所示,写出该简谐波的波函数。

解 可以看出,$t=0$时刻坐标$x_0=\lambda/4$处质元沿y轴正方向运动,因此初相为$-\pi/2$,振动函数为

$$y_0=A\cos\left(\omega t-\frac{\pi}{2}\right)$$

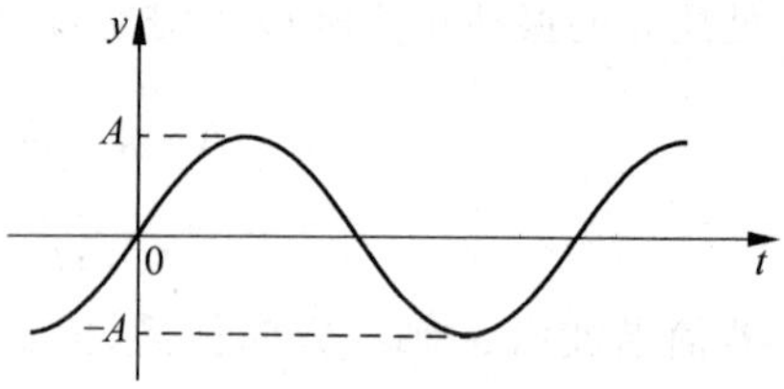

图10.5.10 例10.5.1图

坐标x处质元的振动相位比x_0处滞后$k(x-x_0)$,因此波函数为

$$y=A\cos\left[\omega t-k(x-x_0)-\frac{\pi}{2}\right]$$

把$\omega=2\pi u/\lambda$,$k=2\pi/\lambda$和$x_0=\lambda/4$代入,得

$$y=A\cos\left(\frac{2\pi u}{\lambda}t-\frac{2\pi}{\lambda}x\right)$$

3. 行波

一般把某种扰动逐点传播的波,统称为行波。简谐平面波就是一种行波。行波的波函数可写成

$$y=f\left(t\mp\frac{x}{u}\right)$$

式中,函数f表示扰动的波形,u为波速,而t和x是以$(t\mp x/u)$的整体形式在函数f中出现,其中的负号和正号,分别表示沿x轴正反方向传播。

以右行波为例,在$y=f(t-x/u)$中把t和x分别换成$t+\Delta t$和$x+u\Delta t$,得

$$f\left[(t+\Delta t)-\frac{x+u\Delta t}{u}\right]=f\left(t-\frac{x}{u}\right)$$

这说明经过Δt时间后,扰动f以速度u沿x轴正方向由x处传播到$x+u\Delta t$处。因此,若一个物理量与t、x的关系可以表示成以$(t\mp x/u)$为变量的函数,那么这个物理量一定以速度u向前传播,$(t\mp x/u)$叫作传播因子。

4. 相速度

相速度 v_p 是相位的传播速度。在数学上，相速度只是一个约定，可以超光速。例如甲乙两人相距 1m，约定甲举起右手，10^{-9} s 后乙也举右手，这时"相位"的传播速度为 $10^9 \mathrm{m \cdot s^{-1}}$，超光速了。

在物理上，相速度是指单色波传播的速度，它与 ω 和 k 的关系为

$$v_p = \frac{\omega}{k} \tag{10.5.5}$$

对于无色散介质中的机械波，其相速度是一个只与介质的弹性和惯性有关的常量，并总是小于光速。电磁波在真空中的相速度为光速 c。德布罗意波就不同了，它不是真实物理量振动的传播，因此它的相速度可以超光速(见 12.3.1 节)。

*5. 群速度

群速度的定义为

$$v_g = \frac{\mathrm{d}\omega(k)}{\mathrm{d}k} \tag{10.5.6}$$

其中，$\omega(k)$表示角频率与角波数的函数关系。按 $k=2\pi/\lambda$ 和式(10.5.5)，群速度可表示为

$$v_g = v_p - \lambda \frac{\mathrm{d}v_p}{\mathrm{d}\lambda}$$

对于无色散介质，v_p 为常量，可得 $v_g = v_p$，因此在无色散介质中群速度等于相速度。

为说明群速度的物理意义，考虑两列频率和波长都很接近的等幅平面简谐波的合成。设

$$y_1 = A\cos(\omega_1 t - k_1 x), \quad y_2 = A\cos(\omega_2 t - k_2 x)$$

令 $\Delta\omega = \omega_2 - \omega_1$，$\Delta k = k_2 - k_1$，$\bar{\omega} = (\omega_1 + \omega_2)/2$，$\bar{k} = (k_1 + k_2)/2$，合成波为

$$y = y_1 + y_2 = 2A\cos\left(\frac{\Delta\omega}{2}t - \frac{\Delta k}{2}x\right)\cos(\bar{\omega}t - \bar{k}x) = 2A\cos\left[\frac{\Delta\omega}{2}\left(t - \frac{\Delta k}{\Delta\omega}x\right)\right]\cos(\bar{\omega}t - \bar{k}x)$$

由于 $\Delta\omega \ll \bar{\omega}$，$\Delta k \ll \bar{k}$，如图 10.5.11 所示，合成波为振幅受到低频($\Delta\omega$)调制的高频($\bar{\omega}$)波列，相当于由一串"波包"形成的"波群"，其传播因子为$\left(t - \frac{\Delta k}{\Delta\omega}x\right)$，因此波群的传播速度为

$$v_g = \lim_{\Delta k \to 0} \frac{\Delta\omega}{\Delta k} = \frac{\mathrm{d}\omega}{\mathrm{d}k}$$

此即按式(10.5.6)定义的群速度。

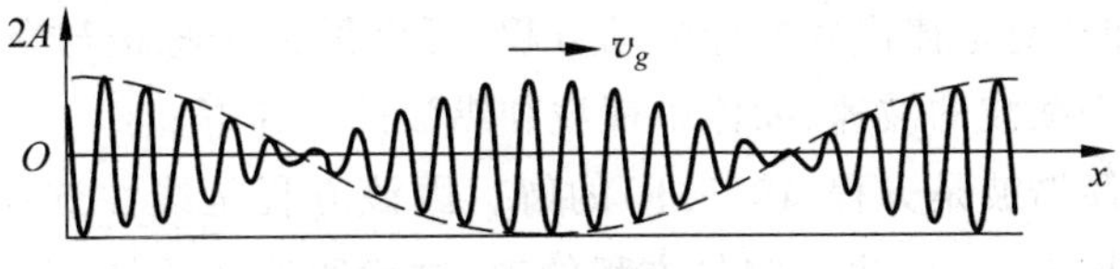

图 10.5.11 调制波和群速度

*6. 相位是一个相对论不变量

给定振幅,波函数中的相位就代表各个质元的振动状态(位移的大小和方向)在一个波长内连续出现的序列,而这一系列状态是靠各质元间的相互作用形成,因此是一系列有因果关系的事件,按洛伦兹变换,它们出现的时间次序在任何惯性系中观测都不可能颠倒(见例3.1.2)。同一列波中同一质元的振动状态,若在一个惯性系中观察是波峰(波谷),则在另一相对运动的惯性系中观察也一定是波峰(波谷),这说明相位是一个与参考系的运动无关的相对论不变量。

设 S' 系相对 S 系沿 $x'(x)$ 轴方向作匀速直线运动,把坐标原点 O' 和 O 重合时刻取为时间零点,则相位不变可表示为

$$\omega' t' \mp k' x' = \omega t \mp k x$$

其中,带撇和不带撇的量分别代表 S' 系和 S 系中的量。

10.5.3 平面机械波的波动方程

从牛顿方程和胡克定律出发,可以导出平面机械波的波动方程。为了简单,我们以右行波为例得到该方程。沿 x 轴方向传播的平面右行波的波函数为

$$y = f\left(t - \frac{x}{u}\right)$$

设 $\alpha = t - x/u$,把 y 对 t 求导,按复合函数的求导规则,得

$$\frac{\partial y}{\partial t} = \frac{\mathrm{d}f}{\mathrm{d}\alpha}\frac{\partial \alpha}{\partial t} = \frac{\mathrm{d}f}{\mathrm{d}\alpha}$$

$$\frac{\partial^2 y}{\partial t^2} = \frac{\mathrm{d}^2 f}{\mathrm{d}\alpha^2} \tag{10.5.7}$$

再对 x 求导,得

$$\frac{\partial y}{\partial x} = \frac{\mathrm{d}f}{\mathrm{d}\alpha}\frac{\partial \alpha}{\partial x} = -\frac{1}{u}\frac{\mathrm{d}f}{\mathrm{d}\alpha}$$

$$\frac{\partial^2 y}{\partial x^2} = \frac{1}{u^2}\frac{\mathrm{d}^2 f}{\mathrm{d}\alpha^2} \tag{10.5.8}$$

由式(10.5.7)和(10.5.8)可得

$$\frac{\partial^2 y}{\partial x^2} - \frac{1}{u^2}\frac{\partial^2 y}{\partial t^2} = 0 \tag{10.5.9}$$

此即沿 x 轴方向传播的平面机械波的波动方程,其中 u 为波速。

若从牛顿方程和胡克定律出发推导波动方程,可以得到波速 u 与介质弹性和惯性之间的函数关系,如弦线中横波的波速、固体中横波和纵波的波速等。

可以验证,平面简谐波是方程(10.5.9)的解。因该方程是线性方程,若 y_1 和 y_2 是方程的解,则它们的叠加 $y_1 + y_2$ 也一定是方程的解,这说明波的传播具有独立性:几列波同时通过介质时彼此互不影响,各自保持自己的频率、波长、振幅和振动方向等特点不变。

若振幅(强度)过大,质元形变后受到的恢复力与形变不成正比,胡克定律不再成立,就会出现非线性项,波的传播也就失去了独立性。

***平面电磁波的波动方程**

在前面 7.5.2 节，我们给出了平面电磁波的一些主要性质。从麦克斯韦方程组的微分形式出发，设自由电荷体密度 $\rho_0=0$，传导电流密度矢量 $\boldsymbol{j}_0=0$ 可以导出，沿 z 轴方向传播的平面电磁波的波动方程为

$$\frac{\partial^2 E}{\partial z^2}-\frac{1}{v^2}\frac{\partial^2 E}{\partial t^2}=0,\quad \frac{\partial^2 H}{\partial z^2}-\frac{1}{v^2}\frac{\partial^2 H}{\partial t^2}=0 \tag{10.5.10}$$

式中

$$v=\frac{c}{n}=\frac{1}{\sqrt{\varepsilon_r\mu_r\varepsilon_0\mu_0}}$$

为静止的透明介质中电磁波的波速（光速），它取决于介质的电磁性质。

平面电磁波的波函数可表示为

$$E=E_0\cos(\omega t\mp kz),\quad H=H_0\cos(\omega t\mp kz)$$

E 和 H 的振动同步变化，振幅关系为

$$E_0=\sqrt{\frac{\mu_r\mu_0}{\varepsilon_r\varepsilon_0}}H_0$$

在真空中，$E_0=c\mu_0H_0=cB_0$。

方程(10.5.9)和(10.5.10)是经典波的波动方程，表达的是真实物理量振动的传播。表达微观粒子波动性的方程是薛定谔(Schrödinger)方程(见 12.6.1 节)。

10.6　简谐机械波的能量

在传播机械波的介质中，质元振动时具有动能，由于形变还具有弹性势能，介质中所有质元的动能和势能之和，称为机械波的能量，它以波速 u 伴随波一起向前传输。下面提到的简谐波均指简谐机械波。

10.6.1　质元的动能和势能

1. 质元的动能

设有一列简谐横波在介质中沿 x 轴正方向传播，波函数为

$$y=A\cos(\omega t-kx)$$

坐标 x 处质元的振动速度为

$$v=\frac{\partial y}{\partial t}=-\omega A\sin(\omega t-kx)$$

用 ΔV 代表质元的体积，则该质元的动能为

$$\Delta E_k=\frac{1}{2}(\rho\Delta V)v^2=\frac{1}{2}\rho\omega^2A^2\sin^2(\omega t-kx)\Delta V$$

式中，ρ 为介质的质量密度。

2. 质元的势能

图 10.6.1 表示一根传播简谐横波的细橡皮绳，其中质元 a 到达最大位移，它静止且无

形变,因此它的动能 ΔE_k 和势能 ΔE_p 同时等于零;质元 b 经过平衡位置,振动速度最大,形变也最大,ΔE_k 和 ΔE_p 同时达到最大值。

在传播简谐波的介质中,无论质元处于什么振动位置,它的动能都等于它的势能,即

$$\Delta E_k = \Delta E_p \qquad (10.6.1)$$

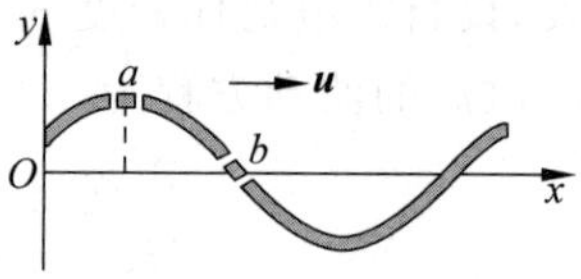

图 10.6.1 传播简谐横波的细橡皮绳

因此在传播简谐波的介质中,质元所包含的能量为

$$\begin{aligned}\Delta E &= \Delta E_k + \Delta E_p = 2\Delta E_k \\ &= \rho\omega^2 A^2 \sin^2(\omega t - kx)\Delta V\end{aligned} \qquad (10.6.2)$$

这不同于弹簧振子的情况,孤立弹簧振子的动能和势能互相转化,此消彼长,总和保持不变。

下面以质元拉伸应变为例证明式(10.6.1)。图 10.6.2 表示在传播纵波的棒中坐标 x 处的一个长度为 l,截面积为 S 的柱状质元,纵波的波函数为

$$y = A\cos(\omega t - kx)$$

质元在前后方介质的拉力 f 的作用下伸长 Δl,按胡克定律,有

$$f = \frac{ES}{l}\Delta l$$

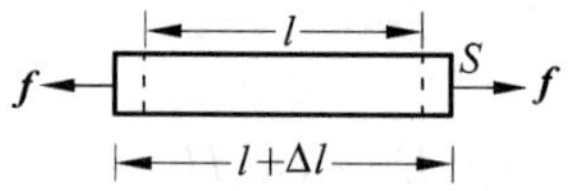

图 10.6.2 拉伸应变

其中,E 为杨氏模量。与弹簧类比,拉伸过程中外力做的功,即质元的弹性势能为

$$\Delta E_p = \frac{1}{2}\frac{ES}{l}\Delta l^2 = \frac{1}{2}E\left(\frac{\Delta l}{l}\right)^2 Sl = \frac{1}{2}E\left(\frac{\Delta l}{l}\right)^2 \Delta V$$

式中,$\Delta l/l$ 为应变,它等于$\partial y/\partial x$,用 $y = A\cos(\omega t - kx)$代入,得

$$\Delta E_p = \frac{1}{2}E\left(\frac{\partial y}{\partial x}\right)^2 \Delta V = \frac{1}{2}EA^2k^2\sin^2(\omega t - kx)\Delta V$$

按 $k = \omega/u$ 和 $u = \sqrt{E/\rho}$,上式可写成

$$\Delta E_p = \frac{1}{2}\rho\omega^2 A^2 \sin^2(\omega t - kx)\Delta V = \Delta E_k$$

此即式(10.6.1)。

10.6.2 能量密度 平均能量密度 波的强度

1. 能量密度

波在介质中传播时,单位体积介质所包含的波的能量,称为波的能量密度,用 w 表示,即

$$w = \frac{\Delta E}{\Delta V}$$

把 ΔE 用式(10.6.2)代入,得

$$w = \rho\omega^2 A^2 \sin^2(\omega t - kx)$$

这是一个以$(t - x/u)$为变量的函数,因此简谐波的能量以波速 u 伴随波一起向前传输,介质中任一质元都不断地从上游质元接收能量,然后传输给下游质元。

2. 平均能量密度

波的能量密度在一个周期内对时间的平均值，称为平均能量密度，用 $\bar{w}$ 表示，即

$$\bar{w}=\frac{1}{T}\int_0^T w\,\mathrm{d}t=\rho\omega^2A^2\frac{1}{T}\int_0^T\sin^2\left[\omega\left(t-\frac{x}{u}\right)\right]\mathrm{d}t=\frac{1}{2}\rho\omega^2A^2$$

平均能量密度与振幅的平方、角频率的平方和介质的质量密度成正比。

3. 波的强度

单位时间内通过垂直于波的传播方向的单位面积的波的能量的时间平均值，称为波的强度，用 I 表示。通常用强度来表示波的能量传输特征。

由图 10.6.3 可以看出，波的强度为

$$I=\frac{\bar{w}u\Delta t\Delta S}{\Delta t\Delta S}=\bar{w}u=\frac{1}{2}\rho\omega^2A^2u$$

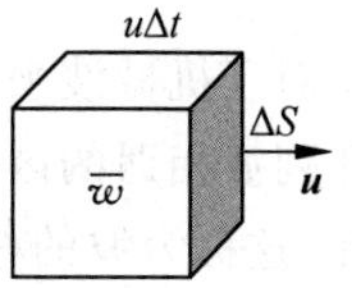

图 10.6.3　波的强度

这表明：简谐波的强度与振幅的平方、角频率的平方、介质的质量密度和波速成正比。虽然这一结论是由平面简谐波得到，但对任何简谐机械波都成立。波的强度的单位是 $\mathrm{W\cdot m^{-2}}$。

10.6.3　声强级

能够引起人的听觉的声波频率范围为 $20\sim2\times10^4$ Hz，频率低于 20Hz 的声波称为次声波，频率超过 2×10^4 Hz 的声波称为超声波。某些频率的次声波与人体器官的振动频率相近，容易发生共振而伤害人体。利用人体内部器官对超声波的反射，可以诊断人体内脏的病变(B 超)。超声波被运动物体反射会发生多普勒效应(见 10.9 节)，据此可以检测心脏的跳动和测量血管中血液的流速(D 超)。

声波的强度叫作声强。人的听觉不但有一定的频率范围，而且还有一定的声强范围。对应每一个频率都有一个最小的声强，低于这一声强的声音人耳就听不见了，这个最小声强称为闻阈。还有一个最大的声强，高于它的声音会使人感到痛苦，这个最大声强称为痛阈。

研究表明，人对声波强弱的感觉并不是与声强成正比，而是与其对数成正比。对应某一声强 I 的声强级 L 定义为

$$L=10\lg\frac{I}{I_0}$$

其中，$\lg(I/I_0)$为给定声强 I 与基准声强 I_0 之比的以 10 为底的对数，$I_0=10^{-12}\,\mathrm{W\cdot m^{-2}}$ 是频率为 1000Hz 时的闻阈。声强级的单位是 dB(分贝)，一般人能区分开声强级相差 1 分贝的两个声音。日常生活环境的声强级一般不超过 60dB，超过 90dB 就属于噪声了。

声强可以叠加，但声强级不能直接叠加。按声强级的定义，在与声强级各为 L 的 N 个声源等距离处测量，总声强级为

$$L_{总}=10\lg\frac{NI}{I_0}=10\lg\frac{I}{I_0}+10\lg N=L+10\lg N$$

其中，I 代表与声强级为 L 的声源对应的声强。这说明，声强相同的 N 个声源的总声强级，仅比单个声源的声强级大 $10\lg N$(dB)，而不是单个声源的 N 倍。

例如,把两个声强级各为 30dB 的喇叭放在一起,总声强级为

$$L_{总} = L + 10\lg N = (30 + 10\lg 2)\mathrm{dB} = 33\mathrm{dB}$$

而不是 60dB。

10.7 波的干涉　驻波　简正模式

波动的基本特征是:可以叠加、发生干涉和衍射,横波具有偏振性。

10.7.1 波的干涉

1. 波的叠加原理

对于机械波来说,若振幅(强度)不是很大,则波动方程是线性的,波的传播具有独立性。在几列波相遇的区域内,任一质元振动的位移等于各列波单独引起该质元分振动位移的矢量和,这称为波的叠加原理,它是分析干涉、衍射现象的基本依据。

2. 干涉的定义

由两个(或两个以上)波源发出的波,在叠加区的不同地点呈现稳定的互相加强或减弱的现象,称为干涉。

"稳定"是相对实验观测的分辨时间而言。以光波为例,各种测光仪器都有一定的分辨时间,如人眼的分辨时间约为 1/20s,我们看到的光的强度是在 1/20s 时间内的平均值。只要在实验分辨时间内强弱分布没有明显变化即可认为发生干涉。光的干涉表现为在空间形成稳定的明暗相间的干涉图样。

3. 干涉条件

如图 10.7.1 所示,波源 S_1 和 S_2 发出的两列简谐机械波在 P 点叠加,用 φ_{10} 和 φ_{20} 代表两个波源的初相。设这两列波的频率相同,引起 P 点质元的两个简谐振动共线,可表示为

$$y_1 = A_1\cos(\omega t - kr_1 + \varphi_{10}),\quad y_2 = A_2\cos(\omega t - kr_2 + \varphi_{20})$$

则 P 点的合振动是一个同频率的简谐振动,合振幅为

$$A = \sqrt{A_1^2 + A_2^2 + 2A_1A_2\cos\Delta\varphi} \qquad (10.7.1)$$

式中,$\Delta\varphi$ 代表这两列波在 P 点的相位差,即

$$\Delta\varphi = (\varphi_{10} - \varphi_{20}) - k(r_1 - r_2)$$

若初相差 $\varphi_{10} - \varphi_{20}$ 与时间无关,则相位差 $\Delta\varphi$ 与时间无关(恒定),只由 P 点的位置决定。

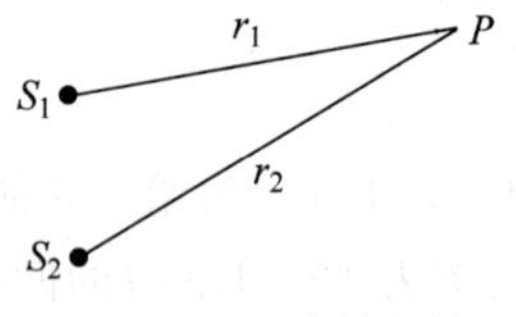

图 10.7.1　波的干涉

简谐振动的能量正比于振幅的平方,由式(10.7.1)可知,P 点的叠加强度为

$$I = I_1 + I_2 + 2\sqrt{I_1I_2}\cos\Delta\varphi$$

式中,I_1 和 I_2 分别为两个分振动的强度,$2\sqrt{I_1I_2}\cos\Delta\varphi$ 称为干涉项。但实际观测到的叠加强度,是在实验分辨时间内的时间平均值,即

$$I = I_1 + I_2 + 2\sqrt{I_1 I_2}\,\overline{\cos\Delta\varphi}$$

这表明,叠加强度取决于时间平均值$\overline{\cos\Delta\varphi}$。

若 $\Delta\varphi$ 恒定,则$\overline{\cos\Delta\varphi}$ 的值只由 P 点的位置决定,在$\overline{\cos\Delta\varphi}>0$ 的地方,$I>I_1+I_2$;在$\overline{\cos\Delta\varphi}<0$ 的地方,$I<I_1+I_2$,在不同地点叠加强度呈现稳定的强弱分布而发生干涉。

若 $\Delta\varphi$ 随时间从 $0\sim2\pi$ 无规变化,则$\overline{\cos\Delta\varphi}=0$,干涉项的时间平均值处处为零,叠加强度简单地等于两分振动强度之和,即

$$I = I_1 + I_2$$

这时不发生干涉。

两列波发生干涉的条件是:(1)振动频率相同;(2)在叠加处振动共线,或有平行的振动分量;(3)在叠加处相位差保持恒定。此外,为获得清晰的强弱分布,还要求在叠加处两列波的强度(振幅)不要相差太大。

若两列波的频率不同,或引起叠加处质元的振动方向互相垂直,则叠加强度的表达式中不出现干涉项。若相位差随时间无规变化,即使有干涉项,干涉效应也随即消失。机械波容易满足相位差恒定条件,但对于普通光源发出的光,保持相位差恒定就比较困难,不进行精巧的设计,很难用普通光源观察到光的干涉现象(见 11.1 节)。

相位差恒定和无规变化只是两种极端情况,还存在相位差不恒定,但又不是无规变化的部分相干情况,这里就不讨论了。

10.7.2　驻波

驻波是局限于某一区域而不向外传播的波,是一种常见的干涉现象。

1. 驻波的形成

驻波由两列沿相反方向传播的等幅、相干的简谐行波叠加而成。如图 10.7.2 所示,音叉振动时在水平拉紧的细橡皮绳 AB 上形成向右传播的简谐横波,入射到劈尖 B(固定端)后被反射,忽略劈尖的吸收损耗,反射波与入射波等幅、相干,适当调节 AB 的张力和距离,在绳上就会形成横驻波。两列相干简谐纵波叠加可以形成纵驻波,其波动本质与横驻波相同。

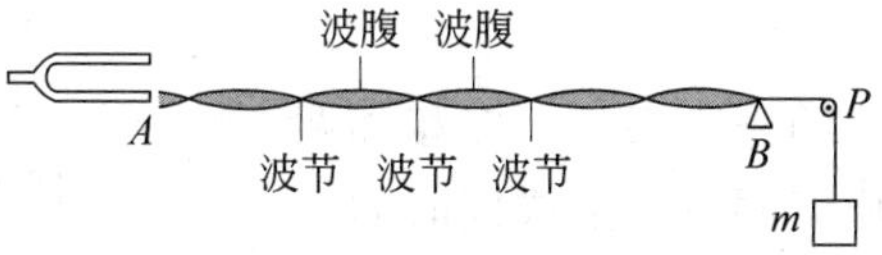

图 10.7.2　横驻波的形成

实验发现:驻波的波形不移动,橡皮绳上各个质元都在各自平衡位置附近作同频率的简谐振动,只是振幅随位置不同而变化。有些点始终静止不动,但形变最大,这些点称为波节,固定端 B 就是一个波节;有些点的振幅最大,但无形变,称为波腹。由于视觉暂留现象,我们看到的是橡皮绳上各点的振动范围。

2. 驻波的波函数

设有两列等幅、相干的简谐行波分别沿 x 轴的正反方向传播,选取共同的坐标原点和

时间零点,它们的波函数分别为

$$y_1 = A\cos(\omega t - kx + \varphi_1), \quad y_2 = A\cos(\omega t + kx + \varphi_2)$$

利用三角函数的和差化积公式可以得到,两波相遇处各质元的合位移为

$$y = y_1 + y_2 = 2A\cos\left[kx + \frac{1}{2}(\varphi_2 - \varphi_1)\right]\cos\left[\omega t + \frac{1}{2}(\varphi_2 + \varphi_1)\right]$$

把 $k=2\pi/\lambda$ 代入,得

$$y = 2A\cos\left[\frac{2\pi x}{\lambda} + \frac{1}{2}(\varphi_2 - \varphi_1)\right]\cos\left[\omega t + \frac{1}{2}(\varphi_2 + \varphi_1)\right]$$

此即驻波的波函数。由于 t 和 x 不是以 $(t \mp x/u)$ 的形式出现在函数中,驻波的相位不传播,这也正是"驻"的含义。由于驻波是两列行波的叠加,而行波是波动方程的解,所以驻波也是波动方程的解。

设 φ_1 和 φ_2 都为零,这时驻波的波函数为

$$y = 2A\cos\frac{2\pi x}{\lambda}\cos\omega t$$

它由两个因子组成,其中 $\cos\omega t$ 只与时间有关,表示各个质元都作同频率的简谐振动;$2A\cos 2\pi x/\lambda$ 只与位置有关,其绝对值 $|2A\cos 2\pi x/\lambda|$ 代表坐标 x 处质元振动的振幅。

由 $|\cos 2\pi x/\lambda| = 0$ 可得波节的位置为

$$x = \frac{\lambda}{2}\left(k + \frac{1}{2}\right), \quad k = 0, \pm 1, \pm 2, \cdots$$

波节处质元静止不动。由 $|\cos 2\pi x/\lambda| = 1$ 可得波腹的位置为

$$x = \frac{\lambda}{2}k, \quad k = 0, \pm 1, \pm 2, \cdots$$

波腹处质元的振幅最大,为 $2A$。

图10.7.3给出了 $t=0$、$T/8$、$T/4$ 和 $T/2$ 各时刻驻波的波形曲线,可以看出,相邻两波节之间,或相邻两波腹之间的距离为 $\lambda/2$,而相邻波节和波腹之间的距离为 $\lambda/4$,据此可以测量行波的波长。

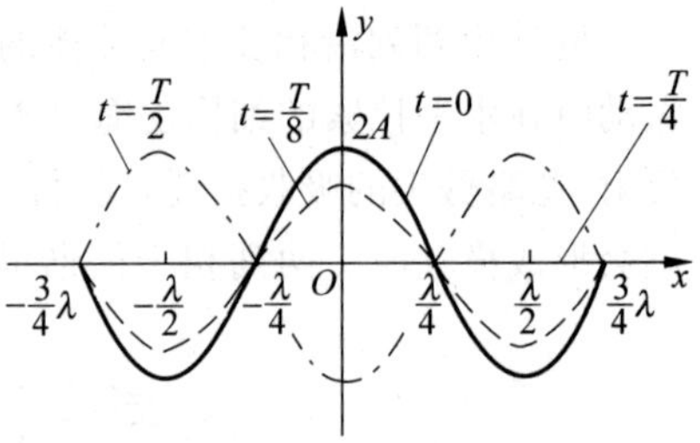

图10.7.3 驻波的波形曲线

3. 驻波是分段振动

驻波是一种以波节划分的分段振动。在相邻两波节(如 $\pm\lambda/4$)之间,各个质元同时向上或同时向下运动,它们具有相同的相位;而波节(如 $\lambda/4$)两边的质元振动反相,"此起彼伏"。正是由于这种分段振动,驻波的相位才不传播。

4. 驻波能量的流动

驻波的能量在整体上不传输,原因是能量既不能通过波节,也不能通过波腹。波节处有形变,两侧质元之间虽然有相互作用力,但波节静止,一侧质元不会对另一侧质元做功而传输能量,因此能量不能通过波节。波腹虽然运动,但波腹处无形变,两侧质元之间无相互作用力,能量也不能通过波腹。

当相邻两波节之间的质元达到最大位移时,各质元的速度和动能均为零,但发生不同程

度的形变，且离波节越近，形变越大，这时能量以势能的形式集中于波节附近。当各质元通过平衡位置时，所有质元都无形变，但速度均达到最大值，而波腹处质元的速度最大，能量则以动能的形式集中于波腹附近。在其他时刻，动能与势能并存。驻波的能量就是这样在相邻波节和波腹之间的 $\lambda/4$ 区域内流动，这一区域构成一个独立的振动系统，与外界不交换能量。

10.7.3 简正频率和简正模式

如图 10.7.4 所示，拨动一根两端固定的张紧的弦，在弦中形成驻波。因为固定端是波节，所以只有当弦长 L 正好等于半波长的整数倍时，才能在弦中激发起驻波，这要求波长满足的条件为

$$\lambda_n = \frac{2L}{n}, \quad n = 1,2,3,\cdots$$

注意到 $\nu = u/\lambda$，可得频率满足的条件为

$$\nu_n = \frac{u}{2L}n, \quad n = 1,2,3,\cdots \tag{10.7.2}$$

其中，u 为弦中的波速。

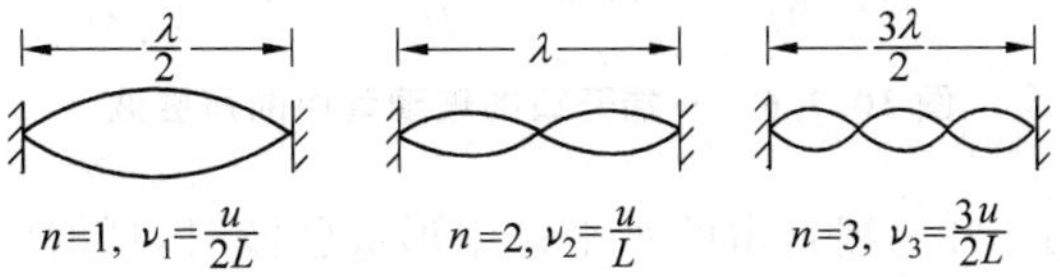

图 10.7.4 两端固定弦中三种简正模式

式(10.7.2)给出的一系列取特定值的频率，称为简正频率。最低的简正频率为 $\nu_1 = u/(2L)$，称为基频；$\nu_n = n\nu_1$ 称为 n 次谐频，如 ν_2、ν_3 分别称为二次谐频、三次谐频。频率为简正频率的振动方式，称为简正模式。图 10.7.4 给出的是两端固定弦中频率为 ν_1、ν_2 和 ν_3 的三种简正模式的波形。

弦上任何一个实际的振动都可以看成由各种简正模式叠加的结果，其中各个简正模式的相位和振幅的大小，由初始扰动的性质决定。对于一个可以形成驻波的受迫振动系统，当驱动力的频率等于系统某一简正频率时，就会使得该频率驻波的振幅变得最大，这种现象也是一种共振。

10.7.4 机械波的半波损失

介质的质量密度 ρ 与介质中的波速 u 的乘积 ρu，称为该介质的特性阻抗。相比之下 ρu 较小的介质称为波疏介质，较大的称为波密介质。

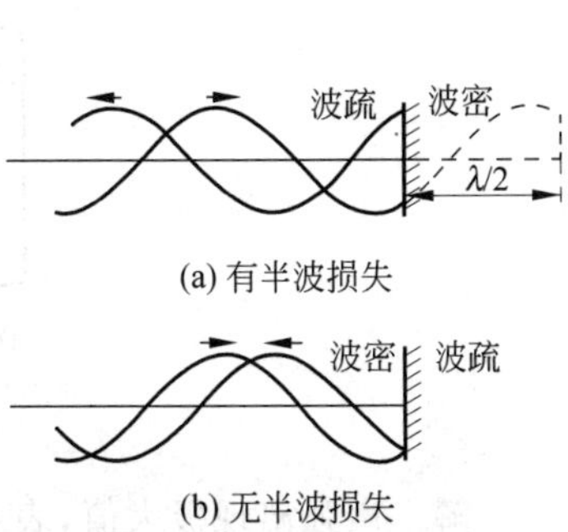

图 10.7.5 波的反射

图 10.7.5 表示机械波垂直入射到两种介质的分界面时，反射波的相位变化情况。忽略介质的吸收损耗，实验表明：当波从波疏介质入射到波密介质时，反射波引起反射点质元的振动与入射波引起的振动反相，反射波的相位突变 π，反射点是驻波的波节。这相当于入射波多走了

半个波长后再反射回来,因此称为半波损失(图(a));当波从波密介质入射到波疏介质时,反射波与入射波同相,无半波损失,反射点是驻波的波腹(图(b));透射波在任何情况下都无相位突变。发生半波损失时,反射波的相位加 π 或减 π,本书一律加 π。

图 10.7.6 表示在一端开口的玻璃管中形成的声驻波,相当于是空气柱的纵驻波。声波由空气(波疏介质)入射到玻璃管的底部(波密介质),反射时有半波损失,反射点为声驻波的波节(声压最大);玻璃管开口处与大气相通,近似为声驻波的波腹(声压最小),所以只有当管长 L 等于四分之一波长的奇数倍时,才能在玻璃管中激发起声驻波,其波长为

$$\lambda_n = \frac{4L}{n}, \quad n = 1,3,5,\cdots$$

简正频率为

$$\nu_n = \frac{u}{4L}n, \quad n = 1,3,5,\cdots$$

其中,u 为空气中的声速。

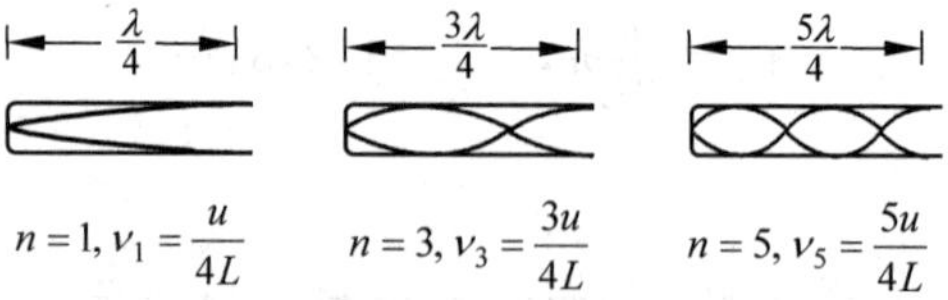

图 10.7.6　一端开口的玻璃管中的声驻波

类似地,在一端固定、另一端自由的水平杆中形成驻波时,杆的固定端是驻波的波节,自由端是驻波的波腹。

在理论上,机械波的半波损失现象可以用紧邻界面两侧质元的位移连续性(介质的连续性)和受力连续性(牛顿第三定律)来解释。在 11.2.3 节将会看到,在一定条件下光波在界面反射时也能发生半波损失。

例 10.7.1　用共振方法测量空气中的声速。如图 10.7.7(a)所示,在水槽中插入一根两端开口的玻璃管,管中空气柱的长度 l 可通过水面的高低来调节。把振动频率为 ν 的音叉置于管的上端,让水面由管的顶端逐渐下降,当下降到 $l=a$ 时,声强第一次达到极大值;此后当水面相继下降到 $l=d+a$ 和 $l=2d+a$ 时,声强第二次和第三次达到极大值。音叉的频率为 $\nu=1080\text{Hz}$,测得 $d=15.3\text{cm}$,求空气中的声速。

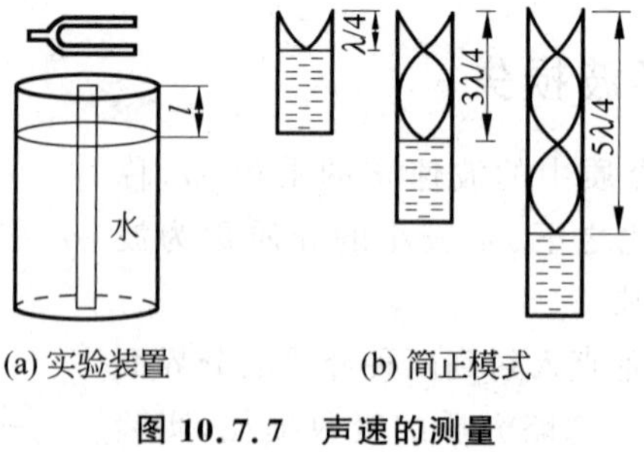

图 10.7.7　声速的测量

解　声强出现极大值,表示音叉频率等于管内空气柱的某一简正频率而发生共振。空气柱的下端是空气与水的界面,共振时反射点为声驻波的波节,空气柱上端为振动的自由

端，近似为声驻波的波腹，出现声强极大时声驻波的简正模式如图 10.7.7(b)所示，不难看出

$$a=\frac{1}{4}\lambda,\quad a+d=\left(\frac{1}{4}+\frac{1}{2}\right)\lambda,\quad a+2d=\left(\frac{1}{4}+1\right)\lambda$$

可得 $d=\lambda/2$，而 $\nu=u/\lambda$，代入数据，可得空气中的声速为

$$u=2d\nu=2\times0.153\times1080\mathrm{m\cdot s^{-1}}=330\mathrm{m\cdot s^{-1}}$$

例 10.7.2　如图 10.7.8 所示，一列简谐波在三种介质中沿 x 轴方向传播，这三种介质的特性阻抗分别为 z_1、z_2 和 z_3，并且 $z_2>z_1$，$z_2>z_3$，介质 1 和介质 2 中的波速分别为 u_1 和 u_2，已知 a 点的振动函数为 $y=A_1\cos\omega t$。求：(1)入射波的波函数 y_1；(2)界面 S_1 反射波的波函数 y_2，设振幅为 A_2；(3)界面 S_2 反射波在介质 1 中的波函数 y_3，设振幅为 A_3；(4)当两列反射波在介质 1 中叠加后合振幅最小时，介质 2 的最小厚度；(5)当两列反射波在介质 1 中叠加后合振幅最大时，介质 2 的最小厚度。

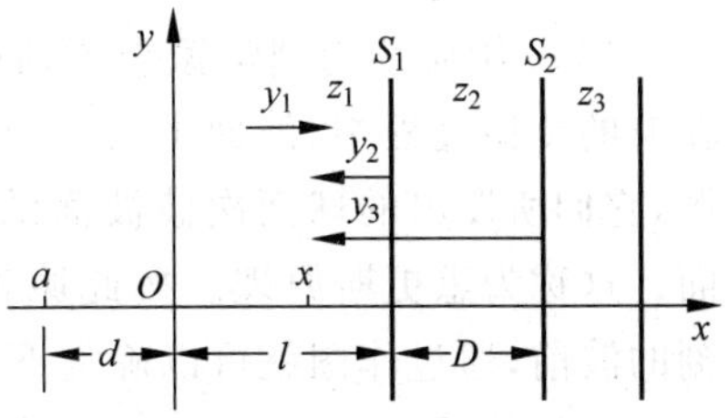

图 10.7.8　例 10.7.2 图

解　(1) 入射波的波函数为

$$y_1=A_1\cos\omega\left(t-\frac{d+x}{u_1}\right)$$

(2) 因 $z_2>z_1$，故界面 S_1 反射有半波损失，反射波的波函数为

$$y_2=A_2\cos\left[\omega\left(t-\frac{d+2l-x}{u_1}\right)+\pi\right]=A_2\cos\left[\omega\left(t+\frac{x-d-2l}{u_1}\right)+\pi\right]$$

(3) 因 $z_2>z_3$，故界面 S_2 反射无半波损失，反射波在介质 1 中的波函数为

$$y_3=A_3\cos\omega\left(t+\frac{x-d-2l}{u_1}-\frac{2D}{u_2}\right)$$

(4) 两列反射波在介质 1 中叠加后合振幅最小，要求 y_2 和 y_3 反相，即

$$\omega\left(t+\frac{x-d-2l}{u_1}\right)+\pi-\omega\left(t+\frac{x-d-2l}{u_1}-\frac{2D}{u_2}\right)=\pi+\frac{2\omega D}{u_2}=(2k+1)\pi,\quad k=0,1,2,\cdots$$

得

$$D=\frac{u_2}{\omega}k\pi,\quad k=0,1,2,\cdots$$

取 $k=1$，则介质 2 的最小厚度为

$$D_{\min}=\frac{\pi u_2}{\omega}=\frac{\lambda_2}{2}$$

其中，$\lambda_2=2\pi u_2/\omega$ 为介质 2 中的波长。这时介质 2 可作为“隐形涂层”。

(5) 两列反射波在介质 1 中叠加后合振幅最大，要求 y_2 和 y_3 同相，即

$$\pi+\frac{2\omega D}{u_2}=2k\pi,\quad k=0,1,2,\cdots$$

得

$$D=\frac{u_2}{2\omega}(2k-1)\pi,\quad k=0,1,2,\cdots$$

取 $k=1$,则介质 2 的最小厚度为

$$D_{\min}=\frac{\pi u_2}{2\omega}=\frac{\lambda_2}{4}$$

这时介质 2 可作为“增反涂层”。

10.8 惠更斯原理和波的衍射

10.8.1 惠更斯原理

1690 年荷兰物理学家惠更斯(C. Huygens)提出:在波的传播过程中,波面上每一点都可看成新的点波源,它们所发出的球面次波波面的包络面就是新的波面。这称为惠更斯原理。按此原理,只要知道某一时刻的波前,通过作图就可以确定下一时刻的波面,从而确定波的传播方向。图 10.8.1 表示用作图确定平面波和球面波的传播方向。

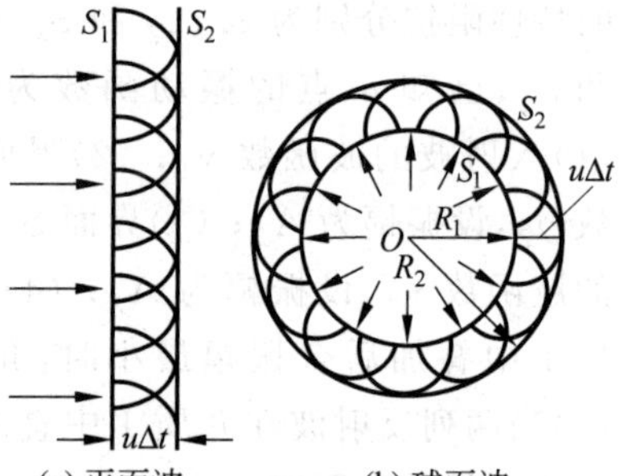

图 10.8.1 平面波和球面波

10.8.2 波的衍射

衍射是指波在传播过程中遇到障碍物时,它的波面受到限制而偏离直线传播的现象。

图 10.8.2 表示平面波通过缝 AB 时发生的衍射现象。按惠更斯原理,被缝截取的波面 AB 上各点发出次波波面的包络面就是新的波面。由作图可知,若缝宽比波长大得不是很多,则在缝的中部这些次波波面的包络面基本上是平面,波线仍沿原来传播方向,但在缝的边缘波面弯曲,波线偏离原方向而发生衍射。当缝宽远大于波长时,保持原来传播方向的部分较大,衍射不明显,波基本上沿直线传播。随着缝变窄,保持原方向的那部分会减小,衍射变得显著。当缝宽接近于波长甚至小于波长时,衍射变得非常显著,波完全失去直线传播的特征。

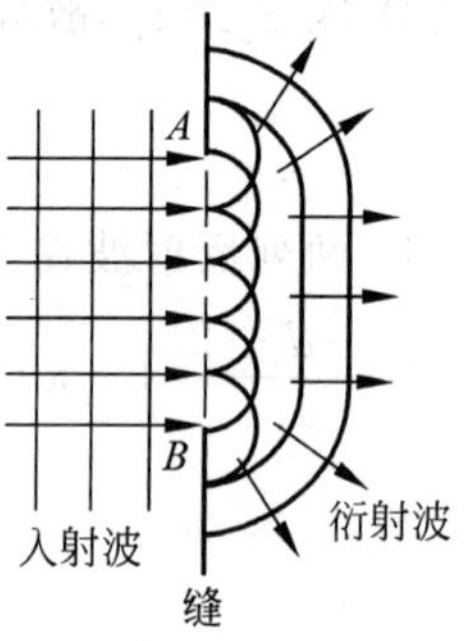

图 10.8.2 波的衍射

我们平时说话声音的波长是几米,因此声波可以绕过高墙发生衍射。而可见光的波长仅为几百纳米,对日常生活所涉及的孔隙和物体来说,光很难发生衍射,总是沿直线传播。

惠更斯原理从传播方向上解释了波的衍射现象,但不能解释衍射波强度的分布。后来法国物理学家菲涅耳(A. Fresnel)对此作了补充,成为惠更斯-菲涅耳原理,这将在 11.6 节介绍。

10.8.3 光的反射和折射 反射型光纤

反射和折射,是指波入射到两种介质分界面上时传播方向发生变化的现象。广义上说,光是包括各种波长的电磁波,按惠更斯原理,由作图可以解释光的反射和折射的规律。

1. 反射定律

如图 10.8.3 所示，MN 是两种均匀介质 1 和 2 的分界面，虚线为界面的法线，u_1 和 u_2 分别为这两种介质中的光速；AB 是入射平面光波的一个波面，A、C、D 和 B 是 AB 上的四个点，入射光线垂直于 AB，界面 MN 和波面 AB 垂直于纸面。

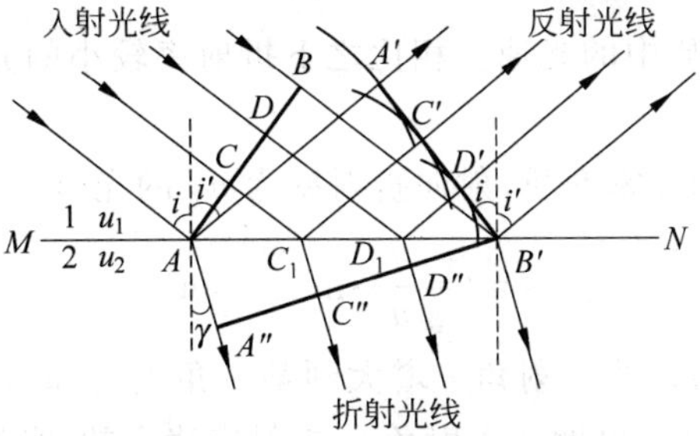

图 10.8.3 光的反射和折射

在介质 1 中，当 AB 上的 A 点到达 MN 上时，C、D 和 B 点尚未到达。从 A 点到达 MN 上开始计时，C、D 和 B 点先后到达 MN 上的 C_1、D_1 和 B' 点，B 点到达 B' 点所经时间为 $\Delta t = BB'/u_1$，这时 A 点发出的次波半球面的半径为

$$AA' = u_1 \Delta t = BB'$$

C_1、D_1 两点发出的次波半球面的半径分别为 C_1C' 和 D_1D'。由于传播速度相同，Δt 时刻这些次波半球面的包络面为垂直于纸面的平面 $A'B'$，即反射光的波面，AA'、C_1C' 和 D_1D' 垂直于 $A'B'$，沿反射光线方向。因为 $AA' = BB'$，直角三角形 $\triangle A'AB' = \triangle BB'A$，所以 $\angle A'AB' = \angle BB'A$，用 i 和 i' 分别代表入射角和反射角，则有

$$i' = i$$

此即光的反射定律：反射光线、入射光线和分界面的法线在同一平面内，反射光线和入射光线位于法线的两侧，反射角等于入射角。

2. 折射定律

假设光可以进入介质 2，并设 $u_1 > u_2$，在介质 2 中，经过 Δt 时间后 A 点发出的次波半球面的半径为

$$AA'' = u_2 \Delta t = \frac{u_2}{u_1} BB' = \frac{u_2}{u_1} AB' \cos\left(\frac{\pi}{2} - i\right) = \frac{u_2}{u_1} AB' \sin i \qquad (10.8.1)$$

而 C_1、D_1 两点发出的次波半球面的半径分别为 C_1C'' 和 D_1D''，这些次波半球面的包络面，即折射光的波面 $A''B'$ 也是一个垂直于纸面的平面。用 γ 代表折射角，按几何关系，有

$$AA'' = AB' \cos\left(\frac{\pi}{2} - \gamma\right) = AB' \sin\gamma \qquad (10.8.2)$$

比较式(10.8.1)和(10.8.2)，可得

$$\frac{\sin i}{\sin\gamma} = \frac{u_1}{u_2}$$

此即光的折射定律：当光由介质 1 进入介质 2 时，入射角与折射角的正弦之比等于介质 1 与介质 2 的波速之比。

通常把光的折射定律写成

$$\frac{\sin i}{\sin\gamma}=\frac{n_2}{n_1}$$

式中，n_1 和 n_2 分别为介质1和2对光的折射率，其定义为

$$n=\frac{c}{u}$$

c 为真空中的光速，u 为介质中的光速。相比之下折射率较小的介质称为光疏介质，较大的称为光密介质。

若光从折射率为 n_1 的光密介质，射向折射率为 n_2 的光疏介质，因 $n_1>n_2$，故

$$\sin\gamma=\frac{n_1}{n_2}\sin i>\sin i$$

这时折射角 γ 大于入射角 i。当入射角 i 增大到某一角度 i_C 时，使得 $\sin\gamma=1$，折射角 $\gamma=90°$，折射光线沿分界面掠射。再增大入射角 i，折射定律失效，光线被全部反射。角度 i_C 称为全反射临界角，其大小为

$$i_C=\arcsin\left(\frac{n_2}{n_1}\right)$$

*3. 反射型光纤

全反射的一个重要应用是图10.8.4所示反射型光纤。当光纤直径远大于光的波长时，可以按光的直线传播性质来分析光纤的传输过程。为了让光在光纤内壁发生全反射，从光纤的一端传输到另一端，要求光纤材料的折射率大于外界的折射率。通常把光纤制成由两层透明的均匀介质(石英玻璃)组成的圆柱形细长丝，直径在 1～100μm 之间，内层折射率 n_1 较大，称为芯线，外层折射率 n_2 较小，叫作包层。

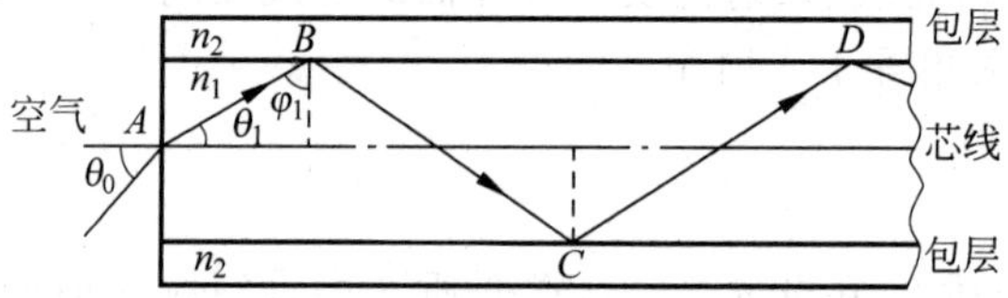

图10.8.4 反射型光纤

为使光线在芯线和包层的界面上发生全反射，沿折线 $ABCD$ 传输，除了满足 $n_1>n_2$ 条件之外，还要求入射角 φ_1 大于全反射临界角 i_C，即

$$\varphi_1>\arcsin\left(\frac{n_2}{n_1}\right) \tag{10.8.3}$$

为此，对从空气射入光纤端面的光线的入射角 θ_0 作如下限制

$$\theta_0<\arcsin\sqrt{n_1^2-n_2^2} \tag{10.8.4}$$

通常把 $\sqrt{n_1^2-n_2^2}$ 称为光纤的数值孔径(NA，numerical aperture)，NA 决定了 θ_0 的最大值，NA 越大，θ_0 值就越大，光纤的集光能力就越强。当 $\sqrt{n_1^2-n_2^2}=1$ 时，$\theta_0<90°$，这时光纤的集光能力最强，以任何角度进入光纤端面的光，都能在光纤芯线中传输。

下面导出式(10.8.4)。由式(10.8.3)可知，$\sin\varphi_1 > n_2/n_1$，因此

$$\cos\varphi_1 = \sqrt{1-\sin^2\varphi_1} < \sqrt{1-\frac{n_2^2}{n_1^2}} \tag{10.8.5}$$

用 θ_1 代表光线从空气射入光纤端面的折射角，按折射定律 $\sin\theta_0 = n_1\sin\theta_1$ 和几何关系 $\sin\theta_1 = \cos\varphi_1$，得 $\sin\theta_0 = n_1\cos\varphi_1$，注意到式(10.8.5)，即得式(10.8.4)。

光纤通信容量大，损耗小，已被用作长距离的信息传递，成为现代光学通信技术的重要器件。英籍华裔物理学家高锟在光纤传输和光学通信方面取得了突破性成就，与另两位发明了 CCD 的美国科学家共同获得 2009 年诺贝尔物理学奖。

10.9　多普勒效应　冲击波

前面我们以介质中静止观察者的观点研究了波动，并假定波源也静止于介质中，这时观察者接收到的频率等于波源的振动频率。1842 年奥地利物理学家多普勒(C. J. Doppler)发现：当观察者与波源有相对运动时，观察者接收到的频率与波源的振动频率不同。这一现象称为多普勒效应。

机械波(如声波)和电磁波(如光波)都有多普勒效应。机械波只能在介质中传播，而电磁波的传播不需要介质作载体，可以在真空中传播，因此机械波的多普勒效应取决于介质中的波速以及观察者和波源相对介质的运动速度，而对于电磁波来说，接收频率的变化只取决于观察者与波源的相对运动速度。

10.9.1　机械波的多普勒效应

我们仅限于讨论无色散介质中的多普勒效应。用 u 代表机械波在介质参考系中的传播速度，它只取决于介质的弹性和惯性，对于一定的介质，波速 u 是一个常量。用 ν_S 代表波源的振动频率，ν_R 代表观察者接收到的频率，即单位时间内观察者接收到的完整波的个数。

先看纵向多普勒效应。设观察者和波源沿二者连线方向(纵向)运动，观察者相对介质的速度为 v_R，波源相对介质的速度为 v_S，并规定：观察者趋近波源时 $v_R > 0$，远离时 $v_R < 0$；波源趋近观察者时 $v_S > 0$，远离时 $v_S < 0$。对于机械波来说，u、v_S 和 v_R 都远小于光速，不必考虑相对论效应。

1. 波源静止、观察者运动

如图 10.9.1 所示，设波源相对介质静止，观察者相对介质以速度 v_R 趋近波源运动($v_R > 0$)。静止的点波源发出球面波，同心的球形波面以速度 $u + v_R$“掠过”观察者，而波长 λ 与观察者的运动无关，因此观察者接收到的频率，即单位时间内接收到的完整波的个数为 $\nu_R = (u + v_R)/\lambda$，因 $\lambda = u/\nu_S$，故

$$\nu_R = \frac{u + v_R}{u}\nu_S \tag{10.9.1}$$

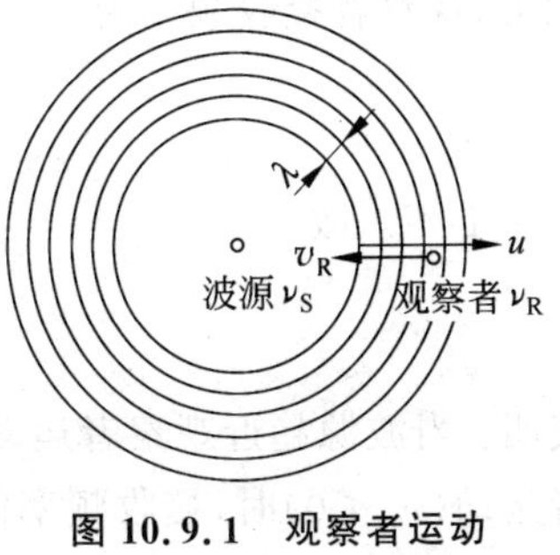

图 10.9.1　观察者运动

这表明：当观察者趋近波源运动($v_R > 0$)时，观察者接

收频率高于波源频率；当观察者远离波源运动($v_R<0$)时，接收频率低于波源频率。

*** 由相位不变导出式(10.9.1)**

如图 10.9.2 所示，用 S'系和 S 系分别代表观察者和波源所在的参考系，设 S'系(观察者)以速度 v_R 远离 S 系(波源)，S 系和 S'系中的波速分别为 u 和 $u-v_R$，伽利略变换为

$$x'=x-v_Rt,\quad t'=t$$

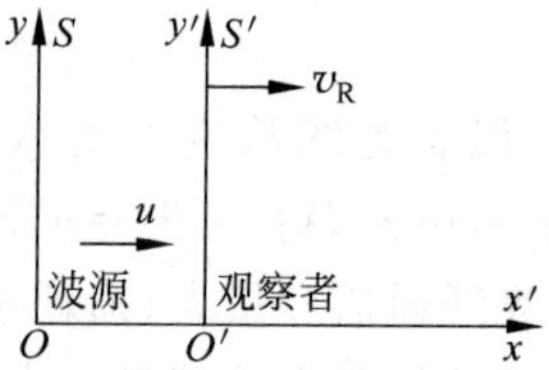

图 10.9.2 观察者和波源

相位不变可表示为

$$\omega_Rt'-k_Rx'=\omega_St-k_Sx \tag{10.9.2}$$

其中，$k_S=\omega_S/u$ 和 $k_R=\omega_R/(u-v_R)$分别为 S 系和 S'系中的角波数。对式(10.9.2)作伽利略变换，得

$$\omega_Rt-k_R(x-v_Rt)=\omega_St-k_Sx$$

整理为

$$(\omega_R-\omega_S+k_Rv_R)t+(k_S-k_R)x=0$$

上式对任意的 x 和 t 都成立，因此有

$$k_S-k_R=0 \tag{10.9.3}$$

$$\omega_R-\omega_S+k_Rv_R=0 \tag{10.9.4}$$

把 $k_S=\omega_S/u$ 和 $k_R=\omega_R/(u-v_R)$代入式(10.9.3)，注意到 $\omega=2\pi\nu$，可得

$$\nu_R=\frac{u-v_R}{u}\nu_S$$

按 v_R 的符号规定，应该把 v_R 换成$-v_R$，则上式即为式(10.9.1)。把 $k_R=\omega_R/(u-v_R)$代入式(10.9.4)可得同样结果。可见多普勒效应是相位不变的表现。

2. 观察者静止、波源相对介质运动

图 10.9.3 是一个向右运动的振子在水波盘中产生波的照片，振子运动前方的波长被"压缩"，后方的波长被"拉长"。

设观察者相对介质静止，而波源相对介质以速度 v_S 趋近观察者运动($v_S>0$)，如图 10.9.4 所示。这时运动的点波源发出的球面波不再同心，在波源运动的前方，波长被压缩为

$$\lambda_R=\lambda-v_ST_S=(u-v_S)T_S$$

图 10.9.3 运动振子在水波盘中的波

其中的 T_S 为波源振动的周期。由于波速 u 与波源的运动无关，观察者接收频率为

$$\nu_R=\frac{u}{\lambda_R}=\frac{u}{u-v_S}\frac{1}{T_S}$$

因 $\nu_S=1/T_S$，故

$$\nu_R=\frac{u}{u-v_S}\nu_S$$

这表明：当波源趋近观察者运动($v_S>0$)时，观察者接收频率高于波源频率；当波源远离观察者运动($v_S<0$)时，接收频率低于波源频率。

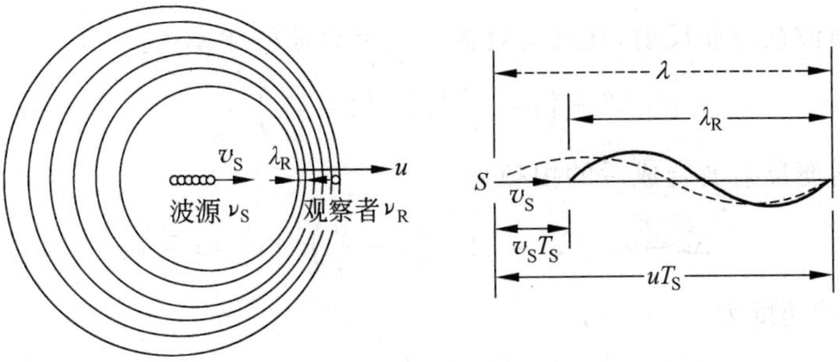

图 10.9.4　波源运动

3. 波源和观察者同时相对介质运动

这时波面以速度 $u+v_R$ 掠过观察者，波长被压缩为 $\lambda_R=(u-v_S)T_S$，观察者接收频率为

$$\nu_R=\frac{u+v_R}{\lambda_R}=\frac{u+v_R}{u-v_S}\frac{1}{T_S}$$

机械波的纵向多普勒效应公式为

$$\nu_R=\frac{u+v_R}{u-v_S}\nu_S \tag{10.9.5}$$

它取决于 u、v_S 和 v_R。若波源和观察者相对静止，即 $v_S=-v_R$，可得 $\nu_R=\nu_S$，这时频率不发生变化。

在许多实际问题中，v_R 和 v_S 的数值都远小于波速 u，这时式(10.9.5)近似为

$$\nu_R\approx\left(1+\frac{v_R+v_S}{u}\right)\nu_S$$

按 v_R 和 v_S 的符号规定，v_R+v_S 为观察者与波源的相对速度，因此

$$\nu_R\approx\left(1+\frac{v_{相对}}{u}\right)\nu_S,\quad v_{相对}=v_R+v_S$$

当观察者和波源互相趋近时，$v_{相对}>0$，$\nu_R>\nu_S$；互相远离时，$v_{相对}<0$，$\nu_R<\nu_S$。

再看横向多普勒效应。若不考虑相对论效应，波源或观察者在垂直于二者连线方向(横向)上的运动不引起频率的变化，因此观测不到机械波的横向多普勒效应。

对于波源或观察者不沿二者连线方向运动的一般情况，只要把上面各式中的 v_S 和 v_R 分别看成是相应速度的纵向分量就可以了。

多普勒效应在科学技术上有着广泛的应用。利用超声波反射波的多普勒效应可以测量物体运动的速度，检测心脏的跳动和测量血管中血液的流速(D 超)。

例 10.9.1　一静止波源在海水中向前发射频率为 $\nu_S=30\text{kHz}$ 的超声波，被一艘向前运动的潜艇反射回来，在波源处测得发射波与反射波合成后的拍频为 $\Delta\nu=100\text{Hz}$。已知海水中的声速为 $u=1.51\times10^3\,\text{m}\cdot\text{s}^{-1}$，求潜艇运动的速度。

解　用 v 代表潜艇运动的速度，潜艇远离静止的波源，相对速度为 $v_{相对}=-v$。因 $v\ll u$，潜艇接收到的声波频率为

$$\nu'=\left(1+\frac{v_{相对}}{u}\right)\nu_S=\left(1-\frac{v}{u}\right)\nu_S$$

然后该频率的声波被潜艇反射，在波源处测得此反射波的频率为

$$\nu''=\left(1-\frac{v}{u}\right)\nu'=\left(1-\frac{v}{u}\right)^2\nu_S$$

波源发射波与潜艇反射波合成后的拍频为

$$\Delta\nu=\nu_S-\nu''=\left[1-\left(1-\frac{v}{u}\right)^2\right]\nu_S\approx\frac{2v}{u}\nu_S$$

因此，潜艇运动的速度为

$$v=\frac{u\Delta\nu}{2\nu_S}=\frac{1.51\times10^3\times100}{2\times30\times10^3}\mathrm{m\cdot s^{-1}}=2.52\mathrm{m\cdot s^{-1}}$$

10.9.2 电磁波的多普勒效应

电磁波的多普勒效应只取决于观察者与波源的相对运动，不必区别二者哪个在运动。由于涉及的运动速度可能很大，需要考虑相对论效应。

1. 纵向多普勒效应

设发射电磁波的波源和观察者沿二者连线方向(纵向)以速度 v 作相对运动，则观察者接收频率为

$$\nu_R=\sqrt{\frac{1+v/c}{1-v/c}}\nu_S \tag{10.9.6}$$

此即电磁波的纵向多普勒效应。式中，ν_S 代表波源所在参考系中波源发出的电磁波的频率，c 为光速，并规定：当观察者和波源互相趋近时，$v>0$；互相远离时，$v<0$。

按式(10.9.6)，当波源远离观察者运动($v<0$)时，$\nu_R<\nu_S$，观察者接收频率比波源频率低，因而波长变长，谱线向红端移动，这称为多普勒红移。天文学观测发现，来自星体上各种元素的谱线几乎都有多普勒红移，这说明太空中的星体正在远离我们运动，宇宙正在膨胀。根据来自星体的光的频率(波长)的变化情况，可以确定该星体的运动和自转的速度，但必须把多普勒红移与引力红移(见3.8.4节)区分开。

在许多实际问题中，v 的数值远小于光速 c，这时式(10.9.6)近似为

$$\nu_R\approx\left(1+\frac{v}{c}\right)\nu_S$$

尽管频率的变化 $(v/c)\nu_S$ 很小，用光学方法还是能精确测出。

下面导出式(10.9.6)。在波源参考系中，波源发出电磁波的周期为 $T_S=1/\nu_S$。由于时间延缓效应，观察者参考系中与 T_S 对应的时间差为

$$\Delta t=\frac{T_S}{\sqrt{1-v^2/c^2}} \tag{10.9.7}$$

但 Δt 不是观察者接收到的周期 T_R，因为在 Δt 时间内波源向观察者运动了 $v\Delta t$ 距离，应该减去电磁波传播 $v\Delta t$ 距离所用时间，即

$$T_R=\Delta t-\frac{v\Delta t}{c}=\frac{T_S}{\sqrt{1-v^2/c^2}}\left(1-\frac{v}{c}\right)=\sqrt{\frac{1-v/c}{1+v/c}}T_S$$

由此得

$$\nu_R=\frac{1}{T_R}=\sqrt{\frac{1+v/c}{1-v/c}}\frac{1}{T_S}=\sqrt{\frac{1+v/c}{1-v/c}}\nu_S$$

此即式(10.9.6)。

2. 横向多普勒效应

设发射电磁波的波源和观察者在垂直于二者连线方向(横向)上以速度 $v_\perp$ 作相对运动,这时式(10.9.7)所表示的 Δt 就是观察者接收到的周期 T_R,因此观察者接收频率为

$$\nu_R = \sqrt{1 - v_\perp^2 / c^2}\,\nu_S$$

此即电磁波的横向多普勒效应。

可以看出,横向多普勒效应使电磁波的频率变低。当 $v_\perp \ll c$ 时,可近似为

$$\nu_R \approx \left(1 - \frac{v_\perp^2}{2c^2}\right)\nu_S$$

频率的变化 $(v_\perp^2/2c^2)\nu_S$ 为二阶无穷小量,比纵向多普勒效应小一个量级。

3. 一般情况

如图 10.9.5 所示,当波源和观察者以速率 v 沿与二者连线成 θ 角的方向相对运动时,观察者接收频率为

$$\nu_R = \frac{\sqrt{c^2 - v^2}}{c - v\cos\theta}\,\nu_S$$

式中,v 取正值。

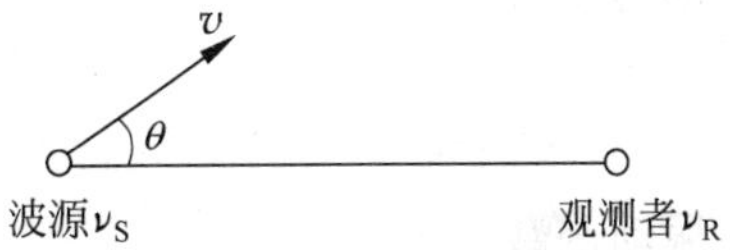

图 10.9.5　电磁波的多普勒效应

10.9.3　冲击波

按式(10.9.5),当波源的运动速度 v_S 大于波速 u 时,接收频率 $\nu_R < 0$,多普勒效应失去意义,图 10.9.6 表示的就是这种情形。在 t 时间内波源发出的球面波的波前传播了 ut 距离,而波源移动的距离 $v_S t > ut$,波源比波前前进得更远,波源后发出的波面将超越先发出的波面,合成一个圆锥面。这种圆锥形波面的合成波,称为冲击波,也叫激波。比值 v_S/u 称为马赫(Mach)数,用 M 表示。圆锥波面的半顶角 θ 叫作马赫角,M 与 θ 的关系为

$$M = \frac{v_S}{u} = \frac{1}{\sin\theta} \tag{10.9.8}$$

物体在流体中运动时,物体对流体的扰动以声速向前传播。当物体运动速度大于流体

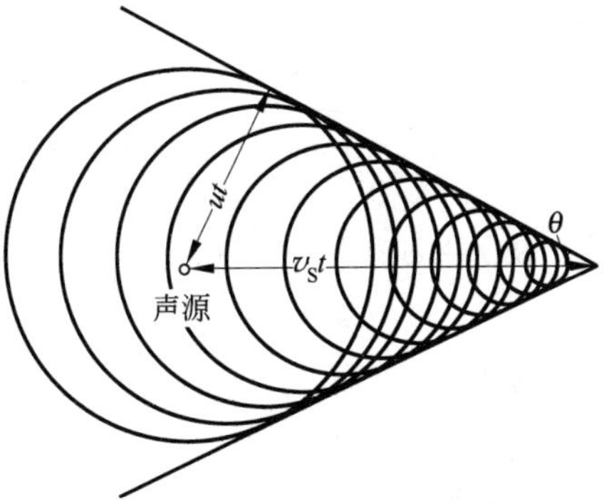

图 10.9.6　冲击波

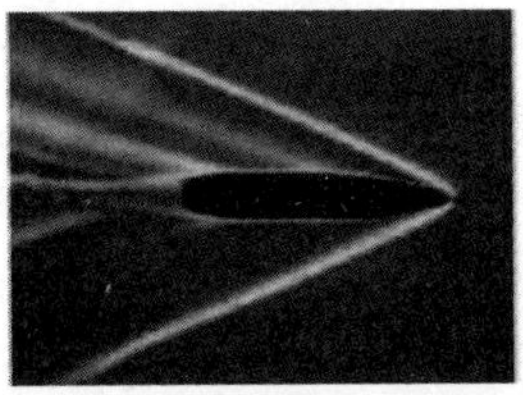

图 10.9.7　超音速子弹在空气中形成的冲击波

中的声速时,就会形成冲击波。图10.9.7表示一飞行速度为$700m\cdot s^{-1}$的超音速子弹在空气中形成的冲击波,按式(10.9.8),其马赫数为$M\approx2$,马赫角为$\theta\approx30°$。冲击波使空气压强突然增大,可能发出巨大的声音和造成严重的破坏作用。

带电粒子以极高速度穿过透明介质时,激发路径上的介质分子使其辐射电磁波,当带电粒子的速度大于介质中电磁波的波速时,就会形成电磁冲击波,这种冲击波称为切伦科夫(Cherenkov)辐射。利用切伦科夫辐射制成的切伦科夫计数器非常灵敏,它可以分辨辐射的传播方向,并确定带电粒子的速度,广泛应用于高能物理和核物理实验,历史上曾用这种计数器发现了反质子、反中子和J/Ψ粒子等。

1958年诺贝尔物理学奖授予苏联物理学家切伦科夫(P. A. Cherenkov),弗兰克(I. M. Frank)和塔姆(I. Y. Tamm),以表彰他们发现和解释了切伦科夫效应。

本章提要

1. 简谐振动

动力学方程

$$\frac{d^2x}{dt^2}+\omega^2x=0$$

振动函数

$$x=A\cos(\omega t+\varphi)$$

振幅和初相

$$A=\sqrt{x_0^2+\frac{v_0^2}{\omega^2}},\quad \varphi=-\arctan\frac{v_0}{\omega x_0}$$

速度和加速度

$$v=\omega A\cos\left(\omega t+\varphi+\frac{\pi}{2}\right),\quad a=-\omega^2x$$

旋转矢量图

2. 弹性系统简谐振动能量

$$E=E_k+E_p=\frac{1}{2}kA^2,\quad \bar{E}_k=\bar{E}_p=\frac{1}{4}kA^2=\frac{1}{2}E$$

3. 两个简谐振动的合成

共线同频率,拍,互相垂直同频率,李萨如图

*4. 阻尼(弱阻尼)振动

$$x=A_0e^{-\beta t}\cos\left(\sqrt{\omega_0^2-\beta^2}\,t+\varphi_0\right)$$

受迫振动

$$x=A\cos(\omega t+\varphi)$$

位移共振

$$A_r=\frac{h}{2\beta\omega_0},\quad \varphi_r=-\frac{\pi}{2}$$

品质因数(Q值)

$$Q=\frac{\omega_0}{2\beta}$$

5．机械波波速

$$u_{弦}=\sqrt{\frac{T}{\rho_l}}\quad（弦中横波），\qquad u_{横}=\sqrt{\frac{G}{\rho}}\quad（固体中横波）$$

$$u_{纵}=\sqrt{\frac{E}{\rho}}\quad（固体中纵波），\qquad u_{声}=\sqrt{\frac{K}{\rho}}\quad（流体中声波）$$

理想气体中的声速

$$u_{声}=\sqrt{\frac{\gamma RT}{\mu}}$$

6．简谐波波函数

$$y=A\cos(\omega t\mp kx+\varphi)$$

$$y=A\cos(\omega t-\boldsymbol{k}\cdot\boldsymbol{r}+\varphi)$$

$$\tilde{y}=A\mathrm{e}^{-\mathrm{i}(\omega t-\boldsymbol{k}\cdot\boldsymbol{r})}\quad（复数形式）$$

7．相速度

$$v_p=\frac{\omega}{k}$$

* 群速度

$$v_g=\frac{\mathrm{d}\omega(k)}{\mathrm{d}k}$$

* 相位是一个相对论不变量

$$\omega' t'\mp k' x'=\omega t\mp kx$$

8．平面机械波的波动方程

$$\frac{\partial^2 y}{\partial x^2}-\frac{1}{u^2}\frac{\partial^2 y}{\partial t^2}=0$$

* 平面电磁波波动方程

$$\frac{\partial^2 E}{\partial z^2}-\frac{1}{v^2}\frac{\partial^2 E}{\partial t^2}=0,\qquad \frac{\partial^2 H}{\partial z^2}-\frac{1}{v^2}\frac{\partial^2 H}{\partial t^2}=0$$

平面电磁波波函数

$$E=E_0\cos(\omega t\mp kz),\quad H=H_0\cos(\omega t\mp kz)$$

9．简谐机械波平均能量密度

$$\bar{w}=\frac{1}{2}\rho\omega^2A^2$$

强度

$$I=\bar{w}u=\frac{1}{2}\rho\omega^2A^2u$$

声强级

$$L=10\lg\frac{I}{I_0}(\mathrm{dB})$$

10. 驻波波函数

$$y=2A\cos\left[\frac{2\pi x}{\lambda}+\frac{1}{2}(\varphi_2-\varphi_1)\right]\cos\left[\omega t+\frac{1}{2}(\varphi_2+\varphi_1)\right]$$

简正频率和简正模式

11. 机械波的半波损失

12. 全反射临界角

$$i_C=\arcsin\left(\frac{n_2}{n_1}\right)$$

* 反射型光纤的数值孔径

$$\sqrt{n_1^2-n_2^2}$$

13. 机械波多普勒效应

$$\nu_R=\frac{u+v_R}{u-v_S}\nu_S$$

当$|v_R|\ll u$,$|v_S|\ll u$ 时

$$\nu_R\approx\left(1+\frac{v_{相对}}{u}\right)\nu_S,\quad v_{相对}=v_R+v_S$$

电磁波多普勒效应

$$\nu_R=\sqrt{\frac{1+v/c}{1-v/c}}\nu_S\quad(纵向),\quad \nu_R=\sqrt{1-v_\perp^2/c^2}\,\nu_S\quad(横向)$$

$$\nu_R=\frac{\sqrt{c^2-v^2}}{c-v\cos\theta}\nu_S$$

当$|v|\ll c$ 时

$$\nu_R\approx\left(1+\frac{v}{c}\right)\nu_S\quad(纵向)$$

当 $v_\perp\ll c$ 时

$$\nu_R\approx\left(1-\frac{v_\perp^2}{2c^2}\right)\nu_S\quad(横向)$$

14. 马赫数

$$M=\frac{v_S}{u}=\frac{1}{\sin\theta}$$

习题

10.1 简谐振动的表达式为 $x=0.10\cos(20\pi t+0.25\pi)$。求:(1)振动的振幅、角频率、频率、周期和初相;(2)$t=2$s 时刻的位移、速度和加速度;(3)分别画出位移、速度、加速度与时间的关系曲线。

10.2 一个和轻质弹簧相连的小球,沿 x 轴作振幅为 A 的简谐运动,振动表达式为余弦函数。若 $t=0$ 时球的运动状态分别为:(1)$x_0=-A$;(2)过平衡位置沿 x 轴正方向运

动；(3)过 $x=A/2$ 处沿 x 轴反方向运动。用旋转矢量图确定上述状态的初相。

10.3　一个作简谐振动的小球，其振幅为 $A=0.02\mathrm{m}$，速度最大值为 $v_m=0.03\mathrm{m\cdot s^{-1}}$，从速度为正的最大值的某个时刻开始计时。(1)求振动周期；(2)求加速度的最大值；(3)写出振动表达式。

10.4　一上面放有物体的平台，沿竖直方向作频率为 5Hz 的简谐振动，平台的振幅超过多少米时物体将会脱离平台？设 $g=9.8\mathrm{m\cdot s^{-2}}$。

10.5　一维简谐振子沿 x 轴作振幅为 A 的简谐振动。求在 $-A\leqslant x\leqslant A$ 区间，振子在 x 轴上出现的概率密度，即出现在 x 点附近无穷小区域内单位距离上的概率。

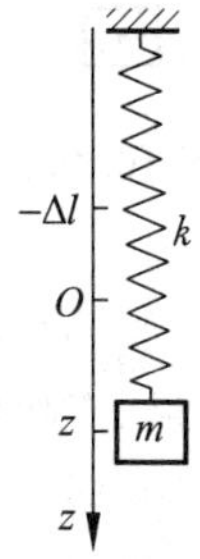

习题 10.6 图

10.6　如图所示，一劲度系数为 k 的轻质弹簧的上端固定，下端挂一质量为 m 的物体，让物体沿竖直方向振动。设物体平衡时弹簧的伸长量为 $\Delta l=9.8\times10^{-2}\mathrm{m}$。取物体的平衡位置为坐标原点 O，z 轴沿弹簧长度方向向下，在下面两种情况下求物体位移的表达式：(1)当 $t=0$ 时，物体在平衡位置上方 $8.0\times10^{-2}\mathrm{m}$ 处，并由静止开始向下运动；(2)当 $t=0$ 时，物体处于平衡位置，并以 $0.6\mathrm{m\cdot s^{-1}}$ 的速度向上运动。

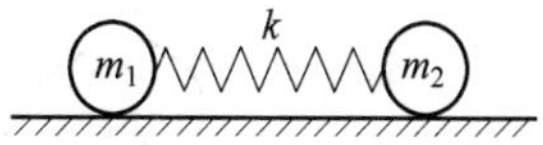

习题 10.7 图

10.7　如图所示，在水平光滑桌面上用轻质弹簧连接两个小球，它们的质量分别为 $m_1=0.05\mathrm{kg}$ 和 $m_2=0.08\mathrm{kg}$，弹簧的劲度系数为 $k=1\times10^3\mathrm{N\cdot m^{-1}}$。今沿弹簧长度方向拉开两球然后释放，求振动频率。

10.8　图示为两个振动系统，其中两个轻质弹簧的劲度系数分别为 k_1 和 k_2，物体的质量为 m，求这两个振动系统的本征角频率。

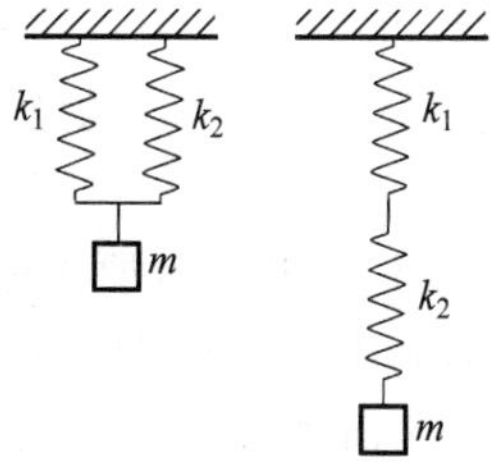

习题 10.8 图

10.9　一单摆摆球质量为 m，摆长为 l，当摆角较小时作角振幅为 Θ 的简谐振动。振动表达式为

$$\theta=\Theta\cos(\omega t+\varphi)$$

求此单摆在任意时刻的动能、重力势能(以最低点为势能零点)和机械能。

10.10　如图所示，一劲度系数为 k 的轻质弹簧的上端固定，下端挂两个质量分别为 m_1 和 m_2 的物体，两物体间用轻绳连接。当达到平衡时突然剪断两物体间的绳，求质量为 m_1 的物体的最大速度。

10.11　求图示振动系统的本征角频率。已知轻质弹簧的劲度系数为 k，两物体的质量分别为 m_1 和 m_2，匀质圆盘形定滑轮的半径和质量分别为 R 和 M，水平桌面光滑，定滑轮与转轴之间无摩擦，连接两物体的轻绳不可伸长，且与滑轮之间无滑动。

10.12　如图所示，在倾角为 θ 的粗糙斜面上，一劲度系数为 k 的轻质弹簧的一端固定，另一端系在质量为 m 的匀质圆柱的对称轴上，圆柱可绕对称轴无摩擦转动。沿弹簧长度方向拉开圆柱然后释放，让圆柱在斜面上作无滑动滚动。求振动角频率和圆柱所受合力。

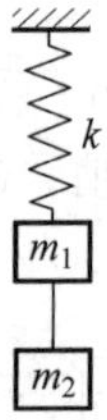

习题 10.10 图

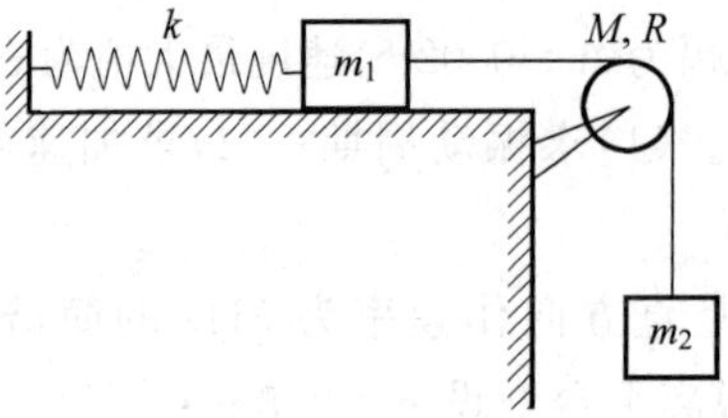

习题 10.11 图

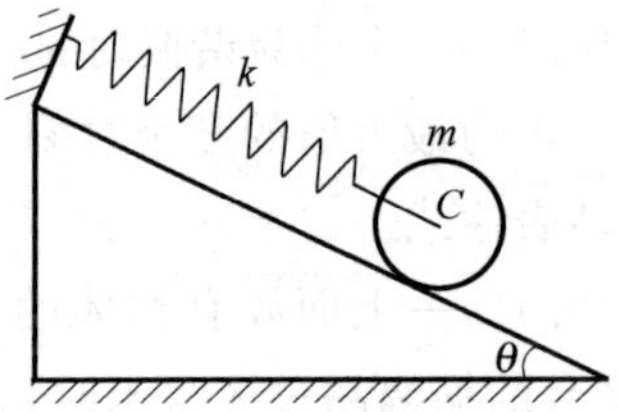

习题 10.12 图

10.13 水面上沉浮的木块在作简谐振动,求振动周期。用 m、S、ρ 和 g 分别代表木块的质量、木块的横截面积、水的质量密度和重力加速度。

10.14 如图所示,在重力矩的作用下绕水平固定轴摆动的刚体,称为复摆。设转轴 O 光滑,并用 m、I 和 h 分别代表复摆的质量、绕 O 轴的转动惯量和质心 C 与 O 轴之间的距离。求摆角较小时复摆的振动角频率。

10.15 一半径为 R 的细圆环挂在墙上的钉子上,求它的微小振动的周期。

10.16 如图所示,碗面半径为 R,小球半径为 r,小球在碗的最低点 A 附近小角度 θ 范围内作无滑动滚动,求小球质心振动角频率。

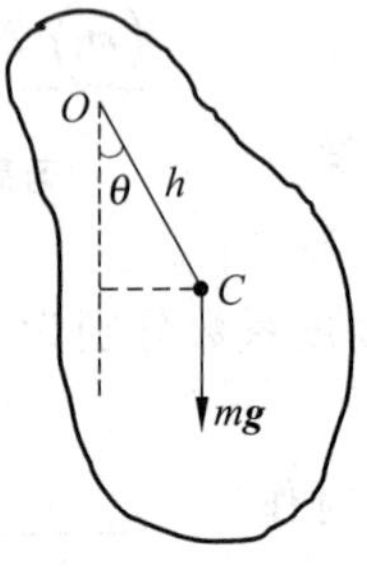

习题 10.14 图

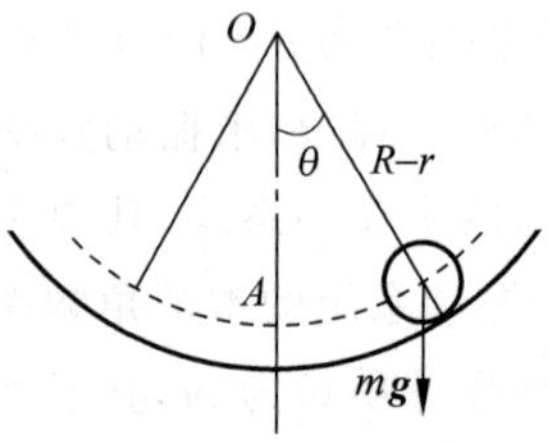

习题 10.16 图

10.17 若把氢原子的电子云视为均匀分布在半径为 $r_0=10^{-10}\,\text{m}$ 的球体内,质子则处于球体的中心。证明:质子稍微偏离中心后引起的微小振动是简谐振动,并求其频率。已知电子电荷为 $e=1.60\times10^{-19}\,\text{C}$,电子质量为 $m_e=9.11\times10^{-31}\,\text{kg}$,质子质量为 $m_p=1.67\times10^{-27}\,\text{kg}$。

10.18 如图所示,一不可伸长的轻绳穿过光滑桌面上的光滑小孔 O,一端系一质量为 m 的小球,另一端系一质量为 M 的重物,小球在桌面上以角速度 ω_0 作匀速圆周运动,重物静止不动。若重物受到竖直向上或向下的微小扰动,证明:重物将沿竖直方向作简谐振动,并求振动频率。

10.19 如图所示,一矩形线圈的边长为 a 和 b,以初速 $\boldsymbol{v}_0$ 沿 x 轴方向运动,当 $t=0$ 时进入磁感应强度为 $\boldsymbol{B}$ 的匀强磁场,$\boldsymbol{B}$ 的方向垂直于纸面向里,并充满 $x>0$ 的整个空间。设线圈的自感为 L,质量为 m,并设 b 足够长,求线圈的运动与时间的关系(不计重力和线圈的电阻)。

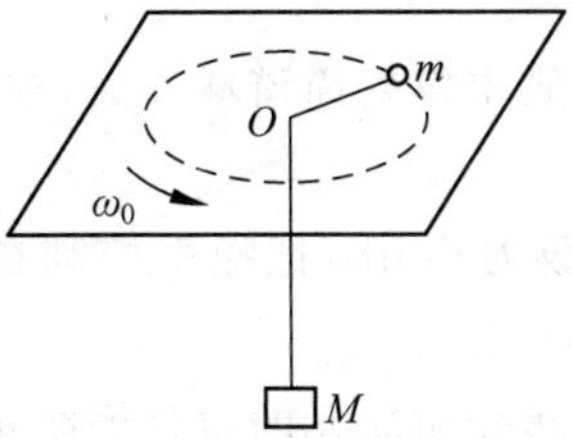

习题 10.18 图

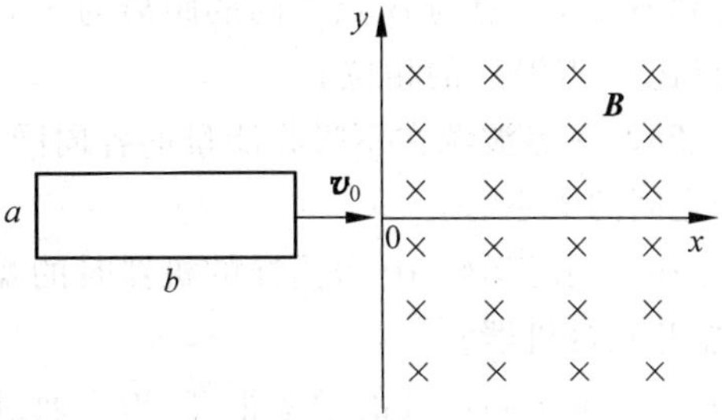

习题 10.19 图

10.20　设一质点参与两个沿 x 轴方向的同频率简谐振动，两个分振动为

$$x_1 = 0.04\cos(2t + \pi/6),\quad x_2 = 0.03\cos(2t - \pi/6)$$

求合振动的表达式。

10.21　设一质点参与两个互相垂直的同频率简谐振动，两个分振动为

$$x = 0.04\cos(10\pi t),\quad y = 0.03\cos\left(10\pi t - \frac{\pi}{2}\right)$$

质点如何运动？

10.22　一弹簧振子作弱阻尼振动，最大位移经一个周期后减小到原来的 98%，设弹簧振子的质量为 $m = 5.0\text{kg}$，振动频率为 $\nu = 0.50\text{Hz}$。求该弹簧振子的品质因数 Q、阻尼系数 β 和劲度系数 k。

10.23　一弹簧振子在振幅为 $F_0 = 1.0\times10^{-3}\text{N}$ 的驱动力作用下发生位移共振，已知系统的本征频率为 $\nu_0 = 2.0\text{Hz}$，共振时的振幅为 $A_r = 5.0\text{cm}$。设 $\beta^2 \ll \omega_0^2$，求系统的阻力系数 γ。

10.24　一简谐波在介质中沿 x 轴正方向传播，振幅为 $A = 0.1\text{m}$，周期为 $T = 0.5\text{s}$，波长为 $\lambda = 10\text{m}$。在 $t = 0$ 时刻，波源振动的位移为正方向的最大值，把波源的位置取为坐标原点。求：(1)这个简谐波的波函数；(2)$t_1 = T/4$ 时刻，$x_1 = \lambda/4$ 处质元的位移；(3)$t_2 = T/2$ 时刻，$x_2 = \lambda/4$ 处质元的振动速度。

10.25　一简谐波以 $0.8\text{m}\cdot\text{s}^{-1}$ 的速度沿一长弦线传播。在 $x = 0.1\text{m}$ 处，弦线质元的位移随时间的变化关系为 $y = 0.05\sin(1.0 - 4.0t)$。写出这一简谐波的波函数。

10.26　如图所示，图中曲线为一简谐波在 $t = 0$ 时刻的波形曲线，设此简谐波的频率为 250Hz，质点 P 正在向上运动。求：(1)此简谐波的波函数；(2)距原点 O 为 7.5m 远处质点的振动表达式和 $t = 0$ 时刻该质点的振动速度。

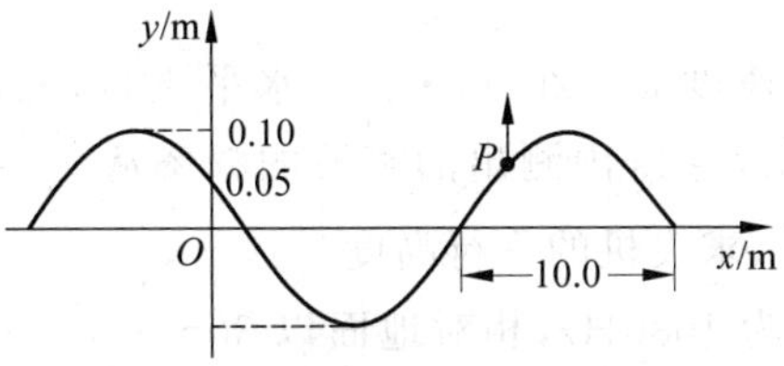

习题 10.26 图

10.27　频率为 3000Hz 的声波，在介质中以 $1560\text{m}\cdot\text{s}^{-1}$ 的速度沿直线传播，经过 A

点后传到B点,A点与B点之间的距离为13cm。求:(1)B点的振动比A点滞后的时间;(2)B点比A点滞后的相位。

10.28 一点波源在不吸收能量的各向同性的均匀介质中发射简谐球面波,求波的振幅与半径之间的关系。

10.29 同时运转10台同样的机器时的噪声总声强级为54dB,把噪声控制在50dB以内,只能开几台机器?

10.30 由于超声波的频率很高,当它通过介质时,虽然介质质元的位移振幅很小,但加速度振幅可以很大,因此可用超声进行加工和处理。通过聚焦,水中超声波的强度可达到$120\mathrm{kW\cdot cm^{-2}}$,设此超声波的频率为500kHz,水的质量密度为$10^3\mathrm{kg\cdot m^{-3}}$,水中声速为$1500\mathrm{m\cdot s^{-1}}$,求水中质元的位移振幅和加速度振幅。

10.31 在一个两端固定的3.0m长的弦上激发起了一个驻波,该驻波有三个波腹,其振幅为1.0cm,弦上的波速为$100\mathrm{m\cdot s^{-1}}$。(1)求该驻波的频率;(2)它由入射波与反射波叠加而形成,写出产生此驻波的入射波和反射波的波函数。

10.32 如图所示,一振幅为A、波长为λ、波速为u的平面简谐横波从波疏介质垂直入射到波密介质。已知$t=0$时刻P点处质元由平衡位置向上运动,设反射波的振幅等于入射波的振幅,求反射波的波函数。

10.33 如图所示,一振幅为A、波长为λ、波速为u的平面简谐纵波从波疏介质垂直入射到波密介质,已知$t=0$时刻原点O处的质元由平衡位置沿x轴正方向运动。(1)求此入射波的波函数;(2)设反射波的振幅等于入射波的振幅,求反射波的波函数;(3)求OP间驻波的波节位置。

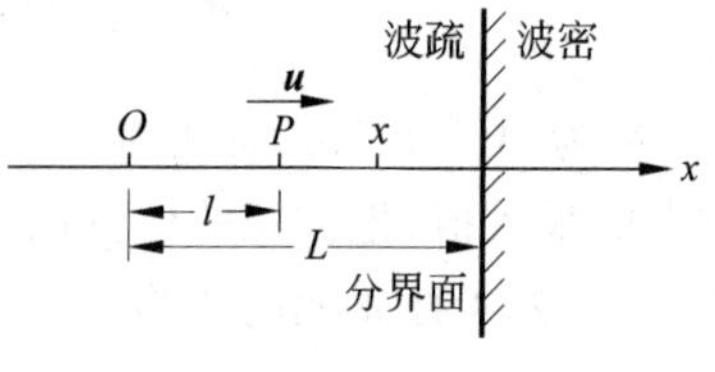

习题10.32图

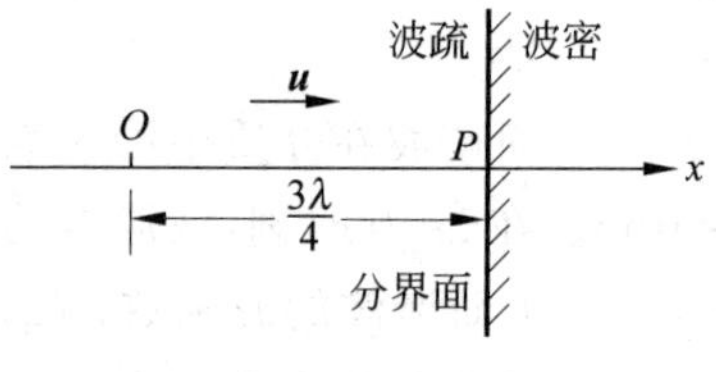

习题10.33图

10.34 设有一根没有包层的光纤,光纤材料的折射率n取何值时光纤的集光能力最强?

10.35 一警车以$30\mathrm{m\cdot s^{-1}}$的速度追赶前面一辆以$26\mathrm{m\cdot s^{-1}}$的速度行驶的汽车,设警笛的频率为800Hz,坐在前面汽车中的人听到警笛声音的频率是多少?设空气中的声速为$330\mathrm{m\cdot s^{-1}}$。

10.36 飞机在上空以速度$u=200\mathrm{m\cdot s^{-1}}$水平飞行,发出频率为$\nu_0=2000\mathrm{Hz}$的声波。地面上静止的观察者在$t=4\mathrm{s}$内测出的声波的频率从$\nu_1=2400\mathrm{Hz}$降为$\nu_2=1600\mathrm{Hz}$。已知声速为$v=330\mathrm{m\cdot s^{-1}}$,求飞机的飞行高度。

10.37 一声源的频率为1080Hz,相对地面以$30\mathrm{m\cdot s^{-1}}$的速率向右运动。在其右方有一反射面相对地面以$65\mathrm{m\cdot s^{-1}}$的速率向左运动。设空气中的声速为$330\mathrm{m\cdot s^{-1}}$。求:(1)声源在空气中发出声波的波长;(2)反射面接收到的频率;(3)静止观测者接收到反射面反射回的声波的频率和波长。

10.38　声源和观测者相对静止，但两者以相同的小于声速的速度相对介质运动，这时观测者接收到的频率和二者都静止时接收到的频率相比，有何变化？

10.39　公路检查站上警察用雷达测速仪测量来往车辆的速度，所用雷达波的频率为 5.0×10^{10} Hz，发出的雷达波被一辆迎面开来的汽车反射回来，雷达测速仪测得发射波与反射波合成后的拍频为 1.1×10^{4} Hz。此汽车是否超过了限定车速 $100\text{km}\cdot\text{h}^{-1}$？

10.40　蝙蝠利用超声脉冲导航可以在洞穴中飞来飞去。若蝙蝠发射的超声波频率为 39kHz，在朝着表面平坦的墙壁飞扑的期间，蝙蝠的运动速率为空气中声速的 1/40，蝙蝠听到的从墙壁反射回来的脉冲波的频率是多少？

10.41　根据天文学的观测，宇宙正在膨胀，太空中的星体正在远离我们而去。假定在地球上观测，一颗脉冲星发射的电磁波的周期为 0.50s，且这颗星正沿观测方向以 $0.80c$（c 为真空中的光速）的速度远离我们，求这颗星发射的电磁波的固有周期。

10.42　经测量，远方一星系发来的光的波长是地球上同类元素发出光的波长的 3/2 倍。不考虑引力红移，求该星系离开地球的退行速度。

10.43　试用相位不变导出电磁波的纵向多普勒效应公式

$$\nu_R=\sqrt{\frac{1+v/c}{1-v/c}}\,\nu_S$$

式中，ν_R 和 ν_S 分别代表观测者接收频率和波源频率，v 为波源和观测者之间的相对运动速度，c 为光速，并规定：当波源和观测者互相趋近时 $v>0$，互相远离时 $v<0$。

第11章 波动光学

广义上说，光是包括各种波长的电磁波。真空中可见光的波长范围为400～760nm，频率范围为$4\times10^{14}\sim7.5\times10^{14}$Hz。通常人眼和感光材料对波长为550nm附近的黄绿光比较敏感。

光学研究光的产生和传播，以及光与物质的相互作用，包括几何光学、波动光学和量子光学。几何光学不涉及光的波动性，以光的直线传播性质为基础，研究光在透明介质中的传播规律，它是光学仪器设计和制造技术的理论基础，本书对此不作介绍。

波动光学从光的波动性出发研究光的干涉、衍射和偏振等现象，是光的经典波动理论，其中的全部结论可以从麦克斯韦方程组和介质的光学性质出发得到。几何光学是波长$\lambda\to0$时波动光学的极限。

用经典的波动理论不能解释黑体辐射、光电效应和康普顿效应等实验规律。1905年爱因斯坦提出光的量子理论，假设光由光量子（光子）组成，光子不能再分割，只能整个地被吸收或产生。光的量子理论称为量子光学。

本章讲波动光学，用简单的物理模型分析光的干涉、衍射和偏振等现象，涉及光在介质中传播时仅限于非色散、无耗散的线性介质。

11.1 几个基本概念

1. 光矢量

光作用在物质中电子上的洛伦兹力为$\boldsymbol{F}=-e(\boldsymbol{E}+\boldsymbol{v}\times\boldsymbol{B})$，其中$\boldsymbol{E}$和$\boldsymbol{B}$分别为电磁波的电场强度和磁感应强度，$e$为电子的电量，$\boldsymbol{v}$为电子的运动速度。对平面电磁波来说，$B_0=E_0/c$，其中$c$为真空中的光速，因此作用于电子的最大磁力与电力之比为$v/c\ll1$，这说明在光与物质的相互作用中，如引起人眼的视觉、感光底片的化学作用以及植物的光合作用等，起主要作用的是电磁波中的电场，而不是磁场。

通常用电场强度$\boldsymbol{E}$的振动来代表光振动，并把$\boldsymbol{E}$称作光矢量。光矢量的振动方向、频率和相位，就是光的振动方向、频率和相位。

严格意义上的单色光是指理想的单一频率的电场简谐波，它在空间上是无限延长的。单色平行光的波函数可表示为

$$E(\boldsymbol{r},t)=E_0\cos(\omega t-\boldsymbol{k}\cdot\boldsymbol{r})$$

式中，E_0为光振动的振幅，$\boldsymbol{k}$为波矢量。单色平行光的强度为

$$I=\frac{1}{2}\sqrt{\frac{\varepsilon_r\varepsilon_0}{\mu_r\mu_0}}E_0^2$$

若只考虑光在同一种介质中的相对强度,光强可写成

$$I=E_0^2$$

为计算上的方便,通常把单色平行光的波函数写成复数形式,即

$$\widetilde{E}(\boldsymbol{r},t)=E_0\mathrm{e}^{-\mathrm{i}(\omega t-\boldsymbol{k}\cdot\boldsymbol{r})}$$

其相位因子包括空间相因子 $\mathrm{e}^{\mathrm{i}\boldsymbol{k}\cdot\boldsymbol{r}}$ 和时间相因子 $\mathrm{e}^{-\mathrm{i}\omega t}$ 两部分,可分开写成

$$\widetilde{E}(\boldsymbol{r},t)=E_0\mathrm{e}^{\mathrm{i}\boldsymbol{k}\cdot\boldsymbol{r}}\mathrm{e}^{-\mathrm{i}\omega t}=\widetilde{U}(\boldsymbol{r})\mathrm{e}^{-\mathrm{i}\omega t}$$

其中

$$\widetilde{U}(\boldsymbol{r})=E_0\mathrm{e}^{\mathrm{i}\boldsymbol{k}\cdot\boldsymbol{r}}$$

称为复振幅,它表示光振动的振幅和相位随空间位置的变化。对于单色光,时间相因子 $\mathrm{e}^{-\mathrm{i}\omega t}$ 可略去不写,只用复振幅来表示。复振幅的模方等于振幅的平方,即

$$|\widetilde{U}(\boldsymbol{r})|^2=\widetilde{U}^*(\boldsymbol{r})\widetilde{U}(\boldsymbol{r})=E_0\mathrm{e}^{-\mathrm{i}\boldsymbol{k}\cdot\boldsymbol{r}}E_0\mathrm{e}^{\mathrm{i}\boldsymbol{k}\cdot\boldsymbol{r}}=E_0^2$$

因此光强可表示为

$$I(\boldsymbol{r})=|\widetilde{U}(\boldsymbol{r})|^2$$

2. 光波列

作为一个物理模型,可以把光源发出的光看成一段一段的光矢量的波列,称为光波列。按这一模型,两束光的叠加就是两个光波列中的光矢量的叠加。图 11.1.1 表示光源发出的一个光波列,ν_0 为波列的中心频率,波列的长度为

$$L=c\tau$$

式中,c 为光速,τ 为波列的持续时间,即光源中原子发光的持续时间,一般不大于 10^{-8} s。

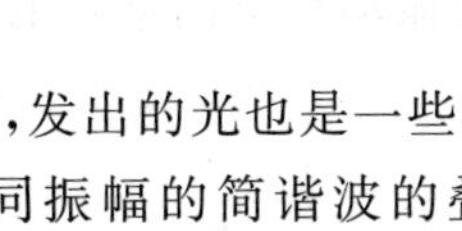

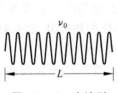

图 11.1.1 光波列

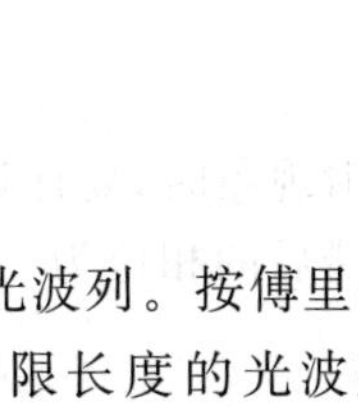

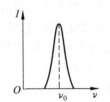

图 11.1.2 准单色光

3. 准单色光

即使是单色光源,发出的光也是一些有限长度的光波列。按傅里叶分析,这些光波列是一系列不同频率、不同振幅的简谐波的叠加,这种有限长度的光波列称为准单色光。如图 11.1.2 所示,准单色光的强度 I 与频率 ν 的关系是在中心频率 ν_0 附近有一定的频率展宽。

单色光源的单色性与原子发光的持续时间有关,发光持续时间越长,光波列就越长,频率宽度就越小,单色性就越好。下面提到的单色光均指准单色光,其频率(波长)是指它的中

心频率(波长)。

4. 光源发光机制

任何发光的物体都可以看成光源,如太阳、白炽灯、日光灯、LED(发光二极管,light emitting diode)和激光器等。1960年投入运转的红宝石激光器是世界上第一台激光器,常见的激光器有氦-氖激光器、二氧化碳激光器和半导体激光器。激光器工作时所发出的光,称为激光。激光器的发光机制与传统的光源截然不同,通常把激光器之外的光源,称为普通光源。

光源发光是光源中大量的原子(或分子)发生的一种微观过程。处于较高能级的原子不稳定,主要通过两种方式跃迁到较低能级,并发出一个光波列。一种方式是自发辐射,另一种方式是受激辐射。

自发辐射与外界的影响无关,是一种随机过程。普通光源,如白炽灯发光就是大量原子的自发辐射过程,光源中的不同发光原子,或同一原子的不同次发光都是随机的,所发出的光波列的相位之间没有任何确定的关系,因此不相干。此外,原子间的频繁碰撞使原子发光的持续时间和光波列的长度变得很短,单色性变得很差,这也影响到相干性。不进行精巧的设计,很难用普通光源观察到光的干涉现象。

受激辐射就不同了,它是在一定频率的外界光波列的"诱导"下,原子受激或"被迫"地发出一个光波列的过程。激光波列的振动方向、振动频率和相位都与外来光波列相同,因此激光器整个发光面上各点之间的相干性很好,是一种理想的相干光,在现代精密光学仪器中几乎都用激光实现干涉。

5. 普通光源实现干涉的方法

在光的干涉实验中,频率相同和振动方向相同都容易实现,难以实现的是两束光的相位差保持恒定。对于普通光源来说,若把同一发光原子发出的光波列一分为二,则无论原始波列怎样无规变化,分出的两个光波列的相位差都能保持恒定而实现干涉。通常有两类实现干涉的方法,一类是分波前干涉,它是从同一波前上分割出两个或多个光波列,让它们叠加实现干涉。另一类是分振幅干涉,它是通过界面的反射和折射,把入射光波列一分为二实现干涉,由于强度正比于振幅的平方,这种方法叫分振幅干涉。此外,为了获得清晰的强弱分布,无论是分波前还是分振幅,还要求所分出的光波列在叠加处的强度(振幅)不要相差太大。

6. 光程

分析光的干涉衍射现象时,要计算两束光的光振动在空间某点的相位差。光在同一种介质中通过路程 r 所滞后的相位为

$$\Delta\varphi=\frac{2\pi}{\lambda_n}r$$

式中,$\lambda_n=\lambda/n$ 为介质中光的波长,λ 为同频率的光在真空中的波长,n 为介质的折射率。为了更一般地表述,把 λ_n 统一用 λ/n 表示,则有

$$\Delta\varphi=\frac{2\pi}{\lambda}nr$$

其中，nr 称为与路程 r 对应的光程，用 δ 表示，即

$$\delta = nr$$

这样就把折射率包含在光程中，通过光程 δ 所滞后的相位为

$$\Delta\varphi = \frac{2\pi}{\lambda}\delta$$

这说明，光程 δ 每改变一个真空中的波长 λ，相位就相应地改变 2π；δ 改变 $\lambda/2$，相位改变 π。

引入光程，并用 λ 代表同频率的光在真空中的波长，光的相干相长、相消条件就可表述为：当两束相干光在空间某点的光程差为 λ 的整数倍(光振动同相)时，该点光振动相长，合振幅最大，强度最大，这些点集合形成亮条纹；当光程差为 $\lambda/2$ 的奇数倍(光振动反相)时，该点光振动相消，合振幅最小，强度最小，形成暗条纹；当光程差为其他值时，强度处于最大和最小之间。

出现在观察屏上的干涉(衍射)条纹，是光程差相等点的轨迹，这是分析干涉(衍射)现象的基本依据。

7. 费马原理

1657 年，法国数学家费马(P. de Fermat)提出：光在两点间所走的路径是所需时间最少的路径。介质中的光速为 $v=c/n$，因此光沿路径 L 从 A 点到 B 点的传播时间为

$$t = \int_{A(L)}^{B} \frac{dl}{v} = \frac{1}{c}\int_{A(L)}^{B} n\,dl = \frac{\delta}{c}$$

而式中的 $\delta = \int_{A(L)}^{B} n\,dl$ 就是从 A 点到 B 点的光程，所以“最小时间原理”等效于“最小光程原理”。

在均匀介质中，两点之间的直线路径的光程最小，因此光沿直线传播。光的反射定律和折射定律可由“最小光程原理”导出。

后来发现，光所走的路径并不都是光程最小。图 11.1.3(a)表示一个球面内反射镜，A 和 B 是球面直径的两个端点，P 点是 AB 的中垂线与球面的交点。按球面的性质，从 A 点发出的光被 P 点反射后到达 B 点，而从 A 点到球面上其他位置(如 Q 点)的反射光不能到达 B 点，这说明光从 A 点经球面反射到达 B 点所走的路径只能是 APB，而 $AP+PB>AQ+QB$，这时光沿光程极大的路径传播，而不是光程最小。

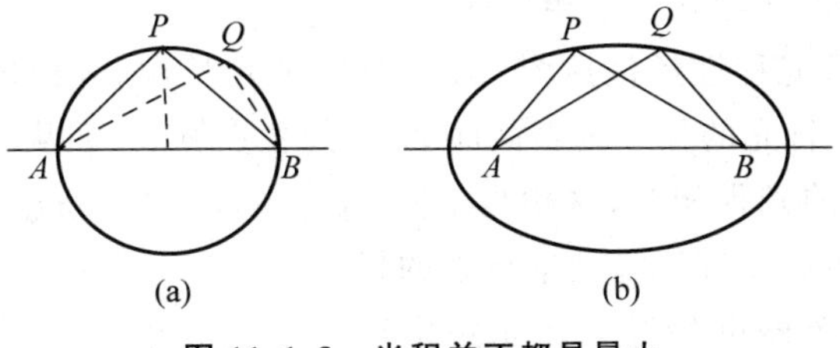

图 11.1.3　光程并不都是最小

图 11.1.3(b)表示一个旋转椭球面内反射镜，A 和 B 是它的两个焦点。按椭球面的性质，从 A 点发出的光被椭球面上任意点(如 P 点和 Q 点)反射后都会聚到 B 点，而且 $AP+PB=AQ+QB$，这时光从 A 点经椭球面反射到达 B 点所走路径的光程相等，或者说光程取

稳定值。

因此,费马原理可推广为:光从空间一点到另一点是沿光程为极值(极小值、极大值或稳定值)的路径传播。具体地说,就是把光的实际路径与其邻近的其他路径相比较,光的实际路径的光程为极小值、极大值或等于邻近路径的光程。

8. 透镜物像之间的等光程性

光学实验经常用到两个侧面都磨成球面的凸透镜,透镜中央部分的厚度比两个球面半径小得多,透镜的中心可以看成一个点,这个点称为透镜的光心。光线通过透镜的光心,相当于通过一块两面平行的薄透明板,因此不改变光线的方向。

通过透镜的两个球面的中心的直线,叫透镜的主轴。平行于主轴的光线经过凸透镜会聚于主轴上的一点,这个点叫透镜的焦点。透镜的焦点与光心的距离叫焦距。通过焦点并垂直于主轴的平面叫焦平面。平行光线经过透镜后会聚于焦平面上的一点,该点就是平行光线中经过透镜光心的那条光线所到达焦平面上的点。

应该指出,透镜的上述成像性质只对透镜主轴近旁的那些光线(称为傍轴光线)才成立,下面在用到透镜的光学实验中都满足傍轴近似条件。非傍轴光线参与成像会产生像差。

如图 11.1.4(a)所示,从物点 S' 经过透镜到像点 S,虽然不同光线的几何路程不同,但这些光线连续分布,按费马原理它们的光程应该取极值,但不可能都取极小值或都取极大值,唯一的可能就是取稳定值,即从物点 S' 经过透镜到像点 S 的不同光线的光程相等,这称为透镜物像之间的等光程性。

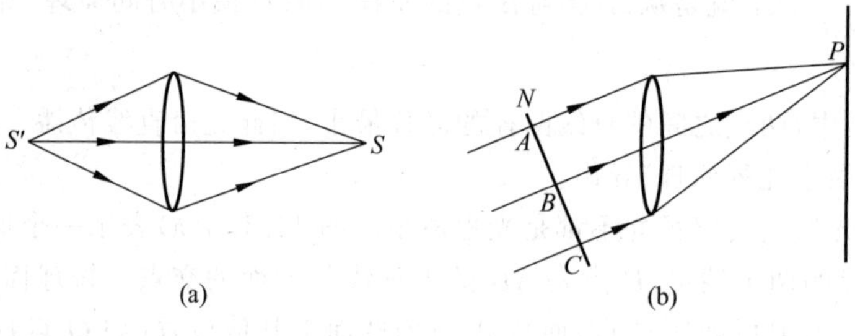

图 11.1.4 透镜物像之间的等光程性

从几何上看,S' 到 S 路程较长的光线经过透镜($n>1$)的部分短,而较短的光线经过透镜的部分长,因此它们的光程是可以相等的。

透镜物像之间的等光程性还包括图 11.1.4(b)所示情况,入射的平行光经透镜会聚到焦平面上的 P 点,从平行光的任一垂直截面 N 上的各点算起,如从 A、B 和 C 点算起,经过透镜到 P 点的各光线的光程相等,这相当于图 11.1.4(a)中的物点 S' 处于无穷远的情况。反过来,从焦平面上 P 点经过透镜到平行光的任一垂直截面上各点的光程也相等。在光路中放一个透镜可以改变光线的方向,使光线会聚或发散,但不改变各光线之间的光程差。

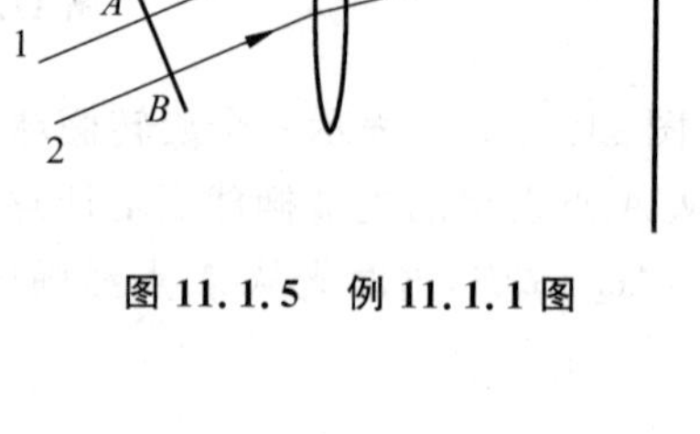

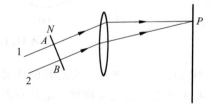

图 11.1.5 例 11.1.1 图

例 11.1.1 如图 11.1.5 所示,两条平行的相干光经透镜会聚到焦平面上的 P 点。直线 N

垂直于光线，与两光线的交点分别为 A 和 B。已知光线 1 在 A 点的相位为 $3\pi/2$，光线 2 在 B 点的相位为 $\pi/2$。说明 P 点的干涉情况。

解　由于透镜物像之间等光程，从 A、B 两点到 P 点不产生光程差，这两条光线在 P 点的相位差就是 A、B 两点的相位差，即

$$\Delta\varphi=\frac{3\pi}{2}-\frac{\pi}{2}=\pi$$

两条光线在 P 点的光振动反相，P 点为暗点。

11.2　杨氏双缝干涉　劳埃德镜干涉和光的半波损失

下面以杨氏双缝干涉和劳埃德镜干涉为例，介绍分波前干涉，讨论杨氏双缝干涉实验如何解决光源宽度和光的非单色性对干涉条纹清晰度的影响，通过劳埃德镜干涉实验介绍光的半波损失现象。

11.2.1　杨氏双缝干涉

1801 年，英国医生托马斯·杨(Thomas Young)通过双缝干涉实验观察到光的干涉现象，为光的波动说提供了实验证据，这是对牛顿在他的名著《光学》中所主张的微粒说的一个严重挑战，受到当时一些人的质疑。但托马斯·杨坚信自己的实验结果，他认为牛顿"也会弄错，他的权威也许有时甚至阻碍了科学的进步"。

1. 实验原理

图 11.2.1(a)表示杨氏双缝干涉实验的光路，图(b)中的曲线表示双缝干涉的强度分布，图(c)为干涉图样的照片，近似为等间距的明暗相间的条纹。

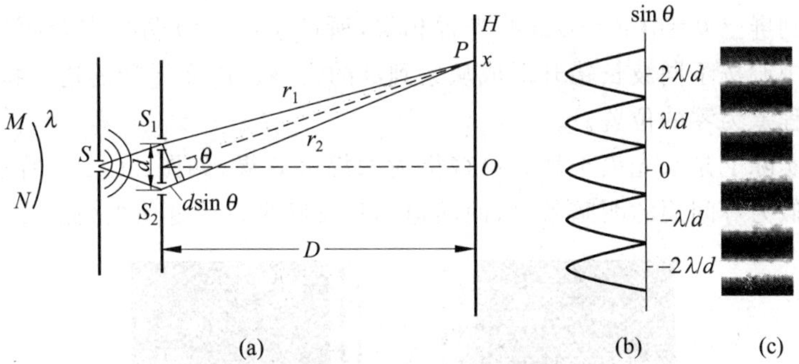

图 11.2.1　杨氏双缝干涉

如图 11.2.1(a)所示，MN 为一普通单色光源的发光面，发出波长为 λ 的单色光；S 为一垂直于纸面的窄缝，S_1 和 S_2 是两个间距为 d 的对称窄缝；H 为观察屏，它平行于双缝平面；D 为屏与双缝的距离，实验中让 $D\gg d$，如 $D\approx 1\text{m}$、$d\approx 10^{-4}\text{m}$；θ 为双缝中点和屏上 P 点的连线与水平方向的夹角，称为衍射角，P 点的位置可用 $\sin\theta$ 表示。

杨氏双缝干涉属于分波前干涉，窄缝光源 S 发出柱面光波，双缝 S_1 和 S_2 从同一波前上分割出两个振动方向、振动频率和相位都相同的相干光波列，分别通过路径 r_1 和 r_2 在 P

点叠加实现干涉。由于 $S_1P \approx S_2P$,两个光波列在 P 点的强度近似相等。

2. 干涉条纹的分布

由于 θ 角很小,从双缝到屏上 P 点的两条光线的光程差近似为

$$\Delta\delta = r_2 - r_1 = d\sin\theta \tag{11.2.1}$$

屏上光程差相等点的轨迹是一系列平行于双缝的直线,形成近似等间距的直条纹。由光振动的相干相长、相消条件和式(11.2.1)可知,用波长为 λ 的单色光照射时,杨氏双缝干涉条纹中心在屏上的位置(用衍射角 θ 表示)为

明纹中心: $d\sin\theta = \pm k\lambda, \quad k=0,1,2,\cdots$

暗纹中心: $d\sin\theta = \pm(2k+1)\dfrac{\lambda}{2}, \quad k=0,1,2,\cdots$

其中,k 称为条纹的级次。

在屏上沿平行于双缝方向建立 x 轴,把 $\theta=0$ 的位置取为坐标原点,则 P 点的坐标为

$$x = D\tan\theta \approx D\sin\theta$$

干涉条纹中心的坐标为

明纹中心: $x = \pm k\dfrac{D\lambda}{d}, \quad k=0,1,2,\cdots$

暗纹中心: $x = \pm(2k+1)\dfrac{D\lambda}{2d}, \quad k=0,1,2,\cdots$

相邻条纹(明纹或暗纹)中心的间距为

$$\Delta x = x_{k+1} - x_k = \frac{D\lambda}{d}$$

条纹间距近似相等,并在0级明纹两侧对称分布。

通常所说的白光由可见光区各种波长的光按一定的比例组成。用白光照射双缝,各种颜色光从双缝到屏上 $\theta=0(x=0)$ 处的光程相等,所产生的0级明纹重合而呈白色,而两侧其他同级明纹中心按不同波长错开形成从紫到红的光谱。白光干涉的这一特征可用来判断干涉装置中光程差为零的位置。

双缝干涉实际上是双光束干涉和单缝衍射的综合效果,如图11.2.2所示,中间 θ 角很小的区域内近似为等间距的明暗条纹,而两边的暗纹则来自单缝衍射(见11.6.1节)。

图11.2.2 杨氏双缝干涉条纹照片

(缝宽0.1mm,缝距0.6mm)

例11.2.1 用单色光垂直照射相距0.40mm的双缝,双缝与屏相距2.0m。(1)入射光的波长为400nm,求相邻明纹中心间距;(2)假设第1级明纹中心到同侧第4级明纹中心的距离为 7.5×10^{-3} m,求入射光的波长。

解 (1) 相邻明纹中心间距为

$$\Delta x=\frac{D\lambda}{d}=\frac{2\times400\times10^{-9}}{0.4\times10^{-3}}\text{m}=2.0\times10^{-3}\text{m}$$

(2) 按假设的条纹中心距离，入射光的波长为

$$\lambda=\frac{\Delta xd}{D}=\frac{7.5\times10^{-3}}{4-1}\times\frac{0.4\times10^{-3}}{2}\text{m}=5.0\times10^{-7}\text{m}=500\text{nm}$$

但实验上用双缝干涉不能准确地测量入射光的波长，因为双缝干涉条纹较宽，每一条明纹中心附近较宽区域内都相当亮，很难测准条纹中心的坐标。后面将会看到，若等宽、等距地分割入射光的波前，增加相干光束的数目，就会使干涉条纹变得又细又锐，从而提高干涉计量的精度。这种光学器件称为光栅(见 11.8 节)。

11.2.2 光源宽度的影响和相干长度

1. 光源宽度的影响

如图 11.2.1 所示，在杨氏双缝干涉实验中，发光面 MN 可以看成许多垂直于纸面的窄缝光源，由于是普通光源，这些窄缝光源不相干，它们在屏上产生的干涉条纹的位置不重叠，非相干叠加后降低了条纹的清晰度，当发光面 MN 的宽度超过一定极限时就会使干涉条纹消失。托马斯·杨在光源前加窄缝 S，减小了光源的宽度，解决了这一问题。

用激光作实验不必加窄缝，因为激光器的整个发光面上各点之间具有较好的相干性，直接照射双缝即可得到清晰的干涉条纹。

2. 相干长度

如图 11.2.3 所示，双缝 S_1 和 S_2 从同一波前上分割出的两个相干光波列是 a_1 和 a_2，从下一波前上分割出的是 b_1 和 b_2，……，只有从同一波前上分割出来的两个光波列，如 a_1 和 a_2，b_1 和 b_2 在 P 点相遇叠加才能形成干涉条纹。

图 11.2.3(a)表示从双缝到 P 点的光程差 $\Delta\delta$ 小于光波列长度 L 的情况，这时由于 $\Delta\delta<L$，到达 P 点的两个光波列(如 a_1 和 a_2)是从同一波前分割出来的，在 P 点相干叠加形成干涉条纹。图 11.2.3(b)的情况就不同了，这时 $\Delta\delta>L$，在 P 点相遇的光波列(如 b_1

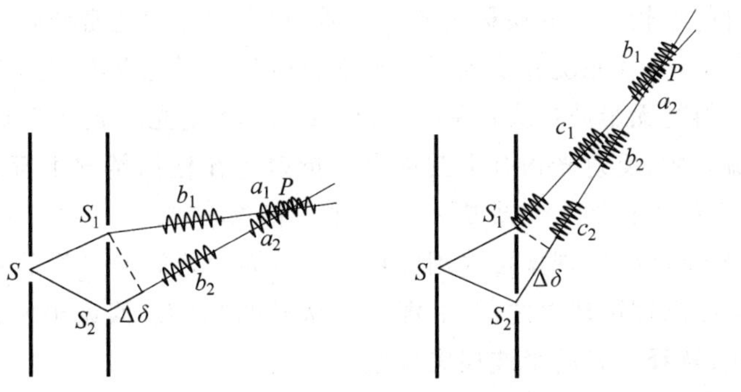

(a) $\Delta\delta<L$，在P点相遇的是同一波前分割出的相干光波列　(b) $\Delta\delta>L$，在P点相遇的是不同波前分割出的不相干光波列

图 11.2.3　相干长度

和 a_2)来自不同波前,它们不相干,P 点的干涉条纹消失。

能够产生干涉的最大光程差 $\Delta\delta_m$,称为这种光的相干长度,它等于光波列的长度 L,即

$$\Delta\delta_m = L = c\tau$$

其中,τ 为波列的持续时间,也就是光源中原子发光的持续时间。在杨氏双缝干涉实验中,让 $D \gg d$,就是为了在屏上较大区域内让 $\Delta\delta < L$,产生干涉条纹。

相干长度与光的单色性密切相关,光的单色性越好,光波列就越长,相干长度也就越大。普通单色光源的相干长度仅为毫米量级,而实验上激光的相干长度能达到几十米。

11.2.3 劳埃德镜干涉和光的半波损失

1. 劳埃德镜干涉

图 11.2.4 表示劳埃德(Lloyd)镜干涉实验的光路,MN 为一玻璃平面镜,单色窄缝光源 S 平行于 MN,观察屏 H 垂直于 MN。从 S 发出的光线 1 直接照射到屏上 P 点,另一条光线 2 射向 MN 上的 C 点后被反射到 P 点,它们在 P 点相干叠加形成干涉条纹。

光线 1 上的 D 点和光线 2 上的 C 点都在以 S 为对称轴的圆柱面上,因此劳埃德镜干涉属于分波前干涉。把 S 对于平面镜 MN 的虚像 S' 看成一个窄缝虚光源,劳埃德镜干涉相当于由 S 和 S' 形成的双缝干涉。

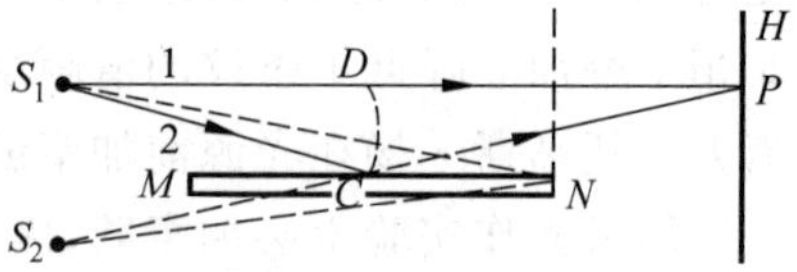

图 11.2.4 劳埃德镜干涉实验

2. 光的半波损失

光的半波损失现象最早是在劳埃德镜干涉实验中被发现的。如图 11.2.4 所示,若把屏 H 移到紧靠平面镜 N 端的竖直虚线位置,从 S 发出的光以接近于 90°的入射角入射(掠入射),发现屏上沿镜子端线的干涉条纹是暗纹。按理说在紧靠 N 处,$SN = S'N$,入射光和镜面反射光(看成从虚光源 S' 发出)等光程,应该是亮纹,但实验上却是暗纹,这说明在平面镜 N 端,反射光与入射光的光矢量反相,反射光的相位突变 π,发生了半波损失。

光的半波损失是一个比较复杂的现象,应该对光矢量的垂直于入射面的分量(s 分量)和平行于入射面的振动分量(p 分量)分别讨论。反射光在两种透明介质的分界面上是否发生半波损失,取决于光的入射情况(正入射,斜入射,掠入射)和界面两侧介质折射率的大小关系。相比之下折射率较小的介质称为光疏介质,较大的称为光密介质。

在正入射情况下,光从光疏介质入射到光密介质时反射光有半波损失,光从光密介质入射到光疏介质时反射光无半波损失;在掠入射情况下,无论光从光疏介质到光密介质,还是从光密介质到光疏介质,反射光均有半波损失。折射光在任何情况下都无相位突变。发生半波损失时,反射光的光程加 $\lambda/2$ 或减 $\lambda/2$,本书一律加 $\lambda/2$。

在理论上,光的半波损失现象可以用电场在介质界面处的场强关系来解释,不过有趣的是早在麦克斯韦电磁场理论建立之前,菲涅耳就从光的"以太"假说出发得到与电磁学理论相同的菲涅耳公式,解释了光的半波损失现象。

3. 两束光在相遇点的光程差

考虑半波损失后,两束光在相遇点的光程差一般可写成

$$\Delta\delta = \Delta\delta_1 + \Delta\delta_2 + \Delta\delta_3$$

其中，$\Delta\delta_1$ 表示两束光在分开处的光程差，在杨氏双缝干涉实验中 $\Delta\delta_1=0$；$\Delta\delta_2$ 表示从分开处到相遇点的光程差，在杨氏双缝干涉实验中 $\Delta\delta_2=d\sin\theta$；$\Delta\delta_3$ 表示在传播过程中因反射可能发生半波损失所引起的光程差，发生奇数次半波损失时 $\Delta\delta_3=\lambda/2$，发生偶数次半波损失时 $\Delta\delta_3=0$。

11.3　等倾干涉　增透膜和增反膜

水面上的薄油膜、肥皂泡和某些昆虫翅膀上所出现的彩色花纹，都是通过薄膜上下表面的反射和折射，把入射光波列一分为二所产生的分振幅干涉。薄膜可以是某种透明的介质，也可以是两块玻璃板之间的空气薄层。

普遍地讨论薄膜干涉是十分复杂的，有实际意义的是厚度均匀薄膜的等倾干涉和厚度不均匀薄膜的等厚干涉。

11.3.1　双光束近似和附加光程差

1. 双光束近似

如图 11.3.1 所示，入射光 1 照射到透明介质薄膜 N 的上表面 A 点，形成反射光 2 和折射光 AB，再经下表面反射和上表面折射形成透射光 3，并类似形成透射光 4，等等。这些光是从同一光线 1 分出，因此相干。

但是这些光的强度差别很大。通常膜的表面仅能反射 5%的能量，其余 95%的能量透射了。设入射光 1 的强度为 100%，则反射光 2 的强度为 5%，透射光 3 的强度为 $(95\%)^2\times5\%=4.5\%$，而下一束透射光 4 的强度会骤降到 $(95\%)^2\times(5\%)^3=0.01\%$，以后的各个光线更弱。因此对于没有高反射率涂层的膜来说，只需考虑强度近似相等的两条光束 2 和 3 的干涉，这称为双光束近似。下面讲的等倾干涉和等厚干涉都是双光束薄膜干涉。

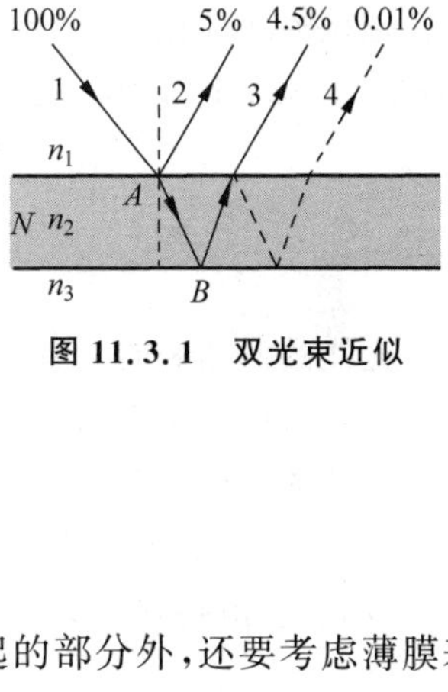

图 11.3.1　双光束近似

2. 附加光程差

讨论薄膜干涉时，在双光束的光程差中除了由路程差引起的部分外，还要考虑薄膜表面反射可能出现的相位突变所引起的附加光程差。按介质界面处的场强关系可以证明：若一束光从光疏介质入射到光密介质反射，而另一束光从光密介质入射到光疏介质反射(在图 11.3.1 中，$n_1<n_2>n_3$ 或 $n_1>n_2<n_3$)，则总有一束光的相位突变 π，引起附加光程差 $\lambda/2$；若两束光都从光疏介质入射到光密介质反射($n_1<n_2<n_3$)，或都从光密介质入射到光疏介质反射($n_1>n_2>n_3$)，则两束光均无相位突变，无附加光程差。

11.3.2　等倾干涉

图 11.3.2(a)表示等倾干涉实验的光路，图(b)为观察等倾干涉的装置，图(c)为等倾条

纹的照片，是一系列明暗相间的同心圆环。

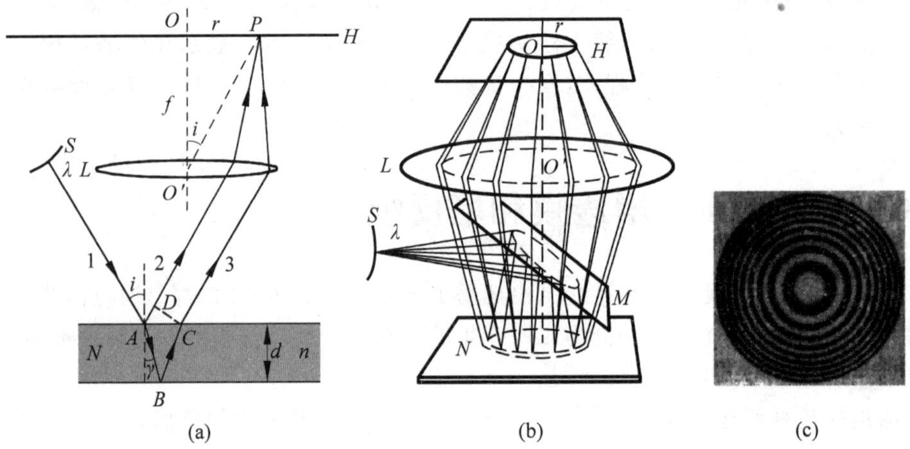

图 11.3.2　等倾干涉

如图11.3.2(a)所示，把厚度为 d、折射率为 n 的均匀透明介质薄膜 N 置于空气中，O'、OO' 和 f 分别为透镜 L 的光心、主轴和焦距，观察屏 H 置于透镜 L 的焦平面上。光源 S 发出波长为 λ 的单色入射光1，以入射角 i 照射到薄膜上表面的 A 点，形成反射光2和折射光 AB，折射角为 γ，$\sin i = n\sin\gamma$，再经下表面反射和上表面折射形成透射光3。取双光束近似，考虑光线2和光线3经透镜会聚于屏上 P 点相干叠加。如果不用透镜观察，干涉条纹将定域在无穷远。

按透镜的成像性质，PO' 与 OO' 的夹角等于入射角 i，由于轴对称，P 点在屏上形成一个圆，如图11.3.2(b)所示。这些圆是屏上光程差相等点的轨迹，也就是屏上的干涉条纹，其半径为

$$r = f\tan i = \frac{fn\sin\gamma}{\sqrt{1-n^2\sin^2\gamma}} \tag{11.3.1}$$

它只与光线的倾角 i 或 γ 有关，因此这种干涉称为等倾干涉，倾角大(小)，等倾圆环的半径大(小)。若入射的是普通光源发出的不是很强的光，则可以不用透镜直接用眼睛观察，这时眼睛的晶状体起到透镜的作用。

下面计算从 A 点到屏上 P 点的两条光线的光程差。由于 CD 垂直于光线2，而透镜物像之间等光程，由路程差引起的光程差为

$$\delta_{路程} = n(AB + BC) - AD$$

按几何关系，有

$$AB = BC = \frac{d}{\cos\gamma}, \quad AD = AC\sin i = 2d\tan\gamma\sin i$$

再利用 $\sin i = n\sin\gamma$，可得

$$\delta_{路程} = 2nd\cos\gamma \tag{11.3.2}$$

还要考虑反射可能引起的半波损失。我们关心的是被膜的上下表面反射所形成的两束平行(或近似平行)光的相干叠加，它们的光矢量的振动方向共线，因此“反相”引起“反向”，干涉条纹的明暗与半波损失有关。如图11.3.2(a)所示，光线2从空气(光疏)入射到薄膜(光密)

反射，而折射光 AB 从薄膜(光密)入射到空气(光疏)反射，再经上表面折射形成透射光 3，因此引起附加光程差 $\lambda/2$，即

$$\delta=\delta_{路程}+\frac{\lambda}{2}=2nd\cos\gamma+\frac{\lambda}{2}=2d\sqrt{n^2-\sin^2 i}+\frac{\lambda}{2} \tag{11.3.3}$$

由光振动的相干相长、相消条件和式(11.3.3)可知，用波长为 λ 的单色光照射空气中的薄膜时，等倾圆环在屏上的位置(用倾角 γ 表示)为

明环：
$$2nd\cos\gamma+\frac{\lambda}{2}=k\lambda,\quad k=1,2,3,\cdots \tag{11.3.4}$$

暗环：
$$2nd\cos\gamma+\frac{\lambda}{2}=(2k+1)\frac{\lambda}{2},\quad k=0,1,2,\cdots \tag{11.3.5}$$

式中，k 为圆环的级次。

等倾圆环有如下特点：

(1) 级次是内高外低。按式(11.3.4)和(11.3.1)，级次高(k 大)的，折射角 γ 小，等倾圆环的半径 r 小；级次低(k 小)的，折射角 γ 大，圆环的半径 r 大。

(2) 分布是内疏外密。因波长 λ 的值很小，对式(11.3.4)作差分可用微分代替，两相邻等倾圆环对应折射角 γ 之差为

$$\Delta\gamma=\gamma_k-\gamma_{k+1}=\frac{\lambda}{2nd\sin\gamma}$$

这说明，γ 小(半径小)处 $\Delta\gamma$ 大，圆环分布稀疏；γ 大(半径大)处 $\Delta\gamma$ 小，圆环分布密集。

(3) 膜厚变化引起等倾圆环的移动。按式(11.3.4)，增大膜厚 d 而保持圆环级次 k 不变，对应的 $\cos\gamma$ 必定减小，对应的折射角 γ(圆环半径)必定增大，若连续增大膜厚，圆环会一个一个地从中心冒出来。若连续减小膜厚，圆环会一个一个地缩进中心消失。从中心冒出或缩进一个圆环，中心($\gamma=0$)处的光程改变一个波长，膜厚的改变量为 $\lambda/(2n)$，若冒出或缩进 N 个圆环，则膜厚的改变量为

$$\Delta d=N\frac{\lambda}{2n}$$

由于入射的只能是准单色光，膜不能太厚，否则光程差超过入射光的相干长度就不能干涉了。如两块玻璃板夹一空气薄层，虽然有四个界面，但玻璃板的厚度远远超过相干长度，发生等倾干涉的只能是空气薄层。

观察等倾条纹总是用扩展光源。如图 11.3.2(b)所示，虽然从面光源 S 上的不同点发出的光不相干，但只要入射角相同，这些光在屏上就会产生半径相同的等倾圆环，大大加强了条纹的清晰度。

11.3.3　增透膜和增反膜

光学透镜通常用玻璃制成，表面反射率为 5%左右。光垂直入射到空气和玻璃界面上时，尽管有 95%的光强透过，但一个光学系统往往有多个透镜，如有的照相机的镜头由 6 个透镜组成，有 12 个界面，最后透射进来的光强只剩 $0.95^{12}\approx54\%$，将近一半的光强损失掉了。此外，光在各个界面上来回反射还会降低成像的质量，因此需要尽量减少反射，通常采用镀增透膜的方法。

当一束波长为 λ 的单色光垂直照射($i=0,\gamma=0$)空气中厚度为 d、折射率为 n 的透明介

质薄膜时,若膜的上下表面的反射光相干相消,则透射一定增强,这种膜称为增透膜。把 $\cos\gamma=1$ 代入暗环公式(11.3.5)可知,增透膜的厚度所满足的条件为

$$2nd+\frac{\lambda}{2}=(2k+1)\frac{\lambda}{2},\quad k=0,1,2,\cdots \quad (\text{增透膜})$$

在飞机上镀增透膜,让雷达发射的电磁波反射相消,雷达就很难发现飞机,起到隐形作用。

有时在透射光中不需要波长为 λ 的光,可以镀增反膜,增强对这种光的反射。把 $\cos\gamma=1$ 代入明环公式(11.3.4)可知,增反膜的厚度所满足的条件为

$$2nd+\frac{\lambda}{2}=k\lambda,\quad k=1,2,3,\cdots \quad (\text{增反膜})$$

以上是照射空气中透明介质薄膜的情况,其他情况下应注意光被膜的表面反射是否有半波损失。

例 11.3.1 通常人眼和感光材料对波长为 550nm 附近的黄绿光比较敏感,在照相机的镜头上镀一层 MgF_2($n=1.38$)薄膜,让镜头对波长为 550nm 的黄绿光有较好的透射效果。求所镀 MgF_2 膜的厚度。

解 MgF_2 膜的上下表面分别与空气和玻璃接触,它的折射率(1.38)介于空气(1.0)和玻璃(1.5)之间,因此光被膜的上下表面反射都有半波损失,透射光加强的条件为

$$2nd=(2k+1)\frac{\lambda}{2},\quad k=0,1,2,\cdots$$

所镀 MgF_2 膜的厚度为

$$d=\frac{\lambda}{4n}(2k+1)=\frac{550\text{nm}}{4\times1.38}(2k+1)=100(2k+1)\text{nm},\quad k=0,1,2,\cdots$$

厚度可取 100nm,300nm,…,一般取 100nm。由于黄绿光增透,反射光为互补的蓝紫色,照相机的镜头通常呈现蓝紫色。

11.4 等厚干涉 迈克耳孙干涉仪

等厚干涉一般是指厚度不均匀薄膜的分振幅干涉,劈尖形透明介质薄膜是最简单的厚度不均匀薄膜。

11.4.1 劈尖干涉

图 11.4.1(a)表示劈尖干涉实验的光路,图(b)为示意图,图(c)为劈尖干涉条纹的照片,是一系列平行于棱边的明暗相间的条纹。

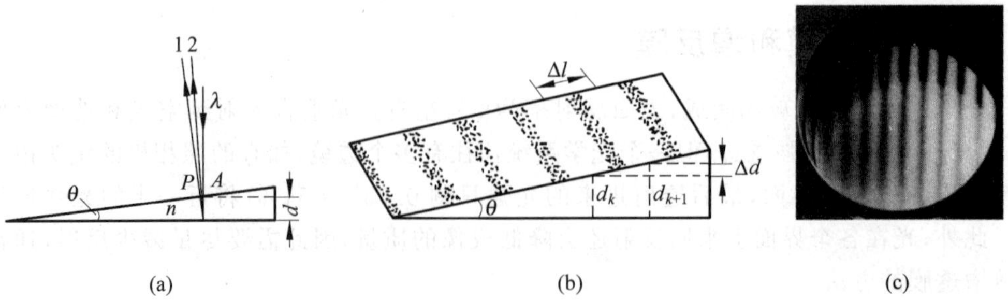

图 11.4.1 劈尖干涉

如图 11.4.1(a)所示，把折射率为 n 的劈尖置于空气中，用波长为 λ 的单色光垂直照射到劈尖上表面的 A 点，从空气(光疏)入射到劈尖(光密)反射形成光线 1，折射光从劈尖(光密)入射到空气(光疏)反射形成光线 2，引起附加光程差 $\lambda/2$，两条光线在劈尖上表面附近 P 点相遇干涉。只有当劈尖倾角 θ 很小时才能观察到干涉条纹，这时两条光线近似平行，P 点几乎与 A 点重合，因此干涉条纹定域在劈尖的上表面，光程差为

$$\delta = 2nd + \frac{\lambda}{2} \tag{11.4.1}$$

给定介质的折射率，光程差只决定于 A 点对应的厚度 d，光程差相等点的轨迹是一系列等厚线。

由光振动的相干相长、相消条件和式(11.4.1)可知，空气中劈尖干涉条纹中心的位置为

明纹中心：
$$2nd + \frac{\lambda}{2} = k\lambda, \quad k = 1, 2, 3, \cdots \tag{11.4.2}$$

暗纹中心：
$$2nd + \frac{\lambda}{2} = (2k+1)\frac{\lambda}{2}, \quad k = 0, 1, 2, \cdots \tag{11.4.3}$$

厚度 d 大处的条纹级次 k 大，因此从劈尖棱边开始，条纹的级次依次增高。由于存在半波损失，劈尖棱边处为 0 级暗纹。

可以看出，劈尖的厚度每增大或减小 $\lambda/(2n)$，整个等厚条纹就会向棱边或背离棱边的方向移动一个条纹间距。

如图 11.4.1(b)所示，用 Δl 表示相邻条纹(明纹或暗纹)中心的间距，$\Delta d = d_{k+1} - d_k$ 为对应的厚度差，则 $\Delta l = \Delta d/\sin\theta$。由于相邻条纹的光程差为 λ，按式(11.4.2)可求出 $\Delta d = \lambda/(2n)$，因此相邻等厚条纹中心的间距为

$$\Delta l = \frac{\lambda}{2n\sin\theta} \approx \frac{\lambda}{2n\theta}$$

劈尖倾角 θ 不能太大，否则条纹间距 Δl 过小以致不能分辨。

例 11.4.1　如图 11.4.2 所示，两块玻璃板夹一细金属丝形成空气劈尖，金属丝与棱边的距离为 $L = 2.888\times10^{-2}$ m。用波长 $\lambda = 589.3$nm 的钠黄光垂直照射，测得 30 条明纹的总距离为 4.295×10^{-3} m。求金属丝的直径 d。

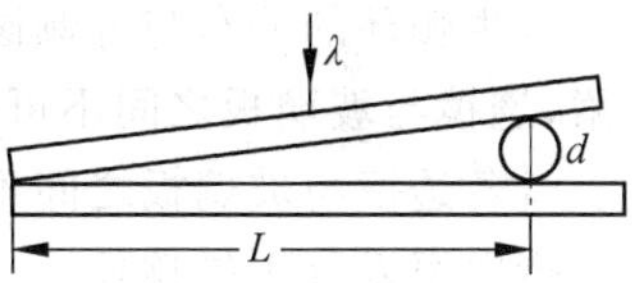

图 11.4.2　例 11.4.1 图

解　金属丝的直径为 $d = L\theta$，其中 θ 为空气劈尖的倾角。用 Δl 代表条纹间距，则有

$$\theta = \frac{\lambda}{2\Delta l}$$

因此

$$d = L\theta = \frac{L\lambda}{2\Delta l} = \frac{2.888\times10^{-2}\times589.3\times10^{-9}}{2\times\dfrac{4.295\times10^{-3}}{30-1}}\text{m} = 5.745\times10^{-5}\text{m} = 57.45\mu\text{m}$$

11.4.2　牛顿环

如图 11.4.3(a)所示，把一个曲率半径 R 很大的平凸透镜 A 放在一块平面玻璃板 B 上，O 点为接触点，形成厚度沿径向不均匀的空气膜。用单色平行光向下垂直照射，A 的下表面和 B 的上表面所反射的光在 A 的下表面附近发生等厚干涉，形成以 O 点为中心的一系

列明暗相间的同心圆环。这一现象被牛顿首先发现,并进行了精密的测量,故称牛顿环。但由于过分偏爱他的微粒说,牛顿没能正确地解释这一现象。图11.4.3(b)是牛顿环的照片。

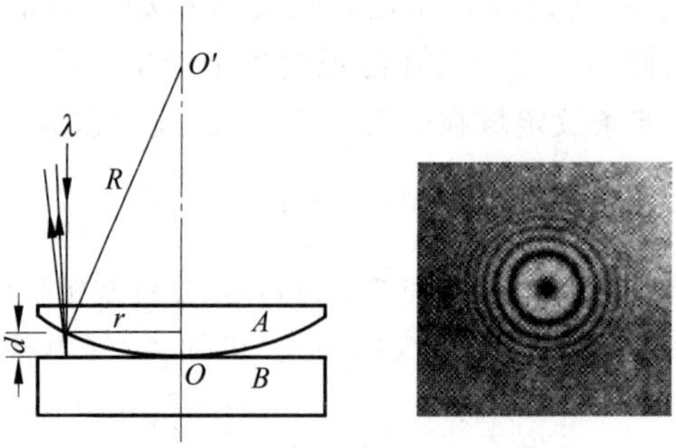

(a) (b)

图11.4.3 牛顿环

牛顿环中明环和暗环的位置分别为

明环: $$2d+\frac{\lambda}{2}=k\lambda,\quad k=1,2,3,\cdots \tag{11.4.4}$$

暗环: $$2d+\frac{\lambda}{2}=(2k+1)\frac{\lambda}{2},\quad k=0,1,2,\cdots \tag{11.4.5}$$

按几何关系,$R^2-r^2=(R-d)^2$,由于$d\ll R$,近似有

$$r=\sqrt{2Rd}$$

把式(11.4.4)和(11.4.5)中的d解出,分别代入上式,就得到

明环半径: $$r_k=\sqrt{\left(k-\frac{1}{2}\right)R\lambda},\quad k=1,2,3,\cdots$$

暗环半径: $$r_k=\sqrt{kR\lambda},\quad k=0,1,2,\cdots$$

牛顿环的分布与等倾圆环类似,也是内疏外密,但级次是内低外高。由于存在灰尘等因素,透镜与玻璃板之间不可能是理想的点接触,一般看不清中心点的暗纹。

若透镜与玻璃板之间不是空气,而是充满其他介质,则要根据透镜、玻璃板及充入介质的折射率来分析牛顿环。

用牛顿环可以测量透镜的曲率半径。选择离中心较远的第k级和第$k+m$级两个暗环,测出它们的半径r_k和r_{k+m},则透镜的曲率半径为

$$R=\frac{r_{k+m}^2-r_k^2}{m\lambda}$$

在磨制透镜等光学元件的工厂里,常用牛顿环来检验,方法是把标准件(玻璃验规)覆盖在待测元件上,它们之间的空气膜在光的照射下出现牛顿环,根据环的形状和数目,便可决定进一步如何加工。

例11.4.2 用波长$\lambda=589.3\text{nm}$的钠黄光作牛顿环实验,测得第k级暗环的半径为$4.0\times10^{-3}\text{m}$,第$k+5$级暗环的半径为$6.0\times10^{-3}\text{m}$。求透镜的曲率半径R和级次k。

解 透镜的曲率半径为

$$R=\frac{r_{k+5}^2-r_k^2}{5\lambda}=\frac{6.0^2\times10^{-6}-4.0^2\times10^{-6}}{5\times589.3\times10^{-9}}\text{m}=6.8\text{m}$$

级次 k 为

$$k=\frac{r_k^2}{R\lambda}=\frac{4.0^2\times10^{-6}}{6.8\times589.3\times10^{-9}}=4$$

11.4.3　迈克耳孙干涉仪

迈克耳孙干涉仪是一种利用两束光路分开的相干光产生薄膜干涉的实验装置，可用来测量光的波长和微小的长度，若用相干性较好的激光光源，还可对较大长度进行精确的测量，因此至今仍是许多光学仪器的核心。图 11.4.4 为仪器的光路图和照片。

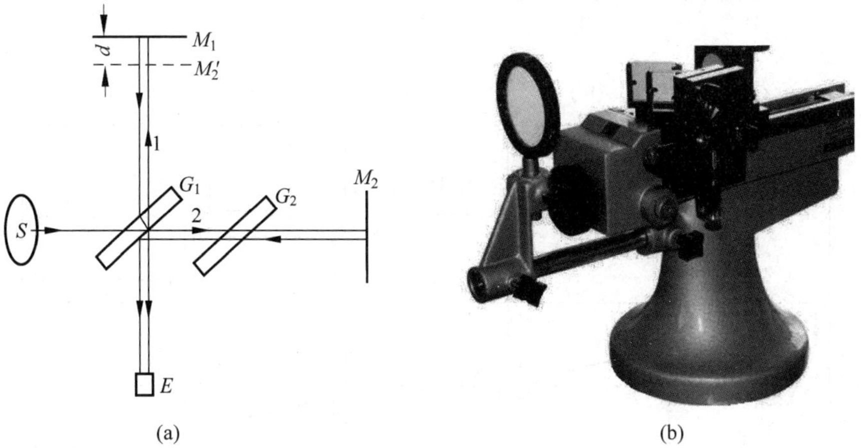

图 11.4.4　迈克耳孙干涉仪

如图 11.4.4(a)所示，迈克耳孙干涉仪由 L 型的两个臂组成，M_1 和 M_2 是两个精密磨光的平面反射镜，M_1 可由精密丝杠带动在导轨上沿一个臂的方向移动，M_2 固定不动。G_1 和 G_2 是两块完全相同的玻璃板，与 M_2 成 45°平行放置。G_1 叫分束板，其下表面镀一层很薄的银膜，以近似相同的强度反射和透射光。光源 S 发出的一束光进入分束板 G_1 后被分为反射光 1 和透射光 2，光线 1 被 M_1 反射原路返回并透过 G_1 后到达观测装置 E，光线 2 透过 G_2 被 M_2 反射后再透过 G_2，被 G_1 上的银膜反射到 E，这两束光到达 E 发生干涉。G_2 叫补偿板，用来补偿光程，让光线 2 和光线 1 一样，也通过玻璃板两次，以使两臂光程差与玻璃板中的光程无关。图中的 M_2' 是 M_2 对于 G_1 下表面银膜的虚像，它与 M_1 之间形成厚度为 d 的空气薄层。M_1 和 M_2 严格垂直时，E 处发生等倾干涉，不严格垂直时发生等厚干涉。

图 11.4.5 表示迈克耳孙干涉仪的各种干涉条纹和产生这些条纹时 M_1 与 M_2 的相应位置。图中(a)～(e)表示逐渐移动 M_1 时等倾圆环的变化，(a′)～(e′)为 M_1 与 M_2 的相应位置，若缩进中心或从中心冒出 N 个圆环，则 M_1 移动的距离为

$$\Delta d=N\frac{\lambda}{2}$$

这相当于用 $\lambda/2$ 作为“尺子”，测量的精度可想而知。

图 11.4.5 中(f)～(j)表示移动 M_1 时等厚条纹的变化，(f′)～(j′)为 M_1 与 M_2 的相应位置，其中图(h)为标准的等厚条纹，而图(g)和图(i)的条纹非直非圆，表示等倾和等厚干涉之间的过渡情形。这时，若移动 M_1 使等厚条纹移过 N 条，则 M_1 移动的距离为

$$\Delta d=N\frac{\lambda}{2}$$

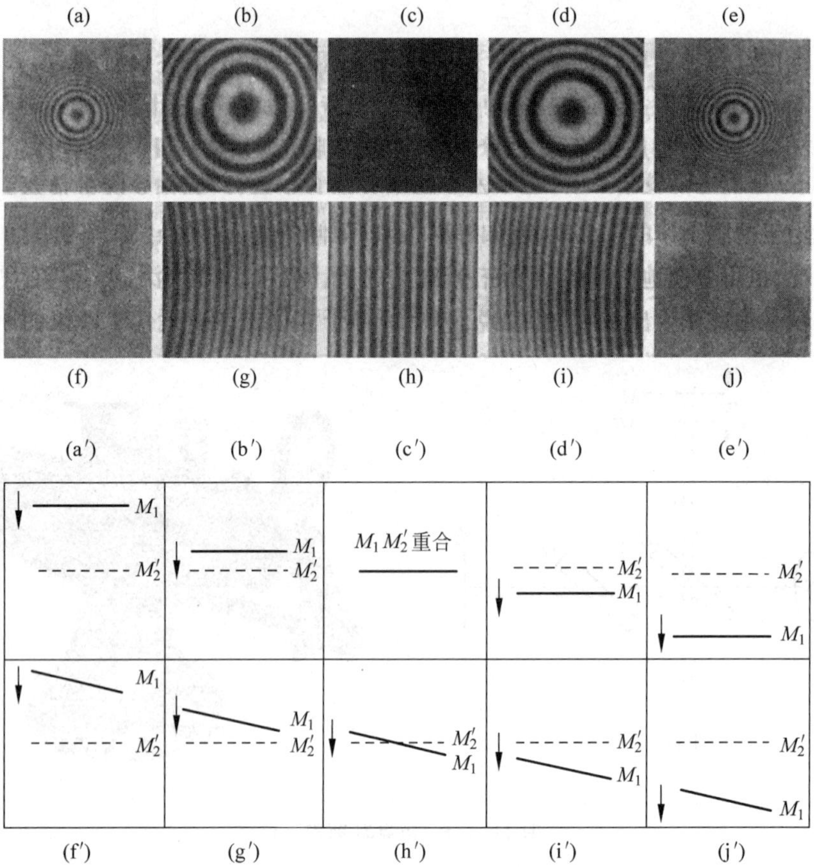

图 11.4.5 干涉条纹和 M_1 与 M_2'的相应位置

1881—1887 年期间,迈克耳孙和莫雷用迈克耳孙干涉仪测量光速,验证了在地面上沿不同方向的光速相等,否定了"以太"假说。迈克耳孙获得 1907 年诺贝尔物理学奖,以表彰他对光学精密仪器及用之于光谱学与计量学研究所作的贡献。

爱因斯坦曾对他赞誉道:"我总认为迈克耳孙是科学中的艺术家,他的最大乐趣似乎来自实验本身的优美和所使用方法的精湛,他从来不认为自己在科学上是个严格的'专家',事实上的确不是,但始终是个艺术家。"

引力波是时空弯曲中的涟漪,由于极其微小,实验上很难直接观测到。2016 年 2 月 11 日,LIGO 利用两个大型迈克耳孙激光干涉装置检测到引力波,验证了广义相对论的预言。图 11.4.6 是位于华盛顿州汉福德的引力波探测阵列的航拍照片,主体部分是臂长为 4000m 的激光迈克耳孙干涉仪。

图 11.4.6 引力波探测阵列的照片

11.5 多光束干涉 法布里-珀罗干涉仪

前面讲的杨氏双缝干涉、等倾干涉和等厚干涉都是双光束干涉，它们的干涉条纹较宽，很难测准条纹中心的坐标。若增加相干光束的数目，形成强度相等、各相邻光束光程差相等的相干多光束，就会使干涉条纹变得又细又锐，从而提高干涉计量的精度。

用分波前法（如光栅）和分振幅法（如法布里-珀罗干涉仪）都能获得这样的相干多光束，实现多光束干涉。我们先介绍法布里-珀罗干涉仪，在 11.8 节再讲光栅和光栅衍射。

11.5.1 多光束干涉

如图 11.5.1 所示，沿垂直于透镜 L 的主轴方向，有 N 个间距为 d 的相干点光源排列成直线，各自发出波长为 λ 的单色光，观察屏 H 置于透镜 L 的焦平面上，屏上 P 点对应的衍射角为 θ。

设这 N 个光源的初相相同，从光源到屏上 P 点任意两条相邻光束的光程差相等，等于 $d\sin\theta$，强度也相等，形成 N 条相干光束。只有当其中任何两束相邻光都干涉加强时，才能形成多光束干涉的主极大，因此这 N 条光束干涉主极大条纹中心在屏上的位置（用衍射角 θ 表示）为

$$d\sin\theta=k\lambda,\quad k=0,\pm1,\pm2,\cdots$$

主极大的位置只与入射光束的间距 d 和波长 λ 有关，而与光束的数目 N 无关。

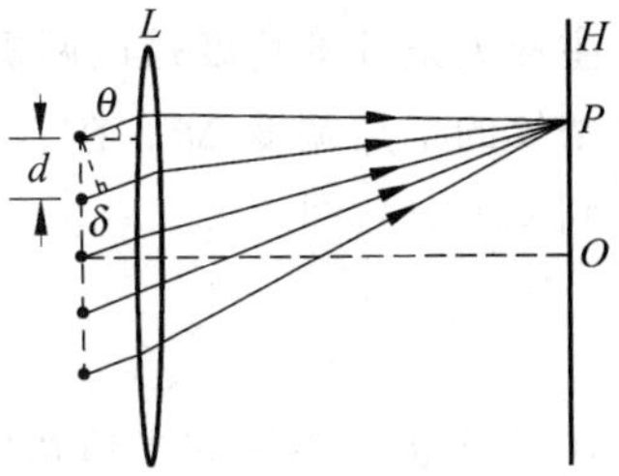

图 11.5.1 多光束干涉

图 11.5.2 中的曲线表示 $N=4$ 时的强度分布，与双光束干涉相比，主极大的位置不变，但条纹变得更细更锐。

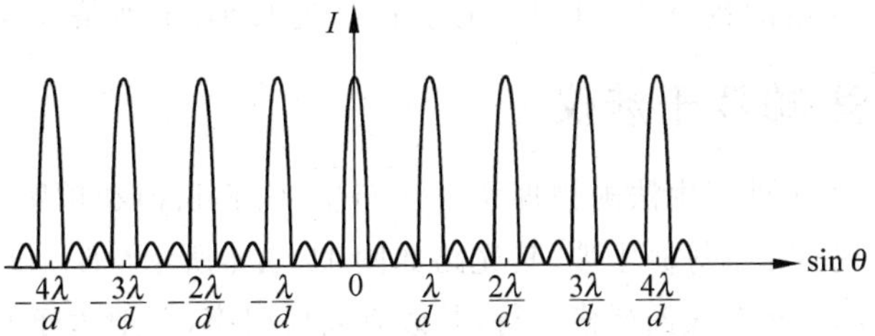

图 11.5.2 N=4 时的强度分布

图 11.5.3 是对 $N=4$ 时强度分布的解释。把 4 条相干光束在 P 点光振动的叠加看成是 4 个同频率、等振幅的振幅矢量的矢量和，用 A 代表每个振幅矢量的振幅。按旋转矢量图的规定，相邻两个振幅矢量的夹角 φ 等于相邻光束的相位差，即

$$\varphi=\frac{2\pi}{\lambda}d\sin\theta$$

当 $\varphi=0$ 和 $\varphi=2\pi$ 时，4 个振幅矢量的合振幅等于 $4A$，强度为 $16A^2$，分别对应 0 级和第 1 级主极大。在 0 和 2π 之间，当 φ 等于 $\pi/2$、π 和 $3\pi/2$ 时，这 4 个振幅矢量首尾相连构成封闭图形，合振幅等于 0，形成 3 个极小，而两个相邻极小之间必有一个次极大，因此在 0 级和

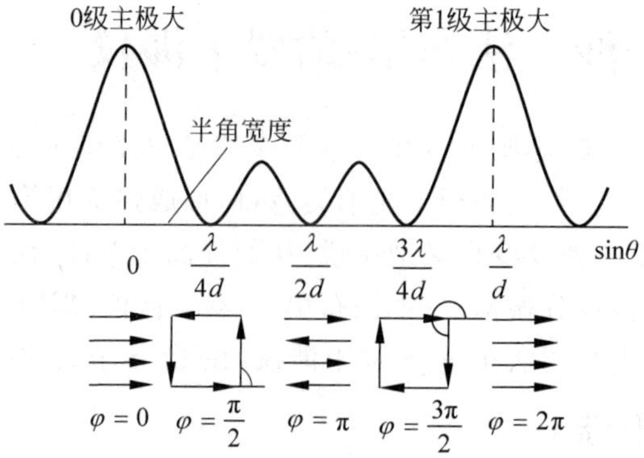

图 11.5.3 对 $N=4$ 时强度分布的解释

第1级主极大之间有3个极小和2个次极大。一般在 $N>2$ 的情况下,两相邻主极大之间有 $N-1$ 个极小和 $N-2$ 个次极大。

主极大条纹的宽度是以两侧的极小为界,其中心到一侧紧邻极小所张开的角度就是主极大条纹的半角宽度 $\Delta\theta$。在 $N=4$ 的情况下,从0级主极大中心到右侧紧邻极小,$\sin\theta$ 从0增大到 $\lambda/(4d)$,即

$$\Delta\sin\theta=\frac{\lambda}{4d}$$

因此,0级主极大条纹的半角宽度为

$$\Delta\theta=\frac{\lambda}{4d\cos\theta}$$

一般在 $N>2$ 的情况下,多光束干涉主极大条纹的半角宽度为

$$\Delta\theta=\frac{\lambda}{Nd\cos\theta}\tag{11.5.1}$$

可以看出,增加相干光束的数目 N,干涉主极大的宽度减小,干涉条纹变得更细更锐。

11.5.2 法布里-珀罗干涉仪

法布里-珀罗(F-P)干涉仪由法国物理学家法布里(C. Fabry)和珀罗(A. Perot)于1897年发明,用分振幅法实现多光束等倾干涉,其光路如图11.5.4所示。G_1 和 G_2 是两块置于空气中的平面玻璃板,它们的相对表面严格平行,并镀有高反射率(一般大于90%)的部分透射膜,膜表面与理想几何平面的偏差不超过1/100~1/20波长,两膜之间形成厚度为 d 的空气薄层。两板不镀膜的外侧表面稍有倾斜(约几分),以减小这两个表面反射光所产生的附加干涉效应。

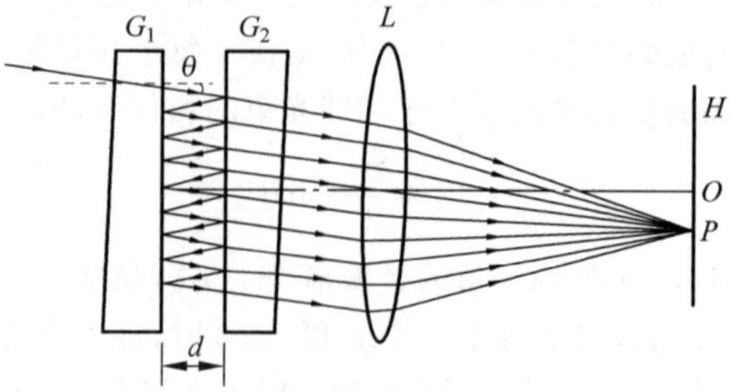

图 11.5.4 法布里-珀罗干涉仪

用波长为 λ 的单色光照射 F-P 干涉仪，入射光在两个高反射率的镀膜面之间反复反射，形成强度近似相等、各相邻光束光程差相等的多束透射光，实现空气薄层的多光束等倾干涉。类似于在 11.3.2 节推导式(11.3.2)的过程，可得折射角为 θ 的各相邻透射光束的光程差为 $\delta = 2d\cos\theta$，因此 F-P 干涉仪等倾干涉明环的位置为

$$2d\cos\theta = k\lambda, \quad k = 1,2,3,\cdots$$

干涉条纹的形状与双光束等倾条纹(如迈克耳孙干涉仪)一样，都是同心圆环，但条纹变得更加细锐，如图 11.5.5 所示。

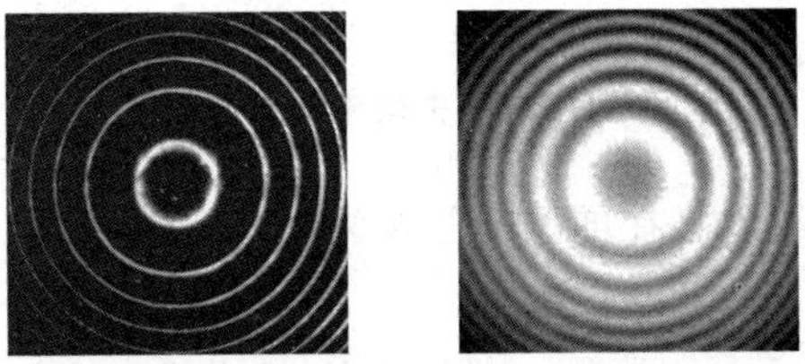

(a) F-P干涉仪　(b) 迈克耳孙干涉仪

图 11.5.5　两种等倾干涉条纹的比较

间距固定的 F-P 干涉仪叫作 F-P 标准具，可用于精密的长度测量，特别是分析光谱线的超精细结构。由于原子核磁矩的影响，有的光谱线分裂成几条十分接近(相差 10^{-3} nm 量级)的谱线，这称为光谱线的超精细结构。此外，有些激光器中的谐振腔采用 F-P 干涉仪的原理。

11.6　夫琅禾费单缝衍射和菲涅耳半波带法

按惠更斯原理可以确定衍射波的传播方向，但不能给出衍射波强度的分布，菲涅耳对此作了两点补充：(1)波面 S 上各面元 dS 可以看成子波波源，它们发射相干的球面子波；(2)观察屏上任一点 P 的光振动是 S 上所有 dS 发出的子波在 P 点的相干叠加，其数学表达式称为菲涅耳积分。经过菲涅耳补充后的惠更斯原理，称为惠更斯-菲涅耳原理。

干涉和衍射并无本质上的区别，分析干涉现象是把有限多(分立的)光束相干叠加，而衍射是指波面上无限多(连续的)子波波源发出光束的相干叠加(积分)。

11.6.1　夫琅禾费单缝衍射和衍射反比定律

1. 夫琅禾费单缝衍射

1821 年，德国物理学家夫琅禾费(J. von Fraunhofer)研究了一种单缝衍射，实验光路如图 11.6.1(a)所示，S 为一个宽度为 a 的窄缝，观察屏 H 置于透镜 L 的焦平面上。用波长为 λ 的单色平行光垂直照射窄缝 S，这相当于光源离缝 S 无穷远。AB 为被缝 S 截取的入射光的带状波面，上面各点发出的衍射角为 θ 的平行光经透镜 L 会聚到屏上 P 点相干叠加发生衍射。如果不用透镜观察，衍射条纹将定域在无穷远。这种"无穷远到无穷远"的衍射称为夫琅禾费衍射，或远场衍射。若光源离单缝有限远，或不用透镜且观察屏离单缝有限远的衍射，称为菲涅耳衍射，也叫近场衍射。下面提到的单缝衍射，均指夫琅禾费单缝衍射。图 11.6.1(b)中的曲线表示单缝衍射的强度分布，图(c)为衍射图样的照片。

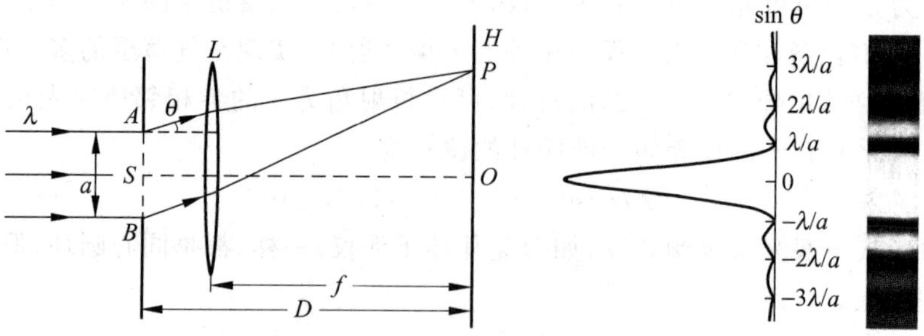

(a) (b) (c)

图 11.6.1 夫琅禾费单缝衍射

夫琅禾费单缝衍射条纹中心在屏上的位置为

中央明纹中心：$\theta=0$

暗纹中心：$a\sin\theta=\pm k\lambda,\quad k=1,2,3,\cdots$ (11.6.1)

次级明纹中心(近似)：$a\sin\theta=\pm(2k+1)\dfrac{\lambda}{2},\quad k=1,2,3,\cdots$

其中，$\theta=0$ 为中央明纹中心，是因为沿 $\theta=0$ 方向的平行光在屏上 O 点同相，相干叠加后振幅最大。衍射暗纹和次级明纹中心的位置可以用菲涅耳半波带法简单地得到。从能量分布上看，衍射光的绝大部分能量集中在中央明纹区域内。

可以看出，沿垂直于透镜主轴方向移动窄缝 S 时，只要通过 S 的光线满足透镜的傍轴近似条件，衍射图样在屏上的位置就完全不变，这一性质在讲光栅衍射时要用到。

由于暗纹和次级明纹的位置与波长有关，用白光照射单缝时，除中央明纹中心仍为白色外，屏上会出现彩色衍射条纹。

2. 衍射反比定律

如图 11.6.1(b)所示，衍射中央明纹的宽度是以第±1级暗纹为界，其中心到一侧暗纹所张开的角度，称为中央明纹的半角宽度，用 $\Delta\theta$ 表示。它表征衍射的弥散程度，$\Delta\theta$ 越大，衍射现象就越显著。因衍射角 θ 很小，按式(11.6.1)，中央明纹的半角宽度为

$$\Delta\theta=\frac{\lambda}{a}$$

上式称为衍射反比定律：衍射中央明纹的角宽度正比于波长 λ，反比于缝宽 a。对于确定波长的入射光来说，缝越窄，衍射现象就越显著。

按衍射反比定律，当波长 λ 远小于缝宽 a，即 $\lambda\ll a$ 时，衍射中央明纹的半角宽度 $\Delta\theta\to 0$，各级衍射条纹向中央密集靠拢，只显示出一条明纹，实际上就是单缝经透镜所形成的几何光学的像，这时光沿直线传播，可见几何光学是 $\lambda\ll a$ 时波动光学的极限。

衍射反比定律也适用于波粒二象性。若粒子的德布罗意波长 λ 远小于粒子运动的空间尺度 a，则不必考虑波动性，可用牛顿力学表达粒子的运动。薛定谔当年就是通过对比牛顿力学和几何光学，对应波动光学提出的表达微观粒子波动性的薛定谔方程。

11.6.2 菲涅耳半波带法

1818年菲涅耳提出一种波带作图法，对波面进行有限分割就能简单地得到衍射暗纹的

准确位置和次级明纹的近似位置。

如图 11.6.2(a)所示，AB 为被缝截取的入射光的带状波面，从 A 点作 B 点发出的衍射光的垂线，垂足为 C，则从 A、B 两点到屏上 P 点的光程差为

$$BC = a\sin\theta$$

用长度 $\lambda/2$ 来分割 BC 可得到一系列割点，过各割点作 BC 的垂面，这些垂面把波面 AB 分割成一些条形带，这些条形带叫作半波带。图 11.6.2(a)和(b)分别表示波面 AB 恰好被分割成 2 条和 3 条半波带的情况。

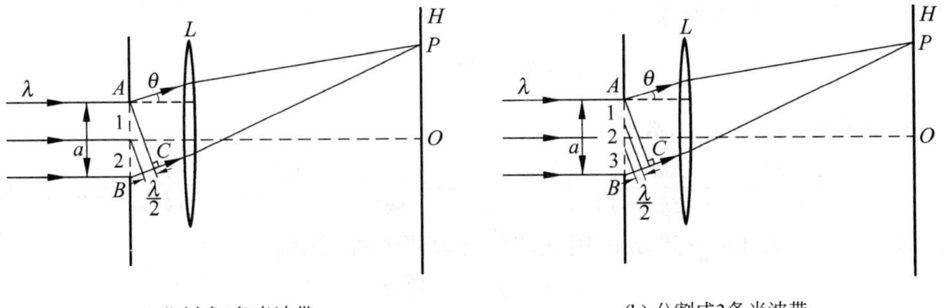

(a) 分割成2条半波带　(b) 分割成3条半波带

图 11.6.2　菲涅耳半波带法

从半波带的分割方法可以看出，从两个相邻半波带上对应点发出的两束光，到 P 点的光程差为 $\lambda/2$，相位差为 π，因此反相相消。若 BC 等于 $\lambda/2$ 的偶数倍，即

$$a\sin\theta = \pm k\lambda,\quad k = 1,2,3,\cdots$$

则波面 AB 可被分割成偶数个半波带，两两相消后 P 点为暗纹中心。

若 BC 等于 $\lambda/2$ 的奇数倍，即

$$a\sin\theta = \pm(2k+1)\frac{\lambda}{2},\quad k = 1,2,3,\cdots$$

则波面 AB 可被分割成奇数个半波带，两两相消后还剩下一个半波带，而同一半波带内任意两点发出的光在 P 点的相位差都小于 π，它们不可能相消，P 点近似为次级明纹中心。若 BC 不等于 $\lambda/2$ 的整数倍，P 点的亮度介于暗纹和次级明纹之间，但我们不关心这些点的位置。

为得到次级明纹的准确位置，把波面 AB 分割成 N 条(N 很大)等宽的条形波带，它们在 P 点光振动的叠加可以看成是 N 个同频率、等振幅的振幅矢量的矢量和，计算表明，次级明纹的准确位置为

$$a\sin\theta = \pm 1.43\lambda,\ \pm 2.46\lambda,\ \pm 3.47\lambda,\cdots$$

而半波带法的近似结果为

$$a\sin\theta = \pm 1.5\lambda,\ \pm 2.5\lambda,\ \pm 3.5\lambda,\cdots$$

例 11.6.1　如图 11.6.3 所示，在单缝衍射实验中，缝宽为 $a=6.0\times10^{-4}\,\mathrm{m}$，透镜焦距为 $f=0.40\mathrm{m}$，屏上坐标为 $x=1.4\times10^{-3}\,\mathrm{m}$ 的 P 点为一次级明纹中心，入射光的波长范围为 400～760nm。求：(1)入射光的波长；(2)P 点明纹的级次；(3)对 P 点来说，缝所截取的波面分成半波带的个数。

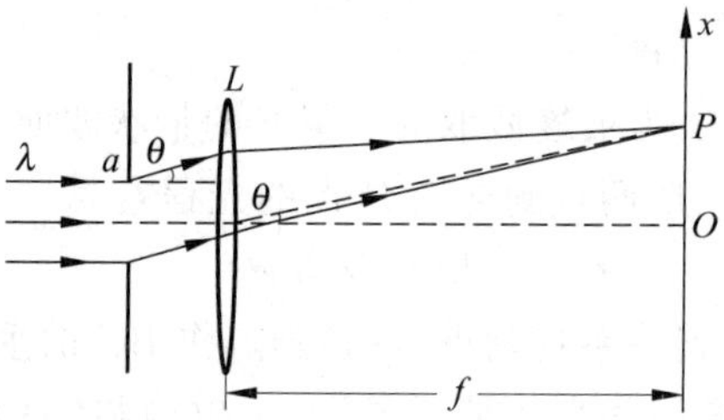

图 11.6.3 例 11.6.1 图

解 (1) P 点为次级明纹中心的条件是

$$a\sin\theta=(2k+1)\frac{\lambda}{2}$$

因 θ 很小，$\sin\theta\approx\tan\theta=x/f$，故

$$\lambda=\frac{2a\sin\theta}{2k+1}=\frac{2ax}{f(2k+1)}=\frac{2\times6\times10^{-4}\times1.4\times10^{-3}}{0.4\times(2k+1)}\mathrm{nm}=\frac{4200}{2k+1}\mathrm{nm}$$

入射光的波长范围为 400～760nm，因此波长可取两个值，分别为

$$k=3,\lambda_1=600\mathrm{nm}$$

$$k=4,\lambda_2=467\mathrm{nm}$$

(2) 波长为 600nm 时，P 点为第 3 级明纹中心；波长为 467nm 时，P 点为第 4 级明纹中心。

(3) 按 $a\sin\theta=(2k+1)\lambda/2$，对于 $k=3$，缝所截取的波面可分成 $2k+1=7$ 个半波带；对于 $k=4$，可分成 $2k+1=9$ 个半波带。

例 11.6.2 如图 11.6.4 所示，在与公路距离为 $h=15\mathrm{m}$ 处有一雷达测速仪，雷达天线的宽度为 $a=0.20\mathrm{m}$，雷达波束的波长为 $\lambda=30\mathrm{mm}$，与公路成 15°角。求雷达可监视的公路长度 L。

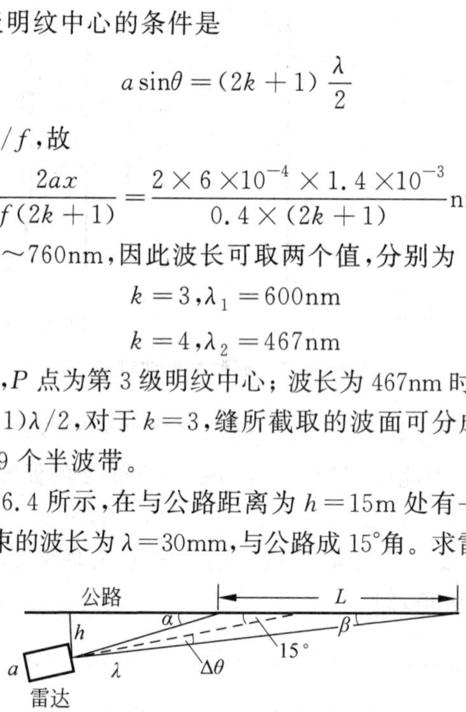

图 11.6.4 例 11.6.2 图

解 雷达波束可看成雷达波单缝衍射的中央明纹，其半角宽度为

$$\Delta\theta=\frac{\lambda}{a}=\frac{30\times10^{-3}}{0.2}\times\frac{180^\circ}{\pi}=8.59^\circ$$

如图 11.6.4 所示，可得

$$\alpha=15^\circ+\Delta\theta=15^\circ+8.59^\circ=23.59^\circ,\quad \beta=15^\circ-\Delta\theta=15^\circ-8.59^\circ=6.41^\circ$$

因此雷达可监视的公路长度为

$$L=h(\cot\beta-\cot\alpha)=15\times(\cot6.41^\circ-\cot23.59^\circ)\mathrm{m}=99\mathrm{m}$$

*11.6.3 细丝衍射 巴比涅原理

在图 11.6.1(a)所示单缝衍射实验中，把宽度为 a 的单缝换成直径为 a 的细丝，得到的细丝衍射条纹与单缝衍射条纹完全相同，因此用波长为 λ 的激光照射细丝，按衍射反比定律 $\Delta\theta=\lambda/a$，就可以通过测量中央明纹的半角宽度 $\Delta\theta$，得到细丝的直径 a。由于不接触细丝，可实现对拉丝工艺的动态监测。

如何解释上述实验现象？不透明屏上宽度为 a 的单缝和直径为 a 的细丝构成一对互

补屏，即其中一个屏的不透光部分正好对应另一个屏的透光部分。用 $\widetilde{U}_1(P)$ 和 $\widetilde{U}_2(P)$ 分别代表单缝衍射和细丝衍射在观察屏上 P 点产生的复振幅，而用 $\widetilde{U}(P)$ 代表单缝屏和细丝都不存在时，光波自由传播到 P 点的复振幅，由屏的互补性质可知

$$\widetilde{U}_1(P)e^{-i\omega t}+\widetilde{U}_2(P)e^{-i\omega t}=\widetilde{U}(P)e^{-i\omega t}$$

即

$$\widetilde{U}_1(P)+\widetilde{U}_2(P)=\widetilde{U}(P) \tag{11.6.2}$$

这表明：在衍射场中互补屏产生的复振幅之和等于自由波场的复振幅。这一结论称为巴比涅原理或互补屏原理，是由法国物理学家巴比涅(J. Babinet)于 1827 年提出的，可以用惠更斯-菲涅耳原理导出。

在图 11.6.1(a)中，去掉单缝屏，用单色平行光直接照射透镜，观察屏上除屏上 O 点之外其他点的复振幅 $\widetilde{U}(P)=0$，按式(11.6.2)，除 O 点之外，有

$$\widetilde{U}_1(P)=-\widetilde{U}_2(P)$$

两边取模方，得

$$I_1(P)=I_2(P)$$

这说明，除 O 点之外，细丝和与之互补的单缝衍射条纹的强度分布完全相同。

应该指出，式(11.6.2)给出的是复振幅关系而不是光强关系，其中相位差要起作用，不能认为一个屏的衍射强度在某处是亮的，互补屏的衍射强度在该处就是暗的。

11.7 夫琅禾费圆孔衍射和成像光学仪器的分辨本领

11.7.1 夫琅禾费圆孔衍射

在成像光学仪器中，透镜和光阑(如照相机的光圈)的边缘通常都是圆形的，它们限制了入射光的波面，不可避免地会发生圆孔衍射。即使是一个无限小的发光点通过透镜成像时都会形成一个弥散的衍射图样，尽管是一个没有任何像差的理想成像系统，其分辨本领也要受到衍射的影响。

把单缝衍射实验中的窄缝，换成直径为 D 的小圆孔，然后用波长为 λ 的单色平行光垂直照射，就能观察到图 11.7.1(a)所示夫琅禾费圆孔衍射图样，其中心附近是一个亮斑，叫作艾里(Airy)斑，它的边缘是圆孔衍射的第 1 级暗纹，周围还有一些明暗相间的圆环。计算表明，艾里斑集中了 84%的衍射光能量。艾里斑的概念是由英国物理学家艾里(G. B. Airy)于 1835 年提出的。

用菲涅耳半波带法可以简单地得到单缝衍射暗纹的位置，但用来处理圆孔衍射时所作的圆环形半波带不等宽，使问题变得很复杂，这里就不介绍了。圆孔衍射的强度分布，称为光学系统的点扩散函数，通常用菲涅耳积分来计算，结果如图 11.7.1(b)中的曲线所示。

可以看出，第 1 级暗纹中心，即艾里斑边缘的位置为 $\sin\theta_0=\pm1.22\lambda/D$。角度 θ_0 是艾里斑的半径对圆孔(透镜)中心的张角，称为艾里斑的角半径，也叫透镜的最小分辨角，因 θ_0 很小，故

$$\theta_0=\frac{1.22\lambda}{D}$$

式中，λ 为入射光的波长，D 为圆孔的直径。

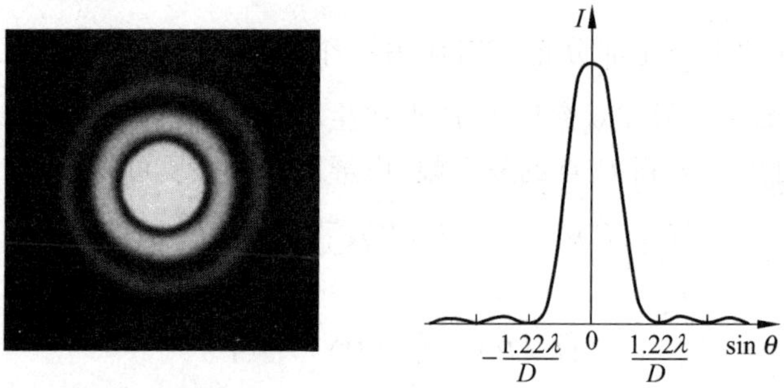

(a) (b)

图 11.7.1 夫琅禾费圆孔衍射

从物理上看,圆孔是一种二维衍射,因此衍射效果比单缝衍射($\Delta\theta=\lambda/a$)更显著。

11.7.2 成像光学仪器的分辨本领

由于衍射,一个物点(发光点)经透镜所成的像不是几何点,而是一个艾里斑。虽然光学仪器可以放大像点之间的距离,但同时也放大了物点的艾里斑,原来不能分辨的细节,放大了也不能分辨,要改善光学仪器分辨细节的能力应提高仪器的分辨本领。

通常用透镜的分辨率来表达成像光学仪器的分辨本领。图 11.7.2 表示两个不相干的等光强的物点 S_1 和 S_2 在透镜 L 的焦平面上的成像情形,θ 代表 S_1 和 S_2 对透镜中心的张角,θ_0 为艾里斑的角半径。

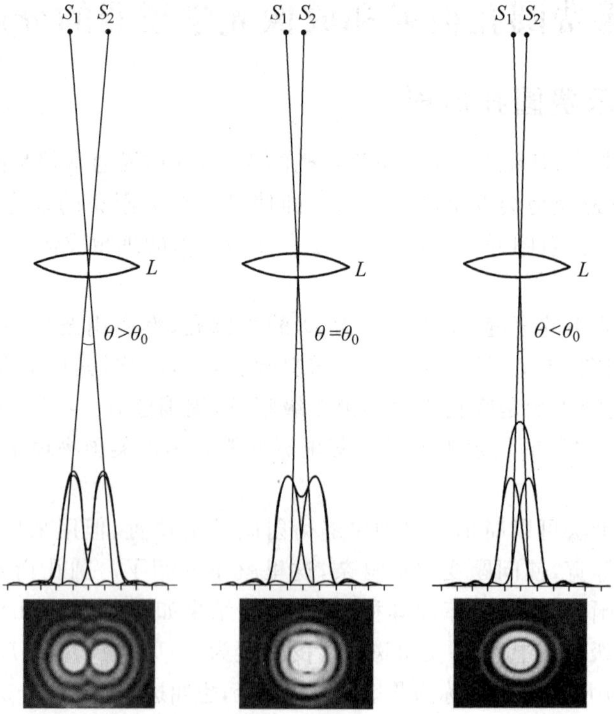

(a) (b) (c)

图 11.7.2 透镜的分辨本领

在图 11.7.2(a)中，S_1 和 S_2 离得较远($\theta>\theta_0$)，形成的两个艾里斑几乎不重叠，因此 S_1 和 S_2 的像很容易被区分开。若 S_1 和 S_2 靠得很近($\theta<\theta_0$)，如图 11.7.2(c)所示，两艾里斑非相干叠加，重叠得很厉害就不能被区分开了。

英国物理学家瑞利(L. Rayleigh)给出一条判据：当一个艾里斑的中心正好与另一个艾里斑的边缘(第 1 级暗纹)重合时，这两个艾里斑刚好能被区分开。这称为瑞利判据，它是一条经验判据。图 11.7.2(b)表示的就是满足瑞利判据的情形，这时 $\theta=\theta_0$，非相干叠加的结果使得两个艾里斑中间的强度等于最大光强的 80%，对于大多数人来说恰好能分辨，因此把艾里斑的角半径 $\theta_0=1.22\lambda/D$ 称为透镜的最小分辨角，并将它的倒数定义为透镜的分辨本领 R，即

$$R=\frac{1}{\theta_0}=\frac{D}{1.22\lambda}$$

增大透镜的直径 D 和减小入射光的波长 λ，可以提高成像光学仪器的分辨本领。

在天文望远镜物镜焦平面上得到的遥远星体的像实际上并不是一个亮点，而是艾里斑，但通常 $D\gg\lambda$，艾里斑的角半径很小，并且周围的次极大非常弱，因此可以忽略衍射效应，把星体的像看成是亮点。

电子具有波动性，其波长 λ 很短(10^{-10} m 量级)，利用电子束的波动性来成像的电子显微镜具有很高的分辨本领，可观察物质的结构。1955 年美国细胞生物学家帕拉德(G. E. Palade)利用电子显微镜发现了核糖体(ribosome)，核糖体是细胞内蛋白质合成的分子机器，它的发现对人类认识细胞功能迈出了重大的一步。然而电镜对样品制备过程的要求，如切片、脱水和固定等，均会破坏细胞的活性甚至改变细胞原有的结构。

近年来发展的超分辨显微成像技术(2014 年诺贝尔化学奖)突破了光学衍射极限(瑞利判据)，显著提高了显微镜的分辨率，为生命科学研究提供了一个强大工具，其技术原理主要基于点扩散函数调制和随机单分子定位。点扩散函数调制的基本思想是“擦除”艾里斑的外围，减小艾里斑。随机单分子定位的基本思想是不让图像上两个靠得很近的点同时亮起来，一次只显示几个分子，但通过数千张图片对数十万个分子的定位，就能得到一张高分辨率的图像。

例 11.7.1　在明亮情况下，人眼瞳孔的直径约为 2mm，求人眼对波长为 550nm 的黄绿光的最小分辨角。若物体与人眼的距离为 0.3m，求人眼能分辨的物体上的最小距离。

解　把人眼当作一个透镜，人眼瞳孔的最小分辨角就是艾里斑的角半径，即

$$\theta_0=\frac{1.22\lambda}{D}=\frac{1.22\times550\times10^{-9}}{2\times10^{-3}}\text{rad}=3.4\times10^{-4}\text{rad}$$

人眼能分辨的物体上的最小距离为

$$l=0.3\times3.4\times10^{-4}\text{m}=0.1\times10^{-3}\text{m}=0.1\text{mm}$$

例 11.7.2　一雷达的圆形发射天线的直径为 0.5m，发射的雷达波的频率为 300GHz。求雷达波束的角半径。

解　雷达波束的角半径就是艾里斑的角半径，即

$$\theta_0=\frac{1.22\lambda}{D}=\frac{1.22c/\nu}{D}=\frac{1.22\times3\times10^{8}}{0.5\times300\times10^{9}}\times\frac{180}{\pi}=0.14^{\circ}$$

11.8 光栅和光栅衍射

光栅是一种具有周期性结构的光学器件，它能等宽、等距地分割入射光的波前，获得相干多光束，实现多光束干涉。不同于法布里-珀罗干涉仪，光通过光栅后的多光束干涉还要受到夫琅禾费单缝衍射的调制，因此称为光栅衍射。

11.8.1 光栅

光栅分为两类：透射光栅和反射光栅。图11.8.1(a)表示透射光栅，它是在玻璃片上刻出许多条等宽、等距的平行刻痕，刻痕不透光，其宽度为 b；刻痕间透光，其宽度为 a，相当于一个透光的窄缝，两缝中心的距离为 $d=a+b$，称为光栅常数，$a<d$。

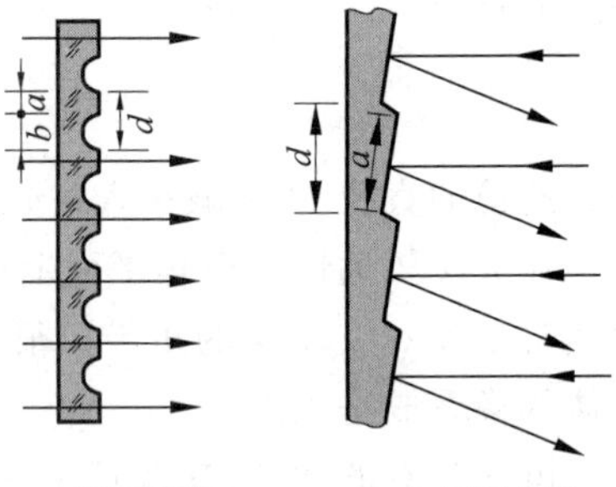

图 11.8.1 光栅

常用的是图11.8.1(b)表示的反射光栅，它在高反射率金属板上刻出许多平行锯齿形槽，以每个槽面的反射光来代替透射光栅各缝的透射光。刻痕密度随使用的光谱范围而定，普通光学光栅为600～1200线/mm，因此 d 为微米(μm，10^3 nm)量级。

从广义上理解，任何具有空间周期性的衍射屏，如晶体，都可叫作光栅。晶体是原子排列具有周期性的空间点阵结构的固体。下面以透射光栅为例介绍光栅衍射。

11.8.2 光栅衍射

图11.8.2为光栅衍射的光路图。用波长为 λ 的单色光垂直照射光栅，入射光的波前被光栅的 N 个宽度为 a、间距为 d 的透光缝分割，形成 N 条相干光束，从光栅的透光缝到屏上 P 点任意两条相邻光束的光程差相等，等于 $d\sin\theta$，强度也相等，因此这 N 条光束干涉主极大条纹中心在屏上的位置(用衍射角 θ 表示)为

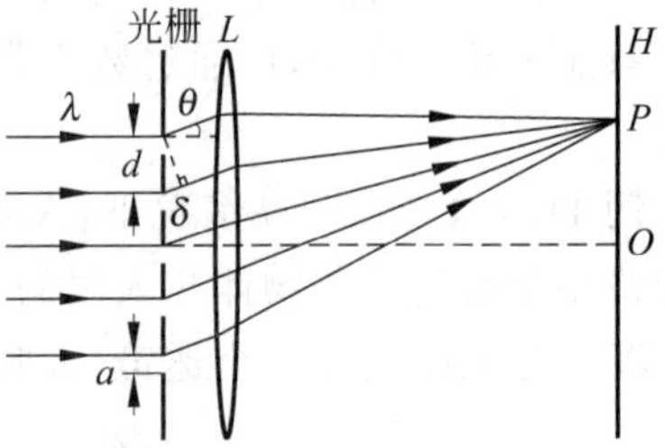

图 11.8.2 光栅衍射

$$d\sin\theta=k\lambda,\quad k=0,\pm1,\pm2,\cdots \tag{11.8.1}$$

上式称为正入射光栅方程，其中 k 为主极大的级次。若不考虑单缝衍射对强度的影响，多光束干涉的强度分布如图11.8.3(a)中曲线所示。

可以看出：光栅衍射主极大的位置只与光栅常数 d 和入射光的波长 λ 有关，而与光栅的缝数 N 无关，屏上光程差相等点的轨迹是一系列平行直线；正入射时0级主极大处于屏的中央，其他主极大在0级主极大两侧对称分布。此外，光栅常数 d 不能比波长 λ 大得太多，否则条纹间距过小以致不能分辨。

光通过光栅的每个缝都要发生夫琅禾费单缝衍射，强度分布如图11.8.3(b)中曲线所示。当 N 个缝轮流打开时，屏上的单缝衍射图样在空间位置上完全重合。把 N 个缝全部打开，多光束干涉受到单缝衍射的调制，屏上的强度等于多光束干涉强度与单缝衍射强度的

乘积，如图 11.8.3(c)所示。由于 $a<d$，在单缝衍射中央明纹的范围内包括许多干涉主极大，形成光栅衍射光谱。

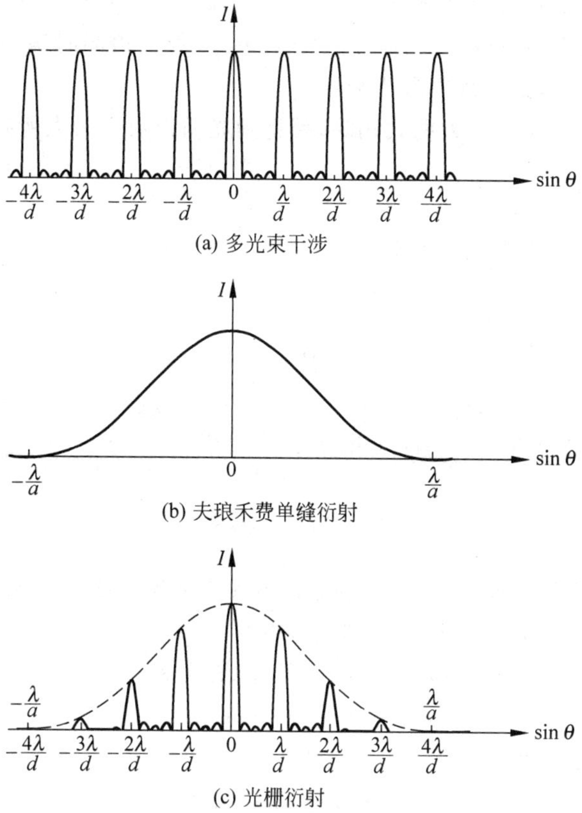

图 11.8.3　光栅衍射的强度分布

光栅是一种分光器件。光栅衍射的主极大条纹称为光谱线，按光栅方程(11.8.1)，用复色光照射光栅，在屏上除 0 级光谱线之外，其他级光谱线按不同波长(颜色)散开，形成光栅光谱，据此可制成光栅光谱仪，通过对样品光谱的分析来了解物质的结构。

按 11.5.1 节给出的多光束干涉主极大条纹的半角宽度公式(11.5.1)，光栅光谱线的半角宽度为

$$\Delta\theta=\frac{\lambda}{Nd\cos\theta} \tag{11.8.2}$$

这表明：增加光栅的缝数 N，主极大的位置不变，但谱线宽度减小，变得更细更锐。图 11.8.4 表示 $N=5$ 和 $N=20$ 时的情况。

(a) N=5　　(b) N=20

图 11.8.4　光谱线宽度与缝数的关系

11.8.3 缺级现象

光栅衍射主极大的位置由光栅方程 $d\sin\theta=k\lambda(k=0,\pm1,\pm2,\cdots)$ 决定，而单缝衍射强度为0的条件为 $a\sin\theta=k'\lambda(k'=\pm1,\pm2,\pm3,\cdots)$。若 θ 角同时满足这两个方程，则相应级次的衍射主极大消失，这一现象称为缺级。

把 $d\sin\theta=k\lambda$ 和 $a\sin\theta=k'\lambda$ 两式相除，就得到光栅衍射主极大所缺的级次为

$$k=\frac{d}{a}k',\quad k'=\pm1,\pm2,\pm3,\cdots$$

图 11.8.5 表示 $d/a=3$ 的情况，所缺级次为 $k=\pm3,\pm6,\pm9,\cdots$。

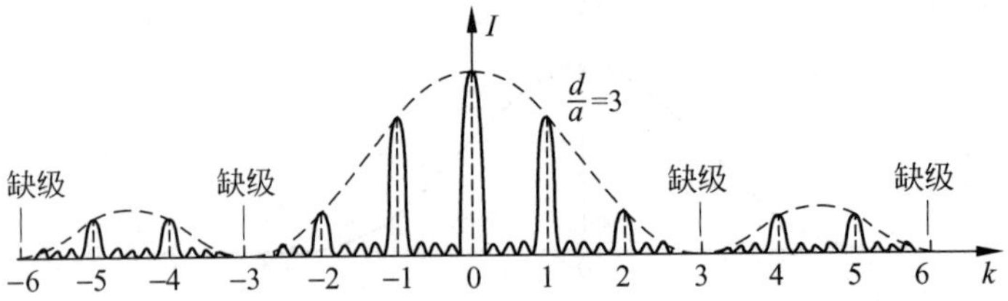

例 11.8.5 缺级现象

例 11.8.1 用单色光垂直照射一光栅，共出现7条光谱线。若光栅的缝宽等于不透光部分的宽度，则这7条光谱线的级次分别为多少？

解 因 $d=a+b$，而 $b=a$，故 $d/a=2$，所缺的级次为

$$\pm2,\pm4,\pm6,\cdots$$

出现的7条光谱线的级次为

$$k=0,\pm1,\pm3,\pm5$$

11.8.4 光栅的色分辨本领

光栅的色分辨本领是指分辨两条光谱线的最小波长差的能力，定义为

$$R=\frac{\lambda}{\delta\lambda}$$

其中，$\delta\lambda$ 为能被分辨的最小波长差，λ 为平均波长。如图 11.8.6 所示，用 $\delta\theta$ 代表波长为 λ 和 $\lambda'=\lambda+\delta\lambda$ 的两条光谱线中心的角间隔，$\Delta\theta$ 代表谱线的半角宽度。按光栅方程 $d\sin\theta=k\lambda$，可得

$$\delta\lambda=\frac{d\cos\theta\delta\theta}{k}\tag{11.8.3}$$

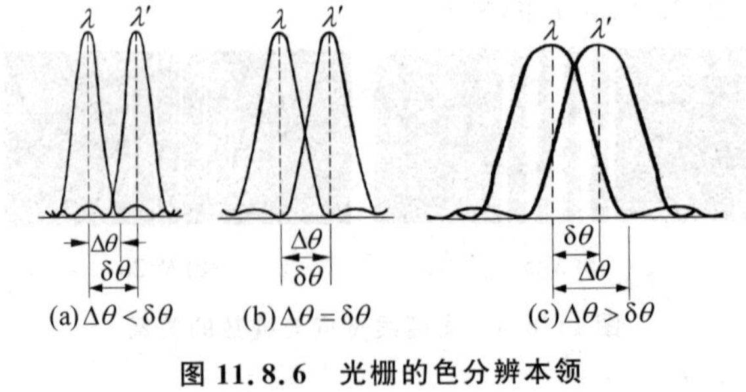

图 11.8.6 光栅的色分辨本领

在图 11.8.6(a)、(b)和(c)所表示的三种情况下，虽然 λ 和 λ' 的角间隔 $\delta\theta$ 相同，但谱线的半角宽度 $\Delta\theta$ 不同，因而能被分辨的程度就不同。在图(a)中，$\Delta\theta<\delta\theta$，这时两条谱线几乎不重叠，因此很容易被分辨。若 $\Delta\theta>\delta\theta$，如图(c)所示，两条谱线重叠得很厉害，因此不能被分辨。图(b)表示满足瑞利判据的情形：$\Delta\theta=\delta\theta$，一条谱线的中心正好与另一条谱线的边缘(暗纹)重合，这两条谱线刚好能被分辨。

按式(11.8.3)，在满足瑞利判据($\Delta\theta=\delta\theta$)的情况下，能被分辨的最小波长差为

$$\delta\lambda=\frac{d\cos\theta\delta\theta}{k}=\frac{d\cos\theta\Delta\theta}{k}$$

再用谱线半角宽度公式(11.8.2)，可得

$$\delta\lambda=\frac{d\cos\theta}{k}\frac{\lambda}{Nd\cos\theta}=\frac{\lambda}{Nk}$$

因此，光栅的色分辨本领为

$$R=\frac{\lambda}{\delta\lambda}=Nk$$

这表明：光栅的色分辨本领正比于光栅的总缝数(刻痕总数)N 和谱线的级数 k，与光栅常数 d 无关。

例 11.8.2　钠灯发出的光由 589.0nm 和 589.6nm 两个波长的光(称为钠光双线)组成，用它垂直照射一光栅，要求第 3 级谱线刚好能分辨钠光双线，光栅的总缝数至少是多少？

解　钠光双线的波长差为 $\delta\lambda=0.6\text{nm}$，平均波长为 $\lambda=589.3\text{nm}$，第 3 级谱线能分辨钠光双线要求色分辨本领为

$$R=\frac{\lambda}{\delta\lambda}=\frac{589.3}{0.6}=982.2=3\text{N}$$

因此光栅的总缝数至少是 328。

11.8.5　斜入射光栅和相控阵雷达

1. 斜入射光栅

如图 11.8.7 所示，用波长为 λ 的单色光以入射角 i 斜照射光栅时，两条相邻光束到 P 点的光程差为

$$\delta=CD-AB=d(\sin\theta-\sin i)$$

因此

$$d(\sin\theta-\sin i)=k\lambda,\quad k=0,\pm1,\pm2,\cdots \tag{11.8.4}$$

上式称为斜入射光栅方程。衍射角 θ 和入射角 i 的正负号规定为：从光栅平面的法线算起，逆时针转向光线时的夹角取正值，顺时针转向光线时取负值。图 11.8.7 中的角度 θ 和 i 都取正值。

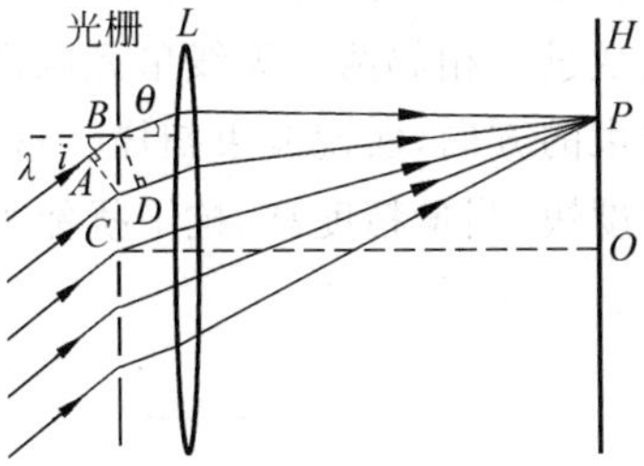

图 11.8.7　斜入射光栅

不同于正入射的情况，斜入射时 0 级主极大不再处于屏的中央，而是移到 $\theta=i$ 的位置，其他主极大也不再两侧对称分布，因而可以看到更高级次的谱线。

例 11.8.3　用波长为 $\lambda=656.30\text{nm}$，波长差为 $\delta\lambda=0.18\text{nm}$ 的红光双线垂直照射 $N=300$，

$d=6\mu m$ 的光栅,红光双线能被该光栅分辨吗?改为斜入射,入射角至少需要多大才能分辨?

解 能分辨红光双线要求色分辨本领为

$$R=\frac{\lambda}{\delta\lambda}=\frac{656.30\times10^{-9}}{0.18\times10^{-9}}=3646=kN=300k$$

谱线的级次为

$$k=\frac{R}{N}=\frac{3646}{300}=12.16$$

至少到第13级才能分辨。但垂直入射时最大级次为

$$k=\frac{d\sin90^\circ}{\lambda}=\frac{6\times10^{-6}}{656.30\times10^{-9}}=9.14$$

因此垂直入射不能被分辨。

改为斜入射,设 $i>0$,最大级次发生在 $\theta=-90^\circ$ 方向,要求

$$\frac{d(\sin90^\circ+\sin i)}{\lambda}>13$$

$$\sin i>\frac{13\lambda}{d}-1=\frac{13\times656.30\times10^{-9}}{6\times10^{-6}}-1=0.4220$$

可得 $i>24.96^\circ$,因此改为斜入射,入射角至少需要 25°。

*2. 相控阵雷达

按斜入射光栅方程(11.8.4),对于确定的级次 k,斜入射光栅衍射光的衍射角 θ 随入射角 i 而变化。设 $k=0$,则有 $\sin\theta=\sin i$,而相邻两束入射光到达光栅之前的相位差为 $\Delta\varphi=2\pi d\sin i/\lambda$,所以对0级衍射光,有

$$\sin\theta=\frac{\lambda}{2\pi d}\Delta\varphi \tag{11.8.5}$$

改变相邻两束入射光的相位差 $\Delta\varphi$,就可以改变0级衍射光的方向,这就为雷达提供了一种新的波束扫描方式。

图11.8.8表示一维阵列相控阵雷达的波束扫描方式。相控阵雷达的全称是相位控制电子扫描阵列雷达(PAR,phased array radar)。如图11.8.8所示,用移相器中的电子电路来改变进入相邻两个天线单元的微波波束的相位差 $\Delta\varphi$,按式(11.8.5),就可以改变衍射雷达波束的方向,实现波束扫描。这就从根本上解决了机械扫描雷达存在的各种问题,具有反应速度快、测量精度高、抗干扰能力强、可以对不同方位多目标进行连续同时跟踪等特点,在

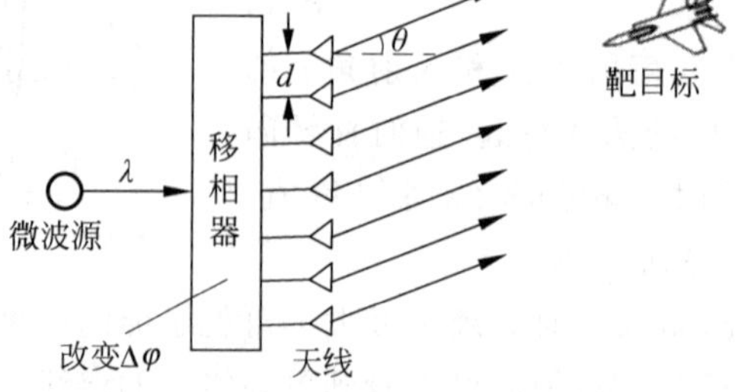

图11.8.8 一维阵列相控阵雷达

通信和军事上有很大的实用价值。

图 11.8.9 和 11.8.10 分别是国产 JY-26 相控阵雷达和空警-500 预警机的照片，预警机背上的圆盘是相控阵雷达的天线。

图 11.8.9　国产 JY-26 相控阵雷达

图 11.8.10　空警-500 预警机

11.8.6　晶体对 X 射线的衍射

1895 年，德国物理学家伦琴(W. K. Roentgen)发现了具有很高穿透本领的 X 射线，但当时用光学光栅没有观察到 X 射线的衍射现象，这是因为 X 射线的波长很短(10^{-3}～1nm 量级)，而普通光学光栅的光栅常数为微米(10^3nm)量级，光栅常数远大于 X 射线的波长。

1912 年，德国物理学家劳厄(M. von Laue)利用晶体实现了对 X 射线的衍射，验证了 X 射线的波动性，同时也证实了晶体中的原子排列具有周期性的空间点阵结构。晶体中相邻晶面之间的距离称为晶格常数，通常为 0.1nm 量级，恰好适合 X 射线的衍射。

观察晶体对 X 射线的衍射通常有两种方法：劳厄法和德拜法。劳厄法用波长连续分布的 X 射线照射单晶，在底片上记录的是一些亮斑，称为劳厄相，如图 11.8.11(a)所示。德拜法用单一波长的 X 射线照射多晶或旋转的单晶，在底片上记录的是一些衍射圆环，称为德拜相，如图 11.8.11(b)所示。

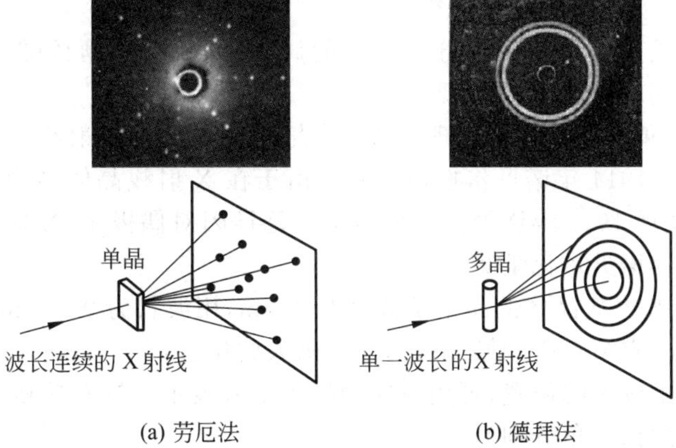

图 11.8.11　劳厄法和德拜法

晶体的点阵结构是三维的，分析它对 X 射线的衍射十分复杂。1913 年，英国物理学家布拉格父子(W. H. Bragg 和 W. L. Bragg)提出一种比较简明的分析晶体衍射的方法。

图 11.8.12 表示 NaCl 晶体的截面,其中“○”代表氯原子,“•”代表钠原子。在晶体内部有各种不同方位的晶面,如 aa,bb,cc,…。与某一晶面平行的各个晶面构成一个晶面组,如 aa,a_1a_1,a_2a_2,…,就是一个晶面组。

图 11.8.13 代表一个晶面组,晶体中的各种原子都用“•”表示,d 为晶格常数。设 X 射线沿与晶面成 φ 角(称为掠射角)的方向照射到这一组晶面上,入射的 X 光激励晶面上的每一个原子,使其成为一个个的子波源,它们向各个方向发射相干子波而成为衍射中心。在同一层晶面上,符合反射定律的方向上的衍射光(反射光)的强度最大,其他方向的衍射光可以忽略,因此只需考虑各个晶面反射光之间的相干叠加。

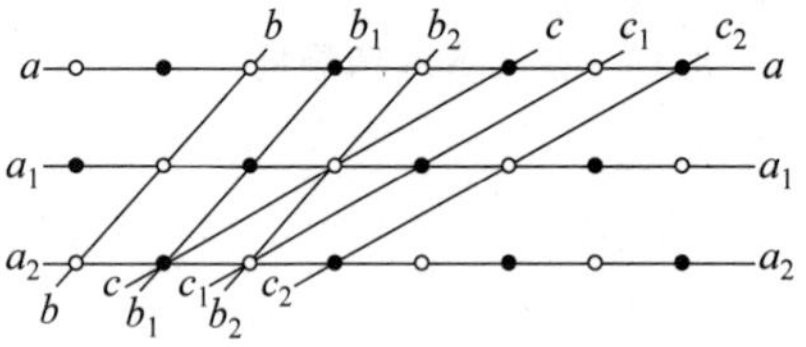

图 11.8.12 NaCl 晶体截面图

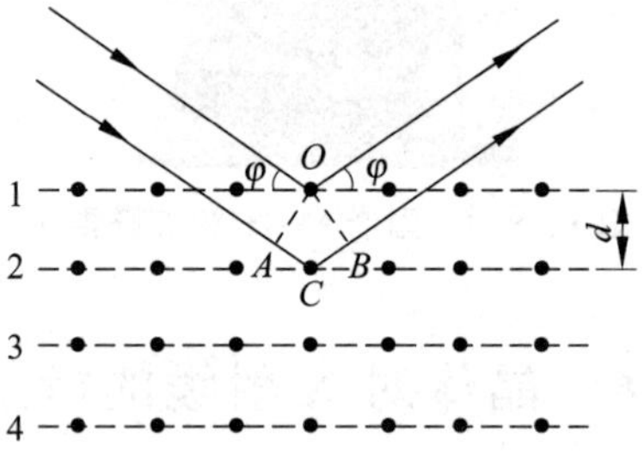

图 11.8.13 晶体衍射分析

同一晶面组中的不同层晶面相当于光栅上的不同缝,只有当任何两相邻层晶面上的反射光都衍射加强时才能形成主极大,因此只需求出相邻两层晶面的衍射条件。在图 11.8.13 所表示的晶面组中,相邻两层晶面反射光的光程差为

$$\delta = AC + CB = 2d\sin\varphi$$

对入射 X 射线产生衍射主极大(最强反射)的条件为

$$2d\sin\varphi = k\lambda, \quad k = 1,2,3,\cdots \tag{11.8.6}$$

上式称为晶体衍射的布拉格条件。

按布拉格条件(11.8.6),已知晶格常数 d,测量与最强反射对应的掠射角 φ,可以计算入射 X 射线的波长;而已知波长 λ,测量最强反射的掠射角 φ,可以计算晶格常数 d,对晶体结构进行分析。

X 射线衍射还成功地用于生物分子结构的研究,如脱氧核糖核酸(DNA)的双螺旋结构,就是 1953 年利用 X 射线衍射发现的。

伦琴获得 1901 年首届诺贝尔物理学奖,以表彰他发现了 X 射线。劳厄因发现了晶体的 X 射线衍射,获得 1914 年诺贝尔物理学奖。由于在 X 射线晶体结构分析方面所作出的贡献,布拉格父子获得 1915 年诺贝尔物理学奖。德拜因对偶极矩、X 射线和气体中光散射的研究,获得 1936 年诺贝尔化学奖。

例 11.8.4 已知岩盐晶体的晶格常数为 0.28nm,用波长为 0.144nm 的 X 射线照射光滑的岩盐晶体表面。求第 1 级和第 2 级衍射主极大的位置。

解 晶体衍射主极大的位置,可用对应的掠射角来表示。按布拉格条件,第 1 级和第 2 级衍射主极大对应的掠射角分别为

$$\varphi_1 = \arcsin\left(\frac{\lambda}{2d}\right) = \arcsin\left(\frac{0.144}{2\times 0.28}\right) = 15^\circ$$

$$\varphi_2 = \arcsin\left(\frac{2\lambda}{2d}\right) = \arcsin\left(\frac{2\times 0.144}{2\times 0.28}\right) = 31^\circ$$

11.9　光的偏振

光是横波。横波的振动方向垂直于波的传播方向，对于波的传播方向的轴来说是不对称的，横波的这种振动方向的不对称性称为偏振。

图 11.9.1 表示在不同相位差的情况下，两个互相垂直的同频率简谐振动的合成轨迹（见 10.3.2 节），分析光的偏振现象时要用到这张图。

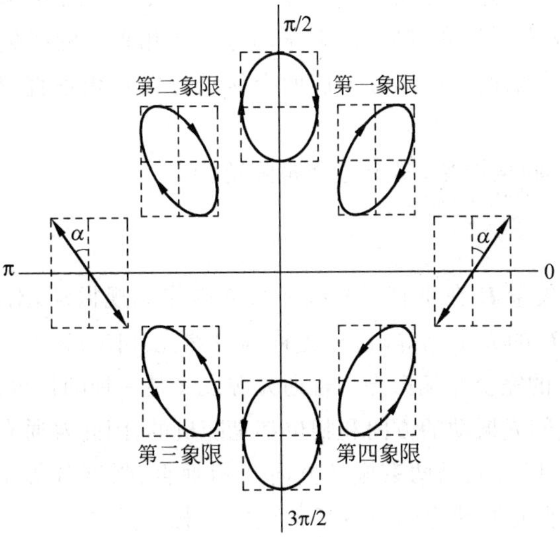

图 11.9.1　两个互相垂直的同频率简谐振动的合成轨迹

11.9.1　光的偏振状态

1. 线偏振光

光线上任一点，光矢量（电场强度）$\boldsymbol{E}$ 沿一条垂于光线的固定直线作简谐振动，$\boldsymbol{E}$ 的末端的轨迹是一段直线，这种光称为线偏振光。

通常用短线和黑点分别代表与纸面平行和垂直的振动，图 11.9.2 表示两种振动方向互相垂直的线偏振光。线偏振光的光矢量方向与光的传播方向所构成的平面叫振动面。按图 11.9.1，两束传播方向相同、振动方向互相垂直、相位差为 0 或 $\pm\pi$ 的同频率线偏振光合成后仍为线偏振光。原子每次自发辐射发出的光，一般都是线偏振光。

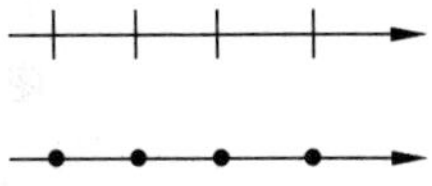

图 11.9.2　线偏振光

2. 椭圆(圆)偏振光

光线上任一点，光矢量 $\boldsymbol{E}$ 以角频率 ω 为角速度绕光线旋转，$\boldsymbol{E}$ 的末端的轨迹是一椭圆（圆），这种光称为椭圆（圆）偏振光。

椭圆偏振光分左旋光和右旋光。图 11.9.3 表示一束左旋椭圆偏振光，迎着这束光观察，$\boldsymbol{E}$ 沿逆时针方向旋转。若 $\boldsymbol{E}$ 顺时针旋转，为右旋光。

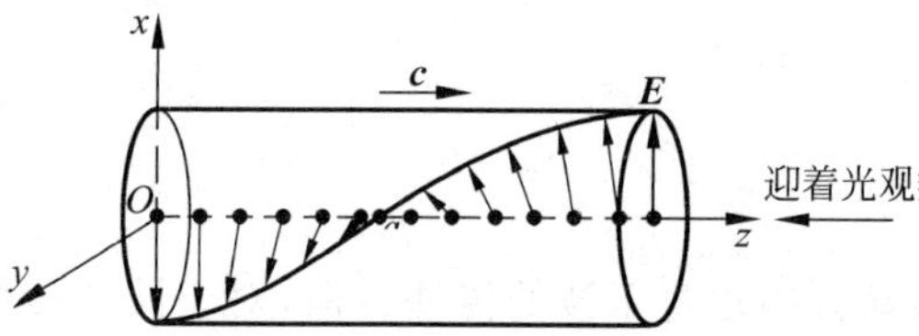

图 11.9.3 左旋椭圆偏振光

按图 11.9.1,两束传播方向相同、振动方向互相垂直、相位差为$\pm\pi/2$的同频率线偏振光,合成后成为正椭圆偏振光。当相位差取除 0、$\pm\pi$ 和$\pm\pi/2$之外其他值时,一般合成为斜椭圆偏振光。椭圆偏振光的强度,等于两束振动方向互相垂直的线偏振光的强度之和。

反过来,一个正椭圆偏振光可以分解成两个振动方向互相垂直、相位差为$\pm\pi/2$的同频率线偏振光。

线偏振光和椭圆(圆)偏振光,属于完全偏振光。

3. 自然光

光线上任一点,光矢量 $\boldsymbol{E}$ 在垂直于光线的平面内作无规振动,对时间平均而言,$\boldsymbol{E}$ 在各个方向上的概率相同,$\boldsymbol{E}$ 的大小相等,这种光称为自然光。图 11.9.4 表示自然光。

自然光是一种常见的完全非偏振光。普通光源发光是一种随机过程,光源中不同原子,或同一原子不同次发光之间光振动的方向和相位都是随机的,因此普通光源发光是一种自然光。

一束单色自然光可以看成是两束振动方向互相垂直、强度各等于总强度一半的同频率线偏振光,但这两个垂直光振动之间没有任何确定的相位关系。

4. 部分偏振光

完全偏振光和自然光是两种极端情形,介于二者之间的称为部分偏振光,它可以由自然光和线偏振光混合,或由自然光和椭圆(圆)偏振光混合。图 11.9.5 表示部分偏振光。

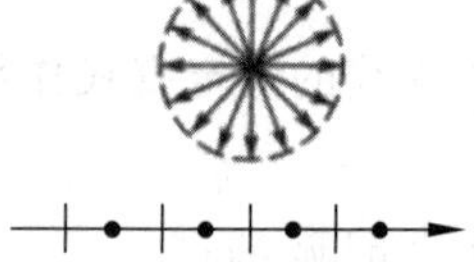

图 11.9.4 自然光

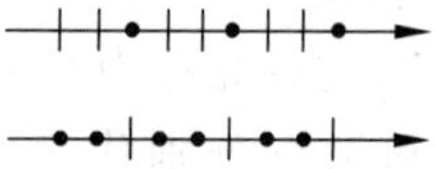

图 11.9.5 部分偏振光

部分偏振光的强度,等于从任意两个互相垂直方位上测得的强度之和。

11.9.2 起偏和检偏 马吕斯公式

由自然光或部分偏振光获得某种偏振光的过程叫起偏。分析和检验光束的偏振状态,称为检偏。这里先说线偏振光的起偏和检偏,而椭圆(圆)偏振光的获得和检偏将在 11.10.3 节介绍。

用偏振片可以获得线偏振光,但只用偏振片不能获得椭圆(圆)偏振光。常用的偏振片是分子型的,把聚乙烯醇薄膜加热拉伸,使其中的碳氢化合物分子形成长链状分子。再把膜浸入富含碘的溶液中,碘附着在长链状分子上形成导电的“碘链”。用光照射膜,沿碘链方向的电场振动驱动自由电子形成电流,变成焦耳热而损耗掉,但垂直于碘链方向的电场振动几乎不形成电流,就能透过膜形成线偏振光。与碘链垂直的方向,称为偏振片的偏振化方向或通光方向。

图 11.9.6 表示用偏振片起偏和检偏的实验,让强度为 I_0 的单色自然光垂直入射到偏振片 P_1(P_1 也代表偏振化方向),形成沿 P_1 方向振动的线偏振光,光强为 I_1,再通过偏振片 P_2 成为沿 P_2 方向振动的强度为 I_2 的线偏振光。让偏振片 P_1 绕入射光线旋转一周,I_1 不变;而旋转偏振片 P_2,I_2 发生变化,当 $P_2 \perp P_1$ 时,$I_2=0$,出现消光。通过旋转偏振片可以把自然光和线偏振光区分开:若旋转偏振片光强不变,则入射光是自然光,出现消光则是线偏振光。

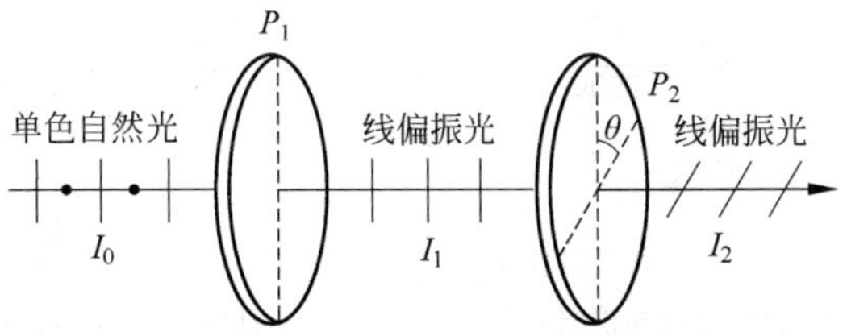

图 11.9.6　起偏和检偏

只用偏振片不能区分自然光和圆偏振光,因为让它们通过偏振片并旋转偏振片,透射光强均无变化。只用偏振片也不能区分部分偏振光和椭圆偏振光,这时透射光强虽有变化但无消光。

在图 11.9.6 表示的实验中,$I_1=I_0/2$,而

$$I_2=I_1\cos^2\theta$$

式中,θ 为 P_2 与 P_1 的夹角。上式称为马吕斯公式,是法国物理学家马吕斯(E. L. Malus)于 1808 年首先由实验总结出来的,当时光的波动理论还没有得到普遍承认,更不知道光是横波。

马吕斯公式可用光矢量投影得到。用 A_1 和 A_2 分别代表强度为 I_1 和 I_2 的线偏振光的振幅,按矢量的投影关系,有 $A_2=A_1\cos\theta$,因此

$$I_2=A_2^2=A_1^2\cos^2\theta=I_1\cos^2\theta$$

例 11.9.1　一束单色自然光垂直通过两个偏振化方向夹角为 60°的偏振片,若入射光的强度为 I_0,求通过这两个偏振片后的光强各为多少。

解　自然光通过第一个偏片,成为强度为 $I_0/2$ 的线偏振光,再通过第二个偏振片,光强变为

$$I=\frac{I_0}{2}\cos^2 60°=\frac{I_0}{8}$$

例 11.9.2　一束由自然光和线偏振光混合的部分偏振光垂直入射到偏振片上,让偏振片绕入射光线旋转一周,发现透射光强的最大值是最小值的 4 倍,求入射光中自然光与线偏振光的强度比。

解　用 I_0 和 I 分别代表入射光中自然光和线偏振光的强度,则透射光强的最大值为 $I_0/2+I$,最小值为 $I_0/2$。由于

$$\left(\frac{I_0}{2}+I\right)\Big/\frac{I_0}{2}=4$$

自然光与线偏振光的强度比为

$$\frac{I_0}{I}=\frac{2}{3}$$

11.9.3 反射光和折射光的偏振

自然光在两种透明介质的分界面反射和折射时，反射光和折射光都是部分偏振光，反射光中振动方向垂直于入射面的(s 分量)成分较大，折射光中振动方向平行于入射面的(p 分量)成分较大，如图 11.9.7(a)所示。

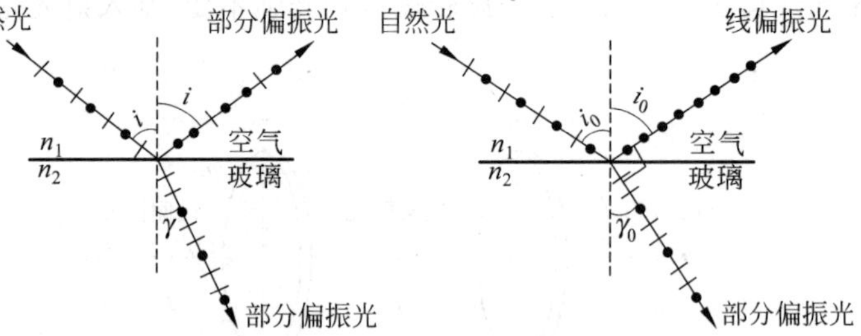

(a) 自然光经反射和折射时产生部分偏振光　　(b) 入射角为布儒斯特角时反射光为线偏振光

图 11.9.7　反射光和折射光的偏振

1815 年英国物理学家布儒斯特(D. Brewster)由实验发现：当入射角等于某一角度 i_0 时，反射光是振动方向与入射面垂直的线偏振光，此时反射光线与折射光线互相垂直，如图 11.9.7(b)所示，这称为布儒斯特定律，角度 i_0 叫作布儒斯特角或起偏角。

按折射定律，并注意到 $i_0+\gamma_0=\pi/2$，从介质 1(折射率为 n_1)射向介质 2(折射率为 n_2)时，有

$$n_1\sin i_0=n_2\sin\gamma_0=n_2\sin\left(\frac{\pi}{2}-i_0\right)=n_2\cos i_0$$

因此，布儒斯特角 i_0 满足

$$\tan i_0=\frac{n_2}{n_1} \tag{11.9.1}$$

对于给定的两种介质的分界面，入射和透射互换时两个布儒斯特角互为余角。

例如，从空气($n_1=1$)射向玻璃($n_2=1.5$)，按式(11.9.1)算出布儒斯特角为 $i_0=56.3°$。反过来，从玻璃射向空气时布儒斯特角为 $i_0'=33.7°$，与 $i_0=56.3°$互余。通过测量布儒斯特角，可得到介质(尤其是不透明介质)的折射率。

在理论上，反射和折射时的偏振现象以及布鲁斯特定律可以从电场在介质界面处的场强关系导出。

利用布儒斯特角反射可以起偏，但大部分入射光的能量都分给折射光了。为了获得足够强度的线偏振光，如图 11.9.8 所示，把许多玻璃片叠在一起制成玻璃片堆，让自然光以布儒斯特角 i_0 入射，玻璃片把垂直于入射面的分量几乎全部反射掉，最后折射出去的差不多就是振动方向平行于入射面的线偏振光了。

在拍摄商店玻璃橱窗内的物品时，通常在照相机镜头前面加上偏振片。由于玻璃反射光是部分偏振光或线偏振光，适当旋转镜头前的偏振片可以减小反射光的干扰。

激光器中常利用布儒斯特定律产生线偏振光。图 11.9.9 表示一种外腔式氦氖激光器，密封的激光管两端的窗口 B_1 和 B_2 是两块玻璃片或石英片，称为布儒斯特窗，其法线 N 与激光管轴线的夹角为布儒斯特角 i_0，反射镜 M_1 和部分反射镜 M_2 置于激光管的外部。沿管轴线传播的光在 M_1 和 M_2 之间来回多次反射，B_1 和 B_2 把振动方向垂直于入射面的分量几乎全部反射掉，剩下的无反射损耗的平行分量通过 B_1 和 B_2，在谐振腔内形成振荡，从 M_2 射出的激光便是平行于入射面的线偏振光。

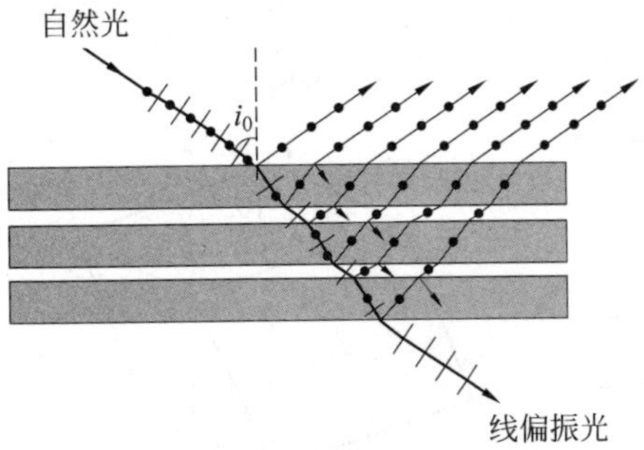

图 11.9.8　玻璃片堆起偏

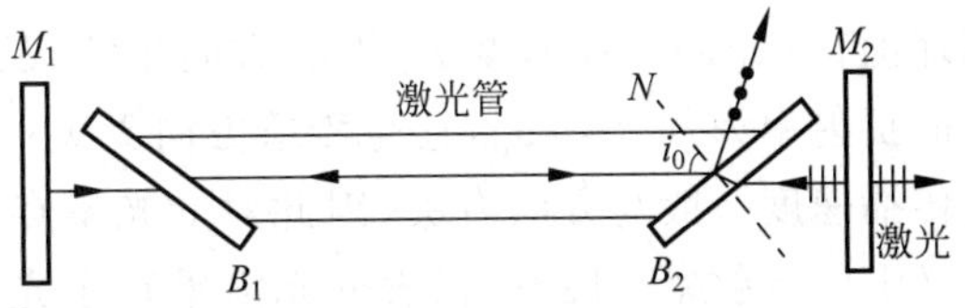

图 11.9.9　布儒斯特窗

*11.10　双折射

前面只涉及光在各向同性介质(如空气、玻璃等)中的传播，除了讨论光在介质分界面反射和折射时要强调光的偏振状态之外，在其他情况下对任何一种偏振光所得结果都是一样的。下面讲光在各向异性晶体中的传播规律，这时光的偏振状态就变得十分重要了。

11.10.1　双折射现象

1669 年丹麦物理学家巴托林(E. Bartholin)发现，通过方解石($CaCO_3$)晶体观察物体时会看到物体的两个像，这说明一束自然光射入方解石晶体会产生两束折射光。一束入射光产生两束折射光的现象，称为双折射。

1. o 光和 e 光

如图 11.10.1 所示，一束自然光以入射角 i 射入方解石晶体，在两束折射光中有一束光遵守折射定律，称为 o 光(寻常光)，o 光在入射面内，用 n_o 代表 o 光的折射率，$\sin i/\sin\gamma_o=n_o$；另一束光一般不遵守折射定律，也不一定在入射面内，称为 e 光(非寻常光)。

双折射现象来源于某些晶体在光学上的各向异性，方解石、石英(SiO_2)等就是这样的各向异性晶体。自然界中大多数晶体都能不同程度地产生双折射，只是不像方解石等那样显著，因此不容易被观察到。

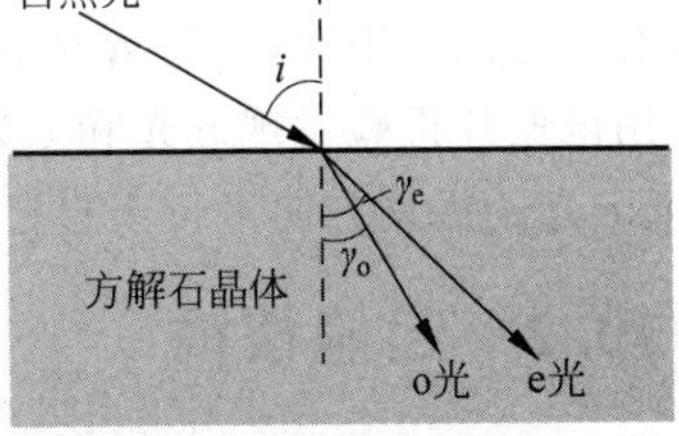

图 11.10.1　o 光和 e 光

2. 光轴　主折射率　正负晶体

双折射晶体内存在一个或两个特殊方向，光线在晶体内沿这一方向传播时不发生双折射，o光和e光不分开，这一特殊方向称为晶体的光轴。光轴表示的是晶体中的一个方向，而不是一条特定的直线，凡是与此方向平行的直线都是光轴。有些晶体(如方解石和石英)只有一个光轴，称为单轴晶体。有两个光轴的晶体(如云母)叫双轴晶体。我们只介绍单轴晶体的双折射。

光轴的方向依赖于晶体的结构。如图11.10.2所示，方解石天然晶体是平行六面体，每个表面都是平行四边形。在八个顶点中只有 A、B 两个顶点是由三个 $102°$ 钝角形成，AB 的连线就代表方解石晶体的光轴方向。

为说明双折射，如图11.10.3所示，惠更斯于1690年提出假设：在晶体中点光源 S 形成的o光的波面是球面，而e光的波面是以光轴为对称轴的旋转椭球面；o光的传播速度 v_o 沿各方向相等，晶体对o光的折射率为 $n_o=c/v_o$，它与传播方向无关；而e光的传播速度一般与方向有关，因此对e光不存在普遍意义上的折射率。用 v_e 代表e光沿垂直于光轴方向的速度，v_e 与 v_o 差别最大，在这一方向上晶体对e光的折射率为 $n_e=c/v_e$。一种晶体的 n_o 和 n_e，称为该晶体的主折射率。

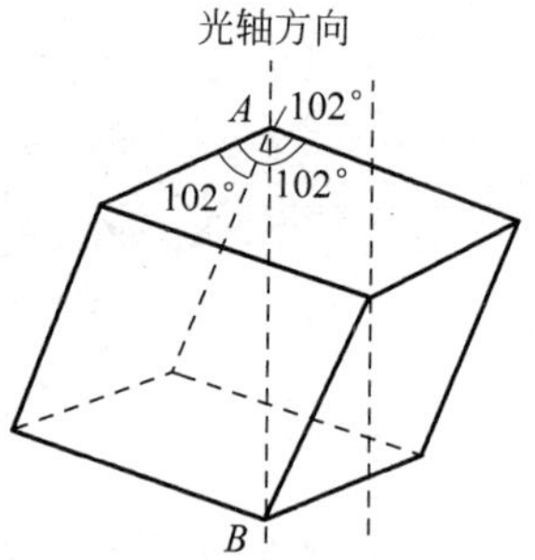

图 11.10.2 方解石晶体的光轴方向

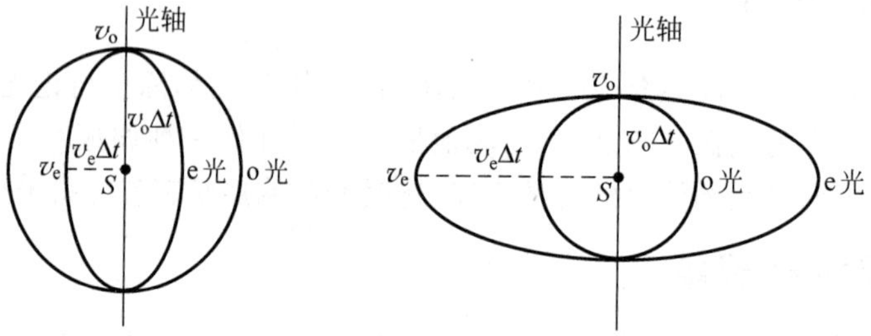

(a) 正晶体($n_o<n_e$)　(b) 负晶体($n_o>n_e$)

图 11.10.3 o光的e光的波面

按 n_o 和 n_e 的大小关系把晶体分为两类：$n_o<n_e$($v_o>v_e$)的晶体称为正晶体(图11.10.3(a)，如石英)，$n_o>n_e$($v_o<v_e$)的晶体叫作负晶体(图11.10.3(b))，方解石是一种负晶体，其主折射率为 $n_o=1.6584$，$n_e=1.4864$。

3. 主平面 o光和e光的振动方向

晶体中一束光线与光轴所构成的平面，叫作该光线的主平面。发生双折射时，o光和e光各有自己的主平面，一般情况下二者并不重合。

用偏振片检验发现o光和e光都是线偏振光，而且o光的振动方向垂直于自己的主平面，而e光的振动方向平行于自己的主平面。

11.10.2 起偏棱镜

图11.10.4表示的棱镜，称为格兰-博科棱镜，它由隔着空气薄层的两块光轴平行于晶体表面(垂直于纸面)的方解石晶体直角棱镜组成，直角棱镜的顶角为 $\theta=38.5°$。自然光垂

直入射时，在第一块方解石中 o 光和 e 光不改变方向，都沿入射光的方向传播，并以同一入射角 $\theta=38.5°$从方解石射入空气薄层。o 光和 e 光的全反射临界角分别为

$$i_{oC}=\arcsin\frac{1}{n_o}=\arcsin\frac{1}{1.6584}=37.1°$$

$$i_{eC}=\arcsin\frac{1}{n_e}=\arcsin\frac{1}{1.4864}=42.3°$$

因为

$$i_{oC}(37.1°)<\theta(38.5°)<i_{eC}(42.3°)$$

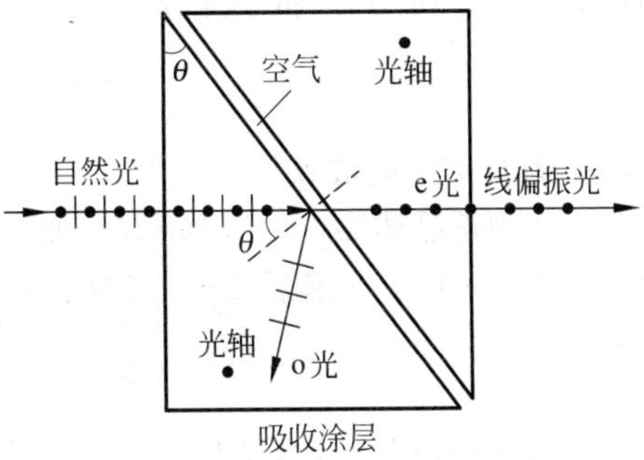

图 11.10.4　格兰-博科棱镜

所以 o 光被全部反射，并被下面的涂层吸收，而 e 光绝大部分透射进入空气薄层，沿入射方向从第二块方解石射出，这样就由自然光获得非常纯的线偏振光，因此称为起偏棱镜。

11.10.3　波片　椭圆（圆）偏振光的获得和检偏

1. 波片

光轴平行于晶体表面，厚度均匀的单轴晶体薄片，叫作波晶片，简称波片。波片是一种晶体相移器件。

图 11.10.5(a)表示一个厚度为 d、光轴垂直于纸面的负晶体波片。按惠更斯作图法，当波长为 λ 的单色自然光垂直入射时，波片表面上 A、B 两点子波源在波片中形成的 o 光的波面是球面，e 光的波面是以光轴为对称轴的旋转椭球面，它们与纸面的交线都是圆。由于是负晶体，$v_o<v_e$，e 光对应圆的半径要大于 o 光圆的半径，o 光波面的公切面 OO' 和 e 光的公切面 EE' 互相平行，o 光和 e 光都沿入射光的方向传播。虽然这时 o 光和 e 光在方向上没分开，但二者折射率不同，仍发生双折射。

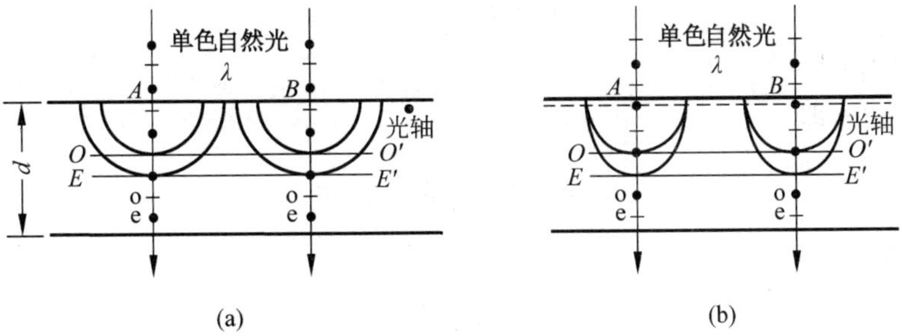

图 11.10.5　单色自然光垂直入射到波片

按光线主平面的定义，在这种情况下 o 光和 e 光的主平面都垂直于纸面，因此 o 光在纸面内振动（垂直于光轴），e 光垂直于纸面振动（沿光轴），从波片射出的是两束传播方向相同、振动方向互相垂直的同频率线偏振光。

图 11.10.5(b)表示光轴平行于纸面的情况，这时 o 光和 e 光的主平面都是纸面，o 光垂直于纸面振动，e 光在纸面内振动。

对于厚度为 d 的波片，o 光和 e 光通过波片的光程分别为 n_od 和 n_ed，射出波片后滞后

的相位分别为 $2\pi n_o d/\lambda$ 和 $2\pi n_e d/\lambda$，相比之下 o 光比 e 光滞后的相位(相移)为

$$\Delta\varphi=\frac{2\pi}{\lambda}(n_o-n_e)d \tag{11.10.1}$$

其中的 λ 为真空中的波长。

若波片为正晶体($n_o<n_e$，$\Delta\varphi<0$)，则 o 光比 e 光超前 $|\Delta\varphi|$；若波片为负晶体($n_o>n_e$，$\Delta\varphi>0$)，则 o 光比 e 光滞后 $\Delta\varphi$。通常把式(11.10.1)写成

$$\Delta\varphi=\pm\frac{2\pi}{\lambda}|n_o-n_e|d$$

对于特定的波长，适当选择波片的主折射率和厚度可以得到需要的相移，常用的有以下三种波片。

(1) 四分之一波片($\lambda/4$ 波片)

相移为 $\pm\pi/2$，即

$$\Delta\varphi=\pm\frac{2\pi}{\lambda}\frac{\lambda}{4}=\pm\frac{\pi}{2}$$

厚度 d 满足

$$|n_o-n_e|d=(2k+1)\frac{\lambda}{4},\quad k=0,1,2,\cdots$$

最薄($k=0$)的厚度为

$$d=\frac{\lambda}{4|n_o-n_e|}$$

(2) 二分之一波片($\lambda/2$ 波片或半波片)

相移为 $\pm\pi$，即

$$\Delta\varphi=\pm\frac{2\pi}{\lambda}\frac{\lambda}{2}=\pm\pi$$

最薄的厚度为

$$d=\frac{\lambda}{2|n_o-n_e|}$$

(3) 全波片

相移为 $\pm2\pi$，即

$$\Delta\varphi=\pm\frac{2\pi}{\lambda}\lambda=\pm2\pi$$

最薄的厚度为

$$d=\frac{\lambda}{|n_o-n_e|}$$

注意，各种波片都有对应的工作波长，只有入射这种波长的单色光才能产生所需要的相移。如适用于 $\lambda=600\text{nm}$ 的黄光的四分之一波片，对于 $\lambda=300\text{nm}$ 的紫外光来说就是二分之一波片。

例 11.10.1 对钠黄光($\lambda=589.3\text{nm}$)来说，用方解石制成的 $\lambda/4$ 波片和 $\lambda/2$ 波片的最小厚度各为多大?

解 方解石 $\lambda/4$ 波片的最小厚度为

$$d=\frac{\lambda}{4|n_o-n_e|}=\frac{589.3\text{nm}}{4\times(1.6584-1.4864)}=856.5\text{nm}$$

$\lambda/2$ 波片的最小厚度为

$$d=\frac{\lambda}{2\mid n_o-n_e\mid}=856.5\text{nm}\times 2=1713\text{nm}$$

2. 椭圆(圆)偏振光的获得

线偏振光垂直通过 $\lambda/4$ 波片,可以获得正椭圆(圆)偏振光。如图 11.10.6 所示,让波长为 λ、振幅矢量为 $\boldsymbol{A}$ 的单色线偏振光垂直射入 $\lambda/4$ 波片,虚线代表波片的光轴方向,$\boldsymbol{A}$ 与光轴的夹角为 α。沿波片光轴方向建立 y 轴,垂直于光轴方向为 x 轴,线偏振光射入波片后被分解成 o 光和 e 光,如果不考虑波片的反射和吸收,通过波片后 o 光和 e 光的振幅分别为 $A\sin\alpha$ 和 $A\cos\alpha$。

图中,振幅矢量 $\boldsymbol{A}$ 在Ⅰ、Ⅲ象限,当线偏振光射入 $\lambda/4$ 波片时,在入射点 o 光和 e 光同相,通过波片相移 $\pm\pi/2$,从波片射出的是两束振动方向互相垂直、相位差为 $\pm\pi/2$ 的同频率线偏振光,只要 $\alpha\neq 0$ 和 $90°$,合成后就是正椭圆偏振光。若 $\boldsymbol{A}$ 在Ⅱ、Ⅳ象限,在入射点 o 光和 e 光反相,通过 $\lambda/4$ 波片后也合成为正椭圆偏振光。若 $\alpha=45°$,合成为圆偏振光。

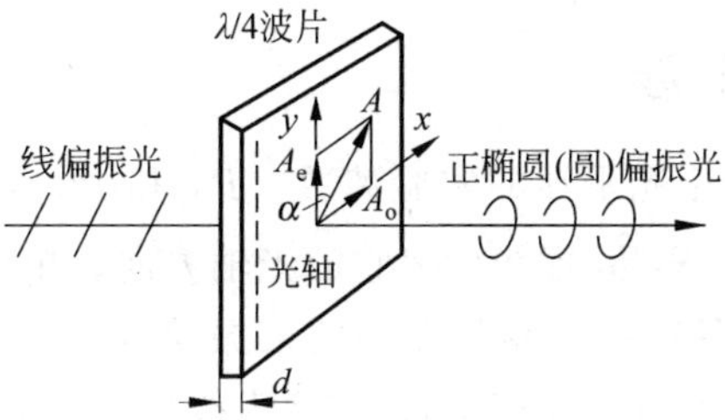

图 11.10.6　线偏振光通过 λ/4 波片后合成为正椭圆(圆)偏振光

反过来,让正椭圆(圆)偏振光垂直射入 $\lambda/4$ 波片,在入射点 o 光和 e 光的相位差为 $\pm\pi/2$,通过 $\lambda/4$ 波片相移 $\pm\pi/2$,从波片射出的是两束振动方向互相垂直、相位差为 0 或 $\pm\pi$ 的线偏振光,合成后为线偏振光。

3. 椭圆(圆)偏振光的检偏

只用偏振片不能区分自然光和圆偏振光,也不能区分部分偏振光和椭圆偏振光,但如图 11.10.7 所示,在偏振片前面平行地放一个 $\lambda/4$ 波片即可解决这一问题。

为区分自然光和圆偏振光,让偏振片绕入射光线旋转一周,若有消光,则入射光是圆偏振光,无消光则是自然光。这是因为圆偏振光通过 $\lambda/4$ 波片后成为线偏振光,而自然光通过 $\lambda/4$ 波片虽然分解成两束振动方向互相垂直的线偏振光,但它们之间没有任何确定的相位关系,合成后仍为自然光。

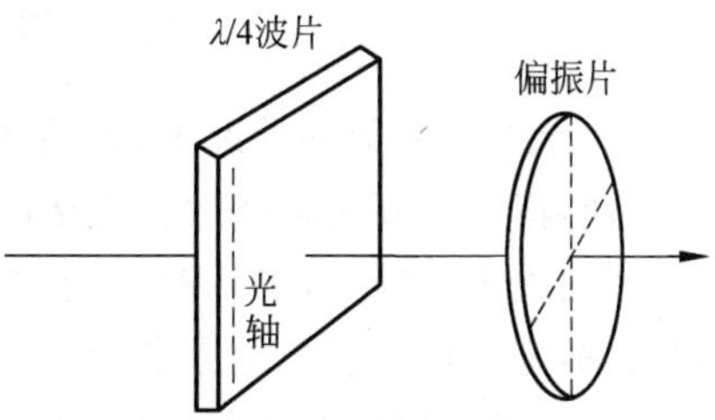

图 11.10.7　用波片和偏振片检偏

为区分部分偏振光和椭圆偏振光,让 $\lambda/4$ 波片的光轴沿入射光最强或最弱的方向,以保证入射的椭圆偏振光是正椭圆偏振光,这时旋转偏振片,若有消光,则入射光是椭圆偏振光,无消光则是部分偏振光。

4. 用 $\lambda/2$ 波片可以改变线偏振光振动面的方向

如图 11.10.8(a)所示,让波长为 λ 的单色线偏振光垂直射入 $\lambda/2$ 波片,其振动面在Ⅰ、Ⅲ象限,与 y 轴(光轴方向)的夹角为 α,在波片的入射点,o 光和 e 光同相。通过 $\lambda/2$ 波片相移 $\pm\pi$,射出波片后振动面转到Ⅱ、Ⅳ象限,振动面转动了 2α 角,如图 11.10.8(b)所示。

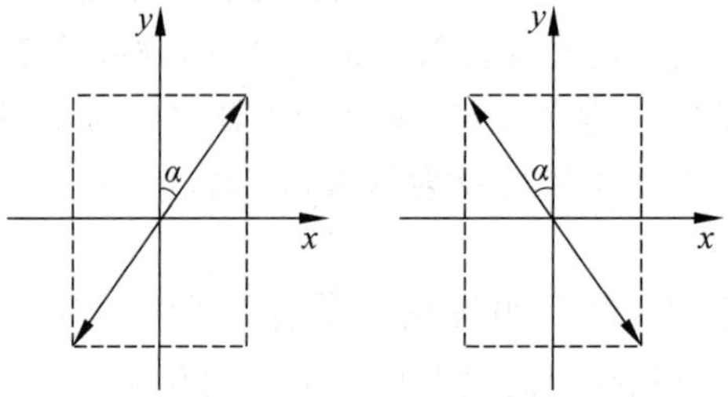

(a) 入射光 (b) 出射光

图 11.10.8 用 $\lambda/2$ 波片改变线偏振光振动面的方向

11.10.4 偏振光的干涉

图 11.10.9 表示观察偏振光干涉的实验装置。P_1 和 P_2 是两个偏振化方向互相垂直的偏振片,C 是一个晶体薄片样品,虚线代表它的光轴方向。单色自然光通过 P_1 成为线偏振光,再通过晶片 C 分解成具有一定相位差的两束振动方向互相垂直的线偏振光,一般会合成为椭圆偏振光。由于振动方向互相垂直,这两束线偏振光不相干,但射入 P_2 后只有沿 P_2 通光方向的光振动才能通过,从而形成两束振动方向共线的相干偏振光,它们的相位差 $\Delta\varphi$ 与入射光的波长、晶片的厚度以及晶片的主折射率有关。

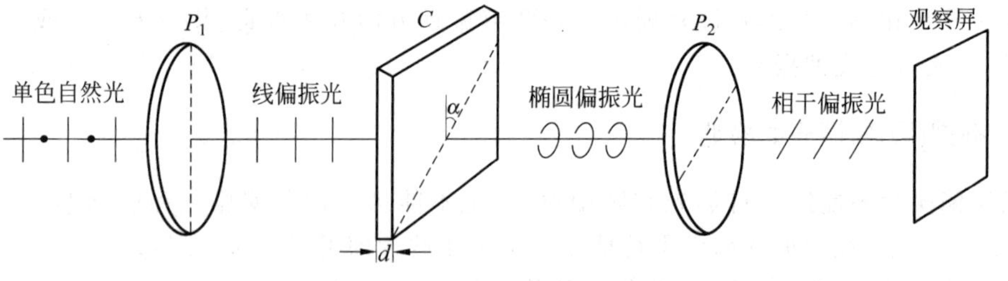

图 11.10.9 偏振光干涉实验

在单色光入射的情况下,若晶片厚度均匀,则在观察屏上各点 $\Delta\varphi$ 相同,出现干涉加强或相消,但不出现干涉条纹;若晶片厚度不均匀,屏上会出现等厚条纹。由于 $\Delta\varphi$ 与波长有关,当白光入射时,若晶片厚度均匀,屏上呈现确定的颜色,这称为显色偏振;若晶片厚度不均匀,屏上会出现彩色等厚条纹。

一些各向同性的透明介质,如环氧树脂、塑料和玻璃等在外力作用下内部产生应力,变成各向异性而发生双折射,介质的主折射率的分布与应力有关。工程上通常用环氧树脂等应力敏感材料把桥梁或机械零件作成模型,并模拟实际受力对模型施加载荷,用加载荷的模型代替图 11.10.9 中的晶片 C,通过观测偏振光干涉的色彩和条纹的分布来分析桥梁或机械零件内部的应力分布,这种检测应力的方法称为光弹法。

还有一些本来不发生双折射的物质，在电场的作用下会发生双折射，这称为电光效应。利用电光效应可以制成光开关，用于高速摄影和自动控制。

本章提要

1. 几个基本概念

光矢量，光波列，准单色光

普通光源获得相干光方法：分波前干涉，分振幅干涉

光程和相位差

$$\delta=nr,\Delta\varphi=\frac{2\pi}{\lambda}\delta,\lambda\ 为真空中的波长$$

出现在观察屏上的干涉(衍射)条纹，是光程差相等点的轨迹。

费马原理，透镜物像之间的等光程性

2. 杨氏双缝干涉条纹中心间距

$$\Delta x=\frac{D\lambda}{d}$$

3. 相干长度

$$\Delta\delta_{\mathrm{m}}=L=c\tau$$

4. 光的半波损失

5. 等倾条纹

明环

$$2nd\cos\gamma+\frac{\lambda}{2}=k\lambda,\quad k=1,2,3,\cdots$$

暗环

$$2nd\cos\gamma+\frac{\lambda}{2}=(2k+1)\frac{\lambda}{2},\quad k=0,1,2,\cdots$$

增透膜

$$2nd+\frac{\lambda}{2}=(2k+1)\frac{\lambda}{2},\quad k=0,1,2,\cdots$$

增反膜

$$2nd+\frac{\lambda}{2}=k\lambda,\quad k=1,2,3,\cdots$$

6. 劈尖等厚条纹

明纹

$$2nd+\frac{\lambda}{2}=k\lambda,\quad k=1,2,3,\cdots$$

暗纹

$$2nd+\frac{\lambda}{2}=(2k+1)\frac{\lambda}{2},\quad k=0,1,2,\cdots$$

条纹中心间距

$$\Delta l=\frac{\lambda}{2n\sin\theta}\approx\frac{\lambda}{2n\theta}$$

牛顿环

明环半径

$$r_k=\sqrt{\left(k-\frac{1}{2}\right)R\lambda},\quad k=1,2,3,\cdots$$

暗环半径

$$r_k=\sqrt{kR\lambda},\quad k=0,1,2,\cdots$$

用迈克耳孙干涉仪测量微小位移

$$\Delta d=N\frac{\lambda}{2}$$

7. 多光束干涉

主极大位置

$$d\sin\theta=k\lambda,\quad k=0,\pm1,\pm2,\cdots$$

主极大条纹半角宽度

$$\Delta\theta=\frac{\lambda}{Nd\cos\theta}$$

法布里-珀罗干涉仪明环

$$2d\cos\theta=k\lambda,\quad k=1,2,3,\cdots$$

8. 夫琅禾费单缝衍射

中央明纹中心

$$\theta=0$$

暗纹中心

$$a\sin\theta=\pm k\lambda,\quad k=1,2,3,\cdots$$

次级明纹中心(近似)

$$a\sin\theta=\pm(2k+1)\frac{\lambda}{2},\quad k=1,2,3,\cdots$$

衍射反比定律

$$\Delta\theta=\frac{\lambda}{a}$$

* 细丝衍射：把单缝换成细丝,衍射条纹与单缝衍射条纹完全相同。

菲涅耳半波带法

9. 夫琅禾费圆孔衍射

艾里斑的角半径

$$\theta_0=\frac{1.22\lambda}{D}$$

瑞利判据

成像光学仪器分辨本领

$$R=\frac{D}{1.22\lambda}$$

10. 光栅和光栅衍射

正入射光栅方程

$$d\sin\theta = k\lambda,\quad k = 0, \pm 1, \pm 2, \cdots$$

缺级

$$k = \frac{d}{a}k',\quad k' = \pm 1, \pm 2, \pm 3, \cdots$$

光栅色分辨本领

$$R = \frac{\lambda}{\delta\lambda} = Nk$$

斜入射光栅方程

$$d(\sin\theta - \sin i) = k\lambda,\quad k = 0, \pm 1, \pm 2, \cdots$$

晶体衍射的布拉格条件

$$2d\sin\varphi = k\lambda,\quad k = 1, 2, 3, \cdots$$

11. 光的偏振

线偏振光,椭圆(圆)偏振光,自然光

马吕斯公式

$$I_2 = I_1\cos^2\theta$$

布儒斯特角

$$\tan i_0 = \frac{n_2}{n_1}$$

* 12. 双折射

四分之一波片

$$\Delta\varphi = \pm\frac{\pi}{2},\quad d = \frac{\lambda}{4\,|\,n_o - n_e\,|}$$

二分之一波片

$$\Delta\varphi = \pm\pi,\quad d = \frac{\lambda}{2\,|\,n_o - n_e\,|}$$

全波片

$$\Delta\varphi = \pm 2\pi,\quad d = \frac{\lambda}{|\,n_o - n_e\,|}$$

习题

11.1 如图所示,点光源 S 发出的波长为 600nm 的单色光,自空气经 A 点以入射角 30°射入透明介质板,再经 B 点射入空气。透明介质板的厚度为 $d=2.0.\times 10^{-2}$m,折射率为 $n=1.23$,光源 S 到 A 点的距离为 5.0×10^{-2}m。求光源 S 到 B 点的光程。

11.2 如图所示,波长为 λ 的两束单色相干平行光 1 和 2 分别以入射角 θ 和 φ 入射到屏 H 上,求屏上干涉条纹的间距。

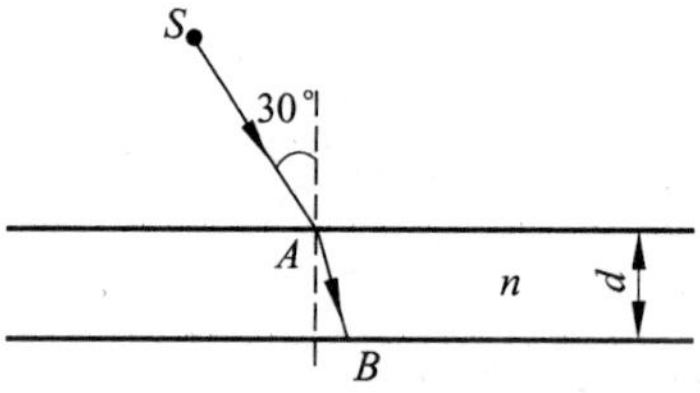

习题 11.1 图

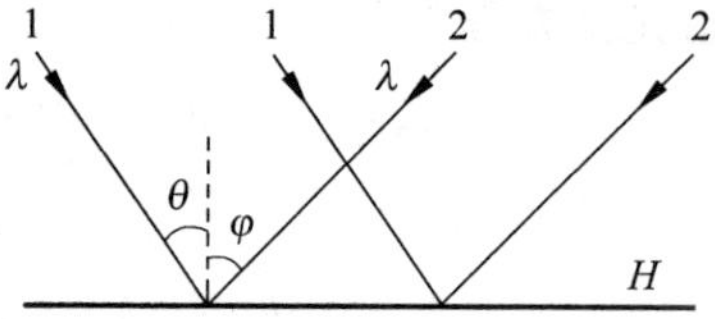

习题 11.2 图

11.3 由汞弧灯发出的光,通过一绿色滤光片后垂直照射到相距为 0.60mm 的双缝上,在距双缝 2.5m 的观察屏上出现干涉条纹。假设相邻两条明纹中心的间距为 2.27mm,求入射光的波长。

11.4 如图所示,在双缝干涉实验中,用一云母片遮住其中一条缝后,观察屏上原来第 7 级明纹成为遮住后的中央明纹。入射光的波长为 550nm,云母片的折射率为 1.58。求云母片的厚度。

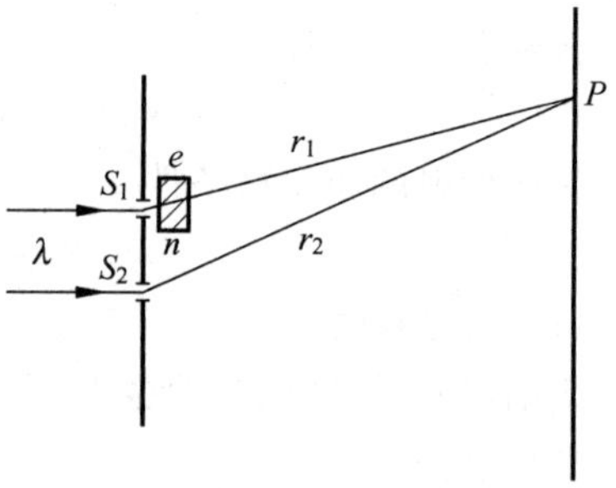

习题 11.4 图

11.5 如图所示,将观察屏 H 紧靠平面镜 M 的右端 L 点放置,已知单色光源 S 发出光的波长为 720nm,S 到镜面垂直距离为 2mm。求屏上 L 点上方第二条明纹中心到 L 点的距离。

11.6 如图所示,在湖面上方高度为 $h=0.50\text{m}$ 处放一电磁波接收器 R,当某射电星从地平面慢慢升起时,接收器可测到一系列极大值。已知射电星所发射的电磁波的波长为 $\lambda=20\text{cm}$,求出现第一个极大值时射电星的射线与湖面的夹角 θ。把湖面看作是电磁波的反射面。

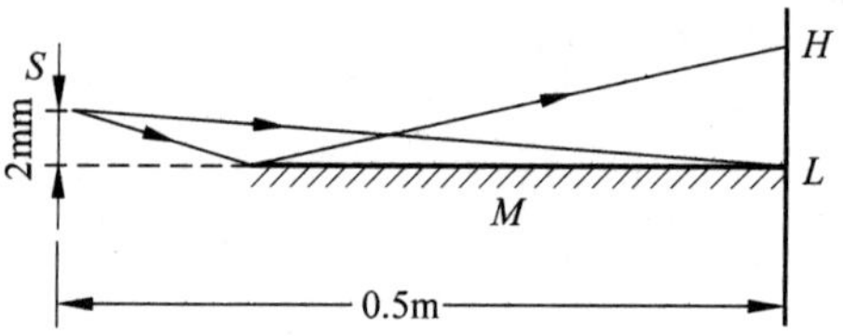

习题 11.5 图

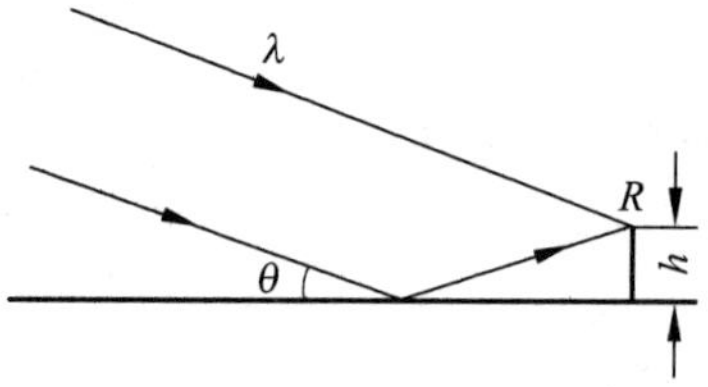

习题 11.6 图

11.7 空气中有一厚度为 3.8×10^{-7} m,折射率为 1.33 的肥皂膜,当以白光垂直照射肥皂膜时,波长为多少的光反射加强?

11.8 有一折射率为 1.40,厚度为 400nm 的均匀介质膜,将其覆盖在折射率为 1.50 的玻璃上,膜的上面是空气。当以白光垂直照射膜时,波长为多少的光反射加强?

11.9 在水面上有一层折射率为 1.47,厚度均匀的油膜,当人眼视线的方向与油膜法线成 30°角时,可观测到波长为 500nm 的光反射加强。已知水的折射率为 1.33,求油膜的最薄厚度。

11.10 在照相机的镜头上镀一层厚度为 300nm 的 MgF_2 ($n=1.38$)膜,当以可见光(波长范围为 400～760nm)垂直照射膜时,波长为多少的透射光加强?

11.11 放在空气中一劈尖的折射率为 1.4,劈尖倾角为 10^{-4} rad,在某一单色光的垂直照射下测得两条相邻明纹中心的间距为 0.25cm。求：(1)此单色光在空气中的波长；(2)设劈尖长为 3.5cm，且入射光的相干长度远大于劈尖最厚处的厚度，总共可出现多少条明纹？

11.12　一玻璃劈尖末端厚度为 5.0×10^{-5}m，折射率为 1.5。今用波长为 700nm 的光，以入射角 30°射向劈尖，可以认为劈尖上下表面近似平行。(1)求在劈尖上表面产生的明纹的数目；(2)若在 $n=1.5$ 的玻璃中形成同样的空气劈尖，明纹的数目又是多少？

11.13　制造半导体元件时，需要精确测定硅片上二氧化硅薄膜的厚度。如图所示，把二氧化硅薄膜的一部分腐蚀掉，使其形成劈尖，从 A 到 B 厚度逐渐减小到零。为测定膜的厚度，用波长为 589.3nm 的钠黄光垂直照射，观察到劈尖部分共出现 7 条暗纹，且 A 处恰好为一暗纹，求二氧化硅薄膜的厚度。已知硅的折射率为 3.42，二氧化硅的折射率为 1.5。

11.14　用钠黄光($\lambda=589.3$nm)做牛顿环实验，测得某一明环的半径为 1.0×10^{-3}m，其外第四个明环的半径为 3.0×10^{-3}m，求实验中所用平凸透镜的凸面曲率半径。

11.15　如图所示，用彼此以凸面贴紧的两个平凸透镜作牛顿环实验。两个平凸透镜的曲率半径分别为 R_1 和 R_2，入射光的波长为 λ。求第 k 级暗环的半径。

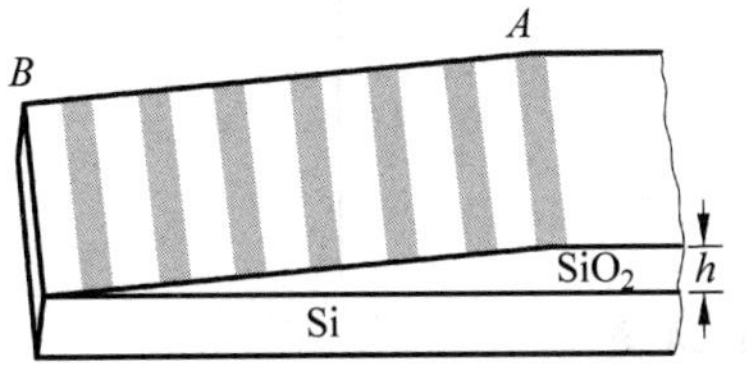

习题 11.13 图

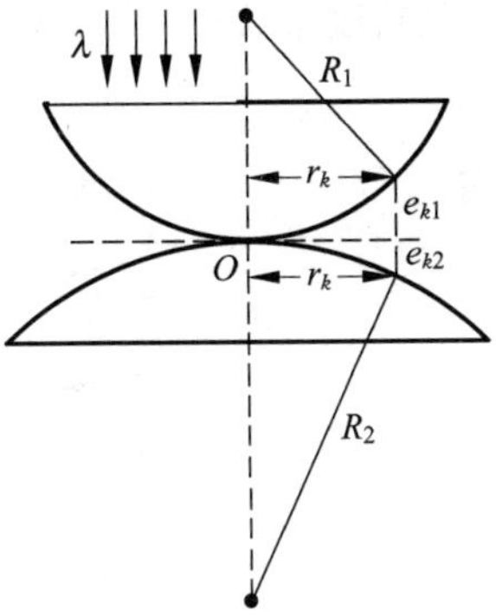

习题 11.15 图

11.16　如图所示，平板玻璃由折射率分别为 1.50 和 1.75 的两种玻璃组成，透镜的折射率为 1.50，透镜与平板玻璃之间的介质的折射率为 1.62。问产生的牛顿环的中心是亮斑还是暗斑，明环的半径多大。

11.17　如图所示，平板玻璃片上放一油滴，当油滴展开成凸形油膜时，用波长为 600nm 的光垂直照射，从反射光中观察油膜所形成的干涉条纹。已知油膜的折射率为 $n_1=1.2$，玻璃的折射率为 $n_2=1.5$。(1)油膜中心处的干涉结果是亮斑，共有 5 条明纹，此时油膜中心最高点与玻璃片上表面的距离 h 为多大？(2)随着油膜的扩展，油膜中心处的干涉结果将如何变化？

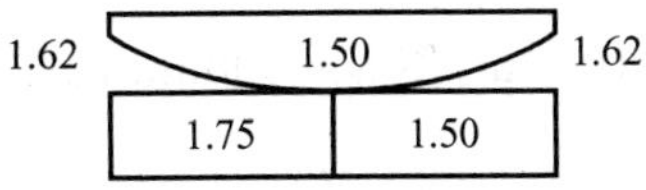

习题 11.16 图

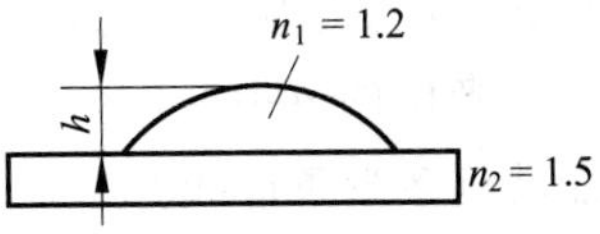

习题 11.17 图

11.18　用迈克耳孙干涉仪测量位移，入射光是波长为 632.8nm 的 He-Ne 激光，观察到等倾圆环中心重复出现5135次亮斑。求迈克耳孙干涉仪的反射镜的位移。

11.19 用迈克耳孙干涉仪测波长，当反射镜移动 1.20×10^{-3}m 时，观察到等倾圆环中心缩进5000个明纹，求被测光的波长。

11.20 若用钠灯(可发出波长为 $\lambda_1=589.0$nm 和 $\lambda_2=589.6$nm 的光)照射迈克耳孙干涉仪，首先调整好干涉仪，使得能看到清晰的干涉条纹。然后移动反射镜，使得干涉图样变得模糊直至消失。在这过程中，反射镜移动的距离 Δd 是多少?

11.21 单缝宽度为 6×10^{-4}m，以波长为580nm的单色光垂直照射，设透镜的焦距为1.0m，求在置于透镜焦平面的观察屏上第1级暗纹中心和第2级明纹中心到透镜光轴的距离。

11.22 把一套单缝衍射装置放入水中，水的折射率为 n，入射光在空气中的波长为 λ。求在此情况下暗纹中心的位置。

11.23 在白光照射单缝的夫琅禾费衍射实验中，某一波长为 λ_0 的光波的第3级明纹与红光($\lambda=600$nm)的第2级明纹相重合，求 λ_0。

11.24 如图所示，波长为 λ 的单色平行光以入射角 α 斜射到宽度为 a 的缝上。求最高暗纹级数和总暗纹条数。

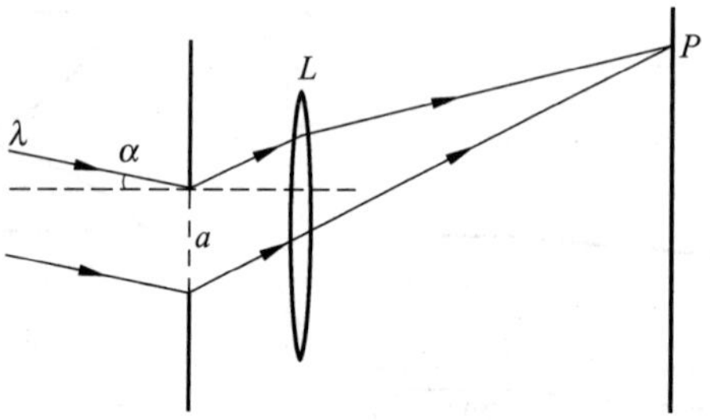

习题 11.24 图

11.25 用波长为632nm的He-Ne激光照射一细丝，在置于透镜焦平面的观察屏上测出中央明纹的线宽度为10.0mm。已知透镜的焦距为50.0cm，求细丝的直径。

11.26 某天文台的反射式望远镜的通光孔径为2.5m，求它能分辨的双星的最小夹角。已知从双星传来的光的波长为550nm。

11.27 波长 $\lambda=600$nm 的单色平行光垂直照射到光栅上，在与光栅法线成45°角的方向上观察到第2级光谱线。求该光栅每毫米上有多少条刻痕。

11.28 用白光(波长范围为400～760nm)垂直照射5000线/cm的光栅。求：(1)第2级光谱线的张角；(2)能看到几级完整的光谱；(3)这些光谱有几级不重叠。

11.29 当光栅常数和缝宽之间有下列关系时，指出哪些级次的光栅衍射主极大消失：(1)光栅常数 $a+b$ 为缝宽 a 的两倍，即 $a+b=2a$；(2)$a+b=3a$；(3)$a+b=3.5a$。

11.30 一光栅的 $d=6.0\times10^{-6}$m，$a=1.5\times10^{-6}$m，用 $\lambda=500$nm 的单色光垂直照射，在屏上能看到多少条谱线?

11.31 在夫琅禾费衍射实验中，一双缝间距为 $d=1.0\times10^{-4}$m，每个缝宽度为 $a=2.0\times10^{-5}$m，透镜焦距为0.5m，入射光的波长为480nm。求：(1)在置于透镜焦平面的观察屏上干涉条纹的间距；(2)单缝衍射的中央明纹的线宽度；(3)在单缝衍射的中央明纹内有多少双缝干涉极大。

11.32　用 300 线/mm 的光栅观察钠黄光($\lambda=589.3\text{nm}$)光谱。钠黄光以入射角 30°入射到光栅上，最多能观察到几级光谱？

11.33　在晶体衍射实验中，入射的 X 射线波长范围为 $9.70\times10^{-2}\sim1.30\times10^{-1}\text{nm}$，晶格常数为 $2.75\times10^{-10}\text{m}$。如图所示，当 X 射线以掠射角 45°入射时，波长为多少的光反射加强？

11.34　一束光通过两个偏振化方向平行的偏振片，透过光的强度为 I。当一个偏振片慢慢转过 θ 角时，透过光的强度变为 $I/2$。求 θ 角。

11.35　某种介质放在空气中，它的起偏角为 60°，它的折射率为多少？

11.36　如图所示，一束线偏振的钠黄光($\lambda=589.3\text{nm}$)垂直射入一块厚度为 $d=1.618\times10^{-2}\text{mm}$ 的石英波片，其主折射率为 $n_o=1.54424$，$n_e=1.55335$，光轴平行于 x 轴。问当入射的线偏振光的振动方向与 x 轴的夹角分别为 $\theta=30°$和 45°时，出射光是什么偏振光？

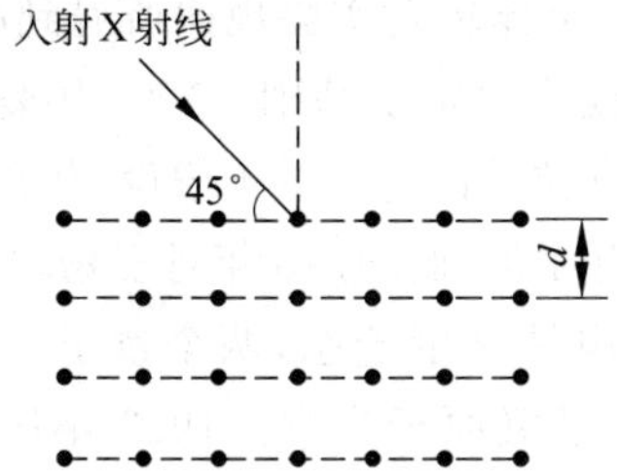

习题 11.33 图

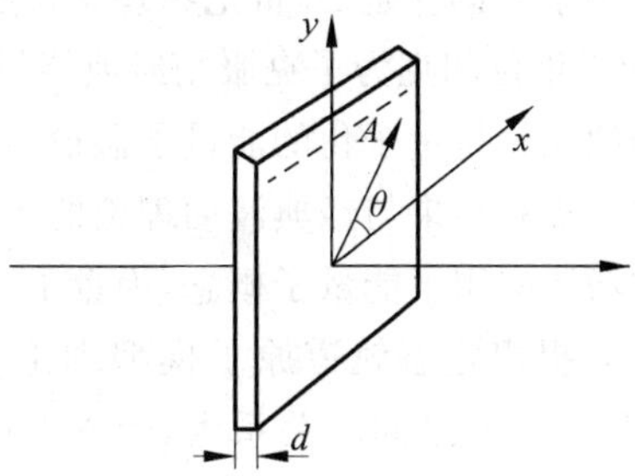

习题 11.36 图

第12章 量子物理基础

量子力学研究微观粒子的运动规律，是研究原子、分子和凝聚态物质的结构和性质的理论基础，在物理、化学、生命科学、信息、激光、能源和新材料等方面的科学研究和技术开发中，发挥着越来越重要的作用。

量子力学的创立是20世纪物理学发展的一个重要里程碑，它为人类认识微观世界开辟了道路。1900年普朗克为了克服用经典能量均分定理解释黑体辐射实验规律所遇到的困难，提出辐射场的能量是量子化的能量子假设，为量子力学的诞生奠定了基础。1905年爱因斯坦针对光电效应实验结果与经典波动理论的矛盾，提出光具有粒子性的光量子假设，并在固体热容问题上成功地应用了能量子概念，为量子理论的发展打开了局面。1913年丹麦物理学家N.玻尔(N. Bohr)提出定态轨道原子模型理论，指出原子结构具有量子态，两个量子态的能量差ΔE与辐射频率ν之间的关系为$\nu=\Delta E/h$，成功地解释了氢原子光谱。1923年法国物理学家德布罗意(P. L. de Broglie)提出实物粒子具有波动性的假设，揭示了物质世界的波动性。波粒二象性的假设为物质世界建立了一个统一的模型，是创立量子力学的一个基本出发点。

1925年德国物理学家海森伯(W. K. Heisenberg)建立矩阵力学。1926年奥地利物理学家薛定谔(E. Schrödinger)建立以薛定谔方程为基础的波动力学，其研究对象是低速运动的非相对论性粒子，如原子、分子和凝聚态物质中电子的运动。同年，英国物理学家狄拉克(A. M. Dirac)提出电子的相对论性运动方程，统一了量子论和相对论，奠定了相对论量子力学的基础。

矩阵力学偏重于物质的粒子性，波动力学则偏重于物质的波动性，可以证明这两种理论是等价的。由于薛定谔方程是一个偏微分方程，人们比较熟悉它的数学性质，所以一般的量子力学教科书都主要介绍波动力学。

本章首先介绍建立量子力学的实验基础，这些实验规律在现代科学技术中有着广泛的应用。然后简要地介绍量子力学中的波动力学。

12.1 黑体辐射和能量子假设

12.1.1 热辐射和黑体

1. 热辐射

在8.2.4节已经给出了热辐射的概念，并将热辐射看成由各种波长的光子组成的平衡态理想气体。均匀加热一个用不透明材料制成的空腔，空腔内壁原子之间的碰撞使原子激发到较高能级，再跃迁到较低能级就会辐射电磁波。空腔的温度越高，原子热运动的动能就越大，碰撞引起的激发能就越高，辐射电磁波的波长就越短，因此波长的分布与空腔的温度有关。空腔辐射电磁波的同时，也吸收电磁波，若辐射的能量等于吸收的能量，辐射场与空腔内壁就达到了同一温度下的热平衡。这种波长分布与温度有关并达到平衡态的电磁辐射，称为平衡热辐射，简称热辐射，其基本特征是：均匀、稳定和各向同性。

任何物体在温度高于 0K 时都有热辐射，辐射波长自远红外区连续延伸到紫外区。低温物体，如人体的辐射较弱，并且主要成分是波长较长的红外线，因此不易看到。不是所有发光现象都是热辐射，如日光灯、LED 和激光器等，它们都是特定能级的跃迁发光，因此不是热辐射。

2. 单色辐出度和单色吸收比

为表示物体热辐射的本领，定义单色辐出度（辐射出射度）：单位时间内从物体单位表面发出的，波长在 λ 附近的单位波长区间内的电磁辐射的能量，用 $M_\lambda(T)$ 表示。它是辐射波长 λ 和热力学温度 T 的函数，单位是 $\mathrm{W\cdot m^{-3}}$。

单色辐出度也可以用频率来定义（称为光谱辐出度）：单位时间内从物体单位表面发出的，频率在 ν 附近的单位频率区间内的电磁辐射的能量，用 $M_\nu(T)$ 表示。单位是 $\mathrm{W\cdot m^{-2}\cdot Hz^{-1}}$。

由于频率的间隔 $\nu\sim\nu+\mathrm{d}\nu$ 与波长的间隔 $\lambda\sim\lambda-|\mathrm{d}\lambda|$ 相对应，而辐射的能量相等，则 M_ν 和 M_λ 之间的关系为

$$M_\nu\mathrm{d}\nu=M_\lambda\,|\,\mathrm{d}\lambda\,|$$

M_ν 和 M_λ 对应不同的统计间隔，因此是两种不同的分布。

当电磁波入射到物体上时，入射波的能量会被物体吸收一部分、反射一部分和透射一部分，不透明的物体没有透射。波长在 $\lambda\sim\lambda+\mathrm{d}\lambda$ 区间内，物体吸收的电磁波的能量与入射的电磁波的能量的比值，称为物体的单色吸收比，表示为 $a_\lambda(T)$，$0\leqslant a_\lambda(T)\leqslant 1$。

3. 辐出度

单位时间内从物体单位表面发出的所有波长（频率）的辐射能量之和，用 $M(T)$ 表示，即

$$M(T)=\int_0^\infty M_\lambda(T)\mathrm{d}\lambda=\int_0^\infty M_\nu(T)\mathrm{d}\nu$$

称为物体辐射的辐出度，它表示物体辐射的强度，其单位是 $\mathrm{W\cdot m^{-2}}$。

4. 黑体

实验表明，单色辐出度不仅与波长和温度有关，还与物体表面和材料的具体性质有关。一般来说物体的表面越黑、越粗糙，$M_\lambda(T)$ 就越大。不同材料物体的 $M_\lambda(T)$ 有明显的差别，例如温度同为 1000K，金属可以发出红色光辉，而石英却不发出可见光。

若能找到一类物体，其单色辐出度与物体的具体性质无关，而只取决于波长和温度，就可以用这类物体的单色辐出度来描述热辐射的普遍规律。这类物体称为绝对黑体，简称黑体。黑体的单色热辐射本领用 $M_{0\lambda}(T)$ 或 $M_{0\nu}(T)$ 表示。

黑体在任何温度下都能全部吸收任何波长的入射电磁波，而没有反射。对于任何波长和温度，黑体的单色吸收比 $a_{0\lambda}(T)$ 恒等于 1。

12.1.2　黑体辐射的实验定律

黑体所发出的热辐射，称为黑体辐射。1859 年，基尔霍夫根据辐射物体与辐射场的热

平衡性质得出：平衡热辐射中任一物体的单色辐出度 $M_\lambda(T)$ 与单色吸收比 $a_\lambda(T)$ 的比值 $M_\lambda(T)/a_\lambda(T)$ 与物体的具体性质无关，是一个波长和温度的普适函数，即

$$\frac{M_\lambda(T)}{a_\lambda(T)}=I(\lambda,T)$$

上述结论称为基尔霍夫辐射定律。对于黑体来说 $a_{0\lambda}(T)=1$，因此式中的普适函数 $I(\lambda,T)$ 就是黑体的单色辐出度 $M_{0\lambda}(T)$，即

$$M_\lambda(T)=a_\lambda(T)M_{0\lambda}(T)$$

由于 $a_\lambda(T)\leqslant 1$，在相同温度下 $M_{0\lambda}(T)$ 比其他非黑体的单色辐出度都要大。

基尔霍夫辐射定律告诉我们，辐射本领大的物体，吸收本领也大。例如把一块白瓷砖表面的一半涂上煤烟，然后放进火炉里烧，高温下会观察到涂有煤烟的一半显得更亮些。

对此可以这样理解：如图 12.1.1 所示，在抽成真空的密闭容器中有辐射体 1、2 和 3，它们之间以及它们与容器之间只能通过辐射和吸收来交换能量，并达到热平衡。这时的辐射场是均匀、稳定和各向同性的，因此每个辐射物体在单位时间内辐射出去的能量一定等于它所吸收的能量，即辐射本领大的物体吸收本领也大。

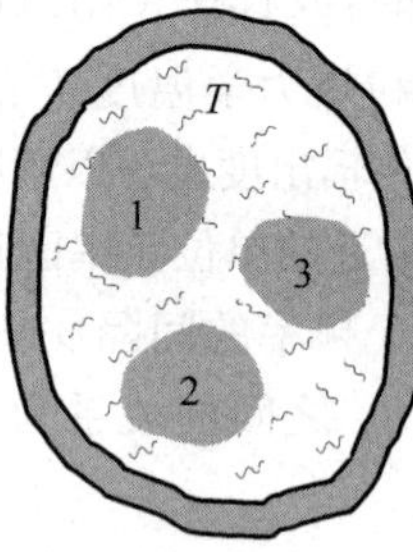

图 12.1.1 基尔霍夫辐射定律

自然界中不存在绝对黑体，即使是最黑的煤烟也只能吸收 99%的入射电磁波的能量。用硝酸浸泡含有适量磷元素的镍合金，可以制造出反射率极低的表面材料。

通常把空腔辐射看作是黑体辐射，如图 12.1.2 所示，均匀加热一个用不透明材料制成的空腔，在腔壁上开一个小孔 A，孔开得足够小，以保证从 A 射出的辐射与腔内辐射的性质相同。从空腔的外面看，射入小孔的电磁波经腔壁多次反射后几乎全部被吸收，可以认为小孔 A 的表面是一个十分理想的黑体。

在不同温度 T 下测量小孔 A 处的单色辐出度随波长 λ 的变化，就可以得到 $M_{0\lambda}(T)$ 按 λ 分布的实验曲线，如图 12.1.3 所示，曲线下面的曲边梯形的面积，就是表示辐射强度的黑体辐射的辐出度 $M_0(T)$。

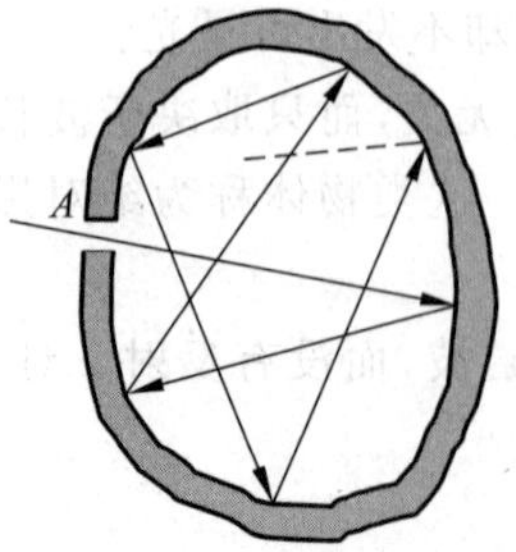

图 12.1.2 空腔辐射

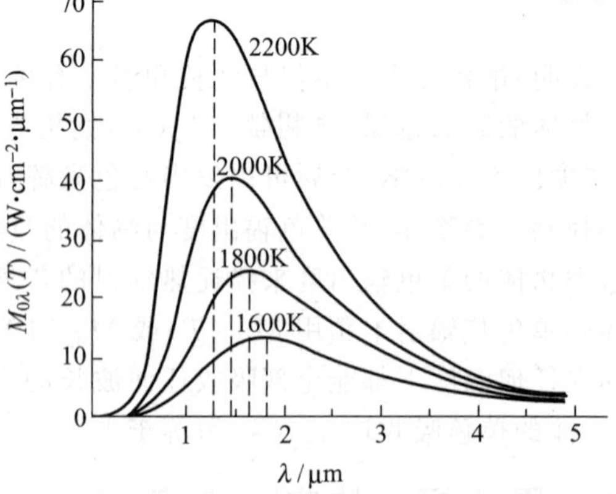

图 12.1.3 $M_{0\lambda}(T)$-λ 分布曲线

由实验数据可以总结出黑体辐射的两个实验定律。

1. 斯特藩-玻耳兹曼定律

黑体辐射的辐出度 $M_0(T)$，与黑体的热力学温度的四次方成正比，即

$$M_0(T)=\sigma T^4 \tag{12.1.1}$$

其中，$\sigma=5.670\times10^{-8}\,\mathrm{W\cdot m^{-2}\cdot K^{-4}}$，称为斯特藩-玻耳兹曼常量。随着温度的升高，黑体辐射的强度增大。

这一定律首先由斯洛文尼亚物理学家斯特藩(J. Stefan)于 1879 年从实验得到，1894 年由玻耳兹曼从热力学理论导出。

2. 维恩位移定律

黑体辐射的单色辐出度 $M_{0\lambda}(T)$的极大值所对应的(辐射最强的)波长 λ_m，与黑体的热力学温度成反比，即

$$\lambda_m=\frac{b}{T} \tag{12.1.2}$$

其中，$b=2.898\times10^{-3}\,\mathrm{m\cdot K}$，称为维恩常量。这一定律由德国物理学家维恩(W. Wien)于 1893 年提出。

由式(12.1.2)可知，随着温度的升高，λ_m 向短波方向位移。例如加热一个铁块，温度不太高时我们只能感觉到它发热但看不到它发光，这时 λ_m 处于红外波段，温度达到 500℃左右时铁块开始发出暗红的可见光，随着温度的升高铁块的发光强度逐渐增大，颜色则由暗变亮。根据热物体(如遥远星体)发光的颜色，按式(12.1.2)可以测量温度的高低。

维恩位移定律也可以用频率来表述：黑体辐射的光谱辐出度 $M_{0\nu}(T)$的极大值所对应的(辐射最强的)频率 ν_m，与黑体的热力学温度成正比，即

$$\nu_m=C_\nu T \tag{12.1.3}$$

其中，$C_\nu=5.880\times10^{10}\,\mathrm{Hz\cdot K^{-1}}$。按式(12.1.3)，随着温度的升高，$\nu_m$ 向高频方向位移。

虽然 λ_m 和 ν_m 表示同一温度下热辐射颜色的基本特征，但不难算出

$$\lambda_m\nu_m=bC_\nu=1.70\times10^8\,\mathrm{m\cdot s^{-1}}\neq c \quad \text{(真空光速)}$$

即

$$\lambda_m\neq\frac{c}{\nu_m}$$

这是因为 $M_{0\lambda}$ 和 $M_{0\nu}$ 是两种不同的分布，极大值 λ_m 和 ν_m 的位置不存在简单的对应关系。

斯特藩-玻耳兹曼定律和维恩位移定律是高温测量、遥感和红外跟踪技术的物理基础，在现代科学技术中有着广泛的应用。按维恩位移定律，物体表面温度不同的区域呈现不同颜色而形成热图像，红外夜视仪、红外制导和红外监控器等采用的就是红外热图像的识别技术。

例 12.1.1　把太阳表面看成黑体，测得太阳辐射的 λ_m 约为 500nm，估算太阳表面的温度和辐射辐出度。

解 按维恩位移定律,太阳表面的温度为

$$T=\frac{b}{\lambda_m}=\frac{2.898\times10^{-3}}{500\times10^{-9}}\text{K}=5800\text{K}$$

由斯特藩-玻耳兹曼定律,太阳表面的辐射辐出度为

$$M=\sigma T^4=5.67\times10^{-8}\times5800^4\ \text{W}\cdot\text{m}^{-2}=6.4\times10^7\ \text{W}\cdot\text{m}^{-2}$$

例 12.1.2 由于宇宙初始的大爆炸,现在宇宙空间中残存相当于 $\lambda_m\approx1\text{mm}$ 的黑体辐射,它处于微波波段,称为宇宙微波背景辐射。估算与之相应的黑体温度。

解 按维恩位移定律,宇宙微波背景辐射相应的黑体温度为

$$T=\frac{b}{\lambda_m}=\frac{2.898\times10^{-3}}{1\times10^{-3}}\text{K}=2.9\text{K}$$

1964 年 5 月,美国天体物理学家彭齐亚斯(A. A. Penzias)和威耳孙(R. W. Wilson)用他们建立的高灵敏度的接收天线系统进行射电天文学观测时,发现存在一种无法消除的背景噪声,这种噪声处于微波波段,各向同性程度极强,并且没有季节性变化,它来源于宇宙大爆炸遗留在宇宙空间的微波辐射。这一发现是宇宙学发展的一个里程碑,彭齐亚斯和威耳孙为此获得 1978 年诺贝尔物理学奖。目前认为,宇宙微波背景辐射相应的黑体温度为 2.7~2.9K。

12.1.3 普朗克黑体辐射公式和能量子假设

1. 经典理论遇到的困难

黑体辐射实验规律引起了物理学界的极大关注,当时许多物理学家试图从经典能量均分定理出发推导黑体辐射公式,但都在不同程度上遭到失败,其中最著名的是维恩公式和瑞利-金斯公式。

1896 年,维恩效仿麦克斯韦速度分布律提出

$$M_{0\lambda}(T)=\frac{C_1}{\lambda^5}e^{-\frac{C_2}{T\lambda}} \tag{12.1.4}$$

这是一个半经验公式,称为维恩公式,其中 C_1 和 C_2 是两个由实验确定的常量。如图 12.1.4 所示,维恩公式(维恩线)在短波(高频)区域符合实验结果,但对长波(低频)偏离实验值。

1900 年,瑞利把空腔辐射场看成是大量节点在空腔内壁上的电磁波驻波(相当于一系列简谐振子的力学系统的平衡态),按驻波简正模式的分布和经典能量均分定理导出

$$M_{0\lambda}(T)=\frac{2\pi c}{\lambda^4}\bar{\varepsilon}=\frac{2\pi c}{\lambda^4}kT \tag{12.1.5}$$

式中,$\bar{\varepsilon}=kT$ 是按经典能量均分定理得到的一维简谐振子的平均能量。当年瑞利把因子 $2\pi c/\lambda^4$ 算错了,后被金斯(J. H. Jeans)纠正,因此式(12.1.5)称为瑞利-金斯公式。

如图 12.1.4 所示,瑞利-金斯公式(瑞利-金斯线)在长波(低频)区域与实验符合,但对短波(高频)明显偏离实验结果,当波长接近紫外区域时趋于无穷大。1911 年奥地利物理学家埃伦费斯特(P. Ehrenfest)把这一荒谬结果称为"紫外灾难",以形容经典物理理论所面临的危机。

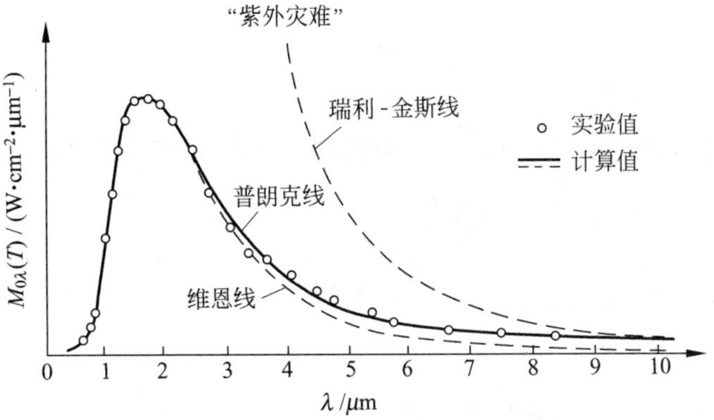

图 12.1.4　三个黑体辐射公式

2. 普朗克黑体辐射公式

在 1900 年 10 月 19 日德国柏林物理学会会议上，普朗克以《维恩光谱方程的改进》为题报告，他用插值法把维恩公式和瑞利-金斯公式衔接起来，得到

$$M_{0\lambda}(T)=\frac{2\pi hc^2}{\lambda^5}\frac{1}{e^{\frac{hc}{kT\lambda}}-1} \tag{12.1.6}$$

这就是著名的普朗克黑体辐射公式，在全部波长（频率）区域与实验完全符合，如图 12.1.4 所示。式中的 h 是插值引入的一个常量，即普朗克常量。2018 年第 26 届国际计量大会规定

$$h=6.62607015\times10^{-34}\,\mathrm{J\cdot s}$$

当年普朗克按黑体辐射的实验数据算出 $h=6.65\times10^{-34}\,\mathrm{J\cdot s}$，接近准确值。

若用频率 ν 表示，普朗克黑体辐射公式为（习题 12.4）

$$M_{0\nu}(T)=\frac{2\pi h}{c^2}\frac{\nu^3}{e^{\frac{h\nu}{kT}}-1} \tag{12.1.7}$$

得到半经验公式并没有使普朗克满足，反而强烈地促使他去揭示这个公式的真正物理意义。两个来月后的 1900 年 12 月 14 日，普朗克在德国柏林物理学会会议上作了题为《论正常光谱中的能量分布定律》的报告，提出了具有划时代意义的能量子假设，给出了他的公式的量子说明。

3. 能量子假设和普朗克黑体辐射公式的导出

普朗克仿照玻耳兹曼的统计方法，把空腔辐射场中的能量分成一份一份的，并提出能量子假设：空腔辐射场中频率为 ν 的一维简谐振子的能量，只能是能量单元 $h\nu$ 的整数倍，即

$$h\nu、2h\nu、3h\nu、\cdots$$

可以看出，普朗克常量 h 是量子效应尺度的表征。

对于普朗克黑体辐射公式的导出过程，我们不作历史叙述。在 8.6.3 节按玻耳兹曼分布律和能量子假设已经得出，温度为 T 的平衡态系统中频率为 ν 的一维简谐振子的平均能量为

$$\bar{\varepsilon}=\frac{h\nu}{e^{\frac{h\nu}{kT}}-1}$$

用波长 λ 表示可写成

$$\bar{\varepsilon}=\frac{hc}{\lambda}\frac{1}{e^{\frac{hc}{kT\lambda}}-1}$$

用上式给出的 $\bar{\varepsilon}$ 替换瑞利-金斯公式(12.1.5)中的 kT,就得到普朗克黑体辐射公式(12.1.6),即

$$M_{0\lambda}(T)=\frac{2\pi c}{\lambda^4}\frac{hc}{\lambda}\frac{1}{e^{\frac{hc}{kT\lambda}}-1}=\frac{2\pi hc^2}{\lambda^5}\frac{1}{e^{\frac{hc}{kT\lambda}}-1}$$

这表明:能量子的概念正确地反映了热辐射的物理机制,普朗克找到了他的公式的真正物理意义——辐射场能量是量子化的。

4. 由普朗克公式导出黑体辐射的其他公式

(1) 斯特藩-玻耳兹曼定律

设 $x=h\nu/(kT)$,把普朗克公式(12.1.7)写成

$$M_{0x}(T)=\frac{2\pi h}{c^2}\frac{k^3T^3}{h^3}\frac{x^3}{e^x-1}=\frac{2\pi k^3T^3}{c^2h^2}\frac{x^3}{e^x-1}$$

对 ν 从0到∞积分(即对 x 从0到∞积分),注意到 $d\nu=kTdx/h$,可得

$$M_0(T)=\int_0^\infty M_{0\nu}(T)d\nu=\frac{kT}{h}\int_0^\infty M_{0x}(T)dx=\frac{2\pi k^4T^4}{c^2h^3}\int_0^\infty\frac{x^3}{e^x-1}dx$$

利用积分公式 $\int_0^\infty\frac{x^3}{e^x-1}dx=\frac{\pi^4}{15}$,得

$$M_0(T)=\frac{2\pi^5k^4}{15c^2h^3}T^4=\sigma T^4$$

此即式(12.1.1),并可得到

$$\sigma=\frac{2\pi^5k^4}{15c^2h^3}=\frac{2\times\pi^5\times1.3806^4\times10^{-92}}{15\times2.9979^2\times10^{16}\times6.6261^3\times10^{-102}}\text{W}\cdot\text{m}^{-2}\cdot\text{K}^{-4}$$
$$=5.670\times10^{-8}\text{W}\cdot\text{m}^{-2}\cdot\text{K}^{-4}$$

(2) 维恩位移定律

设 $x=hc/(\lambda kT)$,把普朗克公式(12.1.6)写成

$$M_{0x}(T)=\frac{2\pi k^5T^5}{h^4c^3}\frac{x^5}{e^x-1}$$

求 $M_{0x}(T)$ 的极大值,令

$$\frac{dM_{0x}(T)}{dx}=\frac{d}{dx}\left(\frac{2\pi k^5T^5}{h^4c^3}\frac{x^5}{e^x-1}\right)=\frac{2\pi k^5T^5}{h^4c^3}\frac{5x^4(e^x-1)-x^5e^x}{(e^x-1)^2}=0$$

得

$$5e^x-xe^x-5=0$$

写成

$$x=5(1-e^{-x})$$

这是一个超越方程。从 $x_0=5$ 开始迭代,准确到5位有效数字的解为

$$x=\frac{hc}{\lambda_m kT}=4.9651$$

可以验证，当 $x=4.9651$ 时，$\mathrm{d}^2M_{0x}(T)/\mathrm{d}x^2<0$，因此当 $x=4.9651$ 时，$M_{0x}(T)$ 取极大值，辐射最强的波长为

$$\lambda_{\mathrm{m}}=\frac{hc}{4.9651kT}=\frac{b}{T}$$

此即式(12.1.2)，并可得到

$$b=\frac{hc}{4.9651k}=\frac{6.6261\times10^{-34}\times2.9979\times10^{8}}{4.9651\times1.3806\times10^{-23}}\mathrm{m}\cdot\mathrm{K}=2.898\times10^{-3}\mathrm{m}\cdot\mathrm{K}$$

(3) 维恩公式和瑞利-金斯公式

在短波区域($hc/\lambda\gg kT$)，$\mathrm{e}^{hc/kT\lambda}\gg1$，普朗克公式(12.1.6)近似为

$$M_{0\lambda}(T)=\frac{2\pi hc^2}{\lambda^5}\frac{1}{\mathrm{e}^{\frac{hc}{kT\lambda}}-1}\approx\frac{2\pi hc^2}{\lambda^5}\mathrm{e}^{-\frac{hc}{kT\lambda}}=\frac{C_1}{\lambda^5}\mathrm{e}^{-\frac{C_2}{T\lambda}}$$

此即维恩公式(12.1.4)，并可得到 $C_1=2\pi hc^2$，$C_2=hc/k$。而瑞利-金斯公式(12.1.5)则是在长波区域($hc/\lambda\ll kT$)式(12.1.6)的近似。

普朗克第一次引进物理量的不连续性，即量子性的概念。对于经典物理理论来说，能量量子化是离经叛道的，就连普朗克本人当时都觉得难以置信。为回到经典物理的理论体系，普朗克在提出能量子假设后的几年里，总想用能量的连续性来解决黑体辐射问题，但都没有成功。

在物理学中能量子假设的提出具有划时代的意义，标志着量子力学的诞生，1900 年 12 月 14 日是公认的量子力学诞生日，普朗克为此获得 1918 年诺贝尔物理学奖。

12.2　光的粒子性

普朗克能量子假设仅限于辐射场在能量上的量子化，认为辐射在空间仍连续地传播。1905 年爱因斯坦提出光量子假设，指出辐射场在空间分布上也是不连续的，频率为 ν 的光束是由一个个能量为 $h\nu$ 的光量子(光子)组成。1923 年美国物理学家康普顿(A. H. Compton)通过实验发现光子除了具有能量，还具有动量，并验证了在光子与电子的碰撞过程中动量和能量严格守恒，进一步证实了光的粒子性。

12.2.1　光电效应和爱因斯坦光量子理论

光照射某些金属表面，使电子从金属表面逸出的现象称为光电效应，所逸出的电子叫作光电子。光电效应是光具有粒子性的实验证据，但有趣的是赫兹 1887 年用实验验证电磁场的波动性时发现，在紫外线的照射下金属电极之间更容易放电，表现了光的粒子性。1897 年 J. J. 汤姆孙发现电子后，德国物理学家勒纳德(P. Lennard)对光电效应作了进一步研究。

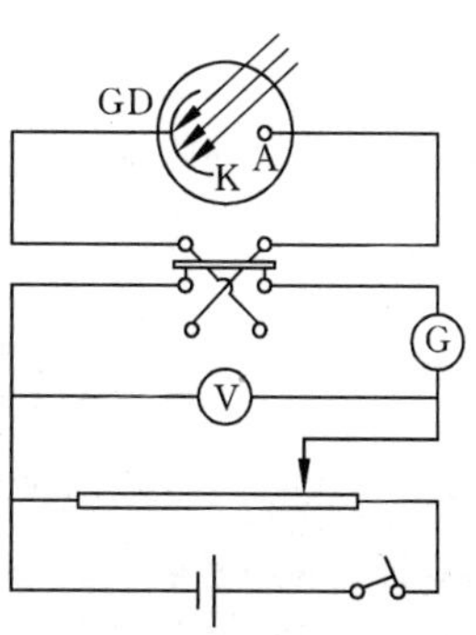

图 12.2.1　光电效应实验

图 12.2.1 表示光电效应的实验装置。GD 为光电管，管中抽成真空，K 和 A 分别是阴极和阳极，阴极 K 的表面敷有感光金属层(如铯(Cs))。当光照射到阴极 K 上时发射光电子，在 A、K 间加速电场的作用下形成光电流 I，可由电流计 G 测出。加速电压 U 用电压表 V 显示，可以反向加电压。

1. 光电效应的实验结果

光电效应的实验结果可归纳如下

(1) 饱和光电流与入射光强成正比

图12.2.2中的曲线表示在频率相同的两种不同强度光的照射下,光电流 I 与加速电压 U 的关系。在一定光强照射下,I 随着 U 的增大而增大,并达到饱和值。电流饱和意味着由阴极K发射的光电子全部到达阳极A。实验表明:饱和光电流与入射光强成正比。这说明单位时间内由阴极发射的光电子数与光强成正比。

(2) 截止电压 U_c 与入射光强无关

反向加电压使光电子减速,当反向电压增大到 U_c 时,光电流减小到零,U_c 称为截止电压。实验表明:截止电压 U_c 与入射光强无关。按能量关系,电子的初动能为

$$\frac{1}{2}m_e v_0^2 = eU_c \qquad (12.2.1)$$

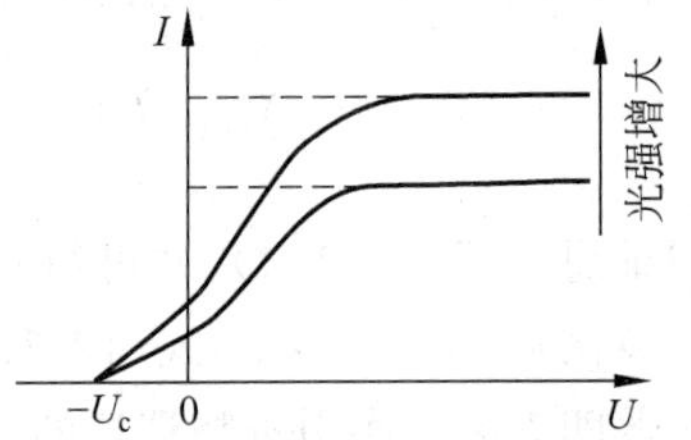

图 12.2.2 光电流与加速电压的关系

U_c 与光强无关,说明电子的初动能与光强无关。

(3) 存在截止频率

如图12.2.3所示,截止电压 U_c 与入射光的频率 ν 成线性关系,对于几种不同金属阴极,U_c 与 ν 的关系曲线是一些互相平行的直线,可表示为

$$U_c = K\nu - U_0 \qquad (12.2.2)$$

其中,K 为直线的斜率,是一个与金属种类无关的普适恒量,而截距 U_0 与金属种类有关。

把式(12.2.2)代入式(12.2.1),可得

$$\frac{1}{2}m_e v_0^2 = eK\nu - eU_0 \qquad (12.2.3)$$

说明光电子的初动能与入射光的频率 ν 成线性关系。

在图12.2.3中,当频率 ν 减小到直线与横轴的交点 ν_0 处,如对Cs,$\nu_0 = 4.68\times10^{14}$ Hz 时,截止电压 $U_c=0$。按式(12.2.1),这时光电子的初动能等于0,电子不能逸出金属表面。这表明:若入射光的频率 $\nu<\nu_0$,无论光强有多大、光照时间有多长,都不能发生光电效应。ν_0 称为光电效应的截止频率或红限频率,按式(12.2.3),ν_0 等于直线的截距除以斜率,即

$$\nu_0 = \frac{U_0}{K}$$

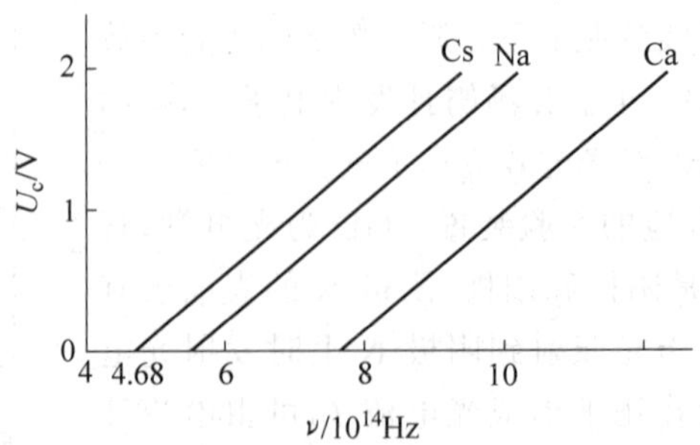

图 12.2.3 截止电压与入射光频率的关系

(4) 从光照到发射光电子所经时间小于 3×10^{-9}s,光电效应与光照几乎同时发生。

2. 经典波动理论遇到的困难

电子逸出金属表面时要受到表面层的束缚,相当于受到一个势垒的阻挡,这一势垒的高度称为金属的逸出功或功函数。逸出功的量级为几个电子伏特,如铯(Cs)的逸出功为1.94eV,钠(Na)的逸出功为2.29eV。按 kT 估算,常温(300K)下电子的热运动能量的量级仅为0.026eV,这一能量远小于金属的逸出功,因此电子从外界获得至少等于逸出功的能量才能逸出金属表面。

除了饱和光电流与入射光强成正比,光电效应的其他三个实验结果都不能用光的经典波动理论来解释。按经典理论,光电子的初动能应随入射光强的增大而增大,无论入射光的频率是多少,只要光足够强,光照时间足够长,电子就会吸收足够的能量逸出金属表面,因此不应该存在截止频率。此外,按经典理论,光波的能量均匀分布在波面上,而电子吸收光能的有效面积不会大于一个原子的截面面积,即使入射光很强,电子逸出金属表面前的能量积累时间也远远大于 10^{-9}s。

3. 爱因斯坦光量子理论

光电效应的实验结果让爱因斯坦意识到,辐射场不仅在能量上是量子化的,在空间分布上也是不连续的。1905年3月,他在题为《关于光的产生和转化的一个推测性的观点》的论文中提出光量子假设:从点光源发出的光束能量在传播中不是连续分布到越来越大的空间,而是由数目有限并局限于空间各点的能量子(后来被称为光子)组成,它们能运动,但不能再分割,只能整个地被吸收或产生。

按光量子假设,金属中的电子只能整个地吸收光子的能量 $h\nu$,一部分用来克服金属的逸出功 A,剩下的转变为电子逸出金属表面时的初动能,即

$$\frac{1}{2}m_e v_0^2 = h\nu - A \tag{12.2.4}$$

上式称为爱因斯坦光电方程。对比式(12.2.3)可知,$h=eK$,$A=eU_0$。按式(12.2.2),截止电压为

$$U_c = (h\nu - A)/e$$

按方程(12.2.4),只有当 $h\nu > A$ 时,电子才能有初动能,才能从金属表面逸出,因此存在截止频率

$$\nu_0 = \frac{A}{h}$$

表12.2.1列出了几种金属的逸出功、截止频率和对应的红限波长。

表 12.2.1　几种金属的逸出功、截止频率和红限波长

金　属	铯 (Cs)	铷 (Rb)	钾 (K)	钠 (Na)	钙 (Ca)	锌 (Zn)	钨 (W)	金 (Au)
逸出功 A/eV	1.94	2.13	2.25	2.29	3.20	3.34	4.54	4.80
截止频率 $\nu_0/10^{14}$ Hz	4.68	5.14	5.43	5.53	7.73	8.06	10.96	11.59
红限波长 λ_0/nm	640	583	552	542	388	372	273.5	258.6
波段	红	黄	绿	绿	近紫外	近紫外	远紫外	远紫外

由于电子整个地吸收光子的能量,无需能量积累的时间,所以光电效应与光照几乎同时发生。此外,单位时间内由阴极发射的光电子数与入射光子数成正比,而在频率一定的情况下,光强正比于光子数,所以饱和光电流与入射光强成正比。总之,用光量子理论可以解释光电效应的全部实验结果。

单个自由电子是不能吸收光子的,原因是这一过程不能同时满足动量和能量守恒定律(见例3.6.1)。但在光电效应中入射光是可见光或紫外线,入射光子的能量与金属原子束缚电子的逸出功(几个eV)是同一量级,这时的电子不能视为自由,因此电子可以吸收光子,在电子吸收光子的过程中,电子—光子—原子系统的动量和能量可以同时守恒。

由于原子的质量远大于电子的质量,原子发射电子所获得的反冲动能很小,可以忽略。考虑逸出功之后,电子—光子系统的能量转化关系可以用光电方程(12.2.4)来表达。

但光电效应不能反映光子的动量。因为在电子—原子系统的质心系中,原子获得的反冲动量的大小等于电子的动量,原子的反冲动量不能忽略,所以在光电效应中电子—光子系统的动量不守恒,不能反映光子的动量。而下面介绍的康普顿效应,是X射线光子和静止的自由电子所发生的弹性碰撞,这时电子—光子系统的动量守恒,可以反映光子的动量。

可能要问,电子同时吸收两个或两个以上频率低于截止频率的光子,不是也能发生光电效应吗?实验发现,在入射光强不是很大,例如用普通光源照射的情况下,电子同时吸收两个光子的概率十分微小,实际上不会发生。

*** 多光子光电效应**

在提出光量子假设的论文中,爱因斯坦预言了在强光照射下电子同时吸收两个或两个以上光子的可能性,只要这些光子的总能量大于金属的逸出功,就能发生光电效应。

激光出现后光强达到发生多光子过程的水平,1964年首次用激光在金属面上实现了双光子光电效应。对于 n 光子光电效应,爱因斯坦光电方程应推广为

$$\frac{1}{2}m_e v_0^2 = nh\nu - A$$

这时截止频率的概念失去意义。

爱因斯坦光量子理论揭示了光的粒子性,是一个“非常大胆的设想”,尽管与当时已有的实验事实并无矛盾,但还是遭到几乎所有老一辈物理学家的反对。1913年普朗克在提名爱因斯坦为普鲁士科学院会员时,虽然高度评价爱因斯坦的成就,但同时指出,“有时,他(爱因斯坦)可能在他的思索中失去了目标,如他的光量子假设。”

爱因斯坦获得1921年诺贝尔物理学奖。颁奖委员会特别申明,授予爱因斯坦诺贝尔物理学奖不是由于他建立了相对论,而是“为了表彰他在理论物理学上的研究,特别是发现了光电效应的定律”。在20世纪初,人们还没认识到相对论的重大意义,相对论没能获奖只是因为太超前了。

当时测量不同频率下微弱的光电流是一件非常困难的事情,直到1916年密立根才用较为精确的实验得出 $U_c \sim \nu$ 的关系是一条斜率为 K 的直线,按 $h = eK$ 算出的普朗克常量 h 的值符合用其他方法得到的结果,此后光量子理论才开始得到广泛承认。其实密立根做光电效应实验的本来目的是希望证明经典波动理论的正确性,甚至在他宣布证实了光电方程时,还声称要肯定爱因斯坦的光量子理论还为时过早,可见量子理论在发展过程中遇到的阻力是何等巨大。

利用光电效应可以实现光电转换,广泛用于光信号的检测和自动控制,如光电管、光电倍增管、光电二极管和电荷耦合元件(CCD,charge-coupled device)等。CCD的基本结构是

排列整齐的光电二极管阵列，受光激发释放出电荷，直接把光学影像转化为电信号。CCD 完全替代了胶片成像，彻底革新了摄影技术，广泛用于摄像机、数码相机、扫描仪和手机，在图像传感和非接触测量领域 CCD 的发展更为迅速。

CCD 由美国科学家博伊尔（W. Boyle）和史密斯（G. Smith）于 1969 年共同发明，他们和高锟共同获得 2009 年诺贝尔物理学奖，高锟在光纤传输和光学通信方面取得了突破性成就。

12.2.2　康普顿效应

光电效应从能量转化的角度揭示了光的粒子性，但不能反映光子的动量。1920—1923 年期间康普顿发现，用单色 X 光照射石墨等物质时，被散射的 X 光中除了波长与入射光的波长相同的成分外，还有波长较长的成分，这种波长变长的现象称为康普顿效应。

图 12.2.4 表示康普顿实验装置，波长为 λ_0 的入射 X 光照射石墨，用探测器接收被散射的 X 光。散射光线与入射光线的夹角 θ，称为散射角。

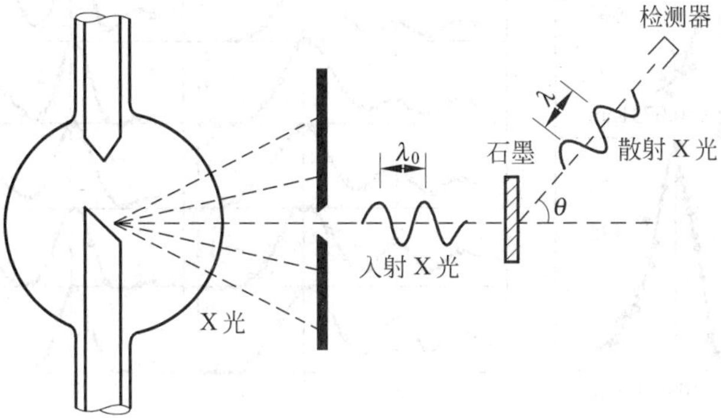

图 12.2.4　康普顿实验

1. 康普顿效应的实验结果

如图 12.2.5 所示，康普顿效应的实验结果可归纳如下

(1) 原入射方向($\theta=0$)上的散射光只包含波长为 λ_0 的成分，而 $\theta\neq 0$ 的其他散射方向包含波长为 λ_0 和 $\lambda>\lambda_0$ 的两种成分。

(2) 波长差(称为康普顿位移)$\Delta\lambda=\lambda-\lambda_0$ 与散射物质及入射波长 λ_0 无关，只取决于散射角 θ，即

$$\Delta\lambda=0.00241(1-\cos\theta)\,\text{nm}$$

随着 θ 的增大，$\Delta\lambda$ 增大，波长为 λ_0 的谱线强度减小，而 λ 的谱线强度增大，如图 12.2.5(a)所示。

(3) 随着散射元素的原子序数 Z 的增大，在同一散射方向($\theta=120°$)上，波长为 λ_0 的谱线强度增大，而 λ 的谱线强度减小，如图 12.2.5(b)所示。

2. 康普顿效应的理论解释

康普顿和德拜用光子的概念成功地解释了波长变长的现象。在康普顿实验中，入射的 X 射线光子的能量(量级为 10^4eV)远大于原子中被原子核束缚较弱的外层电子的束缚能(几个 eV)和热运动能量(0.026eV)，对于入射光子来说，这些外层电子可以看成是静止的自由电子。康普顿效应相当于是光子和静止的自由电子所发生的弹性碰撞，电子反冲带走

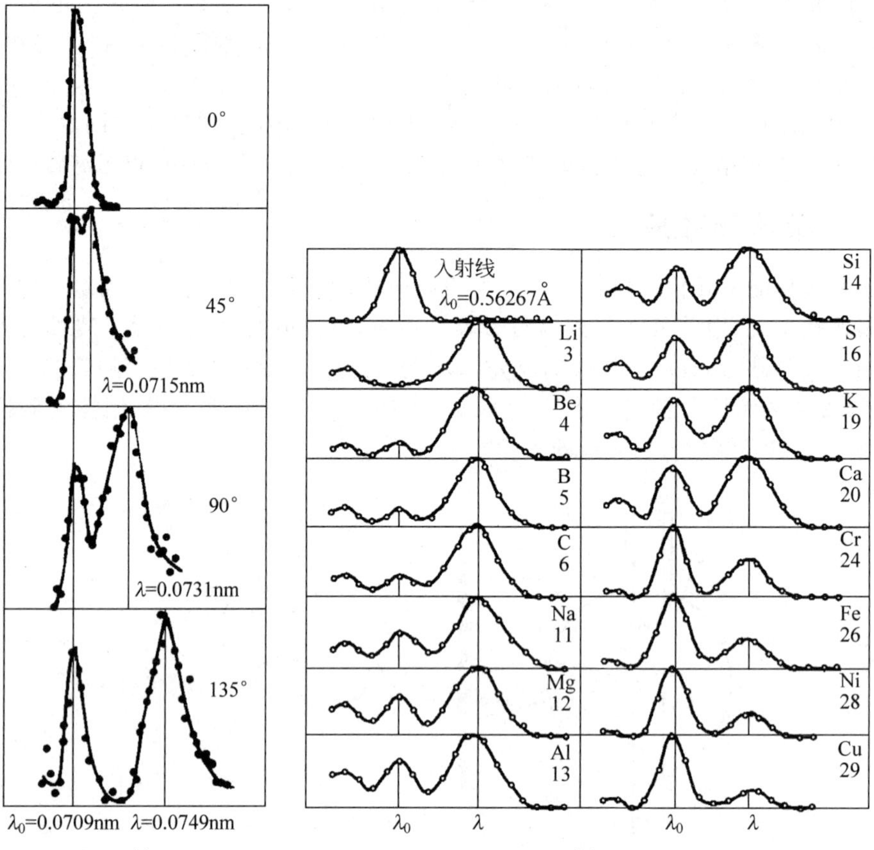

图 12.2.5 康普顿效应的实验结果

了一部分能量,减少了散射光子的能量,因此散射的 X 光波长变长。

按光的经典波动理论,自由电子在 X 光的照射下作同频率的受迫振动,所发射的子波(散射光)的频率等于电子受迫振动的频率,即等于入射光的频率,因此散射光的波长与入射光波长相等,不应出现波长变长的现象。

如图 12.2.6 所示,设碰撞前光子的能量为 $h\nu_0$,动量为 $\frac{h\nu_0}{c}\hat{\boldsymbol{n}}_0$,静止的自由电子的能量为静质能 m_ec^2,动量为 0;碰撞后光子的能量为 $h\nu$,动量为 $\frac{h\nu}{c}\hat{\boldsymbol{n}}$,电子的能量为 mc^2,动量为 $m\boldsymbol{v}$。按动量和能量守恒,有

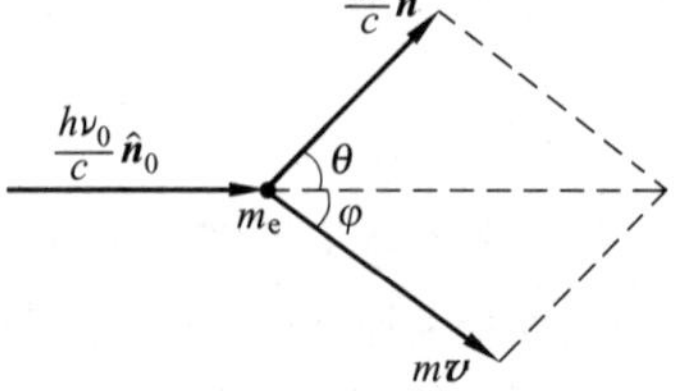

图 12.2.6 光子和静止的自由电子的弹性碰撞

$$\frac{h\nu_0}{c}\hat{\boldsymbol{n}}_0=\frac{h\nu}{c}\hat{\boldsymbol{n}}+m\boldsymbol{v} \tag{12.2.5}$$

$$h\nu_0+m_e c^2=h\nu+mc^2 \tag{12.2.6}$$

$$m=\frac{m_e}{\sqrt{1-v^2/c^2}} \tag{12.2.7}$$

把式(12.2.5)写成分量式,有

$$\frac{h\nu_0}{c}=\frac{h\nu}{c}\cos\theta+mv\cos\varphi$$

$$\frac{h\nu}{c}\sin\theta=mv\sin\varphi$$

消去 φ,得

$$m^2v^2c^2=h^2(\nu_0^2+\nu^2-2\nu_0\nu\cos\theta) \tag{12.2.8}$$

把式(12.2.6)写成

$$mc^2=h(\nu_0-\nu)+m_e c^2$$

把上式两边平方并与式(12.2.8)相减,再利用式(12.2.7),可得

$$\frac{c}{\nu}-\frac{c}{\nu_0}=\frac{h}{m_e c}(1-\cos\theta)$$

因此康普顿位移为

$$\Delta\lambda=\lambda-\lambda_0=\lambda_C(1-\cos\theta)$$

其中,λ_C 称为电子的康普顿波长,代入数据可得

$$\lambda_C=\frac{h}{m_e c}=\frac{6.626\times10^{-34}\times2.997\times10^8}{0.511\times10^6\times1.602\times10^{-19}}\text{m}=0.00243\text{nm}$$

实验结果是 $\lambda_C=0.00241\text{nm}$。

可以看出,λ_C 处于 X 光波段,相当于百分之几原子半径的量级,因此只有当入射波长 λ_0 和 λ_C 接近时,$\Delta\lambda$ 与 λ_0 方可比拟,才容易看到波长的改变。

在散射物质中还有许多被原子核束缚得很紧的内层电子,光子与这些电子的碰撞相当于和整个原子交换能量和动量。由于原子的质量很大,被内层电子散射的光子只改变方向,几乎不改变能量,所以散射光中还包含波长为 λ_0 的成分。随着 θ 的增大,光子被内层电子散射的概率减小,波长为 λ_0 的谱线强度减小,而 λ 的谱线强度增大。

因为原子序数 Z 越大,内层电子就越多,它们对光子散射的贡献就越大,所以随着 Z 的增大,波长为 λ_0 的谱线强度增大,而 λ 的谱线强度减小。

严格地说物质中的自由电子并不是静止的,由于多普勒效应,图 12.2.5 中谱线强度曲线有一定的宽度,康普顿位移对应的是谱线强度曲线的峰值。考虑被电子散射的 X 光的多普勒频移,可以了解电子在原子中的运动情况。

康普顿效应有力地支持了爱因斯坦光量子理论,揭示了光子除了具有能量还具有动量,并且验证了在微观的单个碰撞事件中,动量和能量守恒定律也严格成立。康普顿效应和光电效应一起成为光具有粒子性的重要实验依据,为此康普顿和威耳孙共同获得 1927 年诺贝尔物理学奖,威耳孙发明了云室。

作为康普顿的学生,中国物理学家吴有训参加了康普顿的X光散射研究的开创工作,并作出重要贡献。图12.2.5(b)就是吴有训用单色X光照射15种元素所得到的散射曲线,除证实了康普顿效应的普遍性,还发现谱线强度随原子序数Z的变化情况。

12.2.3 光的波粒二象性

光的干涉和衍射现象说明光具有波动性,而光电效应和康普顿效应则揭示了光还具有粒子性,因此光具有波粒二象性。

若用ν和λ分别代表单色平面光波的频率和波长,用E和p分别代表光子的能量和动量,则有

$$\nu=\frac{E}{h}$$

$$\lambda=\frac{h}{p}$$

对于光来说上面两式并不独立,因为$\lambda=c/\nu$,$E=pc$,可以由$\nu=E/h$导出$\lambda=h/p$。

例12.2.1 计算波长分别为550nm、300nm和0.1nm的绿光、紫外光和X光的光子能量。

解 按光子能量与波长的关系,有

$$E=h\nu=\frac{hc}{\lambda}=\frac{6.626\times10^{-34}\times2.997\times10^{8}\times10^{9}}{1.602\times10^{-19}}\frac{1}{\lambda}\mathrm{eV}=\frac{1240}{\lambda}\mathrm{eV}$$

其中,λ是以nm为单位的波长的数值。可得

$$E_{\text{绿光}}=\frac{1240}{550}\mathrm{eV}=2.25\mathrm{eV},\quad E_{\text{紫外光}}=\frac{1240}{300}\mathrm{eV}=4.13\mathrm{eV},\quad E_{\text{X光}}=\frac{1240}{0.1}\mathrm{eV}=1.24\times10^{4}\mathrm{eV}$$

12.3 粒子的波动性

光(波)具有粒子性,作为实物粒子的电子是否具有波动性?N.玻尔提出定态轨道原子模型理论之后,法国物理学家布里渊(M. Brillouin)曾设想原子核周围的"以太"会因电子的运动激发一种波,当电子轨道半径取某些特定值时这种波相干叠加所形成的围绕原子核的驻波,就是原子结构模型中的定态。

德布罗意接受了布里渊的驻波思想,但去掉了"以太"概念,把电子的波动性直接赋予电子本身。

12.3.1 德布罗意假设

1924年,德布罗意在他的博士论文中提出假设:实物粒子(如电子)也具有波动性,与一个具有能量E和动量p的实物粒子相联系的是一列单色平面波,其频率ν和波长λ分别为

$$\nu=\frac{E}{h}\tag{12.3.1}$$

$$\lambda=\frac{h}{p}\tag{12.3.2}$$

引入$\hbar=h/2\pi$(计算中可取 $\hbar=1.05\times10^{-34}$J·s),其角频率和角波数分别为

$$\omega=2\pi\nu=\frac{2\pi E}{h}=\frac{E}{\hbar}$$

$$k=\frac{2\pi}{\lambda}=\frac{2\pi p}{h}=\frac{p}{\hbar}$$

这种与实物粒子相联系的波,称为德布罗意波。与实物粒子相联系的波长,叫作德布罗意波长,式(12.3.2)称为德布罗意波长关系。德布罗意把这种波称作"相波",意指它的相位与它所表示的粒子的相位相同。

从形式上看,式(12.3.1)和(12.3.2)与光的相应关系式并无区别,但对于实物粒子来说 $\lambda=h/p$ 不能由 $\nu=E/h$ 导出,如果说 $\nu=E/h$ 是借用了光量子假设,那么德布罗意波长关系 $\lambda=h/p$ 就是一个独立的全新假设。

*** 德布罗意波的相速度和群速度**

德布罗意波的相速度为

$$u_p=\frac{\omega}{k}=\frac{E}{\hbar}\frac{\hbar}{p}=\frac{E}{p}=\frac{mc^2}{mv}=\frac{c^2}{v}$$

其中,v 为实物粒子的运动速度。因 $v<c$,故 $u_p>c$,德布罗意波的相速度超光速,它不等于所表达的实物粒子的运动速度。这与光波不同,真空中光波的相速度(光速)就是光子的运动速度。

德布罗意波的群速度为

$$u_g=\frac{\mathrm{d}\omega}{\mathrm{d}k}=\frac{\mathrm{d}E}{\mathrm{d}p}=\frac{\mathrm{d}}{\mathrm{d}p}\sqrt{p^2c^2+m_0^2c^4}=\frac{pc^2}{E}=\frac{mvc^2}{mc^2}=v$$

恰好等于它所表达的实物粒子的运动速度。

在电压 U 下加速电子,若 U 不是很高($eU\ll m_ec^2$),$eU=m_ev^2/2$,被加速电子的德布罗意波长为

$$\lambda=\frac{h}{m_ev}=\frac{h}{\sqrt{2em_e}}\frac{1}{\sqrt{U}}$$

代入数据,得

$$\lambda=\frac{1.225}{\sqrt{U}}\mathrm{nm}$$

式中的 U 是以 V 为单位的加速电压的数值。例如,当 $U=150$V 时电子的波长等于 0.1nm,处于 X 射线波段。

在德布罗意的博士论文答辩会上,有人问如何验证这一新的观念,他回答:通过电子在晶体上的衍射实验,应当有可能观察到这种假定的波动的效应。

1927 年,美国物理学家戴维孙(C. J. Davisson)和革末(L. H. Germer)通过晶体表面对电子束的散射,观测到了与 X 射线衍射类似的电子衍射图样,首先验证了德布罗意波长关系。如图 12.3.1(a)所示,他们用低能电子束垂直照射镍单晶体表面,检测沿不同方向衍射的电子束强度。如图 12.3.1(b)所示,实验中发现,当电子束的加速电压为 $U=54$V 时,在 $\theta=50°$方向上电子束强度达到极大值。

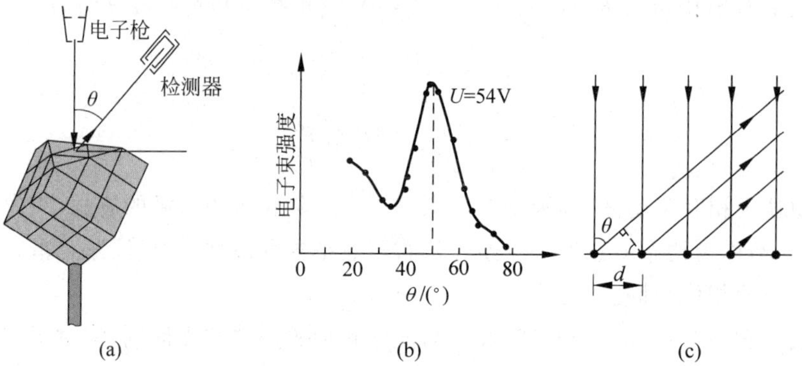

图 12.3.1 戴维孙-革末实验

如图 12.3.1(c)所示,类似于对 X 射线晶体衍射的分析,电子束强度极大方向应满足 $d\sin\theta=k\lambda$,取 $k=1$,有

$$d\sin\theta=\lambda$$

已知镍晶面上原子间距为 $d=0.215\text{nm}$,则电子波波长的实验结果为

$$\lambda=d\sin\theta=0.215\times\sin50^\circ\text{nm}=0.165\text{nm}$$

而按德布罗意波长关系,电子的德布罗意波长为

$$\lambda=\frac{1.225}{\sqrt{U}}\text{nm}=\frac{1.225}{\sqrt{54}}\text{nm}=0.167\text{nm}$$

基本符合实验结果 0.165nm,但稍大些,这是由于电子进入晶体表面时还会被晶格电场加速,实际的加速电压应该比 54V 大一些。

同年,G. P. 汤姆孙用电子束通过金属多晶薄膜,得到如图 12.3.2 所示电子衍射图样。图 12.3.3 是 1961 年约恩孙(C. Jonsson)直接用电子束所做的双缝和四缝干涉条纹,这些实验都验证了德布罗意波长关系。后来,人们又在实验中观测到中子、质子和原子等实物粒子的波动性,而电子显微镜就是利用电子束的波动性来成像的。

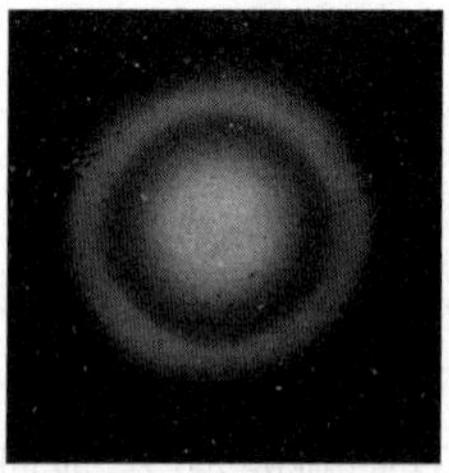

图 12.3.2 G. P. 汤姆孙电子衍射图样

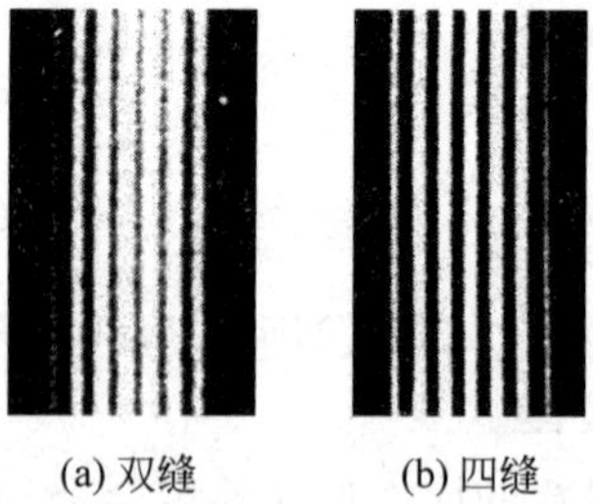

图 12.3.3 约恩孙电子干涉条纹

德布罗意波具有确定的波长,是一种单色平面波,但在物理上德布罗意波究竟是一种什么波?德布罗意在他的博士论文中特别声明:我特意将相波和周期现象说得比较含糊,就像光量子的定义一样,可以说只是一种解释,因此最好将这一理论看成是物理内容尚未说清楚的一种表达方式,而不能看成是最后定论的学说。

实际上,德布罗意波是一种“概率波”,与势能 $U=0$ 情况下薛定谔方程的解——自由粒子波函数相对应。薛定谔在 1926 年曾明确表示，他建立波动力学的灵感“主要归因于德布罗意先生的独创性的论文”。

德布罗意关于实物粒子具有波动性的假设，拉开了量子力学革命的序幕，为此他获得 1929 年诺贝尔物理学奖。戴维孙和 G. P. 汤姆孙共同获得 1937 年诺贝尔物理学奖，以表彰他们用晶体衍射验证了电子的波动性。G. P. 汤姆孙的父亲 J. J. 汤姆孙因发现电子并直接测量了电子的电量，获得 1906 年诺贝尔物理学奖。

12.3.2　波粒二象性

波动性的特征是可以叠加、发生干涉和衍射，而粒子性的特征是原子性，即不能再分割，只能作为一个整体产生效果。

波动性和粒子性是互相矛盾的，但实验发现，不论是静质量为零的微观物质(如光子)还是静质量不为零的微观物质(如电子)，在一些现象中它们表现出波动性，而在另一些现象中却表现出粒子性。人们通过特定的实验可以分别观察到微观物质的波动性或粒子性，但这并不意味着观察到一种属性时另一种属性就消失了，其本质不能归结为单一的属性，为解释全部实验事实，应该认为微观物质具有波粒二象性。

必须强调的是，在波粒二象性中，波动性的波不是经典波，它不代表真实物理量振动的传播；粒子性的粒子也不是经典粒子，已经抛弃了经典的轨道概念。

如何判定波动性和粒子性哪个更显著？在光的传播过程中，当孔、缝的大小远大于光的波长时，光沿直线传播，可以不考虑光的波动性。对于动量为 p 的粒子，按 $\lambda=h/p$ 算出它的德布罗意波长 λ，用 a 代表粒子运动的空间尺度，按衍射反比定律 $\Delta\theta=\lambda/a$，若 $\lambda\ll a$，则表征衍射弥散程度的 $\Delta\theta\to 0$，一般不必考虑波动性，粒子的运动表现出牛顿力学的规律。若 $\lambda\geqslant a$，波动性就会显著地表现出来，这时必须用量子力学来处理。

例 12.3.1　对于阴极射线管中电子的运动，不必考虑波动性。

解　阴极射线管中电子的加速电压可按 $10^4\,\mathrm{V}$ 估算，德布罗意波长为

$$\lambda=\frac{1.225}{\sqrt{U}}\mathrm{nm}=\frac{1.225}{\sqrt{10^4}}\mathrm{nm}=0.01\mathrm{nm}=10^{-11}\mathrm{m}$$

而阴极射线管中电子运动的空间尺度可按 $a=10^{-3}\,\mathrm{m}$ 估算，显然 $\lambda\ll a$，不必考虑波动性。

例 12.3.2　对于原子中电子的运动，必须考虑波动性。

解　原子中电子运动的空间尺度可按玻尔半径 $a_0=0.53\times10^{-10}\,\mathrm{m}$ 估算，动能 E_k 可按 10eV 估算，德布罗意波长为

$$\lambda=\frac{h}{p}=\frac{hc}{\sqrt{2m_\mathrm{e}c^2E_\mathrm{k}}}=\frac{6.63\times10^{-34}\times3\times10^8}{\sqrt{2\times0.511\times10^6\times10}\times1.6\times10^{-19}}\mathrm{m}=4\times10^{-10}\mathrm{m}$$

这说明 λ 和 a_0 属同一量级，必须考虑波动性。

12.3.3　概率波

按经典物理理论很难把波动性和粒子性统一到一个对象上。在量子力学建立的初期，人们对德布罗意波的认识还深受经典概念的影响，一种观点是把波动性归结为粒子性，认为电子的波动性是大量电子之间相互作用的体现，这种观点不符合后面提到的“慢电子”实验的结果而被否定。另一种观点是把粒子性归结为波动性，认为电子波是一个代表电子实体

的波包,但波包会逐渐扩散而消失,这与电子的稳定性(寿命超过 10^{21} 年)相矛盾。最后,物理学界普遍接受了德国物理学家玻恩(M. Born)提出的统计诠释,认为德布罗意波是一种概率波。

图 12.3.4 是 1976 年梅尔里(G. Merli)等人发表的一组电子双缝干涉实验结果,其中图(a)~(f)是随着入射电子流密度逐渐增大所拍摄的照片。在低电子流密度的照片上只出现随机分布的几个小亮点,它们是电子一个一个地打在底片上感光形成,说明电子只在空间很小区域内作为一个整体对底片产生效果,表现出电子的粒子性。随着电子流密度的增大,或当底片曝光时间足够长时,亮点增多并逐渐积累成强度按一定规律分布的干涉条纹,表现出电子的波动性。在这个实验中,电子既表现出粒子性,又表现出波动性。

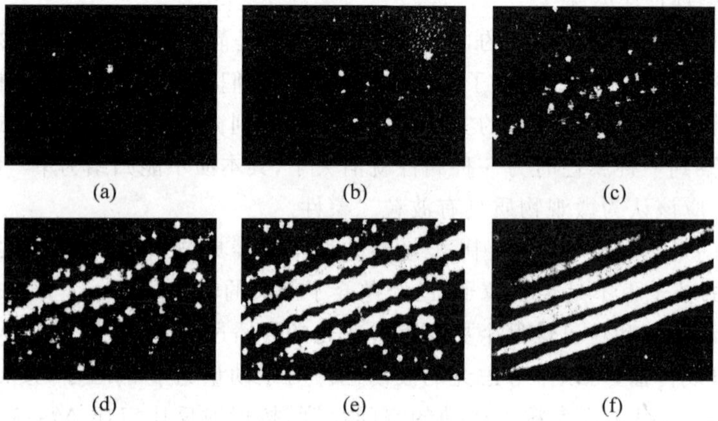

图 12.3.4 电子双缝干涉实验结果

按玻恩的统计诠释,底片上某点的感光强度正比于电子出现在该点的概率,因此与电子相联系的波是描述电子空间分布的概率波,照片上的干涉条纹就是这种概率波相干叠加的结果。这样既保留了电子的粒子性,又解释了电子的波动性。

为防止电子聚集在一起发生作用,约恩孙在电子双缝和四缝干涉实验中让电子一个一个地入射,发现时间足够长后的干涉条纹与大量电子同时入射时完全相同,说明电子的波动性不是大量电子之间相互作用的结果,而是单个电子就具有波动性。无论是大量电子同时入射,还是电子一个一个地长时间地入射,都只是让单个电子的概率波干涉的效果在底片上积累并显现出来而已。

统计诠释也适用于光子。1909 年泰勒(G. I. Taylor)做过一个实验,他用极微弱的光源照射一根缝衣针并在接收屏上拍照,发现曝光时间比较短时照片上只有一些离散分布的亮点,曝光时间持续了 2000 小时(约 3 个月)后则得到条纹清晰的衍射图样。这些实验结果都表明,德布罗意波是一种概率波。

12.4 不确定度关系

经典粒子和微观粒子的根本区别在于其运动是否存在轨道,而存在轨道的条件是粒子在同一方向上的坐标和动量能同时取确定值,或者说能同时被测准。

由于存在波粒二象性，坐标和动量的测量值都有某种分布(涨落)，多次测量所得测量值与平均值的统计偏差(见 8.2.1 节)，称为不确定度。用 Δx 和 Δp_x 分别代表坐标 x 和同一方向的动量 p_x 的不确定度，x 取确定值(被测准)的条件是 $\Delta x=0$，p_x 取确定值(被测准)的条件是 $\Delta p_x=0$，只有当 Δx 和 Δp_x 同时等于 0 时 x 和 p_x 才能同时取确定值，粒子的运动才存在轨道。

1927 年海森伯首先提出：粒子在同一方向上的坐标和动量不能同时被测准，而只能确定到如下程度

$$\Delta x \Delta p_x \geqslant h \tag{12.4.1}$$

这就是著名的不确定度关系(uncertainty relation)，其严格的表达式为

$$\Delta x \Delta p_x \geqslant \frac{\hbar}{2}, \quad \Delta y \Delta p_y \geqslant \frac{\hbar}{2}, \quad \Delta z \Delta p_z \geqslant \frac{\hbar}{2}$$

虽然 $\hbar=1.05\times10^{-34}\,\mathrm{J\cdot s}$ 是一个很小的正量，但它不等于 0，这意味着 Δx 和 Δp_x 不能同时等于 0，即坐标 x 和动量 p_x 不能同时取确定值：当 x 取确定值($\Delta x=0$)时，p_x 的取值完全不确定($\Delta p_x\to\infty$)；当 p_x 取确定值($\Delta p_x=0$)时，x 的取值完全不确定($\Delta x\to\infty$)。这就在严格意义上否定了轨道的存在，也否定了粒子有静止($\Delta x=0$，$p_x=0$)的状态。

对于宏观物体的运动来说 h 显得十分微小，可以认为 $\Delta x\Delta p_x\approx0$，因此宏观物体的运动存在轨道，也可以静止。从这个意义上说，经典力学是 $h\to0$ 时量子力学的极限。

不确定度关系只规定了下限，并未给出上限。计算结果表明，对于多数问题的基态(能量最低的状态)，$\Delta x\Delta p_x$ 接近于 $\hbar$。例如，对于一维简谐振子的基态，$\Delta x\Delta p_x=\hbar/2$。因此在本书所涉及的数量级估算问题中，可以取下限。

需要指出，粒子沿某一方向的坐标和垂直于该方向的动量可以同时取确定值，即

$$\Delta x \Delta p_y \geqslant 0, \quad \Delta x \Delta p_z \geqslant 0, \quad \Delta y \Delta p_x \geqslant 0, \quad \cdots$$

当年，海森伯是从量子层面提出的式(12.4.1)，认为是由测量对系统的干扰所造成，并称之为测不准关系。按式(12.4.1)，粒子运动的空间尺度越小，粒子的动量就越大，运动就越激烈，波动性就越显著，因此不确定度关系是微观物质具有波粒二象性的必然结果，而不是对实验观测能力的定量评估，但“测不准”仍不失为对波粒二象性的一种生动的表达。由于光子具有波粒二象性，不确定度关系也同样适用于光子。

通过与光的单缝衍射类比，可以定性地得到式(12.4.1)。如图 12.4.1 所示，电子束通过宽度为 Δx 的窄缝发生衍射，θ 角是中央明纹的半角宽度。沿窄缝方向取 x 轴，电子通过窄缝时坐标 x 的不确定度为缝宽 Δx。

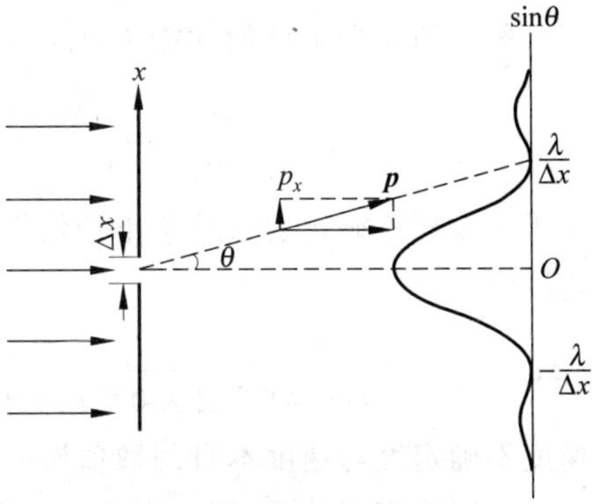

图 12.4.1　电子单缝衍射

假设电子通过窄缝后沿直线方向以动量 $\boldsymbol{p}$ 射到屏上，用 Δp_x 代表电子动量 x 轴分量 p_x 的不确定度。若限制电子落在屏上中央明纹内，则

$$0\leqslant p_x\leqslant p\sin\theta$$

但电子还可能落在次极大区域，因此要求

$$\Delta p_x\geqslant p\sin\theta \tag{12.4.2}$$

用 λ 代表电子的波长，由单缝衍射中央明纹的半角宽度公式 $\sin\theta=\lambda/\Delta x$ 和德布罗意波长关系 $\lambda=h/p$，可得

$$\sin\theta = \frac{\lambda}{\Delta x} = \frac{h}{p\Delta x}$$

把上式代入式(12.4.2)并稍加整理,就定性地得到式(12.4.1)。

能量和时间之间也存在类似的不确定度关系

$$\Delta E\Delta t \geqslant \frac{\hbar}{2} \tag{12.4.3}$$

其中,ΔE 代表系统能量的不确定度,Δt 代表测量能量的过程所经历的时间。

设一质量为 m 的粒子沿 x 轴方向运动,按 $E=p^2/2m$,可得

$$\Delta E = \frac{p\Delta p}{m} = v\Delta p = \frac{\Delta x\Delta p}{\Delta t}$$

即

$$\Delta E\Delta t = \Delta x\Delta p \geqslant \frac{\hbar}{2}$$

这样就定性地得到式(12.4.3)。

若原子处于某一激发态上的寿命为 τ,则该激发态的能量就有一个不确定度 Γ(称为能级宽度),通常写成

$$\tau\Gamma \approx \hbar$$

τ 一般不超过 10^{-8}s,因此原子激发态能级宽度 Γ 约为 6.6×10^{-8}eV。原子处于基态时能量最低,是稳定的,$\tau\to\infty$,这时 $\Gamma=0$。

例 12.4.1 轨道的概念适用于阴极射线管中的电子。

解 阴极射线管中电子的加速电压按 $U=10^4$V 估算,电子的动量为

$$p=\sqrt{2m_e eU}=\sqrt{\frac{2m_e c^2 eU}{c^2}}=\sqrt{\frac{2\times0.511\times10^6\times10^4}{3^2\times10^{16}}}\times1.6\times10^{-19}\,\text{kg}\cdot\text{m}\cdot\text{s}^{-1}$$

$$=5\times10^{-23}\,\text{kg}\cdot\text{m}\cdot\text{s}^{-1}$$

电子的坐标不确定度按 10^{-3}m 估算,$\Delta x=10^{-3}$m。按不确定度关系,动量的不确定度为

$$\Delta p \approx \frac{\hbar}{2\Delta x} = \frac{1.05\times10^{-34}\,\text{J}\cdot\text{s}}{2\times1\times10^{-3}\,\text{m}} = 5\times10^{-32}\,\text{kg}\cdot\text{m}\cdot\text{s}^{-1}$$

动量不确定度远小于动量本身的数值,因此阴极射线管中的电子存在轨道。

例 12.4.2 对于原子中电子的运动,轨道的概念失去意义。

解 原子中电子的动能 E_k 按 10eV 估算,电子的速度为

$$v=\sqrt{\frac{2E_k}{m_e}}=\sqrt{\frac{2\times10\times3^2\times10^{16}}{0.511\times10^6}}\,\text{m}\cdot\text{s}^{-1}=2\times10^6\,\text{m}\cdot\text{s}^{-1}$$

电子的坐标不确定度按玻尔半径估算,$\Delta x=0.53\times10^{-10}$m。按不确定度关系,速度的不确定度为

$$\Delta v=\frac{\Delta p}{m_e}\approx\frac{\hbar}{2m_e\Delta x}=\frac{1.05\times10^{-34}\times3^2\times10^{16}}{2\times0.511\times10^6\times0.53\times10^{-10}\times1.6\times10^{-19}}\,\text{m}\cdot\text{s}^{-1}=10^6\,\text{m}\cdot\text{s}^{-1}$$

速度不确定度与速度本身的数值属同一量级,轨道的概念失去意义。

按不确定度关系,原子中的电子离原子核越近,被约束的范围越小,电子的动量就越大,运动就越激烈,因此电子虽然受原子核吸引但不会落在原子核上使原子坍缩,确保了原子的

稳定性。

例 12.4.3　由不确定度关系出发，估算一维简谐振子的最低能量(零点能)。

解　一维简谐振子的能量为

$$E=\frac{p^2}{2m}+\frac{1}{2}m\omega^2x^2$$

用 Δx 和 Δp 分别代表坐标和动量的不确定度，因 $x^2\geqslant\Delta x^2$，$p^2\geqslant\Delta p^2$，故

$$E\geqslant\frac{\Delta p^2}{2m}+\frac{1}{2}m\omega^2\Delta x^2$$

为求 E 的极小值，取

$$E=\frac{\Delta p^2}{2m}+\frac{1}{2}m\omega^2\Delta x^2$$

把不确定度关系 $\Delta p=\hbar/2\Delta x$ 代入，得

$$E=\frac{\hbar^2}{8m\Delta x^2}+\frac{1}{2}m\omega^2\Delta x^2$$

设 $\beta=\Delta x^2$，上式可写成

$$E=\frac{\hbar^2}{8m\beta}+\frac{1}{2}m\omega^2\beta$$

求 E 的极小值，令

$$\frac{\mathrm{d}E}{\mathrm{d}\beta}=-\frac{\hbar^2}{8m\beta^2}+\frac{1}{2}m\omega^2=0$$

得

$$\beta=\frac{\hbar}{2m\omega}$$

这时

$$\frac{\mathrm{d}^2E}{\mathrm{d}\beta^2}=\frac{\hbar^2}{4m\beta^3}=m\omega^2>0$$

因此 E 的极小值为

$$E_{\min}=\frac{\hbar^2}{8m}\frac{2m\omega}{\hbar}+\frac{1}{2}m\omega^2\frac{\hbar}{2m\omega}=\frac{1}{4}\hbar\omega+\frac{1}{4}\hbar\omega=\frac{1}{2}\hbar\omega=\frac{1}{2}h\nu$$

此即一维简谐振子的最低能量(零点能)。

12.5　波函数

经典波(机械波、电磁波)用波函数来描述，经典波的波函数代表实在物理量(质元的位移、电场强度和磁场强度)的波动。如何用波函数描述与粒子相联系的概率波？

12.5.1　波函数假设和统计诠释

1. 波函数假设

量子力学假设：粒子的状态可以用波函数 $\Psi(\boldsymbol{r},t)$ 描述。

在一般情况下波函数 $\Psi(\boldsymbol{r},t)$ 是一个坐标和时间的复数函数，因此不能像经典波函数那样用来直接描述物理量。粒子的波函数的确切含义是什么，当年就连德布罗意和提出波动方程的薛定谔都感到困惑。

2. 波函数的统计诠释

1926 年，玻恩在题为《散射过程的量子力学》的论文中，对波函数作出了统计诠释：在时间 t，粒子在坐标 $\boldsymbol{r}$ 附近体积元 $\mathrm{d}V$ 内出现的概率 $\mathrm{d}W$ 与波函数 $\Psi(\boldsymbol{r},t)$ 的绝对值的平方(模方) $|\Psi(\boldsymbol{r},t)|^2$ 和 $\mathrm{d}V$ 的乘积成正比，即

$$\mathrm{d}W \propto |\Psi(\boldsymbol{r},t)|^2\mathrm{d}V \tag{12.5.1}$$

模方 $|\Psi|^2=\Psi^*\Psi$，其中 Ψ^* 是 Ψ 的复数共轭，就是把 Ψ 中的虚数单位 i 换成 $-$i。

我们仅涉及低速运动的非相对论性粒子，如原子、分子和凝聚态物质中的电子的运动，粒子能量的变化远小于粒子的静质能 m_0c^2，因此不会发生粒子的产生和湮没，粒子数守恒。就一个粒子的运动而言，任意时刻粒子出现在空间各处的总概率必须等于 1，这要求波函数满足归一化条件

$$\iiint_{\infty}|\Psi(\boldsymbol{r},t)|^2\mathrm{d}V=1 \tag{12.5.2}$$

满足上式的波函数称为归一化的波函数。

若波函数 Ψ 已经归一化，则式(12.5.1)可写成

$$\mathrm{d}W=|\Psi(\boldsymbol{r},t)|^2\mathrm{d}V$$

这表明：波函数的模方 $|\Psi|^2$ 代表粒子空间分布的概率密度，波函数 Ψ 是粒子在空间出现概率的振幅，即概率波的振幅。

若 Φ 未归一化，设

$$\Psi(\boldsymbol{r},t)=C\Phi(\boldsymbol{r},t) \tag{12.5.3}$$

C 为待求的归一化因子。按归一化条件(12.5.2)，有

$$|C|^2\iiint_{\infty}|\Phi(\boldsymbol{r},t)|^2\mathrm{d}V=1$$

把 C 取为实数，则

$$C=\frac{1}{\sqrt{\iiint_{\infty}|\Phi(\boldsymbol{r},t)|^2\mathrm{d}V}}$$

代入式(12.5.3)，就得到归一化的波函数为

$$\Psi(\boldsymbol{r},t)=\frac{\Phi(\boldsymbol{r},t)}{\sqrt{\iiint_{\infty}|\Phi(\boldsymbol{r},t)|^2\mathrm{d}V}}$$

由于 Φ 和 $C\Phi$ 经归一化后得到的是同一个波函数，所以它们描述的是同一个状态。这与经典波截然不同，若把经典波函数乘以 C，则相应的波动能量就会变成原来的 C^2 倍，将代表不同的波动状态。

按统计诠释，在微观世界中拉普拉斯决定论的因果关系不再成立。就坐标这个力学量而言，我们只能观测某个微观粒子在某一时刻出现在坐标 $\boldsymbol{r}$ 附近的概率，而不能确定粒子是

否一定出现在 $\boldsymbol{r}$ 处。

虽然波函数本身测不到、看不见，是一个很抽象的概念，但是按统计诠释，波函数的模方给我们展示了粒子在空间分布的图像，即粒子坐标的取值情况。按量子力学中的测量假设（见 12.8.5 节），当测量粒子的某一力学量时，只要给定描述粒子状态的波函数，就可以预言这个力学量的取值概率，再现了微观测量结果的统计决定性，而经典物理学对此是无法理解的。

例 12.5.1　基态氢原子中电子的波函数为

$$\Psi(r)=C\mathrm{e}^{-r/a_0}$$

其中，C 为归一化因子，r 为电子与质子的距离，a_0 为玻尔半径。求：(1)归一化因子；(2)电子出现在半径为 r、厚度为 $\mathrm{d}r$ 的薄球壳中的概率。

解　(1) 因 $\Psi(r)$ 球对称，则归一化条件可写成

$$\iiint_{\infty}|\Psi(r)|^2\mathrm{d}V=4\pi\int_0^{\infty}|\Psi(r)|^2r^2\mathrm{d}r=4\pi|C|^2\int_0^{\infty}r^2\mathrm{e}^{-2r/a_0}\mathrm{d}r=1$$

算出积分 $\int_0^{\infty}r^2\mathrm{e}^{-2r/a_0}\mathrm{d}r=a_0^3/4$，代入上式，可得

$$C=\frac{1}{\sqrt{\pi a_0^3}}$$

因此，归一化的基态氢原子中电子的波函数为

$$\Psi(r)=\frac{1}{\sqrt{\pi a_0^3}}\mathrm{e}^{-r/a_0}$$

(2) 因 $|\Psi(r)|^2$ 代表电子在半径 r 附近单位体积内出现的概率，则电子出现在半径为 r、厚度为 $\mathrm{d}r$ 的薄球壳中的概率为

$$\mathrm{d}W=|\Psi(r)|^2\cdot 4\pi r^2\mathrm{d}r=\frac{1}{\pi a_0^3}\mathrm{e}^{-2r/a_0}\cdot 4\pi r^2\mathrm{d}r=\frac{4}{a_0^3}r^2\mathrm{e}^{-2r/a_0}\mathrm{d}r$$

3. 波函数所满足的自然条件

概率密度 $|\Psi(\boldsymbol{r},t)|^2$ 是单值、有限和连续的函数，这要求波函数 $\Psi(\boldsymbol{r},t)$ 单值、有限和连续。单值、有限和连续，称为波函数所满足的自然条件，只有满足自然条件的波函数，才能代表物理上可以实现的状态。

有时还要用到波函数一阶导数的连续或连接条件，这将在 12.7.4 节给出。

4. 关于统计诠释的争论

在 20 世纪初，如何解释量子力学曾引起一场旷日持久的激烈争论。以 N. 玻尔为核心的哥本哈根学派，包括玻恩、海森伯和泡利，对量子力学作出统计诠释。反对统计诠释的主要是爱因斯坦、德布罗意和薛定谔。爱因斯坦不同意统计诠释，他不相信“上帝玩掷骰子游戏”，认为用波函数对物理实在的描述是不完备的，还有一个我们尚不了解的“隐变量”。爱因斯坦在生命的后三十年里，义无反顾地致力于寻找比量子论更基本的理论——统一场论。

实际上，统计诠释就是在爱因斯坦的启发下提出的。1964 年玻恩回忆道：“爱因斯坦

的观点又一次引导了我。他曾经把光波振幅解释为光子出现的概率密度,从而使粒子(光量子或光子)和波的二象性成为可以理解的。这个观念马上可以推广到 Ψ 函数上,$|\Psi|^2$ 必须是电子(或其他粒子)的概率密度。”

虽然至今所有实验都证实量子力学中的统计诠释是正确的,不存在所谓的“隐变量”,但是这种关于量子力学解释的争论不但促进了人们对量子论本质更深刻的认识,而且还为量子信息论等新兴学科的诞生奠定了基础。

由于玻恩在量子力学基础研究方面所作的贡献,特别是对波函数作出统计诠释,他和德国物理学家博特(W. Bothe)共同获得 1954 年诺贝尔物理学奖,博特的贡献是提出了物理实验的符合法和利用这一方法作出的发现。

12.5.2 态叠加原理

应该指出,把描述粒子状态的函数叫作“波”函数,完全是出于波动力学中的习惯,更确切的称谓应该是“态”函数。

量子力学中的态叠加原理可表述为:设 Ψ_1 和 Ψ_2 是系统的任意两个态函数,C_1 和 C_2 是任意两个复常数,则

$$\Psi = C_1\Psi_1 + C_2\Psi_2$$

仍然是系统的态函数。

态叠加原理规定了量子力学的运行空间是由态函数构成的线性空间,称为希尔伯特(Hilbert)空间,这一规定并没有什么先验的理由,但量子力学在各方面取得的巨大成功说明这样作是正确的。我们知道,牛顿力学的运行空间是(x,y,z,t)。

12.5.3 自由粒子波函数

自由粒子波函数是量子力学中最简单的波函数。自由粒子不受力,其动量的大小和方向保持不变,或者说自由粒子的动量取确定值,与之相联系的德布罗意波是一种单色平面波。既然是波,在表达形式上就应该与经典波类似。

经典的单色平面波的波函数为

$$\tilde{y}(x,t) = A\mathrm{e}^{-\mathrm{i}(\omega t - kx)}$$

“旧瓶装新酒”,把式中的波动参量 ω 和 k,按德布罗意假设 $\omega = E/\hbar$ 和 $k = p/\hbar$,替换成粒子参量 E 和 p,并将 $\tilde{y}(x,t)$ 写成 $\Psi(x,t)$,即

$$\Psi(x,t) = A\mathrm{e}^{\frac{\mathrm{i}}{\hbar}(px - Et)} = \Phi(x)\mathrm{e}^{-\frac{\mathrm{i}}{\hbar}Et}$$

这就是自由粒子波函数,式中的时间因子 $\mathrm{e}^{-\frac{\mathrm{i}}{\hbar}Et}$ 代表简谐振动,而空间因子为

$$\Phi(x) = A\mathrm{e}^{\frac{\mathrm{i}}{\hbar}px} \tag{12.5.4}$$

其中,A 为任意常数,$p>0$ 和 $p<0$ 分别对应粒子沿 x 轴正反方向的运动。因动量可以取 $\pm\infty$ 之间的任何实数,则自由粒子的能量 $E = p^2/2m$ 连续变化。

式(12.5.4)满足单值和有限条件,但不能归一化,即

$$\int_{-\infty}^{\infty} |\Phi(x)|^2 \mathrm{d}x = |A|^2 \int_{-\infty}^{\infty} \mathrm{e}^{\frac{\mathrm{i}}{\hbar}px}\mathrm{e}^{-\frac{\mathrm{i}}{\hbar}px}\mathrm{d}x = |A|^2 \int_{-\infty}^{\infty}\mathrm{d}x \to \infty$$

这是由于式(12.5.4)代表分布在整个 x 轴上的理想平面波,而实际的自由粒子,如固体中的自由电子和从加速器引出的自由粒子,它们只能分布在有限的空间内。

在固体物理学中,自由电子的波函数常采用箱归一化。在长度为 L 的一维固体中,电子只能在 $0\leqslant x\leqslant L$ 区间内自由运动,其波函数可写成

$$\Phi(x)=\begin{cases}A\mathrm{e}^{\frac{\mathrm{i}}{\hbar}px}, & 0\leqslant x\leqslant L\\ 0, & x<0,x>L\end{cases}$$

按归一化条件,有

$$\int_{-\infty}^{\infty}|\Phi(x)|^2\mathrm{d}x=A^2\int_0^L\mathrm{d}x=A^2L=1$$

可得 $A=1/\sqrt{L}$,因此箱归一化的自由电子波函数为

$$\Phi(x)=\begin{cases}\dfrac{1}{\sqrt{L}}\mathrm{e}^{\frac{\mathrm{i}}{\hbar}px}, & 0\leqslant x\leqslant L\\ 0, & x<0,x>L\end{cases}$$

为回到原理想平面波的一般情况,只要在所得结果中令 $L\to\infty$ 就可以了。

12.6　薛定谔方程和能量本征方程

1926 年,在苏黎世召开的一次学术讨论会上,薛定谔介绍了德布罗意关于实物粒子具有波动性的假设,他讲完后德拜评论说:“研究波动就应该先建立波动方程。”几个星期后薛定谔再次报告,宣布找到了这个方程,这就是著名的薛定谔方程。这个故事广为流传,德拜本人也表示确有此事。

薛定谔方程表达非相对论性粒子的波函数随时间的演化规律,是一个普遍意义下的基本假设,其正确性只能由它所导出的结论与实验结果是否符合来验证。在势能函数不显含时间的情况下,薛定谔方程的求解归结于求解能量本征方程。

12.6.1　薛定谔方程和哈密顿量算符

1. 薛定谔方程

薛定谔当年是通过对比牛顿力学和几何光学,对应波动光学提出的波动方程。我们不作历史叙述,直接从势能 $U=0$ 情况下方程的解——自由粒子波函数出发,来验证薛定谔方程。

非相对论性自由粒子的能量为

$$E=\frac{p^2}{2m}$$

其中,m 和 p 分别为粒子的质量和动量。自由粒子的波函数为

$$\Psi_0(x,t)=A\mathrm{e}^{\frac{\mathrm{i}}{\hbar}(px-Et)}$$

把 $\Psi_0(x,t)$ 对时间求导并乘以 $\mathrm{i}\hbar$,得

$$i\hbar\frac{\partial}{\partial t}\Psi_0(x,t)=i\hbar\frac{\partial}{\partial t}(A\mathrm{e}^{\frac{i}{\hbar}(px-Et)})=E\Psi_0(x,t) \tag{12.6.1}$$

把 $\Psi_0(x,t)$ 对坐标 x 求导两次再乘以 $-\hbar^2/2m$,并注意到 $E=p^2/2m$,得

$$-\frac{\hbar^2}{2m}\frac{\partial^2}{\partial x^2}\Psi_0(x,t)=-\frac{\hbar^2}{2m}\frac{\partial^2}{\partial x^2}(A\mathrm{e}^{\frac{i}{\hbar}(px-Et)})=\frac{p^2}{2m}\Psi_0(x,t)=E\Psi_0(x,t) \tag{12.6.2}$$

在量子力学中,对波函数进行某种运算或作用的符号,称为算符,上面用到的 $i\hbar\frac{\partial}{\partial t}$ 和 $-\frac{\hbar^2}{2m}\frac{\partial^2}{\partial x^2}$ 都是算符。通过比较式(12.6.1)和(12.6.2),可以看出

$$i\hbar\frac{\partial}{\partial t}\leftrightarrow-\frac{\hbar^2}{2m}\frac{\partial^2}{\partial x^2}$$

这是算符的对应关系,相当于对 $E=p^2/2m$ 的更新和延拓。把上式两边的算符作用到波函数 $\Psi(x,t)$ 上,可得

$$i\hbar\frac{\partial\Psi(x,t)}{\partial t}=-\frac{\hbar^2}{2m}\frac{\partial^2}{\partial x^2}\Psi(x,t)$$

此即自由粒子的薛定谔方程,自由粒子波函数是它的解。

对于一个在势能函数为 $U(x,t)$ 的一维势场中运动的粒子,其能量为

$$E=\frac{p^2}{2m}+U(x,t)$$

算符对应关系为

$$i\hbar\frac{\partial}{\partial t}\leftrightarrow-\frac{\hbar^2}{2m}\frac{\partial^2}{\partial x^2}+U(x,t)$$

作用到波函数 $\Psi(x,t)$ 上,可得

$$i\hbar\frac{\partial\Psi(x,t)}{\partial t}=\left[-\frac{\hbar^2}{2m}\frac{\partial^2}{\partial x^2}+U(x,t)\right]\Psi(x,t)$$

此即一维运动粒子的薛定谔方程。

对于一个在三维势场 $U(\boldsymbol{r},t)$ 中运动的粒子,薛定谔方程为

$$i\hbar\frac{\partial\Psi(\boldsymbol{r},t)}{\partial t}=\left[-\frac{\hbar^2}{2m}\nabla^2+U(\boldsymbol{r},t)\right]\Psi(\boldsymbol{r},t) \tag{12.6.3}$$

其中

$$\nabla^2=\frac{\partial^2}{\partial x^2}+\frac{\partial^2}{\partial y^2}+\frac{\partial^2}{\partial z^2}$$

给定势能函数 $U(\boldsymbol{r},t)$ 和初始波函数 $\Psi(\boldsymbol{r},0)$,求解薛定谔方程得到 t 时刻粒子的波函数 $\Psi(\boldsymbol{r},t)$,这是量子力学中的一个基本问题。

在一般情况下,原子、分子和凝聚态物质中电子的运动速度远小于光速,可以忽略相对论效应,用薛定谔方程可以很好地描述这些系统。薛定谔方程是一个线性的齐次方程,保证了态叠加原理的可行性。

因创建"原子理论的新形式",薛定谔和狄拉克共同获得1933年诺贝尔物理学奖。1932年的诺贝尔物理学奖授予海森伯,以表彰他提出量子力学的矩阵力学形式。

2. 哈密顿量算符

哈密顿(Hamilton)量 H 是经典力学中描述质点在相空间中运动的特征函数，在量子力学中，把在三维势场 $U(\boldsymbol{r},t)$ 中运动的质量为 m 的粒子的哈密顿量算符定义为

$$\hat{H}=-\frac{\hbar^2}{2m}\nabla^2+U(\boldsymbol{r},t)$$

写成 $\hat{H}$ 以示与经典量 H 的区别，其中的 $-\frac{\hbar^2}{2m}\nabla^2$ 对应粒子的动能，因势能 $U(\boldsymbol{r},t)$ 对波函数的作用是简单地乘以波函数，故不必写成 $\hat{U}$。

哈密顿量算符表达粒子的能量，外界对粒子的作用，包括不能用力表达的微观相互作用，一般都能用哈密顿量来概括。哈密顿量是一个线性算符，即

$$\hat{H}(C_1\Psi_1+C_2\Psi_2)=C_1\hat{H}\Psi_1+C_2\hat{H}\Psi_2$$

其中，Ψ_1 和 Ψ_2 为两个任意波函数，C_1 和 C_2 为两个任意常数，上述性质符合态叠加原理的要求。

引入哈密顿量 $\hat{H}$，薛定谔方程(12.6.3)可写成

$$\mathrm{i}\hbar\frac{\partial\Psi(\boldsymbol{r},t)}{\partial t}=\hat{H}\Psi(\boldsymbol{r},t) \tag{12.6.4}$$

这说明，哈密顿量算符 $\hat{H}$ 决定了粒子的波函数 $\Psi(\boldsymbol{r},t)$ 随时间的演化。而在牛顿力学中，改变质点运动状态的原因是作用在质点上的合力。

12.6.2　薛定谔方程的分离变量求解　能量本征方程

在哈密顿量不显含时间，即粒子的势能函数不显含时间的情况下，薛定谔方程可以采用分离变量方法求解。

1. 薛定谔方程的分离变量求解

以一维势场中的粒子为例。设哈密顿量不显含时间，粒子的势能函数为 $U(x)$，即

$$\hat{H}=-\frac{\hbar^2}{2m}\frac{\mathrm{d}^2}{\mathrm{d}x^2}+U(x)$$

把待求波函数 $\Psi(x,t)$ 写成空间因子 $\Phi(x)$ 和时间因子 $T(t)$ 的乘积，即

$$\Psi(x,t)=\Phi(x)T(t) \tag{12.6.5}$$

代入薛定谔方程(12.6.4)，因 $\hat{H}$ 不显含时间，可得

$$\mathrm{i}\hbar\frac{\mathrm{d}T(t)}{\mathrm{d}t}\cdot\Phi(x)=\hat{H}\Phi(x)\cdot T(t)$$

用 $\Phi(x)T(t)$ 除上式两边，得

$$\frac{\mathrm{i}\hbar}{T(t)}\frac{\mathrm{d}T(t)}{\mathrm{d}t}=\frac{1}{\Phi(x)}\hat{H}\Phi(x)$$

上式左边只与 t 有关，右边只与 x 有关，因此只有两边都等于同一个与 t 和 x 均无关的常量，等式才能成立，用 E 代表这一常量，可得如下两个方程

$$\mathrm{i}\hbar\frac{\mathrm{d}T(t)}{\mathrm{d}t}=ET(t) \tag{12.6.6}$$

$$\hat{H}\Phi(x)=E\Phi(x) \tag{12.6.7}$$

方程(12.6.6)的解是简谐振动,因此波函数 $\Psi(x,t)$中的时间因子为

$$T(t)\sim \mathrm{e}^{-\frac{\mathrm{i}}{\hbar}Et}$$

指数中 $E/\hbar$代表角频率 ω,常量 E 具有能量的量纲。

方程(12.6.7)称为不含时薛定谔方程,它是 $\Psi(x,t)$中空间因子 $\Phi(x)$所服从的方程。

2. 能量本征方程　定态解

若一个算符 $\hat{F}$ 作用到函数 $\Phi(x)$上等于一个数量 λ 乘 $\Phi(x)$,即

$$\hat{F}\Phi(x)=\lambda\Phi(x)$$

则这个方程称为算符 $\hat{F}$ 的本征方程,其中 λ 称为算符 $\hat{F}$ 的本征值,Φ 称为属于本征值 λ 的本征函数。

不含时薛定谔方程(12.6.7)就是哈密顿量算符 $\hat{H}$ 的本征方程,也叫能量本征方程。在数学上,只要给定 $U(x)$,一般对任何 E 值来说求解方程(12.6.7)都能得到 Φ。但物理上要求 Φ 必须满足"单值、有限和连续"的自然条件,有时还要用到波函数一阶导数的连续或连接条件,因此能量本征方程(12.6.7)通常只对一些特定的 E 值才有物理解。这些特定的 E 值称为能量本征值,而对应的 Φ 称为属于能量本征值 E 的能量本征波函数。

对于不同的势能函数和能量区间,能量本征值 E 可以取一系列分立值,也可以取连续值。假设 E 取一系列分立值(称为能级)为$\{E_n, n=1,2,3,\cdots\}$,对应的能量本征函数的集合(称为本征函数系)为$\{\Phi_n(x), n=1,2,3,\cdots\}$,可写成

$$\hat{H}\Phi_n(x)=E_n\Phi_n(x),\quad n=1,2,3,\cdots$$

其中,n 叫作能量量子数。在 12.8.5 节将会看到,按量子力学中的测量假设,在属于能量本征值 E_n 的能量本征态 $\Phi_n(x)$上测量粒子的能量,所得测量结果一定是 E_n。

解得$\{E_n, \Phi_n(x), n=1,2,3,\cdots\}$后,按式(12.6.5),薛定谔方程的一系列解可表示为

$$\Psi_n(x,t)=\Phi_n(x)\mathrm{e}^{-\frac{\mathrm{i}}{\hbar}E_n t},\quad n=1,2,3,\cdots$$

它们称为定态解,简称定态,相当于是一系列角频率为 $\omega_n=E_n/\hbar$、振幅为 $\Phi_n(x)$的驻波。定态的特征是

(1) 具有确定的能量,若粒子处于定态 $\Psi_n(x,t)$,则其能量为 E_n;

(2) 概率密度不随时间变化,即

$$W_n(x,t)=|\Psi_n(x,t)|^2=|\Phi_n(x)\mathrm{e}^{-\frac{\mathrm{i}}{\hbar}E_n t}|^2=|\Phi_n(x)|^2$$

因此称为"定态"。

注意,定态并不意味着与时间无关,只是随时间的变化比较简单,是简谐振动。

3. 能量本征函数系是一个正交、归一化的函数系

在 12.7.1 节,我们将以一维无限深方势阱中的粒子为例验证:能量本征函数系$\{\Phi_n(x), n=1,2,3,\cdots\}$构成一个"正交"的函数系。两个波函数 $\Phi_m(x)$和 $\Phi_n(x)$正交,是指

当 $m \neq n$ 时

$$\int_{-\infty}^{\infty} \Phi_m^*(x)\Phi_n(x)\mathrm{d}x = 0 \quad (m \neq n)$$

与归一化条件合并写成

$$\int_{-\infty}^{\infty} \Phi_m^*(x)\Phi_n(x)\mathrm{d}x = \delta_{m,n} = \begin{cases} 0, & m \neq n \\ 1, & m = n \end{cases} \tag{12.6.8}$$

上式称为正交、归一化条件，其中 $\delta_{m,n}$ 叫作克罗内克(Kronecker)符号，当 $m=n$ 时，$\delta_{m,n}=1$；当 $m \neq n$ 时，$\delta_{m,n}=0$。

4. 薛定谔方程的解按定态展开

薛定谔方程的解可写成按定态展开的形式，即

$$\Psi(x,t) = \sum_n C_n \Psi_n(x,t) = \sum_n C_n \Phi_n(x)\mathrm{e}^{-\frac{\mathrm{i}}{\hbar}E_n t} \tag{12.6.9}$$

它相当于是一个傅里叶级数。给定初始波函数 $\Psi(x,0)$，展开系数 C_n 按下式计算

$$C_n = \int_{-\infty}^{\infty} \Phi_n^*(x)\Psi(x,0)\mathrm{d}x \tag{12.6.10}$$

按式(12.6.9)，把初始波函数写成

$$\Psi(x,0) = \sum_m C_m \Phi_m(x)$$

两边分别乘以 $\Phi_n^*(x)$ 并积分，利用正交、归一化条件(12.6.8)，结果为

$$\int_{-\infty}^{\infty} \Phi_n^*(x)\Psi(x,0)\mathrm{d}x = \sum_m C_m \int_{-\infty}^{\infty} \Phi_n^*(x)\Phi_m(x)\mathrm{d}x = \sum_m C_m \delta_{n,m} = C_n$$

此即式(12.6.10)。

综上所述，在哈密顿量不显含时间的情况下，分离变量求解薛定谔方程归结于求解能量本征方程。在下一节将以一维势场中的粒子为例，说明薛定谔方程的求解过程。

***量子跃迁**

若哈密顿量显含时间，但可分解成两部分，即

$$\hat{H}(t) = \hat{H}_0 + \Delta\hat{H}(t)$$

其中，$\hat{H}_0$ 不显含时间，而显含时间部分 $\Delta\hat{H}(t)$ 的作用很小，则可先求出 $\hat{H}_0$ 的能量本征值和本征函数系，再用近似方法计算 $\Delta\hat{H}(t)$ 的贡献(跃迁概率等)，这属于量子跃迁问题，这里就不介绍了。

12.7　一维势场中的粒子

设哈密顿量不显含时间，粒子的势能函数为 $U(x)$，能量本征方程(不含时薛定谔方程)为

$$\left[-\frac{\hbar^2}{2m}\frac{\mathrm{d}^2}{\mathrm{d}x^2} + U(x)\right]\Phi(x) = E\Phi(x)$$

写成

$$\Phi''(x)+\frac{2m}{\hbar^2}[E-U(x)]\Phi(x)=0 \tag{12.7.1}$$

其中,$\Phi''(x)$代表 $\mathrm{d}^2\Phi(x)/\mathrm{d}x^2$。

下面求解两类问题

(1) 给定势能函数$U(x)$和初始波函数 $\Psi(x,0)$,求解能量本征方程(12.7.1)得到$\{E_n, \Phi_n(x), n=1,2,3,\cdots\}$,按定态展开,得到 t 时刻薛定谔方程的解 $\Psi(x,t)$;

(2) 设粒子以能量 E 射向势垒 $U(x)$,求解不含时薛定谔方程(12.7.1)得到波函数 $\Phi(x)$,计算粒子穿透势垒的概率。

12.7.1 一维无限深方势阱中的粒子

对于金属中的电子来说,金属外的势能要比金属内高,电子感受到的势能称为势阱。作为一个物理模型,如图 12.7.1 所示,设势能函数为

$$U(x)=\begin{cases}0, & 0\leqslant x\leqslant L\\ \infty, & x<0,x>L\end{cases}$$

其中,L 为阱宽。这种势阱称为一维无限深方势阱,势能突变和势阱无限深都是对实际物理情况的近似描述。

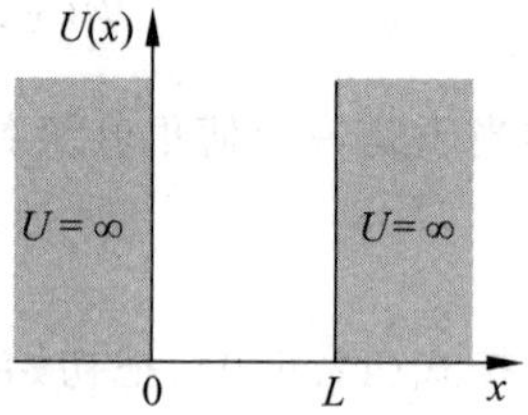

图 12.7.1 一维无限深方势阱

设一个质量为 m 的粒子在阱宽为 L 的一维无限深方势阱中运动,给定初始波函数 $\Psi(x,0)$,求 t 时刻粒子的波函数 $\Psi(x,t)$。

1. 求解能量本征方程

(1) 阱外区域($x<0,x>L$)

能量本征方程为

$$\Phi''(x)+\frac{2m}{\hbar^2}(E-\infty)\Phi(x)=0$$

为使方程成立,要求阱外区域的波函数处处为零,即

$$\Phi(x)=0,\quad x<0,x>L$$

粒子不能进入 $U(x)=\infty$ 区域,只能被束缚在阱内运动。

若波函数 $\Phi(x)$满足

$$\lim_{x\to\pm\infty}\Phi(x)=0$$

则把处于 $\Phi(x)$的状态叫作束缚态,无限深方势阱中粒子的状态就是一种束缚态。一般而言,处于束缚态的粒子的能量是量子化的,能量只能取某些特定的分立值。

(2) 阱内区域($0\leqslant x\leqslant L$)

能量本征方程为

$$\Phi''(x)+\frac{2mE}{\hbar^2}\Phi(x)=0$$

式中的 E 就是待求的能量本征值。按不确定度关系,阱内粒子不可能静止,因此 $E>0$。设

$$k=\frac{\sqrt{2mE}}{\hbar} \tag{12.7.2}$$

显然 $k\neq 0$，把能量本征方程写成

$$\Phi''(x)+k^2\Phi(x)=0$$

它的通解为

$$\Phi(x)\sim e^{\pm ikx}$$

按欧拉(Euler)公式，可表示为

$$\Phi(x)=C\sin kx+D\cos kx,\quad 0\leqslant x\leqslant L$$

其中，C 和 D 为待定常数。上式已经满足单值和有限条件。

(3) 用波函数连续条件求定解

为使波函数连续，要求在阱壁($x=0$，$x=L$)处波函数为零，即

$$\Phi(0)=0,\quad \Phi(L)=0$$

其中，$\Phi(0)=0$ 要求 $D=0$，则波函数为

$$\Phi(x)=C\sin kx \tag{12.7.3}$$

但 $C\neq 0$，否则波函数在全空间为零，意味着粒子不存在，因此 $\Phi(L)=0$ 要求

$$\sin kL=0$$

即

$$kL=n\pi,\quad n=0,\pm 1,\pm 2,\pm 3,\cdots$$

但 $k\neq 0$，则 $n\neq 0$，而 n 的正负不影响能量，相应的波函数所描述的也是同一状态，所以 k 的取值为

$$k=\frac{n\pi}{L},\quad n=1,2,3,\cdots \tag{12.7.4}$$

按式(12.7.2)，一维无限深方势阱中粒子的能量本征值为

$$E_n=\frac{k^2\hbar^2}{2m}=\frac{\pi^2\hbar^2}{2mL^2}n^2,\quad n=1,2,3,\cdots$$

粒子的能量是量子化的，E_n 称为能级，n 称为能量量子数，$n=1$ 为能量最低的态，称为基态，n 取其他值代表激发态。在一定条件下，粒子的状态可以从一个能级变化到另一个能级，发生量子跃迁。

把式(12.7.4)代入式(12.7.3)，得

$$\Phi_n(x)=C\sin\frac{n\pi x}{L}$$

C 由归一化条件确定，即

$$\int_{-\infty}^{\infty}\Phi_n(x)^2\mathrm{d}x=C^2\int_0^L\sin^2\left(\frac{n\pi x}{L}\right)\mathrm{d}x=C^2\left[\frac{x}{2}-\frac{L}{4n\pi}\sin\left(\frac{2n\pi x}{L}\right)\right]_0^L=C^2\,\frac{L}{2}=1$$

可得 $C=\sqrt{2/L}$，因此一维无限深方势阱中粒子的能量本征波函数为

$$\Phi_n(x)=\begin{cases}\sqrt{\dfrac{2}{L}}\sin\dfrac{n\pi x}{L}, n=1,2,3,\cdots, & 0\leqslant x\leqslant L\\ 0, & x<0, x>L\end{cases} \tag{12.7.5}$$

构成一个正交、归一化的函数系。若粒子处于本征态 Φ_n，其能量一定为 E_n。

图 12.7.2 表示当量子数 $n=1,2,3$ 和 15 时，粒子在一维无限深方势阱中出现的概率密度。结果表明：与阱内粒子相联系的德布罗意波是一系列驻波，阱壁处是驻波的波节。基态在阱内没有波节，激发态的波节数随着 n 的增大而增加，概率分布变得越来越均匀，当 $n=15$ 时概率分布已与经典分布(虚线)十分接近。按经典力学，粒子在阱壁之间来回自由

运动,在阱内出现的概率密度应该处处相等。

这一结果符合N.玻尔提出的对应原理(correspondence principle):在大量子数极限情况下,量子系统的行为将渐近地趋于经典力学系统。对应原理为经典物理学通往微观世界的新力学铺设了桥梁。N.玻尔获得1922年诺贝尔物理学奖,以表彰他在研究原子结构,特别是研究从原子发出的辐射所作的贡献。

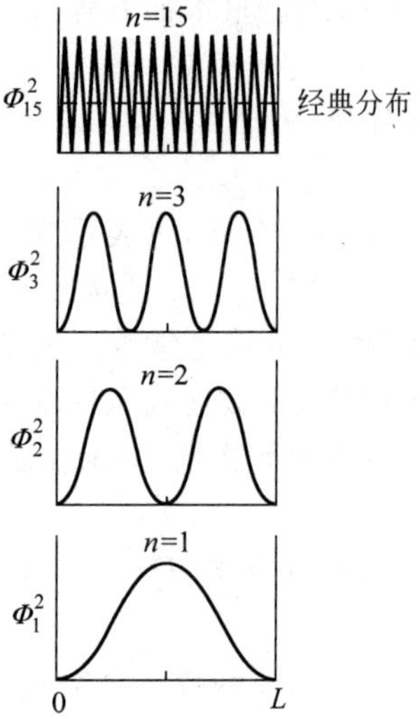

图 12.7.2 粒子在一维无限深方势阱中出现的概率密度

2. 验证能量本征函数系的正交性

能量本征波函数(12.7.5)已经归一化,下面验证其正交性,即

$$\int_{-\infty}^{\infty}\Phi_m^*(x)\Phi_n(x)\mathrm{d}x=0,\quad m\neq n$$

当 $m\neq n$ 时,有

$$\begin{aligned}\int_{-\infty}^{\infty}\Phi_m^*(x)\Phi_n(x)\mathrm{d}x&=\frac{2}{L}\int_0^L\sin\left(\frac{m\pi x}{L}\right)\sin\left(\frac{n\pi x}{L}\right)\mathrm{d}x\\&=\frac{2}{L}\frac{L}{\pi}\int_0^{\pi}\sin(my)\sin(ny)\mathrm{d}y\\&=\frac{2}{\pi}\int_0^{\pi}\frac{1}{2}[\cos(m-n)y-\cos(m+n)y]\mathrm{d}y\\&=\frac{1}{\pi}\left[\frac{1}{m-n}\sin(m-n)y-\frac{1}{m+n}\sin(m+n)y\right]_0^{\pi}=0\end{aligned}$$

因此,一维无限深方势阱中粒子的能量本征函数系满足正交、归一化条件,即

$$\int_{-\infty}^{\infty}\Phi_m^*(x)\Phi_n(x)\mathrm{d}x=\delta_{m,n}=\begin{cases}0, & m\neq n\\1, & m=n\end{cases}$$

构成一个正交的函数系。

3. 按定态展开得到 $\Psi(x,t)$

给定初始波函数 $\Psi(x,0)$,按定态展开,t 时刻一维无限深方势阱中粒子的波函数为

$$\Psi(x,t)=\sum_n C_n\Psi_n(x,t)=\sum_n C_n\Phi_n(x)\mathrm{e}^{-\frac{\mathrm{i}}{\hbar}E_nt}$$

其中

$$E_n=\frac{\pi^2\hbar^2}{2mL^2}n^2,\quad n=1,2,3,\cdots$$

$$\Phi_n(x)=\begin{cases}\sqrt{\dfrac{2}{L}}\sin\dfrac{n\pi x}{L},n=1,2,3,\cdots, & 0\leqslant x\leqslant L\\0, & x<0,x>L\end{cases}$$

展开系数为

$$C_n=\int_{-\infty}^{\infty}\Phi_n^*(x)\Psi(x,0)\mathrm{d}x=\sqrt{\frac{2}{L}}\int_{-\infty}^{\infty}\sin\left(\frac{n\pi x}{L}\right)\Psi(x,0)\mathrm{d}x$$

至此,我们用分离变量方法求解了一维无限深方势阱中粒子的薛定谔方程,得到了粒子波函数随时间的演化规律。

例 12.7.1　在阱宽为 $L=100\text{pm}(1\text{pm}=10^{-12}\text{m})$的一维无限深方势阱中,一个粒子处于基态。求在距一侧阱壁 1/3 宽度以内发现粒子的概率。

解　所求概率为

$$P=\int_0^{L/3}\Phi_1(x)^2\mathrm{d}x=\frac{2}{L}\int_0^{L/3}\sin^2\left(\frac{\pi x}{L}\right)\mathrm{d}x$$

$$=\frac{2}{L}\left[\frac{x}{2}-\frac{L}{4\pi}\sin\left(\frac{2\pi x}{L}\right)\right]_0^{L/3}=\frac{2}{L}\left[\frac{L}{6}-\frac{L}{4\pi}\sin\left(\frac{2\pi}{3}\right)\right]$$

$$=\left[\frac{1}{3}-\frac{\sqrt{3}}{4\pi}\right]=0.20=20\%$$

*12.7.2　一维有限深方势阱　量子阱

图 12.7.3 表示一维有限深方势阱,其势能函数为

$$U(x)=\begin{cases}0, & 0\leqslant x\leqslant L\\ U_0, & x<0,x>L\end{cases}$$

其中,L 为阱宽,U_0 为阱深。

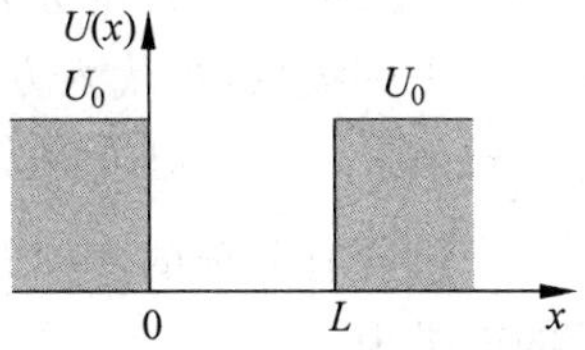

图 12.7.3　一维有限深方势阱

这时势阱中粒子的能级、能级数目和波函数取决于阱宽 L 和阱深 U_0,图 12.7.4 表示三个能级的情况。可以看出,当能量 $E\geqslant U_0$ 时,粒子就会摆脱势阱的束缚成为自由粒子,因此有限深方势阱相当于是一个粒子的陷阱,粒子的波函数主要局域在势阱中,这称为量子限制效应。随着能量 E 的增大,粒子摆脱势阱进入 $x<0$ 和 $x>L$ 区域的概率也增大,如图 12.7.5 所示。

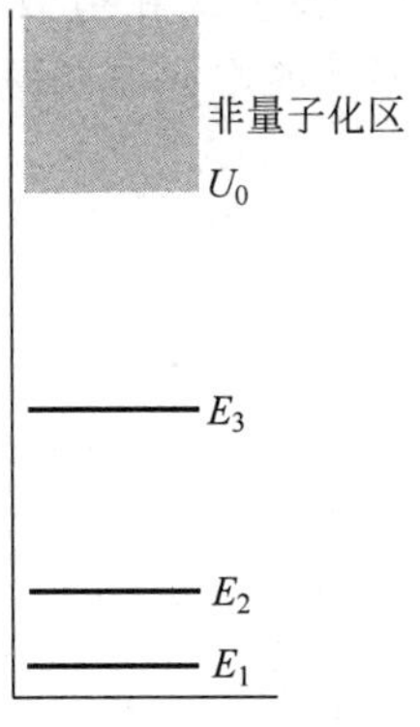

图 12.7.4　一维有限深方势阱能级图

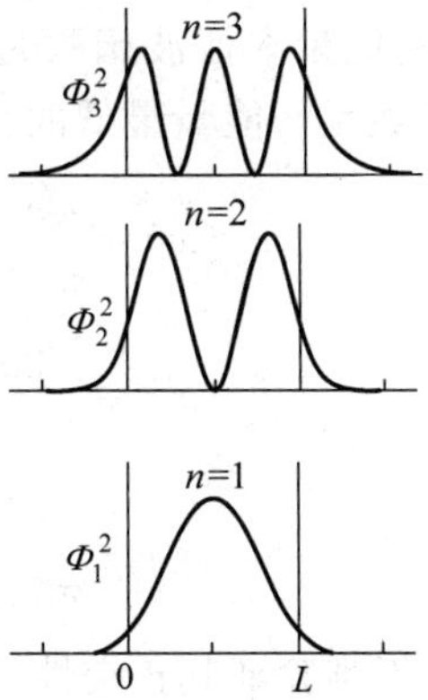

图 12.7.5　粒子在一维有限深方势阱中出现的概率密度

在半导体物理学中,量子阱是指在电子的德布罗意波长尺度上的微观势阱。例如,在较厚的 $\text{Ga}_{0.7}\text{Al}_{0.3}\text{As}$ 薄膜上生长出厚度约 10 个分子层的 GaAs,然后接着生长较厚的 $\text{Ga}_{0.7}\text{Al}_{0.3}\text{As}$ 层,形成一种“三明治”结构,处于 GaAs 薄层中的电子载流子在沿薄膜生长方

向上所感受到的势能正是形如图 12.7.3 所示一维有限深方势阱,阱宽 L 等于 GaAs 薄层的厚度,阱深 U_0 取决于 $Ga_{0.7}Al_{0.3}As$ 和 GaAs 这两种半导体材料中电子的能量(能带)结构。人们可以通过改变"三明治"夹层的厚度和两种材料的成分,调节阱宽和阱深,获得所需要的电子学和光子学性质,用于制造半导体激光器,红外探测器和光电子集成电路(芯片)等。

12.7.3 一维简谐振子

如图 12.7.6 所示,一维简谐振子的势能函数为

$$U(x)=\frac{1}{2}m\omega^2x^2$$

其中,m 和 ω 分别为振子的质量和本征角频率。由于 $\lim\limits_{x\to\pm\infty}U(x)=\infty$,波函数 $\Phi(x)$满足束缚态条件

$$\lim_{x\to\pm\infty}\Phi(x)=0$$

所以简谐振子的能量是量子化的。

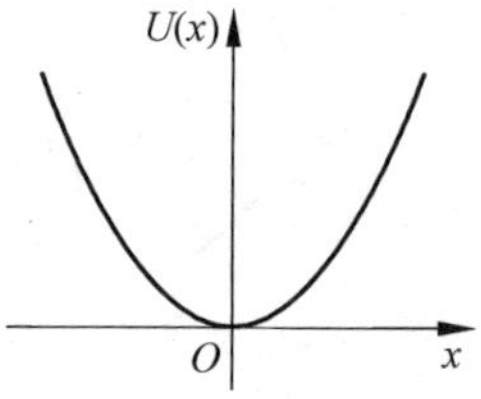

图 12.7.6 一维简谐振子的势能

一维简谐振子的能量本征方程为

$$\Phi''(x)+\frac{2m}{\hbar^2}\left[E-\frac{1}{2}m\omega^2x^2\right]\Phi(x)=0 \qquad (12.7.6)$$

这是一个变系数二阶常微分方程,通常采用级数解法。简单地说,就是把待求波函数 $\Phi(x)$ 写成一个无穷级数,再代入方程(12.7.6)来确定级数的展开系数。由于波函数满足束缚态条件 $\lim\limits_{x\to\pm\infty}\Phi(x)=0$,但求解发现当 $x\to\pm\infty$时,该无穷级数趋于无穷大,必须把无穷级数中断成一个包含有限项的多项式,才能解决波函数发散的困难,这导致能量量子化,一维简谐振子的能级为

$$E_n=\left(n+\frac{1}{2}\right)h\nu=\left(n+\frac{1}{2}\right)\hbar\omega,\quad n=0,1,2,\cdots$$

能级间隔为 $h\nu$ 或 $\hbar\omega$,最低能量为 $h\nu/2$,称为零点能。

一维简谐振子的能量本征波函数是厄米(Hermite)多项式和指数函数的乘积,构成一个正交、归一化的函数系。能量最低的三个一维简谐振子的本征波函数为

$$\Phi_0(x)=\frac{\sqrt{\alpha}}{\pi^{1/4}}e^{-\alpha^2x^2/2}$$

$$\Phi_1(x)=\frac{\sqrt{2\alpha}}{\pi^{1/4}}\alpha x e^{-\alpha^2x^2/2}$$

$$\Phi_2(x)=\frac{1}{\pi^{1/4}}\sqrt{\frac{\alpha}{2}}(2\alpha^2x^2-1)e^{-\alpha^2x^2/2}$$

其中,$\alpha=\sqrt{m\omega/\hbar}$。不难验证其正交性,例如

$$\begin{aligned}\int_{-\infty}^{\infty}\Phi_0^*(x)\Phi_2(x)dx&=\frac{\alpha}{\sqrt{2\pi}}\int_{-\infty}^{\infty}(2\alpha^2x^2-1)e^{-\alpha^2x^2}dx\\&=\sqrt{\frac{2}{\pi}}\alpha\left(2\alpha^2\int_0^{\infty}x^2e^{-\alpha^2x^2}dx-\int_0^{\infty}e^{-\alpha^2x^2}dx\right)\\&=\sqrt{\frac{2}{\pi}}\alpha\left(2\alpha^2\cdot\frac{\sqrt{\pi}}{4\alpha^3}-\frac{\sqrt{\pi}}{2\alpha}\right)=0\end{aligned}$$

积分按第 8 章附录高斯积分表算出。

图 12.7.7 表示能量最低的五个简谐振子的能量本征波函数，图 12.7.8 为 $n=11$ 时简谐振子的概率密度，与经典分布（虚线）十分接近，符合玻尔对应原理。按经典力学，振子在 $x=0$ 处速度最大，概率密度最小，随着速度减小，概率密度增大（习题 10.5）。

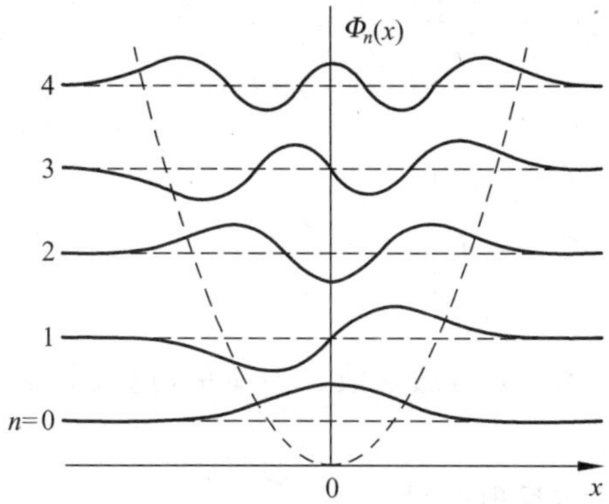

图 12.7.7　简谐振子的能量本征波函数

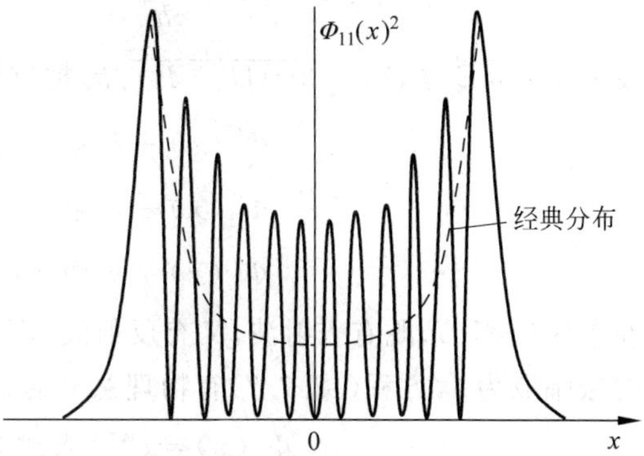

图 12.7.8　$n=11$ 时简谐振子的概率密度

简谐振子是一个十分有用的振动模型，它不仅适用于辐射场，也可用于许多系统的振动过程，如原子核中质子和中子的振动、分子中原子的振动和固体晶格点阵上原子的振动等。固体晶格点阵上原子振动的能量子，称为声子。

12.7.4　一维方势垒的穿透和伽莫夫公式

图 12.7.9 表示一维方势垒，其势能函数为

$$U(x)=\begin{cases}U_0, & 0<x<L\\ 0, & x\leqslant 0, x\geqslant L\end{cases}$$

其中，L 为垒宽；U_0 为垒高。

如图 12.7.10 所示，设一质量为 m 的粒子以能量 $E(<U_0)$ 沿 x 轴方向射向势垒 $U(x)$，设势垒没有吸收，能量 E 保持不变。经典力学不允许 $E<U_0$ 的粒子进入势垒，因为一旦进入势垒，粒子的动能就会变为负值。但粒子具有波动性，与粒子相联系的德布罗意波发生衍射，粒子有一定的概率穿透势垒，这称为隧道效应。

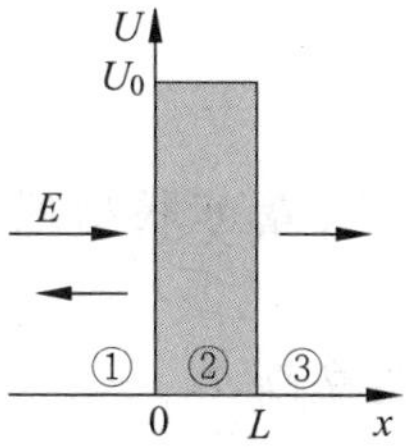

图 12.7.9　一维方势垒

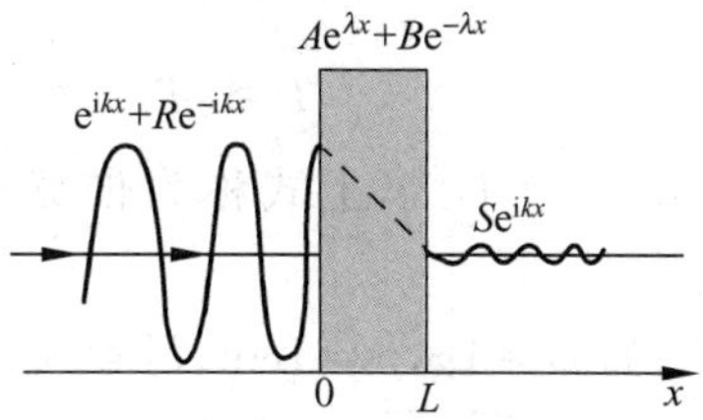

图 12.7.10　隧道效应

在图 12.7.9 所示三个区域，不含时薛定谔方程分别为

$$\Phi_1''(x)+\frac{2mE}{\hbar^2}\Phi_1(x)=0,\qquad x\leqslant 0$$

$$\Phi_2''(x)-\frac{2m}{\hbar^2}(U_0-E)\Phi_2(x)=0,\quad 0<x<L$$

$$\Phi_3''(x)+\frac{2mE}{\hbar^2}\Phi_3(x)=0,\qquad x\geqslant L$$

设 $k=\sqrt{2mE}/\hbar$，$\lambda=\sqrt{2m(U_0-E)}/\hbar$，把方程写成

$$\left.\begin{aligned}&\Phi_1''(x)+k^2\Phi_1(x)=0,\quad x\leqslant 0\\&\Phi_2''(x)-\lambda^2\Phi_2(x)=0,\quad 0<x<L\\&\Phi_3''(x)+k^2\Phi_3(x)=0,\quad x\geqslant L\end{aligned}\right\}\tag{12.7.7}$$

在①区($x\leqslant 0$)，既有入射波，又有反射波，而在③区($x\geqslant L$)只有透射波。为简单，把入射波的振幅取为1，方程(12.7.7)有物理意义的解可表示为

$$\left.\begin{aligned}&\Phi_1(x)=\mathrm{e}^{\mathrm{i}kx}(\text{入射波})+R\mathrm{e}^{-\mathrm{i}kx}(\text{反射波})\\&\Phi_2(x)=A\mathrm{e}^{\lambda x}+B\mathrm{e}^{-\lambda x}(\text{阱壁多次反射})\\&\Phi_3(x)=S\mathrm{e}^{\mathrm{i}kx}(\text{透射波})\end{aligned}\right\}\tag{12.7.8}$$

其中，R、A、B 和 S 为待定的四个常数。

可以看出，只要 S 不等于零，透射波 $\Phi_3(x)$ 就不等于零，粒子就有一定的概率穿透势垒出现在③区，发生隧道效应。粒子穿透势垒的概率称为透射系数，用 T 表示，它等于透射波的概率密度除以入射波的概率密度，即

$$T=\frac{|S\mathrm{e}^{\mathrm{i}kx}|^2}{|\mathrm{e}^{\mathrm{i}kx}|^2}=|S|^2\tag{12.7.9}$$

在 $x=0$ 和 $x=L$ 处，波函数的连续条件为

$$\Phi_1(0)=\Phi_2(0),\quad \Phi_2(L)=\Phi_3(L)\tag{12.7.10}$$

可以证明，对于势能函数的连续点或有限间断点，波函数的一阶导数连续，即

$$\Phi_1'(0)=\Phi_2'(0),\quad \Phi_2'(L)=\Phi_3'(L)\tag{12.7.11}$$

把波函数(12.7.8)代入式(12.7.10)和(12.7.11)，可得关于 R、A、B 和 S 的四个代数方程，联立解出 S 并代入式(12.7.9)，就得到透射系数 T。在满足 $\lambda L\gg 1$ 的条件下，当 $E<U_0$ 时粒子对一维方势垒的透射系数近似为

$$T\approx T_0\mathrm{e}^{-\frac{2L}{\hbar}\sqrt{2m(U_0-E)}}\tag{12.7.12}$$

其中，$T_0=16E(U_0-E)/U_0^2$。上式称为伽莫夫公式，由美籍苏联物理学家伽莫夫(G. Gamow)首先导出。

在宏观情况下，如 $m=1\mathrm{g}$，$L=1\mathrm{cm}$，尽管入射能量接近垒高，$U_0-E=10^{-7}\mathrm{J}$，透射系数的量级也仅为

$$T\sim\mathrm{e}^{-\frac{2\times10^{-2}}{1.05\times10^{-34}}\sqrt{2\times10^{-3}\times10^{-7}}}=\mathrm{e}^{-2.7\times10^{27}}\approx 0$$

实际上观察不到隧道效应。微观情况容易发生隧道效应，如 $m=0.511\mathrm{MeV}/c^2$(电子)，$L=0.1\mathrm{nm}$，$U_0-E=1\mathrm{eV}$，透射系数的量级为

$$T \sim \mathrm{e}^{-\frac{2\times0.1\times10^{-9}\times1.6\times10^{-19}}{1.05\times10^{-34}}\frac{\sqrt{2\times0.511\times10^{6}\times1}}{3\times10^{8}}} = \mathrm{e}^{-1.0} = 0.37$$

*** 一般形状势垒的透射系数**

对于一般形状的势垒 $U(x)$，透射系数的计算比较复杂。但若入射能量 E 较小，且 $U(x)>E$ 的区域相当宽，透射系数很小，就可以作如下近似处理。

如图 12.7.11 所示，把 $U(x)$ 分割成许多窄条方势垒，按式(12.7.12)，粒子对其中一条方势垒的透射系数为

$$T_0 \mathrm{e}^{-\frac{2\mathrm{d}x}{\hbar}\sqrt{2m[U(x)-E]}}$$

忽略这些窄条势垒之间的反射效应，并注意到 $U(x)<E$ 的区域容易穿透，概率按 1 处理，就可以认为粒子对势垒 $U(x)$ 的透射系数等于这些窄条方势垒透射系数的乘积，量级为

$$T \sim \exp\left\{-\frac{2}{\hbar}\int_a^b \sqrt{2m\,[U(x)-E]}\,\mathrm{d}x\right\} \tag{12.7.13}$$

式中，积分限 a 和 b 是能量为 E 的水平线与 $U(x)$ 交点的坐标。

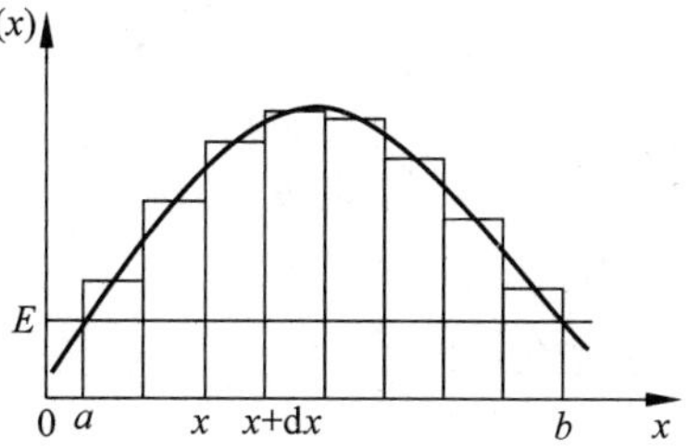

图 12.7.11　势垒 $U(x)$ 的透射系数

1928 年，伽莫夫等人利用式(12.7.13)成功地解释了放射性元素的 α 衰变等现象。α 衰变相当于 α 粒子($^4_2$He)以一定的概率穿透放射性原子核边界上由库仑力所形成的势垒。

例 12.7.2　如图 12.7.12 所示，金属中的自由电子可近似认为被束缚在阱深为 U_0 的一维方势阱中，以金属为阴极外加匀强电场 $\mathcal{E}$，使电子的势能函数变为

$$U(x) = \begin{cases} 0, & x<0 \\ U_0 - e\mathcal{E}x, & x \geqslant 0 \end{cases}$$

其中，e 为基本电荷。当电场 $\mathcal{E} \sim 10^8\,\mathrm{V\cdot m^{-1}}$ 时，电子就能从金属中逸出，这种现象称为场致发射或冷发射。求动能为 $E(<U_0)$ 的电子的场致发射的透射系数。

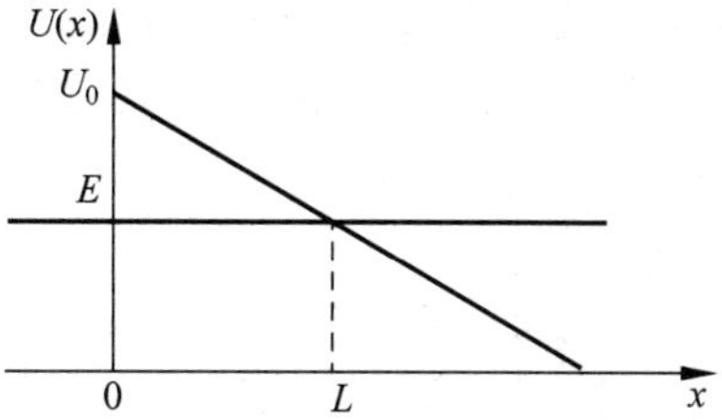

图 12.7.12　例 12.7.2 图

解　能量为 E 的水平线与 $U(x)$ 交点的坐标为 0 和 $L=(U_0-E)/e\mathcal{E}$，则透射系数的量级为

$$T\sim\exp\left\{-\frac{2}{\hbar}\int_0^L\sqrt{2m[U(x)-E]}\,\mathrm{d}x\right\}=\exp\left[-\frac{2}{\hbar}\int_0^L\sqrt{2m(U_0-e\mathcal{E}x-E)}\,\mathrm{d}x\right]$$
$$=\exp\left[-\frac{4\sqrt{2m}}{3\hbar}\frac{(U_0-E)^{3/2}}{e\mathcal{E}}\right]$$

即

$$\ln T\sim-\frac{4\sqrt{2m}}{3\hbar}\frac{(U_0-E)^{3/2}}{e\mathcal{E}}$$

对于给定的电子动能 E,场致发射的透射系数 T 的对数与外电场$\mathcal{E}$的倒数成负线性关系,这已被实验所证实。

*** 波函数一阶导数连续的证明**

设在 $x=x_0$ 处势能函数 $U(x)$连续,或如图 12.7.13 所示,在 $x=x_0$ 处 $U(x)$虽然间断,但取有限值,在 $x_0\pm\varepsilon$ 邻域内对不含时薛定谔方程积分,即

$$\int_{x_0-\varepsilon}^{x_0+\varepsilon}\Phi''(x)\,\mathrm{d}x+\frac{2m}{\hbar^2}\int_{x_0-\varepsilon}^{x_0+\varepsilon}[E-U(x)]\Phi(x)\,\mathrm{d}x=0$$

得

$$\Phi'_2(x_0+\varepsilon)-\Phi'_1(x_0-\varepsilon)=-\frac{2m}{\hbar^2}\int_{x_0-\varepsilon}^{x_0+\varepsilon}[E-U(x)]\Phi(x)\,\mathrm{d}x$$

因 $U(x)$有限,故

$$\lim_{\varepsilon\to0}\int_{x_0-\varepsilon}^{x_0+\varepsilon}[E-U(x)]\Phi(x)\,\mathrm{d}x=0$$

因此

$$\Phi'_2(x_0^+)=\Phi'_1(x_0^-)$$

这表明:对于势能函数的连续点或有限间断点,波函数的一阶导数连续。

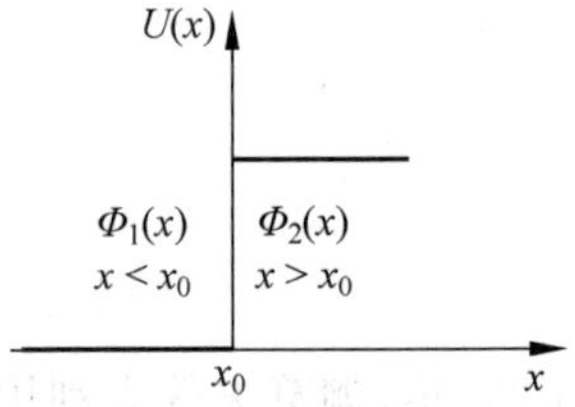

图 12.7.13 波函数一阶导数连续

对于势能函数的无限间断点,即在 $x=x_0$ 处 $U(x)$间断,且值为无穷大的情况,虽然波函数的一阶导数不连续,但可以导出波函数一阶导数的连接条件。

*** 扫描隧道显微镜和原子力显微镜**

1982 年,德国物理学家宾尼希(G. Binning)和瑞士物理学家罗雷尔(H. Rohrer)利用隧道效应制成扫描隧道显微镜(STM,scanning tunneling microscopy)。扫描隧道显微镜的工作原理如图 12.7.14 所示,用金属探针在样品表面进行扫描,由于隧道效应,电子可以穿透探针针尖表面和样品表面的势垒形成电子云,在探针和样品之间加一微小电压,所形成的隧道电流与针尖和样品表面之间的距离的关系非常敏感,通过检测隧道电流的变化就能记录

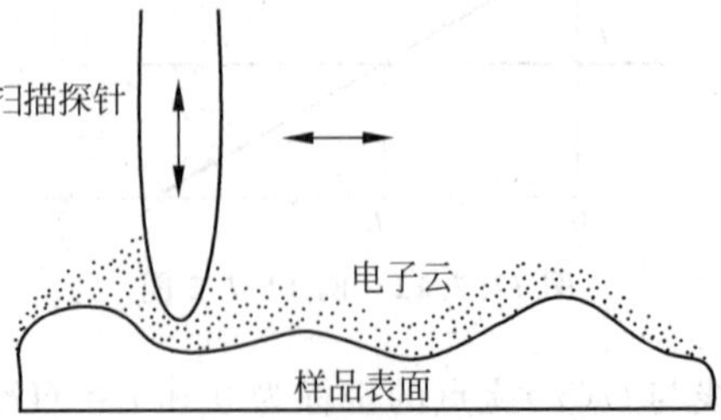

图 12.7.14 扫描隧道显微镜工作原理

样品表面的形貌和电子分布等信息。

STM 在表面物理、材料科学、化学和生命科学等很多领域的科学研究中都有重要的应用。宾尼希和罗雷尔以及在 1932 年发明电子显微镜的德国物理学家鲁斯卡(E. Ruska)共同获得 1986 年诺贝尔物理学奖。

如图 12.7.15 所示,1993 年位于美国加州的 IBM 研究中心的科罗米(M. F. Crommie)等人在铜的表面用 STM 针尖的操作,把 48 个铁原子排列成半径为 7.13nm 的"量子围栏",围栏内铜表面的电子被铁原子反射形成明显的圆形驻波,直观地证实了电子的波动性。移动分子实验的成功,说明人们朝着用单一原子和小分子构成新分子的目标又前进了一步,其内在意义目前尚无法估量。

扫描隧道显微镜是依靠探针和样品之间的隧道电流来工作的,因此只能探测导电材料(导体和半导体)的表面结构,对绝缘材料就无能为力了。1986 年发明的原子力显微镜(AFM,atomic force microscopy)克服了这一困难,通过检测原子间作用力的变化来记录样品表面的信息。

原子力显微镜的工作原理如图 12.7.16 所示,用探针在样品表面进行扫描,针尖原子和样品表面原子间的作用力与距离的关系非常敏感,而作用力的变化引起悬臂梁弯曲,用激光束和光探测器检测悬臂梁的弯曲程度,就可以记录样品表面的信息。

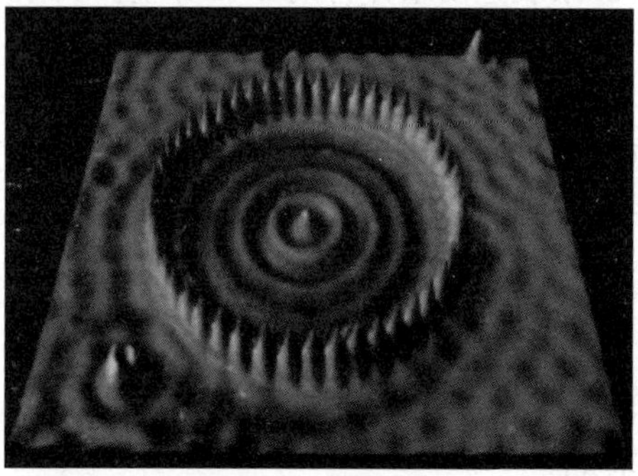

图 12.7.15 量子围栏

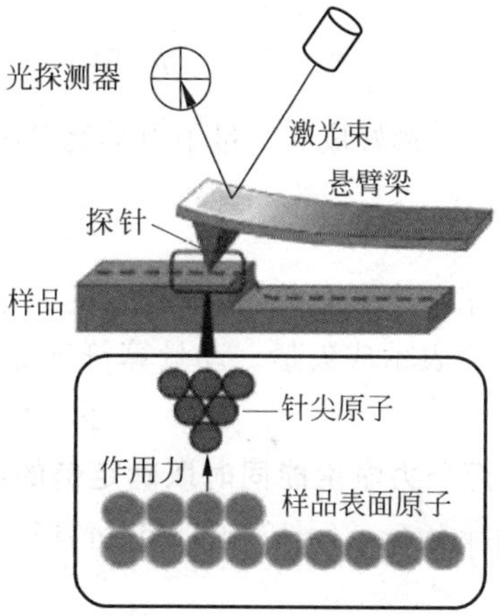

图 12.7.16 原子力显微镜工作原理

12.8 力学量的算符表达 测量假设

算符是对波函数进行某种运算或作用的符号。如何用算符来表达坐标、动量和轨道角动量等力学量?如何把实验上对力学量的测量结果与理论计算结果联系起来?

12.8.1 坐标和动量

1. 坐标

量子力学假设:坐标的算符形式与经典力学相同,即

$$\hat{x}=x, \quad \hat{y}=y, \quad \hat{z}=z$$

它对波函数 $\Psi(\boldsymbol{r},t)$的作用,就是简单地乘以 $\Psi(\boldsymbol{r},t)$,即

$$\hat{x}\Psi(\boldsymbol{r},t)=x\Psi(\boldsymbol{r},t),\quad \hat{y}\Psi(\boldsymbol{r},t)=y\Psi(\boldsymbol{r},t),\quad \hat{z}\Psi(\boldsymbol{r},t)=z\Psi(\boldsymbol{r},t)$$

因此,势能函数 $U(\boldsymbol{r},t)$对波函数 $\Psi(\boldsymbol{r},t)$的作用结果为 $U(\boldsymbol{r},t)\Psi(\boldsymbol{r},t)$。

坐标算符的本征值,即粒子坐标的取值为$\pm\infty$之间的任何实数。

2. 动量

动量是一个矢量。用 $\hat{p}_x$ 代表动量算符的 x 轴分量,按算符本征方程的定义,$\hat{p}_x$ 的本征方程为

$$\hat{p}_x\Phi(x)=p\Phi(x) \tag{12.8.1}$$

其中,p 为动量的本征值,可以取$\pm\infty$之间的任何实数;$\Phi(x)$为动量取确定值 p 的本征态,为自由粒子波函数,即

$$\Phi(x)=A\mathrm{e}^{\frac{\mathrm{i}}{\hbar}px}$$

若把 $\hat{p}_x$ 取成如下形式

$$\hat{p}_x=-\mathrm{i}\hbar\frac{\partial}{\partial x} \tag{12.8.2}$$

则

$$\hat{p}_x\Phi(x)=-\mathrm{i}\hbar\frac{\partial}{\partial x}(A\mathrm{e}^{\frac{\mathrm{i}}{\hbar}px})=p\Phi(x)$$

式(12.8.1)恰好成立。量子力学就是用式(12.8.2)来表达动量算符的 x 轴分量。类似地有

$$\hat{p}_y=-\mathrm{i}\hbar\frac{\partial}{\partial y},\quad \hat{p}_z=-\mathrm{i}\hbar\frac{\partial}{\partial z}$$

对于一个矢量算符,只有它的三个分量能同时取确定值,或者说能同时被测准,该矢量算符才能表示成矢量。动量算符满足上述条件,可以写成

$$\hat{\boldsymbol{p}}=\boldsymbol{i}\hat{p}_x+\boldsymbol{j}\hat{p}_y+\boldsymbol{k}\hat{p}_z=-\mathrm{i}\hbar\nabla$$

*** 两个力学量能同时取确定值的条件**

对于算符 $\hat{A}$ 和 $\hat{B}$,若 $\hat{A}\hat{B}$ 和 $\hat{B}\hat{A}$ 对任意波函数 Ψ 的作用结果都相等,即

$$\hat{A}\hat{B}\Psi=\hat{B}\hat{A}\Psi$$

则

$$\hat{A}\hat{B}=\hat{B}\hat{A}$$

称 $\hat{A}$ 和 $\hat{B}$ 对易。若 $\hat{A}\hat{B}\neq\hat{B}\hat{A}$,则称 $\hat{A}$ 和 $\hat{B}$ 不对易。

可以证明:若 $\hat{A}\hat{B}=\hat{B}\hat{A}$,则 $\hat{A}$ 和 $\hat{B}$ 所代表的力学量能同时取确定值;若 $\hat{A}\hat{B}\neq\hat{B}\hat{A}$,则除了特殊的状态之外,它们在任何状态上都不能同时取确定值。

下面以坐标 x 和同一方向的动量 $\hat{p}_x$ 为例说明。用 $\hat{p}_x x$ 作用于任意波函数 $\Psi(x)$,结果为

$$\hat{p}_x x\Psi(x)=-\mathrm{i}\hbar\frac{\partial}{\partial x}[x\Psi(x)]=-\mathrm{i}\hbar\left[\Psi(x)+x\frac{\partial}{\partial x}\Psi(x)\right]=-\mathrm{i}\hbar\Psi(x)+x\hat{p}_x\Psi(x)$$

即

$$(x\hat{p}_x-\hat{p}_x x)\Psi(x)=\mathrm{i}\hbar\Psi(x)$$

这说明 $x\hat{p}_x\neq\hat{p}_x x$,即 x 和 $\hat{p}_x$ 不对易。按不确定度关系,x 和 $\hat{p}_x$ 在任何状态上都不能同时取确定值。

容易验证，动量算符的三个分量互相对易，即

$$\hat{p}_x\hat{p}_y=\hat{p}_y\hat{p}_x,\quad \hat{p}_y\hat{p}_z=\hat{p}_z\hat{p}_y,\quad \hat{p}_z\hat{p}_x=\hat{p}_x\hat{p}_z$$

因此动量算符可以表示成矢量。

12.8.2　有经典对应的力学量

经典力学中的力学量 F，如动能、势能、角动量等一般都是坐标 $\boldsymbol{r}$ 和动量 $\boldsymbol{p}$ 的函数，即

$$F=F(\boldsymbol{r},\boldsymbol{p})$$

保留上式的函数形式，"旧瓶装新酒"，把函数中的动量 $\boldsymbol{p}$ 换成动量算符 $\hat{\boldsymbol{p}}$，就得到量子力学中表达该力学量的算符 $\hat{F}$，即

$$\hat{F}=F(\boldsymbol{r},\hat{\boldsymbol{p}})$$

例如，在经典力学中一个在势场 $U(x,t)$ 中运动粒子的能量为

$$E=\frac{p_x^2}{2m}+U(x,t)$$

把 p_x 换成动量算符 $\hat{p}_x$，就得到哈密顿量算符 $\hat{H}$，即

$$\hat{H}=\frac{\hat{p}_x^2}{2m}+U(x,t)=-\frac{\hbar^2}{2m}\frac{\mathrm{d}^2}{\mathrm{d}x^2}+U(x,t)$$

式中，把 $\hat{p}_x^2$ 写成 $-\hbar^2\mathrm{d}^2/\mathrm{d}x^2$，是因为对任意波函数 $\Psi(x)$ 都有

$$\hat{p}_x^2\Psi(x)=\hat{p}_x[\hat{p}_x\Psi(x)]=-\mathrm{i}\hbar\frac{\mathrm{d}}{\mathrm{d}x}\left[-\mathrm{i}\hbar\frac{\mathrm{d}}{\mathrm{d}x}\Psi(x)\right]=-\hbar^2\frac{\mathrm{d}^2}{\mathrm{d}x^2}\Psi(x)$$

在三维情况下，哈密顿量算符为

$$\hat{H}=-\frac{\hbar^2}{2m}\nabla^2+U(\boldsymbol{r},t)$$

对于那些没有经典对应的力学量，如电子的自旋，我们只能依据实验事实，类比有经典对应的轨道角动量，对自旋算符的形式作出假设(见 12.9.3 节)。

12.8.3　轨道角动量及其空间取向量子化

1. 轨道角动量

在原子中，电子围绕原子核运动的角动量称为轨道角动量。经典力学中的轨道角动量为

$$\boldsymbol{l}=\boldsymbol{r}\times\boldsymbol{p}$$

把 $\boldsymbol{p}$ 换成动量算符 $\hat{\boldsymbol{p}}$，就得到量子力学中的轨道角动量算符 $\hat{\boldsymbol{l}}$，即

$$\hat{\boldsymbol{l}}=\boldsymbol{r}\times\hat{\boldsymbol{p}}$$

在直角坐标系中，有

$$\hat{\boldsymbol{l}}=\boldsymbol{r}\times\hat{\boldsymbol{p}}=\begin{vmatrix}\boldsymbol{i} & \boldsymbol{j} & \boldsymbol{k}\\ x & y & z\\ \hat{p}_x & \hat{p}_y & \hat{p}_z\end{vmatrix}=\boldsymbol{i}(y\hat{p}_z-z\hat{p}_y)+\boldsymbol{j}(z\hat{p}_x-x\hat{p}_z)+\boldsymbol{k}(x\hat{p}_y-y\hat{p}_x)$$

$\hat{\boldsymbol{l}}$ 的三个分量为

$$\hat{l}_x=y\hat{p}_z-z\hat{p}_y,\quad \hat{l}_y=z\hat{p}_x-x\hat{p}_z,\quad \hat{l}_z=x\hat{p}_y-y\hat{p}_x$$

可以验证，它们互相不对易，即

$$\hat{l}_x\hat{l}_y \neq \hat{l}_y\hat{l}_x,\quad \hat{l}_y\hat{l}_z \neq \hat{l}_z\hat{l}_y,\quad \hat{l}_z\hat{l}_x \neq \hat{l}_x\hat{l}_z$$

因此,除了角动量等于零这一特殊的状态之外,$\hat{l}_x$、$\hat{l}_y$ 和 $\hat{l}_z$ 在任何状态上都不能同时取确定值,所以角动量算符不能表示成矢量,这决定了角动量所具有的一系列异乎寻常的性质。

引入轨道角动量平方算符

$$\hat{\boldsymbol{l}}^2 = \hat{l}_x^2 + \hat{l}_y^2 + \hat{l}_z^2$$

可以证明它与角动量的任意一个分量对易,因此轨道角动量只能用 $\hat{\boldsymbol{l}}^2$ 和任意一个分量(习惯上用 $\hat{l}_z$)来表达,$\hat{\boldsymbol{l}}^2$ 表示角动量的大小,$\hat{l}_z$ 表示其 z 轴分量。当 $\hat{\boldsymbol{l}}^2$ 和 $\hat{l}_z$ 取确定值时,其他两个分量 $\hat{l}_x$ 和 $\hat{l}_y$ 的取值完全不确定,在严格意义上,角动量只能确定到这种程度。

图 12.8.1 表示球面坐标系,它与直角坐标系之间的坐标变换为

$$x = r\sin\theta\cos\varphi$$
$$y = r\sin\theta\sin\varphi$$
$$z = r\cos\theta$$

体积元为

$$\mathrm{d}V = \mathrm{d}x\,\mathrm{d}y\,\mathrm{d}z = r^2\,\mathrm{d}r\sin\theta\,\mathrm{d}\theta\,\mathrm{d}\varphi = r^2\,\mathrm{d}r\,\mathrm{d}\Omega$$

其中,$\mathrm{d}\Omega = \sin\theta\,\mathrm{d}\theta\,\mathrm{d}\varphi$ 为(θ,φ)方向上的立体角元。

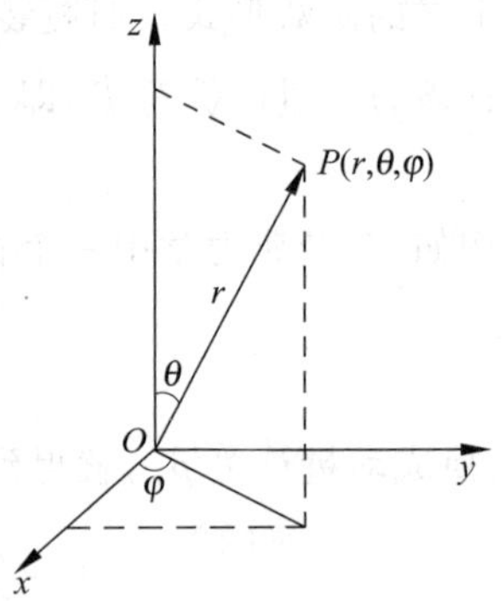

图 12.8.1 球面坐标系

在球面坐标系中,$\hat{\boldsymbol{l}}^2$ 和 $\hat{l}_z$ 的表达式分别为

$$\hat{\boldsymbol{l}}^2 = -\hbar^2\left(\frac{1}{\sin\theta}\frac{\partial}{\partial\theta}\sin\theta\frac{\partial}{\partial\theta} + \frac{1}{\sin^2\theta}\frac{\partial^2}{\partial\varphi^2}\right)$$

$$\hat{l}_z = -\mathrm{i}\hbar\frac{\partial}{\partial\varphi}$$

它们只作用于波函数中与角度有关的部分。

2. $\hat{\boldsymbol{l}}^2$ 和 $\hat{l}_z$ 的共同本征值问题的解 球谐函数

按角动量理论,$\hat{\boldsymbol{l}}^2$ 的本征值为

$$l(l+1)\hbar^2,\quad l = 0,1,2,\cdots$$

l 称为轨道角量子数。角动量的大小是量子化的。

$\hat{l}_z$ 的本征值为

$$m\hbar,\quad m = -l, -l+1,\cdots,0,\cdots,l-1,l$$

m 称为轨道磁量子数。对一个确定的 l,m 只能取从 $-l$ 开始依次加 1 直到 l 共 $2l+1$ 个值。或者说,角动量与 z 轴的"夹角"取 $2l+1$ 个值,这意味着角动量在空间取向上也是量子化的。

通常把 $\hat{\boldsymbol{l}}^2$ 和 $\hat{l}_z$ 的共同本征值问题的解表示为

$$\hat{\boldsymbol{l}}^2 Y_{lm}(\theta,\varphi) = l(l+1)\hbar^2 Y_{lm}(\theta,\varphi)$$
$$\hat{l}_z Y_{lm}(\theta,\varphi) = m\hbar Y_{lm}(\theta,\varphi)$$
$$l = 0,1,2,\cdots \quad (\text{轨道角量子数})$$
$$m = -l, -l+1,\cdots,0,\cdots,l-1,l \quad (\text{轨道磁量子数})$$

$Y_{lm}(\theta,\varphi)$称为球谐函数，它是$\hat{\boldsymbol{l}}^2$和$\hat{l}_z$的共同本征波函数，其形式为

$$Y_{lm}(\theta,\varphi)=NP_l^m(\cos\theta)\mathrm{e}^{\mathrm{i}m\varphi} \tag{12.8.3}$$

其中，N为归一化因子，$P_l^m(\cos\theta)$称为缔合勒让德(Legendre)多项式。在本征态$Y_{lm}(\theta,\varphi)$上测量粒子的$\hat{\boldsymbol{l}}^2$和$\hat{l}_z$，所得测量结果分别为$l(l+1)\hbar^2$和$m\hbar$。

下面给出$l=0,1,2$时的球谐函数

$$\left.\begin{aligned}
&Y_{00}=\sqrt{\frac{1}{4\pi}}, &&Y_{20}=\sqrt{\frac{5}{16\pi}}(3\cos^2\theta-1)\\
&Y_{10}=\sqrt{\frac{3}{4\pi}}\cos\theta, &&Y_{2\pm1}=\mp\sqrt{\frac{15}{8\pi}}\sin\theta\cos\theta\mathrm{e}^{\pm\mathrm{i}\varphi}\\
&Y_{1\pm1}=\mp\sqrt{\frac{3}{8\pi}}\sin\theta\mathrm{e}^{\pm\mathrm{i}\varphi}, &&Y_{2\pm2}=\sqrt{\frac{15}{32\pi}}\sin^2\theta\mathrm{e}^{\pm2\mathrm{i}\varphi}
\end{aligned}\right\} \tag{12.8.4}$$

可以验证，球谐函数满足正交、归一化条件，即

$$\int_0^{4\pi}Y_{lm}^*(\theta,\varphi)Y_{l'm'}(\theta,\varphi)\mathrm{d}\Omega=\int_0^{2\pi}\mathrm{d}\varphi\int_0^{\pi}Y_{lm}^*(\theta,\varphi)Y_{l'm'}(\theta,\varphi)\sin\theta\mathrm{d}\theta=\delta_{l,l'}\delta_{m,m'}$$

与角度有关的波函数可展开为

$$\Psi(\theta,\varphi)=\sum_{l,m}C_{lm}Y_{lm}(\theta,\varphi)$$

例 12.8.1　求$\hat{l}_z$的本征值和本证波函数。

解　$\hat{l}_z$的本征方程为

$$\hat{l}_z\Phi(\varphi)=\lambda\Phi(\varphi)$$

即

$$-\mathrm{i}\hbar\frac{\mathrm{d}\Phi(\varphi)}{\mathrm{d}\varphi}=\lambda\Phi(\varphi)$$

通解为

$$\Phi(\varphi)=A\mathrm{e}^{\frac{\mathrm{i}}{\hbar}\lambda\varphi}$$

其中，A为归一化因子。波函数Φ代表粒子绕z轴运动的状态，其单值条件为$\Phi(\varphi+2\pi)=\Phi(\varphi)$，即

$$\mathrm{e}^{\frac{\mathrm{i}}{\hbar}\lambda(\varphi+2\pi)}=\mathrm{e}^{\frac{\mathrm{i}}{\hbar}\lambda\varphi},\quad \mathrm{e}^{\frac{\mathrm{i}}{\hbar}2\pi\lambda}=1$$

这要求$\lambda/\hbar=m$，$m=0,\pm1,\pm2,\cdots$，因此$\hat{l}_z$的本征值为

$$\lambda=m\hbar,\quad m=0,\pm1,\pm2,\cdots$$

按归一化条件，有

$$\int_0^{2\pi}|\Phi(\varphi)|^2\mathrm{d}\varphi=|A|^2\int_0^{2\pi}\mathrm{d}\varphi=2\pi|A|^2=1$$

可得$A=1/\sqrt{2\pi}$，因此$\hat{l}_z$的归一化的本征波函数为

$$\Phi_m(\varphi)=\frac{1}{\sqrt{2\pi}}\mathrm{e}^{\mathrm{i}m\varphi},\quad m=0,\pm1,\pm2,\cdots$$

对于$\hat{l}_z=-\mathrm{i}\hbar\partial/\partial\varphi$来说，式(12.8.3)中的$NP_l^m(\cos\theta)$为常数，因此球谐函数$Y_{lm}(\theta,\varphi)$是$\hat{l}_z$的本征波函数。

3. 角动量空间取向量子化

通常用长度为$L=\sqrt{l(l+1)}\,\hbar$的“矢量”来代表轨道角动量，图12.8.2表示当$l=1$时角动量空间量子化的图像。这时，角动量“矢量”的长度为$\sqrt{2}\,\hbar$，z轴分量$\hat{l}_z$取$-\hbar$，0和$\hbar$三个值，或者说，角动量“矢量”与z轴的“夹角”取三个值。而且当$\hat{l}_z$取确定值时，$\hat{l}_x$和$\hat{l}_y$的取值完全不确定，因此角动量“矢量”绕z轴的转动不受限制，形成一个一个的圆锥面。

在早期量子论中，德国物理学家索末菲(A. Sommerfeld)于1916年提出电子轨道平面不能任意取向，只能沿某些特定的方向，成功地解释了氢原子光谱和重元素X射线谱的精细结构以及正常塞曼(Zeeman)效应，这实际上就是轨道角动量空间取向量子化。

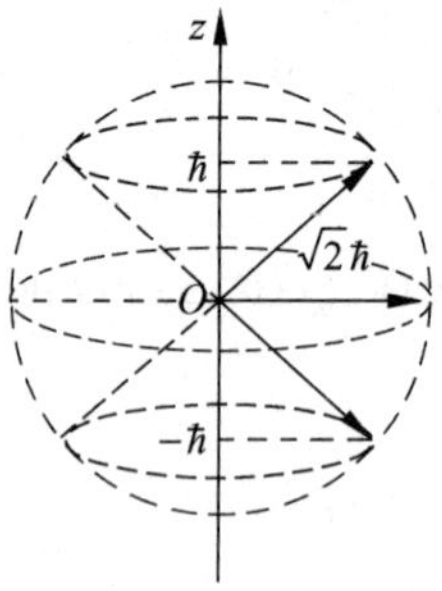

图12.8.2 角动量空间取向量子化

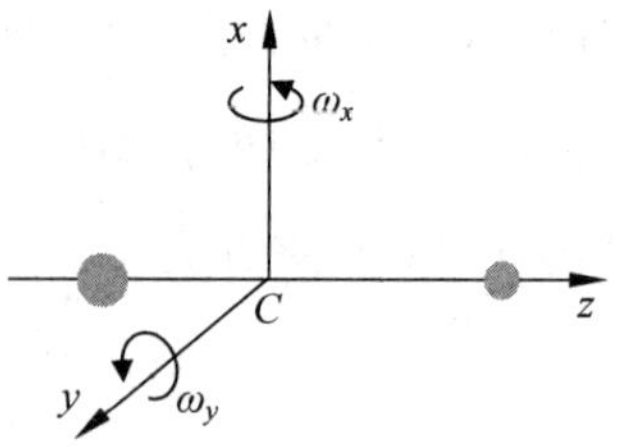

图12.8.3 双原子分子的转动

12.8.4 双原子分子的转动能级

如图12.8.3所示，把双原子分子的转动看成刚体绕质心的转动，转动动能为

$$E=\frac{1}{2}I\omega_x^2+\frac{1}{2}I\omega_y^2=\frac{(I\omega_x)^2+(I\omega_y)^2}{2I}=\frac{\boldsymbol{l}^2}{2I}$$

式中，$\boldsymbol{l}$为角动量，I为分子绕$x(y)$轴的转动惯量。把式中的$\boldsymbol{l}^2$换成角动量平方算符$\hat{\boldsymbol{l}}^2$，就得到表达分子转动动能的哈密顿量算符$\hat{H}$，即

$$\hat{H}=\frac{\hat{\boldsymbol{l}}^2}{2I}$$

其能量本征方程为

$$\hat{H}\Phi(\theta,\varphi)=E\Phi(\theta,\varphi)$$

可以看出，能量本征波函数$\Phi(\theta,\varphi)$就是球谐函数$Y_{lm}(\theta,\varphi)$，即

$$\hat{H}Y_{lm}(\theta,\varphi)=\frac{\hat{\boldsymbol{l}}^2}{2I}Y_{lm}(\theta,\varphi)=\frac{l(l+1)\hbar^2}{2I}Y_{lm}(\theta,\varphi)$$

双原子分子的转动能级为

$$E_l=\frac{l(l+1)\hbar^2}{2I},\quad l=0,1,2,\cdots$$

转动能级E_l只与角量子数l有关，而能量本征波函数Y_{lm}还与磁量子数m有关，因此一个能级E_l对应$2l+1$个互相独立的本征波函数，这称为能级的简并或退化，所对应的独立本征波函数的个数，叫作该能级的简并度，双原子分子转动能级E_l的简并度为$2l+1$。

多原子分子转动能级的求解比较复杂，这里就不介绍了。

12.8.5　测量假设

如何把实验上对力学量的测量结果与理论计算结果联系起来？按波函数的统计诠释，在时间 t，粒子的坐标处于 $x \sim x+\mathrm{d}x$ 之间的概率为 $\mathrm{d}W=|\Psi(x,t)|^2\mathrm{d}x$，因此坐标 x 在状态 $\Psi(x,t)$上的平均值为

$$\bar{x}=\int_{-\infty}^{\infty} x\ |\ \Psi(x,t)\ |^2 \mathrm{d}x=\int_{-\infty}^{\infty} \Psi^*(x,t) x \Psi(x,t) \mathrm{d}x$$

受此启发，量子力学假设：当系统处于状态 $\Psi(\boldsymbol{r},t)$时，对力学量 $\hat{F}$ 进行足够多次测量，所得测量结果的算术平均值为

$$\bar{F}=\int_{\infty} \Psi^*(\boldsymbol{r},t) \hat{F} \Psi(\boldsymbol{r},t) \mathrm{d}V$$

若 $\Psi(\boldsymbol{r},t)$未归一化，应写成

$$\bar{F}=\frac{\int_{\infty} \Psi^*(\boldsymbol{r},t) \hat{F} \Psi(\boldsymbol{r},t) \mathrm{d}V}{\int_{\infty} \Psi^*(\boldsymbol{r},t) \Psi(\boldsymbol{r},t) \mathrm{d}V}$$

这称为测量假设，或平均值假设。

以测量粒子的能量为例。设表达粒子能量的哈密顿量 $\hat{H}$ 不显含时间，能量本征方程的解为$\{E_n,\Phi_n(x),n=1,2,3,\cdots\}$，即

$$\hat{H}\Phi_n(x)=E_n\Phi_n(x),\quad n=1,2,3,\cdots$$

$$\int_{-\infty}^{\infty} \Phi_m^*(x)\Phi_n(x)\mathrm{d}x=\delta_{m,n}=\begin{cases}0, & m\neq n\\ 1, & m=n\end{cases}$$

(1) 若被测态 $\Psi(x,t)$为 $\hat{H}$ 的某一本征态(定态)$\Phi_n(x)\mathrm{e}^{-\frac{\mathrm{i}}{\hbar}E_n t}$，按测量假设，能量的平均值为

$$\begin{aligned}\bar{H}&=\int_{-\infty}^{\infty} \Psi^*(x,t)\hat{H}\Psi(x,t)\mathrm{d}x=\int_{-\infty}^{\infty} \Phi_n^*(x)\mathrm{e}^{\frac{\mathrm{i}}{\hbar}E_n t}\hat{H}\Phi_n(x)\mathrm{e}^{-\frac{\mathrm{i}}{\hbar}E_n t}\mathrm{d}x\\&=E_n\int_{-\infty}^{\infty}\Phi_n^*(x)\Phi_n(x)\mathrm{d}x=E_n\end{aligned}$$

这表明：在属于能量本征值 E_n 的能量本征态上测量粒子的能量，所得测量结果一定是 E_n。

(2) 若被测态 $\Psi(x,t)$不是 $\hat{H}$ 的本征态，把 $\Psi(x,t)$按定态展开，即

$$\Psi(x,t)=\sum_n C_n\Phi_n(x)\mathrm{e}^{-\frac{\mathrm{i}}{\hbar}E_n t}$$

按测量假设，能量的平均值为

$$\begin{aligned}\bar{H}&=\int_{-\infty}^{\infty} \Psi^*(x,t)\hat{H}\Psi(x,t)\mathrm{d}x=\int_{-\infty}^{\infty}\left[\sum_m C_m\Phi_m(x)\mathrm{e}^{-\frac{\mathrm{i}}{\hbar}E_m t}\right]^*\hat{H}\left[\sum_n C_n\Phi_n(x)\mathrm{e}^{-\frac{\mathrm{i}}{\hbar}E_n t}\right]\mathrm{d}x\\&=\sum_m\sum_n C_m^*C_nE_n\mathrm{e}^{\frac{\mathrm{i}}{\hbar}(E_m-E_n)t}\int_{-\infty}^{\infty}\Phi_m^*(x)\Phi_n(x)\mathrm{d}x=\sum_m\sum_n C_m^*C_nE_n\mathrm{e}^{\frac{\mathrm{i}}{\hbar}(E_m-E_n)t}\delta_{m,n}\\&=\sum_n |\ C_n\ |^2E_n\end{aligned}$$

即

$$\overline{H}=\sum_n |C_n|^2 E_n$$

这表明：在任意物理上合理的状态 Ψ 上测量粒子的能量，可能测到的一定是 $\hat{H}$ 的一个本征值 E_n，而 E_n 被测到的概率等于被测态 Ψ 按 $\hat{H}$ 的本征函数系展开式中相应展开系数 C_n 的模方 $|C_n|^2$。

测量假设体现了微观测量结果的统计决定性，是联系实验观测和理论计算的桥梁，而经典物理学对此是无法理解的。测量假设和波函数假设共同构成了量子力学关于实验测量的理论基础。

测量会严重干扰被测状态，每次测量并得出结果后，被测状态总是向与该次测量所得本征值对应的本征态坍缩(突变)。状态的坍缩是一个尚未了解的深刻问题，由此引发了许多关于量子力学前沿问题的研究和争论。

例 12.8.2 设某一简谐振子所处状态为

$$\Psi(x,t)=\sqrt{\frac{1}{3}}\Phi_0(x)\mathrm{e}^{-\frac{\mathrm{i}}{\hbar}E_0 t}+\sqrt{\frac{2}{3}}\Phi_2(x)\mathrm{e}^{-\frac{\mathrm{i}}{\hbar}E_2 t}$$

式中，$E_n=(n+1/2)\hbar\omega$ 为一维简谐振子的能量本征值，$\Phi_n(x)$ 为属于能量本征值 E_n 的能量本征态。求该简谐振子能量的可能取值，这些值被测到的概率和能量平均值。

解 该简谐振子能量的可能取值为

$$\frac{1}{2}\hbar\omega,\quad \frac{5}{2}\hbar\omega$$

容易验证 $\Psi(x,t)$ 是归一化的，因此上述值被测到的概率分别为

$$\frac{1}{3},\quad \frac{2}{3}$$

能量平均值为

$$\overline{E}=\sum_n |C_n|^2 E_n=\left(\sqrt{\frac{1}{3}}\right)^2 E_0+\left(\sqrt{\frac{2}{3}}\right)^2 E_2=\frac{1}{3}\times\frac{1}{2}\hbar\omega+\frac{2}{3}\times\frac{5}{2}\hbar\omega=\frac{11}{6}\hbar\omega$$

12.9 电子自旋

1925 年，美国物理学家乌仑贝克(G. E. Uhlenbeck)和古兹密特(S. A. Goudsmit)为了解释反常塞曼效应和复杂谱线，提出电子具有自旋的假设。

自旋是粒子的内禀角动量，它没有经典对应，按实验测得的自旋值推算，若把自旋看成是电子绕自身轴的旋转，其表面的速度将达到光速的十倍。在狄拉克建立的电子的相对论性运动方程中，自然地得出电子具有自旋的结论。我们只能依据实验事实，类比有经典对应的轨道角动量对自旋的形式作出假设。

12.9.1 电子轨道磁矩及其在磁场中的势能

1. 电子轨道磁矩

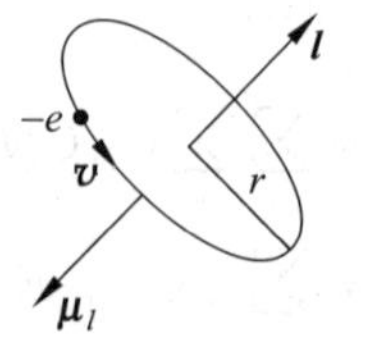

图 12.9.1 轨道磁矩

如图 12.9.1 所示，把电子围绕原子核的运动看成一个圆电流 i，它等于电量 $-e$ 除以电子的运动周期 $2\pi r/v$，即

$$i=-\frac{ev}{2\pi r}$$

所产生的轨道磁矩的大小为

$$\mu_l=\pi r^2 i=\frac{erv}{2}=\frac{e}{2m_e}rm_e v=\frac{e}{2m_e}l$$

式中，m_e 为电子的质量，$l=rm_e v$ 为电子绕核运动的轨道角动量。由于电子带负电，磁矩的方向与角动量的方向相反，即

$$\boldsymbol{\mu}_l=-\frac{e}{2m_e}\boldsymbol{l}$$

把 $\boldsymbol{l}$ 换成角动量算符 $\hat{\boldsymbol{l}}$，就得到量子力学中电子轨道磁矩算符 $\hat{\boldsymbol{\mu}}_l$，即

$$\hat{\boldsymbol{\mu}}_l=-\frac{e}{2m_e}\hat{\boldsymbol{l}}$$

这表明：电子轨道磁矩算符 $\hat{\boldsymbol{\mu}}_l$ 与轨道角动量算符 $\hat{\boldsymbol{l}}$ 成正比，但方向相反。因子 $e/2m_e$ 称为电子轨道运动的旋磁比，或称为朗德因子，g 因子。

$\hat{\boldsymbol{\mu}}_l$ 的 z 轴分量为

$$\hat{\mu}_{lz}=-\frac{e}{2m_e}\hat{l}_z$$

由 $\hat{l}_z$ 的本征值可知，$\hat{\mu}_{lz}$ 的本征值为

$$\mu_{lz}=-\frac{e}{2m_e}m_l\hbar=-\mu_B m_l,\quad m_l=0,\pm1,\pm2,\cdots,\pm l \tag{12.9.1}$$

式中，l 和 m_l 分别为轨道角量子数和轨道磁量子数，而

$$\mu_B=\frac{e\hbar}{2m_e}=9.27\times10^{-24}\,\mathrm{J\cdot T^{-1}}$$

称为玻尔磁子，它是电子磁矩（轨道磁矩和自旋磁矩）的量子化单位。

式(12.9.1)表明：与轨道角动量一样，轨道磁矩在空间取向上也是量子化的，对于一个确定的 l 值，轨道磁矩 z 轴分量 μ_{lz} 只能取 $2l+1$ 个值。

2. 电子磁矩在磁场中的势能

仿照前面 4.2.3 节对电偶极子在电场中势能的定义，电子轨道磁矩 $\hat{\boldsymbol{\mu}}_l$ 在磁场 $\boldsymbol{B}$ 中的势能为

$$\hat{W}_m=-\hat{\boldsymbol{\mu}}_l\cdot\boldsymbol{B}$$

势能零点为磁矩与磁场垂直的位置。

1896 年荷兰物理学家塞曼(P. Zeeman)发现，如果把原子（光源）放在强磁场中，原子发出的每条光谱线都劈裂成 3 条，并且间隔相等。这一现象称为正常塞曼效应，它是由原子中电子的轨道磁矩在磁场中的势能所产生，洛伦兹很快对此作出了经典电磁学解释。

1898 年英国物理学家普列斯顿(T. Preston)发现，磁场较弱时谱线分裂可以不是 3 条，间隔也不尽相同。这在自旋的概念建立之前是很难解释的，因此称为反常塞曼效应。

1902 年诺贝尔物理学奖授予洛伦兹和塞曼，以表彰他们在研究磁性对辐射的影响方面所作出的贡献。

12.9.2 施特恩-革拉赫实验

1916年,索末菲引入轨道角动量空间取向量子化的概念,但一直没有人用实验直接验证。1921年,德国物理学家施特恩(O. Stern)和革拉赫(W. Gerlach)通过银蒸气原子束在非均匀磁场中发生分裂,证实了角动量的空间取向量子化,并为电子自旋概念的建立提供了实验基础。

图12.9.2(a)表示施特恩-革拉赫实验的原理,在加热炉中让银蒸发,银蒸气经准直缝后形成银原子细束,经过一个抽成真空的横向(z轴方向)不均匀磁场区域,到达照相底片显像后形成两条对称的黑斑,如图12.9.2(b)所示,这说明经过不均匀磁场的银原子束分裂成两束。照片中每条黑斑都有一定宽度,原因是银原子的速率有一定的分布。

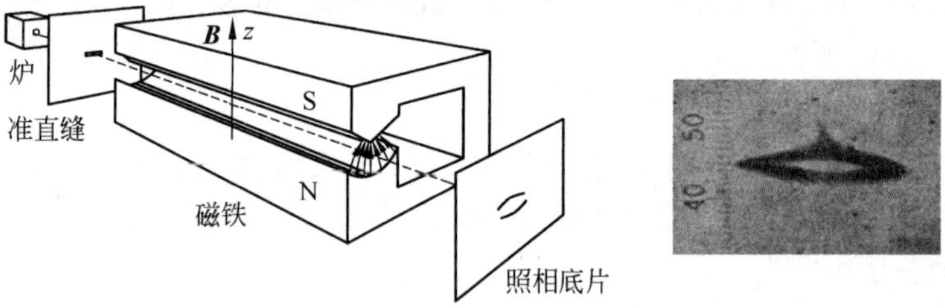

(a) (b)

图12.9.2 施特恩-革拉赫实验

银原子由"原子实"和最外层的一个价电子构成,原子实由原子核与内层电子组成,基态情况下原子实是球对称的,对角动量没有贡献,价电子的角动量和磁矩就是银原子的角动量和磁矩。轨道磁矩$\hat{\boldsymbol{\mu}}_l$在横向磁场$\boldsymbol{B}$中的势能可写成

$$\hat{W}_{\mathrm{m}}=-\hat{\boldsymbol{\mu}}_l\cdot\boldsymbol{B}=-\hat{\mu}_{lz}B$$

势能的取值为

$$W_{\mathrm{m}}=-\mu_{lz}B=B\mu_B m_l,\quad m_l=0,\pm1,\pm2,\cdots,\pm l$$

银原子所受横向磁力为

$$f_z=-\frac{\partial W_{\mathrm{m}}}{\partial z}=-\frac{\partial B}{\partial z}\mu_B m_l,\quad m_l=0,\pm1,\pm2,\cdots,\pm l \qquad (12.9.2)$$

式中,$\partial B/\partial z$为横向不均匀磁场的梯度。

式(12.9.2)表明:轨道磁量子数m_l不同,银原子所受横向磁力就不同。对于确定的角量子数l,银原子受$2l$个横向磁力(当$m_l=0$时不受力),照片上应该有$2l+1$条黑斑。

实验中加热炉的温度为10^3K左右,银原子热运动能量仅为0.1eV量级,这一能量不能激发银原子,因此射束中的银原子处于基态,轨道角量子数为$l=0$。按$2l+1$计算,照片上只能有一条黑斑,但实验结果却是两条。

直到1925年乌仑贝克和古兹密特提出电子自旋假设,上述实验结果才得到解释,原来使银原子偏转的是价电子的自旋角动量所引起的自旋磁矩。用s和m_s分别代表电子自旋角量子数和磁量子数,类比轨道角动量,形成两条黑斑意味着$2s+1=2$,因此电子自旋角量子数的取值为

$$s=\frac{1}{2}$$

自旋磁量子数 m_s 取从 $-1/2$ 开始依次加 1 直到 $1/2$，即

$$m_s=\pm\frac{1}{2}$$

根据实验中的炉温、原子束穿越磁场的路程和横向不均匀磁场的梯度，通过测量照相底片上银原子束偏离中心位置的距离，可以求出银原子磁矩，结果是电子自旋磁矩等于一个玻尔磁子 μ_B（习题 12.29）。后来用铜和金等其他碱金属原子束作实验，结果都分裂成对称的两束，电子自旋磁矩的值都等于 μ_B。

假设自旋角量子数为 $s=1/2$ 所带来的问题是：类比表示轨道磁矩本征值的式(12.9.1)，电子自旋磁矩应该是 $\mu_B/2$，但实验结果却是 μ_B。因此对自旋磁矩来说，应该把式(12.9.1)改写为

$$\mu_{sz}=-2\times\frac{e}{2m_e}m_s\hbar=-2\mu_B m_s,\quad m_s=\pm\frac{1}{2}$$

即

$$\hat{\boldsymbol{\mu}}_s=-\frac{e}{m_e}\hat{\boldsymbol{s}}$$

这说明电子的自旋旋磁比是轨道旋磁比的 2 倍。电子磁矩的精密测量结果为

$$\mu_e=-1.00115965218073(28)\mu_B$$

并不严格地等于 μ_B，这称为电子的反常磁矩，可以用量子电动力学来解释。

像质量、电荷和寿命一样，磁矩是描述粒子内禀特征的一个基本物理量。质子和中子的磁矩分别为

$$\mu_p=1.41\times10^{-26}\,\mathrm{J\cdot T^{-1}}$$

$$\mu_n=-0.966\times10^{-26}\,\mathrm{J\cdot T^{-1}}$$

中子不带电却有磁矩，说明中子不是点粒子而有一定的内部(夸克)结构。

施特恩-革拉赫实验提供了测量原子磁矩的一种方法，并为原子束和分子束实验技术奠定了基础。施特恩获得 1943 年诺贝尔物理学奖，以表彰他在发展分子束方法上所作出的贡献和发现了质子的磁矩。

12.9.3　电子自旋的表达

自旋角动量用算符 $\hat{\boldsymbol{s}}^2$ 和 $\hat{s}_z$ 表达，其中 $\hat{\boldsymbol{s}}^2$ 表示自旋角动量的大小，$\hat{s}_z$ 表示自旋角动量的 z 轴分量。对于电子，$\hat{\boldsymbol{s}}^2$ 和 $\hat{s}_z$ 的共同本征值问题的解可表示为

$$\hat{\boldsymbol{s}}^2\chi_{m_s}=s(s+1)\hbar^2\chi_{m_s}=\frac{1}{2}\left(\frac{1}{2}+1\right)\hbar^2\chi_{m_s}=\frac{3\hbar^2}{4}\chi_{m_s}$$

$$\hat{s}_z\chi_{m_s}=m_s\hbar\chi_{m_s}$$

$$m_s=\pm\frac{1}{2}$$

通常把 $\chi_{+1/2}$ 和 $\chi_{-1/2}$ 分别叫作自旋“向上”和“向下”的态，电子自旋角动量只能取“向上”和“向下”两个方向。由于 $s=1/2$，电子自旋角动量的“长度”为 $\sqrt{3}\hbar/2$。

自旋电子器件

目前的半导体器件都是用载流子的电荷来传递信息。利用电子自旋“向上”和“向下”两个状态也可以传递信息，这种电子器件称为自旋电子器件。与电荷电子器件相比，自旋电子

器件具有数据存储密度大、处理速度快、可以永久保存和低能耗等特点。自旋电子器件的研制,已经成为凝聚态物理、信息科学及新材料等许多学科共同关注的热点,并将成为21世纪信息产业的基础,因此受到世界各国的高度重视。

在一般材料中,电子在传导过程中其自旋随机翻转,所携带的信息也随之全部消失,因此自旋电子器件的核心技术是如何制备电子的自旋具有一定稳定取向的极化材料。

巨磁电阻效应

材料的电阻在磁场中的变化部分叫作磁电阻。1986年德国物理学家格伦贝格(P. Grunberg)发现,在极薄的铁-铬-铁金属薄膜"三明治"中,两侧铁磁层中电子的自旋磁矩从彼此平行转变为反平行。受此启发,1988年法国物理学家费尔(A. Fert)的小组把铁和铬的薄膜交替制成几十个周期的铁-铬超晶格,发现当改变磁场强度时,超晶格薄膜的电阻下降近一半,磁电阻的变化率达到50%。他们把这种巨大的磁电阻变化的现象称为巨磁电阻(GMR, giant magnetoresistance)效应。这一发现给信息技术带来革命性的变化,可使计算机硬盘的容量提高几十倍。2007年诺贝尔物理学奖授予费尔和格伦贝格,以表彰他们发现巨磁电阻效应的贡献。

图12.9.3表示利用GMR效应制成的读出磁头的工作原理,其中自由层和钉扎层都是铁磁性金属,隔离层是非磁金属。钉扎层中的自旋磁矩$\boldsymbol{\mu}_0$被反铁磁层"钉扎"在固定的方向上,几乎不受外磁场的影响,而自由层中的自旋磁矩$\boldsymbol{\mu}$的方向可以随磁盘上记录信息的微弱磁场发生变化,当$\boldsymbol{\mu}$和$\boldsymbol{\mu}_0$平行时磁头的电阻最小,而反平行时电阻最大,磁头电阻的变化可通过电流I读出。由于低电阻态和高电阻态是由自旋磁矩取向平行和反平行来调控,这种GMR结构称为自旋阀(spin valve)。

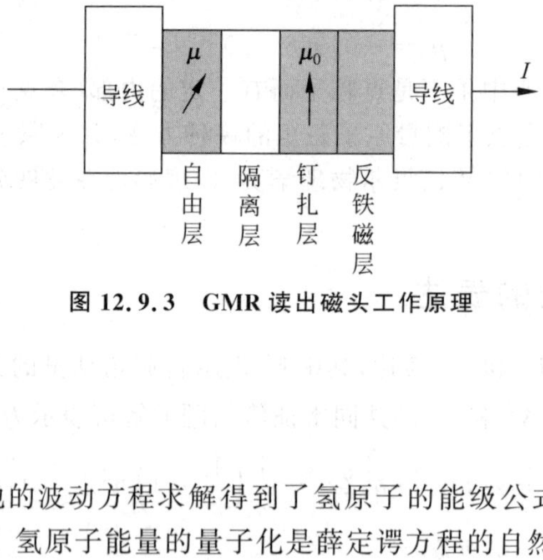

图12.9.3 GMR读出磁头工作原理

12.10 氢原子

1926年,薛定谔用他的波动方程求解得到了氢原子的能级公式,这是量子力学在创立初期最令人信服的成就。氢原子能量的量子化是薛定谔方程的自然结果,而不是像N.玻尔和索末菲那样需要人为地规定某些量子化条件。

12.10.1 径向方程

氢原子能级是指电子-质子系统的质心系能量。把质子的位置取为坐标原点,氢原子的哈密顿量为

$$\hat{H}=-\frac{\hbar^2}{2\mu}\left(\frac{\partial^2}{\partial x^2}+\frac{\partial^2}{\partial y^2}+\frac{\partial^2}{\partial z^2}\right)-\frac{e^2}{4\pi\varepsilon_0 r}$$

其中，e 为电子电量，r 为电子与质子的距离，$\mu = Mm_e/(M+m_e)$为约化质量(见1.4.2节)，M 和 m_e分别为质子和电子的质量。因 $M \gg m_e$，故 $\mu \approx m_e$，通常把氢原子近似地看成是电子在质子的库仑场中所形成的束缚态，把氢原子的能级说成是电子的能级。

由于氢原子的哈密顿量不显含时间，薛定谔方程可按空间和时间分离变量求解，波函数中的空间因子 $\Phi(x,y,z)$服从的能量本征方程为

$$\left[-\frac{\hbar^2}{2\mu}\left(\frac{\partial^2}{\partial x^2}+\frac{\partial^2}{\partial y^2}+\frac{\partial^2}{\partial z^2}\right)-\frac{e^2}{4\pi\varepsilon_0 r}\right]\Phi(x,y,z)=E\Phi(x,y,z)$$

在球面坐标系中，通过坐标变换，可写成

$$\left(-\frac{\hbar^2}{2\mu r^2}\frac{\partial}{\partial r}r^2\frac{\partial}{\partial r}-\frac{e^2}{4\pi\varepsilon_0 r}\right)\Phi(r,\theta,\varphi)+\frac{\hat{l}^2}{2\mu r^2}\Phi(r,\theta,\varphi)=E\Phi(r,\theta,\varphi) \quad (12.10.1)$$

式中，$\hat{l}^2$ 为轨道角动量平方算符，其表达式为

$$\hat{l}^2=-\hbar^2\left(\frac{1}{\sin\theta}\frac{\partial}{\partial\theta}\sin\theta\frac{\partial}{\partial\theta}+\frac{1}{\sin^2\theta}\frac{\partial^2}{\partial\varphi^2}\right)$$

方程(12.10.1)可按径向和角度分离变量求解。把待求波函数写成径向因子$R(r)$和角度因子 $Y(\theta,\varphi)$的乘积，即

$$\Phi(r,\theta,\varphi)=R(r)Y(\theta,\varphi) \quad (12.10.2)$$

代入方程(12.10.1)，注意到$\hat{l}^2$只作用于$Y(\theta,\varphi)$，并整理为

$$\left[\frac{\mathrm{d}}{\mathrm{d}r}r^2\frac{\mathrm{d}}{\mathrm{d}r}+\frac{2\mu r^2}{\hbar^2}\left(E+\frac{e^2}{4\pi\varepsilon_0 r}\right)\right]R(r)Y(\theta,\varphi)=\frac{\hat{l}^2 Y(\theta,\varphi)R(r)}{\hbar^2}$$

用$R(r)Y(\theta,\varphi)$除上式两边，可得

$$\frac{1}{R(r)}\left[\frac{\mathrm{d}}{\mathrm{d}r}r^2\frac{\mathrm{d}}{\mathrm{d}r}+\frac{2\mu r^2}{\hbar^2}\left(E+\frac{e^2}{4\pi\varepsilon_0 r}\right)\right]R(r)=\frac{\hat{l}^2 Y(\theta,\varphi)}{\hbar^2 Y(\theta,\varphi)}$$

上式左边只与 r 有关，右边只与(θ,φ)有关，只有当两边都等于同一个与 r 和(θ,φ)均无关的常量时等式才能成立，用λ代表这一常量，可得如下两个方程

$$\hat{l}^2 Y(\theta,\varphi)=\lambda\hbar^2 Y(\theta,\varphi) \quad (12.10.3)$$

$$\left[\frac{\mathrm{d}}{\mathrm{d}r}r^2\frac{\mathrm{d}}{\mathrm{d}r}+\frac{2\mu r^2}{\hbar^2}\left(E+\frac{e^2}{4\pi\varepsilon_0 r}\right)-\lambda\right]R(r)=0 \quad (12.10.4)$$

方程(12.10.3)恰好是$\hat{l}^2$ 的本征方程，待求的$Y(\theta,\varphi)$为球谐函数 $Y_{lm}(\theta,\varphi)$，而本征值为

$$\lambda\hbar^2=l(l+1)\hbar^2,\quad l=0,1,2,\cdots$$

引入的常量为$\lambda=l(l+1)$，代入方程(12.10.4)，得

$$\left[\frac{\mathrm{d}}{\mathrm{d}r}r^2\frac{\mathrm{d}}{\mathrm{d}r}+\frac{2\mu r^2}{\hbar^2}\left(E+\frac{e^2}{4\pi\varepsilon_0 r}\right)-l(l+1)\right]R(r)=0,\quad l=0,1,2,\cdots \quad (12.10.5)$$

上式称为径向方程，由它可以解出氢原子的能量本征值 E 和径向波函数$R(r)$。

12.10.2 能级和能量本征波函数

径向方程(12.10.5)可采用级数解法求解，下面直接给出结果。

1. 能级

氢原子能级为

$$E_n = -\frac{\mu e^4}{32\pi^2 \varepsilon_0^2 \hbar^2}\frac{1}{n^2} \approx -13.6\frac{1}{n^2}(\text{eV}), \quad n=1,2,3,\cdots$$

其中,n 称为主量子数,它决定氢原子的能量,$n=1$ 为基态,$n>1$ 为激发态。

图 12.10.1 表示氢原子的能级和光谱。在 $E<0$ 区域能量是量子化的,电子被质子吸引处于束缚态;在 $E>0$ 的非量子化区,能量取连续值,这时氢原子被电离,电子摆脱质子的吸引成为自由粒子,电离能为 13.6eV。

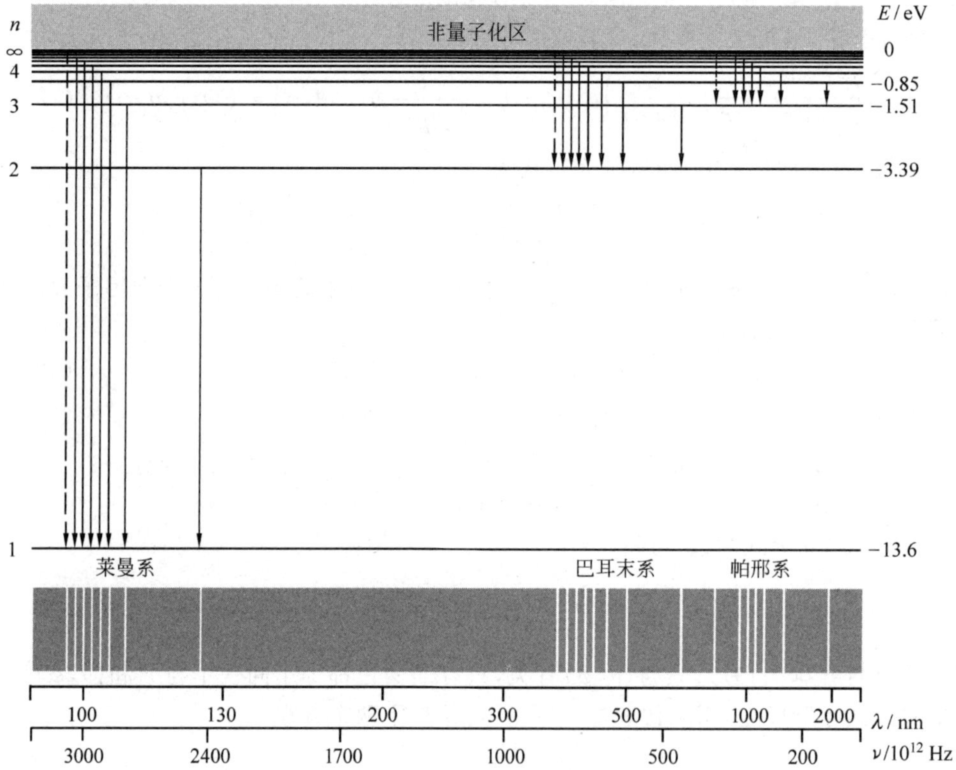

图 12.10.1　氢原子的能级和光谱

2. 氢原子光谱

氢原子中电子从高能级跃迁到 $n=1$ 能级所辐射的谱线系称为莱曼(Lyman)系,它属于紫外区;跃迁到 $n=2$ 能级的谱线系称为巴耳末(Balmer)系,处于可见光区;跃迁到 $n=3$ 能级的谱线系称为帕邢(Paschen)系,在红外区。

电子从能级 E_n 跃迁到 E_m 所辐射光子的波数(波长的倒数)为

$$\frac{1}{\lambda} = \frac{E_n - E_m}{2\pi\hbar c} = \frac{\mu e^4}{8\varepsilon_0^2 h^3 c}\left(\frac{1}{m^2} - \frac{1}{n^2}\right) = R_H\left(\frac{1}{m^2} - \frac{1}{n^2}\right)$$

式中,$R_H = \dfrac{\mu e^4}{8\varepsilon_0^2 h^3 c}$称为氢原子的里德伯(Rydberg)常量。把约化质量 μ 换成电子质量 m_e,得通用的里德伯常量的表达式

$$R_\infty = \frac{m_e e^4}{8\varepsilon_0^2 h^3 c}$$

2006 年的国际推荐值为

$$R_{\infty}=1.0973731527549\times10^{7}\,\mathrm{m}^{-1}$$

3. 能量本征波函数

求解径向方程(12.10.5)，得到径向波函数 $R_{nl}(r)$，按式(12.10.2)，氢原子的能量本征波函数可表示为

$$\begin{aligned}&\Phi_{nlm_l}(r,\theta,\varphi)=R_{nl}(r)Y_{lm_l}(\theta,\varphi)\\&n=1,2,3,\cdots\\&l=0,1,2,\cdots,n-1\\&m_l=-l,-l+1,\cdots,0,\cdots,l-1,l\end{aligned}$$

对一个确定的主量子数 n，轨道角量子数 l 取从 0 开始依次加 1 直到 $n-1$ 共 n 个值。

下面给出 $n=1,2,3$ 时的径向波函数

$$\left.\begin{aligned}&R_{10}=\frac{2}{a_0^{3/2}}\mathrm{e}^{-r/a_0}, &&R_{30}=\frac{2}{3\sqrt{3}a_0^{3/2}}\left[1-\frac{2r}{3a_0}+\frac{2}{27}\left(\frac{r}{a_0}\right)^2\right]\mathrm{e}^{-r/3a_0}\\&R_{20}=\frac{1}{\sqrt{2}a_0^{3/2}}\left(1-\frac{r}{2a_0}\right)\mathrm{e}^{-r/2a_0}, &&R_{31}=\frac{8}{27\sqrt{6}a_0^{3/2}}\frac{r}{a_0}\left(1-\frac{r}{6a_0}\right)\mathrm{e}^{-r/3a_0}\\&R_{21}=\frac{1}{2\sqrt{6}a_0^{3/2}}\frac{r}{a_0}\mathrm{e}^{-r/2a_0}, &&R_{32}=\frac{4}{81\sqrt{30}a_0^{3/2}}\left(\frac{r}{a_0}\right)^2\mathrm{e}^{-r/3a_0}\end{aligned}\right\}\tag{12.10.6}$$

其中

$$a_0=\frac{4\pi\varepsilon_0\hbar^2}{\mu e^2}=0.0529\mathrm{nm}$$

为玻尔半径。

$R_{nl}(r)$为实函数，其归一化条件为

$$\int_0^{\infty}[R_{nl}(r)]^2r^2\mathrm{d}r=1\tag{12.10.7}$$

氢原子能量本征波函数的归一化条件为

$$\int_0^{\infty}r^2\mathrm{d}r\int_0^{2\pi}\mathrm{d}\varphi\int_0^{\pi}|\Phi_{nlm_l}(r,\theta,\varphi)|^2\sin\theta\mathrm{d}\theta=1$$

氢原子的基态波函数为

$$\Phi_{100}(r)=R_{10}(r)Y_{00}(\theta,\varphi)=\frac{1}{\sqrt{\pi a_0^3}}\mathrm{e}^{-r/a_0}$$

而电子在电荷为 Ze 的原子核的库仑场中的基态波函数为

$$\Phi_{100}(r)=\sqrt{\frac{Z^3}{\pi a_0^3}}\,\mathrm{e}^{-Zr/a_0}$$

这个波函数常用于讨论原子和分子结构问题，氢原子相当于 $Z=1$ 的情况。

4. 氢原子波函数按定态展开的形式

给定初始波函数 $\Psi(r,\theta,\varphi,0)$，按定态展开，t 时刻氢原子波函数为

$$\Psi(r,\theta,\varphi,t)=\sum_{nlm_l}C_{nlm_l}\Phi_{nlm_l}(r,\theta,\varphi)\mathrm{e}^{-\frac{\mathrm{i}}{\hbar}E_n t}$$

展开系数为

$$C_{nlm_l}=\int_0^\infty r^2\mathrm{d}r\int_0^{2\pi}\mathrm{d}\varphi\int_0^\pi\Phi_{nlm_l}^*(r,\theta,\varphi)\Psi(r,\theta,\varphi,0)\sin\theta\mathrm{d}\theta$$

5. 四个量子数

薛定谔方程不能表达自旋,若考虑电子的自旋自由度,氢原子能量本征波函数应表示为

$$\Phi_{nlm_lm_s}(r,\theta,\varphi)=R_{nl}(r)Y_{lm_l}(\theta,\varphi)\chi_{m_s}$$

$n=1,2,3,\cdots$ (主量子数)

$l=0,1,2,\cdots,n-1$ (轨道角量子数)

$m_l=-l,-l+1,\cdots,0,\cdots,l-1,l$ (轨道磁量子数)

$m_s=\pm\frac{1}{2}$ (自旋磁量子数)

电子的自旋波函数 χ_{m_s} 只有 $\chi_{\pm1/2}$ 两个状态。

表达氢原子能量本征态有四个量子数: n,l,m_l 和 m_s。对一个确定的 n,l 取从0开始依次加1直到 $n-1$ 共 n 个值;对一个确定的 l,m_l 取从 $-l$ 开始依次加1直到 l 共 $2l+1$ 个值;电子的自旋磁量子数 m_s 只能取 $\pm1/2$ 两个值,自旋角量子数只有一个值1/2,略去不写。

能级 E_n 只与主量子数 n 有关,而能量本征波函数 $\Phi_{nlm_lm_s}$ 还与 l,m_l 和 m_s 有关,因此氢原子能级 E_n 的简并度为

$$2\sum_{l=0}^{n-1}(2l+1)=2n^2$$

12.10.3 定态氢原子中电子的概率分布

1. 概率的径向分布

按波函数的统计诠释,处于能量本征态 $\Phi_{nlm_l}(r,\theta,\varphi)$ 的氢原子中,电子出现在体积元 $\mathrm{d}V=r^2\mathrm{d}r\sin\theta\mathrm{d}\theta\mathrm{d}\varphi$ 中的概率为

$$|\Phi_{nlm_l}(r,\theta,\varphi)|^2\mathrm{d}V=[R_{nl}(r)]^2r^2\mathrm{d}r\,|Y_{lm_l}(\theta,\varphi)|^2\sin\theta\mathrm{d}\theta\mathrm{d}\varphi \tag{12.10.8}$$

把上式对 θ 从0到 π,φ 从0到 2π 积分,并注意到 $Y_{lm_l}(\theta,\varphi)$ 的归一化条件

$$\int_0^{2\pi}\mathrm{d}\varphi\int_0^\pi|Y_{lm_l}(\theta,\varphi)|^2\sin\theta\mathrm{d}\theta=1$$

可得电子出现在半径为 r、厚度为 $\mathrm{d}r$ 的薄球壳中(不管方向如何)的概率为

$$[R_{nl}(r)]^2r^2\mathrm{d}r\int_0^{2\pi}\mathrm{d}\varphi\int_0^\pi|Y_{lm_l}(\theta,\varphi)|^2\sin\theta\mathrm{d}\theta=[R_{nl}(r)]^2r^2\mathrm{d}r$$

因此,电子的径向概率密度,即电子出现在 r 附近单位厚度球壳中的概率为

$$W_{nl}(r)=[R_{nl}(r)]^2r^2$$

用 $R_{nl}(r)$ 的表达式(12.10.6)计算 $n=1,2,3$ 时的 $W_{nl}(r)$,以质子的位置为坐标原点画出 $W_{nl}(r)$-r 曲线,如图12.10.2所示。

在基态($n=1$)氢原子中,通过对 $W_{10}(r)$ 求极值可知,电子出现在半径为 a_0 的球面上

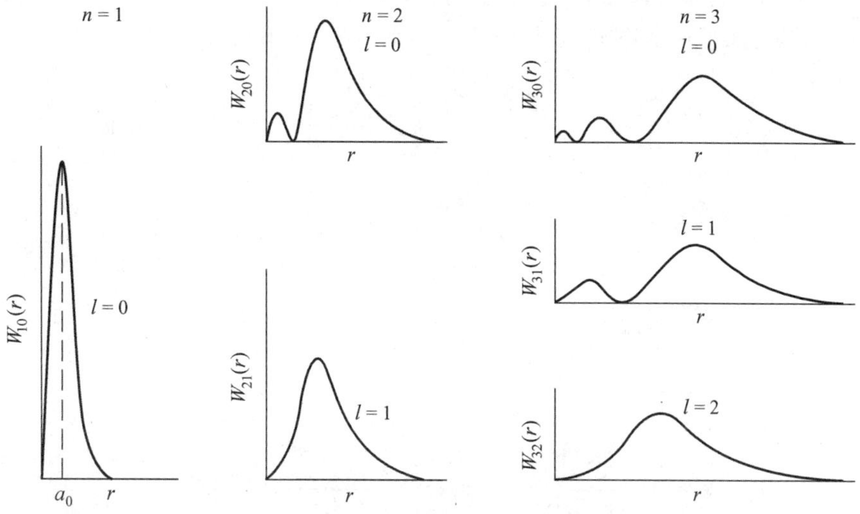

图 12.10.2　氢原子中电子径向概率密度

的概率最大，a_0 就是基态玻尔轨道的半径，即玻尔半径（习题 12.31）。

图 12.10.3 表示氢原子 $n=2,l=0$ 状态的"电子云"，其中小黑点不代表电子，而是用它的疏密程度来表示电子出现的概率，小黑点越密集，电子出现的概率就越大。

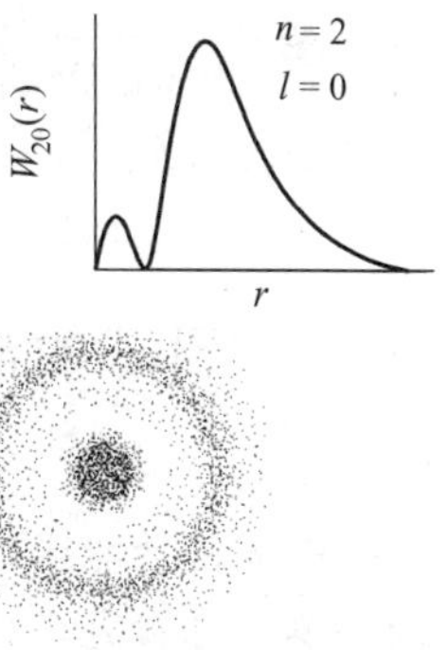

图 12.10.3　$n=2,l=0$ 状态的"电子云"

2. 概率的角分布

把式(12.10.8)对 r 从 0 到∞积分，并注意到 $R_{nl}(r)$ 的归一化条件(12.10.7)，可得电子出现在(θ,φ)方向上立体角元 $\mathrm{d}\Omega$ 中（不管径向位置如何）的概率为

$$|Y_{lm_l}(\theta,\varphi)|^2\sin\theta\mathrm{d}\theta\mathrm{d}\varphi=|Y_{lm_l}(\theta,\varphi)|^2\mathrm{d}\Omega$$

因此，电子出现在(θ,φ)方向上单位立体角中的概率为

$$W_{lm_l}(\theta,\varphi)=|Y_{lm_l}(\theta,\varphi)|^2$$

由 $Y_{lm_l}(\theta,\varphi)=NP_l^{m_l}(\cos\theta)\mathrm{e}^{\mathrm{i}m_l\varphi}$ 可知

$$|Y_{lm_l}(\theta,\varphi)|^2=|NP_l^{m_l}(\cos\theta)\mathrm{e}^{\mathrm{i}m_l\varphi}|^2=|NP_l^{m_l}(\cos\theta)|^2$$

这说明电子概率的角分布关于 z 轴对称，与 φ 角无关，只与 θ 角有关。

用前面 12.8.3 节给出的 $Y_{lm_l}(\theta,\varphi)$的表达式(12.8.4)，计算 $l=0,1,2$ 时的 $W_{lm_l}(\theta)$。沿 θ 角方向从坐标原点引出一个线段，用它的长度表示 $W_{lm_l}(\theta)$的大小，图 12.10.4 表示这些线段的端点所形成的曲面。

应该注意，基态氢原子中电子的轨道角动量等于零($l=0$)，概率的角分布为

$$W_{00}(\theta,\varphi)=|Y_{00}(\theta,\varphi)|^2=\frac{1}{4\pi}$$

这时电子的分布是球对称的，因此与基态电子轨道运动相联系的电流、磁场和磁矩都等于零。

但是按玻尔的氢原子模型,基态电子的轨道角动量为$\hbar$,电子围绕质子以玻尔半径a_0作圆周运动,基态氢原子的电流、磁场和磁矩都不为零(习题6.11)。

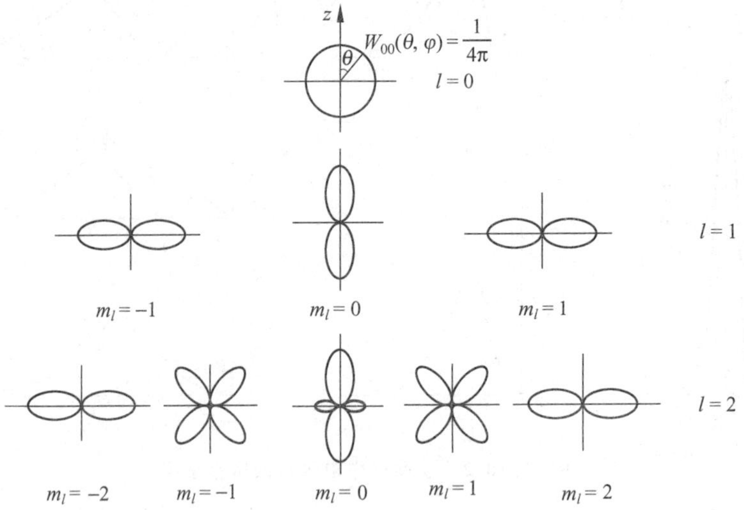

图12.10.4 氢原子中电子概率密度的角分布

对于原子中的电子来说,经典的轨道概念已经完全失去意义,化学教科书中的轨道通常是指单电子波函数。对于沿用的轨道角动量、轨道磁矩等名词中的"轨道",也不要按轨道概念的本意去刻板地理解。

12.10.4 原子的电子壳层结构

在基态原子中,电子在原子核外的排布服从两个原理,一是能量最低原理:电子总是优先处于可能的最低能级;二是泡利不相容原理:每个单电子态上只能占据一个电子,不可能有两个电子具有完全相同的四个量子数n,l,m_l和m_s。

表12.10.1给出各壳层和各支壳层可容纳的电子数,表12.10.2是各元素基态原子的核外电子排布。

表12.10.1 各壳层和各支壳层可容纳的电子数

壳层 n	K 1	L 2		M 3			N 4				O 5					P 6					
支壳层 l	s 0	s 0	p 1	s 0	p 1	d 2	s 0	p 1	d 2	f 3	s 0	p 1	d 2	f 3	g 4	s 0	p 1	d 2	f 3	g 4	h 5
支壳层电子数 $2(2l+1)$	2	2	6	2	6	10	2	6	10	14	2	6	10	14	18	2	6	10	14	18	22
壳层电子数 $2n^2$	2	8		18			32				50					72					

表 12.10.2　各元素基态原子的核外电子排布

元素	Z	K	L		M			N				O				P			Q	电离能/eV
		1s	2s	2p	3s	3p	3d	4s	4p	4d	4f	5s	5p	5d	5f	6s	6p	6d	7s	
H	1	1																		13.5981
He	2	2																		24.5868
Li	3	2	1																	5.3916
Be	4	2	2																	9.322
B	5	2	2	1																8.298
C	6	2	2	2																11.260
N	7	2	2	3																14.534
O	8	2	2	4																13.618
F	9	2	2	5																17.422
Ne	10	2	2	6																21.564
Na	11	2	2	6	1															5.139
Mg	12	2	2	6	2															7.646
Al	13	2	2	6	2	1														5.986
Si	14	2	2	6	2	2														8.151
P	15	2	2	6	2	3														10.486
S	16	2	2	6	2	4														10.360
Cl	17	2	2	6	2	5														12.967
Ar	18	2	2	6	2	6														15.759
K	19	2	2	6	2	6		1												4.341
Ca	20	2	2	6	2	6		2												6.113
Sc	21	2	2	6	2	6	1	2												6.54
Ti	22	2	2	6	2	6	2	2												6.82
V	23	2	2	6	2	6	3	2												6.74
Cr	24	2	2	6	2	6	5	1												6.765
Mn	25	2	2	6	2	6	5	2												7.432
Fe	26	2	2	6	2	6	6	2												7.870
Co	27	2	2	6	2	6	7	2												7.86
Ni	28	2	2	6	2	6	8	2												7.635
Cu	29	2	2	6	2	6	10	1												7.726
Zn	30	2	2	6	2	6	10	2												9.394
Ga	31	2	2	6	2	6	10	2	1											5.999
Ge	32	2	2	6	2	6	10	2	2											7.899
As	33	2	2	6	2	6	10	2	3											9.81
Se	34	2	2	6	2	6	10	2	4											9.752
Br	35	2	2	6	2	6	10	2	5											11.814
Kr	36	2	2	6	2	6	10	2	6											13.999
Rb	37	2	2	6	2	6	10	2	6			1								4.177
Sr	38	2	2	6	2	6	10	2	6			2								5.693
Y	39	2	2	6	2	6	10	2	6	1		2								6.38
Zr	40	2	2	6	2	6	10	2	6	2		2								6.84
Nb	41	2	2	6	2	6	10	2	6	4		1								6.88

续表

元素	Z	K	L		M			N				O				P			Q	电离能/eV
		1s	2s	2p	3s	3p	3d	4s	4p	4d	4f	5s	5p	5d	5f	6s	6p	6d	7s	
Mo	42	2	2	6	2	6	10	2	6	5		1								7.10
Tc	43	2	2	6	2	6	10	2	6	5		2								7.28
Ru	44	2	2	6	2	6	10	2	6	7		1								7.366
Rh	45	2	2	6	2	6	10	2	6	8		1								7.46
Pd	46	2	2	6	2	6	10	2	6	10										8.33
Ag	47	2	2	6	2	6	10	2	6	10		1								7.576
Cd	48	2	2	6	2	6	10	2	6	10		2								8.993
In	49	2	2	6	2	6	10	2	6	10		2	1							5.786
Sn	50	2	2	6	2	6	10	2	6	10		2	2	1						7.344
Sb	51	2	2	6	2	6	10	2	6	10		2	3							8.641
Te	52	2	2	6	2	6	10	2	6	10		2	4							9.01
I	53	2	2	6	2	6	10	2	6	10		2	5							10.457
Xe	54	2	2	6	2	6	10	2	6	10		2	6							12.130
Cs	55	2	2	6	2	6	10	2	6	10		2	6			1				3.894
Ba	56	2	2	6	2	6	10	2	6	10		2	6			2				5.211
La	57	2	2	6	2	6	10	2	6	10		2	6	1		2				5.5770
Ce	58	2	2	6	2	6	10	2	6	10	1	2	6	1		2				5.466
Pr	59	2	2	6	2	6	10	2	6	10	3	2	6			2				5.422
Nd	60	2	2	6	2	6	10	2	6	10	4	2	6			2				5.489
Pm	61	2	2	6	2	6	10	2	6	10	5	2	6			2				5.554
Sm	62	2	2	6	2	6	10	2	6	10	6	2	6			2				5.631
Eu	63	2	2	6	2	6	10	2	6	10	7	2	6			2				5.666
Gd	64	2	2	6	2	6	10	2	6	10	7	2	6	1		2				6.141
Tb	65	2	2	6	2	6	10	2	6	10	(8)	2	6	(1)		(2)				5.852
Dy	66	2	2	6	2	6	10	2	6	10	10	2	6			2				5.927
Ho	67	2	2	6	2	6	10	2	6	10	11	2	6			2				6.018
Er	68	2	2	6	2	6	10	2	6	10	12	2	6			2				6.101
Tm	69	2	2	6	2	6	10	2	6	10	13	2	6			2				6.184
Yb	70	2	2	6	2	6	10	2	6	10	14	2	6			2				6.254
Lu	71	2	2	6	2	6	10	2	6	10	14	2	6	1		2				5.426
Hf	72	2	2	6	2	6	10	2	6	10	14	2	6	2		2				6.865
Ta	73	2	2	6	2	6	10	2	6	10	14	2	6	3		2				7.88
W	74	2	2	6	2	6	10	2	6	10	14	2	6	4		2				7.98
Re	75	2	2	6	2	6	10	2	6	10	14	2	6	5		2				7.87
Os	76	2	2	6	2	6	10	2	6	10	14	2	6	6		2				8.5
Ir	77	2	2	6	2	6	10	2	6	10	14	2	6	7		2				9.1
Pt	78	2	2	6	2	6	10	2	6	10	14	2	6	9		1				9.0
Au	79	2	2	6	2	6	10	2	6	10	14	2	6	10		1				9.22
Hg	80	2	2	6	2	6	10	2	6	10	14	2	6	10		2				10.43
Tl	81	2	2	6	2	6	10	2	6	10	14	2	6	10		2	1			6.108
Pb	82	2	2	6	2	6	10	2	6	10	14	2	6	10		2	2			7.417

续表

元素	Z	K	L		M			N				O				P			Q	电离能 /eV
		1s	2s	2p	3s	3p	3d	4s	4p	4d	4f	5s	5p	5d	5f	6s	6p	6d	7s	
Bi	83	2	2	6	2	6	10	2	6	10	14	2	6	10		2	3			7.289
Po	84	2	2	6	2	6	10	2	6	10	14	2	6	10		2	4			8.43
At	85	2	2	6	2	6	10	2	6	10	14	2	6	10		2	5			8.8
Rn	86	2	2	6	2	6	10	2	6	10	14	2	6	10		2	6			10.749
Fr	87	2	2	6	2	6	10	2	6	10	14	2	6	10		2	6		(1)	3.8
Ra	88	2	2	6	2	6	10	2	6	10	14	2	6	10		2	6		2	5.278
Ac	89	2	2	6	2	6	10	2	6	10	14	2	6	10		2	6	1	2	5.18
Th	90	2	2	6	2	6	10	2	6	10	14	2	6	10		2	6	2	2	6.08
Pa	91	2	2	6	2	6	10	2	6	10	14	2	6	10	2	2	6	1	2	5.89
U	92	2	2	6	2	6	10	2	6	10	14	2	6	10	3	2	6	1	2	6.05
Np	93	2	2	6	2	6	10	2	6	10	14	2	6	10	4	2	6	1	2	6.19
Pu	94	2	2	6	2	6	109	2	6	10	14	2	6	10	6	2	6		2	6.06
Am	95	2	2	6	2	6	10	2	6	10	14	2	6	10	7	2	6		2	5.993
Cm	96	2	2	6	2	6	10	2	6	10	14	2	6	10	7	2	6	1	2	6.02
Bk	97	2	2	6	2	6	10	2	6	10	14	2	6	10	(9)	2	6	(0)	(2)	6.23
Cf	98	2	2	6	2	6	10	2	6	10	14	2	6	10	(10)	2	6	(0)	(2)	6.30
Es	99	2	2	6	2	6	10	2	6	10	14	2	6	10	(11)	2	6	(0)	(2)	6.42
Fm	100	2	2	6	2	6	10	2	6	10	14	2	6	10	(12)	2	6	(0)	(2)	6.50
Md	101	2	2	6	2	6	10	2	6	10	14	2	6	10	(13)	2	6	(0)	(2)	6.58
No	102	2	2	6	2	6	10	2	6	10	14	2	6	10	(14)	2	6	(0)	(2)	6.65
Lw	103	2	2	6	2	6	10	2	6	10	14	2	6	10	(14)	2	6	(1)	(2)	8.6

注：括号内的数字有疑问。

本章提要

1. 斯特藩-玻耳兹曼定律

$$M_0(T)=\sigma T^4$$

维恩位移定律

$$\lambda_m=\frac{b}{T},\quad \nu_m=C_\nu T$$

2. 能量子假设：空腔辐射场中频率为 ν 的一维简谐振子的能量，只能是能量单元 $h\nu$ 的整数倍。

普朗克黑体辐射公式

$$M_{0\lambda}(T)=\frac{2\pi hc^2}{\lambda^5}\frac{1}{e^{\frac{hc}{kT\lambda}}-1}$$

$$M_{0\nu}(T)=\frac{2\pi h}{c^2}\frac{\nu^3}{e^{\frac{h\nu}{kT}}-1}$$

3. 爱因斯坦光电方程

$$\frac{1}{2}m_{\mathrm{e}}v_0^2=h\nu-A$$

截止电压

$$U_{\mathrm{c}}=(h\nu-A)/e$$

截止频率

$$\nu_0=\frac{A}{h}$$

*多光子光电效应(强激光)

$$\frac{1}{2}m_{\mathrm{e}}v_0^2=nh\nu-A$$

4. 康普顿效应

$$\Delta\lambda=\lambda-\lambda_0=\lambda_C(1-\cos\theta)$$

5. 德布罗意假设

$$\nu=\frac{E}{h}$$

$$\lambda=\frac{h}{p}\quad\text{(德布罗意波长关系)}$$

在电压 U 下被加速电子的德布罗意波长

$$\lambda=\frac{1.225}{\sqrt{U}}\mathrm{nm}$$

6. 不确定度关系

$$\Delta x\Delta p_x\geqslant\frac{\hbar}{2},\quad\Delta y\Delta p_y\geqslant\frac{\hbar}{2},\quad\Delta z\Delta p_z\geqslant\frac{\hbar}{2}$$

$$\Delta E\Delta t\geqslant\frac{\hbar}{2}$$

7. 波函数假设:粒子的状态可以用波函数 $\boldsymbol{\Psi}(\boldsymbol{r},t)$描述

波函数的统计诠释

$$\mathrm{d}W\propto|\Psi(\boldsymbol{r},t)|^2\mathrm{d}V$$

波函数的归一化条件

$$\iiint_\infty|\Psi(\boldsymbol{r},t)|^2\mathrm{d}V=1$$

波函数所满足的自然条件:单值、有限和连续

波函数一阶导数的连续条件:对于势能函数的连续点或有限间断点,波函数的一阶导数连续。

态叠加原理

自由粒子波函数

$$\Psi(x,t)=A\mathrm{e}^{\frac{\mathrm{i}}{\hbar}(px-Et)},\quad\Phi(x)=A\mathrm{e}^{\frac{\mathrm{i}}{\hbar}px}$$

箱归一化的自由电子波函数

$$\Phi(x)=\begin{cases}\dfrac{1}{\sqrt{L}}\mathrm{e}^{\frac{\mathrm{i}}{\hbar}px}, & 0\leqslant x\leqslant L\\ 0, & x<0,x>L\end{cases}$$

8. 薛定谔方程

$$i\hbar\frac{\partial\Psi(\boldsymbol{r},t)}{\partial t}=\hat{H}\Psi(\boldsymbol{r},t)$$

哈密顿量算符

$$\hat{H}=-\frac{\hbar^2}{2m}\nabla^2+U(\boldsymbol{r},t)$$

在哈密顿量不显含时间的情况下，薛定谔方程的分离变量求解：

能量本征方程

$$\hat{H}\Phi(x)=E\Phi(x)$$

能量本征方程的解

$$\{E_n,\Phi_n(x),n=1,2,3,\cdots\}$$

能量本征函数系的正交、归一化条件

$$\int_{-\infty}^{\infty}\Phi_m^*(x)\Phi_n(x)\mathrm{d}x=\delta_{m,n}=\begin{cases}0, & m\neq n\\ 1, & m=n\end{cases}$$

薛定谔方程的定态解

$$\Psi_n(x,t)=\Phi_n(x)\mathrm{e}^{-\frac{\mathrm{i}}{\hbar}E_nt},\quad n=1,2,3,\cdots$$

薛定谔方程的解按定态展开

$$\Psi(x,t)=\sum_n C_n\Phi_n(x)\mathrm{e}^{-\frac{\mathrm{i}}{\hbar}E_nt}$$

$$C_n=\int_{-\infty}^{\infty}\Phi_n^*(x)\Psi(x,0)\mathrm{d}x$$

9. 一维势场中的粒子

一维无限深方势阱

$$E_n=\frac{\pi^2\hbar^2}{2mL^2}n^2,\quad n=1,2,3,\cdots$$

$$\Phi_n(x)=\begin{cases}\sqrt{\dfrac{2}{L}}\sin\dfrac{n\pi x}{L}, & n=1,2,3,\cdots,\quad 0\leqslant x\leqslant L\\ 0, & x<0,x>L\end{cases}$$

一维简谐振子

$$E_n=\left(n+\frac{1}{2}\right)h\nu=\left(n+\frac{1}{2}\right)\hbar\omega,\quad n=0,1,2,\cdots$$

一维方势垒的穿透系数(伽莫夫公式)

$$T\approx T_0\mathrm{e}^{-\frac{2L}{\hbar}\sqrt{2m(U_0-E)}},\quad T_0=16E(U_0-E)/U_0^2$$

*一般形状势垒的透射系数

$$T\sim\exp\left\{-\frac{2}{\hbar}\int_a^b\sqrt{2m[U(x)-E]}\mathrm{d}x\right\}$$

10. 力学量的算符表达

坐标

$$\hat{x}=x,\quad\hat{y}=y,\quad\hat{z}=z$$

动量

$$\hat{p}_x=-\mathrm{i}\hbar\frac{\partial}{\partial x},\quad \hat{p}_y=-\mathrm{i}\hbar\frac{\partial}{\partial y},\quad \hat{p}_z=-\mathrm{i}\hbar\frac{\partial}{\partial z}$$

轨道角动量

$$\hat{\boldsymbol{l}}^2=-\hbar^2\left(\frac{1}{\sin\theta}\frac{\partial}{\partial\theta}\sin\theta\frac{\partial}{\partial\theta}+\frac{1}{\sin^2\theta}\frac{\partial^2}{\partial\varphi^2}\right),\quad \hat{l}_z=-\mathrm{i}\hbar\frac{\partial}{\partial\varphi}$$

$\hat{\boldsymbol{l}}^2$ 和 $\hat{l}_z$ 的共同本征值问题的解

$$\hat{\boldsymbol{l}}^2Y_{lm}(\theta,\varphi)=l(l+1)\hbar^2Y_{lm}(\theta,\varphi)$$

$$\hat{l}_zY_{lm}(\theta,\varphi)=m\hbar Y_{lm}(\theta,\varphi)$$

$$l=0,1,2,\cdots$$

$$m=-l,-l+1,\cdots,0,\cdots,l-1,l$$

角动量空间取向量子化

11. 双原子分子转动能级

$$E_l=\frac{l(l+1)\hbar^2}{2I},\quad l=0,1,2,\cdots$$

12. 测量假设(平均值假设):当系统处于状态 $\Psi(\boldsymbol{r},t)$时,对力学量 $\hat{F}$ 进行足够多次测量,所得测量结果的算术平均值为

$$\overline{F}=\frac{\int_\infty\Psi^*(\boldsymbol{r},t)\hat{F}\Psi(\boldsymbol{r},t)\mathrm{d}V}{\int_\infty\Psi^*(\boldsymbol{r},t)\Psi(\boldsymbol{r},t)\mathrm{d}V}$$

13. 电子轨道磁矩

$$\hat{\boldsymbol{\mu}}_l=-\frac{e}{2m_\mathrm{e}}\hat{\boldsymbol{l}}$$

电子自旋磁矩

$$\hat{\boldsymbol{\mu}}_s=-\frac{e}{m_\mathrm{e}}\hat{\boldsymbol{s}}$$

电子磁矩在磁场中的势能

$$\hat{W}_\mathrm{m}=-\hat{\boldsymbol{\mu}}\cdot\boldsymbol{B}$$

电子自旋

$$s=\frac{1}{2},\quad m_s=\pm\frac{1}{2}$$

14. 氢原子能级

$$E_n=-\frac{\mu e^4}{32\pi^2\varepsilon_0^2\hbar^2}\frac{1}{n^2}\approx-13.6\frac{1}{n^2}(\mathrm{eV}),\quad n=1,2,3,\cdots$$

氢原子光谱

$$\frac{1}{\lambda}=R_\mathrm{H}\left(\frac{1}{m^2}-\frac{1}{n^2}\right)$$

能量本征函数系

$$\Phi_{nlm_lm_s}(r,\theta,\varphi)=R_{nl}(r)Y_{lm_l}(\theta,\varphi)\chi_{m_s}$$

$n=1,2,3,\cdots$　（主量子数）

$l=0,1,2,\cdots,n-1$　（轨道角量子数）

$m_l=-l,-l+1,\cdots,0,\cdots,l-1,l$　（轨道磁量子数）

$m_s=\pm\dfrac{1}{2}$　（自旋磁量子数）

四个量子数

$$n,l,m_l,m_s$$

电子概率的径向分布

$$W_{nl}(r)=[R_{nl}(r)]^2r^2$$

电子概率的角分布

$$W_{lm_l}(\theta,\varphi)=|Y_{lm_l}(\theta,\varphi)|^2$$

15. 原子的电子壳层结构

习题

12.1　太阳辐射到地球大气层外表面单位面积的辐射通量称为太阳常数，人造卫星测得这一数据为 $1.4\mathrm{kW\cdot m^{-2}}$。已知太阳半径为 $7.0\times10^8\mathrm{m}$，地球半径为 $6.4\times10^6\mathrm{m}$，日地距离为 $1.5\times10^{11}\mathrm{m}$。(1)把太阳表面看成黑体，估算太阳表面的温度；(2)假设地球能全部吸收太阳的辐射，并处于温度不变的平衡态，估算地球表面的温度。

12.2　(1)把原子弹爆炸的辐射当成黑体辐射，对应的 $\lambda_m=2.88\text{Å}$，估算爆炸所形成的气体火球的温度；(2)估算人体辐射最强的波长(设体温为 $T=310\mathrm{K}$)。

12.3　把单色辐出度极大值对应波长为 $\lambda_{m1}=5000\text{Å}$ 的黑体辐射的辐出度增大一倍，那么对应的 λ_{m2} 应该变为多少？

12.4　试由用波长 λ 表示的普朗克黑体辐射公式，导出其用频率 ν 表示的形式。

12.5　铝的逸出功为 4.2eV，今用波长为 200nm 的光照射铝的表面，求：(1)光电子的最大动能；(2)截止电压；(3)铝的红限波长。

12.6　钠的逸出功是 2.29eV，其截止频率和对应的红限波长是多少？今用波长为 500nm 的光照射钠表面，求截止电压和光电子的初速度。

12.7　钾的逸出功是 2.25eV，钨的逸出功是 4.54eV，它们的截止频率各是多少？这两种金属哪种可用作可见光范围内的光电管的阴极？可见光的频率范围为 $4\times10^{14}\sim7.5\times10^{14}\mathrm{Hz}$。

12.8　光子能量为 0.5MeV 的 X 光照射到某种物质上，发生康普顿散射。实验测得电子的反冲动能为 0.1MeV，求散射光波长的改变量与入射光波长的比值。

12.9　在康普顿效应中，入射光子的波长为 $3.0\times10^{-3}\mathrm{nm}$，电子的反冲速度为 $0.6c$，求散射光子的波长和散射角。

12.10　波长为 0.1024nm 的 X 光照射在碳上，发生康普顿散射。实验测得散射光线与入射光线垂直，求散射光的波长、电子的反冲动能及其运动方向与入射 X 光方向的夹角。

12.11　在康普顿散射实验中，波长为 0.0254nm 的散射光线与入射光线的夹角为 60°，求电子的反冲动能和动量。

12.12　在实验室测得氢原子光谱中 H_α 线的波长为 $\lambda_0=6562.10\text{Å}$，用光子在引力场中能量守恒关系计算太阳光谱中这条谱线的引力红移 $\Delta\lambda=\lambda-\lambda_0$。已知太阳的质量为 1.99×10^{30} kg，半径为 6.96×10^8 m。

12.13　质量为 0.01kg，速度为 $400\text{m}\cdot\text{s}^{-1}$ 的子弹的德布罗意波长是多少？

12.14　求动能为 1.0eV 的电子的德布罗意波长。

12.15　室温(300K)下的中子称为热中子，它的德布罗意波长是多少？

12.16　为探测质子和中子的结构，曾在斯坦福直线加速器中用能量为 20GeV 的电子轰击质子。这一能量的电子的德布罗意波长是多少？质子的线度按 10^{-15} m 估算，可以用这一能量的电子来探测质子内部的结构吗？

12.17　铀核的线度为 7.2×10^{-15} m，求其中一个核子(质子或中子)的速度的不确定度。

12.18　一质量为 m 的粒子在边长为 L 的立方盒子中运动，用不确定度关系估算粒子的能量最小值。

12.19　设子弹的质量为 0.01kg，枪口的直径为 0.5cm。波粒二象性对射击瞄准有影响吗？

12.20　动能为 $E_\text{k}=10^8$ eV 的高能电子通过威耳孙云室中的过饱和蒸气时，蒸气分子会以这些电子为核心，凝结成一串直径约为 10^{-4} cm 的小液滴，在强光照射下可以看到一条白亮的径迹。这一现象违背不确定度关系吗？

12.21　用不确定度关系说明，轨道的概念适用于标准状况下空气分子的热运动。

12.22　已知一维运动的粒子的波函数为

$$\Psi(x)=\begin{cases}Axe^{-\lambda x}, & x\geqslant 0\\ 0, & x<0\end{cases}$$

其中，常量 $\lambda>0$。求：(1)归一化因子；(2)粒子出现的概率密度；(3)粒子在何处出现的概率最大？$\left(\text{提示：积分公式}\int_0^\infty x^2e^{-ax}\,dx=2/a^3\right)$

12.23　一质量为 m 的粒子在阱宽为 L 的一维无限深方势阱中运动，可以认为与粒子相联系的德布罗意波是阱壁处为节点的驻波。试由驻波的简正模式证明粒子的能量为

$$E_n=\frac{\pi^2\hbar^2}{2mL^2}n^2,\quad n=1,2,3,\cdots$$

12.24　一个细胞的线度为 10^{-5} m，其中的生物粒子的质量为 10^{-17} kg。认为这个粒子是在一维无限深方势阱中运动，试估算 $n_1=100$ 和 $n_2=101$ 的能级和它们的差各是多大？

12.25　H_2 分子中原子的振动相当于一个简谐振子，其劲度系数为 $k=1.13\times10^3\text{N}\cdot\text{m}^{-1}$，质量为 $m=1.67\times10^{-27}$ kg，此分子的振动能量(以 eV 为单位)多大？当此简谐振子由某一激发态跃迁到相邻的下一激发态时，辐射光子的波长是多少？

12.26　求一维简谐振子处于第一激发态时概率最大的位置。

12.27　电子和质子分别以能量 1eV 射向垒高为 2eV、垒宽为 0.1nm 的一维方势垒，求电子和质子透射系数的比值。

12.28　把双原子分子的转动看成刚体绕其质心的转动，实验测得 HCl 分子的转动惯量为 $I=2.66\times10^{-47}\text{kg}\cdot\text{m}^2$。求 HCl 分子的转动能级(以 eV 为单位)，计算由转动能级的

第一激发态跃迁到基态时，辐射光子的波长。

12.29　在施特恩-革拉赫实验中，设炉温为 $T=10^3$ K，银原子束穿越磁场的路程为 $L=3$cm，横向不均匀磁场的梯度为 $\partial B/\partial z=10^2\,\mathrm{T\cdot m^{-1}}$，测得照相底片上银原子束偏离中心位置的距离为 1.2×10^{-5} m，求银原子磁矩在磁场方向上的分量。忽略照相底片与磁铁末端的距离。

12.30　求处于匀强磁场 $\boldsymbol{B}$ 中的电子自旋磁矩与磁场的相互作用能。

12.31　证明：基态氢原子中与电子径向概率密度最大值对应的半径为玻尔半径。

12.32　设氢原子处于状态

$$\Psi(r,\theta,\varphi)=\frac{1}{2}R_{21}(r)Y_{10}(\theta,\varphi)+\frac{\sqrt{3}}{2}R_{21}(r)Y_{1-1}(\theta,\varphi)$$

求氢原子的能量、轨道角动量平方和轨道角动量 z 分量的可能取值、这些值被测到的概率以及这些力学量的平均值。

习 题 答 案

第 1 章

1.1 (1) $y=x^2+5$

(2) 位置：$2\boldsymbol{i}+9\boldsymbol{j}$，$4\boldsymbol{i}+21\boldsymbol{j}$；速度：$2\boldsymbol{i}+8\boldsymbol{j}$，$2\boldsymbol{i}+16\boldsymbol{j}$；加速度：$8\boldsymbol{j}$，$8\boldsymbol{j}$

1.2 (1) 452m (2) $12°3'$

1.3 $a_0t+\frac{a_0}{2\tau}t^2$，$\frac{a_0t^2}{2}+\frac{a_0t^3}{6\tau}$

1.4 $\frac{v_0}{kv_0t+1}$

1.5 (1) $\frac{50\pi}{3}\text{rad}\cdot\text{s}^{-1}$，$100\pi\text{rad}\cdot\text{s}^{-1}$ (2) $\frac{50}{3}\pi\text{rad}\cdot\text{s}^{-2}$ (3) $145\frac{5}{6}$

1.6 (1) $8.6\text{rad}\cdot\text{s}^{-1}$ (2) $4.5\text{e}^{-\frac{t}{2}}\text{rad}\cdot\text{s}^{-2}$ (3) 5.9

1.7 $188\text{m}\cdot\text{s}^{-2}$

1.8 4.0×10^5

1.9 $6.6\times10^{15}\text{s}^{-1}$，$9.1\times10^{22}\text{m}\cdot\text{s}^{-2}$

1.10 (1) $2.3\times10^2\text{m}\cdot\text{s}^{-2}$，$4.8\text{m}\cdot\text{s}^{-2}$ (2) 3.2rad (3) 0.55s

1.11 17.3m

1.12 $-2\boldsymbol{i}+2\boldsymbol{j}$

1.13 向南偏东 37°以速度 $5\text{m}\cdot\text{s}^{-1}$ 航行

1.14 (1) 0.705s (2) 0.717m

1.15 $(2a_0+g)/3$

1.16 $\left(v_0+\frac{mg}{A}\right)\text{e}^{-\frac{At}{m}}-\frac{mg}{A}$，$\frac{m}{A}\ln\left(1+\frac{Av_0}{mg}\right)$

1.17 $v_0\text{e}^{-\frac{At}{m}}$

1.18 $2\pi\sqrt{l\cos\theta/g}$

1.19 $0.73v_0$

1.20 $\frac{m\omega^2}{2L}(L^2-x^2)$

1.21 $\omega>\sqrt{g/R}$

1.22 15

1.23 α，$mg\cos\alpha$

1.24 $a_B=\frac{g\sin2\theta}{2(1+\sin^2\theta)}$，$a_{Ax}=-\frac{g\sin2\theta}{2(1+\sin^2\theta)}$，$a_{Ay}=\frac{2g\sin^2\theta}{1+\sin^2\theta}$

1.25 17

1.26 7.1×10^{3} s ≈ 2h

1.27 8.1×10^{3} N

1.28 2.1×10^{6} N

1.29 $3\lambda gz$

1.30 mv，向下

1.31 4kg

1.32 (1) 7.2×10^{-2} N·s (2) 7.2N

1.33 6.2×10^{-12} m

1.34 1.4×10^{-22} kg·m·s^{-1}，与电子径迹的夹角为 152°

1.35 $-u\,\mathrm{d}m/\mathrm{d}t$

1.36 (1) $\dfrac{2m}{M+2m}u$ (2) $\left(\dfrac{m}{M+m}+\dfrac{m}{M+2m}\right)u$

1.37 1.5×10^{3} N

1.38 $\sqrt{FL/M-2gL/3}$

1.39 $\dfrac{M}{L}(lg+v_0^2)$

1.40 $gt/3, gt^2/6$

1.41 20J

1.42 $\dfrac{GMm}{2R}, -\dfrac{GMm}{2R}$

1.43 $\Delta v=2.27\text{km}\cdot\text{s}^{-1}, \Delta\omega=7.08\times10^{-4}\text{rad}\cdot\text{s}^{-1}, \Delta E_k=7.27\times10^{10}\text{J}$,
$\Delta E_p=-1.45\times10^{11}\text{J}, \Delta E=-7.27\times10^{10}\text{J}$

1.44 $\dfrac{ke^2}{mv_0^2}, k=8.99\times10^{9}\text{C}^{-2}\cdot\text{N}\cdot\text{m}^2$

1.45 $\sqrt{\dfrac{Mm}{k(M+m)}}v_0$

1.46 $\dfrac{mv^2}{8L}\left(3-\dfrac{m}{M}\right)$

1.47 $mgh+\dfrac{m^2g^2}{2k}$

1.48 (1) $\sqrt{2}v_0$ (2) v_0

1.49 $50l/27$

1.50 $-\dfrac{3GM^2}{5R}$

1.51 $mlv/2$，向上

1.52 (1) $4\omega_0$ (2) $3mr_0^2\omega_0^2/2$

1.53 $\dfrac{k}{mv_0^2}+\sqrt{\dfrac{k^2}{m^2v_0^4}+b^2}, bv_0/R$

第2章

2.1 $\frac{1}{2}mR^2$

2.2 (略)

2.3 $\frac{13}{24}mR^2$

2.4 $3.1\times10^2\text{N}$

2.5 $7.61\text{m}\cdot\text{s}^{-2}$, 381N, 438N

2.6 (1) $81.7\text{rad}\cdot\text{s}^{-2}$ (2) $6.12\times10^{-2}\text{m}$ (3) $10.0\text{rad}\cdot\text{s}^{-1}$

2.7 $17.4\text{kg}\cdot\text{m}^2$

2.8 (1) $2\text{rad}\cdot\text{s}^{-2}$ (2) $4\pi\text{s}$ (3) 8π

2.9 $a_1=\frac{m_1R-m_2r}{I_1+I_2+m_1R^2+m_2r^2}gR, a_2=\frac{m_1R-m_2r}{I_1+I_2+m_1R^2+m_2r^2}gr$

$T_1=\frac{I_1+I_2+m_2r^2+m_2Rr}{I_1+I_2+m_1R^2+m_2r^2}m_1g, T_2=\frac{I_1+I_2+m_1R^2+m_1Rr}{I_1+I_2+m_1R^2+m_2r^2}m_2g$

2.10 (1) $2\text{m}\cdot\text{s}^{-1}$ (2) 48N, 58N

2.11 $1.87\times10^3\text{N}$

2.12 $\frac{3g\sin\theta}{2l}, \sqrt{\frac{3g(1-\cos\theta)}{l}}$

2.13 $\frac{4-6\cos\theta+3\cos^2\theta}{(1+3\sin^2\theta)^2}mg$

2.14 (1) $v_{C0}>\frac{2}{3}R\omega_0$ (2) $v_{C0}<\frac{2}{3}R\omega_0$

2.15 (1) $\beta=\frac{(R\cos\theta-r)F}{I_C+mR^2}$

(2) 向右滚动:$\theta<\arccos(r/R)$,向左滚动:$\theta>\arccos(r/R)$

2.16 球先滚到斜面底部

2.17 $\mu>\frac{4l}{R}$

2.18 (1) 位置3时轴受力较为简单 (2) $4mg$,向下

2.19 $\frac{\omega^2R^2}{2g}, \left(\frac{1}{2}M-m\right)R^2\omega$

2.20 $\frac{6v_0}{103l}$

2.21 $\frac{3m-M}{3m+M}v_0, \frac{12mv_0}{(3m+M)l}$

2.22 $9.52\times10^{-2}\text{rad}\cdot\text{s}^{-1}$

2.23 (1) $20.0\text{kg}\cdot\text{m}^2$ (2) $1.32\times10^4\text{J}$

2.24 $\frac{1}{2}\sqrt{3gl}$

2.25 $\frac{4M}{m}\sqrt{2gL}$

2.26 $\frac{4}{13}g$

2.27 (1) $\frac{3mvd}{ML^2+3md^2}$ (2) $\left(\frac{ML}{2}+md\right)\frac{\omega}{\Delta t}-\frac{mv}{\Delta t}$ (3) $\frac{2}{3}L$

2.28 (略)

第3章

3.1 6.7×10^8 m

3.2 4s

3.3 8s

3.4 $a^3\sqrt{1-u^2/c^2}$

3.5 (1) 60m (2) 前端先被击中,2.7×10^{-7} s

3.6 1.7m,前端先被击中

3.7 4.8 光年,6 年

3.8 $l\sqrt{1-\frac{u^2}{c^2}\cos^2\theta}$,$\arctan\left(\tan\theta/\sqrt{1-u^2/c^2}\right)$

3.9 (1) $30c$ s (2) $90c$ s

3.10 3.3×10^{-5} s,乙地事件先发生

3.11 (1) $0.50c$ (2) 1.73×10^{-6} s

3.12 $x=6.0\times10^{16}$ m,$y=1.2\times10^{17}$ m,$z=0$,$t=-2.0\times10^8$ s

3.13 $0.99c$

3.14 $\frac{l_0(1+v_0u/c^2)}{v_0\sqrt{1-u^2/c^2}}$

3.15 $l_0\sqrt{1-\frac{u^2}{c^2}+\frac{u^4}{c^4}}$

3.16 (略)

3.17 (1) 5.5×10^3 (2) $0.99999998c$

3.18 0.511MeV,2.43×10^{-3} nm

3.19 0.0026MeV,0.32MeV

3.20 4.5MeV,5.0MeV/c,$0.99c$

3.21 (1) $0.58m_pc$,$1.15m_pc^2$ (2) $1.33m_pc$,$1.67m_pc^2$

3.22 $\frac{Ac}{m_0c^2+A}$,$m_0\sqrt{1+\frac{2A}{m_0c^2}}$

3.23 0.789MeV,−1.81MeV

3.24 67.50MeV,67.50MeV/c

3.25 $p_p=p_{\pi^-}=\frac{c}{2m_{\Lambda^0}}\sqrt{[m_{\Lambda^0}^2-(m_p+m_{\pi^-})^2][m_{\Lambda^0}^2-(m_p-m_{\pi^-})^2]}=100.3\text{MeV}/c$

$$E_{kp}=\frac{m_{\Lambda^0}^2+m_p^2-m_{\pi^-}^2}{2m_{\Lambda^0}}c^2-m_pc^2=5.355\text{MeV}$$

$$E_{k\pi^-}=\frac{m_{\Lambda^0}^2+m_{\pi^-}^2-m_p^2}{2m_{\Lambda^0}}c^2-m_{\pi^-}c^2=32.35\text{MeV}$$

3.26 $x'=\dfrac{x\cos\theta+y\sin\theta-ut}{\sqrt{1-u^2/c^2}}, y'=-x\sin\theta+y\cos\theta, z'=z, t'=\dfrac{t-\dfrac{u}{c^2}(x\cos\theta+y\sin\theta)}{\sqrt{1-u^2/c^2}}$

3.27 (略)

第4章

4.1 (略)

4.2 (1) -1.0×10^{-8}C (2) $1.8\times10^4\,\text{N}\cdot\text{C}^{-1}$

4.3 $\dfrac{q}{16\pi\varepsilon_0R^2}$

4.4 $E_x=-\dfrac{a}{4\varepsilon_0R}, E_y=0$

4.5 $-\dfrac{q}{2\pi^2\varepsilon_0R^2}$

4.6 $\dfrac{\sigma x}{2\varepsilon_0\sqrt{r^2+x^2}}$

4.7 (略)

4.8 (略)

4.9 $-\dfrac{\sigma}{4\varepsilon_0}$

4.10 $2.0\times10^{-29}\,\text{C}\cdot\text{m}, 5.8\times10^{-3}\,\text{nm}$

4.11 $\dfrac{q}{2\varepsilon_0}\left(1-\dfrac{x}{\sqrt{R^2+x^2}}\right)$

4.12 $\Phi_{OABC}=\Phi_{EFGD}=0, \Phi_{ABGF}=E_2a^2, \Phi_{OCDE}=-\Phi_{ABGF}=-E_2a^2, \Phi_{OEFA}=-E_1a^2,$
$\Phi_{CDGB}=(E_1+ka)a^2, \Phi=ka^3$

4.13 $\dfrac{A}{2\varepsilon_0}(r\leqslant R), \dfrac{AR^2}{2\varepsilon_0r^2}(r>R)$

4.14 $2.21\times10^{-12}\,\text{C}\cdot\text{m}^{-3}$

4.15 $-\dfrac{2a\lambda}{\pi\varepsilon_0(a^2+4z^2)}\boldsymbol{i}$

4.16 (1) $r<R_1$: $E_1=0$ (2) $R_1<r<R_2$: $E_2=\dfrac{\lambda}{2\pi\varepsilon_0r}$ (3) $r>R_2$: $E_3=0$

4.17 (1) 27.1eV (2) -13.6eV

4.18 $-\dfrac{\lambda r^2}{4\pi\varepsilon_0R^2}(r\leqslant R), -\dfrac{\lambda}{2\pi\varepsilon_0}\left(\ln\dfrac{r}{R}+\dfrac{1}{2}\right)(r>R)$

4.19　45V，−15V

4.20　$\frac{U_{12}}{r^2}\frac{R_1R_2}{R_2-R_1}$，沿径向

4.21　$\frac{r(R_2q_1+R_1q_2)}{R_2(R_1+r)}$

4.22　(1) $2.1\times10^{-8}\mathrm{C\cdot m^{-1}}$　(2) $3.8\times10^2\frac{1}{r}(\mathrm{V\cdot m^{-1}})$

4.23　$\frac{Q^2}{8\pi\varepsilon_0 d}$

4.24　$\frac{\sigma R}{6\varepsilon_0}$

4.25　$\frac{Q\lambda}{4\pi\varepsilon_0}\ln2$

4.26　(1) $\frac{\sigma}{2\varepsilon_0}\left(\sqrt{R_2^2+x^2}-\sqrt{R_1^2+x^2}\right)$　(2) $\sqrt{\frac{e\sigma}{\varepsilon_0 m}(R_2-R_1)}$

4.27　$E_x=\frac{1}{(x^2+y^2)^2}[a(x^2-y^2)+bx(x^2+y^2)^{1/2}]$

$E_y=\frac{y}{x^2+y^2}[2ax+b(x^2+y^2)^{1/2}]$

4.28　$\frac{q}{4\pi\varepsilon_0 l}\ln\frac{l+\sqrt{l^2+a^2}}{a}$，$\frac{q}{4\pi\varepsilon_0 l}\left[\frac{1}{z}-\frac{z}{l\sqrt{l^2+z^2}+l^2+z^2}\right]$

4.29　(略)

4.30　(略)

4.31　(1) $\frac{3q^2}{4\pi\varepsilon_0 a}$　(2) $\frac{2a}{\sqrt3}$，$\frac{q}{\sqrt{6\pi\varepsilon_0 ma}}$

4.32　(1) $\mp\frac{e}{2\pi\varepsilon_0 a}\ln2$　(2) $-\frac{e^2}{2\pi\varepsilon_0 a}\ln2$　(3) $-\frac{Ne^2}{4\pi\varepsilon_0 a}\ln2$

4.33　(1) $4.4\times10^{-8}\mathrm{J\cdot m^{-3}}$　(2) $6.3\times10^4\mathrm{kW\cdot h}$

4.34　(1) 7.9×10^2MeV　(2) 2.9×10^2MeV　(3) 7.4×10^{26}MeV

4.35　$\frac{\sigma^2}{2\varepsilon_0}$

4.36　(略)

第5章

5.1　$-\frac{R}{r}q$

5.2　(1) $E_1R_1\ln\frac{R_2}{R_1}$　(2) 2.5×10^3V

5.3　1500V

5.4　(1) $\frac{q_1q_2}{4\pi\varepsilon_0 r^2}$，向右　(2) $\frac{q_1q_2}{4\pi\varepsilon_0 r^2}$，向左

(3) 改变 q_1 的位置,不影响 A 外的电场和电势,改变 q_1 的电量也不影响 A 外的电场和电势

5.5 (1) 120V (2) 300V (3) 120V

5.6 (1) B 表面首先被击穿 (2) 3.8×10^{-4}C

5.7 (1) $\sigma_1=\dfrac{Q-q}{2S}$,$\sigma_2=\dfrac{Q+q}{2S}$ (2) $\dfrac{(q-Q)d}{2\varepsilon_0 S}$

5.8 (1) $q_1=q_3=q_4=q_6=\dfrac{1}{2}q$

$q_2=q_5=-\dfrac{1}{2}q$

$U_{BA}=-\dfrac{q}{2\varepsilon_0 S}d_1$

$U_{AC}=\dfrac{q}{2\varepsilon_0 S}d_2$

(2) $q_1=q_6=0$

$q_2=-q_3=-\dfrac{d_2}{d_1+d_2}q$

$q_4=-q_5=\dfrac{d_1}{d_1+d_2}q$

$U_{BA}=-\dfrac{q}{\varepsilon_0 S}\dfrac{d_1 d_2}{d_1+d_2}$

$U_{AC}=\dfrac{q}{\varepsilon_0 S}\dfrac{d_1 d_2}{d_1+d_2}$

5.9 $\left(1-\dfrac{R_1}{R_2}\right)\left(U_0-\dfrac{q}{4\pi\varepsilon_0 R_2}\right)$

5.10 (1) $q_{B内}=-3\times10^{-8}$C,$q_{B外}=5\times10^{-8}$C

$U_A=5.6\times10^3$V,$U_B=4.5\times10^3$V

(2) $q'_A=2.1\times10^{-8}$C,$q'_{B内}=-2.1\times10^{-8}$C,$q'_{B外}=-0.9\times10^{-8}$C,

$U'_A=0$,$U'_B=-8.1\times10^2$V

5.11 $-\dfrac{\lambda}{2\pi d}$

5.12 (1) $\dfrac{\sigma_2}{\varepsilon_0}$ (2) $\dfrac{\sigma_2^2\Delta S}{2\varepsilon_0}$

5.13 $-\dfrac{qh}{2\pi R^3}$

5.14 $\dfrac{\pi\varepsilon_0}{\ln\dfrac{d-a}{a}}\approx\dfrac{\pi\varepsilon_0}{\ln\dfrac{d}{a}}$

5.15 $\dfrac{\varepsilon_0 S}{2}\left(\dfrac{1}{d}+\dfrac{1}{d-t}\right)$

5.16 (1) 增大 3.54×10^{-10}F (2) 增大 7.08×10^{-10}F

5.17 (略)

5.18 267V

5.19 $\pm\dfrac{2\sigma_0}{\varepsilon_0(\varepsilon_{r1}+\varepsilon_{r2})}$,垂直于板面

5.20 (略)

5.21 (略)

5.22 $\dfrac{\varepsilon_r\varepsilon_0 S}{\varepsilon_r d+(1-\varepsilon_r)t}$

5.23 $2\pi\varepsilon_0(1+\varepsilon_r)\dfrac{R_1R_2}{R_2-R_1}$

5.24 $2.65\times10^{-7}\text{C}\cdot\text{m}^{-2}$

5.25 (1) $r\leqslant R_1$: $D=0$

$r>R_1$: $D=-\dfrac{4.8\times10^{-9}}{r^2}(\text{C}\cdot\text{m}^{-2})$

$r\leqslant R_1$: $E=0$

$R_1<r\leqslant R$: $E=-\dfrac{90}{r^2}(\text{V}\cdot\text{m}^{-1})$

$R<r\leqslant R_2$: $E=-\dfrac{180}{r^2}(\text{V}\cdot\text{m}^{-1})$

$r>R_2$: $E=-\dfrac{540}{r^2}(\text{V}\cdot\text{m}^{-1})$

(2) -3.8×10^3V

(3) $1.0\times10^{-5}\text{C}\cdot\text{m}^{-2}$

5.26 1.5×10^5V

5.27 $-\dfrac{\boldsymbol{P}}{3\varepsilon_0}$

5.28 (略)

5.29 $\dfrac{q^2}{8\pi\varepsilon_0 R}$

5.30 (1) 1.8×10^{-4}J (2) 1.0×10^{-4}J,4.5×10^{-12}F

5.31 (1) 损失$\dfrac{Q^2}{4C}$ (2) 导线中的焦耳热

5.32 (1) 增加$\dfrac{Q^2d}{2\varepsilon_0 S}$ (2) $\dfrac{Q^2d}{2\varepsilon_0 S}$,转化为电场能

5.33 (1) $-\dfrac{Q^2t}{2\varepsilon_0 S}$

(2) 电场力做功,导体板被吸入

(3) $\dfrac{\varepsilon_0U^2St}{2d(d-t)}$,电场力做功,导体板被吸入

第6章

6.1 $\frac{\rho}{2\pi d}\ln\frac{R_2}{R_1}$

6.2 $q=q_0 e^{-\frac{\sigma t}{\varepsilon_0\varepsilon_r}}$

6.3 $\frac{2\varepsilon_0 U}{d}\frac{\rho_1-\rho_2}{\rho_1+\rho_2}$

6.4 2

6.5 9.0kΩ,8.1kΩ,1.0kΩ

6.6 $\frac{9\mu_0 I}{2\pi a}$,垂直三角形平面向里

6.7 1.7×10^9 A,由东向西

6.8 $\frac{\mu_0 I}{8R}$,$\frac{\mu_0 I}{2R}\left(1-\frac{1}{\pi}\right)$,$\frac{\mu_0 I}{2R}\left(\frac{1}{2}+\frac{1}{\pi}\right)$

6.9 0

6.10 $\frac{\mu_0 NI}{4R}$

6.11 (1) 13T (2) $9.3\times10^{-24}\,\mathrm{J\cdot T^{-1}}$

6.12 $\frac{\mu_0 I}{\pi^2 R}$,沿 Ox 轴反向

6.13 $\frac{\mu_0 lI}{2\pi}\ln\frac{d_2}{d_1}$

6.14 (1) $\frac{\mu_0 I}{4\pi}$ (2) $\frac{\mu_0 I}{2\pi}\ln\left(\frac{R_2}{R_1}\right)$

6.15 $\frac{\mu_0 I}{2\pi b}\ln\frac{r+b}{r}$,垂直纸面向里

6.16 (1) $r<R_1$: $\frac{\mu_0 Ir}{2\pi R_1^2}$

(2) $R_1<r<R_2$: $\frac{\mu_0 I}{2\pi r}$

(3) $R_2<r<R_3$: $\frac{\mu_0 I}{2\pi r}\frac{(R_3^2-r^2)}{(R_3^2-R_2^2)}$

(4) $r>R_3$: 0

6.17 (1) N型半导体 (2) $2.86\times10^{20}\,\mathrm{m^{-3}}$

6.18 $\frac{mu}{qB}\sqrt{\frac{2qBh}{mu}+1}$

6.19 (1) $\frac{2U}{R^2B^2}$ (2) 5.11×10^3 V

6.20 (1) 1.6T (2) 17MeV

6.21 $\frac{B^2 q}{8U}x^2$

6.22 $3.5\times10^{-6}\,\mathrm{N\cdot cm^{-1}}$

6.23 $2BIR$,向上

6.24 $5.0\times10^{5}\,\mathrm{N\cdot m^{-2}}$

6.25 $\frac{R\omega}{2\pi}(qB+m\omega)$

6.26 $1.3\times10^{-3}\,\mathrm{N}$,向左

6.27 $\mu_0 I_1 I_2$,向右

6.28 $\frac{1}{2\mu_0}(B_2^2-B_1^2)$,向左

6.29 $\frac{\mu_0 I^2}{4\pi NR}$,沿半径指向筒内

6.30 $\frac{\pi B\mathscr{E}d(R_2^2-R_1^2)}{\rho\ln(R_2/R_1)}$,垂直纸面向外

6.31 (1) $36\,\mathrm{A\cdot m^2}$ (2) $144\,\mathrm{N\cdot m}$

6.32 2.5A

6.33 (1) $7.9\times10^{-2}\,\mathrm{N\cdot m}$,向下 (2) $7.9\times10^{-2}\,\mathrm{J}$

6.34 $\sqrt{\frac{2\mu_0 I'I}{md}(1-\cos\theta_0)}$

6.35 (1) $2.0\times10^{4}\,\mathrm{A\cdot m^{-1}}$ (2) $7.76\times10^{5}\,\mathrm{A\cdot m^{-1}}$,38.8,39.8

6.36 (1) $2.0\times10^{-3}\,\mathrm{T}$ (2) $32\,\mathrm{A\cdot m^{-1}}$ (3) $4.68\times10^{2}\,\mathrm{A}$

(4) $6.25\times10^{-5}\,\mathrm{H\cdot m^{-1}}$,49.7,48.7 (5) $1.56\times10^{3}\,\mathrm{A\cdot m^{-1}}$

6.37 (1) $r\leqslant R_1$: $\frac{\mu_0 Ir}{2\pi R_1^2}$,0

$R_2\geqslant r>R_1$: $\frac{\mu_r\mu_0 I}{2\pi r}$, $\frac{(\mu_r-1)I}{2\pi r}$

$R_3\geqslant r>R_2$: $\frac{\mu_0 I(R_3^2-r^2)}{2\pi r(R_3^2-R_2^2)}$,0

$r>R_3$: 0,0

(2) 介质内外表面磁化电流的大小都为$(1-\mu_r)I$,分别与导体内外传导电流的方向相反

6.38 8.0A

6.39 5mA

6.40 $\boldsymbol{B}=\begin{cases}\boldsymbol{0}, & r<R\\ \frac{1}{c^2}\boldsymbol{v}\times\frac{q\hat{\boldsymbol{r}}}{4\pi\varepsilon_0 r^2}, & r>R\end{cases}$

第7章

7.1 $1\times10^{-2}\,\mathrm{V}$,与线圈回路的绕向相反

7.2 $12\sin 120\pi t$(V)

7.3 0.59V

7.4 $\dfrac{N\Delta\Phi}{R}$

7.5 $\mathcal{E}=\begin{cases}0, & 0\leqslant x<\dfrac{a}{2}\\ avB, & \dfrac{a}{2}\leqslant x<\dfrac{3a}{2}\\ 0, & \dfrac{3a}{2}\leqslant x<\dfrac{5a}{2}\\ avB, & \dfrac{5a}{2}\leqslant x\leqslant\dfrac{7a}{2}\\ 0, & \dfrac{7a}{2}<x<4a\end{cases}$

7.6 2.4×10^{-5}V,沿逆时针方向

7.7 2.0×10^{-5}V,沿顺时针方向

7.8 2.6V,沿$\boldsymbol{v}\times\boldsymbol{B}$的方向

7.9 4.3V,方向为从D到C

7.10 $\dfrac{1}{2}B\omega R^2$

7.11 $\dfrac{B\omega L}{2}(L-2r)$

7.12 10^6T

7.13 (略)

7.14 $\dfrac{lK}{2}\sqrt{R^2-l^2/4}$,$b$端电势高

7.15 $\dfrac{(R_1-R_2)\pi r^2K}{2(R_1+R_2)}$

7.16 1.0×10^{-1}V,与电流方向相反

7.17 $-\dfrac{1}{l}\mu_0N^2\pi R^2C$

7.18 (1) 6.3×10^{-6}H (2) 3.1×10^{-4}V

7.19 $\dfrac{\mu_0a}{2\pi}\ln\dfrac{b+c}{c}$

7.20 (略)

7.21 $1.5\times10^8\text{V}\cdot\text{m}^{-1}$

7.22 0.05J

7.23 $9.9\times10^{-2}\text{J}\cdot\text{m}^{-3}$

7.24 $1.7\text{J}\cdot\text{m}^{-3}$

7.25 (1) $\dfrac{\mu_0}{\pi}\ln\dfrac{d-a}{a}$ (2) $\dfrac{\mu_0I^2}{2\pi}\ln2$ (3) $\dfrac{\mu_0I^2}{2\pi}\ln2$ (4) $\dfrac{\mu_0I^2}{\pi}\ln2$

7.26 (1) $\frac{qvR^2}{2(R^2+x^2)^{3/2}}$ (2) $\frac{\mu_0}{4\pi}\frac{qvR}{(R^2+x^2)^{3/2}}$

7.27 $\frac{\mu_0 I_0 r}{2\pi R^2}$

7.28 (1) $\frac{I}{\pi\sigma R^2}$,与电流方向相同

$\frac{I}{2\pi R}$,方向与电流方向成右手螺旋关系

(2) $\frac{I^2}{2\pi^2\sigma R^3}$,沿 $\boldsymbol{E}\times\boldsymbol{H}$ 的方向

7.29 (1) 1.0×10^{10} Hz (2) 1.0×10^{-7} T (3) $1.2\text{W}\cdot\text{m}^{-2}$

7.30 (1) $1.6\times10^{-5}\text{W}\cdot\text{m}^{-2}$ (2) $0.11\text{V}\cdot\text{m}^{-1}$,$2.9\times10^{-4}\text{A}\cdot\text{m}^{-1}$

7.31 4.2×10^6 Pa

7.32 7.7×10^6 Pa

第8章

8.1 $\frac{p_0+4mg/\pi d^2}{p_0-4mg/\pi d^2}$

8.2 269

8.3 (1) $p=nkT$,T 不变,体积减小 n 增大,因此 p 增大

(2) 体积不变 n 不变,p 随 T 的升高而增大

8.4 (1) 6.0×10^2 K (2) 12.5m^3

8.5 0.33kg

8.6 1.88×10^2 Pa

8.7 $E_{N_2}=6.4\times10^3$ J,$E_{H_2}=3.2\times10^3$ J

8.8 $E_t=4.98\times10^3$ J,$E_r=3.32\times10^3$ J

8.9 1.3×10^{-7} K

8.10 7.70K

8.11 (1) $2.44\times10^{25}\text{m}^{-3}$ (2) $1.30\text{kg}\cdot\text{m}^{-3}$

(3) 6.21×10^{-21} J (4) 3.45×10^{-9} m

8.12 $n(\theta)=n_0 e^{\frac{pE\cos\theta}{kT}}$

8.13 (略)

8.14 1.93×10^3 m

8.15 (1) 略 (2) -53℃,0.3atm

8.16 kT

8.17 $f(v)\mathrm{d}v$:分子速率出现在 v 到 $v+\mathrm{d}v$ 之间的概率,或速率处于 v 到 $v+\mathrm{d}v$ 之间的分子数占系统总分子数的百分比。

$\int_{v_1}^{v_2} f(v)\mathrm{d}v$:分子速率出现在 v_1 到 v_2 之间的概率,或速率处于 v_1 到 v_2 之间的分子数占系统总分子数的百分比。

$\int_{v_1}^{v_2} vf(v)\mathrm{d}v$：速率处于 v_1 到 v_2 之间的分子的速率之和与系统总分子数之比。

$nf(v)\mathrm{d}v$：单位体积中速率处于 v 到 $v+\mathrm{d}v$ 之间的分子数

8.18 (1) 略 (2) $11v_0/9, 2v_0/3$

8.19 (1)

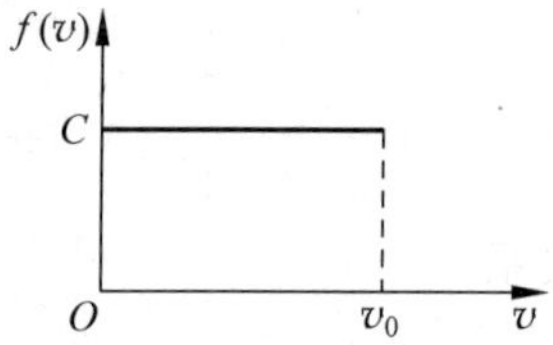

(2) $1/v_0$ (3) $v_0/2$

8.20 (1) $\frac{2N}{3v_0}$ (2) $7N/12$ (3) $31mv_0^2/36$

8.21 $p_2=3p_1, \bar{\varepsilon}_2=1.5\bar{\varepsilon}_1, \sqrt{\overline{v_2^2}}=1.22\sqrt{\overline{v_1^2}}$

8.22 0.25

8.23 (1) $4.5\times10^2\,\mathrm{m\cdot s^{-1}}$ (2) $4.8\times10^2\,\mathrm{m\cdot s^{-1}}$ (3) $4.0\times10^2\,\mathrm{m\cdot s^{-1}}$

(4) $6.2\times10^{-21}\,\mathrm{J}$ (5) $4.1\times10^{-21}\,\mathrm{J}$ (6) $1.0\times10^{-20}\,\mathrm{J}$

8.24 (1) 2.0 (2) 1.0 (3) 2.0 (4) 1.2

8.25 $2.02\times10^{-42}\%, 1.22\times10^{-17}$

8.26 $\varphi(\varepsilon_k)=\frac{2}{\sqrt{\pi}}\left(\frac{1}{kT}\right)^{3/2}\sqrt{\varepsilon_k}\,\mathrm{e}^{-\frac{\varepsilon_k}{kT}}, \varepsilon_{kp}=\frac{1}{2}kT\neq\frac{1}{2}mv_p^2$

8.27 $\sqrt{\frac{2kT}{\pi m}}, \sqrt{\frac{kT}{m}}$

8.28 (1) $p_0=1.88\times10^5\,\mathrm{Pa}<p_s$，压缩前完全是气体 (2) 0.84kg

8.29 $p_i=30.9\,\mathrm{atm}, p_v=30.0\,\mathrm{atm}$

8.30 $3.2\times10^{17}\,\mathrm{m^{-3}}$, 7.8m

8.31 6.0atm

8.32 (1) $7.1\times10^3\,\mathrm{m\cdot s^{-1}}$ (2) $2.0\times10^{-10}\,\mathrm{m}$ (3) $3.5\times10^{10}\,\mathrm{s^{-1}}$

8.33 $1.3\times10^{-7}\,\mathrm{m}, 2.5\times10^{-10}\,\mathrm{m}$

8.34 $3.0\times10^{-2}\,\mathrm{m}$

8.35 (1) $2.65\times10^{-7}\,\mathrm{m}$ (2) $1.78\times10^{-10}\,\mathrm{m}$ (3) $4.53\times10^9\,\mathrm{s^{-1}}$

第9章

9.1 150J

9.2 (1) 266J (2) −308J

9.3 (1) 0.919atm, $4.89\times10^{-2}\,\mathrm{m^3}$

(2) $4.59\times10^{-2}\,\mathrm{m^3}$, 280K

(3) 1.04atm, 283K

9.4 $3.76\times10^4\,\mathrm{J}$

9.5 $3.09\times10^3\,\mathrm{J}, 4.02\times10^3\,\mathrm{J}$

9.6 $-4.19\times10^5\,\mathrm{J}$

9.7 319K

9.8　(1) 3.8×10^3J　(2) 5.7×10^3J

9.9　3.6×10^3J

9.10　20%

9.11　(1) 5.0×10^2J　(2) 4.2×10^2J　(3) 16%

9.12　(1) 正循环　(2) 12.3%

9.13　(略)

9.14　(1) 70%　(2) 8.8×10^{12}J

9.15　93.3K

9.16　425K

9.17　71.4J

9.18　2.89×10^7J

9.19　$83\text{J}\cdot\text{K}^{-1}\cdot\text{s}^{-1}$

9.20　$R\ln\frac{(v_1+v_2)^2}{v_1v_2}, R\ln\frac{(v_1+v_2)^2}{4v_1v_2}$

9.21　$9.45\text{J}\cdot\text{K}^{-1}, -6.68\text{J}\cdot\text{K}^{-1}$

9.22　$1.3\times10^3\text{J}, 2.8\times10^3\text{J}, 24\text{J}\cdot\text{K}^{-1}$

9.23　$-9.13\text{J}\cdot\text{K}^{-1}$

9.24　$12\text{J}\cdot\text{K}^{-1}$

9.25　$0, 1\times10^4\text{J}\cdot\text{K}^{-1}$

9.26　$\frac{1}{3}\nu AT^3$

9.27　$C_{V,\text{m}}\ln\frac{T_2}{T_1}+R\ln\frac{v_2-b}{v_1-b}$

第 10 章

10.1　(1) $0.10\text{m}, 20\pi\text{rad}\cdot\text{s}^{-1}, 10\text{Hz}, 0.1\text{s}, 0.25\pi$

(2) $7.1\times10^{-2}\text{m}, -4.4\text{m}\cdot\text{s}^{-1}, -2.8\times10^2\text{m}\cdot\text{s}^{-2}$

(3) (略)

10.2　(1) π　(2) $-\pi/2$ 或 $3\pi/2$　(3) $\pi/3$

10.3　(1) 4.2s　(2) $4.5\times10^{-2}\text{m}\cdot\text{s}^{-2}$　(3) $x=0.02\cos(1.5t-\pi/2)$

10.4　9.9×10^{-3}m

10.5　$\frac{1}{\pi\sqrt{A^2-x^2}}$

10.6　(1) $z_1=8.0\times10^{-2}\cos(10t+\pi)$　(2) $z_2=6.0\times10^{-2}\cos(10t+\pi/2)$

10.7　29Hz

10.8　$\sqrt{\frac{k_1+k_2}{m}}, \sqrt{\frac{k_1k_2}{m(k_1+k_2)}}$

10.9　$\frac{1}{2}mgl\Theta^2\sin^2(\omega t+\varphi), \frac{1}{2}mgl\Theta^2\cos^2(\omega t+\varphi), \frac{1}{2}mgl\Theta^2$

10.10　$m_2g/\sqrt{km_1}$

10.11 $\sqrt{\dfrac{k}{m_1+m_2+M/2}}$

10.12 $\sqrt{\dfrac{2k}{3m}}$,$-2kx/3$

10.13 $2\pi\sqrt{\dfrac{m}{S\rho g}}$

10.14 $\sqrt{mgh/I}$

10.15 $2\pi\sqrt{2R/g}$

10.16 $\sqrt{\dfrac{5g}{7(R-r)}}$

10.17 2.5×10^{15} Hz

10.18 $\dfrac{1}{2\pi}\sqrt{\dfrac{3m}{M+m}}\omega_0$

10.19 $x=\dfrac{v_0\sqrt{mL}}{aB}\sin\left(\dfrac{aBt}{\sqrt{mL}}\right)$,当线圈的右侧振回 $x<0$ 区域时,将以 v_0 沿 x 轴反方向运动

10.20 $x=0.06\cos(2t+0.08)$

10.21 作左旋(逆时针)正椭圆运动

10.22 155,0.01s^{-1},$49\text{N}\cdot\text{m}^{-1}$

10.23 $1.6\times10^{-3}\text{N}\cdot\text{s}\cdot\text{m}^{-1}$

10.24 (1) $y=0.1\cos(4\pi t-0.2\pi x)$ (2) 0.1m (3) $-1.3\text{m}\cdot\text{s}^{-1}$

10.25 $y=0.05\sin(4.0t-5x+2.64)$,$y=0.05\sin(4.0t+5x+1.64)$

10.26 (1) $y=0.10\cos(500\pi t+\pi x/10+\pi/3)$

(2) $y=0.10\cos(500\pi t+13\pi/12)$,$40.7\text{m}\cdot\text{s}^{-1}$

10.27 (1) 1/12000s (2) $\pi/2$

10.28 振幅与半径成反比

10.29 只能开4台

10.30 1.27×10^{-5}m,$1.25\times10^{8}\text{m}\cdot\text{s}^{-2}$

10.31 (1) 50Hz

(2) $y_1=0.005\cos(314t-3.14x+\varphi)$,$y_2=0.005\cos(314t+3.14x+\varphi\pm\pi)$

10.32 $y=A\cos\left(\dfrac{2\pi u}{\lambda}t+\dfrac{2\pi}{\lambda}x-\dfrac{2\pi(2L-l)}{\lambda}+\dfrac{\pi}{2}\right)$

10.33 (1) $\xi_i=A\cos\left(\dfrac{2\pi u}{\lambda}t-\dfrac{2\pi}{\lambda}x-\dfrac{\pi}{2}\right)$

(2) $\xi_r=A\cos\left(\dfrac{2\pi u}{\lambda}t+\dfrac{2\pi}{\lambda}x-\dfrac{\pi}{2}\right)$

(3) 反射点 P,$x=\lambda/4$ 处

10.34 $\sqrt{2}$

10.35 811Hz

10.36　1.08×10^{3}m

10.37　(1) 声源前方：0.278m，声源后方：0.333m

(2) 1422Hz

(3) 1771Hz，0.186m

10.38　频率没有变化

10.39　$119\text{km}\cdot\text{h}^{-1}>100\text{km}\cdot\text{h}^{-1}$，超速

10.40　41kHz

10.41　0.17s

10.42　$1.15\times10^{8}\text{m}\cdot\text{s}^{-1}$

10.43　(略)

第11章

11.1　7.8×10^{-2}m

11.2　$\dfrac{\lambda}{\sin\theta+\sin\varphi}$

11.3　550nm

11.4　6.64μm

11.5　1.4×10^{-4}m

11.6　5.7°

11.7　404nm，674nm

11.8　560nm

11.9　90.4nm

11.10　552nm

11.11　(1) 700nm　(2) 14

11.12　(1) 202　(2) 95

11.13　1.28μm

11.14　3.4m

11.15　$r_k=\sqrt{\dfrac{kR_1R_2\lambda}{R_1+R_2}},k=0,1,2,\cdots$

11.16　左边：中心是亮斑，$r_k=\sqrt{kR\lambda/1.62},k=1,2,3,\cdots$

右边：中心是暗斑，$r_k=\sqrt{(k-1/2)R\lambda/1.62},k=1,2,3,\cdots$

11.17　(1) 1.0×10^{-6}m　(2) 条纹缩进中心消失

11.18　1.625×10^{-3}m

11.19　480nm

11.20　1.447×10^{-4}m

11.21　9.7×10^{-4}m，2.4×10^{-3}m

11.22　$a\sin\theta=k\lambda/n,k=\pm1,\pm2,\pm3,\cdots$

11.23　429nm

11.24　$\dfrac{a(1+\sin\alpha)}{\lambda}$(取整数部分)，$2a/\lambda$

11.25 63.2μm

11.26 2.7×10^{-7}rad

11.27 589

11.28 (1) 25° (2) 2级 (3) 1级

11.29 (1) ±2,±4,±6,… (2) ±3,±6,±9,… (3) ±7,±14,±21,…

11.30 0,±1,±2,±3,±5,±6,±7,±9,±10,±11 共19条谱线

11.31 (1) 2.4×10^{-3}m (2) 2.4×10^{-2}m (3) 9

11.32 从第−8级到第2级

11.33 9.73×10^{-2}nm,1.30×10^{-1}nm

11.34 45°

11.35 $\sqrt{3}$

11.36 $\theta=30°$: 右旋正椭圆偏振光,$\theta=45°$: 右旋圆偏振光

第12章

12.1 (1) 5.8×10^{3}K (2) 2.8×10^{2}K

12.2 (1) 1.01×10^{7}K (2) 9.35μm,远红外波段

12.3 4204Å

12.4 (略)

12.5 (1) 2.0eV (2) 2.0V (3) 296nm

12.6 5.53×10^{14}Hz,542nm,0.196V,$8.76\times10^{-4}c$

12.7 钾: 5.43×10^{14}Hz,钨: 11.0×10^{14}Hz,钾

12.8 0.25

12.9 4.3×10^{-3}nm,63°

12.10 0.1048nm,4.441×10^{-17}J,44°20′

12.11 2.43×10^{3}eV,2.66×10^{-23}kg·m·s^{-1}

12.12 0.0139Å

12.13 1.7×10^{-34}m

12.14 1.2nm

12.15 0.146nm

12.16 6.2×10^{-17}m,可用

12.17 4.4×10^{6}m·s^{-1}

12.18 $\dfrac{3\hbar^2}{8mL^2}$

12.19 没有影响

12.20 不违背

12.21 (略)

12.22 (1) $2\lambda\sqrt{\lambda}$ (2) $|\Psi(x)|^2=\begin{cases}4\lambda^3x^2e^{-2\lambda x}, & x\geqslant0\\0, & x<0\end{cases}$ (3) $x=\dfrac{1}{\lambda}$

12.23 (略)

12.24 $E_{100}=5.4\times10^{-37}\text{J}, E_{101}=5.5\times10^{-37}\text{J}, \Delta E=1.0\times10^{-38}\text{J}$

12.25 $E_n=\left(n+\frac{1}{2}\right)\times0.543\text{eV}, n=0,1,2,\cdots, \lambda=2.30\times10^3\text{nm}$

12.26 $x=\pm\sqrt{\frac{\hbar}{m\omega}}$

12.27 4.6×10^{18}

12.28 $E_l=l(l+1)\times1.30\times10^{-3}\text{eV}, l=0,1,2,3,\cdots, \lambda=478\mu\text{m}$

12.29 $9.3\times10^{-24}\text{J}\cdot\text{T}^{-1}$，等于一个玻尔磁子 μ_B

12.30 $\pm B\mu_B$

12.31 （略）

12.32 能量取确定值：-3.4eV（概率为 1）

轨道角动量平方取确定值：$2\hbar^2$（概率为 1）

轨道角动量 z 分量可能取 2 个值：0（概率为 1/4），$-\hbar$（概率为 3/4）

轨道角动量 z 分量的平均值：$-\frac{3\hbar}{4}$

数　值　表

数　值　表　1

名　称	符号	计算用值	1998 最佳值[①]
真空中的光速	c	3.00×10^{8} m/s	2.99792458(精确)
普朗克常量	h	6.63×10^{-34} J·s	6.62607015(精确)[②]
	$\hbar$	$=h/2\pi$	
		$=1.05\times10^{-34}$ J·s	
玻耳兹曼常量	k	1.38×10^{-23} J/K	1.380649(精确)[②]
真空磁导率	μ_0	$4\pi\times10^{-7}$ N/A^2	(精确)
		$=1.26\times10^{-6}$ N/A^2	1.256637061…
真空介电常量	ε_0	$=1/\mu_0 c^2$	(精确)
		$=8.85\times10^{-12}$ F/m	8.854187817
引力常量	G	6.67×10^{-11} N·m^2/kg^2	6.673(10)
阿伏伽德罗常量	N_A	6.02×10^{23} mol^{-1}	6.02214076(精确)[②]
基本电荷的电量	e	1.60×10^{-19} C	1.602176634(精确)[②]
电子静质量	m_e	9.11×10^{-31} kg	9.10938188(72)
		5.49×10^{-4} u	5.485799110(12)
		0.5110MeV/c^2	0.510998902(21)
质子静质量	m_p	1.67×10^{-27} kg	1.67262158(13)
		1.0073u	1.00727646688(13)
		938.3MeV/c^2	938.271998(38)
中子静质量	m_n	1.67×10^{-27} kg	1.67492715(13)
		1.0087u	1.00866491578(55)
		939.6MeV/c^2	939.565330(38)
α粒子静质量	m_α	4.0026u	4.0015061747(10)
玻尔磁子	μ_B	9.27×10^{-24} J/T	9.27400899(37)
电子磁矩	μ_e	-9.28×10^{-24} J/T	−9.28476362(37)
核磁子	μ_N	5.05×10^{-27} J/T	5.05078317(20)
质子磁矩	μ_p	1.41×10^{-26} J/T	1.410606633(58)
中子磁矩	μ_n	-0.966×10^{-26} J/T	−0.96623640(23)
里德伯常量	R	1.10×10^{7} m^{-1}	1.0973731568549(83)
玻尔半径	a_0	5.29×10^{-11} m	5.291772083(19)
经典电子半径	r_e	2.82×10^{-15} m	2.817940285(31)
电子康普顿波长	$\lambda_{C,e}$	2.43×10^{-12} m	2.426310215(18)
斯特藩-玻耳兹曼常量	σ	5.67×10^{-8} W·m^{-2}·K^{-4}	5.670400(40)
1埃	Å	1Å$=1\times10^{-10}$ m	(精确)
1光年	l.y.	1l.y.$=9.46\times10^{15}$ m	
1电子伏	eV	1eV$=1.602\times10^{-19}$ J	1.602176462(63)
1特[斯拉]	T	1T$=1\times10^{4}$ G	(精确)
1原子质量单位	u	1u$=1.66\times10^{-27}$ kg	1.66053873(13)
		$=931.5$MeV/c^2	931.494013(37)
1居里	Ci	1Ci$=3.70\times10^{10}$ Bq	(精确)

① 所列最佳值摘自《1998 CODATA RECOMMEDED VALUES OF THE FUNDAMENTAL CONSTANTS OF PHYSICS AND CHEMISTRY》

② 2018 年第 26 届国际计量大会决定

数 值 表 2

名　　称	计 算 用 值
我们的银河系	
质量	10^{42} kg
半径	10^{5} l. y.
恒星数	1.6×10^{11}
太阳	
质量	1.99×10^{30} kg
半径	6.96×10^{8} m
平均密度	1.41×10^{3} kg/m^{3}
表面重力加速度	274m/s^{2}
自转周期	25d(赤道),37d(靠近极地)
对银河系中心的公转周期	2.5×10^{8} a
总辐射功率	4×10^{26} W
地球	
质量	5.98×10^{24} kg
赤道半径	6.378×10^{6} m
极半径	6.357×10^{6} m
平均密度	5.52×10^{3} kg/m^{3}
表面重力加速度	9.81m/s^{2}
自转周期	1 恒星日$=8.616\times10^{4}$ s
对自转轴的转动惯量	8.05×10^{37} kg·m^{2}
到太阳的平均距离	1.50×10^{11} m
公转周期	1a$=3.16\times10^{7}$ s
公转速率	29.8m/s
月球	
质量	7.35×10^{22} kg
半径	1.74×10^{6} m
平均密度	3.34×10^{3} kg/m^{3}
表面重力加速度	1.62m/s^{2}
自转周期	27.3d
到地球的平均距离	3.82×10^{8} m
绕地球运行周期	1 恒星月$=27.3$d